国家出版基金项目
NATIONAL PUBLICATION FOUNDATION

中国蝗灾发生防治史

第四卷

地方志蝗灾集成

朱恩林　主编

中国农业出版社
北　京

总目

序

前言

目　录

第二章　河北省地方志中的蝗灾记载

第三章　河南省地方志中的蝗灾记载

第四章　江苏省地方志中的蝗灾记载

第五章　安徽省地方志中的蝗灾记载

第六章　陕西省地方志中的蝗灾记载

第七章　山西省地方志中的蝗灾记载

第八章　浙江省地方志中的蝗灾记载

第九章　北京市地方志中的蝗灾记载

第十章　天津市地方志中的蝗灾记载

第十一章　湖北省地方志中的蝗灾记载

第十二章　广东省地方志中的蝗灾记载

第十三章 江西省地方志中的蝗灾记载

第十四章 湖南省地方志中的蝗灾记载

第十五章　甘肃省地方志中的蝗灾记载

第十六章　广西壮族自治区地方志中的蝗灾记载

第十七章　辽宁省地方志中的蝗灾记载

第十八章　新疆维吾尔自治区地方志中的蝗灾记载

第十九章　上海市地方志中的蝗灾记载

第二十章　福建省地方志中的蝗灾记载

第二十一章 贵州省地方志中的蝗灾记载

第二十二章 重庆市地方志中的蝗灾记载

第二十三章 海南省地方志中的蝗灾记载

第二十四章　宁夏回族自治区地方志中的蝗灾记载

第二十五章　其他省（区）地方志中的蝗灾记载

第一章

山东省地方志中的蝗灾记载

一、山东综合志

雍正《山东通志》

1. 东汉建武二十二年（46 年）　　　　北海①安丘蝗。

2. 　　永元三年（91 年）　　　　　　夏四月，兖州蝗。

3. 三国魏太和八年（234 年）　　　　夏四月，济②、光、齐等州蝗。

4. 西晋咸宁元年（275 年）　　　　　九月，安丘蝗。

5. 东晋建武元年（317 年）　　　　　秋七月，安丘旱蝗。

6. 　　大兴元年（318 年）　　　　　乐安、高密二国，兰陵、东莞③二郡蝗。

7. 　　太元十五年（390 年）　　　　八月，兖州蝗。

8. 　　太元十六年（391 年）　　　　七月，飞蝗自南来，食堂邑④禾苗殆尽。

9. 北魏太和六年（482 年）　　　　　六月，光州蝗；八月，平原大水蝗。

10. 　　正始元年（504 年）　　　　　六月，司州阳平⑤等郡俱蝗。

11. 　　熙平元年（516 年）　　　　　六月，齐州⑥蝗。

12. 唐开元二十五年（737 年）　　　　五月，贝州⑦蝗，有白鸟成群见即食之，不为灾。

---

① 北海：旧县名，治所在今山东潍坊。
② 济：济州，旧州名，治所在今山东茌平西南，金天德二年（1150 年）移今山东济宁。
③ 乐安：旧国、郡名，金置县，治所在今山东广饶；东莞：旧县名，治所在今山东沂水东北。
④ 堂邑：旧县名，治所在今山东聊城西北堂邑镇。
⑤ 阳平：旧县名，治所在今山东莘县，属阳平郡管辖。
⑥ 齐州：旧州名，治所在今山东济南。
⑦ 贝州：旧州名，治所在今河北清河西北，时辖恩县，宋庆历八年（1048 年）改名恩州。

13. 兴元元年（784 年）　　　　青州蝗。

14. 贞元元年（785 年）　　　　棣州蝗；乾封①、安丘、莒县蝗，大饥。

15. 宝历元年（825 年）　　　　济阴郡蝗。

16. 开成二年（837 年）　　　　六月，寿光蝗。

17. 宋建隆二年（961 年）　　　五月，濮州②蝗。

18. 淳化元年（990 年）　　　　淄州蝗。

19. 景德三年（1006 年）　　　　密州③、莒县蝗。

20. 元至元二十九年（1292 年）　济南、般阳④二路蝗。

21. 至大二年（1309 年）　　　　陵、高唐二州蝗。

22. 至大三年（1310 年）　　　　堂邑、荏平、须城⑤三县蝗。

23. 至正五年（1345 年）　　　　六月，禹城县蝗。

24. 至正十九年（1359 年）　　　潍州、胶州蝗。

25. 明正德七年（1512 年）　　　六月，武定⑥州蝗。

26. 嘉靖十五年（1536 年）　　　滨州蝗。

27. 万历四十三年（1615 年）　　沂州⑦蝗。

28. 天启二年（1622 年）　　　　泰安州县蝗。

29. 崇祯七年（1634 年）　　　　夏，青州府属尽蝗。

30. 崇祯十一年（1638 年）　　　泰安、武定、滨、濮四州蝗。

31. 崇祯十三年（1640 年）　　　益都⑧、临淄、昌乐飞蝗蔽天。

32. 清康熙十年（1671 年）　　　济南府属旱蝗，齐河、长清十分灾。

原载雍正《山东通志》卷三十三《五行志》，乾隆元年刻本

宣统《山东通志》

1. 周桓王十三年（前 707 年）　　秋，鲁有螽。

2. 襄王七年（前 645 年）　　　　秋八月，鲁有螽。

---

① 乾封：旧县名，治所在今山东泰安东南。

② 濮州：旧州名，治所在今山东鄄城北旧城镇，明景泰三年（1452 年）移治今河南范县西南濮城镇。

③ 密州：旧州名，治所在今山东诸城。

④ 般阳：旧路名，治所在今山东淄博淄川区。

⑤ 须城：旧县名，治所在今山东东平西南。

⑥ 武定：旧路、州、府名，治所在今山东惠民。

⑦ 沂州：旧府名，治所在今山东临沂。

⑧ 益都：旧县名，治所在今山东青州。

3. 定王四年（前 603 年）　　　　　秋八月，鲁有螽。

4. 定王十一年（前 596 年）　　　　秋，鲁有螽。

5. 定王十三年（前 594 年）　　　　秋，鲁有螽，鲁初税亩，蝝生，饥。

6. 灵王六年（前 566 年）　　　　　八月，鲁有螽。

7. 敬王三十七年（前 483 年）　　　秋冬，鲁有螽。

原载宣统《山东通志》卷三《通纪一》，民国七年铅印本

8. 西汉元始二年（公元 2 年）　　　夏，大旱蝗，青州尤甚。

9. 新莽始建国三年（11 年）　　　　濒河郡蝗生。

10. 东汉建武二十二年（46 年）　　　青州①蝗。

11. 永初四年（110 年）　　　　　　夏四月，六州②蝗。

12. 永兴元年（153 年）　　　　　　秋七月，冀州蝗，民饥。

13. 西晋永嘉四年（310 年）　　　　夏四月，冀州大蝗。

原载宣统《山东通志》卷四《通纪二》，民国七年铅印本

14. 东晋建武元年（317 年）　　　　秋七月，司、冀、青等州大蝗。

15. 大兴元年（318 年）　　　　　　夏六月，兰陵、合乡③蝗，东莞蝗；八月，
冀、徐、青三州大蝗。

16. 太元十五年（390 年）　　　　　是岁，兖州蝗。

17. 北魏太和八年（484 年）　　　　四月，济、光、齐等州蝗。

18. 北齐天保八年（557 年）　　　　秋七月，齐河南北大蝗。

19. 天保九年（558 年）　　　　　　夏四月，齐山东大蝗。

原载宣统《山东通志》卷五《通纪三》，民国七年铅印本

20. 唐贞观三年（629 年）　　　　　夏五月，德、戴④等州蝗。

21. 贞观四年（630 年）　　　　　　兖州蝗。

22. 开元三年（715 年）　　　　　　夏六月，山东诸州蝗。

23. 开元四年（716 年）　　　　　　夏，山东河南、河北蝗，遣使分捕瘗之。

24. 兴元元年（784 年）　　　　　　十月，诏宋亳、淄青⑤、恒冀、魏博等八
节度，螟蝗为害，蒸民饥馑，每节度

---

① 青州：郡国六，济南、平原、乐安、北海、东莱、齐国。

② 六州：司隶、豫、兖、徐、青、冀六州。

③ 合乡：旧县名，治所在今山东滕州市东。

④ 戴：戴州，旧州名，治所在今山东成武。

⑤ 淄青：唐方镇名，治所在今山东青州。

赐米五万石①。

原载宣统《山东通志》卷六《通纪四》，民国七年铅印本

25. 开成二年（837 年）　　　　夏六月，魏博、淄青、沧②、德、兖等州蝗害稼，郓州③蝗得雨自死。

26. 开成三年（838 年）　　　　夏，魏博六州蝗。

27. 开成四年（839 年）　　　　夏五月，天平④、魏博蝗。

28. （840 年）　　　　　　　　夏，郓、曹⑤、濮、齐、德、淄、青、兖等州螟蝗害稼。

29. 乾符二年（875 年）　　　　秋七月，蝗自东而西，所过赤地。

30. 后唐同光三年（925 年）　　青州大水蝗。

31. 后晋天福七年（942 年）　　春，郓、曹、澶、博⑥诸州蝗。

32. 　天福八年（943 年）　　　夏四月，河南、河北诸州旱蝗；秋八月，募民捕蝗，易以粟。

33. 后汉乾祐元年（948 年）　　夏六月，青州蝗；秋七月，青、郓、兖、济、濮、沂、曹、密蝝生。

34. 　乾祐二年（949 年）　　　夏五月，兖、郓、齐三州蝝生；六月，魏、博、濮、澶、曹、兖、淄、青、齐等州蝗。

原载宣统《山东通志》卷七《通纪五》，民国七年铅印本

35. 宋建隆三年（962 年）　　　秋七月，兖、济、德等州蝝。

36. 　建隆四年（963 年）　　　夏六月，澶、濮、曹蝗。

37. 　太平兴国七年（982 年）　秋七月，阳谷县蝻虫生。

38. 　雍熙三年（986 年）　　　秋七月，鄄城县有蝗，蛾，蝗自死。

39. 　淳化元年（990 年）　　　秋七月，淄、濮、棣等州蝗；是岁，曹、单二州有蝗，不为灾。

---

① 石为中国古代计量单位，作为重量单位使用时，1 石＝60 千克。1929 年后，仅作容量单位使用，1 石＝100 升。下同。——编者注

② 沧：沧州，旧州名，治所在今河北盐山千童镇，唐时迁治今河北沧县东南旧州镇，时辖山东省宁津、乐陵、无棣等地区。

③ 郓州：旧州名，治所在今山东东平西北。

④ 天平：旧军名，治所在今山东东平西北。

⑤ 曹：曹州，旧州名，治所在今山东曹县西北，金大定八年（1168 年）移今山东菏泽。

⑥ 澶：澶州，旧州名，治所在今河南濮阳，时辖山东观城等地；博：博州，旧州名，治所在今山东聊城东南。

40.	淳化二年（991 年）	六月，楚丘①、鄄城、淄川三县蝗。
41.	淳化三年（992 年）	秋七月，兖、单、齐、贝等州蝗。
42.	至道二年（996 年）	秋七月，历城、长清等县蝗。
43.	至道三年（997 年）	秋七月，单州蝗蝻生。
44.	景德三年（1006 年）	博州蝝，不为灾。
45.	景德四年（1007 年）	九月，东阿、须城县蝗，不为灾。
46.	大中祥符九年（1016 年）	夏六月，河北诸路蝗蝻继生；九月，令诸路督民捕蝗，青州飞蝗投海死。
47.	天禧元年（1017 年）	是岁，诸路蝗，民饥。
48.	景祐元年（1034 年）	夏六月，淄州蝗。
49.	宝元二年（1039 年）	夏六月，曹、濮、单三州蝗。
50.	元丰四年（1081 年）	河北诸郡蝗。
51.	元丰六年（1083 年）	夏五月，沂州蝗。
52.	崇宁二年（1103 年）	是岁，诸路蝗。
53.	宣和三年（1121 年）	是岁，诸路蝗。

原载宣统《山东通志》卷八《通纪六》，民国七年铅印本

54.	绍兴二十七年（1157 年）	秋，山东蝗。
55.	金大定十六年（1176 年）	夏六月，山东两路蝗，免明年被旱蝗租赋。
56.	泰和八年（1208 年）	夏五月，金遣使分路捕蝗。
57.	蒙古中统四年（1263 年）	六月，益都、东平诸路蝗；八月，滨、棣二州蝗。
58.	至元二年（1265 年）	是岁，益都、东平旱蝗。
59.	至元三年（1266 年）	是岁，东平、济南、益都蝗。
60.	至元四年（1267 年）	是岁，山东诸路蝗。
61.	至元五年（1268 年）	夏六月，东平等处蝗。
62.	至元六年（1269 年）	山东诸郡蝗。
63.	至元七年（1270 年）	春三月，益都、登②、莱旱蝗；秋七月，山东诸路旱蝗，免军户田租。
64.	元至元八年（1271 年）	六月，济南、淄、莱、益都诸州县蝗。

① 楚丘：旧县名，治所在今山东曹县东南。
② 登：登州，旧州、府名，治所在今山东蓬莱。

65.	至元九年（1272 年）	东平等州县旱蝗，免其租赋。
66.	至元十年（1273 年）	元诸路虫蝻灾，赈之。
67.	至元二十二年（1285 年）	夏四月，益都、济宁蝗。
68.	至元二十五年（1288 年）	是岁，东平路须城等六县蝗。
69.	至元二十六年（1289 年）	秋七月，东平、济宁、东昌①、益都蝗。
70.	至元二十九年（1292 年）	六月，东昌、济南等郡蝗；闰六月，般阳路蝗。
71.	至元三十年（1293 年）	秋九月，登州蝗。
72.	元贞二年（1296 年）	六月，济宁路任城、鱼台蝗，东平路须城、汶上、德州、齐河等县蝗。
73.	大德二年（1298 年）	夏四月，山东、燕南属县蝗。
74.	大德四年（1300 年）	夏五月，东昌、济宁旱蝗。
75.	大德七年（1303 年）	五月，东平、益都、济南等路蝗。
76.	大德八年（1304 年）	夏四月，益都、临朐、德州、齐河蝗。
77.	大德十一年（1307 年）	秋七月，德州蝗。
78.	至大元年（1308 年）	夏五月，东平、东昌、益都蝝。
79.	至大二年（1309 年）	夏四月，益都、东平、东昌、济宁、泰安、高唐、曹、濮、德等处蝗；秋七月，济南、济宁、般阳、曹、濮、德、高唐等州蝗。
80.	至大三年（1310 年）	夏四月，堂邑、茌平、阳谷、高唐、禹城等县蝗。
81.	延祐七年（1320 年）	夏六月，益都路蝗；秋七月，堂邑县蝻。
82.	至治元年（1321 年）	是年，宁海州②蝗。
83.	至治二年（1322 年）	是岁，济宁、濮州、益都诸县蝗。
84.	泰定元年（1324 年）	夏六月，东昌、益都、济宁、东平等郡蝗。
85.	泰定二年（1325 年）	六月，德、濮、曹等州，历城、章丘、淄川、茌平等县蝗；七月，般阳新城③县蝗。

---

① 东昌：旧郡、府名，治所在今山东聊城。
② 宁海州：旧州名，治所在今山东烟台牟平区。
③ 新城：旧县名，治所在今山东桓台西新城镇。

86.	泰定三年（1326 年）	六月，东平须城县蝗。
87.	泰定四年（1327 年）	济南、济宁等路，博兴、临淄、胶西等县蝗。
88.	天历二年（1329 年）	六月，益都莒、密二州蝗。
89.	至顺元年（1330 年）	夏四月，般阳、济宁、东平等路，高唐、濮、德、冠等州蝗；六月，益都路及泰安诸州蝗；秋七月，益都、般阳、济南、济宁等路蝗。
90.	至正十八年（1358 年）	五月，昌邑、高密蝗；八月，北海、蒙阴蝗。
91.	至正十九年（1359 年）	夏，济南章丘、邹平二县螟，须城、东阿、阳谷三县，益都、临淄二县，潍、胶、博兴三州皆蝗。

原载宣统《山东通志》卷九《通纪七》，民国七年铅印本

92.	明洪武五年（1372 年）	六月，济南属县及青、莱二府蝗。
93.	洪武六年（1373 年）	秋七月，山东蝗。
94.	洪武七年（1374 年）	以济南府历城等县蝗，免其田租。
95.	永乐元年（1403 年）	夏五月，山东蝗。
96.	永乐三年（1405 年）	夏五月，济南蝗。
97.	永乐十年（1412 年）	夏四月，山东蝗伤稼，饥。
98.	永乐十四年（1416 年）	秋七月，遣使捕山东州县蝗。
99.	宣德九年（1434 年）	秋七月，遣官督捕山东蝗。
100.	宣德十年（1435 年）	夏四月，遣官捕山东蝗。
101.	正统五年（1440 年）	夏，兖州蝗。
102.	正统六年（1441 年）	夏四月，济南、东昌、青、莱、兖、登诸府蝗。
103.	正统七年（1442 年）	夏四月，山东旱蝗，免被灾税粮。
104.	正统十三年（1448 年）	五月，遣使捕山东蝗。
105.	正统十四年（1449 年）	夏，济南、青州蝗。
106.	天顺元年（1457 年）	夏五月，济南蝗。
107.	天顺二年（1458 年）	夏四月，济南、兖州、青州蝗。
108.	成化九年（1473 年）	秋八月，旱蝗。

109.	隆庆三年（1569 年）	闰六月，山东旱蝗。
110.	万历三十七年（1609 年）	秋八月，济南、青州诸府蝗。
111.	万历四十三年（1615 年）	秋七月，旱蝗。
112.	万历四十四年（1616 年）	夏四月，蝗，遣御史过庭训赈山东饥。
113.	万历四十七年（1619 年）	是岁，济南、东昌、登州蝗。
114.	天启五年（1625 年）	夏六月，济南飞蝗蔽天，田禾俱尽。
115.	天启六年（1626 年）	夏六月，山东旱蝗。
116.	崇祯十年（1637 年）	六月，山东蝗，民大饥。
117.	崇祯十一年（1638 年）	夏六月，山东大旱蝗。
118.	崇祯十二年（1639 年）	夏六月，山东旱蝗。
119.	崇祯十三年（1640 年）	夏五月，大旱蝗。
120.	崇祯十四年（1641 年）	夏六月，山东大旱蝗。

原载宣统《山东通志》卷十《通纪八》，民国七年铅印本

121.	清顺治四年（1647 年）	夏四月，益都县旱蝗。
122.	顺治十二年（1655 年）	淄川、滨州、堂邑等县蝗。
123.	康熙五年（1666 年）	齐东①县蝗。
124.	康熙十一年（1672 年）	博平②等五县蝗。
125.	乾隆十二年（1747 年）	是岁，登州旱蝗，饥。
126.	乾隆四十七年（1782 年）	秋，德州蝗旱。
127.	光绪三十四年（1908 年）	六月，新城、鱼台蝗。

原载宣统《山东通志》卷十一《通纪九》，民国七年铅印本

二、济南市

道光《济南府志》

1.	北魏太和八年（484 年）	六月，蚙蝗害稼。
2.	北齐天保九年（558 年）	山东又蝗。
3.	唐贞观三年（629 年）	秋，德州蝗。

---

① 齐东：旧县名，治所在今山东邹平西北麻姑堂。
② 博平：旧县名，治所在今山东茌平西博平镇。

4.	开成五年（840 年）	夏，齐、德、淄等州螟蝗害稼。
5.	大中五年（851 年）	夏，齐州、德州、淄州蝗螟害稼。
6.	宋建隆三年（962 年）	七月，济、德等州蝝生。
7.	至道二年（996 年）	历城、长清等县有蝗。
8.	景祐元年（1034 年）	淄州诸路蝗，募民掘蝗种万余石。
9.	绍兴三十二年（1162 年）	八月，大蝗。
10.	元大德七年（1303 年）	五月，蝗食麦。
11.	至大二年（1309 年）	四月，德州、厌次①、般阳蝗。
12.	泰定二年（1325 年）	五月，德州、历城、章丘、淄川等县蝗。
13.	至正十九年（1359 年）	章丘、邹平二县蝗，五谷不登；淄川蝗，大饥。
14.	至正二十六年（1366 年）	六月，飞蝗蔽天，所过沟堑尽平，民大饥。
15.	至正二十七年（1367 年）	六月，蝗生。
16.	明洪武五年（1372 年）	六月，蝗，赈饥。
17.	洪武七年（1374 年）	六月，旱蝗，免租税。
18.	永乐元年（1403 年）	夏，蝗。
19.	永乐三年（1405 年）	五月，蝗。
20.	永乐四年（1406 年）	八月，蝗，赈饥。
21.	永乐十四年（1416 年）	七月，蝗，发粟赈之。
22.	宣德九年（1434 年）	七月，蝗螟覆地尺②许，伤稼。
23.	宣德十年（1435 年）	四月，蝗螟伤稼。
24.	正统六年（1441 年）	秋，蝗。
25.	正统十四年（1449 年）	夏，蝗。
26.	景泰三年（1452 年）	六月，蝗。
27.	天顺二年（1458 年）	四月，蝗。
28.	成化九年（1473 年）	八月，旱蝗。
29.	正德四年（1509 年）	淄川、新城蝗。
30.	正德七年（1512 年）	齐河飞蝗蔽天。
31.	正德八年（1513 年）	齐河蝗，秋，螟生。

---

① 厌次：旧县名，治所在今山东惠民。
② 尺为中国非法定计量单位，据闵宗殿主编《中国农业通史·附录卷》（中国农业出版社 2020 年版），明代，1 量地尺＝32.7 厘米；清代，1 量地尺＝34.5 厘米；自民国至今，3 尺＝1 米。下同。——编者注

32.	嘉靖三年（1524 年）	三月，平原蝗蝻遍野。
33.	嘉靖七年（1528 年）	章丘、长清、齐东、德平①大蝗。
34.	嘉靖十年（1531 年）	蝗。
35.	嘉靖十五年（1536 年）	蝗，饥，免被灾税粮。
36.	嘉靖二十五年（1546 年）	五月，大蝗。
37.	嘉靖二十八年（1549 年）	夏，长山②、淄川、平原旱蝗。
38.	隆庆二年（1568 年）	夏，德州大旱蝗。
39.	隆庆三年（1569 年）	六月，旱蝗。
40.	隆庆四年（1570 年）	新城蝗。
41.	万历五年（1577 年）	淄川旱，蝗蝻食禾殆尽。
42.	万历十九年（1591 年）	夏，德平大蝗。
43.	万历三十七年（1609 年）	蝗。
44.	万历四十四年（1616 年）	四月，蝗，饥甚，人相食，蠲赈有差。
45.	万历四十五年（1617 年）	齐东旱蝗。
46.	天启五年（1625 年）	六月，飞蝗蔽天，田禾俱尽。
47.	崇祯八年（1635 年）	秋七月，旱蝗。
48.	崇祯十一年（1638 年）	六月，邹平、齐河、历城蝗。
49.	崇祯十四年（1641 年）	六月，大旱蝗。
50.	清雍正元年（1723 年）	四月，蝗过齐河，不为灾。
51.	雍正五年（1727 年）	淄川蝗，不害稼。
52.	乾隆元年（1736 年）	邹平、长山蝗。
53.	乾隆二十四年（1759 年）	旱蝗。
54.	乾隆三十五年（1770 年）	秋，德平蝗，不为灾。
55.	乾隆三十七年（1772 年）	淄川、新城蝗。
56.	乾隆三十九年（1774 年）	夏秋，旱蝗。
57.	乾隆四十年（1775 年）	夏秋，复旱蝗。
58.	乾隆四十七年（1782 年）	德州蝗。
59.	乾隆四十九年（1784 年）	四月，旱蝗，麦禾俱无。
60.	乾隆五十八年（1793 年）	六月，历城飞蝗遍野，忽有飞虫如蜂，附

---

① 德平：旧县名，治所在今山东临邑德平镇，1956 年划归今山东省德州、临邑、商河和乐陵等县。

② 长山：旧县名，治所在今山东邹平东长山镇。

于蝗背，蝗立毙。

61.　嘉庆九年（1804 年）　　　　　　夏，章丘、新城蝗蝝生。

原载道光《济南府志》卷二十《灾祥》，道光二十年刻本

《济南市志》

1. 清咸丰六年（1856 年）　　　　　七月，济南府属州县蝗灾严重。

2.　同治九年（1870 年）　　　　　七月，长清蝗灾，大饥。

3.　光绪十四年（1888 年）　　　　秋，长清飞蝗蔽日。

4.　光绪十八年（1892 年）　　　　夏，历城、长清、平阴蝗虫为灾。

5.　光绪二十二年（1896 年）　　　长清蝗虫成灾。

6.　光绪二十九年（1903 年）　　　秋，长清蝗虫食禾殆尽。

7. 民国五年（1916 年）　　　　　六月，长清飞蝗蔽日，蝻子遍地，灾情
　　　　　　　　　　　　　　　　　严重。

8. 民国八年（1919 年）　　　　　六月，长清蝗灾；秋，飞蝗蔽日。

9. 民国十七年（1928 年）　　　　五月，平阴飞蝗肆虐，农作物被食殆尽。

10. 民国十八年（1929 年）　　　　夏，长清飞蝗成灾。

原载《济南市志》大事记，中华书局 1997 年版

乾隆《历城县志》

1. 东晋大兴元年（318 年）　　　　八月，蝗。

2. 唐开成四年（839 年）　　　　　蝗害稼都尽。

3.　开成五年（840 年）　　　　　夏，螟蝗害稼。

4.　咸通三年（862 年）　　　　　五月，蝗旱，民饥。

5. 宋淳化三年（992 年）　　　　　七月，蝗。

6.　至道二年（996 年）　　　　　七月，蝗，齐州蝗抱草死。

7.　金正隆二年（1157 年）　　　　秋，蝗。

8.　大定十六年（1176 年）　　　　旱蝗。

原载乾隆《历城县志》卷一《总纪一》，乾隆三十八年刻本

9. 蒙古至元七年（1270 年）　　　　七月，旱蝗，免军户田租。

10. 元至元八年（1271 年）　　　　六月，蝗。

11.	至元二十九年（1292 年）	六月，蝗。
12.	大德二年（1298 年）	四月，蝗。
13.	大德七年（1303 年）	五月，蝗虫食麦。
14.	至大二年（1309 年）	七月，蝗。
15.	泰定二年（1325 年）	六月，蝗；九月，蝗。
16.	泰定四年（1327 年）	是岁，旱蝗，免田租之半。
17.	至顺元年（1330 年）	七月，蝗。
18.	至正十九年（1359 年）	五月，蝗飞蔽天，人马不能行，所落沟堑尽平，民大饥。
19.	至正二十六年（1366 年）	夏六月，飞蝗蔽天，民大饥。
20.	明洪武五年（1372 年）	六月，蝗，大饥。
21.	洪武七年（1374 年）	旱蝗，免租税。
22.	永乐元年（1403 年）	五月，蝗。
23.	永乐二年（1404 年）	五月，蝗。
24.	永乐四年（1406 年）	八月，蝗，赈饥。
25.	永乐十四年（1416 年）	七月，蝗。
26.	宣德九年（1434 年）	五月，旱蝗，饥。
27.	宣德十年（1435 年）	四月，蝗。
28.	正统二年（1437 年）	蝗。
29.	正统六年（1441 年）	夏，蝗。
30.	正统十二年（1447 年）	蝗。
31.	正统十三年（1448 年）	五月，蝗。
32.	正统十四年（1449 年）	夏，蝗。
33.	景泰三年（1452 年）	六月，蝗。
34.	景泰六年（1455 年）	七月，蝗。
35.	天顺元年（1457 年）	七月，蝗。
36.	天顺二年（1458 年）	四月，蝗。
37.	嘉靖十年（1531 年）	蝗。
38.	隆庆三年（1569 年）	六月，蝗。
39.	万历三十七年（1609 年）	蝗。
40.	万历四十三年（1615 年）	秋七月，蝗。
41.	万历四十四年（1616 年）	四月，复蝗，大饥，蠲赈有差。

42.	万历四十七年（1619 年）	八月，蝗。
43.	天启五年（1625 年）	六月，飞蝗蔽天，田禾俱尽。
44.	天启六年（1626 年）	六月，旱蝗。
45.	崇祯八年（1635 年）	秋七月，旱蝗。
46.	崇祯十年（1637 年）	蝗，民大饥。
47.	崇祯十一年（1638 年）	大旱蝗。
48.	崇祯十三年（1640 年）	夏五月，大旱蝗。
49.	崇祯十四年（1641 年）	大旱蝗。
50.	清康熙十年（1671 年）	旱蝗，蠲免钱粮。
51.	康熙十一年（1672 年）	旱蝗。
52.	康熙二十五年（1686 年）	蝗，蠲免钱粮。

原载乾隆《历城县志》卷二《总纪二》，乾隆三十八年刻本

民国《续修历城县志》

1.	清乾隆五十八年（1793 年）	蝗，不为灾。
2.	道光九年（1829 年）	秋，螣害稼，饥。
3.	咸丰六年（1856 年）	秋，蝗。
4.	光绪十八年（1892 年）	夏，蝗；秋，有蝝生。

原载民国《续修历城县志》卷一《总纪》，民国十五年铅印本

《历乘》①

1.	唐大中五年（851 年）	夏，齐郡蝗螟害稼。
2.	元至元二十九年（1292 年）	六月，济南蝗。
3.	至大二年（1309 年）	四月，济南蝗。
4.	泰定元年（1324 年）	六月，济南蝗。
5.	泰定二年（1325 年）	六月，历城蝗。
6.	至正十九年（1359 年）	济南蝻生。
7.	明嘉靖八年（1529 年）	济南蝗。

---

① 历乘：即历城地方志。

8.　嘉靖十年（1531 年）　　　　　济南蝗。

9.　万历四十四年（1616 年）　　　旱蝗。

10.　崇祯七年（1634 年）　　　　　秋，飞蝗忽生，各邑皆受其害，历独无之，
　　　　　　　　　　　　　　　　　说者谓有贵公为县，故蝗不入境。

原载《历乘》卷十三《灾祥纪》，崇祯六年刻本

道光《章丘县志》

1. 金大定十六年（1176 年）　　　旱蝗。

2. 元泰定二年（1325 年）　　　　六月，蝗。

3. 明嘉靖七年（1528 年）　　　　飞蝗蔽日。

4.　嘉靖八年（1529 年）　　　　蝗；秋，蝻生。

5.　嘉靖十年（1531 年）　　　　蝗。

6.　清康熙十一年（1672 年）　　秋，旱蝗。

7.　康熙二十五年（1686 年）　　五月，飞蝗布天，经七日夜，南山稼伤。

8.　乾隆十八年（1753 年）　　　夏，蝗生，不为灾。

9.　嘉庆八年（1803 年）　　　　秋，飞蝗蔽日。

10.　嘉庆九年（1804 年）　　　　夏，蝻生。

原载道光《章丘县志》卷一《星野志·灾祥》，道光十三年刻本

《章丘县志》

民国三十二年（1943 年）　　　　蝗蝻成灾，尺地数百只，麦无收。

原载《章丘县志》大事记，济南出版社 1992 年版

民国《济阳县志》

1. 元至元二十九年（1292 年）　　济南、般阳二路蝗。

2. 明嘉靖八年（1529 年）　　　　蝗蝻生。

3.　嘉靖十年（1531 年）　　　　复生蝗。

4.　万历三十七年（1609 年）　　夏秋，大旱，蝗飞蔽天，大无麦禾。

5.　天启元年（1621 年）　　　　七月，蝗。

6.　　崇祯十一年（1638 年）　　　　　夏五月，蝗飞蔽野，禾苗立尽。

7.　清康熙六年（1667 年）　　　　　　夏，蝗害稼。

8.　　康熙九年（1670 年）　　　　　　秋，蝗害稼，免夏秋五分。

9.　　康熙十年（1671 年）　　　　　　济南府属旱蝗。

10.　　道光十五年（1835 年）　　　　蝗蝻遍野，害稼，草根、树叶均被食尽。

11.　　咸丰五年（1855 年）　　　　　夏，蝗。

12. 民国八年（1919 年）　　　　　　夏，大旱，蝗蝻遍野，谷禾不收，秋后复
　　　　　　　　　　　　　　　　　　将麦苗食尽。

原载民国《济阳县志》卷二十《轶事志·祥异》，民国二十三年铅印本

民国《重修商河县志》

1. 宋景德元年（1004 年）　　　　　九月，大蝗。

2.　　淳熙三年（1176 年）　　　　　商河大蝗。

3. 蒙古中统四年（1263 年）　　　　秋八月，蝗。

4. 元大德二年（1298 年）　　　　　四月，山东蝗。

5.　　至大三年（1310 年）　　　　　七月，蝗。

6. 明嘉靖十年（1531 年）　　　　　济南诸州邑蝗。

7.　　天启六年（1626 年）　　　　　六月，旱蝗。

8. 崇祯十年（1637 年）　　　　　　五月，山东蝗。

9. 崇祯十一年（1638 年）　　　　　夏，山东蝗。

10. 清康熙六年（1667 年）　　　　　旱蝗。

11.　　康熙十一年（1672 年）　　　　飞蝗从东来。

12.　　康熙四十七年（1708 年）　　　夏，蝗。

13.　　乾隆十七年（1752 年）　　　　蝗蝻生，旋灭。

14.　　乾隆二十四年（1759 年）　　　蝗不入境。

15.　　嘉庆八年（1803 年）　　　　　蝗伤禾稼。

16.　　嘉庆九年（1804 年）　　　　　蝗伤禾稼，有收买蝻子之令，民争掘数日
　　　　　　　　　　　　　　　　　　而尽。

17. 民国五年（1916 年）　　　　　　夏，蝗。

18. 民国六年（1917 年）　　　　　　蝗，岁歉，蠲免丁银十之四。

19. 民国七年（1918 年）　　　　　　夏五月，飞蝗入境，岁大歉。

20.	民国九年（1920 年）	夏，飞蝗蔽日，无麦。
21.	民国十四年（1925 年）	六月，飞蝗蔽野，禾稼无伤。
22.	民国十六年（1927 年）	六月，飞蝗过境。
23.	民国十九年（1930 年）	夏，蝗蝻生。

原载民国《重修商河县志》卷首《大事记》，民国二十五年铅印本

《商河县志》

民国三十一年（1942 年）　　　　　　秋，蝗灾，饥民载道。

原载《商河县志》大事记，济南出版社 1994 年版

道光《长清县志》

1.	宋至道二年（996 年）	七月，蝗，大伤禾稼。
2.	明正德七年（1512 年）	蝗。
3.	正德十三年（1518 年）	蝗生。
4.	嘉靖七年（1528 年）	大蝗。
5.	嘉靖十一年（1532 年）	蝗生。
6.	嘉靖十二年（1533 年）	旱蝗。
7.	万历四十四年（1616 年）	蝗杀禾稼。
8.	崇祯十二年（1639 年）	旱蝗。
9.	清顺治十二年（1655 年）	飞蝗蔽日。
10.	康熙十年（1671 年）	济南属旱蝗。
11.	康熙十一年（1672 年）	蝗为灾。
12.	道光五年（1825 年）	旱，蝗生。

原载道光《长清县志》卷十六《杂事志·祥异》，道光十五年刻本

《长清县志》

1.	清咸丰六年（1856 年）	蝗蝻伤禾，岁大饥。
2.	同治九年（1870 年）	七月，蝗虫生，伤禾稼。
3.	光绪十四年（1888 年）	秋，飞蝗蔽日。

4.　　光绪十五年（1889 年）　　　　蝗虫生。

5.　　光绪十八年（1892 年）　　　　七月，蝗虫为灾。

6.　　光绪二十二年（1896 年）　　　蝗虫伤禾稼。

7.　　光绪二十九年（1903 年）　　　蝗虫食秋禾殆尽。

8.　民国四年（1915 年）　　　　　　蝗虫生，伤禾稼。

9.　民国五年（1916 年）　　　　　　飞蝗蔽日，蝗蝻遍地。

10.民国八年（1919 年）　　　　　　六月，蝗虫生。秋，飞蝗蔽天。

11.民国十八年（1929 年）　　　　　飞蝗为灾。

12.民国三十八年（1949 年）　　　　夏，蝗虫为害 11 万亩①。

原载《长清县志》自然灾害，济南出版社 1992 年版

13.民国九年（1920 年）　　　　　　秋，河东等处蝗虫为灾。

原载《长清县志》大事记，济南出版社 1992 年版

光绪《平阴县志》

1.明天顺元年（1457 年）　　　　　蝗。

2.　天顺二年（1458 年）　　　　　　复蝗。

3.　正德七年（1512 年）　　　　　　蝗害稼。

4.　嘉靖六年（1527 年）　　　　　　大蝗。

5.　嘉靖七年（1528 年）　　　　　　大蝗。

6.　万历三十八年（1610 年）　　　　蝗，岁大饥。

7.　万历四十三年（1615 年）　　　　旱蝗。

8.　崇祯八年（1635 年）　　　　　　八月，飞蝗蔽天，害稼。

9.　崇祯十四年（1641 年）　　　　　是岁，旱蝗。

10.清康熙十一年（1672 年）　　　　七月，蝗虫作。

11.　咸丰六年（1856 年）　　　　　飞蝗害稼，禾茎并尽。

12.　光绪十八年（1892 年）　　　　六月下旬，飞蝗从东北来，蝗过后所遗蝻
　　　　　　　　　　　　　　　　　子遍境内，极力扑打，旋扑旋生；至七
　　　　　　　　　　　　　　　　　月杪，逐渐扑灭，禾稼不损，岁乃有秋。

原载光绪《平阴县志》卷六《灾祥》，光绪二十一年刻本

---

①　亩为中国非法定计量单位，15 亩＝1 公顷。下同。——编者注

《平阴县志》

1. 民国十一年（1922 年）　　　　　　旱，有蝗。
2. 民国十七年（1928 年）　　　　　　四月，飞蝗遍野，早苗无余；五月，蝗蝻
　　　　　　　　　　　　　　　　　　生，晚禾殆尽。
3. 民国三十年（1941 年）　　　　　　旱，蝗虫为害。
　　　　　　　　　　原载《平阴县志》自然灾害，济南出版社 1991 年版
4. 民国三十二年（1943 年）　　　　　大旱，蝗灾。
　　　　　　　　　　原载《平阴县志》大事记，济南出版社 1991 年版

三、德州市

《德州市志》

1. 元至元十九年（1282 年）　　　　　蝗。
2. 明万历四十四年（1616 年）　　　　夏，蝗，大饥。
3. 清道光四年（1824 年）　　　　　　蝗蝻滋生。
4. 民国九年（1920 年）　　　　　　　飞蝗成灾。
5. 民国三十二年（1943 年）　　　　　飞蝗成灾。
　　　　　　　　原载《德州市志》德州灾害统计，齐鲁书社 1997 年版

康熙《德州志》

1. 唐大中五年（851 年）　　　　　　　德州蝗蟓害稼。
2. 元至大二年（1309 年）　　　　　　四月，德州蝗。
　　　　　　　　原载康熙《德州志》卷十《纪事志》，康熙十二年刻本

乾隆《德州志》

1. 金大定十六年（1176 年）　　　　　旱蝗，免租赋。
2. 蒙古至元二年（1265 年）　　　　　蝗。
3. 元至元八年（1271 年）　　　　　　蝗。

4.　至元二十二年（1285 年）　　　　蝗。

5.　至治二年（1322 年）　　　　　　蝗水。

6.　泰定二年（1325 年）　　　　　　六月，蝗。

7. 明永乐元年（1403 年）　　　　　蝗，饥。

8.　永乐十四年（1416 年）　　　　　七月，遣使捕蝗。

9.　宣德九年（1434 年）　　　　　　七月，旱蝗，大伤禾稼，饥。

10.　宣德十年（1435 年）　　　　　　四月，蝗蝻伤稼。

11.　正统二年（1437 年）　　　　　　四月，蝗。

12.　嘉靖三十年（1551 年）　　　　　蝗，饥。

13.　嘉靖三十二年（1553 年）　　　　秋，飞蝗蔽天。

14.　隆庆二年（1568 年）　　　　　　旱蝗。

15. 清康熙六年（1667 年）　　　　　五月，旱蝗，不伤禾。

16.　乾隆四十七年（1782 年）　　　　夏，蝗。

原载乾隆《德州志》卷二《纪事》，乾隆五十三年刻本

民国《德县志》

1. 金大定十六年（1176 年）　　　　旱蝗，免租赋。

2. 蒙古至元二年（1265 年）　　　　旱蝗。

3. 元至元八年（1271 年）　　　　　蝗。

4.　至元二十二年（1285 年）　　　　蝗。

5.　至治二年（1322 年）　　　　　　蝗水，赈之，免常赋之半。

6.　泰定二年（1325 年）　　　　　　六月，蝗。

7.　明永乐元年（1403 年）　　　　　蝗，饥。

8.　永乐十四年（1416 年）　　　　　七月，蝗，遣使捕之。

9.　宣德九年（1434 年）　　　　　　七月，旱蝗伤稼，饥。

10.　宣德十年（1435 年）　　　　　　四月，蝗蝻伤稼。

11.　正统二年（1437 年）　　　　　　四月，蝗。

12.　嘉靖三十年（1551 年）　　　　　蝗，饥。

13.　隆庆二年（1568 年）　　　　　　旱蝗。

14.　万历四十四年（1616 年）　　　　夏，蝗，大饥。

15. 清康熙六年（1667 年）　　　　　五月，旱蝗，不伤禾。

16.	乾隆四十七年（1782 年）	夏，蝗。
17.	嘉庆四年（1799 年）	六月旱，蝗不入境。
18.	道光四年（1824 年）	秋雨，蝻生。

原载民国《德县志》卷二《舆地志·纪事》，民国二十四年铅印本

光绪 《陵县志》

1. 北魏太和六年（482 年）	八月，平原大水，蝗害稼。
2. 唐大中五年（851 年）	德州蝗螟害稼。
3. 宋建隆元年（960 年）	蟓生。
4. 元至大二年（1309 年）	四月，蝗生。
5. 明嘉靖三年（1524 年）	蝗蝻遍野。
6. 嘉靖十八年（1539 年）	蝗蝻食禾殆尽。
7. 嘉靖三十年（1551 年）	蝗入境。
8. 清嘉庆十九年（1814 年）	秋，有蝗。
9. 咸丰六年（1856 年）	秋，蝗害稼。
10. 咸丰七年（1857 年）	六月，蝗害稼。
11. 同治十年（1871 年）	夏，飞蝗入境，大雨，蝗自僵。

原载光绪《陵县志》卷十五《祥异志》，民国二十五年铅印本

《陵县志》

1. 民国十六年（1927 年）	280 个村遭蝗灾，歉收。
2. 民国三十一年（1942 年）	旱，蝗灾严重。
3. 民国三十八年（1949 年）	夏，蝗灾发生 6 480 亩，出动 3 500 人捕蝗。

原载《陵县志》历年灾害，陵县志编纂委员会 1986 年版

光绪 《德平县志》

1. 元大德六年（1302 年）	蝗。
2. 至正十九年（1359 年）	旱蝗，大饥，饿殍盈野。
3. 明永乐七年（1409 年）	夏，蝗。

4.　　嘉靖六年（1527 年）　　　　　　蝗。

5.　　嘉靖七年（1528 年）　　　　　　螟蝗，大饥。

6.　　嘉靖二十七年（1548 年）　　　　蝗蝻生。

7.　　万历十九年（1591 年）　　　　　蝗。

8.　　万历三十三年（1605 年）　　　　蝗。

9.　　万历三十四年（1606 年）　　　　蝗。

10.　清康熙二十五年（1686 年）　　　旱蝗。

11.　　康熙三十年（1691 年）　　　　　旱蝗。

12.　　康熙三十二年（1693 年）　　　　秋八月，蝗。

13.　　乾隆二十三年（1758 年）　　　　蝗。

14.　　乾隆三十五年（1770 年）　　　　蝗，不为灾。

15.　　乾隆四十一年（1776 年）　　　　蝗。

16.　　咸丰八年（1858 年）　　　　　　蝗蝻生。

17.　　光绪十二年（1886 年）　　　　　蝗。

18.　　光绪十八年（1892 年）　　　　　蝗蝻生。

原载光绪《德平县志》卷十《祥异志·灾祥》，光绪十九年刻本

民国 《德平县续志》

1. 民国八年（1919 年）　　　　　　　秋，儒林寺一带飞蝗降落，禾稼被食。

2. 民国十二年（1923 年）　　　　　　春，孙家屯一带批现蝗蝻甚夥，数日间西
　　　　　　　　　　　　　　　　　　南风作，顿消灭，大有秋。

3. 民国十六年（1927 年）　　　　　　旱蝗为灾。

4. 民国十七年（1928 年）　　　　　　秋，蝗螟，未成灾。

原载民国《德平县续志》卷首《大事记》，民国二十五年铅印本

光绪 《宁津县志》

1. 东汉永初五年（111 年）　　　　　　夏，蝗。

2. 　　兴平元年（194 年）　　　　　　夏，大蝗。

3. 唐开成三年（838 年）　　　　　　　沧、齐等州螟蝗害稼。

4. 宋淳化元年（990 年）　　　　　　　七月，沧州蝗蟓食苗，棣州飞蝗并起害稼。

5.	熙宁七年（1074 年）	河北路皆蝗，民多饿殍。
6.	崇宁二年（1103 年）	诸路蝗，令有司酺祭勿捕，及至官舍之馨香来焉，而田间之苗叶已无矣。
7.	崇宁三年（1104 年）	大蝗，其飞蔽日，山东、河北野无青草。
8.	崇宁四年（1105 年）	连岁大蝗，其飞蔽日，山东、河北野无青草。
9.	金大定十六年（1176 年）	河北、山东旱蝗。
10.	元至元二十七年（1290 年）	夏，蝗。
11.	大德六年（1302 年）	四月，河间属县宁津蝗。
12.	大德十一年（1307 年）	七月，德州蝗，延及县境。
13.	至大三年（1310 年）	四月，宁津、平原、齐河等七县蝗。
14.	至顺元年（1330 年）	六月，河间、献、景诸路蝗。
15.	至正十九年（1359 年）	五月，大蝗，山东、河南、直隶、京师飞蔽天日，所落沟堑尽平，人马难行，民大饥。
16.	明洪武七年（1374 年）	六月，河间以至山东飞蝗如雨。
17.	永乐十四年（1416 年）	七月，畿内、河南、山东三省蝗。
18.	宣德五年（1430 年）	六月，蝗，御制《捕蝗诗》宣示畿甸。
19.	宣德九年（1434 年）	七月，蝗，诏遣使督捕。
20.	正统六年（1441 年）	夏，河间各属蝗，蠲其租税。
21.	正统十三年（1448 年）	蝗旱。
22.	正统十四年（1449 年）	连岁蝗旱。
23.	嘉靖三年（1524 年）	六月，河间属县蝗。
24.	万历二十七年（1599 年）	夏，螟螣害稼。
25.	崇祯十二年（1639 年）	六月，山东旱蝗。
26.	清康熙十八年（1679 年）	蝗旱。
27.	康熙三十年（1691 年）	旱蝗。
28.	乾隆六年（1741 年）	蝗。
29.	乾隆五十六年（1791 年）	旱蝗，民多饥。
30.	咸丰七年（1857 年）	春夏，蝻孽萌生。
31.	光绪十一年（1885 年）	七月，有蝗，南飞蔽日，未集县境。
32.	光绪十七年（1891 年）	夏，飞蝗蔽日，捕逐，不为灾，后蝻生，损伤禾稼。

原载光绪《宁津县志》卷十一《杂稽志上·祥异》，光绪二十六年刻本

《宁津县志》

民国三十八年（1949 年）　　　　　　　　蝗虫发生 3.2 万亩。

原载《宁津县志》自然灾害，齐鲁书社 1992 年版

乾隆《乐陵县志》

1. 明嘉靖三年（1524 年）　　　　　　　乐陵蝗蝻遍野。
2. 清乾隆十八年（1753 年）　　　　　　惠民、乐陵、商河等县蝗蝻生，旋即扑灭。
3. 　乾隆二十四年（1759 年）　　　　　六月，乐陵蝗蝻生，夹堤群鸟食之皆尽。

原载乾隆《乐陵县志》卷三《经制志下·祥异》，乾隆二十七年刻本

《乐陵县志》

1. 民国四年（1915 年）　　　　　　　　蝗灾严重，飞行时遮天蔽日，落地将作物叶子吃光，造成绝产。
2. 民国二十六年（1937 年）　　　　　　蝗虫灾害。
3. 民国三十一年（1942 年）　　　　　　蝗虫灾害。
4. 民国三十二年（1943 年）　　　　　　蝗虫灾害。

原载《乐陵县志》自然灾害，齐鲁书社 1991 年版

乾隆《夏津县志》

1. 元至元二十九年（1292 年）　　　　　闰六月，蝗。
2. 　至大元年（1308 年）　　　　　　　五月，蝝生。
3. 明正德二年（1507 年）　　　　　　　秋，蝻生。
4. 　嘉靖七年（1528 年）　　　　　　　飞蝗害稼。
5. 　嘉靖十年（1531 年）　　　　　　　八月，蝗。
6. 　万历十九年（1591 年）　　　　　　夏六月，蝗。
7. 　万历三十年（1602 年）　　　　　　飞蝗遍野。
8. 清康熙十年（1671 年）　　　　　　　七月，螽螣害稼。
9. 　康熙十一年（1672 年）　　　　　　秋，蝗。

10.	雍正十一年（1733 年）	夏，郑保屯东北螽生，知县督民扑捕间，忽有山鹊数千飞集，啄食殆尽。
11.	乾隆四年（1739 年）	夏，城东飞蝗过境，自西北来，零星散落张家集等处，知县督民夫捕灭之，禾稼无伤。
12.	乾隆五年（1740 年）	五月，杨家洼等处螽生，县督民捕灭。

原载乾隆《夏津县志》卷九《杂志·灾祥》，乾隆六年刻本

民国《夏津县志续编》

1.	清咸丰七年（1857 年）	蝗食禾稼，岁大饥。
2.	光绪十年（1884 年）	蝗螽害稼，大饥。
3.	光绪二十二年（1896 年）	蝗螽食稼，饥。
4.	民国八年（1919 年）	秋，蝗。
5.	民国十七年（1928 年）	秋，蝗。

原载民国《夏津县志续编》卷十《杂志·灾祥》，民国二十三年铅印本

乾隆《平原县志》

1.	东汉建武二十五年（49 年）	青州蝗入县境，辄死。
2.	东晋建武元年（317 年）	七月，大蝗。
3.	太兴元年（318 年）	大蝗。
4.	北魏太和六年（482 年）	八月，蝗害稼。
5.	唐永徽四年（653 年）	蝗。
6.	兴元元年（784 年）	秋，蝗。
7.	开成五年（840 年）	夏，螟蝗害稼。
8.	大中五年（851 年）	蝗螟害稼。
9.	宋建隆三年（962 年）	七月，蝝生。
10.	乾德二年（964 年）	夏，蝗。
11.	景德三年（1006 年）	八月，蝝生。
12.	大中祥符九年（1016 年）	六月，蝗生弥野，食民田殆尽，入公私庐舍，及霜寒始毙。

13.	天禧元年（1017 年）	蝗螟复生，多去岁蛰者。
14.	天圣六年（1028 年）	五月，蝗。
15.	明道二年（1033 年）	七月，蝗。
16.	熙宁五年（1072 年）	大蝗。
17.	熙宁六年（1073 年）	复蝗。
18.	元丰四年（1081 年）	六月，蝗。
19.	崇宁元年（1102 年）	夏，蝗。
20.	崇宁三年（1104 年）	蝗。
21.	崇宁四年（1105 年）	连岁蝗，尤甚。
22.	金大定十六年（1176 年）	旱蝗。
23.	蒙古至元三年（1266 年）	蝗。
24.	至元六年（1269 年）	六月，蝗。
25.	至元七年（1270 年）	七月，旱蝗。
26.	元至元八年（1271 年）	六月，蝗。
27.	元贞二年（1296 年）	秋，蝗。
28.	大德二年（1298 年）	夏，蝗。
29.	大德八年（1304 年）	四月，蝗。
30.	大德十年（1306 年）	七月，蝗。
31.	至大二年（1309 年）	四月，蝗；七月，又蝗。
32.	至大三年（1310 年）	四月，蝗。
33.	泰定二年（1325 年）	六月，蝗。
34.	泰定四年（1327 年）	六月，旱蝗，免田租之半。
35.	天历二年（1329 年）	五月，蝗。
36.	至顺元年（1330 年）	五月，蝗。
37.	明洪武六年（1373 年）	七月，蝗。
38.	永乐十四年（1416 年）	七月，蝗。
39.	宣德九年（1434 年）	七月，蝗。
40.	宣德十年（1435 年）	四月，又蝗，遣锦衣卫官督捕。
41.	正统二年（1437 年）	四月，蝗。
42.	正统六年（1441 年）	秋，蝗。
43.	天顺元年（1457 年）	蝗，民饥，父子相食，发仓银以赈。
44.	成化九年（1473 年）	大旱蝗，民饥。

45.	嘉靖三年（1524 年）	三月，大旱，蝗蝻遍野。
46.	嘉靖七年（1528 年）	旱蝗。
47.	嘉靖八年（1529 年）	蝗，大饥。
48.	嘉靖十年（1531 年）	蝗。
49.	嘉靖十七年（1538 年）	夏，大旱，蝗蝻食禾殆尽。
50.	嘉靖二十八年（1549 年）	春夏，旱蝗。
51.	嘉靖三十年（1551 年）	飞蝗入境。
52.	万历十五年（1587 年）	秋，螣食晚禾。
53.	万历二十七年（1599 年）	旱蝗。
54.	万历三十六年（1608 年）	蝗。
55.	万历四十三年（1615 年）	春夏，大旱蝗，千里如焚，民饥，或父子相食。
56.	万历四十四年（1616 年）	旱蝗。
57.	天启五年（1625 年）	六月，蝗。
58.	崇祯十年（1637 年）	旱蝗。
59.	崇祯十一年（1638 年）	大旱蝗，谷苗尽枯。
60.	崇祯十二年（1639 年）	大旱蝗，谷苗尽枯。
61.	崇祯十三年（1640 年）	夏，大旱蝗，斗谷千钱无籴处，人相食。
62.	崇祯十四年（1641 年）	复旱蝗，父子、夫妇相食，村落间杳无人烟。
63.	清康熙十年（1671 年）	七月，蟊螣害稼。

原载乾隆《平原县志》卷九《杂志·灾祥》，乾隆十四年刻本

《平原县志》

1.	清乾隆二十四年（1759 年）	旱蝗。
2.	乾隆四十年（1775 年）	秋，旱蝗。
3.	乾隆四十七年（1782 年）	旱蝗。
4.	乾隆四十九年（1784 年）	旱蝗，麦禾俱无，大饥。
5.	乾隆六十年（1795 年）	蝗蝻生。
6.	咸丰三年（1853 年）	飞蝗蔽天，禾尽伤。
7.	咸丰四年（1854 年）	飞蝗入境，蝻生害稼。

8.　　咸丰五年（1855 年）　　飞蝗由西南来，食禾叶尽光。

9.　　咸丰六年（1856 年）　　旱，蝗遍生，食禾尽，大饥。

10.　　咸丰七年（1857 年）　　飞蝗蔽空，米价昂贵。

11. 民国五年（1916 年）　　七月旱，蝗蝻为灾。

12. 民国十一年（1922 年）　　蝗灾，禾被吃光叶，又飞上树，枝条压断。

13. 民国十六年（1927 年）　　旱蝗。

14. 民国十七年（1928 年）　　秋禾皆被蝗、水、雹灾。

15. 民国十八年（1929 年）　　秋，蝗自西南来，禾叶吃光又食草。

16. 民国十九年（1930 年）　　五月，飞蝗入恩县①，复生蝻。

17. 民国二十三年（1934 年）　　秋，飞蝗遍野，继生蝻，禾叶食光。

18. 民国三十五年（1946 年）　　蝗灾。

原载《平原县志》历年自然灾害统计表，齐鲁书社 1993 年版

宣统《重修恩县志》

1. 唐开元二十五年（737 年）　　贝州蝗，有白鸟数十万群飞食之，一夕而尽，禾稼不伤。

2. 宋淳化二年（991 年）　　贝州蝗。

3. 明嘉靖七年（1528 年）　　秋，蝗蔽天。

4.　　隆庆三年（1569 年）　　夏六月，蝗飞蔽天，后蝻生遍野，伤禾殆尽。

5.　　万历十五年（1587 年）　　秋七月，螣生遍野，食禾伤穗。

6.　　万历十九年（1591 年）　　夏六月，蝗入境，食苗殆尽，后蝻复作。

7.　　清康熙十四年（1675 年）　　蝗从南来。

8.　　康熙三十二年（1693 年）　　有蝗。

9.　　咸丰三年（1853 年）　　飞蝗蔽天，禾尽伤。

10.　　咸丰四年（1854 年）　　飞蝗入境，蝻生害稼。

11.　　咸丰五年（1855 年）　　七月，蝗从南来，飞蔽天，集田害稼。

12.　　咸丰六年（1856 年）　　六月，蝗蝻生遍地，食禾尽，民大饥。

13.　　咸丰七年（1857 年）　　飞蝗蔽空。

---

① 恩县：旧县名，治所在今山东平原恩城镇。

14. 光绪十七年（1891年）　　　　　蝗蝻生，食禾。

15. 光绪二十五年（1899年）　　　　蝗蝻生，害稼。

原载宣统《重修恩县志》卷十《杂记·灾祥》，宣统元年刻本

民国《庆云县志》

1. 唐开成元年（836年）　　　　　　蝗食草木叶皆尽。

2. 开成五年（840年）　　　　　　　蝗蝻害稼。

3. 元至大三年（1310年）　　　　　蝗，大饥，有父子相食者。

4. 明嘉靖四十三年（1564年）　　　蝗，民饥，流移者十之三。

5. 清康熙十一年（1672年）　　　　旱蝗，俱免税十之二。

6. 康熙四十九年（1710年）　　　　蝗。

7. 乾隆三十三年（1768年）　　　　蝗。

8. 乾隆四十一年（1776年）　　　　蝗。

9. 乾隆四十二年（1777年）　　　　蝗。

10. 同治十一年（1872年）　　　　　蝗，不为灾。

原载民国《庆云县志》卷三《风土志·灾异》，民国三年石印本

《庆云县志》

民国三十五年（1946年）　　　　　五月，蝗灾，全县奋力捕杀蝗虫。

原载《庆云县志》大事记，庆云县志编纂委员会1983年版

《临邑县志》

1. 明成化九年（1473年）　　　　　蝗。

原载《临邑县志》大事记，齐鲁书社1993年版

2. 清咸丰八年（1858年）　　　　　旱，蝗蝻。

3. 光绪十八年（1892年）　　　　　蝗蝻。

4. 民国四年（1915年）　　　　　　六月，飞蝗自北来，遮天蔽日，幸不为灾。

5. 民国八年（1919年）　　　　　　六月，飞蝗自东北来。

6. 民国十六年（1927年）　　　　　飞蝗过境，禾苗枯槁。

7. 民国十八年（1929 年）　　　　飞蝗过境，复遗殖蝗蝻。

8. 民国二十年（1931 年）　　　　蝗，大歉。

9. 民国三十二年（1943 年）　　　秋，蝗。

10. 民国三十五年（1946 年）　　　夏，蝗。

11. 民国三十七年（1948 年）　　　蝗虫。

原载《临邑县志》自然灾害，齐鲁书社 1993 年版

同治《临邑县志》

1. 宋景德元年（1004 年）　　　　九月，大蝗。

2. 　淳熙三年（1176 年）　　　　大蝗。

3. 元至正十九年（1359 年）　　　河间路诸州邑蝗食禾稼、草木俱尽，饥民
　　　　　　　　　　　　　　　　　捕蝗为食。

4. 明嘉靖十年（1531 年）　　　　济南诸州邑蝗。

5. 　隆庆二年（1568 年）　　　　临邑飞蝗蔽天，东西亘数里[①]，伤禾几尽。

6. 　万历九年（1581 年）　　　　蝗。

7. 　崇祯十二年（1639 年）　　　济南郡县旱蝗，民饥。

8. 　清康熙十年（1671 年）　　　济南府属旱蝗。

9. 　康熙二十九年（1690 年）　　五月，蝗。

10. 　雍正二年（1724 年）　　　　四月，旱蝗。

11. 　乾隆二十八年（1763 年）　　夏，旱蝗。

12. 　乾隆五十八年（1793 年）　　秋，蝗。

13. 　同治八年（1869 年）　　　　夏，旱蝗。

原载同治《临邑县志》卷十六《杂事志》，同治十三年刻本

嘉庆《禹城县志》

1. 元至正四年（1344 年）　　　　蝗。

2. 明洪武五年（1372 年）　　　　蝗，大饥，食草木、树皮皆尽。

---

① 里为中国非法定计量单位，据闵宗殿主编《中国农业通史·附录卷》（中国农业出版社 2020 年版），战国至西汉时期，1 里＝417.6 米；东晋时期，1 里＝441.0 米；宋代，1 里＝561.6 米；明代，1 里＝572.4 米；清代，1 里＝576.0 米；自民国至今，1 里＝500 米。下同。——编者注

3.	永乐三年（1405 年）	蝗。
4.	宣德九年（1434 年）	七月，蝻生，覆地尺许。
5.	宣德十年（1435 年）	蝗蝻复生。
6.	成化元年（1465 年）	八月，旱蝗，民大饥，人相食。
7.	天启五年（1625 年）	六月，蝗飞蔽天。
8.	清嘉庆七年（1802 年）	蝗。

原载嘉庆《禹城县志》卷十一《灾祥志》，嘉庆十三年刻本

《禹城县志》

1.	民国十六年（1927 年）	飞蝗蔽日，落地数寸，秋收不足一成。
2.	民国三十八年（1949 年）	五月，郭辛、石屯区发生蝗蝻，县委组织捕打，禾苗受损轻微。

原载《禹城县志》自然灾害，齐鲁书社 1995 年版

民国《齐河县志》

1.	明正统四年（1439 年）	夏，济南蝗。
2.	清乾隆五十八年（1793 年）	蝗，不为灾。

原载民国《齐河县志》卷首大事记，民国二十二年铅印本

《齐河县志》

1.	金正隆二年（1157 年）	秋，蝗灾。
2.	大定十年（1170 年）	旱，蝗灾。
3.	元元贞二年（1296 年）	六月，蝗灾。
4.	大德八年（1304 年）	四月，蝗。
5.	至大三年（1310 年）	四月，蝗。
6.	明洪武五年（1372 年）	六月，蝗，大饥，草实、树皮食之尽。
7.	洪武六年（1373 年）	七月，蝗。
8.	洪武七年（1374 年）	六月，蝗。
9.	永乐元年（1403 年）	夏，蝗，饥。

10. 永乐三年（1405 年）　　　　　五月，蝗。

11. 永乐十四年（1416 年）　　　　七月，蝗。

12. 宣德九年（1434 年）　　　　　七月，蝗蝻覆地尺许，伤稼。

13. 宣德十年（1435 年）　　　　　四月，蝗蝻伤稼。

14. 正统二年（1437 年）　　　　　四月，蝗。

15. 正统六年（1441 年）　　　　　秋，蝗。

16. 正统十二年（1447 年）　　　　夏，蝗。

17. 正统十四年（1449 年）　　　　夏，蝗。

18. 天顺元年（1457 年）　　　　　七月，蝗灾。

19. 天顺二年（1458 年）　　　　　四月，蝗灾。

20. 天顺四年（1460 年）　　　　　夏，蝗灾。

21. 成化九年（1473 年）　　　　　八月，蝗。

22. 正德七年（1512 年）　　　　　飞蝗蔽天。

23. 正德八年（1513 年）　　　　　秋，蝗蝻生。

24. 隆庆三年（1569 年）　　　　　六月，旱蝗。

25. 万历三十七年（1609 年）　　　九月，蝗灾。

26. 万历三十九年（1611 年）　　　九月，蝗灾。

27. 万历四十三年（1615 年）　　　七月，蝗灾，饥，人相食。

28. 万历四十四年（1616 年）　　　四月，复蝗灾，民饥甚，人相食。

29. 万历四十七年（1619 年）　　　八月，蝗。

30. 天启五年（1625 年）　　　　　六月，飞蝗蔽天，田禾俱尽。

31. 崇祯十年（1637 年）　　　　　六月，蝗。

32. 崇祯十一年（1638 年）　　　　大旱，蝗灾。

33. 崇祯十二年（1639 年）　　　　蝗旱。

34. 崇祯十三年（1640 年）　　　　五月，旱蝗，大饥，人相食。

35. 清雍正元年（1723 年）　　　　八月，飞蝗入境。

36. 雍正五年（1727 年）　　　　　春，蝗。

37. 乾隆三十九年（1774 年）　　　大旱蝗。

38. 乾隆四十九年（1784 年）　　　大旱，继以蝗。

39. 道光九年（1829 年）　　　　　秋，螣害稼，饥。

40. 咸丰六年（1856 年）　　　　　秋，蝗。

41. 光绪十四年（1888 年）　　　　秋，飞蝗蔽日。

42. 民国五年（1916 年）　　　　　　　夏，蝗。

43. 民国七年（1918 年）　　　　　　　飞蝗入境，岁大歉。

44. 民国八年（1919 年）　　　　　　　夏，旱蝗。

45. 民国十六年（1927 年）　　　　　　秋旱，飞蝗遍境，食尽稼禾。

46. 民国三十八年（1949 年）　　　　　六月，齐禹①县四、六、十区发生蝗蝻。

原载《齐河县志》自然灾异年表，中华书局 1990 年版

嘉靖《武城县志》

1. 元至大元年（1308 年）　　　　　　蝗。

2. 明嘉靖八年（1529 年）　　　　　　秋，飞蝗蔽天，岁大饥。

原载嘉靖《武城县志》卷九《祥异志》，嘉靖二十八年刻本

《武城县志》

1. 清咸丰三年（1853 年）　　　　　　夏旱，飞蝗蔽天，禾苗尽伤。

2. 　咸丰四年（1854 年）　　　　　　蝗自南来，飞蔽天日，作物受灾。

3. 　咸丰五年（1855 年）　　　　　　夏，蝗飞蔽天，禾苗尽伤。

4. 　咸丰六年（1856 年）　　　　　　旱，蝻生遍地，吃尽作物，饥甚。

5. 　咸丰七年（1857 年）　　　　　　武城、恩县旱，蝗灾严重，作物歉收。

6. 　光绪十四年（1888 年）　　　　　夏旱，蝗灾，颗粒无收，多人饿死。

7. 　光绪二十五年（1899 年）　　　　蝗蝻生，为害庄稼。

8. 民国八年（1919 年）　　　　　　　五月，发生蝗虫。

9. 民国十六年（1927 年）　　　　　　夏，武城、恩县旱，蝗自西北来，后又生
　　　　　　　　　　　　　　　　　　蝻，满地皆是，庄稼歉收。

10. 民国十八年（1929 年）　　　　　　七月，飞蝗入境，继生蝻，繁殖不绝，为
　　　　　　　　　　　　　　　　　　害作物，恩县洼东受灾最重。

11. 民国十九年（1930 年）　　　　　　五月，飞蝗入恩县，继生蝻，为害作物。

原载《武城县志》大事记，齐鲁书社 1994 年版

---

① 齐禹：旧县名，治所在今山东齐河南，1950 年撤销。

四、聊城市

《聊城市志》

1. 明崇祯十四年（1641 年）　　　　秋，蝗飞蔽天。
2. 民国三十一年（1942 年）　　　　秋，堂邑县飞蝗蔽天，落地成灾，地无青苗，人们以蝗虫、草籽充饥。

原载《聊城市志》自然灾害，齐鲁书社 1999 年版

3. 清康熙六年（1667 年）　　　　六月，蝗灾，庄稼受害严重。
4. 民国八年（1919 年）　　　　七月，发生大面积蝗灾。

原载《聊城市志》大事记，齐鲁书社 1999 年版

宣统《聊城县志》

1. 东汉兴平元年（194 年）　　　　夏，东郡蝗。
2. 唐兴元元年（784 年）　　　　秋，博州蝗。
3. 宋淳化二年（991 年）　　　　博州蝗。
4. 明万历十九年（1591 年）　　　　夏六月，蝗。
5. 清康熙二十九年（1690 年）　　　　旱蝗。
6. 乾隆十七年（1752 年）　　　　夏，蝗。
7. 乾隆二十四年（1759 年）　　　　蝗蝻害稼。
8. 乾隆二十八年（1763 年）　　　　秋，蝗。
9. 乾隆二十九年（1764 年）　　　　秋，蝗。
10. 乾隆三十五年（1770 年）　　　　八月，蝗。
11. 乾隆三十六年（1771 年）　　　　夏，蝗。

原载宣统《聊城县志》卷十一《通纪》，宣统二年刻本

嘉庆《东昌府志》

1. 新莽地皇三年（22 年）　　　　莽末，天下旱蝗，黄金一斤①易粟一斛。

---

① 斤为中国非法定计量单位，据闵宗殿主编《中国农业通史·附录卷》（中国农业出版社 2020 年版），战国至东汉时期，1 斤=250 克；隋代，1 大斤=700 克，1 小斤=250 克；唐代，1 大斤=670 克，1 小斤=224 克；宋代，1 斤=640 克；元代，1 斤=620 克；明清时期，1 斤=590 克；自民国至今，1 斤=500 克。下同。——编者注

2. 东汉兴平元年（194 年）　　　　夏，东郡蝗。

3. 三国魏黄初三年（222 年）　　　　冀州大蝗，民饥。

4. 东晋大兴元年（318 年）　　　　冀、徐、青三州蝗。

5. 　　　咸康三年（337 年）　　　　夏，冀州八郡大蝗。

6. 唐开元二十五年（737 年）　　　　贝州蝗。

7. 　　　兴元元年（784 年）　　　　秋，魏博等州蝗。

8. 后晋天福七年（942 年）　　　　旱蝗。

9. 　　　天福八年（943 年）　　　　旱蝗。

10. 后汉乾祐元年（948 年）　　　　秋，旱蝗，有鸲鹆食蝗，禁捕鸲鹆。

11. 宋淳化二年（991 年）　　　　博、贝等州蝗。

12. 元至元二十六年（1289 年）　　　　秋，东昌等处蝗。

13. 　　　至元二十七年（1290 年）　　　　河北十七郡蝗。

14. 　　　至元二十九年（1292 年）　　　　闰六月，东昌路蝗。

15. 　　　至大元年（1308 年）　　　　五月，东昌蝝。

16. 　　　至大三年（1310 年）　　　　四月，茌平、高唐等县蝗。

17. 　　　延祐七年（1320 年）　　　　八月，堂邑县蝻。

18. 　　　至顺元年（1330 年）　　　　五月，高唐、冠等州蝗。

19. 明正德二年（1507 年）　　　　秋，蝗蝻害稼。

20. 　　　嘉靖九年（1530 年）　　　　五月，飞蝗自兖郡来，所过无遗稼，北至
　　　　　　　　　　　　　　　　　　莘，忽黑蜂满野，啮蝗尽死。

21. 　　　嘉靖十一年（1532 年）　　　　六月，蝗起。

22. 　　　隆庆三年（1569 年）　　　　夏，蝗飞蔽天，后蝻生遍野，伤禾殆尽。

23. 　　　万历十九年（1591 年）　　　　夏六月，蝗。

24. 　　　万历二十七年（1599 年）　　　　五月，博平蝗。

25. 　　　万历三十三年（1605 年）　　　　六月，堂邑蝗。

26. 　　　万历四十二年（1614 年）　　　　莘县旱蝗。

27. 　　　天启元年（1621 年）　　　　堂邑旱蝗。

28. 　　　崇祯十四年（1641 年）　　　　秋，蝗起，人有饥死者。

29. 清康熙六年（1667 年）　　　　六月，蝗。

30. 　　　康熙二十九年（1690 年）　　　　旱蝗。

31. 　　　乾隆十七年（1752 年）　　　　夏，蝗。

32. 　　　乾隆二十四年（1759 年）　　　　蝗蝻害稼。

33. 乾隆二十八年（1763 年）　　　　　秋，蝗。

34. 乾隆二十九年（1764 年）　　　　　秋，蝗。

35. 乾隆三十五年（1770 年）　　　　　八月，蝗。

36. 乾隆三十六年（1771 年）　　　　　夏，蝗。

　　　　　　　　原载嘉庆《东昌府志》卷三《五行志》，嘉庆十三年刻本

康熙《堂邑县志》

1. 明嘉靖七年（1528 年）　　　　　蝗害稼。

2. 嘉靖十一年（1532 年）　　　　　六月，蝗起。

3. 万历三十三年（1605 年）　　　　六月，蝗；七月，蝻害稼。

4. 万历三十七年（1609 年）　　　　五月，蝗；七月，蝻害稼。

5. 崇祯十四年（1641 年）　　　　　秋，蝗起蔽天。

6. 清康熙六年（1667 年）　　　　　六月，蝗。

　　　　　　　　原载康熙《堂邑县志》卷七《灾祥》，光绪十八年刻本

光绪《阳谷县志》

1. 明成化二十一年（1485 年）　　　至秋不雨，蝗蝻遍地，人相食。

2. 嘉靖十五年（1536 年）　　　　　蝗蝻遍生，知县驱民捕之。

3. 清康熙六年（1667 年）　　　　　旱，蝗蝻遍野，田禾尽损。

4. 嘉庆七年（1802 年）　　　　　　秋，飞蝗入境，蝗蝻复生。

5. 嘉庆二十三年（1818 年）　　　　秋，飞蝗蔽野。

6. 道光三年（1823 年）　　　　　　蝗为灾。

7. 道光十五年（1835 年）　　　　　六月，飞蝗蔽野，诏免积欠钱粮。

8. 道光十八年（1838 年）　　　　　闰四月，蝗蝻生。

9. 同治元年（1862 年）　　　　　　秋旱，飞蝗蔽天，晚禾未收。

10. 同治八年（1869 年）　　　　　　夏，蝗。

11. 光绪十二年（1886 年）　　　　　六月，蝗蝻遍野，县令捕之。

　　　　　　　　原载光绪《阳谷县志》卷九《灾异》，民国三十一年铅印本

《阳谷县志》

1. 民国二十五年（1936 年）　　　　　大旱，蝗灾。
2. 民国三十一年（1942 年）　　　　　蝗灾。

原载《阳谷县志》自然灾害，中华书局 1991 年版

光绪 《寿张县志》①

1. 唐开成五年（840 年）　　　　　　夏，蟓蝗害稼。
2. 明嘉靖七年（1528 年）　　　　　　秋，蝗遍野。
3. 嘉靖三十九年（1560 年）　　　　　大旱，飞蝗蔽天。
4. 万历三十四年（1606 年）　　　　　六月，飞蝗蔽日，食禾过半；七月，蝗蝻
　　　　　　　　　　　　　　　　　　　复生，田禾被伤。
5. 崇祯十二年（1639 年）　　　　　　旱蝗，食禾草、树叶一空，饥，人相食。
6. 清嘉庆二十三年（1818 年）　　　　秋，飞蝗蔽野。
7. 道光十五年（1835 年）　　　　　　六月，飞蝗蔽野，食禾，灾未甚。
8. 道光十八年（1838 年）　　　　　　闰四月，蝗蝻生。
9. 咸丰六年（1856 年）　　　　　　　七月，蝗蝻生。
10. 咸丰七年（1857 年）　　　　　　　六月，飞蝗蔽日；七月，蝻生。
11. 同治八年（1869 年）　　　　　　　夏，蝗。

原载光绪《寿张县志》卷十《杂事志·灾变》，光绪二十六年刻本

光绪 《莘县志》

1. 明嘉靖九年（1530 年）　　　　　　夏五月，蝗蝻自兖郡来，群队如云，所过
　　　　　　　　　　　　　　　　　　　无遗稼，忽黑蜂满野，啮蝗尽死，田禾
　　　　　　　　　　　　　　　　　　　不至损伤。
2. 万历四十二年（1614 年）　　　　　旱蝗。
3. 崇祯十四年（1641 年）　　　　　　秋，大蝗，来自东南，平地丛积尺余，越
　　　　　　　　　　　　　　　　　　　城逾屋，所过树木压折，草禾皆空。

---

① 寿张：旧县名，治所在今山东阳谷寿张镇。

4. 清康熙十一年（1672 年）　　　　　蝗，蠲免钱粮十之一。

5. 　康熙五十年（1711 年）　　　　　　六月旱，蝗来，县率吏属扑灭之。

6. 　嘉庆七年（1802 年）　　　　　　　秋，飞蝗入境，蝻复生。

7. 　道光三年（1823 年）　　　　　　　夏六月，蝻蝗并生。

8. 　同治元年（1862 年）　　　　　　　秋，大旱，飞蝗蔽天，晚禾绝收。

原载光绪《莘县志》卷四《禨异志》，光绪十三年刻本

《莘县志》

民国十六年（1927 年）　　　　　　　五月，蝗蝻生，岁大饥。

原载《莘县志》附自然灾害纪要，齐鲁书社 1997 年版

康熙 《朝城县志》①

1. 唐开成五年（840 年）　　　　　　　蝗。

2. 元至大元年（1308 年）　　　　　　　蝗。

3. 明嘉靖八年（1529 年）　　　　　　　大蝗。

4. 　嘉靖十一年（1532 年）　　　　　　六月，蝗，禾尽伤。

5. 　万历四十三年（1615 年）　　　　　秋，不雨，多蝗。

6. 　万历四十四年（1616 年）　　　　　大旱，多蝗，落处沟壑尽平，复生蝻，晚
　　　　　　　　　　　　　　　　　　　禾食尽。

7. 　崇祯十一年（1638 年）　　　　　　春，旱蝗，落处树摧屋损；七月，复蝗。

8. 　崇祯十二年（1639 年）　　　　　　夏，旱蝗；八月，蝻生。

9. 　崇祯十四年（1641 年）　　　　　　夏，复蝗，啮食麦穗。

10. 清康熙十一年（1672 年）　　　　　夏，蝗；秋，蝻生，禾稼殆尽。

原载康熙《朝城县志》卷十《灾祥志》，康熙十二年刻本

道光 《观城县志》②

1. 唐大和二年（828 年）　　　　　　　蝗生。

---

① 朝城：旧县名，治所在今山东省莘县西南朝城镇。
② 观城：旧县名，治所在今山东省莘县西南观城镇。

2.　　开成五年（840 年）　　　　　　　秋，螟蝗害稼。

3.　宋建隆二年（961 年）　　　　　　　五月，蝗。

4.　　淳化元年（990 年）　　　　　　　七月，蝗。

5.　　景祐二年（1035 年）　　　　　　　蝗。

6.　元至大元年（1308 年）　　　　　　　蝗。

7.　明正统六年（1441 年）　　　　　　　东昌、兖州诸府蝗。

8.　　正德七年（1512 年）　　　　　　　濮、观蝗。

9.　　嘉靖八年（1529 年）　　　　　　　飞蝗蔽天。

10.　崇祯十一年（1638 年）　　　　　　　蝗。

11.清康熙十一年（1672 年）　　　　　　蝗，不为灾。

12.　道光十五年（1835 年）　　　　　　秋，蝗生。

原载道光《观城县志》卷十《杂事志·祥异》，民国二十二年铅印本

民国《朝城县续志》

民国九年（1920 年）　　　　　　　　　五月旱，蝗蝻生，邑令督捕。

原载民国《朝城县续志》卷二《灾祲》，民国九年刻本

光绪《增修冠县志》

明嘉靖十四年（1535 年）　　　　　　　六月初旬，冠县飞蝗骤至，食禾苗几半，至
　　　　　　　　　　　　　　　　　　末旬，蝻生，积地至三五寸。

原载光绪《增修冠县志》卷十《杂录志·祲祥》，清抄本

民国《冠县志》

1.明嘉靖二十一年（1542 年）　　　　　夏，旱蝗，不为灾。

2.　万历三十四年（1606 年）　　　　　　飞蝗蔽天，稼大伤。

3.　崇祯十三年（1640 年）　　　　　　　春，蝗蝻生。

4.　崇祯十四年（1641 年）　　　　　　　六月，飞蝗骤至，食苗几半，至末旬，蝻
　　　　　　　　　　　　　　　　　　　子生，积地至三五寸。

5.　清顺治二年（1645 年）　　　　　　　九月，蝗蝻食麦苗。

6.	顺治三年（1646年）	七月，飞蝗过境三日，不为大害。
7.	顺治十三年（1656年）	五月，飞蝗至，无大害。
8.	康熙十一年（1672年）	六月，飞蝗至，谷田有未食者，有食既者；
		闰七月，城南城北蝻子生，食晚苗殆尽。
9.	康熙十四年（1675年）	五月，飞蝗至；六月，蝻生，无大害。
10.	道光五年（1825年）	旱，蝗生。

原载民国《冠县志》卷十《杂录志·祲祥》，民国二十三年刻本

《冠县志》

1.	明万历二十七年（1599年）	飞蝗蔽天，庄稼严重受灾。
2.	清同治元年（1862年）	秋，蝗，田地荒芜。
3.	同治八年（1869年）	蝗灾。
4.	光绪四年（1878年）	蝗灾。
5.	光绪六年（1880年）	蝗灾。
6.	民国十一年（1922年）	蝗灾。
7.	民国十六年（1927年）	六月，蝗灾严重，县署加征附捐每亩2元。
8.	民国三十一年（1942年）	秋，飞蝗蔽天，庄稼大部吃光。
9.	民国三十三年（1944年）	秋，县境蝗灾，县政府组织群众扑灭蝗虫。
10.	民国三十八年（1949年）	秋，一、二、七、八区蝗灾，县委领导群众扑灭蝗虫。

原载《冠县志》大事记，齐鲁书社2001年版

11.	清道光三十年（1850年）	蝗灾。
12.	光绪十一年（1885年）	飞蝗入境，县令设局收买蝗虫。

原载《冠县志》自然灾害，齐鲁书社2001年版

乾隆《临清直隶州志》

1.	元至大元年（1308年）	澶、曹、濮、高唐等处蝗入州境。
2.	明嘉靖八年（1529年）	飞蝗蔽日。
3.	清康熙十年（1671年）	七月，螣螣害稼。

原载乾隆《临清直隶州志》卷十一《事类志·祥祲》，乾隆五十年刻本

《临清市志》

1. 新莽地皇三年（22 年） 域内旱蝗成灾，粟一斤黄金一斤。

2. 东汉永兴元年（153 年） 秋七月，三十二郡蝗灾。

3. 唐开成二年（837 年） 六月，魏、博等六州蝗虫成灾，秋苗被蝗虫食尽。

4. 宋淳化三年（992 年） 贝州蝗灾。

5. 天圣六年（1028 年） 五月，蝗灾；九月，冀州蝗灾。

6. 明道二年（1033 年） 七月，境内蝗灾，草木殆尽，免租。

7. 元至元八年（1271 年） 大名、彰德等州蝗灾。

8. 元贞二年（1296 年） 六月，大名、德州一带蝗灾。

9. 大德四年（1300 年） 三月，东昌、济宁旱，蝗灾。

10. 至大二年（1309 年） 四月，农事正殷，蝗虫遍野，百姓困苦。

11. 泰定四年（1327 年） 六月，大名等路属县蝗灾。

12. 明永乐二年（1404 年） 临清五年连遭旱灾、蝗灾，民众饥荒。

13. 嘉靖十二年（1533 年） 山东旱蝗，临清大饥。

14. 嘉靖十五年（1536 年） 六月，临清旱，蝗灾。

15. 万历四十四年（1616 年） 四月，蝗灾，民大饥。

16. 天启六年（1626 年） 山东蝗。

17. 崇祯十四年（1641 年） 六月，畿内旱蝗。

18. 清顺治十二年（1655 年） 六月，临清大旱，蝗飞蔽天。

19. 康熙十一年（1672 年） 秋，蝗灾。

20. 嘉庆十六年（1811 年） 临清、高唐、邱县、清平①等八县旱，蝗灾，饥。

21. 嘉庆二十年（1815 年） 临清、馆陶等地蝗灾。

22. 道光元年（1821 年） 六月，蝗灾。

23. 咸丰七年（1857 年） 六月，飞蝗蔽天，禾稼皆尽，大饥。

24. 光绪十八年（1892 年） 六月，飞蝗入境；七月，蝻生。

原载《临清市志》大事记，齐鲁书社 1997 年版

---

① 清平：旧县名，治所在今山东高唐西南清平镇。

光绪《高唐州志》

1. 元至大三年（1310 年）　　　　　四月，茌平、高唐等县蝗。
2. 　至顺元年（1330 年）　　　　　五月，蝗。
3. 明万历三十年（1602 年）　　　　蝗。
4. 　崇祯十二年（1639 年）　　　　蝗。
5. 清嘉庆七年（1802 年）　　　　　蝗。

原载光绪《高唐州志》卷八《杂稽录·禨祥》，光绪三十三年刻本

《高唐县志》

1. 清咸丰六年（1856 年）　　　　　秋，飞蝗遍地，田禾绝产。
2. 民国十六年（1927 年）　　　　　旱蝗严重，受灾村庄 190 个。
3. 民国三十二年（1943 年）　　　　晚秋作物部分受蝗灾。

原载《高唐县志》大事记，齐鲁书社 1996 年版

民国《清平县志》

清咸丰七年（1857 年）　　　　　　五月，飞蝗蔽天；六月，蝻出四乡，食禾稼殆尽。

原载民国《清平县志》卷一《纪事篇》，民国二十五年铅印本

《茌平县志》

1. 明嘉靖七年（1528 年）　　　　　蝗灾重。
2. 　嘉靖二十年（1541 年）　　　　秋，蝗灾，官府令民以蝗易粮。
3. 　嘉靖三十九年（1560 年）　　　秋，蝗灾，令民以蝗易粟，官府出粟数千石。
4. 　崇祯十四年（1641 年）　　　　蝗蝻遍野，大饥。
5. 清顺治七年（1650 年）　　　　　飞蝗遍野。
6. 　顺治十一年（1654 年）　　　　六月，黄河决口，飞蝗遍野。
7. 　康熙四十七年（1708 年）　　　旱，蝗灾。
8. 　乾隆四十五年（1780 年）　　　旱，蝗灾。

9. 同治九年（1870 年）　　　　　　旱，蝗虫成灾。

10. 光绪十七年（1891 年）　　　　　蝗蝻遍野，庄稼被食殆尽。

11. 光绪十八年（1892 年）　　　　　夏旱，蝗虫成灾。

12. 民国三十一年（1942 年）　　　　蝗虫遍野，遮天蔽日。

　　　　　　　　　　　原载《茌平县志》自然灾害，齐鲁书社 1997 年版

13. 明正德二年（1507 年）　　　　　茌平县博平蝗蝻害稼。

14. 隆庆三年（1569 年）　　　　　　秋，白头雀食蝗，灾情减轻。

15. 万历十一年（1583 年）　　　　　夏，茌平蝗蝻满地。

　　　　　　　　　　　原载《茌平县志》大事记，齐鲁书社 1997 年版

道光《博平县志》

1. 明正德二年（1507 年）　　　　　秋，蝗蝻害稼。

2. 嘉靖七年（1528 年）　　　　　　飞蝗害稼。

3. 嘉靖二十年（1541 年）　　　　　秋，大蝗，令民捕蝗易粟。

4. 嘉靖三十九年（1560 年）　　　　秋，大蝗，令民以蝗易粟，出官粟数千石。

5. 隆庆三年（1569 年）　　　　　　秋，蝗，白头雀群飞田间，蝗不为灾。

6. 清顺治十一年（1654 年）　　　　飞蝗遍野，蜂唼蝗死。

7. 嘉庆七年（1802 年）　　　　　　飞蝗入境，西北乡蝻子生发。

8. 道光三年（1823 年）　　　　　　夏六月，西南乡蝻子生发，东北乡飞蝗停落。

9. 道光四年（1824 年）　　　　　　春三月，蝗蝻复生，北乡、东乡萌动。

　　　　　　　原载道光《博平县志》卷一《禨祥考》，道光十一年刻本

道光《东阿县志》

1. 唐开元四年（716 年）　　　　　　蝗食禾稼，声如风雨。

2. 贞元二年（786 年）　　　　　　　夏，蝗群飞蔽天，旬日，食禾稼、草木叶
　　　　　　　　　　　　　　　　　俱尽，饿殍枕野。

3. 开成五年（840 年）　　　　　　　夏，螟蝗。

4. 宋景德四年（1007 年）　　　　　九月，东阿蝗。

5. 元至元十九年（1282 年）　　　　大蝗。

6. 至正十九年（1359 年）　　　　　蝗食禾稼、草木俱尽，人相食。

7. 明嘉靖二年（1523 年）　　　　　秋，有蝗。

8. 　嘉靖三十九年（1560 年）　　　　旱，有蝗。

9. 　万历三十四年（1606 年）　　　　夏，蝗；秋，蝻生。

10. 清雍正元年（1723 年）　　　　　旱蝗。

11. 　乾隆九年（1744 年）　　　　　蝗。

12. 　乾隆十七年（1752 年）　　　　蝗。

13. 　道光六年（1826 年）　　　　　秋，大蝗。

原载道光《东阿县志》卷二十三《祥异志》，道光九年刻本

民国《续修东阿县志》

1. 宋乾德四年（966 年）　　　　　秋九月，东阿、须城县蝗，不为灾。

2. 　景定四年（1263 年）　　　　　夏六月，益都、东平诸路蝗。

3. 　咸淳元年（1265 年）　　　　　益都、东平旱蝗。

4. 　咸淳二年（1266 年）　　　　　益都、东平又蝗。

5. 　咸淳三年（1267 年）　　　　　是岁，山东诸路蝗。

6. 元至元二十五年（1288 年）　　　东平路须城、东阿等六县蝗。

7. 　至大元年（1308 年）　　　　　夏五月，东平、东昌等处蝝。

8. 明宣德九年（1434 年）　　　　　秋七月，遣官督捕山东蝗。

9. 清康熙三年（1664 年）　　　　　六月，大旱，飞蝗蔽天。

原载民国《续修东阿县志》卷十五《祥异志》，民国二十三年铅印本

《东阿县志》

1. 民国十一年（1922 年）　　　　　蝗灾。

2. 民国十七年（1928 年）　　　　　五月，蝗虫遍野；六月，蝗蝻食晚苗殆尽。

3. 民国三十一年（1942 年）　　　　夏，蝗虫成灾。

4. 民国三十二年（1943 年）　　　　大旱，蝗虫成灾，交多少斤蝗虫，奖励等
量小米。

5. 民国三十三年（1944 年）　　　　秋，蝗虫成灾，县成立捕蝗指挥部和捕蝗
队，按捕蝗斤数发奖。

原载《东阿县志》自然灾害，齐鲁书社 1998 年版

五、菏泽市

《菏泽市志》

1. 金大定三年（1163 年）	四月，飞蝗自北来，遮天蔽日，呼呼有声。	
2. 明正德七年（1512 年）	秋八月，飞蝗蔽日。	
3. 崇祯六年（1633 年）	秋，大旱，蝗灾，民大饥。	
4. 崇祯十二年（1639 年）	大旱，蝗飞蔽天，蝻生遍地。	
5. 清嘉庆十九年（1814 年）	夏，宝镇都飞蝗大起，有蜂螫之，蝗尽死。	
6. 民国三十一年（1942 年）	夏，飞蝗过境，遮天盖地，有如黄风，落于树则枝干压断，落于田则禾苗立尽，收成大减。	
7. 民国三十三年（1944 年）	五月，飞蝗入境，捕之无数，毁之不尽，禾稼皆被嚼食。	

原载《菏泽市志》大事记，齐鲁书社 1993 年版

8. 民国二年（1913 年）	秋，蝗灾。	

原载《菏泽市志》气象灾害，齐鲁书社 1993 年版

光绪《新修菏泽县志》

1. 唐宝历元年（825 年）	曹、濮螟蝗害稼。	
2. 开成五年（840 年）	螟蝗害稼。	
3. 宋宝元二年（1039 年）	夏，蝗。	
4. 金大定三年（1163 年）	四月，飞蝗自北来，蔽天有声。	
5. 元至大二年（1309 年）	六月，蝗。	
6. 明正统十四年（1449 年）	蝗。	
7. 正德七年（1512 年）	秋八月，飞蝗蔽天。	
8. 万历四十二年（1614 年）	旱蝗，大饥。	
9. 万历四十三年（1615 年）	又旱蝗，大饥。	
10. 崇祯十一年（1638 年）	旱蝗。	
11. 崇祯十二年（1639 年）	旱，蝗飞蔽天，蝻生遍地。	
12. 崇祯十四年（1641 年）	夏，蝗蝻遍地，野无禾黍，大饥。	

13. 清康熙十一年（1672年）　　　　六月，有蝗自东南来，群飞蔽天；七月，
　　　　　　　　　　　　　　　　　蝻生遍地，秋禾大损。

14.　嘉庆十九年（1814年）　　　　　夏，宝镇都飞蝗大起，有蜂螫之，蝗尽死。

15.　道光十八年（1838年）　　　　　飞蝗过境，蝗蝻遍野，大雨，蛤蟆食之，
　　　　　　　　　　　　　　　　　不为灾。

16.　同治二年（1863年）　　　　　　六月，绥感都飞蝗过境，遗蝻遍地，土人
　　　　　　　　　　　　　　　　　收买蚂蚱子数千斤，蝗不为灾。

原载光绪《新修菏泽县志》卷十八《杂记》，光绪十一年刻本

光绪《菏泽县志》

1. 宋乾德四年（966年）　　　　　　是岁，有蝗。

2.　淳熙元年（1174年）　　　　　　四月，有蝗自北来，其飞亘天有声。

3. 明崇祯十三年（1640年）　　　　　六月，蝗飞蔽天，继而蝗蝻相生，禾尽食
　　　　　　　　　　　　　　　　　草，草尽食树叶，屋垣、井灶皆满。

4.　崇祯十五年（1642年）　　　　　　四月，蝗蝻复生，随有黑蜂群起，啮其脑
　　　　　　　　　　　　　　　　　而毙之。

原载光绪《菏泽县志》卷十九《灾祥志》，光绪六年刻本

《鄄城县志》

1. 唐开成五年（840年）　　　　　　四月，蝗虫成灾。

2.　乾符二年（875年）　　　　　　　七月，蝻群遍野，飞蝗蔽天，所过田禾一空。

3. 后汉乾祐二年（949年）　　　　　　七月，蝝虫为灾。

4. 元至大二年（1309年）　　　　　　七月，蝗虫为害。

5. 明嘉靖八年（1529年）　　　　　　飞蝗蔽天，食尽田禾，大饥。

6.　崇祯十二年（1639年）　　　　　　旱蝗。

7.　崇祯十三年（1640年）　　　　　　旱蝗。

8. 清同治五年（1866年）　　　　　　飞蝗遍野，落树上枝被压断。

9. 民国十七年（1928年）　　　　　　夏，飞蝗遍野，早秋作物受害。

10. 民国三十二年（1943年）　　　　　七月，飞蝗成灾。

原载《鄄城县志》主要自然灾害年表，齐鲁书社1996年版

宣统《濮州志》

1.	唐大和二年（828 年）	魏、濮诸州蝗蝻生。
2.	开成五年（840 年）	濮州等处螟蝗。
3.	后周显德元年（954 年）①	濮州螽生。
4.	宋建隆二年（961 年）	五月，濮州蝗。
5.	乾德四年（966 年）	六月，濮州蝗。
6.	雍熙三年（986 年）	七月，鄄城蝗。
7.	景祐二年（1035 年）	是年，濮州蝗。
8.	宝元二年（1039 年）	六月，濮州复蝗。
9.	元至大元年（1308 年）	濮州、高唐等州蝗。
10.	明正德七年（1512 年）	六月，濮州、清平、博平蝗害稼。
11.	嘉靖八年（1529 年）	濮州、观城等处飞蝗蔽天。
12.	崇祯十一年（1638 年）	旱蝗。
13.	崇祯十二年（1639 年）	旱蝗。
14.	崇祯十三年（1640 年）	蝗，大饥，人相食。
15.	清康熙十一年（1672 年）	蝗，不为灾。
16.	雍正元年（1723 年）	蝗，不为灾。
17.	乾隆五年（1740 年）	蝗，不为灾。
18.	乾隆十七年（1752 年）	蝗，不为灾。
19.	咸丰六年（1856 年）	秋，蝻生，禾稼尽食。
20.	咸丰七年（1857 年）	七月，蝗生。
21.	同治五年（1866 年）	六月，飞蝗盈野，害田禾，大树压折。
22.	同治八年（1869 年）	五月，蝻出盈野，继而顺河水去，不害稼。
23.	光绪二年（1876 年）	秋，飞蝗云集，食草尽，而菽不害。
24.	光绪三十四年（1908 年）	六月，蝗，不为灾。

原载宣统《濮州志》卷二《年纪·附灾异》，宣统元年刻本

---

① 原文作"后汉乾祐七年"。按，后汉乾祐无七年。据嘉靖《濮州志》卷八《灾异志》，"汉乾祐七季，濮州螽生"，推测当指北汉乾祐七年，即后周显德元年（954 年）。

乾隆《东明县志》

1. 元泰定三年（1326 年）   大名路旱蝗，民饥，诏赈之。
2. 明宣德八年（1433 年）   大名府境内蝗，遣官督捕。
3. 崇祯十四年（1641 年）   蝻虫复作，二麦俱尽。

原载乾隆《东明县志》卷七《杂志·年纪灾祥》，乾隆二十一年刻本

民国《东明县新志》

1. 金正隆二年（1157 年）   秋，蝗。
2. 大定十六年（1176 年）   夏，旱蝗，诏免去年租赋。
3. 明崇祯十五年（1642 年）   二麦吐花，蝻复生，啮麦无遗，忽有黑蜂攫蝻而食，啮蝻或入土转化为蜂，迨三日蝻尽。
4. 清同治三年（1864 年）   蝗不绝。
5. 光绪二十六年（1900 年）   夏，蝗不入境。

原载民国《东明县新志》卷二十二《故实志七·大事记》，民国二十二年铅印本

6. 民国二十一年（1932 年）   七月，六区东境蝗蝻蔓延，满地跳跃，啮食田禾，县政府派员督民不分昼夜捕灭之。

原载民国《东明县新志》卷二十《故实志五·蝗灾》，民国二十二年铅印本

《东明县志》

1. 元元贞二年（1296 年）   六月，蝗；八月，旱蝗。
2. 至大元年（1308 年）   旱蝗，民饥。
3. 天历二年（1329 年）   旱蝗。
4. 至顺元年（1330 年）   旱蝗。
5. 至正八年（1348 年）   旱蝗。
6. 至正十二年（1352 年）   水、旱、蝗灾，大饥。
7. 至正十七年（1357 年）   旱蝗。
8. 至正二十七年（1367 年）   旱蝗。

9. 明洪武八年（1375 年）	旱蝗。
10. 宣德六年（1431 年）	境蝗蝻伤稼，虽悉力捕瘗，而日加烦。
11. 天顺元年（1457 年）	大蝗。
12. 天顺二年（1458 年）	大蝗，既而抱草死，臭不可近。
13. 嘉靖八年（1529 年）	秋，蝗。
14. 万历二年（1574 年）	蝗。
15. 万历三十三年（1605 年）	大旱蝗。
16. 万历三十五年（1607 年）	飞蝗东北来，遮天蔽日，二十日不尽，蝗蝻复生。
17. 万历三十六年（1608 年）	大蝗。
18. 万历三十八年（1610 年）	大蝗。
19. 万历四十年（1612 年）	山东、河南大蝗，距县不远，忽有乌鸦数万啮食之，未入境。
20. 万历四十八年（1620 年）	旱蝗。
21. 天启五年（1625 年）	秋，飞蝗大至，啮禾稼。
22. 崇祯四年（1631 年）	遍地蝗蝻复作，二麦俱尽。
23. 清康熙六年（1667 年）	秋，蝗。
24. 康熙十一年（1672 年）	夏，飞蝗蔽日，蝗蝻复生。
25. 乾隆五年（1740 年）	蝗。
26. 乾隆十七年（1752 年）	飞蝗遍野。
27. 嘉庆十九年（1814 年）	夏，飞蝗遍野。
28. 道光十八年（1838 年）	蝗蝻遍野，蛤蟆食之，竟不为灾。
29. 同治二年（1863 年）	夏，飞蝗过境，遗蝻遍野。
30. 民国三年（1914 年）	夏，旱蝗，秋禾不登。
31. 民国十七年（1928 年）	五月，飞蝗成灾，田禾被食过半，继而生蝻，绵延遍野，村人挖沟驱逐不能止，高粱、谷禾、玉米俱被食尽，四、五、六区尤为严重。
32. 民国三十一年（1942 年）	旱蝗，庄稼绝收。
33. 民国三十三年（1944 年）	七月，飞蝗自南来，遮蔽天日，势如狂风，五昼夜不停，秋禾十伤八九。

原载《东明县志》自然灾害，中华书局 1992 年版

民国《定陶县志》

1.	唐宝历元年（825 年）	螟蝗害稼。
2.	后汉乾祐元年（948 年）	蝝生，寻为鸲鹆食，殆尽。
3.	明正统十四年（1449 年）	飞蝗蔽天。
4.	嘉靖二十三年（1544 年）	夏，飞蝗蔽天，禾不能擎，集树，枝为所折。
5.	清康熙十一年（1672 年）	六月，飞蝗蔽天。
6.	乾隆五年（1740 年）	蝗蝻生。
7.	乾隆十七年（1752 年）	蝗蝻生，旋即扑灭。
8.	咸丰六年（1856 年）	五月，飞蝗遍野；六月，蝻生，食禾害稼。
9.	咸丰七年（1857 年）	五月，飞蝗遍野；六月，蝻生，食禾害稼。
10.	同治元年（1862 年）	四月，蝗蝻生；六月，遍野，飞去东南，不害稼。
11.	同治十年（1871 年）	五月，四方飞蝗落于田，不害稼。
12.	光绪三年（1877 年）	六月，蝗虫飞落，生蝻，害稼。

原载民国《定陶县志》卷九《杂稽志·灾异》，民国五年刻本

《定陶县志》

1.	清宣统元年（1909 年）	秋，生蝗虫，谷子吃光。
2.	民国三十三年（1944 年）	六月，飞蝗入境，早向阳行，午向北行，方向一致如行军，禾苗被食殆尽。

原载《定陶县志》自然灾害，齐鲁书社 1999 年版

乾隆《曹州府志》

1.	东晋太兴元年（318 年）	八月，徐州蝗。
2.	太元十五年（390 年）	八月，兖州蝗。
3.	北魏太和六年（482 年）	八月，徐、兖、济、豫等州蝗害稼。
4.	唐贞观三年（629 年）	五月，戴州蝗。
5.	开成五年（840 年）	秋，郓、曹、濮等州螟蝗害稼。

6. 宋建隆三年（962 年）　　　　　　是年，济州蝝生。

7. 建隆四年（963 年）　　　　　　　六月，濮、曹等州蝗。

8. 雍熙三年（986 年）　　　　　　　七月，鄄城县有蝗，自死。

9. 淳化元年（990 年）　　　　　　　七月，濮州蝗。

10. 淳化三年（992 年）　　　　　　单州有蝗，蛾抱草自死。

11. 至道三年（997 年）　　　　　　　七月，单州蝻生。

12. 宝元二年（1039 年）　　　　　　六月，曹、濮、单三州蝗。

13. 崇宁四年（1105 年）　　　　　　河南北诸州连岁大蝗，山东尤甚。

14. 元至大二年（1309 年）　　　　　六月，曹、濮等州蝗。

15. 泰定二年（1325 年）　　　　　　六月，曹、濮等州蝗。

16. 明正统五年（1440 年）　　　　　兖州蝗。

17. 正统六年（1441 年）　　　　　　东昌、兖州诸府蝗。

18. 天顺二年（1458 年）　　　　　　四月，兖州蝗。

19. 万历四十七年（1619 年）　　　　八月，东昌等府蝗。

20. 崇祯十一年（1638 年）　　　　　濮州蝗。

原载乾隆《曹州府志》卷十《五行志·灾祥》，乾隆二十一年刻本

康熙《曹州志》

1. 唐宝历元年（825 年）　　　　　　夏，曹、濮蟊蝗害稼。

2. 开成五年（840 年）　　　　　　　蟊蝗害稼，朝无忠臣，与民争食，故此
　　　　　　　　　　　　　　　　　　　多蝗。

3. 宋乾德四年（966 年）　　　　　　是岁，有蝗。

4. 宝元二年（1039 年）　　　　　　夏六月，蝗。

5. 淳熙元年（1174 年）　　　　　　四月，有蝗自北来，其飞蔽日有声。

6. 明正统十四年（1449 年）　　　　曹州飞蝗蔽天，岁大饥。

7. 正德七年（1512 年）　　　　　　秋八月，飞蝗蔽天，食稼殆尽。

8. 万历四十二年（1614 年）　　　　旱蝗，岁饥。

9. 万历四十三年（1615 年）　　　　旱蝗，岁大饥。

10. 崇祯十一年（1638 年）　　　　　旱蝗。

11. 崇祯十二年（1639 年）　　　　　大旱，飞蝗蔽天，蝻生遍野。

12. 崇祯十三年（1640 年）　　　　　六月，飞蝗蔽天，继而蝗蝻生，禾尽食草，

草尽食树叶，屋垣、井灶皆满。

13. 崇祯十四年（1641 年） 夏，蝗蝻遍地，蚕食二麦及禾黍。

14. 崇祯十五年（1642 年） 麦大熟，蝗蝻复生，随有黑蜂群起，嗜其
脑而毙之。

15. 清康熙十一年（1672 年） 夏六月，有蝗自东南来，群飞蔽天，八日
始尽；七月，蝻生遍地，秋禾大损。

原载康熙《曹州志》卷十九《灾祥志》，康熙十三年刻本

光绪《曹州府曹县志》

1. 唐元和五年（810 年） 螟蝗害稼。

2. 后汉乾祐元年（948 年） 蝝生，寻为鸲鹆食之殆尽。

3. 明正统十四年（1449 年） 飞蝗蔽天。

4. 正德七年（1512 年） 秋七月，飞蝗蔽天，食禾殆尽。

5. 万历三十八年（1610 年） 大蝗，为灾。

6. 万历四十四年（1616 年） 大旱，蝗起，流离载道。

7. 万历四十五年（1617 年） 大旱，飞蝗蔽天，赈荒使过庭训奏以入粟
为庠生，谓之粟生，又以捕蝗应格亦许
入庠，时谓之蝗生。（李悦心诗：丙辰
丁巳俱飞蝗，结阵排空蔽日光。过处食
苗复食穗，捕来盈窖更盈仓。井里十九
缺晨炊，商贾百千贩女郎。当事有怀何
所惜，矢心调燮格穹苍。）

8. 天启六年（1626 年） 夏旱，蝗大起，冲天翳日，禾苗一空。

9. 崇祯十一年（1638 年） 麦后，大蝗。

10. 崇祯十二年（1639 年） 旱，蝗飞蔽天，状如黑云，声如风雨，至
秋，蝗蝻复生，为害更重。

11. 清康熙十一年（1672 年） 六月，飞蝗蔽天；秋，蝻生，未甚伤稼。

12. 嘉庆十九年（1814 年） 夏，飞蝗遍野，蜂螫蝗死，禾不受害。

13. 道光十八年（1838 年） 飞蝗过境，蝻生遍野，雨后，蛤蟆食之，
禾不受害。

14. 同治二年（1863 年） 忽有无数小蛤蟆，自北而南见蝗蝻便吞

食，不日而尽，蝗患始息。

原载光绪《曹州府曹县志》卷十八《杂稽志·灾祥》，光绪十年刻本

《曹县志》

1. 清宣统元年（1909 年）		秋，蝗虫自东南飞来，谷物被吃光。
2. 民国三十三年（1944 年）		麦收后，飞蝗由东南飞来，数日后，向北飞出县境；六月，蝗蝻生，遍地皆是，早晨向东行，午间向北行，房屋墙垣不能阻，所到之处作物被食一空。
3. 民国三十八年（1949 年）		夏，全县 273 个村发生蝗虫，损坏谷地 8 008 亩。

原载《曹县志》自然灾害，中华书局 2000 年版

道光 《城武县志》

1. 明正统十四年（1449 年）		飞蝗蔽天。
2. 正德七年（1512 年）		秋七月，飞蝗蔽日，食稼殆尽。
3. 万历四十四年（1616 年）		大旱，蝗起，青、齐尤甚，妇女贩卖，流亡载道。
4. 万历四十五年（1617 年）		大旱，蝗飞蔽天，赈荒直指使过庭训奏，以入粟为庠生，时谓之粟生，又以捕蝗应格亦许入庠，时谓之蝗生。
5. 万历四十六年（1618 年）		大旱，蝗蔽天，赈荒。
6. 天启六年（1626 年）		夏旱，蝗大起，冲天翳日，所过禾苗一空。
7. 崇祯十年（1637 年）		大旱蝗。

原载道光《城武县志》卷十三《外志·祥祲》，道光十年刻本

《成武县志》

1. 民国三十一年（1942 年）		七月，严重蝗灾，县抗日民主政府发动群众采取多种方式开展灭蝗和生产自救。

2. 民国三十二年（1943 年）　　　夏，蝗发生，大片禾苗、树叶吃光，县委根据行署关于"扑灭蝗灾，抢救秋禾"的指示，把捕蝗当作中心工作，动员区县干部组织广大群众，统一指挥，划片负责，分工扑打，昼夜奋战在灭蝗第一线，基本战胜了蝗灾，保住了禾苗。

原载《成武县志》大事记，齐鲁书社 1992 年版

康熙《单县志》

1. 鲁宣公十五年（前 594 年）　　　冬，蝝生，饥。是时宣公初税亩，乱先王制而为食，故有是应。

2. 哀公十二年（前 483 年）　　　冬十有二月，螽。季孙问仲尼，仲尼曰：丘闻之，火伏而后蛰者毕，今火犹西流，司历过也。

原载康熙《单县志》卷一《方舆志·祥异志》，康熙五十六年刻本

乾隆《单县志》

唐开成五年（840 年）　　　秋，郓、曹、濮等州螟蝗害稼。

原载乾隆《单县志》卷三《五行志·灾祥》，乾隆二十四年刻本

民国《单县志》

1. 东晋太元十五年（390 年）　　八月，兖州蝗。
2. 北魏太和六年（482 年）　　　八月，徐、兖、济、豫等州蝗害稼。
3. 唐贞观三年（629 年）　　　五月，戴州蝗。
4. 大和七年（833 年）　　　秋，郓、曹、濮等州螟蝗害稼。
5. 宋淳化三年（992 年）　　　单州有蝗，蛾抱草自死。
6. 至道三年（997 年）　　　七月，单州蝻生。
7. 宝元二年（1039 年）　　　六月，曹、濮、单三州蝗。
8. 崇宁四年（1105 年）　　　河南北诸州连岁大蝗，山东尤甚。

9. 明正统五年（1440 年） 兖州蝗。

10. 正统六年（1441 年） 东昌、兖州诸府蝗。

11. 天顺二年（1458 年） 四月，兖州蝗。

12. 正德十五年（1520 年） 秋，飞蝗蔽天。

13. 正德十六年（1521 年） 飞蝗蔽天，尤甚。

14. 天启二年（1622 年） 蝗食禾苗，岁饥。

15. 崇祯十三年（1640 年） 蝗旱，大饥，斗米价银三两，人相食。

16. 清道光十七年（1837 年） 夏，蝗。

17. 咸丰三年（1853 年） 夏，蝗。

原载民国《单县志》卷十四《灾祥志·物异》，民国十八年石印本

《单县志》

1. 明万历四十三年（1615 年） 七月，旱蝗。

2. 崇祯十二年（1639 年） 山东等大旱蝗。

3. 崇祯十四年（1641 年） 大旱蝗。

原载《单县志》自然灾害·旱灾，山东人民出版社 1996 年版

4. 民国三十二年（1943 年） 七月，飞蝗由北向南遮天蔽日，蝗落处禾苗、树叶皆被吃光，县委组织群众灭蝗。

原载《单县志》大事记，山东人民出版社 1996 年版

道光《巨野县志》

1. 唐开元四年（716 年） 夏，蝗食稼，声如风雨。

2. 开成五年（840 年） 秋，螟蝗害稼。

3. 宋建隆三年（962 年） 济州等十余州苗皆槁，蟓生。

4. 大中祥符四年（1011 年） 兖属有螽，青色。

5. 元元贞二年（1296 年） 六月，蝗。

6. 至大二年（1309 年） 七月，蝗，大饥。

7. 泰定元年（1324 年） 夏六月，济宁路蝗。

8. 至顺元年（1330 年） 五月，蝗。

9.　　至顺三年（1332 年）　　　　　夏，蝗。

10. 明正统六年（1441 年）　　　　　兖州诸属蝗。

11.　　天顺二年（1458 年）　　　　　四月，兖属蝗。

12.　　万历三十九年（1611 年）　　　蝗。

13.　　万历四十年（1612 年）　　　　蝗。

14.　　万历四十三年（1615 年）　　　夏，旱蝗，大饥，民相食，骨肉不相保。

15.　　万历四十四年（1616 年）　　　蝗蝻生。

16.　　崇祯十四年（1641 年）　　　　蝗虫遍野。

17.　　崇祯十五年（1642 年）　　　　蝗虫遍野。

18.　　崇祯十六年（1643 年）　　　　蝗虫遍野。

19. 清道光十五年（1835 年）　　　　闰六月，蝗。

20.　　道光十七年（1837 年）　　　　秋七月，蝗。

21.　　道光十八年（1838 年）　　　　六月，蝗，知县躬率乡民扑捕，禾稼不伤。

原载道光《巨野县志》卷二《编年志》，道光二十六年刻本

万历《巨野县志》

1. 元泰定四年（1327 年）　　　　　蝗。

2.　　至元四年（1338 年）　　　　　六月，蝗。

原载万历《巨野县志》卷八《杂志·灾异》，天启三年刻本

民国《续修巨野县志》

1. 清咸丰六年（1856 年）　　　　　秋七月，蝗蝻生。

2.　　同治八年（1869 年）　　　　　夏，飞蝗食禾几尽。

原载民国《续修巨野县志》卷一《编年志》，民国十年刻本

《巨野县志》

1. 民国十七年（1928 年）　　　　　秋，蝗虫成灾。

2. 民国三十年（1941 年）　　　　　秋，蝗虫成灾。

3. 民国三十一年（1942 年）　　　　秋，蝗虫为害，庄稼歉收。飞蝗从西北入

巨野，遮天盖地，高粱、谷子每棵有蝗数十个，每人每天可手捉飞蝗 30 余千克，秋作物减产七成多，许多树木也被飞蝗吃得光秃无叶。

原载《巨野县志》大事记，齐鲁书社 1996 年版

光绪《郓城县志》

1. 唐开成五年（840 年）	夏，螟蝗害稼。
2. 明崇祯十二年（1639 年）	蝗灾，平地尺许，禾草、树叶一空，大饥，人相食。
3. 清道光十五年（1835 年）	六月，飞蝗至。
4.　道光十八年（1838 年）	四月，蝗蝻生。
5.　咸丰六年（1856 年）	七月，蝗蝻生。
6.　咸丰七年（1857 年）	六月，飞蝗蔽日；七月，蝗蝻生。
7.　同治八年（1869 年）	夏，飞蝗食禾几尽。
8.　光绪二年（1876 年）	夏，飞蝗云集，食草殆尽，而豆得收。

原载光绪《郓城县志》卷九《灾祥志》，光绪十九年刻本

《郓城县志》

1. 清道光十二年（1832 年）	六月，飞蝗弥天。
2. 民国十七年（1928 年）	蝗灾，禾苗被吃大半，歉收。
3. 民国三十二年（1943 年）	秋，飞蝗蔽日，声若风雨，蝗过禾秃，民大饥。

原载《郓城县志》自然灾害·虫灾年表，齐鲁书社 1992 年版

六、济宁市

《济宁市志》

| 1. 鲁桓公五年（前 707 年） | 秋，鲁螽。 |

2. 元至大二年（1309 年）	四月，金乡、汶上蝗；七月，济宁、金乡、汶上蝗，大饥。
3. 明崇祯十三年（1640 年）	夏，邹县蝗蝻生，济宁、滋阳、嘉祥旱蝗，大饥。①
4. 崇祯十四年（1641 年）	济宁旱蝗，人相食。
5. 清康熙十一年（1672 年）	夏，邹县蝗蝻生，飞则蔽天掩日，止则积野折枝。
6. 咸丰五年（1855 年）	济宁、嘉祥蝗灾。
7. 咸丰六年（1856 年）	济宁、金乡、滋阳蝗灾。
8. 咸丰七年（1857 年）	济宁、金乡、滋阳蝗灾，曲阜蝗灾，五谷不登。
9. 民国八年（1919 年）	蝗灾。
10. 民国九年（1920 年）	蝗灾。
11. 民国十年（1921 年）	蝗灾。
12. 民国十六年（1927 年）	蝗灾特重，田禾尽食。
13. 民国十七年（1928 年）	蝗灾特重，田禾尽食，饿莩载道。
14. 民国十八年（1929 年）	蝗灾，饿莩载道。
15. 民国十九年（1930 年）	蝗灾，饿莩载道。
16. 民国二十年（1931 年）	蝗灾。
17. 民国二十一年（1932 年）	蝗灾。
18. 民国二十二年（1933 年）	蝗灾。
19. 民国二十三年（1934 年）	蝗灾。
20. 民国二十九年（1940 年）	蝗灾。

原载《济宁市志》自然灾害·蝗害，中华书局 2002 年版

道光《济宁直隶州志》

1. 宋建隆三年（962 年）	夏，大旱，济州等十余州苗皆稿，蝝生。
2. 元元贞二年（1296 年）	五月，蝗。
3. 至大二年（1309 年）	七月，蝗，大饥。

---

① 邹县：旧县名，1992 年改设今山东邹城市；滋阳：旧县名，治所在今山东兖州。

4. 　泰定元年（1324 年）　　　　　　六月，有蝗。

5. 　泰定三年（1326 年）　　　　　　五月，蝗。

6. 　至顺三年（1332 年）　　　　　　蝗。

7. 明永乐四年（1406 年）　　　　　　蝗，发粟赈济。

8. 　正统十二年（1447 年）　　　　　旱蝗。

9. 　正德四年（1509 年）　　　　　　旱蝗。

10. 　嘉靖八年（1529 年）　　　　　　旱蝗。

11. 　崇祯十三年（1640 年）　　　　　旱蝗，大饥。

12. 　崇祯十四年（1641 年）　　　　　旱蝗，大饥，人相食。

13. 清乾隆九年（1744 年）　　　　　　鱼台蝗。

14. 　嘉庆七年（1802 年）　　　　　　蝗，不为灾。

15. 　嘉庆八年（1803 年）　　　　　　蝗，不为灾。

16. 　道光四年（1824 年）　　　　　　蝗。

17. 　道光五年（1825 年）　　　　　　蝗旱。

18. 　道光十五年（1835 年）　　　　　秋，蝗。

19. 　道光十七年（1837 年）　　　　　蝗。

　　　　　　　　　原载道光《济宁直隶州志》卷一《五行志》，咸丰九年刻本

咸丰《济宁直隶州续志》

1. 清咸丰六年（1856 年）　　　　　　旱，蝗灾，秋无禾。

2. 　咸丰七年（1857 年）　　　　　　有蝗，不为灾。

　　　　　　　　　原载咸丰《济宁直隶州续志》卷一《五行志》，咸丰九年刻本

《嘉祥县志》

1. 元至大二年（1309 年）　　　　　　七月，蝗，大饥。

2. 　泰定元年（1324 年）　　　　　　六月，蝗。

3. 　至正十一年（1351 年）　　　　　山东蝗。

4. 明永乐四年（1406 年）　　　　　　蝗。

5. 　正统元年（1436 年）　　　　　　旱蝗。

6. 　正统十二年（1447 年）　　　　　旱蝗。

7.	成化八年（1472 年）	虫蝗。
8.	弘治十四年（1501 年）	虫蝗。
9.	嘉靖二年（1523 年）	八月，旱蝗。
10.	嘉靖八年（1529 年）	旱蝗。
11.	嘉靖十二年（1533 年）	旱蝗，民饥。
12.	嘉靖四十三年（1564 年）	旱蝗。
13.	隆庆三年（1569 年）	旱蝗。
14.	万历十二年（1584 年）	旱蝗。
15.	万历二十四年（1596 年）	旱蝗，秋，蝻生。
16.	万历四十三年（1615 年）	旱蝗。
17.	崇祯十一年（1638 年）	旱蝗。
18.	崇祯十二年（1639 年）	旱蝗。
19.	崇祯十三年（1640 年）	旱，蝗灾，民饥，死十之八九。
20.	崇祯十四年（1641 年）	旱蝗。
21.	清康熙二十五年（1686 年）	秋，蝗蝻生。
22.	康熙二十九年（1690 年）	蝗灾。
23.	康熙三十年（1691 年）	蝗灾。
24.	康熙三十二年（1693 年）	蝗虫遍野。
25.	道光四年（1824 年）	旱蝗。
26.	道光十五年（1835 年）	秋，蝗。
27.	道光十七年（1837 年）	蝗。
28.	咸丰五年（1855 年）	秋，蝗食禾。
29.	同治三年（1864 年）	秋，蝗。
30.	同治四年（1865 年）	秋，旱蝗。
31.	宣统二年（1910 年）	秋，旱蝗。
32.	民国八年（1919 年）	蝗灾。
33.	民国九年（1920 年）	旱蝗。
34.	民国二十年（1931 年）	秋，蝗灾，飞蝗遮天盖地，家家户户敲打盆、锣震蝗，农作物毁坏惨重。
35.	民国三十一年（1942 年）	蝗灾。

原载《嘉祥县志》病虫害年表，山东人民出版社 1997 年版

咸丰《金乡县志略》

1. 唐开元三年（715 年）　　　　　　山东大蝗，民间焚香设祭无敢杀，姚崇奏
　　　　　　　　　　　　　　　　　　　　遣御史督州县捕瘗之。

2.　　开元四年（716 年）　　　　　　蝗又起。

3. 宋建隆三年（962 年）　　　　　　济、郓等十余州螽生。

4. 元至正十九年（1359 年）　　　　　山东蝗，飞蔽天日，人马不能行。

5. 明永乐四年（1406 年）　　　　　　蝗，诏发粟赈济。

6.　　正统十二年（147 年）　　　　　旱蝗。

7.　　正德四年（1509 年）　　　　　　旱蝗。

8.　　嘉靖八年（1529 年）　　　　　　旱蝗。

9.　　崇祯十三年（1640 年）　　　　　旱蝗，大饥。

10. 清道光四年（1824 年）　　　　　　蝗。

11.　道光五年（1825 年）　　　　　　蝗旱，缓征旧赋。

12.　道光十七年（1837 年）　　　　　蝗。

13.　咸丰六年（1856 年）　　　　　　旱蝗，缓征钱粮。

14.　咸丰七年（1857 年）　　　　　　秋，有蝗，不为灾。

　　　　　　原载咸丰《金乡县志略》卷十一《事纪》，同治元年刻本

《金乡县志》

民国八年（1919 年）　　　　　　　蝗蝻灾害，庄稼吃光。

　　　　原载《金乡县志》自然灾害，生活·读书·新知三联书店 1996 年版

光绪《鱼台县志》

1. 唐开成五年（840 年）　　　　　　夏，郓、曹、青、兖四州螟蝗害稼。

2. 元元贞二年（1296 年）　　　　　　六月，蝗。

3. 清咸丰六年（1856 年）　　　　　　夏，蝗食麦；秋，蝗伤禾。

　　　　　原载光绪《鱼台县志》卷一《方舆志·灾祥》，光绪十五年刻本

《鱼台县志》

1. 明成化二十一年（1485 年）	至秋无雨，蝗虫遍地，作物无收。
2. 嘉靖七年（1528 年）	蝗虫毁麦，秋，幼蝗羽化遮天蔽日，作物尽毁。
3. 崇祯十三年（1640 年）	大旱，独山、昭阳等湖尽涸，蝗虫遍地。
4. 光绪三十四年（1908 年）	六月，蝗旱，飞蝗铺天盖地，所到庄稼全被吃光。
5. 民国十八年（1929 年）	大旱，蝗灾。

原载《鱼台县志》大事记，山东人民出版社 1997 年版

6. 民国二十六年（1937 年）　　　夏，飞蝗蔽天，蜂拥而至，所过之处农作物、树叶全被吃光，村内水井、灶台到处爬满蝗虫。

原载《鱼台县志》自然灾害，山东人民出版社 1997 年版

《微山县志》

1. 东汉延熹元年（158 年）　　　六月，彭城、泗水涨逆，诏：蝗虫为害，水患又至，所灾郡国应种芜菁，佐口粮不足。

2. 元至元二十六年（1289 年）	秋七月，蝗。
3. 大德四年（1300 年）	五月，济宁、徐州蝗。
4. 至大二年（1309 年）	夏四月，东平、东昌、济宁等处蝗；秋七月，济宁、曹、濮等州蝗。
5. 延祐六年（1319 年）	六月，济宁路蟓虫害稼。
6. 至治二年（1322 年）	济宁、濮州、益都诸县卫及诸卫屯田蝗。
7. 泰定四年（1327 年）	济南、济宁、南阳等八路属县蝗。
8. 致和元年（1328 年）	五月，济宁蝗。
9. 至顺元年（1330 年）	五月，济宁、东平蝗；秋七月，济宁蝗。
10. 至正十九年（1359 年）	五月，山东、河南等处飞蝗蔽天，人马不能行，所落沟堑皆平，民大饥。
11. 明成化二十一年（1485 年）	鱼台不雨，蝗蟓遍地，人相食。

12.	嘉靖十八年（1539 年）	滕县蝗蟓害稼尤甚，室庐床榻皆满。
13.	天启六年（1626 年）	多雨，遍地起蝗，损田十之七八。
14.	崇祯十三年（1640 年）	夏旱，湖水涸，蝗蟓遍野。
15.	崇祯十五年（1642 年）	有蝗灾。
16.	清康熙六十一年（1722 年）	鱼台湖水尽涸，蝗蟓遍地，人多饿死。
17.	道光七年（1827 年）	春，湖水始涸，蝗蟓遍野，麦菽皆啮尽。
18.	咸丰五年（1855 年）	秋，蝗食禾。
19.	咸丰六年（1856 年）	夏旱，有蝗灾，民饥。
20.	同治三年（1864 年）	秋，蝗。
21.	光绪三十四年（1908 年）	鱼台旱蝗。
22.	民国十年（1921 年）	五月，沿湖地区发生蝗灾，飞蝗遮天盖地，庄稼被吃光。
23.	民国二十五年（1936 年）	沛县沿湖发生蝗灾，有蝗面积 30 千米²。

原载《微山县志》建县前自然灾害，山东人民出版社 1997 年版

康熙《邹县志》

1.	明崇祯十三年（1640 年）	夏，蝗蟓生。
2.	清康熙十一年（1672 年）	夏，蝗蟓生，自徐淮来，入邹境，飞则蔽天掩日，止则积野折枝，官民惊惧，急督民捕捉，蝗被鞭死者积地盈尺，麦无伤。
3.	康熙三十四年（1695 年）	有蝗自西南来，落地尺余，知县亲率官民分路捕捉，赏以钱，以示鼓励，不为灾。
4.	康熙五十年（1711 年）	六月，飞蝗南来，落山阴等村十余里，经宿遗子而去。旬日后，知县督官民于烈日盛暑中昼夜扑捕数日，尺灭，禾稼无伤。

原载康熙《邹县志》卷三《政事部·灾乱志》，康熙五十五年刻本

光绪《邹县续志》

1.	清康熙六十一年（1722 年）	蝗。

2. 道光六年（1826 年）　　　　　　秋，蝗。

3. 道光十八年（1838 年）　　　　　　夏，有蝻。

原载光绪《邹县续志》卷一《天文志·祥异》，光绪十八年刻本

《兖州市志》

1. 清咸丰六年（1856 年）　　　　　　大旱，蝗虫成灾。

2. 咸丰七年（1857 年）　　　　　　　春，蝗虫为患，大饥。

3. 咸丰八年（1858 年）　　　　　　　旱，蝗虫为患。

4. 咸丰九年（1859 年）　　　　　　　秋旱，蝗虫成灾。

5. 光绪十一年（1885 年）　　　　　　秋旱，蝗虫成灾，农作物歉收。

6. 宣统元年（1909 年）　　　　　　　秋，蝗虫成灾。

7. 民国十三年（1924 年）　　　　　　七月，蝗虫成灾，作物多被吃光。

8. 民国二十年（1931 年）　　　　　　八月，蝗虫成灾，秋禾歉收。

9. 民国三十一年（1942 年）　　　　　七月，蝗虫成灾。

10. 民国三十二年（1943 年）　　　　　秋，蝗虫飞落县西南，绝收。

原载《兖州市志》自然灾害，山东人民出版社 1997 年版

康熙《兖州府志》

1. 鲁宣公十五年（前 594 年）　　　　冬，螽生，饥。

2. 哀公十二年（前 483 年）　　　　　冬十二月，螽，季孙问仲尼，仲尼曰：丘
　　　　　　　　　　　　　　　　　　闻之，火伏而后蛰者毕，今火犹西流，
　　　　　　　　　　　　　　　　　　司历过也。

3. 唐天宝四年（745 年）　　　　　　　寿张蝗不入境。

4. 开成五年（840 年）　　　　　　　　夏，郓、曹、青、兖四州螟蝗害稼。

5. 宋淳熙元年（1174 年）　　　　　　四月，济阴蝗自北飞来，亘天有声。

6. 元泰定元年（1324 年）　　　　　　夏六月，东平、济阴蝗。

7. 明正统十四年（1449 年）　　　　　曹州定陶飞蝗蔽天。

8. 成化二十一年（1485 年）　　　　　至秋不雨，蝗蝻遍野，人相食。

9. 弘治六年（1493 年）　　　　　　　费县飞蝗蔽天。

10. 正德七年（1512 年）　　　　　　　曹州定陶蝗。

11.	正德十五年（1520 年）	单县飞蝗蔽天。
12.	嘉靖七年（1528 年）	夏，沂州费县蝗蝻食二麦；秋，飞蝗蔽天，尽伤禾稼。
13.	嘉靖十二年（1533 年）	秋七月，飞蝗蔽野。
14.	嘉靖十四年（1535 年）	阳谷飞蝗蔽天，苗稼灾。
15.	嘉靖十五年（1536 年）	阳谷飞蝗遍生。
16.	嘉靖二十二年（1543 年）	夏，定陶飞蝗蔽天，禾不能擎，栖于树，枝为之折。
17.	崇祯十三年（1640 年）	连岁蝗旱，斗米银三两，父子相食。

原载康熙《兖州府志》卷三十九《灾祥志》，康熙二十五年刻本

乾隆《兖州府志》

1.	清康熙六十一年（1722 年）	蝗蝻遍地，人多饿死。
2.	乾隆九年（1744 年）	滋阳、宁阳、鱼台蝗。
3.	乾隆十五年（1750 年）	汶上蝗。
4.	乾隆十七年（1752 年）	滋阳蝗。
5.	乾隆三十年（1765 年）	滋阳、宁阳蝗。

原载乾隆《兖州府志》卷三十《灾祥志》，乾隆三十五年刻本

乾隆《曲阜县志》

1.	鲁桓公五年（前 707 年）	秋，大雩，螽。
2.	僖公十五年（前 645 年）	秋八月，螽。
3.	文公八年（前 619 年）	螽。
4.	宣公六年（前 603 年）	秋八月，螽。
5.	宣公十三年（前 596 年）	秋，螽。
6.	宣公十五年（前 594 年）	秋，螽，初税亩；冬，蝝生，饥。
7.	襄公七年（前 566 年）	八月，螽。
8.	哀公十二年（前 483 年）	冬十有二月，螽。
9.	哀公十三年（前 482 年）	秋九月，螽；冬十有二月，螽。
10.	东汉永平十五年（72 年）	蝗。

11.	永初四年（110 年）	夏四月，蝗。
12.	永初五年（111 年）	蝗，举贤良方正、有道直言极谏之士及至孝者。
13.	东晋大兴元年（318 年）	秋八月，蝗。
14.	太元十五年（390 年）	秋八月，蝗。
15.	北魏太和六年（482 年）	秋八月，蝗害稼。
16.	唐开元三年（715 年）	大蝗。
17.	开元四年（716 年）	蝗，敕察捕蝗者勤惰以闻。
18.	长庆二年（822 年）	夏四月，蝗。
19.	开成五年（840 年）	夏，螟蝗害稼。
20.	宋建隆元年（960 年）	蝝生。
21.	建隆三年（962 年）	秋七月，蝝生。
22.	淳化三年（992 年）	秋七月，蝗。
23.	元至元二十七年（1290 年）	夏，蝗。
24.	元贞二年（1296 年）	夏六月，蝗，颁官吏受赇格。
25.	大德四年（1300 年）	旱蝗。
26.	大德七年（1303 年）	夏，蝗。
27.	泰定元年（1324 年）	夏六月，蝗。
28.	泰定四年（1327 年）	秋，蝗。
29.	天历二年（1329 年）	夏六月，旱蝗，饥。
30.	至顺元年（1330 年）	夏五月，蝗。
31.	明洪武七年（1374 年）	夏六月，蝗。
32.	永乐元年（1403 年）	蝗，饥。
33.	永乐十一年（1413 年）	诏郡县官捕境内蝗蝻。
34.	永乐十四年（1416 年）	秋七月，蝗。
35.	宣德九年（1434 年）	旱蝗，饥。
36.	宣德十年（1435 年）	夏四月，蝗。
37.	正统五年（1440 年）	夏，蝗。
38.	正统六年（1441 年）	夏，蝗。
39.	天顺二年（1458 年）	夏四月，蝗。
40.	成化三年（1467 年）	秋八月，旱蝗。
41.	嘉靖三十三年（1554 年）	夏，旱蝗。

42.	隆庆三年（1569 年）	闰六月，旱蝗。
43.	万历三十七年（1609 年）	秋九月，蝗。
44.	万历三十八年（1610 年）	夏，旱蝗，饥，赈之。
45.	万历四十三年（1615 年）	秋，大旱蝗，留税银赈之。
46.	万历四十四年（1616 年）	夏，旱蝗，饥，人相食。
47.	万历四十七年（1619 年）	秋八月，蝗。
48.	天启六年（1626 年）	旱蝗。
49.	崇祯十年（1637 年）	秋七月，蝗，民大饥。
50.	崇祯十一年（1638 年）	夏六月，大旱蝗。
51.	崇祯十二年（1639 年）	夏六月，旱蝗。
52.	崇祯十三年（1640 年）	夏，旱蝗。
53.	崇祯十四年（1641 年）	夏六月，旱蝗，大饥。
54.	清康熙四十八年（1709 年）	严捕蝗不力之例。
55.	雍正元年（1723 年）	秋七月，蝗，平地深数尺，不为灾。
56.	乾隆八年（1743 年）	夏五月，蝗来，不为灾。

原载乾隆《曲阜县志》卷十五至三十五《通编》，乾隆三十九年刻本

民国《续修曲阜县志》

1.	清咸丰七年（1857 年）	雹、旱、蝗三灾均有，五谷不登，人相食。
2.	光绪二十四年（1898 年）	蝗虫为灾，毁伤谷穗殆尽。
3.	民国三年（1914 年）	春，蝗蝻生，不甚为灾。
4.	民国八年（1919 年）	七月，有蝗自西南来，损害秋禾。
5.	民国十六年（1927 年）	秋，飞蝗蔽天，蝻生遍野，秋禾食之殆尽。

原载民国《续修曲阜县志》卷二《舆地志·灾祥》，民国二十三年铅印本

《曲阜市志》

| 1. | 民国十七年（1928 年） | 六月，蝗虫由县西南而东北遮天蔽日，城西徐家村等庄稼均被吃光。 |
| 2. | 民国二十三年（1934 年） | 六月，蝗灾，田间路上积蝻达四指厚，多数秋作被吃绝产。 |

3. 民国二十八年（1939 年）　　　　　　六月，蝗虫由南来，田禾被其吃光。

原载《曲阜市志》自然灾害，齐鲁书社 1993 年版

光绪《滋阳县志》

1. 明崇祯十三年（1640 年）　　　　　旱蝗，大饥。
2. 　崇祯十五年（1642 年）　　　　　飞蝗蔽日，集树枝折。
3. 清乾隆三十年（1765 年）　　　　　旱蝗。
4. 　咸丰六年（1856 年）　　　　　　旱蝗。
5. 　咸丰七年（1857 年）　　　　　　秋，旱蝗。
6. 　光绪十一年（1885 年）　　　　　七月，旱蝗。

原载光绪《滋阳县志》卷六《灾祥志》，光绪十四年刻本

光绪《泗水县志》

1. 　明正德十四年（1519 年）　　　　飞蝗蔽天，害稼。
2. 　嘉靖十七年（1538 年）　　　　　飞蝗蔽天，害稼。
3. 　嘉靖三十七年（1558 年）　　　　蝗害稼，入人家舍，床榻为满。
4. 　万历七年（1579 年）　　　　　　夏，蝗蝻遍野，害稼，民饥。
5. 　万历二十四年（1596 年）　　　　蝗蝻出境。
6. 　天启五年（1625 年）　　　　　　蝗蝻害稼。
7. 　崇祯八年（1635 年）　　　　　　蝗蝻害稼。
8. 　崇祯九年（1636 年）　　　　　　蝗蝻害稼。
9. 　崇祯十二年（1639 年）　　　　　螽蝝害稼，野无青草，大饥，人相食。
10. 　崇祯十三年（1640 年）　　　　　螽蝝害稼，野无青草，大饥，人相食。
11. 清道光十七年（1837 年）　　　　　蝗蝻伤稼，逃散饿死者众。
12. 　道光十八年（1838 年）　　　　　蝗蝻伤稼，逃散饿死者众。

原载光绪《泗水县志》卷十四《灾祥志》，光绪十九年刻本

《泗水县志》

1. 民国十六年（1927 年）　　　　　　蝗虫成灾，庄稼吃光。

2. 民国三十一年（1942 年）　　　秋，先遭蝗虫，后遭米螟，庄稼吃光。

　　　　　　原载《泗水县志》自然灾害，山东人民出版社 1991 年版

万历《汶上县志》

1. 明嘉靖三十九年（1560 年）　　秋，汶上蝗生，平地厚寸许，禾稼、树叶
　　　　　　　　　　　　　　　　一空，入人户，衣服、书籍多残毁，后
　　　　　　　　　　　　　　　　生飞虫如蜂，啮蝗首杀之。

2. 　隆庆三年（1569 年）　　　　蝗生。

3. 　万历二十五年（1597 年）　　秋，蝗生。

4. 　万历三十四年（1606 年）　　夏，飞蝗蔽天；秋，螣生。

　　　　　原载万历《汶上县志》卷七《杂志·灾祥》，康熙五十六年刻本

康熙《续修汶上县志》

1. 明崇祯十三年（1640 年）　　　大旱蝗，斗米三金，父子兄弟相食。

2. 清康熙二十五年（1686 年）　　秋，蝗螟生。

3. 　康熙二十九年（1690 年）　　蝗灾。

4. 　康熙三十年（1691 年）　　　蝗灾。

5. 　康熙三十三年（1694 年）　　蝗虫遍野。

　　　　　原载康熙《续修汶上县志》卷五《杂志·灾祥》，康熙五十六年刻本

《汶上县志》

1. 金大定十四年（1174 年）　　　蝗灾。

2. 元元贞二年（1296 年）　　　　蝗灾。

3. 　至大二年（1309 年）　　　　四月，蝗灾；七月，又蝗灾。

4. 　泰定元年（1324 年）　　　　蝗灾。

5. 　至顺元年（1330 年）　　　　蝗灾。

6. 　至正十九年（1359 年）　　　五月，蝗飞蔽天。

7. 明嘉靖三十九年（1560 年）　　秋，蝗灾，平地厚寸许，禾苗尽没。

8. 　嘉靖四十一年（1562 年）　　秋，螣虫生，食禾殆尽。

9.　万历二十四年（1596 年）　　　　蝗灾。

10. 清乾隆十二年（1747 年）　　　　夏旱，蝗灾，民大饥。

11.　乾隆十八年（1753 年）　　　　五月，蝗灾。

12.　嘉庆八年（1803 年）　　　　　秋，蛹虫生，庄稼几尽。

13.　光绪十八年（1892 年）　　　　八月，蝗灾。

14.　光绪二十六年（1900 年）　　　七月，飞蝗蔽天。

15. 民国八年（1919 年）　　　　　秋，蝗灾。

16. 民国二十六年（1937 年）　　　七月，蝗虫自南而北过县境，作物被吃光，
　　　　　　　　　　　　　　　　越十日，幼蛹起，新萌叶芽又啃光。

原载《汶上县志》大事记，中州古籍出版社 1996 年版

17. 清咸丰六年（1856 年）　　　　六月，飞蝗蔽日，秋禾食尽，野无青草。

18. 民国三十一年（1942 年）　　　秋，飞蝗蔽日，树枝压折，屋顶、房檐、
　　　　　　　　　　　　　　　　锅台、炕头比比皆是，庄稼、树叶
　　　　　　　　　　　　　　　　啃光。

19. 民国三十四年（1945 年）　　　秋，蝗虫发生面积 65 万亩，经济损失 7 256
　　　　　　　　　　　　　　　　万元。

原载《汶上县志》自然灾害，中州古籍出版社 1996 年版

《梁山县志》

1. 民国三十二年（1943 年）　　　六月，发生大面积蝗灾，冀鲁豫行署发出
　　　　　　　　　　　　　　　　关于"扑灭蝗灾，抢救秋禾"的指示。

2. 民国三十三年（1944 年）　　　四月，飞蝗暴发，蝗蛹盖地，县区政府组
　　　　　　　　　　　　　　　　织群众挖沟土埋、人工扑打。

原载《梁山县志》大事记，新华出版社 1997 年版

七、泰安市

乾隆《泰安府志》

1. 唐开元三年（715 年）　　　　莱芜蝗。

2.　开元四年（716 年）　　　　蝗食稼，声如风雨。

3.	贞元二年（786 年）	夏，蝗，群飞蔽天，旬日，食禾稼、草木叶俱尽，饿殍枕野。
4.	开成五年（840 年）	夏，兖、郓二州螟蝗。
5.	后汉乾祐元年（948 年）	七月，郓州蝝生。
6.	宋景德四年（1007 年）	九月，须城、东阿蝗。
7.	淳熙元年（1174 年）	四月，东平蝗。
8.	蒙古中统四年（1263 年）	六月，东平蝗。
9.	至元五年（1268 年）	六月，东平蝗。
10.	元元贞二年（1296 年）	六月，须城蝗。
11.	至大二年（1309 年）	东平蝗。
12.	泰定元年（1324 年）	六月，东平蝗。
13.	泰定三年（1326 年）	须城蝗。
14.	至顺元年（1330 年）	五月，东平蝗。
15.	至元五年（1339 年）	六月，东平蝗。
16.	至正十九年（1359 年）	莱芜、须城、东阿蝗，食禾稼、草木俱尽，人相食。
17.	明永乐十五年（1417 年）	莱芜旱蝗。
18.	天顺元年（1457 年）	平阴蝗。
19.	天顺四年（1460 年）	夏，平阴复蝗。
20.	正德七年（1512 年）	平阴蝗害稼。
21.	嘉靖六年（1527 年）	平阴蝗。
22.	嘉靖七年（1528 年）	平阴又蝗。
23.	嘉靖八年（1529 年）	泰安、莱芜蝗。
24.	嘉靖九年（1530 年）	泰安又蝗。
25.	嘉靖十年（1531 年）	泰安、莱芜蝗。
26.	嘉靖二十一年（1542 年）	泰安蝗，不为灾。
27.	嘉靖三十四年（1555 年）	肥城旱蝗，豆禾几尽。
28.	嘉靖三十八年（1559 年）	新泰旱蝗。
29.	嘉靖三十九年（1560 年）	东平蝗伤禾稼。
30.	隆庆三年（1569 年）	夏，肥城蝗。
31.	万历十五年（1587 年）	莱芜蝗。
32.	万历二十四年（1596 年）	莱芜蝗。

33. 万历四十四年（1616 年）　　　七月，莱芜、肥城旱蝗。

34. 万历四十五年（1617 年）　　　新泰、莱芜、肥城复蝗，田禾俱尽，饿殍
　　　　　　　　　　　　　　　　枕野。

35. 天启二年（1622 年）　　　　　八月，新泰蝗，有秃鹜食之。

36. 天启五年（1625 年）　　　　　新泰蝗。

37. 崇祯十一年（1638 年）　　　　泰安、新泰旱蝗。

38. 崇祯十三年（1640 年）　　　　泰安、新泰、莱芜、肥城、平阴旱蝗，禾
　　　　　　　　　　　　　　　　稼俱尽。

39. 清康熙六十年（1721 年）　　　新泰、莱芜旱蝗。

40. 雍正元年（1723 年）　　　　　新泰、东阿旱蝗，泰安蝗，不为灾。

41. 雍正十二年（1734 年）　　　　新泰蝗不入境。

42. 乾隆九年（1744 年）　　　　　东平、东阿蝗。

43. 乾隆十七年（1752 年）　　　　东阿蝗。

44. 乾隆二十三年（1758 年）　　　六月，泰安蝗，群鸦啄食，不为灾。

45. 乾隆二十四年（1759 年）　　　六月，蝗。

原载乾隆《泰安府志》卷二十九《祥异志》，乾隆二十五年刻本

《泰安市志》

1. 民国元年（1912 年）　　　　　蝗虫自南来，遮天蔽日，进入良庄镇一带。

2. 民国三年（1914 年）　　　　　良庄镇一带蝗蝻生。

3. 民国八年（1919 年）　　　　　五月，泰安中、东部飞蝗大至；六月，蝻
　　　　　　　　　　　　　　　　生，厚者系二寸，侵及村庄，缘壁入人
　　　　　　　　　　　　　　　　家，谷菽食尽。

4. 民国十二年（1923 年）　　　　飞蝗蔽日，自西南进入邱家店一带，庄稼
　　　　　　　　　　　　　　　　尽毁。

5. 民国十四年（1925 年）　　　　六月，飞蝗自西南蔽日而来，进入北集坡
　　　　　　　　　　　　　　　　一带，将高粱、玉米、谷子悉数吃光。

6. 民国十五年（1926 年）　　　　邱家店遭蝗灾，减产五成。

7. 民国十六年（1927 年）　　　　秋，范镇蝗灾，角峪镇一带飞蔽日，地面、
　　　　　　　　　　　　　　　　墙壁爬满蝗虫，未几蝻虫成堆，玉米、
　　　　　　　　　　　　　　　　谷子基本吃光。

8. 民国十九年（1930 年）　　　　省庄镇一带飞蝗自西南遮天盖地而来，呼
　　　　　　　　　　　　　　　　　呼作响，落到地下，食尽庄稼。

9. 民国二十三年（1934 年）　　　粥店一带蝗蝻遮地，毁禾无数。

10. 民国二十九年（1940 年）　　　五月，良庄一带飞蝗遮天蔽日，自西南来，
　　　　　　　　　　　　　　　　　落地将禾苗食尽；六月，蝻生，良庄乡
　　　　　　　　　　　　　　　　　捕蝗者逾万人。

11. 民国三十二年（1943 年）　　　秋，道朗、夏张、角峪镇发生严重蝗灾，庄
　　　　　　　　　　　　　　　　　稼大部绝产，夏张一带蝗虫落在树上，树
　　　　　　　　　　　　　　　　　枝折断。

12. 民国三十三年（1944 年）　　　夏，夏张镇蝗蝻成灾。

原载《泰安市志》自然灾害，齐鲁书社 1996 年版

民国《重修泰安县志》

1. 明嘉靖八年（1529 年）　　　　泰安蝗。

2. 　嘉靖九年（1530 年）　　　　泰安又蝗。

3. 　嘉靖十年（1531 年）　　　　泰安又蝗。

4. 　嘉靖二十一年（1542 年）　　泰山蝗，不为灾。

5. 　天启二年（1622 年）　　　　秋七月，蝗。

6. 　崇祯十一年（1638 年）　　　旱蝗，大饥，人相食。

7. 　崇祯十二年（1639 年）　　　旱蝗，大饥，人相食。

8. 　崇祯十三年（1640 年）　　　旱蝗，大饥，人相食。

9. 　清雍正二年（1724 年）　　　蝗，不为灾。

10. 　雍正十二年（1734 年）　　　秋，蝗。

11. 　乾隆二十三年（1758 年）　　六月，蝗，有群鸟食之，不为灾。

12. 　乾隆二十四年（1759 年）　　六月，蝗；秋，蝻生，寻扑灭之。

13. 　同治九年（1870 年）　　　　蝗，伤秋禾将半。

14. 　光绪四年（1878 年）　　　　蝗。

15. 民国九年（1920 年）　　　　　夏，西乡蝗蝻生，不为灾。

原载民国《重修泰安县志》卷一《舆地志·灾祥》，民国十八年铅印本

光绪 《肥城县志》

1. 明嘉靖六年 （1527 年）　　　　　　蝗。
2. 　嘉靖七年 （1528 年）　　　　　　　蝗。
3. 　嘉靖二十八年 （1549 年）　　　　　蝗。
4. 　嘉靖三十四年 （1555 年）　　　　　旱，蝗食禾殆尽。
5. 　隆庆三年 （1569 年）　　　　　　　旱蝗。
6. 　万历四十三年 （1615 年）　　　　　旱蝗。
7. 　万历四十四年 （1616 年）　　　　　旱蝗。
8. 　万历四十五年 （1617 年）　　　　　复蝗，大饥，人相食，死者无数。
9. 　崇祯八年 （1635 年）　　　　　　　飞蝗蔽天，害稼。
10. 　崇祯十三年 （1640 年）　　　　　　旱蝗，禾稼俱尽，人相食。
11. 清乾隆二十三年 （1758 年）　　　　旱蝗。
12. 　乾隆二十四年 （1759 年）　　　　　蝗，民艰食。
13. 　道光十五年 （1835 年）　　　　　　秋，蝗。
14. 　道光十六年 （1836 年）　　　　　　旱，蝗食谷殆尽。
15. 　道光十七年 （1837 年）　　　　　　蝗蝻，大饥。
16. 　咸丰六年 （1856 年）　　　　　　　秋七月，飞蝗蔽天，害稼。
17. 　咸丰七年 （1857 年）　　　　　　　秋，蝗，不为害。
18. 　咸丰八年 （1858 年）　　　　　　　有蝗，不为害。

原载光绪《肥城县志》卷十《杂志·祥异》，光绪十七年刻本

《肥城县志》

民国三十二年 （1943 年）　　　　　　秋，飞蝗蔽天。

原载《肥城县志》大事记，齐鲁书社 1992 年版

光绪 《东平州志》

1. 唐开成五年 （840 年）　　　　　　夏，郓州及兖螟蝗。
2. 后汉乾祐元年 （948 年）　　　　　七月，郓州蝝生。
3. 宋太平兴国七年 （982 年）　　　　七月，郓州蝗蝻生。

4.　景德四年（1007年）　　　　　　九月，须城、东阿蝗。

5.　淳熙元年（1174年）　　　　　　四月，东平蝗。

6. 蒙古中统四年（1263年）　　　　六月，东平蝗。

7.　　至元五年（1268年）　　　　六月，东平蝗。

8.　元元贞二年（1296年）　　　　六月，须城蝗。

9.　　至大二年（1309年）　　　　四月，东平蝗。

10.　泰定元年（1324年）　　　　　六月，东平蝗。

11.　泰定三年（1326年）　　　　　须城蝗。

12.　至顺元年（1330年）　　　　　五月，东平蝗。

13.　至元五年（1339年）　　　　　六月，东平蝗。

14.　至正十九年（1359年）　　　　须城、东阿、莱芜蝗食禾稼、草木尽，人相食。

15. 明嘉靖三十九年（1560年）　　东平蝗伤禾稼。

16. 清康熙四年（1665年）　　　　五月，东平蝗。

17.　乾隆九年（1744年）　　　　　四月，东平蝗。

18.　嘉庆八年（1803年）　　　　　蝗，不为灾。

19.　道光四年（1824年）　　　　　蝗。

20.　道光五年（1825年）　　　　　蝗旱。

21.　道光十五年（1835年）　　　　秋，蝗。

22.　道光十七年（1837年）　　　　蝗。

23.　咸丰六年（1856年）　　　　　旱蝗为灾，秋无禾。

原载光绪《东平州志》卷二十五《五行志》，光绪七年刻本

《东平县志》

1. 民国五年（1916年）　　　　　　蝗虫为灾。

2. 民国九年（1920年）　　　　　　蝗灾，秋无收。

3. 民国三十二年（1943年）　　　　蝗灾。

原载《东平县志》自然灾害，山东人民出版社1989年版

光绪《宁阳县志》

1. 明崇祯十三年（1640年）　　　　大旱蝗。

2. 清康熙十一年（1672 年）　　　　　夏，蝗。

3.　康熙三十三年（1694 年）　　　　夏，蝗蝻并生，知县率民扑灭。

4.　乾隆九年（1744 年）　　　　　　蝗。

5.　乾隆三十年（1765 年）　　　　　蝗。

6.　嘉庆七年（1802 年）　　　　　　秋，蝻生。

7.　嘉庆八年（1803 年）　　　　　　秋，蝗。

8.　咸丰六年（1856 年）　　　　　　旱蝗，大饥。

原载光绪《宁阳县志》卷十《灾祥》，光绪十三年刻本

乾隆《新泰县志》

1. 明嘉靖三十九年（1560 年）　　　　旱蝗。

2.　万历四十五年（1617 年）　　　　蝗，田禾尽伤。

3.　天启二年（1622 年）　　　　　　八月，蝗，有大鸟名秃鹜食之，吐而复食。

4.　天启五年（1625 年）　　　　　　蝗。

5.　崇祯十一年（1638 年）　　　　　有蝗。

6.　崇祯十三年（1640 年）　　　　　蝗，大饥。

7.　清顺治七年（1650 年）　　　　　七月，蝗伤稼。

8.　康熙五年（1666 年）　　　　　　秋，蝗过境，未食禾。

9.　康熙十五年（1676 年）　　　　　蝗不入境。

10.　康熙二十八年（1689 年）　　　夏，蝗损禾。

11.　康熙二十九年（1690 年）　　　秋，蝗损禾，奉旨蠲租。

12.　康熙六十年（1721 年）　　　　旱蝗。

13.　雍正元年（1723 年）　　　　　八月，旱蝗。

14.　雍正十二年（1734 年）　　　　蝗不入境。

15.　乾隆二十四年（1759 年）　　　夏，蝗，不为灾。

16.　嘉庆十一年（1806 年）　　　　夏，有蝗。

17.　道光十五年（1835 年）　　　　旱蝗，大饥。

18.　道光十六年（1836 年）　　　　旱蝗，大饥。

19.　咸丰六年（1856 年）　　　　　夏，蝗伤禾。

20.　咸丰七年（1857 年）　　　　　夏，蝗伤禾。

原载乾隆《新泰县志》卷七《灾祥》，光绪十七年据乾隆四十九年刻版增刻本

《新泰市志》

1. 清光绪三年（1877 年）　　　　　有蝗，毁坏庄稼。

2. 　光绪四年（1878 年）　　　　　群蝗过境。

3. 　光绪七年（1881 年）　　　　　群蝗过境。

4. 　光绪二十五年（1899 年）　　　蝗灾重，粮食绝产。

5. 　宣统二年（1910 年）　　　　　蝗吃大秋，复吃晚秋，粮歉收。

6. 民国五年（1916 年）　　　　　　蝗灾，歉收。

7. 民国十七年（1928 年）　　　　　蝗灾，歉收。

8. 民国十九年（1930 年）　　　　　蝗灾重，玉米歉收。

　　　　　　　　　　原载《新泰市志》自然灾害，齐鲁书社 1993 年版

《莱芜市志》

1. 唐贞元元年（785 年）　　　　夏，蝗灾，群飞蔽天，禾稼皆食尽，饥荒。

2. 元至正十九年（1359 年）　　莱芜蝗灾，旬日不息，禾稼、草木食尽。

3. 明万历四十四年（1616 年）　五月，飞蝗遍野，秋禾一空。

4. 　万历四十五年（1617 年）　蝗灾严重，庄稼食尽。

5. 清康熙十一年（1672 年）　　六月，蝗飞蔽天，不可胜计。

6. 　咸丰八年（1858 年）　　　蝗飞蔽天，食草木叶殆尽，庄稼无羌。

　　　　　　　　　　原载《莱芜市志》自然灾害，山东人民出版社 1991 年版

民国 《续修莱芜县志》

1. 唐开元三年（715 年）　　　　夏六月，蝗。

2. 　开元四年（716 年）　　　　夏，蝗。

3. 明永乐十五年（1417 年）　　旱蝗。

4. 　嘉靖八年（1529 年）　　　秋，蝗。

5. 　嘉靖十年（1531 年）　　　蝗。

6. 　万历十五年（1587 年）　　蝗。

7. 　万历二十四年（1596 年）　秋，蝗。

8. 清顺治七年（1650 年）　　　秋，蝗。

9.　顺治十六年（1659 年）　　　　　　夏，蝗。

10.　康熙六十年（1721 年）　　　　　　旱蝗。

11.　光绪三十二年（1906 年）　　　　　六月，飞蝗蔽天，禾稼无恙。

12. 民国四年（1915 年）　　　　　　　八月，飞蝗蔽天。

13. 民国五年（1916 年）　　　　　　　六月，大旱，蝗虫害稼。

14. 民国六年（1917 年）　　　　　　　秋，飞蝗遍野，蝝生。

15. 民国八年（1919 年）　　　　　　　七月，蝗蝻大至。

原载民国《续修莱芜县志》卷三《舆地志·灾祥》，民国二十四年铅印本

八、淄博市

《淄博市志》

1. 唐永贞元年（805 年）　　　　　　　六月，飞蝗蔽日，旬日不息，所至草木尽。

2. 清咸丰四年（1854 年）　　　　　　　秋，蝗虫害稼。

3.　咸丰七年（1857 年）　　　　　　　秋，淄川、博山飞蝗蔽日，禾苗尽伤。

原载《淄博市志》大事记，中华书局 1995 年版

康熙《临淄县志》

1. 明万历二十四年（1596 年）　　　　　仔蝗生，不入境。

2.　万历三十三年（1605 年）　　　　　蝗灾。

原载康熙《临淄县志》卷七《灾祥》，康熙十一年刻本

民国《临淄县志》

1. 元泰定四年（1327 年）　　　　　　　是年，蝗。

2.　至正十九年（1359 年）　　　　　　蝗食禾稼、草木俱尽，人相食。

3. 明万历四十五年（1617 年）　　　　　大蝗。

4.　天启六年（1626 年）　　　　　　　秋，蝻生。

5. 清康熙十一年（1672 年）　　　　　　有蝗，不为灾。

6.　光绪二十六年（1900 年）　　　　　六月，大蝗。

7.　民国四年（1915 年）　　　　　　夏，蝗。

8.　民国五年（1916 年）　　　　　　蝗。

9.　民国八年（1919 年）　　　　　　旱蝗。

10.　民国九年（1920 年）　　　　　秋，蝗。

原载民国《临淄县志》卷十四《灾祥志》，民国九年石印本

乾隆《淄川县志》

1.　唐大中五年（851 年）　　　　　夏，蝗螟害稼。

2.　宋淳化元年（990 年）　　　　　七月，淄州蝗。

3.　　景祐元年（1034 年）　　　　　淄州蝗。

4.　元至元八年（1271 年）　　　　　蝗。

5.　　至元二十九年（1292 年）　　　六月，般阳蝗。

6.　　至大二年（1309 年）　　　　　七月，蝗。

7.　　泰定元年（1324 年）　　　　　六月，蝗。

8.　　泰定二年（1325 年）　　　　　六月，淄州蝗。

9.　　至正十九年（1359 年）　　　　蝗，大饥。

10.　明洪武二年（1369 年）　　　　六月，蝗。

11.　　正德四年（1509 年）　　　　蝗。

12.　　嘉靖八年（1529 年）　　　　七月，蝗。

13.　　嘉靖十五年（1536 年）　　　六月，蝗；七月，螟生。

14.　　嘉靖二十年（1541 年）　　　六月，蝗。

15.　　嘉靖二十五年（1546 年）　　五月，蝗。

16.　　嘉靖二十八年（1549 年）　　夏旱，蝗螟螣交作。

17.　　嘉靖三十三年（1554 年）　　六月，蝗。

18.　　嘉靖三十九年（1560 年）　　八月，蝗螟害稼。

19.　　万历五年（1577 年）　　　　旱，蝗螟食稼殆尽。

20.　　万历十二年（1584 年）　　　蝗虫伤谷。

21.　　万历二十四年（1596 年）　　螟伤禾。

22.　　天启元年（1621 年）　　　　旱蝗。

23.　清顺治十三年（1656 年）　　　蝗，无秋。

24.　　康熙十一年（1672 年）　　　七月，蝗螟伤谷。

25.	康熙二十五年（1686 年）	七月，有蝗害稼。
26.	康熙四十三年（1704 年）	蝗，岁歉。
27.	雍正五年（1727 年）	蝗来，禾稼未损。
28.	乾隆二十四年（1759 年）	蝗。
29.	乾隆二十九年（1764 年）	蝗。
30.	乾隆三十七年（1772 年）	蝗。
31.	乾隆三十九年（1774 年）	夏秋，旱蝗。
32.	乾隆四十年（1775 年）	夏秋，旱蝗。

原载乾隆《淄川县志》卷三《赋役志·灾祥》，民国九年石印本

《淄川区志》

1.	清咸丰七年（1857 年）	秋，飞蝗蔽日，三昼夜不止，害稼。
2.	光绪十二年（1886 年）	蝗害稼。
3.	光绪十六年（1890 年）	夏，飞蝗遍野。
4.	光绪二十六年（1900 年）	六月，飞蝗蔽日；七月，生蝻，口头庄附近数村受害最深。
5.	宣统二年（1910 年）	六月，飞蝗蝻成灾，秋无收。
6.	宣统三年（1911 年）	秋，生蝗蝻。

原载《淄川区志》自然灾害，齐鲁书社 1990 年版

7.	明万历四十三年（1615 年）	遍地皆蝗蝻，庄稼根苗被食尽。
8.	清康熙十八年（1679 年）	秋，蝗灾，禾苗荒废，颗粒不登。
9.	民国四年（1915 年）	淄河下游飞蝗蔽日，食禾成灾。

原载《淄川区志》大事记，齐鲁书社 1990 年版

民国《续修博山县志》

1.	清顺治十三年（1656 年）	蝗，大饥。
2.	康熙二十五年（1686 年）	七月，大蝗。
3.	咸丰七年（1857 年）	秋，飞蝗蔽日，禾稼尽伤。
4.	咸丰八年（1858 年）	二月，蝗蝻遍野，捕两月始尽。
5.	光绪十年（1884 年）	夏，蝗。

6.	光绪十三年（1887 年）	飞蝗多落西乡，官府督捕，秋成无大害。
7.	光绪十六年（1890 年）	夏，飞蝗蔽野。
8.	光绪二十一年（1895 年）	秋，蝗。
9.	光绪二十六年（1900 年）	八月，蝗自北来，经宿尽毙，惟七区受灾深。
10.	光绪三十二年（1906 年）	五月，飞蝗蔽日，禾苗尽伤。
11.	民国二年（1913 年）	蝗。
12.	民国四年（1915 年）	飞蝗自淄河下游蔽空而至，继而蝻生，公家设局收买蝻子，庄稼不致大伤。
13.	民国五年（1916 年）	夏，蝗；秋，蝻子害豆。
14.	民国七年（1918 年）	秋，蝗。
15.	民国八年（1919 年）	飞蝗至，继生蝻子，公家在农会设局收买。
16.	民国九年（1920 年）	秋，又蝗。
17.	民国十年（1921 年）	飞蝗。
18.	民国十一年（1922 年）	蝻子生。

原载民国《续修博山县志》卷一《大事记·祥异》，民国二十六年铅印本

康熙《新城县志》

| 1. | 清康熙二十五年（1686 年） | 蝗蝝生。 |
| 2. | 康熙三十年（1691 年） | 蝗蝝生。 |

原载康熙《新城县志》卷十《灾祥志》，康熙三十二年刻本

民国《重修新城县志》

1.	元至元二十九年（1292 年）	秋，般阳蝗。
2.	至大二年（1309 年）	秋，般阳蝗。
3.	至大四年（1311 年）	辕固里蝗。
4.	泰定元年（1324 年）	夏六月，济南、般阳蝗。
5.	明正德四年（1509 年）	旱蝗，无禾。
6.	嘉靖三十九年（1560 年）	旱蝗，田无禾。
7.	隆庆三年（1569 年）	夏，蝗。
8.	万历十六年（1588 年）	夏，大旱蝗。

9.　　万历十八年（1590 年）　　　　秋八月，飞蝗蔽天。

10.　万历四十五年（1617 年）　　　　蝗，大饥。是岁，蝗灾遍山东，饿死甚众，
　　　　　　　　　　　　　　　　　　　御史过庭训建议纳粟、纳蝗者给衣巾送
　　　　　　　　　　　　　　　　　　　学，始有谷生、蝗生之名。

11. 清嘉庆九年（1804 年）　　　　　　夏，蝗。

12.　嘉庆十年（1805 年）　　　　　　蝗生。

13.　咸丰四年（1854 年）　　　　　　秋，蝗。

14.　咸丰五年（1855 年）　　　　　　秋，有蝗。

15.　咸丰六年（1856 年）　　　　　　秋，蝗。

16.　咸丰七年（1857 年）　　　　　　五月，蝗生，有飞虫如蜂啮之尽死，秋禾
　　　　　　　　　　　　　　　　　　　无害。

17.　同治八年（1869 年）　　　　　　秋，旱蝗。

18.　光绪十八年（1892 年）　　　　　夏，蝗生。

19.　光绪三十一年（1905 年）　　　　秋，蝗灾。

20.　光绪三十二年（1906 年）　　　　秋，蝗蝻为灾。

原载民国《重修新城县志》卷四《方舆志四·灾祥》，民国二十二年铅印本

《桓台县志》

1.　明宣德十年（1435 年）　　　　　　蝗灾。

2.　正统七年（1442 年）　　　　　　　旱蝗。

3.　正统十三年（1448 年）　　　　　　夏，蝗。

4.　正统十四年（1449 年）　　　　　　夏，蝗。

5.　正德四年（1509 年）　　　　　　　旱蝗。

6.　嘉靖五年（1526 年）　　　　　　　七月，蝗灾。

7.　嘉靖八年（1529 年）　　　　　　　七月，飞蝗蔽天。

8.　嘉靖十三年（1534 年）　　　　　　蝗，民饥。

9.　嘉靖十四年（1535 年）　　　　　　蝗，饥。

10.　嘉靖十五年（1536 年）　　　　　夏，蝗为灾，禾殆尽。

11.　嘉靖二十五年（1546 年）　　　　五月，大蝗。

12.　嘉靖二十八年（1549 年）　　　　夏，旱蝗。

13.　嘉靖三十九年（1560 年）　　　　旱蝗，田无禾。

14. 嘉靖四十四年（1565 年） 四月，大蝗。

15. 隆庆四年（1570 年） 蝗。

16. 万历十六年（1588 年） 夏，蝗。

17. 万历十九年（1591 年） 八月，飞蝗蔽天。

18. 万历三十三年（1605 年） 五月，旱蝗；秋，蝻生。

19. 万历三十九年（1611 年） 九月，蝗。

20. 万历四十五年（1617 年） 蝗，大饥。

21. 天启五年（1625 年） 秋，飞蝗蔽天。

22. 崇祯八年（1635 年） 七月，旱蝗。

23. 崇祯十年（1637 年） 大旱蝗，民大饥。

24. 崇祯十一年（1638 年） 大蝗。

25. 清顺治七年（1650 年） 飞蝗害稼。

26. 乾隆元年（1736 年） 蝗。

27. 乾隆二十四年（1759 年） 蝗。

28. 乾隆三十九年（1774 年） 夏秋，蝗。

29. 乾隆四十九年（1784 年） 秋，蝗生，大饥。

30. 嘉庆九年（1804 年） 夏，蝗。

31. 嘉庆十年（1805 年） 蝗。

32. 咸丰四年（1854 年） 秋，蝗。

33. 咸丰五年（1855 年） 秋，蝗。

34. 咸丰六年（1856 年） 夏，蝗。

35. 咸丰七年（1857 年） 秋，蝗。

36. 同治元年（1862 年） 夏，蝗。

37. 同治八年（1869 年） 夏秋，蝗。

38. 光绪三十一年（1905 年） 秋，蝗灾。

39. 光绪三十二年（1906 年） 五月，飞蝗蔽天。

40. 民国九年（1920 年） 春夏，蝗，五谷不登，民乏食。

41. 民国二十九年（1940 年） 春，蝗虫。

原载《桓台县志》自然灾害·虫灾年表，齐鲁书社 1992 年版

42. 明崇祯十三年（1640 年） 六月，飞蝗蔽天，蝗蝻孳生，屋垣、井灶皆满，禾苗、草木被食尽，民大饥。

原载《桓台县志》大事记，齐鲁书社 1992 年版

民国《桓台县志》

1. 民国四年（1915 年）　　　　　　六月，飞蝗自北来，南去，尚不为害。
2. 民国八年（1919 年）　　　　　　夏旱，蝗蝻为灾。

原载民国《桓台县志》卷一《疆域·灾祥》，民国二十三年铅印本

《高青县志》

1. 明万历十八年（1590 年）　　　　八月，高苑①飞蝗蔽日。
2. 　万历三十九年（1611 年）　　　秋，蝗食谷，人无食。

原载《高青县志》大事记，中国社会出版社 1991 年版

乾隆《高苑县志》

1. 明嘉靖三十年（1551 年）　　　　秋，蝗。
2. 　万历十八年（1590 年）　　　　八月，飞蝗蔽天。
3. 清康熙十一年（1672 年）　　　　六月，飞蝗蔽天，不大为灾。
4. 　康熙三十三年（1694 年）　　　飞蝗伤稼。

原载乾隆《高苑县志》卷十《灾祥志》，乾隆二十三年刻本

乾隆《青城县志》

1. 明嘉靖三十五年（1556 年）　　　秋，大蝗。
2. 　万历三十九年（1611 年）　　　秋，蝗食谷殆尽。
3. 清雍正十三年（1735 年）　　　　蝗害稼。

原载乾隆《青城县志》卷十《祥异志》，道光二十六年刻本

《沂源县志》

经查，1996 年齐鲁书社出版的县志中无蝗灾记载。

---

① 高苑：旧县名，治所在今山东高青东南高城镇。

九、滨州市

《滨州市志》

1. 民国十七年（1928 年） 蝗灾。

2. 民国二十四年（1935 年） 七月，蝗虫蔓延。

3. 民国三十八年（1949 年） 六月，有 9 个区发生蝗灾，县委县政府发出紧急指示，发动群众歼灭蝗灾。

原载《滨州市志》大事记，齐鲁书社 1993 年版

4. 民国十八年（1929 年） 蝗。

5. 民国二十一年（1932 年） 蝗。

6. 民国二十二年（1933 年） 蝗。

7. 民国二十七年（1938 年） 蝗，谷子吃光。

8. 民国二十八年（1939 年） 蝗。

9. 民国三十一年（1942 年） 蝗。

原载《滨州市志》自然灾害，齐鲁书社 1993 年版

咸丰《滨州志》

1. 唐兴元二年（785 年） 夏六月，蝗，大饥，斗米千钱，饿殍载道。

2. 蒙古中统四年（1263 年） 八月，蝗，禾尽食。

3. 明嘉靖十五年（1536 年） 蝗伤稼，岁大饥。

4. 万历十一年（1583 年） 秋，蝗。

5. 万历四十三年（1615 年） 秋八月，螣，岁大饥，人相食。

6. 崇祯十年（1637 年） 螣。

7. 崇祯十一年（1638 年） 蝗。

8. 清康熙三十年（1691 年） 六月，蝗。

9. 道光十五年（1835 年） 蝗。

原载咸丰《滨州志》卷五《纪事志·祥异》，咸丰十年刻本

民国《重修博兴县志》

1.	元泰定四年（1327 年）	夏，大旱，蝗骤起，旦夕满野；秋，又蝗。
2.	至正十九年（1359 年）	蝗食禾稼、草木俱尽。
3.	清康熙六年（1667 年）	蝗蝻起，县令捕之。
4.	康熙四十八年（1709 年）	夏六月，蝗食稼。
5.	康熙五十七年（1718 年）	夏六月，有蝗，不为灾。
6.	嘉庆二十三年（1818 年）	有蝗。
7.	道光元年（1821 年）	秋，有蝻。
8.	道光十五年（1835 年）	七月，有蝗。
9.	光绪十二年（1886 年）	七月，蝗蝻生。

原载民国《重修博兴县志》卷十五《祥异志》，民国二十五年铅印本

《博兴县志》

1.	清康熙四十三年（1704 年）	蝗蝻遍野，起飞蔽日，绝产。
2.	嘉庆十年（1805 年）	夏，蝗虫成灾。
3.	嘉庆十九年（1814 年）	夏，蝗虫成灾。
4.	道光二年（1822 年）	夏，蝗虫成灾。
5.	道光五年（1825 年）	夏，蝗虫成灾。
6.	道光十八年（1838 年）	夏，蝗虫成灾，汛期又有蝗蝻为害。
7.	光绪二十三年（1897 年）	夏，蝗虫成灾，遍地皆是，秋作大减。
8.	光绪二十五年（1899 年）	夏，蝗虫成灾，遍地皆是，秋作大减。
9.	光绪三十二年（1906 年）	夏，蝗虫成灾，遍地皆是，秋作大减。
10.	光绪三十三年（1907 年）	夏，蝗虫成灾，遍地皆是，秋作大减。
11.	民国四年（1915 年）	夏，蝗虫成灾，歉收。
12.	民国八年（1919 年）	蝗虫遍野，五谷减产。
13.	民国十六年（1927 年）	夏，蝗虫成灾。
14.	民国三十年（1941 年）	夏，蝗蝻为害严重，起飞蔽日，田禾被吃光。
15.	民国三十四年（1945 年）	七月，飞蝗大发生。

原载《博兴县志》自然灾害，齐鲁书社 1993 年版

乾隆《蒲台县志》①

1. 蒙古中统四年（1263 年） 秋八月，蝗。

2. 明嘉靖八年（1529 年） 螣。

3. 嘉靖二十年（1541 年） 夏六月，蝗。

4. 嘉靖二十八年（1549 年） 秋七月，大螣。

5. 嘉靖三十九年（1560 年） 夏六月，旱蝗。

6. 隆庆二年（1568 年） 秋七月，蝗。

7. 隆庆五年（1571 年） 夏六月旱，螣生。

8. 万历十八年（1590 年） 六月，螣生。

9. 万历四十三年（1615 年） 秋八月，螣，大饥，人相食。

10. 崇祯十年（1637 年） 螣。

11. 崇祯十一年（1638 年） 夏，蝗。

12. 崇祯十二年（1639 年） 飞蝗蔽天，食禾殆尽。

13. 清康熙三十年（1691 年） 六月，飞蝗蔽天。

14. 乾隆十七年（1752 年） 蝗，扑灭之。

15. 乾隆二十八年（1763 年） 夏，飞蝗自西来，七日不绝，旋扑灭之。

原载乾隆《蒲台县志》卷四《灾异》，乾隆二十八年刻本

咸丰《武定府志》

1. 唐兴元二年（785 年） 夏六月，滨、棣蝗，大饥。

2. 宋淳化元年（990 年） 七月，棣州蝗。

3. 景德二年（1005 年） 八月，棣州蝗；九月，商河大蝗。

4. 淳熙三年（1176 年） 商河蝗。

5. 蒙古中统四年（1263 年） 秋八月，滨、棣二州蝗。

6. 元至元三十一年（1294 年） 六月，济南郡蝗。

7. 大德二年（1298 年） 四月，山东蝗。

8. 至大三年（1310 年） 七月，无棣蝗。

9. 明正德七年（1512 年） 武定飞蝗蔽天。

---

① 蒲台：旧县名，治所在今山东滨州东南蒲城乡。

10.	嘉靖三年（1524 年）	乐陵蝗螆遍野。
11.	嘉靖四年（1525 年）	七月，利津蝗。
12.	嘉靖五年（1526 年）	七月，武定蝗生。
13.	嘉靖八年（1529 年）	蒲台螣。
14.	嘉靖十年（1531 年）	济南诸州邑蝗。
15.	嘉靖十四年（1535 年）	秋，蝗生，民饥。
16.	嘉靖十五年（1536 年）	六月，利津、滨州蝗。
17.	嘉靖二十年（1541 年）	六月，蒲台蝗。
18.	嘉靖二十五年（1546 年）	海丰①旱蝗。
19.	嘉靖二十八年（1549 年）	八月，蒲台大螣。
20.	嘉靖三十五年（1556 年）	秋，青城大蝗。
21.	嘉靖三十九年（1560 年）	蒲台旱蝗。
22.	隆庆五年（1571 年）	蒲台旱，螣生。
23.	万历十一年（1583 年）	八月，滨州蝗。
24.	万历二十二年（1594 年）	六月，利津蝗。
25.	万历三十九年（1611 年）	秋，青城旱蝗。
26.	万历四十四年（1616 年）	沾化旱，蝗生。
27.	万历四十五年（1617 年）	夏，海丰、阳信等县旱蝗。
28.	天启元年（1621 年）	七月，武定、沾化旱蝗。
29.	天启六年（1626 年）	商河旱蝗。
30.	崇祯十一年（1638 年）	夏，海丰、阳信、商河、蒲台、沾化蝗。
31.	崇祯十二年（1639 年）	蒲台蝗。
32.	崇祯十五年（1642 年）	沾化旱蝗。
33.	清康熙六年（1667 年）	阳信、海丰旱蝗害稼。
34.	康熙十一年（1672 年）	武定、阳信飞蝗害稼。
35.	康熙十八年（1679 年）	夏，沾化旱蝗。
36.	康熙二十一年（1682 年）	阳信、沾化旱蝗。
37.	康熙三十年（1691 年）	夏，滨州、沾化旱蝗。
38.	康熙四十四年（1705 年）	春，沾化旱蝗。
39.	康熙四十七年（1708 年）	夏，商河蝗害稼。

---

① 海丰：旧县名，治所在今山东无棣。

40. 康熙六十年（1721年）　　　阳信蝗食稼。

41. 乾隆十七年（1752年）　　　惠民、乐陵、商河等县蝗蝻生，旋即扑灭。

42. 乾隆二十年（1755年）　　　沾化蝗生，未害禾。

43. 乾隆六十年（1795年）　　　秋，商河蝗伤稼。

44. 嘉庆十九年（1814年）　　　秋，商河有蝗害稼。

45. 道光十五年（1835年）　　　秋，滨州、蒲台有蝗。

46. 道光二十五年（1845年）　　秋，惠民有蝗。

47. 道光二十七年（1847年）　　沾化有蝗。

48. 道光二十八年（1848年）　　蒲台有蝗。

49. 咸丰三年（1853年）　　　　夏，武定蝗飞蔽日。

50. 咸丰四年（1854年）　　　　春，惠民蝻生数里，鸦鸟食之净。

51. 咸丰七年（1857年）　　　　乐陵旱，有蝗。

原载咸丰《武定府志》卷十四《祥异志》，咸丰九年刻本

光绪《惠民县志》

1. 唐兴元二年（785年）　　　夏六月，蝗，大饥。

2. 宋淳化元年（990年）　　　秋七月，蝗。

3. 咸平二年（999年）　　　　八月，蝗。

4. 金大定十六年（1176年）　　山东旱蝗。

5. 蒙古中统四年（1263年）　　秋八月，蝗。

6. 元大德二年（1298年）　　　四月，山东蝗。

7. 明正德七年（1512年）　　　飞蝗蔽天。

8. 嘉靖五年（1526年）　　　　七月，蝗。

9. 嘉靖十年（1531年）　　　　蝗。

10. 嘉靖十三年（1534年）　　　秋，蝗，民饥。

11. 天启元年（1621年）　　　　七月，旱蝗。

12. 清康熙十一年（1672年）　　飞蝗害稼。

13. 乾隆十七年（1752年）　　　蝗蝻生，旋即扑灭。

14. 咸丰三年（1853年）　　　　夏，飞蝗蔽日。

15. 咸丰四年（1854年）　　　　春，蝻子生，鸦鸟食之净。

原载光绪《惠民县志》卷十七《五行志·灾祥》，光绪二十五年刻本

光绪《惠民县志补遗》

1. 清咸丰五年（1855 年） 　　六月，蝗飞蔽天。
2. 　光绪二十六年（1900 年） 　　八月，沙河两岸麦苗为蝗所食，莫不更番
　　　　　　　　　　　　　　　　另种，苗出后，民皆惴惴不安，忽来山
　　　　　　　　　　　　　　　　鸦成群，将蝗虫一一啄尽。

原载光绪《惠民县志补遗》五行志·祥异，光绪二十六年刻本

《惠民县志》

1. 民国四年（1915 年） 　　夏，蝗蝻为害。
2. 民国八年（1919 年） 　　秋，飞蝗蔽日，自西南来，未成大害。
3. 民国十五年（1926 年） 　　夏，蝗虫为灾。
4. 民国三十八年（1949 年） 　　蝗虫为害严重。

原载《惠民县志》自然灾害，齐鲁书社 1997 年版

民国《阳信县志》

1. 元大德二年（1298 年） 　　四月，蝗。
2. 明万历四十三年（1615 年） 　　蝗蝻满地，禾麦全无。
3. 　万历四十五年（1617 年） 　　旱蝗为灾，民饥。
4. 　天启元年（1621 年） 　　七月，蝗。
5. 　崇祯十一年（1638 年） 　　五月，飞蝗蔽野，禾苗立尽。
6. 　崇祯十二年（1639 年） 　　夏四月，蝗蝻入城，行如流水。
7. 清康熙六年（1667 年） 　　夏，蝗害稼。
8. 　康熙九年（1670 年） 　　秋，蝗害稼，免夏税五分。
9. 　康熙十一年（1672 年） 　　蝗害稼。
10. 　乾隆十七年（1752 年） 　　夏五月，蝗蝻生发。
11. 　乾隆二十年（1755 年） 　　蝗生，无害。
12. 　道光二十年（1840 年） 　　夏，蝗。
13. 　道光二十七年（1847 年） 　　夏，蝗。
14. 　咸丰三年（1853 年） 　　飞蝗蔽日。

15.　　咸丰四年（1854 年）　　　　　蝗蝻生，被鸟食之净。

16.　　咸丰五年（1855 年）　　　　　夏，蝗。

17.　　光绪二十八年（1902 年）　　　蝗虫生。

18. 民国四年（1915 年）　　　　　　六月，飞蝗自北来，蔽天，不见边际。

19. 民国五年（1916 年）　　　　　　五月，飞蝗入境；六月，蝗蝻为灾。

20. 民国八年（1919 年）　　　　　　六月，飞蝗蔽日，自东北来，田禾食尽；七
　　　　　　　　　　　　　　　　　　月，蝻生遍野，满坑盈沟，两月不绝。

原载民国《阳信县志》卷二《祥异志》，民国十五年铅印本

《阳信县志》

1. 清光绪二十六年（1900 年）　　　八月，蝗虫，麦苗吃尽。

2. 民国二十一年（1932 年）　　　　夏，蝗。

原载《阳信县志》自然灾害，齐鲁书社 1995 年版

民国《无棣县志》

1. 北齐天保九年（558 年）　　　　　山东大蝗。

2. 金大定十六年（1176 年）　　　　蝗。

3.　　泰和八年（1208 年）　　　　　夏五月，山东蝗。

4. 蒙古中统四年（1263 年）　　　　滨、棣二州蝗。

5.　　至元四年（1267 年）　　　　　蝗。

6.　　至元六年（1269 年）　　　　　山东蝗。

7.　　至元七年（1270 年）　　　　　蝗。

8. 元至元十年（1273 年）　　　　　蝗蝻为灾。

9.　　大德二年（1298 年）　　　　　夏四月，山东、燕南数县蝗。

10.　 至大三年（1310 年）　　　　　秋七月，无棣蝗。

11. 明洪武六年（1373 年）　　　　　秋七月，山东蝗。

12.　 永乐元年（1403 年）　　　　　夏五月，山东蝗。

13.　 永乐十年（1412 年）　　　　　夏四月，蝗。

14.　 正统二年（1437 年）　　　　　夏四月，蝗。

15.　 正统七年（1442 年）　　　　　夏四月，山东蝗。

16.　　正德七年（1512 年）　　　　　　蝗。

17.　　嘉靖五年（1526 年）　　　　　　武定蝗生害稼。

18.　　嘉靖十四年（1535 年）　　　　　秋，蝗生。

19.　　嘉靖二十五年（1546 年）　　　　蝗。

20.　　隆庆三年（1569 年）　　　　　　夏六月，山东蝗。

21.　　万历四十三年（1615 年）　　　　秋七月，山东蝗。

22.　　万历四十五年（1617 年）　　　　蝗。

23.　　崇祯十一年（1638 年）　　　　　夏六月，大蝗，食禾殆尽。

24.　　崇祯十四年（1641 年）　　　　　山东大蝗。

25. 清康熙六年（1667 年）　　　　　　夏，蝗。

26.　　乾隆十七年（1752 年）　　　　　蝗蝻生。

27.　　乾隆二十年（1755 年）　　　　　蝗生，不为灾。

28.　　嘉庆十九年（1814 年）　　　　　有蝗，不为灾。

29.　　道光二十年（1840 年）　　　　　蝗。

30.　　道光二十七年（1847 年）　　　　夏，蝗。

31.　　咸丰三年（1853 年）　　　　　　飞蝗蔽日。

32.　　咸丰七年（1857 年）　　　　　　秋七月，蝗。

33.　　咸丰八年（1858 年）　　　　　　蝗蝻生。

34.　　光绪十八年（1892 年）　　　　　夏五月，蝗。

35.　　光绪二十八年（1902 年）　　　　蝗。

36. 民国四年（1915 年）　　　　　　　夏六月，飞蝗至。

37. 民国五年（1916 年）　　　　　　　蝗。

38. 民国七年（1918 年）　　　　　　　秋七月，飞蝗蔽日。

39. 民国八年（1919 年）　　　　　　　秋，蝗。

原载民国《无棣县志》卷十六《祥异志·物征》，民国十四年铅印本

《无棣县志》

1. 民国六年（1917 年）　　　　　　　飞蝗蔽日，草木叶食尽。

2. 民国三十四年（1945 年）　　　　　飞蝗蔽日，庄稼吃尽。

3. 民国三十五年（1946 年）　　　　　蝗蝻暴发。

原载《无棣县志》自然灾害，齐鲁书社 1994 年版

康熙 《海丰县志》

1. 元至大三年（1310 年）　　　　　七月，无棣县蝗。
2. 明嘉靖二十五年（1546 年）　　　六月，大蝗。
3. 　万历四十五年（1617 年）　　　夏，蝗，民移食东郡。
4. 　崇祯十一年（1638 年）　　　　六月，大蝗，食禾殆尽。
5. 清康熙六年（1667 年）　　　　　夏，蝗。
6. 　康熙十七年（1678 年）　　　　秋，蝗害稼。

原载康熙《海丰县志》卷四《事记》，康熙九年刻本

民国 《沾化县志》

1. 金大定十六年（1176 年）　　　　山东旱蝗。
2. 蒙古中统四年（1263 年）　　　　八月，滨、棣二州蝗。
3. 元至元三十一年（1294 年）　　　济南郡蝗。
4. 　大德二年（1298 年）　　　　　四月，山东蝗。
5. 　明嘉靖十年（1531 年）　　　　济南诸路邑蝗。
6. 　嘉靖十四年（1535 年）　　　　秋，蝗。
7. 　万历四十四年（1616 年）　　　秋，蝗。
8. 　天启元年（1621 年）　　　　　七月，旱蝗。
9. 　崇祯十一年（1638 年）　　　　五月，蝗。
10. 　崇祯十三年（1640 年）　　　秋，大旱蝗，野无青草，人相食。
11. 　崇祯十五年（1642 年）　　　大旱蝗。
12. 清康熙十八年（1679 年）　　　夏，旱蝗。
13. 　康熙二十一年（1682 年）　　旱蝗。
14. 　康熙三十年（1691 年）　　　六月，蝗为灾；七月，蝻生，晚禾无。
15. 　康熙四十三年（1704 年）　　旱蝗，大饥，斗米千钱，民食草木。
16. 　康熙四十四年（1705 年）　　春，大旱蝗，诏免租。
17. 　康熙四十七年（1708 年）　　六月，蝗蝻生。
18. 　康熙四十八年（1709 年）　　七月，蝻生。
19. 　乾隆二十年（1755 年）　　　蝗生，未害稼。
20. 　道光二十年（1840 年）　　　夏，蝗。

21.　　道光二十七年（1847 年）　　　　夏，蝗。

22.　　咸丰五年（1855 年）　　　　　　夏，蝗。

23. 民国十六年（1927 年）　　　　　蝗蝻生，岁饥。

原载民国《沾化县志》卷七《大事记》，民国二十四年铅印本

《沾化县志》

1. 民国二十年（1931 年）　　　　　李家一带蝗灾严重，吃光庄稼又啃房檐
　　　　　　　　　　　　　　　　　窗纸。

原载《沾化县志》大事记，齐鲁书社 1995 年版

2. 民国三十二年（1943 年）　　　　蝗虫成灾。

3. 民国三十四年（1945 年）　　　　四月，县东蝗灾，县长带领 4 万人扑灭
　　　　　　　　　　　　　　　　　蝗灾。

原载《沾化县志》自然灾害，齐鲁书社 1995 年版

民国《邹平县志》

1. 元至正十九年（1359 年）　　　　蝻，五谷不生。

2. 明天启元年（1621 年）　　　　　旱蝗。

3.　崇祯十一年（1638 年）　　　　　夏，旱蝗。

4. 清康熙二十年（1681 年）　　　　七月，蝗生遍地。

5.　康熙三十年（1691 年）　　　　　六月，飞蝗蔽天。

6.　康熙三十三年（1694 年）　　　　四月，蝗蝻生。

7.　乾隆元年（1736 年）　　　　　　蝗。

8.　嘉庆七年（1802 年）　　　　　　旱蝗。

9.　嘉庆八年（1803 年）　　　　　　旱蝗。

原载民国《邹平县志》卷十八《杂志下·灾祥》，民国三年刻本

《邹平县志》

1. 清乾隆五十八年（1793 年）　　　七月，邹平蝗生。

2.　乾隆六十年（1795 年）　　　　　长山蝗害稼。

3.	光绪十二年（1886 年）	邹平旱，蝗蝻生。
4.	光绪十七年（1891 年）	齐东蝗蝻生。
5.	光绪十八年（1892 年）	邹平飞蝗害稼。
6.	光绪二十五年（1899 年）	六月，邹平蝗生。
7.	光绪二十六年（1900 年）	邹平大旱，飞蝗蔽天，蝻生遍地。
8.	光绪三十二年（1906 年）	七月，邹平蝗蝻生。
9.	民国九年（1920 年）	八月，齐东飞蝗过境三日。
10.	民国十年（1921 年）	五月，齐东蝗蝻害稼。
11.	民国十八年（1929 年）	六月，齐东蝗蝻害稼。
12.	民国十九年（1930 年）	邹平旱蝗。
13.	民国二十年（1931 年）	长山飞蝗过境，蝻生遍地，无收。
14.	民国二十四年（1935 年）	夏，邹平蝗。

原载《邹平县志》历年自然灾害情况表，中华书局 1992 年版

| 15. | 民国二十八年（1939 年） | 南部山区蝗虫成灾，草木皆光。 |

原载《邹平县志》大事记，中华书局 1992 年版

嘉庆《长山县志》

1.	唐永徽四年（653 年）	蝗。
2.	开元三年（715 年）	大蝗，从姚崇之请，始下捕蝗令。
3.	兴元元年（784 年）	秋，蝗。
4.	兴元二年（785 年）	六月，蝗飞蔽天，旬日不息，所至草木叶及畜毛靡有孑遗，饿殍枕道，斗米千钱，民蒸蝗，曝干食之。
5.	兴元五年（788 年）	夏，螟蝗害稼。
6.	大中五年（851 年）	夏，蝗害稼。
7.	宋淳化元年（990 年）	七月，蝗。
8.	景祐元年（1034 年）	蝗。
9.	金大定十六年（1176 年）	旱蝗。
10.	元至元八年（1271 年）	蝗。
11.	至元二十九年（1292 年）	六月，蝗。
12.	大德二年（1298 年）	四月，蝗。

13. 至大二年（1309 年）　　　　　四月，蝗。

14. 泰定元年（1324 年）　　　　　六月，蝗。

15. 泰定二年（1325 年）　　　　　六月，蝗。

16. 至正十九年（1359 年）　　　　蝗，大饥。

17. 至正二十七年（1367 年）　　　六月，蝗生。

18. 明嘉靖八年（1529 年）　　　　七月，蝗飞蔽天，捕之。

19. 嘉靖十年（1531 年）　　　　　蝗。

20. 嘉靖十七年（1538 年）　　　　蝗自东入境，越城渡河而西，所过田禾
　　　　　　　　　　　　　　　　　一空。

21. 嘉靖二十八年（1549 年）　　　夏，旱蝗。

22. 隆庆三年（1569 年）　　　　　夏，蝗。

23. 万历四十三年（1615 年）　　　蝗，御史过庭训建议纳谷、纳蝗者给衣巾
　　　　　　　　　　　　　　　　　送学，始有谷生、蝗生之名。

24. 崇祯十二年（1639 年）　　　　旱蝗，民饥。

25. 清康熙二十五年（1686 年）　　蝗生，巡抚橄倡所属捐俸买瘗。

26. 康熙五十四年（1715 年）　　　六月，飞蝗过境，不害稼。

27. 乾隆元年（1736 年）　　　　　蝗。

28. 乾隆十七年（1752 年）　　　　蝗，不害稼。

29. 乾隆二十四年（1759 年）　　　夏六月，飞蝗过境，不害稼。

原载嘉庆《长山县志》卷四《灾祥志》，嘉庆六年刻本

康熙《齐东县志》

1. 元泰定二年（1325 年）　　　　六月，蝗。

2. 明嘉靖七年（1528 年）　　　　大蝗。

3. 万历四十五年（1617 年）　　　六月，蝗大至蔽天数日，禾尽扫；七月，蝻
　　　　　　　　　　　　　　　　　复生。

4. 天启元年（1621 年）　　　　　旱蝗。

5. 崇祯十一年（1638 年）　　　　夏，蝗。

6. 清康熙九年（1670 年）　　　　旱，蝗灾，免钱粮十分之二。

原载康熙《齐东县志》卷一《职方纪·灾祥》，康熙二十四年刻本

十、东营市

《东营市志》

1. 明万历四十三年（1615 年）　　　秋，蝗严重，树木、房草被食尽。
2. 　万历四十五年（1617 年）　　　乐安境内蝗灾严重，官府令捕蝗 300 石者
　　　　　　　　　　　　　　　　得充儒学生员。
3. 民国二年（1913 年）　　　　　　春夏之交，利津境及广饶北部蝗灾严重。
4. 民国三十七年（1948 年）　　　　夏，利津、垦利蝗灾，两县组织人力、药
　　　　　　　　　　　　　　　　物灭蝗。

原载《东营市志》大事记，齐鲁书社 2000 年版

民国《续修广饶县志》

1. 清咸丰七年（1857 年）　　　　　蝗。
2. 　光绪三十二年（1906 年）　　　五月，飞蝗蔽空。
3. 民国十三年（1924 年）　　　　　夏，八区孙武路及三区安七、安六各保蝗
　　　　　　　　　　　　　　　　虫为灾。
4. 民国十四年（1925 年）　　　　　西南乡蝗灾。
5. 民国十六年（1927 年）　　　　　城北李佛、万全、马琅各乡，城南安二、
　　　　　　　　　　　　　　　　安七各保皆蝗虫为灾。
6. 民国十七年（1928 年）　　　　　七月，四区及八区北部飞蝗蔽野，继生
　　　　　　　　　　　　　　　　蝻子。
7. 民国二十年（1931 年）　　　　　秋，八区耿家井、卢家乡一带蝗虫为灾。
8. 民国二十一年（1932 年）　　　　城北万全、卢家、袁家、李佛诸乡蝗灾。

原载民国《续修广饶县志》卷二十六《杂志·通纪》，民国二十四年铅印本

《广饶县志》

1. 明万历三十三年（1605 年）　　　大旱，蝗灾严重。
2. 　万历四十五年（1617 年）　　　蝗灾严重，官府令捕蝗 300 石者得充儒学
　　　　　　　　　　　　　　　　生员。

3.　　天启六年（1626年）　　　　　秋，蝗蝻为害。

4. 清康熙十三年（1674年）　　　　蝗灾为害。

5.　　康熙三十三年（1694年）　　　蝗灾。

6.　　康熙四十七年（1708年）　　　蝗灾。

7.　　同治七年（1868年）　　　　　秋，飞蝗蔽日，农民及时扑打，未成大灾。

8.　　光绪十二年（1886年）　　　　七月，蝗灾严重。

9.　　光绪二十五年（1899年）　　　六月，飞蝗遍野。

　　　　　　　　　　　原载《广饶县志》大事记，中华书局1995年版

10. 民国二年（1913年）　　　　　　城北一带旱蝗。

　　　　　　　原载《广饶县志》自然灾害·旱灾，中华书局1995年版

雍正《乐安县志》

1. 明万历三十三年（1605年）　　　五月，旱蝗；秋，蝻生。

2.　　万历四十五年（1617年）　　　蝗灾。

3.　　天启六年（1626年）　　　　　秋，蝻食禾。

4. 清康熙十三年（1674年）　　　　蝗灾。

5.　　康熙三十三年（1694年）　　　蝗灾。

6.　　康熙四十三年（1704年）　　　夏，大旱蝗。

7.　　康熙四十七年（1708年）　　　蝗灾。

　　　　　　　原载雍正《乐安县志》卷十八《五行志》，雍正十一年刻本

民国《乐安县志》

1. 清咸丰七年（1857年）　　　　　蝗。

2.　　光绪十二年（1886年）　　　　七月，蝗蝻生。

3.　　光绪二十五年（1899年）　　　六月，飞蝗遍野。

4.　　光绪三十二年（1906年）　　　五月，飞蝗蔽天。

　　　　　　　原载民国《乐安县志》卷十三《灾祥》，民国七年石印本

《垦利县志》

1. 明万历四十五年（1617年）　　　蝗灾严重，官府令捕蝗300石者得充儒学

生员。

2. 民国二年（1913 年）　　　　　旱，蝗灾严重，农田大部绝产。

3. 民国三十二年（1943 年）　　　五月，发生大面积蝗蝻灾害，全县党政军
　　　　　　　　　　　　　　　　　民学齐上阵捕打，至七月取得灭蝗
　　　　　　　　　　　　　　　　　胜利。

4. 民国三十三年（1944 年）　　　四月，蝗虫灾害严重，县委县政府组织捕
　　　　　　　　　　　　　　　　　蝗委员会，带领全县人民投入灭蝗战
　　　　　　　　　　　　　　　　　斗，取得功在华北的重大胜利。

5. 民国三十四年（1945 年）　　　四月，出现大面积蝗蝻，全县 3 万人上阵
　　　　　　　　　　　　　　　　　连续捕打 33 天，捕打面积 20 多万亩，
　　　　　　　　　　　　　　　　　捕蝗 1.8 万千克，又一次取得灭蝗战役
　　　　　　　　　　　　　　　　　的胜利，行署两次传令嘉奖捕蝗有功
　　　　　　　　　　　　　　　　　人员。

6. 民国三十八年（1949 年）　　　五月，蝗灾严重，县成立捕蝗指挥部，全
　　　　　　　　　　　　　　　　　县 3 万余人参加捕蝗。

原载《垦利县志》大事记，山东人民出版社 1997 年版

光绪《利津县志》

1. 明嘉靖三年（1524 年）　　　　七月，飞蝗伤稼。

2.　嘉靖十四年（1535 年）　　　蝗伤稼，大饥。

3.　万历二十一年（1593 年）　　飞蝗蔽天。

4.　崇祯十三年（1640 年）　　　蝗伤麦。

5. 清道光十五年（1835 年）　　　旱蝗，岁大饥。

6.　咸丰六年（1856 年）　　　　旱蝗。

原载光绪《利津县志》卷十《杂志·祥异》，光绪九年刻本

《利津县志》

1. 民国二年（1913 年）　　　　　蝗虫为害，田苗多被啃光。

2. 民国六年（1917 年）　　　　　蝗蝻为灾，海滩淤地尤多。

3. 民国七年（1918 年）　　　　　蝗虫为害，成灾。

4. 民国八年（1919 年）　　　　　　连续三年蝗灾，灾重。

5. 民国十七年（1928 年）　　　　　秋，飞蝗蔽野，农业荒失。

6. 民国二十一年（1932 年）　　　　秋，蝗虫为害，减产。

7. 民国二十九年（1940 年）　　　　蝗蝻为害。

8. 民国三十五年（1946 年）　　　　七月，蝗虫严重发生。

9. 民国三十七年（1948 年）　　　　秋，蝗灾严重，粮田减产四成。

原载《利津县志》自然灾害，东方出版社 1990 年版

十一、潍坊市

《潍坊市志》

1. 东晋建武元年（317 年）　　　　市境西部蝗灾严重。

2. 　　　太兴元年（318 年）　　　　又遭蝗灾，禾苗被吃光。

3. 唐贞元元年（785 年）　　　　　夏，蝗灾，从东海到陇山，几千里内飞蝗
　　　　　　　　　　　　　　　　　遮天蔽日，庄稼、树叶吃光。

4. 宋大中祥符九年（1016 年）　　　五月，飞蝗弥覆郊野，食民田殆尽。

5. 元至正十九年（1359 年）　　　　蝗虫遮天蔽日，人马难行。

6. 明嘉靖十二年（1533 年）　　　　秋，寿光、益都、临朐等县蝗灾严重，禾
　　　　　　　　　　　　　　　　　稼殆尽。

7. 　　万历四十三年（1615 年）　　秋，蝗灾严重，树木、草房被食尽。

8. 　　万历四十五年（1617 年）　　秋，蝗灾严重，朝廷下令有捕得蝗虫三百
　　　　　　　　　　　　　　　　　石者，准予成为儒学生员。

9. 清乾隆二十六年（1761 年）　　　潍县一带蝗灾，蝗虫落处树木被压折。

10. 　　乾隆三十九年（1774 年）　六月，蝗成灾，致使有人迷路，误入蝗群
　　　　　　　　　　　　　　　　　被咬死。

11. 　　光绪十八年（1892 年）　　六月，蝗虫成灾。

12. 民国八年（1919 年）　　　　　秋，寿光、益都、临朐等县蝗灾严重，临
　　　　　　　　　　　　　　　　　朐飞蝗落地厚半尺，树枝被压折。

13. 民国十年（1921 年）　　　　　秋，潍县飞蝗过境，遮天蔽日，所落处庄
　　　　　　　　　　　　　　　　　稼吃光。

14. 民国十七年（1928 年）　　　　七月，蝗虫在潍县过境，在央子镇一带停

留十天，草禾被食一空，直至无食向北飞去，坠海溺死，被风吹到岸上堆积如丘，百姓运回充食、作柴。

15. 民国三十四年（1945 年）　　六月，渤海区蝗灾蔓延，垦利、沾化、广饶、寿光、昌邑、潍县等地受灾面积 432 万亩，渤海行署组织男女老幼灭蝗。

原载《潍坊市志》大事记，中央文献出版社 1995 年版

《潍城区志》

1. 清咸丰六年（1856 年）　　秋，蝗灾。
2. 同治元年（1862 年）　　七月，蝗虫成灾。

原载《潍城区志》大事记，齐鲁书社 1993 年版

民国《潍县志稿》

1. 西汉元始二年（公元 2 年）　　大旱蝗，青州尤甚，民流亡。
2. 东汉建武二十二年（46 年）　　青州蝗。
3. 永元四年（92 年）　　夏四月，青州蝗。
4. 北齐天保九年（558 年）　　夏，山东大蝗，差人夫捕而坑之。
5. 乾明元年（560 年）　　夏四月，光、青等九州蠡水伤稼，遣使赡恤。
6. 唐贞观二年（628 年）　　蝗。
7. 开元四年（716 年）　　山东蝗食稼，声如风雨。
8. 兴元元年（784 年）　　秋，螟蝗自山而东，际于海，晦天蔽野，草木叶皆尽。
9. 贞元元年（785 年）　　夏，蝗，东自海，西尽河、陇，群飞蔽天，旬日不息，草木叶及畜毛靡有孑遗，民蒸蝗，曝，扬去翅足而食。
10. 开成元年（836 年）　　夏，青、沧诸州蝗。
11. 开成二年（837 年）　　夏六月，青州蝗。
12. 开成三年（838 年）　　是岁，河南等蝗，草木叶皆尽。

13. 开成五年（840 年）	夏，淄、青等螟蝗害稼。
14. 后晋天福四年（939 年）	山东诸郡蝗。
15. 天福八年（943 年）	夏四月，天下诸州飞蝗害田，食草木叶皆尽。
16. 后汉乾祐元年（948 年）	青州蝝生。
17. 宋崇宁二年（1103 年）	蝗。
18. 金正隆二年（1157 年）	山东蝗。
19. 泰和六年（1206 年）	山东连年旱蝗，潍、密等五州尤甚。
20. 元大德二年（1298 年）	山东诸行省属县蝗。
21. 大德七年（1303 年）	夏四月，蝗。
22. 至正十八年（1358 年）	秋八月，北海蝗。
23. 至正十九年（1359 年）	潍州蝗食禾稼、草木俱尽，所至蔽日，碍人马不能行，填坑堑皆盈，饥民捕蝗以为食，或曝干而积之，又尽，则人相食。
24. 明洪武六年（1373 年）	秋七月，山东蝗。
25. 洪武七年（1374 年）	夏六月，山东蝗。
26. 永乐元年（1403 年）	夏，山东蝗。
27. 永乐十四年（1416 年）	秋七月，山东蝗。
28. 洪熙元年（1425 年）	夏四月，旱蝗。
29. 宣德九年（1434 年）	秋七月，山东蝗蝻覆地尺许，伤稼。
30. 宣德十年（1435 年）	夏四月，山东蝗蝻伤稼。
31. 正统二年（1437 年）	夏四月，山东蝗，饥。
32. 正统六年（1441 年）	夏，青、莱诸府蝗。
33. 嘉靖八年（1529 年）	旱蝗。
34. 嘉靖十一年（1532 年）	夏，大蝗。
35. 嘉靖十二年（1533 年）	蝗食禾稼殆尽。
36. 嘉靖十五年（1536 年）	夏，蝗。
37. 嘉靖三十八年（1559 年）	六月，大蝗。
38. 嘉靖四十四年（1565 年）	夏，大蝗。
39. 万历四十三年（1615 年）	夏，旱蝗；秋，大饥，米价涌贵，民刮木皮和糠秕而食，林木为之尽，饥死者道

相枕藉，有割尸肉而食者，法不能止，又有奸民掠卖男女，贩至远方，辄获重利，谓之贩销，往来络绎不绝，号哭之声震动天地。

40.	万历四十五年（1617 年）	秋，大蝗，奉文捕蝗三百石，准充儒学生员。
41.	天启三年（1623 年）	秋七月，安丘、昌乐大蝗。
42.	崇祯七年（1634 年）	夏，大旱，安丘、昌乐、寿光蝗蝻生。
43.	崇祯十年（1637 年）	夏六月，大蝗，大饥。
44.	崇祯十一年（1638 年）	夏六月，昌乐大旱蝗。

原载民国《潍县志稿》卷二《通纪一》，民国三十年铅印本

45.	清康熙十一年（1672 年）	秋七月，蝗。
46.	康熙十二年（1673 年）	蝗。
47.	康熙三十年（1691 年）	蝗损禾稼。
48.	乾隆十三年（1748 年）	春，大蝗。
49.	乾隆二十九年（1764 年）	夏六月，安丘蝗。
50.	乾隆三十九年（1774 年）	秋七月，大蝗，落地厚数尺，飞树上巨枝折。
51.	乾隆五十年（1785 年）	秋七月，大蝗，人有不辨路径为蝗所食者。
52.	嘉庆十年（1805 年）	秋，旱蝗害稼。
53.	同治元年（1862 年）	夏六月，蝗。
54.	光绪十八年（1892 年）	夏六月，蝗。

原载民国《潍县志稿》卷三《通纪二》，民国三十年铅印本

《寒亭区志》

| 1. 元至正十八年（1358 年） | 潍州蝗食禾稼、草木俱尽，所至蔽日，碍人马不能行，填坑堑皆盈，饥民捕蝗为食，或曝干积之，又尽，人相食。 |

原载《寒亭区志》自然灾害，齐鲁书社 1992 年版

2. 清咸丰六年（1856 年）	秋，蝗。
3.	光绪二年（1876 年）	秋，蝗虫过境。
4. 民国十年（1921 年）	秋，飞蝗过境，遮天蔽日，庄稼尽被吃光。

5. 民国十七年（1928 年）　　　　八月，蝗虫过境，菜禾被食一空，运到场
　　　　　　　　　　　　　　　　上的高粱、谷子也被食过半，直至无食
　　　　　　　　　　　　　　　　可觅，方飞越渤海，坠海溺死者被风吹
　　　　　　　　　　　　　　　　到岸上堆积如丘，人民运回充食、
　　　　　　　　　　　　　　　　作柴。

6. 民国二十九年（1940 年）　　　七月，飞蝗由西北向东南迁飞，持续十几
　　　　　　　　　　　　　　　　天，所过之处草禾吞啮一空。

原载《寒亭区志》大事记，齐鲁书社 1992 年版

乾隆《昌邑县志》

1. 明嘉靖四十三年（1564 年）　　大蝗。

2. 　隆庆三年（1569 年）　　　　七月，有蝗，民大饥。

3. 　万历四十三年（1615 年）　　春，蝗旱，大饥，妇女南贩。

4. 　万历四十五年（1617 年）　　大蝗，捕纳三百石，准充附生。

5. 　崇祯三年（1630 年）　　　　蝗。

6. 清顺治十八年（1661 年）　　　蝗生，有鸟数万啄食之。

7. 　康熙十一年（1672 年）　　　七月，飞蝗为灾，饥。

8. 　康熙十三年（1674 年）　　　春，蝗旱。

9. 　康熙三十年（1691 年）　　　六月，蝗；秋，又蝗。

10. 　康熙四十八年（1709 年）　　蝗。

11. 　雍正二年（1724 年）　　　　蝗。

原载乾隆《昌邑县志》卷七《祥异》，乾隆七年刻本

《昌邑县志》

1. 清同治元年（1862 年）　　　　六月，蝗虫成灾，农作物产量大减。

2. 　光绪二年（1876 年）　　　　县南飞蝗侵害农作物。

3. 　光绪二十五年（1899 年）　　县南蝗虫成灾，收成大减。

4. 民国六年（1917 年）　　　　　蝗虫成灾，农作物产量大减。

5. 民国八年（1919 年）　　　　　县北部红蝗为灾，小麦受害。

6. 民国十七年（1928 年）　　　　七月，蝗虫所到之处作物被吃光。

7. 民国二十六年（1937 年）　　　　北部沿海蝗灾，禾苗无存，民大饥。

8. 民国三十二年（1943 年）　　　　北部沿海蝗灾，人民政府组织扑蝗，免受

　　　　　　　　　　　　　　　　　　　其害。

原载《昌邑县志》蝗虫成灾记录表，昌邑县志编纂委员会 1987 年版

民国《寿光县志》

1. 东晋太兴元年（318 年）　　　　秋八月，蝗食生草尽。

2. 唐兴元元年（784 年）　　　　　秋，大蝗。

3. 　贞元元年（785 年）　　　　　夏，大旱，蝗食草木叶、畜毛皆尽。

4. 　开成二年（837 年）　　　　　夏六月，蝗。

5. 后汉乾祐元年（948 年）　　　　秋七月，螽生。

6. 宋崇宁二年（1103 年）　　　　蝗。

7. 　明洪武三年（1370 年）　　　　六月，蝗。

8. 　洪熙元年（1425 年）　　　　夏四月，旱蝗，诏免田租之半。

9. 　正统二年（1437 年）　　　　夏，旱蝗。

10. 　嘉靖十二年（1533 年）　　　蝗为灾。

11. 　万历三十五年（1607 年）　　春，大旱蝗。

12. 　万历四十三年（1615 年）　　旱蝗，大饥，人相食，御史过庭训赈荒。

13. 　万历四十五年（1617 年）　　秋，蝗灾，令捕蝗三百石者，得充儒学

　　　　　　　　　　　　　　　　　　　生员。

14. 　崇祯三年（1630 年）　　　　蝗害稼。

15. 　崇祯七年（1634 年）　　　　蝗食禾黍皆尽。

16. 清康熙十一年（1672 年）　　　蝗为灾。

17. 　康熙三十年（1691 年）　　　夏，蝗为灾，蝻生。

18. 　康熙四十八年（1709 年）　　夏，蝗。

19. 　乾隆三十九年（1774 年）　　蝗害稼。

20. 　嘉庆九年（1804 年）　　　　夏，蝗。

21. 　嘉庆十年（1805 年）　　　　旱蝗，饥。

22. 　咸丰七年（1857 年）　　　　夏，旱蝗。

23. 　光绪十二年（1886 年）　　　秋，蝗害稼。

24. 　光绪十三年（1887 年）　　　春，知县收买蝻子。

25.	光绪十八年（1892 年）	夏六月，蝗，知县督捕之。
26.	光绪二十一年（1895 年）	夏五月旱，飞蝗过境。
27.	光绪二十六年（1900 年）	秋，大水，蝗害稼。
28.	民国六年（1917 年）	秋，飞蝗自西南来，数日始尽。
29.	民国七年（1918 年）	秋七月，飞蝗蔽天。
30.	民国八年（1919 年）	秋，蝗。

原载民国《寿光县志》卷十五《大事记》，民国二十五年铅印本

《寿光县志》

1.	东汉建武二十二年（46 年）	蝗。
2.	永初四年（110 年）	夏四月，蝗。
3.	东晋建武元年（317 年）	螽。
4.	唐开元四年（716 年）	蝗食稼。
5.	宋崇宁三年（1104 年）	旱蝗。
6.	清光绪六年（1880 年）	秋，蝗害稼。
7.	民国三十四年（1945 年）	五月，北部地区蝗灾。

原载《寿光县志》自然灾害一览表，中国大百科全书出版社上海分社 1992 年版

《青州市志》

1.	西汉元始二年（公元 2 年）	夏旱，蝗灾，官府令百姓捕蝗，按数量给钱。
2.	宋大中祥符九年（1016 年）	六月，飞蝗弥覆郊野，食民田殆尽；九月，飞蝗无所得食，赴海死。
3.	元至元十九年（1282 年）	蝗食禾稼、草木俱尽。
4.	至正十九年（1359 年）	五月，飞蝗蔽天，民大饥。
5.	明万历四十三年（1615 年）	大旱，蝗蝻生，大饥。
6.	清嘉庆九年（1804 年）	夏，蝗灾，官府用钱购蝗，民争捕送。
7.	嘉庆十年（1805 年）	七月，蝗自西北来，飞蔽日月，所过田禾一空。
8.	咸丰六年（1856 年）	秋，蝗虫吃麦苗。

9.　　咸丰七年（1857 年）　　　　　夏，蝗。

10.　　光绪三十四年（1908 年）　　　冬，异暖，三九出蝗。

11. 民国十一年（1922 年）　　　　　冬，异暖，河开出蝗。

原载《青州市志》大事记，南开大学出版社 1989 年版

咸丰《青州府志》

1. 西汉元始二年（公元 2 年）　　　郡国大旱蝗，青州尤甚，民流亡。

2. 东汉建武二十二年（46 年）　　　青州蝗。

3.　　　永初四年（110 年）　　　　夏四月，青州蝗。

4. 西晋建兴五年（317 年）　　　　秋七月，青州螽蝗。

5. 东晋大兴元年（318 年）　　　　秋八月，冀、青、徐三州蝗食生草尽，至
　　　　　　　　　　　　　　　　　于二年。

6.　　唐兴元元年（784 年）　　　　秋，螟蝗自山而东，际于海，晦天蔽野，
　　　　　　　　　　　　　　　　　草木叶皆尽。

7.　　　永贞元年（805 年）　　　　夏六月，淄青蝗。

8.　　　长庆四年（824 年）　　　　夏，淄青螟蝗害稼。

9.　　　开成二年（837 年）　　　　夏六月，淄青蝗。

10.　　开成五年（840 年）　　　　夏，淄青螟蝗害稼。

11. 后汉乾祐元年（948 年）　　　　秋七月，青、兖、齐、密皆言蝝生。

12. 宋至道二年（996 年）　　　　　夏六月，密州蝗生，食苗。

13. 蒙古中统四年（1263 年）　　　　夏六月，益都蝗。

14.　　　至元二年（1265 年）　　　秋七月，益都大蝗。

15. 元至元八年（1271 年）　　　　　夏六月，益都蝗。

16.　　至元二十六年（1289 年）　　秋七月，益都蝗。

17.　　　大德七年（1303 年）　　　夏五月，益都蝗。

18.　　　大德八年（1304 年）　　　夏四月，临朐蝗。

19.　　　至大元年（1308 年）　　　五月，益都诸郡蝝。

20.　　　至大二年（1309 年）　　　夏四月，益都诸郡蝗。

21.　　　延祐七年（1320 年）　　　夏六月，益都路蝗。

22.　　　至治二年（1322 年）　　　益都诸属县蝗。

23.　　　泰定元年（1324 年）　　　夏六月，益都、般阳等郡蝗。

24.	泰定四年（1327 年）	夏四月，博兴大旱蝗；是岁，临淄蝗。
25.	天历二年（1329 年）	夏六月，益都、密州蝗。
26.	至顺元年（1330 年）	夏六月，博兴等州蝗。
27.	至元元年（1335 年）	益都蝗。
28.	至正十九年（1359 年）	夏五月，益都、临淄、高苑、博兴州蝗食禾稼、草木俱尽，人相食。
29.	至正二十年（1360 年）	秋七月，临朐、寿光蝗。
30.	明洪武五年（1372 年）	夏六月，蝗。
31.	建文四年（1402 年）	十月，诸城蝗。
32.	洪熙元年（1425 年）	夏四月，寿光、昌乐、安丘蝗旱。
33.	正统六年（1441 年）	夏，蝗。
34.	正统七年（1442 年）	夏四月，昌乐蝗。
35.	正统十三年（1448 年）	夏五月，诸城蝗。
36.	正统十四年（1449 年）	夏，蝗。
37.	天顺二年（1458 年）	夏四月，蝗。
38.	嘉靖七年（1528 年）	昌乐、安丘、诸城蝗，大饥，人相食。
39.	嘉靖八年（1529 年）	夏，昌乐旱蝗。
40.	嘉靖十一年（1532 年）	安丘大蝗。
41.	嘉靖十二年（1533 年）	蝗，食禾稼殆尽。
42.	嘉靖十三年（1534 年）	益都蝗。
43.	嘉靖十五年（1536 年）	夏，昌乐、安丘蝗。
44.	嘉靖三十八年（1559 年）	夏，昌乐、安丘大旱蝗。
45.	嘉靖三十九年（1560 年）	秋七月，蝻自西北来，所过田禾一空。
46.	嘉靖四十四年（1565 年）	夏四月，昌乐大蝗。
47.	隆庆三年（1569 年）	夏五月，昌乐、安丘蝗。
48.	万历十年（1582 年）	夏六月，昌乐、安丘蝗。
49.	万历十一年（1583 年）	夏六月，昌乐、安丘、诸城大蝗。
50.	万历三十三年（1605 年）	夏五月，乐安、昌乐、安丘大蝗；秋，蝻生。
51.	万历四十五年（1617 年）	秋，临淄、乐安、寿光、昌乐、安丘、诸城大蝗，奉檄捕蝗三百石，准给儒学生员。

52.	天启三年（1623 年）	秋七月，昌乐、安丘大蝗。
53.	天启六年（1626 年）	夏，诸城旱蝗；秋，临淄、乐安螟生。
54.	崇祯三年（1630 年）	益都、寿光、昌乐蝗害稼。
55.	崇祯七年（1634 年）	夏，临朐、昌乐、安丘三县皆蝗。
56.	崇祯九年（1636 年）	秋七月，蝗，大饥，斗粟千钱。
57.	崇祯十年（1637 年）	安丘、诸城大蝗。
58.	崇祯十一年（1638 年）	夏六月，昌乐、安丘、诸城大旱蝗。
59.	崇祯十二年（1639 年）	夏六月，临朐、诸城旱蝗，益都蝗，大饥。
60.	清顺治四年（1647 年）	益都旱蝗。
61.	康熙六年（1667 年）	夏，博兴蝗。
62.	康熙十一年（1672 年）	是年，青州十一县皆有蝗，益都、临淄、高苑蝗不为灾。
63.	康熙十三年（1674 年）	是年，乐安蝗。
64.	康熙二十八年（1689 年）	夏六月，蝗；秋七月，螟生。
65.	康熙三十年（1691 年）	夏六月，蝗。
66.	康熙三十三年（1694 年）	高苑、乐安蝗。
67.	康熙四十七年（1708 年）	乐安蝗。
68.	康熙四十八年（1709 年）	夏六月，博兴、寿光蝗；秋七月，螟生。
69.	康熙五十七年（1718 年）	夏六月，博兴蝗，不为灾。
70.	雍正元年（1723 年）	秋八月，临朐蝗。
71.	雍正二年（1724 年）	临朐蝗。
72.	乾隆十三年（1748 年）	夏，诸城蝗。
73.	乾隆十六年（1751 年）	秋，诸城蝗。
74.	乾隆二十九年（1764 年）	夏六月，安丘蝗。
75.	乾隆三十九年（1774 年）	秋七月，安丘大蝗。
76.	乾隆五十八年（1793 年）	九月，安丘螟生，有鸟食之，不为灾。
77.	嘉庆七年（1802 年）	秋八月，诸城蝗。
78.	嘉庆八年（1803 年）	春三月，诸城蝗。
79.	嘉庆十年（1805 年）	秋，昌乐旱蝗，诸城蝗，博兴螟生。
80.	嘉庆十九年（1814 年）	夏，博兴蝗。
81.	嘉庆二十三年（1818 年）	博兴蝗。
82.	道光元年（1821 年）	博兴大水蝗。

83.	道光五年（1825 年）	博兴旱蝗。
84.	道光十五年（1835 年）	五月，安丘飞蝗蔽天，横四五里；七月，博兴蝗。
85.	道光十八年（1838 年）	博兴旱蝗。

原载咸丰《青州府志》卷六十三《祥异记》，咸丰九年刻本

光绪《益都县图志》

1.	西汉元始二年（公元 2 年）	夏，郡国大旱蝗，青州尤甚，遣使者捕蝗，民捕蝗诣吏，以石斗受钱。
2.	东晋建武元年（317 年）	秋七月，蝗。
3.	太兴元年（318 年）	秋八月，蝗食生草尽，至于二年。
4.	北齐乾明元年（560 年）	夏四月，诏境内往因螽水伤稼，遣使赡恤。
5.	唐开成二年（837 年）	夏五月，蝗伤稼。
6.	开成三年（838 年）	诏：去秋蝗虫害稼处放逋赋，仍以本处常平仓赈贷。
7.	开成五年（840 年）	夏，螟蝗害稼。
8.	后汉乾祐元年（948 年）	夏六月，蝗；秋七月，蝝生。
9.	乾祐二年（949 年）	夏六月，蝗。
10.	宋大中祥符九年（1016 年）	秋九月，飞蝗赴海死。
11.	蒙古中统四年（1263 年）	夏六月，蝗。
12.	至元二年（1265 年）	秋七月，大蝗，饥，减价粜官粟以赈。
13.	至元三年（1266 年）	夏，蝗。
14.	元至元八年（1271 年）	夏六月，蝗。
15.	至元十九年（1282 年）	蝗食禾稼、草木俱尽。
16.	至元二十六年（1289 年）	秋七月，蝗。
17.	大德七年（1303 年）	夏五月，蝗食麦。
18.	大德八年（1304 年）	夏四月，蝗。
19.	至大元年（1308 年）	夏五月，蝝。
20.	至大二年（1309 年）	夏四月，蝗。
21.	延祐七年（1320 年）	夏六月，蝗。
22.	至治二年（1322 年）	蝗。

23.	泰定元年（1324年）	蝗。
24.	天历二年（1329年）	夏六月，蝗。
25.	至顺元年（1330年）	六月，蝗。

原载光绪《益都县图志》卷五《大事志上》，光绪三十三年刻本

26.	明洪武五年（1372年）	夏六月，蝗。
27.	正统六年（1441年）	夏，蝗。
28.	正统十四年（1449年）	夏，蝗。
29.	天顺二年（1458年）	夏四月，蝗。
30.	正德十三年（1518年）	蝗。
31.	嘉靖十二年（1533年）	蝗食禾稼殆尽。
32.	嘉靖十三年（1534年）	蝗。
33.	嘉靖三十九年（1560年）	秋七月，蝻自西北来，所过田禾一空。
34.	万历四十四年（1616年）	蝗。
35.	崇祯三年（1630年）	夏，蝗害稼。
36.	崇祯九年（1636年）	秋七月，蝗，大饥，斗米千钱。
37.	崇祯十二年（1639年）	秋七月，大蝗，大饥，人相食。
38.	崇祯十三年（1640年）	夏，蝗旱。
39.	清顺治四年（1647年）	夏，旱蝗。
40.	康熙十一年（1672年）	六月，蝗。
41.	康熙二十八年（1689年）	夏六月，蝗；秋七月，蝻生。
42.	康熙三十年（1691年）	夏六月，蝗。
43.	康熙四十八年（1709年）	夏，蝗；秋七月，蝻生。
44.	康熙五十五年（1716年）	夏五月，旱蝗。
45.	乾隆二十九年（1764年）	夏，蝗。
46.	嘉庆九年（1804年）	夏，蝗，知县督民急捕之，又以钱购蝗，民争捕送，数日蝗灭。
47.	嘉庆十年（1805年）	秋七月，飞蝗为灾。采访：蝗自西来，飞蔽日月，所过禾稼一空，刈而藏之于室，多方保护者，尚有所获。
48.	咸丰六年（1856年）	春，旱蝗；秋，蝗食麦苗。
49.	咸丰七年（1857年）	夏五月，蝗。
50.	同治元年（1862年）	夏，蝗。

51.　光绪七年（1881 年）　　　　　秋，蝗，知府李嘉乐亲督官民捕之，不
　　　　　　　　　　　　　　　　　为灾。

原载光绪《益都县图志》卷六《大事志下》，光绪三十三年刻本

嘉庆《昌乐县志》

1. 东汉建武二十二年（46 年）　　　蝗。
2. 东晋建武元年（317 年）　　　　秋七月，大旱，螽蝗。
3. 　　大兴元年（318 年）　　　　秋八月，蝗食苗尽。
4. 北齐天保八年（557 年）　　　　夏，大蝗。
5. 唐贞观二年（628 年）　　　　　蝗。
6. 　　开元三年（715 年）　　　　夏，大蝗。
7. 　　开元四年（716 年）　　　　春，复大蝗，食稼。
8. 　　兴元元年（784 年）　　　　秋，蝗食草皆尽，大饥。
9. 　　贞元元年（785 年）　　　　夏，大旱蝗。
10. 后晋天福七年（942 年）　　　　夏四月，蝗害稼。
11. 　　天福八年（943 年）　　　　是年，蝗大起。
12. 后汉乾祐元年（948 年）　　　　秋七月，螽生。
13. 宋崇宁二年（1103 年）　　　　蝗。
14. 　　淳熙四年（1177 年）　　　以旱蝗，免山东等十路租税。
15. 元至大元年（1308 年）　　　　夏五月，螽。
16. 　　至大二年（1309 年）　　　夏四月，蝗。
17. 　　延祐七年（1320 年）　　　夏六月，蝗。
18. 　　泰定元年（1324 年）　　　夏六月，蝗。
19. 　　天历二年（1329 年）　　　夏，旱蝗，饥。
20. 明洪熙元年（1425 年）　　　　夏四月，旱蝗，免租税之半。
21. 　　正统二年（1437 年）　　　夏，旱蝗，饥。
22. 　　正统七年（1442 年）　　　夏四月，蝗。
23. 　　嘉靖七年（1528 年）　　　是年，蝗，大饥，人相食。
24. 　　嘉靖八年（1529 年）　　　夏，旱蝗。
25. 　　嘉靖十五年（1536 年）　　夏，蝗。
26. 　　嘉靖四十四年（1565 年）　夏四月，大蝗。

27.	隆庆三年（1569 年）	夏五月，蝗。
28.	万历十年（1582 年）	夏六月，蝗蝻。
29.	万历十一年（1583 年）	夏六月，蝗。
30.	万历三十三年（1605 年）	夏五月，蝗蔽地，禾尽；秋，蝻复生。
31.	万历四十三年（1615 年）	夏，旱蝗，大饥，御史过庭训赈荒。
32.	万历四十五年（1617 年）	秋，大蝗，奉文捕蝗三百石，准充儒学生员。
33.	天启三年（1623 年）	秋七月，大蝗。
34.	崇祯三年（1630 年）	蝗害稼。
35.	崇祯七年（1634 年）	夏，蝗蝻生。
36.	崇祯十一年（1638 年）	夏，大旱蝗。
37.	清康熙十一年（1672 年）	蝗。
38.	康熙三十年（1691 年）	夏，蝗蝻灾。
39.	嘉庆十年（1805 年）	秋旱，蝗害稼。

原载嘉庆《昌乐县志》卷一《总纪上》，嘉庆十四年刻本

民国 《昌乐县续志》

1.	清道光二十五年（1845 年）	秋，蝗害稼。
2.	咸丰五年（1855 年）	秋，蝗蝻害稼。
3.	咸丰六年（1856 年）	秋，飞蝗为灾。
4.	咸丰七年（1857 年）	夏，蝗蝻生。
5.	同治三年（1864 年）	秋，蝗害稼。
6.	光绪十八年（1892 年）	夏五月，飞蝗过境；秋，蝗蝻为灾。
7.	光绪二十一年（1895 年）	六月，蝗害稼。
8.	光绪二十九年（1903 年）	秋，蝗。

原载民国《昌乐县续志》卷一《总纪》，民国二十三年铅印本

光绪 《临朐县志》

| 1. 西汉元始二年（公元 2 年） | 大旱蝗，民流亡，诏民捕蝗诣吏，以石斗受钱。 |
| 2. 东汉建武二十二年（46 年） | 蝗。 |

3. 东晋太兴元年（318 年）　　　　　秋八月，蝗食生草尽，至于二年。

4. 唐乾符二年（875 年）　　　　　　秋七月，大蝗。

5. 后晋天福八年（943 年）　　　　　旱蝗，大饥。

6. 后汉乾祐元年（948 年）　　　　　秋七月，蝝生。

7. 宋崇宁二年（1103 年）　　　　　　蝗。

8. 金大定十七年（1177 年）　　　　　春三月，旱蝗，免租税。

9. 蒙古至元二年（1265 年）　　　　　秋七月，大蝗。

10. 元大德八年（1304 年）　　　　　　夏四月，蝗。

11. 　至大元年（1308 年）　　　　　　夏五月，蝝。

12. 　至大二年（1309 年）　　　　　　夏四月，蝗。

13. 　延祐七年（1320 年）　　　　　　夏六月，蝗。

14. 　泰定元年（1324 年）　　　　　　夏六月，蝗。

15. 　至元元年（1335 年）　　　　　　是岁，大蝗。

16. 　至正二十年（1360 年）　　　　　蝗。

17. 明洪武五年（1372 年）　　　　　　夏六月，蝗。

18. 　洪熙元年（1425 年）　　　　　　夏四月，旱蝗，免租税之半。

19. 　正统六年（1441 年）　　　　　　秋，蝗生，免税粮。

20. 　正统十四年（1449 年）　　　　　夏，蝗。

21. 　天顺二年（1458 年）　　　　　　夏四月，蝗，免秋粮。

22. 　嘉靖十二年（1533 年）　　　　　夏，蝗，知县祷于沂山，乃大雨，蝗尽飞去。

23. 　万历四十三年（1615 年）　　　　夏，旱蝗。

24. 　万历四十五年（1617 年）　　　　旱蝗，奉文捕蝗三百石，准充儒学生员。

25. 　崇祯九年（1636 年）　　　　　　十一月，蝻生，草竹皆尽。

26. 　崇祯十二年（1639 年）　　　　　至七月不雨，蝗蝻盈野。

27. 　崇祯十三年（1640 年）　　　　　是年，大旱蝗，斗粟钱二千。

28. 清雍正元年（1723 年）　　　　　　秋八月，旱蝗。

29. 　雍正二年（1724 年）　　　　　　夏四月，蝗蝻遍野，知府亲至督捕。

30. 　嘉庆九年（1804 年）　　　　　　旱蝗。

31. 　咸丰六年（1856 年）　　　　　　秋七月，蝗。

32. 　咸丰七年（1857 年）　　　　　　夏五月，蝗灾，西境尤甚。

33. 　同治元年（1862 年）　　　　　　夏五月，蝗。

34.　光绪七年（1881 年）　　　　　　秋七月，蝗，不为灾。

原载光绪《临朐县志》卷十《大事表》，光绪十一年刻本

《临朐县志》

1. 民国八年（1919 年）　　　　　　秋，飞蝗自西南来，落地深半尺，树枝压折。

2. 民国十七年（1928 年）　　　　　秋，蝗虫遍野，庄稼、树叶吃光。

3. 民国二十四年（1935 年）　　　　秋，蝗灾，飞蝗自南向北遮天蔽日，庄稼吃光。

原载《临朐县志》大事记，山东人民出版社 1991 年版

万历《安丘县志》

1. 东汉建武二十二年（46 年）　　蝗。

2.　　永初四年（110 年）　　　　夏四月，蝗。

3. 东晋建武元年（317 年）　　　秋七月，大旱，螽蝗。

4.　　太兴元年（318 年）　　　　秋八月，蝗食生草尽。

5. 北齐天保八年（557 年）　　　夏六月，大蝗。

6. 唐兴元元年（784 年）　　　　秋，大蝗，自山而东，际于海，晦天蔽野，草木皆尽。

7.　　贞元元年（785 年）　　　　夏，大旱蝗，群飞蔽天，旬日不息。

8.　　开成二年（837 年）　　　　夏六月，蝗。

9. 后汉乾祐元年（948 年）　　　秋七月，蝝生。

10. 宋崇宁二年（1103 年）　　　蝗。

11. 蒙古至元七年（1270 年）　　旱蝗。

12. 元至元二十六年（1289 年）　秋七月，蝗。

13.　　大德二年（1298 年）　　　夏四月，蝗。

14.　　至治二年（1322 年）　　　夏，蝗。

15.　　至正十九年（1359 年）　　夏五月，大蝗，所落沟堑皆平，人马不能行。

16. 明洪熙元年（1425 年）　　　夏四月，旱蝗。

17.　嘉靖七年（1528 年）　　　　　春，大蝗，饥，人相食。

18.　嘉靖十一年（1532 年）　　　　夏，大蝗，蔽天映日，田禾一空。

19.　嘉靖十五年（1536 年）　　　　夏，蝗。

20.　嘉靖三十八年（1559 年）　　　六月，大蝗，飞蔽天日。

21.　隆庆三年（1569 年）　　　　　夏五月，蝗。

22.　万历十年（1582 年）　　　　　夏六月，蝗蝻，诏蠲逋赋。

23.　万历十一年（1583 年）　　　　夏六月，大蝗，奉诏垦田。

原载万历《安丘县志》卷一《总纪》，万历十七年刻本

康熙《续安丘县志》

1. 明万历三十三年（1605 年）　　　五月，蝗；秋，蝻生蔽地，田禾食尽，哭声遍野。

2.　万历四十三年（1615 年）　　　　夏，旱蝗；秋，大饥。

3.　万历四十五年（1617 年）　　　　秋，大蝗，奉文捕蝗三百石，准充附学生员。

4.　天启三年（1623 年）　　　　　　秋七月，大蝗。

5.　崇祯十年（1637 年）　　　　　　夏，大蝗。

6.　崇祯十三年（1640 年）　　　　　大蝗，蝻从平地涌出，道路、场圃皆满，乘壁渡河，不可捕截，田禾食尽，亦有啮人衣物及小儿者。

7. 清康熙十一年（1672 年）　　　　秋七月，旱蝗；八月，蠘生。

原载康熙《续安丘县志》卷一《总纪》，康熙十五年刻本

民国《安丘新志》

1. 清康熙二十八年（1689 年）　　　秋七月，蝻生。

2.　乾隆十三年（1748 年）　　　　　春，大蝗。

3.　乾隆二十九年（1764 年）　　　　夏六月，蝗大至，逄王、杞城尤甚。

4.　乾隆三十九年（1774 年）　　　　秋七月，大蝗，落地厚数尺，集树枝干折。

5.　乾隆五十年（1785 年）　　　　　夏，大蝗，飞蔽天日，落地辄数尺，有人不辨路径，陷入沟渠不能自出，遂为蝗

所食者，真奇灾也。

6. 乾隆五十八年（1793 年） 秋九月，螟生，有鸟食之。

7. 嘉庆十年（1805 年） 秋，旱蝗。

原载民国《安丘新志》卷一《总纪》，民国三年石印本

民国《续安丘新志》

1. 清咸丰六年（1856 年） 秋，大蝗；十月，蝻生，汶河两岸麦苗
几尽。

2. 咸丰七年（1857 年） 夏四月，蝻生；六月，大蝗，自东南来，
飞蔽天，所过食禾稼俱尽。

3. 同治元年（1862 年） 六月，大蝗，飞蔽天日，汶河以北田禾几
尽；七月，蝗过处遍地生蝻，捕者束手。

原载民国《续安丘新志》卷一《总纪》，民国九年石印本

民国《高密县志》

1. 明嘉靖十四年（1535 年） 大蝗。

2. 万历四十三年（1615 年） 旱蝗，大饥，人相食。

3. 崇祯十三年（1640 年） 旱蝗，大饥，人相食。

4. 清乾隆十三年（1748 年） 夏，大蝗，平地涌出，道路、场圃皆满，
所过田禾无遗，遣使赈济。

5. 道光二十二年（1842 年） 秋，蝗。

6. 咸丰元年（1851 年） 蝗蝻伤禾稼，诏举孝廉方正。

7. 咸丰五年（1855 年） 旱蝗，免民欠租赋。

8. 咸丰六年（1856 年） 旱蝗，免民欠租赋。

9. 咸丰七年（1857 年） 蝗，免租赋。

10. 咸丰八年（1858 年） 春，蝻生，伤禾稼，免民欠租赋。

11. 咸丰九年（1859 年） 秋，旱蝗，不为灾。

12. 咸丰十年（1860 年） 秋，旱蝗。

13. 光绪十八年（1892 年） 秋，蝗，不为灾。

原载民国《高密县志》卷一《总纪》，民国二十四年铅印本

乾隆《诸城县志》

1.	东汉永初四年（110 年）	夏四月，蝗。
2.	宋大中祥符四年（1011 年）	秋七月，蝗。
3.	大中祥符九年（1016 年）	夏六月，蝗。
4.	天禧元年（1017 年）	春，蝗蝻复生。
5.	天圣六年（1028 年）	夏五月，蝗。
6.	金大定十六年（1176 年）	夏六月，蝗。
7.	大定十七年（1177 年）	春，免去年被灾旱蝗租赋。
8.	元天历二年（1329 年）	夏，旱蝗，饥民采草木食之。
9.	明洪武三年（1370 年）	秋七月，蝗。
10.	洪武五年（1372 年）	夏六月，蝗。
11.	洪武六年（1373 年）	夏六月，蝗。
12.	建文四年（1402 年）	冬十月，蝗，诏赈恤。
13.	永乐元年（1403 年）	夏五月，蝗。
14.	永乐六年（1408 年）	夏五月，蝗，布政使遣官捕之。
15.	永乐十一年（1413 年）	夏五月，蝗，命有司捕瘗。
16.	宣德九年（1434 年）	秋七月，蝗。
17.	正统十三年（1448 年）	夏五月，蝗。
18.	嘉靖七年（1528 年）	蝗飞蔽天，宿集如冢，生息至嘉靖十六年方止。
19.	万历十一年（1583 年）	夏六月，大蝗。
20.	万历四十三年（1615 年）	夏，大旱蝗，大饥，人相食，鬻子女，至有人市。
21.	万历四十五年（1617 年）	秋，大蝗。
22.	天启六年（1626 年）	夏，旱蝗。
23.	崇祯十年（1637 年）	蝗，大饥。
24.	崇祯十一年（1638 年）	夏六月，大旱蝗。
25.	崇祯十二年（1639 年）	夏六月，旱蝗。
26.	崇祯十四年（1641 年）	夏六月，旱蝗。

原载乾隆《诸城县志》卷二《总纪上》，乾隆二十九年刻本

27.	清乾隆十三年（1748 年）	夏四月，大蝗，勘赈之。

28.　乾隆十六年（1751 年）　　　　　蝗。

原载乾隆《诸城县志》卷三《总纪下》，乾隆二十九年刻本

道光《诸城县续志》

清乾隆四十一年（1776 年）　　　　秋八月，蝗，集树树折，近十余里禾黍
　　　　　　　　　　　　　　　　　　一空。

原载道光《诸城县续志》卷一《总纪》，道光十四年刻本

《诸城市志》

1.　清道光十一年（1831 年）　　　　八月，蝗灾。
2.　咸丰六年（1856 年）　　　　　　七月，蝗虫自南涌来，渡潍水时重重叠叠
　　　　　　　　　　　　　　　　　　类若架桥，平地尺许，所经之处青草、
　　　　　　　　　　　　　　　　　　树叶、庄稼皆被吃光。
3.　咸丰七年（1857 年）　　　　　　六月，蝗灾，大部豆苗吃光。
4.　咸丰九年（1859 年）　　　　　　夏，蝗虫成灾。
5.　同治元年（1862 年）　　　　　　六月，蝗飞蔽日，幸未落地成灾。
6.　同治二年（1863 年）　　　　　　秋，蝗灾。
7.　同治三年（1864 年）　　　　　　秋，蝗灾。
8.　同治六年（1867 年）　　　　　　秋，蝗灾。
9.　光绪四年（1878 年）　　　　　　六月，蝗虫成灾。
10.　光绪六年（1880 年）　　　　　　五月，飞蝗投海。
11.　光绪二十五年（1899 年）　　　　五月，蝗灾，谷子吃得仅剩秸秆。
12.民国八年（1919 年）　　　　　　　秋，蝗灾，庄稼吃光。
13.民国十一年（1922 年）　　　　　　六月，蝗灾，半数庄稼被毁。

原载《诸城市志》大事记，山东人民出版社 1992 年版

十二、临沂市

乾隆《沂州府志》

1. 东晋大兴元年（318 年）　　　　　秋八月，兰陵、东莞二郡蝗。

2.　　　太元十五年（390 年）　　　秋八月，蝗。

3. 唐开元三年（715 年）　　　蝗。

4.　　开元四年（716 年）　　　蝗。

5.　　贞元元年（785 年）　　　夏，莒县旱蝗。

6. 后晋天福七年（942 年）　　　蝗。

7. 后汉乾祐元年（948 年）　　　密州蝝。

8. 宋景德三年（1006 年）　　　密州、莒县蝗。

9.　　崇宁四年（1105 年）　　　蝗。

10. 金泰和六年（1206 年）　　　旱蝗。

11. 元大德二年（1298 年）　　　蝗。

12.　　天历二年（1329 年）　　　莒州蝗。

13. 明正统五年（1440 年）　　　兖州蝗。

14.　　正统六年（1441 年）　　　兖州蝗。

15.　　成化二十一年（1485 年）　　　秋，蝗灾，人相食。

16.　　弘治五年（1492 年）　　　沂州蝗。

17.　　嘉靖六年（1527 年）　　　秋，费县蝗。

18.　　嘉靖七年（1528 年）　　　春，费县蝗；秋，蝗。

19.　　嘉靖二十年（1541 年）　　　秋，日照蝗。

20.　　嘉靖二十四年（1545 年）　　　夏，旱，沂州蝗灾。

21.　　嘉靖三十四年（1555 年）　　　秋，费县蝗。

22.　　嘉靖三十八年（1559 年）　　　夏，莒州大旱蝗。

23.　　嘉靖四十四年（1565 年）　　　夏，大蝗。

24.　　万历十一年（1583 年）　　　夏四月，莒州蝗。

25.　　万历四十三年（1615 年）　　　大旱蝗，蠲赈。

26.　　万历四十四年（1616 年）　　　蝗，御史过庭训许有力者纳粟、捕蝗补庠生。

27.　　万历四十五年（1617 年）　　　费县蝗。

28.　　崇祯七年（1634 年）　　　蝗。

29.　　崇祯十三年（1640 年）　　　蝗。

30.　　崇祯十四年（1641 年）　　　蝗，大饥。

原载乾隆《沂州府志》卷十五《记事上》，乾隆二十五年刻本

31. 清顺治九年（1652 年）　　　费县蝗。

32.	康熙四年（1665 年）	夏，大旱蝗。
33.	康熙五年（1666 年）	日照蝗。
34.	康熙十年（1671 年）	蒙阴蝗，忽有蛤蟆数万食蝗殆尽，岁大稔。
35.	康熙十一年（1672 年）	秋七月，蝗。
36.	康熙三十一年（1692 年）	莒州蝻。
37.	康熙三十六年（1697 年）	夏六月，莒州蝗。
38.	康熙六十一年（1722 年）	秋七月，郯城蝗。
39.	雍正元年（1723 年）	六月，蝗，饥。
40.	乾隆三年（1738 年）	夏，兰山[①]、日照旱蝗。
41.	乾隆十三年（1748 年）	兰山、郯城、费县、沂水、蒙阴旱蝗，赈济。

原载乾隆《沂州府志》卷十六《记事下》，乾隆二十五年刻本

《临沂地区志》

1.	清道光二十一年（1841 年）	秋，莒州蝗虫吃尽庄稼，又食屋草。
2.	咸丰二年（1852 年）	七月，莒州飞蝗蔽日，食尽田禾，又食屋草。
3.	咸丰五年（1855 年）	六月，费县蝗飞蔽天，为害庄稼。
4.	咸丰六年（1856 年）	秋，莒州不雨，蝗蝻害稼；费县蝗蝻遍野，食禾殆尽；日照亦遭蝗灾。八月，莒州又蝗，飞蝗蔽天，落地深数寸，所过赤地。
5.	咸丰七年（1857 年）	六月，莒州飞蝗遍野，庄稼吃尽，唯绿豆、芝麻不食，继而生蝻，村野皆满，后自城西渡水入城，厚数寸，衙署、民居、街巷处处皆是；兰山县亦遭蝗灾。秋，费县蝗蝻为灾，入室集聚达数寸厚，小儿卧者多被咬伤。
6.	同治八年（1869 年）	六月，费县遭蝗灾。
7.	光绪三年（1877 年）	秋，费县、兰山相继发生蝗灾。

---

① 兰山：旧县名，治所在今山东临沂。

8.　光绪四年（1878 年）　　　　　　夏，日照蝗蝻为患。

9.　宣统元年（1909 年）　　　　　　夏，蒙阴蝗蝻为灾；秋，飞蝗吃光庄稼。

10. 民国三年（1914 年）　　　　　　六月，蒙阴遭蝗灾。

11. 民国五年（1916 年）　　　　　　六月，莒县安庄乡遭蝗灾，谷叶被吃光。

12. 民国十四年（1925 年）　　　　　日照县虎山、韩家营子蝗灾严重。

13. 民国十七年（1928 年）　　　　　夏，莒县、临沂蝗灾，飞蝗行如风雨，止如丘山，禾苗吃光；而后，日照、沂水又遭蝗害，莒县、沂水交界处被害尤甚，庄稼、树叶吃光；秋，蒙阴、费县、平邑又遭蝗灾，作物绝产。

14. 民国十八年（1929 年）　　　　　郯城遭蝗灾，草、树叶、禾稼几被食净。

15. 民国二十四年（1935 年）　　　　日照遭蝗灾，庄稼多无收成。

16. 民国三十年（1941 年）　　　　　秋，临沂县部分乡村飞蝗蔽日，蝗粪如雨，禾苗被吃光，连收至场间庄稼亦未幸免，当地农民群起扑打，将蝗虫煮熟再行晒干，以备粮荒。

原载《临沂地区志》自然灾害，中华书局 2001 年版

《临沂市志》

1. 明成化二十一年（1485 年）　　　至秋不雨，蝗灾。

2.　弘治五年（1492 年）　　　　　　旱，蝗灾。

3.　崇祯十四年（1641 年）　　　　　蝗灾。

4. 清咸丰七年（1857 年）　　　　　蝗蝻遍野。

5.　光绪二年（1876 年）　　　　　　秋，飞蝗成灾。

6.　光绪三年（1877 年）　　　　　　七月，蝗飞蔽天。

7.　光绪六年（1880 年）　　　　　　秋旱，蝗蝻成灾。

8. 民国十七年（1928 年）　　　　　六月旱，蝗蝻遮地，农田大多绝产。

原载《临沂市志》大事记，齐鲁书社 1999 年版

民国《临沂县志》

1. 东晋大兴元年（318 年）　　　　　秋八月，兰陵郡蝗。

2. 宋明道二年（1033 年）　　　　　　　秋七月，旱蝗。

3.　崇宁四年（1105 年）　　　　　　　　蝗。

4.　开禧二年（1206 年）　　　　　　　　旱蝗。

5. 明成化二十一年（1485 年）　　　　　至秋不雨，蝗灾，人相食。

6.　弘治五年（1492 年）　　　　　　　　旱蝗，人相食。

7.　嘉靖二十四年（1545 年）　　　　　　四月，旱蝗。

8.　万历四十三年（1615 年）　　　　　　大旱蝗，蠲赈。

9.　万历四十四年（1616 年）　　　　　　旱蝗，命御史过庭训赈济，许有力者纳粟、
　　　　　　　　　　　　　　　　　　　捕蝗补庠生。

10.　崇祯七年（1634 年）　　　　　　　 蝗。

11.　崇祯十三年（1640 年）　　　　　　 大旱，蝗蝻塞厩舍，大饥，人相食。

12.　崇祯十四年（1641 年）　　　　　　 蝗，大饥。

13. 清康熙四年（1665 年）　　　　　　　夏，蝗。

14.　康熙十一年（1672 年）　　　　　　 秋七月，蝗。

15.　雍正元年（1723 年）　　　　　　　 六月，蝗，饥。

16.　乾隆三年（1738 年）　　　　　　　 旱蝗。

17.　咸丰七年（1857 年）　　　　　　　 蝗蝻遍野，饥。

18.　光绪二年（1876 年）　　　　　　　 秋，蝗。

19.　光绪三年（1877 年）　　　　　　　 秋七月，蝗飞蔽天。

20.　光绪六年（1880 年）　　　　　　　 秋旱，蝗蝻损豆。

21.　光绪二十六年（1900 年）　　　　　 蝗。

原载民国《临沂县志》卷一《通纪》，民国六年刻本

民国《续修临沂县志》

民国十七年（1928 年）　　　　　　　　七月旱，蝗蝻生，食秋禾几尽，各乡自动
　　　　　　　　　　　　　　　　　　　捕蝗。

原载民国《续修临沂县志》卷三《大事记》，民国二十四年铅印本

光绪《费县志》

1. 明弘治六年（1493 年）　　　　　　　蝗。

2.	嘉靖六年（1527年）	秋，蝗。
3.	嘉靖七年（1528年）	春，蝗蝻食麦殆尽；秋，飞蝗蔽天，害稼。
4.	嘉靖三十四年（1555年）	秋，蝗。
5.	万历四十五年（1617年）	蝗。
6.	崇祯八年（1635年）	蝗。
7.	崇祯十三年（1640年）	旱，蝗飞蔽天，害稼，饥，人相食。
8.	清顺治九年（1652年）	蝗。
9.	康熙十一年（1672年）	六月，蝗。
10.	雍正元年（1723年）	六月，蝗，饥。
10.	乾隆十三年（1748年）	旱蝗。
11.	乾隆三十九年（1774年）	飞蝗蔽天，食禾殆尽。
12.	乾隆四十九年（1784年）	夏，蝗蝻为灾。
13.	嘉庆六年（1801年）	蝗。
14.	嘉庆七年（1802年）	蝗，饥。
15.	嘉庆八年（1803年）	夏，蝗。
16.	道光十三年（1833年）	秋，飞蝗蔽日，为灾。
17.	道光十五年（1835年）	蝗蝻生，捕打旬日乃尽，不为灾。
18.	道光十七年（1837年）	蝗。
19.	道光十八年（1838年）	蝗。
20.	咸丰三年（1853年）	夏，有蝗，不为灾。
21.	咸丰五年（1855年）	六月，飞蝗蔽天，害稼。
22.	咸丰六年（1856年）	六月，蝗蝻食禾几尽。
23.	咸丰七年（1857年）	秋，蝗蝻为灾，集人家舍厚数寸，小儿卧者多被咬伤。
24.	咸丰八年（1858年）	秋，蝗，饥。
25.	同治元年（1862年）	五月，飞蝗遍野，害稼。
26.	同治二年（1863年）	四月，有蝗，不为灾。
27.	同治八年（1869年）	六月，蝗。
28.	光绪三年（1877年）	六月，大旱，蝗蝻食禾殆尽。
29.	光绪四年（1878年）	夏，蝗，不为灾。
31.	光绪七年（1881年）	六月，飞蝗云集，害稼。

原载光绪《费县志》卷十六《祥异》，光绪二十二年刻本

《苍山县志》

1. 清咸丰四年（1854 年）　　　　夏，蝗。

2. 　咸丰五年（1855 年）　　　　六月，南部飞蝗蔽天，为害庄稼。

3. 　咸丰六年（1856 年）　　　　七月，南部飞蝗遍野，食禾殆尽。

4. 　咸丰七年（1857 年）　　　　秋，蝗虫遍地，咬伤儿童。

5. 　同治元年（1862 年）　　　　五月，飞蝗害禾稼。

6. 　同治八年（1869 年）　　　　北部蝗灾。

7. 　光绪二年（1876 年）　　　　秋，蝗灾。

8. 　光绪三年（1877 年）　　　　六月，蝗飞蔽天；八月，蝗虫从南部洼地
　　　　　　　　　　　　　　　　群起，飞蔽天日，遍及全县，作物近乎
　　　　　　　　　　　　　　　　绝产，人饿死甚多。

9. 　光绪六年（1880 年）　　　　秋，八大洼、塘西湖、芦塘湖等蝗蝻孳生
　　　　　　　　　　　　　　　　地蝗群聚群起，蝗蝻损豆。

10. 民国十八年（1929 年）　　　　鲁南蝗虫严重，青草、树叶、禾稼几
　　　　　　　　　　　　　　　　吃光。

原载《苍山县志》大事记，中华书局 1998 年版

11. 清咸丰三年（1853 年）　　　　夏，蝗。

12. 　咸丰八年（1858 年）　　　　秋，蝗。

原载《苍山县志》自然灾害，中华书局 1998 年版

乾隆《郯城县志》

1. 明万历四十三年（1615 年）　　蝗蝻为灾，大饥，人相食。

2. 　崇祯十三年（1640 年）　　　春麦间，飞蝗遍野，未几，又生小蝻，附
　　　　　　　　　　　　　　　壁入室，衣物尽蛀，缘城进县，民舍、
　　　　　　　　　　　　　　　官廨悉为塞满，釜灶掩闭不敢开，捕获
　　　　　　　　　　　　　　　数百千石，蝗愈盛，合境大饥，人
　　　　　　　　　　　　　　　相食。

原载乾隆《郯城县志》卷三《编年志》，乾隆二十八年刻本

《郯城县志》

1. 民国十六年（1927 年）　　　　　蝗虫漫天涌入县城，庄稼吃光后蔽空南下，
　　　　　　　　　　　　　　　　　停留在陇海铁路线上的蝗虫达一米厚，
　　　　　　　　　　　　　　　　　使火车受阻，交通中断。
2. 民国三十八年（1949 年）　　　　夏，蝗灾，受害庄稼 15 万亩。
　　　　　　　原载《郯城县志》自然灾害，深圳特区出版社 2001 年版
3. 民国十八年（1929 年）　　　　　蝗灾严重，青草、禾苗、庄稼、树叶几乎
　　　　　　　　　　　　　　　　　被吃光，实为百年所罕见。
　　　　　　　原载《郯城县志》大事记，深圳特区出版社 2001 年版

《临沭县志》

1. 明崇祯十三年（1640 年）　　　　旱，蝗蝻塞庭舍，遍野盈尺，百树无叶，
　　　　　　　　　　　　　　　　　赤地千里。
2. 民国十七年（1928 年）　　　　　大旱，蝗蝻生，秋禾几尽。
　　　　　　　原载《临沭县志》自然灾害·旱灾，齐鲁书社 1993 年版
3. 民国三十一年（1942 年）　　　　夏，飞蝗遮天蔽日，草木、禾苗一空，危
　　　　　　　　　　　　　　　　　及人畜。
　　　　　　　原载《临沭县志》自然灾害·虫灾，齐鲁书社 1993 年版

《莒南县志》

1. 东晋大兴元年（318 年）　　　　　六月，莒南一带蝗灾，方圆 300 里。
2. 明万历四十三年（1615 年）　　　夏旱，蝗灾。
3. 清雍正元年（1723 年）　　　　　秋，蝗灾。
　　　　　　　原载《莒南县志》大事记，齐鲁书社 1998 年版
4. 民国三十二年（1943 年）　　　　壮岗、坪上一带发生蝗灾，自西而来，遮
　　　　　　　　　　　　　　　　　天蔽日，多的一平方米百余只，一人一
　　　　　　　　　　　　　　　　　天能捉一二百斤，百余村庄屋草、树叶
　　　　　　　　　　　　　　　　　和十几万亩庄稼被吃光。
　　　　　　　原载《莒南县志》自然灾害·虫灾，齐鲁书社 1998 年版

《沂南县志》

1. 清咸丰六年（1856 年）		七月旱，蝗灾严重。
2. 同治元年（1862 年）		六月，飞蝗遍野，农作物受害严重。
3. 民国十七年（1928 年）		秋，发生蝗灾，庄稼、野草被吃光。
4. 民国二十五年（1936 年）		秋，飞蝗蔽日，压断树枝，田禾一空。

原载《沂南县志》大事记，齐鲁书社 1997 年版

道光 《沂水县志》

1. 东晋大兴元年（318 年）		八月，东莞郡蝗。
2. 清康熙十一年（1672 年）		沂水蝗食稼。
3. 雍正元年（1723 年）		蝗。
4. 乾隆三十八年（1773 年）		六月，蝗，至九月方止。
5. 乾隆三十九年（1774 年）		蝗。

原载道光《沂水县志》卷九《纪事·祥异》，道光七年刻本

《沂水县志》

民国十七年（1928 年） 八月，蝗灾，蝗虫遮天蔽日，庄稼、树叶吃光。

原载《沂水县志》大事记，齐鲁书社 1997 年版

宣统 《蒙阴县志》

1. 明崇祯十二年（1639 年）		蝗蝻灾，禾食尽，民相食。
2. 崇祯十三年（1640 年）		蝗蝻灾，禾食尽，民相食。
3. 崇祯十四年（1641 年）		蝗蝻连灾，禾食尽，民相食。
4. 清康熙十一年（1672 年）		六七月，蝗灾，食田禾之半。
5. 雍正元年（1723 年）		大旱蝗。
6. 乾隆十三年（1748 年）		旱蝗，饥，蠲赈。
7. 乾隆三十八年（1773 年）		蝗。

8.	乾隆三十九年（1774 年）	蝗。
9.	道光三年（1823 年）	秋八月，蝗。
10.	咸丰六年（1856 年）	秋七月，蝗蝻为灾。
11.	咸丰七年（1857 年）	五月，蝗蝻为灾。
12.	咸丰十一年（1861 年）	蝗食麦禾。
13.	同治元年（1862 年）	五月，蝗。
14.	光绪三年（1877 年）	春三月，有蝗，不为灾。
15.	光绪六年（1880 年）	夏六月，旱蝗，饥。
16.	光绪七年（1881 年）	八月，有蝗，不为灾。
17.	光绪八年（1882 年）	夏四月，蝗。
18.	光绪十七年（1891 年）	夏六月，有蝗，不为灾。
19.	光绪十八年（1892 年）	夏五月，旱蝗。
20.	光绪二十五年（1899 年）	夏六月，蝗食禾尽。
21.	光绪二十六年（1900 年）	夏五月，蝗，不为灾。

原载宣统《蒙阴县志》卷七《杂稽志·灾异》，宣统三年刻本

《蒙阴县志》

1.	清咸丰十年（1860 年）	秋，有蝗为害。
2.	宣统元年（1909 年）	夏，蝗蝻为灾。
3.	民国三年（1914 年）	七月，全县有蝗灾。
4.	民国五年（1916 年）	夏，全县有蝗为害。
5.	民国八年（1919 年）	夏，全县有蝗为害。
6.	民国十六年（1927 年）	旱，有蝗灾。
7.	民国十七年（1928 年）	有蝗蝻，大饥。

原载《蒙阴县志》大事记，齐鲁书社 1992 年版

《平邑县志》

民国十七年（1928 年）　　　　　　秋，飞蝗自西入境，遍地皆是，除不食绿
　　　　　　　　　　　　　　　　豆外，其余禾草殆尽。

原载《平邑县志》自然灾害，齐鲁书社 1997 年版

十三、枣庄市

《枣庄市志》

1. 明嘉靖十七年（1538 年）　　　　滕县飞蝗蔽天，害稼。

2. 　嘉靖十八年（1539 年）　　　　蝗虫害稼尤甚，室庐床榻皆满。

3. 　崇祯十三年（1640 年）　　　　峄县①旱蝗。

4. 清康熙三十年（1691 年）　　　　滕县蝗灾。

5. 　康熙五十年（1711 年）　　　　秋，滕县飞蝗蔽天。

6. 　康熙五十五年（1716 年）　　　峄县蝗灾。

7. 　乾隆九年（1744 年）　　　　　滕县飞蝗蔽天。

8. 　乾隆四十九年（1784 年）　　　峄县旱，有蝗。

9. 　嘉庆七年（1802 年）　　　　　夏，峄县旱，飞蝗蔽天。

10. 　嘉庆八年（1803 年）　　　　　夏，不雨，蝗败稼。

11. 　嘉庆十年（1805 年）　　　　　夏，滕县飞蝗蔽天，食生草尽；七月，峄县蝗。

12. 　嘉庆十七年（1812 年）　　　　夏，峄县蝗。

13. 　道光十四年（1834 年）　　　　夏，滕县蝗。

14. 　道光十五年（1835 年）　　　　六月，峄县蝗。

15. 　道光十七年（1837 年）　　　　秋，峄县蝗。

16. 　道光十八年（1838 年）　　　　夏，峄县大旱蝗。

17. 　光绪二十八年（1902 年）　　　六月，峄县蝗伤稼；七月，蝻子复生。

18. 民国九年（1920 年）　　　　　　滕县飞蝗过境，所袭作物吃光。

19. 民国十七年（1928 年）　　　　　峄县受蝗虫为害。

20. 民国三十年（1941 年）　　　　　春，滕县旱，蝗灾。

原载《枣庄市志》自然灾害，中华书局 1993 年版

21. 清道光二十六年（1846 年）　　　七月，峄县蝗虫成灾。

22. 　咸丰六年（1856 年）　　　　　春，峄县旱，蝗虫成灾。

23. 　咸丰七年（1857 年）　　　　　夏，滕县蝗虫成灾。

24. 　咸丰十年（1860 年）　　　　　秋，滕县旱，蝗虫成灾。

---

① 峄县：旧县名，治所在今山东枣庄市峄城区。

25.	光绪二十七年（1901 年）	夏，峄县蝗虫成灾。
26.	民国二年（1913 年）	秋，滕县沿湖地区蝗灾。
27.	民国十年（1921 年）	夏，滕县沿湖一带蝗虫为害。
28.	民国二十七年（1938 年）	秋，滕县蝗虫为灾。
29.	民国二十九年（1940 年）	秋，滕县湖水干涸，蝗虫为害。
30.	民国三十一年（1942 年）	五月，滕县蝗虫为害，歉收。
31.	民国三十二年（1943 年）	秋，滕县蝗虫遮天蔽日，一经落地，禾苗顿时被蝗吃光，失收。
32.	民国三十三年（1944 年）	七月，滕县遭受蝗灾，中共滕县县委、政府召开会议要求以村为单位组织捕蝗队，所有干部全力以赴和群众一道参加捕蝗救灾。

原载《枣庄市志》大事记，中华书局 1993 年版

光绪《峄县志》

1.	明崇祯十三年（1640 年）	旱蝗频年，大饥。
2.	清康熙六年（1667 年）	蝗，不害稼。
3.	康熙五十五年（1716 年）	蝗。
4.	乾隆四十九年（1784 年）	旱，有蝗。
5.	嘉庆七年（1802 年）	夏旱，蝗飞蔽天，食禾豆几尽，大饥。
6.	嘉庆八年（1803 年）	夏，弥月不雨，蝗败稼。
7.	嘉庆十年（1805 年）	秋七月，蝗。
8.	嘉庆十七年（1812 年）	夏，蝗自西南来，平地深半尺，所过谷叶俱空，入民室啮食衣服，人多流亡。
9.	道光十四年（1834 年）	秋七月，有蝗。
10.	道光十五年（1835 年）	夏六月，蝗。
11.	道光十七年（1837 年）	秋，蝗。
12.	道光十八年（1838 年）	夏，大旱蝗。
13.	道光二十六年（1846 年）	六月，有蝗，颇伤禾稼。
14.	咸丰六年（1856 年）	春，大旱，蝗败稼。
15.	咸丰七年（1857 年）	夏旱，蝗蝻生，败禾稼。

16. 光绪五年（1879 年）　　　　　　秋，蝗，不害稼。

17. 光绪二十七年（1901 年）　　　　夏，蝗败稼。

18. 光绪二十八年（1902 年）　　　　夏六月，蝗伤稼；秋七月，蝻子复生遍野。

原载光绪《峄县志》卷十五《灾祥考》，光绪三十年刻本

《台儿庄区志》

1. 明崇祯十三年（1640 年）　　　　蝗灾频年，民大饥。

2. 清乾隆五十年（1785 年）　　　　夏，台儿庄地区蝗虫食禾苗殆尽。

3. 嘉庆七年（1802 年）　　　　　　夏，台儿庄地区旱，蝗飞蔽天，禾豆几尽。

4. 嘉庆十七年（1812 年）　　　　　夏，飞蝗自西南来，落地深半尺，蝗虫过
　　　　　　　　　　　　　　　　　后谷菜几空，人流亡。

5. 道光二十六年（1846 年）　　　　六月，台儿庄蝗虫伤食禾稼十之三四。

6. 咸丰六年（1856 年）　　　　　　夏，蝗虫害稼。

7. 咸丰七年（1857 年）　　　　　　夏旱，蝗蝻孳生，吞啮禾稼过半。

8. 光绪十五年（1889 年）　　　　　夏，台儿庄飞蝗蔽天，禾稼几光。

9. 光绪二十八年（1902 年）　　　　夏，台儿庄蝗伤稼；七月，蝻生遍野。

10. 民国二年（1913 年）　　　　　　春夏之交，蝗虫成灾，禾苗被食十之
　　　　　　　　　　　　　　　　　七八。

11. 民国六年（1917 年）　　　　　　夏旱，沿运河两岸蝗虫为灾。

12. 民国七年（1918 年）　　　　　　夏，农作物被蝗虫食之六七。

13. 民国十七年（1928 年）　　　　　台儿庄农作物遭蝗灾。

14. 民国二十八年（1939 年）　　　　夏，蝗虫从微山湖东飞落，禾苗多被
　　　　　　　　　　　　　　　　　吃光。

15. 民国三十二年（1943 年）　　　　台儿庄农作被蝗食之八九。

原载《台儿庄区志》自然灾害，山东人民出版社 1993 年版

《山亭区志》

民国七年（1918 年）　　　　　　　七月，飞蝗过境，遮天蔽日，农作物秆叶
　　　　　　　　　　　　　　　　　吃光。

原载《山亭区志》大事记，齐鲁书社 1997 年版

《薛城区志》

民国三十一年（1942年）　　　　　七月，蝗虫遍野，禾苇殆尽，大饥。

原载《薛城区志》大事记，中华书局1997年版

道光《滕县志》

1. 东晋大兴元年（318年）　　　　七月，蝗害禾菽，食生草俱尽。
2. 明嘉靖十七年（1538年）　　　　飞蝗蔽空，害稼。
3. 　嘉靖十八年（1539年）　　　　蝗蝝害稼尤甚，室舍床榻皆满。
4. 　万历二十二年（1594年）　　　夏，旱蝗。
5. 　天启七年（1627年）　　　　　蝗。
6. 　清康熙三十年（1691年）　　　蝗。
7. 　康熙五十年（1711年）　　　　秋，飞蝗蔽天。
8. 　乾隆九年（1744年）　　　　　蝗飞蔽天。
9. 　嘉庆十年（1805年）　　　　　夏，飞蝗蔽天，食生草尽。
10. 　道光十四年（1834年）　　　　夏，蝗。
11. 　道光二十六年（1846年）　　　六月，飞蝗过境，害稼。

原载道光《滕县志》卷五《灾祥志》，道光二十六年刻本

民国《续滕县志》

东晋大兴元年（318年）　　　　　夏六月，合乡蝗。

原载民国《续滕县志》卷四《通纪补》，民国三十年刻本

十四、日照市

《日照市志》

1. 唐开元四年（716年）　　　　　夏，蝗虫成灾，食稼，声如风雨。
2. 　贞元元年（785年）　　　　　　夏，蝗群飞蔽天十日不息，所至庄稼、草木无存。

3. 清咸丰二年（1852 年）　　　　　春，大旱，蝗虫成灾。

4. 　光绪四年（1878 年）　　　　　夏，蝗灾，知县率百姓尽力捕捉。

5. 　光绪二十六年（1900 年）　　　五月，蝗灾，蝗虫自南向北遮天蔽日。

6. 民国九年（1920 年）　　　　　　夏，三庄、沈疃一带蝗灾，蝗虫遮天蔽日，所经之处禾苗无剩。

原载《日照市志》大事记，齐鲁书社 1994 年版

7. 民国二年（1913 年）　　　　　　韩家营村蝗灾，庄稼绝产。

8. 民国十四年（1925 年）　　　　　韩家营村蝗灾，庄稼绝产。

9. 民国二十九年（1940 年）　　　　夏，蝗；秋，蝗虫遮天盖地，庄稼叶、草被吃光。

原载《日照市志》自然灾害，齐鲁书社 1994 年版

康熙 《日照县志》

1. 唐开元三年（715 年）　　　　　　大蝗。

2. 　开元四年（716 年）　　　　　　夏，蝗食稼，声如风雨。

3. 后晋天福七年（942 年）　　　　　蝗害稼。

4. 后汉乾祐元年（948 年）　　　　　七月，螽生。

5. 宋景德三年（1006 年）　　　　　　蝻生。

6. 明嘉靖二十年（1541 年）　　　　　秋，飞蝗自北来，食苗几尽。

7. 　万历四十三年（1615 年）　　　　大旱蝗，赤地千里，人相食，子女贩若牛羊，死者枕籍于道。

8. 　崇祯十三年（1640 年）　　　　　蝗旱，大饥，人相食。

9. 　清康熙十一年（1672 年）　　　　高家庄有蝻甚盛，县尹杨士雄率民捕之，忽有蛤蟆数万成群食蝻殆尽。

原载康熙《日照县志》卷一《祥异》，康熙五十四年刻本

光绪 《日照县志》

1. 明崇祯十四年（1641 年）　　　　　秃鹙食蝗，旋吐旋食。

2. 清乾隆三年（1738 年）　　　　　　夏，旱蝗。

3. 　乾隆五十年（1785 年）　　　　　旱，飞蝗蔽野，食木叶尽，岁大饥。

4.　咸丰四年（1854 年）　　　　　　旱蝗。

5.　咸丰六年（1856 年）　　　　　　秋，飞蝗蔽天。

6.　咸丰七年（1857 年）　　　　　　飞蝗蔽野。

原载光绪《日照县志》卷七《考鉴志·祥异》，光绪十二年刻本

《莒县志》

1. 东晋大兴元年（318 年）　　　　六月，东莞郡蝗灾，方圆 300 里庄稼无收。

2. 唐贞元元年（785 年）　　　　　莒州大旱，蝗灾。

3. 宋景德三年（1006 年）　　　　　莒县发生蝗灾。

4. 元天历二年（1329 年）　　　　　莒地蝗，饥民采草木充饥。

5. 明嘉靖三十八年（1559 年）　　夏，莒地蝗飞蔽日，庄稼吃光。

6.　嘉靖四十四年（1565 年）　　　夏，蝗灾。

7.　万历十一年（1583 年）　　　　莒地蝗灾。

8.　万历四十二年（1614 年）　　　夏，莒地发生蝗灾。

9. 清康熙三十六年（1697 年）　　夏六月，莒州飞蝗蔽日，谷物吃光。

10.　咸丰二年（1852 年）　　　　　七月，飞蝗蔽日自南而来，庄稼吃光再吃房草。

11.　咸丰七年（1857 年）　　　　　闰五月，莒地飞蝗遍野，庄稼吃尽，不食芝麻、绿豆，继而蝻子遍地，自城西渡壕水越垣进城，厚寸许，衙署、民居、街巷处处皆蝻子。

12. 民国十七年（1928 年）　　　　六月，莒地飞蝗蔽日，行如风雨，止如丘山，月余方息。

原载《莒县志》大事记，中华书局 1999 年版

13. 清咸丰六年（1856 年）　　　　至六月不雨，旱，蝗虫步蝻为害，粮歉收。

原载《莒县志》自然灾害，中华书局 1999 年版

嘉庆《莒州志》

1. 东晋大兴元年（318 年）　　　　八月，兰陵、东莞二郡蝗。

2. 宋景德三年（1006 年）　　　　　蝗。

3. 元天历元年（1328 年）　　　　　　蝗。

4. 明嘉靖三十八年（1559 年）　　　　旱，蝗飞蔽日，入人家舍，啮食衣物。

5. 　万历十一年（1583 年）　　　　　蝗。

6. 　万历十四年（1586 年）　　　　　蝗害稼。

7. 　崇祯十三年（1640 年）　　　　　蝗。

8. 　崇祯十四年（1641 年）　　　　　蝗害稼。

9. 清康熙二十一年（1682 年）　　　　蝻害稼，州守督民扑灭，遍野腥臭。

10. 　康熙三十六年（1697 年）　　　　夏六月，飞蝗蔽日，伤禾。

11. 　雍正二年（1724 年）　　　　　　生蝻。

12. 　乾隆十七年（1752 年）　　　　　旱蝗。

原载嘉庆《莒州志》卷十五《记事》，嘉庆元年刻本

《五莲县志》

1. 民国十七年（1928 年）　　　　　　五月，西部飞蝗蔽天，行如风雨来临，止
　　　　　　　　　　　　　　　　　　则食尽禾苗，一月始息。

2. 民国三十三年（1944 年）　　　　　八月，五莲以东飞蝗蔽天，向南飞去。

原载《五莲县志》大事记，中国人民大学出版社 1992 年版

十五、青岛市

同治《即墨县志》

1. 元至元五年（1339 年）　　　　　　七月，蝗。

2. 明洪武二十四年（1391 年）　　　　蝗，大饥。

3. 　嘉靖十一年（1532 年）　　　　　飞蝗蔽日，大伤禾稼。

4. 清康熙十一年（1672 年）　　　　　五月，大蝗蔽天。

5. 　乾隆十三年（1748 年）　　　　　五月，旱蝗，饥，民多逃亡。

6. 　乾隆二十九年（1764 年）　　　　五月，西南乡蝗蝻生，未驱，尽入海死。

7. 　乾隆三十六年（1771 年）　　　　夏，旱蝗。

8. 　乾隆五十年（1785 年）　　　　　蝗旱，饿殍遍野。

9. 　嘉庆七年（1802 年）　　　　　　蝗。

10.　咸丰七年（1857 年）　　　　　　　大蝗，害稼，啮人。

11.　咸丰八年（1858 年）　　　　　　　春，蝗孳生；秋，飞蝗至，饥。

原载同治《即墨县志》卷十一《大事志·灾祥》，同治十二年刻本

《即墨县志》

1. 民国八年（1919 年）　　　　　　　飞蝗蔽日，稼禾受害严重。

2. 民国九年（1920 年）　　　　　　　蝗虫遍地，各村挖沟掩埋。

原载《即墨县志》自然灾害，新华出版社 1991 年版

《莱西县志》

民国十二年（1923 年）　　　　　　　飞蝗蔽日，所落之处禾苗尽食。

原载《莱西县志》自然灾害，山东人民出版社 1990 年版

道光《平度州志》

1. 宋咸淳六年（1270 年）　　　　　　三月，旱蝗。

2. 明嘉靖八年（1529 年）　　　　　　旱蝗。

3.　崇祯十三年（1640 年）　　　　　　旱蝗，饥，人相食。

4. 清康熙十一年（1672 年）　　　　　五月，蝗飞蔽天。

5.　乾隆十三年（1748 年）　　　　　　飞蝗蔽日，麦禾无遗，赈饥。

6.　乾隆五十三年（1788 年）　　　　　六月，飞蝗蔽日。

7.　道光二十五年（1845 年）　　　　　夏五月，大旱蝗。

原载道光《平度州志》卷二六《大事记》，道光二十九年刻本

民国《增修胶志》

1. 东汉建武二十二年（46 年）　　　　蝗。

2. 东晋大兴元年（318 年）　　　　　　秋八月，青州蝗食生草尽，至于次年。

3. 北齐天保九年（558 年）　　　　　　山东大旱蝗。

4. 隋大业八年（612 年）　　　　　　　大旱蝗，疫。

5. 唐开元三年（715 年）　　　　　大蝗。

6. 　开元四年（716 年）　　　　　蝗食稼，声如风雨。

7. 宋至道二年（996 年）　　　　　夏六月，蝗食生苗。

8. 　景德三年（1006 年）　　　　　蝗蝻生。

9. 　大中祥符四年（1011 年）　　　秋七月，蝗。

10. 　大中祥符九年（1016 年）　　　夏六月，蝗。

11. 　天禧元年（1017 年）　　　　　春二月，蝗蝻生。

12. 金正隆二年（1157 年）　　　　　秋，蝗。

13. 　大定十六年（1176 年）　　　　蝗。

14. 蒙古至元四年（1267 年）　　　　蝗。

15. 　至元六年（1269 年）　　　　　蝗。

16. 　至元七年（1270 年）　　　　　秋七月，旱蝗。

17. 元至元十八年（1281 年）　　　　夏，蝗。

18. 　至大元年（1308 年）　　　　　夏五月，蟓。

19. 　泰定四年（1327 年）　　　　　是年，蝗。

20. 　至正十八年（1358 年）　　　　夏，蝗。

21. 　至正十九年（1359 年）　　　　夏五月，蝗，自大都以南、山东西至汴梁、郑、许、钧等州皆蝗，食禾稼、草木俱尽，所至蔽日，碍人马不能行，填坑堑皆盈，民捕蝗以为食，或曝干而积之，又尽，人相食。

22. 明洪武五年（1372 年）　　　　　夏，旱蝗。

23. 　洪武六年（1373 年）　　　　　秋七月，蝗。

24. 　永乐元年（1403 年）　　　　　夏五月，蝗。

25. 　永乐十年（1412 年）　　　　　夏四月，山东蝗伤稼，饥。

26. 　正统二年（1437 年）　　　　　夏四月，蝗。

27. 　正统七年（1442 年）　　　　　夏四月，旱蝗。

28. 　成化九年（1473 年）　　　　　秋八月，旱蝗。

29. 　隆庆三年（1569 年）　　　　　闰六月，旱蝗。

30. 　万历四十三年（1615 年）　　　夏旱，有蝗。

31. 　万历四十四年（1616 年）　　　夏四月，蝗，大饥。

32. 　天启五年（1625 年）　　　　　夏，蝗。

33.　天启六年（1626 年）　　　　夏六月，旱蝗。

34.　崇祯十年（1637 年）　　　　夏六月，蝗，民大饥。

35.　崇祯十一年（1638 年）　　　夏六月，大旱蝗。

36.　崇祯十二年（1639 年）　　　夏六月，旱蝗。

37.　崇祯十三年（1640 年）　　　夏五月，大旱蝗。

38.　崇祯十四年（1641 年）　　　夏六月，大旱蝗，洊饥。

39. 清康熙五十九年（1720 年）　　夏，蝗。

40.　乾隆十三年（1748 年）　　　春三月，蝗蝻生。

41.　乾隆三十五年（1770 年）　　蝗。

42.　道光十七年（1837 年）　　　秋九月，蝗蝻生。

43.　道光二十年（1840 年）　　　夏，旱蝗。

44.　道光二十五年（1845 年）　　夏，北部蝗，未伤稼。

45.　光绪十九年（1893 年）　　　秋七月，飞蝗蔽日，秔稻被食一空。

46.　光绪二十五年（1899 年）　　秋七月，蝗害稼。

原载民国《增修胶志》卷五十三《祥异》，民国二十年铅印本

《胶南县志》

1. 东汉永初三年（109 年）　　　夏四月，蝗，疫。

2. 东晋大兴元年（318 年）　　　秋八月，青州蝗食生草尽，至于次年。

3. 隋大业八年（612 年）　　　　大旱蝗，疫。

4. 唐开元三年（715 年）　　　　大蝗。

5.　开元四年（716 年）　　　　蝗食稼，声如风雨。

6. 元泰定四年（1327 年）　　　蝗。

7.　天历二年（1329 年）　　　夏，旱蝗，饥，民采草木食之。

8.　至正十九年（1359 年）　　　夏五月，蝗，自大都以南、山东以西至汴梁、郑、许、钧等州皆蝗，食禾稼、草木俱尽，所至蔽日，碍人马不能行，饥民捕蝗而食，又尽，人相食。

9.　明嘉靖七年（1528 年）　　　蝗飞蔽日，宿集如冢，生息至十六年方止。

10.　万历四十三年（1615 年）　　夏旱，有蝗复起，禾稼尽，人相食。

11.　崇祯十年（1637 年）　　　　夏六月，蝗，民大饥。

12.　崇祯十三年（1640 年）　　　　　夏五月旱，蝗。

13. 清乾隆四十一年（1776 年）　　　秋八月，蝗，集树枝折，近十里禾黍一空。

14.　光绪十九年（1893 年）　　　　　秋七月，蝗飞蔽日，秫稻被食一空。

15.　光绪二十五年（1899 年）　　　　秋七月，蝗害稼。

原载《胶南县志》胶南地区自然灾害，新华出版社 1990 年版

16.　乾隆十三年（1748 年）　　　　　蝗、疫、涝三灾并起，大饥。

原载《胶南县志》大事记，新华出版社 1990 年版

十六、烟台市

《牟平县志》

1. 金大定二年（1162 年）　　　　　蝗害庄稼，民饿死者很多。

2. 元至治元年（1321 年）　　　　　蝗。

3. 明正统十三年（1448 年）　　　　五月，蝗。

4.　万历四十三年（1615 年）　　　　至九月不雨，蝗蝻遍野。

5.　崇祯十一年（1638 年）　　　　　蝗。

6. 清嘉庆十年（1805 年）　　　　　秋，蝗。

7.　道光二十八年（1848 年）　　　　夏，旱蝗。

8.　咸丰六年（1856 年）　　　　　　七月，蝗，大疫。

9.　光绪二年（1876 年）　　　　　　夏，蝗。

原载《牟平县志》大事记，科学普及出版社 1991 年版

民国《牟平县志》

1. 明正统六年（1441 年）　　　　　秋，蝗。

2.　正德十一年（1516 年）　　　　　蝗。

3.　天启元年（1621 年）　　　　　　蝗。

4. 清咸丰七年（1857 年）　　　　　六月，蝗，不为灾。

原载民国《牟平县志》卷十《文献志四·通纪》，民国二十五年铅印本

同治《宁海州志》

1. 金大定二年（1162 年）　　　　蝗害稼，民殍没者众。
2. 元皇庆元年（1312 年）　　　　是岁，蝗，赈之。
3. 明正德十一年（1516 年）　　　蝗。
4. 　天启元年（1621 年）　　　　蝗。
5. 　崇祯十二年（1639 年）　　　蝗。
6. 清嘉庆十年（1805 年）　　　　秋，蝗。
7. 　嘉庆十一年（1806 年）　　　春，蝝生，不为灾。
8. 　道光二十八年（1848 年）　　夏，旱蝗。
9. 　咸丰六年（1856 年）　　　　七月，有蝗，大疫。
10. 咸丰七年（1857 年）　　　　六月，蝗，不为灾。

原载同治《宁海州志》卷一《天文志·祥异》，同治三年刻本

民国《福山县志稿》

1. 　明建文元年（1399 年）　　　蝗。
2. 　建文二年（1400 年）　　　　蝗。
3. 　建文三年（1401 年）　　　　蝗。
4. 　正统元年（1436 年）　　　　夏，蝗。
5. 　正统六年（1441 年）　　　　秋，蝗。
6. 　正德八年（1513 年）　　　　夏，飞蝗蔽日。
7. 　嘉靖十二年（1533 年）　　　蝗，禾稼尽食。
8. 　嘉靖十三年（1534 年）　　　蝗，禾稼尽食。
9. 　嘉靖十四年（1535 年）　　　蝗，禾稼尽食。
10. 　万历四十三年（1615 年）　　三至九月不雨，千里如焚，蝗蝻遍野。
11. 　万历四十七年（1619 年）　　八月，蝗。
12. 　崇祯十一年（1638 年）　　　夏，飞蝗蔽天，食谷殆尽；秋，螽蝝遍野，
　　　　　　　　　　　　　　　　　蝗复大起，无禾。
13. 清康熙四年（1665 年）　　　　秋，有蝗，大饥。
14. 　康熙三十年（1691 年）　　　夏六月，蝗。
15. 　乾隆十三年（1748 年）　　　六月，苦涝，飞蝗蔽日。

16.　咸丰八年（1858 年）　　　　　蝗飞蔽日，禾稼遭之立尽。

17.　咸丰九年（1859 年）　　　　　蝗。

原载民国《福山县志稿》卷八《灾祥志》，民国二十年铅印本

《福山区志》

民国三十八年（1949 年）　　　　　七月，门楼土蝗为害。

原载《福山区志》自然灾害，齐鲁书社 1990 年版

乾隆《栖霞县志》

1. 元至元三十年（1293 年）　　　　九月，蝗。

2. 明万历四十三年（1615 年）　　　至九月，不雨，蝗蝻生。

3.　天启元年（1621 年）　　　　　蝗。

4.　天启二年（1622 年）　　　　　蝗。

5.　崇祯十一年（1638 年）　　　　蝗。

6.　崇祯十三年（1640 年）　　　　旱，飞蝗蔽天，伤稼，大饥，人相食。

7.　清康熙三十年（1691 年）　　　六月，飞蝗自西南来，蔽天；八月，蝻生，
　　　　　　　　　　　　　　　　　寻扑灭。

8.　雍正元年（1723 年）　　　　　九月，蝗食麦苗殆尽。

9.　乾隆十三年（1748 年）　　　　飞蝗。

10.　嘉庆九年（1804 年）　　　　　春旱，蝗生，厚不见地，知县率民捕埋。

11.　咸丰七年（1857 年）　　　　　夏，蝻生，不为灾。

原载乾隆《栖霞县志》卷八《祥异志》，光绪五年版据乾隆十九年刻本补刻本

《栖霞县志》

1. 清道光二十年（1840 年）　　　　蝗虫大发生。

2.　咸丰五年（1855 年）　　　　　蝗虫大发生。

3.　咸丰八年（1858 年）　　　　　蝗虫大发生。

4.　咸丰九年（1859 年）　　　　　蝗虫大发生。

原载《栖霞县志》农业，山东人民出版社 1990 年版

5. 民国十七年（1928 年）　　　　七月，飞蝗自西入境，落地成团，秋作
　　　　　　　　　　　　　　　　　　绝收。

6. 民国十八年（1929 年）　　　　春，蝗蝻为害，受灾严重。

原载《栖霞县志》大事记，山东人民出版社 1990 年版

民国《莱阳县志》

1. 唐贞观二年（628 年）　　　　旱，飞蝗蔽日，食禾稼、草木尽。

2. 金大定十六年（1176 年）　　　旱蝗。

3. 明洪武二十四年（1391 年）　　山东蝗，大饥，免田租。

4. 　建文元年（1399 年）　　　　登州各属蝗。

5. 　建文三年（1401 年）　　　　登州各属复蝗。

6. 　正统元年（1436 年）　　　　夏，蝗。

7. 　正统六年（1441 年）　　　　夏四月，济南、东昌、青、莱、兖、登诸
　　　　　　　　　　　　　　　　　府蝗，免被灾税粮。

8. 　正统七年（1442 年）　　　　夏四月，山东旱蝗，免被灾税粮。

9. 　正德八年（1513 年）　　　　六月，飞蝗蔽日。

10. 　嘉靖八年（1529 年）　　　　旱蝗。

11. 　嘉靖十二年（1533 年）　　　蝗。

12. 　嘉靖十三年（1534 年）　　　蝗。

13. 　嘉靖十四年（1535 年）　　　蝗食禾稼尽。

14. 　万历四十七年（1619 年）　　秋八月，蝗。

15. 　崇祯十一年（1638 年）　　　夏，蝗食谷殆尽；秋，螽蝝遍野，蝗复大
　　　　　　　　　　　　　　　　　起，无禾。

16. 　崇祯十二年（1639 年）　　　春，蝗，饥。

17. 　崇祯十三年（1640 年）　　　夏，旱蝗。

18. 清康熙十一年（1672 年）　　　秋七月，蝗，不为灾。

19. 　康熙三十年（1691 年）　　　秋七月，蝗，不为灾。

20. 　乾隆十三年（1748 年）　　　飞蝗蔽日，食禾无遗，诏免田赋并赈饥民。

21. 　咸丰五年（1855 年）　　　　秋，蝗飞蔽日，伤禾。

22. 　同治元年（1862 年）　　　　飞蝗过境，谷叶尽伤。

23. 民国八年（1919 年）　　　　　秋，飞蝗蔽日，食禾几尽。

24. 民国九年（1920 年）　　　　　　　夏，蝗蝻生，有海鸟来食之尽。

　　　　　　原载民国《莱阳县志》卷首《大事记》，民国二十四年铅印本

道光《蓬莱县志》

清嘉庆六年（1801 年）　　　　　　　蝗。

　　　　　　原载道光《蓬莱县志》卷一《天文志·灾祥》，道光十九年刻本

《蓬莱县志》

1. 清咸丰六年（1856 年）　　　　　　秋，蝗灾，农作物受害严重。
2. 民国十八年（1929 年）　　　　　　夏，蝗灾，飞蝗蔽日，农作物严重
　　　　　　　　　　　　　　　　　　受损。

　　　　　　原载《蓬莱县志》大事记，齐鲁书社 1995 年版

乾隆《海阳县志》

1. 明正德八年（1513 年）　　　　　　飞蝗蔽日。
2. 　嘉靖十二年（1533 年）　　　　　蝗灾，禾稼殆尽。
3. 　嘉靖十三年（1534 年）　　　　　蝗灾，禾稼殆尽。
4. 　嘉靖十四年（1535 年）　　　　　蝗灾，禾稼殆尽。
5. 　崇祯十一年（1638 年）　　　　　蝗旱。
6. 　崇祯十二年（1639 年）　　　　　蝗旱。
7. 　崇祯十三年（1640 年）　　　　　连年蝗旱。
8. 清康熙六年（1667 年）　　　　　　春，蝗生，数日皆自死。
9. 　康熙十一年（1672 年）　　　　　秋七月，飞蝗投海死。
10. 　康熙三十年（1691 年）　　　　　秋七月，飞蝗遍天，后自死。

　　　　　　原载乾隆《海阳县志》卷三《灾祥》，光绪六年据乾隆七年刻版重印本

光绪《海阳县续志》

清咸丰六年（1856 年）　　　　　　　秋，飞蝗蔽日；冬，地多蝻子，知县率民

掘取尽净。

原载光绪《海阳县续志》卷一《灾祥门》，光绪六年刻本

光绪《增修登州府志》

1. 唐兴元二年（785 年）	秋，螟蝗自山而东，际于海，晦天蔽野，草木叶皆尽。
2. 贞元二年（786 年）	夏，旱蝗，东自海，西尽河、陇，群飞蔽天，旬日不息，草木叶及畜毛靡有孑遗，民蒸蝗食之。
3. 金大定二年（1162 年）	宁海州蝗害稼，民死者众。
4. 大定十六年（1176 年）	登州旱蝗。
5. 元至元三十年（1293 年）	九月，登州蝗。
6. 至治元年（1321 年）	是岁，宁海州蝗。
7. 明建文元年（1399 年）	登州各属蝗。
8. 建文二年（1400 年）	登州各属蝗。
9. 建文三年（1401 年）	登州各属蝗。
10. 正统元年（1436 年）	夏，各属蝗。
11. 正统六年（1441 年）	秋，各属蝗。
12. 正德八年（1513 年）	夏，各属飞蝗蔽日。
13. 正德十一年（1516 年）	秋，宁海州蝗。
14. 嘉靖十二年（1533 年）	各属蝗，禾稼尽食。
15. 嘉靖十三年（1534 年）	各属蝗，禾稼尽食。
16. 嘉靖十四年（1535 年）	各属蝗，禾稼尽食。
17. 嘉靖二十一年（1542 年）	春，黄县①旱蝗，不为灾。
18. 万历四十三年（1615 年）	至九月不雨，蝗蝻遍野。
19. 万历四十七年（1619 年）	八月，蝗。
20. 天启元年（1621 年）	宁海蝗。
21. 天启二年（1622 年）	文登蝗。
22. 崇祯九年（1636 年）	秋七月，栖霞大水蝗。

---

① 黄县：旧县名，治所在今山东龙口城关镇。

23.	崇祯十一年（1638 年）	夏，飞蝗蔽天，食谷殆尽；秋，螽蝝遍野，蝗复大起，无禾。
24.	崇祯十二年（1639 年）	宁海、文登飞蝗蔽空。
25.	崇祯十三年（1640 年）	夏，各属大旱，飞蝗蔽天，伤禾大饥。
26.	清康熙十一年（1672 年）	七月，莱阳蝗，不为灾。
27.	康熙三十年（1691 年）	七月，飞蝗蔽天，伤禾稼；八月，栖霞蝻生，饥。
28.	雍正元年（1723 年）	九月，栖霞蝗食麦苗殆尽。
29.	乾隆十二年（1747 年）	六月，黄县蝗食谷叶殆尽，大饥。
30.	乾隆十三年（1748 年）	六月，福山、栖霞、文登、荣成涝，飞蝗蔽日，饥，栖霞尤甚，鬻卖男女。
31.	乾隆十八年（1753 年）	春，黄县蝗蝻生，捕之，不为灾。
32.	乾隆三十九年（1774 年）	八月，文登蝗。
33.	乾隆四十年（1775 年）	秋，黄县、招远螟蝗害稼。
34.	嘉庆六年（1801 年）	蓬莱蝗。
35.	嘉庆七年（1802 年）	八月，黄县、招远蝗食麦，文登蝗食麦苗殆尽。
36.	嘉庆八年（1803 年）	夏，蝗螟交作。
37.	嘉庆九年（1804 年）	春，栖霞蝗生，不为灾。
38.	嘉庆十年（1805 年）	七月，宁海蝗。
39.	嘉庆十一年（1806 年）	宁海蝝生，不为灾。
40.	道光二年（1822 年）	秋，黄县蝗。
41.	道光十八年（1838 年）	四月，荣成蝗蝻生，捕之。
42.	道光二十八年（1848 年）	六月，宁海蝗。
43.	咸丰六年（1856 年）	七月，宁海蝗，海阳蝗，不为灾。
44.	咸丰七年（1857 年）	夏，黄县蝗。八月，蝗蝻生，食禾殆尽；栖霞、宁海蝗，不为灾。

原载光绪《增修登州府志》卷二十三《水旱丰饥》，光绪七年刻本

同治《黄县志》

1. 北齐天保九年（558 年）		夏，蝗。

2.　　乾明元年（560 年）　　　　　　螽水伤稼。

3. 唐兴元元年（784 年）　　　　　　秋，蝻蝗。

4.　　贞元元年（785 年）　　　　　　夏，旱蝗。

5. 金正隆二年（1157 年）　　　　　六月，蝗。

6.　　大定十六年（1176 年）　　　　旱蝗。

7. 蒙古中统四年（1263 年）　　　　蝗。

8.　　至元七年（1270 年）　　　　　旱蝗，减其年包银之半。

9. 元至元二十九年（1292 年）　　　蝗。

10.　　至大二年（1309 年）　　　　　七月，蝗。

11.　　至顺元年（1330 年）　　　　　蝗。

12. 明正统六年（1441 年）　　　　　秋，蝗。

13.　　嘉靖十三年（1534 年）　　　　蝗，禾稼尽食。

14.　　嘉靖二十一年（1542 年）　　　旱蝗相仍。

15.　　万历四十七年（1619 年）　　　八月，蝗。

16.　　崇祯十一年（1638 年）　　　　夏，飞蝗蔽天，食谷殆尽；秋，螽蝻遍野，丛集禾穗累累如贯珠，蝗飞复蔽天，无禾。

17. 清乾隆十二年（1747 年）　　　　夏，蝗食谷叶殆尽，大饥。

18.　　乾隆十八年（1753 年）　　　　春，蝗蝻生，知县募民捕之，不为灾。

19.　　乾隆五十六年（1791 年）　　　秋，蝗。

20.　　嘉庆七年（1802 年）　　　　　八月，蝗自西飞来，残食麦苗，命民捕之，斗蝗易以十钱。

21.　　嘉庆八年（1803 年）　　　　　夏，蝗螟交作。

22.　　咸丰七年（1857 年）　　　　　夏，蝗；八月，蝗生子，食禾殆尽。

原载同治《黄县志》卷五《祥异志》，光绪年间据同治十年刻版后印本

乾隆《莱州府志》

1. 宋咸淳六年（1270 年）　　　　　三月，莱州旱蝗。

2. 元泰定四年（1327 年）　　　　　是年，胶西等县蝗。

3.　　至正十九年（1359 年）　　　　潍州、胶州蝗食禾稼、草木俱尽，所至蔽日，碍人马不能行，填坑堑皆盈，饥民

　　　　　　　　　　　　　　捕蝗以食，或曝干积之，又尽，则人
　　　　　　　　　　　　　　相食。

4. 明洪武二十四年（1391 年）　　即墨蝗，大饥。

5. 　嘉靖七年（1528 年）　　　　平度大旱蝗。

6. 　嘉靖八年（1529 年）　　　　平度又旱蝗。

7. 　嘉靖十一年（1532 年）　　　即墨飞蝗蔽日，大伤禾稼。

8. 　嘉靖十二年（1533 年）　　　潍县蝗食禾稼殆尽。

9. 　嘉靖四十三年（1564 年）　　昌邑飞蝗蔽天，食田禾殆尽。

10. 天启五年（1625 年）　　　　胶州大蝗。

11. 清康熙十一年（1672 年）　　六月，大蝗，飞蔽天。

原载乾隆《莱州府志》卷十六《祥异》，乾隆五年刻本

《莱州市志》

1. 唐开元四年（716 年）　　　　山东连续两年旱、蝗灾，宰相姚崇遣官督
　　　　　　　　　　　　　　　捕蝗虫，莱州民始捕蝗虫。

2. 后晋天福八年（943 年）　　　蝗虫成灾，庄稼、树叶被吃光。

3. 蒙古至元七年（1270 年）　　　六月，莱州蝗灾，诏减租赋银之半。

4. 清咸丰七年（1857 年）　　　　七月，蝗飞蔽天，庄稼吃光；冬，官收
　　　　　　　　　　　　　　　蝗子。

原载《莱州市志》大事记，齐鲁书社 1996 年版

5. 明正统六年（1441 年）　　　　蝗灾。

6. 　正统十二年（1447 年）　　　九月，雨涝蝗生，民饥。

7. 　嘉靖八年（1529 年）　　　　六月，旱蝗成灾。

8. 　万历四十四年（1616 年）　　蝗灾。

9. 　崇祯十三年（1640 年）　　　旱蝗，民饥，人相食。

10. 清康熙三十一年（1692 年）　飞蝗蔽天，食禾叶殆尽。

11. 　康熙五十九年（1720 年）　九月，飞蝗自南来，食麦苗。

12. 　雍正二年（1724 年）　　　十一月，蝗自东来，食麦苗，至腊始尽。

13. 　乾隆十三年（1748 年）　　四月，蝗，至八月始尽，民饥。

14. 　乾隆十五年（1750 年）　　夏，飞蝗蔽天，害稼。

15. 　嘉庆七年（1802 年）　　　八月，飞蝗蔽天，害稼。

16.	嘉庆八年（1803 年）	自三月至五月，遍地生蝗，食禾叶殆尽。
17.	道光十七年（1837 年）	夏秋，蝗灾。
18.	民国十六年（1927 年）	四月，蝗食麦叶；秋，蝗食稼，岁饥。
19.	民国十七年（1928 年）	蝗食麦叶；秋，蝗食稼，饥。
20.	民国十八年（1929 年）	飞蝗为灾，食谷叶殆尽。
21.	民国十九年（1930 年）	四月，连年飞蝗遗卵，沿海苇地生跳蝻，蝗灭。
22.	民国三十四年（1945 年）	六月，后坡、西由、午城区等地发生蝗虫，7 天内捕打 1.5 万余千克。
23.	民国三十八年（1949 年）	六月，全县 235 个村遭受蝗灾，捕打 2 000 余千克，害稼 4 万亩，减产五成。

原载《莱州市志》自然灾害·虫灾，齐鲁书社 1996 年版

《招远县志》

1.	清乾隆四十年（1775 年）	秋，蝗虫成灾。
2.	嘉庆七年（1802 年）	秋，蝗虫成灾。
3.	嘉庆十九年（1814 年）	蝗虫为害。
4.	道光二十二年（1842 年）	七月，蝗虫为害严重。
5.	民国十六年（1927 年）	六月，过蝗虫，遮天盖地。

原载《招远县志》自然灾害，华龄出版社 1991 年版

乾隆《掖县志》①

1.	北魏太和六年（482 年）	八月，光州蝗害稼。
2.	金泰和六年（1206 年）	莱州旱蝗，甚。
3.	宋咸淳六年（1270 年）	莱州蝗。
4.	元至元八年（1271 年）	六月，莱州蝗。
5.	明正统六年（1441 年）	莱州蝗。
6.	万历四十三年（1615 年）	春，大旱蝗，岁大饥。

---

① 掖县：旧县名，治所在今山东莱州。

7.　万历四十四年（1616 年）　　　蝗旱，大饥。

8.　崇祯十三年（1640 年）　　　　旱蝗，大饥，人相食。

9.　清康熙十一年（1672 年）　　　六月，大旱，蝗飞蔽天。

10.　康熙三十年（1691 年）　　　　飞蝗蔽天，食禾叶殆尽。

11.　康熙五十九年（1720 年）　　　九月，飞蝗自南来，食麦苗殆尽。

12.　雍正二年（1724 年）　　　　　十一月，蝗自东来，集海堧，食麦苗，至
　　　　　　　　　　　　　　　　　　腊月始尽。

13.　乾隆十五年（1750 年）　　　　夏，飞蝗蔽天。

14.　道光十七年（1837 年）　　　　夏秋，蝗。

原载乾隆《掖县志》卷五《祥异》，乾隆二十三年刻本

光绪《三续掖县志》

1. 明正统十三年（1448 年）　　　蝗飞蔽天。

2. 清咸丰七年（1857 年）　　　　七月，飞蝗蔽天；冬，官收蝗子。

原载光绪《三续掖县志》卷三《祥异》，光绪十九年刻本

民国《四续掖县志》

1. 民国十七年（1928 年）　　　　五月，蝗食麦叶；秋，蝗食稼。

2. 民国十八年（1929 年）　　　　飞蝗为灾，食谷殆尽。

3. 民国十九年（1930 年）　　　　夏五月，飞蝗遗卵沿苇田孵生跳蝻，食麦
　　　　　　　　　　　　　　　　　　叶，大有蕃滋之势，县长组织捕蝻会，
　　　　　　　　　　　　　　　　　　派警督同民众掘沟截捕掩埋，幸不
　　　　　　　　　　　　　　　　　　为灾。

原载民国《四续掖县志》卷五《祥异》，民国二十四年铅印本

《长岛县志》

经查，1990 年山东人民出版社出版的县志中无蝗灾记载。

十七、威海市

《乳山市志》

1. 明嘉靖十四年（1535年）　　　　蝗灾，禾稼殆尽。
2. 　万历四十三年（1615年）　　　至九月无雨，赤地千里，蝗蝻遍野。
3. 清咸丰六年（1856年）　　　　　秋，飞蝗蔽日，庄稼临熟，未成重灾。

原载《乳山市志》大事记，齐鲁书社1998年版

4. 民国三十七年（1948年）　　　　六月，汤泉、午极、育黎、夏村等地发生
　　　　　　　　　　　　　　　　　　蝗虫（油蚂蚱）灾害。

原载《乳山市志》自然灾害，齐鲁书社1998年版

光绪《文登县志》

1. 金大定十六年（1176年）　　　　旱蝗。
2. 明正德八年（1513年）　　　　　飞蝗蔽日。
3. 　万历四十三年（1615年）　　　至九月不雨，蝗蝻遍野，大饥。
4. 　天启二年（1622年）　　　　　蝗。
5. 　崇祯十一年（1638年）　　　　夏，飞蝗蔽天，食谷殆尽；秋，螽蝝遍野，
　　　　　　　　　　　　　　　　　　蝗复大起，无禾。
6. 　崇祯十二年（1639年）　　　　飞蝗蔽天，饥。
7. 　崇祯十三年（1640年）　　　　旱，飞蝗蔽天，伤稼，大饥。
8. 　清康熙三十年（1691年）　　　七月，飞蝗突至，食禾。
9. 　乾隆十三年（1748年）　　　　秋，飞蝗蔽日，蠲租赋。
10. 　乾隆三十九年（1774年）　　　八月，蝗。
11. 　嘉庆七年（1802年）　　　　　十月，蝗食麦苗殆尽。
12. 　咸丰七年（1857年）　　　　　夏，蝗，不为灾。

原载光绪《文登县志》卷十四《灾异》，民国十一年铅印本

道光《荣成县志》

1. 明正德八年（1513年）　　　　　飞蝗蔽日。

2.　万历四十三年（1615 年）　　　　　秋，蝗蝻遍野，食禾几尽。

3.　天启二年（1622 年）　　　　　　　蝗。

4.　崇祯十二年（1639 年）　　　　　　飞蝗蔽空，饥。

5.清乾隆十三年（1748 年）　　　　　　飞蝗蔽日。

6.　道光十八年（1838 年）　　　　　　夏四月，青鱼滩等处蝗蝻孳生，知县率乡
　　　　　　　　　　　　　　　　　　　民捕打数日净尽，刻有《捕蝗简便法》。

原载道光《荣成县志》卷一《疆域志·灾祥》，道光二十年刻本

《荣成市志》

1.清光绪二年（1876 年）　　　　　　　七月，大旱，蝗飞遍野，禾草几尽。

2.民国二十四年（1935 年）　　　　　　飞蝗蔽日，上庄一带尤甚。

3.民国三十一年（1942 年）　　　　　　秋，蝗虫成灾，庄稼几乎绝产。

原载《荣成市志》自然灾害，齐鲁书社 1999 年版

第二章

河北省地方志中的蝗灾记载

一、河北综合志

光绪《畿辅通志》

1. 东汉永兴元年（153 年）　　　　秋七月，郡国三十二蝗，冀州尤甚，诏在所赈给乏绝，安慰居业。

2. 三国魏黄初二年（221 年）　　　冀州大蝗，民饥，遣使开仓廪以赈之。

3. 　　　黄初三年（222 年）　　　秋七月，冀州大蝗，民饥，使尚书杜畿持节开仓廪以赈之。

4. 北魏兴安元年（452 年）　　　　十有二月，诏：以营州①蝗，开仓赈恤。

5. 北齐天保八年（557 年）　　　　自夏至九月，河北六州大蝗，诏：今年遭蝗之处免租。

6. 　　　天保九年（558 年）　　　秋七月，诏：赵、燕、瀛、定、南营五州等州及司州广平、清河二郡去年螽涝损田，免今年租赋。

7. 唐开元五年（717 年）　　　　　免河北蝗水州县今岁租。

8. 金大定四年（1164 年）　　　　　九月，平、蓟二州近复蝗旱，可速遣使阅实其数，出内库物赎之。

9. 蒙古至元六年（1269 年）　　　　六月，敕：真定等路旱蝗，其代输、筑城役夫户赋悉免之。

10. 元至治三年（1323 年）　　　　秋七月，真定路诸州属县蝗，赈粮两月。

---

① 营州：治所龙城，今辽宁朝阳，时辖今河北唐山、秦皇岛一些地区。

11. 至正十二年（1352 年） 六月，大名路旱蝗，给钞赈之。

12. 明万历十九年（1591 年） 畿内蝗，蠲赈有差。

13. 清顺治十三年（1656 年） 是年，新乐蝗，免灾田租。

14. 康熙十一年（1672 年） 直隶水旱蝗雹，免灾田租有差。

15. 康熙二十五年（1686 年） 是年，直隶蝗雹，免本年灾田租有差。

原载光绪《畿辅通志》卷一百八《经政十五·恤政一》，光绪十年刻本

16. 康熙三十年（1691 年） 六月，谕内阁：户部差官一员，令驰驿至直隶巡抚处，详悉询问畿辅所属地方雨泽曾否沾足，蝗蝻较前何如，还奏。

九月，谕户部：朕顷巡行边外入喜峰口，见有民间田亩为蝗蝻所伤，又闻榛子镇及丰润等处地方被蝗灾者亦所在间有，秋成失望，则粮食维艰，朕心深切轸念。

17. 康熙三十四年（1695 年） 正月，谕内阁：去岁于直隶诸省下诏捕蝗，今岁春时若或稍旱，蝗所遗种至复发生，遂成灾沴，以困吾民，未可知也。凡事必豫防而备之斯克有济，其下户部速敕直隶诸巡抚，准前制亟宜耕耨田亩，令土瘗蝗种，毋致成患，若或田亩有不能尽耕者，蝗始发生即力为扑灭，毋使滋蔓为灾。

原载光绪《畿辅通志》卷一《帝制纪·诏谕一》，光绪十年刻本

18. 乾隆二十四年（1759 年） 五月，谕军机大臣等：刘纶奏报捕蝗一折，内称遵化州属毗连永平地方亦间有萌生之处，其地虽非顺天①所属，事关农田民食，现饬通永道明琦协同副将胡大猷前往查勘等语，未免存畛域之见。刘纶系钦差督捕大员，凡遇有蝗蝻之处，即宜就近前往，董率员弁

---

① 顺天：旧府名，治所在今北京市。

尽力搜捕，庶地方有司不敢怠玩从事，永平地方既有蝻孽萌生，自当早为扑灭，以绝根株。著传谕刘纶，现在蓟州一带既可就绪，即速前赴该处督同该道府等查勘捕除，务期净尽，以杜他处蔓延，正不得以非顺天所属，遂意分彼此，而自弛其担也。

19.	乾隆二十八年（1763 年）

七月，谕军机大臣等：据阿桂等复奏查办飞蝗一折，称飞蝗在水洼苇荡及淀泊之中，现届白露，是其将尽之候，各处俱已报扑净等语，飞蝗隐匿于淀泊水洼苇荡之中，虽似难以人力胜，但既见有到苇上者，则其留遗蝻种恐复不少，正当及时设法净除为要，裘曰修前此曾以淀中苇荡虑占水面议思，所以划除，而从前吉庆查办蝗蝻，亦曾有焚烧苇荻之事，但此等苇荡弥望蔓延，亦近淀居民自然之利，未便因搜捕蝗蝻尽举而弃之，第留此沮洳之地，徒为蝗孽萌生之薮，其遗患于民生者更大，自当权其轻重，筹酌办理。著传谕阿桂等会同该督等，或此时亟用火燎或俟刈割后将根株烧尽，毋使再留遗孽，以绝民害。至称有蝗州县田禾间被损伤，皆按亩借给籽粒补种荞麦杂粮一节，目下将交白露，秋麦尚早，若各色杂粮此时赶种已迟，折内所云系久经借令补种乎，抑现在办理之事乎，俱著查明速奏。再观音保折称，前赴南皮、宁津、东光、吴桥一带再为搜查，遇有停落即亲督捕，如无停落即行回省等语，所奏亦未明晰，飞蝗停落不在于此即在于彼，即云群飞远

扬，究竟作何归宿，抑别有化生消灭之处，勿得谓祛除出境遂为毕，乃事而弛己责也。将此传谕阿桂等并观音保知之。

原载光绪《畿辅通志》卷三《帝制纪·诏谕三》，光绪十年刻本

20.　乾隆二十九年（1764 年）　　　　是年，交河①蝗，贷资籽种口粮。

原载光绪《畿辅通志》卷一百八《经政十五·恤政一》，光绪十年刻本

21.　乾隆三十五年（1770 年）　　　　闰五月，谕：裘曰修等奏，在永定河武清、东安连界扑捕蝻孽，忽见飞蝗南来渐往西北，周元理即带领员役追视其所落之处扑打，自应如此办理。至折内又称，窦光鼐带同都司糜大礼，前往迤南一带照飞来方向寻觅，所办甚属错谬，窦光鼐为人拘钝无能，自顾尚且不暇焉，能彻底根查得其实情？裘曰修平日尚属晓事，如即亲往查勘，当不致为人蒙蔽，今既目击情形，自应迅速赴蝗起处所查明，贻误之地方官参奏治罪，而留窦光鼐在彼督捕方合事理，乃竟安坐武清等处，仅听窦光鼐前往一查塞责，全不知实心任事，已属非是。至折内称将来或于隐僻无人之河淀等处查得一语，尤为取巧，其意不过以隐僻河淀寻觅难于周到，隐为玩误劣员豫留地步，此等伎俩岂能于朕前尝试。裘曰修著交部严加议处，仍著即往迤南一带切实根究，倘于起蝗处所讳匿不报州县复徇庇开脱，裘曰修能任其咎乎。

闰五月，谕军机大臣等：据杨廷璋奏称，

---

①　交河：旧县名，治所在今河北泊头市西交河镇。

接藩司周元理禀报，武清、东安连界地方见有飞蝗自南而往西北，现在选委干练人员分投确查飞蝗来历，协同扑打，并于十五日轻骑亲往严查督捕一折，此事前据裘曰修等奏至，既派侍卫巴达色等带同三营将备迎往扑捕，饬令裘曰修亲往迤南一带查明蝗起处所，将贻误之地方官据实参奏，并传谕该督即行亲往查办，今该督闻报，次日即轻骑前往严查督捕，自能妥速集事。但杨廷璋年逾八旬，精力亦须自爱，现在天气炎热，若触暑自行督捕，或致稍有烦倦，转于公事无裨，该督但当选派妥干员弁实力扑打，并不时留心查察，毋使稍存遗孽贻害田禾，固不在仆仆道途徒劳筋力也。但蝗虫致于鼓翅飞扬，实由该地方官因循玩误所致，其罪难于轻谊，自应查明蝗起处所，该州县严参重治，以示惩儆。前裘曰修奏内有幽僻无人之河淀等处一语，明系为劣员等豫留开脱地步，有心取巧，已将伊交部严加议处，试思州县各有分界，岂有无人管理之地，即云苇丛、河淀非人迹所常经，而有司当查捕蝻孽时于此等沮洳处所，即应及早留心搜剔，岂得诿为耳目所难，周且普天之下尺土寸田孰非司牧者所当隶治，虽万里以外之新疆尚各有人统辖其地，安有近畿属邑转得以无人二字为阘茸之员宽其责任乎。杨廷璋务须切实根究，将飞蝗所起之地方官即速查参，毋得稍有姑息。

至京师昨晚霈雨滂沛，今巳时以后雨复酣畅，且云势甚广，畿内应亦普沾，飞蝗经此大雨自必翅湿坠地难于腾起，实可资为洗灭之助，正当速趁此时竭力扑打，施功较易，断不可惮泥泞、沾濡旷、时自懈，致晴后复有蔓延，将此传谕杨廷璋饬属上紧搜捕，歼除尽净。

闰五月，谕：据杨廷璋查究，飞蝗起处即系武清、东安二县地面，果不出朕所料，折内请将玩视民瘼之知县甄克允、郭麟绂革职拿问，该管各员严加议处等语，已交部严查议奏矣。该县等于蝻孽初萌之时并不搜寻刨捕，以致蔓延飞散，贻害田禾，罪无可逭，该管上司自有应得处分。此次飞蝗初起自武清、东安之间，由南而北旋即南回，散落黄华店一带，其为即系该县等地面所生更无所疑，前经裘曰修等初奏时朕早已洞悉，及此当即传谕令其确切查究。

六月，谕：前据窦光鼐奏，民人佃种旗地之户请一体拨夫扑捕蝗蝻一折，因其所奏近理，即批交部照所请行，并谕地方偶遇捕蝗，不独旗佃与民田通力合作，即大粮庄头亦应一体派拨，其直隶向来作何办理，著杨廷璋查明具奏。及派往捕蝗之侍卫索诺木策凌等回京，询其实在情形，据称所到之处不独旗佃出夫办公，即王公所属旗人亦悉力协捕等语。旋据该督奏复，自方观承任内设立护田夫一项，不拘旗民均令出夫，现仍照旧办理。因节次令窦光鼐明白回奏，而窦光鼐坚执臆见，谓询之三河、顺义两县及东路同知，皆云旗庄并不出夫，即周元理亦有旗庄不肯借用口袋之语，哓哓置办，因复降旨令杨廷璋将所奏情节再行复查，今窦光鼐到京回奏，则以前此所设护田夫未经奏明，不能一体遵照为辞，其说支离更甚，试问总督旧定章程通行阖省，顺属官民岂能独不遵条教，府尹亦岂诿为不知，况窦光鼐所指三河、顺义二县即系府尹所辖，如有司阳奉阴违，自当随时参劾。即无此例，而府尹奉差捕蝗，亦理应派夫护田，其有佃户人等倚恃旗业声势不受约束，窦光鼐目击其情，无难询明何人庄业列名指参，即内如大学士傅恒、尹继善，外如总督杨廷璋，推而上之以至亲王等，皆无可畏忌，窦光鼐若早据实举出，朕必且深为嘉予，并将袒庇庄佃之王大臣严加议处。乃并不能指实一人，而徒硁硁胶执不已，于事何当，其意不过欲借题发挥，逞弄笔墨，妄以强项自命冀见，许于无识之徒，且以总督杨廷璋即不无瞻顾旗庄，即承旨之军机大臣，有旗庄者亦不免意存袒护，以此曲为解嘲、自文其过，此等伎俩岂能于朕前尝试乎。因令窦光鼐随军机大臣进见，面为询问。

22. 乾隆五十七年（1792 年）

八月，谕内阁：前因顺天各属间有飞蝗蚕蚀禾稼之处，节经降旨严饬梁肯堂、蒋赐棨等督率所属实心扑捕，并特派大臣分路查勘，核对所奏情形，蝗蝻所起之处当在蓟州、三河一带，复经降旨令梁肯堂、蒋赐棨等确查实在起蝗处所，将该州县据实严参。嗣据蒋赐棨等查奏，蝻孽蠕生系由三河所起，而梁肯堂复奏折内含混其词，并不将三河一路提出，转请将该县知县李培荣升擢通州，又经降旨询问，并令该督明白回奏，该督复奏之折仅将署三河县知县州判陈馨洲参奏革职，而于李培荣，则称该员于五月委署通州印务，三河有蝗之时在该员卸事之后，朕谓蝻孽之生多在二三四月内，即或至迟，亦不出闰四月，李培荣系于五月内始署通州，蝻孽生时即在该员三河任内之事，乃梁肯堂欲为该员规避处分，豫调署理别州县印，奏闻显系有心捏饰，欲盖弥彰，为该员开脱而卸罪于微末州判以完此局，此等伎俩岂能逃朕洞鉴，且即以通州而论，该处亦有飞蝗，李培荣并未据实禀报、实力扑捕，其咎又将谁诿？昨已降旨将李培荣革职，交刑部治罪，梁肯堂始终为李培荣开脱，袒护劣员，冀图蒙混了事，以致简要倒置，是诚何心？梁肯堂著交部严加议处。至蝗蝻蚕蚀禾稼最为民害，惟在及早实力扑捕蝻子不致成蝗飞起，方不致蔓延贻患，如或地方官玩视民瘼、讳匿不报及捕蝗不力者，从前乾隆二三十年间经朕节次严惩。嗣后，除云贵、四川、闽粤等省向不闻有蝗外，其余各省凡有沮洳卑湿之区，即防蝻子化生，各该督抚务严饬所属每年于二三月内实力搜查，据实禀报。各该督抚等具奏一次倘复玩忽从事、有心讳匿，一经发觉，必当重治其罪，断不稍为宽贷，将此通谕知之。

原载光绪《畿辅通志》卷三《帝制纪·诏谕三》，光绪十年刻本

23.　嘉庆七年（1802 年）

六月，谕军机大臣等：朕闻新城①县地方现有蝗虫，此时正值禾苗长发之际，直隶通省春夏雨泽究未十分透足，蝗虫最易萌动为害，地方大吏应随时留心，一面奏闻，一面扑捕，不得稍存讳饰。著熊枚即查明新城县地方蝗蝻起自何时，该县是否禀报，现在多寡若何，此外州县是否尚有滋生之处，据实具奏。至捕蝗之法，若专委地方官扑捕，恐带领多人践踏禾稼，致滋扰累，不如晓谕百姓令其自捕，或易以官米，小民自更乐于从事。据熊枚续奏，与新城相近之张家庄河北村等处偶有飞蝗停集，而容城、安肃②、定兴等县亦先后禀报俱有飞蝗，并据称景州、任丘等处间亦有之，可见朕前此所闻不为无因，著熊枚前赴景州、任丘一带亲行详细查勘，如查有蝗蝻，仍遵前旨令该处百姓自行扑捕，或易以官米或买以钱文，务期迅速搜除净尽，勿致损伤禾稼。

七月，谕军机大臣等：遵化、丰润、玉田、滦州、卢龙、迁安、抚宁、临榆③等各州县境内间有飞蝗过境，俱在空

---

① 新城：旧县名，治所在今河北高碑店新城镇。
② 安肃：旧县名，治所在今河北徐水。
③ 临榆：旧县名，治所在今河北秦皇岛市山海关区。

际飞扬，并未伤及禾稼等语。飞蝗所过之处，道里绵长，岂有久飞不停之理，既经停歇，断不能忍饥待毙，又焉有不伤禾稼之理，总由地方官规避处分，实不可信。朕闻三河一带蝗蝻不但飞集田畴，即大路两旁亦纷纷停落，而丰润竟有填积车辙者。如州县等果有讳匿情事，即一面据实严参，一面上紧设法扑除净尽，期于秋收无碍。

24. 嘉庆九年（1804年）

六月，谕军机大臣等：朕于本日清晨在宫内披览奏章，适一飞蝗落于案上，当令捕捉，续经太监捕获十数个，通州等处间有飞蝗，近畿一带既有飞蝗，则直隶各州县自难保其必无，现已派卿员分赴各路督捕。本日御制《见蝗叹》一首并宫内捕获之蝗虫一并发往。

原载光绪《畿辅通志》卷四《帝制纪·诏谕四》，光绪十年刻本

25. 道光元年（1821年）

五月，谕内阁：前据方受畴奏，天津、静海、沧州各属村庄俱有蝻孽萌生，当即降旨令该督严饬该地方官赶紧扑捕。本日复据鲁垂绅奏称，界连天津之宁河、宝坻等县及山东近海近河所属，亦因风日高燥，蝻种渐孳，不可不及早扑治，著直隶总督、顺天府尹、山东巡抚各饬所属亲行查勘，赶紧搜除，其接壤之区务协力扑捕，不得互相观望、稽延时日，致令贻害田禾。

六月，谕：王引之奏请颁发《康济录·捕蝗十宜》交地方官仿照施行。本年顺天府及直隶天津、山东近河近海地方间有蝻孽萌生，现已饬令赶紧扑捕惟是，捕蝗一事，先应禁止扰累，若地方官按亩派夫，胥吏复借端索费、践踏禾苗，则蝗孽未除而小民已先受其害。《康济录》内所载捕蝗十宜设厂收买、以钱米易蝗立法最为简易，著将《康济录》各发去一部，交该府尹及该督抚各饬所属迅速筹办，务使闾阎不扰，将蝗蝻搜除净尽，以保田禾而康田功。

原载光绪《畿辅通志》卷五《帝制纪·诏谕五》，光绪十年刻本

26. 咸丰八年（1858年）　　　七月，谕：朕闻近京各州县地方均有蝗蝻蠕动，若不亟筹扑捕，必致为害农田。著顺天府府尹、直隶总督各饬所属查有蝗蝻滋长之处，即行设法扑捕，勿令长翅飞腾，致伤禾稼，倘该地方官不能认真办理或任意玩视，即著从严参办，各大吏若不严饬属员，置之不问，甚至故为徇隐，朕必将各大吏加等惩处不贷。

原载光绪《畿辅通志》卷六《帝制纪·诏谕六》，光绪十年刻本

27. 光绪二年（1876年）　　　五月，谕：顺天府、直隶等省本年天气过旱，尤恐蝻孽萌生，贻害农田，损伤秋稼，于民生大有关系，著该府尹、督抚严饬各属先期查勘，认真刨挖搜捕，务须一律净尽，勿留余孽。

原载光绪《畿辅通志》卷七《帝制纪·诏谕七》，光绪十年刻本

二、石家庄市

《石家庄市志·第一卷》

1. 后晋天福八年（943年）　　　秋，蝗虫大起，庄稼及草木叶被吃光，民众饥馑。

2. 清顺治三年（1646年）　　　七月，飞蝗蔽天，栾城及邻县庄稼食尽。

原载《石家庄市志·第一卷》大事记，中国社会出版社1995年版

3. 民国三十八年（1949 年）　　　　五月，栾城龙门等村蝗灾，咬光谷子 21.1
　　　　　　　　　　　　　　　　　　万亩。

原载《石家庄市志·第一卷》自然灾害，中国社会出版社 1995 年版

乾隆《正定府志》

1. 东汉永兴元年（153 年）　　　　　秋，冀州常山①等郡国蝗，诏赈济。

2. 西晋永嘉四年（310 年）　　　　　夏五月，常山蝗。

3. 北齐天保八年（557 年）　　　　　夏，大蝗。河南北大蝗，齐主问魏郡丞崔
　　　　　　　　　　　　　　　　　　叔瓒，对曰："《五行志》：'土功不时，
　　　　　　　　　　　　　　　　　　蝗虫为灾。'今外筑长城，内兴三台，
　　　　　　　　　　　　　　　　　　其以此乎？"齐主怒，使左右殴之，擢
　　　　　　　　　　　　　　　　　　其发，沃之以溷出。

4. 唐元和元年（806 年）　　　　　　夏，镇、冀等州蝗。

5. 　大和九年（835 年）　　　　　　夏，镇州蝗害稼。

6. 　开成元年（836 年）　　　　　　夏，镇州蝗。

7. 　开成三年（838 年）　　　　　　镇定等州蝗，草木叶皆尽。

8. 后唐同光三年（925 年）　　　　　镇州蝗害稼。

9. 　后晋天福四年（939 年）　　　　夏六月，镇州大旱蝗。

10. 　　天福八年（943 年）　　　　　旱蝗，大饥。是岁，春夏旱，秋冬水，蝗
　　　　　　　　　　　　　　　　　　大起，原野、山谷、城郭、庐舍皆满，
　　　　　　　　　　　　　　　　　　竹木叶皆尽，重以官括民谷，使者督责
　　　　　　　　　　　　　　　　　　严急，不留其食，有坐匿谷抵死者，县
　　　　　　　　　　　　　　　　　　令往往纳印自劾去，土以恒、定饥，停
　　　　　　　　　　　　　　　　　　检索。杜威奏请如例判官王绪谋，括百
　　　　　　　　　　　　　　　　　　万斛以七十万入已，威复令李沼贷足
　　　　　　　　　　　　　　　　　　之，民死亡不可胜数。

11. 蒙古中统三年（1262 年）　　　　夏五月，正定路蝗。

12. 　　中统四年（1263 年）　　　　夏，正定路旱蝗。

13. 　　至元三年（1266 年）　　　　夏五月，正定路蝗。

---

① 常山：旧郡名，治所在今河北石家庄东北。

14.	至元四年（1267 年）	夏四月，正定路蝗。
15.	至元六年（1269 年）	正定路旱蝗，诏免代输、筑城役夫户赋。
16.	元至元八年（1271 年）	夏，正定路蝗，宣抚使王磐扑灭之。
17.	至元十年（1273 年）	夏，正定路大水蝗，诏所在赈米。
18.	至元二十五年（1288 年）	秋七月，正定蝗；八月，晋州蝗。
19.	至元三十年（1293 年）	夏五月，正定旱蝗。
20.	元贞二年（1296 年）	夏六月，正定蝗。
21.	大德五年（1301 年）	七月，正定路蝗。
22.	大德六年（1302 年）	夏四月，正定路蝗。
23.	大德十年（1306 年）	夏，正定蝗。
24.	大德十一年（1307 年）	夏五月，正定蝗；秋八月，又蝗。
25.	至大元年（1308 年）	六月，蝗。
26.	至大二年（1309 年）	秋八月，正定蝗，免今年租。
27.	至大三年（1310 年）	秋七月，元氏蝗。
28.	泰定元年（1324 年）	夏六月，蝗。
29.	天历二年（1329 年）	秋七月，正定路蝗。
30.	至顺元年（1330 年）	夏六月，正定蝗。
31.	明洪武七年（1374 年）	夏六月，正定府蝗。
32.	洪武八年（1375 年）	五月，正定府蝗。
33.	正统元年（1436 年）	夏四月，都御史鲁穆巡视正定等处蝗蝻。
34.	正统四年（1439 年）	六月，蝗。
35.	正统五年（1440 年）	夏，正定府蝗。
36.	正统六年（1441 年）	夏，正定府蝗。
37.	正统十二年（1447 年）	秋七月，正定等府蝗灾，都御史张楷督守令捕之。
38.	成化九年（1473 年）	秋七月，正定府蝗。
39.	嘉靖八年（1529 年）	井陉、灵寿、平山、赞皇、无极、获鹿①、新乐等县旱蝗，民饥，食草木叶殆尽，流殍四布。
40.	嘉靖三十九年（1560 年）	赞皇、灵寿等县旱，蝗飞蔽天。

---

① 获鹿：旧县名，1994 年改名今河北鹿泉市。

41.	万历四十二年（1614 年）	秋，正定蝗。
42.	天启六年（1626 年）	五月，新乐、阜平等县蝗。
43.	清顺治三年（1646 年）	秋七月，正定州县飞蝗蔽天，禾稼尽，惟栾城免。
44.	顺治四年（1647 年）	夏六月，无极飞蝗蔽日；秋八月，晋州蝗。
45.	顺治六年（1649 年）	秋八月，晋州蝗蝗皆黑色，自南而北，缘屋过壁，至滹沱南岸结聚如斗大，浮水过南门下，不入城。
46.	顺治七年（1650 年）	平山蝗食禾。
47.	康熙六年（1667 年）	灵寿蝗，民流移。
48.	康熙十一年（1672 年）	晋州、行唐蝗。
49.	康熙二十五年（1686 年）	无极蝗。
50.	康熙三十年（1691 年）	正定等县旱蝗。
51.	康熙三十三年（1694 年）	晋州蝗。
52.	康熙三十八年（1699 年）	夏，晋州蝗。
53.	康熙四十四年（1705 年）	晋州、新乐、赞皇旱蝗。
54.	雍正十三年（1735 年）	夏，获鹿蝗。
55.	乾隆十九年（1754 年）	夏，井陉蝗。

原载乾隆《正定府志》卷七《灾祥》，乾隆二十七年刻本

光绪《正定县志》

1.	西晋永嘉四年（310 年）	五月，常山蝗。
2.	唐元和元年（806 年）	夏，蝗。
3.	大和九年（835 年）	秋，蝗害稼。
4.	开成元年（836 年）	夏，蝗。
5.	开成三年（838 年）	蝗，草木叶皆尽。
6.	后唐同光三年（925 年）	蝗害稼。
7.	后晋天福四年（939 年）	大旱蝗。
8.	天福八年（943 年）	是岁，春夏旱，秋冬水，蝗大起，原野、山谷、城郭、庐舍皆满，竹木叶皆尽，重以官括民谷，使者督责严急，不留其食，有

坐匿谷抵死者，县令往往纳印自劾去，上以恒、定饥，停检索。杜威奏请如例判官王绪谋，括百万斛以七十万入已，威复令李沼贷足之，民死不可胜数。

9. 蒙古中统三年（1262 年）　　　蝗。

10. 　　中统四年（1263 年）　　　夏，旱蝗。

11. 　　至元三年（1266 年）　　　五月，蝗。

12. 　　至元四年（1267 年）　　　四月，蝗。

13. 元至元八年（1271 年）　　　六月，蝗，宣抚使王磐扑灭之。

14. 　　至元十年（1273 年）　　　夏，大水蝗，诏所在赈米。

15. 　　至元二十五年（1288 年）　七月，蝗。

16. 　　至元三十年（1293 年）　　五月，旱蝗。

17. 　　元贞二年（1296 年）　　　蝗，诏赈之。

18. 　　大德五年（1301 年）　　　七月，蝗。

19. 　　大德六年（1302 年）　　　四月，蝗。

20. 　　大德十年（1306 年）　　　夏，蝗。

21. 　　大德十一年（1307 年）　　五月，蝗；八月，又蝗。

22. 　　至大元年（1308 年）　　　六月，蝗。

23. 　　至大二年（1309 年）　　　八月，蝗，免今年租。

24. 　　泰定元年（1324 年）　　　六月，蝗。

25. 　　天历二年（1329 年）　　　七月，蝗。

26. 　　至顺元年（1330 年）　　　六月，蝗。

27. 明洪武七年（1374 年）　　　六月，蝗。

28. 　　洪武八年（1375 年）　　　五月，蝗。

29. 　　正统元年（1436 年）　　　四月，都御史鲁穆巡视正定蝗蝻。

30. 　　正统四年（1439 年）　　　六月，蝗。

31. 　　正统五年（1440 年）　　　夏，蝗。

32. 　　正统六年（1441 年）　　　夏，蝗。

33. 　　正统十二年（1447 年）　　七月，蝗灾，都御史张楷督守令捕之。

34. 　　成化九年（1473 年）　　　七月，蝗。

35. 　　万历四十二年（1614 年）　秋，蝗。

36. 清顺治三年（1646 年）　　　七月，飞蝗蔽天，禾稼尽损。

37.　康熙三十年（1691 年）　　　　旱蝗。

38.　嘉庆七年（1802 年）　　　　　夏，大蝗，禾稼一空。

39.　道光五年（1825 年）　　　　　夏旱，飞蝗蔽天，禾尽损。

40.　道光六年（1826 年）　　　　　夏，旱蝗。

41.　咸丰四年（1854 年）　　　　　秋，蝗。

42.　咸丰五年（1855 年）　　　　　秋，蝗。

43.　咸丰七年（1857 年）　　　　　六月，飞蝗蔽天，禾尽损，知县令收买
　　　　　　　　　　　　　　　　　　蝗蝻。

44.　咸丰八年（1858 年）　　　　　春，蝻孽萌生，各村扑之甚力。

原载光绪《正定县志》卷八《灾祥》，民国三十年铅印本

民国《元氏县志》

1.　清顺治三年（1646 年）　　　　蝗，自南至县东、县北秋禾一空，先有大
　　　　　　　　　　　　　　　　　鸟类鹤蔽空而来，各吐蝗数斗，蝗即群
　　　　　　　　　　　　　　　　　集，奉文豁免灾伤粮银。

2.　顺治四年（1647 年）　　　　　飞蝗四至，如红云丽天，蔽日无光，落树
　　　　　　　　　　　　　　　　　折枝，集禾仆地厚尺许，食禾顷刻立
　　　　　　　　　　　　　　　　　尽，奉文豁免灾伤粮银。

3.　康熙三十六年（1697 年）　　　蝗虫食禾殆尽，民大饥，县令为民放饭。

4.　乾隆五年（1740 年）　　　　　六月，蝻生遍野，乡民竭力扑之，数日净
　　　　　　　　　　　　　　　　　尽，幸未成灾。

5.　乾隆十七年（1752 年）　　　　六月初旬，飞蝗自北而来，数日向南而去；
　　　　　　　　　　　　　　　　　至七月间，遗蝻大发，城西北诸村几遍
　　　　　　　　　　　　　　　　　原野，扑之不灭，秋尽乃消。

6.　嘉庆二十二年（1817 年）　　　飞蝗自南至，秋禾一空，民大饥，奉文豁
　　　　　　　　　　　　　　　　　免粮银。

7.　道光七年（1827 年）　　　　　七月间，飞蝗入境，晚禾不熟。

8.　道光二十七年（1847 年）　　　大旱，飞蝗四至，如云丽天。是岁，荒歉。

9.　咸丰七年（1857 年）　　　　　五月，飞蝗自东南来丽天蔽日，落地顷刻
　　　　　　　　　　　　　　　　　禾尽；蝗去蝻生，横行遍野，疾如流
　　　　　　　　　　　　　　　　　水，涌如行军，乡民挖壕防守，昼夜不

敢懈，十余日，蝗不能尽，城西北诸村
尤甚，趋集满平街巷，食难举火，睡不
成眠，炕上小儿为蝗吮啖而哭，为害至
此极矣，岁大饥。

10.	咸丰八年（1858 年）	春，四野蝻生。
11.	民国三年（1914 年）	秋末，飞蝗蔽野，天日无光，麦苗食尽。
12.	民国四年（1915 年）	秋，蝗蝻发生田野，谷叶俱被食。
13.	民国十七年（1928 年）	是年，飞蝗、雹灾亦烈。
14.	民国十八年（1929 年）	蝗蝻为灾。

原载民国《元氏县志》篇十五《故事·灾祥》，民国二十二年铅印本

《高邑县志》

1.	清顺治四年（1647 年）	秋，蝗。
2.	康熙六年（1667 年）	六月，蝗伤稼。
3.	嘉庆二十二年（1817 年）	蝗。
4.	咸丰七年（1857 年）	五月，飞蝗蔽天，蝗去蝻生，如水横流，庄稼咬成光秆。
5.	咸丰八年（1858 年）	是年，蝗蝻，捕治及时，为灾稍轻。
6.	民国四年（1915 年）	秋，蝗蝻为灾。
7.	民国三十二年（1943 年）	蝗灾，大部庄稼叶子被吃光。
8.	民国三十八年（1949 年）	五月，蝗灾，党政领导及时组织群众开展灭蝗运动。

原载《高邑县志》大事记，新华出版社 1993 年版

9.	清嘉庆二十三年（1818 年）	蝗。

原载《高邑县志》自然灾害，新华出版社 1993 年版

乾隆《赞皇县志》

1.	明成化十九年（1483 年）	蝗。
2.	嘉靖八年（1529 年）	八月，蝗飞蔽天，半月遍地蝻生，势如穴蚁，填壑塞巷，啮人衣物，五谷秸秆俱

　　　　　　　　　　　　　尽，大水巨河不能限，旬日物尽，自相
　　　　　　　　　　　　　啖食。

3.　嘉靖三十九年（1560 年）　　　大旱，蝗飞蔽天，流移载道。

4.　天启七年（1627 年）　　　　　蝗。

5. 清康熙三十年（1691 年）　　　旱蝗。

6.　康熙四十四年（1705 年）　　　旱蝗。

　　　　　　　原载乾隆《赞皇县志》卷十《事纪志》，乾隆十六年刻本

光绪《续修赞皇县志》

1. 清乾隆二十四年（1759 年）　　　蝗。

2.　咸丰七年（1857 年）　　　　　飞蝗蔽日，蝗游城郭，大饥。

　　　　原载光绪《续修赞皇县志》卷二十七《事纪·灾祥》，光绪二年刻本

《赞皇县志》

1. 北齐天保八年（557 年）　　　　夏及秋，蝗大害成灾。

2. 唐兴元元年（784 年）　　　　　秋，飞蝗晦天蔽野，禾稼大受其害。

3. 后晋天福八年（943 年）　　　　秋，蝗虫作害，饥。

4. 蒙古中统四年（1263 年）　　　旱蝗。

5. 元大德元年（1297 年）　　　　蝗灾。

6. 清康熙六年（1667 年）　　　　蝗虫蔽天漫野，大伤禾稼。

7. 民国十年（1921 年）　　　　　蝗害。

8. 民国二十三年（1934 年）　　　蝗灾。

9. 民国三十三年（1944 年）　　　五月，蝗，根据地政府积极组织农民捕蝗。

　　　　　　原载《赞皇县志》大事记，方志出版社 1998 年版

同治《栾城县志》

1. 明嘉靖三十九年（1560 年）　　　七月，大旱，飞蝗生蛹，寸草无遗，升米
　　　　　　　　　　　　　　　　　八十钱，民流入河南就食。

2.　崇祯二年（1629 年）　　　　　五月，蝗。

3.　崇祯十二年（1639 年）　　　蝨起，人相食。

4.　崇祯十三年（1640 年）　　　蝗，大饥，民食木皮、草子、蒺藜。

5.　清顺治三年（1646 年）　　　七月，飞蝗蔽天，蝻生匝地，禾稼尽食。

6.　　乾隆二十四年（1759 年）　蝗。

7.　嘉庆七年（1802 年）　　　　蝗伤禾稼。

8.　道光四年（1824 年）　　　　蝗。

9.　道光六年（1826 年）　　　　七月，蝗。

10.　道光七年（1827 年）　　　　六月，飞蝗蔽日；七月，蝗蝻遍地，禾稼
　　　　　　　　　　　　　　　　尽伤。

11.　道光八年（1828 年）　　　　七月，旱蝗。

原载同治《栾城县志》卷三《世纪志·祥异》，同治十二年刻本

《栾城县志》

1. 东汉永兴元年（153 年）　　　郡国三十二蝗。

2. 西晋建兴五年（317 年）　　　秋七月，司隶、冀、青、雍四州蝨蝗。

3. 东晋大兴元年（318 年）　　　八月，冀、徐、青三州蝗。

4.　　咸康四年（338 年）　　　　冀州八郡大蝗，赵司隶请坐守宰。

5. 东魏武定九年（551 年）　　　赵州蝨涝损田。

6. 北齐天保八年（557 年）　　　河北六州飞蝗蔽日，声如风雨。

7. 唐开元三年（715 年）　　　　夏，山东、河南、河北蝗虫大起。

8.　　开成四年（839 年）　　　　八月，镇、冀四州蝗食稼，至于野草、树
　　　　　　　　　　　　　　　　叶皆尽。

9. 后晋天福八年（943 年）　　　蝗遍全国，民馁死数十万，流亡不可胜数。

10. 宋建隆三年（962 年）　　　　旱蝗，免除租税。

11.　　乾德二年（964 年）　　　　夏六月，河北诸州蝗。

12.　　大中祥符九年（1016 年）　京东西、河北诸路旱蝗，延及江淮，霜降
　　　　　　　　　　　　　　　　始尽。

13.　　熙宁五年（1072 年）　　　河北有蝗。

14.　　元丰四年（1081 年）　　　六月，河北蝗。

15.　　崇宁二年（1103 年）　　　诸路蝗。

16.　　崇宁三年（1104 年）　　　诸路蝗。

17.　　宣和三年（1121年）　　　　诸路蝗。

18. 金大定三年（1163年）　　　　中都以南八路蝗。

19.　　大定十六年（1176年）　　　河北、山东等七路旱蝗。

20. 蒙古中统三年（1262年）　　　真定等地蝗。

21.　　中统四年（1263年）　　　　河北、山东等地旱蝗。

22.　　至元六年（1269年）　　　　河南、北蝗。

23. 元至元十六年（1279年）　　　四月，大都等十六路蝗。

24.　　至元二十七年（1290年）　　河北十七府州蝗。

25.　　大德二年（1298年）　　　　江浙、两淮、山东、河北蝗。

26. 明正统元年（1436年）　　　　四月，河北旱蝗，督捕之。

27.　　正统十二年（1447年）　　　四月，北京、山东、河南、湖广旱蝗。

28.　　景泰二年（1451年）　　　　六月，畿内蝗。

29.　　嘉靖八年（1529年）　　　　夏，大旱蝗。

30. 清嘉庆十八年（1813年）　　　蝗。

31.　　嘉庆二十四年（1819年）　　蝗。

32.　　道光十八年（1838年）　　　秋，飞蝗过境。

33.　　咸丰六年（1856年）　　　　七月，蝗。

34.　　咸丰七年（1857年）　　　　六月，飞蝗蔽日；七月，蝗蝻遍地，禾稼
　　　　　　　　　　　　　　　　　　尽伤。

35.　　咸丰八年（1858年）　　　　秋七月，蝗。

36. 民国四年（1915年）　　　　　八月，蝗群飞入城内，遍地皆是。

37. 民国十八年（1929年）　　　　蝗灾。

38. 民国二十一年（1932年）　　　秋，城西蝗灾。

39. 民国三十三年（1944年）　　　六月，飞蝗群侵入栾城，遮天蔽日，庄稼
　　　　　　　　　　　　　　　　　　多被食尽，半月后生蝻。

　　　　　　　　　　　　原载《栾城县志》自然灾害，新华出版社1995年版

40. 清雍正十三年（1735年）　　　秋，旱蝗。

41. 民国三十八年（1949年）　　　七月，蝗灾。

　　　　　　　　　　　　原载《栾城县志》大事记，新华出版社1995年版

光绪《赵州志》

1. 东魏武定九年（551年）　　　　赵州蝥涝损田，免其年租赋。

2. 北齐乾明元年（560 年）　　　　　夏四月，赵州螽水伤稼，遣使分途恤之。

3. 宋乾德二年（964 年）　　　　　　夏六月，河北诸州蝗，惟赵州不伤稼。

4.　天圣五年（1027 年）　　　　　　赵州蝗。

5. 明嘉靖三十九年（1560 年）　　　　赵州诸县大旱蝗，流移载道。

6. 清顺治四年（1647 年）　　　　　　蝗。

7.　咸丰六年（1856 年）　　　　　　夏不雨，蝗害稼。

8.　咸丰七年（1857 年）　　　　　　春，蝻生。

原载光绪《赵州志》卷二《舆地志·祥异》，光绪二十三年刻本

《赵县志》

1. 东晋咸康四年（338 年）　　　　　赵郡大蝗。

2. 北齐天保八年（557 年）　　　　　秋，蝗蔽日，声如风雨。

3. 唐兴元元年（784 年）　　　　　　秋，蝗晦天蔽野，草木叶皆尽。

4.　贞元元年（785 年）　　　　　　夏，蝗群飞蔽天，旬日不息，所至草木叶
　　　　　　　　　　　　　　　　　及畜毛靡有，民大饥，蒸蝗，去翅足而
　　　　　　　　　　　　　　　　　食之。

5. 后晋天福八年（943 年）　　　　　蝗虫遍野，草木叶皆尽，民饥死不计其数。

6. 宋乾德二年（964 年）　　　　　　夏六月，赵州蝗。

7.　大中祥符九年（1016 年）　　　　河北诸州飞蝗连云障日。

8.　绍兴十一年（1141 年）　　　　　秋，赵州蝗。

9.　元大德元年（1297 年）　　　　　正定路各州蝗。

10.　至大三年（1310 年）　　　　　七月，平棘①蝗。

11.　泰定三年（1326 年）　　　　　七月，赵州蝗。

12.　至正二十五年（1365 年）　　　八月，赵州蝗。

13. 明嘉靖十一年（1532 年）　　　　夏，大旱蝗。

14.　嘉靖二十九年（1550 年）　　　赵州诸县蝗飞蔽天。

15. 民国二十三年（1934 年）　　　　秋，杨家郭、高庄一带蝗蝻成灾。

16. 民国三十二年（1943 年）　　　　夏，飞蝗成灾；秋，蝻生，减产。

原载《赵县志》自然灾害，中国城市出版社 1993 年版

① 平棘：旧县名，治所在今河北赵县东南。

康熙《晋州志》

1. 明嘉靖三十九年（1560 年）　　大旱，蝗螟生，道馑相望，民多流徙河南。
2. 清顺治四年（1647 年）　　　　八月，飞蝗蔽天。
3. 　顺治六年（1649 年）　　　　八月，蝗螟皆黑色，自南而北，东西阔数里，缘屋过壁，势若流水，至滹沱南岸结聚斗大，浮水竟过至南门下，不入城。
4. 　康熙十一年（1672 年）　　　六月，蝗。
5. 　康熙三十三年（1694 年）　　五月，飞蝗蔽天落地尺深，禾尽伤；六月，蝗螟生。
6. 　康熙三十八年（1699 年）　　七月，蝗自东北来，公率乡民捕捉；闰七月，蝗螟生，复命掘坑驱埋，禾稼半伤。

原载康熙《晋州志》卷十《通纪事迹·事纪》，咸丰十年据康熙三十九年刻版增刻本

民国《晋县志料》

1. 元至元二十五年（1288 年）　　八月，蝗。
2. 清道光五年（1825 年）　　　　蝗。
3. 　咸丰四年（1854 年）　　　　大蝗。
4. 　咸丰五年（1855 年）　　　　大蝗。
5. 　咸丰七年（1857 年）　　　　旱，飞蝗蔽天。
6. 民国八年（1919 年）　　　　　八月，飞蝗遍野。
7. 民国十七年（1928 年）　　　　秋，飞蝗满野。
8. 民国十八年（1929 年）　　　　春，蝗螟发生，皆黑色，齐一前跃如流水，禾本科植物皆被咬没；夏，飞蝗又来，遍地皆是，城南一带特多。

原载民国《晋县志料》卷下《故事志·史事·天灾》，民国二十四年石印本

《深泽县志》

1. 清道光五年（1825 年）　　　　深泽飞蝗蔽日，秋稼被食殆尽。

2. 咸丰八年（1858 年）　　　　　五月，蝗入境，令民捕捉始尽；六月，蝻
　　　　　　　　　　　　　　　　　子复生。

3. 光绪二年（1876 年）　　　　　　蝗害尤重。

4. 民国十年（1921 年）　　　　　　秋，飞蝗成灾。

5. 民国三十七年（1948 年）　　　　蝗灾。

　　　　　　　原载《深泽县志》自然灾害，方志出版社 1997 年版

6. 民国十八年（1929 年）　　　　　五月，县境发生飞蝗灾害，延至八月底。

7. 民国三十三年（1944 年）　　　　六月，飞蝗成灾，数千亩庄稼吃尽。

　　　　　　　原载《深泽县志》大事记，方志出版社 1997 年版

雍正《直隶定州志》

清顺治十二年（1655 年）　　　　　深泽蝗为灾。

　　　　　原载雍正《直隶定州志》卷四《赋役·祥异》，乾隆元年刻本

乾隆《束鹿县志》

1. 清顺治三年（1646 年）　　　　　七月，飞蝗自南来，望之黑黄，如烟至，
　　　　　　　　　　　　　　　　　落地，树枝干皆折，不食苗，信宿
　　　　　　　　　　　　　　　　　飘去。

2. 顺治六年（1649 年）　　　　　　八月，蝗蝻皆黑色，自北而南，东西十余
　　　　　　　　　　　　　　　　　里，缘屋过壁有如水流，南至黄河结聚
　　　　　　　　　　　　　　　　　斗大，浮水而过。

3. 康熙六年（1667 年）　　　　　　六月，蝗自西来障天蔽日，有食苗至尽
　　　　　　　　　　　　　　　　　者，有竟不食而飞去者。

4. 乾隆二十四年（1759 年）　　　　夏，蝗食麦。

　　　　　　　原载乾隆《束鹿县志》卷十一《灾祥志》，乾隆二十七年刻本

嘉庆《束鹿县志》

乾隆五十八年（1793 年）　　　　　秋，蝗，不为灾。

　　　　　　原载嘉庆《束鹿县志》卷九《风土志·祥异》，嘉庆四年刻本

《藁城县志》

1. 唐开成三年（838 年）　　　　蝗灾，庄稼、树叶均食尽。

2. 清顺治三年（1646 年）　　　　真定州飞蝗蔽日，庄稼食尽。

3.　康熙二十六年（1687 年）　　蝗虫成灾。

4.　道光六年（1826 年）　　　　蝗虫成灾。

5.　道光十六年（1836 年）　　　蝗灾。

6. 民国三十八年（1949 年）　　　部分村庄发生蝗灾。

原载《藁城县志》大事记，中国大百科全书出版社 1994 年版

7.　清嘉庆七年（1802 年）　　　蝗。

8.　咸丰八年（1858 年）　　　　大蝗伤禾。

9.　咸丰九年（1859 年）　　　　大蝗伤禾。

10.　咸丰十年（1860 年）　　　　连续大蝗伤禾。

11. 民国三十年（1941 年）　　　　秋，飞蝗蔽日，秋粮基本绝收。

原载《藁城县志》自然灾害，中国大百科全书出版社 1994 年版

民国《重修无极县志》

1. 明正统四年（1439 年）　　　　六月，蝗，民饥。

2.　嘉靖八年（1529 年）　　　　六月，蝗，民饥。

3.　嘉靖三十九年（1560 年）　　六月，蝗旱，西南境尤甚。

4. 清顺治四年（1647 年）　　　　六月，蝗，群飞蔽日。

5.　咸丰七年（1857 年）　　　　旱蝗，民大饥。

6. 民国五年（1916 年）　　　　　秋，蝗，捕灭甚力，未成大灾。

原载民国《重修无极县志》卷十九《大事表》，民国二十五年铅印本

光绪《无极县续志》

1. 清康熙二十五年（1686 年）　　蝗蝻生。

2.　咸丰八年（1858 年）　　　　蝻，不为灾。

原载光绪《无极县续志》卷三《灾祥志》，光绪十九年刻本

光绪《重修新乐县志》

1. 明嘉靖八年（1529 年）		大蝗，食禾殆尽，民大饥。
2. 万历十九年（1591 年）		夏五月，蝗生县东，未几，蝻滋生遍野。
3. 万历三十四年（1606 年）		蝗蝻。
4. 万历四十五年（1617 年）		蝗。
5. 天启六年（1626 年）		五月，蝗。
6. 清顺治三年（1646 年）		秋七月，蝗。
7. 康熙四十四年（1705 年）		六月，蝗飞蔽天。
8. 道光五年（1825 年）		秋，蝗。
9. 咸丰七年（1857 年）		秋，大蝗。

原载光绪《重修新乐县志》卷四《灾祥》，光绪十一年刻本

《新乐县志》

1. 宋淳熙三年（1176 年）	河北旱蝗。
2. 蒙古中统四年（1263 年）	六月，新乐蝗。
3. 元大德元年（1297 年）	七月，蝗。
4. 明万历二十八年（1600 年）	五月，蝗生，未几，蝻滋生遍野。
5. 民国九年（1920 年）	旱，复遭蝗害。
6. 民国十四年（1925 年）	秋，蝗虫起自化皮，往赵门、柴里、东阳等村蔓延，歉收。

原载《新乐县志》自然灾害，中国对外翻译出版公司 1997 年版

《行唐县志》

1. 后晋天福六年（941 年）	飞蝗成灾。
2. 明正德五年（1510 年）	旱蝗。
3. 清顺治三年（1646 年）	秋七月，飞蝗蔽天，禾稼吃尽。
4. 顺治四年（1647 年）	飞蝗过境，漫天蔽日，声如骤雨烈风。
5. 民国九年（1920 年）	蝗。
6. 民国十年（1921 年）	飞蝗蔽日。

7. 民国三十三年（1944 年）　　　　　六月，西城仔、上方、阳关等七村蝗灾。

原载《行唐县志》自然灾害，中国对外翻译出版公司 1998 年版

乾隆《行唐县新志》

1. 宋景定三年（1262 年）　　　　　夏五月，蝗。

2. 　咸淳二年（1266 年）　　　　　夏五月，蝗。

3. 　咸淳三年（1267 年）　　　　　夏四月，蝗。

4. 　咸淳七年（1271 年）　　　　　夏，蝗，蒙古宣抚使王磐扑灭之。

5. 元天历二年（1329 年）　　　　　秋七月，蝗。

6. 明洪武八年（1375 年）　　　　　五月，蝗。

7. 　正统五年（1440 年）　　　　　夏，蝗。

8. 清康熙十一年（1672 年）　　　　夏六月，飞蝗蔽天，自南而东不停落。

原载乾隆《行唐县新志》卷十六《事纪》，乾隆二十八年刻本

同治《灵寿县志》

1. 明嘉靖三十九年（1560 年）　　　　夏，旱蝗，民大饥。

2. 清康熙六年（1667 年）　　　　　秋，大蝗，诏免租税十之三。

3. 　乾隆三十四年（1769 年）　　　　秋，蝗。

4. 　咸丰十年（1860 年）　　　　　秋，蝗，异雀啄之，禾无害。

原载同治《灵寿县志》卷三《灾祥志》，同治十二年刻本

《灵寿县志》

1. 西晋永嘉四年（310 年）　　　　　五月，严重蝗灾，草木叶及牛马毛皆食尽。

2. 唐开元三年（715 年）　　　　　　三月，蝗虫遍野，食苗声如风雨，飞起遮
　　　　　　　　　　　　　　　　　　　住太阳。

3. 　兴元元年（784 年）　　　　　　螟蝗遍野，草木叶吃光。

4. 　元和二年（807 年）　　　　　　秋，蝗灾。

5. 　开成四年（839 年）　　　　　　八月，蝗灾，庄稼及草木叶吃光。

6. 元至元八年（1271 年）　　　　　　六月，蝗灾。

7. 天历二年（1329 年）	七月，蝗灾。
8. 明嘉靖八年（1529 年）	四月，蝗灾，有鸟如鸦，成群飞来啄食；七月，又蝗灾，百姓采草木叶、树皮为食。
9. 清乾隆十七年（1752 年）	六月，蝗蝻并生。
10. 乾隆二十四年（1759 年）	夏，蝗灾，小麦受害。
11. 道光五年（1825 年）	秋，蝗灾。
12. 道光十五年（1835 年）	秋，蝗吃麦苗。
13. 咸丰七年（1857 年）	秋，蝗灾，大饥。
14. 民国三年（1914 年）	蝻生西北山区，遍野，食草木、田禾。
15. 民国十三年（1924 年）	夏，蝗生遍地，草木叶吃光。
16. 民国三十四年（1945 年）	四、五区遍生蝗蝻，为害十分严重，人民政府发动群众捕蝗挖卵，灾情得到控制。
17. 民国三十八年（1949 年）	春，三、四区发生蝗虫，吃麦苗，政府以斤卵换斤米，鼓励群众挖蝗卵。

原载《灵寿县志》自然灾害，新华出版社 1993 年版

光绪《获鹿县志》

1. 明嘉靖八年（1529 年）	夏，大旱蝗，岁大饥，米价腾贵，每斗米千余钱，饿殍满路。
2. 清雍正十三年（1735 年）	秋旱，飞蝗生。
3. 乾隆四十六年（1781 年）	夏，飞蝗生。
4. 咸丰七年（1857 年）	秋将熟，飞蝗蔽天，食禾殆尽，岁大饥，男妇扫蒺藜为食。

原载光绪《获鹿县志》卷五《事纪志·灾祥》，光绪七年刻本

《获鹿县志》

民国九年（1920 年）	庄稼将熟之季，飞蝗突至，食五谷殆尽。

原载《获鹿县志》自然灾害，中国档案出版社 1998 年版

咸丰《平山县志》

1. 明嘉靖八年（1529 年）	七月，蝗飞蔽天，蝻生，食稼殆尽，民饥，相食。
2. 万历二十八年（1600 年）	旱蝗，岁大荒。
3. 清顺治七年（1650 年）	飞蝗食禾，民大饥，流亡载道。
4. 嘉庆八年（1803 年）	蝗蝻为害，岁大饥。
5. 道光五年（1825 年）	蝗蝻为灾。
6. 道光十五年（1835 年）	秋，有蝗。

原载咸丰《平山县志》卷一《舆地志·灾祥》，咸丰四年刻本

《平山县志》

1. 清咸丰六年（1856 年）	秋，飞蝗过境。
2. 咸丰七年（1857 年）	夏，飞蝗过境；秋，蝗蝻成灾。
3. 同治元年（1862 年）	夏，蝗虫成灾。
4. 民国十八年（1929 年）	秋，县东南蝗蝻遍地，县长及绅民会议悬赏捕捉，每斤洋二角四，捉获万余斤，未成灾。
5. 民国三十三年（1944 年）	夏，平山数十个村庄出现大面积蝗虫，县委、县政府、县抗联发动群众除蝗。
6. 民国三十四年（1945 年）	六月，沿庄滩 88 顷①土地发现蝗虫，出动民众 1 652 人，三天将蝗蝻消灭。

原载《平山县志》大事记，中国书籍出版社 1996 年版

民国《井陉县志料》

1. 清顺治三年（1646 年）	蝗。
2. 康熙二十五年（1686 年）	夏，蝗。
3. 康熙四十三年（1704 年）	蝗蝻遍野。

---

① 顷为中国古代土地面积单位，1 顷≈66 667 米²。下同。——编者注

4.　嘉庆八年（1803 年）　　　　　八月，飞蝗遍野，所种麦苗食尽。

5.　道光三年（1823 年）　　　　　大蝗，禾苗俱食尽。

6.　道光五年（1825 年）　　　　　六月，飞蝗蔽天，从东入山西界，为害犹浅；至七月间，蝻子出，街坊、人家无处不到，所种晚稼全被食尽，寸草不留。

7.　咸丰六年（1856 年）　　　　　六月，飞蝗东来，蔽日，后蝻生，禾苗、叶蔬俱无。

8.　咸丰七年（1857 年）　　　　　蝻生蝗起，饥馑大荒。

9.　咸丰八年（1858 年）　　　　　有蝻蝗，不为害。

10.民国四年（1915 年）　　　　　八月，飞蝗蔽天，麦苗全被食尽。

原载民国《井陉县志料》第十五编《大事纪·灾祥》，民国二十三年铅印本

《井陉县志》

1.清咸丰九年（1859 年）　　　　蝗蝻灾害。

2.　咸丰十年（1860 年）　　　　自咸丰七年始，连续四年蝗蝻灾害。

原载《井陉县志》大事记，河北人民出版社 1986 年版

3.民国九年（1920 年）　　　　　井陉蝗灾，蝗虫遮天蔽日，所到之处庄稼食为光秆。

原载《井陉县志》自然灾害，河北人民出版社 1986 年版

三、保定市

光绪《保定府志》

1.三国魏黄初三年（222 年）　　　七月，蠡县大蝗。

2.西晋咸宁六年（280 年）①　　　六月，清苑蝗。

3.　　永嘉四年（310 年）　　　　五月，满城大蝗，草木、牛马毛皆尽。

4.　　建兴四年（316 年）　　　　七月，高阳大旱蝗。

---

① 原文作"泰始十六年"。按，西晋泰始共 10 年，无十六年，误，按顺序，应为咸宁六年，今改。

5. 北齐天保八年（557 年）　　　　　　河北六州蝗。

6. 　　天保十年（559 年）　　　　　　新城蝗。

7. 隋大业十年（614 年）　　　　　　　蝗。

8. 唐开元三年（715 年）　　　　　　　七月，蝗。

9. 　　元和元年（806 年）　　　　　　蝗。

10. 　　开成三年（838 年）　　　　　　大蝗，草木叶皆尽。

11. 宋大中祥符九年（1016 年）　　　　六月，螟蝗生。

12. 　　天圣六年（1028 年）　　　　　五月，高阳蝗。

13. 　　熙宁五年（1072 年）　　　　　六月，安州①蝗。

14. 　　熙宁七年（1074 年）　　　　　春夏旱，又蝗。

15. 　　崇宁元年（1102 年）　　　　　蝗。

16. 　　崇宁三年（1104 年）　　　　　飞蝗蔽天。

17. 　　崇宁四年（1105 年）　　　　　飞蝗蔽天。

18. 金天眷二年（1139 年）　　　　　　定兴大蝗。

19. 　　大定三年（1163 年）　　　　　蝗。

20. 　　大定四年（1164 年）　　　　　蝗。

21. 　　大定二十二年（1182 年）　　　五月，庆都②螞生，一夕大风，蝗皆不见。

22. 元大德七年（1303 年）　　　　　　蝗。

23. 　　大德十年（1306 年）　　　　　四月，保定郡蝗。

24. 　　至大元年（1308 年）　　　　　六月，蝗。

25. 　　至大二年（1309 年）　　　　　八月，蝗。

26. 　　至治三年（1323 年）　　　　　雄县蝗。

27. 　　泰定三年（1326 年）　　　　　六月，蝗；七月，满城、庆都等县蝗。

28. 　　至顺元年（1330 年）　　　　　蝗。

29. 　　至正十九年（1359 年）　　　　飞蝗蔽天，民大饥。

30. 明洪武二年（1369 年）　　　　　　六月，保定蝗。

31. 　　正统四年（1439 年）　　　　　大蝗。

32. 　　正统六年（1441 年）　　　　　夏，蝗。

33. 　　嘉靖三年（1524 年）　　　　　六月，保定蝗。

①　安州：旧州名，1913 年与新安合并为今河北安新县。
②　庆都：旧县名，治所在今河北望都。

34.	嘉靖十四年（1535 年）	夏，蝗。
35.	嘉靖三十九年（1560 年）	满城蝗蝻遍地，害稼，民大饥。
36.	万历二十年（1592 年）	春，蝗。
37.	万历三十三年（1605 年）	容城蝗，黑小如蚁。
38.	万历三十四年（1606 年）	夏秋，蝗。
39.	万历四十五年（1617 年）	旱蝗。
40.	天启六年（1626 年）	七月，飞蝗蔽天。
41.	天启七年（1627 年）	蝗，秋禾殆尽。
42.	崇祯十年（1637 年）	秋，飞蝗蔽天，遗子复生。
43.	崇祯十三年（1640 年）	容城飞蝗蔽天。
44.	清顺治四年（1647 年）	秋七月，蝗。
45.	顺治五年（1648 年）	春三月，定兴蝗蝻如蝇，一夕为风飘去。
46.	顺治十三年（1656 年）	夏五月，大蝗。
47.	康熙三十九年（1700 年）	秋，飞蝗伤稼。
48.	乾隆十六年（1751 年）	七月，望都蝻蝗伤禾。
49.	乾隆二十八年（1763 年）	秋，定兴蝗。
50.	乾隆二十九年（1764 年）	定兴蝗。
51.	乾隆三十五年（1770 年）	蝻生。
52.	嘉庆七年（1802 年）	飞蝗伤稼。
53.	道光四年（1824 年）	蝗蝻生。
54.	咸丰六年（1856 年）	秋，飞蝗蔽天；十月，蝻孽生，吃麦苗。
55.	咸丰七年（1857 年）	秋，蝻蝗迭生，食稼殆尽。
56.	咸丰八年（1858 年）	秋，蝗。

原载光绪《保定府志》卷四十《前事录二·祥异》，光绪十二年刻本

民国《清苑县志》

1. 西晋咸宁六年（280 年）①	六月，蝗。
2. 永嘉四年（310 年）	五月，大蝗。
3. 后赵建武四年（338 年）	五月，大蝗。

---

① 原文作"泰始十六年"。按，西晋泰始共 10 年，无十六年误，按顺序，应为咸宁六年，今改。

4. 前秦建元十八年（382 年） 　　五月，蝗。

5. 北齐天保八年（557 年） 　　河北六州蝗。

6. 　　天保十年（559 年） 　　幽州[①]大蝗。

7. 　元至元二十六年（1289 年） 　　四月，河北十七郡蝗，诏发常平仓米一万五千石赈保定饥。

8. 　　元贞二年（1296 年） 　　保定蝗。

9. 　　大德七年（1303 年） 　　保定路蝗。

10. 　大德九年（1305 年） 　　保定路蝗。

11. 　至大元年（1308 年） 　　保定路蝗。

12. 　至大二年（1309 年） 　　八月，保定蝗。

13. 　至治二年（1322 年） 　　四月，保定属县蝗；五月，保定蝗。

14. 　泰定三年（1326 年） 　　六月，保定郡蝗。

15. 　泰定四年（1327 年） 　　保定蝗。

16. 　至顺元年（1330 年） 　　夏，保定等路蝗。

17. 明正统四年（1439 年） 　　大蝗，遣吏部侍郎魏骥捕之。

18. 　嘉靖十四年（1535 年） 　　夏，蝗，赈之。

19. 　嘉靖十五年（1536 年） 　　夏，蝗，民捕蝗入官二千石。

20. 　嘉靖二十一年（1542 年） 　　蝗。

21. 　嘉靖三十九年（1560 年） 　　蝗蝻遍地，害稼，民大饥，人相食。

22. 　嘉靖四十一年（1562 年） 　　蝗。

23. 清顺治四年（1647 年） 　　飞蝗蔽天，大损禾稼。

24. 　嘉庆七年（1802 年） 　　秋，蝗。

25. 　道光五年（1825 年） 　　七月，蝗飞蔽空，三日乃止。

26. 　咸丰七年（1857 年） 　　夏，大旱蝗。

27. 　咸丰八年（1858 年） 　　秋，蝗。

28. 民国三年（1914 年） 　　蝗，被灾 300 余村。

29. 民国四年（1915 年） 　　蝗，被灾 200 余村。

30. 民国九年（1920 年） 　　大旱蝗。

31. 民国十七年（1928 年） 　　七月，蝗害颇烈，县政府督建设局沿村扑打。

原载民国《清苑县志》卷六《大事记·灾祥表》，民国二十三年铅印本

---

① 幽州：旧州名，西晋迁治今河北涿州，北魏复移治今北京西南隅。

《清苑县志》

元至顺二年（1331 年）　　　　　　　　夏，蝗。

原载《清苑县志》自然灾害，新华出版社 1991 年版

光绪《定兴县志》

1. 北齐天保八年（557 年）　　　　　蝗。

2. 　天保九年（558 年）　　　　　又蝗。

3. 　天保十年（559 年）　　　　　大蝗。

4. 唐开元三年（715 年）　　　　　秋七月，蝗。

5. 　开成三年（838 年）　　　　　大蝗，草木之叶皆尽。

6. 辽咸雍八年（1072 年）　　　　　大蝗。

7. 　咸雍十年（1074 年）　　　　　春夏，旱蝗。

8. 　乾统二年（1102 年）　　　　　蝗。

9. 　乾统三年（1103 年）　　　　　又大蝗。

10. 　乾统四年（1104 年）　　　　　又大蝗。

11. 金大定三年（1163 年）　　　　　蝗。

12. 　大定四年（1164 年）　　　　　又蝗。

13. 　大定十六年（1176 年）　　　　旱蝗。

14. 元大德七年（1303 年）　　　　　蝗。

15. 　大德十年（1306 年）　　　　　四月，蝗。

16. 　至大二年（1309 年）　　　　　秋八月，蝗。

17. 　至元元年（1335 年）　　　　　蝗。

18. 　至正十九年（1359 年）　　　　五月，大蝗。

19. 明正统四年（1439 年）　　　　　大蝗。

20. 　正统五年（1440 年）　　　　　又蝗，遣吏部侍郎魏骥捕之。

21. 　嘉靖十四年（1535 年）　　　　夏，蝗，大饥。

22. 　嘉靖十五年（1536 年）　　　　夏，蝗。

23. 　嘉靖二十一年（1542 年）　　　夏，旱蝗。

24. 　嘉靖三十九年（1560 年）　　　夏，蝗蝻盈野，大无麦。

25. 　万历三十年（1602 年）　　　　夏，蝗。

26.	万历三十四年（1606 年）	夏四月，蝗飞蔽天。
27.	天启四年（1624 年）	蝗食苗叶尽。
28.	天启七年（1627 年）	秋八月，蝗。
29.	崇祯十一年（1638 年）	秋七月，蝗飞蔽天，遗子复生遍地。
30.	清顺治四年（1647 年）	七月，大蝗，所集枝木皆折，灾者诏免田租之半。
31.	顺治五年（1648 年）	春三月，蝻生如蝇，一夕为风飘去。
32.	顺治十三年（1656 年）	夏五月，大蝗。
33.	乾隆二十八年（1763 年）	秋，蝗。
34.	乾隆二十九年（1764 年）	蝗。
35.	嘉庆四年（1799 年）	蝗。
36.	道光四年（1824 年）	大蝗，请赈缓征。
37.	道光五年（1825 年）	蝻害禾稼。
38.	道光十六年（1836 年）	蝻。
39.	咸丰四年（1854 年）	蝻。
40.	咸丰五年（1855 年）	飞蝗害稼。
41.	咸丰六年（1856 年）	又蝗。
42.	咸丰七年（1857 年）	蝗。
43.	咸丰八年（1858 年）	蝗。

原载光绪《定兴县志》卷十九《大事志·灾祥》，光绪十九年刻本

《定兴县志》

1.	元元贞元年（1295 年）	蝗。
2.	民国十八年（1929 年）	蝗蝻生。

原载《定兴县志》自然灾害，方志出版社 1997 年版

民国《满城县志略》

1.	明正统二年（1437 年）①	秋七月，保定等处蝗灾，遣御史督守令捕之。

---

① 原文作"（宣德）十二年秋七月，保定等处蝗灾"。按，宣德无十二年，误，按顺序，应为正统二年，今改。

2. 万历十九年（1591 年）　　　　　蝗蝻生，官出仓谷易之。

3. 民国九年（1920 年）　　　　　六月，飞蝗入境，食禾苗尽；七月，蝻子
　　　　　　　　　　　　　　　　又生，大饥。

4. 民国十八年（1929 年）　　　　六月，蝗蝻生，令各乡成立治蝗分会限期
　　　　　　　　　　　　　　　　扑灭之。

原载民国《满城县志略》卷十四《史迹一·大事记》，民国二十年铅印本

民国《完县新志》①

1. 明嘉靖三十九年（1560 年）　　大蝗，颗粒无遗，至有父子相食者。

2. 清顺治四年（1647 年）　　　　蝗飞蔽天，禾稼伤大半。

3. 乾隆三十五年（1770 年）　　　飞蝗入境，蝻孽旋生。

4. 乾隆三十六年（1771 年）　　　夏，蝗。

5. 嘉庆七年（1802 年）　　　　　蝗。

6. 民国二年（1913 年）　　　　　蝗。

7. 民国五年（1916 年）　　　　　飞蝗入境，伤禾稼。

8. 民国十八年（1929 年）　　　　六月，王各庄一带飞蝗遍野，数日飞去。

9. 民国二十二年（1933 年）　　　春，蝗蝻发生，县政府督同各局各区各村
　　　　　　　　　　　　　　　　长副等设法捕治，并布告备价收买，每
　　　　　　　　　　　　　　　　日运城至数车之多。

原载民国《完县新志》卷九《故实·大事纪》，民国二十三年铅印本

《顺平县志》

后晋天福八年（943 年）　　　　秋，蝗虫铺天盖地，庄稼、树叶吃光，百
　　　　　　　　　　　　　　　　姓流离。

原载《顺平县志》大事记，中华书局 1999 年版

《高碑店市志》

1. 民国十九年（1930 年）　　　　四月，蝗灾，七月底肃清。

---

① 完县：旧县名，1993 年改名今河北顺平县。

2. 民国二十年（1931 年）　　　　　　六月，大屯、钱家营、恩赐庄等发生蝗灾，
　　　　　　　　　　　　　　　　　　　　肃清。

3. 民国二十二年（1933 年）　　　　　　五月，蝗灾，县长及公务人员治蝗成绩核
　　　　　　　　　　　　　　　　　　　　定为下，给县长江琦记大过 1 次。

4. 民国二十三年（1934 年）　　　　　　五月，蝗灾，为害数村。

5. 民国二十四年（1935 年）　　　　　　蝗蝻发生，给县长侯安澜记大过 1 次。

6. 民国三十年（1941 年）　　　　　　　九月，蝗灾。

原载《高碑店市志》虫灾实录，新华出版社 1997 年版

民国《新城县志》

1. 北齐天保八年（557 年）　　　　　　蝗。

2. 　　天保九年（558 年）　　　　　　又蝗。

3. 　　天保十年（559 年）　　　　　　又大蝗。

4. 唐开元三年（715 年）　　　　　　　秋七月，蝗。

5. 　　开成三年（838 年）　　　　　　大蝗，草木之叶皆尽。

6. 　　开成五年（840 年）　　　　　　夏，螟蝗伤稼。

7. 辽咸雍八年（1072 年）　　　　　　　大蝗。

8. 　　咸雍十年（1074 年）　　　　　　春夏，旱蝗。

9. 　　天庆二年（1112 年）　　　　　　蝗。

10. 　　天庆三年（1113 年）　　　　　大蝗。

11. 　　天庆四年（1114 年）　　　　　又大蝗。

12. 金大定三年（1163 年）　　　　　　蝗。

13. 　　大定四年（1164 年）　　　　　蝗。

14. 　　大定十六年（1176 年）　　　　旱蝗。

15. 元大德十年（1306 年）　　　　　　四月，蝗。

16. 　　至大元年（1308 年）　　　　　六月，蝗。

17. 　　至大二年（1309 年）　　　　　秋八月，蝗。

18. 　　泰定元年（1324 年）　　　　　六月，蝗。

19. 　　泰定四年（1327 年）　　　　　蝗。

20. 　　至正十八年（1358 年）　　　　京师大水蝗，大饥，人相食。

21. 　　至正十九年（1359 年）　　　　五月，大蝗。

22. 明洪武七年（1374 年） 六月，蝗。

23. 正统二年（1437 年）^① 秋七月，保定等府蝗，遣御史督守令捕之。

24. 正统四年（1439 年） 大蝗。

25. 正统五年（1440 年） 又蝗，遣吏部侍郎魏骥捕之。

26. 正统六年（1441 年） 蝗，大饥，赈之。

27. 嘉靖三年（1524 年） 六月，蝗。

28. 嘉靖十四年（1535 年） 夏，蝗，大饥。

29. 嘉靖十五年（1536 年） 夏，蝗。

30. 嘉靖三十九年（1560 年） 至夏不雨，螽蝻盈野，无麦。

31. 嘉靖四十一年（1562 年） 蝗，大饥。

32. 万历三十年（1602 年） 夏，大旱蝗。

33. 万历三十四年（1606 年） 蝗飞蔽天。

34. 天启七年（1627 年） 秋八月，蝗。

35. 崇祯十一年（1638 年） 秋七月，蝗飞蔽天，遗子复生遍地。

36. 清康熙十一年（1672 年） 蝗蝻伤稼。

37. 嘉庆四年（1799 年） 蝻，大饥。

38. 道光四年（1824 年） 蝗蝻害稼，请赈。

39. 道光十五年（1835 年） 蝗，不害稼。

40. 道光十六年（1836 年） 蝗，不害稼。

41. 咸丰四年（1854 年） 蝻。

42. 咸丰五年（1855 年） 飞蝗害稼。

43. 咸丰六年（1856 年） 飞蝗蔽天，十月，蝻生，食麦苗。

44. 咸丰七年（1857 年） 夏秋，蝻迭生，食稼殆尽。

45. 咸丰八年（1858 年） 秋，蝗。

46. 同治十二年（1873 年） 蝗，不害稼。

47. 光绪十年（1884 年） 蝗，不害稼。

48. 光绪十一年（1885 年） 蝗，不害稼。

49. 光绪十七年（1891 年） 蝗，不害稼。

原载民国《新城县志》卷二十二《地舆篇·灾祸》，民国二十四年铅印本

---

① 原文作"（宣德）十二年秋七月，保定等府蝗"。按，宣德无十二年，误，按顺序，应为正统二年，今改。

道光《新城县志》

1. 西晋永嘉四年（310 年）　　　　　五月，蝗。
2. 明正统十二年（1447 年）　　　　　夏，蝗。
3. 清道光五年（1825 年）　　　　　　六月，蝗蝻害稼。

原载道光《新城县志》卷十五《祥异》，道光十八年刻本

乾隆《直隶易州志》

1. 明正统二年（1437 年）[①]　　　　秋，蝗。
2. 　嘉靖二十年（1541 年）　　　　　夏，旱蝗。
3. 　嘉靖三十九年（1560 年）　　　　春夏不雨，虫蝝满野。
4. 　嘉靖四十一年（1562 年）　　　　夏四月，蝗。
5. 　万历十九年（1591 年）　　　　　秋七月，蝝生。
6. 清顺治四年（1647 年）　　　　　　广昌[②]蝗，不为灾。
7. 　顺治六年（1649 年）　　　　　　广昌蝗。

原载乾隆《直隶易州志》卷一《星野祥异》，乾隆十二年刻本

《易县志》

1. 宋元符元年（1098 年）　　　　　　易州属县有蝗。
2. 明正统二年（1437 年）[③]　　　　秋，蝗。
3. 　嘉靖十四年（1535 年）　　　　　夏，蝗，大饥。
4. 　嘉靖十五年（1536 年）　　　　　夏，蝗。
5. 　嘉靖二十年（1541 年）　　　　　夏，旱蝗。
6. 　嘉靖三十九年（1560 年）　　　　夏，蝗蝻盈野，大无麦禾。
7. 　嘉靖四十一年（1562 年）　　　　夏四月，蝗。
8. 　万历十九年（1591 年）　　　　　七月，蝗蝻生。
9. 清咸丰六年（1856 年）　　　　　　蝗。

---

①③ 原文作"（宣德）十二年秋，蝗"。按，宣德无十二年，误，按顺序，应为正统二年，今改。

② 广昌：旧县名，治所在今河北涞源。

10. 民国二十三年（1934 年）　　　　七月，蝗蝻损害玉米、谷子、高粱。

　　　　　　原载《易县志》自然灾害·蝗灾实录，中央编译出版社 2000 年版

11. 民国四年（1915 年）　　　　　　易县闹蝗灾。

　　　　　　　　原载《易县志》大事记，中央编译出版社 2000 年版

乾隆 《涿州志》

1. 元大德六年（1302 年）　　　　七月，涿州蝗。

2. 　大德九年（1305 年）　　　　八月，涿州蝗。

3. 　泰定三年（1326 年）　　　　三月，蝗。

4. 明正统十二年（1447 年）　　　蝗。

　　　　　　原载乾隆《涿州志》卷五《事迹志上》，光绪元年刻本

民国 《涿县志》

1. 元大德六年（1302 年）　　　　七月，涿州蝗。

2. 　泰定三年（1326 年）　　　　三月，蝗。

3. 明正统十二年（1447 年）　　　蝗。

4. 清光绪十七年（1891 年）　　　蝗。

5. 民国四年（1915 年）　　　　　蝗蝻害稼，歉收。

　　　　　原载民国《涿县志》第二编卷二《事迹》，民国二十五年铅印本

光绪 《涞水县志》

1. 清康熙四十四年（1705 年）　　七月，飞蝗遍野，数日不知去向，不为灾。

2. 　咸丰七年（1857 年）　　　　夏，大旱蝗。

3. 　咸丰八年（1858 年）　　　　秋，蝗。

　　　　　原载光绪《涞水县志》卷一《地理志·祥异》，光绪二十一年刻本

《涞源县志》

1. 清顺治四年（1647 年）　　　　蝗灾。

2. 顺治六年（1649 年） 蝗灾。

3. 康熙四十四年（1705 年） 蝗灾。

4. 民国二十四年（1935 年） 县南发生蝗蝻，为害作物。

原载《涞源县志》自然灾害，新华出版社 1998 年版

民国《望都县志》

1. 明万历四十五年（1617 年） 春，蝗生，县令民捕之，其蝗如蝇，捕一
斗者与粟一斗，捕蝻二斗者与粟一斗，
捕飞蝗三斗者与粟一斗，飞蝗不为灾。

2. 清顺治四年（1647 年） 六月，飞蝗蔽天，食禾几尽，蠲粮银一千
五百两。

3. 乾隆三十五年（1770 年） 邻邑飞蝗入境，月余蝻旋生，县令陈洪书
捐米三百余石资民夫扑灭，禾稼无伤。

4. 乾隆三十六年（1771 年） 夏，邻邑有蝗，至望都界皆死。

5. 嘉庆七年（1802 年） 飞蝗伤禾。

6. 道光四年（1824 年） 蝗蝻生，大饥，发帑银赈之。

7. 咸丰六年（1856 年） 秋，飞蝗蔽天；十月，蝻生，啮麦苗。

8. 咸丰七年（1857 年） 夏秋，蝻蝗迭生，食稼殆尽。

9. 咸丰八年（1858 年） 秋，蝗生。

10. 民国七年（1918 年） 飞蝗为灾。

11. 民国八年（1919 年） 春，蝻生，成立劝业所。

原载民国《望都县志》卷十一《杂志·大事记》，民国二十三年铅印本

《望都县志》

1. 秦王政四年（前 243 年） 蝗虫蔽天。

2. 新莽天凤四年（17 年） 旱蝗。

3. 东汉永兴元年（153 年） 七月，蝗，饥。

4. 三国魏黄初三年（222 年） 七月，大蝗，民饥。

5. 西晋永嘉四年（310 年） 五月，大蝗，草木皆尽。

6. 建兴元年（313 年） 大蝗。

7. 东晋太元七年（382 年）　　　　　五月，蝗生遍野。

8. 北齐天保八年（557 年）　　　　　夏，大蝗。

9. 唐开元三年（715 年）　　　　　蝗大起，苗稼尽，人流亡。

10. 开元四年（716 年）　　　　　蝗大起，苗稼尽，人流亡。

11. 开成三年（838 年）　　　　　旱蝗为灾，野草、树枝皆尽。

12. 开成四年（839 年）　　　　　旱蝗为灾，野草、树枝皆尽。

13. 开成五年（840 年）　　　　　旱蝗为灾，野草、树枝皆尽。

14. 后晋天福七年（942 年）　　　　　旱蝗害稼，草木皆尽。

15. 天福八年（943 年）　　　　　旱蝗害稼，草木皆尽。

16. 宋大中祥符九年（1016 年）　　　　　六月，蝗蝻生，入公私庐舍。

17. 崇宁元年（1102 年）　　　　　大蝗，其飞蔽天。

18. 崇宁二年（1103 年）　　　　　连岁大蝗，其飞蔽天。

19. 崇宁三年（1104 年）　　　　　连岁大蝗，其飞蔽天。

20. 崇宁四年（1105 年）　　　　　连岁大蝗，其飞蔽天。

21. 金大定十六年（1176 年）　　　　　大旱蝗。

22. 大定二十二年（1182 年）　　　　　蝗生，散漫十余里，一夕大风，蝗皆不见。

23. 蒙古至元四年（1267 年）　　　　　大蝗。

24. 至元六年（1269 年）　　　　　六月，大蝗。

25. 元大德二年（1298 年）　　　　　蝗虫猖獗。

26. 至顺元年（1330 年）　　　　　七月，蝗害稼。

27. 明宣德九年（1434 年）　　　　　七月，蝗蝻害稼。

28. 正统十三年（1448 年）　　　　　七月，飞蝗蔽天。

29. 弘治六年（1493 年）　　　　　六月，飞蝗自东南而西北，日为掩者三日。

30. 万历三十七年（1609 年）　　　　　旱蝗。

31. 崇祯十年（1637 年）　　　　　秋，飞蝗蔽日。

32. 崇祯十一年（1638 年）　　　　　旱蝗，大饥。

33. 崇祯十二年（1639 年）　　　　　旱蝗，大饥。

34. 崇祯十三年（1640 年）　　　　　旱蝗，大饥。

35. 崇祯十四年（1641 年）　　　　　旱蝗，大饥。

36. 清顺治十三年（1656 年）　　　　　蝗蝻生，食禾几尽。

37. 乾隆十六年（1751 年）　　　　　七月，蝗蝻伤稼。

38. 乾隆三十五年（1770 年）　　　　　完县飞蝗入境，七月，蝻生。

39.　光绪四年（1878 年）　　　　　　旱蝗。

40. 民国三十一年（1942 年）　　　　大旱蝗。

原载《望都县志》自然灾害，方志出版社 2000 年版

《定州市志》

1. 西晋建兴四年（316 年）　　　　　六月，中山[①]发生蝗灾。

2. 唐开成四年（839 年）　　　　　　定州蝗虫为害。

3.　开成五年（840 年）　　　　　　定州蝗虫为害。

原载《定州市志》大事记，中国城市出版社 1998 年版

4. 清咸丰九年（1859 年）　　　　　蝗伤禾稼。

5. 民国四年（1915 年）　　　　　　五月，北俱佑 18 村蝗灾，县督促警佐率领村民捕打，捕获 762 斤，由县收买；七月，望都飞蝗遍野，向定州飞来，县召集村民捕打，共捕获蝗虫5 945斤。

6. 民国五年（1916 年）　　　　　　东内堡蝗蝻，经警佐率领村民竭力捕打，捕尽。

7. 民国七年（1918 年）　　　　　　蝗虫为害，捕灭。

8. 民国八年（1919 年）　　　　　　蝗虫为害，捕灭。

9. 民国九年（1920 年）　　　　　　全县 100 余村发生蝗虫，其中 64 村严重，很快捕灭。

10. 民国十年（1921 年）　　　　　六月，城东南发生蝗虫，依同法捕尽。

原载《定州市志》自然灾害，中国城市出版社 1998 年版

雍正《直隶定州志》

1. 后晋天福八年（943 年）　　　　春夏旱，秋冬水蝗大起，城郭、原野、山谷皆遍，食竹木叶且尽，重以官括民谷，使者督责严急，有坐匿谷抵死者，县令往往纳印自劾去，民馁死流亡者不可胜数。

---

①　中山：旧郡名，治所在今河北定州。

2. 明正统十二年（1447 年）   七月，定州蝗。

3.   嘉靖八年（1529 年）   大蝗。

4.   万历十九年（1591 年）   五月，蝗蝻灾，所过禾无遗穗。

5.   万历四十四年（1616 年）   邻境多蝗。

6.   万历四十五年（1617 年）   蝗灾。

7. 清顺治三年（1646 年）   七月，蝗。

8.   康熙四十四年（1705 年）   夏，飞蝗蔽天，随扑灭。

原载雍正《直隶定州志》卷四《祥异志》，乾隆元年刻本

道光《直隶定州志》

1. 唐开成三年（838 年）   秋，定州蝗，草木皆尽。

2. 明嘉靖三十九年（1560 年）   秋，蝗。

3. 清嘉庆七年（1802 年）   秋，蝗。

4.   道光五年（1825 年）   秋七月，蝗群飞蔽日，三日乃止。

原载道光《直隶定州志》卷二十《政典·祥异》，咸丰元年刻本

光绪《重修曲阳县志》

1. 元泰定三年（1326 年）   七月，曲阳、满城等县蝗。

2. 清道光五年（1825 年）   飞蝗入境，成灾。

3.   咸丰六年（1856 年）   曲阳蝗。

4.   咸丰七年（1857 年）   曲阳又蝗。

原载光绪《重修曲阳县志》卷五《灾异记》，光绪三十年刻本

《曲阳县志》

1. 唐开成四年（839 年）   蝗灾严重，庄稼、野草、树叶被吃光。

2. 蒙古中统三年（1262 年）   蝗灾。

3. 民国二年（1913 年）   六月旱，蝗虫成灾。

4. 民国五年（1916 年）   六月旱，蝗虫成灾。

5. 民国十八年（1929 年）   朱家峪等 90 余村发生蝗灾。

6. 民国十九年（1930 年）　　　　发生蝗灾。

7. 民国二十年（1931 年）　　　　发生蝗灾。

8. 民国二十一年（1932 年）　　　连续发生蝗灾。

9. 民国二十二年（1933 年）　　　四月，一、二、三、四区发生蝗灾，庄稼
　　　　　　　　　　　　　　　　被害 20％～80％；五月，马古庄、上
　　　　　　　　　　　　　　　　庄尔、杨砂侯一带发现大批蝗蝻。

10. 民国二十三年（1934 年）　　　岸下、留百户、北养马、西邸村、南故张
　　　　　　　　　　　　　　　　等村发生蝗蝻，庄稼受害 20％～60％。

11. 民国二十五年（1936 年）　　　七月，发生蝗灾，受灾面积 6.4 万亩。

12. 民国三十年（1941 年）　　　　四月，燕赵、西羊平两个区蝗虫成灾，县
　　　　　　　　　　　　　　　　政府决定每捕 1 斤蝗虫奖 1 斤小米。

13. 民国三十三年（1944 年）　　　六月，燕赵、西羊平、城关 40 多个村发
　　　　　　　　　　　　　　　　生蝗灾。有民谣称：经过淹，经过旱，
　　　　　　　　　　　　　　　　经过蚂蚱滚成蛋。

14. 民国三十八年（1949 年）　　　五月，蝗灾，受灾面积 12.5 万亩，有 2 000
　　　　　　　　　　　　　　　　余亩禾苗吃尽。

　　　　　　　　　　　原载《曲阳县志》自然灾害，新华出版社 1998 年版

光绪《唐县志》

1. 北齐天保八年（557 年）　　　　蝗。

2. 明正统五年（1440 年）　　　　　秋，蝗。

3. 清顺治七年（1650 年）　　　　　六月，蝗。

4. 顺治十三年（1656 年）　　　　　五月，蝗。

5. 康熙六年（1667 年）　　　　　　秋七月，蝗。

6. 乾隆五十七年（1792 年）　　　　大旱蝗。

7. 嘉庆七年（1802 年）　　　　　　秋，蝗。

8. 道光五年（1825 年）　　　　　　秋，蝗害稼。

9. 咸丰六年（1856 年）　　　　　　秋，蝗，禾稼大伤。

10. 咸丰七年（1857 年）　　　　　春，蝝生；秋，蝗。

11. 咸丰八年（1858 年）　　　　　春，蝝生；夏，蝗。

　　　　　　　　原载光绪《唐县志》卷十一《杂稽志·祥异》，光绪四年刻本

《唐县志》

1. 明成化二十三年（1487 年）　　　　秋，蝗。

　　　　　　　　　原载《唐县志》自然灾害，河北人民出版社 1999 年版

2. 民国六年（1917 年）　　　　　　　夏，闹蝗虫，飞蝗遮天蔽日，庄稼光秆。

　　　　　　　　　　　　　　　　　民谣曰：打了飞蝗打蛹子，一打打了个
　　　　　　　　　　　　　　　　　光秆子。

　　　　　　　　　原载《唐县志》大事记，河北人民出版社 1999 年版

同治《阜平县志》

1. 明天启六年（1626 年）　　　　　　夏五月，旱蝗。

2. 清道光六年（1826 年）　　　　　　蝗。

3.　咸丰七年（1857 年）　　　　　　蝗。

　　　　　　　原载同治《阜平县志》卷四《政典下·灾祲》，同治十三年刻本

《阜平县志》

1. 民国四年（1915 年）　　　　　　　飞蝗蔽日，食尽庄稼、树叶、野草。

2. 民国三十三年（1944 年）　　　　　四月，城厢、青沿、高街、高阜口、大道
　　　　　　　　　　　　　　　　　等村蝗灾；七月，蝗复生，蔓延全县。

　　　　　　　　　原载《阜平县志》大事记，方志出版社 1999 年版

3. 民国三十四年（1945 年）　　　　　旱，蝗灾。

　　　　　　　　　原载《阜平县志》自然灾害，方志出版社 1999 年版

雍正《高阳县志》

1. 西晋建兴四年（316 年）　　　　　　秋七月，大旱蝗，石勒竟取百姓禾。

2. 后赵建武四年（338 年）　　　　　　夏五月，大蝗。

3. 前秦建元十八年（382 年）　　　　　夏五月，蝗。

4. 北齐天保八年（557 年）　　　　　　蝗。

5.　天保九年（558 年）　　　　　　　又蝗。

6.	天保十年（559 年）	又大蝗。
7.	隋大业九年（613 年）	大蝗。
8.	大业十年（614 年）	大蝗。
9.	唐开元三年（715 年）	七月，蝗。
10.	元和元年（806 年）	蝗。
11.	开成三年（838 年）	蝗，草木叶皆尽。
12.	宋大中祥符九年（1016 年）	六月，蝗蝻继生，弥覆郊野，食民田殆尽。
13.	天圣六年（1028 年）	五月，蝗。
14.	熙宁五年（1072 年）	大蝗。
15.	熙宁六年（1073 年）	又蝗。
16.	熙宁七年（1074 年）	又蝗。
17.	崇宁元年（1102 年）	蝗。
18.	崇宁三年（1104 年）	蝗飞蔽日。
19.	崇宁四年（1105 年）	蝗飞蔽日。
20.	元元贞二年（1296 年）	九月，蝗。
21.	大德七年（1303 年）	蝗。
22.	大德九年（1305 年）	蝗。
23.	至大元年（1308 年）	蝗。
24.	至大二年（1309 年）	八月，蝗。
25.	泰定三年（1326 年）	六月，蝗。
26.	至顺元年（1330 年）	蝗。
27.	至正十九年（1359 年）	夏五月，大蝗。
28.	明正统四年（1439 年）	大蝗。
29.	正统五年（1440 年）	蝗，遣吏部侍郎魏骥捕之。
30.	嘉靖十四年（1535 年）	夏，蝗，赈之。
31.	嘉靖十五年（1536 年）	夏，蝗。
32.	嘉靖二十一年（1542 年）	蝗。
33.	嘉靖三十年（1551 年）	夏，蝗，不为灾。
34.	嘉靖三十九年（1560 年）	蝗，民大饥。

原载雍正《高阳县志》卷六《杂志·禨祥》，雍正八年刻本

民国 《高阳县志》

民国二十年（1931 年）　　　　　　　　六月无雨，蝗虫为灾。

原载民国《高阳县志》卷八《故事》，民国二十二年铅印本

民国 《雄县新志》

1. 后赵建武四年（338 年）　　　　　夏五月，大蝗。
2. 前秦建元十八年（382 年）　　　　夏五月，蝗。
3. 辽咸雍九年（1073 年）　　　　　　七月，归义、涞水两县蝗飞入宋境，余为
　　　　　　　　　　　　　　　　　　蜂所食。
4. 元至元二十七年（1290 年）　　　　夏四月，大蝗。
5. 　天历二年（1329 年）　　　　　　夏四月，旱蝗，民饥。
6. 　至正十九年（1359 年）　　　　　夏五月，蝗飞蔽天，沟堑尽平，大饥，银
　　　　　　　　　　　　　　　　　　一锭易米八升，有杀子而食者。
7. 　明正统五年（1440 年）　　　　　蝗，遣吏部侍郎魏骥捕之。
8. 　嘉靖十五年（1536 年）　　　　　夏，蝗。
9. 　嘉靖四十年（1561 年）　　　　　旱蝗。
10. 　万历四十四年（1616 年）　　　　蝗。
11. 　天启六年（1626 年）　　　　　　七月，飞蝗蔽天。
12. 　天启七年（1627 年）　　　　　　五月，蝗蝻遍野食黍谷，掘壕堑捕之，后
　　　　　　　　　　　　　　　　　　翼成飞去。
13. 　崇祯十三年（1640 年）　　　　　有蝗。
14. 清顺治十三年（1656 年）　　　　　夏，蝗。

原载民国《雄县新志》故事略《兵事篇·祥异》，民国十八年铅印本

《雄县志》

1. 民国二十二年（1933 年）　　　　　夏，蝗灾，歉收。
2. 民国二十六年（1937 年）　　　　　蝗灾，小麦歉收。

原载《雄县志》大事记，中国社会科学出版社 1992 年版

《容城县志》

1. 明正德七年（1512 年）　　　　　地生蝗蝻，二麦食残。

2. 万历二十年（1592 年）　　　　　春，蝗虫为害。

3. 万历三十三年（1605 年）　　　　蝗虫为害，蝗黑小如蚁。

4. 万历三十七年（1609 年）　　　　大旱，蝗虫为害。

5. 万历三十八年（1610 年）　　　　旱，蝗继续为害，民大饥。

6. 万历四十二年（1614 年）　　　　蝗虫为害，蝗黑小如蚁。

7. 天启七年（1627 年）　　　　　　飞蝗蔽天。

8. 崇祯十三年（1640 年）　　　　　大旱，飞蝗蔽天。

9. 清顺治五年（1648 年）　　　　　大蝗，食稼殆尽，岁饥。

10. 嘉庆七年（1802 年）　　　　　　飞蝗遍地。

11. 道光四年（1824 年）　　　　　　飞蝗过后继生蝗蝻，庄稼尽毁。

12. 咸丰六年（1856 年）　　　　　　秋，飞蝗蔽天，至十月蝗蝻犹生，继食麦田。

13. 咸丰七年（1857 年）　　　　　　蝻生，寻灭；五月，飞蝗又至；闰五月，
　　　　　　　　　　　　　　　　　蝻复生，食谷黍殆尽；六月，又生蝻；
　　　　　　　　　　　　　　　　　七月，蝻又成蝗。

14. 光绪十八年（1892 年）　　　　　蝻孽遍野，知县倡导农民竭力捕灭，幸未
　　　　　　　　　　　　　　　　　大灾。

15. 光绪十九年（1893 年）　　　　　蝻孽遍野，知县倡导农民竭力捕灭，幸未
　　　　　　　　　　　　　　　　　大灾。

16. 光绪二十六年（1900 年）　　　　秋，飞蝗蔽天，田禾残败。

17. 民国四年（1915 年）　　　　　　秋，蝗蝻遍野，庄稼被食尽。

18. 民国九年（1920 年）　　　　　　境内各处蝗蝻重生，遮天蔽日。

原载《容城县志》历代自然灾害记事，方志出版社 1999 年版

19. 民国七年（1918 年）　　　　　　全县蝗虫为害。

原载《容城县志》大事记，方志出版社 1999 年版

光绪《容城县志》

清乾隆十七年（1752 年）　　　　　蚂蚱生。

原载光绪《容城县志》卷八《灾异志》，光绪二十二年刻本

《安新县志》

1. 三国魏黄初三年（222 年）　　境内蝗灾，粮无收，民无食。

2. 唐开成三年（838 年）　　境内旱，遇蝗灾，草木叶尽被食光。

3. 宋大中祥符九年（1016 年）　　六月，蝗灾，食尽田中庄稼，飞入公私庐舍。

4. 元至正十九年（1359 年）　　蝗灾严重，飞蝗蔽日，所落沟堑皆满，民饥无食。

5. 明永乐二年（1404 年）　　境内发生大面积蝗灾，侍郎魏骥巡察督捕。

6. 嘉靖十六年（1537 年）　　夏，蝗灾严重，出内帑赈济。

7. 嘉靖三十九年（1560 年）　　蝗蝻遍地，残噬禾苗，民大饥，父子相食。

8. 万历九年（1581 年）　　蝗蝻遍野，百姓捕捉，收蝗八九石。

9. 万历十年（1582 年）　　蝗灾。

10. 万历十九年（1591 年）　　秋，蝗虫为灾，令百姓捕捉，用斗蝗换斗米。

11. 万历三十七年（1609 年）　　至秋无雨，蝗蝻食菽殆尽。

12. 万历四十二年（1614 年）　　蝗灾已续三载。

原载《安新县志》大事记，新华出版社 2000 年版

乾隆《新安县志》①

1. 明万历十年（1582 年）　　蝗。

2. 万历三十七年（1609 年）　　蝗。

3. 万历四十二年（1614 年）　　蝗。

4. 万历四十四年（1616 年）　　蝗。

5. 万历四十五年（1617 年）　　蝗。

6. 天启五年（1625 年）　　蝗。

7. 清乾隆四年（1739 年）　　蝗。

原载乾隆《新安县志》卷七《禨祥志》，乾隆八年刻本

---

① 新安：旧县名，治所在今河北安新。

《徐水县志》

1. 元大德九年（1305 年）　　　　　　蝗灾。

2. 　至大元年（1308 年）　　　　　　蝗灾。

3. 　至治二年（1322 年）　　　　　　大蝗灾，所经之地禾叶尽食。

4. 　至正十九年（1359 年）　　　　　蝗灾极重，飞蔽天，落地沟堑尽平。

5. 明嘉靖十八年（1539 年）　　　　　蝗灾。

6. 　万历三十七年（1609 年）　　　　蝗灾，大饥。

7. 　万历三十八年（1610 年）　　　　蝗灾，大饥。

8. 　崇祯十年（1637 年）　　　　　　秋，飞蝗蔽天，遗蝻复生遍地。

9. 　崇祯十三年（1640 年）　　　　　秋，蝗虫食禾几尽。

10. 清顺治四年（1647 年）　　　　　　七月，蝗灾，所集树叶吃光、枝折。

11. 　康熙十一年（1672 年）　　　　　清苑等 19 州县蝗。

12. 　咸丰七年（1857 年）　　　　　　蝗灾。

13. 民国九年（1920 年）　　　　　　　大旱蝗。

14. 民国二十年（1931 年）　　　　　　八月，蝗灾。

15. 民国二十二年（1933 年）　　　　　大面积蝗灾。

16. 民国三十八年（1949 年）　　　　　六月，全县 80 余村蝗蝻生，大者如蝇，小
　　　　　　　　　　　　　　　　　　如麦粒，庄稼吃光，受灾 4 万亩。

原载《徐水县志》自然灾害，新华出版社 1998 年版

民国 《徐水县新志》

1. 明嘉靖七年（1528 年）　　　　　　秋，蝗。

2. 民国二十一年（1932 年）　　　　　秋八月，蝗。

原载民国《徐水县新志》卷十《大事记·灾祥》，民国二十一年铅印本

乾隆 《祁州志》①

1. 清康熙三十九年（1700 年）　　　　秋，飞蝗蔽日。

_____

① 祁州：旧州名，治所在今河北安国。

2. 乾隆十六年（1751年）　　　　　七月，蝗蝻伤禾。

3. 乾隆十七年（1752年）　　　　　七月，蝗蝻遍生，禾稼啮伤，甚于十六年。

原载乾隆《祁州志》卷八《记事志·祥异》，乾隆二十一年刻本

光绪《祁州续志》

1. 清乾隆五十八年（1793年）　　　秋，蝗食禾稼殆尽。

2. 咸丰七年（1857年）　　　　　　秋，蝗食禾稼殆尽。

3. 咸丰八年（1858年）　　　　　　秋，蝗食禾稼殆尽。

原载光绪《祁州续志》卷四《记事志·祥异》，光绪八年刻本

《安国县志》

1. 民国三十五年（1946年）　　　　蝗灾。

2. 民国三十八年（1949年）　　　　八月，蝗。

原载《安国县志》自然灾害，方志出版社1996年版

光绪《蠡县志》

1. 三国魏黄初三年（222年）　　　 大蝗，人饥。

2. 西晋永嘉四年（310年）　　　　 五月，大蝗，草木、牛马毛皆尽。

3. 建兴四年（316年）　　　　　　 七月，螽蝗，石勒竟取百姓禾，人谓之
　　　　　　　　　　　　　　　　 胡蝗。

4. 北齐天保八年（557年）　　　　 蝗。

5. 乾明元年（560年）①　　　　　 又大蝗。

6. 隋大业十年（614年）　　　　　 大蝗。

7. 唐开元三年（715年）　　　　　 七月，蝗。

8. 开成三年（838年）　　　　　　 蝗，草木叶皆尽。

9. 宋大中祥符九年（1016年）　　　六月，蝗蝻继生，弥覆郊野，食民田殆尽，
　　　　　　　　　　　　　　　　 入公私庐舍，及霜寒始毙。

---

① 原文作"天保十一年"。按，北齐天保无十一年，误，按顺序，应为北齐乾明元年，今改。

10. 天圣六年（1028 年） 　　　　　　五月，蝗。

11. 熙宁五年（1072 年） 　　　　　　大蝗。

12. 熙宁六年（1073 年） 　　　　　　又蝗。

13. 熙宁七年（1074 年） 　　　　　　夏，旱蝗。

14. 崇宁元年（1102 年） 　　　　　　蝗。

15. 崇宁三年（1104 年） 　　　　　　大蝗，其飞蔽日。

16. 崇宁四年（1105 年） 　　　　　　大蝗，其飞蔽日。

17. 元元贞二年（1296 年） 　　　　　蝗。

18. 大德七年（1303 年） 　　　　　　蝗。

19. 大德九年（1305 年） 　　　　　　蝗。

20. 至大元年（1308 年） 　　　　　　蝗。

21. 至大二年（1309 年） 　　　　　　八月，蝗。

22. 至治二年（1322 年） 　　　　　　夏四月，蝗。

23. 泰定三年（1326 年） 　　　　　　六月，蝗。

24. 泰定四年（1327 年） 　　　　　　蝗。

25. 至顺元年（1330 年） 　　　　　　蝗。

26. 至正十九年（1359 年） 　　　　　夏五月，大蝗。

27. 明正统四年（1439 年） 　　　　　大蝗。

28. 正统五年（1440 年） 　　　　　　蝗，吏部侍郎魏骥巡行捕之。

29. 嘉靖十四年（1535 年） 　　　　　夏，蝗，赈之。

30. 嘉靖十五年（1536 年） 　　　　　夏，蝗。

31. 嘉靖二十一年（1542 年） 　　　　蝗。

32. 嘉靖三十九年（1560 年） 　　　　蝗，民大饥。

33. 嘉靖四十一年（1562 年） 　　　　蝗。

34. 万历三十四年（1606 年） 　　　　夏，蝗；秋，蝻，奉文捕剿乃灭，民不为灾。

35. 万历四十二年（1614 年） 　　　　秋，蝗。

36. 万历四十五年（1617 年） 　　　　七月，蝗飞蔽天。

37. 天启六年（1626 年） 　　　　　　秋，蝗。

38. 清顺治五年（1648 年） 　　　　　六月，飞蝗西南来，飞蔽日，宽十余里，长四十余里，城西北伤稼。

39. 顺治六年（1649 年） 　　　　　　春，城东小蝻始生如蝇，方圆五里宽，黄风起，次日尽无。

40.　　康熙十一年（1672 年）　　　　　旱蝗。

41.　　咸丰七年（1857 年）　　　　　　蝗。

42.　　咸丰八年（1858 年）　　　　　　蝗。

原载光绪《蠡县志》卷八《灾祥志》，光绪二年刻本

《蠡县志》

1. 清咸丰四年（1854 年）　　　　　　蝗。

2. 民国九年（1920 年）　　　　　　　夏，飞蝗为患，麦穗、谷苗食尽无遗，县
　　　　　　　　　　　　　　　　　　知事被记过两次，限期肃清。

3. 民国二十二年（1933 年）　　　　　蝗。

4. 民国三十三年（1944 年）　　　　　潴龙河南北部分村庄蝗灾。

5. 民国三十四年（1945 年）　　　　　五月，蝗蝻生。

6. 民国三十八年（1949 年）　　　　　五月，县境 35 村发生蝗虫，面积 6.71 万
　　　　　　　　　　　　　　　　　　亩，县委组织捕打，未造成灾害。

原载《蠡县志》自然灾害，中华书局 1999 年版

《博野县志》

1. 明嘉靖八年（1529 年）　　　　　　春，蝗蝻遍野，麦苗受灾。

2. 　嘉靖十二年（1533 年）　　　　　秋，蝗，三冬未衰。

3. 清顺治四年（1647 年）　　　　　　秋，飞蝗蔽日，所落处庄稼尽食。

4. 民国十八年（1929 年）　　　　　　宋村、解营、东阳村、城三铺蝗灾。

5. 民国二十年（1931 年）　　　　　　迁庄等 7 村蝗灾。

6. 民国二十一年（1932 年）　　　　　东章，大、小西章蝗灾。

7. 民国二十八年（1939 年）　　　　　潴龙河东蝗蝻为灾，村民挖沟驱入掩埋。

原载《博野县志》自然灾害，新华出版社 1996 年版

8. 清光绪二年（1876 年）　　　　　　蝗害，饥民逃荒不绝。

9. 　光绪三年（1877 年）　　　　　　蝗害，饥民逃荒不绝。

原载《博野县志》大事记，新华出版社 1996 年版

康熙《博野县志》

1. 明嘉靖十四年（1535 年）　　　　　　秋，蝗，三冬未衰。

原载康熙《博野县志》卷四《祥异》，康熙十五年刻本

2. 清康熙十一年（1672 年）　　　　　　秋七月，蝗，知县祷祀于蜡神庙，蝗不
　　　　　　　　　　　　　　　　　　　为灾。

3. 　康熙十五年（1676 年）　　　　　　夏四月，蝗，知县祷祀于庙，蝗不为灾。

原载康熙《博野县志》卷三《祠庙》，康熙十五年刻本

四、沧州市

乾隆《天津府志》

青县

1. 宋淳化元年（990 年）　　　　　　　七月，乾宁军蝗。

2. 　政和四年（1114 年）　　　　　　　清州蝗。

3. 明嘉靖四十年（1561 年）　　　　　　蝗。

4. 　万历十一年（1583 年）　　　　　　蝗。

5. 　万历十七年（1589 年）　　　　　　蝗。

6. 　万历十九年（1591 年）　　　　　　蝗。

7. 　万历三十三年（1605 年）　　　　　蝗。

8. 　万历三十四年（1606 年）　　　　　蝗。

9. 　崇祯十三年（1640 年）　　　　　　旱蝗，斗米值银一两五钱，人相食。

10. 清顺治十三年（1656 年）　　　　　　蝗食麦。

沧州

1. 北齐天保元年（550 年）　　　　　　夏，诏赵、瀛、沧等州往因蚕水颇伤时稼，
　　　　　　　　　　　　　　　　　　　遣使分涂赈恤。

2. 唐开成二年（837 年）　　　　　　　六月，沧州蝗。

3. 　开成三年（838 年）　　　　　　　河北等处蝗，草木叶皆尽。

4. 　开成五年（840 年）　　　　　　　夏，沧州等二十七处螟蝗害稼。

5. 宋淳化元年（990年）　　　　七月，乾宁军蝗。

6. 淳化三年（992年）　　　　　夏，蝗抱草自死。

7. 元至元十九年（1282年）　　　河间等六十余处皆蝗，食苗稼、草木俱尽，所至蔽日，人马不能行，坑堑皆盈，饥民捕蝗以食，或曝干而积之，又尽，则人相食。

8. 至大二年（1309年）　　　　　沧州、河间十八州县蝗伤稼，命有司赈之。

9. 明万历十二年（1584年）　　　沧州蝗。

10. 崇祯十三年（1640年）　　　蝗，人相食，死者略尽。

11. 清康熙十五年（1676年）　　沧州旱蝗。

12. 康熙十六年（1677年）　　　沧州旱蝗。

13. 康熙十七年（1678年）　　　沧州旱蝗。

14. 康熙十八年（1679年）　　　大旱，蝗蝻遍地，民多逃亡。

南皮

1. 唐开成二年（837年）　　　　蝗。

2. 元大德八年（1304年）　　　蝗。

3. 明嘉靖三年（1524年）　　　蝗。

4. 万历三十六年（1608年）　　蝗。

5. 天启五年（1625年）　　　　蝗。

6. 清光绪八年（1882年）　　　蝗子生。

盐山

1. 唐开元二年（714年）　　　　七月，蝗。

2. 开成元年（836年）　　　　　蝗，草叶皆尽。

3. 开成五年（840年）　　　　　夏，螟蝗害稼。

4. 元至大三年（1310年）　　　七月，蝗。

5. 明嘉靖七年（1528年）　　　夏，蝗。

6. 嘉靖九年（1530年）　　　　夏四月，蝗，不为灾。

7. 嘉靖三十五年（1556年）　　蝗，不为灾。

8. 万历十三年（1585年）　　　大旱，飞蝗蔽空，特加赈恤，蠲夏麦之半。

9. 崇祯十一年（1638年）　　　蝗。

10.	崇祯十二年（1639 年）	秋，蝗蝻遍野，食稼殆尽。
11.	崇祯十三年（1640 年）	至秋不雨，禾苗尽枯，飞蝗遍野，斗米银四金，木皮、草根剥掘俱尽，人民相食。
12.	清顺治四年（1647 年）	旱蝗。
13.	顺治十三年（1656 年）	蝗，飞蝗蔽天累日，不害稼。
14.	康熙三年（1664 年）	秋，蝗遍野。
15.	康熙十一年（1672 年）	秋，旱蝗，不为灾。
16.	康熙十七年（1678 年）	秋，蝗，不为灾。

庆云[①]

1.	唐开成元年（836 年）	蝗食草木叶皆尽。
2.	开成五年（840 年）	夏，蝗蝻害稼。
3.	元至大三年（1310 年）	七月，无棣县蝗，大饥。
4.	明嘉靖四十三年（1564 年）	蝗，民饥，流移十之三。
5.	清康熙十一年（1672 年）	秋，飞蝗蔽空，盘旋九十余日。

原载乾隆《天津府志》卷十八《祥异》，乾隆四年刻本

光绪《重修天津府志》

清道光元年（1821 年）	五月，沧州等各属村庄俱有蝻孽萌生，著直隶总督、顺天府尹、山东巡抚各饬所属亲行查勘，赶紧搜除，其接壤之区务协力扑捕，不得互相观望、稽延时日，致令贻害田禾。六月，颁发《康济录·捕蝗十宜》交地方官仿照施行。《康济录》所载设厂收买、以钱米易蝗立法最为简易，饬所属迅速筹办，将蝗蝻搜除净尽，以保田禾。

原载光绪《重修天津府志》卷一《诏谕》，光绪二十五年刻本

---

① 庆云：旧县名，明建，属沧州，清雍正九年（1731 年）划归天津府，治所在今山东德州庆云。

《天津通志·大事记》

1.	清乾隆十七年（1752 年）	五月，盐山、庆云、沧州等县蝗蝻萌生，乾隆帝令侍郎胡宝前往天津、河间督率扑除；六月，青县、沧州等处募民捕蝗，收效颇高。
2.	乾隆十八年（1753 年）	四月，沧州等处蝗孽复萌，直隶总督奏报已与长芦盐政分头查办；五月，沧州等处蝗，用以米易蝗办法分路设立厂局，凡捕蝗子一斗给米五升，村民踊跃搜捕。
3.	道光元年（1821 年）	五月，沧州等县蝗蝻相继萌生，道光帝颁发《康济录·捕蝗十宜》交天津等府指导治蝗。

原载《天津通志·大事记》生物灾害，天津社会科学院出版社 1994 年版

《沧州市志》

1.	北齐天保八年（557 年）	畿内八郡蝗灾。
2.	天保九年（558 年）	夏，河北蝗灾，差人夫捕杀。
3.	唐开成元年（836 年）	七月，镇、冀等州蝗虫成灾，此后四年蝗虫年年为害，延蔓到魏、博、易、定、沧、景等州，庄稼被毁，野草、树枝皆尽。
4.	开成三年（838 年）	蝗灾，草木叶皆食尽。
5.	宋淳化元年（990 年）	七月，蝗蝻食尽禾稼叶。
6.	蒙古至元三年（1266 年）	真定、中都、河间等处蝗灾。
7.	元至元八年（1271 年）	六月，中都、河间、真定等地蝗灾。
8.	至元十九年（1282 年）	河间、沧州、献县、东光蝗食苗稼、草木皆尽，所至蔽日，人马不能行，填坑堑皆盈，饥民捕蝗以食，或曝干而积之，又尽，则人相食。

9. 至元二十七年（1290年）　　　四月，河北十七州蝗灾。

10. 大德五年（1301年）　　　　　河间蝗灾。

11. 大德六年（1302年）　　　　　河间路蝗灾。

12. 至大二年（1309年）　　　　　蝗虫大发生，庄稼绝收。

13. 至治二年（1322年）　　　　　河间、保定等路属县及诸卫屯田蝗灾。

14. 泰定元年（1324年）　　　　　六月，河间蝗灾。

15. 至正十九年（1359年）　　　　四月，河间蝗灾，食尽禾稼、草木，饥民
　　　　　　　　　　　　　　　　捕蝗为食。

16. 明正统五年（1440年）　　　　五月，河间府蝗灾。

17. 成化九年（1473年）　　　　　河间府蝗灾。

18. 万历十三年（1585年）　　　　大旱，飞蝗蔽空。

19. 崇祯十二年（1639年）　　　　秋，蝗蝻遍野，庄稼几乎吃光。

20. 康熙十一年（1672年）　　　　夏，献县、交河等地蝗灾。

21. 乾隆十六年（1751年）　　　　六月，交河、河间蝗灾。

22. 乾隆二十八年（1763年）　　　七月，沧州发生严重蝗灾。

23. 光绪十六年（1890年）　　　　沧州大蝗，居民捕蝗交官，每斗换仓谷五
　　　　　　　　　　　　　　　　升，仓中积蝗如阜。

原载《沧州市志》大事记，方志出版社2006年版

乾隆《沧州志》

1. 北齐乾明元年（560年）　　　　四月，沧州往因螽水伤稼，遣使分涂赡恤。

2. 唐开成二年（837年）　　　　　六月，沧州蝗。

3. 开成五年（840年）　　　　　　夏，沧州螟蝗害稼。

4. 宋淳化元年（990年）　　　　　秋七月，沧州蝗。

5. 淳化三年（992年）　　　　　　秋七月，沧州蝗，俄抱草自死，未成灾。

6. 元至大二年（1309年）　　　　夏四月，沧州蝗。

7. 至治元年（1321年）　　　　　秋七月，清池县蝗。

8. 明万历十二年（1584年）　　　沧州蝗。

9. 崇祯十三年（1640年）　　　　沧州蝗，人相食。

10. 清康熙十五年（1676年）　　　沧州旱蝗。

11. 康熙十六年（1677年）　　　　沧州蝗。

| 12. | 康熙十七年（1678 年） | 沧州蝗。 |
| 13. | 康熙十八年（1679 年） | 沧州大旱蝗，蝗蝻遍地，民多流亡。 |

原载乾隆《沧州志》卷十二《纪事》，乾隆八年刻本

| 14. | 康熙五十七年（1718 年） | 沧州遭蝗灾。 |
| 15. | 康熙五十八年（1719 年） | 沧州屡遭蝗灾。 |

原载乾隆《沧州志》卷四《祠庙》，乾隆八年刻本

民国《沧县志》

1.	北齐乾明元年（560 年）	四月，沧州往因蠡水伤稼，遣使恤灾。
2.	唐开成二年（837 年）	六月，沧州蝗。
3.	开成三年（838 年）	沧州螟蝗害稼。
4.	开成五年（840 年）	夏，沧州螟蝗害稼。
5.	宋淳化元年（990 年）	七月，沧州蝗蝻食苗。
6.	隆兴元年（1163 年）	沧州蝗。
7.	淳熙三年（1176 年）	沧州旱蝗。
8.	景定四年（1263 年）	六月，沧州蝗。
9.	元至元十九年（1282 年）	沧州蝗食苗稼、草叶俱尽，民捕蝗为食，曝干积之，尽，则人相食。
10.	大德十年（1306 年）	四月，蝗。
11.	至大二年（1309 年）	四月，沧州蝗。
12.	至治元年（1321 年）	七月，清池县蝗。
13.	明洪武七年（1374 年）	沧州蝗。
14.	正统五年（1440 年）	夏，沧州蝗。
15.	正统六年（1441 年）	蝗食草木叶皆尽。
16.	嘉靖三年（1524 年）	夏，旱蝗。
17.	崇祯十一年（1638 年）	大旱蝗。
18.	崇祯十三年（1640 年）	沧州蝗，人相食。
19.	清康熙十五年（1676 年）	旱蝗。
20.	康熙十六年（1677 年）	沧州蝗。
21.	康熙十七年（1678 年）	沧州蝗。
22.	康熙十八年（1679 年）	大旱蝗，蝗蝻遍地，民多流亡。

23.	同治十一年（1872 年）	七月，蝗。
24.	光绪十二年（1886 年）	五月，蝻食麦。
25.	光绪十六年（1890 年）	五月，蝗大至，居民捕蝗交官，每斗换仓谷五升，仓中积蝗如阜。

原载民国《沧县志》卷十六《大事年表》，民国二十二年铅印本

《沧县志》

| 清乾隆二十八年（1763 年） | 七月，沧州严重蝗灾。 |

原载《沧县志》大事记，中国和平出版社 1995 年版

康熙《河间府志》

1. 唐开元二年（714 年）	七月，河北蝗。
2. 开成二年（837 年）	六月，沧州蝗。
3. 开成三年（838 年）	河北等处蝗，草木叶皆尽。
4. 开成五年（840 年）	夏，沧州等二十九处螟蝗害稼。
5. 宋淳化元年（990 年）	七月，乾宁军蝗，沧海①蝗蝻食苗。
6. 淳化三年（992 年）	沧州等州蝗，俄抱草自死。
7. 元至元八年（1271 年）	河间等诸州县蝗。
8. 至元十九年（1282 年）	大都、燕南、燕北、河间、山东、河南六十余处皆蝗，食苗稼、草木俱尽，所至蔽日，碍人马不能行，填坑堑皆盈，饥民捕蝗以食，或曝干而积之，又尽，则人相食。
9. 至元二十年（1283 年）	四月，燕京、河间等路蝗。
10. 大德六年（1302 年）	四月，河间等路蝗。
11. 大德八年（1304 年）	四月，河间、南皮等八州县蝗。
12. 大德十年（1306 年）	河间等路蝗。
13. 至大元年（1308 年）	八月，河间等路蝗。

---

① 沧海：沧州的别称。

14.	至大二年（1309 年）	沧州、河间十八州县蝗。河间等路十二处蝗。
15.	至大三年（1310 年）	七月，无棣等八州县蝗。
16.	至治三年（1323 年）	清池县蝗。
17.	泰定二年（1325 年）	德、景等州县蝗。
18.	泰定四年（1327 年）	河间等路蝗。
19.	至顺元年（1330 年）	河间诸路屯田蝗。
20.	至顺三年（1332 年）	河间等处屯田蝗。
21.	明正统四年（1439 年）	河间州县蝗。
22.	嘉靖三年（1524 年）	夏，蝗。
23.	嘉靖三十九年（1560 年）	飞蝗蔽天，食禾穗殆尽。
24.	万历十九年（1591 年）	夏，大蝗，食禾几尽。
25.	崇祯十四年（1641 年）	大旱，飞蝗蔽天，夫妇、父子相食，死亡略尽。
26.	清顺治四年（1647 年）	飞蝗蔽天。
27.	康熙十一年（1672 年）	旱蝗。

原载康熙《河间府志》卷九《风俗志·祥异》，康熙十六年刻本

乾隆《河间府新志》

1.	后赵建武四年（338 年）	河间诸郡大蝗，司隶请罪守宰，虎曰：此朕失政所致，司隶不进谠言而妄陷无辜者乎！
2.	前秦建元十八年（382 年）	河间郡大蝗，有司请下郡守廷尉，治其讨蝗不灭之罪，坚曰：灾降自天，非人力所可除，兰无罪也。
3.	北齐天保元年（550 年）	四月，河间、东光等九州蝗水连伤时稼，遣使分涂赈恤。
4.	元至元十九年（1282 年）	河间诸州县蝗，食苗稼、草木皆尽，所至蔽日，人马不能行，民捕蝗以食，或曝干积之，又尽，则人相食。
5.	清乾隆九年（1744 年）	六月二十二日，飞蝗成群自山东来，凡三

四日，翛翛去，昼夜不绝，是秋，稔。

6. 乾隆十六年（1751 年）　　　　　飞蝗集郡境，捕不能尽，有鸟数千自西南来啄食之。

原载乾隆《河间府新志》卷十七《典文志·纪事》，乾隆二十五年刻本

乾隆《河间县志》

1. 后赵建武四年（338 年）　　　　　河间蝗。

2. 前秦建元十八年（382 年）　　　　河间大蝗。

3. 北齐天保元年（550 年）　　　　　蠡水伤稼，遣使赈恤。

4. 元至元八年（1271 年）　　　　　大蝗。

5. 至元十九年（1282 年）　　　　　大蝗，所致蔽日，碍人马不能行，饥民捕蝗为食，又尽，则人相食。

6. 至元二十年（1283 年）　　　　　四月，蝗。

7. 大德六年（1302 年）　　　　　　河间蝗。

8. 大德八年（1304 年）　　　　　　河间蝗。

9. 大德十年（1306 年）　　　　　　四月，河间蝗。

10. 至大元年（1308 年）　　　　　　河间蝗。

11. 至大二年（1309 年）　　　　　　河间大蝗。

12. 泰定四年（1327 年）　　　　　　河间蝗。

13. 至顺元年（1330 年）　　　　　　河间路屯田蝗。

14. 至顺三年（1332 年）　　　　　　河间等处屯田蝗。

15. 明正统四年（1439 年）　　　　　河间县蝗。

16. 嘉靖三年（1524 年）　　　　　　夏，蝗。

17. 嘉靖三十九年（1560 年）　　　　飞蝗蔽天，禾穗殆尽。

18. 万历十九年（1591 年）　　　　　夏，蝗食禾几尽。

19. 崇祯十四年（1641 年）　　　　　蝗飞蔽天，人相食。

20. 清顺治四年（1647 年）　　　　　是年，蝗。

21. 康熙十一年（1672 年）　　　　　旱蝗，蠲免钱粮。

22. 乾隆九年（1744 年）　　　　　　六月二十二日，飞蝗自山东来，凡三四日，翛翛然，昼夜不绝，是岁，稔。

23. 乾隆十六年（1751 年）　　　　　夏，飞蝗集境，捕不能尽，有鸟数千自西

南来啄食之。

原载乾隆《河间县志》卷一《舆地志·纪事》，乾隆二十五年刻本

《河间县志》

1. 北齐天保元年（550 年） 　　　　蝗灾。

2. 唐贞元元年（785 年） 　　　　河北蝗。

3. 宋熙宁七年（1074 年） 　　　　夏，蝗。

4. 　熙宁九年（1076 年） 　　　　夏，蝗。

5. 元至顺二年（1331 年） 　　　　蝗灾。

6. 明洪武七年（1374 年） 　　　　蝗灾。

7. 　宣德五年（1430 年） 　　　　蝗灾。

8. 　正统五年（1440 年） 　　　　五月，蝗灾。

9. 　景泰七年（1456 年） 　　　　五月，蝗灾。

10. 民国七年（1918 年） 　　　　蝗虫肆虐，十室九空，斗米千钱。

原载《河间县志》历年自然灾害实录，书目文献出版社 1992 年版

11. 元至正三年（1343 年） 　　　　行盐之地，旱、蝗、水灾相仍，百姓无买盐之资。

原载《河间县志》大事记，书目文献出版社 1992 年版

民国《兴济县志书》①

1. 明正统间（1436—1449 年） 　　　　蝗。

2. 　嘉靖三年（1524 年） 　　　　夏，蝗。

3. 　嘉靖十二年（1533 年） 　　　　夏，飞蝗翳空。

4. 　嘉靖三十年（1551 年） 　　　　蝗。

5. 　嘉靖四十年（1561 年） 　　　　蝗。

6. 　万历十一年（1583 年） 　　　　蝗。

7. 　万历十七年（1589 年） 　　　　蝗。

8. 　万历十九年（1591 年） 　　　　蝗。

---

① 兴济：旧县名，治所在今河北沧县兴济镇。

9.　　万历三十三年（1605 年）　　　　蝗。

10.　　万历三十四年（1606 年）　　　　蝗。

11.　　崇祯十三年（1640 年）　　　　旱蝗。

12. 清顺治十三年（1656 年）　　　　蝗食麦。

原载民国《兴济县志书》天文志《祥异》，民国三十一年抄本

民国《青县志》

1. 北齐天保八年（557 年）　　　　大蝗。

2. 宋淳化元年（990 年）　　　　七月，蝗食禾。

3.　　政和四年（1114 年）　　　　清州蝗。

4. 明洪武七年（1374 年）　　　　蝗，饥。

5.　　嘉靖三年（1524 年）　　　　夏，蝗。

6.　　嘉靖十二年（1533 年）　　　　夏，飞蝗翳空。

7.　　嘉靖三十年（1551 年）　　　　蝗。

8.　　嘉靖四十年（1561 年）　　　　蝗，连年饥馑，至人相食。

9.　　万历十一年（1583 年）　　　　蝗。

10.　　万历十七年（1589 年）　　　　蝗。

11.　　万历十九年（1591 年）　　　　蝗。

12.　　万历三十三年（1605 年）　　　　蝗。

13.　　万历三十四年（1606 年）　　　　蝗。

14.　　崇祯十三年（1640 年）　　　　旱蝗，斗米值银一两五钱，人相食。

15. 清顺治十三年（1656 年）　　　　麦禾皆遭蝗食。

16.　　康熙十一年（1672 年）　　　　蝗。

17.　　康熙三十三年（1694 年）　　　　蝗，不为灾。

18.　　嘉庆四年（1799 年）　　　　夏，蝗蝻初生遍野，忽一夕大风，次日蝗净。

19.　　嘉庆七年（1802 年）　　　　蝗。

20.　　嘉庆八年（1803 年）　　　　蝗，不为灾。

21.　　道光二十八年（1848 年）　　　　蝗雨伤稼。

22.　　咸丰六年（1856 年）　　　　春，蝗。

23.　　咸丰七年（1857 年）　　　　蝻生。

24.	光绪二十六年（1900 年）	六月，飞蝗蔽空。
25.	民国二年（1913 年）	蝗，歉收。
26.	民国四年（1915 年）	蝗害稼。
27.	民国十二年（1923 年）	旱蝗，田禾半收。
28.	民国十七年（1928 年）	秋，大蝗。
29.	民国十八年（1929 年）	春旱，蝗蝻生，伤麦禾。

原载民国《青县志》卷十三《祥异》，民国二十年铅印本

《青县志》

1.	唐开成二年（837 年）	六月，蝗灾。
2.	宋熙宁元年（1068 年）	蝗灾。
3.	咸淳元年（1265 年）	闹蝗虫。

原载《青县志》自然灾害，方志出版社 1999 年版

同治《盐山县志》

1.	唐开元二年（714 年）	七月，蝗。
2.	开成元年（836 年）	蝗，草木叶皆尽。
3.	开成五年（840 年）	夏，螟蝗害稼。
4.	元至大三年（1310 年）	七月，蝗。
5.	明嘉靖七年（1528 年）	夏，蝗。
6.	嘉靖九年（1530 年）	夏四月，蝗，不为灾。
7.	嘉靖三十五年（1556 年）	蝗，不为灾。
8.	万历十三年（1585 年）	大旱，飞蝗蔽空，特加赈恤，蠲夏麦之半。
9.	崇祯十一年（1638 年）	蝗。
10.	崇祯十二年（1639 年）	秋，蝗蝻遍野，食稼殆尽。
11.	崇祯十三年（1640 年）	至秋不雨，禾苗尽枯，飞蝗遍野，斗米银四金，木皮、草根剥掘俱尽，人民相食。
12.	清顺治四年（1647 年）	旱蝗。
13.	顺治十三年（1656 年）	蝗，不为灾。

14.	康熙三年（1664 年）	秋，蝗。
15.	康熙十一年（1672 年）	秋，蝗，不为灾。
16.	康熙十七年（1678 年）	秋，蝗，不为灾。
17.	道光元年（1821 年）	夏，蝗，不为灾。
18.	咸丰六年（1856 年）	秋，蝗，不为灾。

原载同治《盐山县志》卷五《风土志·祥异》，同治七年刻本

《盐山县志》

1.	东汉兴平元年（194 年）	夏，大蝗为灾。
2.	东晋大兴元年（318 年）	冀州蝗食野草、庄稼。
3.	北齐皇建元年（560 年）	四月，螽伤稼。
4.	宋淳化元年（990 年）	七月，蝗蝻伤苗。
5.	淳化三年（992 年）	蝗，抱草死。
6.	金大定三年（1163 年）	蝗。
7.	大定十六年（1176 年）	蝗。
8.	蒙古中统四年（1263 年）	蝗。
9.	元至元十九年（1282 年）	蝗食草木尽，民捕蝗为食，又尽，人相食。
10.	大德八年（1304 年）	蝗。
11.	至大二年（1309 年）	大蝗，毁稼。
12.	明洪武二年（1369 年）	蝗灾。
13.	正统五年（1440 年）	蝗食野草、树叶、果菜。
14.	正统六年（1441 年）	蝗食野草、树叶、果菜。
15.	嘉靖三年（1524 年）	夏，蝗为灾。
16.	万历三十六年（1608 年）	蝗灾。

原载《盐山县志》自然环境·自然灾害·虫灾，南开大学出版社 1991 年版

民国《庆云县志》

1.	唐开成元年（836 年）	蝗食草木叶皆尽。
2.	开成五年（840 年）	蝗蝻害稼。
3.	元至大三年（1310 年）	蝗，大饥，有父子相食者。

4. 明嘉靖四十三年（1564 年）　　　蝗，民饥，流移十之三。

5. 清康熙十一年（1672 年）　　　旱蝗，俱免税十之二。

6. 康熙四十九年（1710 年）　　　蝗。

7. 乾隆三十三年（1768 年）　　　蝗。

8. 乾隆四十一年（1776 年）　　　蝗。

9. 乾隆四十二年（1777 年）　　　蝗。

10. 同治十一年（1872 年）　　　蝗，不为灾。

原载民国《庆云县志》卷三《风土志·灾异》，民国三年石印本

民国《南皮县志》

1. 唐开成二年（837 年）　　　蝗。

2. 宋淳化元年（990 年）　　　蝗害禾稼。

3. 熙宁七年（1074 年）　　　河北旱蝗，民多饿殍。

4. 崇宁三年（1104 年）　　　河北大蝗，野无青草。

5. 崇宁四年（1105 年）　　　河北连岁大蝗，野无青草。

6. 元大德六年（1302 年）　　　河间属县蝗。

7. 大德八年（1304 年）　　　蝗。

8. 明嘉靖三年（1524 年）　　　六月，旱蝗。

9. 万历三十六年（1608 年）　　　蝗。

10. 天启五年（1625 年）　　　夏，蝗。

11. 清光绪八年（1882 年）　　　蝗蝻生。

12. 光绪十二年（1886 年）　　　四月，蝗蝻伤麦。

13. 民国八年（1919 年）　　　东区有蝗。

14. 民国九年（1920 年）　　　四月，东区蝻子繁生，县署令各村村正副
　　　　　　　　　　　　　　　督率扑打，未几大风，蝻皆不见。

15. 民国十年（1921 年）　　　八月，南区飞蝗过境，不为灾。

16. 民国十七年（1928 年）　　　七月，飞蝗蔽天。

17. 民国十八年（1929 年）　　　四月，蝻生，大风，蝻不见；六月，飞蝗
　　　　　　　　　　　　　　　自东北来。

18. 民国二十年（1931 年）　　　六月二十四日，二区飞蝗起，县令扑打，
　　　　　　　　　　　　　　　用钱收买，未几蝻生，又收买，共费

洋五千余元，不为灾。

原载民国《南皮县志》卷十四《故实志下·祥异》，民国二十二年铅印本

康熙《南皮县志》

1. 清康熙十六年（1677 年）　　　　夏，蝗。
2. 康熙十七年（1678 年）　　　　旱蝗。
3. 康熙十八年（1679 年）　　　　蝗蝻遍生，食禾殆尽。

原载康熙《南皮县志》卷二《事纪》，康熙十九年刻本

《南皮县志》

1. 民国二十五年（1936 年）　　　　双庙、五拨蝗灾严重。
2. 民国三十八年（1949 年）　　　　蝗灾面积 3 万多亩。

原载《南皮县志》历代虫灾统计表，河北人民出版社 1992 年版

光绪《东光县志》

1. 唐开成三年（838 年）　　　　沧、齐等州螟蝗害稼。
2. 宋淳化元年（990 年）　　　　七月，乾宁军、沧州蝗蝻损苗。
3. 隆兴元年（1163 年）　　　　中都以南八路蝗。
4. 金大定十六年（1176 年）　　　　中都、河北等十路旱蝗。
5. 蒙古中统四年（1263 年）　　　　六月，河间、燕京、益都诸路蝗。
6. 元至元十九年（1282 年）　　　　蝗食苗稼、草木叶俱尽，民捕蝗为食，曝干积之，又尽，人相食。
7. 大德十年（1306 年）　　　　四月，河间等郡蝗。
8. 至大二年（1309 年）　　　　四月，河间、沧州等处蝗；至八月，蝗蝝大作。
9. 明洪武七年（1374 年）　　　　河间诸路蝗。
10. 正统五年（1440 年）　　　　夏，河间蝗。
11. 正统六年（1441 年）　　　　河间大蝗，野无青草。
12. 正统七年（1442 年）　　　　河间大蝗，野无青草。

13. 正统十三年（1448 年）　　　　　七月，县境飞蝗蔽天。

14. 嘉靖三年（1524 年）　　　　　　河间诸属旱蝗。

15. 万历十一年（1583 年）　　　　　蝗灾。

16. 万历三十四年（1606 年）　　　　六月，大蝗，食苗殆尽。

17. 天启五年（1625 年）　　　　　　夏，飞蝗蔽天。

18. 崇祯七年（1634 年）　　　　　　旱蝗。

19. 清顺治四年（1647 年）　　　　　七月，县境飞蝗蔽日，树木坠折。

20. 康熙十八年（1679 年）　　　　　是年，旱蝗。

21. 康熙二十八年（1689 年）　　　　旱，蝗蝻遍地。

22. 雍正十三年（1735 年）　　　　　蝗。

23. 乾隆四十五年（1780 年）　　　　蝗蝻为灾。

24. 乾隆五十六年（1791 年）　　　　旱蝗。

25. 乾隆六十年（1795 年）　　　　　旱蝗。

26. 嘉庆四年（1799 年）　　　　　　蝗蝻为灾。

27. 嘉庆五年（1800 年）　　　　　　春，蝗蝻复生。

28. 道光六年（1826 年）　　　　　　螟螣害稼。

29. 道光十八年（1838 年）　　　　　五月，蝗，不为灾。

30. 咸丰八年（1858 年）　　　　　　六月，飞蝗过境，无伤；七月，蝻生，捕灭之。

原载光绪《东光县志》卷十一《杂稽志上·祥异》，光绪十四年刻本

康熙《东光县志》

明崇祯十三年（1640 年）　　　　　旱蝗，斗米价银二余，人相食。

原载康熙《东光县志》卷一《禨祥》，康熙三十二年刻本

《东光县志》

1. 西晋永嘉四年（310 年）　　　　　五月，境内遭蝗灾。

2. 唐开元三年（715 年）　　　　　　境内遭大蝗灾，蝗虫飞则蔽天。

原载《东光县志》大事记，方志出版社 1999 年版

3. 东晋咸康四年（338 年）　　　　　境内遭蝗灾。

4.　　太元七年（382 年）　　　　　　东光遭蝗灾。

5. 北齐天保元年（550 年）　　　　　东光遭蝗灾。

6. 宋淳化三年（992 年）　　　　　　蝗，俄抱草死。

7.　明正德九年（1514 年）　　　　　遭蝗灾。

8.　　嘉靖三十九年（1560 年）　　　飞蝗蔽天，食禾殆尽。

9.　　万历十九年（1591 年）　　　　夏，蝗食禾几尽。

10.　　万历三十四年（1606 年）　　　六月，境内大蝗，食苗殆尽。

11. 民国九年（1920 年）　　　　　　县境遭蝗灾。

12. 民国十六年（1927 年）　　　　　县境遭蝗灾。

13. 民国二十五年（1936 年）　　　　蝗为灾。

14. 民国三十一年（1942 年）　　　　境内飞蝗蔽天，禾苗、树叶殆尽。

原载《东光县志》自然灾害，方志出版社 1999 年版

光绪《吴桥县志》

1. 唐开成三年（838 年）　　　　　　河北等处蝗，草木叶皆尽。

2. 宋淳化三年（992 年）　　　　　　沧州等州蝗，俄抱草自死。

3. 元泰定二年（1325 年）　　　　　　德、景州等州蝗。

4.　明正统五年（1440 年）　　　　　蝗。

5.　　正统六年（1441 年）　　　　　蝗。

6.　　正统七年（1442 年）　　　　　连岁蝗。

7.　　正德九年（1514 年）　　　　　河间诸州县蝗，食苗稼皆尽，所至蔽日，
　　　　　　　　　　　　　　　　　　　人马不能行，民捕蝗以食，或曝干积
　　　　　　　　　　　　　　　　　　　之，又尽，则人相食。

8.　　嘉靖三十九年（1560 年）　　　飞蝗蔽天，食禾殆尽。

9.　　崇祯十四年（1641 年）　　　　大旱，飞蝗蔽天，死徙流亡略尽。

原载光绪《吴桥县志》卷十《杂记志·灾祥》，光绪元年刻本

10.　　嘉靖十一年（1532 年）　　　　蝗飞蔽天，邑侯唐公往祝之。

原载光绪《吴桥县志》卷十一《艺文录上·碑》，光绪元年刻本

《吴桥县志》

1. 后赵建武四年（338 年）　　　　　大蝗。

2. 前秦建元十八年（382 年） 　　　　大蝗。

3. 北齐天保元年（550 年） 　　　　蝗。

4. 元至元十九年（1282 年） 　　　　蝗食苗稼皆尽。

5. 　泰定元年（1324 年） 　　　　蝗。

6. 明万历十九年（1591 年） 　　　　蝗食禾尽。

7. 清顺治四年（1647 年） 　　　　飞蝗蔽日。

8. 　乾隆九年（1744 年） 　　　　飞蝗自山东来。

9. 　乾隆十六年（1751 年） 　　　　飞蝗集境，捕不能尽，有鸟数千自西南来
　　　　　　　　　　　　　　　　　啄食之。

10. 民国九年（1920 年） 　　　　旱蝗。

11. 民国十八年（1929 年） 　　　　大蝗。

12. 民国三十一年（1942 年） 　　　　飞蝗蔽天。

　　　　　　原载《吴桥县志》自然灾害，中国社会出版社 1992 年版

13. 唐开成元年（836 年） 　　　　蝗灾，庄稼、树叶皆尽。

14. 宋咸淳二年（1266 年） 　　　　蝗灾。

　　　　　　原载《吴桥县志》大事记，中国社会出版社 1992 年版

民国《交河县志》

1. 东汉兴平元年（194 年） 　　　　夏，大蝗。

2. 宋崇宁二年（1103 年） 　　　　河北诸路皆蝗，命有司醮祭勿捕，及至官
　　　　　　　　　　　　　　　　舍之馨香来焉，而田间之苗叶已无矣。

3. 　隆兴元年（1163 年） 　　　　中都以南八路蝗。

4. 金大定十六年（1176 年） 　　　　河北、山东旱蝗。

5. 蒙古中统四年（1263 年） 　　　　六月，河间路蝗。

6. 元大德六年（1302 年） 　　　　四月，河间属县蝗。

7. 　大德十年（1306 年） 　　　　四月，河间、真定等郡蝗。

8. 　至顺元年（1330 年） 　　　　六月，河间、献、景诸州蝗。

9. 　至正十九年（1359 年） 　　　　五月，大蝗，山东、河南、直隶、京师飞
　　　　　　　　　　　　　　　　蔽天日，所落坑堑皆平，人马难行，民
　　　　　　　　　　　　　　　　大饥，都城银一锭易米八斗。

10. 明正统六年（1441 年） 　　　　河间各属蝗。

11. 正统七年（1442 年）　　　　　河间各属蝗。

12. 嘉靖三年（1524 年）　　　　　六月，河间蝗。

13. 万历十六年（1588 年）　　　　蝗飞蔽日，蝻子厚积数寸。

14. 万历四十八年（1620 年）　　　旱蝗，飞蔽日，害稼民饥。

15. 崇祯五年（1632 年）　　　　　旱蝗，飞掩日，横占十余里，树叶、禾秸
　　　　　　　　　　　　　　　　　俱尽。

16. 崇祯十一年（1638 年）　　　　旱蝗害稼，民饥。

17. 崇祯十二年（1639 年）　　　　旱，蝗蝻大伤田稼，民饥。

18. 清顺治四年（1647 年）　　　　蝗飞掩日，落地厚尺余，禾秸尽食。

19. 顺治十六年（1659 年）　　　　蝗伤稼，民饥。

20. 康熙十一年（1672 年）　　　　蝗伤稼。

21. 乾隆五十六年（1791 年）　　　旱蝗。

22. 乾隆六十年（1795 年）　　　　旱蝗。

23. 民国四年（1915 年）　　　　　七月，旱蝗，飞则蔽天，落则遍野，所至
　　　　　　　　　　　　　　　　　之处稼禾皆空，后蝗子出，为害更甚。

原载民国《交河县志》卷十《杂稽志·祥异》，民国五年刻本

《泊头市志》

清乾隆十六年（1751 年）　　　　六月，交河、河间等地发生蝗灾，数千只
　　　　　　　　　　　　　　　　鸟从东南飞来，将蝗虫全部吃掉。

原载《泊头市志》大事记，中国对外翻译出版公司 2000 年版

乾隆《献县志》

1. 后赵石虎时（337—349 年）　　州大蝗。

2. 前秦苻坚时（357—385 年）　　幽州大蝗。

3. 北齐天保九年（558 年）　　　　七月，诏：瀛州去年蚕涝损田，免今年
　　　　　　　　　　　　　　　　　租赋。

4. 乾明元年（560 年）　　　　　　四月，诏：瀛、沧等九州蚕水伤稼，遣使
　　　　　　　　　　　　　　　　　赡恤。

5. 元至元十九年（1282 年）　　　河间属县大蝗。

6.　　至治二年（1322 年）　　　　　　河间等处水蝗。

7. 明正统七年（1442 年）　　　　　　五月，河间等府蝗。

原载乾隆《献县志》卷十八《祥异志》，乾隆二十六年刻本

民国《献县志》

1. 北齐天保八年（557 年）　　　　　螽涝。

2.　　乾明元年（560 年）　　　　　　四月，螽水伤稼，赡恤之。

3. 蒙古中统四年（1263 年）　　　　六月，蝗。

4.　　至元二年（1265 年）　　　　　蝗。

5.　　至元三年（1266 年）　　　　　蝗。

6. 元至元八年（1271 年）　　　　　蝗。

7.　　大德六年（1302 年）　　　　　四月，蝗。

8.　　大德十年（1306 年）　　　　　四月，蝗。

9.　　大德十一年（1307 年）　　　　五月，蝗；八月，蝗。

10.　　至大二年（1309 年）　　　　　四月，蝗；八月，复蝗。

11.　　至治二年（1322 年）　　　　　水蝗。

12.　　泰定元年（1324 年）　　　　　六月，旱蝗。

13.　　泰定三年（1326 年）　　　　　八月，蝗。

14.　　天历二年（1329 年）　　　　　夏，旱蝗。

15.　　至顺元年（1330 年）　　　　　六月，蝗。

16. 明洪武七年（1374 年）　　　　六月，蝗。

17.　　正统五年（1440 年）　　　　　夏，蝗。

18.　　正统六年（1441 年）　　　　　夏，蝗。

19.　　正统七年（1442 年）　　　　　五月，蝗。

20.　　成化九年（1473 年）　　　　　六月，蝗。

21.　　嘉靖三年（1524 年）　　　　　六月，蝗。

22.　　嘉靖三十九年（1560 年）　　　飞蝗蔽天，食禾尽。

23.　　万历十一年（1583 年）　　　　蝗，不为灾。

24.　　万历十九年（1591 年）　　　　蝗食禾几尽。

25. 清顺治四年（1647 年）　　　　飞蝗蔽天。

26.　　康熙十一年（1672 年）　　　　旱蝗。

27.	乾隆九年（1744年）	六月二十二日，飞蝗自山东至，翳空不下，凡二四日乃绝，秋稔。
28.	乾隆十六年（1751年）	夏，飞蝗集境，扑不能尽，有鸟自西南来啄食之。
29.	道光四年（1824年）	蝗，林木皆食。
30.	道光五年（1825年）	蝗。
31.	咸丰六年（1856年）	七月，蝗。
32.	咸丰七年（1857年）	五月，蝗。
33.	咸丰八年（1858年）	六月，飞蝗至，不食苗。
34.	光绪十年（1884年）	蝗。
35.	光绪二十四年（1898年）	五月，蝗，不食禾。

原载民国《献县志》卷十九《故实志四附祥异表》，民国十四年刻本

《献县志》

1.	后赵建武四年（338年）	五月，大蝗灾。
2.	民国十一年（1922年）	秋，蝗灾。
3.	民国二十二年（1933年）	大蝗灾。
4.	民国三十二年（1943年）	蝗灾严重。

原载《献县志》历代蝗灾统计表，中国和平出版社1995年版

乾隆《肃宁县志》

1.	元至元八年（1271年）	河间等路州县蝗。
2.	大德十年（1306年）	四月，河间等路蝗。
3.	至大二年（1309年）	河间州县旱蝗伤稼，命有司赈之。
4.	明正统四年（1439年）	河间州县蝗。
5.	嘉靖三十九年（1560年）	蝗蔽天，禾穗殆尽。
6.	万历十九年（1591年）	夏，大蝗，食禾几尽。
7.	崇祯十四年（1641年）	大旱，飞蝗蔽天，或夫妇、父子相食，死亡略尽。
8.	清顺治四年（1647年）	飞蝗蔽天。

9.　　康熙四十五年（1706 年）　　　　春夏，蝗。

10.　　康熙四十七年（1708 年）　　　　夏秋，蝗。

原载乾隆《肃宁县志》卷一《方舆志·祥异》，乾隆二十一年刻本

《肃宁县志》

1. 东晋大兴三年（320 年）　　　　　河间蝗。

2. 　太元七年（382 年）　　　　　　河间蝗。

3. 北齐天保元年（550 年）　　　　　瀛、沧二州螽伤稼。

4. 宋咸淳二年（1266 年）　　　　　河间蝗。

5. 元至顺元年（1330 年）　　　　　河间属县连岁蝗。

6. 　明洪武七年（1374 年）　　　　　八月，河间属县蝗。

7. 　宣德五年（1430 年）　　　　　　六月，河间蝗。

8. 　正统六年（1441 年）　　　　　　六月，河间属县蝗，野无青草。

9. 　景泰七年（1456 年）　　　　　　五月，河间蝗。

10. 　成化九年（1473 年）　　　　　　河间蝗。

11. 　弘治六年（1493 年）　　　　　　河间蝗。

12. 　嘉靖三年（1524 年）　　　　　　六月，河间蝗。

13. 　嘉靖十一年（1532 年）　　　　　蝗蝻生。

14. 　崇祯十三年（1640 年）　　　　　五月，蝗。

15. 清康熙十一年（1672 年）　　　　蝗。

16. 　乾隆九年（1744 年）　　　　　　六月，蝗从山东来，翳飞不下凡三四日。

17. 　咸丰八年（1858 年）　　　　　　直隶各州县均蝗。

18. 民国四年（1915 年）　　　　　　夏，蝗。

19. 民国十八年（1929 年）　　　　　五月，蝗。

原载《肃宁县志》自然灾害，方志出版社 1999 年版

乾隆《任丘县志》

1. 后赵建武四年（338 年）　　　　　夏五月，大蝗，司隶请罪守宰，虎曰：此
　　　　　　　　　　　　　　　　　　朕失政所致，委咎守宰岂罪己之意耶?
　　　　　　　　　　　　　　　　　　司隶不进说言，佐朕不逮，而欲妄陷无

辜可乎！

2. 前秦建元十八年（382 年）　　　　夏五月，蝗不为灾，刘兰捕蝗不灭，有司
　　　　　　　　　　　　　　　　　请下廷尉，坚曰：灾降自天，非人力可
　　　　　　　　　　　　　　　　　除，此由朕之失，兰何罪？

3. 元至大二年（1309 年）　　　　　蝗伤稼，民饥，命有司赈之。

4.　明正统间（1436—1449 年）　　蝗。

5.　　嘉靖三年（1524 年）　　　　夏，蝗。

6.　　嘉靖七年（1528 年）　　　　秋，蝗。

7.　　嘉靖八年（1529 年）　　　　大蝗。

8.　　嘉靖十年（1531 年）　　　　秋，大蝗，免田租之半。

9.　　嘉靖十一年（1532 年）　　　蝗水，民饥，命有司赈之。

10.　　嘉靖十五年（1536 年）　　　夏，蝗，不为灾。

11.　　嘉靖三十九年（1560 年）　　夏，大蝗蔽天，禾尽食。

12.　　崇祯十四年（1641 年）　　　蝗飞蔽天，人相食。

13. 清康熙十一年（1672 年）　　　蝗。

原载乾隆《任丘县志》卷十《五行志》，乾隆二十七年刻本

《任丘市志》

1. 西晋咸宁四年（278 年）　　　　七月，蝗灾。

2. 元天历二年（1329 年）　　　　　蝗灾。

3. 明洪武七年（1374 年）　　　　　蝗灾。

4. 清咸丰八年（1858 年）　　　　　八月，蝗虫为灾。

5. 民国二十年（1931 年）　　　　　蝗灾。

6. 民国二十二年（1933 年）　　　　蝗灾。

7. 民国二十三年（1934 年）　　　　蝗灾。

8. 民国三十四年（1945 年）　　　　七月，飞蝗，受灾面积 8 万亩。

原载《任丘市志》自然灾害，书目文献出版社 1993 年版

9. 北齐天保八年（557 年）　　　　七月，蝗虫为灾。

原载《任丘市志》大事记，书目文献出版社 1993 年版

《孟村回族自治县志》

1. 唐开成元年（836 年）　　　　　　蝗灾，草木、树叶皆尽。
2. 宋崇宁四年（1105 年）　　　　　　境内蝗灾，野无青草。
3. 明嘉靖三年（1524 年）　　　　　　夏，飞蝗成灾，民大饥。
4. 万历十三年（1585 年）　　　　　　大旱，飞蝗蔽空。
5. 崇祯十二年（1639 年）　　　　　　秋，蝗蝻遍野，食稼殆尽。
6. 崇祯十三年（1640 年）　　　　　　大旱，飞蝗遍野，木皮、树根剥掘俱尽，
　　　　　　　　　　　　　　　　　　　　人相食。
7. 清顺治四年（1647 年）　　　　　　大蝗。
8. 民国二十七年（1938 年）　　　　　秋，飞蝗遍地，庄稼多被吃光。

原载《孟村回族自治县志》大事记，科学出版社 1993 年版

《黄骅县志》

1. 唐开元二年（714 年）　　　　　　七月，蝗虫成灾。
2. 开成元年（836 年）　　　　　　　蝗灾，草木叶俱食尽。
3. 开成五年（840 年）　　　　　　　夏，螟蝗成灾。
4. 宋淳化元年（990 年）　　　　　　七月旱，蝗蝻成灾，食尽草木叶。
5. 淳化三年（992 年）　　　　　　　七月，蝗成灾，蔽空遮日。
6. 淳熙三年（1176 年）　　　　　　　蝗灾。
7. 景定四年（1263 年）　　　　　　　六月，蝗灾。
8. 元至元十九年（1282 年）　　　　　蝗灾。
9. 至大二年（1309 年）　　　　　　　四月，蝗灾。
10. 明嘉靖三年（1524 年）　　　　　夏旱，蝗灾。
11. 嘉靖三十五年（1556 年）　　　　蝗灾。
12. 隆庆三年（1569 年）　　　　　　六月，蝗灾。
13. 万历十三年（1585 年）　　　　　大旱，飞蝗蔽空。
14. 崇祯十一年（1638 年）　　　　　旱蝗成灾。
15. 崇祯十三年（1640 年）　　　　　至秋久旱不雨，禾苗枯死，飞蝗遍野，斗
　　　　　　　　　　　　　　　　　　　米银四金，树皮、草根剥掘俱尽，饥民
　　　　　　　　　　　　　　　　　　　食之，有甚者人相食。

16. 清顺治四年（1647 年）　　　　旱蝗成灾。

17.　康熙三年（1664 年）　　　　秋，蝗遍地。

18.　康熙十七年（1678 年）　　　秋，蝗灾。

19.　康熙十八年（1679 年）　　　大旱，蝗灾。自十七年冬无雪，入春至夏
　　　　　　　　　　　　　　　　　末雨，蝗蝻遍地，人多流亡。

20. 民国三十二年（1943 年）　　　蝗灾，芦苇、庄稼叶俱被吃光，蝗群涌进
　　　　　　　　　　　　　　　　　村庄，吃光糊窗纸，甚至咬破婴儿的
　　　　　　　　　　　　　　　　　耳朵。

　　　　　　　　　　原载《黄骅县志》自然灾害，海潮出版社 1990 年版

21. 唐开成三年（838 年）　　　　蝗灾。

22. 民国二十八年（1939 年）　　　是年，旱、蝗灾迭生，人民生活十分困难。

23. 民国三十四年（1945 年）　　　春旱，蝗灾。

　　　　　　　　　　原载《黄骅县志》大事记，海潮出版社 1990 年版

《海兴县志》

1. 西汉建元五年（前 136 年）　　　夏，蝗。

2.　元光五年（前 130 年）　　　　秋，蝗。

3.　元光六年（前 129 年）　　　　夏，蝗。

4.　元封六年（前 105 年）　　　　秋，蝗。

5.　元始二年（公元 2 年）　　　　夏四月，蝗。

6. 新莽天凤四年（17 年）　　　　旱蝗。

7.　东汉建武二十八年（52 年）　　郡国八十蝗。

8.　建武三十一年（55 年）　　　　郡国大蝗。

9.　永初四年（110 年）　　　　　青、冀等六州蝗。

10.　永初五年（111 年）　　　　　九州蝗。

11.　永初六年（112 年）　　　　　十州蝗。

12.　永兴元年（153 年）　　　　　秋七月，冀州等郡国三十二蝗。

13.　熹平六年（177 年）　　　　　夏四月，大旱，七州蝗。

14.　兴平元年（194 年）　　　　　夏，大蝗为灾。

15. 三国魏黄初三年（222 年）　　　秋七月，冀州大蝗，饥。

16. 西晋建兴元年（313 年）　　　　蝗。

17. 东晋建武元年（317 年） 秋七月，蝗。

18. 　　大兴元年（318 年） 七月，蝗。

19. 　　大兴二年（319 年） 八月，蝗。

20. 　　太元七年（382 年） 五月，幽州蝗生，广袤千里。

21. 北齐天保八年（557 年） 夏秋，蝗。

22. 　　皇建元年（560 年） 四月，沧州一带螽蝗害稼。

23. 唐贞观二年（628 年） 蝗。

24. 　　开元二年（714 年） 七月，蝗灾。

25. 　　开元三年（715 年） 七月，蝗灾。

26. 　　开元四年（716 年） 夏秋，蝗。

27. 　　开元五年（717 年） 夏秋，蝗。

28. 　　贞元元年（785 年） 夏，蝗。

29. 　　开成元年（836 年） 夏秋，蝗，草木皆尽。

30. 　　开成二年（837 年） 六月，蝗。

31. 　　开成三年（838 年） 蝗。

32. 　　开成四年（839 年） 六月旱，蝗食禾。

33. 　　开成五年（840 年） 夏，螟蝗害稼。

34. 后晋天福八年（943 年） 夏旱，蝗大起。

35. 宋建隆三年（962 年） 旱蝗。

36. 　　乾德二年（964 年） 六月，蝗。

37. 　　乾德三年（965 年） 七月，蝗。

38. 　　淳化元年（990 年） 七月，沧州沿海一带蝗蝻食苗。

39. 　　淳化二年（991 年） 七月，蝗。

40. 　　淳化三年（992 年） 七月，蝗。

41. 　　大中祥符九年（1016 年） 蝗蝻继生，弥郊野，食民田殆尽。

42. 　　天禧元年（1017 年） 蝗。

43. 　　明道二年（1033 年） 蝗。

44. 　　熙宁五年（1072 年） 大蝗。

45. 　　熙宁六年（1073 年） 四月，蝗。

46. 　　熙宁七年（1074 年） 秋七月，蝗。

47. 　　崇宁元年（1102 年） 蝗。

48. 　　崇宁二年（1103 年） 蝗。

49.　崇宁四年（1105 年）　　　　大蝗，其飞蔽日。

50. 金大定三年（1163 年）　　　　三月，蝗。

51.　大定四年（1164 年）　　　　蝗。

52.　大定五年（1165 年）　　　　八月，蝗。

53.　大定十六年（1176 年）　　　旱蝗。

54. 蒙古中统四年（1263 年）　　　六月，蝗。

55.　　至元四年（1267 年）　　　蝗。

56.　　至元六年（1269 年）　　　六月，蝗。

57. 元至元十六年（1279 年）　　　四月，蝗。

58.　至元十九年（1282 年）　　　蝗食禾稼、草木叶俱尽，所致蔽日，碍人
　　　　　　　　　　　　　　　　　马不能行，填坑堑皆盈，饥民捕蝗为
　　　　　　　　　　　　　　　　　食，或曝干积之，又尽，人相食。

59.　至元二十六年（1289 年）　　夏秋，蝗。

60.　至元二十七年（1290 年）　　夏四月，蝗。

61.　　大德二年（1298 年）　　　全年蝗虫猖獗。

62.　　大德五年（1301 年）　　　七月，蝗。

63.　　大德六年（1302 年）　　　四月，蝗。

64.　　大德八年（1304 年）　　　四月，蝗。

65.　　大德九年（1305 年）　　　八月，蝗。

66.　　大德十年（1306 年）　　　五月，蝗。

67.　　大德十一年（1307 年）　　八月，蝗。

68.　　至大元年（1308 年）　　　八月，蝗。

69.　　至大二年（1309 年）　　　四月，大蝗为灾，庄稼被毁。

70.　　至大三年（1310 年）　　　七月，大蝗灾，庄稼绝收，人相食。

71.　　至治二年（1322 年）　　　蝗。

72.　　至治三年（1323 年）　　　蝗。

73. 明洪武二年（1369 年）　　　　蝗灾。

74.　　洪武七年（1374 年）　　　蝗。

75.　　正统五年（1440 年）　　　蝗食野草、树叶、果菜。

76.　　正统六年（1441 年）　　　蝗食野草、树叶、果菜。

77.　　嘉靖三年（1524 年）　　　夏，蝗虫为灾。

78.　　嘉靖七年（1528 年）　　　夏，蝗。

79.	嘉靖九年（1530 年）	夏四月，蝗。
80.	嘉靖十四年（1535 年）	秋，蝗甚重。
81.	嘉靖二十五年（1546 年）	大蝗灾。
82.	嘉靖三十五年（1556 年）	蝗。
83.	嘉靖四十三年（1564 年）	蝗。
84.	隆庆三年（1569 年）	夏六月，大旱，飞蝗蔽空，蠋夏麦之半。
85.	万历十二年（1584 年）	蝗。
86.	万历十三年（1585 年）	大旱，飞蝗蔽空。
87.	万历三十六年（1608 年）	蝗灾。
88.	崇祯十一年（1638 年）	蝗。
89.	崇祯十二年（1639 年）	秋，蝗蝻遍野，食稼殆尽。
90.	崇祯十三年（1640 年）	大旱蝗，人相食。
91.	清顺治四年（1647 年）	旱蝗。
92.	康熙三年（1664 年）	秋，旱蝗。
93.	康熙六年（1667 年）	夏，蝗虫成灾。
94.	康熙十一年（1672 年）	秋，旱蝗。
95.	康熙十七年（1678 年）	秋，蝗。
96.	康熙十八年（1679 年）	夏，蝗。
97.	康熙四十九年（1710 年）	蝗。
98.	乾隆二十四年（1759 年）	蝗灾。
99.	乾隆三十三年（1768 年）	夏，蝗。
100.	乾隆四十一年（1776 年）	秋，蝗灾严重。
101.	乾隆四十二年（1777 年）	蝗。
102.	道光元年（1821 年）	夏，蝗。
103.	咸丰六年（1856 年）	七月，蝗。
104.	同治十一年（1872 年）	蝗，不为灾。
105.	宣统三年（1911 年）	六月，蝗。
106.	民国四年（1915 年）	蝗灾，害稼。
107.	民国十八年（1929 年）	蝗。
108.	民国二十年（1931 年）	蝗灾甚重。
109.	民国二十二年（1933 年）	发生大面积蝗灾。
110.	民国二十三年（1934 年）	夏秋，蝗灾。

111. 民国三十二年（1943 年）　　　　发生严重蝗灾。

112. 民国三十八年（1949 年）　　　　蝗害。

　　　　　　　　　　　原载《海兴县志》自然灾害，方志出版社 2002 年版

113. 明万历四十五年（1617 年）　　　夏，庄稼被蝗虫吃尽，民大量外逃关东。

114. 清康熙十六年（1677 年）　　　　旱蝗。

　　　　　　　　　　　原载《海兴县志》大事记，方志出版社 2002 年版

五、廊坊市

光绪《顺天府志》

1. 西晋永嘉四年（310 年）　　　　　夏五月，幽、并、司、冀、秦、雍六州大
　　　　　　　　　　　　　　　　　　蝗，食草木、牛马毛皆尽。

2. 前秦建元十八年（382 年）　　　　幽州蝗，广袤千里。

3. 北齐天保十年（559 年）　　　　　幽州大蝗。

4. 唐开元二年（714 年）　　　　　　七月，三河蝗。

5. 　开成五年（840 年）　　　　　　夏，幽州螟蝗害稼。

6. 辽开泰六年（1017 年）　　　　　　六月，南京①诸县蝗。

7. 　咸雍三年（1067 年）　　　　　　南京旱蝗。

8. 　太康二年（1076 年）　　　　　　九月，南京蝗。

9. 　太康三年（1077 年）　　　　　　五月，安次②螽伤稼。

10. 　太康七年（1081 年）　　　　　五月，永清、武清、固安三县蝗。

11. 　大安四年（1088 年）　　　　　八月，永清蝗为飞鸟所食。

12. 　寿昌七年（1101 年）　　　　　五月，固安蝗。

13. 　乾统三年（1103 年）　　　　　七月，南京蝗。

14. 元至元二十三年（1286 年）　　　霸州蝗。

15. 　至元三十一年（1294 年）　　　六月，东安州蝗。

16. 　大德元年（1297 年）　　　　　七月，大都涿州、固安蝗。

17. 　大德九年（1305 年）　　　　　八月，涿州等县蝗。

---

　　①　南京：据《辽史·地理志》，辽南京，统宛平、昌平、安次、武清、香河、蓟州、涿州、固安、易州、三河、永清、容城、玉田、景州等地。
　　②　安次：旧县名，治所在今河北廊坊东南光荣村。

18. 大德十年（1306 年）　　　　四月，大都正定等郡蝗。

19. 至大二年（1309 年）　　　　六月，霸州、涿州等处蝗。

20. 延祐七年（1320 年）　　　　霸州蝻。

21. 至治元年（1321 年）　　　　五月，霸州蝗。

22. 泰定三年（1326 年）　　　　七月，涿、霸等州蝗。

23. 至顺元年（1330 年）　　　　六月，固安等州蝗。

24. 至元十九年（1282 年）　　　三河蝗食苗稼、草木俱尽。

25. 至正十九年（1359 年）　　　大都霸州蝗食禾稼、草木俱尽，所至蔽日，
　　　　　　　　　　　　　　　　　碍人马不能行，填坑堑皆盈，饥民捕蝗
　　　　　　　　　　　　　　　　　为食，或曝干积之，又尽，则人相食；
　　　　　　　　　　　　　　　　　永清蝗食禾稼、草木皆尽，人相食。

26. 明正统二年（1437 年）　　　文安蝗。

27. 正统十二年（1447 年）　　　文安、涿州蝗。

28. 成化九年（1473 年）　　　　大城蝗。

29. 弘治八年（1495 年）　　　　保定蝗。

30. 弘治十四年（1501 年）　　　夏，文安蝗。

31. 嘉靖六年（1527 年）　　　　固安旱蝗，东安大旱，蝗飞蔽天。

32. 嘉靖十一年（1532 年）　　　九月，东安旱蝗。

33. 嘉靖三十年（1551 年）　　　香河飞蝗蔽天，食禾尽，民间男女捕蝗
　　　　　　　　　　　　　　　　　作餔。

34. 嘉靖三十九年（1560 年）　　三河蝗自南来如水，越城北飞，碍人马不
　　　　　　　　　　　　　　　　　得行，坑堑尽盈，禾草俱尽。

35. 嘉靖四十一年（1562 年）　　香河蝗蝻食田禾殆尽。

36. 隆庆三年（1569 年）　　　　夏，霸州蝗。

37. 万历十五年（1587 年）　　　永清旱蝗。

38. 万历二十六年（1598 年）　　八月，文安蝗灾。

39. 万历二十七年（1599 年）　　文安蝗。

40. 万历三十四年（1606 年）　　至夏不雨，顺天文安、永清、三河诸县
　　　　　　　　　　　　　　　　　大蝗。

41. 万历四十五年（1617 年）　　东安旱蝗。

42. 天启五年（1625 年）　　　　六月，固安蝗。

43. 崇祯十年（1637 年）　　　　大城旱蝗。

44. 崇祯十一年（1638 年）　　　　七月，永清蝗飞蔽天，食禾殆尽。

45. 崇祯十三年（1640 年）　　　　六月，文安飞蝗蔽日而下，人捕数石；大
　　　　　　　　　　　　　　　　　城旱蝗。

46. 崇祯十五年（1642 年）　　　　夏，大城蝗如烟似雾，木叶、草根一过
　　　　　　　　　　　　　　　　　如扫。

47. 清顺治十年（1653 年）　　　　文安蝗灾。

48. 顺治十四年（1657 年）　　　　秋，东安蝗。

49. 康熙五年（1666 年）　　　　　五月，保定蝗自东来，蔽日，伤禾。

50. 康熙十一年（1672 年）　　　　东安、文安旱蝗。

51. 康熙十六年（1677 年）　　　　三河蝗。

52. 康熙二十三年（1684 年）　　　东安蝗。

53. 康熙三十六年（1697 年）　　　文安蝗。

54. 康熙四十四年（1705 年）　　　八月，三河蝗，不为灾。

55. 康熙四十八年（1709 年）　　　四月，东安蝗。

56. 康熙五十一年（1712 年）　　　六月，固安蝗。

57. 康熙五十二年（1713 年）　　　四月，固安蝗。

58. 乾隆五年（1740 年）　　　　　三河飞蝗入境，抱禾稼枝叶而毙，不为灾。

59. 乾隆十七年（1752 年）　　　　三河蝗，不为灾。

60. 乾隆二十八年（1763 年）　　　六月，霸州、文安等处飞蝗。

61. 咸丰四年（1854 年）　　　　　固安蝗。

62. 咸丰七年（1857 年）　　　　　固安蝗。

63. 咸丰八年（1858 年）　　　　　六月，自三河境内至大王务蝗，秋禾半伤。

原载光绪《顺天府志》卷六十九《故事志五·祥异》，光绪十年刻本

《廊坊市志》

1. 宋元丰四年（1081 年）　　　　五月，辽永清、固安等地蝗灾。

2. 元至大二年（1309 年）　　　　六月，霸州蝗灾。

3. 至正十九年（1359 年）　　　　五月，霸州蝗灾，蝗虫蔽野，禾稼、草木
　　　　　　　　　　　　　　　　　皆尽，蝗灾过后人相食。

4. 明崇祯十三年（1640 年）　　　大城旱，蝗灾重，人相食。

5. 清乾隆二十八年（1763 年）　　三月，文安、霸州飞蝗七日不绝；七月，大

　　　　　　　　　　　　　　　　城蝗灾。

6. 民国六年（1917年）　　　　　七月，永清飞蝗遮天蔽日自南而来，连续

　　　　　　　　　　　　　　　　5昼夜，降落田间，食尽禾稼，虽经捕

　　　　　　　　　　　　　　　　打无效，幸降大雨，蝗渐灭迹。

　　　　　　原载《廊坊市志》大事记，方志出版社2001年版

康熙《东安县志》①

1. 元至元二十一年（1284年）　　　六月，蝗。
2. 　大德九年（1305年）　　　　　八月，蝗。

　　　　　　原载康熙《东安县志》卷一《天文志·禨祥》，民国二十四年铅印本

乾隆《东安县志》

1. 北齐天保元年（550年）　　　　夏，蝗，使赈之。
2. 明正统七年（1442年）　　　　　蝗蔽天而行，所过野无青草。
3. 　嘉靖六年（1527年）　　　　　大旱，蝗蔽天。
4. 　嘉靖十一年（1532年）　　　　九月，旱蝗。
5. 　万历四十五年（1617年）　　　旱蝗。
6. 清顺治十四年（1657年）　　　　秋，蝗灾。
7. 　康熙十一年（1672年）　　　　旱蝗。
8. 　康熙二十三年（1684年）　　　蝗。
9. 　康熙四十八年（1709年）　　　四月，蝗。

　　　　　　原载乾隆《东安县志》卷九《禨祥志》，乾隆十四年刻本

民国《安次县志》

1. 明正统七年（1442年）　　　　　蝗蔽天而行，所过野无青草。
2. 　嘉靖六年（1527年）　　　　　旱，蝗飞蔽天。

---

　　① 东安：旧州、县名，治所在今河北廊坊西旧州，明代迁治今河北廊坊东南光荣村。按，康熙年间所修《东安县志》有两种，一为韩允嘉等纂修，一为王士美等纂修，均为十卷，此处所引为后者。

3. 万历四十五年（1617 年）　　　　　旱蝗。

4. 清顺治十四年（1657 年）　　　　　秋，蝗灾。

5. 康熙十一年（1672 年）　　　　　旱蝗。

6. 康熙二十三年（1684 年）　　　　　蝗。

7. 康熙四十八年（1709 年）　　　　　四月，蝗。

原载民国《安次县志》卷一《地理志·五行》，民国三年铅印本

光绪《大城县志》

1. 前秦苻坚时（357—385 年）　　　　幽州蝗，广袤千里。

2. 明永乐十四年（1416 年）　　　　　蝗。

3. 正统元年（1436 年）　　　　　四月，蝗旱。

4. 正统四年（1439 年）　　　　　大蝗。

5. 正统十二年（1447 年）　　　　　蝗。

6. 景泰四年（1453 年）　　　　　夏，蝗。

7. 成化八年（1472 年）　　　　　六月，蝗。

8. 成化九年（1473 年）　　　　　蝗。

9. 弘治十三年（1500 年）　　　　　蝗。

10. 弘治十四年（1501 年）　　　　　夏，蝗。

11. 嘉靖十四年（1535 年）　　　　　夏，蝗。

12. 嘉靖二十一年（1542 年）　　　　蝗，饥疫，人相食。

13. 嘉靖三十九年（1560 年）　　　　夏，蝗。

14. 隆庆三年（1569 年）　　　　　夏，蝗。

15. 万历二十六年（1598 年）　　　　蝗。

16. 天启六年（1626 年）　　　　　蝗。

17. 崇祯十年（1637 年）　　　　　旱蝗。

18. 崇祯十三年（1640 年）　　　　　旱蝗。

19. 崇祯十五年（1642 年）　　　　　夏，蝗如烟似雾，草木叶一过如扫。

20. 清康熙十一年（1672 年）　　　　旱蝗。

21. 康熙三十三年（1694 年）　　　　蝗，不为灾。

22. 乾隆二十二年（1757 年）　　　　夏，蝗虫为灾。

23. 乾隆二十四年（1759 年）　　　　夏，蝗虫为灾。

24.	乾隆三十五年（1770 年）	大蝗。
25.	道光四年（1824 年）	七月，飞蝗大至，食禾殆尽。
26.	咸丰七年（1857 年）	六月，飞蝗蔽日天如阴，数日尽去。
27.	光绪元年（1875 年）	蝗虫为害。

原载光绪《大城县志》卷十《五行志·灾异》，光绪二十四年刻本

《大城县志》

1.	民国八年（1919 年）	七月，蝗灾。
2.	民国十八年（1929 年）	蝗灾。
3.	民国二十二年（1933 年）	蝗灾面积 25 公顷。
4.	民国二十五年（1936 年）	蝗灾。
5.	民国二十九年（1940 年）	飞蝗吃光庄稼。
6.	民国三十一年（1942 年）	六月，飞蝗甚广，遭灾严重，收成极少。

原载《大城县志》自然灾害，华夏出版社 1995 年版

民国《文安县志》

1.	元至大元年（1308 年）	蝗。
2.	明崇祯十年（1637 年）	旱蝗。
3.	清咸丰六年（1856 年）	蝗。
4.	光绪八年（1882 年）	蝗。
5.	光绪三十二年（1906 年）	六月，蝗。
6.	光绪三十四年（1908 年）	七月，蝗。
7.	宣统元年（1909 年）	七月，蝗。
8.	宣统二年（1910 年）	七月，蝗。
9.	民国七年（1918 年）	七月，蝗。
10.	民国八年（1919 年）	五月，蝗。
11.	民国九年（1920 年）	秋，东北蝗，伤田禾。

原载民国《文安县志》卷末《志余·灾异》，民国十一年铅印本

《文安县志》

1. 明弘治十四年（1501 年）　　　　夏，蝗。
2. 嘉靖三十九年（1560 年）　　　　夏，蝗。
3. 隆庆三年（1569 年）　　　　　　夏，蝗。
4. 万历二十六年（1598 年）　　　　蝗。
5. 万历二十七年（1599 年）　　　　蝗。
6. 万历二十八年（1600 年）　　　　蝗。
7. 万历三十四年（1606 年）　　　　蝗。
8. 天启六年（1626 年）　　　　　　蝗。
9. 崇祯十一年（1638 年）　　　　　蝗。
10. 崇祯十四年（1641 年）　　　　　旱蝗。
11. 清康熙十一年（1672 年）　　　　蝗。
12. 康熙三十六年（1697 年）　　　　蝗。
13. 康熙三十八年（1699 年）　　　　蝗灾。
14. 乾隆二十八年（1763 年）　　　　飞蝗。

原载《文安县志》自然灾害，中国社会出版社 1994 年版

康熙《保定县志》①

1. 明万历十九年（1591 年）　　　　蝗。
2. 天启六年（1626 年）　　　　　　蝗。
3. 崇祯十二年（1639 年）　　　　　飞蝗蔽日，人相食。
4. 清康熙五年（1666 年）　　　　　五月，蝗自东来，蔽日伤禾。

原载康熙《保定县志》卷四《艺文志·灾异》，康熙十二年刻本

民国《霸县新志》

1. 元至元二十三年（1286 年）　　　霸州蝗。

---

① 保定：旧县名，治所在今河北文安西北新镇镇。

2.　大德八年（1304 年）　　　　　六月，益津①县蝗。

3.　至大二年（1309 年）　　　　　六月，霸州蝗。

4.　延祐七年（1320 年）　　　　　霸州蝻。

5.　至治元年（1321 年）　　　　　五月，霸州蝗。

6.　泰定三年（1326 年）　　　　　七月，霸州蝗。

7.　至正十九年（1359 年）　　　　霸州蝗食禾稼、草木俱尽，所至蔽日，碍
　　　　　　　　　　　　　　　　　　人马不能行，填坑堑皆盈，饥民捕蝗以
　　　　　　　　　　　　　　　　　　为食，或曝干而积之，又尽，则人
　　　　　　　　　　　　　　　　　　相食。

8.　明正统五年（1440 年）　　　　蝗，遣侍郎魏骥捕之。

9.　　嘉靖六年（1527 年）　　　　蝗旱。

10.　嘉靖三十九年（1560 年）　　　旱蝗。

11.　　隆庆三年（1569 年）　　　　夏，蝗。

12.　　万历十九年（1591 年）　　　蝗。

13. 清道光四年（1824 年）　　　　旱蝗。

14.　咸丰六年（1856 年）　　　　　夏，旱蝗。

15.　同治十一年（1872 年）　　　　大水蝗。

16.　　光绪二年（1876 年）　　　　蝗灾。

17.　　光绪二十九年（1903 年）　　蝗灾。

18. 民国三年（1914 年）　　　　　蝗群飞蔽天，其声如雷。

19. 民国四年（1915 年）　　　　　蝗蝻，先有飞蝗至，不害苗，阅半月，蝻
　　　　　　　　　　　　　　　　　　出遍地如水流，县长饬民捕之，并设局
　　　　　　　　　　　　　　　　　　收买，日获数万斤，竟不成灾。

20. 民国七年（1918 年）　　　　　七月，蝗蝻四出，谷受伤。

21. 民国九年（1920 年）　　　　　蝗。

22. 民国十年（1921 年）　　　　　蝗。

23. 民国十一年（1922 年）　　　　蝗。

24. 民国十七年（1928 年）　　　　蝗食麦苗。

原载民国《霸县新志》卷六《故实·灾异》，民国二十三年铅印本

---

① 益津：旧县名，治所在今河北霸州。

民国《霸县志》

明崇祯十三年（1640 年）　　　　　　蝗旱，大饥。

原载民国《霸县志》卷四《政事志·灾害》，民国十二年铅印本

光绪《续永清县志》

1. 元至正十九年（1359 年）　　　　　蝗食禾稼、草木皆尽，人相食。
2. 明万历十五年（1587 年）　　　　　四月，先旱后蝗。
3. 　崇祯十一年（1638 年）　　　　　蝗。
4. 清咸丰六年（1856 年）　　　　　　夏，多蝗。
5. 　同治六年（1867 年）　　　　　　旱，有蝗。

原载光绪《续永清县志》卷十三《杂志》，光绪元年刻本

《永清县志》

1. 明崇祯十一年（1638 年）　　　　　七月，飞蝗蔽天，食禾殆尽，饥民捕蝗
　　　　　　　　　　　　　　　　　　食之。
2. 清光绪二年（1876 年）　　　　　　夏，遭蝗虫。
3. 民国六年（1917 年）　　　　　　　六月，飞蝗自南遮天蔽日而来，连续五昼
　　　　　　　　　　　　　　　　　　夜，降落田间，食尽禾稼，几经捕打
　　　　　　　　　　　　　　　　　　无效。

原载《永清县志》大事记，河北人民出版社 2000 年版

4. 民国四年（1915 年）　　　　　　　蝗虫成群，连续交飞。

原载《永清县志》自然灾害，河北人民出版社 2000 年版

乾隆《三河县志》

1. 唐开元二年（714 年）　　　　　　　七月，蝗。
2. 元至元十九年（1282 年）　　　　　蝗食苗稼、草木皆尽。
3. 明宣德四年（1429 年）　　　　　　六月，蝗。
4. 　正统五年（1440 年）　　　　　　蝗。

5.　　正统六年（1441 年）　　　　蝗。

6.　　正统七年（1442 年）　　　　蝗。

7.　　嘉靖三年（1524 年）　　　　夏，蝗。

8.　　嘉靖三十九年（1560 年）　　蝗自南来如水，越城北行，碍人马不得行，坑堑皆盈，禾草俱尽。

9.　清康熙十六年（1677 年）　　　蝗。

10.　康熙四十四年（1705 年）　　蝗，不为灾。

11.　乾隆五年（1740 年）　　　　飞蝗入境，抱禾稼、枝叶而毙，不为灾。

12.　乾隆十七年（1752 年）　　　蝗，不成灾。

原载乾隆《三河县志》卷七《风俗志·物异》，民国二十四年铅印本

民国《三河县新志》

1. 清咸丰五年（1855 年）　　　　飞蝗入境，灾。

2.　咸丰六年（1856 年）　　　　蝗蝻遍野，食苗殆尽，大歉。

3.　光绪六年（1880 年）　　　　蝻生。

4.　光绪七年（1881 年）　　　　蝻生遍野，秋大歉。

5.　光绪二十一年（1895 年）　　蝻伤禾稼。

6.　光绪二十二年（1896 年）　　蝻伤禾稼。

7. 民国十二年（1923 年）　　　　秋，蝗，歉收。

原载民国《三河县新志》卷八《经制志·灾异》，民国二十四年铅印本

《三河县志》

1. 明弘治十年（1497 年）　　　　三河旱，蝗灾。

2.　嘉靖十九年（1540 年）　　　蝗自南而来，铺天盖地，阻碍交通，人马不能行。

原载《三河县志》自然灾害，学苑出版社 1988 年版

《大厂回族自治县志》

1. 元至元十九年（1282 年）　　　蝗虫成灾，禾稼尽食。

2. 明嘉靖十九年（1540 年） 蝗自南来，铺天盖地，人马不能行，沟堑
尽平，禾草俱尽。

3. 清咸丰六年（1856 年） 蝗蝻遍野，食禾殆尽。

原载《大厂回族自治县志》自然灾害，中国画报出版社 1995 年版

咸丰《固安县志》

1. 辽寿昌七年（1101 年） 五月，蝗。
2. 元大德六年（1302 年） 七月，蝗。
3. 　至顺元年（1330 年） 六月，蝗。
4. 明嘉靖六年（1527 年） 旱蝗。
5. 　天启五年（1625 年） 蝗。
6. 清康熙五十一年（1712 年） 六月，飞蝗蔓延数村，知县郑善述率子侄
捕扑，百姓效力，毫不为灾。
7. 　咸丰四年（1854 年） 蝗，知县陈崇砥率丁役捕扑，民不为灾。
8. 　咸丰七年（1857 年） 蝗。

原载咸丰《固安县志》卷一《舆地志·祥异》，咸丰九年刻本

《固安县志》

1. 宋熙宁四年（1071 年） 五月，蝗灾。
2. 　元丰四年（1081 年） 五月，蝗灾。
3. 元大德元年（1297 年） 七月，蝗灾。
4. 明万历四十八年（1620 年） 六月，蝗害成灾。
5. 　天启六年（1626 年） 蝗灾。
6. 清康熙五十二年（1713 年） 蝗灾。
7. 　道光元年（1821 年） 六月，蝗灾，官府设厂收买，以粮米兑易。

原载《固安县志》大事记，中国人事出版社 1998 年版

《香河县志》

1. 元至正十九年（1359 年） 四月，蝗食禾稼、草木皆尽，饥民捕蝗以食。

2. 明万历十四年（1586 年）　　　　　　春旱，蝗灾。

3. 清光绪三年（1877 年）　　　　　　　　六月，旱、蝗灾并发，逃荒者甚多。

4. 民国十年（1921 年）　　　　　　　　　秋，蝗灾，成群的蝗虫铺天盖地，成片的
　　　　　　　　　　　　　　　　　　　　　庄稼变成光秆。

　　　　　　原载《香河县志》大事记，中国对外翻译出版公司 2001 年版

5. 明嘉靖三十年（1551 年）　　　　　　　夏，飞蝗蔽日，食尽田禾，民饥。

　　　　　　原载《香河县志》自然灾害，中国对外翻译出版公司 2001 年版

六、唐山市

《唐山市志》

1. 金大定四年（1164 年）　　　　　　　　平州①、蓟州遭蝗灾，父母、兄弟不能相
　　　　　　　　　　　　　　　　　　　　　保，大批灾民卖身为奴，朝廷出钱赎还
　　　　　　　　　　　　　　　　　　　　　为民。

　　　　　　　　原载《唐山市志》大事记，方志出版社 1999 年版

2. 清咸丰六年（1856 年）　　　　　　　　玉田、滦县、丰润被水、旱、蝗灾。

　　　　　　　　原载《唐山市志》自然灾害，方志出版社 1999 年版

3. 民国三十八年（1949 年）　　　　　　　玉田蝗虫大发生，干部、群众捕捉蝗虫
　　　　　　　　　　　　　　　　　　　　　4.31 吨。

　　　　　　　原载《唐山市志》农业·病虫害，方志出版社 1999 年版

光绪《永平府志》②

1. 元致和元年（1328 年）　　　　　　　　夏四月，永平路石城③县蝗。

2. 　天历二年（1329 年）　　　　　　　　秋七月，永平蝗。

　　　　原载光绪《永平府志》卷二十九《封域志十一·纪事上》，光绪五年刻本

3. 明洪武七年（1374 年）　　　　　　　　夏，乐亭蝗。

4. 　正统五年（1440 年）　　　　　　　　夏，蝗，吏部侍郎魏骥抚安永平等府蝗灾。

---

①　平州：旧州名，治所在今河北卢龙北。

②　永平：旧府名，治所在今河北卢龙，时辖迁安、迁西、滦县、滦南、乐亭等县。

③　石城：旧县名，治所在今河北唐山市开平区。

5.	正统十二年（1447 年）	秋七月，赈永平蝗灾。
6.	正统十四年（1449 年）	夏，永平蝗。
7.	弘治六年（1493 年）	夏四月，蝗灾，免迁安去年田租。
8.	弘治八年（1495 年）	夏四月，乐亭蝗。
9.	正德十四年（1519 年）	六月，滦州蝗。
10.	嘉靖二年（1523 年）	六月，蝗。
11.	嘉靖三年（1524 年）	秋八月，免永平旱蝗岁税。
12.	嘉靖八年（1529 年）	七月，乐亭蝗；九月，免永平旱蝗夏税。
13.	嘉靖十二年（1533 年）	六月，滦州蝗，落地尺许。
14.	嘉靖十五年（1536 年）	滦州、乐亭蝗。
15.	嘉靖十七年（1538 年）	夏四月，滦州蝗。
16.	嘉靖二十一年（1542 年）	夏四月，永平蝗蝻遍地，大饥。
17.	嘉靖三十六年（1557 年）	秋八月，滦州蝗。
18.	嘉靖四十一年（1562 年）	乐亭蝗入境，不为灾。
19.	天启六年（1626 年）	秋七月，迁安飞蝗遍野，伤禾稼。
20.	崇祯十三年（1640 年）	五月，迁安蝗伤禾稼，大饥。

原载光绪《永平府志》卷三十《封域志十二·纪事中》，光绪五年刻本

21.	清乾隆十八年（1753 年）	是年，乐亭捕蝗得力，岁丰。
22.	咸丰四年（1854 年）	八月，滦州蝗。
23.	光绪三年（1877 年）	夏旱，滦州、乐亭蝗。

原载光绪《永平府志》卷三十一《封域志十三·纪事下》，光绪五年刻本

《丰南县志》

1.	明嘉靖二十一年（1542 年）	蝗蝻遍地，五谷歉收。
2.	嘉靖三十九年（1560 年）	飞蝗蔽空，民大饥。
3.	嘉靖四十五年（1566 年）	至六月不雨，飞蝗遍地，食禾尽。
4.	清乾隆十八年（1753 年）	飞蝗漫山塞野，落地盈尺，飞蔽天。
5.	民国八年（1919 年）	县南蝗虫起飞，遮天蔽日，所过禾苗一扫而光。
6.	民国十八年（1929 年）	蝗灾近全县，禾苗尽损，民不聊生。

原载《丰南县志》自然灾害，新华出版社 1990 年版

《丰润县志》

1. 明正德八年（1513 年）	旱，蝗灾。
2.　嘉靖二十一年（1542 年）	蝗蝻遍地，粮食歉收。
3.　嘉靖三十九年（1560 年）	春旱，飞蝗蔽空，庄稼所剩无几，民食野草度日。
4.　嘉靖四十年（1561 年）	旱，蝗虫积地数寸，绵亘百里，庄稼几乎绝收。
5.　隆庆三年（1569 年）	六月，飞蝗骤起，蔽日遮空。
6. 清乾隆十八年（1753 年）	飞蝗漫山塞野，高可盈尺，飞则蔽天。
7. 民国二年（1913 年）	丰润蝗灾，收成大减。
8. 民国十年（1921 年）	蝗虫起飞，禾草一扫而光，窗纸也被吃掉。
9. 民国十八年（1929 年）	蝗灾，受灾面积近百万亩，跳蝻满地，飞蝗蔽天，人民流离失所。

原载《丰润县志》自然灾害·蝗虫，中国社会科学出版社 1993 年版

光绪《丰润县志》

清乾隆十八年（1753 年）	丰邑蝗灾，漫山塞野，高可盈尺，飞则蔽天，官率夫役捕之，连车不尽，虽势稍杀，然不能尽也。陈宫山一带忽有异鸟千万，长喙、黑白色，猛如鹰隼，飞掠啄打，蝗纷坠如雨；王兰庄等处有巨蟆无算，跃而啖蝗，或鹽其脑或裂其腹，其断足、折翅者皆抱草木死，越日，异鸟、巨蟆皆不见，死蝗坟积，洗然空矣。

原载光绪《丰润县志》卷三《杂记》，民国十年铅印本

光绪《玉田县志》

1. 辽大康三年（1077 年）	五月，蝝伤稼。

2. 明嘉靖三十九年（1560 年）　　　旱，飞蝗积地。

3.　　嘉靖四十年（1561 年）　　　旱，蝻生。

4.　　崇祯十三年（1640 年）　　　蝗。

5. 清顺治十三年（1656 年）　　　蝗。

6.　　光绪七年（1881 年）　　　秋，飞蝗大至，所伤实多。

7.　　光绪八年（1882 年）　　　蝻生，县令集民夫掩捕数十日始尽，时城
　　　　　　　　　　　　　　　　　西又有蠕动，忽有群鸟啄食而尽。

原载光绪《玉田县志》卷十五《祥眚志》，光绪十年刻本

《玉田县志》

1. 明嘉靖十九年（1540 年）　　　蝗虫从西南飞来，铺天盖地，禾苗食尽，
　　　　　　　　　　　　　　　　　禾无收。

2. 清咸丰六年（1856 年）　　　蝗蝻遍地，禾苗尽食。

3. 民国十七年（1928 年）　　　五月，九丈窝、赵官庄等百余村发生蝗蝻，
　　　　　　　　　　　　　　　　　伤禾。

4. 民国二十六年（1937 年）　　　六月，石臼窝、窝洛沽发生飞蝗，从西南
　　　　　　　　　　　　　　　　　飞来，铺天盖地，持续 40 余天，高粱
　　　　　　　　　　　　　　　　　码被咬掉 50％。

5. 民国二十七年（1938 年）　　　四月，林南仓、虹桥、石臼窝、窝洛沽等
　　　　　　　　　　　　　　　　　地发生蝗灾，遍地皆是，禾苗食尽，严
　　　　　　　　　　　　　　　　　重地区吃掉窗户纸。

6. 民国三十八年（1949 年）　　　七月，亮甲店、大韩庄、彩亭桥、石臼窝
　　　　　　　　　　　　　　　　　发生蝗蝻，共捕捉蝗蝻 8 620 斤。

原载《玉田县志》自然灾害，中国大百科全书出版社 1993 年版

《遵化县志》

1. 明正德六年（1511 年）　　　蝗。

2.　　嘉靖三十年（1551 年）　　　秋，蝗。

3.　　嘉靖三十九年（1560 年）　　　秋，蝗。

4.　　嘉靖四十年（1561 年）　　　蝗蝻生，米价腾贵。

5. 万历十九年（1591 年）　　　　蝗飞蔽天。

6. 万历三十六年（1608 年）　　　蝗蝻遍野，禾稼如扫。

7. 崇祯十三年（1640 年）　　　　蝗蝻遍野。

8. 清顺治十三年（1656 年）　　　蝗。

9. 顺治十六年（1659 年）　　　　蝗。

10. 康熙十六年（1677 年）　　　　蝗。

11. 康熙三十年（1691 年）　　　　大蝗。

12. 康熙三十三年（1694 年）　　　蝗蝻遍野。

13. 康熙三十八年（1699 年）　　　七月，飞蝗遍野。

14. 乾隆十八年（1753 年）　　　　六月，蝗飞蔽天。

15. 乾隆五十七年（1792 年）　　　飞蝗过境。

16. 道光五年（1825 年）　　　　　有蝗。

17. 道光六年（1826 年）　　　　　八月，飞蝗过境。

18. 咸丰三年（1853 年）　　　　　五月，有蝗，知州率民捕逐略尽。

19. 咸丰四年（1854 年）　　　　　春，收买蝗蝻，掘坑焚埋。

20. 光绪七年（1881 年）　　　　　五月，蝗。

21. 光绪九年（1883 年）　　　　　飞蝗过境，知州率民焚捕略尽。

22. 民国十八年（1929 年）　　　　夏，飞蝗伤农过甚。

原载《遵化县志》自然灾害，河北人民出版社 1990 年版

万历《滦志》

1. 宋太平兴国七年（982 年）　　　秋九月，旱蝗，赈饥。

2. 蒙古至元三年（1266 年）　　　　夏五月，蝗。

3. 元天历元年（1328 年）　　　　　石城及三署蝗，免租。

原载万历《滦志》卷一《世编一》，万历四十六年刻本

4. 明弘治四年（1491 年）　　　　　五月，蝗，建八蜡庙。

5. 嘉靖八年（1529 年）　　　　　　夏五月，蝗飞蔽天，落地尺厚，知州出郊
　　　　　　　　　　　　　　　　　　捕之。

6. 嘉靖十二年（1533 年）　　　　　夏六月，蝗落地尺厚，蝼生。

7. 嘉靖十五年（1536 年）　　　　　夏四月，蝗。

8. 嘉靖十六年（1537 年）　　　　　夏四月，蝗。

9.	嘉靖十七年（1538 年）	夏四月，蝗。
10.	嘉靖二十五年（1546 年）	秋七月，蝗飞渡滦，未落境。

　　　　　　　　原载万历《滦志》卷二《世编二》，万历四十六年刻本

11.	嘉靖三十六年（1557 年）	四月，蝻生；秋八月，蝗。
12.	嘉靖三十七年（1558 年）	七月，蝗。
13.	万历四十四年（1616 年）	六月，蝻生，越城渡河；七月，蝗落地尺余厚，食禾稼，知州出郊捕之。

　　　　　　　　原载万历《滦志》卷三《世编三》，万历四十六年刻本

光绪《滦州志》

1.	清康熙六年（1667 年）	秋，蝗。
2.	乾隆二十四年（1759 年）	夏，螣。
3.	乾隆二十八年（1763 年）	夏，蝗蝻生，七月始灭。
4.	嘉庆七年（1802 年）	秋八月，蝗飞遍野，自边城至海。
5.	嘉庆八年（1803 年）	春，蝻生；夏，蝗，复生蝻，至秋未绝。
6.	道光四年（1824 年）	秋，蝗。
7.	道光五年（1825 年）	春，蝗蝻食苗；秋，旱蝗。
8.	道光六年（1826 年）	蝗。
9.	道光二十八年（1848 年）	夏五月，滨海蝻起，捕之，不为灾。
10.	咸丰四年（1854 年）	秋八月，蝗。
11.	咸丰八年（1858 年）	夏，蝗。
12.	光绪三年（1877 年）	夏，旱蝗。

　　　　　　　　原载光绪《滦州志》卷九《封域志下·纪事》，光绪二十四年刻本

民国《滦县志》

清咸丰七年（1857 年）　　　　　　春，蝻生。

　　　　　　　　原载民国《滦县志》卷十六《故事志上·纪事》，民国二十六年铅印本

《滦南县志》

1. 辽乾亨四年（982 年）　　　　　　秋九月旱，蝗灾。

2. 清乾隆二十八年（1763 年）　　　　　夏，生蝗。

3. 　嘉庆八年（1803 年）　　　　　　　夏，蝗。

4. 　道光四年（1824 年）　　　　　　　秋，蝗。

5. 　道光五年（1825 年）　　　　　　　秋，蝗。

6. 　咸丰四年（1854 年）　　　　　　　秋八月，蝗灾。

7. 　咸丰八年（1858 年）　　　　　　　夏，蝗灾。

原载《滦南县志》自然灾害，生活·读书·新知三联书店 1997 年版

8. 明嘉靖八年（1529 年）　　　　　　　夏五月，蝗灾严重，群飞蔽天，落地尺厚。

原载《滦南县志》大事记，生活·读书·新知三联书店 1997 年版

《迁西县志》

1. 元大德元年（1297 年）　　　　　　　夏，闹蝗虫。

2. 明弘治六年（1493 年）　　　　　　　夏四月，蝗虫成灾。

3. 　正德十三年（1518 年）　　　　　　夏六月，蝗虫。

4. 　万历四十四年（1616 年）　　　　　夏四月，蝗；七月，飞蝗蔽天，落地盈尺，
　　　　　　　　　　　　　　　　　　　　害庄稼甚重，饥荒。

5. 　天启六年（1626 年）　　　　　　　秋七月，飞蝗遮盖四野，严重损害庄稼。

6. 　崇祯十三年（1640 年）　　　　　　夏五月，蝗虫伤稼。

7. 清康熙十八年（1679 年）　　　　　　七月，蝗。

8. 　道光六年（1826 年）　　　　　　　蝗。

9. 　咸丰六年（1856 年）　　　　　　　秋，蝗。

10. 　咸丰七年（1857 年）　　　　　　生蝗幼虫，伤害禾苗。

11. 民国四年（1915 年）　　　　　　　六月，飞蝗入境，伤害庄稼。

12. 民国十一年（1922 年）　　　　　　六月，生蝗幼虫，伤害庄稼。

13. 民国十八年（1929 年）　　　　　　八月，飞蝗害稼，各区成立捕蝗会组织捕
　　　　　　　　　　　　　　　　　　　　蝗，收蝗数万斤。

原载《迁西县志》自然灾害，中国科学技术出版社 1991 年版

《迁安县志》

1. 明弘治五年（1492 年）　　　　　　　蝗虫灾。

2. 正德十四年（1519 年）　　　　　六月，蝗灾。

3. 万历四十四年（1616 年）　　　　四月，蝻生；七月，飞蝗蔽天，积地尺余，沟堑皆满，大伤禾稼，后蝻生，复食豆蔬，民饥馑。

4. 天启六年（1626 年）　　　　　　七月，飞蝗遮蔽田野，损害庄稼。

5. 崇祯六年（1633 年）　　　　　　五月，蝗伤禾稼，大饥。

6. 清咸丰六年（1856 年）　　　　　秋，蝗灾。

7. 咸丰七年（1857 年）　　　　　　蝻生，伤禾。

8. 民国四年（1915 年）　　　　　　六月，飞蝗入境，伤禾稼。

9. 民国十一年（1922 年）　　　　　蝻伤禾稼。

10. 民国三十八年（1949 年）　　　　七月，蔡滩子、西李铺之间东西 1 公里、南北 15 公里范围内发生蝗蝻，每平方米 27 头。

原载《迁安县志》自然灾害，中国社会出版社 1994 年版

11. 明正统五年（1440 年）　　　　　六月，蝗灾。

12. 弘治六年（1493 年）　　　　　　四月，蝗虫灾害。

13. 崇祯十三年（1640 年）　　　　　五月，蝗伤禾稼，饥荒。

14. 清康熙十八年（1679 年）　　　　七月，蝗灾，民大饥。

原载《迁安县志》大事记，中国社会出版社 1994 年版

民国《迁安县志》

1. 清道光六年（1826 年）　　　　　蝗。

2. 民国十八年（1929 年）　　　　　八月，飞蝗伤禾，各区设捕蝗会，收买死蝗数万斤。

原载民国《迁安县志》卷五《舆地志五·记事篇》，民国二十年铅印本

光绪《乐亭县志》

1. 明洪武七年（1374 年）　　　　　夏，蝗，饥。

2. 弘治四年（1491 年）　　　　　　五月，蝗。

3. 弘治八年（1495 年）　　　　　　夏四月，蝗。

4. 　嘉靖八年（1529 年）　　　　　秋七月，大蝗。

5. 　嘉靖十五年（1536 年）　　　　夏四月，蝗。

6. 　嘉靖四十一年（1562 年）　　　是秋，禾将登，俄飞蝗至，自毙，有秋。

7. 　万历四十四年（1616 年）　　　七月，蝗落地尺余，食禾稼。

8. 清乾隆十八年（1753 年）　　　　夏，蝗入境，官民扑灭；七月，蝻复生，
　　　　　　　　　　　　　　　　　　　食稼殆尽。

9. 　咸丰六年（1856 年）　　　　　秋八月，飞蝗自东南入境，晚禾灾。

10. 　咸丰七年（1857 年）　　　　　三月，蝗蝻生，官民扑灭之，有秋。

　　　　　原载光绪《乐亭县志》卷三《地理志下·记事》，光绪三年刻本

《乐亭县志》

1. 清道光十二年（1832 年）　　　　八月，蝗虫为害。

　　　　　原载《乐亭县志》自然灾害，中国大百科全书出版社 1994 年版

2. 民国十六年（1927 年）　　　　　春，飞蝗遍野，沿海一带成灾。

3. 民国十八年（1929 年）　　　　　夏，蝗虫成灾，减免税赋，开仓赈饥。

　　　　　原载《乐亭县志》大事记，中国大百科全书出版社 1994 年版

《唐海县志》

1. 民国二十三年（1934 年）　　　　秋，飞蝗自南来，田中大部分高粱、玉米
　　　　　　　　　　　　　　　　　　　叶穗被吃光，收成无几。

2. 民国二十八年（1939 年）　　　　夏，飞蝗入境为灾，农作物只剩秸秆，歉
　　　　　　　　　　　　　　　　　　　收 80%。

3. 民国三十三年（1944 年）　　　　秋，飞蝗入境，农作物被蝗吃得只剩秸秆。

　　　　　原载《唐海县志》自然灾害·蝗灾，天津人民出版社 1997 年版

七、秦皇岛市

光绪 《永平府志》

1. 辽统和元年（983 年）　　　　　秋九月，东京平州旱蝗，诏赈之。

2. 金大定四年（1164 年）　　　秋九月，平州蝗旱，民多鬻为奴，遣使阅
　　　　　　　　　　　　　　　　实其数，出内库物赎之。

3. 蒙古至元三年（1266 年）　　　是岁，平滦①蝗。

4. 元泰定三年（1326 年）　　　　八月，永平蝗。

5. 　天历二年（1329 年）　　　　秋七月，永平蝗。

　　　　原载光绪《永平府志》卷二十九《封域志十一·纪事上》，光绪五年刻本

6. 明洪武七年（1374 年）　　　　夏，昌黎蝗。

7. 　正统五年（1440 年）　　　　夏，蝗，吏部侍郎魏骥抚安永平等府蝗灾。

8. 　正统十二年（1447 年）　　　秋七月，赈永平蝗灾。

9. 　正统十四年（1449 年）　　　夏，永平蝗。

10. 　弘治四年（1491 年）　　　　五月，蝗。

11. 　弘治六年（1493 年）　　　　夏四月，蝗灾，免抚宁去年田租。

12. 　正德八年（1513 年）　　　　夏四月，蝗。

13. 　嘉靖二年（1523 年）　　　　六月，蝗。

14. 　嘉靖三年（1524 年）　　　　秋八月，免永平旱蝗岁税。

15. 　嘉靖八年（1529 年）　　　　夏五月，蝗；九月，免永平旱蝗夏税。

16. 　嘉靖十二年（1533 年）　　　春，旱蝗；秋七月，免永平旱蝗夏租。

17. 　嘉靖十七年（1538 年）　　　夏四月，昌黎蝗。

18. 　嘉靖二十一年（1542 年）　　夏四月，永平蝗蝝遍地，大饥。

19. 　嘉靖三十七年（1558 年）　　秋七月，蝗，岁饥。

20. 　嘉靖三十八年（1559 年）　　八月，蝗。

21. 　嘉靖三十九年（1560 年）　　秋九月，免永平旱蝗田租。

22. 　嘉靖四十年（1561 年）　　　夏，抚宁蝗，人食树皮、草根。

23. 　隆庆二年（1568 年）　　　　夏六月，飞蝗蔽空。

24. 　万历十一年（1583 年）　　　六月，蝗。

25. 　万历三十四年（1606 年）　　秋九月，蝗。

26. 　万历四十四年（1616 年）　　秋七月，飞蝗蔽天，落地尺余，诏发仓粟
　　　　　　　　　　　　　　　　赈之。

　　　　原载光绪《永平府志》卷三十《封域志十二·纪事中》，光绪五年刻本

27. 清顺治十三年（1656 年）　　　六月，蝗。

_____

　　①　平滦：元路名，治所在今河北卢龙，大德四年（1300 年）改永平路。

28. 康熙六年（1667 年）　　　　　秋，蝗。

29. 康熙十八年（1679 年）　　　　秋七月，蝗。

30. 乾隆十八年（1753 年）　　　　夏，蝗，不为灾；秋七月，蝝复生，食稼
　　　　　　　　　　　　　　　　殆尽；是年，临榆捕蝗得力，岁丰。

31. 乾隆二十八年（1763 年）　　　夏，蝗蝝生。

32. 嘉庆七年（1802 年）　　　　　春，蝝；夏，蝗，至秋未绝。

33. 嘉庆十年（1805 年）　　　　　夏，临榆蝗蝝。

34. 道光四年（1824 年）　　　　　秋，飞蝗压境。

35. 道光五年（1825 年）　　　　　春，蝝食苗；夏秋，蝗。

36. 道光六年（1826 年）　　　　　夏五月，蝗自抚宁西北飞来，伤田苗殆尽。

37. 道光二十八年（1848 年）　　　夏五月，滨海蝝起，捕之，不为灾。

38. 咸丰六年（1856 年）　　　　　秋七月，蝗，不为灾。

39. 咸丰七年（1857 年）　　　　　春，蝝子复生。

40. 咸丰八年（1858 年）　　　　　夏，蝗。

原载光绪《永平府志》卷三十一《封域志十三·纪事下》，光绪五年刻本

《山海关志》

1. 明嘉靖三十七年（1558 年）　　七月，闹蝗虫。

2. 万历三十四年（1606 年）　　　九月，蝗虫为害。

3. 崇祯十三年（1640 年）　　　　旱，蝗虫为害。

4. 清顺治十三年（1656 年）　　　蝗虫为害成灾。

5. 道光五年（1825 年）　　　　　六月，蝗虫遮天蔽日，数日蝻生，食尽禾苗。

6. 民国四年（1915 年）　　　　　五月，蝗虫繁密。

原载《山海关志》大事记，天津人民出版社 1994 年版

民国 《临榆县志》

1. 明嘉靖三十七年（1558 年）　　秋七月，蝗。

2. 万历三十四年（1606 年）　　　九月，蝗。

3. 崇祯十三年（1640 年）　　　　旱蝗。

4. 清顺治十三年（1656 年）　　　蝗。

5. 乾隆十八年（1753 年）　　　　　六月，蝗，不成灾。

6. 嘉庆七年（1802 年）　　　　　　蝗。

7. 嘉庆十年（1805 年）　　　　　　夏，蝻生。

8. 道光五年（1825 年）　　　　　　六月，蝗飞蔽天，数日蝻生，食禾尽，大饥。

9. 咸丰六年（1856 年）　　　　　　蝗。

10. 民国四年（1915 年）　　　　　　夏六月，大蝗。

原载民国《临榆县志》卷八《舆地编四·记事》，民国十八年铅印本

光绪《抚宁县志》

1. 明弘治六年（1493 年）　　　　　四月，以蝗灾免迁安、抚宁去年田租。

2. 嘉靖二十一年（1542 年）　　　　蝗蝻遍地，大饥。

3. 嘉靖三十九年（1560 年）　　　　秋旱，飞蝗蔽天，大饥。

4. 嘉靖四十年（1561 年）　　　　　六月，蝗蝻生，食稼殆尽，人食草根、
　　　　　　　　　　　　　　　　　　树皮。

5. 隆庆二年（1568 年）　　　　　　六月，飞蝗蔽空。

6. 万历三十四年（1606 年）　　　　飞蝗蔽天。

7. 万历四十四年（1616 年）　　　　蝗蝻灾。

8. 清康熙十八年（1679 年）　　　　夏六月，飞蝗自西北来，蔽天漫野十余日，
　　　　　　　　　　　　　　　　　　损晚禾十之二。

9. 康熙三十年（1691 年）　　　　　夏，蝗。

10. 康熙三十八年（1699 年）　　　　夏，蝗。

11. 康熙三十九年（1700 年）　　　　秋，蝗。

12. 康熙四十年（1701 年）　　　　　秋，蝗。

13. 乾隆二十四年（1759 年）　　　　夏，蝗食谷几尽。

14. 道光三年（1823 年）　　　　　　飞蝗西来。

15. 道光四年（1824 年）　　　　　　蝻生遍野。

16. 道光五年（1825 年）　　　　　　蝻生。

17. 道光六年（1826 年）　　　　　　夏五月，蝗自西北来，伤田苗殆尽。

18. 咸丰七年（1857 年）　　　　　　蝗伤稼。

19. 咸丰八年（1858 年）　　　　　　蝻生遍野。

原载光绪《抚宁县志》卷三《前事》，光绪三年刻本

《抚宁县志》

1. 北魏太和八年（484 年）　　　　　平州有飞蝗。

2. 辽统和元年（983 年）　　　　　　九月，平州旱，蝗灾。

3. 金大定四年（1164 年）　　　　　九月旱，蝗灾。

4. 蒙古至元三年（1266 年）　　　　起蝗虫。

5. 元泰定三年（1326 年）　　　　　八月，蝗灾。

6. 　天历二年（1329 年）　　　　　七月，蝗灾。

7. 　明正统五年（1440 年）　　　　六月，永平府蝗灾。

8. 　正统十二年（1447 年）　　　　秋，永平府蝗灾。

9. 　弘治四年（1491 年）　　　　　五月，蝗灾。

10. 　弘治八年（1495 年）　　　　永平府所属遭旱、蝗灾。

11. 　正德八年（1513 年）　　　　四月，蝗灾。

12. 　嘉靖二年（1523 年）　　　　六月，蝗灾。

13. 　嘉靖三年（1524 年）　　　　八月，永平旱蝗。

14. 　嘉靖八年（1529 年）　　　　五月，永平蝗灾；七月，蝗灾。

15. 　嘉靖十二年（1533 年）　　　春，永平旱蝗；六月，蝗落地尺厚。

16. 　嘉靖三十七年（1558 年）　　七月，蝗灾。

17. 　崇祯十三年（1640 年）　　　旱，蝗灾。

18. 清顺治十三年（1656 年）　　　夏，蝗。

19. 　乾隆十八年（1753 年）　　　六月，临榆起蝗虫。

21. 　嘉庆七年（1802 年）　　　　夏，蝗。

22. 　嘉庆十年（1805 年）　　　　夏，生蝻。

23. 民国四年（1915 年）　　　　　五月，蝗灾。

原载《抚宁县志》自然灾害，河北人民出版社 1990 年版

民国《卢龙县志》

1. 金大定四年（1164 年）　　　　　秋九月，平、蓟二州蝗，民多鬻为奴，遣
　　　　　　　　　　　　　　　　　　使阅实其数，出内库物赎之。

2. 蒙古至元三年（1266 年）　　　　是岁，平、滦蝗。

3. 元天历二年（1329 年）　　　　　秋七月，永平蝗。

4. 明正统五年（1440 年）　　　　　夏，蝗；六月，吏部侍郎魏骥抚永平等府
　　　　　　　　　　　　　　　　　　蝗灾。

5.　　正统十二年（1447 年）　　　　秋七月，赈永平府蝗灾。

6.　　正统十四年（1449 年）　　　　夏，永平蝗。

7.　　弘治四年（1491 年）　　　　　五月，蝗。

8.　　正德八年（1513 年）　　　　　夏四月，蝗。

9.　　嘉靖三年（1524 年）　　　　　秋八月，永平旱蝗。

10.　嘉靖八年（1529 年）　　　　　秋九月，免永平旱蝗夏税。

11.　嘉靖十二年（1533 年）　　　　秋七月，免永平旱蝗夏税。

12.　嘉靖二十一年（1542 年）　　　夏四月，蝗蝝遍地，大饥。

13.　嘉靖三十七年（1558 年）　　　秋七月，蝗，岁饥。

14.　嘉靖三十八年（1559 年）　　　八月，蝗。

15.　嘉靖三十九年（1560 年）　　　秋九月，免永平旱蝗田租。

16.　嘉靖四十年（1561 年）　　　　夏，蝗。

17.　万历十一年（1583 年）　　　　六月，蝗。

18.　万历四十四年（1616 年）　　　秋七月，飞蝗蔽天，落地尺余，大饥，诏
　　　　　　　　　　　　　　　　　　赈之。

19.　清康熙六年（1667 年）　　　　秋，蝗。

20.　康熙十六年（1677 年）　　　　有蝗云集。

21.　康熙十八年（1679 年）　　　　秋七月，蝗。

22.　乾隆十八年（1753 年）　　　　夏，蝗，不为灾；七月，蝝复生，食稼殆尽。

23.　乾隆二十四年（1759 年）　　　夏，螣。

24.　乾隆二十八年（1763 年）　　　夏，蝗蝝生。

25.　道光四年（1824 年）　　　　　秋，飞蝗压境。

26.　道光五年（1825 年）　　　　　春，蝝食苗；夏秋，蝗。

27.　道光六年（1826 年）　　　　　夏五月，蝗，自抚宁西北来，伤田苗殆尽。

28.　咸丰七年（1857 年）　　　　　春，蝝子复生。

29.　咸丰八年（1858 年）　　　　　夏，蝗。

30.　民国八年（1919 年）　　　　　飞蝗入境。

原载民国《卢龙县志》卷二十三《故事志·史事》，民国二十年铅印本

民国《昌黎县志》

1. 明洪武七年（1374 年）　　　　　夏，蝗。
2. 　正德八年（1513 年）　　　　　蝗害禾，民大饥。
3. 　正德十四年（1519 年）　　　　六月，蝗。
4. 　嘉靖四年（1525 年）　　　　　夏四月，蝗。
5. 　嘉靖十二年（1533 年）　　　　至六月不雨，蝗落地尺厚，蝝生。
6. 　嘉靖十七年（1538 年）　　　　四月，蝗。
7. 　嘉靖四十年（1561 年）　　　　春，捕蝗。
8. 　万历四十四年（1616 年）　　　秋，蝗飞蔽天，赈之。
9. 　崇祯九年（1636 年）　　　　　秋，蝗，大饥。
10. 　崇祯十三年（1640 年）　　　　夏，蝗。
11. 清顺治十三年（1656 年）　　　　六月，蝗。
12. 　道光五年（1825 年）　　　　　蝗。
13. 　咸丰六年（1856 年）　　　　　秋，飞蝗自东南入境。
14. 　咸丰七年（1857 年）　　　　　春，蝝生。
15. 民国十七年（1928 年）　　　　　七月，南乡起蝗灾。
16. 民国十八年（1929 年）　　　　　七月，县境多起蝗。

原载民国《昌黎县志》卷十二《故事志·大事记》，民国二十二年铅印本

八、衡水市

《衡水市志》

1. 明正德八年（1513 年）　　　　　六月，蝗灾。
2. 　嘉靖十五年（1536 年）　　　　大蝗，知县令民捕之，缴蝗给谷，日得蝗
　　　　　　　　　　　　　　　　　　数十石，遂不为灾。
3. 　万历十九年（1591 年）　　　　夏六月，蝗蝻生，邻境盈尺，知县令民缴
　　　　　　　　　　　　　　　　　　蝗给谷，日得数石。
4. 清顺治五年（1648 年）　　　　　夏，蝗自西南来，遮日蔽空。
5. 民国十七年（1928 年）　　　　　蝗灾，王许庄等 400 余村受灾。
6. 民国十八年（1929 年）　　　　　五月，旧城、岳家村等蝗，六月肃清。

7. 民国二十年（1931 年） 七月，韩家村等 3 村生蝗。

8. 民国三十二年（1943 年） 蝗灾，所至之处遮天蔽日。

9. 民国三十四年（1945 年） 蝗灾，受灾面积 32.15 万亩。

原载《衡水市志》灾害·虫灾，民族出版社 1996 年版

10. 清顺治十二年（1655 年） 七月，蝗自东来，蝻由北来，县东南尤甚，歉收。

原载《衡水市志》大事记，民族出版社 1996 年版

乾隆《冀州志》

冀州

1. 东汉永兴元年（153 年） 七月，郡国大蝗。

2. 三国魏黄初三年（222 年） 七月，大蝗，民饥。

3. 西晋永嘉四年（310 年） 五月，大蝗，草木、牛马毛皆尽。

4. 东晋大兴元年（318 年） 八月，蝗食生草尽。

5. 　　大兴二年（319 年） 蝗。

6. 后赵建武四年（338 年） 冀州大蝗，初穿地生，二旬化状若蚕，七八日而卧，又四日蜕而飞，食百草，惟不食二豆及麻。

7. 唐元和元年（806 年） 夏，蝗。

8. 宋开宝二年（969 年） 八月，蝗。

9. 元至元二十五年（1288 年） 蝗。

10. 明嘉靖七年（1528 年） 蝗。

11. 清顺治四年（1647 年） 蝗。

12. 　　康熙十一年（1672 年） 六月，蝗。

南宫县

明隆庆三年（1569 年） 夏六月，蝗，不为灾。

新河县

1. 明嘉靖九年（1530 年） 秋，飞蝗蔽天，食禾稼。

2. 万历十七年（1589 年）　　　　　飞蝗蔽天。

3. 清顺治四年（1647 年）　　　　　飞蝗蔽天。

枣强县

1. 明隆庆元年（1567 年）　　　　　七月，蝗。

2. 万历十九年（1591 年）　　　　　秋，飞蝗蔽日，蝻生遍野。

武邑县

1. 清顺治四年（1647 年）　　　　　蝗。

2. 康熙十一年（1672 年）　　　　　蝗蝻灾。

3. 康熙三十二年（1693 年）　　　　漳河东有蝗。

4. 康熙三十三年（1694 年）　　　　夏，蝝生。

5. 乾隆四年（1739 年）　　　　　　蝗。

衡水县

1. 明正德八年（1513 年）　　　　　六月，蝗。

2. 嘉靖十五年（1536 年）　　　　　蝗蝻生，县令民捕之，纳仓给谷，日得蝗数十石，遂不为灾。

3. 万历十九年（1591 年）　　　　　蝗，知县设法捕之，纳仓给谷，日得数石，不为灾。

4. 清顺治五年（1648 年）　　　　　夏，有蝗自西南来，遮天蔽日，亦不为灾。

原载乾隆《冀州志》卷十八《拾遗·禨祥》，乾隆十二年刻本

《冀县志》

1. 西汉元始二年（公元 2 年）　　　蝗灾。

2. 东汉永初四年（110 年）　　　　四月，蝗灾。

3. 西晋建武元年（317 年）　　　　七月，河朔大蝗，初穿地而生，二旬则化状若蚕，七八日而卧，四日蜕而飞，食百草，惟不食豆、麻，冀、并尤甚。是时石勒抢取百姓禾，民谓之胡蝗。

4.　　咸康六年（340 年）　　　　　蝗。

5. 唐开成元年（836 年）　　　　　夏，蝗虫为灾。

6.　　开成四年（839 年）　　　　　蝗虫食稼，至于野草、树枝皆尽。

7. 宋建隆三年（962 年）　　　　　旱蝗。

8.　　崇宁四年（1105 年）　　　　大蝗，其飞蔽日。

9. 蒙古至元四年（1267 年）　　　蝗灾。

10.　　至元六年（1269 年）　　　蝗灾。

11. 元至正十九年（1359 年）　　　蝗食草木皆尽，所至蔽日，碍人马不能行，
　　　　　　　　　　　　　　　　　　民捕以为食，又尽，则人相食。

原载《冀县志》大事记，中国科学技术出版社 1993 年版

12. 北齐天保五年（554 年）　　　　蝗。

13.　　天保八年（557 年）　　　　七月，大蝗蔽日，声如风雨。

14. 宋大中祥符九年（1016 年）　　蝗滋生，弥漫郊野。

15. 元至元二十七年（1290 年）　　蝗。

16.　　至大二年（1309 年）　　　蝗。

17. 明弘治元年（1488 年）　　　　境乃蝗。

原载《冀县志》自然灾害，中国科学技术出版社 1993 年版

康熙 《直隶深州志》

1. 明嘉靖八年（1529 年）　　　　六月，蝗蝻食禾稼殆尽，民饥，人相食，
　　　　　　　　　　　　　　　　　诏赈之。

2. 清顺治十三年（1656 年）　　　蝗，不为灾。

原载康熙《直隶深州志》卷七《事纪》，康熙三十六年刻本

道光 《深州直隶州志》

1. 宋建隆三年（962 年）　　　　　七月，蝗蝻生。

2. 明万历十九年（1591 年）　　　蝗蝻遍野，禾稼一空。

3.　　万历二十七年（1599 年）　　春，旱蝗。

4.　　万历二十八年（1600 年）　　旱蝗，民大饥。

5.　　崇祯十三年（1640 年）　　　秋，蝗，民多道死。

6. 清康熙十八年（1679 年）　　　　七月，旱蝗。

7. 　康熙二十五年（1686 年）　　　旱蝗，民乏食。

8. 　乾隆四年（1739 年）　　　　　夏，蝗，免田租。

9. 　嘉庆七年（1802 年）　　　　　六月，蝗。

原载道光《深州直隶州志》卷末《杂记》，道光七年刻本

《深县志》

1. 明嘉靖七年（1528 年）　　　　　深县、武强、饶阳蝗灾。

2. 民国十七年（1928 年）　　　　　蝗灾。

3. 民国十八年（1929 年）　　　　　蝗灾重于上年。

4. 民国二十二年（1933 年）　　　　六月，一、二、三、七区发生蝗灾。

5. 民国三十六年（1947 年）　　　　五月，深县百余村蝗蝻为灾，县成立扑蝗
　　　　　　　　　　　　　　　　　指挥部，组织群众大力捕蝗。

6. 民国三十八年（1949 年）　　　　六月，发生蝗灾。

原载《深县志》大事记，中国对外翻译出版公司 1999 年版

乾隆《景州志》

1. 元至大元年（1308 年）　　　　　八月，蝗。

2. 　至治三年（1323 年）　　　　　蝗。

3. 　至顺元年（1330 年）　　　　　蝗。

4. 明正统间（1436—1439 年）　　　大蝗。

5. 清乾隆九年（1744 年）　　　　　六月二十二日，飞蝗成群自山东来，知州
　　　　　　　　　　　　　　　　　虔祷于猛将神，蝗度境凡三四日，翛翛
　　　　　　　　　　　　　　　　　北去，昼夜弗绝，不曾下损一禾，间有
　　　　　　　　　　　　　　　　　坠地者，俱杀羽折足，不能为害，是
　　　　　　　　　　　　　　　　　岁，秋成丰稔。

原载乾隆《景州志》卷六《杂识》，乾隆十年刻本

民国《景县志》

1. 唐开成三年（838 年）　　　　　河北等处蝗，草木叶皆尽。

2. 金大定十六年（1176 年）　　　　中都、河北等十路旱蝗。

3. 元至治三年（1323 年）　　　　　蝗。

4. 明万历三十四年（1606 年）　　　六月，大蝗，食苗殆尽。

5. 　天启五年（1625 年）　　　　　夏，飞蝗蔽天。

6. 　清乾隆九年（1744 年）　　　　六月二十二日，飞蝗成群自山东来，凡三四日，翛翛然北去，昼夜不停，不曾下损一禾。

7. 　乾隆十六年（1751 年）　　　　飞蝗集境，有鸟数千自西南来啄食之。

8. 　乾隆六十年（1795 年）　　　　旱蝗。

9. 　嘉庆四年（1799 年）　　　　　蝗。

10. 　道光四年（1824 年）　　　　　蝗。

11. 　光绪十六年（1890 年）　　　　飞蝗蔽天，春草无存，遗卵；六月，蝻生遍野，践之如行泥淖中，鸡不敢食。是年，河决，蝻团结如斗，渡水至陆地，草根、树叶皆尽。

12. 民国四年（1915 年）　　　　　　六月，飞蝗蔽天，遍地蝻生，其黑如蚁，晚禾尽，野草空，入村、上树、缘墙。

13. 民国十九年（1930 年）　　　　　五月，蝗，县饬兵民竭力扑治，损失已巨。

原载民国《景县志》卷十四《故实志·史事》，民国二十一年铅印本

《景县志》

1. 明天启六年（1626 年）　　　　　旱，蝗灾。

2. 民国三十六年（1947 年）　　　　秋，蝗灾，县委县政府组织捕打，未造成严重损失。

3. 民国三十八年（1949 年）　　　　蝗灾。

原载《景县志》大事记，天津人民出版社 1991 年版

嘉庆《枣强县志》

1. 东汉永初四年（110 年）　　　　　夏四月，蝗。

2.　　　永兴元年（153 年）　　　　　秋七月，蝗。

3. 西晋永嘉四年（310 年）　　　　五月，大蝗，草木、牛马毛皆尽。

4. 唐元和元年（806 年）　　　　　夏，蝗。

5.　明正统四年（1439 年）　　　　夏，蝗。

6.　　　正统十二年（1447 年）　　　秋七月，蝗。

7.　　　隆庆元年（1567 年）　　　　夏，旱蝗。

8.　　　万历十九年（1591 年）　　　秋七月，飞蝗蔽日；八月，蝻生。

9.　　　万历二十年（1592 年）　　　二月中，蝻复生，忽雨雪厚四寸许，蝻尽
　　　　　　　　　　　　　　　　　　　冻死。

10.　　　崇祯十年（1637 年）　　　　蝻，禾稼不登。

11.　　　崇祯十六年（1643 年）　　　秋七月，蝗飞蔽天，不伤稼。

12. 清顺治四年（1647 年）　　　　蝗。

13.　　　顺治七年（1650 年）　　　　蝗。

14.　　　康熙三十六年（1697 年）　　蝻生遍野。

15.　　　雍正二年（1724 年）　　　　六月，蝗。

原载嘉庆《枣强县志》卷十七《杂记·祥异》，嘉庆九年刻本

《枣强县志》

1. 清道光四年（1824 年）　　　　蝗蝻生。

2.　　咸丰四年（1854 年）　　　　七月，蝗。

3.　　咸丰六年（1856 年）　　　　六月，旱蝗；八月，蝻生。

4.　　同治二年（1863 年）　　　　六月，蝗。

5.　　同治七年（1868 年）　　　　蝗。

6.　　同治十二年（1873 年）　　　夏，飞蝗过境被扑灭；八月，蝻生，又扑灭。

7. 民国三十三年（1944 年）　　　夏，特大蝗灾。

8. 民国三十八年（1949 年）　　　夏，蝗灾面积 1.05 万亩。

原载《枣强县志》自然灾害，文化艺术出版社 1994 年版

《故城县志》

1. 唐开元二十五年（737 年）　　　北地大蝗，有白鸟数千只食蝗尽，庄稼未

受影响。

2. 元至大元年（1308 年）　　　　故城南地发生蝗灾。

3. 明永乐七年（1409 年）　　　　　北地蝗虫大发。

4. 　嘉靖八年（1529 年）　　　　　秋，南地蝗飞蔽天，民大饥。

5. 　万历四十四年（1616 年）　　　夏，北地蝗灾。

6. 清咸丰六年（1856 年）　　　　　秋，北地飞蝗蔽天，食尽庄稼，民
　　　　　　　　　　　　　　　　　　大饥。

7. 　光绪十四年（1888 年）　　　　夏，北地蝗虫害稼，颗粒未收，多
　　　　　　　　　　　　　　　　　　饿死。

8. 　光绪二十五年（1899 年）　　　北地蝗蝻成灾，为害庄稼。

9. 民国八年（1919 年）　　　　　　六月，北地发生蝗灾。

10. 民国十六年（1927 年）　　　　夏，北地蝗自西北来，遮天蔽日，后又生
　　　　　　　　　　　　　　　　　蝻，灾情严重，庄稼歉收。

11. 民国三十二年（1943 年）　　　北地蝗灾 15 万亩，其中 10 万亩农作物叶
　　　　　　　　　　　　　　　　　被吃光。

原载《故城县志》自然灾害，中国对外翻译出版公司 1998 年版

光绪《续修故城县志》

清咸丰七年（1857 年）　　　　　　收买蝗蝻。

原载光绪《续修故城县志》卷一《纪事》，民国十年刻本

《武邑县志》

1. 新莽天凤四年（17 年）　　　　　大旱，蝗灾，饥民遍地。

2. 东汉永兴元年（153 年）　　　　蝗灾。

原载《武邑县志》大事记，方志出版社 1998 年版

3. 西晋永嘉四年（310 年）　　　　蝗灾，食草木、牛马毛皆尽。

4. 　建兴五年（317 年）　　　　　七月，螽，初穿地而生，二旬则化状若蚕，
　　　　　　　　　　　　　　　　　七八日而卧，四日蜕而飞，弥亘百草，
　　　　　　　　　　　　　　　　　惟不食豆、麻。

5. 东晋咸康四年（338 年）　　　　大蝗。

6. 唐开元三年（715 年）　　　　　蝗。

7. 　开元四年（716 年）　　　　　夏，蝗。

8. 　元和元年（806 年）　　　　　夏，蝗灾。

9. 　开成元年（836 年）　　　　　七月，蝗。

10. 　开成四年（839 年）　　　　　八月，蝗食禾稼、野草、树叶皆尽。

11. 宋开宝二年（969 年）　　　　　八月，蝗。

12. 　崇宁四年（1105 年）　　　　　蝗飞蔽日。

13. 金大定十六年（1176 年）　　　大旱，蝗灾。

14. 元至元二十五年（1288 年）　　八月，蝗。

15. 　大德十年（1306 年）　　　　四月，蝗。

16. 　至大元年（1308 年）　　　　六月，蝗。

17. 　天历二年（1329 年）　　　　七月，蝗。

18. 明洪武七年（1374 年）　　　　六月，蝗。

19. 　洪武八年（1375 年）　　　　夏，蝗。

20. 　宣德十年（1435 年）　　　　十月，蝗。

21. 　正统六年（1441 年）　　　　夏，蝗。

22. 　景泰七年（1456 年）　　　　五月，蝗蝻延蔓。

23. 　成化九年（1473 年）　　　　六月，蝗。

24. 　弘治六年（1493 年）　　　　六月，蝗。

25. 　弘治七年（1494 年）　　　　五月，蝗。

26. 　嘉靖七年（1528 年）　　　　蝗。

27. 　万历十九年（1591 年）　　　六月，蝝食禾。

28. 　万历二十七年（1599 年）　　蝨食禾，饥。

29. 　崇祯十四年（1641 年）　　　蝗，饥，斗米千钱，人相食。

30. 清顺治四年（1647 年）　　　　蝗。

31. 　康熙十一年（1672 年）　　　蝗蝻灾。

32. 　康熙三十二年（1693 年）　　秋，飞蝗集境害稼。

33. 　道光十九年（1839 年）　　　蝗蝻。

34. 　咸丰九年（1859 年）　　　　蝗。

35. 　同治六年（1867 年）　　　　蝗。

36. 　光绪十三年（1887 年）　　　蝗蝻。

37. 　宣统二年（1910 年）　　　　蝗食禾尽。

38. 民国十七年（1928 年）　　　　　　蝗。

39. 民国三十二年（1943 年）　　　　　　蝗。

原载《武邑县志》自然灾害，方志出版社 1998 年版

同治《武邑县志》

清康熙二十三年（1684 年）　　　　　　蝝生。

原载同治《武邑县志》卷十《杂事志》，同治十一年刻本

雍正《阜城县志》

1. 唐开元二年（714 年）　　　　　　七月，蝗。

2.　开成三年（838 年）　　　　　　蝗食草木叶尽。

3.　开成五年（840 年）　　　　　　螟蝗害稼。

4. 元至元十九年（1282 年）　　　　　　蝗害稼，食草木俱尽，民捕蝗为食，尽，
　　　　　　　　　　　　　　　　　　　人相食。

5.　大德十年（1306 年）　　　　　　四月，蝗。

6.　至大元年（1308 年）　　　　　　八月，蝗。

7.　至大二年（1309 年）　　　　　　蝗。

8.　泰定三年（1326 年）　　　　　　蝗。

9.　至顺元年（1330 年）　　　　　　蝗食禾尽。

10. 明正德七年（1512 年）　　　　　　六月，大水蝗。

11.　嘉靖七年（1528 年）　　　　　　蝗。

12.　隆庆二年（1568 年）　　　　　　大蝗蝻，不为灾。

13.　崇祯十三年（1640 年）　　　　　　大旱蝗，人相食。

14. 清顺治四年（1647 年）　　　　　　七月，蝗，禾秸、树叶并尽。

15.　康熙四十九年（1710 年）　　　　　　蝗。

原载雍正《阜城县志》卷二十一《祥异》，雍正十三年刻本

道光《武强县志》

1. 明正德七年（1512 年）　　　　　　六月，蝗蝻食稼殆尽。

2.　嘉靖六年（1527 年）　　　　　　蝗飞蔽日，灾。

3.　嘉靖七年（1528 年）　　　　　　蝗，复为灾。

4.　嘉靖八年（1529 年）　　　　　　蝗蝻食禾稼。

5.　嘉靖二十一年（1542 年）　　　　夏，遍地蝻生。

6.　万历十七年（1589 年）　　　　　蝗。

7.　万历二十八年（1600 年）　　　　旱，蝗蝻食禾殆尽，积尸满野，或弃子女，
　　　　　　　　　　　　　　　　　　　或鬻妻自缢。

8.　清康熙六年（1667 年）　　　　　蝗害稼。

9.　嘉庆七年（1802 年）　　　　　　六月，蝗。

10.　道光四年（1824 年）　　　　　　六月，蝗，不为害。

原载道光《武强县志》卷十《杂稽志·禨祥》，道光十一年刻本

《武强县志》

1. 民国三十三年（1944 年）　　　　蝗灾。
2. 民国三十八年（1949 年）　　　　全县普遭蝗灾。

原载《武强县志》自然灾害，方志出版社 1996 年版

《饶阳县志》

1. 东汉永初四年（110 年）　　　　夏六月，蝗。

2. 三国魏黄初元年（220 年）　　　旱蝗，民饥。

3.　　黄初三年（222 年）　　　　秋七月，大蝗，民饥。

4. 东晋建武元年（317 年）　　　　秋七月，大蝗。

5.　　太兴元年（318 年）　　　　八月，冀州蝗食生草尽。

6.　　咸康四年（338 年）　　　　大蝗。

7. 北齐天保八年（557 年）　　　　至九月，大蝗。

8.　　天保九年（558 年）　　　　大蝗，差夫役捕而坑之。

9. 唐元和元年（806 年）　　　　　夏，蝗害稼。

10. 后唐同光三年（925 年）　　　　飞蝗害稼。

11. 后晋天福八年（943 年）　　　　蝗大起。

12. 宋建隆三年（962 年）　　　　　七月，蝻虫生。

13. 熙宁五年（1072 年） 　　　大蝗。

14. 淳熙三年（1176 年） 　　　旱蝗。

15. 蒙古中统三年（1262 年） 　　五月，蝗。

16. 中统四年（1263 年） 　　　又蝗。

17. 至元二年（1265 年） 　　　蝗旱。

18. 至元三年（1266 年） 　　　蝗。

19. 至元四年（1267 年） 　　　蝗。

20. 元至元八年（1271 年） 　　　蝗。

21. 至元二十五年（1288 年） 　　蝗。

22. 至元二十六年（1289 年） 　　秋七月，蝗。

23. 大德六年（1302 年） 　　　蝗。

24. 大德十年（1306 年） 　　　五月，蝗。

25. 大德十一年（1307 年） 　　　八月，蝗。

26. 至大二年（1309 年） 　　　蝗。

27. 至大三年（1310 年） 　　　旱蝗。

28. 泰定元年（1324 年） 　　　蝗。

29. 至顺元年（1330 年） 　　　蝗。

30. 明洪武七年（1374 年） 　　　蝗。

31. 正统六年（1441 年） 　　　蝗。

32. 正德十三年（1518 年） 　　　蝗害，大饥。

33. 嘉靖六年（1527 年） 　　　蝗。

34. 嘉靖七年（1528 年） 　　　六月，蝗。

35. 万历十七年（1589 年） 　　　蝗食禾稼尽。

36. 崇祯十三年（1640 年） 　　　秋，蝗。

37. 清康熙二十五年（1686 年） 　　旱蝗，岁饥。

38. 光绪三年（1877 年） 　　　夏，大旱蝗。

39. 光绪二十年（1894 年） 　　　滹沱河北堤多蝗。

40. 民国二十二年（1933 年） 　　蝗灾。

41. 民国二十八年（1939 年） 　　春，旱蝗。

42. 民国三十三年（1944 年） 　　夏，旱蝗。

43. 民国三十八年（1949 年） 　　夏，旱蝗。

原载《饶阳县志》自然灾害，方志出版社 1998 年版

乾隆《饶阳县志》

1. 元至大三年（1310 年）	七月，蝗。
2. 明嘉靖三十九年（1560 年）	夏，旱蝗，野无青草，民多流亡。
3. 万历二十八年（1600 年）	夏旱，螽损禾。
4. 清顺治四年（1647 年）	蝗不入境。

原载乾隆《饶阳县志》卷下《事纪》，乾隆十四年刻本

万历《饶阳县志》

明嘉靖二十七年（1548 年）　　　　秋，饶阳大蝗，食禾立尽，发仓粟易之，蝗灭。

原载万历《饶阳县志》卷三，万历三十七年据万历二十九年刻版增修本

《安平县志》

1. 宋淳化三年（992 年）	七月，旱蝗，蛾抱草自死。

原载《安平县志》自然灾害，中国社会出版社 1996 年版

2. 明万历十九年（1591 年）	蝗蝻遍野，无稼。
3. 崇祯十三年（1640 年）	秋后，蝗。
4. 清顺治十二年（1655 年）	五月，蝗灾，禾苗被食咬过半。
5. 民国十三年（1924 年）	秋，县南蝗蝻，禾稼减产 3～5 成。
6. 民国二十四年（1935 年）	秋，过飞蝗 20 天，铺天盖地，昼夜飞行，有时将月光遮蔽。

原载《安平县志》大事记，中国社会出版社 1996 年版

康熙《安平县志》

清顺治四年（1647 年）　　　　七月，飞蝗蔽天。

原载康熙《安平县志》卷十《襗纪志·灾祥》，康熙二十六年刻本

九、邢台市

万历《顺德府志》①

1. 元至元十八年（1281 年）　　　　顺德九县民食蝗。
2. 大德三年（1299 年）　　　　顺德旱蝗。
3. 大德五年（1301 年）　　　　六月，顺德水蝗。
4. 至大二年（1309 年）　　　　四月，顺德蝗。
5. 明成化十九年（1483 年）　　　　蝗。
6. 正德十三年（1518 年）　　　　蝗。

原载万历《顺德府志》卷四《杂志·灾祥》，顺治八年刻本

乾隆《顺德府志》

1. 元大德元年（1297 年）　　　　旱蝗。
2. 明嘉靖七年（1528 年）　　　　巨鹿大蝗，食禾稼，地赤。
3. 嘉靖八年（1529 年）　　　　民食蝗。
4. 嘉靖十一年（1532 年）　　　　内丘大蝗。
5. 嘉靖十五年（1536 年）　　　　平乡、巨鹿蝗。
6. 嘉靖二十年（1541 年）　　　　平乡、广宗民食蝗。
7. 嘉靖三十九年（1560 年）　　　　旱蝗。
8. 嘉靖四十年（1561 年）　　　　蝗飞蔽天，大饥。
9. 万历十九年（1591 年）　　　　平乡旱蝗。
10. 万历三十四年（1606 年）　　　　唐山大旱蝗。
11. 万历三十八年（1610 年）　　　　夏，唐山大旱蝗。
12. 万历四十四年（1616 年）　　　　内丘蝗伤禾。
13. 天启七年（1627 年）　　　　平乡蝗食麦穗。
14. 崇祯九年（1636 年）　　　　平乡、广宗大旱蝗。
15. 清顺治四年（1647 年）　　　　邢台、南和、内丘飞蝗蔽天。
16. 顺治十三年（1656 年）　　　　内丘蝗。

---

① 顺德：旧府名，治所在今河北邢台。

17. 顺治十五年（1658 年）　　　　邢台旱蝗。

18. 康熙五年（1666 年）　　　　　任县蝗。

19. 康熙六年（1667 年）　　　　　内丘蝗蝻生，草禾食尽。

20. 康熙十一年（1672 年）　　　　邢台蝗自南来，集三十余村，食禾殆尽。

21. 康熙二十五年（1686 年）　　　唐山蝥生遍地，苗草立尽。

22. 康熙四十七年（1708 年）　　　旱蝗，大饥。

23. 康熙四十八年（1709 年）　　　秋，巨鹿蝗，扑捕两月始尽。

24. 雍正二年（1724 年）　　　　　邢台、巨鹿蝗。

25. 雍正四年（1726 年）　　　　　南和、平乡蝗。

26. 乾隆二年（1737 年）　　　　　巨鹿蝗。

27. 乾隆八年（1743 年）　　　　　巨鹿蝗。

原载乾隆《顺德府志》卷十六《祥异》，乾隆十五年刻本

《邢台市志》

1. 元至元十八年（1281 年）　　　邢台民食蝗。

2. 大德元年（1297 年）　　　　　顺德府旱蝗。

3. 大德三年（1299 年）　　　　　六月，蝗虫成灾。

4. 至大二年（1309 年）　　　　　四月，蝗虫成灾。

5. 明成化十九年（1483 年）　　　蝗虫成灾。

6. 正德十三年（1518 年）　　　　蝗虫成灾。

7. 嘉靖八年（1529 年）　　　　　民食蝗。

8. 嘉靖三十九年（1560 年）　　　蝗虫成灾，民大饥荒。

9. 嘉靖四十年（1561 年）　　　　飞蝗蔽天，蝗虫成灾，民饥死者数以千计。

10. 清顺治四年（1647 年）　　　　蝗飞蔽日。

11. 顺治十五年（1658 年）　　　　旱蝗成灾。

12. 康熙四十七年（1708 年）　　　蝗虫成灾，民饥无食。

13. 雍正二年（1724 年）　　　　　蝗虫成灾。

14. 乾隆二十四年（1759 年）　　　蝗虫成灾。

15. 嘉庆七年（1802 年）　　　　　蝗飞蔽天，声如雷。

16. 嘉庆八年（1803 年）　　　　　三月，西北会宁村蝻生，无容足地；四月，
　　　　　　　　　　　　　　　　　大热风，蝗蝻忽不见。

17.　咸丰六年（1856 年）　　　　七月，邢西飞蝗蔽天，独不食绿豆。

18. 民国二十二年（1933 年）　　　六月，邢台四区蝗虫灾害，被害作物
　　　　　　　　　　　　　　　　　3 种。

19. 民国三十三年（1944 年）　　　六月，蝗虫遍布全市，先是蝗蝻翻滚遍地，
　　　　　　　　　　　　　　　　　后飞蝗蔽天，小麦吃光，秋禾嚼尽，树
　　　　　　　　　　　　　　　　　枝被蝗虫滚蛋压断，至八月，剿蝗 39.5
　　　　　　　　　　　　　　　　　万千克。

20. 民国三十八年（1949 年）　　　六月，发生蝗灾，7 万亩农田受害，严重
　　　　　　　　　　　　　　　　　地区每平方尺有蝗 50 头。

原载《邢台市志》自然灾害，中国对外翻译出版公司 2001 年版

民国《邢台县志》

1. 元至元十八年（1281 年）　　　民食蝗。

2.　大德元年（1297 年）　　　　顺德旱蝗。

3.　大德三年（1299 年）　　　　六月，蝗。

4.　至大二年（1309 年）　　　　四月，蝗。

5. 明成化十九年（1483 年）　　　蝗。

6.　正德十三年（1518 年）　　　蝗。

7.　嘉靖八年（1529 年）　　　　民食蝗。

8.　嘉靖三十九年（1560 年）　　旱蝗。

9.　嘉靖四十年（1561 年）　　　飞蝗蔽天，大饥。

10. 清顺治四年（1647 年）　　　蝗飞蔽日。

11.　顺治十五年（1658 年）　　旱蝗，赈之。

12.　康熙十一年（1672 年）　　蝗自南来，历二十余村，食禾几尽。

13.　康熙四十七年（1708 年）　旱蝗，饥。

14.　雍正二年（1724 年）　　　蝗。

15.　嘉庆七年（1802 年）　　　蝗飞蔽天，声如雷，落地不见土，无禾。

16.　嘉庆八年（1803 年）　　　三月，蝻生，无容足地；四月，大热风，蝻
　　　　　　　　　　　　　　　　突不见。

17.　咸丰六年（1856 年）　　　七月，飞蝗蔽天，伤禾，独不食绿豆。

18.　咸丰七年（1857 年）　　　七月，生小蝗，食五谷叶俱尽，饥。

19.　光绪七年（1881 年）　　　　　　　　蝗。

原载民国《邢台县志》卷三《经政·杂俎》，民国三十二年铅印本

《邢台县志》

民国三十三年（1944 年）　　　　　七月，大批飞蝗从沙河进入本县，县委发出"立即动员起来，坚决消灭飞蝗"的紧急号召，并成立县剿蝗指挥部，代理县长郭成允任指挥，半月时间，全县消灭飞蝗 39.5 万千克，取得剿蝗的胜利；至九月，剿蝗运动基本结束，总计捕打蝗虫 50.1 万千克，消灭蝗蝻 12.5 万千克。

原载《邢台县志》大事记，新华出版社 1993 年版

《南和县志》

1. 西汉元始二年（公元 2 年）　　　　　蝗虫蔽天。

2. 新莽天凤四年（17 年）　　　　　　　蝗灾，饥民遍地，各地饥民相继起义。

3. 东汉永兴元年（153 年）　　　　　　　多蝗虫，百姓流离失所。

4. 三国魏黄初三年（222 年）　　　　　　七月，大蝗，民饥。

5. 西晋永嘉四年（310 年）　　　　　　　大蝗，食草木、牛马毛皆尽。

6.　建兴五年（317 年）　　　　　　　　七月，大蝗，弥亘百草，惟不食豆、麻。

7. 东晋咸康四年（338 年）　　　　　　　秋，大蝗蔽天，庄稼受害严重。

8. 北齐天保八年（557 年）　　　　　　　七月，大蝗，飞鸣如风。

9.　天保九年（558 年）　　　　　　　　夏，大蝗，民扑而坑杀。

10. 唐开元三年（715 年）　　　　　　　五月，河北大蝗，民流亡，官府督扑蝗。

11.　开元四年（716 年）　　　　　　　夏，蝗害严重，朝廷派使者详察州县扑蝗情况。

12.　贞元二年（786 年）　　　　　　　河北蝗灾，斗米一千五百钱。

13.　开成二年（837 年）　　　　　　　秋，蝗虫食苗皆尽。

14. 宋建隆三年（962 年）　　　　　　　蝗灾严重，庄稼绝收，朝廷下诏免租。

15.	乾德二年（964 年）	五月，蝗虫生。
16.	大中祥符九年（1016 年）	六月，蝗蝻继生，弥漫郊野，食田禾殆尽。
17.	天圣五年（1027 年）	七月，蝗生。
18.	天圣六年（1028 年）	蝗灾，百姓困苦。
19.	明道二年（1033 年）	蝗食草木殆尽，官府免民租税。
20.	熙宁五年（1072 年）	六月，蝗蝻遍地。
21.	熙宁六年（1073 年）	大蝗。
22.	元丰四年（1081 年）	六月，蝗虫。
23.	崇宁元年（1102 年）	夏，蝗灾。
24.	崇宁四年（1105 年）	大蝗，其飞蔽日。
25.	嘉熙二年（1238 年）	蝗灾。
26.	景定三年（1262 年）	蝗灾。
27.	咸淳三年（1267 年）	蝗灾。
28.	咸淳五年（1269 年）	六月，蝗灾。
29.	咸淳七年（1271 年）	蝗虫。
30.	元大德五年（1301 年）	蝗虫食桑。
31.	大德十一年（1307 年）	蝗虫。
32.	至大二年（1309 年）	四月，农事正殷，蝗虫遍野，百姓艰食。
33.	至治二年（1322 年）	蝗虫。
34.	泰定元年（1324 年）	六月，蝗虫。
35.	泰定三年（1326 年）	蝗虫，民饥。
36.	至正十八年（1358 年）	七月，蝗，民食蝗，人相食。
37.	至正十九年（1359 年）	蝗虫食禾一空。
38.	明洪武七年（1374 年）	八月，蝗虫，民饥，官府免租，赈恤。
39.	正统元年（1436 年）	蝗灾。
40.	正统五年（1440 年）	五月，蝗虫。
41.	景泰七年（1456 年）	五月，蝗虫。
42.	嘉靖八年（1529 年）	大灾，民食蝗。
43.	崇祯十三年（1640 年）	秋，蝗，无禾稼，人食草根、树皮，饿殍载道。
44.	崇祯十四年（1641 年）	六月，蝗虫，民饥，人死，取以食。

45. 清顺治四年（1647 年）　　　　　　飞蝗蔽天。

46. 顺治七年（1650 年）　　　　　　　飞蝗蔽天。

47. 康熙十年（1671 年）　　　　　　　七月，蝗灾。

48. 康熙十一年（1672 年）　　　　　　蝗灾。

49. 康熙三十年（1691 年）　　　　　　七月，蝗虫。

50. 雍正四年（1726 年）　　　　　　　蝗灾。

51. 咸丰七年（1857 年）　　　　　　　夏，蝗飞蔽天。

52. 民国九年（1920 年）　　　　　　　秋，飞蝗蔽天，声如风雨，食尽庄稼。

53. 民国十八年（1929 年）　　　　　　秋，飞蝗蔽天，食苗皆尽。

54. 民国二十年（1931 年）　　　　　　蝗灾，面积占全县 6％，损失 6 万元。

55. 民国三十三年（1944 年）　　　　　蝗虫，粮价暴涨，饥荒严重。

56. 民国三十八年（1949 年）　　　　　蝗灾，民不聊生，冀南第四行政督察教导
　　　　　　　　　　　　　　　　　　员公署颁布《捕蝗奖惩办法》。

原载《南和县志》自然灾害，方志出版社 1996 年版

乾隆《南和县志》

1. 明万历二十二年（1594 年）　　　　蝗。
2. 崇祯十年（1637 年）　　　　　　　蝗生。
3. 清雍正八年（1730 年）　　　　　　七月，蝗。

原载乾隆《南和县志》卷一《星野附灾祥》，乾隆十四年刻本

民国《任县志》

1. 明成化十九年（1483 年）　　　　　蝗。
2. 正德十三年（1518 年）　　　　　　蝗。
3. 嘉靖三十九年（1560 年）　　　　　旱蝗。
4. 清嘉庆七年（1802 年）　　　　　　夏，旱蝗。
5. 道光十六年（1836 年）　　　　　　五月，蝗，数日蝗遍郊野，县令设厂收买。
6. 咸丰七年（1857 年）　　　　　　　蝗。
7. 光绪四年（1878 年）　　　　　　　旱蝗，民饥，食树皮、草根。
8. 民国三年（1914 年）　　　　　　　夏，蝗飞遍境，所过赤地，邑西督率乡民

捕打有法，得免于患。

原载民国《任县志》卷七《纪事·灾祥》，民国四年铅印本

《平乡县志》

1. 东汉熹平六年（177 年）　　大旱，蝗灾。
2. 后赵建武四年（338 年）　　大蝗成灾。
3. 明成化十九年（1483 年）　　大蝗。
4. 嘉靖九年（1530 年）　　蝗。
5. 嘉靖十五年（1536 年）　　秋，蝗灾。
6. 天启七年（1627 年）　　蝗食麦穗。
7. 崇祯十二年（1639 年）　　旱蝗。
8. 清康熙四十七年（1708 年）　　旱蝗，大饥。
9. 咸丰七年（1857 年）　　旱，大蝗，禾食尽。
10. 咸丰八年（1858 年）　　旱，大蝗，禾食尽。
11. 同治七年（1868 年）　　六月，蝗，旋有黑雀食之尽。
12. 光绪十二年（1886 年）　　五月，蝗蔓延数十村，旋扑尽，不为灾。
13. 民国三十二年（1943 年）　　八月，蝗虫从南铺天盖地而来，群蝗飞过遮天蔽日，所过庄稼净光，县委县政府率领广大群众开展大规模捕蝗运动。
14. 民国三十三年（1944 年）　　春，蝗虫自南而北向县境蔓延，县委组织灭蝗。

原载《平乡县志》大事记，方志出版社 1999 年版

15. 唐开成二年（837 年）　　蝗害稼。
16. 元至正十八年（1358 年）　　蝗飞蔽天，人马不能行，大饥。
17. 明嘉靖十九年（1540 年）　　飞蝗蔽天，食禾殆尽，民饥食蝗。
18. 嘉靖三十八年（1559 年）　　秋，蝗，民大饥。
19. 嘉靖三十九年（1560 年）　　蝗飞蔽天。
20. 崇祯十一年（1638 年）　　九月，飞蝗食麦苗。
21. 民国八年（1919 年）　　蝗灾。
22. 民国三十年（1941 年）　　蝗为害。

原载《平乡县志》自然灾害，方志出版社 1999 年版

同治《平乡县志》

清雍正四年（1726 年）　　　　　　　　蝗。

　　原载同治《平乡县志》卷一《星野附灾祥》，民国三十一年据光绪十二年增刻铅印本

《广宗县志》

1. 元至正十八年（1358 年）　　　　　民食蝗。

2. 明嘉靖二十年（1541 年）　　　　　民食蝗。

3. 　嘉靖三十九年（1560 年）　　　　夏，蝗飞蔽天，大饥。

4. 　崇祯元年（1628 年）　　　　　　蝗灾。

5. 清乾隆二十五年（1760 年）　　　　蝗蝻为灾。

6. 　咸丰七年（1857 年）　　　　　　飞蝗蔽野，岁大饥。

7. 民国三十二年（1943 年）　　　　　蝗蝻盖地，飞蝗遮天蔽日，秋禾无存。

　　　　　　　原载《广宗县志》自然灾害，方志出版社 1999 年版

8. 清嘉庆七年（1802 年）　　　　　　大旱，飞蝗遍野，大饥。

　　　　　　　原载《广宗县志》大事记，方志出版社 1999 年版

光绪《巨鹿县志》

1. 元至元十八年（1281 年）　　　　　民食蝗。

2. 明嘉靖七年（1528 年）　　　　　　旱，蝗食禾稼，地赤。

3. 　嘉靖八年（1529 年）　　　　　　蝗。

4. 　嘉靖九年（1530 年）　　　　　　蝗，疫。

5. 　嘉靖十五年（1536 年）　　　　　蝗。

6. 　嘉靖四十年（1561 年）　　　　　蝗飞蔽天，大饥。

7. 　清康熙四十八年（1709 年）　　　秋，蝗，捕瘗两月始尽，不为灾。

8. 　雍正二年（1724 年）　　　　　　蝗。

9. 　乾隆二年（1737 年）　　　　　　蝗。

10. 　乾隆八年（1743 年）　　　　　　蝗。

11. 　咸丰七年（1857 年）　　　　　　夏，蝻食苗殆尽；秋，蝗飞蔽天，大饥。

12.　咸丰八年（1858 年）　　　　　　蝗。

原载光绪《巨鹿县志》卷七《事异志·灾异》，光绪十二年刻本

《巨鹿县志》

元至元十三年（1276 年）　　　　　饥民食蝗。

原载《巨鹿县志》大事记，文化艺术出版社 1994 年版

民国《清河县志》

1. 东汉永和四年（139 年）　　　　　清河郡蝗。
2. 北齐天保八年（557 年）　　　　　清河蝝涝。
3. 唐开元二十五年（737 年）　　　　贝州蝗，有鸟群飞食之，一夕而尽，禾稼
　　　　　　　　　　　　　　　　　　　不伤。
4. 元至元十九年（1282 年）　　　　　蝗飞蔽天西北来，凡经七日，禾稼俱尽。
5. 明弘治六年（1493 年）　　　　　　飞蝗蔽天，尽伤禾稼。
6.　嘉靖三年（1524 年）　　　　　　秋，复蝗。
7.　嘉靖三十九年（1560 年）　　　　遍地蝗生，大饥，民采草木根叶而食，多
　　　　　　　　　　　　　　　　　　　饿死者。
8.　万历三十三年（1605 年）　　　　蝗。
9.　清顺治十五年（1658 年）　　　　蝗害稼。
10.　康熙十一年（1672 年）　　　　　七月，飞蝗蔽日。
11.　咸丰七年（1857 年）　　　　　　五月，蝗飞蔽天；六月，蛹生遍地，大饥。
12. 民国十七年（1928 年）　　　　　蝗害稼。

原载民国《清河县志》卷十七《杂志·祥异表》，民国二十三年铅印本

《清河县志》

1. 北齐天保九年（558 年）　　　　　夏，河北大蝗。
2. 明万历三十年（1602 年）　　　　　清河蝗虫为灾。
3.　崇祯十四年（1641 年）　　　　　五月，飞蝗至，饥民捕而代食。
4. 民国三十二年（1943 年）　　　　　八月，蝗虫遮天蔽日，群众开展捕蝗运动。

5. 民国三十三年（1944 年）　　　　　　五月，蝗虫，受灾 30 余万亩，6 万人参加，
　　　　　　　　　　　　　　　　　　　捕蝗 20 余万斤。

原载《清河县志》自然灾害，中国城市出版社 1993 年版

6. 后晋天福八年（943 年）　　　　　　大蝗伤田，人食草木叶尽，百姓捕蝗一
　　　　　　　　　　　　　　　　　　　斗，官给粟一斗。

原载《清河县志》大事记，中国城市出版社 1993 年版

民国 《南宫县志》

1. 金正隆五年（1160 年）　　　　　　秋，大蝗蔽天，数日散去，不为灾。

2. 明嘉靖十年（1531 年）　　　　　　秋七月，飞蝗蔽天，食禾稼，大饥，死者
　　　　　　　　　　　　　　　　　　载道。

3. 　嘉靖三十九年（1560 年）　　　　夏六月，蝗，不为灾。

4. 清康熙十一年（1672 年）　　　　　夏，飞蝗蔽天，不为灾。

5. 　乾隆二十四年（1759 年）　　　　夏六月，飞蝗蔽天，蝻生，食禾稼几尽。

6. 民国十七年（1928 年）　　　　　　有蝗。

原载民国《南宫县志》卷二五《杂志附祥异表》，民国二十五年刻本

光绪 《南宫县志》

1. 明隆庆三年（1569 年）　　　　　　夏六月，蝗，不为灾。

2. 清乾隆六十年（1795 年）　　　　　夏，蝗蝻害稼，恩蠲本年正赋。

3. 　咸丰七年（1857 年）　　　　　　飞蝗蔽野，邑令收买蝗虫解省。

4. 　光绪十八年（1892 年）　　　　　六月，飞蝗满天，西南而去，此处未落，
　　　　　　　　　　　　　　　　　　各村上虫王庙还愿。

原载光绪《南宫县志》卷八《事异记·祥异》，光绪三十年刻本

民国 《新河县志》

1. 西晋泰始十年（274 年）　　　　　六月，蝗。

2. 　永嘉四年（310 年）　　　　　　夏五月，大蝗，草木、牛马毛皆尽。

3. 　建兴四年（316 年）　　　　　　七月，大旱，蝻蝗并生。

4. 北齐天保八年（557 年） 蝗。

5. 唐开元三年（715 年） 七月，蝗。

6. 元和元年（806 年） 蝗。

7. 开成三年（838 年） 大蝗。

8. 宋开宝二年（969 年） 秋八月，蝗。

9. 大中祥符九年（1016 年） 六月，蝗蝻继生，食民田殆尽。

10. 皇祐三年（1051 年） 蝗。

11. 熙宁六年（1073 年） 四月，蝗。

12. 熙宁七年（1074 年） 大旱蝗。

13. 崇宁元年（1102 年） 蝗。

14. 崇宁三年（1104 年） 大蝗，飞蔽日。

15. 崇宁四年（1105 年） 大蝗，飞蔽日。

16. 明正统四年（1439 年） 大蝗。

17. 正德十年（1515 年） 临邑蝗为患，独不入新河界。

18. 嘉靖九年（1530 年） 秋，飞蝗蔽天。

19. 万历十七年（1589 年） 飞蝗蔽日。

20. 清顺治四年（1647 年） 夏四月，蝗飞过境。

21. 康熙四十九年（1710 年） 秋，蝗虫为灾，蠲免天下钱粮。

22. 道光十六年（1836 年） 飞蝗遍野，蝻继生。

23. 咸丰六年（1856 年） 秋，飞蝗蔽日。

24. 咸丰七年（1857 年） 六月，蝗食禾殆尽，民大饥。

25. 光绪三年（1877 年） 六月，大旱，飞蝗蔽天而来，数日蝻虫生。

26. 光绪十二年（1886 年） 蝗蝻遍野，食尽田禾。

27. 光绪二十六年（1900 年） 是年，苗长半尺，蝻蝗忽生，贫民多捕蝗为食。

28. 民国三年（1914 年） 六月，飞蝗蔽天，数日蝗蝻生，食禾大半。

29. 民国五年（1916 年） 患蝻蝗灾者十余村。

30. 民国七年（1918 年） 全县蝗食苗大半。

31. 民国十四年（1925 年） 春，蝗蝻为害甚烈。

32. 民国十七年（1928 年） 秋初，蝗虫至，田禾尽为所食，蝻旋生，麦苗侵蚀。

原载民国《新河县志》卷二《纪·大事记·灾异》，民国十八年铅印本

民国《宁晋县志》

1. 西晋永嘉四年（310 年）　　　　　五月，大蝗，食草木、牛马毛皆尽。

2. 东晋大兴元年（318 年）　　　　　冀州蝗食生草尽。

3. 　　大兴二年（319 年）　　　　　冀州蝗食生草尽。

4. 　　咸康四年（338 年）　　　　　赵、冀州八郡蝗。

5. 南朝陈天嘉元年（560 年）　　　　夏四月，定、冀、赵三州螽水伤稼，遣使
　　　　　　　　　　　　　　　　　　分途恤之。

6. 宋乾德二年（964 年）　　　　　　六月，蝗。

7. 元至元三十年（1293 年）　　　　　宁晋旱蝗。

8. 　明正统四年（1439 年）　　　　　六月，蝗，捕之。

9. 　　正统十二年（1447 年）　　　　七月，蝗。

10. 　　嘉靖八年（1529 年）　　　　六月，旱蝗，民相食，赈粥。

11. 　　崇祯十三年（1640 年）　　　大旱蝗，人相食。

12. 清咸丰元年（1851 年）　　　　　是年，旱蝗。

13. 　　咸丰七年（1857 年）　　　　夏，蝗蝻遍地。

14. 　　咸丰八年（1858 年）　　　　蝗灾，人乏食。

15. 　　同治八年（1869 年）　　　　秋，旱蝗。

16. 民国三年（1914 年）　　　　　　五月，旱蝗伤稼；九月，蝻伤麦苗。

17. 民国四年（1915 年）　　　　　　春，蝻伤稼；八月，蝗蝻为灾。

18. 民国五年（1916 年）　　　　　　七月，蝗飞蔽天。

原载民国《宁晋县志》卷一《封域志·灾祥》，民国十八年石印本

《隆尧县志》

1. 元至元十八年（1281 年）　　　　　顺德路蝗灾。

2. 　明嘉靖七年（1528 年）　　　　　蝗灾。

3. 　　嘉靖八年（1529 年）　　　　　蝗蝻食尽田苗，民饥，人相食。

4. 　　嘉靖九年（1530 年）　　　　　蝗大作。

5. 　　嘉靖十五年（1536 年）　　　　夏六月，蝗蝻生。

6. 　　嘉靖二十五年（1546 年）　　　蝗蝻生。

7. 　　嘉靖三十九年（1560 年）　　　蝗飞蔽天。

8. 万历三十三年（1605 年） 蝗生。

9. 万历三十四年（1606 年） 蝗生。

10. 万历三十八年（1610 年） 夏，大蝗。

11. 清康熙四十六年（1707 年） 蝗蝻害稼。

12. 雍正十年（1732 年） 夏，蝗灾。

13. 雍正十二年（1734 年） 蝗患。

14. 雍正十三年（1735 年） 蝗患。

15. 乾隆四年（1739 年） 夏五月，蝗灾。

16. 嘉庆七年（1802 年） 蝗飞蔽天。

17. 民国三十一年（1942 年） 秋，蝗虫大作，无收。

18. 民国三十三年（1944 年） 夏，蝗蝻生。

19. 民国三十四年（1945 年） 七月，隆平①蝗灾。

20. 民国三十八年（1949 年） 境内大部地区蝗蝻生，甚处一株秋苗伏蝻
六七个。

原载《隆尧县志》自然灾害，生活•读书•新知三联书店 1998 年版

21. 清道光四年（1824 年） 大蝗，县张告示收购蝗蝻。

原载《隆尧县志》大事记，生活•读书•新知三联书店 1998 年版

乾隆《隆平县志》

1. 明嘉靖七年（1528 年） 蝗为灾。

2. 嘉靖八年（1529 年） 蝗蝻食尽田苗，民饥，人相食。

3. 嘉靖九年（1530 年） 蝗。

4. 嘉靖十五年（1536 年） 夏六月，蝗蝻生。

5. 嘉靖二十五年（1546 年） 蝗蝻生。

6. 嘉靖三十九年（1560 年） 蝗飞蔽天，岁饥。

7. 万历三十三年（1605 年） 蝗生。

8. 万历三十四年（1606 年） 蝗生。

9. 清康熙四十六年（1707 年） 蝗蝻害稼。

10. 雍正十年（1732 年） 夏，蝗灾。

---

① 隆平：旧县名，1947 年与尧山合并为今河北隆尧县。

11.　　雍正十二年（1734 年）　　　　　蝗食麦。

12.　　雍正十三年（1735 年）　　　　　飞蝗为灾。

13.　　乾隆四年（1739 年）　　　　　　夏五月，蝗灾。

14.　　乾隆十七年（1752 年）　　　　　夏五月，蝗生。

原载乾隆《隆平县志》卷九《事纪志·灾祥》，乾隆二十九年刻本

《柏乡县志》

1. 明嘉靖六年（1527 年）　　　　　　六月，蝗飞过境。

2.　　嘉靖八年（1529 年）　　　　　　大蝗。

3.　　嘉靖三十九年（1560 年）　　　　六月，飞蝗蔽天。

4. 清顺治四年（1647 年）　　　　　　蝗灾。

5.　　乾隆十七年（1752 年）　　　　　蝗灾。

6. 民国三十二年（1943 年）　　　　　八月旱，蝗灾又起，蝗群所到之处禾草净
　　　　　　　　　　　　　　　　　　　光，饥民争食蝗虫充饥。

原载《柏乡县志》大事记，方志出版社 2000 年版

7. 民国三十八年（1949 年）　　　　　六月，二区北部、三区西部一些村庄发生
　　　　　　　　　　　　　　　　　　　大面积蝗虫，当地群众进行捕杀。

原载《柏乡县志》自然灾害，方志出版社 2000 年版

光绪《唐山县志》①

1. 明嘉靖三十九年（1560 年）　　　　大旱，蝗飞蔽天，斗粟银三钱。

2.　　万历三十八年（1610 年）　　　　夏，大蝗，赈之。

3. 清嘉庆七年（1802 年）　　　　　　蝗飞蔽天。

4.　　道光四年（1824 年）　　　　　　大蝗，县出示买蝻孽。

5.　　咸丰四年（1854 年）　　　　　　蝗蝻为灾。

6.　　咸丰六年（1856 年）　　　　　　蝗蝻为灾，民多流离。

7.　　咸丰七年（1857 年）　　　　　　秋，大蝗，野无遗禾，饿殍枕道。

原载光绪《唐山县志》卷三《祥异》，光绪七年刻本

---

① 唐山：旧县名，治所在今河北隆尧西南尧山乡。

《临西县志》

1. 新莽地皇三年（22 年）　　　　蝗虫成灾。

2. 西晋永嘉四年（310 年）　　　　五月，大蝗，草木皆尽。

3. 北齐天保八年（557 年）　　　　七月，大蝗，遮天蔽日，声如风雨。

4. 　　天保九年（558 年）　　　　大蝗。

5. 唐开元三年（715 年）　　　　　五月，大蝗，飞则蔽天，下则食苗，声如
　　　　　　　　　　　　　　　　　　风雨。

6. 　　开元四年（716 年）　　　　蝗，民捕杀之。

7. 　　开成四年（839 年）　　　　蝗虫食稼。

8. 后晋天福八年（943 年）　　　　蝗。

9. 后汉乾祐元年（948 年）　　　　蝗。

10. 宋建隆三年（962 年）　　　　　蝗。

11. 　大中祥符九年（1016 年）　　六月，蝗蝻继生，食民田殆尽。

12. 　天圣六年（1028 年）　　　　五月，蝗蝻生。

13. 　明道二年（1033 年）　　　　七月，蝗食草木殆尽。

14. 　熙宁五年（1072 年）　　　　大蝗。

15. 　熙宁六年（1073 年）　　　　大蝗。

16. 　元丰四年（1081 年）　　　　蝗生。

17. 　崇宁四年（1105 年）　　　　大蝗，其飞蔽日。

18. 蒙古至元四年（1267 年）　　　蝗。

19. 　　至元六年（1269 年）　　　六月，蝗。

20. 元至元二十七年（1290 年）　　四月，蝗。

21. 　　元贞二年（1296 年）　　　六月，蝗。

22. 　　大德二年（1298 年）　　　四月，蝗。

23. 　　大德五年（1301 年）　　　七月，蝗。

24. 　　大德六年（1302 年）　　　四月，蝗。

25. 　　至大二年（1309 年）　　　四月，农事正殷，蝗虫遍野，百姓艰食。

26. 　　泰定元年（1324 年）　　　夏六月，蝗，饥。

27. 　　泰定四年（1327 年）　　　夏六月，大名蝗。

28. 　　至正十二年（1352 年）　　六月，蝗，民饥。

29. 明永乐二年（1404 年）　　　　蝗，民饥。

30.	弘治十四年（1501 年）	蝗生遍野。
31.	嘉靖十二年（1533 年）	蝗，民大饥。
32.	嘉靖十五年（1536 年）	六月，蝗。
33.	嘉靖十九年（1540 年）	十月，蝗。
34.	万历四十三年（1615 年）	七月，蝗。
35.	万历四十四年（1616 年）	四月，蝗灾，大饥。
36.	天启六年（1626 年）	蝗。
37.	崇祯十三年（1640 年）	蝗。
38.	崇祯十四年（1641 年）	六月，蝗。
39.	清顺治十一年（1654 年）	秋，蝗。
40.	顺治十二年（1655 年）	六月，蝗飞蔽天。
41.	光绪十八年（1892 年）	飞蝗入境。
42.	民国三十三年（1944 年）	蝗。

原载《临西县志》蝗虫灾害一览表，中国书籍出版社 1996 年版

道光《内邱县志》

1.	明成化十九年（1483 年）	蝗。
2.	嘉靖十一年（1532 年）	大蝗。
3.	嘉靖三十九年（1560 年）	蝗飞蔽天，岁大饥，民食草根、树皮，或剥殍肉，或呻吟气尚未绝而操刀者剥之，流离四方，不可胜纪。
4.	万历四十四年（1616 年）	蝗伤稼。
5.	清顺治四年（1647 年）	蝗自西南来。
6.	顺治十三年（1656 年）	蝗。
7.	康熙十六年（1677 年）	蝻生城西，草禾食尽。
8.	道光五年（1825 年）	八月，飞蝗蔽天，田苗食尽，九月乃尽死。
9.	道光十一年（1831 年）	夏，蝗飞蔽天。

原载道光《内邱县志》卷三《变纪·蝗蝻》，道光十二年刻本

《内邱县志》

1.	明嘉靖八年（1529 年）	秋，大蝗，野无遗禾。

2.　万历三十八年（1610 年）　　　夏，大蝗。

原载《内邱县志》大事记，中华书局 1996 年版

3. 民国三十年（1941 年）　　　　秋，大蝗，秋禾食尽。

4. 民国三十一年（1942 年）　　　秋，蝗虫遍地，秋禾食尽。

5. 民国三十三年（1944 年）　　　六月，内丘境内两次飞入蝗虫，后又发生蝗蝻，遍地皆是，吃光青苗 1.47 万亩。七月，成群飞蝗由平汉线东和邢台境内飞来，蝗群约长 10 公里、宽 5 公里，遮天蔽日，所经之处秋禾吃光；另一批蝗虫由邢台县宋家庄一带飞入，蝗群长约 2 公里、宽约 1 公里，落地厚 6～7 寸，60 余亩谷物被吃光，这次受灾面积 12.14 万亩，吃光秋禾 5.75 万亩。

原载《内邱县志》自然灾害，中华书局 1996 年版

<h2 style="text-align:center">《临城县志》</h2>

1. 明成化十九年（1483 年）　　　夏六月，蝗伤稼。

2.　正德十三年（1518 年）　　　　蝗，大饥。

3.　嘉靖八年（1529 年）　　　　　夏六月，蝗蝻食尽禾稼，民饥，人相食。

4.　嘉靖三十九年（1560 年）　　　飞蝗蔽天，岁大饥，民流移河南者过半。

5.　万历四十四年（1616 年）　　　人食蝗。

6.　崇祯十三年（1640 年）　　　　大旱，虫蝗。

7. 清康熙二十五年（1686 年）　　　至夏不雨，螽虫。

8. 民国三十三年（1944 年）　　　五月，二、三、六、七区发生蝗蝻灾；六月，两股飞蝗落到石城一带，区政府组织群众 6 天将蝗虫消灭，农作物受到损失，7 天后，又有三股飞蝗落到赵庄、石家栏、都丰、白鸽井一带，后蔓延全县。

原载《临城县志》大事记，团结出版社 1996 年版

9. 民国三十一年（1942 年）　　　　夏秋间，山区丘陵发生蝗灾，飞蝗遮天蔽

日，谷子整块吃光。

原载《临城县志》自然灾害，团结出版社 1996 年版

民国《沙河县志》

1. 明嘉靖四十年（1561 年）　　　　蝗飞蔽天，大饥。
2. 清嘉庆七年（1802 年）　　　　　蝗。
3. 　道光五年（1825 年）　　　　　蝗。
4. 　道光六年（1826 年）　　　　　春，收买蝻子。
5. 　咸丰六年（1856 年）　　　　　七月，县南乡蝗飞蔽天。
6. 　同治二年（1863 年）　　　　　七月，县西南乡蝗飞蔽天。
7. 民国十八年（1929 年）　　　　　七月，蝗蝻为灾。

原载民国《沙河县志》卷十一《志余上·祥异》，民国二十九年铅印本

《威县志》

1. 北齐天保八年（557 年）　　　　七月，蝗虫成灾，声如风雨，大害农禾。
2. 元至顺三年（1332 年）　　　　一年三次蝗。
3. 　至正八年（1348 年）　　　　蝗灾严重，禾稼俱无，人相食。
4. 明弘治六年（1493 年）　　　　蝗虫遍野，禾稼损伤成灾。
5. 　嘉靖十五年（1536 年）　　　夏，蝗飞蔽日。
6. 　嘉靖二十五年（1546 年）　　秋，蝗虫遍野。
7. 　万历二十七年（1599 年）　　秋，蝗蝻遍野，百姓流离者众。
8. 崇祯十年（1637 年）　　　　　夏，蝗蝻遍野，田苗尽伤。
9. 　崇祯十一年（1638 年）　　　七月，飞蝗蔽天。
10. 崇祯十四年（1641 年）　　　六月旱，蝗虫成灾，百姓饥甚。
11. 清顺治三年（1646 年）　　　蝗虫遍野，禾苗尽伤。

原载《威县志》大事记，方志出版社 1998 年版

12. 元至大三年（1310 年）　　　七月，蝗虫成灾。
13. 明嘉靖三年（1524 年）　　　秋，遭蝗灾。
14. 　万历二十八年（1600 年）　　蝗灾甚重。

15. 民国三十二年（1943 年）　　　　　　六月，蝗虫遍野，飞蔽天日，庄稼吃光。

原载《威县志》自然灾害·虫灾，方志出版社 1998 年版

十、邯郸市

咸丰《大名府志》

1. 西汉后元六年（前 158 年）　　　　天下大旱蝗，发仓庾振贫民。

2. 　　元始二年（公元 2 年）　　　　天下旱蝗。

3. 东汉建武二十九年（53 年）　　　　夏四月，魏郡[①]蝗。

4. 西晋永嘉四年（310 年）　　　　五月，司州[②]蝗食草木、牛马毛皆尽，大饥。

5. 　　建兴五年（317 年）　　　　秋七月，司州螽蝗。

6. 后赵建武四年（338 年）　　　　冀州魏郡蝗。

7. 北魏正始元年（504 年）　　　　夏六月，司州蝗。

8. 北齐天保八年（557 年）　　　　秋七月，蝗。齐主问魏郡丞崔叔瓒，对曰：
　　　　　　　　　　　　　　　　　"《五行志》：'土功不时，蝗虫为灾。'今
　　　　　　　　　　　　　　　　　筑长城，兴三台，其以此乎?"齐主怒，
　　　　　　　　　　　　　　　　　使左右殴之，摺其发，沃之曳足以出。

9. 　唐开元三年（715 年）　　　　夏四月，河南北蝗，遣御史督州县瘗之。

10. 　　开成二年（837 年）　　　　夏六月，魏博蝗。

11. 　　开成三年（838 年）　　　　秋，河南、河北蝗，草木叶皆尽。

12. 　　开成五年（840 年）　　　　夏六月，河南、河北蝗，除其徭。

原载咸丰《大名府志》卷三《年纪》，咸丰三年刻本

13. 宋太平兴国七年（982 年）　　　　夏四月，大名府蝗。

14. 　大中祥符九年（1016 年）　　　　夏六月，京东西、河北蝗蝻继生，食田殆尽。

15. 　　天禧元年（1017 年）　　　　二月，河北蝗。

16. 　　天圣六年（1028 年）　　　　五月，河北蝗。

17. 　　明道二年（1033 年）　　　　河北蝗。

18. 　　熙宁六年（1073 年）　　　　河北蝗。

---

① 魏郡：旧郡名，治所在今河北临漳西南。

② 司州：西晋司隶校尉部名，治所在今河南洛阳东北，时辖邯郸各县。

19.	熙宁七年（1074 年）	夏，河北蝗，诏河北两路捕蝗。
20.	熙宁九年（1076 年）	河北蝗。
21.	元丰三年（1080 年）	河北蝗。
22.	元丰四年（1081 年）	六月，河北蝗。
23.	元丰六年（1083 年）	河北蝗。
24.	崇宁元年（1102 年）	河北蝗。
25.	崇宁二年（1103 年）	河北蝗，令有司醵祭。
26.	崇宁三年（1104 年）	河北大蝗。
27.	崇宁四年（1105 年）	夏六月，河北大蝗。
28.	蒙古至元二年（1265 年）	夏五月，大名路旱蝗。
29.	元至元八年（1271 年）	夏六月，大名蝗。
30.	大德六年（1302 年）	夏四月，大名蝗。
31.	至大二年（1309 年）	夏四月，大名路蝗；秋八月，复蝗。
32.	至大三年（1310 年）	秋七月，大名路旱，蝗生。
33.	泰定元年（1324 年）	夏六月，蝗，饥。
34.	泰定三年（1326 年）	秋七月，大名路旱蝗。
35.	泰定四年（1327 年）	夏六月，大名蝗。
36.	至顺元年（1330 年）	夏五月，大名路蝗，饥。
37.	至正十二年（1352 年）	夏六月，大名路开、滑、浚三州，元城[①] 十一县水、旱、虫蝗，饥民七十一万六千九百人。
38.	明洪武八年（1375 年）	夏四月，免大名蝗灾田租。
39.	宣德九年（1434 年）	大名府境内蝗，诏遣官督捕。户部奏，大名府境内蝗蝻覆地伤稼，虽悉力捕瘗，日加繁盛。上叹曰：民以谷为命，蝗不尽，则民何所望。遂遣御史、给事中、锦衣卫分往督捕。
40.	正统六年（1441 年）	夏，大名蝗。
41.	正统七年（1442 年）	夏五月，大名蝗。
42.	景泰七年（1456 年）	夏五月，大名蝗。

---

① 元城：旧县名，1913 年并入今河北大名。

43. 天顺二年（1458 年）　　　　　大蝗。

44. 天顺八年（1464 年）　　　　　蝗，遣官督捕。

45. 嘉靖十四年（1535 年）　　　　蝗。

46. 嘉靖十九年（1540 年）　　　　秋，旱蝗伤稼，民大饥。

47. 嘉靖二十年（1541 年）　　　　夏五月，飞蝗蔽天。

48. 嘉靖二十九年（1550 年）　　　旱蝗伤稼。

49. 嘉靖三十四年（1555 年）　　　夏六月，蝗蝻生。

50. 嘉靖四十年（1561 年）　　　　夏，蝗伤麦禾，民饥。

51. 隆庆三年（1569 年）　　　　　夏六月，蝗。

52. 万历十一年（1583 年）　　　　旱蝗。

53. 万历十三年（1585 年）　　　　大旱蝗。

54. 万历十九年（1591 年）　　　　夏，大名蝗。

55. 万历二十八年（1600 年）　　　大蝗。

56. 万历三十三年（1605 年）　　　夏四月，旱蝗。

57. 万历三十四年（1606 年）　　　春三月，旱蝗，民饥。

58. 万历三十八年（1610 年）　　　夏，蝗。

59. 万历四十四年（1616 年）　　　秋七月旱，蝗食禾殆尽。

60. 万历四十八年（1620 年）　　　旱蝗。

61. 天启二年（1622 年）　　　　　夏，蝗，飞扬蔽日。

62. 崇祯十一年（1638 年）　　　　夏，大蝗，飞蔽日，食禾殆尽。

63. 崇祯十二年（1639 年）　　　　六月，大蝗，飞扬散落，未几蝻子复发，伤
　　　　　　　　　　　　　　　　　稼殆尽。

64. 崇祯十三年（1640 年）　　　　五月，蝗，斗米千钱，人相食，命官赈济。

65. 崇祯十四年（1641 年）　　　　夏，大旱蝗，飞扬蔽日，食麦几尽，复疫
　　　　　　　　　　　　　　　　　气盛行，人死大半，斗米千钱，民饥，
　　　　　　　　　　　　　　　　　互相杀食。

66. 崇祯十六年（1643 年）　　　　秋，蝻生，旋有黑虫状如蜂，食蝻殆尽。

67. 崇祯十七年（1644 年）　　　　六月，蝗。

68. 清顺治七年（1650 年）　　　　夏，旱蝗。

69. 康熙六年（1667 年）　　　　　秋七月，蝗，遣官扑捕。

70. 康熙十年（1671 年）　　　　　秋七月，旱蝗。

71. 康熙十一年（1672 年）　　　　春，旱蝗。

72.	康熙十九年（1680 年）	夏，蝗不入境。
73.	康熙二十五年（1686 年）	蝗不入境。
74.	康熙三十二年（1693 年）	夏，蝗。
75.	乾隆五年（1740 年）	夏，蝗。
76.	乾隆十七年（1752 年）	夏，大蝗，积地盈尺，禾稼尽食，遣官扑捕无遗。

原载咸丰《大名府志》卷四《年纪》，咸丰三年刻本

民国《大名县志》

1.	东汉建武二十九年（53 年）	四月，魏郡蝗。
2.	北齐天保八年（557 年）	七月，魏郡蝗。齐主问魏郡丞崔叔瓒，对曰："《五行志》：'土功不时，蝗虫为灾。'今筑长城，兴三台，其以此乎？"齐主怒，使左右殴之，擢其发，沃之曳足以出。
3.	唐开元三年（715 年）	四月，河北蝗，遣御史督州县瘗之，诏免一年租。
4.	贞元元年（785 年）	河北蝗旱。
5.	开成二年（837 年）	六月，魏博蝗。
6.	开成三年（838 年）	秋，河北蝗，草木叶皆尽。
7.	开成五年（840 年）	六月，河北蝗，除其徭。
8.	宋太平兴国七年（982 年）	四月，大名蝗。
9.	景德三年（1006 年）	八月，河北螽。
10.	大中祥符九年（1016 年）	六月，河北蝗螟继生，食田殆尽。
11.	天禧元年（1017 年）	二月，河北蝗。
12.	天圣六年（1028 年）	五月，河北蝗。
13.	明道二年（1033 年）	河北蝗。
14.	熙宁五年（1072 年）	河北大蝗。
15.	熙宁七年（1074 年）	河北蝗。
16.	熙宁九年（1076 年）	夏，河北蝗。
17.	元丰三年（1080 年）	六月，河北蝗。

18. 元丰四年（1081 年）　　　　六月，河北蝗，诏免灾伤役钱。

19. 元丰五年（1082 年）　　　　六月，河北蝗。

20. 元丰六年（1083 年）　　　　夏，河北蝗。

21. 崇宁元年（1102 年）　　　　夏，河北蝗。

22. 崇宁二年（1103 年）　　　　河北蝗，令有司醐祭。

23. 崇宁三年（1104 年）　　　　四月，河北俱大蝗。

24. 蒙古至元二年（1265 年）　　夏，大名路旱蝗。

25. 元至元八年（1271 年）　　　六月，大名蝗。

26. 元贞二年（1296 年）　　　　八月，大名旱蝗。

27. 大德六年（1302 年）　　　　四月，大名蝗。

28. 至大二年（1309 年）　　　　四月，大名蝗。

29. 至大三年（1310 年）　　　　四月，元城蝗。

30. 泰定元年（1324 年）　　　　六月，大名蝗，饥，诏发粟赈恤。

31. 泰定三年（1326 年）　　　　七月，大名旱蝗。

32. 泰定四年（1327 年）　　　　六月，大名蝗，饥，赈之。

33. 至顺元年（1330 年）　　　　五月，大名蝗，饥。

34. 至顺三年（1332 年）　　　　五月，大名路蝗。

35. 至正十二年（1352 年）　　　六月，元城等十一县水旱蝗，饥民七十一
　　　　　　　　　　　　　　　　万六千九百人，赈之。

36. 明洪武八年（1375 年）　　　夏，大名蝗，免田租。

37. 宣德九年（1434 年）　　　　大名府境内蝗，诏遣官督捕。

38. 正统六年（1441 年）　　　　夏，大名蝗。

39. 正统七年（1442 年）　　　　五月，大名蝗。

40. 景泰七年（1456 年）　　　　五月，大名蝗。

41. 天顺二年（1458 年）　　　　大蝗。

42. 嘉靖七年（1528 年）　　　　魏县大蝗，知县以蝗易谷，捕灭殆尽。

43. 嘉靖十五年（1536 年）　　　秋，大蝗，食禾且尽。

44. 嘉靖十九年（1540 年）　　　旱蝗伤稼，民大饥。

45. 嘉靖二十年（1541 年）　　　五月，飞蝗蔽天。

46. 嘉靖二十九年（1550 年）　　旱蝗伤稼。

47. 嘉靖三十四年（1555 年）　　六月，蝗蝻生。

48. 嘉靖四十年（1561 年）　　　夏，蝗伤麦禾，民饥。

49. 隆庆三年（1569 年）　　　　六月，蝗。

50. 万历十一年（1583 年）　　　旱蝗。

51. 万历十三年（1585 年）　　　大旱蝗，诏免田租十之三。

52. 万历十九年（1591 年）　　　夏，大名蝗。

53. 万历三十三年（1605 年）　　四月，旱蝗。

54. 万历三十四年（1606 年）　　三月，旱蝗，民饥。

55. 万历三十八年（1610 年）　　夏，蝗。

56. 万历四十四年（1616 年）　　七月旱，蝗蔽野，食禾殆尽。

57. 万历四十八年（1620 年）　　旱蝗。

58. 崇祯十一年（1638 年）　　　夏，大蝗，飞扬蔽日，食禾殆尽。

59. 崇祯十二年（1639 年）　　　六月，大蝗，散落，未几蝻子生，伤稼
　　　　　　　　　　　　　　　　殆尽。

60. 崇祯十三年（1640 年）　　　旱蝗，大饥，斗粟千钱，鬻妻卖子，人相食，
　　　　　　　　　　　　　　　　赈之。

61. 崇祯十四年（1641 年）　　　大旱，飞蝗食麦。

62. 崇祯十六年（1643 年）　　　秋，蝻生，有黑虫状如蜂食蝻殆尽。

63. 崇祯十七年（1644 年）　　　六月，蝗。

64. 清康熙六年（1667 年）　　　七月，旱蝗，遣官督捕。

65. 康熙十年（1671 年）　　　　七月，旱蝗，捕之。

66. 康熙十一年（1672 年）　　　春，旱蝗。

67. 康熙三十二年（1693 年）　　夏，蝗。

68. 乾隆五年（1740 年）　　　　夏，蝗。

69. 乾隆十七年（1752 年）　　　夏，大蝗，积地盈尺，禾稼食尽，督有司
　　　　　　　　　　　　　　　　逐捕。

70. 咸丰六年（1856 年）　　　　夏，旱蝗。

71. 咸丰七年（1857 年）　　　　大蝗，官以粟、钱易蝗及蝗子，令民逐捕，
　　　　　　　　　　　　　　　　麦被食。

72. 宣统元年（1909 年）　　　　夏，大蝗。

73. 民国三年（1914 年）　　　　夏，蝗蝻生，东区一带秋苗受损。

74. 民国七年（1918 年）　　　　夏，东区偏北一带蝗蝻滋生遍地，县长督
　　　　　　　　　　　　　　　　促扑打，令警局分头购买，获蝗一斤给
　　　　　　　　　　　　　　　　铜子七枚，十数日蝗蝻尽灭。

75. 民国十七年（1928 年）　　　　　七月，蝗蝻生，甚为苗害。

76. 民国十八年（1929 年）　　　　　三月，蝗蝻生，二麦、春苗均被害；七月，飞蝗起，食苗，不能种麦。

原载民国《大名县志》卷二十六《祥异志》，民国二十三年铅印本

《大名县志》

1. 清光绪三十年（1904 年）　　　　六月，蝗蝻生，食谷叶尽，蝗滚滚团行，人至郊几无措足地。

2. 民国二十二年（1933 年）　　　　河北 85 县蝗，大名县蝗。

3. 民国二十三年（1934 年）　　　　大名蝗害。

4. 民国二十九年（1940 年）　　　　大名蝗虫成灾。

5. 民国三十年（1941 年）　　　　　大名飞蝗蔽日，蝗蝻滚团。

6. 民国三十一年（1942 年）　　　　大名蝗虫成灾，挖沟捕打。

7. 民国三十二年（1943 年）　　　　八月，元城、大名蝗虫成灾，蝗如乌云遮日，自北向南从天而降，秋季大减产。

8. 民国三十四年（1945 年）　　　　大名蝗虫成灾，挖沟捕打。

9. 民国三十五年（1946 年）　　　　大名部分地方蝗灾，用碗盛蝻子，飞蝗遮太阳。

10. 民国三十七年（1948 年）　　　　大名蝗灾，秋苗受损。

11. 民国三十八年（1949 年）　　　　一、二、三、四区有 71 个村庄发生蝗虫 13.5 万亩，蝗虫成团。

原载《大名县志》自然灾害，新华出版社 1994 年版

同治《元城县志》

1. 明宣德八年（1433 年）　　　　　大名府境内蝗，遣官驰驿督捕。

2. 万历三十四年（1606 年）　　　　蝗。

3. 万历三十八年（1610 年）　　　　飞蝗蔽日。

4. 万历四十四年（1616 年）　　　　秋七月旱，蝗蝻蔽野，食禾殆尽。

5. 崇祯十一年（1638 年）　　　　　蝗飞蔽日，食禾几尽。

6. 崇祯十二年（1639 年）　　　　　夏六月，飞蝗生蝻。

7.	崇祯十四年（1641 年）	大旱，飞蝗食麦。
8.	清顺治七年（1650 年）	夏，旱蝗。
9.	康熙十年（1671 年）	秋七月，旱蝗，檄各属捕蝗。
10.	康熙十一年（1672 年）	春，旱蝗。
11.	康熙十九年（1680 年）	夏，蝗不入境。
12.	康熙三十二年（1693 年）	夏，蝗。
13.	乾隆五年（1740 年）	夏，蝗。
14.	乾隆十七年（1752 年）	夏，大蝗，檄扑捕。

原载同治《元城县志》卷一《舆地志·年纪》，同治十一年刻本

光绪 《广平府志》

1.	东汉建武二十九年（53 年）	清河郡蝗。
2.	熹平六年（177 年）	夏，大旱，七州蝗。
3.	北齐天保八年（557 年）	广平、清河二郡蝱涝损田，诏免租。
4.	天保九年（558 年）	河北六州蝗。
5.	唐开元三年（715 年）	夏，鸡泽、滏阳①大蝗；七月，河北蝗。
6.	开元二十五年（737 年）	贝州蝗，有白鸟数万群飞食之，一夕而尽。
7.	宋建隆三年（962 年）	秋七月，磁、洺②二州蝝生。
8.	开宝二年（969 年）	八月，磁州蝗。
9.	淳化三年（992 年）	七月，贝州蝗，俄抱草死。
10.	天圣五年（1027 年）	七月，洺州蝗。
11.	蒙古至元三年（1266 年）	洺、磁蝗。
12.	元至元八年（1271 年）	夏六月，洺、磁等州蝗。
13.	至元十八年（1281 年）	秋，广平蝗，人相食。
14.	至元二十六年（1289 年）	七月，广平蝗。
15.	大德五年（1301 年）	七月，广平路蝗。
16.	至大二年（1309 年）	四月，广平蝗；七月，磁州、威州、滏阳蝗。
17.	泰定元年（1324 年）	六月，广平蝗。

---

① 滏阳：旧县名，治所在今河北磁县。

② 洺：洺州，旧州名，治所在今河北永年东南。

18. 泰定三年（1326 年）　　　　　七月，广平路蝗。

19. 至顺元年（1330 年）　　　　　五月，广平路蝗，饥，赈之。

20. 明正统元年（1436 年）　　　　五月，成安蝗。

21. 正统五年（1440 年）　　　　　夏，广平蝗。

22. 正统六年（1441 年）　　　　　夏，广平蝗。

23. 正统七年（1442 年）　　　　　五月，广平蝗。

24. 弘治六年（1493 年）　　　　　威县、清河蝗，禾稼尽伤。

25. 嘉靖三年（1524 年）　　　　　秋，威县、清河复蝗。

26. 嘉靖八年（1529 年）　　　　　夏，邯郸、磁州蝗，大饥。

27. 嘉靖二十年（1541 年）　　　　鸡泽、成安、广平飞蝗蔽天，食禾殆尽。

28. 嘉靖二十五年（1546 年）　　　秋，威县蝗。

29. 嘉靖二十九年（1550 年）　　　肥乡旱蝗。

30. 嘉靖三十九年（1560 年）　　　曲周、鸡泽、成安、清河旱蝗，民大饥。

31. 万历十五年（1587 年）　　　　威县螟螣害稼。

32. 万历十九年（1591 年）　　　　夏，广平蝗。

33. 万历二十七年（1599 年）　　　秋，威县蝗伤禾。

34. 万历二十八年（1600 年）　　　威县蝻生。

35. 万历三十三年（1605 年）　　　清河蝗。

36. 万历三十五年（1607 年）　　　秋，成安大蝗。

37. 万历三十九年（1611 年）　　　秋，肥乡飞蝗害稼。

38. 万历四十五年（1617 年）　　　永年蝗。

39. 万历四十六年（1618 年）　　　是年，畿南四府蝗。

40. 天启六年（1626 年）　　　　　春，属县旱蝗。

41. 天启七年（1627 年）　　　　　永年蝗。

42. 崇祯十一年（1638 年）　　　　夏六月，蝗飞蔽天，积地厚尺许。

43. 崇祯十二年（1639 年）　　　　夏旱，大蝗，草尽集于树，树为之枯。

44. 清顺治三年（1646 年）　　　　九月，鸡泽蝗，成安蝗蝻食禾几尽。

45. 顺治六年（1649 年）　　　　　广平蝗，免田租。

46. 顺治十二年（1655 年）　　　　七月，曲周蝗。

47. 顺治十五年（1658 年）　　　　永年、鸡泽蝗，饥，赈之。

48. 康熙二年（1663 年）　　　　　广平县蝗。

49. 康熙七年（1668 年）　　　　　广平蝗。

50.	康熙十一年（1672 年）	五月，广平蝗食禾；七月，威县飞蝗蔽天。
51.	康熙二十三年（1684 年）	永年、威县大旱蝗，免田租。
52.	乾隆十七年（1752 年）	七月，属县蝗，捕灭之。
53.	乾隆二十八年（1763 年）	夏，永年旱蝗，岁大饥。
54.	道光五年（1825 年）	八月，永年蝗伤麦苗；十月，邯郸蝗自北来，食麦苗殆尽。
55.	道光十九年（1839 年）	春，鸡泽蝗大作。
56.	道光二十八年（1848 年）	鸡泽蝗。
57.	咸丰六年（1856 年）	七月，永年、肥乡蝗。
58.	咸丰七年（1857 年）	七月，永年、曲周、肥乡、鸡泽、邯郸飞蝗遍野，大饥，发粟赈恤。
59.	同治元年（1862 年）	夏，永年、肥乡蝗蝻生。
60.	同治四年（1865 年）	七月，鸡泽蝗。
61.	光绪十七年（1891 年）	秋，永年蝗。
62.	光绪十八年（1892 年）	夏，永年蝻生芦滩，肥乡蝻生，扑灭之。

原载光绪《广平府志》卷三十三《前事三·灾异》，光绪二十年刻本

康熙《广平县志》

1.	北齐天保八年（557 年）	广平螽涝。
2.	元至元十八年（1281 年）	广平蝗，人相食。
3.	大德五年（1301 年）	广平路蝗。
4.	致和元年（1328 年）	三次蝗。
5.	明嘉靖二十年（1541 年）	夏五月，飞蝗蔽天，伤禾稼殆尽，至秋始灭。
6.	清顺治六年（1649 年）	蝗，免田租。
7.	康熙二年（1663 年）	蝗。
8.	康熙七年（1668 年）	七月，蝗。
9.	康熙十一年（1672 年）	蝗。

原载康熙《广平县志》卷二《人民志·灾祥》，康熙十五年刻本

《广平县志》

| 1. | 元至元二十六年（1289 年） | 蝗灾。 |

2.	至大二年（1309 年）	四月，蝗灾。
3.	泰定元年（1324 年）	六月，蝗灾。
4.	泰定三年（1326 年）	七月，蝗灾。
5.	至顺元年（1330 年）	五月，蝗灾。
6.	明正统五年（1440 年）	蝗灾。
7.	正统六年（1441 年）	蝗灾。
8.	正统七年（1442 年）	连续三年蝗灾。
9.	万历十九年（1591 年）	夏，蝗灾。
10.	清康熙六年（1667 年）	蝗食禾。
11.	民国二年（1913 年）	蝗灾。
12.	民国十七年（1928 年）	四月，蝗蝻生；七月，飞蝗蔽天，田禾一空。
13.	民国十八年（1929 年）	四月，飞蝗蔽天，损麦禾。
14.	民国三十二年（1943 年）	七月，飞蝗自东南来遮天蔽日，庄稼、树叶吃光。
15.	民国三十三年（1944 年）	四月，蝗蝻突生，遍地皆是，抗日政府发动全民捕打，但仍造成了灾害。
16.	民国三十八年（1949 年）	四月，发生蝗蝻，人民政府组织群众捕打灭蝗。

原载《广平县志》自然灾害，文化艺术出版社 1995 年版

《邯郸县志》

1.	蒙古至元三年（1266 年）	洺州、磁州蝗灾。
2.	元至元八年（1271 年）	洺州、磁州蝗灾。
3.	至元十八年（1281 年）	秋，广平路发生蝗灾。
4.	至元二十六年（1289 年）	七月，广平路发生蝗灾。
5.	大德五年（1301 年）	七月，广平路发生蝗灾。
6.	至大二年（1309 年）	七月，磁州、威州、滏阳蝗灾。
7.	明嘉靖八年（1529 年）	蝗灾，蝗遮天蔽日，庄稼被吃光，饥，人相食。
8.	崇祯十二年（1639 年）	蝗灾严重，平地蝗虫一尺多厚，草被吃光。
9.	清道光五年（1825 年）	九月，蝗自北而南遮天蔽日，从东入山西

界，食麦苗一空，县设厂四门收买蝗
虫，每斤给钱二十文。

10.　咸丰七年（1857 年）　　　　　　秋，蝗灾严重，庄稼吃光。

11. 民国二十五年（1936 年）　　　　　七月，蝗灾。

12. 民国三十二年（1943 年）　　　　　蝗灾严重。

原载《邯郸县志》自然灾害，中国人事出版社 1993 年版

13. 民国三十三年（1944 年）　　　　　八月，严重蝗灾，飞蝗遮天蔽日，除绿豆
外，庄稼几乎被吃光。

原载《邯郸县志》大事记，中国人事出版社 1993 年版

民国《邯郸县志》

清咸丰八年（1858 年）　　　　　　　复旱蝗，遮天蔽日，禾稼一空。

原载民国《邯郸县志》卷一《大事志》，民国二十二年刻本

《魏县志》

1. 东汉建武二十九年（53 年）　　　四月，魏县蝗灾。

2. 北齐天保八年（557 年）　　　　　魏县蝗。

3. 唐开元二年（714 年）　　　　　　魏县蝗。

4.　贞元元年（785 年）　　　　　　　魏县蝗。

5.　开成二年（837 年）　　　　　　　六月，魏县蝗。

6.　宋太平兴国七年（982 年）　　　　四月，魏县蝗。

7.　大中祥符九年（1016 年）　　　　六月，蝗蝻继生，食田殆尽。

8.　天禧元年（1017 年）　　　　　　二月，魏县蝗。

9.　天圣四年（1026 年）　　　　　　六月，魏县蝗。

10.　明道二年（1033 年）　　　　　　魏县蝗。

11.　熙宁五年（1072 年）　　　　　　魏县大蝗。

12.　熙宁七年（1074 年）　　　　　　春，魏县蝗。

13.　熙宁九年（1076 年）　　　　　　夏，魏县蝗。

14.　元丰四年（1081 年）　　　　　　魏县蝗。

15.　元丰六年（1083 年）　　　　　　魏县蝗。

16.　　崇宁元年（1102 年）　　　　魏县蝗。

17.　　崇宁三年（1104 年）　　　　四月，魏县大蝗。

18. 蒙古至元二年（1265 年）　　　魏县蝗。

19. 元至元八年（1271 年）　　　　六月，魏县蝗。

20.　　元贞二年（1296 年）　　　　八月，魏县蝗。

21.　　大德四年（1300 年）　　　　魏县蝗。

22.　　至大二年（1309 年）　　　　四月，魏县蝗。

23.　　泰定元年（1324 年）　　　　六月，魏县蝗。

24.　　泰定四年（1327 年）　　　　六月，魏县蝗。

25.　　天顺元年（1330 年）　　　　五月，魏县蝗灾。

26. 明洪武八年（1375 年）　　　　夏，魏县蝗，免田租。

27.　　宣德九年（1434 年）　　　　魏县蝗蝻覆地伤稼。

28.　　正统五年（1440 年）　　　　魏县蝗。

29.　　正统七年（1442 年）　　　　魏县蝗。

30.　　天顺二年（1458 年）　　　　魏县大蝗。

31.　　嘉靖七年（1528 年）　　　　魏县大蝗。

32.　　嘉靖二十年（1541 年）　　　魏县飞蝗蔽天，饥，人相食。

33.　　嘉靖三十四年（1555 年）　　蝗蝻生。

34.　　隆庆三年（1569 年）　　　　魏县蝗。

35.　　万历十一年（1583 年）　　　魏县蝗。

36.　　万历三十三年（1605 年）　　四月，魏县蝗。

37.　　万历三十四年（1606 年）　　三月，魏县蝗。

38.　　万历三十八年（1610 年）　　魏县蝗。

39.　　万历四十四年（1616 年）　　七月，魏县蝗虫蔽野，食禾殆尽。

40.　　崇祯十一年（1638 年）　　　魏县大蝗，飞扬蔽日，食禾殆尽。

41.　　崇祯十二年（1639 年）　　　魏县蝗。

42.　　崇祯十三年（1640 年）　　　魏县蝗，人相食。

43.　　崇祯十四年（1641 年）　　　魏县飞蝗食麦。

44.　　崇祯十六年（1643 年）　　　魏县蝻生。

45.　　崇祯十七年（1644 年）　　　魏县蝗。

46. 清康熙十一年（1672 年）　　　魏县蝗。

47.　　康熙三十二年（1693 年）　　魏县蝗。

48.	乾隆十七年（1752 年）	夏，魏县大蝗。
49.	咸丰六年（1856 年）	魏县大蝗。
50.	咸丰七年（1857 年）	魏县大蝗。
51.	宣统元年（1909 年）	夏，魏县大蝗。
52.	民国三年（1914 年）	夏，魏县蝗蝻生。
53.	民国七年（1918 年）	魏县蝗蝻生。
54.	民国十六年（1927 年）	七月，魏县蝗蝻生。
55.	民国十八年（1929 年）	魏县蝗蝻生，二麦受灾。
56.	民国三十二年（1943 年）	八月，魏县蝗飞蔽日，落地成群，禾、树叶吃光。
57.	民国三十三年（1944 年）	魏县蝗蝻遍地。

原载《魏县志》自然灾害，方志出版社 2003 年版

民国《馆陶县志》

1.	元至大元年（1308 年）	澶、曹、濮、高唐等州蝗，馆陶与焉。
2.	明嘉靖十五年（1536 年）	六月旱，蝗蔽天。
3.	万历四十二年（1614 年）	旱蝗，令民捕蝗，照蝗给谷。
4.	崇祯十一年（1638 年）	七月，飞蝗蔽天，食树叶，蝗蝻入人室。
5.	崇祯十二年（1639 年）	蝗蝻食麦。
6.	崇祯十三年（1640 年）	五月，大旱蝗。
7.	清顺治十三年（1656 年）	闰五月，蝗。
8.	康熙十年（1671 年）	夏六月，仔蝗食禾。
9.	康熙十一年（1672 年）	七月，飞蝗蔽日，一面请蠲，一面悬赏令民掩捕，数日之内四关厢集蝗如阜，秋禾赖焉。
10.	咸丰七年（1857 年）	蝗虫成灾，大饥。
11.	光绪二十一年（1895 年）	夏四月，蝗食麦苗，劝富室买蝗捕杀。
12.	民国十七年（1928 年）	秋，蝗灾。
13.	民国十八年（1929 年）	秋，蝗复为害，继而生蝻，蝻又成蝗，愈捕愈多；至八月，忽来山峰无数将蝗蜇死，其患乃息。

14. 民国二十二年（1933 年）　　　　秋，五、六、七、八等区 83 个村庄飞蝗
　　　　　　　　　　　　　　　　　　遍野，蚕食禾苗。

原载民国《馆陶县志》卷五《大事志·灾祥》，民国二十五年铅印本

《馆陶县志》

1. 民国三十二年（1943 年）　　　　六月，蝗虫遍野，禾草叶吃光。
2. 民国三十三年（1944 年）　　　　七月，蝗灾严重，蝗蝻蚕食秋苗，县区成
　　　　　　　　　　　　　　　　　　立捕蝗指挥部，进行灭蝗大会战。

原载《馆陶县志》大事记，中华书局 1999 年版

3. 民国三十四年（1945 年）　　　　夏秋间，生蝗蝻，庄稼受害。

原载《馆陶县志》自然灾害，中华书局 1999 年版

康熙《邱县志》

1. 明嘉靖七年（1528 年）　　　　蝗。
2. 　万历十九年（1591 年）　　　　蝗。
3. 　万历二十六年（1598 年）　　　旱蝗。
4. 　万历四十五年（1617 年）　　　旱，蝗蝻遍地，钦差赈济，山东以捕蝗给
　　　　　　　　　　　　　　　　　衣巾，邱有十余人。
5. 清顺治十二年（1655 年）　　　　六月旱，蝗飞蔽天。
6. 　顺治十三年（1656 年）　　　　闰五月，飞蝗食禾。

原载康熙《邱县志》卷八《灾祥》，康熙四年刻本

《邱县志》

1. 西汉元始二年（公元 2 年）　　　大旱蝗，遣使督民捕蝗，诣吏以捕蝗多寡
　　　　　　　　　　　　　　　　　授钱。
2. 新莽天凤四年（17 年）　　　　　大旱蝗。
3. 　地皇三年（22 年）　　　　　　大旱蝗，民饥，黄金一斤粟一斤。
4. 东汉建武二十八年（52 年）　　　蝗。
5. 　建武二十九年（53 年）　　　　四月，又蝗。

6.	永兴元年（153 年）	七月，蝗。
7.	永兴二年（154 年）	旱蝗。
8.	熹平六年（177 年）	四月，大旱蝗。
9.	兴平元年（194 年）	四至七月，蝗虫起，百姓大饥，人相食。
10.	三国魏黄初三年（222 年）	七月，大蝗，饥。
11.	西晋永嘉四年（310 年）	五月，大蝗，草木食尽。
12.	东晋建武元年（317 年）	七月，大旱蝗。
13.	后赵建武四年（338 年）	五月，大蝗。
14.	北齐天保八年（557 年）	七月，大蝗，铺天盖地，声如风雨。
15.	天保九年（558 年）	夏，大旱蝗。
16.	唐开元三年（715 年）	五月，大蝗。
17.	开元四年（716 年）	夏，复大蝗。
18.	贞元元年（785 年）	大旱蝗，斗米千钱。
19.	贞元二年（786 年）	又蝗旱，民饿殍相枕。
20.	开成元年（836 年）	夏，蝗成灾。
21.	开成二年（837 年）	蝗虫为害，田禾被毁，野草、树枝皆尽。
22.	开成三年（838 年）	蝗虫为害，田禾被毁，野草、树枝皆尽。
23.	开成四年（839 年）	蝗虫为害，田禾被毁，野草、树枝皆尽。
24.	开成五年（840 年）	蝗虫为害，田禾被毁，野草、树枝皆尽。
25.	后晋天福八年（943 年）	六月，大旱蝗。
26.	宋建隆三年（962 年）	七月，旱蝗。
27.	天圣六年（1028 年）	五月，蝗；九月，蝗。
28.	金大定三年（1163 年）	三月，蝗害麦。
29.	蒙古至元四年（1267 年）	蝗灾。
30.	至元六年（1269 年）	六月，大旱蝗。
31.	元至元八年（1271 年）	六月，蝗。
32.	至元二十七年（1290 年）	四月，蝗灾。
33.	大德二年（1298 年）	四月，蝗。
34.	大德四年（1300 年）	三月，旱蝗。
35.	大德五年（1301 年）	旱蝗。
36.	大德六年（1302 年）	四月，蝗。
37.	至大元年（1308 年）	虫蝗成灾。

38.	至大二年（1309 年）	虫蝗成灾。
39.	至大三年（1310 年）	虫蝗成灾。
40.	至大四年（1311 年）	虫蝗成灾。
41.	泰定元年（1324 年）	六月，蝗。
42.	泰定四年（1327 年）	六月，旱蝗。
43.	至顺元年（1330 年）	五月，蝗。
44.	明弘治十四年（1501 年）	蝗生遍野。
45.	正德二年（1507 年）	夏秋，旱蝗。
46.	嘉靖三年（1524 年）	秋，蝗。
47.	嘉靖八年（1529 年）	旱蝗。
48.	嘉靖十五年（1536 年）	六月旱，蝗飞蔽天。
49.	嘉靖三十九年（1560 年）	秋，大旱蝗。
50.	万历四十三年（1615 年）	七月，蝗。
51.	万历四十四年（1616 年）	四月，旱蝗，大饥。
52.	天启六年（1626 年）	旱蝗。
53.	崇祯十年（1637 年）	六月，蝗，禾苗尽伤，民大饥。
54.	崇祯十一年（1638 年）	大旱蝗，飞蝗落处房损树摧。
55.	崇祯十二年（1639 年）	蝗，颗粒不收，人相食。
56.	崇祯十三年（1640 年）	连年蝗旱，颗粒不收，人相食。
57.	崇祯十四年（1641 年）	大旱蝗，人死，取以食。
58.	清顺治六年（1649 年）	旱蝗。
59.	康熙十年（1671 年）	旱蝗。
60.	康熙十一年（1672 年）	七月，蝗。
61.	康熙二十三年（1684 年）	四月，大旱蝗。
62.	康熙二十四年（1685 年）	三月，西北有蝗食禾，复蝗飞蔽天。
63.	康熙二十九年（1690 年）	旱蝗。
64.	嘉庆七年（1802 年）	蝗旱。
65.	嘉庆十六年（1811 年）	旱蝗交加，大饥。
66.	道光六年（1826 年）	四月，大旱蝗，无麦。
67.	道光十八年（1838 年）	夏旱，蝗蝻生。
68.	道光十九年（1839 年）	旱蝗交作。
69.	同治四年（1865 年）	夏秋，大旱蝗。

70.　　光绪十七年（1891 年）　　　　五月，飞蝗遍野；六月，蝗蝻又生，因民
　　　　　　　　　　　　　　　　　　　　驱打，未成大灾。

71.　　光绪十八年（1892 年）　　　　夏，蝗。

72. 民国十七年（1928 年）　　　　　春旱，蝗虫为祸。

73. 民国三十二年（1943 年）　　　　旱，蝗虫遍地。

原载《邱县志》生物灾害，方志出版社 2001 年版

74. 元至正十二年（1352 年）　　　　六月，蝗。

原载《邱县志》大事记，方志出版社 2001 年版

同治 《曲周县志》

1. 元至正十八年（1358 年）　　　　蝗。

2. 明嘉靖八年（1529 年）　　　　　旱蝗。

3.　　天启六年（1626 年）　　　　　蝗伤稼。

4.　　崇祯十二年（1639 年）　　　　夏，蝗蔽天伤稼。

5. 清顺治十二年（1655 年）　　　　秋七月，蝗。

6.　　乾隆四年（1739 年）　　　　　蝗。

7.　　道光六年（1826 年）　　　　　秋七月，蝗。

8.　　咸丰七年（1857 年）　　　　　五月，蝗遍野，伤禾稼，大饥。

原载同治《曲周县志》卷十九《杂事附灾祥》，同治八年刻本

《曲周县志》

1. 北齐天保八年（557 年）　　　　　蝗灾。

2. 宋建隆三年（962 年）　　　　　　七月，蝗灾。

3.　　天圣五年（1027 年）　　　　　七月，蝗灾。

4. 蒙古至元三年（1266 年）　　　　蝗灾。

5.　　元至元八年（1271 年）　　　　六月，蝗灾。

6.　　至元十八年（1281 年）　　　　秋，蝗灾，人相食。

7.　　至元二十六年（1289 年）　　　蝗灾。

8.　　大德五年（1301 年）　　　　　蝗灾。

9.　　至大元年（1308 年）　　　　　虫蝗成灾。

10. 至大二年（1309 年）　　　　　　虫蝗成灾。

11. 至大三年（1310 年）　　　　　　虫蝗成灾。

12. 至大四年（1311 年）　　　　　　虫蝗成灾。

13. 明正统五年（1440 年）　　　　　广平府蝗灾。

14. 正统六年（1441 年）　　　　　　广平府蝗灾。

15. 正统七年（1442 年）　　　　　　广平府连年蝗灾。

16. 嘉靖三十九年（1560 年）　　　　旱，蝗灾。

17. 清顺治六年（1649 年）　　　　　夏旱，蝗灾，麦无收。

18. 光绪十二年（1886 年）　　　　　蝗灾，县令躬行田间，率民捕灭。

19. 光绪二十七年（1901 年）　　　　蝗灾，禾稼不收。

20. 宣统元年（1909 年）　　　　　　飞蝗遍野，大饥。

21. 民国三年（1914 年）　　　　　　蝗灾。

22. 民国十八年（1929 年）　　　　　蝗生，伤禾。

23. 民国十九年（1930 年）　　　　　蝗灾。

24. 民国三十三年（1944 年）　　　　四月，发生特大蝗灾（据本书《自然灾害·蝗灾专记》载：1944 年 5 月，飞蝗南来，数以亿计，遮天盖日，天呈灰黄色，浩浩荡荡，声传数里。后发生蝗蝻盖地，满目皆是，登堂入室，人畜不惧，所过之处田禾、青草一扫而光，树叶无一幸存，为千古罕见之奇灾。80 万亩农作物全毁，一年两季无收，时值日伪盘踞曲周，群众苦不堪言）。

原载《曲周县志》大事记，新华出版社 1997 年版

民国《肥乡县志》

1. 明嘉靖二十九年（1550 年）　　　旱蝗。

2. 万历三十九年（1611 年）　　　　秋，飞蝗害稼。

3. 崇祯十二年（1639 年）　　　　　大旱蝗，蔽天隔日，暗如黑夜，行人路阻，草尽集树，枝皆折。

4. 清嘉庆十九年（1814 年）　　　　旱，虫蝻灾伤。

5.　道光二十八年（1848 年）　　　　六月，仔蝗生，不食禾稼，食柳叶殆尽。

6.　咸丰六年（1856 年）　　　　　　西乡大蝗。

7.　咸丰七年（1857 年）　　　　　　七月，大蝗，禾稼一空，岁大饥。

8.　同治元年（1862 年）　　　　　　六月，大蝗，知县竭力扑打，不为灾。

9. 民国十六年（1927 年）　　　　　秋，蝗遍四境。

10. 民国十七年（1928 年）　　　　　蝻蝗遍地；十月，蝻皆成蝗。

11. 民国十八年（1929 年）　　　　　四月，蝻生，人民流离载道。

原载民国《肥乡县志》卷三十八《灾祥》，民国二十九年铅印本

民国《成安县志》

1. 三国魏黄初三年（222 年）　　　　秋七月，大蝗，饥。

2. 宋熙宁七年（1074 年）　　　　　秋七月，蝗。

3. 蒙古至元三年（1266 年）　　　　秋，大蝗。

4. 元至大二年（1309 年）　　　　　夏四月，大蝗；八月，又大蝗。

5. 明正统元年（1436 年）　　　　　夏五月，蝗。

6.　嘉靖二十年（1541 年）　　　　　飞蝗蔽天，食禾殆尽，大饥。

7.　嘉靖三十九年（1560 年）　　　　旱，大蝗，诏赈饥。

8.　万历三十五年（1607 年）　　　　秋八月，飞蝗蔽日。

9.　清顺治三年（1646 年）　　　　　蝗蝻食禾几尽。

10.　咸丰六年（1856 年）　　　　　　六月，飞蝗蔽天。

11.　咸丰七年（1857 年）　　　　　　七月，飞蝗遍野，大饥，发粟赈恤。

原载民国《成安县志》卷十五《史事》，民国二十年铅印本

《成安县志》

1. 蒙古至元二年（1265 年）　　　　蝗灾。

2. 明天启六年（1626 年）　　　　　五月，蝗灾。

3. 民国十七年（1928 年）　　　　　六月，蝗蝻生。

4. 民国二十八年（1939 年）　　　　夏，蝗蝻生，至成虫飞遮日月，谷类无
　　　　　　　　　　　　　　　　　收成。

原载《成安县志》自然灾害，新华出版社 1996 年版

光绪 《临漳县志》

1. 北齐天保八年（557 年）　　　　　　七月，州郡大蝗，飞至邺①，蔽日，声如
　　　　　　　　　　　　　　　　　　　　风雨。

2. 清顺治四年（1647 年）　　　　　　　秋七月，蝗为灾。

3. 　康熙二十三年（1684 年）　　　　　飞蝗蔽日，麦苗多损。

原载光绪《临漳县志》卷一《疆域志·纪事》，光绪三十年刻本

《临漳县志》

1. 三国魏黄初三年（222 年）　　　　　七月，冀州大蝗，民饥。

2. 西晋永嘉四年（310 年）　　　　　　五月，冀州大蝗，食草木、牛马毛皆尽。

3. 元至正十九年（1359 年）　　　　　　四月，临漳大蝗，食禾稼、草木俱尽，饥
　　　　　　　　　　　　　　　　　　　　民捕蝗为食。

原载《临漳县志》大事记，中华书局 1999 年版

4. 宋建隆三年（962 年）　　　　　　　七月，磁、相（辖临漳）、深州蝗虫发生。

5. 民国三十二年（1943 年）　　　　　　特大蝗灾，蝗虫盖地三寸厚，夏秋作物全
　　　　　　　　　　　　　　　　　　　　被咬掉，粮食绝收。

原载《临漳县志》自然灾害，中华书局 1999 年版

康熙 《磁州志》

1. 北齐天保八年（557 年）　　　　　　旱，蝗蔽日，声如风雨。

2. 唐开元三年（715 年）　　　　　　　蝗。

3. 　开成三年（838 年）　　　　　　　秋，蝗。

4. 宋乾德二年（964 年）　　　　　　　蝗。

5. 　明道二年（1033 年）　　　　　　　蝗。

6. 明嘉靖八年（1529 年）　　　　　　　蝗蝻生。

原载康熙《磁州志》卷十八《祥异》，康熙四十二年刻本

---

① 邺：旧县名，治所在今河北临漳西南邺镇。

《磁县志》

1. 新莽天凤四年（17 年）　　　　　旱蝗成灾，饥民遍地。

2. 北齐天保八年（557 年）　　　　　旱，蝗蔽日，声如风雨。

3. 唐开元三年（715 年）　　　　　　蝗灾。

4. 宋乾德二年（964 年）　　　　　　蝗灾。

5. 　开宝元年（968 年）　　　　　　八月，蝗灾。

6. 　开宝二年（969 年）　　　　　　八月，蝗灾。

7. 蒙古中统三年（1262 年）　　　　是年，蝗灾。

8. 元至元八年（1271 年）　　　　　六月，蝗灾。

9. 　至正十九年（1359 年）　　　　四月，蝗灾，食禾稼、草木殆尽，饥民捕
　　　　　　　　　　　　　　　　　蝗以食。

10. 明洪武八年（1375 年）　　　　　夏，蝗灾。

11. 　嘉靖八年（1529 年）　　　　　蝗蝻生。

12. 　崇祯十二年（1639 年）　　　　大旱，蝗灾。

13. 民国三十二年（1943 年）　　　　五月，磁武抗日根据地发生蝗蝻，飞蝗过
　　　　　　　　　　　　　　　　　后，庄稼、树叶、杂草一扫而光，破坏
　　　　　　　　　　　　　　　　　麦田 6 574 亩。

14. 民国三十三年（1944 年）　　　　五月，县内蝗灾，飞蝗由安阳水冶经武吉、
　　　　　　　　　　　　　　　　　上七垣、时村营、庆和峪向西北飞去，
　　　　　　　　　　　　　　　　　长 10 里、宽 5 里、厚 2 尺左右，过处遮
　　　　　　　　　　　　　　　　　天蔽日、草木皆无，数万军民开展大规
　　　　　　　　　　　　　　　　　模"剿蝗战"，保住了夏季收成。

原载《磁县志》大事记，新华出版社 2000 年版

嘉庆《涉县志》

1. 明万历四十五年（1617 年）　　　大蝗。

2. 清顺治四年（1647 年）　　　　　七月，螽。

3. 　康熙三十年（1691 年）　　　　六月，忽有飞蝗蔽天漫野，青苗啮伤俱尽，
　　　　　　　　　　　　　　　　　大饥。

原载嘉庆《涉县志》卷七《杂志·祥异》，嘉庆四年刻本

《涉县志》

1. 东汉建武二十二年（46 年）　　　　大蝗。
2. 元至元十九年（1282 年）　　　　　蝗食禾稼、草木俱尽，所至蔽日，碍人马
　　　　　　　　　　　　　　　　　　不能行，填坑堑皆盈，饥民捕蝗为食。
3. 明万历十年（1582 年）　　　　　　蝗灾。
4. 民国三十三年（1944 年）　　　　　春旱，飞蝗蔽天。
5. 民国三十四年（1945 年）　　　　　春旱，蝗飞蔽日，所过禾稼、树叶俱尽。
6. 民国三十七年（1948 年）　　　　　夏旱，六、七、八区发生蝗灾。

原载《涉县志》自然灾害，中国对外翻译出版公司 1998 年版

7. 清康熙三十四年（1695 年）　　　　大蝗。
8. 　康熙六十一年（1722 年）　　　　虫蝗。
9. 　光绪二年（1876 年）　　　　　　蝗灾严重，官民奋扑之。
10. 民国三十八年（1949 年）　　　　　六月，境内 6 个区发生蝗灾，面积 5 309 亩。

原载《涉县志》大事记，中国对外翻译出版公司 1998 年版

民国《武安县志》

1. 明嘉靖十五年（1536 年）　　　　　蝗虫遍地，田禾被毁。
2. 　万历三十四年（1606 年）　　　　蝗蝻。
3. 　崇祯十二年（1639 年）　　　　　大旱，蝗灾。
4. 清康熙六年（1667 年）　　　　　　飞蝗蔽天，食禾，大饥。
5. 　康熙二十五年（1686 年）　　　　七月，飞蝗食禾。
6. 　康熙三十年（1691 年）　　　　　春夏，大旱，蝗蝻遍生。
7. 　雍正十三年（1735 年）　　　　　七月，飞蝗为灾。

原载民国《武安县志》卷一《大事纪》，民国二十九年铅印本

《武安县志》

1. 民国三十三年（1944 年）　　　　　五月，太行区党委和军区政治部发出扑灭
　　　　　　　　　　　　　　　　　　蝗蝻的紧急号召，根据地军民立即投入
　　　　　　　　　　　　　　　　　　灭蝗战斗，下旬从安阳水冶等敌占区飞

来一群飞蝗，长约 10 里、宽约 5 里，遮天蔽日，在根据地军民努力下，飞蝗被歼。

2. 民国三十八年（1949 年）　　五月，10 个区 316 个村庄 53 万亩禾苗发生蝗虫，全县出动 13 万人灭蝗，蝗虫吃毁谷苗 35 000 亩。

原载《武安县志》大事记，中国广播电视出版社 1990 年版

光绪《永年县志》

1. 东汉熹平六年（177 年）　　广平大旱蝗。

2. 北齐天保七年（556 年）　　广平、清河二郡蝨涝损田。

3. 宋天禧四年（1020 年）　　洺州蝗。

4. 　天圣五年（1027 年）　　洺州蝗。

5. 蒙古至元三年（1266 年）　　洺州蝗。

6. 元泰定三年（1326 年）　　广平路蝗。

7. 　至正八年（1348 年）　　永年、威县蝗，人相食。

8. 　明永乐十四年（1416 年）　　畿内蝗。

9. 　宣德九年（1434 年）　　两畿蝗蝻覆地尺许，害稼。

10. 　宣德十年（1435 年）　　四月，两京蝗蝻伤稼。

11. 　正统五年（1440 年）　　夏，蝗。

12. 　正统六年（1441 年）　　蝗。

13. 　正统七年（1442 年）　　蝗。

14. 　正统八年（1443 年）　　蝗。

15. 　景泰七年（1456 年）　　夏五月，畿内蝗蝻延蔓。

16. 　弘治三年（1490 年）　　蝗。

17. 　弘治七年（1494 年）　　蝗。

18. 　嘉靖七年（1528 年）　　旱蝗。

19. 　万历十九年（1591 年）　　蝗。

20. 　万历三十七年（1609 年）　　蝗。

21. 　万历四十五年（1617 年）　　蝗。

22. 　万历四十六年（1618 年）　　蝗。

23.	天启六年（1626 年）	六月，蝗伤禾。
24.	天启七年（1627 年）	蝗。
25.	崇祯十一年（1638 年）	蝗。
26.	崇祯十二年（1639 年）	夏，旱蝗，草尽皆集于树，树为之枯。
27.	清康熙二十三年（1684 年）	大旱，飞蝗蔽天，无禾。
28.	道光五年（1825 年）	秋八月，蝗伤麦苗。
29.	咸丰六年（1856 年）	秋七月，蝗。
30.	咸丰七年（1857 年）	夏六月，蝗，无禾，饥。
31.	同治元年（1862 年）	夏五月，蝻生。

原载光绪《永年县志》卷十九《祥异表》，光绪三年刻本

《永年县志》

1.	东汉建武二十九年（53 年）	蝗。
2.	唐开元三年（715 年）	蝗。
3.	宋建隆三年（962 年）	七月，蝗。
4.	元至元八年（1271 年）	蝗。
5.	至元十八年（1281 年）	蝗，人相食。
6.	至元二十六年（1289 年）	七月，蝗。
7.	大德五年（1301 年）	七月，蝗。
8.	至大二年（1309 年）	蝗。
9.	泰定元年（1324 年）	六月，蝗。
10.	至顺元年（1330 年）	蝗。
11.	明嘉靖二十年（1541 年）	飞蝗蔽天，食禾殆尽。
12.	清顺治十五年（1658 年）	蝗，饥。
13.	光绪十七年（1891 年）	秋，蝗。
14.	光绪十八年（1892 年）	夏，蝗蝻生。
15.	民国十六年（1927 年）	蝗蝻成灾，农产大减。
16.	民国三十八年（1949 年）	永年洼蝗蝻为害，政府集中群众消灭蝗虫；五月，全县 240 个村蝗，1.4 万亩土地受害。

原载《永年县志》自然灾害，中华书局 2002 年版

民国《鸡泽县志》

1. 东汉熹平六年（177 年）　　　　　　夏四月，大旱蝗。

2. 唐开元三年（715 年）　　　　　　　夏，大蝗。

3. 　开元四年（716 年）　　　　　　　复大蝗。

4. 蒙古至元三年（1266 年）　　　　　蝗。

5. 元泰定三年（1326 年）　　　　　　蝗。

6. 　至正十九年（1359 年）　　　　　飞蝗蔽路，人马不能行，大饥。

7. 　明嘉靖二十年（1541 年）　　　　飞蝗蔽天，食禾殆尽。

8. 　　嘉靖三十九年（1560 年）　　　秋，蝗，民大饥。

9. 　　万历十九年（1591 年）　　　　秋，蝗，禾稼尽伤。

10. 　万历四十五年（1617 年）　　　　蝗入民居。

11. 　天启六年（1626 年）　　　　　　六月，蝗伤禾。

12. 　天启七年（1627 年）　　　　　　麦熟，蝗啮穗。

13. 　崇祯十一年（1638 年）　　　　　夏六月，蝗飞蔽天，积地厚尺。

14. 　崇祯十二年（1639 年）　　　　　夏，大旱蝗。

15. 清顺治三年（1646 年）　　　　　　九月，蝗食麦苗。

16. 　乾隆十七年（1752 年）　　　　　七月，飞蝗自西南来，过境去；是岁，
　　　　　　　　　　　　　　　　　　广平、大名、天津等府多蝗，捕灭
　　　　　　　　　　　　　　　　　　皆尽。

17. 　咸丰七年（1857 年）　　　　　　七月，飞蝗遍野，大饥，发粟赈恤。

18. 　同治四年（1865 年）　　　　　　蝗。

原载民国《鸡泽县志》卷二十四《灾祥》，民国三十一年铅印本

十一、张家口市

乾隆《宣化府志》

1. 西汉元光六年（前 129 年）　　　　夏，蝗；是岁，车骑将军卫青出上谷。

2. 东汉熹平六年（177 年）　　　　　　夏，七州蝗。

3. 西晋永嘉四年（310 年）　　　　　　五月，大蝗，自幽、并、司、冀至于秦、雍，
　　　　　　　　　　　　　　　　　　草木、牛马毛皆尽。

4. 清顺治四年（1647 年） 秋七月，蝗。

原载乾隆《宣化府志》卷三《星土志·灾祥》，乾隆二十二年刻本

康熙《宣化县志》

1. 明嘉靖十五年（1536 年） 秋七月，蝗。
2. 清顺治四年（1647 年） 秋七月，蝗飞蔽天。

原载康熙《宣化县志》卷五《灾祥志》，乾隆年间据康熙五十年刻版增刻本

光绪《蔚州志》

1. 西汉元光六年（前 129 年） 夏，蝗。
2. 东晋太元七年（382 年） 幽州蝗，延袤千里，苻坚遣散骑常侍刘兰持节为使者，发幽、并等州百姓讨之。
3. 明嘉靖四十年（1561 年） 蝗，饥。
4. 清顺治四年（1647 年） 七月，飞蝗。
5. 顺治五年（1648 年） 蝗子炽盛，逢河越渡。
6. 顺治六年（1649 年） 蝗。
7. 道光十六年（1836 年） 飞蝗入境。

原载光绪《蔚州志》卷十八《大事记》，光绪三年刻本

乾隆《蔚县志》

明嘉靖十六年（1537 年） 七月，蝗，人捕食之。

原载乾隆《蔚县志》卷二十九《祥异》，乾隆四年刻本

《蔚县志》

1. 西汉元光六年（前 129 年） 夏，蝗。
2. 元至正十九年（1359 年） 秋八月，大蝗。
3. 明嘉靖十五年（1536 年） 秋七月，蝗。
4. 嘉靖四十年（1561 年） 蝗，饥。

5. 清顺治四年（1647年）　　　　　　秋七月，飞蝗。

6.　顺治五年（1648年）　　　　　　蝗子炽盛，逢河越渡。

7.　康熙四十四年（1705年）　　　　飞蝗。

8.　乾隆十八年（1753年）　　　　　蝗。

9.　道光十六年（1836年）　　　　　飞蝗入境。

　　　　　原载《蔚县志》自然灾害，中国三峡出版社1995年版

民国《阳原县志》

1. 东晋太元七年（382年）　　　　　幽州蝗，延袤千里，苻坚遣散骑常侍刘兰
　　　　　　　　　　　　　　　　　持节为使者，发幽、并等州百姓讨之。

2. 明嘉靖十五年（1536年）　　　　　七月，蝗。

3.　嘉靖十六年（1537年）　　　　　七月，蝗。

4.　清康熙四十四年（1705年）　　　六月，蝗。

5.　道光十六年（1836年）　　　　　七月，大蝗，民饥，赈之。

6.　宣统元年（1909年）　　　　　　七月，蝗起伤苗，民大饥。

7.　宣统三年（1911年）　　　　　　蝗虫为灾。

　　　原载民国《阳原县志》卷十六《前事·天灾》，民国二十四年铅印本

《阳原县志》

1. 西晋泰始七年（271年）　　　　　幽州蝗，延袤千里。

2. 民国三十六年（1947年）　　　　　全县4个区蝗灾。

　　　　原载《阳原县志》自然灾害，中国大百科全书出版社1997年版

道光《保安州志》①

1. 明嘉靖十五年（1536年）　　　　　秋七月，蝗。

2.　嘉靖十六年（1537年）　　　　　秋七月，蝗。

3. 清顺治四年（1647年）　　　　　　七月，飞蝗从西南来，禾稼立尽，灾无甚

---

① 保安州：旧州名，治所在今河北涿鹿。

于此者。

4. 顺治五年（1648 年）　　　　　蝗复起，民蒸蝗为食，饿死者无数。

5. 顺治六年（1649 年）　　　　　南山被蝗。

6. 康熙四十四年（1705 年）　　　蝗蝻，大荒。

原载道光《保安州志》卷一《天部·祥异》，道光十五年刻本

《涿鹿县志》

1. 明嘉靖十五年（1536 年）　　　七月，蝗虫成灾。

2. 清顺治四年（1647 年）　　　　七月十五日，飞蝗成群，从西南飞来，所经之处禾稼、草木尽被摧残。

3. 顺治五年（1648 年）　　　　　蝗虫复起，灾民以蝗为食，因饥饿而死者无数。

4. 康熙四十四年（1705 年）　　　蝗虫成灾。

原载《涿鹿县志》第二编《自然环境·自然灾害·病虫害》，河北人民出版社 1994 年版

光绪《怀来县志》

1. 西汉元光六年（前 129 年）　　夏，蝗，车骑将军卫青出上谷。

2. 明嘉靖十五年（1536 年）　　　秋七月，蝗。

3. 嘉靖十六年（1537 年）　　　　秋七月，蝗，人捕食之。

原载光绪《怀来县志》卷四《灾祥志》，光绪八年刻本

《怀来县志》

东晋宁康二年（374 年）　　　　发生蝗虫。

原载《怀来县志》自然灾害年表，中国对外翻译出版公司 2001 年版

《万全县志》

1. 东晋宁康二年（374 年）　　　　蝗虫成灾。

2. 明嘉靖三年（1524 年）　　　　七月，蝗虫成灾。

3. 清顺治四年（1647 年）　　　　　八月，蝗虫成灾。

4.　道光二十九年（1849 年）　　　　六月，飞蝗蔽日，田苗损伤成灾。

　　　　　　　　　　原载《万全县志》自然灾害，新华出版社 1992 年版

《怀安县志》

1. 明嘉靖十五年（1536 年）　　　　秋七月，旱蝗。

2.　嘉靖十六年（1537 年）　　　　秋七月，蝗，人捕食之。

3. 清顺治四年（1647 年）　　　　秋七月，飞蝗蔽天。

4.　顺治五年（1648 年）　　　　　蝗蝻生。

5.　嘉庆十年（1805 年）　　　　　夏六月，蝗蝻生。

6.　道光十六年（1836 年）　　　　秋七月，蝗飞蔽天。

7.　道光十七年（1837 年）　　　　夏，蝗蝻生。

　　　　　　　　　　原载《怀安县志》自然灾害，中国社会出版社 1994 年版

乾隆《万全县志》

明嘉靖十五年（1536 年）　　　　　秋七月，蝗。

　　　　　　　　　原载乾隆《万全县志》卷一《方舆志·灾祥》，乾隆十年刻本

康熙《龙门县志》①

1. 东晋宁康二年（374 年）　　　　蝗。

2. 明嘉靖十五年（1536 年）　　　七月，蝗。

3. 清顺治四年（1647 年）　　　　秋七月，飞蝗蔽天。

　　　　　　　　　原载康熙《龙门县志》卷二《灾祥志》，康熙五十一年刻本

《康保县志》

经查，1991 年新华出版社出版的县志中无蝗灾记载。

---

① 龙门：旧县名，治所在今河北赤城县龙关镇，1958 年移治赤城，1960 年改名赤城县。

《张北县志》

经查，1994 年中国社会科学出版社出版的县志中无蝗灾记载。

《崇礼县志》

经查，1995 年中国社会出版社出版的县志中无蝗灾记载。

《尚义县志》

经查，1999 年方志出版社出版的县志中无蝗灾记载。

《沽源县志》

经查，2003 年中国三峡出版社出版的县志中无蝗灾记载。

十二、承德市

《宽城县志》

1. 明弘治六年（1493 年）		四月，蝗，免上年田租。
2. 万历四十四年（1616 年）		四月，蝻生；七月，飞蝗蔽日，积地尺余，沟堑皆平，大伤禾稼，后蝻生，复食豆菽，民饥馑。
3. 崇祯十三年（1640 年）		五月，蝗伤禾稼，民大饥。
4. 清康熙十八年（1679 年）		七月，蝗，疫。
5. 民国四年（1915 年）		七月，蝗飞入，伤禾稼。
6. 民国十一年（1922 年）		六月，蝻伤禾。
7. 民国十八年（1929 年）		八月，飞蝗伤禾，各区设捕蝗会，平泉收买死蝗数千斛。
8. 民国二十一年（1932 年）		秋，蝗伤禾。

原载《宽城县志》自然灾害，河北人民出版社 1990 年版

《兴隆县志》

1. 清康熙十八年（1679 年）		七月，蝗伤稼。

2. 民国二十一年（1932 年）　　　　　　七月，蝗伤禾。

　　　　　　　　原载《兴隆县志》自然灾害，新华出版社 2004 年版

《隆化县志》

1. 东晋咸和五年（330 年）　　　　　　幽州蝗，延袤千里。
2. 　　太元七年（382 年）　　　　　　五月，幽州蝗生，延袤千里。
3. 元至元八年（1271 年）　　　　　　六月，上都、中都诸州县蝗，兴州①地
　　　　　　　　　　　　　　　　　　蝗灾。

　　　　　　　　原载《隆化县志》自然灾害，河北人民出版社 2001 年版

4. 清乾隆四年（1739 年）　　　　　　五月，四旗厅等地蝗虫成灾，兵民以蝗易
　　　　　　　　　　　　　　　　　　米捕捉。

　　　　　　　　原载《隆化县志》大事记，河北人民出版社 2001 年版

《滦平县志》

民国十七年（1928 年）　　　　　　　第三区 51 个村有蝗灾。

　　　　　　　　原载《滦平县志》生物灾害，辽海出版社 1997 年版

《围场满族蒙古族自治县志》

经查，1997 年辽海出版社出版的县志中无蝗灾记载。

《承德县志》

经查，1998 年内蒙古科学技术出版社出版的县志中无蝗灾记载。

《平泉县志》

经查，2000 年作家出版社出版的县志中无蝗灾记载。

---

① 兴州：旧州名，治所在今河北承德西南滦河镇。

第三章

河南省地方志中的蝗灾记载

一、河南综合志

雍正《河南通志》

1. 周襄王二十八年（前 624 年）　　　秋，雨螽于宋。

2. 东汉建武二十九年（53 年）　　　四月，蝗。

3. 　　永元八年（96 年）　　　洛都蝗。

4. 　　永和元年（136 年）　　　秋，偃师蝗。

5. 北齐天保八年（557 年）　　　河北六州、河南十三州蝗。

6. 唐开元三年（715 年）　　　河南、北蝗。

7. 　　开成二年（837 年）　　　秋，河南、北蝗。

8. 　　咸通十年（869 年）　　　夏，陕、虢①等州蝗。

9. 宋乾德二年（964 年）　　　河南、北蝗。

10. 　　太平兴国二年（977 年）　　　卫州②蝗蝻生。

11. 　　淳化二年（991 年）　　　春，大旱蝗。

12. 　　大中祥符三年（1010 年）　　　六月，咸平③、尉氏蝗蝻生。

13. 　　大中祥符四年（1011 年）　　　六月，河南蝗。

14. 　　明道二年（1033 年）　　　河南、北蝗。

15. 　　庆历四年（1044 年）　　　六月，汴京④大旱蝗。

---

① 虢：虢州，旧州名，治所在今河南灵宝。

② 卫州：旧州名，治所在今河南卫辉。

③ 咸平：旧县名，治所在今河南通许。

④ 汴京：北宋建都东京，亦称汴京，今河南开封。

16.　熙宁五年（1072 年）　　　　　　　河北蝗。

17.　熙宁七年（1074 年）　　　　　　　咸平县鸲鹆食蝗。

18. 元至元二十七年（1290 年）　　　　夏四月，河北蝗。

19.　至正十九年（1359 年）　　　　　　太康蝗。

20. 明洪武五年（1372 年）　　　　　　六月，开封府诸县蝗。

21.　嘉靖三十六年（1557 年）　　　　　汝宁①飞蝗蔽野。

22.　万历十年（1582 年）　　　　　　　卫辉旱蝗。

23.　万历二十四年（1596 年）　　　　　秋，卫辉蝗食禾稼殆尽，至啮人衣。

24.　万历四十一年（1613 年）　　　　　秋，洛阳飞蝗蔽天，食禾尽，草木叶一空。

25.　万历四十四年（1616 年）　　　　　开封蝗。

26.　崇祯八年（1635 年）　　　　　　　汤阴县蝗。

27.　崇祯十一年（1638 年）　　　　　　洛阳旱蝗，赤地千里。

28.　崇祯十二年（1639 年）　　　　　　怀庆②旱蝗，蝻结块渡河。

29.　崇祯十三年（1640 年）　　　　　　七月，开封大旱蝗，秋禾尽伤；汝宁蝗蝻
　　　　　　　　　　　　　　　　　　　　生；洛阳旱蝗，草木、兽皮、虫蝇皆
　　　　　　　　　　　　　　　　　　　　尽，父子、兄弟、夫妇相食，死亡
　　　　　　　　　　　　　　　　　　　　载道。

30.　崇祯十四年（1641 年）　　　　　　卫辉大蝗。

31. 清康熙六年（1667 年）　　　　　　洧川、考城、辉县、罗山、宝丰旱蝗。③

32.　康熙十一年（1672 年）　　　　　　秋七月，陕州灵宝蝗。

33.　康熙二十六年（1687 年）　　　　　宝丰蝗自东北来，鹳雀逐食殆尽。

34.　康熙三十年（1691 年）　　　　　　开封、彰德④、怀庆、河南、南阳、汝宁、
　　　　　　　　　　　　　　　　　　　　汝州所属旱蝗。

35.　康熙三十三年（1694 年）　　　　　蝗，遣官谕地方吏民捕蝗蝻殆尽。

36.　康熙六十一年（1722 年）　　　　　卫辉、怀庆蝗，扑灭之。

原载雍正《河南通志》卷五《星野附祥异》，光绪二十八年据乾隆年间

刻版重修本

---

① 汝宁：旧府名，治所在今河南汝南。

② 怀庆：旧府名，治所在今河南沁阳。

③ 洧川：旧县名，治所在今河南尉氏西南洧川镇；考城：旧县名，1954 年与兰封合并为今河南兰考县。

④ 彰德：旧路、府名，治所在今河南安阳。

《河南省志·农业志》

1. 西汉元始二年（公元 2 年）　　　　秋蝗遍天下；河南受蝗灾 20 个县，官府
   　　　　　　　　　　　　　　　　　　为鼓励捕蝗，派使者督促捕杀，送官
   　　　　　　　　　　　　　　　　　　的以石斗计算数量给予奖励。

2. 东汉建武二十二年（46 年）　　　　三月，京师①及十九郡县蝗灾，赤地千里，
   　　　　　　　　　　　　　　　　　　草木尽枯。

3. 宋淳化三年（992 年）　　　　　　六月，飞蝗东北经西南而去，遮天蔽日，
   　　　　　　　　　　　　　　　　　　大雨，蝗尽死。

4. 　大中祥符四年（1011 年）　　　　七月，河南府及京东蝗生，食苗叶；八
   　　　　　　　　　　　　　　　　　　月，开封府祥符、中牟、陈留、封丘
   　　　　　　　　　　　　　　　　　　数县蝗灾。②

5. 清顺治四年（1647 年）　　　　　　河南陕州、汝州、新安、灵宝、伊阳③、
   　　　　　　　　　　　　　　　　　　修武、武陟、镇平、太康、项城等县
   　　　　　　　　　　　　　　　　　　蝗灾。

6. 民国二十一年（1932 年）　　　　18 个县遭受蝗灾。
7. 民国二十四年（1935 年）　　　　17 个县遭受蝗灾。
8. 民国二十五年（1936 年）　　　　5 个县遭受蝗灾。
9. 民国三十一年（1942 年）　　　　河南遭受特大蝗灾。
10. 民国三十二年（1943 年）　　　　河南遭受特大蝗灾。
11. 民国三十八年（1949 年）　　　　七月，新乡、濮阳、开封、商丘等市发生
    　　　　　　　　　　　　　　　　　蝗灾 30 万亩。

原载《河南省志》第二十五卷《农业志》，河南人民出版社 1993 年版

《河南省志·大事记》

清咸丰六年（1856 年）　　　　　　是年，武陟、新乡一带蝗灾严重。

原载《河南省志》第二卷《大事记》，河南人民出版社 1994 年版

---

① 京师：东汉国都名，治所在今河南洛阳。
② 河南：旧府名，治所在今河南洛阳；京东：旧路名，治所在今河南商丘南；祥符：旧县名，治所在今河南开封；陈留：旧县名，治所在今河南开封东南陈留镇。
③ 伊阳：旧县名，1959 年改名今河南汝阳。

二、郑州市

乾隆《郑州志》

1. 明万历三十四年（1606年）	飞蝗蔽天，自北而南，食禾几尽。
2. 崇祯八年（1635年）	夏旱，飞蝗蔽天，禾枯粮绝。
3. 崇祯九年（1636年）	夏旱，飞蝗蔽天，禾枯粮绝。
4. 崇祯十年（1637年）	夏旱，飞蝗蔽天，禾枯粮绝。
5. 崇祯十一年（1638年）	夏旱，飞蝗蔽天，禾枯粮绝。
6. 崇祯十二年（1639年）	夏旱，飞蝗蔽天，禾枯粮绝。
7. 崇祯十三年（1640年）	夏旱，飞蝗蔽天，禾枯粮绝。

原载乾隆《郑州志》卷一《祥异》，乾隆十三年刻本

《郑州市志》

1. 清咸丰二年（1852年）	中牟蝗飞满城，草木殆尽。
2. 咸丰六年（1856年）	郑州、中牟、新郑、巩县①蝗灾。
3. 咸丰七年（1857年）	郑州、中牟、新郑、巩县蝗灾。
4. 咸丰九年（1859年）	中牟蝗虫食禾。
5. 民国十七年（1928年）	夏，荥阳蝗灾。
6. 民国十八年（1929年）	新郑蝗虫食麦。
7. 民国三十年（1941年）	八月，巩县蝗害，秋绝收。
8. 民国三十一年（1942年）	六月，巩县飞蝗蔽天，庄稼、树叶吃光。
9. 民国三十二年（1943年）	八月，郑州、新郑、密县②、荥阳飞蝗蔽日，颗粒无收。

原载《郑州市志》自然灾害，中州古籍出版社2001年版

乾隆《新郑县志》

1. 元至正十九年（1359年）	钧之新郑、密县皆蝗，食禾稼、草木俱尽，

---

① 巩县：旧县名，治所在今河南巩义市老城。
② 密县：旧县名，1994年改设今河南新密市。

所至蔽日，碍人马不能行，填坑堑皆盈，
饥民捕蝗以食，或曝干而积之，又尽，
人相食。

2. 至正二十二年（1362 年）　　秋，钧之新郑、密县皆蝗。

3. 明嘉靖七年（1528 年）　　蝗，大饥。

4. 万历四十四年（1616 年）　　大蝗蔽天，小蝗匝地，寸草不留。

5. 万历四十五年（1617 年）　　蝗蝻复生，捕近千石，有瘗蝗处。

6. 崇祯十三年（1640 年）　　蝗蝻遍野。

7. 清康熙十一年（1672 年）　　夏，有蝗。

原载乾隆《新郑县志》卷二《星野考·祥异》，乾隆四十一年刻本

《新郑县志》

1. 明万历三十四年（1606 年）　　飞蝗蔽日，自北而南，食禾稼尽。

2. 崇祯十四年（1641 年）　　秋，蝗复至，无收。

3. 清咸丰七年（1857 年）　　秋旱，蝗灾。

4. 民国十八年（1929 年）　　五月，县南陉山蝗蝻如蚁，麦尽毁。

5. 民国三十二年（1943 年）　　八月，飞蝗自东北向西南，似乌云密布，
盖天蔽日，食尽树叶、秋禾，压断树
枝，男女老少去田驱蝗，或捕蝗晒干
作粮，多者一户捕蝗一二百千克。

6. 民国三十三年（1944 年）　　又生蝗蝻，为害甚烈。

原载《新郑县志》自然灾害，陕西人民出版社 1992 年版

民国《中牟县志》

1. 东汉建初七年（82 年）　　蝗不入境。

2. 宋乾德二年（964 年）　　蝗。

3. 元至正十九年（1359 年）　　五月，蝗。

4. 明洪武五年（1372 年）　　蝗。

5. 嘉靖七年（1528 年）　　飞蝗蔽天，田禾尽没。

6. 嘉靖二十年（1541 年）　　夏，蝗蝻食禾尽。

7.　　万历十年（1582 年）　　　　　蝗蝻伤禾。

8.　　万历二十四年（1596 年）　　　蝗，惟韩庄里、板桥、高黄里、郭泽里、
　　　　　　　　　　　　　　　　　　　　鲁庙、白沙里、蒋家冲、大庄里等处
　　　　　　　　　　　　　　　　　　　　蝗最多。

9.　清康熙三十二年（1693 年）　　六月，蝗食禾殆尽。

10.　道光十六年（1836 年）　　　　蝗。

11.　道光十七年（1837 年）　　　　蝗。

12.　咸丰二年（1852 年）　　　　　蝗甚多，飞满城中，花木俱尽。

13.　咸丰七年（1857 年）　　　　　蝗。

14.　咸丰八年（1858 年）　　　　　六月，蝗食稼尽，压覆茅屋。

15.　咸丰九年（1859 年）　　　　　蝗。

16.　咸丰十年（1860 年）　　　　　蝗。

17.　光绪三年（1877 年）　　　　　夏，旱蝗，大饥。

18.民国四年（1915 年）　　　　　　夏，蝗。

19.民国七年（1918 年）　　　　　　夏，蝗。

20.民国十九年（1930 年）　　　　　夏，旱蝗。

原载民国《中牟县志·天时志·祥异》，民国二十五年石印本

《中牟县志》

1.民国三十一年（1942 年）　　　　七月，成群蝗蝻自北向南过河，抱成团滚
　　　　　　　　　　　　　　　　　　　　成蛋，小如斗大如筛，一望无际向南爬
　　　　　　　　　　　　　　　　　　　　行，在刘集，村里村外、街头巷尾、房
　　　　　　　　　　　　　　　　　　　　上房下、院里院外、庄稼树上，到处都
　　　　　　　　　　　　　　　　　　　　爬满蝗虫，有的棚屋压塌，各家各户锅
　　　　　　　　　　　　　　　　　　　　灶不敢揭，高粱、谷子吃成光秆，树叶
　　　　　　　　　　　　　　　　　　　　吃光，群众抢收的庄稼装上车拉不到
　　　　　　　　　　　　　　　　　　　　家，穗叶就被蝗虫吃光，后变成飞蝗，
　　　　　　　　　　　　　　　　　　　　飞起来遮天蔽日，所到之处犹如狂风暴
　　　　　　　　　　　　　　　　　　　　雨，天昏地暗，一片轰鸣声，压塌房
　　　　　　　　　　　　　　　　　　　　屋，压折树枝，庄稼一扫而光，县北四
　　　　　　　　　　　　　　　　　　　　区东西近百里、南北 40 里，除黄豆外，

全成白地，大灾不可避免。

2. 民国三十二年（1943 年）　　　蝗灾严重，蝗群过处树叶、禾苗一扫
　　　　　　　　　　　　　　　　而空。

原载《中牟县志》灾害，生活·读书·新知三联书店 1999 年版

民国《密县志》

1. 东汉永平十五年（72 年）　　　蝗起泰山，弥行兖豫。

2. 元至正十九年（1359 年）　　　钧之新郑、密县皆蝗，食禾稼、草木俱尽，
　　　　　　　　　　　　　　　　所在蔽日，碍人马不能行，填坑堑皆盈，
　　　　　　　　　　　　　　　　饥民捕蝗以为食，或曝干积之，又尽，
　　　　　　　　　　　　　　　　则人相食。

3. 　至正二十二年（1362 年）　　钧之新郑、密二县蝗。

4. 　明万历四十四年（1616 年）　蝗。

5. 　万历四十五年（1617 年）　　大蝗。

6. 　崇祯七年（1634 年）　　　　飞蝗蔽天。

7. 　崇祯八年（1635 年）　　　　秋，复大蝗，蔽天布野。

8. 　崇祯十一年（1638 年）　　　大旱蝗。

9. 　崇祯十二年（1639 年）　　　大旱蝗。

10. 　崇祯十三年（1640 年）　　　大旱蝗，人相食。

11. 清康熙二年（1663 年）　　　　蝗蝻遍野。

12. 　康熙十一年（1672 年）　　　蝗飞蔽天。

13. 　康熙十七年（1678 年）　　　螣食谷禾。

14. 　乾隆五十三年（1788 年）　　夏，多螣，不为灾。

15. 　嘉庆元年（1796 年）　　　　夏，蝗飞蔽日，不为灾。

16. 　嘉庆七年（1802 年）　　　　夏，飞蝗过境。

17. 　道光十二年（1832 年）　　　夏，蝗蝻蔽野。

18. 　咸丰五年（1855 年）　　　　八月，蝗，不为灾。

19. 　咸丰六年（1856 年）　　　　八月，蝗食秋禾；九月，蝗食麦苗。

20. 　同治九年（1870 年）　　　　春，螣食麦苗。

原载民国《密县志》卷十九《杂录·祥异》，民国十三年铅印本

《密县志》

民国三十二年（1943 年）	七月，飞蝗蔽日，伤禾稼。

原载《密县志》大事记，中州古籍出版社 1992 年版

乾隆《荥阳县志》

1. 明嘉靖九年（1530 年）	大蝗蝻。
2. 万历三十四年（1606 年）	大蝗，自北而南群飞蔽天。
3. 清顺治十三年（1656 年）	六月，飞蝗蔽日。
4. 康熙三十三年（1694 年）	飞蝗蔽天。

原载乾隆《荥阳县志》卷二《地理志·灾祥》，乾隆十二年刻本

民国《续荥阳县志》

1. 北齐天保八年（557 年）	蝗。
2. 唐开元三年（715 年）	蝗。
3. 开成二年（837 年）	蝗。
4. 宋乾德二年（964 年）	蝗。
5. 淳化二年（991 年）	春，大旱蝗。
6. 景德四年（1007 年）	六月，蝗。
7. 明道二年（1033 年）	蝗。
8. 清道光十六年（1836 年）	旱蝗。
9. 咸丰七年（1857 年）	蝗害稼。
10. 咸丰八年（1858 年）	又蝗，飞则蔽天。

原载民国《续荥阳县志》卷十二《杂记·祥异》，民国十三年铅印本

《荥阳县志》

1. 宋乾德三年（965 年）	荥阳旱蝗。
2. 元至正十八年（1358 年）	蝗飞蔽天，后连续四年大旱蝗，集蝗处沟堑皆平，人马不能行，食稼尽净，人自

相食。

3. 明永乐二十年（1422 年）　　　　旱蝗。

4.　　嘉靖七年（1528 年）　　　　连续三年蝗蝻大祲。

5.　　崇祯八年（1635 年）　　　　旱蝗。

6.　　崇祯十三年（1640 年）　　　蝗过蝻生，荒野断青。

7. 民国十七年（1928 年）　　　　蝗。

8. 民国三十一年（1942 年）　　　飞蝗蔽天，树为之折，蝗蝻生，人行受阻。

原载《荥阳县志》大事记，荥阳县志总编辑室 1985 年版

民国 《河阴县志》[①]

1. 明嘉靖十八年（1539 年）　　　蝗大祲。

2.　　崇祯十三年（1640 年）　　　蝗蝻生，饿殍枕藉，人相食。

3. 清道光十六年（1836 年）　　　夏四月，蝗，麦穗尽脱。

4.　　咸丰二年（1852 年）　　　　飞蝗为灾。

原载民国《河阴县志》卷十七《杂志·记事》，民国十三年刻本

民国 《巩县志》

1. 元至正二十一年（1361 年）　　巩县蝗食稼俱尽。

2. 明嘉靖八年（1529 年）　　　　七月，飞蝗从东南来，飞蔽日，止栖阔长四十里，五谷、苗草食尽，后蝻生，地皮尽赤，民流移。

3. 清乾隆五十一年（1786 年）　　蝗食苗尽。

4. 民国三年（1914 年）　　　　　夏五月，蝗；秋七月，蝗蝻食禾几尽，乡民捕治。

5. 民国五年（1916 年）　　　　　夏六月，蝗食稼，县署饬民捕治，计斤收买。

原载民国《巩县志》卷五《大事纪》，民国二十六年刻本

---

① 河阴：旧县名，治所在今河南荥阳东北广武镇。

《巩县志》

1. 明崇祯十二年（1639年）　　　　　连年蝗。
2. 　崇祯十三年（1640年）　　　　　蝗旱，饥馑。
3. 清咸丰六年（1856年）　　　　　　旱蝗为害。
4. 　咸丰七年（1857年）　　　　　　旱蝗为害。
5. 　咸丰八年（1858年）　　　　　　连年旱蝗为害。
6. 民国十九年（1930年）　　　　　　蝗。
7. 民国三十二年（1943年）　　　　　秋，蝗灾严重。

　　　　　　　　　　原载《巩县志》大事记，中州古籍出版社1991年版

8. 民国三十一年（1942年）　　　　　六月，有蝗遮天蔽日六天六夜，庄稼、树叶、野草全被吃尽，实属罕见。

　　　　　原载《巩县志》历代自然灾害简表，中州古籍出版社1991年版

乾隆《登封县志》

1. 明嘉靖十七年（1538年）　　　　　蝗，人相食。
2. 　崇祯十二年（1639年）　　　　　旱蝗，人相食。
3. 　崇祯十三年（1640年）　　　　　大旱蝗，蝗蝻为灾。
4. 清康熙三十年（1691年）　　　　　六月，蝗自东南来，障日蔽天，集地厚尺许，食秋禾立尽，蝻生至十月不绝。
5. 　康熙三十三年（1694年）　　　　闰五月，有蝗，奉旨扑灭，知县率民设法捕打殆尽，继而蝻生，督民众掘坑且焚且埋，未成灾。

　　　　　原载乾隆《登封县志》卷八《大事记》，乾隆五十二年刻本

《登封县志》

1. 民国三十二年（1943年）　　　　　秋作物长势好，不料蝗虫从东飞来，遮天蔽日，秋禾全被吃光，又成大灾。

　　　　　　原载《登封县志》大事记，河南人民出版社1990年版

2. 民国三十年（1941年）　　　　　　飞蝗成灾。

3. 民国三十一年（1942 年）　　　　　飞蝗成灾。

4. 民国三十三年（1944 年）　　　　　飞蝗成灾。

原载《登封县志》农技推广，河南人民出版社 1990 年版

三、洛阳市

乾隆《河南府志》

1. 东汉建武二十二年（46 年）　　　三月，京师郡国十九蝗。

2. 　　建武二十三年（47 年）　　　复大旱蝗，草木尽。

3. 　　永元八年（96 年）　　　　　九月，京都蝗。

4. 　　永和元年（136 年）　　　　　秋七月，偃师蝗。

5. 　　永兴二年（154 年）　　　　　六月，京都蝗。

6. 　　永寿三年（157 年）　　　　　六月，京都蝗灾。

7. 　　延熹元年（158 年）　　　　　五月，京都蝗。

8. 西晋永嘉四年（310 年）　　　　　五月，大蝗，草木、牛马毛皆尽。

9. 　　建兴四年（316 年）　　　　　六月，大蝗。

10. 北齐天保八年（557 年）　　　　河南十三州蝗。

11. 唐开元三年（715 年）　　　　　河南水蝗。

12. 　　开成三年（838 年）　　　　　河南蝗，草木叶皆尽。

13. 　　咸通三年（862 年）　　　　　六月，东都蝗。

14. 宋乾德二年（964 年）　　　　　五月，河南诸州蝗。

15. 　　太平兴国六年（981 年）　　　七月，河南府蝗。

16. 　　大中祥符四年（1011 年）　　河南府蝗生，食苗叶。

17. 金贞祐三年（1215 年）　　　　　五月，河南大蝗。

18. 元泰定四年（1327 年）　　　　　五月，洛阳有蝗五亩，群鸟尽食，越数日，
　　　　　　　　　　　　　　　　　　蝗又集，又食之；是岁，河南府蝗。

19. 　　至正二十一年（1361 年）　　六月，河南巩县蝗食稼俱尽。

20. 明洪武六年（1373 年）　　　　　七月，河南蝗。

21. 　　宣德九年（1434 年）　　　　河南蝗蝻覆地尺许，伤禾稼。

22. 　　正统七年（1442 年）　　　　河南蝗。

23. 　　成化十九年（1483 年）　　　五月，河南蝗。

24.　万历四十一年（1613 年）　　　洛阳飞蝗蔽天，草木叶一空。

25.　万历四十四年（1616 年）　　　七月，河南蝗。

26.　崇祯十一年（1638 年）　　　　洛阳旱蝗。

27.　崇祯十三年（1640 年）　　　　洛阳旱蝗。

28. 清康熙十三年（1674 年）　　　　洛阳旱蝗，无禾。

29.　乾隆三年（1738 年）　　　　　夏，蝗不入境。

原载乾隆《河南府志》卷一百十六《祥异志》，乾隆四十四年刻本

《洛阳市志·农业志》

1. 元至正二十二年（1362 年）　　　秋，飞蝗蔽天，沟满壕平，人马不能行。

2. 明嘉靖八年（1529 年）　　　　　六月，蝗虫成灾，秋苗殆尽。

3. 民国三十年（1941 年）　　　　　孟津蝗灾。

4. 民国三十一年（1942 年）　　　　孟津蝗灾。

5. 民国三十二年（1943 年）　　　　孟津连续蝗灾。

原载《洛阳市志》第八卷《农业志》种植业，中州古籍出版社 1999 年版

乾隆《洛阳县志》

1. 东汉建武五年（29 年）　　　　　夏四月，旱蝗。

2.　永元八年（96 年）　　　　　　九月，京都蝗。

3.　永兴二年（154 年）　　　　　　六月，京都蝗。

4.　延熹元年（158 年）　　　　　　五月，京都蝗。

5. 金泰和八年（1208 年）　　　　　四月，河南路蝗。

6. 蒙古至元七年（1270 年）　　　　七月，大蝗。

7. 元泰定四年（1327 年）　　　　　五月，洛阳有蝗五亩，群鸟尽食之，越数
　　　　　　　　　　　　　　　　　　日，蝗又集，又食之。

8.　明正统七年（1442 年）　　　　五月，蝗。

9.　万历四十一年（1613 年）　　　秋，飞蝗蔽天，食禾苗、草木皆尽。

10.　崇祯十一年（1638 年）　　　　大旱，赤地千里，蝗蝻集地厚寸余。

11.　崇祯十三年（1640 年）　　　　旱蝗，草木皆食尽。

12. 清康熙十三年（1674 年）　　　　旱蝗，无禾。

13. 康熙三十年（1691 年）　　　　　大旱，蝗飞蔽天。

　　　　原载乾隆《洛阳县志》卷十《祥异》，民国十三年石印本

乾隆《新安县志》

1. 唐大和四年（830 年）　　　　　蝗食禾。

2. 咸通三年（862 年）　　　　　蝗。

3. 宋大中祥符四年（1011 年）　　　七月，蝗。

4. 明成化二十一年（1485 年）　　　蝗。

5. 嘉靖八年（1529 年）　　　　　飞蝗蔽天，复生蝻遍地，入民屋，上延瓦檐，日流一瓮。

6. 崇祯八年（1635 年）　　　　　大旱，飞蝗蔽日，室无隙地。

7. 崇祯九年（1636 年）　　　　　旱蝗。

8. 崇祯十年（1637 年）　　　　　旱蝗。

9. 崇祯十一年（1638 年）　　　　旱蝗。

10. 崇祯十二年（1639 年）　　　　旱蝗。

11. 崇祯十三年（1640 年）　　　　旱蝗，野无青草，民以树皮、雁矢充饥，骨肉相食，死者相继。

12. 清康熙六十年（1721 年）　　　蝗伤禾，斗米五百五十钱。

　　　　原载乾隆《新安县志》卷十四《见闻志·灾异》，民国三年石印本

《新安县志》

1. 东汉建武五年（29 年）　　　　蝗灾。

2. 永建五年（130 年）　　　　　蝗灾。

3. 永兴三年（155 年）　　　　　蝗灾。

4. 明成化二十二年（1486 年）　　蝗灾。

5. 万历四十一年（1613 年）　　　蝗灾。

6. 清康熙十年（1671 年）　　　　蝗灾。

7. 康熙十三年（1674 年）　　　　蝗灾。

8. 康熙三十年（1691 年）　　　　蝗灾。

9. 同治元年（1862 年）　　　　　蝗灾。

10. 宣统二年（1910 年）　　　　　蝗灾。

11. 民国三年（1914 年）　　　　　蝗灾。

12. 民国二十三年（1934 年）　　　夏，蝗虫伤害庄稼。

13. 民国二十五年（1936 年）　　　蝗灾。

14. 民国三十一年（1942 年）　　　飞蝗由黄泛区以东掠河而西，所至禾苗无存。

15. 民国三十二年（1943 年）　　　夏，飞蝗成灾，蝗虫从黄泛区以东掠河而起，过新安，遮天蔽日，嗡嗡有声，树枝压断，庄稼殆尽。

16. 民国三十三年（1944 年）　　　六月，飞蝗成灾，由东而西蔓延全县，绝收。

17. 民国三十四年（1945 年）　　　夏，蝗灾，抗日政府组织群众捕打。

原载《新安县志》自然灾害，河南人民出版社 1989 年版

《孟津县志》

1. 元至正二十二年（1362 年）　　秋旱，飞蝗蔽天，落地沟满壕平，道路阻塞，人马难行。

2. 明嘉靖八年（1529 年）　　　　六月，飞蝗成灾，秋苗被食殆尽。

3. 崇祯七年（1634 年）　　　　　蝗灾，人外逃过半。

4. 清康熙三十年（1691 年）　　　夏，飞蝗蔽天，落地盈尺。

5. 康熙三十一年（1692 年）　　　夏旱，蝗蝻孳生，禾苗被食，免征。

6. 康熙三十二年（1693 年）　　　秋，蝗灾，县令捕打蝗虫。

7. 民国三年（1914 年）　　　　　夏，蝗飞蔽天，秋禾被食殆尽。

8. 民国四年（1915 年）　　　　　蝗虫成灾，秋苗被食，歉收。

9. 民国十二年（1923 年）　　　　夏旱，飞蝗蔽日，秋禾无收。

10. 民国十七年（1928 年）　　　　九月，蝗虫成灾，秋禾食尽，滩地野草亦为所食，人心惶惶不敢种麦。

11. 民国三十年（1941 年）　　　　九月，全县蝗灾很重，禾苗被食。

原载《孟津县志》大事记，河南人民出版社 1991 年版

《偃师县志》

1. 东汉永和元年（136 年）　　　　七月，蝗灾。

2. 清康熙三十年（1691 年）　　　　　蝗灾。

3. 　光绪二十四年（1898 年）　　　　夏，蝗虫大起，秋禾被食。

4. 民国十七年（1928 年）　　　　　　秋，蝗灾。

5. 民国二十三年（1934 年）　　　　　夏，蝗灾。

6. 民国二十五年（1936 年）　　　　　至秋旱，又遭蝗灾。

7. 民国三十一年（1942 年）　　　　　七月，蝗灾，人多以树皮、草根、观音土、雁屎充饥。

　　　　　　　原载《偃师县志》大事记，生活·读书·新知三联书店 1992 年版

8. 民国三十二年（1943 年）　　　　　蝗灾。

　　　　原载《偃师县志》近现代灾害史料，生活·读书·新知三联书店 1992 年版

《伊川县志》

1. 元至正十八年（1358 年）　　　　　蝗虫蔽空。

2. 明成化二十二年（1486 年）　　　　蝗灾。

3. 　成化二十三年（1487 年）　　　　六月旱，蝗虫为害庄稼。

4. 　嘉靖七年（1528 年）　　　　　　蝗灾。

5. 　崇祯十二年（1639 年）　　　　　春无雨，蝗灾，民相食。

6. 清咸丰八年（1858 年）　　　　　　蝗虫遍野，作物尽毁。

7. 民国二十年（1931 年）　　　　　　秋，飞蝗蔽天。

8. 民国三十年（1941 年）　　　　　　七月，蝗虫自东飞来，秋苗被毁。

9. 民国三十二年（1943 年）　　　　　五月，蝗虫从东来，吃光麦叶咬掉穗，半收。

10. 民国三十四年（1945 年）　　　　　八月，蝗灾，玉米、谷子减产。

　　　　　　　　　原载《伊川县志》自然灾害，河南人民出版社 1991 年版

《宜阳县志》

1. 唐大和四年（830 年）　　　　　　　旱蝗为灾，歉收。

2. 明永乐二十一年（1423 年）　　　　夏秋，旱、蝗相继为灾，麦禾俱枯。

3. 　嘉靖八年（1529 年）　　　　　　飞蝗蔽日。

4. 　崇祯十一年（1638 年）　　　　　飞蝗为灾，大饥。

5. 　崇祯十二年（1639 年）　　　　　旱蝗交加。

6. 清康熙七年（1668 年）　　　　飞蝗损禾折半。

7. 嘉庆八年（1803 年）　　　　七月，蝗虫蔽天，秋禾损毁大半。

8. 道光十五年（1835 年）　　　　秋禾将熟，蝗虫蔽天而至，所过秋禾俱无。

9. 道光十六年（1836 年）　　　　八月，谷大熟，蝗虫至，民皆连夜收获。

10. 咸丰四年（1854 年）　　　　五月，飞蝗大至，遮天蔽日，塞窗推户，
室无隙地。

11. 咸丰五年（1855 年）　　　　四月，有蝗长寸许，遇麦口啮穗落；八月，
飞蝗大至。

12. 同治元年（1862 年）　　　　六月，飞蝗蔽天，自东而西遍满陇亩。

13. 民国三年（1914 年）　　　　六月，飞蝗至；七月，复生蝻，城东北及
西关、丁湾、灵山、桥头一带田禾被食
殆尽。

14. 民国三十二年（1943 年）　　　五月，飞蝗从东来，遮天蔽日，落地一层，
成片谷子、玉米被吃光。

15. 民国三十三年（1944 年）　　　夏，飞蝗遮天盖地，树枝压断，谷苗吃光，
集中带有 2 尺厚。

16. 民国三十四年（1945 年）　　　连续蝗灾。

原载《宜阳县志》大事记，生活·读书·新知三联书店 1996 年版

17. 明嘉靖十七年（1538 年）　　　蝗。

18. 清康熙三十年（1691 年）　　　蝗蝻迭出，损禾几尽。

原载《宜阳县志》自然灾害，生活·读书·新知三联书店 1996 年版

乾隆《嵩县志》

1. 元至正十八年（1358 年）　　　嵩州飞蝗蔽空，所落沟堑尽平。

2. 明成化二十三年（1487 年）　　　蝗，督民捕之易谷，仓廒皆满。

3. 万历二十七年（1599 年）　　　飞蝗蔽日，食禾苗殆尽。

4. 崇祯十一年（1638 年）　　　旱，蝗飞蔽天，所过田苗立尽。

5. 崇祯十二年（1639 年）　　　飞蝗蔽天，蝻虫继生，食禾几尽。

6. 崇祯十三年（1640 年）　　　连年大旱，赤地千里，蝗飞蔽天，田苗
立尽。

原载乾隆《嵩县志》卷六《星野附祥异》，乾隆三十二年刻本

《嵩县志》

1. 元元统三年（1335 年）　　　　嵩州飞蝗蔽空，所落沟壑皆平。
2. 清道光二十八年（1848 年）　　自夏之秋，飞蝗东来，遮天蔽日，伤害禾稼。
3. 　同治元年（1862 年）　　　　六月，飞蝗蔽天，禾黍皆尽。
4. 民国二十三年（1934 年）　　　蝗灾。
5. 民国三十二年（1943 年）　　　夏，蝗自东来，未收小麦和早秋作物吃光；
　　　　　　　　　　　　　　　　　　秋，蝗灾又来，秋禾毁于一旦。
6. 民国三十三年（1944 年）　　　落蝗累累，树枝压折，飞蝗声传数里，2
　　　　　　　　　　　　　　　　　　万亩秋禾被害。
7. 民国三十六年（1947 年）　　　蝗灾严重。
8. 民国三十八年（1949 年）　　　有蝗灾。

原载《嵩县志》第七章《灾害性天气》，河南人民出版社 1989 年版

《汝阳县志》

1. 明成化二十三年（1487 年）　　蝗。
2. 　嘉靖七年（1528 年）　　　　蝗飞蔽空，饥民死者大半。
3. 　嘉靖十八年（1539 年）　　　伊阳旱蝗。
4. 　万历四十八年（1620 年）　　秋，蝗。
5. 　崇祯十一年（1638 年）　　　旱蝗。
6. 　崇祯十二年（1639 年）　　　四月，蝗，卢氏、嵩县、伊阳尤甚。
7. 　崇祯十三年（1640 年）　　　秋七月，汝州大蝗，饥，赤地千里，树皮、
　　　　　　　　　　　　　　　　　　蒿叶皆尽，饥殍枕道。
8. 　清康熙六年（1667 年）　　　蝗。
9. 　康熙三十年（1691 年）　　　蝗。
10. 　康熙三十三年（1694 年）　　夏，蝗。
11. 　乾隆十六年（1751 年）　　　蝗。
12. 　乾隆五十年（1785 年）　　　旱蝗，岁大饥。
13. 　道光十六年（1836 年）　　　六月，蝗。
14. 　道光十七年（1837 年）　　　蝗。
15. 　咸丰八年（1858 年）　　　　蝗虫甚多。

16. 民国三十二年（1943 年）　　　　秋，飞蝗东来，遮天蔽日，禾尽毁。

17. 民国三十三年（1944 年）　　　　蝗蝻丛生如蚁群，秋禾尽光。

原载《汝阳县志》自然灾害·蝗灾，生活·读书·新知三联书店 1995 年版

道光 《伊阳县志》

1. 元至正十八年（1358 年）　　　　蝗。

2. 明成化二十三年（1487 年）　　　蝗。

3. 　嘉靖七年（1528 年）　　　　　蝻。

4. 　嘉靖十八年（1539 年）　　　　蝗。

5. 　崇祯十二年（1639 年）　　　　夏四月，蝗；八月，蝝生。

6. 　崇祯十三年（1640 年）　　　　秋七月，蝗。

7. 　清康熙六年（1667 年）　　　　蝗。

8. 　康熙三十年（1691 年）　　　　蝗。

9. 　康熙三十三年（1694 年）　　　夏，蝗，设法扑捕，秋稼无伤。

10. 　乾隆十六年（1751 年）　　　　蝗，不为灾。

11. 　乾隆五十年（1785 年）　　　　旱蝗，岁大饥。

12. 　道光十六年（1836 年）　　　　六月，蝗，知县捐廉督扑净尽。

13. 　道光十七年（1837 年）　　　　蝗，不为灾。

原载道光《伊阳县志》卷六《祥异志》，道光十八年刻本

民国 《洛宁县志》

1. 唐大和四年（830 年）　　　　　旱蝗为虐，夏秋不登。

2. 明永乐二十一年（1423 年）　　　夏秋，旱蝗相继，麦禾俱无。

3. 　嘉靖八年（1529 年）　　　　　飞蝗蔽天。

4. 　崇祯十一年（1638 年）　　　　蝗，大饥。

5. 　崇祯十二年（1639 年）　　　　旱蝗。

6. 　清康熙七年（1668 年）　　　　飞蝗损禾之半。

7. 　康熙三十年（1691 年）　　　　蝗蝻迭出，损禾几尽。

8. 　道光十七年（1837 年）　　　　七月，蝗为灾。

9. 　咸丰七年（1857 年）　　　　　七月，蝗为灾。

10. 同治元年（1862 年）　　　　六月，飞蝗过境，遮蔽天日，禾伤大半。

11. 同治二年（1863 年）　　　　秋，蝗飞蔽天，禾稼尽食。

12. 同治三年（1864 年）　　　　蝗蝻复生。

13. 光绪三十三年（1907 年）　　秋八月，蝗为灾。

原载民国《洛宁县志》卷一《天文·祥异》，民国六年铅印本

《洛宁县志》

1. 民国三十二年（1943 年）　　七月，飞蝗东来，遮天蔽日，秋禾吃光。

2. 民国三十三年（1944 年）　　九月，飞蝗再起，禾毁过半，竹木遭殃。

3. 民国三十四年（1945 年）　　八月，飞蝗遮天蔽日东来。

原载《洛宁县志》大事记，生活·读书·新知三联书店 1991 年版

《栾川县志》

1. 元至正十九年（1359 年）　　飞蝗蔽天，食禾一空，大饥。

2. 清咸丰七年（1857 年）　　　连年旱蝗灾害，民饥。

3. 民国三十三年（1944 年）　　夏至秋，蝗虫遍地，秋禾无存。

原载《栾川县志》大事记，生活·读书·新知三联书店 1994 年版

四、开封市

康熙《开封府志》

1. 东汉永元八年（96 年）　　　夏五月，陈留蝗。

2. 唐开元元年（713 年）　　　　蝗食稼，声如风雨。

3. 后晋天福八年（943 年）　　　陈州[①]大蝗，遣官捕之。

4. 宋淳化二年（991 年）　　　　春，大旱蝗。

5. 咸平四年（1001 年）　　　　陈留蝗。

6. 大中祥符三年（1010 年）　　六月，咸平、尉氏蝗蝝生。

---

① 陈州：旧州名，治所在今河南淮阳。

7. 庆历元年（1041 年） 京师飞蝗蔽天。

8. 庆历四年（1044 年） 夏六月，大旱蝗。

9. 熙宁七年（1074 年） 秋七月，咸平县鸲鹆食蝗。

10. 元至大二年（1309 年） 夏四月，汴梁蝗。

11. 至治二年（1322 年） 祥符县蝗，有群鹜食之，既而复吐，积如丘山。

12. 至正十九年（1359 年） 太康蝗。

13. 明洪武五年（1372 年） 夏六月，开封蝗。

14. 万历四十四年（1616 年） 夏六月，蝗食谷黍殆尽，生蝻甚多，官以谷易之，蝗堆积如山。

15. 崇祯十三年（1640 年） 夏四月，蝗食麦；秋七月，旱蝗，禾草皆枯。

16. 清康熙二十二年（1683 年） 有螣食麦。

17. 康熙三十年（1691 年） 夏六月，蝗飞蔽天；秋七月，蝻生，蠲免钱粮。

18. 康熙三十三年（1694 年） 夏，蝗生。

原载康熙《开封府志》卷三十九《祥异》，康熙三十四年刻本

《开封县志》

1. 西汉甘露元年（前 53 年） 蝗。

2. 宋淳化二年（991 年） 蝗灾严重。

3. 元至元十九年（1282 年） 蝗灾严重。

4. 明崇祯十三年（1640 年） 蝗灾严重。

5. 清乾隆五十二年（1787 年） 蝗灾严重。

6. 民国三十二年（1943 年） 蝗灾严重。

原载《开封县志》自然灾害，中州古籍出版社 1992 年版

7. 宋淳化三年（992 年） 六月，京师蝗大起，自东北趋至西南，蔽空如云翳日。

8. 大中祥符四年（1011 年） 六月，祥符蝗；八月，陈留蝗。

9. 大中祥符九年（1016 年） 七月，蝗过京师，群飞翳日。

10. 宝元二年（1039 年） 京师飞蝗蔽天。

原载《开封县志》大事记，中州古籍出版社 1992 年版

光绪《祥符县志》

1. 东汉建武二十九年（53 年）　　　　夏四月，蝗。
2. 西晋咸宁四年（278 年）　　　　　夏，蝗。
3. 宋淳化二年（991 年）　　　　　　三月，大旱蝗。
4. 　庆历四年（1044 年）　　　　　夏六月，大旱蝗。
5. 明万历四十四年（1616 年）　　　夏六月，蝗。
6. 　崇祯十三年（1640 年）　　　　夏四月，蝗。
7. 清乾隆五十一年（1786 年）　　　蝗生蔽野，伤稼。
8. 　乾隆五十二年（1787 年）　　　六月，遍地生蝗，积三寸许，秋禾被伤。
9. 　道光十六年（1836 年）　　　　夏六月，蝗。
10. 　光绪十八年（1892 年）　　　　秋，旱蝗，不为灾。

　　　　原载光绪《祥符县志》卷二十三《杂事志·祥异》，光绪二十四年刻本

宣统《陈留县志》

1. 东汉永元八年（96 年）　　　　　蝗。
2. 宋咸平四年（1001 年）　　　　　陈留蝗。
3. 　大中祥符二年（1009 年）　　　八月，陈留蝗。
4. 元元贞元年（1295 年）　　　　　六月，陈留蝗。
5. 　至正十八年（1358 年）　　　　陈留蝗。
6. 明崇祯十三年（1640 年）　　　　夏，蝗，麦颗粒无收。
7. 清同治五年（1866 年）　　　　　蝗。

　　　　原载宣统《陈留县志》卷三十八《灾祥》，宣统二年石印本

《兰考县志》

1. 唐永徽二年（651 年）　　　　　蝗。
2. 　开元三年（715 年）　　　　　河南、河北蝗。
3. 　开成三年（838 年）　　　　　秋，河南、河北蝗。
4. 后梁开平元年（907 年）　　　　河南诸郡蝗。
5. 后晋天福五年（940 年）　　　　河南、河北蝗。

6. 后周显德元年（954 年）　　　　　　六月，蝗。

7. 宋乾德二年（964 年）　　　　　　　河南、河北皆有蝗灾。

8. 咸平四年（1001 年）　　　　　　　河南蝗。

9. 天圣六年（1028 年）　　　　　　　六月，蝗。

10. 天圣八年（1030 年）　　　　　　　飞蝗蔽天。

11. 元丰六年（1083 年）　　　　　　　夏，蝗。

12. 元至元十九年（1282 年）　　　　五月，河南、河北诸郡大蝗，飞蔽天。

13. 元贞元年（1295 年）　　　　　　　考城县蝗。

14. 至大二年（1309 年）　　　　　　　四月，蝗。

15. 至治二年（1322 年）　　　　　　　祥符、兰阳①诸县蝗。

16. 明嘉靖三年（1524 年）　　　　　秋，蝗。

17. 嘉靖七年（1528 年）　　　　　　　飞蝗蔽天。

18. 嘉靖八年（1529 年）　　　　　　　夏，蝗。

19. 嘉靖十五年（1536 年）　　　　　七月，生蝻。

20. 嘉靖二十年（1541 年）　　　　　秋，蝗。

21. 万历二十六年（1598 年）　　　　飞蝗蔽天，声如风雨。

22. 万历二十七年（1599 年）　　　　飞蝗蔽天，平地三寸厚，伤禾。

23. 万历四十四年（1616 年）　　　　六月，蝗。

24. 天启七年（1627 年）　　　　　　　三月，蝗。

25. 崇祯十一年（1638 年）　　　　　考城蝗食禾尽，生蝻，平地尺许。

26. 崇祯十三年（1640 年）　　　　　秋，蝗。

27. 崇祯十四年（1641 年）　　　　　夏，有蝗食麦，生蝻。

28. 清康熙六年（1667 年）　　　　　七月，考城蝗。

29. 康熙二十二年（1683 年）　　　　有蝗食麦。

30. 康熙二十九年（1690 年）　　　　六月，蝗从邻县入，飞蔽日，平地尺余，食
　　　　　　　　　　　　　　　　　　禾尽。

31. 康熙三十年（1691 年）　　　　　六月，蝗飞蔽天；七月，生蝻。

32. 乾隆九年（1744 年）　　　　　　　兰邑飞蝗蔽天。

33. 咸丰六年（1856 年）　　　　　　　考城蝗。

34. 咸丰七年（1857 年）　　　　　　　蝗。

———————————————

① 兰阳：旧县名，治所在今河南兰考。

35. 咸丰八年（1858 年）　　　　　　蝗。

36. 咸丰九年（1859 年）　　　　　　蝗。

37. 咸丰十年（1860 年）　　　　　　蝗。

38. 光绪二十六年（1900 年）　　　　六月，蝗从邻县入，飞蔽日，平地尺余，食禾殆尽。

39. 光绪二十七年（1901 年）　　　　三月，考城蝗蝻生。

40. 民国四年（1915 年）　　　　　　先生蝻，后成蝗，食禾大半。

41. 民国五年（1916 年）　　　　　　夏，蝗。

42. 民国八年（1919 年）　　　　　　夏，蝗。

43. 民国三十三年（1944 年）　　　　秋，蝗从西南入境，飞蔽天日，落地食禾尽。

原载《兰考县志》自然灾害，中州古籍出版社 1999 年版

民国《考城县志》

1. 元元贞元年（1295 年）　　　　　六月，考城蝗。

2. 明正德七年（1512 年）　　　　　秋，考城蝗，饥。

3. 嘉靖三年（1524 年）　　　　　　秋，蝗飞蔽天，蝻生，食禾殆尽。

4. 崇祯十一年（1638 年）　　　　　考城蝗食禾尽，生蝻，平地尺许。

5. 清康熙六年（1667 年）　　　　　七月，考城蝗。

6. 咸丰六年（1856 年）　　　　　　考城蝗。

7. 咸丰八年（1858 年）　　　　　　考城蝗。

8. 光绪二十六年（1900 年）　　　　蝗。

9. 光绪二十七年（1901 年）　　　　考城蝻生，知县率民扑灭之。

10. 民国四年（1915 年）　　　　　　先生蝻，后成蝗，食禾大半。

原载民国《考城县志》卷三《大事纪》，民国三十年铅印本

康熙《兰阳县志》

1. 明崇祯十二年（1639 年）　　　　飞蝗盈野蔽天，其势更甚，生子入土，十八日成蟓，稠密如蚁，稍长无翅不能高飞，禾稼瞬息一空，焚之以火，堑之以坑，终不能制。

2. 崇祯十三年（1640年）　　　　　秋，有蝗，入土生子。
3. 崇祯十四年（1641年）　　　　　夏四月，蝽生，麦尽咬。

　　　原载康熙《兰阳县志》卷十二《灾祥杂志》，康熙三十四年刻本

乾隆《兰阳县续志》

1. 清乾隆五年（1740年）　　　　　夏，有蝗，不为灾。
2. 乾隆九年（1744年）　　　　　夏，蝗飞蔽天，不入境，邑人宋之范作《蝗不入境》诗颂之。

　　　原载乾隆《兰阳县续志》卷七《教养志·祥灾》，乾隆九年刻本

乾隆《仪封县志》①

1. 明嘉靖八年（1529年）　　　　　夏，蝗。
2. 嘉靖二十年（1541年）　　　　　秋，蝻。
3. 万历二十六年（1598年）　　　　飞蝗蔽天，声如大风。
4. 万历二十七年（1599年）　　　　蝗，平地三寸厚，伤禾。
5. 崇祯十四年（1641年）　　　　　夏五月，蝗食麦。

　　　原载乾隆《仪封县志》卷一《天文志·祥异》，乾隆二十九年刻本

民国《续仪封县志》

1. 清咸丰六年（1856年）　　　　　蝗。
2. 咸丰八年（1858年）　　　　　蝗。
3. 光绪二十七年（1901年）　　　　蝗，饥。

　　　原载民国《续仪封县志》卷一《天文志·祥异》，民国三十六年手抄本

《杞县志》

1. 北齐天保八年（557年）　　　　　六月，大蝗。

---

① 仪封：旧县名，治所在今河南兰考东仪封乡。

2. 后晋天福八年（943 年） 春，大蝗，草木食尽，派员督民捕杀。

3. 后汉乾祐元年（948 年） 七月，蝗。

4. 　　乾祐二年（949 年） 飞蝗，一夜尽死，祭之。

5. 宋淳化二年（991 年） 春旱，蝗灾。

6. 　　大中祥符二年（1009 年） 七月，蝗。

7. 　　大中祥符四年（1011 年） 八月，蝗。

8. 金贞祐三年（1215 年） 四月，南京①路蝗虫为害，遣官分捕。

9. 　　元至元十九年（1282 年） 旱，飞蝗蔽天，人马不能行，沟堑尽平，草木俱尽，大饥，人相食。

10. 　　至元二年（1336 年） 蝗虫食禾、草木几尽，沟堑皆满，人马不能行，大饥，人相食。

11. 明嘉靖八年（1529 年） 七月，蝗飞蔽天。

12. 　　嘉靖二十年（1541 年） 七月，蝻。

13. 　　万历十年（1582 年） 七月，大蝗。

14. 　　万历二十四年（1596 年） 七月，蝗。

15. 　　万历四十年（1612 年） 三月，蝗。

16. 　　天启二年（1622 年） 三月，蝗。

17. 　　崇祯七年（1634 年） 五月，蝗。

18. 　　崇祯十一年（1638 年） 七月，蝗。

19. 　　崇祯十二年（1639 年） 夏，旱蝗。

20. 清雍正元年（1723 年） 七月，蝗。

21. 　　乾隆三十二年（1767 年） 八月，蝗灾，豆、禾皆毁。

22. 　　同治二年（1863 年） 六月，飞蝗入杞，啮食秋禾殆尽。

23. 　　光绪元年（1875 年） 六月，蝗毁秋禾。

24. 　　光绪二年（1876 年） 六月，蝗毁秋禾，岁歉。

25. 　　光绪二十六年（1900 年） 六月，飞蝗自南而北，时落时起，食秋禾几尽。

26. 民国三年（1914 年） 六月，飞蝗至杞北燕寨等地，啮食秋禾殆尽。

原载《杞县志》大事记，中州古籍出版社 1998 年版

---

① 南京：金路名，治所在今河南开封。

乾隆《杞县志》

1. 明嘉靖十五年（1536 年）　　　　秋七月，蝻。

2. 　嘉靖十八年（1539 年）　　　　秋，蝗。

3. 　天启七年（1627 年）　　　　　春三月，蝗。

4. 清康熙十一年（1672 年）　　　　秋七月，蝗。

5. 　乾隆五年（1740 年）　　　　　蝗蝻生。

6. 　乾隆五十一年（1786 年）　　　秋，飞蝗伤稼，赈济。

原载乾隆《杞县志》卷二《天文志·祥异》，乾隆五十三年刻本

乾隆《通许县志》

1. 宋大中祥符元年（1008 年）　　　六月，蝗。

2. 　大中祥符四年（1011 年）　　　蝻继作。

3. 　熙宁七年（1074 年）　　　　　七月，鸲鹆食蝗。

4. 元至元六年（1269 年）　　　　　六月，蝗。

5. 　元贞元年（1295 年）　　　　　六月，蝗。

6. 　至治元年（1321 年）　　　　　七月，蝗食禾稼尽，大饥。

7. 　至治二年（1322 年）　　　　　蝗蝻继生，有群鹜食之，既而复吐，积如
　　　　　　　　　　　　　　　　　丘陵。

8. 　明景泰元年（1450 年）　　　　秋，蝗灾。

9. 　成化二年（1466 年）　　　　　蝗灾。

10. 　成化十八年（1482 年）　　　蝗食禾稼尽，飞积民舍。

11. 　正德八年（1513 年）　　　　六月，蝗。

12. 　嘉靖七年（1528 年）　　　　六月，飞蝗蔽空，平地厚二三寸，禾
　　　　　　　　　　　　　　　　稼尽。

13. 　嘉靖二十年（1541 年）　　　夏，蝗，民大饥。

14. 　万历四十八年（1620 年）　　蝗。

15. 　崇祯八年（1635 年）　　　　蝗。

16. 　崇祯九年（1636 年）　　　　蝗。

17. 　崇祯十年（1637 年）　　　　蝗。

18. 　崇祯十二年（1639 年）　　　蝗。

19. 清乾隆三十年（1765 年） 蝗起邻邑，将入许，有群鸦啄食之。

原载乾隆《通许县志》卷一《舆地志·祥异》，乾隆三十六年刻本

《通许县志》

1. 明崇祯十三年（1640 年） 四月，蝗，无麦。
2. 清光绪三十四年（1908 年） 秋，蝗蝻遍生，食尽晚禾，县东南受灾尤甚。
3. 民国二十五年（1936 年） 四月，旱蝗为灾，麦秋只收三四成。

原载《通许县志》大事记，中州古籍出版社 1995 年版

道光《尉氏县志》

1. 北齐天保八年（557 年） 大蝗。
2. 唐开元三年（715 年） 蝗。
3. 　开成二年（837 年） 秋，蝗。
4. 宋乾德二年（964 年） 蝗。
5. 　淳化二年（991 年） 春，大旱蝗。
6. 　大中祥符三年（1010 年） 六月，蝗蝻生。
7. 　大中祥符四年（1011 年） 六月，生蝗。
8. 　景祐元年（1034 年） 六月，蝗。
9. 　庆历四年（1044 年） 大旱蝗。
10. 金兴定二年（1218 年） 四月，蝗。
11. 元至元十九年（1282 年） 五月，蝗食禾稼、草木叶皆尽，所至蔽日，碍人马不能行，填坑堑皆盈，饥民捕蝗以食，或曝干积之，又尽，则人相食。
12. 明洪武五年（1372 年） 六月，蝗。
13. 　嘉靖八年（1529 年） 六月，蝗飞蔽天。
14. 　嘉靖九年（1530 年） 夏，蝗；秋，复生蝻。
15. 　嘉靖十年（1531 年） 蝗伤稼殆尽。
16. 　嘉靖十一年（1532 年） 大蝗，知县以粟召民捕之，升斗相易，不数日积满诸仓。
17. 　嘉靖十八年（1539 年） 秋，蝗。

18.	万历四十年（1612 年）	三月，蝗。
19.	万历四十二年（1614 年）	蝗蝻食禾稼，民饥。
20.	万历四十四年（1616 年）	六月，蝗。
21.	崇祯七年（1634 年）	六月，蝗自东南来，落地尺余，五谷食毁大半。
22.	崇祯十三年（1640 年）	四月，蝗食禾尽；七月，大旱蝗。
23.	清康熙三年（1664 年）	大旱，蝗为灾。
24.	康熙二十二年（1683 年）	有螣食麦，歉收。
25.	康熙三十年（1691 年）	七月，飞蝗蔽天，继生蝻，食禾殆尽。
26.	康熙三十三年（1694 年）	夏，蝗，遣官谕吏民捕蝗殆尽。
27.	乾隆五年（1740 年）	秋，蝗。

原载道光《尉氏县志》卷一《星野志附祥异》，道光十一年刻本

《尉氏县志》

1. 清同治四年（1865 年）	七月，飞蝗蔽日，禾苗食尽。
2. 民国九年（1920 年）	秋，蝗食谷叶尽。
3. 民国三十一年（1942 年）	夏秋间旱，蝗虫为害。

原载《尉氏县志》大事记，中州古籍出版社 1993 年版

嘉庆《洧川县志》

| 1. 明弘治八年（1495 年） | 夏五月，飞蝗蔽天。 |

原载嘉庆《洧川县志》卷四《职官志·宦绩》，嘉庆二十三年刻本

2.	嘉靖二十年（1541 年）	飞蝗蔽野。
3.	崇祯八年（1635 年）	飞蝗蔽空，谷菽俱食。
4.	崇祯九年（1636 年）	飞蝗蔽空，谷菽俱食。
5.	崇祯十年（1637 年）	飞蝗蔽空，谷菽俱食。
6.	崇祯十一年（1638 年）	飞蝗蔽空，谷菽俱食。
7.	崇祯十二年（1639 年）	飞蝗蔽空，谷菽俱食。
8.	清康熙六年（1667 年）	蝗。
9.	康熙三十年（1691 年）	七月，飞蝗蔽天，继蝻生，秋禾几尽。

10.	乾隆五年（1740 年）	七月，飞蝗食秋禾。
11.	乾隆五十一年（1786 年）	蝗虫食秋禾。
12.	嘉庆八年（1803 年）	六月，飞蝗蔽天，不为灾。

原载嘉庆《洧川县志》卷八《杂志·祥异》，嘉庆二十三年刻本

五、新乡市

《新乡县志》

1.	唐开成二年（837 年）	秋，蝗甚，草木皆尽，饥民甚多。
2.	开成四年（839 年）	螟蝗为害田禾。
3.	宋乾德元年（963 年）	旱，蝗虫成灾。
4.	元至大元年（1308 年）	旱、蝗俱灾。
5.	泰定元年（1324 年）	旱、蝗、水灾甚重。
6.	至顺元年（1330 年）	夏，遭蝗。
7.	明嘉靖七年（1528 年）	蝗，寸草皆无。
8.	嘉靖三十四年（1555 年）	蝗。
9.	万历二十四年（1596 年）	秋，遭蝗灾，民饥苦。
10.	万历三十四年（1606 年）	秋，蝗伤禾，人困饥。
11.	万历四十年（1612 年）	秋，蝗虫蔽天，食谷殆尽。
12.	崇祯十一年（1638 年）	秋，蝗蔽天翳日，五谷食尽，啮及竹芦。
13.	崇祯十二年（1639 年）	秋，蝗。
14.	崇祯十三年（1640 年）	夏旱，又生蝗，麦尽食，无秋禾。
15.	崇祯十四年（1641 年）	蝗复生食麦，忽有群蜂逐之，啮其背，穴土掩之，逾日幼蜂出于蝗腹，旬余满郊原蝗遂绝。
16.	清康熙十九年（1680 年）	七月，蝗。
17.	康熙二十九年（1690 年）	秋，生蝗。
18.	康熙三十年（1691 年）	秋旱，飞蝗蔽日，积地数尺，田禾伤尽，饥。
19.	雍正元年（1723 年）	旱蝗。
20.	乾隆五年（1740 年）	夏，蝗入城。
21.	乾隆五十年（1785 年）	夏，飞蝗蔽日，食尽秋禾，民大饥。

22.	咸丰六年（1856 年）	秋旱，蝗自南来，飞则蔽天，落则数尺，秋禾尽伤，民大饥。
23.	同治八年（1869 年）	八月，飞蝗入新乡，伤禾成灾。
24.	光绪二十二年（1896 年）	秋，生蝗。
25.	民国三年（1914 年）	夏，全境生蝗，漫空蔽野，食秋禾殆尽。
26.	民国十一年（1922 年）	七月，蝗灾，伤禾甚重。
27.	民国二十一年（1932 年）	秋，蝗成灾。
28.	民国二十二年（1933 年）	七月，蝗灾，庄稼损失严重。
29.	民国三十一年（1942 年）	秋，飞蝗蔽日，收成全无。
30.	民国三十二年（1943 年）	旱蝗成灾，除棉花、豆类外，皆遭蝗食。
31.	民国三十八年（1949 年）	五月，全县四十六村发生严重蝗蝻，平均每平方寸一个。

原载《新乡县志》历代自然灾害纪实，生活・读书・新知三联书店 1991 年版

乾隆《新乡县志》

1.	蒙古至元五年（1268 年）	秋七月，鸲鹆食蝗。
2.	明万历三十年（1602 年）	秋，蝗。
3.	万历四十六年（1618 年）	蝗蔽天，食谷殆尽。
4.	清康熙六年（1667 年）	秋八月，蝗。

原载乾隆《新乡县志》卷二十八《祥异志》，民国三十年铅印本

民国《获嘉县志》

1.	北齐天保八年（557 年）	蝗。
2.	唐开元三年（715 年）	蝗。
3.	明万历十七年（1589 年）	蝗，草木皆枯。
4.	崇祯九年（1636 年）	旱蝗。
5.	崇祯十年（1637 年）	旱蝗。
6.	崇祯十一年（1638 年）	旱蝗。
7.	崇祯十二年（1639 年）	旱蝗。
8.	崇祯十三年（1640 年）	旱蝗。

9.　清顺治十三年（1656 年）　　　飞蝗蔽天，蝗生蝻，蝻复成蝗，秋稼如扫。

10.　康熙三十年（1691 年）　　　秋，蝗，免赋十之三。

11.　康熙三十二年（1693 年）　　　夏，蝗。

12.　康熙四十九年（1710 年）　　　夏，蚱蜢伤苗。

13.　雍正十一年（1733 年）　　　蝻生穆官营，捕灭之。

14.　雍正十三年（1735 年）　　　蝻生穆官营，捕灭之。

15.　乾隆三年（1738 年）　　　蝻生孙家庄，捕灭之。

16.　乾隆五年（1740 年）　　　夏，蝻生，捕灭之。

17.　乾隆九年（1744 年）　　　蝻生穆官营，捕灭之。

18.　乾隆十七年（1752 年）　　　夏，邻邑蝻生，不入境。

19.　光绪十九年（1893 年）　　　春三月，蝗从东来，捕除四十余日，不为灾。

20.　光绪二十六年（1900 年）　　　夏，旱蝗。

21. 民国三年（1914 年）　　　五月，蝗蝻满地；七月，蝗飞蔽天，落则盖地，禾穗殆尽，惟不食芝麻。

原载民国《获嘉县志》卷十七《祥异》，民国二十四年铅印本

《获嘉县志》

1. 元至正十九年（1359 年）　　　五月，获嘉大蝗，飞蔽天。

2. 清康熙二十九年（1690 年）　　　旱、蝗相继为灾。

3. 民国二十九年（1940 年）　　　七月，大批飞蝗压境，蔓延全县。

4. 民国三十年（1941 年）　　　秋，蝗蝻遍地。

5. 民国三十一年（1942 年）　　　大蝗。

6. 民国三十二年（1943 年）　　　大蝗。

7. 民国三十三年（1944 年）　　　连续三年大蝗，田园荒芜。

8. 民国三十四年（1945 年）　　　七月，大批飞蝗入境，禾苗啮食殆尽。

9. 民国三十八年（1949 年）　　　六月，蝗蝻生，县政府动员捕打 8 天扑灭。

原载《获嘉县志》大事记，生活·读书·新知三联书店 1991 年版

道光《辉县志》

1. 北齐天保八年（557 年）　　　河北蝗。

2. 唐开元三年（715 年）　　　　　　河北蝗。

3. 　开成三年（838 年）　　　　　　秋，蝗。

4. 　宋乾德二年（964 年）　　　　　夏，蝗。

5. 　　太平兴国二年（977 年）　　　七月，蝗蝻生。

6. 　　天圣二年（1024 年）　　　　大旱蝗。

7. 　　天圣六年（1028 年）　　　　五月，大蝗。

8. 　　明道二年（1033 年）　　　　七月，蝗。

9. 　　熙宁五年（1072 年）　　　　大蝗。

10. 　熙宁六年（1073 年）　　　　蝗。

11. 　崇宁元年（1102 年）　　　　夏，蝗。

12. 　崇宁三年（1104 年）　　　　大蝗。

13. 　崇宁四年（1105 年）　　　　蝗。

14. 蒙古至元五年（1268 年）　　　秋七月，蝗生，鸲鹆食蝗尽。

15. 元至元二十七年（1290 年）　　蝗。

16. 　　至正十九年（1359 年）　　　五月，大蝗，飞则蔽天，止则满堑，人马不能行。

17. 明正统元年（1436 年）　　　　旱蝗。

18. 　嘉靖七年（1528 年）　　　　大旱蝗。

19. 　嘉靖十七年（1538 年）　　　大蝗。

20. 　嘉靖十九年（1540 年）　　　蝗。

21. 　嘉靖二十年（1541 年）　　　大蝗。

22. 　万历十年（1582 年）　　　　旱蝗。

23. 　万历四十五年（1617 年）　　秋，蝗食禾殆尽。

24. 　崇祯八年（1635 年）　　　　大蝗。

25. 　崇祯十一年（1638 年）　　　蝗。

26. 　崇祯十三年（1640 年）　　　大蝗。

27. 　崇祯十四年（1641 年）　　　大蝗食麦。

28. 清康熙六年（1667 年）　　　　七月，蝗蝻自县东来，数十里如水西流，厚三尺，遍野满城，无处不到。

29. 　乾隆七年（1742 年）　　　　蝗。

30. 　乾隆十六年（1751 年）　　　蚄蝗生，食禾殆尽。

31. 　乾隆四十年（1775 年）　　　大蝗。

32. 乾隆五十二年（1787 年）　　　　蝗。

33. 嘉庆八年（1803 年）　　　　　　秋，有蝗。

34. 道光十五年（1835 年）　　　　　秋，有蝗。

原载道光《辉县志》卷四《地理志·祥异》，光绪二十一年刻本

《辉县市志》

1. 清光绪三年（1877 年）　　　　　连年旱蝗，歉收。

2. 民国元年（1912 年）　　　　　　秋，飞蝗自南向北遮天蔽日，呜呜作响两
　　　　　　　　　　　　　　　　　　小时。

3. 民国二十三年（1934 年）　　　　旱，蝗食禾稼，半收。

4. 民国二十九年（1940 年）　　　　八月，蝗自西南向东北飞去，遮天蔽日，
　　　　　　　　　　　　　　　　　　方圆数十里，落地二三寸厚，禾苗基
　　　　　　　　　　　　　　　　　　本吃光。

5. 民国三十一年（1942 年）　　　　五月，蝗灾。

6. 民国三十二年（1943 年）　　　　秋，飞蝗自南向北遮天蔽日，呜呜作响，
　　　　　　　　　　　　　　　　　　落地二寸厚，禾苗吃光。

7. 民国三十四年（1945 年）　　　　六月，飞蝗遮天蔽日，经薄壁飞向张飞
　　　　　　　　　　　　　　　　　　城，几天后，蔓延到嵩平、秦王井、
　　　　　　　　　　　　　　　　　　峪河、师庄、南王庄、南村等地，所
　　　　　　　　　　　　　　　　　　到之处树枝压折、禾苗吃光，抗日政
　　　　　　　　　　　　　　　　　　府领导群众剿灭蝗虫。

原载《辉县市志》大事记，中州古籍出版社 1992 年版

8. 民国三十三年（1944 年）　　　　三月，蝗蝻生，严重损害禾苗。

9. 民国三十七年（1948 年）　　　　七月，苏村、高庄、池头、吕村蝗吃秋苗
　　　　　　　　　　　　　　　　　　4 500 亩；十月，平罗、高庄、薄壁蝗
　　　　　　　　　　　　　　　　　　吃秋苗 5 000 亩。

10. 民国三十八年（1949 年）　　　　五月，蝗蝻吃麦苗 7.3 万亩，政府组织
　　　　　　　　　　　　　　　　　　捕打。

原载《辉县市志》重灾纪年，中州古籍出版社 1992 年版

乾隆《卫辉府志》

1. 北齐天保八年（557 年）　　　　　蝗。

2. 唐开元三年（715 年）　　　　　　蝗。

3. 　开成二年（837 年）　　　　　　秋，蝗，草木叶尽。

4. 宋乾德二年（964 年）　　　　　　夏，蝗。

5. 　太平兴国二年（977 年）　　　　闰七月，蝗蝻生。

6. 　天圣二年（1024 年）　　　　　　大旱蝗。

7. 　天圣六年（1028 年）　　　　　　五月，大蝗。

8. 　明道二年（1033 年）　　　　　　七月，蝗。

9. 　熙宁五年（1072 年）　　　　　　大蝗。

10. 　熙宁六年（1073 年）　　　　　蝗。

11. 　崇宁元年（1102 年）　　　　　夏，蝗。

12. 　崇宁三年（1104 年）　　　　　大蝗。

13. 　崇宁四年（1105 年）　　　　　连岁大蝗。

14. 蒙古至元五年（1268 年）　　　　秋七月，鸲鹆食蝗。

15. 元至元二十七年（1290 年）　　　夏四月，蝗。

16. 　至正五年（1345 年）　　　　　蝗，秋七月，鸲鹆食蝗。

17. 明永乐七年（1409 年）　　　　　旱蝗。

18. 　正统元年（1436 年）　　　　　蝗旱。

19. 　正统六年（1441 年）　　　　　秋，蝗。

20. 　正统十一年（1446 年）　　　　蝗。

21. 　成化三年（1467 年）　　　　　七月，蝗。

22. 　嘉靖七年（1528 年）　　　　　大旱蝗，野无青草。

23. 　嘉靖十七年（1538 年）　　　　大蝗。

24. 　嘉靖十九年（1540 年）　　　　蝗。

25. 　嘉靖二十年（1541 年）　　　　大蝗。

26. 　万历十年（1582 年）　　　　　旱蝗。

27. 　万历二十四年（1596 年）　　　秋，蝗食禾殆尽，至啮人衣。

28. 　万历三十四年（1606 年）　　　秋，大蝗伤禾。

29. 　万历四十六年（1618 年）　　　飞蝗蔽天，食谷殆尽。

30. 　崇祯八年（1635 年）　　　　　大蝗。

31. 崇祯十一年 （1638 年） 　　　　秋，蝗飞蔽日，食禾殆尽。

32. 崇祯十二年 （1639 年） 　　　　旱蝗，大荒。

33. 崇祯十三年 （1640 年） 　　　　夏，旱蝗，大饥，人相食。

34. 崇祯十四年 （1641 年） 　　　　大蝗食麦，野无寸草。

35. 崇祯十五年 （1642 年） 　　　　蝗食春苗，有黑头蜂食蝗。

36. 清康熙六年 （1667 年） 　　　　八月，蝗。

37. 康熙三十年 （1691 年） 　　　　秋，蝗，民大饥。

38. 康熙三十三年 （1694 年） 　　　秋，蝗，不为灾。

39. 乾隆十七年 （1752 年） 　　　　四月，蝗，不为灾。

40. 乾隆三十六年 （1771 年） 　　　蝗。

41. 乾隆四十三年 （1778 年） 　　　夏，蝗，不为灾。

42. 乾隆五十一年 （1786 年） 　　　夏，飞蝗蔽日，食秋禾尽。

原载乾隆《卫辉府志》卷四《祥异志》，乾隆五十三年刻本

《卫辉市志》

1. 明嘉靖七年 （1528 年） 　　　　蝗灾。

2. 万历二十四年 （1596 年） 　　　秋，蝗食禾殆尽。

3. 万历四十六年 （1618 年） 　　　飞蝗蔽天，食尽禾苗。

4. 崇祯十三年 （1640 年） 　　　　夏，有蝗灾，民大饥。

5. 崇祯十四年 （1641 年） 　　　　蝗食麦。

6. 民国六年 （1917 年） 　　　　　秋，蝗灾。

7. 民国二十五年 （1936 年） 　　　秋，旱蝗。

8. 民国三十一年 （1942 年） 　　　夏，旱蝗成灾。

9. 民国三十四年 （1945 年） 　　　六月，飞蝗入境，县委县政府组织军民
　　　　　　　　　　　　　　　　　　灭蝗。

原载《卫辉市志》大事记，生活·读书·新知三联书店 1993 年版

乾隆 《汲县志》[①]

1. 北齐天保八年 （557 年） 　　　　蝗。

_____

① 汲县：旧县名，治所在今河南卫辉。

2. 唐开元三年（715 年）　　　　　　　蝗。

3. 　开成二年（837 年）　　　　　　　秋，蝗，草木叶尽。

4. 宋乾德二年（964 年）　　　　　　　夏，蝗。

5. 　太平兴国二年（977 年）　　　　　闰七月，蝗蝻生。

6. 　天圣二年（1024 年）　　　　　　　大旱蝗。

7. 　天圣六年（1028 年）　　　　　　　大蝗。

8. 　明道二年（1033 年）　　　　　　　七月，蝗。

9. 　熙宁五年（1072 年）　　　　　　　大蝗。

10. 　熙宁六年（1073 年）　　　　　　蝗。

11. 　崇宁元年（1102 年）　　　　　　夏，蝗。

12. 　崇宁三年（1104 年）　　　　　　大蝗。

13. 　崇宁四年（1105 年）　　　　　　连岁大蝗。

14. 元至元二十七年（1290 年）　　　　夏四月，蝗。

15. 　至正五年（1345 年）　　　　　　蝗，秋七月，鸲鹆食蝗。

16. 明永乐七年（1409 年）　　　　　　旱蝗。

17. 　正统元年（1436 年）　　　　　　蝗旱。

18. 　正统六年（1441 年）　　　　　　秋，蝗。

19. 　成化三年（1467 年）　　　　　　七月，蝗。

20. 　嘉靖七年（1528 年）　　　　　　大旱蝗，寸草无存。

21. 　嘉靖十七年（1538 年）　　　　　大蝗。

22. 　嘉靖十九年（1540 年）　　　　　蝗。

23. 　嘉靖二十年（1541 年）　　　　　大蝗。

24. 　万历十年（1582 年）　　　　　　旱蝗。

25. 　万历二十四年（1596 年）　　　　秋，蝗食禾殆尽。

26. 　万历三十四年（1606 年）　　　　秋，大蝗，伤禾稼。

27. 　万历四十六年（1618 年）　　　　飞蝗蔽天。

28. 　崇祯八年（1635 年）　　　　　　大蝗。

29. 　崇祯十一年（1638 年）　　　　　秋，蝗，蔽天翳日，五谷尽食。

30. 　崇祯十二年（1639 年）　　　　　旱蝗，大荒。

31. 　崇祯十三年（1640 年）　　　　　夏，旱蝗，大饥，人相食。

32. 　崇祯十四年（1641 年）　　　　　大蝗食麦。

33. 　崇祯十五年（1642 年）　　　　　蝗食春苗，有黑头蜂食蝗，蝗灭。

34. 清康熙六年（1667 年） 　　　　八月，蝗。

35. 　康熙三十年（1691 年） 　　　　秋，飞蝗食禾苗尽，民大饥。

36. 　康熙三十三年（1694 年） 　　　秋，有蝗，不成灾。

37. 　乾隆十七年（1752 年） 　　　　四月，有蝗，旋扑灭之。

原载乾隆《汲县志》卷一《舆地志上·祥异》，乾隆二十年刻本

《原阳县志》

1. 清咸丰六年（1856 年） 　　　　至八月旱，飞蝗蔽天，秋禾尽伤。

2. 民国三年（1914 年） 　　　　　闰五月，齐街飞蝗蔽日，禾被吃光。

3. 民国十七年（1928 年） 　　　　秋，蝗蝻食苗，收获无几。

4. 民国十九年（1930 年） 　　　　齐街生蝗；秋，祝楼蝗虫食禾，绝收。

5. 民国二十二年（1933 年） 　　　春旱，蝗灾。

6. 民国二十九年（1940 年） 　　　夏，蝗食禾，麦基本绝收。

7. 民国三十一年（1942 年） 　　　阳武[①] 32.45 万亩庄稼遭蝗灾。

8. 民国三十二年（1943 年） 　　　阳武 35.67 万亩庄稼遭蝗灾。

9. 民国三十三年（1944 年） 　　　蝗灾。

10. 民国三十四年（1945 年） 　　　原武蝗灾面积 6.82 万亩，阳武蝗灾面积
　　　　　　　　　　　　　　　　　34.3 万亩。

原载《原阳县志》灾害天气记载，中州古籍出版社 1995 年版

乾隆《阳武县志》

1. 后汉乾祐元年（948 年） 　　　　秋七月，蝗。

2. 明嘉靖七年（1528 年） 　　　　秋七月，蝗蝻生，害稼殆尽。

3. 　嘉靖十五年（1536 年） 　　　　夏，旱蝗，禾殆尽。

4. 　嘉靖三十四年（1555 年） 　　　秋七月，蝗蝻生。

5. 　嘉靖三十九年（1560 年） 　　　秋，蝗蝻生。

6. 　万历十四年（1586 年） 　　　　七月，蝗生。

7. 　万历二十四年（1596 年） 　　　蝗蝻生。

---

① 阳武：旧县名，治所在今河南原阳。

8.　　万历三十四年（1606 年）　　　蝗，无稼。

9.　　万历四十四年（1616 年）　　　蝗，无秋。

10.　崇祯十四年（1641 年）　　　　四月，蝗蝻生，无麦。

11. 清顺治五年（1648 年）　　　　　三月，蝗蝻生。

12.　顺治十三年（1656 年）　　　　蝗。

13.　康熙十一年（1672 年）　　　　夏旱，蝗蝻生。

14.　康熙二十九年（1690 年）　　　七月，蝗蝻重生。

15.　康熙三十年（1691 年）　　　　秋，蝗蝻生，民饥。

16.　康熙三十二年（1693 年）　　　六月，蝗蝻遍野。

17.　乾隆五年（1740 年）　　　　　五月，蝗蝻生，食禾。

原载乾隆《阳武县志》卷十二《灾祥志》，乾隆十年刻本

乾隆《原武县志》

1. 后汉乾祐元年（948 年）　　　　七月，原武蝗。

2. 明洪武元年（1368 年）　　　　　蝗。

3.　嘉靖七年（1528 年）　　　　　大蝗，大饥，人相食。

4.　嘉靖三十三年（1554 年）　　　大蝗。

5.　万历十年（1582 年）　　　　　秋，螽。

6.　崇祯九年（1636 年）　　　　　大蝗。

7.　崇祯十一年（1638 年）　　　　大蝗。

8. 清康熙三年（1664 年）　　　　　秋七月，蝗害稼，谷价腾贵。

9.　康熙十一年（1672 年）　　　　蝗。

10.　康熙二十二年（1683 年）　　　螣，无麦。

11.　康熙二十九年（1690 年）　　　蝗食麦苗殆尽。

12.　乾隆五年（1740 年）　　　　　六月，蝗。

原载乾隆《原武县志》卷十《祥异》，乾隆十二年刻本

顺治《封丘县志》

1. 西晋咸宁四年（278 年）　　　　蝗害禾稼。

2. 宋大中祥符二年（1009 年）　　　八月，封丘蝗。

3. 明嘉靖七年（1528 年）　　　　大旱蝗，民多饥死。

4.　万历三十五年（1607 年）　　　六月，飞蝗过野，投河而死。

5.　崇祯十四年（1641 年）　　　　蝗蝻蔽野，斗米数金，有父子相食者。

6. 清顺治十三年（1656 年）　　　　六月，飞蝗自北来，蔽川塞野；七月，遗
　　　　　　　　　　　　　　　　　　蝻悉抱草棘僵死。

　　　　　原载顺治《封丘县志》卷三《民土·祥灾》，民国二十六年铅印本

康熙《封丘县续志》

清康熙三十三年（1694 年）　　　　夏旱，飞蝗蔽天，捕杀九十余石。

　　　　　　原载康熙《封丘县续志》卷五《灾祥》，康熙三十六年刻本

民国《封丘县续志》

1. 清乾隆五十一年（1786 年）　　　旱蝗，饥，赈之。

2.　光绪二十七年（1901 年）　　　蝗食秋禾。

　　　　　原载民国《封丘县续志》卷一《通纪》，民国二十六年铅印本

《封丘县志》

1. 宋大中祥符二年（1009 年）　　　封丘遭严重蝗灾，田苗吃光。

2. 元泰定四年（1327 年）　　　　　夏，蝗虫吃毁秋苗。

3. 民国三十一年（1942 年）　　　　秋，蝗虫遮天蔽日大面积发生，秋苗被
　　　　　　　　　　　　　　　　　　噬光。

　　　　　　原载《封丘县志》大事记，中州古籍出版社 1994 年版

4. 民国三十二年（1943 年）　　　　蝗灾，作物绝收。

　　　　　　原载《封丘县志》农业植物保护，中州古籍出版社 1994 年版

《延津县志》

1. 宋天圣二年（1024 年）　　　　　酸枣[①]旱蝗，百姓流亡。

_____

① 酸枣：旧县名，治所在今河南延津。

2. 蒙古至元七年（1270 年）	四月，蝗。
3. 元至元二十七年（1290 年）	四月，旱蝗。
4. 至治元年（1321 年）	七月，胙城^①蝗。
5. 至顺元年（1330 年）	七月，蝗。
6. 明成化二十年（1484 年）	大旱蝗，民饥死者十之七八。
7. 嘉靖七年（1528 年）	旱蝗，路有饿殍。
8. 嘉靖二十年（1541 年）	蝗翳天日，遍于郊野。
9. 万历二十四年（1596 年）	大蝗。
10. 万历三十五年（1607 年）	六月，蝗。
11. 崇祯十一年（1638 年）	蝗。
12. 崇祯十四年（1641 年）	蝗蝻遍野，民以树皮、草根充饥。
13. 清嘉庆八年（1803 年）	旱蝗。
14. 光绪五年（1879 年）	五月，蝗。
15. 光绪二十七年（1901 年）	秋，蝗，禾稼受害。
16. 民国三十二年（1943 年）	蝗灾，受害面积 30 余万亩，减产十之九。
17. 民国三十四年（1945 年）	旱、蝗、风三灾并发。

原载《延津县志》大事记，生活·读书·新知三联书店 1991 年版

康熙《延津县志》

1. 明正统十一年（1446 年）	蝗。
2. 嘉靖十九年（1540 年）	蝗。
3. 清康熙二十九年（1690 年）	螟螣伤稼。
4. 康熙三十三年（1694 年）	蝗为甚。

原载康熙《延津县志》卷七《政事志·灾祥》，康熙四十一年刻本

嘉庆《长垣县志》

1. 西汉元始四年（公元 4 年）	秋，蝗。
2. 东汉永元八年（96 年）	蝗。

---

① 胙城：旧县名，治所在今河南延津北胙城乡。

3. 唐开元三年（715 年）　　　　　　　蝗。

4. 　开成五年（840 年）　　　　　　　螟蝗害稼。

5. 后晋天福八年（943 年）　　　　　　蝗害稼，草木皆尽。

6. 宋大中祥符九年（1016 年）　　　　　旱，蝗食民田殆尽。

7. 　熙宁七年（1074 年）　　　　　　　蝗。

8. 金大定十六年（1176 年）　　　　　　蝗。

9. 元至元八年（1271 年）　　　　　　　六月，蝗。

10. 　至元二十七年（1290 年）　　　　　蝗。

11. 　元贞二年（1296 年）　　　　　　　六月，蝗。

12. 　大德六年（1302 年）　　　　　　　蝗。

13. 　泰定元年（1324 年）　　　　　　　六月，蝗。

14. 　至正十二年（1352 年）　　　　　　蝗，大饥。

15. 明永乐十四年（1416 年）　　　　　　七月，蝗。

16. 　宣德九年（1434 年）　　　　　　　蝗蝻害稼。

17. 　景泰七年（1456 年）　　　　　　　蝗，饥。

18. 　天顺二年（1458 年）　　　　　　　蝗遍野，忽抱草死，臭不可近。

19. 　嘉靖八年（1529 年）　　　　　　　秋，大蝗。

20. 　嘉靖二十年（1541 年）　　　　　　秋，大旱蝗，禾稼俱尽。

21. 　嘉靖二十六年（1547 年）　　　　　六月，蝝遍野，食稼，有蛤蟆遍野，食蝝尽。

22. 　万历十年（1582 年）　　　　　　　蝗。

23. 　万历十三年（1585 年）　　　　　　旱蝗。

24. 　万历三十三年（1605 年）　　　　　大旱蝗。

25. 　万历四十八年（1620 年）　　　　　旱蝗。

26. 　崇祯十一年（1638 年）　　　　　　蝗飞蔽天，食禾几尽。

27. 　崇祯十三年（1640 年）　　　　　　六月，蝗生蝻。

28. 　崇祯十四年（1641 年）　　　　　　飞蝗食麦，人相食。

29. 清康熙二十九年（1690 年）　　　　　飞蝗自东来，害稼。

30. 　乾隆九年（1744 年）　　　　　　　蝗，不为灾。

原载嘉庆《长垣县志》卷九《事纪书·祥异》，嘉庆十五年刻本

《长垣县志》

1. 民国五年（1916 年）　　　　　　　秋七月，飞蝗蔽天，县北秋禾被食。

2. 民国六年（1917 年）　　　　　　夏秋，蝗蝻复生，为害庄稼。

3. 民国十四年（1925 年）　　　　　县南飞蝗蔽日，复生蝻，歉收。

4. 民国十七年（1928 年）　　　　　夏旱，飞蝗食禾，后蝻生成灾。

5. 民国三十三年（1944 年）　　　　七月，飞蝗自南来，遮天蔽日，势如狂风，
　　　　　　　　　　　　　　　　　　五昼夜不息，秋禾十伤八九。

6. 民国三十四年（1945 年）　　　　夏，蝗蝻成灾。

　　　　　　　　　　原载《长垣县志》自然灾害，中州古籍出版社 1991 年版

六、焦作市

《焦作市志》

1. 唐兴元元年（784 年）　　　　　蝗虫遍地，远近草木无遗，大饥。

2. 　元和四年（809 年）　　　　　夏，河阳[①]螟蝗害稼。

3. 宋明道二年（1033 年）　　　　　蝗灾。

4. 　元至元二十六年（1289 年）　　七月，孟州蝗。

5. 　　大德五年（1301 年）　　　　六月，怀孟蝗。

6. 　　至大二年（1309 年）　　　　八月，怀孟蝗。

7. 　　泰定三年（1326 年）　　　　怀孟路蝗灾。

8. 　　天历二年（1329 年）　　　　四月，孟州蝗。

9. 　　至顺二年（1331 年）　　　　六月，孟州蝗。

10. 　至正十九年（1359 年）　　　怀庆遭蝗虫，飞蝗遮天蔽日，多得人不能
　　　　　　　　　　　　　　　　　　走，庄稼、草木、杂草吃光，饥民捕蝗
　　　　　　　　　　　　　　　　　　为食。

11. 明成化十九年（1483 年）　　　蝗蝻食禾殆尽。

12. 　　嘉靖七年（1528 年）　　　秋，蝗蝻结块如斗，飞行蔽日。

13. 　　嘉靖十一年（1532 年）　　飞蝗遍野。

14. 　　万历二十四年（1596 年）　七月旱，蝗大作，沟堑尽平，禾无遗穗。

15. 　　万历三十二年（1604 年）　连年旱，蝗夺民稼，大饥。

16. 　　崇祯十年（1637 年）　　　飞蝗从东南来，起飞如云，田禾受灾甚大。

---

① 河阳：旧县名，治所在今河南孟州南。

17. 崇祯十一年（1638 年）　　　　秋，蝗灾，伤稼甚重。

18. 崇祯十二年（1639 年）　　　　蝗蝻遍野，蔽城垣入房宇。

19. 崇祯十四年（1641 年）　　　　秋，蝗灾，山区一带绝收。

20. 清康熙三十年（1691 年）　　　六月，蝗飞蔽天，食禾殆尽，田苗无遗。

21. 雍正元年（1723 年）　　　　　秋，蝗飞蔽天，食禾殆尽。

22. 咸丰六年（1856 年）　　　　　蝗虫成灾，飞蔽天，损坏田禾无数，遗蝻不绝。

23. 同治二年（1863 年）　　　　　六月，飞蝗蔽天。

24. 光绪二十六年（1900 年）　　　旱，蝗虫害稼。

25. 光绪二十七年（1901 年）　　　七月，飞蝗害稼。

26. 民国三年（1914 年）　　　　　夏，幼蝗遍地，飞蝗大起，秋禾叶穗吃光。

27. 民国八年（1919 年）　　　　　秋，蝗食禾。

28. 民国二十三年（1934 年）　　　蝗灾。

29. 民国三十一年（1942 年）　　　蝗虫遮天蔽日，部分秋禾吃光，减产五成。

30. 民国三十二年（1943 年）　　　蝗虫铺天盖地，落地成层，来如风雨，飞如云阵，所过之处庄稼全成光秆，落于村庄树木，集结成球如斗大，数以万计，入室则锅灶皆盈，秋粮绝收。

31. 民国三十三年（1944 年）　　　蝗灾继续，饿死人不计其数。

原载《焦作市志》自然灾害·历代蝗灾表，红旗出版社 1993 年版

乾隆《怀庆府志》

1. 东汉永元八年（96 年）　　　　河内①蝗。

2. 北齐天保八年（557 年）　　　　蝗。

3. 唐开元三年（715 年）　　　　　蝗。

4. 元和四年（809 年）　　　　　　夏，河阳蝗害稼。

5. 开成五年（840 年）　　　　　　河阳螟蝗害稼。

6. 后汉乾祐元年（948 年）　　　　七月，蝗。

7. 宋乾德二年（964 年）　　　　　蝗。

---

① 河内：旧县名，治所在今河南沁阳。

8.　　明道二年（1033 年）　　　　蝗。

9.　　景祐五年（1038 年）　　　　河北大蝗。

10.　　熙宁五年（1072 年）　　　　河北蝗。

11.　　元丰四年（1081 年）　　　　河北蝗。

12.　　崇宁三年（1104 年）　　　　大蝗。

13. 蒙古至元三年（1266 年）　　　怀庆阳武蝗。

14. 元至元八年（1271 年）　　　　怀孟路蝗。

15.　　至元十九年（1282 年）　　　原武蝗。

16.　　至元二十六年（1289 年）　　怀孟蝗。

17.　　至元二十七年（1290 年）　　四月，蝗。

18.　　大德五年（1301 年）　　　　怀孟路蝗。

19.　　至大二年（1309 年）　　　　六月，怀孟蝗。

20.　　至大三年（1310 年）　　　　怀孟蝗。

21.　　延祐三年（1316 年）　　　　怀孟路蝗。

22.　　延祐四年（1317 年）　　　　怀孟路旱蝗。

23.　　天历二年（1329 年）　　　　孟州蝗。

24.　　至顺元年（1330 年）　　　　四月，孟州蝗；七月，河内蝗。

25.　　至顺二年（1331 年）　　　　六月，孟县、济源县蝗。

26.　　至正三年（1343 年）　　　　夏，怀庆蝗；七月，武陟蝗。

27.　　至正十九年（1359 年）　　　怀庆蝗，草木俱尽，人相食。

28. 明成化十九年（1483 年）　　　蝗。

29.　　嘉靖七年（1528 年）　　　　蝗，结块如球。

30.　　嘉靖八年（1529 年）　　　　蝗，大饥。

31.　　嘉靖二十一年（1542 年）　　蝗。

32.　　嘉靖二十三年（1544 年）　　蝗，大疫。

33.　　万历八年（1580 年）　　　　济源蝗。

34.　　万历十年（1582 年）　　　　秋，原武螽。

35.　　万历十四年（1586 年）　　　大旱蝗。

36.　　万历二十四年（1596 年）　　秋七月，大蝗伤稼。

37.　　万历三十四年（1606 年）　　蝗。

38.　　万历四十二年（1614 年）　　蝗。

39.　　万历四十四年（1616 年）　　蝗。

40.	崇祯九年（1636 年）	蝗。
41.	崇祯十年（1637 年）	修武蝗。
42.	崇祯十一年（1638 年）	六月，蝗。
43.	崇祯十二年（1639 年）	蝗飞蔽天。
44.	清顺治十三年（1656 年）	阳武蝗。
45.	康熙三年（1664 年）	秋，蝗害稼。
46.	康熙四年（1665 年）	武陟蝗。
47.	康熙十一年（1672 年）	济源、阳武蝗。
48.	康熙六十一年（1722 年）	秋，蝗食禾殆尽。
49.	雍正元年（1723 年）	大旱，蝗飞蔽天。

原载乾隆《怀庆府志》卷三十二《杂记·物异》，乾隆五十四年刻本

道光《河内县志》

1.	东汉永元八年（96 年）	五月，河内蝗。
2.	北齐天保八年（557 年）	自夏至九月，河北蝗。
3.	唐开元三年（715 年）	七月，河北蝗。
4.	宋建隆四年（963 年）	七月，怀州①蝗。
5.	明道二年（1033 年）	河北蝗。
6.	蒙古至元三年（1266 年）	六月，怀庆蝗。
7.	元至元八年（1271 年）	怀孟路蝗。
8.	至元二十六年（1289 年）	七月，怀孟蝗。
9.	大德五年（1301 年）	六月，怀孟蝗。
10.	至大二年（1309 年）	八月，怀孟郡蝗。
11.	至大三年（1310 年）	八月，怀孟路蝗。
12.	泰定三年（1326 年）	八月，怀庆郡蝗。
13.	泰定四年（1327 年）	八月，怀庆路蝗。
14.	天历二年（1329 年）	四月，怀庆蝗，饥。
15.	至顺元年（1330 年）	七月，河内蝗。
16.	至正十九年（1359 年）	怀庆蝗食禾稼、草木俱尽，所至蔽日，碍

---

① 怀州：旧州名，治所在今河南沁阳。

人马不能行，填坑堑皆盈，饥民捕蝗以食，或曝干积之，又尽，则人相食。

17. 明洪武七年（1374 年）　　　　六月，蝗。

18. 正统六年（1441 年）　　　　秋，蝗。

19. 正统七年（1442 年）　　　　五月，蝗。

20. 嘉靖八年（1529 年）　　　　蝗蝻生。

21. 嘉靖十八年（1539 年）　　　　蝗蝻生。

22. 万历八年（1580 年）　　　　蝗。

23. 万历二十四年（1596 年）　　　　蝗蝻生。

24. 万历四十四年（1616 年）　　　　蝗蝻生。

25. 崇祯十一年（1638 年）　　　　六月，蝗。

26. 崇祯十二年（1639 年）　　　　蝗飞蔽天，缘堞入城，结块渡河。

27. 崇祯十四年（1641 年）　　　　蝗蝻生。

28. 清康熙六年（1667 年）　　　　六月，蝗自西南来，往东北去。

29. 康熙三十年（1691 年）　　　　六月，蝗。

30. 康熙六十一年（1722 年）　　　　蝗，旋扑灭。

原载道光《河内县志》卷十一《祥异志》，道光五年刻本

《沁阳市志》

1. 东汉永元八年（96 年）　　　　五月，河内蝗灾。

2. 宋明道二年（1033 年）　　　　怀州蝗灾。

3. 元至元八年（1271 年）　　　　怀孟路蝗灾。

4. 至元二十六年（1289 年）　　　　怀孟路蝗灾。

5. 泰定三年（1326 年）　　　　怀孟路蝗灾。

6. 至元三年（1337 年）　　　　怀孟路蝗灾。

7. 至正十九年（1359 年）　　　　河内蝗灾。

8. 明万历八年（1580 年）　　　　河内蝗灾。

9. 崇祯十一年（1638 年）　　　　六月，河内又遭蝗灾。

10. 崇祯十二年（1639 年）　　　　蝗灾。

11. 崇祯十四年（1641 年）　　　　河内蝗灾。

12. 民国十九年（1930 年）　　　　沁阳蝗灾，秋禾被蝗蚕食。

13. 民国三十一年（1942 年）　　　　秋，沁阳蝗灾。

14. 民国三十二年（1943 年）　　　　沁阳遭受罕见蝗灾，麦子受害严重。

原载《沁阳市志》历代主要自然灾害，红旗出版社 1993 年版

道光《修武县志》

1. 元泰定三年（1326 年）　　　　蝗。

2. 明嘉靖七年（1528 年）　　　　秋，蝗，结块如斗，飞集入屋院遍满。

3. 　嘉靖十一年（1532 年）　　　飞蝗遍野。

4. 　万历二十四年（1596 年）　　秋七月旱，蝗大作，所过沟堑尽平，禾无遗。

5. 　万历四十三年（1615 年）　　蝗。

6. 　崇祯十一年（1638 年）　　　蝗。

7. 　崇祯十四年（1641 年）　　　蝗。

8. 清康熙四年（1665 年）　　　　飞蝗自东南来，次日即去。

9. 　康熙三十年（1691 年）　　　秋，蝗。

原载道光《修武县志》卷四《祥异志》，道光二十年刻本

《修武县志》

1. 明崇祯十年（1637 年）　　　　飞蝗自东南来，飞起如云，田禾受害甚大。

2. 清光绪二十六年（1900 年）　　夏，旱蝗伤稼。

3. 民国三年（1914 年）　　　　　夏，幼蝗遍地；秋，飞蝗大起，禾叶穗吃光。

4. 民国三十八年（1949 年）　　　全县 107 个村发生蝗虫，吃光秋苗 4 317 亩，县委和人民政府组织群众打死蝗虫 9 000 余斤。

原载《修武县志》自然灾害，河南人民出版社 1986 年版

5. 民国三十三年（1944 年）　　　夏，蝗虫对禾苗为害很大，县抗日民主政府组织群众打蝗虫保护秋苗。

6. 民国三十四年（1945 年）　　　六月，飞蝗为害全县，县抗日民主政府和群众一起组织起来打蝗，据 13 个村的 3 天统计，参加灭蝗的有 6 300 人，灭蝗

8 500 斤，打死 1 斤飞蝗政府奖粮 1 斤。

原载《修武县志》大事记，河南人民出版社 1986 年版

道光《武陟县志》

1. 北齐天保八年（557 年）	蝗。
2. 唐开元三年（715 年）	七月，蝗。
3. 开成二年（837 年）	秋，蝗。
4. 宋建隆四年（963 年）	七月，蝗。
5. 明道二年（1033 年）	蝗。
6. 熙宁五年（1072 年）	蝗。
7. 元丰四年（1081 年）	河北蝗。
8. 崇宁三年（1104 年）	大蝗。
9. 崇宁四年（1105 年）	连岁大蝗。
10. 蒙古至元三年（1266 年）	六月，蝗。
11. 元至元八年（1271 年）	蝗。
12. 至元二十六年（1289 年）	七月，蝗。
13. 至元二十七年（1290 年）	四月，蝗。
14. 至大二年（1309 年）	八月，怀孟路蝗。
15. 泰定四年（1327 年）	八月，怀庆路蝗。
16. 至正三年（1343 年）	蝗。
17. 至正十九年（1359 年）	怀庆蝗食禾、草木俱尽，所至蔽日，碍人马不能行，填坑堑皆盈，饥民捕蝗以食，或曝干积之，又尽，则人相食。
18. 明嘉靖七年（1528 年）	多蝗。
19. 嘉靖八年（1529 年）	蝗蝻生。
20. 嘉靖二十三年（1544 年）	蝗。
21. 崇祯十二年（1639 年）	大旱，蝗食秋禾，缘墙壁入户食物，结块渡河。
22. 崇祯十四年（1641 年）	蝗食麦，人相食。
23. 清康熙四年（1665 年）	七月，蝗。
24. 康熙二十九年（1690 年）	八月，蝗。

25.　康熙三十年（1691 年）　　　　秋，旱蝗，无麦。

26.　雍正五年（1727 年）　　　　　蝗蝻生。

原载道光《武陟县志》卷十二《祥异志》，道光九年刻本

民国 《续武陟县志》

1. 清咸丰六年（1856 年）　　　　七月，飞蝗蔽天，蝻生不绝，损禾无数。

2. 民国三年（1914 年）　　　　　夏，飞蝗蔽野，秋禾为灾。

3. 民国四年（1915 年）　　　　　春，蝗蝻生，县令购而毙之。

4. 民国八年（1919 年）　　　　　夏，城西南一带蝗生。

原载民国《续武陟县志》卷二十四《志余》，民国二十年刻本

《武陟县志》

1. 民国三十一年（1942 年）　　　旱，蝗灾，秋禾吃成光秆。

2. 民国三十二年（1943 年）　　　沁南①蝗灾。

3. 民国三十八年（1949 年）　　　七月，黄河滩农田发生蝗灾 2.8 万亩。

原载《武陟县志》大事记，中州古籍出版社 1993 年版

乾隆 《温县志》

1. 元至正十九年（1359 年）　　　蝗食禾稼、草木俱尽，所至蔽日，碍人马
　　　　　　　　　　　　　　　　　　　不能行，填坑堑皆盈，饥民捕蝗以食，
　　　　　　　　　　　　　　　　　　　或曝干积之。

2. 明成化十九年（1483 年）　　　蝗蝻生，食禾稼殆尽。

3.　崇祯十一年（1638 年）　　　蝗。

4.　崇祯十二年（1639 年）　　　蝗蝻遍野，逾城垣入户宇。

5. 清雍正元年（1723 年）　　　　秋，飞蝗蔽天，食禾殆尽。

6.　乾隆三年（1738 年）　　　　秋，蝗蝻生。

原载乾隆《温县志》卷五《天文志·灾祥》，乾隆二十四年刻本

---

①　沁南：区域名，河南武陟西有沁阳城，此指沁阳城以南。

《温县志》

1. 清康熙二十九年（1690 年）　　　　秋，蝗灾。
2. 　嘉庆八年（1803 年）　　　　　　旱，蝗灾，收成大减。
3. 　咸丰六年（1856 年）　　　　　　蝗虫成灾。
4. 民国十九年（1930 年）　　　　　　蝗虫生，二麦遭害。
5. 民国三十二年（1943 年）　　　　　秋，蝗灾。

原载《温县志》主要自然灾害年表，光明日报出版社 1991 年版

6. 民国四年（1915 年）　　　　　　　秋，蝗虫成灾。

原载《温县志》大事记，光明日报出版社 1991 年版

《博爱县志》

1. 元至正十九年（1359 年）　　　怀庆蝗灾，赤地千里，饥民捕蝗为食，甚至以死尸为食。
2. 明崇祯十一年（1638 年）　　　旱，蝗灾，民不聊生。
3. 　崇祯十二年（1639 年）　　　旱，蝗灾，民不聊生。
4. 　崇祯十三年（1640 年）　　　旱，蝗灾，民不聊生。
5. 　崇祯十四年（1641 年）　　　旱，蝗灾，民不聊生。
6. 民国三十一年（1942 年）　　　秋，蝗虫从东南遮天盖地而来，全县庄稼被蝗虫啮食殆尽，灾荒严重。
7. 民国三十二年（1943 年）　　　夏，小麦将熟，蝗灾再次发生，小麦被食殆尽，收成不及一二。
8. 民国三十八年（1949 年）　　　五月，蝗灾蔓延，吞食庄稼 6 180 亩，县委动员 7.3 万人投入灭蝗战斗。

原载《博爱县志》大事记，中国国际广播出版社 1994 年版

乾隆《济源县志》

1. 北齐天保八年（557 年）　　　　蝗。
2. 唐开元三年（715 年）　　　　　蝗。
3. 宋乾德二年（964 年）　　　　　蝗。

4.　　明嘉靖八年（1529 年）　　　　蝗蝻生。

5.　　万历八年（1580 年）　　　　　蝗。

6.　　万历二十四年（1596 年）　　　大旱，蝗蝻生。

7.　　万历三十四年（1606 年）　　　蝗。

8.　　万历四十四年（1616 年）　　　蝗。

9.　　崇祯八年（1635 年）　　　　　蝗。

10.　崇祯十一年（1638 年）　　　　六月，蝗。

11.　崇祯十二年（1639 年）　　　　夏，蝗蝻遍野，拥入庐舍；至九月，草尽树赭，蝗蝻自相食。

12.　崇祯十四年（1641 年）　　　　四月，蝗蝻食麦。

13.　清康熙十一年（1672 年）　　　七月，飞蝗来。

14.　康熙六十一年（1722 年）　　　秋，蝗食禾殆尽。

原载乾隆《济源县志》卷一《祥异》，乾隆二十六年刻本

《济源市志》

1. 北齐天保八年（557 年）　　　　蝗灾。

2. 宋乾德二年（964 年）　　　　　蝗灾。

3. 清康熙六十一年（1722 年）　　蝗灾，庄稼被吃光。

4. 　乾隆五十一年（1786 年）　　秋，蝗食庄稼几尽。

5. 民国二十二年（1933 年）　　　六月，蝗为灾，秋禾几尽。

6. 民国三十一年（1942 年）　　　八月，飞蝗蔽日，庄稼殆尽。

7. 民国三十二年（1943 年）　　　八月，济源王屋飞蝗成灾，县委领导人民全力灭蝗救灾。

原载《济源市志》大事记，河南人民出版社 1993 年版

民国《孟县志》

1. 清光绪二十七年（1901 年）　　七月，飞蝗害稼。

2. 民国十七年（1928 年）　　　　蝗。

原载民国《孟县志》卷十《祥异》，民国二十二年刻本

《孟县志》

1.	唐兴元元年（784 年）	旱，蝗遍远近，草木无遗，大饥。
2.	元和四年（809 年）	河阳螟蝗害稼。
3.	元至元八年（1271 年）	怀孟路蝗。
4.	至元二十六年（1289 年）	秋七月，孟州蝗。
5.	至元二十九年（1292 年）	秋，旱蝗，饥。
6.	大德五年（1301 年）	六月，怀孟蝗。
7.	大德六年（1302 年）	蝗。
8.	至大二年（1309 年）	八月，怀孟蝗。
9.	天历二年（1329 年）	四月，孟州蝗。
10.	至顺二年（1331 年）	六月，孟州蝗。
11.	明嘉靖八年（1529 年）	旱蝗，民饥。
12.	万历三十四年（1606 年）	蝗。
13.	万历四十四年（1616 年）	蝗。
14.	崇祯十一年（1638 年）	六月，蝗，大饥。
15.	崇祯十二年（1639 年）	七月，蝻越城垣东南走，及河结块以渡。
16.	清康熙三十年（1691 年）	六月，飞蝗蔽天，城西落地尺许，食禾殆尽。
17.	咸丰六年（1856 年）	夏六月，蝗蝻害稼。
18.	同治二年（1863 年）	六月，飞蝗蔽天。
19.	民国三十一年（1942 年）	旱，蝗虫成灾。
20.	民国三十二年（1943 年）	旱，蝗虫灾害。

原载《孟县志》历代自然灾害录，陕西人民出版社 1991 年版

七、三门峡市

《三门峡市志》

1.	新莽地皇三年（22 年）	函谷关东蝗灾，十万灾民涌入函谷关，饿死十之七八。

2. 东汉永寿元年（155 年）　　　弘农①蝗灾。

3. 　　熹平四年（175 年）　　　六月，弘农郡蝗灾。

4. 西晋永嘉四年（310 年）　　　弘农、湖县②大蝗灾，食草木、牛马毛皆尽。

5. 东晋建武元年（317 年）　　　七月，弘农、湖县旱，蝗灾。

6. 唐咸通十年（869 年）　　　　夏，陕、虢二州蝗灾。

7. 元至大元年（1308 年）　　　灵宝水、旱、蝗灾。

8. 　明万历四十四年（1616 年）　陕县、灵宝、阌乡③蝗灾，蝗蝻食尽禾苗。

9. 　　万历四十五年（1617 年）　陕、灵、阌再次发生蝗灾。

10. 　崇祯十一年（1638 年）　　秋，陕、灵、阌、卢飞蝗蔽日，食禾殆尽。

11. 　崇祯十二年（1639 年）　　夏，陕、灵、阌、卢再受蝗灾。

12. 清康熙三十一年（1692 年）　灵宝蝗灾。

13. 民国十九年（1930 年）　　　夏，陕县蝗灾；秋，渑池东区 30 余里和南
　　　　　　　　　　　　　　　区 40 余里庄稼尽为蝗虫所食，灾情严重。

原载《三门峡市志》自然灾害，中州古籍出版社 1991 年版

乾隆《直隶陕州志》

1. 东汉建武二十九年（53 年）　　弘农蝗。

2. 北魏正始四年（507 年）　　　八月，恒农郡蝗虫为灾。

3. 唐咸通十年（869 年）　　　　夏，陕、虢等州蝗。

4. 　明嘉靖八年（1529 年）　　　蝗。

5. 　　嘉靖九年（1530 年）　　　禾蝻。

6. 　　嘉靖三十年（1551 年）　　夏，蝗飞蔽天；秋，蝻生，大饥。

7. 　　万历四十四年（1616 年）　陕、灵、阌蝗蝻蔽野，伤禾稼殆尽。

8. 　　万历四十五年（1617 年）　陕、灵、阌蝗蝻蔽野，伤禾稼殆尽。

9. 　　万历四十六年（1618 年）　卢氏大蝗。

10. 　崇祯八年（1635 年）　　　飞蝗蔽天。

11. 　崇祯九年（1636 年）　　　蝗。

12. 　崇祯十年（1637 年）　　　蝗。

---

① 弘农：旧县、郡名，治所在今河南灵宝东北。

② 湖县：旧县名，治所在今河南灵宝西北原阌乡县旧城。

③ 阌乡：旧县名，1954 年并入今河南灵宝市。

13.　崇祯十一年（1638 年）　　　　陕、灵、阌、卢飞蝗蔽天，食禾殆尽。

14.　崇祯十二年（1639 年）　　　　蝗甚，积地厚尺许，陕、灵、阌、卢蝗蝻
　　　　　　　　　　　　　　　　　食麦。

15.　崇祯十三年（1640 年）　　　　夏，陕、灵、阌、卢旱蝗，蝻生，食禾殆
　　　　　　　　　　　　　　　　　尽，斗米五千钱，人相食。

16. 清顺治三年（1646 年）　　　　　夏，阌乡蝗。

17.　顺治四年（1647 年）　　　　　六月，飞蝗蔽天。

18.　康熙十一年（1672 年）　　　　秋七月，陕州灵宝蝗。

19.　康熙十二年（1673 年）　　　　阌乡飞蝗蔽天，民饥。

20.　康熙二十九年（1690 年）　　　飞蝗蔽天，自东而西。

原载乾隆《直隶陕州志》卷十九《灾祥》，乾隆二十一年刻本

民国《陕县志》

1. 北魏正始四年（507 年）　　　　　八月，恒农郡蝗虫为灾。

2. 唐贞观十二年（638 年）　　　　　河北平陆、陕州蝗。

3.　咸通十年（869 年）　　　　　　夏，陕、虢等州蝗。

4.　明嘉靖八年（1529 年）　　　　蝗。

5.　嘉靖九年（1530 年）　　　　　蝻伤禾。

6.　嘉靖三十年（1551 年）　　　　夏，蝗飞蔽天；秋，蝻生，大饥。

7.　万历四十四年（1616 年）　　　陕、灵、阌蝗蝻遍野，伤禾稼殆尽。

8.　万历四十五年（1617 年）　　　陕、灵、阌蝗蝻遍野，伤禾稼殆尽。

9.　崇祯八年（1635 年）　　　　　飞蝗蔽天。

10.　崇祯九年（1636 年）　　　　　蝗。

11.　崇祯十年（1637 年）　　　　　蝗。

12.　崇祯十一年（1638 年）　　　　秋，陕、灵、阌、卢飞蝗蔽天，食禾殆尽。

13.　崇祯十二年（1639 年）　　　　夏，陕、灵、阌、卢蝻食麦。

14.　崇祯十三年（1640 年）　　　　夏，陕、灵、阌、卢旱蝗，蝻生，食禾殆尽。

15. 清顺治四年（1647 年）　　　　　六月，飞蝗蔽天。

16.　康熙十一年（1672 年）　　　　秋七月，蝗。

17.　康熙二十九年（1690 年）　　　自东而西飞蝗蔽天。

18.　道光十八年（1838 年）　　　　蝗。

19. 同治元年（1862年）　　　　六月，蝗；七月，蝻生。

20. 民国十九年（1930年）　　　　秋，蝗蝻生，食禾稼殆尽，县府令民捕捉，
　　　　　　　　　　　　　　　　　　出款购买蝗虫。

原载民国《陕县志》卷一《大事记》，民国二十五年铅印本

《陕县志》

1. 东汉建武二十九年（53年）　　蝗灾。

2. 　　初平二年（191年）　　　　蝗灾。

3. 清顺治九年（1652年）　　　　六月，飞蝗蔽天。

4. 　道光二十七年（1847年）　　秋，蝗蝻生。

5. 民国三十二年（1943年）　　　秋，飞蝗蔽天，玉米、谷子吃光。

6. 民国三十三年（1944年）　　　秋，飞蝗蔽天，蝗蝻满地。

原载《陕县志》自然灾害，河南人民出版社1988年版

《渑池县志》

1. 明万历四十六年（1618年）　　蝗灾，人相食。

2. 　崇祯十二年（1639年）　　　境内蝗飞蔽天，集地盈尺。

3. 清同治元年（1862年）　　　　七月，飞蝗东来，禾苗被食；九月，蝗虫
　　　　　　　　　　　　　　　　　普盖地面，厚寸许，麦苗被毁。

4. 民国九年（1920年）　　　　　夏旱，蝗虫遍地，民饥。

5. 民国十九年（1930年）　　　　是年，蝗灾严重，东区30余里、南区40
　　　　　　　　　　　　　　　　　余里禾苗被蝗吃尽。

6. 民国三十一年（1942年）　　　遭蝗灾，民不聊生。

7. 民国三十二年（1943年）　　　八月，飞蝗自东来遮天蔽日，几遍渑境，
　　　　　　　　　　　　　　　　　玉米、谷子遭害严重。

原载《渑池县志》大事记，汉语大词典出版社1991年版

光绪《灵宝县志》

1. 东汉建武二十九年（53年）　　弘农蝗。

2. 清康熙十一年（1672 年）　　　　秋七月，蝗飞蔽天，食禾殆尽。

3.　道光十七年（1837 年）　　　　夏旱，飞蝗蔽日；秋，蝻食禾殆尽。

4.　道光二十二年（1842 年）　　　　夏，蝗。

5.　咸丰六年（1856 年）　　　　蝗。

6.　咸丰七年（1857 年）　　　　又蝗。

7.　同治元年（1862 年）　　　　蝗。

原载光绪《灵宝县志》卷八《祲祥》，光绪二年刻本

《灵宝县志》

1. 西汉太初元年（前 104 年）　　　　弘农飞蝗成灾。

2. 新莽地皇二年（21 年）　　　　秋，又发蝗灾。

3.　地皇三年（22 年）　　　　蝗自东向西飞蔽天，流民入关者数十万人，饿死者十之七八。

4. 东汉建武二十九年（53 年）　　　　弘农蝗螟成灾。

5. 西晋永嘉四年（310 年）　　　　弘农蝗食草木、牛马毛皆尽。

6. 东晋建武元年（317 年）　　　　秋七月，弘农旱，蝗灾。

7.　唐贞观二年（628 年）　　　　虢州旱蝗连灾。

8.　贞元元年（785 年）　　　　灵宝连年旱蝗。

9.　开成五年（840 年）　　　　六月，虢州蝗。

10.　咸通十年（869 年）　　　　夏，虢、陕等州蝗。

11. 元至大元年（1308 年）　　　　灵宝水、旱、蝗灾。

12.　元统二年（1334 年）　　　　八月，灵宝旱蝗连灾，民饥。

13. 明洪武七年（1374 年）　　　　灵宝蝗灾，免田租。

14.　嘉靖八年（1529 年）　　　　灵宝蝗灾。

15.　嘉靖九年（1530 年）　　　　蝗蝻食禾。

16.　嘉靖三十年（1551 年）　　　　夏，灵宝蝗飞蔽天；秋，蝻，大饥。

17.　万历四十四年（1616 年）　　　　六月，蝗飞蔽天，自东而西食禾苗。

18.　崇祯八年（1635 年）　　　　是年，蝗飞蔽天。

19.　崇祯十年（1637 年）　　　　灵宝蝗灾。

20.　崇祯十一年（1638 年）　　　　旱蝗。

21.　崇祯十三年（1640 年）　　　　夏旱，蝗蝻生，禾苗被食几尽。

22. 崇祯十五年（1642年）　　灵宝又遭旱蝗灾害。

23. 清顺治三年（1646年）　　夏，灵宝蝗灾。

24. 顺治四年（1647年）　　六月，灵宝飞蝗蔽天。

25. 康熙十一年（1672年）　　秋，灵宝蝗飞蔽天，禾苗被食殆尽。

26. 康熙十二年（1673年）　　灵宝飞蝗成灾，饥荒。

27. 康熙三十年（1691年）　　飞蝗蔽天，禾苗被食几尽，灾荒。

28. 康熙三十一年（1692年）　　蝻生，食麦，饥荒。

29. 道光十六年（1836年）　　蝗飞蔽天，食秋苗殆尽。

30. 道光十七年（1837年）　　夏旱，飞蝗蔽日，阌乡捕之，后大雨始无；秋，蝻食禾将尽。

31. 道光十八年（1838年）　　六月，蝗食禾将尽，百姓食树皮、草根。

32. 道光二十二年（1842年）　　夏，灵宝蝗灾。

33. 道光二十三年（1843年）　　飞蝗食禾苗。

34. 咸丰六年（1856年）　　灵宝飞蝗成灾。

35. 咸丰七年（1857年）　　飞蝗蔽天，食禾将尽。

36. 同治元年（1862年）　　六月，飞蝗蔽天，禾苗被食将尽；八月，蝻生。

37. 光绪十八年（1892年）　　七月，蝗飞蔽天。

38. 民国四年（1915年）　　八月，飞蝗从山西永济县越过黄河飞入阌乡境，蝗群约一里宽，自西北飞向东南，经二十余村，为害不太严重。

原载《灵宝县志》大事记，中州古籍出版社1992年版

民国《阌乡县志》

1. 唐咸通十年（869年）　　夏，陕、虢等州蝗。

2. 明嘉靖八年（1529年）　　蝗。

3. 嘉靖九年（1530年）　　春，蝻伤禾。

4. 嘉靖三十年（1551年）　　夏，飞蝗蔽天；秋，蝻生，大饥。

5. 万历四十四年（1616年）　　六月，飞蝗蔽天自东而西，食禾尽。

6. 崇祯八年（1635年）　　飞蝗蔽天。

7. 崇祯九年（1636年）　　蝗。

8. 崇祯十年（1637年）　　蝗。

9.　　崇祯十一年（1638 年）　　　　秋，蝗食禾。

10.　　崇祯十二年（1639 年）　　　　夏，蝻。

11.　　崇祯十三年（1640 年）　　　　夏旱，蝗蝻生，食禾殆尽。

12. 清顺治三年（1646 年）　　　　　夏，蝗。

13.　顺治四年（1647 年）　　　　　　六月，飞蝗蔽天。

14.　康熙十二年（1673 年）　　　　　飞蝗蔽天，民饥。

15.　康熙三十年（1691 年）　　　　　秋，飞蝗蔽天，食禾殆尽。

16.　康熙三十一年（1692 年）　　　　蝻食麦。

17.　道光十六年（1836 年）　　　　　蝗食秋苗殆尽。

18.　道光十七年（1837 年）　　　　　夏，飞蝗蔽日，知县令捕之，后大雨皆死；
　　　　　　　　　　　　　　　　　　秋，蝗食禾几尽。

19.　道光十八年（1838 年）　　　　　六月，蝗食禾殆尽，大饥。

20.　道光二十三年（1843 年）　　　　飞蝗食禾。

21.　咸丰六年（1856 年）　　　　　　蝗。

22.　咸丰七年（1857 年）　　　　　　蝗食禾殆尽。

23.　同治元年（1862 年）　　　　　　六月，飞蝗蔽天，食禾殆尽；八月，蝻。

24.　光绪元年（1875 年）　　　　　　夏，蝗。

25.　光绪十八年（1892 年）　　　　　七月，飞蝗蔽天，不为灾。

26. 民国四年（1915 年）　　　　　　八月，飞蝗从山西永济越河入境，蝗群宽
　　　　　　　　　　　　　　　　　　长约一里，自西北飞向东南，历二十余
　　　　　　　　　　　　　　　　　　村，越山向南飞去，为害不甚烈。

原载民国《阌乡县志》卷一《通纪》，民国二十一年铅印本

光绪《卢氏县志》

1. 明万历十六年（1588 年）　　　　大蝗。

2.　　崇祯九年（1636 年）　　　　　蝗飞蔽天。

3. 清咸丰五年（1855 年）　　　　　秋，飞蝗蔽天。

4.　　咸丰六年（1856 年）　　　　　蝻生。

5.　　咸丰七年（1857 年）　　　　　蝻生。

6.　　同治元年（1862 年）　　　　　七月，蝗。

原载光绪《卢氏县志》卷十二《祥异志》，光绪十八年刻本

《义马市志》

经查，1991 年中州古籍出版社出版的市志中无蝗灾记载。

八、濮阳市

光绪《开州志》①

1.	宋建隆元年（960 年）	澶州旱蝗。
2.	建隆四年（963 年）	六月，澶州蝗。
3.	开宝五年（972 年）	澶州蝗。
4.	明嘉靖十四年（1535 年）	蝗。
5.	嘉靖十五年（1536 年）	蝗伤稼。
6.	嘉靖十九年（1540 年）	秋，蝗害稼，民大饥。
7.	嘉靖二十九年（1550 年）	旱蝗害稼。
8.	嘉靖三十四年（1555 年）	夏六月，大水蝗。
9.	万历十一年（1583 年）	旱蝗。
10.	万历三十四年（1606 年）	六月，飞蝗。
11.	万历四十八年（1620 年）	旱蝗。
12.	崇祯十一年（1638 年）	飞蝗蔽日。
13.	崇祯十二年（1639 年）	六月，飞蝗害稼。
14.	崇祯十四年（1641 年）	大旱，飞蝗食麦。
15.	崇祯十六年（1643 年）	秋，蝗，不为灾。
16.	清康熙十一年（1672 年）	夏，蝗，不为灾。
17.	乾隆五十二年（1787 年）	秋，蝗，不为灾。
18.	道光六年（1826 年）	夏六月，蝗生遍野，各村受灾。
19.	道光十五年（1835 年）	秋，飞蝗害稼。
20.	道光十六年（1836 年）	蝗灾。
21.	道光二十二年（1842 年）	州东五十九村螟虫食禾叶，收无害。
22.	道光二十七年（1847 年）	秋，蝗生遍野，害稼。

---

① 开州：旧州名，治所在今河南濮阳。

23.	咸丰六年（1856 年）	州南二十余村蝻孽萌生，官饬各村夫役扑捕。
24.	咸丰七年（1857 年）	州南庆祖等村蝻孽萌动，官督饬各村夫役扑打，并设厂用义仓谷换买。
25.	同治元年（1862 年）	州南花园屯等村飞蝗停落。
26.	同治四年（1865 年）	夏，生飞蝗，州牧捐资收买。

原载光绪《开州志》卷一《地理志·祥异》，光绪八年刻本

《濮阳县志》

1.	宋建隆元年（960 年）	旱蝗。
2.	建隆四年（963 年）	蝗。
3.	明嘉靖十三年（1534 年）	旱蝗，无收，民大饥。
4.	嘉靖十五年（1536 年）	旱蝗伤稼。
5.	嘉靖十九年（1540 年）	旱蝗伤秋禾，民大饥。
6.	嘉靖三十四年（1555 年）	蝗。
7.	万历十一年（1583 年）	旱蝗。
8.	万历三十五年（1607 年）	蝗。
9.	万历四十八年（1620 年）	蝗。
10.	崇祯十一年（1638 年）	飞蝗蔽日。
11.	崇祯十二年（1639 年）	六月，蝗飞蔽日。
12.	崇祯十四年（1641 年）	飞蝗食麦。
13.	清道光六年（1826 年）	夏，蝗虫遍野，成灾。
14.	道光十五年（1835 年）	蝗害稼。
15.	道光十六年（1836 年）	蝗。
16.	同治四年（1865 年）	夏，飞蝗，州牧投资收买之。
17.	民国五年（1916 年）	蝗蝻为灾。
18.	民国十八年（1929 年）	秋，蝗蝻遍野，晚禾尽，民饥。

原载《濮阳县志》历年自然灾害一览表，华艺出版社 1989 年版

| 19. | 明崇祯九年（1636 年） | 飞蝗蔽日。 |
| 20. | 崇祯十年（1637 年） | 飞蝗蔽日。 |

原载《濮阳县志》大事记，华艺出版社 1989 年版

咸丰《大名府志》

1. 东汉永元八年（96 年）	夏五月，陈留蝗。
2. 西晋永嘉四年（310 年）	五月，司州蝗，食草木、牛马毛皆尽，大饥。
3. 建兴五年（317 年）	秋七月，司州蟊蝗。
4. 北魏正始元年（504 年）	夏六月，司州蝗。
5. 唐开成二年（837 年）	夏六月，魏博、河南蝗。
6. 开成三年（838 年）	秋，河南、河北蝗，草木叶皆尽。
7. 开成五年（840 年）	夏六月，河南、河北蝗，疫。
8. 咸通三年（862 年）	夏六月，河南蝗，饥。

原载咸丰《大名府志》卷三《年纪》，咸丰三年刻本

9. 宋建隆元年（960 年）	澶州蝗。
10. 开宝五年（972 年）	六月，澶州蝗。
11. 开宝七年（974 年）	七月，滑州①蝗。
12. 太平兴国七年（982 年）	夏四月，滑州蝻虫生，大名府蝗。
13. 太平兴国八年（983 年）	夏四月，滑州蝗。
14. 大中祥符四年（1011 年）	秋七月，京东蝗。
15. 大中祥符九年（1016 年）	夏六月，京东西、河北蝗蝻继生，食田殆尽。
16. 金大定十六年（1176 年）	东明、长垣、内黄诸境旱蝗。
17. 元元贞二年（1296 年）	大名滑、开诸州县旱蝗。
18. 至顺元年（1330 年）	夏五月，大名路及开、滑诸州蝗，饥。
19. 至顺二年（1331 年）	夏，长垣旱蝗。
20. 至顺三年（1332 年）	夏五月，大名路开州蝗。
21. 至正十二年（1352 年）	夏六月，大名路开、滑、浚三州虫蝗。
22. 明永乐十七年（1419 年）	浚县蝗，有鸟食蝗殆尽。
23. 宣德五年（1430 年）	浚县蝻，命有司督捕。
24. 正德十五年（1520 年）	滑县大蝗。
25. 嘉靖八年（1529 年）	浚、滑、东明、长垣蝗。

---

① 滑州：旧州名，治所在今河南滑县。

26.	嘉靖十五年（1536 年）	秋，大蝗，内黄知县建八蜡庙。
27.	嘉靖二十六年（1547 年）	长垣蝝生，食稼，有蛤蟆食蝝殆尽。
28.	万历十年（1582 年）	长垣蝗。
29.	万历二十二年（1594 年）	夏四月，内黄蝗。
30.	万历三十一年（1603 年）	浚县蝻生蔽野。
31.	清康熙十一年（1672 年）	春，旱蝗；夏五月，南乐复蝗，厚盈尺， 食禾无遗，清丰、东明蝻生。
32.	康熙三十年（1691 年）	秋，内黄蝗。
33.	康熙三十一年（1692 年）	内黄蝗。
34.	康熙三十三年（1694 年）	夏，清丰蝗。
35.	道光十六年（1836 年）	开州、长垣蝗灾。

原载咸丰《大名府志》卷四《年纪》，咸丰三年刻本

民国《清丰县志》

1.	明嘉靖十四年（1535 年）	飞蝗蔽天。
2.	嘉靖十五年（1536 年）	复蝗，禾且尽。
3.	万历四十四年（1616 年）	秋七月，飞蝗虫蝻遍野，食禾殆尽。
4.	崇祯十一年（1638 年）	夏，飞蝗蔽天，禾偃折枝。
5.	崇祯十二年（1639 年）	蝗蝻为灾，秋禾尽没。
6.	清顺治七年（1650 年）	飞蝗蔽天，不为灾。
7.	康熙十一年（1672 年）	秋，飞蝗蔽野，禾稼殆尽。
8.	康熙三十三年（1694 年）	蝗为灾。
9.	咸丰七年（1857 年）	蝗。
10.	咸丰八年（1858 年）	蝗。
11.	同治六年（1867 年）	蝗蝻为灾。
12.	民国三年（1914 年）	四月，蝗生，督民捕之，不为灾。

原载民国《清丰县志》卷二《编年》，民国三年铅印本

《清丰县志》

| 1. | 民国二年（1913 年） | 夏，田间遍生蝗蝻，民众结伙扑打。 |

原载《清丰县志》大事记，山东大学出版社 1990 年版

2. 民国三十三年（1944 年） 七月，飞蝗蔽日，秋禾减产五成。

原载《清丰县志》自然灾害年表，山东大学出版社 1990 年版

民国《南乐县志》

1. 元元贞二年（1296 年） 六月，旱蝗。

2. 至正十二年（1352 年） 六月，虫蝗，诏给钞赈之。

3. 明宣德九年（1434 年） 蝗，遣官督捕。

4. 嘉靖十四年（1535 年） 蝗。

5. 嘉靖十五年（1536 年） 复蝗，禾且尽。

6. 嘉靖十九年（1540 年） 秋，蝗，大饥。

7. 崇祯十二年（1639 年） 秋，飞蝗遍野，食稼几尽。

8. 崇祯十四年（1641 年） 春，蝗蝻食麦，岁大歉。

9. 清康熙十一年（1672 年） 春，蝗；秋，复蝗，厚盈尺，禾稼尽。

10. 光绪二十七年（1901 年） 秋，蝗。

11. 民国二十四年（1935 年） 秋，蝗。

12. 民国二十五年（1936 年） 蝗。

13. 民国二十九年（1940 年） 蝗。

原载民国《南乐县志》卷七《祥异》，民国三十年铅印本

《范县志》

1. 唐大和二年（828 年） 魏、濮等州蝗蝻。

2. 宋建隆元年（960 年） 旱蝗成灾。

3. 建隆二年（961 年） 旱蝗成灾。

4. 建隆三年（962 年） 连续三年旱蝗成灾。

5. 明嘉靖八年（1529 年） 蝗灾，巡抚命官以粟易蝗，民捕之，日足千石。

6. 万历三十八年（1610 年） 飞蝗蔽野，官以粟易蝗，民捕之甚多。

7. 崇祯十二年（1639 年） 曹、濮二州连年旱蝗，大饥，人相食。

8. 清同治五年（1866 年） 六月，飞蝗盈野，害田禾，树枝多被压折。

9.　光绪二年（1876 年）　　　　秋，蝗灾，田禾受害甚重。

10. 民国五年（1916 年）　　　　夏，蝗灾。

11. 民国十六年（1927 年）　　　六月，蝗灾。

12. 民国三十三年（1944 年）　　秋，冀鲁豫边区遭蝗灾，濮、范二县发动
　　　　　　　　　　　　　　　　军民扑打，灾情不重。

原载《范县志》大事记，河南人民出版社 1993 年版

嘉庆《范县志》

1. 明崇祯十四年（1641 年）　　　夏，蝗蝻为害，食麦禾皆尽。

2. 清乾隆十七年（1752 年）　　　蝗。

3.　乾隆五十一年（1786 年）　　秋，蝗，人相食。

原载嘉庆《范县志》卷一《灾祥》，光绪三十三年石印本

光绪《范县志续编》

1. 清同治六年（1867 年）　　　　蝗蝻生，后缢死。

2.　光绪十八年（1892 年）　　　蝗。

原载光绪《范县志续编·灾异》，光绪三十四年石印本

宣统《濮州志》

1. 明正德七年（1512 年）　　　　六月，濮州、清平、博平蝗害稼。

2.　嘉靖八年（1529 年）　　　　濮州、观城等处飞蝗蔽天。

3.　崇祯十一年（1638 年）　　　旱蝗。

4.　崇祯十二年（1639 年）　　　旱蝗。

5.　崇祯十三年（1640 年）　　　蝗，大饥，人相食。

6.　清康熙十一年（1672 年）　　蝗，不为灾。

7.　乾隆五年（1740 年）　　　　蝗，不为灾。

8.　乾隆十七年（1752 年）　　　蝗，不为灾。

9.　咸丰六年（1856 年）　　　　秋，蝻生，禾稼尽食。

10.　咸丰七年（1857 年）　　　　七月，蝗生。

11. 同治五年（1866 年） 六月，飞蝗盈野，害田禾，大树压折。

12. 同治八年（1869 年） 五月，蝻出盈野，继而顺河水去，不害稼。

13. 光绪二年（1876 年） 秋，飞蝗云集，食草尽而菽不害。

14. 光绪三十四年（1908 年） 六月，蝗，不为灾。

原载宣统《濮州志》卷二《年纪》，宣统元年刻本

《台前县志》

1. 东汉永平十五年（72 年） 蝗发泰山，流徙郡国，荐食五谷，过寿张界飞逝不集。

2. 唐天宝四年（745 年） 蝗不入境，县令德化教育。

3. 后晋天福八年（943 年） 夏，蝗虫遍境，禾叶食尽。

4. 明万历三十四年（1606 年） 六月，飞蝗蔽天，食禾过半；七月，蝗蝻复生，田禾被伤。

5. 清咸丰六年（1856 年） 夏旱，蝗蝻生。

6. 民国十六年（1927 年） 七月，蝗虫成灾，遮天蔽日，禾草尽食，大饥。

7. 民国三十三年（1944 年） 六月，飞蝗如云，遮天盖地，侵袭台前等地，抗日军民采用人工扑打、挖沟掩埋等办法灭蝗，至八月，战胜了这场罕见大蝗灾。

原载《台前县志》大事记，中州古籍出版社 2001 年版

8. 唐开成五年（840 年） 夏，台前螟蝗害稼。

9. 元至正十九年（1359 年） 境内东部蝗虫食禾殆尽。

10. 明成化二十一年（1485 年） 至秋不雨，蝗虫遍野。

11. 嘉靖七年（1528 年） 秋，蝗遍野。

12. 嘉靖三十九年（1560 年） 大旱，飞蝗蔽天。

13. 崇祯十二年（1639 年） 蝗食禾尽。

14. 清康熙六年（1667 年） 蝗蝻遍野，食禾殆尽。

15. 嘉庆二十三年（1818 年） 秋，飞蝗遍野。

16. 道光十五年（1835 年） 蝗。

17. 咸丰七年（1857 年） 夏，复旱，蝗飞蔽日；七月，蝻生。

18. 民国四年（1915 年）　　　　五月，蝗蝻满地；七月，蝗飞蔽天，禾穗
殆尽，惟不食芝麻。

原载《台前县志》蝗灾情况表，中州古籍出版社 2001 年版

《台前县志》

1. 明嘉靖十五年（1536 年）　　　蝗虫遍野。
2. 清道光三年（1823 年）　　　　飞蝗成灾。
3. 　光绪十二年（1886 年）　　　六月，飞蝗遍野。

原载《台前县志》大事记，台前县地方史志办公室 1986 年版

九、安阳市

《安阳县志》

1. 北魏太和七年（483 年）　　　四月，相、豫蝗害庄稼。
2. 北齐天保八年（557 年）　　　大蝗飞至京师，蔽日，声如风雨。
3. 唐先天元年（712 年）　　　　安阳、磁州蝗。
4. 　开成三年（838 年）　　　　安阳、磁州蝗。
5. 宋乾德二年（964 年）　　　　夏，旱蝗；四月，相州蝻。
6. 　开宝二年（969 年）　　　　八月，安阳、磁州蝗。
7. 　明道二年（1033 年）　　　　安阳等州蝗灾。
8. 元至元十五年（1278 年）　　　秋旱，蝗灾。
9. 　泰定二年（1325 年）　　　　安阳等蝗。
10. 　至正元年（1341 年）　　　旱蝗为害。
11. 　至正十八年（1358 年）　　　夏，大蝗。
12. 明洪武八年（1375 年）　　　夏，彰德府属县蝗。
13. 　永乐元年（1403 年）　　　夏，蝗。
14. 　正统六年（1441 年）　　　秋，彰德蝗。
15. 　正统七年（1442 年）　　　七月，彰德蝗。
16. 　万历四十四年（1616 年）　　彰德府大蝗。
17. 清康熙三十年（1691 年）　　　秋，彰德府蝗。

18. 咸丰七年（1857 年）	秋旱，蝗虫遍野，飞满天日，县境无处无之，蝗飞食禾叶，穗尽秕，大饥。
19. 民国十七年（1928 年）	秋，蝗虫为灾。
20. 民国二十二年（1933 年）	旱蝗。
21. 民国三十七年（1948 年）	蝗灾。

原载《安阳县志》自然灾害，中国青年出版社 1990 年版

22. 元至正十九年（1359 年）	彰德、卫辉皆发生蝗灾，庄稼、草木尽被吃光，蝗虫飞起以致蔽日，碍人马不能行，饥民捕蝗为食，或晒干储藏备食，甚者人相食。
23. 民国三十二年（1943 年）	夏旱，大蝗灾，共产党和抗日政府领导解放区人民开展生产度荒，秋季又组织万人大会战，围剿歼灭蝗虫和蝗卵，保护秋禾。
24. 民国三十三年（1944 年）	春，蝗虫滋生，中共太行五地委、专署成立安、林两县剿蝗联合指挥部，地委宣传部长任总指挥，安阳、林县两县县长任副总指挥，下设联防大队、中队和小队，万人会战，围剿蝗虫，提出了"从蝗虫口里夺麦子"的口号，经过奋战，取得了显著成效。

原载《安阳县志》大事记，中国青年出版社 1990 年版

乾隆《彰德府志》

1. 北魏太和七年（483 年）	四月，相州蝗害稼。
2. 北齐天保八年（557 年）	州郡大蝗，飞至邺，蔽日，声如风雨。
3. 元泰定三年（1326 年）	内黄旱蝗。
4. 明嘉靖四十年（1561 年）	内黄蝗，大饥。
5. 万历四十四年（1616 年）	涉县、内黄大蝗。
6. 崇祯八年（1635 年）	秋，大蝗损禾，复生蝻，食禾叶一空。
7. 崇祯十二年（1639 年）	八月，内黄蝗蝻食禾尽。

8.　崇祯十四年（1641 年）　　　　　大蝗。

9.　清顺治十三年（1656 年）　　　　秋，大蝗。

10.　康熙三十年（1691 年）　　　　　秋，蝗，奉蠲。

11.　康熙三十三年（1694 年）　　　　蝗。

原载乾隆《彰德府志》卷三十一《襫祥》，乾隆五十二年刻本

《汤阴县志》

1.　元至元二十七年（1290 年）　　　四月，大旱蝗。

2.　至正十八年（1358 年）　　　　　大旱蝗，人相食。

3.　至正十九年（1359 年）　　　　　蝗食禾稼、草木俱尽，所至蔽日，碍人马
　　　　　　　　　　　　　　　　　　不能行。

4.　明洪武八年（1375 年）　　　　　蝗。

5.　正统六年（1441 年）　　　　　　秋，蝗。

6.　正统七年（1442 年）　　　　　　七月，蝗。

7.　嘉靖七年（1528 年）　　　　　　七月，蝗。

8.　嘉靖十七年（1538 年）　　　　　蝗灾。

9.　嘉靖三十九年（1560 年）　　　　旱，蝗蝻生。

10.　崇祯十四年（1641 年）　　　　　大蝗。

11.　清顺治十三年（1656 年）　　　　秋，大蝗。

12.　顺治十四年（1657 年）　　　　　蝗灾，秋禾吃光。

13.　顺治十五年（1658 年）　　　　　秋，蝗蝻成灾。

14.　康熙三十年（1691 年）　　　　　秋，蝗。

15.　康熙三十三年（1694 年）　　　　蝗。

16.　乾隆五十一年（1786 年）　　　　夏，飞蝗蔽日，大饥。

17.　民国二十二年（1933 年）　　　　设将城有蝗灾。

18.　民国二十五年（1936 年）　　　　五陵蝗灾严重。

19.　民国三十年（1941 年）　　　　　蝗。

20.　民国三十四年（1945 年）　　　　旱，蝗灾。

21.　民国三十八年（1949 年）　　　　蝗。

原载《汤阴县志》历代自然灾害一览表，河南人民出版社 1987 年版

22.　明崇祯八年（1635 年）　　　　　旱蝗。

23. 清乾隆四十九年（1784 年）　　旱蝗成灾，大饥。

24.　咸丰七年（1857 年）　　　　夏，蝗食禾；秋，复生蝻，布满田间不露
　　　　　　　　　　　　　　　　　　地面，晚禾根株不留。

25. 民国三十二年（1943 年）　　　大蝗，先后组织群众五千余人，并请林县
　　　　　　　　　　　　　　　　　　援助三千余人扑打蝗虫，大部田苗获七
　　　　　　　　　　　　　　　　　　八成收。

原载《汤阴县志》大事记，河南人民出版社 1987 年版

《林县志》

1. 明嘉靖八年（1529 年）　　　　蝗灾。

2. 清康熙三十年（1691 年）　　　秋，发生蝗灾。

3.　乾隆五十七年（1792 年）　　蝗灾。

4.　嘉庆十六年（1811 年）　　　蝗灾。

5. 民国五年（1916 年）　　　　　县北蝗灾，谷子、玉米受灾严重。

6. 民国三十二年（1943 年）　　　五月，蝗虫遍野。

7. 民国三十三年（1944 年）　　　蝗灾，540 个村的 77 万亩农作物，除豆
　　　　　　　　　　　　　　　　　　类外，其他叶尽秆光，粮食减产 50%
　　　　　　　　　　　　　　　　　　左右。

8. 民国三十四年（1945 年）　　　春，197 个村的 13 万亩土地发现蝗卵。

9. 民国三十七年（1948 年）　　　全县 3.86 万亩小麦遭受蝗虫袭击。

10. 民国三十八年（1949 年）　　 11 个区 325 个村发生蝗虫为害，受灾面积
　　　　　　　　　　　　　　　　　　7.9 万亩，严重的 2.59 万亩。

原载《林县志》历年灾害纪实，河南人民出版社 1989 年版

光绪《内黄县志》

1. 元泰定三年（1326 年）　　　　旱蝗，饥，诏赈之。

2. 明嘉靖十四年（1535 年）　　　飞蝗蔽天。

3.　嘉靖十五年（1536 年）　　　秋，大蝗。

4.　嘉靖四十年（1561 年）　　　蝗，大饥。

5.　万历二十四年（1596 年）　　大蝗。

6.　万历三十八年（1610 年）　　　　　飞蝗蔽日。

7.　万历四十四年（1616 年）　　　　　秋七月旱，蝗蝻遍野，食禾殆尽。

8.　崇祯十一年（1638 年）　　　　　　飞蝗蔽天。

9.　崇祯十二年（1639 年）　　　　　　蝗蝻食禾尽。

10. 清康熙六年（1667 年）　　　　　　旱蝗。

11.　康熙三十一年（1692 年）　　　　　蝗蝻。

12.　康熙三十二年（1693 年）　　　　　飞蝗蔽天。

13.　乾隆三十七年（1772 年）　　　　　蝗灾。

14.　道光十七年（1837 年）　　　　　　蝻生，设局收买蝗蝻。

15.　咸丰六年（1856 年）　　　　　　　大旱，飞蝗为灾。

16.　咸丰七年（1857 年）　　　　　　　又旱，蝗飞蔽日，禾稼俱伤。

17.　咸丰八年（1858 年）　　　　　　　是年，设局收买蝗蝻。

18.　同治六年（1867 年）　　　　　　　是年，飞蝗为灾。

19.　光绪十二年（1886 年）　　　　　　飞蝗过境，遗蝻极多，设局收买。

20.　光绪十六年（1890 年）　　　　　　蝗蝻为灾，设局收买。

原载光绪《内黄县志》卷八《事实志》，光绪十八年刻本

《内黄县志》

1. 民国九年（1920 年）　　　　　　　旱，蝗灾，民多无食。

2. 民国十一年（1922 年）　　　　　　秋，蝗虫为灾。

3. 民国三十一年（1942 年）　　　　　是年，蝗灾。

4. 民国三十二年（1943 年）　　　　　八月，蝗虫成灾，抗日政府组织群众灭蝗。

原载《内黄县志》大事记，中州古籍出版社 1993 年版

5. 民国三十三年（1944 年）　　　　　九月，蝗虫继发，压折树枝。

原载《内黄县志》自然灾害表，中州古籍出版社 1993 年版

同治《滑县志》

1. 唐开成五年（840 年）　　　　　　　雨雹蝗。

2. 宋开宝七年（974 年）　　　　　　　滑州蝗。

3.　太平兴国八年（983 年）　　　　　　四月，蝻生。

4. 蒙古至元元年（1264 年）　　　　　大名路大水蝗。

5. 元天历二年（1329 年）　　　　　　滑州蝗。

6. 　至正十二年（1352 年）　　　　　大名路旱蝗。

7. 　明宣德九年（1434 年）　　　　　蝗，遣官督捕。

8. 　　正德十四年（1519 年）　　　　蝗。

9. 　　正德十五年（1520 年）　　　　复蝗，食禾且尽。

10. 　嘉靖二十九年（1550 年）　　　　蝗伤稼。

11. 　嘉靖三十四年（1555 年）　　　　蝗生。

12. 　万历二十四年（1596 年）　　　　秋，蝗。

13. 　万历四十六年（1618 年）　　　　蝗飞蔽天，食谷殆尽。

14. 　崇祯八年（1635 年）　　　　　　大蝗。

15. 　崇祯十一年（1638 年）　　　　　秋，蝗，五谷殆尽。

16. 　崇祯十四年（1641 年）　　　　　春无雨，蝗蝻食麦尽。

17. 　崇祯十五年（1642 年）　　　　　春，蝗食苗。

18. 清康熙六年（1667 年）　　　　　　八月，蝗。

19. 　康熙十九年（1680 年）　　　　　六月，蝗不入境。

20. 　康熙二十五年（1686 年）　　　　蝗不入境。

21. 　康熙三十年（1691 年）　　　　　秋，旱蝗，田苗食尽，大饥。

22. 　康熙三十三年（1694 年）　　　　夏秋，蝗。

23. 　乾隆五年（1740 年）　　　　　　夏，蝗蝻生。

24. 　乾隆十七年（1752 年）　　　　　六月，蝗。

25. 　嘉庆八年（1803 年）　　　　　　蝗。

原载同治《滑县志》卷十一《祥异》，同治六年刻本

《滑县志》

1. 东汉兴平二年（195 年）　　　　　蝗虫起，百姓大饥。

2. 唐开成四年（839 年）　　　　　　生蝗虫。

3. 明崇祯十三年（1640 年）　　　　　蝗虫起，麦苗吃尽。

4. 清同治八年（1869 年）　　　　　　秋，蝗虫遍野，禾苗吃尽。

5. 　光绪二十七年（1901 年）　　　　秋，飞蝗铺天盖地。

6. 　宣统元年（1909 年）　　　　　　七月，生黑蝗虫，飞蔽天日，秋苗吃毁。

7. 民国三十三年（1944 年）　　　　　　夏，白道口以南蝗生，树枝压断。

8. 民国三十四年（1945 年）　　　　　　白道口、瓦岗等地蝗虫。

原载《滑县志》自然灾害，中州古籍出版社 1997 年版

9. 东汉兴平元年（194 年）　　　　　　蝗虫起，百姓大饥。

10. 民国三年（1914 年）　　　　　　六月，生蝗虫，秋苗几尽。

11. 民国三十二年（1943 年）　　　　　夏，飞蝗蔽天，秋苗受害严重。

原载《滑县志》大事记，中州古籍出版社 1997 年版

十、鹤壁市

《鹤壁市志》

明崇祯十四年（1641 年）　　　　　　浚县旱、蝗灾并发。

原载《鹤壁市志》大事记，中州古籍出版社 1998 年版

《淇县志》

1. 唐开成三年（838 年）　　　　　　八月，朝歌①蝗食草木叶皆尽。

2. 蒙古至元五年（1268 年）　　　　　七月，朝歌鸲鹆食蝗。

3. 明嘉靖三年（1524 年）　　　　　秋，周边县有蝗，不犯淇县，禾大熟。

4. 　嘉靖八年（1529 年）　　　　　七月，淇境大蝗，禾尽食，民大饥。

5. 　崇祯十五年（1642 年）　　　　春，淇县细腰蜂降蝗。

6. 民国三十二年（1943 年）　　　　六月，淇县旱，飞蝗蔽天，颗粒不收。

7. 民国三十三年（1944 年）　　　　四月，蝗生，中共太行区委发出扑灭蝗蝻的紧急通知，淇、汤两县联合建立剿蝗指挥部，组织各村群众打蝗蝻，白天用木棍、鞋底、铁锨、扫帚、树枝打，晚上点火诱杀、挖沟土埋、集中围歼等办法，减少了蝗蝻为害。

原载《淇县志》大事记，中州古籍出版社 1996 年版

---

①　朝歌：旧县名，治所在今河南淇县。

顺治《淇县志》

1. 北齐天保八年（557 年）　　　　河北蝗。

2. 唐开元三年（715 年）　　　　　河北大蝗。

3. 宋乾德二年（964 年）　　　　　夏，蝗。

4. 太平兴国二年（977 年）　　　　闰七月，蝗蝻生。

5. 天圣二年（1024 年）　　　　　大旱蝗。

6. 天圣六年（1028 年）　　　　　五月，大蝗。

7. 明道二年（1033 年）　　　　　七月，蝗。

8. 熙宁五年（1072 年）　　　　　大蝗。

9. 熙宁六年（1073 年）　　　　　大蝗。

10. 崇宁元年（1102 年）　　　　　大蝗。

11. 崇宁三年（1104 年）　　　　　蝗。

12. 崇宁四年（1105 年）　　　　　蝗。

13. 元至元二十七年（1290 年）　　四月，蝗。

14. 明正统元年（1436 年）　　　　大旱蝗。

15. 正统十一年（1446 年）　　　　蝗。

16. 嘉靖七年（1528 年）　　　　　大旱蝗。

17. 嘉靖十七年（1538 年）　　　　大蝗。

18. 嘉靖十九年（1540 年）　　　　蝗。

19. 嘉靖二十年（1541 年）　　　　大蝗。

20. 万历十年（1582 年）　　　　　旱蝗。

21. 崇祯十年（1637 年）　　　　　旱蝗。

22. 崇祯十一年（1638 年）　　　　旱蝗。

23. 崇祯十二年（1639 年）　　　　旱蝗。

24. 崇祯十三年（1640 年）　　　　旱蝗。

25. 崇祯十四年（1641 年）　　　　旱蝗。

26. 崇祯十五年（1642 年）　　　　春，细腰蜂降蝗，其种始绝。

27. 清顺治十四年（1657 年）　　　蝗。

原载顺治《淇县志》卷十《灾祥志》，顺治十七年刻本

《浚县志》

1.	西晋咸宁四年（278 年）	九月，蝗灾。
2.	唐开元三年（715 年）	蝗灾。
3.	开成二年（837 年）	蝗。
4.	宋开宝八年（975 年）	蝗灾。
5.	太平兴国八年（983 年）	四月，生蝗蝻。
6.	元至元十九年（1282 年）	蝗虫为害甚烈，禾稼不登，民捕蝗充饥，乃至人相食。
7.	元贞二年（1296 年）	蝗灾。
8.	至大四年（1311 年）	蝗灾。
9.	天历二年（1329 年）	蝗虫孳生，岁大饥。
10.	至正十二年（1352 年）	大名路开、滑、浚三州遭水、旱、蝗灾。
11.	明宣德三年（1428 年）	蝗虫为害。
12.	嘉靖二十一年（1542 年）	秋，蝗虫为害。
13.	万历四十六年（1618 年）	蝗虫飞天蔽日，谷被吃尽。
14.	崇祯八年（1635 年）	飞蝗遮天蔽日，草木叶尽光。
15.	崇祯十一年（1638 年）	秋，蝗虫食谷尽光。
16.	崇祯十四年（1641 年）	至夏无雨，蝗虫起，春苗无存。
17.	崇祯十五年（1642 年）	蝗虫食春苗。
18.	清康熙三十三年（1694 年）	夏秋，蝗虫成灾。
19.	乾隆五年（1740 年）	水蝗为灾。
20.	嘉庆九年（1804 年）	飞蝗蔽日，田禾毁之殆尽。
21.	道光十五年（1835 年）	蝗灾。
22.	道光三十年（1850 年）	飞蝗蔽天，禾苗被害。
23.	咸丰四年（1854 年）	蝗虫为害甚烈。
24.	光绪三年（1877 年）	蝗。
25.	民国二年（1913 年）	蝗蝻成灾，收成锐减。
26.	民国六年（1917 年）	秋，蝗灾。
27.	民国十一年（1922 年）	秋，谷物遭蝗灾。
28.	民国二十一年（1932 年）	水蝗为害，收成锐减。
29.	民国二十二年（1933 年）	蝗灾。

30. 民国二十四年（1935 年）　　　　蝗、旱、风灾。

31. 民国二十五年（1936 年）　　　　六月，大批飞蝗自北而来，连续数日，田禾
　　　　　　　　　　　　　　　　　　　全被吃光，为害方圆数十里，秋季歉收。

32. 民国二十七年（1938 年）　　　　六月，蝗虫肆虐，秋苗被毁大半。

33. 民国三十年（1941 年）　　　　　蝗灾，饿殍载道。

34. 民国三十二年（1943 年）　　　　夏秋，蝗灾，秋禾无收。

35. 民国三十三年（1944 年）　　　　部分地区发生蝗灾。

36. 民国三十八年（1949 年）　　　　六月，蝗灾。

　　　　　　　　原载《浚县志》自然灾害年表，中州古籍出版社 1990 年版

37. 元延祐二年（1315 年）　　　　　水、旱、蝗灾并作，饥荒严重。

38. 民国九年（1920 年）　　　　　　夏，蝗灾。

　　　　　　　　　　原载《浚县志》大事记，中州古籍出版社 1990 年版

光绪 《续浚县志》

清咸丰六年（1856 年）　　　　　　飞蝗蔽天，蝻子遍地。

　　　　　　　　原载光绪《续浚县志》卷三《祥异》，光绪十三年刻本

十一、商丘市

乾隆 《归德府志》[①]

1. 周襄王二十八年（前 624 年）　　秋，雨螽于宋。外灾不志，此何以志？曰：
　　　　　　　　　　　　　　　　　　灾甚也。其甚奈何？茅茨尽矣。

2. 后汉乾祐二年（949 年）　　　　　夏五月，宋州[②]蝗，一夕抱草尽死。

3. 宋太平兴国六年（981 年）　　　　秋七月，河南府、宋州蝗。

4. 蒙古至元四年（1267 年）　　　　归德府永城县及亳州蝗。

5. 元至元十八年（1281 年）　　　　夏，归德之永城蝗。

6. 　大德元年（1297 年）　　　　　六月，归德蝗。

---

① 归德：旧府名，治所在今河南商丘睢阳区。

② 宋州：旧州名，治所在今河南商丘睢阳区。

7. 明嘉靖八年（1529 年）　　　　　　秋八月，蝗飞蔽天。

8.　清顺治四年（1647 年）　　　　　　秋，大蝗，集树枝折。

9.　　康熙二十五年（1686 年）　　　　七月，蝗入睢州境，不伤田禾。

10.　　康熙三十年（1691 年）　　　　　夏六月，蝗。

11.　　康熙六十一年（1722 年）　　　　蝗。

原载乾隆《归德府志》卷三十四《灾祥略》，光绪十九年重刻本

《商丘地区志》

1. 周襄王二十八年（前 624 年）　　　秋，宋国蝗虫成灾。

2. 元至元八年（1271 年）　　　　　　飞蝗入宁陵境，伤禾稼数百顷。

3.　　至大元年（1308 年）　　　　　　二月，旱蝗，民饥。

4.　　泰定三年（1326 年）　　　　　　六月，睢州等地蝗灾。

5.　明宣德九年（1434 年）　　　　　　夏，柘城、永城、夏邑旱，蝗蝻覆地尺许，
　　　　　　　　　　　　　　　　　　　禾苗尽毁，民大饥。

6.　　正统六年（1441 年）　　　　　　旱蝗交织，二麦不收，诏令富人助赈。

7.　　嘉靖八年（1529 年）　　　　　　秋八月，归德州蝗飞蔽天，秋禾无收。

8.　　万历十年（1582 年）　　　　　　秋，大蝗，声如风雨，所至草木皆空。

9.　　万历四十四年（1616 年）　　　　夏，柘城蝗飞蔽天。

10.　　崇祯十年（1637 年）　　　　　　七月，蝗。

11.　　崇祯十三年（1640 年）　　　　　五月，大旱蝗。

12.　　崇祯十四年（1641 年）　　　　　六月，大旱蝗。

13. 清乾隆五十一年（1786 年）　　　　夏，旱蝗，赤地千里。

14.　　道光二十二年（1842 年）　　　　十月，蝗。

15.　　咸丰六年（1856 年）　　　　　　是岁，蝗灾。

16.　　咸丰七年（1857 年）　　　　　　七月，蝗自东南来，落地尺许，树枝折断，
　　　　　　　　　　　　　　　　　　　秋禾尽，睢州、柘城尤甚。

17. 民国四年（1915 年）　　　　　　　六月，永城蝗灾。

18. 民国十八年（1929 年）　　　　　　蝗蝻成灾，民饥。

19. 民国二十一年（1932 年）　　　　　夏，蝗灾。

20. 民国二十四年（1935 年）　　　　　六月，商丘蝗灾。

21. 民国三十一年（1942 年）　　　　　蝗灾，农作减产。

22. 民国三十三年（1944 年）　　　　夏，睢县蝗灾，状如云雾，落地成团，飞
　　　　　　　　　　　　　　　　　　蝗过后，遍地生蝻，禾苗一空。

原载《商丘地区志》大事记，生活·读书·新知三联书店 1996 年版

康熙《商丘县志》

1. 周襄王二十八年（前 624 年）　　　秋，雨螽于宋。

2. 后汉乾祐二年（949 年）　　　　　夏五月，宋州蝗，一夕抱草尽死。

3. 明嘉靖八年（1529 年）　　　　　八月，蝗飞蔽天。

4. 清顺治四年（1647 年）　　　　　秋，大蝗，集树枝皆折。

原载康熙《商丘县志》卷三《灾祥》，民国二十一年石印本

《商丘县志》

1. 东汉永初五年（111 年）　　　　　夏，旱蝗。

2. 宋太平兴国六年（981 年）　　　　七月，蝗旱。

3. 蒙古至元四年（1267 年）　　　　蝗旱。

4. 元元贞二年（1296 年）　　　　　八月，蝗。

5. 　大德四年（1300 年）　　　　　五月，旱蝗。

6. 　至大元年（1308 年）　　　　　旱蝗，民饥。

7. 　至正十八年（1358 年）　　　　秋，飞蝗蔽天自东入境。

8. 　至正十九年（1359 年）　　　　夏蝻秋蝗，草木皆尽，人相食。

9. 明洪武五年（1372 年）　　　　　蝗。

10. 　成化三年（1467 年）　　　　　秋，旱蝗。

11. 　正德八年（1513 年）　　　　　秋，蝗蝻食谷。

12. 　嘉靖六年（1527 年）　　　　　六月，蝗蝻为害。

13. 　嘉靖二十一年（1542 年）　　　蝗蝻食麦苗。

14. 　嘉靖三十九年（1560 年）　　　旱蝗。

15. 　天启七年（1627 年）　　　　　蝗灾。

16. 清康熙六十一年（1722 年）　　　旱蝗。

17. 　咸丰六年（1856 年）　　　　　是岁，蝗灾。

18. 　宣统三年（1911 年）　　　　　蝗旱。

19. 民国十八年（1929 年）　　　　　蝗食秋苗。

20. 民国十九年（1930 年）　　　　　旱蝗相交。

21. 民国二十一年（1932 年）　　　　秋，蝗蝻遍野，秋禾遭灾。

22. 民国二十二年（1933 年）　　　　蝗旱。

23. 民国二十四年（1935 年）　　　　夏，旱蝗。

24. 民国三十一年（1942 年）　　　　蝗灾。

25. 民国三十三年（1944 年）　　　　夏，旱蝗。

26. 民国三十四年（1945 年）　　　　旱蝗交织。

原载《商丘县志》气象灾害，生活·读书·新知三联书店 1991 年版

光绪《柘城县志》

1. 明成化二十三年（1487 年）　　　是岁，旱蝗。

2. 　嘉靖八年（1529 年）　　　　　秋八月，蝗飞蔽天，人马不能驰，食禾几尽。

3. 　万历四十四年（1616 年）　　　夏六月，柘城飞蝗蔽天。

4. 　崇祯十一年（1638 年）　　　　秋七月，蝗，大无禾。

5. 　崇祯十二年（1639 年）　　　　夏秋，蝗蝻为害，大饥。

6. 　清康熙四年（1665 年）　　　　夏，蝗。

7. 　康熙二十六年（1687 年）　　　秋，蝗。

8. 　康熙二十九年（1690 年）　　　秋，有蝗自东北来，俄西南去。

9. 　雍正元年（1723 年）　　　　　七八月间，蝗虫害禾。

10. 　道光十六年（1836 年）　　　　六月，飞蝗从西北入，生蝻子，食禾几尽。

11. 　咸丰六年（1856 年）　　　　　秋，蝗。

12. 　咸丰七年（1857 年）　　　　　秋，蝗。

13. 　咸丰十年（1860 年）　　　　　夏，飞蝗从东南入境，食禾几尽。

14. 　同治元年（1862 年）　　　　　夏，有蝗。

15. 　光绪十八年（1892 年）　　　　闰六月，蝗自亳、鹿入境，蔓延买臣寺等
　　　　　　　　　　　　　　　　　　处，旋复蝻生，官费千缗，捕买五十余
　　　　　　　　　　　　　　　　　　日乃尽，幸不成灾。

原载光绪《柘城县志》卷十《杂志·灾祥》，光绪二十二年刻本

《柘城县志》

1. 元至元十九年（1282 年）　　　　夏，飞蝗蔽天，沟堑皆平，食禾稼俱尽。
2. 明成化十九年（1483 年）　　　　蝗灾，五谷不收。
3. 民国十九年（1930 年）　　　　　春，蝗蝻伤禾。

原载《柘城县志》历年气象灾异录，中州古籍出版社 1991 年版

4. 民国三十一年（1942 年）　　　　七月，飞蝗从西向东遮盖天日，食禾殆尽。

原载《柘城县志》大事记，中州古籍出版社 1991 年版

《宁陵县志》

1. 元至元八年（1271 年）　　　　　三月，飞蝗入境，伤禾数百亩。
2. 　　至治二年（1322 年）　　　　夏，护城堤外蝗虫云集，继生蝻，大雨，
　　　　　　　　　　　　　　　　　蝻灭。
3. 明嘉靖六年（1527 年）　　　　　七月，蝗灾，黍稷一空。
4. 　　嘉靖十八年（1539 年）　　　秋，蝗虫伤禾尽。
5. 　　崇祯十二年（1639 年）　　　夏，大面积蝗灾，农作物损失严重。
6. 清咸丰六年（1856 年）　　　　　秋，蝗虫食禾。
7. 　　同治二年（1863 年）　　　　夏，蝗灾，继生蝻。
8. 民国十九年（1930 年）　　　　　夏旱，蝗灾。

原载《宁陵县志》大事记，中州古籍出版社 1992 年版

宣统《宁陵县志》

清光绪二十五年（1899 年）　　　　夏，蝗，生蝻，伤禾无多。

原载宣统《宁陵县志》卷末《杂志·灾祥》，宣统三年刻本

光绪《续修睢州志》

1. 元元贞元年（1295 年）　　　　　睢、许等州，考城等县蝗。
2. 　　大德二年（1298 年）　　　　睢州等处蝗。
3. 明崇祯十一年（1638 年）　　　　旱蝗。

4. 崇祯十二年（1639 年）　　　　　大蝗。

5. 崇祯十三年（1640 年）　　　　　大旱蝗，野无青草。

6. 清康熙二十五年（1686 年）　　　七月，蝗自东来，过境如云蔽天。

7. 康熙三十年（1691 年）　　　　　夏六月，蝗。

8. 咸丰六年（1856 年）　　　　　　飞蝗蔽天，七月，蝻伤秋禾。

9. 咸丰七年（1857 年）　　　　　　七月，蝗自东南来，积地尺许，秋禾尽。

10. 咸丰八年（1858 年）　　　　　　蝗。

原载光绪《续修睢州志》卷十二《存遗志·灾异》，光绪十八年刻本

《睢县志》

1. 民国十八年（1929 年）　　　　　夏，睢县蝗灾。

2. 民国十九年（1930 年）　　　　　睢县蝗灾。

原载《睢县志》大事记，中州古籍出版社 1989 年版

《民权县志》

1. 元元贞元年（1295 年）　　　　　六月，考城蝗灾。

2. 明正德七年（1512 年）　　　　　秋，考城蝗，岁饥。

3. 正德十一年（1516 年）　　　　　蝗虫食禾殆尽，生蝻，平地尺许。

4. 嘉靖三年（1524 年）　　　　　　秋，杞县（民权西部属杞县）蝗飞蔽天，
　　　　　　　　　　　　　　　　　　遗种生蝻，食禾殆尽。

5. 嘉靖八年（1529 年）　　　　　　六月，杞县飞蝗蔽天。

6. 崇祯十一年（1638 年）　　　　　秋，考城蝗食禾尽，生蝻，平地尺许。

7. 清咸丰六年（1856 年）　　　　　睢州飞蝗蔽天；七月，蝻伤秋禾。

8. 咸丰七年（1857 年）　　　　　　七月，睢州蝗自东南来，积地尺余，树枝折。

9. 光绪二十六年（1900 年）　　　　夏，飞蝗由邻县入考城，伤禾；秋，墨蝻
　　　　　　　　　　　　　　　　　　遍野，食禾殆尽。

原载《民权县志》大事记，中州古籍出版社 1995 年版

光绪《虞城县志》

1. 明成化十八年（1482 年）　　　　秋，蝗飞蔽天，从东入境。

2. 正德八年（1513年）　　　　　　　大蝗。

3. 嘉靖二十一年（1542年）　　　　　夏，蝗蝻食麦。

4. 万历十年（1582年）　　　　　　　大蝗。

5. 天启七年（1627年）　　　　　　　旱，大蝗。

6. 崇祯十一年（1638年）　　　　　　五月，大蝗，过三昼夜，飞蝗蔽天。

7. 清顺治七年（1650年）　　　　　　大蝗。

8. 顺治十三年（1656年）　　　　　　夏，油蚂蚱害稼。

9. 康熙三十三年（1694年）　　　　　蝗不入境。

10. 康熙六十一年（1722年）　　　　　蝗灾。

11. 咸丰六年（1856年）　　　　　　　大旱，蝗伤禾。

原载光绪《虞城县志》卷十《杂记·灾祥》，光绪二十一年刻本

《虞城县志》

1. 元至正十九年（1359年）　　　　　蝗灾，庄稼受害严重，大饥。

2. 民国二十一年（1932年）　　　　　秋，蝗蝻遍野，秋禾遭灾。

原载《虞城县志》大事记，生活·读书·新知三联书店1991年版

3. 民国三十四年（1945年）　　　　　蝗灾。

原载《虞城县志》灾害性天气，生活·读书·新知三联书店1991年版

民国《夏邑县志》

1. 明正统六年（1441年）　　　　　　夏，旱蝗，无麦。

2. 正德四年（1509年）　　　　　　　夏，旱蝗。

3. 正德八年（1513年）　　　　　　　秋，蝗虫食谷。

4. 嘉靖六年（1527年）　　　　　　　六月，蝗蝻生。

5. 嘉靖二十一年（1542年）　　　　　五月，蝗蝻食麦。

6. 万历十年（1582年）　　　　　　　大蝗。

7. 万历二十四年（1596年）　　　　　蝗。

8. 万历四十年（1612年）　　　　　　蝗蝻生，食一小儿。

9. 天启七年（1627年）　　　　　　　大旱蝗。

10. 崇祯十年（1637年）　　　　　　　蝗。

11.　　崇祯十一年（1638 年）　　　　大蝗飞落，灶不能炊，井不能汲，令捕之。

12.　　崇祯十二年（1639 年）　　　　大旱蝗。

13.　　崇祯十三年（1640 年）　　　　秋，蝗，大饥。

14. 清顺治七年（1650 年）　　　　　旱蝗。

15.　　嘉庆四年（1799 年）　　　　　六月，蝗害稼。

16.　　道光十六年（1836 年）　　　　八月，蝗飞蔽天。

17.　　咸丰六年（1856 年）　　　　　大旱蝗。

18.　　光绪二年（1876 年）　　　　　旱蝗。

19. 民国五年（1916 年）　　　　　　夏，蝗蝻食禾。

　　　　　　原载民国《夏邑县志》卷九《杂志·灾异》，民国九年石印本

《夏邑县志》

1. 清光绪十六年（1890 年）　　　　蝗灾。

2.　　光绪十七年（1891 年）　　　　蝗灾。

3.　　光绪十八年（1892 年）　　　　连续三年蝗灾。

4. 民国三十三年（1944 年）　　　　蝗虫遍野，禾稼殆尽。

　　　　　　原载《夏邑县志》自然灾害，河南人民出版社 1989 年版

5. 民国二十二年（1933 年）　　　　秋，蝗灾，禾稼歉收。

　　　　　　原载《夏邑县志》大事记，河南人民出版社 1989 年版

光绪《永城县志》

1.　　明正德四年（1509 年）　　　　夏旱，蝗飞蔽天。

2.　　正德八年（1513 年）　　　　　秋，蝗。

3.　　嘉靖六年（1527 年）　　　　　六月，蝗蝻生，厚数寸。

4.　　嘉靖十年（1531 年）　　　　　大蝗。

5.　　嘉靖十八年（1539 年）　　　　夏，蝗。

6.　　万历十年（1582 年）　　　　　大蝗。

7.　　万历二十四年（1596 年）　　　蝗。

8.　　万历四十年（1612 年）　　　　蝗。

9.　　天启七年（1627 年）　　　　　蝗。

10.	崇祯十一年（1638 年）	蝗。
11.	崇祯十二年（1639 年）	大蝗。
12.	清道光五年（1825 年）	四月，蝗蝻遍野。
13.	咸丰六年（1856 年）	六月，蝗食禾尽，惟绿豆收。
14.	咸丰十一年（1861 年）	五月，飞蝗蔽天。
15.	同治元年（1862 年）	四月，蝻子出，飞蝗自北来，麦禾大损；
		六月，蝗复至，食禾无遗。
16.	同治二年（1863 年）	五月，蝗自西来，食禾尽。
17.	同治十三年（1874 年）	六月，蝗。
18.	光绪二十六年（1900 年）	五月，飞蝗入境。
19.	光绪二十七年（1901 年）	五月，飞蝗入境。

原载光绪《永城县志》卷十五《灾异志》，光绪二十九年刻本

《永城县志》

1.	元至元十八年（1281 年）	夏，永城蝗灾。
2.	至元二年（1336 年）	旱，蝗灾，草木皆尽。
3.	至正四年（1344 年）	蝗灾。
4.	至正十八年（1358 年）	蝗灾。
5.	明崇祯十年（1637 年）	蝗。
6.	清乾隆三十五年（1770 年）	飞蝗成灾。
7.	乾隆五十一年（1786 年）	春旱，飞蝗蔽日，饥馑。
8.	光绪三十四年（1908 年）	夏，飞蝗东来，吃秋禾过半。
9.	民国十七年（1928 年）	七月，飞蝗过境。
10.	民国十八年（1929 年）	夏，蝗虫过境。
11.	民国二十二年（1933 年）	飞蝗入境，县南受重灾。

原载《永城县志》自然灾害，新华出版社 1991 年版

十二、周口市

《周口地区志》

1.	周襄王二十八年（前 624 年）	大旱，蝗灾。

2. 东汉永初四年（110 年）　　　　　　太康、扶沟、陈州、项城、沈丘旱蝗。

3. 　　熹平六年（177 年）　　　　　　夏，蝗。

4. 唐永徽元年（650 年）　　　　　　秋，宛丘①、项城、沈丘蝗。

5. 　　仪凤二年（677 年）　　　　　　宛丘、太康、沈丘、项城旱蝗。

6. 　　开元元年（713 年）　　　　　　宛丘、太康、扶沟、西华、沈丘、项城蝗
　　　　　　　　　　　　　　　　　　食禾。

7. 　　开元二年（714 年）　　　　　　宛丘、太康、扶沟、西华、沈丘、项城蝗
　　　　　　　　　　　　　　　　　　食禾。

8. 　　开元三年（715 年）　　　　　　宛丘、太康、扶沟、西华、沈丘、项城蝗
　　　　　　　　　　　　　　　　　　食禾。

9. 　　开元四年（716 年）　　　　　　宛丘、太康、扶沟、西华、沈丘、项城蝗
　　　　　　　　　　　　　　　　　　食禾。

10. 　兴元元年（784 年）　　　　　　沈丘、项城蝗，大饥。

11. 　永贞元年（805 年）　　　　　　秋，宛丘、太康、沈丘、西华、项城旱蝗。

12. 　开成三年（838 年）　　　　　　夏，太康、西华、扶沟、宛丘、沈丘、项
　　　　　　　　　　　　　　　　　　城蝗蝻害稼，草木叶皆尽。

13. 　咸通二年（861 年）　　　　　　夏，宛丘、沈丘、项城、鹿邑旱蝗，大饥。

14. 后晋天福四年（939 年）　　　　　七月，沈丘、项城蝗害稼。

15. 　天福八年（943 年）　　　　　　七月，扶沟、淮阳、沈丘旱蝗。

16. 　天福九年（944 年）　　　　　　夏，蝗害稼。

17. 宋乾德二年（964 年）　　　　　　夏，沈丘、淮阳、项城、太康旱蝗。

18. 　景祐元年（1034 年）　　　　　　夏，连续两年旱蝗。

19. 　熙宁七年（1074 年）　　　　　　夏，太康、沈丘旱蝗成灾。

20. 　熙宁八年（1075 年）　　　　　　八月，淮阳、沈丘飞蝗蔽野。

21. 　元丰四年（1081 年）　　　　　　秋，太康、沈丘、淮阳、扶沟飞蝗为灾。

22. 　元丰五年（1082 年）　　　　　　六月，周口地区蝗。

23. 　崇宁三年（1104 年）　　　　　　太康、沈丘、淮阳大蝗。

24. 　嘉定十一年（1218 年）　　　　　太康、淮阳、沈丘旱蝗。

25. 元至元十九年（1282 年）　　　　　五月，淮阳、扶沟、沈丘、鹿邑旱，飞蝗
　　　　　　　　　　　　　　　　　　蔽天，人马不能行，沟堑皆平。

---

① 宛丘：旧县名，治所在今河南淮阳。

26.	至大元年（1308 年）	太康、沈丘旱蝗，大饥，民采树皮、草根为食。
27.	致和元年（1328 年）	夏，沈丘、太康、淮阳旱蝗，人相食。
28.	至元三年（1337 年）	夏，太康、扶沟、沈丘旱蝗。
29.	明洪武五年（1372 年）	旱蝗。
30.	正统五年（1440 年）	夏，淮阳、沈丘旱蝗，民饥。
31.	正德三年（1508 年）	秋，沈丘、项城、淮阳旱蝗。
32.	正德八年（1513 年）	蝗灾。
33.	嘉靖二年（1523 年）	秋，沈丘蝗。
34.	嘉靖六年（1527 年）	淮阳、项城、沈丘、太康连续旱蝗，大饥。
35.	万历四十五年（1617 年）	沈丘、扶沟、太康、项城、陈州旱，蝗食禾。
36.	万历四十八年（1620 年）	太康旱，飞蝗蔽天。
37.	崇祯六年（1633 年）	淮阳、鹿邑蝗蝻遍野。
38.	崇祯十年（1637 年）	夏，扶沟、项城、沈丘、淮阳、太康、鹿邑、商水旱蝗。以后连续四年旱蝗，人相食。
39.	清康熙六年（1667 年）	秋，淮阳、项城、商水、沈丘旱，飞蝗蔽天，食禾稼。
40.	康熙十一年（1672 年）	六月，鹿邑蝗。
41.	康熙二十八年（1689 年）	商水、淮阳、沈丘旱，飞蝗遍野。
42.	康熙二十九年（1690 年）	夏，淮阳、项城、沈丘、鹿邑、商水旱蝗，秋禾尽枯。
43.	康熙三十年（1691 年）	秋，周口飞蝗蔽野。
44.	乾隆五十一年（1786 年）	扶沟、西华、商水、淮阳、项城、鹿邑、沈丘旱蝗，大饥。
45.	咸丰六年（1856 年）	夏，淮阳、项城、沈丘、鹿邑旱蝗。
46.	咸丰七年（1857 年）	夏，沈丘、扶沟、鹿邑飞蝗蔽天，食禾殆尽。
47.	同治二年（1863 年）	沈丘、项城、淮阳蝗食麦。
48.	光绪二年（1876 年）	秋，扶沟、淮阳、太康、沈丘旱蝗。
49.	光绪三年（1877 年）	陈州府旱蝗，秋禾未收。
50.	光绪二十五年（1899 年）	秋，淮阳蝗蝻食禾。
51.	光绪二十六年（1900 年）	沈丘、商水、项城旱，蝗虫食田禾殆尽。

52. 民国九年（1920 年）　　　　　　西华、淮阳、沈丘、扶沟、鹿邑、太康
　　　　　　　　　　　　　　　　　　旱蝗。

53. 民国十七年（1928 年）　　　　　秋，周口蝗灾，食禾殆尽。

54. 民国三十年（1941 年）　　　　　秋，鹿邑、周口、商水大旱，蝗虫铺天盖
　　　　　　　　　　　　　　　　　　地，每平方米可达千头，浮水过河，所
　　　　　　　　　　　　　　　　　　到之处，除绿豆、红薯外，作物全无。

55. 民国三十一年（1942 年）　　　　周口旱，蝗蝻为灾，赤地千里。

56. 民国三十二年（1943 年）　　　　秋，周口旱蝗。

原载《周口地区志》自然灾害年表，中州古籍出版社 1993 年版

《周口市志》

1. 民国十六年（1927 年）　　　　　秋，蝗灾惨重。

2. 民国二十五年（1936 年）　　　　六月，蝗自西北来，谷子、高粱等叶片被
　　　　　　　　　　　　　　　　　　吃光。

3. 民国三十年（1941 年）　　　　　六月，蝗虫自黄泛区来，谷子、高粱叶片
　　　　　　　　　　　　　　　　　　全被吃光，产卵生子，成蝗后为害庄
　　　　　　　　　　　　　　　　　　稼，造成严重灾荒。

4. 民国三十三年（1944 年）　　　　七月，蝗虫自淮阳、西华飞来，持续 3 天，
　　　　　　　　　　　　　　　　　　高粱、谷子等叶片全被吃光。

原载《周口市志》大事记，中州古籍出版社 1994 年版

乾隆《陈州府志》

1. 东汉永初四年（110 年）　　　　　夏四月，多蝗。

2.　　　　永初六年（112 年）　　　　春三月，蝝生。

3.　　　　元初二年（115 年）　　　　夏五月，蝗。

4. 北齐天保八年（557 年）　　　　　自夏至九月，大蝗，人皆祭之。

5.　唐永徽元年（650 年）　　　　　秋，蝗。

6.　　开元元年（713 年）　　　　　蝗食禾稼，声如风雨。

7.　　开元三年（715 年）　　　　　夏，多蝗。

8.　　开元四年（716 年）　　　　　夏，蝗。

9.	永贞元年（805 年）	秋，旱蝗。
10.	开成五年（840 年）	夏，螟蝗害稼。
11.	后梁开平元年（907 年）	六月，蝝生，有野禽群飞蔽空，食之皆尽。
12.	后晋天福七年（942 年）	夏四月，蝗害稼。
13.	天福八年（943 年）	四月，蝗。
14.	宋乾德二年（964 年）	夏，蝗。
15.	太平兴国七年（982 年）	蝗。
16.	景德四年（1007 年）	八月，宛丘蝗，不为灾。
17.	天禧元年（1017 年）	蝗蝻复生。
18.	明道二年（1033 年）	夏四月，蝗。
19.	景祐二年（1035 年）	秋七月，蝗。
20.	熙宁八年（1075 年）	秋八月，蝗蔽野。
21.	元丰四年（1081 年）	秋，蝗。
22.	崇宁三年（1104 年）	大蝗。
23.	嘉定八年（1215 年）	夏五月，大蝗。
24.	嘉定九年（1216 年）	夏六月，大蝗伤稼。
25.	嘉定十一年（1218 年）	夏四月，蝗。
26.	元至元十九年（1282 年）	夏五月，蝗蔽天，人马不能行，所落沟堑尽平。
27.	大德五年（1301 年）	蝗。
28.	明洪武五年（1372 年）	蝗。
29.	正统五年（1440 年）	旱蝗，民饥。
30.	成化三年（1467 年）	蝗蝻伤稼。
31.	正德三年（1508 年）	秋，蝗。
32.	正德八年（1513 年）	夏，大蝗。
33.	嘉靖二年（1523 年）	秋，蝗。
34.	嘉靖八年（1529 年）	春，蝗；六月，飞蝗蔽空，早禾俱伤，复生蝻，平地盈尺，晚禾亦损。
35.	嘉靖九年（1530 年）	夏，飞蝗蔽天，食稼，民饥。
36.	嘉靖十年（1531 年）	夏，飞蝗蔽天；九月，蝻生食麦苗。
37.	嘉靖十四年（1535 年）	秋七月，蝗。
38.	嘉靖十五年（1536 年）	蝗蝻生，害稼。

39. 嘉靖二十年（1541 年） 夏秋，蝗。

40. 万历九年（1581 年） 蝗。

41. 万历十年（1582 年） 夏秋，蝗蝻害稼。

42. 万历十五年（1587 年） 好蝗害稼。

43. 万历三十年（1602 年） 夏六月，蝗食禾，民大饥。

44. 万历四十四年（1616 年） 五月，陈州大蝗，飞蔽天；六月，蝗自北来，积厚寸许。

45. 万历四十五年（1617 年） 五月，蝗食禾；六月，蝗自东南来，如烟雾蔽天，至城东分二股，一股由牟家集入南顿，一股由任兴集至马庄店飞坠禾田，死者甚多，余向西北飞去，二十二日，蝗从西北飞回，始集境内，所经之处生子，旬日出蝻蔽野，伤禾。

46. 万历四十八年（1620 年） 蝗食禾殆尽，沿墙登屋，无处不入。

47. 崇祯六年（1633 年） 蝗蝻遍野。

48. 崇祯七年（1634 年） 蝗。

49. 崇祯八年（1635 年） 旱，蝗灾。至十三年不食于蝗，则苦于旱，连岁灾祲。

50. 崇祯九年（1636 年） 旱，蝗灾。

51. 崇祯十年（1637 年） 飞蝗蔽天，九月，复生蝻，食麦苗。

52. 崇祯十一年（1638 年） 旱蝗。

53. 崇祯十二年（1639 年） 旱蝗。

54. 崇祯十三年（1640 年） 旱蝗。

55. 清康熙二年（1663 年） 七月，旱蝗。

56. 康熙三年（1664 年） 蝗蝻二次进城。

57. 康熙六年（1667 年） 七月，蝗蝻遍野，秋禾尽没。

58. 康熙二十六年（1687 年） 夏，项城蝗飞蔽天，禾无恙。

59. 康熙二十七年（1688 年） 沈丘旱蝗。

60. 康熙二十八年（1689 年） 沈丘旱蝗。

61. 康熙二十九年（1690 年） 沈丘旱蝗。

62. 康熙三十年（1691 年） 麦始收，有蝗自南而北，日暮则飞，夜静则止，所落处盈尺，用火攻之，继生蛹，掘坑瘞之。

63. 康熙三十一年（1692 年）　　沈丘连岁旱蝗。

64. 康熙三十二年（1693 年）　　沈丘旱蝗。

65. 康熙三十三年（1694 年）　　飞蝗蔽天，奉文捕逐，乡民平列数里，举号鸣炮并力喊扑，蝗惊飞去；六月，蛹生复发，悬示捕捉，每斗给钱十文，远乡各自收埋，近乡赴县收于演武场，掘坑埋瘞数百石。

66. 康熙三十四年（1695 年）　　飞蝗蔽野，驱捕之，秋禾无损。

67. 康熙三十五年（1696 年）　　夏，西华飞蝗食稼，扑灭之。

68. 康熙五十一年（1712 年）　　夏六月，蝗。

69. 雍正元年（1723 年）　　　　春，西华蝗。

70. 乾隆五年（1740 年）　　　　夏四月，蝗，扑灭之，一夕抱草而死。

71. 乾隆九年（1744 年）　　　　秋，所在多蝗不入境。

原载乾隆《陈州府志》卷三十《杂志·祥异》，乾隆十二年刻本

《商水县志》

1. 明崇祯十年（1637 年）　　　蝗。

2. 崇祯十一年（1638 年）　　　蝗。

3. 崇祯十二年（1639 年）　　　春，大旱蝗。

4. 清康熙六年（1667 年）　　　秋旱，蝗飞蔽天，食稼殆尽。

5. 康熙二十八年（1689 年）　　大旱蝗，野无青草，民食树皮、草根。

6. 道光十六年（1836 年）　　　五月，飞蝗至；六月，蛹生，食禾殆尽。

7. 同治六年（1867 年）　　　　蝗生。

8. 光绪三年（1877 年）　　　　六月，蝗食禾几尽。

9. 光绪十五年（1889 年）　　　蝗蛹生。

10. 光绪十八年（1892 年）　　　五月，飞蝗蔽天，邑西南尤多。

11. 宣统二年（1910 年）　　　　四月，蝗食麦。

12. 民国十八年（1929 年）　　　秋，生蝗虫，面积约 30 里宽，高粱、谷子吃光。

13. 民国二十五年（1936 年）　　六月，蝗虫从北方飞来，玉米、谷子、高

梁吃成光秆，连过 3 个年头，均遭灾。

14. 民国三十年（1941 年）　　　　　夏，蝗虫从河泛区飞来，遮天蔽日，密密
　　　　　　　　　　　　　　　　麻麻，飞起嗡嗡作响，吃起来唰唰有
　　　　　　　　　　　　　　　　声，秋作除绿豆、红芋外，全被吃光，
　　　　　　　　　　　　　　　　飞蝗走后，生下的蝗卵又成蛹子，又成
　　　　　　　　　　　　　　　　飞蝗，作物受害惨重。

15. 民国三十一年（1942 年）　　　　河泛区各乡又生蝗虫，禾苗被吃殆尽，受
　　　　　　　　　　　　　　　　害面积 55.5 万亩，麦收仅三成。

16. 民国三十二年（1943 年）　　　　蝗灾特重。

17. 民国三十三年（1944 年）　　　　六月，自淮阳、西华一带飞来成群蝗虫，
　　　　　　　　　　　　　　　　宽约 20 里，3 天后才减少，秋作叶穗
　　　　　　　　　　　　　　　　全被吃光。

原载《商水县志》自然灾害史料表，河南人民出版社 1990 年版

《西华县志》

1. 唐开元元年（713 年）　　　　　　蝗食禾黍，声如风雨，农作严重受害。

2. 明万历四十四年（1616 年）　　　　蝗虫食禾殆尽。

3. 清康熙六年（1667 年）　　　　　　夏，蝗成灾。

4. 康熙三十三年（1694 年）　　　　　夏，飞蝗食稼。

5. 康熙三十五年（1696 年）　　　　　夏，飞蝗成灾，知县领导群众扑灭之。

6. 雍正元年（1723 年）　　　　　　　春，蝗灾。

原载《西华县志》历代自然灾害，中州古籍出版社 1993 年版

7. 乾隆十七年（1752 年）　　　　　　蝗，知府、知县督率民工用布墙法扑打，
　　　　　　　　　　　　　　　　并捐钱收买蝗蛹，蝗灭。

原载《西华县志》大事记，中州古籍出版社 1993 年版

8. 民国二十九年（1940 年）　　　　　夏，蝗虫遮天蔽日，跳蛹遍野，逾墙过屋，
　　　　　　　　　　　　　　　　秋禾无存。

9. 民国三十七年（1948 年）　　　　　蝗灾，政府领导人民捕杀蝗虫 31.13 万斤。

原载《西华县志》农业，中州古籍出版社 1993 年版

《淮阳县志》

1. 西汉元始二年（公元 2 年）　　　　秋，蝗，民捕蝗以斗受钱。

2. 东汉永初四年（110 年）　　　　　四月，多蝗。

3. 　　永初六年（112 年）　　　　　三月，蝗蝻生。

4. 　　元初二年（115 年）　　　　　五月，蝗。

5. 　　永兴元年（153 年）　　　　　七月，郡国三十二蝗，百姓饥，民流亡。

6. 　　延熹九年（166 年）　　　　　蝗灾。

7. 北齐天保八年（557 年）　　　　　自夏至九月，大蝗，人皆祭之。

8. 唐永徽元年（650 年）　　　　　　秋，蝗。

9. 　　仪凤二年（677 年）　　　　　秋，蝗。

10. 　　开元元年（713 年）　　　　　秋，蝗食禾黍，声如风雨。

11. 　　开元三年（715 年）　　　　　多蝗。

12. 　　开元四年（716 年）　　　　　夏，蝗。

13. 　　永贞元年（805 年）　　　　　秋，蝗。

14. 　　大和五年（831 年）　　　　　夏，螟蝗害稼。

15. 　　开成三年（838 年）　　　　　秋，河南蝗，草木皆尽。

16. 后梁开平元年（907 年）　　　　　六月，许、陈、汝、蔡等州蝻生。

17. 后晋天福七年（942 年）　　　　　夏四月，蝗害稼。

18. 　　天福八年（943 年）　　　　　四月，天下诸州飞蝗害稼；六月，遣官捕蝗。

19. 宋乾德二年（964 年）　　　　　　夏，蝗。

20. 　　太平兴国七年（982 年）　　　五月，陈州蝗。

21. 　　景德四年（1007 年）　　　　秋，宛丘、项城蝗。

22. 　　大中祥符二年（1009 年）　　秋，宛丘等三县蝗。

23. 　　天禧元年（1017 年）　　　　淮宁①蝗蝻复生。

24. 　　明道二年（1033 年）　　　　四月，蝗；七月，蝗。

25. 　　景祐元年（1034 年）　　　　七月，淮宁蝗。

26. 　　景祐二年（1035 年）　　　　秋七月，蝗。

27. 　　熙宁八年（1075 年）　　　　八月，蝗蔽野。

28. 　　元丰四年（1081 年）　　　　秋，淮宁蝗。

---

① 淮宁：旧府、县名，治所在今河南淮阳。

29. 崇宁三年（1104 年）　　　　　秋，大蝗。

30. 金贞祐三年（1215 年）　　　　五月，大蝗。

31. 　贞祐四年（1216 年）　　　　六月，大蝗伤禾。

32. 　兴定二年（1218 年）　　　　四月，蝗。

33. 元至元十九年（1282 年）　　　五月，蝗蔽天，人马不能行，所落沟堑尽平。

34. 　元贞元年（1295 年）　　　　六月，汴、陈等州蝗。

35. 　大德五年（1301 年）　　　　陈州蝗。

36. 明洪武五年（1372 年）　　　　夏六月，蝗。

37. 　正统五年（1440 年）　　　　陈州蝗，民饥。

38. 　成化三年（1467 年）　　　　七月，蝗蝻伤稼。

39. 　成化十九年（1483 年）　　　五月，河南蝗，陈地尤甚，岁大饥。

40. 　正德三年（1508 年）　　　　秋，陈州蝗。

41. 　正德八年（1513 年）　　　　夏，大蝗。

42. 　嘉靖八年（1529 年）　　　　春，陈州蝗。

43. 　嘉靖九年（1530 年）　　　　夏，飞蝗蔽天，食稼，民饥。

44. 　嘉靖十四年（1535 年）　　　七月，蝗。

45. 　嘉靖十五年（1536 年）　　　蝗蝻生，害稼。

46. 　嘉靖二十年（1541 年）　　　秋，蝗。

47. 　万历十年（1582 年）　　　　秋，蝗蝻害稼。

48. 　万历十五年（1587 年）　　　子蝗害稼。

49. 　万历四十四年（1616 年）　　夏，飞蝗蔽天，禾稼一空。

50. 　万历四十五年（1617 年）　　六月，有飞蝗自东南来，如烟雾蔽天，后向西北飞去，至境内伤秋禾，所经处生子，旬日蝻出蔽野，岁饥。

51. 　崇祯六年（1633 年）　　　　夏，蝗蝻蔽野。

52. 　崇祯十三年（1640 年）　　　四月，蝗，大饥。

53. 清康熙三年（1664 年）　　　　秋，蝗蝻入市。

54. 　康熙六年（1667 年）　　　　六月，飞蝗蔽天，蝗蝻蔽野，食禾殆尽。

55. 　康熙三十年（1691 年）　　　夏，蝗；麦始收，有飞蝗自南而北，日飞夜止，积地盈尺，用炮火攻之皆散去，继生蝻，随所聚，掘大坑瘗之，稼无大害。

56.　康熙三十三年（1694 年）　　　　六月，蝻，飞蝗蔽野，奉文捕逐。

57.　康熙五十一年（1712 年）　　　　夏六月，蝗。

58.　康熙六十一年（1722 年）　　　　蝗。

59.　乾隆五年（1740 年）　　　　　　四月，蝗蝻并生。

60.　乾隆五十一年（1786 年）　　　　秋，飞蝗蔽野日，坠地深尺，禾尽伤。

61.　道光十六年（1836 年）　　　　　秋，蝗。

62.　咸丰五年（1855 年）　　　　　　秋，蝗，禾尽伤。

63.　咸丰六年（1856 年）　　　　　　秋，蝗。

64.　咸丰七年（1857 年）　　　　　　秋，蝗食稼殆尽。

65.　同治二年（1863 年）　　　　　　夏，蝗食麦。

66.　光绪三年（1877 年）　　　　　　夏，飞蝗成灾。

67.　光绪二十五年（1899 年）　　　　秋，蝗蝻旋生，伤禾。

68.民国六年（1917 年）　　　　　　　秋，蝗灾，禾被害。

69.民国三十年（1941 年）　　　　　　七月，飞蝗遮天蔽日，秋禾、树叶、苇草
　　　　　　　　　　　　　　　　　　吃光。

70.民国三十一年（1942 年）　　　　　秋，蝗，禾被害。

原载《淮阳县志》自然灾害，河南人民出版社 1991 年版

民国《淮阳县志》

1.唐开成五年（840 年）　　　　　　　夏，蟓蝗害稼。

2.明崇祯七年（1634 年）　　　　　　　蝗。

3.民国四年（1915 年）　　　　　　　　六月，蝗蝻生，不为灾。

原载民国《淮阳县志》卷二十《杂志上·灾异》，民国五年刻本

道光《淮宁县志》

清乾隆六年（1741 年）　　　　　　　　夏，蝗蝻生，县令何登棨督夫役扑灭。

原载道光《淮宁县志》卷十七《名宦传·何登棨》，道光六年刻本

《鹿邑县志》

1.周襄王二十八年（前 624 年）　　　　夏，蝗。

2. 西汉征和三年（前 90 年）　　　　　蝗害。

3. 东汉永初五年（111 年）　　　　　　夏，蝗。

4. 　　永初七年（113 年）　　　　　　秋，蝗。

5. 　　兴平元年（194 年）　　　　　　夏，大蝗。

6. 唐咸通二年（861 年）　　　　　　　夏旱，生蝗。

7. 后晋天福八年（943 年）　　　　　　春大旱，遍地蝗患，官府促民捕杀。

8. 后汉乾祐二年（949 年）　　　　　　夏五月，宋州各县飞蝗，一夜间抱草死，祭之。

9. 宋乾德四年（966 年）　　　　　　　二月，蝗。

10. 　　淳化二年（991 年）　　　　　　春旱，蝗虫为害。

11. 　　至道元年（995 年）　　　　　　夏六月，蝗虫为害。

12. 　　嘉定九年（1216 年）　　　　　　六月，蝗伤田禾。

13. 元至元十九年（1282 年）　　　　　五月，蝗飞蔽天，落满沟堑。

14. 　　至正十八年（1358 年）　　　　　蝗虫为害作物。

15. 清咸丰六年（1856 年）　　　　　　六月，飞蝗落境内，食稼殆尽。

16. 　　光绪二十五年（1899 年）　　　　麦后生蝗。

17. 民国三十一年（1942 年）　　　　　七月，飞蝗自西北铺天盖地入境，落地产卵，后孵化黑蝻，田野每平方米达 600～1 000 只，一渔网捕捉三四十斤，地头挖沟，片刻捕杀一布袋，灾民晒蝻干备荒，秋作尽食，蝗蝻外迁方向一致，遇河聚成蝻团大如斗，凭水漂浮而过。

18. 民国三十二年（1943 年）　　　　　春，蝗灾，粮食奇缺。

原载《鹿邑县志》历年自然灾害简况，中州古籍出版社 1992 年版

19. 民国二十九年（1940 年）　　　　　秋，飞蝗蔽天，蝗蝻盖地，秋作全被吃光。

原载《鹿邑县志》农业，中州古籍出版社 1992 年版

光绪《鹿邑县志》

1. 蒙古至元五年（1268 年）　　　　　秋七月，蝗。

2. 元至元八年（1271 年）　　　　　　六月，蝗。

3. 明成化二十三年（1487年）　　　　　旱蝗。

4. 　嘉靖八年（1529年）　　　　　　　八月，蝗飞蔽天。

5. 万历四十四年（1616年）　　　　　　夏六月，蝗。

6. 崇祯七年（1634年）　　　　　　　　秋七月，蝗。

7. 崇祯十二年（1639年）　　　　　　　夏六月，蝗；秋，蝻生。

8. 崇祯十三年（1640年）　　　　　　　河南旱蝗，人相食。

9. 清康熙十一年（1672年）　　　　　　夏六月，蝗。

10. 　康熙二十五年（1686年）　　　　　夏六月，蝗。

11. 　康熙二十六年（1687年）　　　　　秋七月，蝗。

12. 雍正元年（1723年）　　　　　　　　旱，蝗蝻生，免民欠钱粮。

13. 乾隆五年（1740年）　　　　　　　　春，蝻生。

14. 道光十六年（1836年）　　　　　　　秋七月，蝗蝻伤稼。

15. 咸丰七年（1857年）　　　　　　　　秋七月，蝗。

16. 　咸丰八年（1858年）　　　　　　　秋，蝗。

17. 咸丰十一年（1861年）　　　　　　　夏，蝗。

18. 光绪三年（1877年）　　　　　　　　秋，大旱蝗，发义仓谷赈济。

19. 光绪十八年（1892年）　　　　　　　闰六月，蝗蝻害稼。

原载光绪《鹿邑县志》卷六下《民赋二·灾歉》，光绪二十二年刻本

《沈丘县志》

1. 周襄王二十八年（前624年）　　　　豫东旱蝗。

2. 西汉元光五年（前130年）　　　　　　十一月，蝗。

3. 东汉永初四年（110年）　　　　　　　夏，旱蝗。

4. 　熹平六年（177年）　　　　　　　　夏，蝗。

5. 　唐永徽元年（650年）　　　　　　　秋，蝗。

6. 　开元元年（713年）　　　　　　　　蝗食禾黍，声如风雨。

7. 　开元二年（714年）　　　　　　　　遭蝗灾。

8. 　开元三年（715年）　　　　　　　　遭蝗灾。

9. 　开元四年（716年）　　　　　　　　遭蝗灾。

10. 　兴元元年（784年）　　　　　　　　蝗，大饥。

11. 　永贞元年（805年）　　　　　　　　秋，旱蝗。

12.	大和五年（831 年）	夏，螟蝗害稼。
13.	开成三年（838 年）	蝗蝻害稼，草木皆尽。
14.	开成五年（840 年）	夏，螟蝗害稼。
15.	咸通二年（861 年）	夏，旱蝗，大饥。
16.	后晋天福四年（939 年）	七月，蝗害稼。
17.	天福七年（942 年）	四月，蝗害稼。
18.	天福八年（943 年）	夏，蝗害稼。
19.	宋乾德二年（964 年）	夏，旱蝗。
20.	太平兴国七年（982 年）	夏，蝗。
21.	淳化二年（991 年）	春，旱蝗。
22.	景德四年（1007 年）	八月，蝗。
23.	天禧元年（1017 年）	春，蝗蝻复生。
24.	明道二年（1033 年）	四月，蝗；七月，蝗。
25.	景祐元年（1034 年）	七月，蝗。
26.	熙宁七年（1074 年）	春至夏旱，蝗成灾。
27.	熙宁八年（1075 年）	八月，蝗虫蔽野。
28.	元丰四年（1081 年）	秋，蝗。
29.	元丰五年（1082 年）	六月，蝗。
30.	崇宁三年（1104 年）	大蝗。
31.	嘉定九年（1216 年）	夏旱，蝗伤稼。
32.	嘉定十一年（1218 年）	夏，蝗。
33.	元至元十九年（1282 年）	五月旱，蝗飞蔽天。
34.	元贞二年（1296 年）	秋，旱蝗。
35.	大德五年（1301 年）	蝗灾。
36.	至大元年（1308 年）	蝗，大饥。
37.	致和元年（1328 年）	夏，旱蝗。
38.	至顺元年（1330 年）	旱蝗。
39.	至元三年（1337 年）	夏，旱蝗。
40.	至正十八年（1358 年）	旱蝗。
41.	明洪武七年（1374 年）	旱蝗。
42.	正统五年（1440 年）	夏，旱蝗，民饥。
43.	正统六年（1441 年）	秋，蝗。

44.	正统七年（1442 年）	夏，蝗。
45.	成化三年（1467 年）	秋旱，蝗伤禾。
46.	成化十九年（1483 年）	旱蝗，人相食。
47.	正德三年（1508 年）	秋，蝗。
48.	嘉靖二年（1523 年）	秋，蝗。
49.	嘉靖八年（1529 年）	飞蝗。
50.	万历三十年（1602 年）	六月，蝗食禾，民大饥。
51.	万历四十年（1612 年）	六月，飞蝗食禾。
52.	万历四十四年（1616 年）	五月，蝗食禾。
53.	万历四十五年（1617 年）	蝗食禾。
54.	天启六年（1626 年）	十月，旱蝗。
55.	崇祯十二年（1639 年）	春，大旱蝗。
56.	清康熙六年（1667 年）	七月，飞蝗蔽天，无禾。
57.	康熙二十七年（1688 年）	旱蝗。
58.	康熙二十八年（1689 年）	旱蝗。
59.	康熙二十九年（1690 年）	旱蝗。
60.	康熙三十年（1691 年）	旱蝗。
61.	康熙三十一年（1692 年）	旱蝗。
62.	康熙三十二年（1693 年）	连岁旱蝗。
63.	乾隆五年（1740 年）	四月，蝗。
64.	道光十六年（1836 年）	六月，蝗。
65.	咸丰六年（1856 年）	夏，蝗。
66.	咸丰七年（1857 年）	夏，蝗。
67.	同治二年（1863 年）	蝗食麦。
68.	光绪二十六年（1900 年）	六月，蝗食田禾殆尽。
69.	民国九年（1920 年）	旱，蝗灾。
70.	民国十七年（1928 年）	秋，蝗灾，食苗殆尽。
71.	民国三十二年（1943 年）	夏，过飞蝗；秋，起跳蝻，盖地，谷子、高粱等作物被吃净尽。

原载《沈丘县志》历代自然灾害年表，河南人民出版社 1987 年版

72.	民国十一年（1922 年）	旱，蝗灾。

原载《沈丘县志》大事记，河南人民出版社 1987 年版

乾隆《沈邱县志》

清康熙二年（1663 年）　　　　　　　七月，旱蝗。

　　　　原载乾隆《沈邱县志》卷十一《丛纪志·灾祥》，乾隆十一年刻本

《郸城县志》

1. 民国二年（1913 年）　　　　　　夏，发生蝗蝻，秋作物受害。

2. 民国四年（1915 年）　　　　　　八月，田生蝗蝻。

3. 民国三十二年（1943 年）　　　　秋，蝗虫遮天盖地，秋禾被食殆尽。

　　　　　　　原载《郸城县志》大事记，中州古籍出版社 1992 年版

民国《项城县志》

1. 元大德五年（1301 年）　　　　　八月，蝗。

2. 明正统五年（1440 年）　　　　　夏，蝗，民饥。

3. 　正统六年（1441 年）　　　　　秋，蝗。

4. 　正统七年（1442 年）　　　　　五月，蝗。

5. 　成化三年（1467 年）　　　　　蝗伤稼。

6. 　正德三年（1508 年）　　　　　秋，蝗。

7. 　嘉靖八年（1529 年）　　　　　蝗，民饥。

8. 　万历四十五年（1617 年）　　　七月，飞蝗蔽天，其声如雨，落地入土生
　　　　　　　　　　　　　　　　　子，出而为蝻，食黍谷殆尽。

9. 　天启六年（1626 年）　　　　　旱蝗。

10. 　崇祯十年（1637 年）　　　　　蝗。

11. 　崇祯十一年（1638 年）　　　　蝗。

12. 　崇祯十二年（1639 年）　　　　大旱蝗。

13. 清康熙六年（1667 年）　　　　　秋，飞蝗蔽天，无禾。

14. 　康熙二十六年（1687 年）　　　夏，飞蝗入境。

15. 　康熙三十年（1691 年）　　　　秋，飞蝗遍野，士民捕之，不为灾。

16. 　乾隆九年（1744 年）　　　　　秋，飞蝗近境。

17. 　乾隆二十四年（1759 年）　　　七月，飞蝗遍野，未几蝻生，乡民扑灭之。

18. 道光十六年（1836 年） 六月，飞蝗蔽野伤禾；七月，蝻生，食禾
殆尽。

19. 咸丰六年（1856 年） 大旱蝗。

20. 咸丰七年（1857 年） 蝗食禾殆尽。

21. 同治二年（1863 年） 蝗食麦。

22. 光绪三年（1877 年） 六月，蝗食禾几尽。

23. 光绪十五年（1889 年） 蝗蝻生，吏民扑灭之。

24. 光绪二十六年（1900 年） 蝗食田禾殆尽。

原载民国《项城县志》卷三十一《杂事志·祥异》，民国三年石印本

《项城县志》

1. 民国二年（1913 年） 夏，蝗。

2. 民国九年（1920 年） 秋，飞蝗蔽天，始如空中撒墨，自北而南。

3. 民国二十九年（1940 年） 秋，飞蝗自北而南遮天蔽日，秋禾殆尽。

原载《项城县志》自然灾害，南开大学出版社 1999 年版

光绪《扶沟县志》

1. 宋元丰四年（1081 年） 秋，蝗。

2. 元至元十九年（1282 年） 夏五月，飞蝗蔽天，所落沟堑皆平。

3. 明洪武五年（1372 年） 蝗。

4. 正德八年（1513 年） 夏，大蝗。

5. 嘉靖八年（1529 年） 夏六月，蝗，早晚禾俱伤。

6. 万历九年（1581 年） 蝗。

7. 万历四十四年（1616 年） 夏六月，蝗。

8. 万历四十五年（1617 年） 蝗。

9. 崇祯十年（1637 年） 大蝗。

10. 清康熙三年（1664 年） 蝗。

11. 康熙六年（1667 年） 蝗食禾殆尽。

12. 乾隆五年（1740 年） 蝗。

13. 乾隆五十一年（1786 年） 秋，飞蝗蔽天，未成灾。

14.　嘉庆元年（1796 年）　　　　　秋七月，蝗，未成灾。

15.　道光十六年（1836 年）　　　　蝗。

16.　咸丰七年（1857 年）　　　　　闰五月，蝗飞蔽天，禾尽食。

17.　光绪十八年（1892 年）　　　　夏五月，蝗，设局收买。

18.　光绪十九年（1893 年）　　　　夏四月，蟓蔓生。

原载光绪《扶沟县志》卷十五《灾祥志》，光绪十九年刻本

《扶沟县志》

1. 东汉建武二十三年（47 年）　　夏，蝗，禾稼食尽。

2. 唐开元元年（713 年）　　　　　蝗食禾有声，似风雨。

3. 　永贞元年（805 年）　　　　　旱蝗。

4. 　开成二年（837 年）　　　　　秋，蝗食草木叶皆尽。

5. 后晋天福八年（943 年）　　　　旱蝗成灾。

6. 后汉乾祐二年（949 年）　　　　蝗虫为害。

7. 清光绪二十六年（1900 年）　　蝗虫为害。

8. 民国二十一年（1932 年）　　　五月，蝗蟓毁伤禾稼。

9. 民国二十四年（1935 年）　　　秋旱，蝗从西北入境，禾被食。

10. 民国三十一年（1942 年）　　　蝗灾。

11. 民国三十二年（1943 年）　　　秋，飞蝗蔽天，禾尽食。

原载《扶沟县志》大事记，河南人民出版社 1986 年版

12. 民国三十四年（1945 年）　　　旱蝗。

原载《扶沟县志》自然灾害实录，河南人民出版社 1986 年版

道光《太康县志》

1. 唐开元元年（713 年）　　　　　蝗食禾稼，声如风雨。

2. 元元贞元年（1295 年）　　　　汴梁太康等县蝗。

3. 明万历四十八年（1620 年）　　飞蝗蔽日。

4. 清康熙三十三年（1694 年）　　飞蝗蔽天，奉文捕逐，蝗落处蟓子复发，
　　　　　　　　　　　　　　　　　县示扑捉，每斗给钱十文，埋瘗千数
　　　　　　　　　　　　　　　　　百石。

5.　康熙三十四年（1695 年）　　　飞蝗遍野，县令如前驱捕，秋禾无损。

6.　乾隆五年（1740 年）　　　　　蝗。

7.　乾隆九年（1744 年）　　　　　蝗，不为害。

原载道光《太康县志》卷八《杂志·祥异》，道光八年刻本

民国《太康县志》

1. 清光绪二年（1876 年）　　　　旱蝗。

2. 民国十七年（1928 年）　　　　秋，有蝗。

3. 民国二十一年（1932 年）　　　八月，蝗蝻为灾。

4. 民国三十一年（1942 年）　　　七月，忽有飞蝗漫天至，旷野成群结队，
　　　　　　　　　　　　　　　　　盖地森列如贯，县长率署职冒暑扑蝗，
　　　　　　　　　　　　　　　　　禾稼仍蚕食殆尽。

原载民国《太康县志》卷一《通纪》，民国三十一年铅印本

《太康县志》

1. 元至正十九年（1359 年）　　　夏，飞蝗蔽日，庄稼、草木吃净。

2. 明崇祯十三年（1640 年）　　　旱蝗相继。

3. 民国二十五年（1936 年）　　　七月，蝗蝻盖地，飞蝗蔽天，声如刮风。

4. 民国三十三年（1944 年）　　　麦收后蝗灾，中共领导群众捕蝗，并拨出
　　　　　　　　　　　　　　　　　10 万千克小麦兑换蝗虫。

原载《太康县志》大事记，中州古籍出版社 1991 年版

十三、许昌市

《许昌市志》

1. 元至元十九年（1282 年）　　　五月，许州①蝗食禾稼，所至蔽日，碍人
　　　　　　　　　　　　　　　　　马不能行，饥民捕蝗为食，尽，人

---

①　许州：旧州名，治所在今河南许昌。

相食。

2. 明崇祯十三年（1640 年）　　　　　旱，蝗灾严重，秋禾尽伤。

原载《许昌市志》大事记，南开大学出版社 1993 年版

3.　　正德八年（1513 年）　　　　　　六月，许昌旱，生蝗，秋作被食殆尽。

4.　　万历四十四年（1616 年）　　　　秋，许州城郊、鄢陵、禹州飞蝗蔽日，逾
　　　　　　　　　　　　　　　　　　　　　屋越城，井灶皆满，秋作物被吃光。

5.　　万历四十五年（1617 年）　　　　六月，复生蝗蝻，秋作物又被吃光。

6.　　崇祯十一年（1638 年）　　　　　禹州、许州城郊、鄢陵生蝗，逾屋越城，
　　　　　　　　　　　　　　　　　　　　　农作物被吃光。

7.　　崇祯十二年（1639 年）　　　　　六月，蝗虫倍生，大饥。

8.　清康熙三十年（1691 年）　　　　　秋，许州城郊、鄢陵生蝗遍野，秋作物吃光。

9.　　康熙三十一年（1692 年）　　　　六月，鄢陵复生蝗蝻，秋作物吃光。

10.　　咸丰六年（1856 年）　　　　　禹州、许州蝗灾。

11.　　光绪二十六年（1900 年）　　　七月，长葛、鄢陵、许州城郊、禹州蝗蝻
　　　　　　　　　　　　　　　　　　　　　遍野，秋作物被吃光。

12.民国十七年（1928 年）　　　　　　夏，禹县、许昌、鄢陵生蝗虫，作物被吃光。

13.民国二十五年（1936 年）　　　　　禹州、长葛、许昌、鄢陵遭蝗灾。

14.民国二十六年（1937 年）　　　　　飞蝗蔽天，百万亩秋禾被毁。

15.民国三十一年（1942 年）　　　　　夏，飞蝗蔽日，大饥。

16.民国三十二年（1943 年）　　　　　夏，蝗蝻遍地，秋苗被食殆尽。

原载《许昌市志》重大自然灾害，南开大学出版社 1993 年版

《许昌县志》

1.唐开成元年（836 年）　　　　　　许州螟蝗害稼。

2.　　开成五年（840 年）　　　　　六月，许州螟蝗害稼。

3.后梁开平元年（907 年）　　　　　许州蝗蝻为害。

4.宋淳化三年（992 年）　　　　　　七月，许昌蝗。

5.　　至道二年（996 年）　　　　　七月，许州蝻食秋苗。

6.元至元九年（1272 年）　　　　　　五月，许州蝗。

7.　　至元十九年（1282 年）　　　　五月，许州蝗食禾稼、草木俱尽，所至蔽
　　　　　　　　　　　　　　　　　　　　　日，碍人马不能行，饥民捕蝗以食，继

之，人相食。

8.	至元二十二年（1285 年）	秋，许州蝗。
9.	至元二十三年（1286 年）	许州又蝗灾。
10.	至正二十二年（1362 年）	许州蝗食禾稼、草木俱尽。
11.	明洪武五年（1372 年）	许州蝗。
12.	正德八年（1513 年）	夏，许昌大旱蝗。
13.	万历九年（1581 年）	许昌蝗灾。
14.	万历四十四年（1616 年）	蝗飞蔽天，蝻遍野，逾屋越城，井灶、釜瓮皆满，禾稼尽伤。
15.	万历四十五年（1617 年）	六月，蝗。
16.	崇祯十年（1637 年）	大蝗灾。
17.	崇祯十二年（1639 年）	大旱蝗，秋禾尽伤。
18.	崇祯十三年（1640 年）	大旱蝗，秋禾尽伤。
19.	崇祯十四年（1641 年）	旱蝗。
20.	清康熙二十六年（1687 年）	五月，蝗。
21.	康熙三十年（1691 年）	六月，飞蝗蔽天，忽大雨如注，蝗不为灾。
22.	康熙五十一年（1712 年）	秋，大蝗。
23.	雍正元年（1723 年）	秋，蝗蝻为害。
24.	乾隆五十一年（1786 年）	秋，大蝗。
25.	嘉庆元年（1796 年）	七月，蝗灾。
26.	道光五年（1825 年）	六月，螣食豆叶殆尽，忽阴雨连绵，螣没，叶子复长，不为灾。
27.	道光十六年（1836 年）	七月，蝗食谷多伤。
28.	咸丰六年（1856 年）	蝗。
29.	光绪十八年（1892 年）	六月，蝗。
30.	光绪二十六年（1900 年）	八月，蝗。
31.	光绪二十七年（1901 年）	飞蝗过境。
32.	光绪二十八年（1902 年）	飞蝗过境。
33.	民国元年（1912 年）	秋，蝗灾。
34.	民国十七年（1928 年）	夏，蝗灾。
35.	民国三十一年（1942 年）	麦后飞蝗至，似云遮日，声如刮风，秋禾被害。

36. 民国三十二年（1943 年）　　　　　秋，蝗蝻遍地，逾墙越屋，谷物吃光。

　　　　　原载《许昌县志》自然灾害，南开大学出版社 1993 年版

民国《许昌县志》

1. 元元贞元年（1295 年）　　　　　六月，许州蝗。
2. 民国二年（1913 年）　　　　　夏，蝗，无麦。

　　　　　原载民国《许昌县志》卷十九《杂述上·祥异》，民国十三年石印本

道光《许州志》

1. 唐开成元年（836 年）　　　　　许州螟蝗害稼。
2. 后梁开平元年（907 年）　　　　　六月，许、陈、汝、蔡、颍五州蝝生，有野禽群飞蔽空，食之皆尽。
3. 宋至道二年（996 年）　　　　　许州有蝻虫食苗。
4. 元至元十九年（1282 年）　　　　　许地蝗食禾稼、草木俱尽，所至蔽日，碍人马不能行，饥民捕蝗以食，或曝干积之，又尽，人相食。
5. 　至元二十二年（1285 年）　　　　　许州蝗。
6. 　元贞元年（1295 年）　　　　　六月，许州蝗。
7. 　明万历九年（1581 年）　　　　　蝗。
8. 　万历四十四年（1616 年）　　　　　蝗蔽天，蝻遍野，逾屋越城，禾稼尽伤。
9. 　万历四十五年（1617 年）　　　　　六月，蝗。
10. 　崇祯十二年（1639 年）　　　　　大蝗，秋禾尽伤。
11. 　崇祯十三年（1640 年）　　　　　大旱蝗，秋禾尽伤，人相食。
12. 　崇祯十四年（1641 年）　　　　　旱蝗。
13. 清顺治十三年（1656 年）　　　　　蝗不入境。
14. 　康熙二十六年（1687 年）　　　　　五月，蝗。
15. 　康熙三十年（1691 年）　　　　　六月，飞蝗蔽天，忽大雨，蝗不为灾。
16. 　雍正元年（1723 年）　　　　　秋，蝗蝻生。
17. 　乾隆五年（1740 年）　　　　　郾城蝗。
18. 　乾隆五十一年（1786 年）　　　　　秋，大蝗。

19.	嘉庆元年（1796 年）	秋七月，蝗。
20.	道光五年（1825 年）	螣食豆叶殆尽。
21.	道光十六年（1836 年）	七月，蝗，谷多伤。

原载道光《许州志》卷十一《祥异》，道光十八年刻本

乾隆《长葛县志》

1. 明崇祯八年（1635 年）	飞蝗为灾。
2. 崇祯九年（1636 年）	飞蝗为灾。
3. 崇祯十年（1637 年）	飞蝗为害。
4. 崇祯十一年（1638 年）	飞蝗为害。
5. 崇祯十二年（1639 年）	飞蝗为害。
6. 崇祯十三年（1640 年）	飞蝗连岁为害。
7. 清康熙二十六年（1687 年）	五月，飞蝗遍野，止于路旁食草莱。
8. 康熙二十七年（1688 年）	蝗不入境。
9. 康熙三十年（1691 年）	六月旱，蝗飞蔽天，忽大雨，蝗死。

原载乾隆《长葛县志》卷八《杂述志·祥异》，乾隆十二年刻本

《长葛县志》

1. 西汉元始二年（公元 2 年）	四月至秋旱，蝗灾。
2. 东汉建武五年（29 年）	五月，颍川[①]旱，蝗伤麦。
3. 北齐天保八年（557 年）	七月，黄河以南大蝗，起飞蔽日，声如风雨。
4. 宋至道二年（996 年）	七月，蝻虫食苗。
5. 元至元十九年（1282 年）	蝗食苗、草木俱尽，所至蔽日，碍人马不能行，填坑堑皆盈，饥民捕蝗以食，或曝干积之，又尽，人相食。
6. 明嘉靖二十年（1541 年）	旱，飞蝗遍野。
7. 万历十年（1582 年）	秋，蝗食庄稼。
8. 万历三十四年（1606 年）	飞蝗自北而南，食禾几尽。

---

① 颍川：旧郡名，治所在今河南禹州。

9.　万历四十四年（1616 年）　　　　夏至秋，蝗蝻遍野，禾稼俱尽。

10.　万历四十五年（1617 年）　　　　蝗复生为灾。

11.　崇祯十四年（1641 年）　　　　连年旱蝗，民大饥。

12. 清康熙三年（1664 年）　　　　至秋不雨，蝗蝻为灾，麦秋无收。

13.　康熙四年（1665 年）　　　　八月，蝗害。

14.　康熙五年（1666 年）　　　　七月，蝗蝻成灾。

15.　康熙二十五年（1686 年）　　　　夏旱，蝗灾。

16.　康熙三十一年（1692 年）　　　　六月，蝗灾。

17.　光绪十八年（1892 年）　　　　旱，遭蝗。

18. 民国九年（1920 年）　　　　旱，遭蝗。

19. 民国三十二年（1943 年）　　　　秋，旱且蝗。

　　　原载《长葛县志》自然灾害史录，生活·读书·新知三联书店 1991 年版

20. 明万历三十五年（1607 年）　　　　夏至秋，蝗蝻弥漫四野，食禾稼俱尽。

21.　万历三十六年（1608 年）　　　　蝗蝻复生为灾。

22. 民国三十三年（1944 年）　　　　秋，蝗灾，谷子、高粱多被食。

　　　原载《长葛县志》大事记，生活·读书·新知三联书店 1991 年版

《禹州市志》

1. 宋至道二年（996 年）　　　　七月，阳翟蝗蝻食苗。

2. 元至正十九年（1359 年）　　　　蝗灾。

3. 明洪武六年（1373 年）　　　　七月，蝗灾。

4.　永乐元年（1403 年）　　　　夏，蝗灾。

5.　永乐十四年（1416 年）　　　　七月，蝗灾。

6.　宣德九年（1434 年）　　　　七月，蝗蝻盖地尺余厚，伤害庄稼。

7.　宣德十年（1435 年）　　　　四月，蝗蝻成灾。

8.　正统二年（1437 年）　　　　四月，蝗灾。

9.　成化十九年（1483 年）　　　　五月，蝗灾。

10.　嘉靖八年（1529 年）　　　　蝗虫遍四境，约厚一尺，令民捕蝗一斗给
　　　　　　　　　　　　　　　　　粮一斗，秋无大伤。

11.　嘉靖二十年（1541 年）　　　　七月，飞蝗蔽天。

12.　嘉靖四十四年（1565 年）　　　　六月，蝗灾。

13.　万历四十四年（1616 年）　　六月旱，蝗蝻厚一尺，飞蔽天，大街小巷
　　　　　　　　　　　　　　　　　皆是，禾苗食尽食人衣帽，七月尽死。

14.　崇祯八年（1635 年）　　　　旱，蝗虫成灾。

15.　崇祯十年（1637 年）　　　　七月，蝗虫成灾。

16.　崇祯十一年（1638 年）　　　六月旱，蝗灾。

17.　崇祯十七年（1644 年）　　　蝗灾。

18.　清康熙三十年（1691 年）　　夏，蝗；秋，复蝗，禾苗尽食。

19.　　康熙三十五年（1696 年）　旱，蝗虫成灾。

20.　　康熙三十六年（1697 年）　八月，蝗。

21.　　乾隆十七年（1752 年）　　秋，蝗灾。

22.　　咸丰六年（1856 年）　　　旱，蝗灾。

23.　　光绪二十六年（1900 年）　旱，蝗灾。

24.　民国三年（1914 年）　　　　六月，蝗虫为害庄稼，北从浅井，南至颍
　　　　　　　　　　　　　　　　水，谷子、玉米几乎吃尽。

25.　民国十七年（1928 年）　　　七月，飞蝗蔽日，秋苗吃尽；八月，蝗虫
　　　　　　　　　　　　　　　　延至颍南。

26.　民国十八年（1929 年）　　　七月，杏山一带蝗蝻如蚁似蝇，秋苗吃尽。

27.　民国三十二年（1943 年）　　蝗蝻成灾，盖地一层，秋绝收。

原载《禹州市志》大事记，中州古籍出版社 1989 年版

道光 《禹州志》

1.　明万历四十四年（1616 年）　夏六月，有蝗；七月雨，蝗死。

2.　清顺治五年（1648 年）　　　六月，有鸟食蝗。

3.　　康熙三十年（1691 年）　　夏，蝗；秋，复蝗，食禾无遗。

4.　　康熙三十五年（1696 年）　旱蝗。

5.　　康熙三十六年（1697 年）　八月，蝗。

6.　　康熙四十七年（1708 年）　旱蝗。

7.　　乾隆十七年（1752 年）　　秋，有蝗。

原载道光《禹州志》卷二《纪事》，道光十五年刻本

乾隆《襄城县志》

1. 明洪武二年（1369 年）		六月，开封府诸县蝗。
2. 万历四十四年（1616 年）		蝗蔽天匝地，逾屋越城，秋禾尽伤。
3. 万历四十五年（1617 年）		六月，蝗至；秋，螣生。
4. 崇祯十二年（1639 年）		蝗，秋禾伤。
5. 崇祯十三年（1640 年）		大旱蝗，秋禾伤。
6. 崇祯十四年（1641 年）		大旱，大蝗。

原载乾隆《襄城县志》卷九《杂述志·祥异》，乾隆十一年刻本

《襄城县志》

1. 元至元十九年（1282 年）　　蝗灾严重，禾草俱尽，所至蔽日，碍人马
不能行，饥民初食蝗，继而人相食。
2. 清光绪三年（1877 年）　　旱蝗频仍。
3. 民国十二年（1923 年）　　四月，蝗虫为害。
4. 民国十七年（1928 年）　　夏旱，蝗食禾几尽；九月，蝗食麦。
5. 民国三十二年（1943 年）　　七月，飞蝗自北向南入县境，遮天蔽日，
所到之处先食谷类禾苗，后食豆类作
物，除烟草外，粮食作物全被食尽。

原载《襄城县志》大事记，中州古籍出版社 1993 年版

民国《鄢陵县志》

1. 元至正十九年（1359 年）　　夏，蝗食稼、草木俱尽，所至蔽日，碍人
马行，填坑堑皆盈，饥民捕以为食，或
曝干积之，又尽，则人相食。
2. 明万历四十四年（1616 年）　　六月，蝗自东南来，城内外积厚寸余，秋
无禾。
3. 万历四十五年（1617 年）　　亦蝗。
4. 崇祯十年（1637 年）　　六月，有蝗自山东来，蔽野断青，岁大饥。
5. 崇祯十一年（1638 年）　　蝗复生，倍之。

6.　清乾隆五年（1740 年）　　　六月，遍境皆蝗，县南尤甚，秋禾损伤。

7.　　乾隆五十一年（1786 年）　秋，蝗生遍野，伤稼。

8.　　乾隆五十二年（1787 年）　六月，遍地蝗生，秋禾被伤。

9.　　嘉庆元年（1796 年）　　　五月，蝗自东来蔽野，不为灾。

10.　道光十六年（1836 年）　　夏，邑有蝗食稼，县收买蝗子。

11.　咸丰六年（1856 年）　　　有蝗，不为灾。

12.　咸丰七年（1857 年）　　　蝗生遍野，食晚禾殆尽。

13.　同治八年（1869 年）　　　夏，蝗生遍地，秋禾尽毁。

14.　光绪二十六年（1900 年）　八月，蝗蝻遍地，秋禾多毁。

原载民国《鄢陵县志》卷二十九《祥异志》，民国二十五年铅印本

《鄢陵县志》

1. 清道光二十五年（1845 年）　　蝗生遍野，秋禾食尽。

2. 民国四年（1915 年）　　　　　五月，蝗蝻遍地，秋禾咬毁。

3. 民国十七年（1928 年）　　　　生蝗蝻，遂成灾。

4. 民国二十一年（1932 年）　　　五月，蝗蝻成灾。

5. 民国三十一年（1942 年）　　　蝗虫遮天盖地，禾苗吃尽。

6. 民国三十二年（1943 年）　　　秋，蝗蝻遍地，禾多被毁。

原载《鄢陵县志》自然灾害录，南开大学出版社 1989 年版

十四、漯河市

《漯河市志》

1. 民国三十一年（1942 年）　　　蝗灾，飞蝗铺天盖地，所到之处禾苗秆光叶净，人工扑打无济于事，农民望蝗兴叹，束手无策。

原载《漯河市志》农业·植物保护，方志出版社 1999 年版

2. 民国三十二年（1943 年）　　　旱，蝗虫蔽日，秋禾食之殆尽，灾情严重。

原载《漯河市志》大事记，方志出版社 1999 年版

民国《郾城县记》

1. 元至元十九年（1282 年）		蝗食禾稼、草木尽，所至蔽日，碍人马不能行，饥民捕蝗以为食。
2. 至正十九年（1359 年）		蝗食苗、草木俱尽，所至蔽日，碍人马不能行，填坑堑皆盈，饥民捕蝗以食，或曝干积之，又尽，人相食。
3. 明正德十五年（1520 年）		蝗。
4. 万历十年（1582 年）		蝗。
5. 万历二十五年（1597 年）		蝗。
6. 万历四十四年（1616 年）		蝗。
7. 万历四十五年（1617 年）		蝗。
8. 万历四十六年（1618 年）		蝗食竹树殆尽。
9. 崇祯六年（1633 年）		蝗。
10. 崇祯八年（1635 年）		是年，旱蝗。
11. 崇祯九年（1636 年）		七月，蝗。
12. 崇祯十三年（1640 年）		秋，蝗。
13. 清康熙三十三年（1694 年）		秋，蝗自东来，蔽天。
14. 康熙三十四年（1695 年）		秋，蝗。
15. 雍正元年（1723 年）		秋，蝗。
16. 乾隆五年（1740 年）		蝗。
17. 乾隆五十年（1785 年）		秋，蝗。
18. 道光十六年（1836 年）		七月，蝗伤禾稼。
19. 光绪二年（1876 年）		秋，大旱蝗，歉收。
20. 光绪十八年（1892 年）		夏，蝗蝻生。
21. 光绪二十六年（1900 年）		旱蝗。

原载民国《郾城县记》卷五《大事篇》，民国二十三年刻本

《郾城县志》

1. 清康熙二十九年（1690 年）		秋，蝗蝻成灾，知县下令捕蝗，得蝗一斗给制钱一文，民积极捕打，蝗害方止。

2. 乾隆四十九年（1784 年）　　　　秋，禾苗与草皆被蝗虫吃光。

3. 民国三十二年（1943 年）　　　　秋，遭蝗虫侵害，遮天蔽日，秋禾侵蚀
　　　　　　　　　　　　　　　　　殆尽。

原载《郾城县志》大事记，中州古籍出版社 1993 年版

4. 元至元十九年（1282 年）　　　　蝗所至蔽日，人马不能行。

5. 清乾隆十五年（1750 年）　　　　蝗。

6. 民国三十一年（1942 年）　　　　大蝗，所至草木皆空。

原载《郾城县志》自然灾害录，中州古籍出版社 1993 年版

道光《舞阳县志》

1. 明嘉靖十四年（1535 年）　　　　群鸦食蝗，禾不为害。

2. 清康熙二十六年（1687 年）　　　蝗，不为灾。

3. 乾隆五十一年（1786 年）　　　　秋，蝗，不为灾。

原载道光《舞阳县志》卷十一《灾祥志》，道光十五年刻本

《舞阳县志》

1. 后晋天福七年（942 年）　　　　六月，旱蝗。

2. 宋咸淳二年（1266 年）　　　　　蝗虫为害。

3. 元至元十九年（1282 年）　　　　飞蝗成灾，所至蔽日，庄稼、草木被吃光。

4. 明正德十五年（1520 年）　　　　蝗灾。

5. 嘉靖七年（1528 年）　　　　　　秋旱，蝗虫为害。

6. 嘉靖二十五年（1546 年）　　　　大旱，蝗灾。

7. 万历四十五年（1617 年）　　　　飞蝗蔽日，田禾如扫。

8. 崇祯八年（1635 年）　　　　　　大旱，蝗虫为害。

9. 崇祯十三年（1640 年）　　　　　秋，蝗虫遍野，大饥。

10. 崇祯十四年（1641 年）　　　　　六月旱，蝗灾，大饥。

11. 清康熙三十年（1691 年）　　　　六月，蝗虫为害。

12. 光绪二十六年（1900 年）　　　　夏，蝗虫为害，大饥。

13. 民国三十一年（1942 年）　　　　七月，蝗虫入境，遮天蔽日，所过高粱、
　　　　　　　　　　　　　　　　　玉米、谷子等叶被吃光，几乎绝收。

14. 民国三十二年（1943 年）　　　　　秋，遍生蝗蝻。

原载《舞阳县志》自然灾害录，中州古籍出版社 1993 年版

民国《重修临颍县志》

1. 东汉永平十五年（72 年）　　　　　蝗。

2. 唐开成五年（840 年）　　　　　　夏，蝗害稼。

3. 宋淳化三年（992 年）　　　　　　蝗。

4. 元至正十九年（1359 年）　　　　　蝗食禾稼、草木俱尽，所至蔽日，饥民捕
　　　　　　　　　　　　　　　　　　蝗以为食，又尽，人相食。

5. 明正德七年（1512 年）　　　　　　蝗。

6. 　嘉靖八年（1529 年）　　　　　　六月，蝗飞蔽天。

7. 　万历九年（1581 年）　　　　　　蝗。

8. 　万历四十四年（1616 年）　　　　蝗飞蔽天。

9. 　万历四十五年（1617 年）　　　　六月，蝗。

10. 天启七年（1627 年）　　　　　　八月，蝗飞蔽天。

11. 崇祯六年（1633 年）　　　　　　蝗。

12. 崇祯七年（1634 年）　　　　　　八月，旱蝗。

13. 崇祯十三年（1640 年）　　　　　秋，蝗。

14. 崇祯十四年（1641 年）　　　　　七月，蝗。

15. 清顺治十三年（1656 年）　　　　六月，蝗。

16. 乾隆五十一年（1786 年）　　　　秋，大旱蝗。

17. 嘉庆元年（1796 年）　　　　　　七月，蝗。

18. 道光十六年（1836 年）　　　　　七月，蝗伤谷。

19. 咸丰六年（1856 年）　　　　　　蝗。

20. 光绪三年（1877 年）　　　　　　大旱蝗，秋无禾，民大饥。

21. 光绪十八年（1892 年）　　　　　蝗。

22. 光绪二十六年（1900 年）　　　　蝗，大饥。

23. 光绪二十八年（1902 年）　　　　飞蝗过境。

24. 民国二年（1913 年）　　　　　　夏，有蝗。

25. 民国三年（1914 年）　　　　　　夏，有蝗为灾。

原载民国《重修临颍县志》卷十三《杂稽志·灾祥》，民国五年铅印本

《临颍县志》

1. 民国元年（1912 年）	夏，蝗灾。
2. 民国十八年（1929 年）	是年，蝗灾。
3. 民国二十二年（1933 年）	是年，临颍蝗灾。
4. 民国三十二年（1943 年）	六月，飞蝗蔽天，跳蝻盖地，禾秃草光。

原载《临颍县志》大事记，中州古籍出版社 1996 年版

十五、平顶山市

《平顶山市志》

民国三十二年（1943 年）　　　　　蝗灾，遮天蔽日，蝗蝻铺地，秋粮绝收。

原载《平顶山市志》下卷《农业综述》，河南人民出版社 1994 年版

《鲁山县志》

1. 东汉永初三年（109 年）	蝗灾，此后连续七年蝗害，民不聊生。
2. 唐贞观元年（627 年）	六月，蝗灾。
3. 后晋天福七年（942 年）	秋，蝗灾。
4. 宋淳化元年（990 年）	秋，蝗灾。
5. 明嘉靖七年（1528 年）	旱，蝗灾严重，饥馑。
6. 嘉靖十一年（1532 年）	夏，飞蝗蔽日；秋，遍地蝗蝻，食禾无遗。
7. 嘉靖十八年（1539 年）	秋，蝗灾。
8. 万历二十五年（1597 年）	秋旱，蝗灾。
9. 崇祯十一年（1638 年）	秋旱，蝗灾。
10. 清康熙六年（1667 年）	六月，蝗灾。
11. 康熙十年（1671 年）	六月，蝗害，秋作物被啮食，歉收。
12. 康熙二十六年（1687 年）	夏，蝗灾。
13. 康熙三十年（1691 年）	七月，蝗灾，庄稼几乎绝收，免秋季税粮。
14. 康熙三十二年（1693 年）	秋旱，蝗灾。
15. 乾隆四十三年（1778 年）	秋，蝗灾。

16.	道光十六年（1836 年）	六月，蝗灾。
17.	道光十七年（1837 年）	夏旱，蝗灾。
18.	道光十八年（1838 年）	夏旱，蝗灾。
19.	咸丰六年（1856 年）	六月，大批飞蝗从东北来，蔽日遮天，禾苗被食无遗。
20.	咸丰七年（1857 年）	六月，大群飞蝗从东北来，蔽日遮光，禾苗被食无遗。
21.	民国九年（1920 年）	秋旱，蝗虫成灾。
22.	民国三十二年（1943 年）	六月，蝗虫从北向南遮天盖地而至，全县除豆类、红薯外，其余庄稼全被啮净。
23.	民国三十三年（1944 年）	五月，跳蝻破土而出，满山遍野皆是，自南而北跳动，遇墙爬越、遇水抱成团飘渡，所过之处除豆类、红薯外，其他庄稼全部啮净。

原载《鲁山县志》大事记，中州古籍出版社 1994 年版

24.	明崇祯十三年（1640 年）	秋，蝗灾。

原载《鲁山县志》自然灾害，中州古籍出版社 1994 年版

同治《叶县志》

1.	清康熙三十年（1691 年）	六月，蝗。
2.	乾隆四十七年（1782 年）	夏，蝗。
3.	道光十六年（1836 年）	五月，蝗；六月，蝻生。
4.	咸丰元年（1851 年）	四月，蝗。
5.	咸丰六年（1856 年）	四月，蝗。
6.	咸丰七年（1857 年）	五月，蝗；六月，复蝗，晚禾尽食。
7.	咸丰八年（1858 年）	六月，蝗。
8.	咸丰十一年（1861 年）	九月，蝗自东来，沿澧河数十里不绝，食麦苗，忽有群鹊如鸦去蝗首而食之，十余日蝗尽。
9.	同治元年（1862 年）	六月，蝗。

10.　　同治二年（1863 年）　　　　　　　五月，蝗；七月，蝻生。

　　原载同治《叶县志》卷一《舆地志·祥异》，光绪二十二年据同治十一年刻版后印本

《叶县志》

民国三十二年（1943 年）　　　　　　　夏，蝗虫自扶沟泛区飞来，遮天蔽日；秋，
　　　　　　　　　　　　　　　　　　　遍生蝗蝻，所经之处谷子、玉米被吃光。

　　原载《叶县志》大事记，中州古籍出版社 1995 年版

《宝丰县志》

1. 东汉永初三年（109 年）　　　　　　　蝗灾，此后连续七年蝗害，民不聊生。

2. 北齐天保八年（557 年）　　　　　　　蝗灾，自夏至秋蝗虫遍野。

3. 唐贞观元年（627 年）　　　　　　　　六月，蝗灾，大饥荒。

4. 明嘉靖七年（1528 年）　　　　　　　七月旱，蝗虫成灾，蝗自西北来，遍布县
　　　　　　　　　　　　　　　　　　　境，遮天蔽日相继数十日，田苗、树叶
　　　　　　　　　　　　　　　　　　　食尽，大饥。

5.　　万历二十四年（1596 年）　　　　　蝗灾。

6. 清康熙二十六年（1687 年）　　　　　蝗灾，蝗自东北来。

7.　　道光十六年（1836 年）　　　　　　夏，飞蝗过境，少有为害。

8.　　咸丰六年（1856 年）　　　　　　　夏，飞蝗遍野，为害庄稼，遗卵于郊。

9.　　咸丰七年（1857 年）　　　　　　　秋，蝗蝻为害严重。

10. 民国二年（1913 年）　　　　　　　　蝗灾。

11. 民国三年（1914 年）　　　　　　　　蝗灾。

12. 民国四年（1915 年）　　　　　　　　蝗灾。

13. 民国十二年（1923 年）　　　　　　　六月，飞蝗蚕食秋禾，县城附近为害严重。

14. 民国十七年（1928 年）　　　　　　　秋旱，蝗蝻食苗殆尽。

15. 民国二十二年（1933 年）　　　　　　七月，蝗蝻为灾，秋禾几被食尽，灾情奇重。

16. 民国三十一年（1942 年）　　　　　　七月，蝗虫从东北入境，遮天盖地，捕杀
　　　　　　　　　　　　　　　　　　　不尽，秋禾转眼变成光秆。

17. 民国三十二年（1943 年）　　　　　　蝗蝻遍地，爬墙越屋、穿沟渡河无所阻

挡，所过之处草禾食之殆尽。

原载《宝丰县志》灾异·虫灾，方志出版社 1996 年版

《郏县志》

1.	明万历二十四年（1596 年）	大旱，蝗虫成灾。
2.	万历四十五年（1617 年）	六月，蝗虫，谷物吃光。
3.	崇祯十一年（1638 年）	秋，旱蝗。
4.	崇祯十二年（1639 年）	大旱，蝗灾。
5.	崇祯十三年（1640 年）	大旱，蝗灾。
6.	崇祯十六年（1643 年）	蝗。
7.	清乾隆五十一年（1786 年）	七月，蝗自南来群飞蔽天，禾苗食尽。
8.	道光十六年（1836 年）	秋，旱蝗。
9.	咸丰六年（1856 年）	旱蝗。
10.	同治元年（1862 年）	秋旱，蝗飞蔽日。
11.	光绪十八年（1892 年）	旱蝗。
12.	民国十九年（1930 年）	夏，蝗蝻食禾稼。
13.	民国三十一年（1942 年）	春夏连旱，蝗飞蔽日，秋无收。
14.	民国三十二年（1943 年）	蝗成灾。

原载《郏县志》自然灾害，中州古籍出版社 1996 年版

15.	明崇祯七年（1634 年）	五月，蝗。
16.	崇祯十四年（1641 年）	旱蝗。

原载《郏县志》大事记，中州古籍出版社 1996 年版

道光《汝州全志》

1.	北齐天保八年（557 年）	汝州大蝗。
2.	元至正十八年（1358 年）	阖郡蝗，大饥。按，蝗是螽类，螽之种类甚多，《尔雅》有螽五，曰阜螽、曰草螽、曰蜇螽、曰蟿螽、曰土螽，而蝗不与焉。《诗》之阜螽、草螽、螽、斯螽，皆蝗之类，而非蝗也。《春秋》书螽者

十，则专指蝗言；故程子《春秋传》

曰：螽，蝗也。

3. 明成化二十三年（1487 年）　　　伊阳蝗。

4. 　嘉靖七年（1528 年）　　　　　伊阳蝗，大饥。

5. 　嘉靖十八年（1539 年）　　　　伊阳旱蝗。

6. 　万历二十四年（1596 年）　　　旱，大蝗。

7. 　崇祯十一年（1638 年）　　　　大旱蝗。

8. 　崇祯十二年（1639 年）　　　　四月，蝗；秋八月，蝝生。

9. 　崇祯十三年（1640 年）　　　　旱蝗，大饥，人相食。

10. 清康熙六年（1667 年）　　　　　蝗。

11. 　康熙十年（1671 年）　　　　　蝗。

12. 　康熙二十六年（1687 年）　　　鲁山蝗。

13. 　康熙三十年（1691 年）　　　　七月，蝗，蠲免钱粮。

14. 　康熙三十三年（1694 年）　　　夏，蝗。

15. 　乾隆五年（1740 年）　　　　　三月，螽。

16. 　乾隆七年（1742 年）　　　　　四月，螽，不成灾。

17. 　乾隆五十年（1785 年）　　　　旱蝗，岁大饥。

18. 　道光十六年（1836 年）　　　　六月，蝗，不为灾。

原载道光《汝州全志》卷九《灾祥》，道光二十年刻本

《汝州市志》

1. 东汉元初元年（114 年）　　　　旱蝗。

2. 后晋天福八年（943 年）　　　　五月，旱蝗，百姓流亡。

3. 宋宣和三年（1121 年）　　　　　蝗。

4. 清顺治十三年（1656 年）　　　　八月，蝗伤稼。

5. 　嘉庆十八年（1813 年）　　　　螽食麦尽。

6. 民国三十一年（1942 年）　　　　六月，蝗。

7. 民国三十二年（1943 年）　　　　特大蝗灾，群飞遮日，除豆、红薯外，玉
　　　　　　　　　　　　　　　　　　米、谷叶吃光。

原载《汝州市志》主要气象灾害，中州古籍出版社 1994 年版

8. 后梁开平元年（907 年）　　　　六月，汝州蝝生遍地，有野禽飞来啄食

净尽。

9. 宋淳化三年（992 年）　　　　　　七月，汝州旱，蝗虫抱枯草而死。

10. 民国十七年（1928 年）　　　　　　秋，蝗灾。

11. 民国二十一年（1932 年）　　　　　七月，二、四、八区蝗蝻为灾。

原载《汝州市志》大事记，中州古籍出版社 1994 年版

《舞钢市志》

1. 蒙古至元三年（1266 年）　　　　　蝗虫为害。

2. 明崇祯八年（1635 年）　　　　　　蝗虫为害。

3. 　　崇祯十三年（1640 年）　　　　秋，蝗虫为害。

4. 　　崇祯十四年（1641 年）　　　　六月，蝗灾。

5. 清光绪二十六年（1900 年）　　　　七月，蝗虫为害。

6. 民国三十二年（1943 年）　　　　　七月，遍遭蝗害，飞蝗遮天盖地，所过之
　　　　　　　　　　　　　　　　　　处平行叶脉、禾苗、草类被吃光；八
　　　　　　　　　　　　　　　　　　月，遍生蝗蝻，庄稼叶被吃掉。

原载《舞钢市志》大事记，中州古籍出版社 1993 年版

十六、南阳市

嘉庆《南阳府志》

1. 唐会昌元年（841 年）　　　　　　　七月，唐①、邓等州蝗。

2. 宋太平兴国七年（982 年）　　　　　四月，比阳②县蝻虫生，有飞鸟食之尽。

3. 元大德五年（1301 年）　　　　　　八月，唐州新野蝗。

4. 　　至治三年（1323 年）　　　　　南阳蝗。

5. 　　至顺元年（1330 年）　　　　　五月，唐州蝗。

6. 明嘉靖七年（1528 年）　　　　　　南阳蝗，大饥，人相食。

7. 　　万历四十七年（1619 年）　　　南阳蝗食稼，蝻遍野。

---

① 唐：唐州，旧州名，治所在今河南唐河。

② 比阳：旧县名，治所在今河南泌阳。

8. 崇祯十二年（1639 年）　　　　南阳蝗，草木尽食。

　　　　原载嘉庆《南阳府志》卷一《舆地志·祥异》，嘉庆十二年刻本

《南阳市志》

1. 元至大三年（1310 年）　　　　八月，旱蝗。

　　　　原载《南阳市志》历代气象灾害表，河南人民出版社 1989 年版

2. 泰定四年（1327 年）　　　　五月旱，蝗灾。

3. 明嘉靖五年（1526 年）　　　　蝗，大饥，人相食。

4. 崇祯十二年（1639 年）　　　　南阳大蝗灾，草木食尽，始飞蝗如雨，继而蝗蝻结块，数十里并排而进，自北向南，山河、城垣无阻，草木、禾稼无遗。

5. 清乾隆五十一年（1786 年）　　　　秋，蝗灾，食禾殆尽。

6. 咸丰七年（1857 年）　　　　六月，飞蝗蔽天；八月，蝻生遍野，食秋稼。

7. 民国三十二年（1943 年）　　　　秋，南阳飞蝗成灾，先后三次飞蝗如雨，秋禾被食殆尽。

　　　　原载《南阳市志》大事记，河南人民出版社 1989 年版

光绪《南阳县志》

1. 元大德四年（1300 年）　　　　南阳蝗。

2. 大德五年（1301 年）　　　　南阳蝗。

3. 至大三年（1310 年）　　　　南阳蝗。

4. 至治三年（1323 年）　　　　南阳蝗。

5. 泰定四年（1327 年）　　　　五月，南阳旱蝗。

6. 至顺元年（1330 年）　　　　五月，南阳蝗。

7. 明正统六年（1441 年）　　　　秋，南阳蝗。

8. 嘉靖七年（1528 年）　　　　南阳蝗，大饥，人相食。

9. 万历四十三年（1615 年）　　　　南阳蝗食禾。

10. 万历四十七年（1619 年）　　　　南阳蝗食稼，蝻遍野。

11. 崇祯十二年（1639 年）　　　　南阳蝗食草木尽，岁大饥，蝗蝻结块自北向南数十里并排而行，山河、城垣无

阻，草木无遗。

12. 清乾隆五十一年（1786 年）　　　　秋，蝗灾，食禾殆尽。

13.　咸丰七年（1857 年）　　　　　　六月，飞蝗蔽天，食禾殆尽；七月，蝻生遍野，食秋稼。

14.　咸丰八年（1858 年）　　　　　　五月，飞蝗入境。

15.　同治元年（1862 年）　　　　　　蝗食秋稼。

原载光绪《南阳县志》卷十二《杂记·祥异》，光绪三十年刻本

《南阳县志》

1. 清康熙三十年（1691 年）　　　　旱蝗。

2.　光绪二十五年（1899 年）　　　　秋，蝗食稼。

3. 民国四年（1915 年）　　　　　　七月，飞蝗成灾。

4. 民国三十二年（1943 年）　　　　六月，飞蝗过境，自北而南铺天盖地，歉收。

5. 民国三十四年（1945 年）　　　　夏，卧龙、王村遍生蝗蝻，蔓延成蝗群。

原载《南阳县志》历代自然灾害，河南人民出版社 1990 年版

光绪《镇平县志》

1. 明嘉靖十七年（1538 年）　　　　蝗食稼。

2.　万历四十七年（1619 年）　　　　蝗食禾。

3.　崇祯十二年（1639 年）　　　　　蝗食稼。

4. 清道光十五年（1835 年）　　　　蝗食秋稼，遗蝗子。

5.　道光十六年（1836 年）　　　　　蝗食秋稼。

6.　咸丰七年（1857 年）　　　　　　八月，蝗飞蔽天，损禾稼。

7.　光绪元年（1875 年）　　　　　　螣食麦苗。

原载光绪《镇平县志》卷一《祥异》，光绪二年刻本

《镇平县志》

1. 民国三年（1914 年）　　　　　　七月，蝗灾，秋禾受害。

2. 民国三十二年（1943 年）　　　　秋，先后三次蝗灾，作物殆尽。

3. 民国三十三年（1944 年）　　　　　九月，飞蝗成灾，秋粮减产。

原载《镇平县志》大事记，方志出版社 1998 年版

乾隆《邓州志》

1. 明崇祯七年（1634 年）　　　　　夏，蝗旱。
2. 　崇祯八年（1635 年）　　　　　夏，蝗旱，民大饥。
3. 　崇祯九年（1636 年）　　　　　夏，蝗旱，民相食。
4. 清康熙三十一年（1692 年）　　　秋七月，蝗。
5. 　康熙三十二年（1693 年）　　　三月，螽蝗生。

原载乾隆《邓州志》卷二十四《杂记·祥异》，乾隆二十年刻本

《新野县志》

1. 新莽地皇三年（22 年）　　　　　旱，蝗灾。
2. 唐光启二年（886 年）　　　　　旱，蝗灾，大饥。
3. 明嘉靖七年（1528 年）　　　　　秋旱，蝗灾，民多饿死。
4. 清乾隆五十一年（1786 年）　　　秋，蝗食禾稼殆尽。

原载《新野县志》大事记，中州古籍出版社 1991 年版

5. 唐贞观二年（628 年）　　　　　蝗甚。
6. 　贞观三年（629 年）　　　　　蝗。
7. 宋乾德二年（964 年）　　　　　唐、白河流域蝗。
8. 　元至元二十九年（1292 年）　　蝗。
9. 　　大德五年（1301 年）　　　　八月，蝗。
10. 　至大三年（1310 年）　　　　　蝗食稼。
11. 　泰定四年（1327 年）　　　　　蝗。
12. 　至顺元年（1330 年）　　　　　夏，蝗。
13. 明正德八年（1513 年）　　　　　蝗食二麦。
14. 　嘉靖十一年（1532 年）　　　　蝗飞蔽天。
15. 　嘉靖二十二年（1543 年）　　　大蝗，食禾殆尽。
16. 　万历九年（1581 年）　　　　　夏，唐、白河流域蝗，饥。
17. 　万历四十四年（1616 年）　　　六月，蝗。

18.	万历四十五年（1617 年）	六月，蝗飞蔽天，禾草间食；七月，蝗蝻遍野，禾稼一空。
19.	万历四十六年（1618 年）	蝗。
20.	万历四十七年（1619 年）	蝗食稼，蝗蝻遍野。
21.	天启元年（1621 年）	蝗。
22.	天启二年（1622 年）	大蝗。
23.	天启三年（1623 年）	蝗。
24.	天启七年（1627 年）	蝗食禾。
25.	崇祯十一年（1638 年）	蝗。
26.	清康熙三十年（1691 年）	闰七月，蝗食草不食苗。
27.	民国十八年（1929 年）	蝗，大荒。
28.	民国二十一年（1932 年）	蝗。

原载《新野县志》自然灾害，中州古籍出版社1991 年版

乾隆《新野县志》

1.	明嘉靖十五年（1536 年）	蝗飞蔽天。
2.	万历四十八年（1620 年）	蝗灾。

原载乾隆《新野县志》卷八《祥异志》，乾隆十九年刻本

《唐河县志》

1.	民国二年（1913 年）	秋，蝗灾，蝗来自东北，遮天蔽日，作物吃光。
2.	民国五年（1916 年）	五月，蝗灾，高粱、谷叶吃光，高粱减产一半，谷子绝收；秋，蝗蝻遍野。
3.	民国七年（1918 年）	六月，蝗灾，谷叶吃光。
4.	民国二十一年（1932 年）	盛夏，蝗蝻相杂由北盖地而来，过后地面植物片叶难寻。
5.	民国二十三年（1934 年）	桐寨铺一带蝗虫遍地，地面积蝗寸许，空中蝗虫蔽日，压断树枝，作物吃光。
6.	民国三十二年（1943 年）	黑龙镇以北地区过蝗虫一天一夜，作物

吃光。

原载《唐河县志》自然灾害，中州古籍出版社 1993 年版

乾隆《唐县志》①

1. 唐会昌元年（841 年）　　　　七月，唐、邓等州蝗。
2. 明天启二年（1622 年）　　　　大蝗。
3. 清康熙十九年（1680 年）　　　夏秋，大蝗。

原载乾隆《唐县志》卷一《地舆志·灾祥》，乾隆五十二年刻本

《方城县志》

1. 明嘉靖七年（1528 年）　　　　秋，蝗食禾，民大饥。
2. 嘉靖十年（1531 年）　　　　　蝗蝻，岁大饥，有父子相食。
3. 嘉靖十一年（1532 年）　　　　蝗。
4. 万历四十三年（1615 年）　　　蝗蝻食禾。
5. 万历四十四年（1616 年）　　　蝗蝻大盛，伤禾无遗。
6. 万历四十五年（1617 年）　　　飞蝗蔽天，食尽禾稼。
7. 万历四十六年（1618 年）　　　蝗。
8. 万历四十七年（1619 年）　　　蝗。
9. 泰昌元年（1620 年）　　　　　蝗。
10. 天启元年（1621 年）　　　　　大蝗。
11. 天启二年（1622 年）　　　　　大蝗。
12. 崇祯十四年（1641 年）　　　　蝗。
13. 清康熙三十年（1691 年）　　　蝗蝻。
14. 乾隆二十三年（1758 年）　　　蝗蝻丛生，为巨灾。
15. 道光十五年（1835 年）　　　　六月，蝗蝻伤禾；七月，蝗飞向东北经过裕州②坠田野，乡民捕杀，未成巨灾。
16. 咸丰六年（1856 年）　　　　　夏秋，蝗蝻为灾，禾稼减产六七成。

---

① 唐县：旧县名，治所在今河南唐河。
② 裕州：旧州名，治所在今河南方城。

17. 咸丰七年（1857年）　　　　春，蝗灾，岁饥。

18. 咸丰十年（1860年）　　　　蝗蝻大盛，食禾几尽。

19. 光绪十年（1884年）　　　　蝗。

20. 民国四年（1915年）　　　　六月，飞蝗蔽日。

21. 民国三十一年（1942年）　　夏，飞蝗遮日，蝗蝻丛生，田禾食尽，大饥。

22. 民国三十二年（1943年）　　秋，飞蝗蔽天，后蝻生，食尽秋禾，大饥。

23. 民国三十四年（1945年）　　蝗。

原载《方城县志》灾害·虫灾，中州古籍出版社1992年版

24. 清嘉庆十八年（1813年）　　夏旱，蝗为灾。

原载《方城县志》大事记，中州古籍出版社1992年版

乾隆《裕州志》

1. 明嘉靖七年（1528年）　　秋，蝗食稼，大饥，父子相食。

2. 嘉靖十年（1531年）　　　蝗蝻。

3. 嘉靖十一年（1532年）　　蝗蝻，知州率民捕打三万余石，蝗遂息。

4. 嘉靖十二年（1533年）　　邻县蝗蝻复生，独裕无害。

5. 万历四十三年（1615年）　蝗蝻大盛。

6. 万历四十四年（1616年）　蝗蝻大盛，伤禾稼无遗。

7. 万历四十五年（1617年）　有蝗蔽天，遗子遍野，禾稼如扫。

8. 天启二年（1622年）　　　蝗。

9. 清康熙三十年（1691年）　蝗蝻生。

10. 康熙五十年（1711年）　　邻县蝗生食稼，不犯境。

原载乾隆《裕州志》卷一《地理志·祥异》，乾隆五年刻本

乾隆《桐柏县志》

1. 唐开元三年（715年）　　蝗。

2. 开成二年（837年）　　　蝗。

3. 宋乾德二年（964年）　　蝗。

4. 明道二年（1033年）　　　蝗。

5. 明崇祯十二年（1639 年）　　　　飞蝗蔽天。

原载乾隆《桐柏县志》卷一《天文志·祥异》，乾隆十八年刻本

《桐柏县志》

1. 明崇祯十三年（1640 年）　　　　飞蝗蔽天。
2. 民国九年（1920 年）　　　　　　八月，蝗灾，庄稼减产四成。
3. 民国十七年（1928 年）　　　　　七月，蝗虫遍地。
4. 民国二十年（1931 年）　　　　　秋，蝗灾，食晚禾过半。
5. 民国三十年（1941 年）　　　　　秋，飞蝗自西北来落县城东，庄稼食尽。
6. 民国三十一年（1942 年）　　　　夏，飞蝗自东北铺天盖地而来，秋粮几乎绝收。
7. 民国三十二年（1943 年）　　　　秋，飞蝗吃庄稼 8 700 亩。
8. 民国三十四年（1945 年）　　　　蝗灾。

原载《桐柏县志》自然灾害·虫灾，中州古籍出版社 1995 年版

9. 民国四年（1915 年）　　　　　　秋，蝗灾。

原载《桐柏县志》大事记，中州古籍出版社 1995 年版

《南召县志》

1. 元大德四年（1300 年）　　　　蝗灾。
2. 　大德五年（1301 年）　　　　旱、蝗两灾相加。
3. 　至大三年（1310 年）　　　　蝗灾。
4. 　至治三年（1323 年）　　　　蝗灾。
5. 　泰定四年（1327 年）　　　　五月，旱、蝗两灾相加；十二月，蝗蝻遍地。
6. 　至顺元年（1330 年）　　　　五月，蝗灾。
7. 明正统六年（1441 年）　　　　秋，蝗灾。
8. 　嘉靖元年（1522 年）　　　　夏，蝗虫蔽日，大饥，民相食。
9. 　嘉靖七年（1528 年）　　　　蝗灾，大饥，人死徙过半。
10. 　万历四十三年（1615 年）　　蝗蝻大盛，禾稼被食。
11. 　万历四十七年（1619 年）　　跳蝻遍野，毁稼。
12. 　崇祯十二年（1639 年）　　　大蝗灾，飞蝗如雨，继而跳蝻结块，自北

向南数十里结排而进，所过草木无遗。

13. 清乾隆五十一年（1786 年） 秋，蝗虫食禾殆尽。

14. 咸丰七年（1857 年） 六月，飞蝗蔽天，食禾殆尽；七月，蝻生遍野，食秋稼；八月，又生蝗灾。

15. 咸丰八年（1858 年） 五月，飞蝗入境成灾。

16. 同治元年（1862 年） 秋，蝗食稼。

17. 光绪二十五年（1899 年） 秋，飞蝗蔽天，食坏庄稼。

原载《南召县志》虫灾，中州古籍出版社 1995 年版

18. 新莽地皇三年（22 年） 旱，蝗灾。

19. 民国三十年（1941 年） 秋，蝗虫遍野，绝收。

20. 民国三十一年（1942 年） 旱蝗相加，大饥。

21. 民国三十二年（1943 年） 七月，蝗虫蜂拥飞至，自东北向西南若黄尘卷滚，后又两次飞蝗如雨，秋禾被食殆尽。

22. 民国三十三年（1944 年） 四月，九分垛、青山崖一带方圆四公里内跳蝻状如蝇蚁，县政府召开捕蝗会议，机关人员分赴各乡督促捕蝗、挖卵，开展捕蝗周活动，挖卵 300 余千克。

原载《南召县志》大事记，中州古籍出版社 1995 年版

康熙《内乡县志》

1. 明天启二年（1622 年） 蝗。

2. 崇祯二年（1629 年） 旱蝗。

3. 崇祯七年（1634 年） 蝗蝝生。

4. 崇祯十年（1637 年） 蝗蝝生，积地厚尺许。

5. 崇祯十一年（1638 年） 五月，蝗。

6. 崇祯十二年（1639 年） 旱蝗。

7. 崇祯十三年（1640 年） 蝗，饥民蒸蝗而食。

8. 崇祯十四年（1641 年） 旱蝗。

9. 崇祯十五年（1642 年） 蝗。

10. 清康熙三十年（1691 年） 秋，蝗。

11. 康熙三十一年（1692 年）　　　蝗。

　　　　　原载康熙《内乡县志》卷十一《灾祥志》，康熙五十一年刻本

《内乡县志》

1. 清道光十六年（1836 年）　　　七月，蝗虫为害，所到处秋禾食尽。
2. 　咸丰七年（1857 年）　　　七月，有蝗自东飞来遮天，沟渠皆满。
3. 民国四年（1915 年）　　　六月，蝗虫自东来，各地受灾轻重不同。
4. 民国二十四年（1935 年）　　　夏，马山口一带飞蝗遮日，庄稼食尽。
5. 民国二十九年（1940 年）　　　马山口一带蝗虫为害。
6. 民国三十三年（1944 年）　　　秋，蝗虫遍及全县 15 乡镇，秋禾食尽，村

　　　　　　　　　　　民捕蝗 18.5 万千克。

　　　　　原载《内乡县志》自然灾害，生活·读书·新知三联书店 1994 年版

《淅川县志》

1. 民国十七年（1928 年）　　　八月，蝗灾。
2. 民国三十一年（1942 年）　　　蝗灾严重。

　　　　　原载《淅川县志》大事记，河南人民出版社 1990 年版

《西峡县志》

1. 明崇祯二年（1629 年）　　　旱蝗。
2. 　崇祯十一年（1638 年）　　　五月，蝗虫为害。
3. 　崇祯十三年（1640 年）　　　大饥，民蒸蝗而食。
4. 　崇祯十四年（1641 年）　　　旱蝗。
5. 　崇祯十五年（1642 年）　　　蝗。
6. 清康熙三十一年（1692 年）　　　蝗虫为害。
7. 民国十七年（1928 年）　　　秋，西峡口蝗虫为灾。
8. 民国三十三年（1944 年）　　　秋，境内蝗飞蔽日，落下盖地，所过禾苗、

　　　　　　　　　　　树叶多被吃光，丹水、丁河、回车、西

　　　　　　　　　　　峡口尤重。

原载《西峡县志》大事记，河南人民出版社 1990 年版

9. 明崇祯十年（1637 年） 蝗集地，死蝗厚尺许。

10. 崇祯十二年（1639 年） 旱蝗。

11. 清咸丰七年（1857 年） 七月，蝗自东来，遮天映月，沟渠皆满，民挥杖驱逐，遍野死蝗成堆，经冬始绝。

12. 民国四年（1915 年） 飞蝗自东南来，为害庄稼。

13. 民国五年（1916 年） 夏，蝗。

原载《西峡县志》自然灾害，河南人民出版社 1990 年版

《社旗县志》

1. 民国十八年（1929 年） 麦后蝗生。

2. 民国二十八年（1939 年） 夏，青台蝗蝻盖地。

3. 民国三十二年（1943 年） 七月，飞蝗遮天蔽日，庄稼被食尽，绝收。

原载《社旗县志》灾害性天气，中州古籍出版社 1997 年版

十七、驻马店市

《驻马店地区志》

1. 东汉永元四年（92 年） 汝南蝗灾。

2. 宋淳化三年（992 年） 七月，蔡州蝗灾。

3. 熙宁八年（1075 年） 八月，蔡州蝗灾。

4. 元元贞二年（1296 年） 六月，汝宁府蝗灾。

5. 大德五年（1301 年） 汝宁、唐州蝗灾。

6. 大德十一年（1307 年） 汝宁府各县旱蝗并发。

7. 至大三年（1310 年） 八月，汝宁各地蝗灾。

8. 泰定四年（1327 年） 六月，汝宁、南阳各地蝗灾严重。

9. 至正十九年（1359 年） 五月，河南正阳等地飞蝗蔽天，人马不能行。

10. 明嘉靖八年（1529 年） 上蔡、确山旱，蝗蝻遍野。

11. 嘉靖十八年（1539 年） 上蔡、遂平、确山旱，飞蝗蔽天。

12. 万历四十三年（1615 年） 新蔡蝗。

13.　万历四十四年（1616 年）　　　新蔡、上蔡、确山蝗食禾稼殆尽。

14.　万历四十五年（1617 年）　　　泌阳飞蝗遍野。

15.　万历四十八年（1620 年）　　　秋，驻马店蝗灾。

16.　崇祯十二年（1639 年）　　　　泌阳旱，蝗虫肆虐。

17.　崇祯十三年（1640 年）　　　　泌阳、遂平、西平、确山、上蔡、新蔡旱，
　　　　　　　　　　　　　　　　　　蝗蝻遍野，五谷不实。

18. 清顺治十八年（1661 年）　　　　确山、泌阳、汝阳旱，飞蝗肆虐。

19.　咸丰六年（1856 年）　　　　　　夏，正阳、新蔡、确山蝗虫为害。

20.　咸丰七年（1857 年）　　　　　　六月，西平、新蔡、正阳旱，蝗起。

21. 民国三年（1914 年）　　　　　　夏，正阳、泌阳蝗灾，秋粮绝收。

22. 民国五年（1916 年）　　　　　　泌阳蝗灾严重，减产五成。

23. 民国七年（1918 年）　　　　　　秋，蝗灾严重。

24. 民国三十二年（1943 年）　　　　七月，飞蝗过境，至秋蝗蝻遍野，禾稼殆尽。

原载《驻马店地区志》大事记，中州古籍出版社 2001 年版

25. 北魏太和七年（483 年）　　　　　蝗灾。

26. 宋端拱二年（989 年）　　　　　　确山、正阳、汝南飞蝗蔽天。

27. 元至大元年（1308 年）　　　　　上蔡旱，蝗灾。

28.　至正十八年（1358 年）　　　　汝南蝗灾，庄稼被吃严重。

29. 明万历二十二年（1594 年）　　　汝南、新蔡、正阳旱，蝗灾。

30.　万历三十五年（1607 年）　　　蝗蝻遍野，大饥。

31.　崇祯十一年（1638 年）　　　　汝南、泌阳旱，蝗灾。

32. 清乾隆五十一年（1786 年）　　　秋，全区蝗灾。

原载《驻马店地区志》重大自然灾害编年，中州古籍出版社 2001 年版

《驻马店市志》

1. 明嘉靖八年（1529 年）　　　　　旱蝗。

2.　嘉靖十八年（1539 年）　　　　大旱蝗。

3.　嘉靖二十六年（1547 年）　　　蝗。

4.　嘉靖三十八年（1559 年）　　　旱，飞蝗蔽天。

5.　万历四十四年（1616 年）　　　蝗食稼尽。

6.　万历四十八年（1620 年）　　　秋，蝗起。

7.　清康熙六年（1667 年）　　　　　　飞蝗蔽天。

8.　　康熙十一年（1672 年）　　　　　蝗蝻遍生。

9.　　康熙五十年（1711 年）　　　　　飞蝗遍野。

10.　咸丰六年（1856 年）　　　　　　蝗伤毁庄稼。

11.　　咸丰七年（1857 年）　　　　　六月，蝗起。

12. 民国二十一年（1932 年）　　　　蝗伤秋稼。

13. 民国三十一年（1942 年）　　　　蝗伤秋稼。

原载《驻马店市志》历年自然灾害一览表，河南人民出版社 1989 年版

14. 民国三十二年（1943 年）　　　　七月，飞蝗遍及，秋禾多遭啮食；八月，

跳蝻其大如蝇，弥漫田野，为害较飞

蝗更甚。

原载《驻马店市志》大事记，河南人民出版社 1989 年版

民国《确山县志》

1. 后梁开平元年（907 年）　　　　　蝗，寻为野禽啄食。

2. 宋端拱二年（989 年）　　　　　　春，蝗，民饥。

3. 明嘉靖八年（1529 年）　　　　　八月，蝗。

4.　嘉靖十八年（1539 年）　　　　　大旱，蝗飞蔽天。

5.　嘉靖三十六年（1557 年）　　　　飞蝗蔽天。

6.　万历四十四年（1616 年）　　　　蝗食禾稼殆尽。

7.　万历四十八年（1620 年）　　　　秋，蝗。

8.　清康熙六年（1667 年）　　　　　飞蝗蔽天，未伤禾。

9.　　康熙十一年（1672 年）　　　　蝗蝻生。

10.　康熙五十年（1711 年）　　　　　飞蝗遍野，官民捕治。

11.　　咸丰六年（1856 年）　　　　　夏六月，蝗伤禾。

12.　　同治元年（1862 年）　　　　　六月，蝗。

原载民国《确山县志》卷二十《大事记》，民国二十年铅印本

《确山县志》

1. 明万历三十四年（1606 年）　　　　蝗食禾稼殆尽。

2. 清咸丰七年（1857 年）　　　　　　六月，蝗伤稼。

3. 民国三十二年（1943 年）　　　　　　六月，飞蝗过境遍及全县，啮食秋禾；七月，跳蝻大如蝇，为害甚于飞蝗。

原载《确山县志》大事记，生活·读书·新知三联书店 1993 年版

道光《沁阳县志》

1. 明万历四十五年（1617 年）　　　　旱，蝗遍野，捕之。

2.　天启元年（1621 年）　　　　　　大蝗。

3.　崇祯十四年（1641 年）　　　　　旱蝗为灾。

4. 清顺治三年（1646 年）　　　　　六月，大蝗，有秃鹙食之，蝗尽灭。

5.　康熙五十年（1711 年）　　　　　六月，旱蝗，捕之。

6.　康熙五十一年（1712 年）　　　　四月，蝗复生，知县率人夫捕焚瘗之，盘古山一带有乌鸦数千食蝗尽。

7.　乾隆五十一年（1786 年）　　　　秋，蝗食禾尽。

原载道光《沁阳县志》卷三《灾祥志》，道光八年刻本

《沁阳县志》

1. 明万历四十五年（1617 年）　　　　夏旱，蝗遍野。

2.　天启元年（1621 年）　　　　　　大蝗成灾。

3.　崇祯十一年（1638 年）　　　　　旱蝗。

4.　崇祯十二年（1639 年）　　　　　蝗飞蔽天，落地寸草不生。

5.　崇祯十四年（1641 年）　　　　　旱蝗为灾。

6. 清顺治三年（1646 年）　　　　　六月，大蝗，自东来，有秃鹙食之尽。

7.　康熙五十年（1711 年）　　　　　六月，蝗灾。

8.　康熙五十一年（1712 年）　　　　四月，复蝗。

9. 民国七年（1918 年）　　　　　　七月，蝗灾，谷子吃光。

10. 民国三十二年（1943 年）　　　　八月，蝗灾，秋禾食尽。

11. 民国三十三年（1944 年）　　　　大蝗。

原载《沁阳县志》历代自然灾害，中州古籍出版社 1994 年版

12. 民国三年（1914 年）　　　　　　四月，蝗灾，秋无收。

13. 民国五年（1916 年）　　　　　　　六月，蝗灾，减产五成。

　　　　原载《泌阳县志》大事记，中州古籍出版社 1994 年版

《遂平县志》

1. 元至大元年（1308 年）　　　　　　旱蝗，大饥，民间采树皮、草根为食，父
　　　　　　　　　　　　　　　　　　　子相食。

2. 明嘉靖十八年（1539 年）　　　　　大旱，飞蝗蔽天。

3. 崇祯十三年（1640 年）　　　　　　特大旱蝗，麦秋不收，大饥，人相食。

4. 清光绪十三年（1887 年）　　　　　旱蝗。

　　　　　　原载《遂平县志》自然灾害，中州古籍出版社 1994 年版

5. 民国三十一年（1942 年）　　　　　秋，特重蝗灾，飞蝗之来遮天盖地，其形
　　　　　　　　　　　　　　　　　　　若云，其声似风，飞蝗之后幼蝻塞野，
　　　　　　　　　　　　　　　　　　　凡平行脉作物尽食一空。

　　　　　　原载《遂平县志》大事记，中州古籍出版社 1994 年版

民国《西平县志》

1. 明崇祯十三年（1640 年）　　　　　蝗蝻积地盈尺，飞蝗蔽日，田禾尽食，野
　　　　　　　　　　　　　　　　　　　无青草，人相食。

2. 清咸丰七年（1857 年）　　　　　　六月，飞蝗忽至，掩蔽日光，草叶尽食，
　　　　　　　　　　　　　　　　　　　惟不食豆、棉、芝麻、山芋诸物。

3. 光绪三年（1877 年）　　　　　　　蝗生，岁大饥。

　　　原载民国《西平县志》卷三十四《故实志·灾异篇》，民国二十三年刻本

《西平县志》

1. 民国十七年（1928 年）　　　　　　八月，飞蝗成灾，禾叶、树叶几乎吃光。

2. 民国三十二年（1943 年）　　　　　夏，飞蝗自东北结群入境，蔽空遮日，随
　　　　　　　　　　　　　　　　　　　之跳蝻遍地，农民焚香祈祷、击鼓惊
　　　　　　　　　　　　　　　　　　　吓、竹竿驱赶无济于事，后采用挖沟掩
　　　　　　　　　　　　　　　　　　　埋、篝火诱杀稍见成效。

原载《西平县志》大事记，中国财政经济出版社1990年版

3. 民国二十年（1931年）　　　　九月，遭蝗灾，秋禾叶穗被食。

原载《西平县志》自然灾害，中国财政经济出版社1990年版

《上蔡县志》

1. 后梁开平元年（907年）　　六月，汝南、上蔡蝗螟，有野禽群飞食之尽净。

2. 元至大元年（1308年）　　蔡境旱蝗成灾。

3. 明天顺元年（1457年）　　蝗虫为害。

4. 嘉靖八年（1529年）　　旱，蝗灾。

5. 嘉靖十八年（1539年）　　大旱，飞蝗蔽天。

6. 嘉靖三十六年（1557年）　　秋，飞蝗蔽天。

7. 万历二十四年（1596年）　　蝗螟为害。

8. 万历四十四年（1616年）　　蝗虫为害田禾。

9. 万历四十八年（1620年）　　秋，蝗灾。

10. 天启二年（1622年）　　旱，蝗灾。

11. 清康熙二十五年（1686年）　　夏旱，蝗灾。

12. 康熙三十年（1691年）　　五月旱，蝗灾。

13. 咸丰七年（1857年）　　夏，飞蝗蔽天。

14. 民国三十一年（1942年）　　秋，蝗虫从县北铺天盖地而来，大部地区受害，所到田禾尽无。

15. 民国三十二年（1943年）　　夏秋间，蝗虫成灾，飞翔于空，遮天蔽日，栖于地下，积厚寸余，农作物茎叶被食尽净。

原载《上蔡县志》自然灾害实录，生活·读书·新知三联书店1995年版

康熙《汝宁府志》

1. 后梁开平元年（907年）　　六月，汝、蔡等州蝝生，有野禽群飞食之尽。

2. 宋端拱二年（989年）　　春，汝南大旱蝗。

3. 明嘉靖八年（1529年）　　旱蝗。

4.　嘉靖十八年（1539 年）　　　　　大旱，蝗飞蔽天。

5.　嘉靖三十六年（1557 年）　　　　秋，飞蝗蔽天。

6.　万历二十四年（1596 年）　　　　蝗蝻毁稼。

7.　万历四十四年（1616 年）　　　　蝗食禾殆尽。

8.　万历四十八年（1620 年）　　　　秋，蝗。

9.　天启二年（1622 年）　　　　　　旱蝗。

10. 清康熙三十年（1691 年）　　　　五月，蝗自北来，不为灾。

原载康熙《汝宁府志》卷十六《外纪·灾祥》，康熙三十四年刻本

《汝南县志》

1. 唐开成二年（837 年）　　　　　　秋，蝗蝻害稼。

2. 宋端拱二年（989 年）　　　　　　春，旱蝗，民多饥死。

3.　淳化三年（992 年）　　　　　　　旱蝗。

4. 元大德五年（1301 年）　　　　　　秋，蝗。

5.　至大二年（1309 年）　　　　　　 八月，蝗。

6.　泰定四年（1327 年）　　　　　　 夏，旱蝗，民死者无数。

7.　天历元年（1328 年）　　　　　　 蝗灾。

8. 明天顺二年（1458 年）　　　　　　蝗虫满地，残害禾苗。

9.　嘉靖十八年（1539 年）　　　　　 大旱，飞蝗蔽天。

10.　嘉靖三十六年（1557 年）　　　　秋，汝南旱蝗。

11.　万历二十二年（1594 年）　　　　夏旱，飞蝗蔽天。

12.　万历二十四年（1596 年）　　　　夏，蝗。

13.　万历四十一年（1613 年）　　　　飞蝗蔽天。

14.　万历四十四年（1616 年）　　　　旱蝗。

15.　泰昌元年（1620 年）　　　　　　秋，蝗。

16.　天启元年（1621 年）　　　　　　秋旱，蝗灾。

17.　天启三年（1623 年）　　　　　　旱蝗。

18.　崇祯十一年（1638 年）　　　　　夏，旱蝗。

19.　崇祯十三年（1640 年）　　　　　七月，飞蝗。

20. 清顺治十八年（1661 年）　　　　　秋，蝗。

21.　康熙四年（1665 年）　　　　　　七月，蝗。

22.　　康熙三十年（1691 年）　　　　　　夏，旱蝗。

23.　　咸丰七年（1857 年）　　　　　　　秋，飞蝗蔽天。

24. 民国五年（1916 年）　　　　　　　　秋，旱蝗。

25. 民国三十年（1941 年）　　　　　　　六月，蝗虫。

26. 民国三十五年（1946 年）　　　　　　汝南遭蝗虫。

　　　　　　　原载《汝南县志》自然灾害，中州古籍出版社 1997 年版

27. 民国三十二年（1943 年）　　　　　　五月，飞蝗蔽日，芦苇、树叶、禾苗、野
　　　　　　　　　　　　　　　　　　　　草均被吃净。

　　　　　原载《汝南县志》大事记，中州古籍出版社 1997 年版

康熙《汝阳县志》①

1. 后梁开平元年（907 年）　　　　　　　汝、蔡蝗生，有禽蔽空食之尽。

2. 宋端拱二年（989 年）　　　　　　　　大旱蝗。

3. 明天顺元年（1457 年）　　　　　　　蝗，免田租。

4.　嘉靖八年（1529 年）　　　　　　　　旱蝗。

5.　嘉靖十八年（1539 年）　　　　　　　大旱，飞蝗蔽天。

6.　嘉靖三十六年（1557 年）　　　　　　飞蝗蔽天。

7.　万历四十四年（1616 年）　　　　　　蝗食禾殆尽。

8.　万历四十八年（1620 年）　　　　　　秋，蝗。

9.　清顺治十八年（1661 年）　　　　　　夏秋，大旱蝗。

10.　康熙四年（1665 年）　　　　　　　秋七月，蝗。

11.　康熙三十年（1691 年）　　　　　　五月，蝗自北来，不为灾。

　　　　原载康熙《汝阳县志》卷五《典礼志·禨祥》，康熙二十九年刻本

民国《重修正阳县志》

1. 唐开元三年（715 年）　　　　　　　　秋七月，蝗飞蔽天。

2.　开成三年（838 年）　　　　　　　　秋，大蝗，草木叶皆尽。

3. 明崇祯九年（1636 年）　　　　　　　蝗，大饥，人相食。

---

① 汝阳：旧县名，1913 年改名今河南汝南。

4.　　崇祯十年（1637 年）　　　　蝗。

5.　清道光十六年（1836 年）　　　七月，飞蝗自西北来，遮天蔽日。

6.　　咸丰六年（1856 年）　　　　秋，蝗。

7.　　咸丰七年（1857 年）　　　　秋七月，蝗蝻繁生，如蜂聚而来，过城越
　　　　　　　　　　　　　　　　池，沟路不绝；九月，飞蝗蔽天，禾稼
　　　　　　　　　　　　　　　　尽为所食。

8.　　同治六年（1867 年）　　　　七月，蝻螣暴发，食苗殆尽，大饥。

9.　　同治十一年（1872 年）　　　蝗。

10.　　光绪六年（1880 年）　　　　飞蝗蔽天日，草木、禾稼尽被吃秃。

11.　　光绪十七年（1891 年）　　　是年，有蝗由皮店南飞一昼夜，逾淮而南。

原载民国《重修正阳县志》卷三《大事记》，民国二十五年铅印本

嘉庆《正阳县志》

1. 唐咸通三年（862 年）　　　　夏六月，蝗。

2. 后梁开平元年（907 年）　　　夏六月，许、陈、汝、蔡、颍五州蝝生，有
　　　　　　　　　　　　　　　　野禽群飞食之尽。

3. 宋庆历八年（1048 年）　　　　汝南蝗。

4.　乾道元年（1165 年）　　　　汝南蝗，姚岳贡死蝗，其佞坐黜。

5.　淳熙三年（1176 年）　　　　夏六月，蝗起京东北，蔽空翳日；七月，
　　　　　　　　　　　　　　　　蔡、汝诸州蝗，俄抱草自死。

6. 元至正十九年（1359 年）　　　蝗飞蔽天，所落沟堑尽平，民大饥。

7.　天顺元年（1328 年）　　　　蝗，免租。

8. 明万历二十一年（1593 年）　　蝗，人相食。

9.　清康熙二十九年（1690 年）　　秋七月，旱蝗。

10.　康熙三十二年（1693 年）　　　夏四月，旱蝗。

11.　康熙三十三年（1694 年）　　　秋七月，旱蝗。

12.　乾隆五十一年（1786 年）　　　秋，蝗。

原载嘉庆《正阳县志》卷九《补遗上·祥异》，嘉庆元年刻本

《正阳县志》

1. 民国三十二年（1943 年）　　　飞蝗蔽天，草木、禾叶被食尽。

原载《正阳县志》自然灾害，方志出版社 1996 年版

2. 民国二十六年（1937 年）　　　　蝗虫大作。

原载《正阳县志》农业，方志出版社 1996 年版

《新蔡县志》

1. 西汉元始二年（公元 2 年）　　　秋，蝗虫遍野，民捕蝗以石斗缴官领钱。

2. 东汉永平九年（66 年）　　　　　夏秋间，蝗。

3. 　　永平十五年（72 年）　　　　七月，蝗起，谷不收。

4. 　　永初四年（110 年）　　　　　大蝗。

5. 　　永初五年（111 年）　　　　　大蝗。

6. 　　永初六年（112 年）　　　　　大蝗。

7. 　　永兴元年（153 年）　　　　　蝗飞蔽天，为害广远。

8. 唐开成二年（837 年）　　　　　　夏，大蝗，草木皆尽。

9. 　　开成三年（838 年）　　　　　蝗蝻害稼。

10. 后晋天福七年（942 年）　　　　四月，飞蝗害田，食草木皆尽。

11. 　　天福八年（943 年）　　　　四月，复蝗。

12. 宋端拱二年（989 年）　　　　　四月，飞蝗遍野。

13. 　　淳化元年（990 年）　　　　七月，复蝗。

14. 　　淳化三年（992 年）　　　　七月，蝗，蛾抱草自死。

15. 元至大元年（1308 年）　　　　　蝗。

16. 　　至大二年（1309 年）　　　　八月，蝗。

17. 　　至大三年（1310 年）　　　　八月，蝗。

18. 　　泰定四年（1327 年）　　　　蝗。

19. 　　天历元年（1328 年）　　　　蝗。

20. 　　天历二年（1329 年）　　　　蝗。

21. 　　至顺元年（1330 年）　　　　蝗。

22. 　　至正十八年（1358 年）　　　蝗飞蔽日如云涌，所落沟堑尽平，农田一空。

23. 　　至正十九年（1359 年）　　　蝗飞蔽日如云涌，所落沟堑尽平，农田一空。

24. 明嘉靖七年（1528 年）　　　　　蝗食禾穗殆尽。

25. 　　嘉靖八年（1529 年）　　　　七月，蝗飞蔽天。

26. 　　嘉靖十八年（1539 年）　　　蝗飞蔽天。

27.　　嘉靖三十六年（1557年）　　　飞蝗蔽天。

28.　　万历二十四年（1596年）　　　夏秋间，蝗蝻毁稼。

29.　　万历三十四年（1606年）　　　蝗。

30.　　万历三十五年（1607年）　　　秋，蝗蝻遍野。

31.　　万历三十七年（1609年）　　　蝗。

32.　　万历四十三年（1615年）　　　蝗自北来，无翼，遍野，纠缠相抱如磉，渡河延城而进，入房厨、卧榻啮人衣物，久则生羽飞去。

33.　　万历四十四年（1616年）　　　蝗蝻害稼。

34.　　万历四十五年（1617年）　　　蝗蝻害稼。

35.　　万历四十六年（1618年）　　　蝗蝻害稼。

36.　　天启元年（1621年）　　　　　蝗虫伤禾。

37.　　天启二年（1622年）　　　　　蝗虫伤禾。

38.　　天启六年（1626年）　　　　　秋，飞蝗蔽天盖地，食禾殆尽。

39.　　崇祯十年（1637年）　　　　　夏，飞蝗食禾。

40.　　崇祯十一年（1638年）　　　　夏，飞蝗食禾。

41.　　崇祯十二年（1639年）　　　　夏秋间，飞蝗蔽天，蝗蝻为害。

42.　　崇祯十三年（1640年）　　　　夏秋间，飞蝗蔽天，蝗蝻为害。

43.　清康熙二十九年（1690年）　　　飞蝗食禾。

44.　　康熙三十年（1691年）　　　　飞蝗食禾。

45.　　康熙三十一年（1692年）　　　飞蝗食禾。

46.　　乾隆五十三年（1788年）　　　春，蝗蝻生，食禾稼一空。

47.　　咸丰七年（1857年）　　　　　七月，蝗蝻生，如蜂聚而来，接连不绝；九月，又过飞蝗，遮天盖地，秋禾尽为所食。

48.　　光绪二十八年（1902年）　　　七月，蝗虫为害。

49.民国三年（1914年）　　　　　　入夏不雨，蝗虫大起。

50.民国五年（1916年）　　　　　　秋，蝗虫为害。

51.民国三十二年（1943年）　　　　飞蝗自南来，田禾食尽，至秋跳蝻遍地，屋室内外如团，民做饭扑锅。

52.民国三十三年（1944年）　　　　复蝗灾。

原载《新蔡县志》自然灾害，中州古籍出版社1994年版

53. 清咸丰六年（1856 年）　　　　　夏秋间，旱，蝗虫为害，稻粱无收。

原载《新蔡县志》大事记，中州古籍出版社 1994 年版

《平舆县志》

1. 西汉元光五年（前 130 年）　　　八月，蝗虫遍地。

2. 明嘉靖七年（1528 年）　　　　旱，飞蝗蔽天，饥民饿死大半。

3. 　嘉靖八年（1529 年）　　　　秋旱，飞蝗蔽天。

4. 　嘉靖十八年（1539 年）　　　旱，飞蝗蔽天。

5. 　嘉靖三十六年（1557 年）　　秋旱，飞蝗蔽天。

6. 　万历四十八年（1620 年）　　秋，蝗。

7. 清顺治十八年（1661 年）　　　秋，旱蝗。

8. 　康熙四年（1665 年）　　　　七月，蝗。

9. 　康熙三十年（1691 年）　　　蝗。

10. 　咸丰七年（1857 年）　　　　六月，飞蝗遮天盖地，禾稼尽为所食。

11. 民国五年（1916 年）　　　　　秋，蝗虫为虐。

12. 民国三十一年（1942 年）　　　七月，飞蝗成灾。

13. 民国三十二年（1943 年）　　　七月，飞蝗蔽日，庄稼叶、草树叶全被
　　　　　　　　　　　　　　　　　吃光。

原载《平舆县志》自然灾害，中州古籍出版社 1995 年版

十八、信阳市

《信阳地区志》

1. 明万历十三年（1585 年）　　　光州①旱，蝗灾严重。

2. 　崇祯十三年（1640 年）　　　信阳、光山旱，蝗灾严重。

3. 清咸丰六年（1856 年）　　　　信阳、光州旱，蝗灾。

4. 民国三十年（1941 年）　　　　是年，息县蝗灾。

5. 民国三十一年（1942 年）　　　豫南蝗虫为害。

---

① 光州：旧州名，治所在今河南潢川。

6. 民国三十二年（1943 年）　　　　　　秋，固始、潢川、光山等地蝗灾，庄稼
殆尽。

原载《信阳地区志》大事记，生活·读书·新知三联书店 1992 年版

民国《重修信阳县志》

1. 清咸丰七年（1857 年）　　　　　　　夏秋，蝗虫蔽天，玉蜀黍及竹林受损。
2. 　光绪三年（1877 年）　　　　　　　是年，蝗灾，先是蝗蝻怒生，后蝗群南飞，
三日不绝，最大一群宽长数十里，天为
之黑。
3. 民国四年（1915 年）　　　　　　　　夏，东南乡蝗，知事下乡扑灭，未成灾。

原载民国《重修信阳县志》卷三十一《大事记·灾变》，民国二十五年铅印本

《信阳县志》

民国三十一年（1942 年）　　　　　　　稻熟时，蝗群由北向南飞，每群宽一里、长
数里，历时 3 天，高粱、玉米、谷子受灾
严重。

原载《信阳县志》自然灾害，河南人民出版社 1990 年版

《罗山县志》

1. 　明嘉靖二十四年（1545 年）　　　　飞蝗蔽天，禾黍食尽。
2. 　　嘉靖三十四年（1555 年）　　　　飞蝗蔽天，禾黍食尽。
3. 　　嘉靖三十五年（1556 年）　　　　飞蝗蔽天，禾黍食尽。
4. 　　万历四十四年（1616 年）　　　　蝗灾。
5. 　　万历四十五年（1617 年）　　　　旱、蝗灾并发。
6. 　　万历四十八年（1620 年）　　　　蝗灾。
7. 　　天启元年（1621 年）　　　　　　水、旱、蝗灾相继发生。
8. 　　天启二年（1622 年）　　　　　　旱、蝗灾并发。
9. 　　崇祯十二年（1639 年）　　　　　飞蝗入境，五谷、衣物俱食。
10. 　崇祯十三年（1640 年）　　　　　旱、蝗灾并发。

11. 清康熙六年（1667 年）　　　　　秋，飞蝗蔽天，绵亘数里，禾黍食尽。

12. 康熙二十七年（1688 年）　　　　蝗灾。

13. 康熙三十年（1691 年）　　　　　蝗灾。

14. 康熙五十年（1711 年）　　　　　旱，飞蝗蔽天，食麦禾，大饥。

15. 乾隆十年（1745 年）　　　　　　四月，蝗蝻遍发。

16. 民国三十二年（1943 年）　　　　八月，飞蝗蔽日。

原载《罗山县志》自然灾害，河南人民出版社 1987 年版

嘉庆《息县志》

1. 后梁开平元年（907 年）　　　　　六月，蟓生，野禽群飞食之皆尽。

2. 宋端拱二年（989 年）　　　　　　春，大旱蝗。

3. 元致和元年（1328 年）　　　　　　夏五月，蝗。

4. 明嘉靖八年（1529 年）　　　　　　秋，旱蝗，岁饥。

5. 嘉靖十八年（1539 年）　　　　　　大旱蝗。

6. 嘉靖三十四年（1555 年）　　　　　蝗，民饥。

7. 嘉靖三十六年（1557 年）　　　　　秋，飞蝗蔽天。

8. 万历二十四年（1596 年）　　　　　蝗蝻毁稼。

9. 万历三十四年（1606 年）　　　　　蝗，大饥，民流。

10. 万历三十七年（1609 年）　　　　大旱蝗，民流。

11. 万历四十四年（1616 年）　　　　旱蝗。

12. 万历四十六年（1618 年）　　　　蝗。

13. 万历四十七年（1619 年）　　　　蝗。

14. 万历四十八年（1620 年）　　　　旱蝗。

15. 天启二年（1622 年）　　　　　　旱蝗。

16. 崇祯十三年（1640 年）　　　　　大旱蝗。

17. 清康熙二十九年（1690 年）　　　秋旱，飞蝗。

原载嘉庆《息县志》卷八《内纪·灾异》，嘉庆四年刻本

《息县志》

1. 清康熙六年（1667 年）　　　　　飞蝗蔽天。

2.　康熙五十年（1711 年）　　　　飞蝗蔽天，害禾苗。

3.　乾隆十年（1745 年）　　　　　五月，蝗蝻遍发。

4.　咸丰六年（1856 年）　　　　　秋，蝗蝻遍地，为害庄稼。

5.　光绪三年（1877 年）　　　　　蝗遍地，伤害庄稼。

6.民国三十二年（1943 年）　　　夏，飞蝗蔽日，田禾、树叶、杂草吃光。

7.民国三十三年（1944 年）　　　夏，蝗蝻遍地，为害庄稼。

原载《息县志》自然灾害，河南人民出版社 1989 年版

8.民国三十年（1941 年）　　　　蝗虫聚成一里多宽、数里长的蝗带，所过
　　　　　　　　　　　　　　　　庄稼吃光。

原载《息县志》大事记，河南人民出版社 1989 年版

《光山县志》

1.唐咸通三年（862 年）　　　　　五月，蝗。

2.明嘉靖七年（1528 年）　　　　旱，蝗食禾苗殆尽。

3.　嘉靖八年（1529 年）　　　　七月，蝗飞蔽天，凡能充饥草木顷刻皆尽。

4.　万历十三年（1585 年）　　　夏，旱蝗，人相食。

5.　崇祯十三年（1640 年）　　　旱蝗，人相食。

6.清同治二年（1863 年）　　　　四月，蝗起，所过皆成赤地。

7.　光绪三年（1877 年）　　　　旱，蝗至，地赤年荒。

8.　民国三年（1914 年）　　　　春，蝗虫大发，二麦歉收。

9.　民国三十一年（1942 年）　　七月，蝗虫为灾。

10.民国三十二年（1943 年）　　　蝗虫遮天蔽日。

11.民国三十四年（1945 年）　　　旱，蝗灾，不亚于 1942 年。

原载《光山县志》自然灾害，中州古籍出版社 1991 年版

12.清咸丰六年（1856 年）　　　　旱，蝗虫为灾，颗粒不收。

原载《光山县志》大事记，中州古籍出版社 1991 年版

乾隆《光山县志》

1.清雍正九年（1731 年）　　　　夏六月，有虫似蝗，蚕食竹叶，已捕除。

2.　乾隆五十一年（1786 年）　　秋七月，有飞蝗渡淮而南，督捕不能尽，

大雨，群蝗尽死。

原载乾隆《光山县志》卷三十二《杂记》，乾隆五十一年刻本

民国《光山县志约稿》

清咸丰四年（1854 年）　　　　　　六月，蝗蔽天日。

原载民国《光山县志约稿》卷一《地理志·灾异》，民国二十五年铅印本

《新县志》

1. 民国三年（1914 年）　　　　　　春，蝗起，麦豆歉收。
2. 民国三十五年（1946 年）　　　　夏，沙窝地区蝗灾。

原载《新县志》大事记，河南人民出版社 1990 年版

《潢川县志》

1. 西汉元始二年（公元 2 年）　　　旱，蝗虫成灾，民捕蝗交官，按升斗计钱。
2. 后晋天福八年（943 年）　　　　春夏间，光州旱蝗，庄稼、树叶全被吃光。
3. 明嘉靖十八年（1539 年）　　　　大旱，蝗灾。
4. 　万历十三年（1585 年）　　　　旱，蝗灾严重，人相食。
5. 　崇祯十三年（1640 年）　　　　光州旱，蝗灾严重，粮食减产。
6. 　崇祯十四年（1641 年）　　　　春，旱蝗交作。
7. 清康熙三十年（1691 年）　　　　春夏间，旱蝗。
8. 　咸丰五年（1855 年）　　　　　光州遭旱灾、蝗灾。
9. 民国三十一年（1942 年）　　　　旱，蝗灾。
10. 民国三十二年（1943 年）　　　　秋，蝗灾，飞蝗过境，宽 2.5 公里、长 4 公里，形似一股黄烟，过后豆黍、稻粱株棵无存。
11. 民国三十三年（1944 年）　　　　四月，蝗虫为害，县提出"捕蝗等于抗战"的口号，县长率队督战，日捕杀蝗虫 3 000斤。

原载《潢川县志》大事记，生活·读书·新知三联书店 1992 年版

《商城县志》

1. 明嘉靖八年（1529 年） 　　　　　旱蝗，禾不登，民饥。

2. 　嘉靖十九年（1540 年） 　　　　秋，蝗为灾。

3. 　万历十三年（1585 年） 　　　　夏，旱蝗。

4. 　万历四十六年（1618 年） 　　　飞蝗蔽天，民大饥。

5. 　天启二年（1622 年） 　　　　　旱蝗交加，伤禾。

6. 　崇祯十二年（1639 年） 　　　　飞蝗蔽天，禾尽，民大饥。

7. 　崇祯十三年（1640 年） 　　　　旱蝗，无禾。

8. 清康熙二十九年（1690 年） 　　　秋，蝗飞蔽天。

9. 　同治二年（1863 年） 　　　　　蝗起，所过成白地。

10. 民国三年（1914 年） 　　　　　夏旱，蝗起。

11. 民国三十三年（1944 年） 　　　夏，蝗起。

　　　　　原载《商城县志》主要自然灾害一览表，中州古籍出版社 1991 年版

12. 明天启元年（1621 年） 　　　　夏秋，飞蝗又起，苗尽伤。

13. 清顺治二年（1645 年） 　　　　蝗疫交加，民不聊生。

　　　　　　原载《商城县志》大事记，中州古籍出版社 1991 年版

《固始县志》

1. 东汉永初五年（111 年） 　　　　蝗灾。

2. 西晋咸宁四年（278 年） 　　　　蝗灾。

3. 宋淳熙九年（1182 年） 　　　　蝗灾。

4. 元大德五年（1301 年） 　　　　蝗灾。

5. 　明嘉靖八年（1529 年） 　　　　蝗灾。

6. 　嘉靖十八年（1539 年） 　　　　秋，蝗灾。

7. 　嘉靖三十六年（1557 年） 　　　八月，蝗灾。

8. 　万历十三年（1585 年） 　　　　蝗灾。

9. 　天启二年（1622 年） 　　　　　蝗灾。

10. 　崇祯十三年（1640 年） 　　　　大旱，蝗灾。

11. 清康熙六年（1667 年） 　　　　八月，蝗灾。

12. 　康熙五十三年（1714 年） 　　　蝗灾。

13.	乾隆三十五年（1770 年）	六月，蝗灾。
14.	乾隆五十一年（1786 年）	八月，飞蝗入境，伤禾稼。
15.	咸丰六年（1856 年）	蝗灾，害稼。
16.	民国二十二年（1933 年）	蝗灾，庄稼损失七成。
17.	民国二十三年（1934 年）	夏，蝗灾。
18.	民国二十四年（1935 年）	七月，飞蝗遍野，颗粒无收，饥民死者甚多。
19.	民国三十二年（1943 年）	夏，飞蝗由东北蜂拥而至，遮天蔽日，落聚成堆，覆盖田野，民众日夜捕蝗时达旬余，城郊等地禾稼尽伤。
20.	民国三十三年（1944 年）	秋，蝗虫奇多，作物歉收。

原载《固始县志》大事记，中州古籍出版社 1994 年版

乾隆《重修固始县志》

1.	东晋太兴二年（319 年）	五月，淮陵、临淮、淮南、安丰、庐江等五郡蝗食秋麦。
2.	唐咸通三年（862 年）	六月，淮南、河南蝗。
3.	光启二年（886 年）	淮南蝗。
4.	明成化十八年（1482 年）	秋，大蝗。
5.	弘治十三年（1500 年）	八月，蝗。
6.	清乾隆九年（1744 年）	七月，江南飞蝗入境，不伤禾稼。

原载乾隆《重修固始县志》卷十五《大事表·祥异》，乾隆五十一年刻本

《淮滨县志》

经查，1986 年河南人民出版社出版的县志中无蝗灾记载。

第四章

江苏省地方志中的蝗灾记载

一、江苏综合志

至正《金陵新志》

1. 杨吴大和四年（932 年）	金陵钟山之阳，积飞蝗尺余厚。
2. 宋淳化二年（991 年）	三月，诏以旱蝗自焚，翌日雨。
3. 淳化四年（993 年）	江浙淮陕比岁旱蝗，遣使分路巡抚。
4. 皇祐五年（1053 年）	十月，旱蝗。
5. 隆兴元年（1163 年）	七月，旱蝗。
6. 嘉定元年（1208 年）	五月，蝗。
7. 嘉定二年（1209 年）	四月，蝗；夏，大旱，蝗为灾。
8. 嘉定三年（1210 年）	建康①旱蝗，民饥。
9. 嘉定八年（1215 年）	两浙、江苏旱蝗，运使真德秀义仓米赈之。
10. 嘉熙四年（1240 年）	旱蝗。
11. 元泰定四年（1327 年）	溧阳蝗。
12. 至正三年（1343 年）	八月，蝗。

原载至正《金陵新志》卷三《金陵表》，至正四年刻本

民国《江苏省通志稿》

1. 东汉中元元年（56 年）	山阳、楚②、沛多蝗。

---

① 建康：旧府名，治所在今江苏南京。
② 楚：古国名，治所在今江苏徐州。

465

2.	永初四年（110 年）	夏四月，徐州蝗。
3.	东晋太兴元年（318 年）	六月，兰陵、合乡蝗害禾稼；七月，东海、彭城、下邳①蝗害禾豆；八月，徐州蝗食生草尽。
4.	太兴二年（319 年）	五月，徐州、扬州诸郡蝗。
5.	北魏太和六年（482 年）	徐州蝗害稼。
6.	唐贞观三年（629 年）	五月，徐州蝗。
7.	永贞元年（805 年）	六月，徐州飞蝗蔽天而下，旬日不息，木叶、畜毛俱尽，民蒸蝗，曝，扬去足翅而食之。
8.	开成五年（840 年）	海州、扬州螟蝗害稼。
9.	光启元年（885 年）	淮南蝗自西来，行而不飞，浮水缘城入扬州府署，竹树、幢节一夕如剪，幡帜、画像皆啮去其首，扑不能止，旬日自相食。
10.	南唐保大十一年（953 年）	溧水旱蝗。
11.	宋淳化三年（992 年）	七月，彭城军蝗，蛾抱草自死。
12.	大中祥符九年（1016 年）	秋，如皋蝗。
13.	天禧元年（1017 年）	夏，江淮旱蝗，大风吹蝗入海或抱草木僵死。
14.	天禧二年（1018 年）	江阴蝻虫生。
15.	宝元二年（1039 年）	六月，扬州旱蝗。
16.	庆历元年（1041 年）	淮南旱蝗。
17.	皇祐五年（1053 年）	建康府蝗。
18.	熙宁六年（1073 年）	江宁府飞蝗自江北来。
19.	元符元年（1098 年）	秋八月，高邮②军蝗抱草死。
20.	崇宁元年（1102 年）	夏，淮南蝗。
21.	建炎二年（1128 年）	扬州大蝗。
22.	绍兴二十六年（1156 年）	秋，如皋蝗，有鹜食之尽。
23.	绍兴二十九年（1159 年）	七月，盱眙军三十里蝗，为风所坠，复飞

---

① 彭城：旧县名，治所在今江苏徐州；下邳：旧郡名，治所在今江苏睢宁西北。
② 高邮：宋军名，治所在今江苏高邮。

还淮北。

24. 绍兴三十二年（1162年）　　　六月，扬州、通州①蝗。

25. 淳熙三年（1176年）　　　　　七月，如皋大蝗，东台蝗，楚州②界飞蝗
　　　　　　　　　　　　　　　　　声如雷，逾时大雨，蝗皆死，禾稼
　　　　　　　　　　　　　　　　　不伤。

26. 淳熙九年（1182年）　　　　　七月，真③、扬、泰三州蝗群飞绝江，坠
　　　　　　　　　　　　　　　　　镇江皆害稼，如皋、泰兴蝗。

27. 淳熙十年（1183年）　　　　　旧蝗遗育害稼，仪征蝗，有鹜食之。

28. 绍熙二年（1191年）　　　　　七月，高邮蝗，至于泰州。

29. 绍熙五年（1194年）　　　　　八月，楚州蝗。

30. 庆元元年（1195年）　　　　　七月，高邮旱，飞蝗自凌塘飞至城，皆抱
　　　　　　　　　　　　　　　　　草死，其脑各有一蛆食之。

31. 庆元二年（1196年）　　　　　夏，高邮旱蝗。

32. 嘉泰二年（1202年）　　　　　秋，蝗自丹阳入武进若烟雾蔽天，其坠亘
　　　　　　　　　　　　　　　　　十余里。

33. 开禧三年（1207年）　　　　　夏，江阴飞蝗蔽天。

34. 嘉定八年（1215年）　　　　　四月，江、淮蝗食禾苗、山林、草木皆尽。

35. 嘉定十年（1217年）　　　　　四月，楚州蝗。

36. 嘉熙四年（1240年）　　　　　建康蝗，平江④大市人肉；八月，嘉定旱，
　　　　　　　　　　　　　　　　　蝗食秋稻、木叶、屋茅。

37. 淳祐二年（1242年）　　　　　五月，两淮蝗，泰兴蝗。

38. 淳祐六年（1246年）　　　　　六月，泰兴、如皋蝗飞蔽天。

39. 景定三年（1262年）　　　　　平江蝗，不为灾。

40. 蒙古至元二年（1265年）　　　徐、邳州⑤蝗，丰县蝗食禾稼。

41. 元至元十七年（1280年）　　　五月，邳州蝗。

42. 至元十九年（1282年）　　　　七月，清河⑥蝗飞蔽天，自西北来，凡经
　　　　　　　　　　　　　　　　　七日，禾稼俱尽。

---

① 通州：旧州名，治所在今江苏南通。
② 楚州：旧州名，治所在今江苏淮安。
③ 真：真州，旧州名，治所在今江苏仪征。
④ 平江：旧府名，治所在今江苏苏州。
⑤ 邳州：旧州名，治所在今江苏睢宁西北。
⑥ 清河：旧县名，治所在今江苏淮安。

43.	元贞二年（1296 年）	六月，常州蝗。
44.	大德元年（1297 年）	六月，邳州蝗。
45.	大德二年（1298 年）	扬州旱蝗。
46.	大德三年（1299 年）	七月，扬州属县蝗，有鹜食之。
47.	大德四年（1300 年）	五月，扬州旱蝗。
48.	大德五年（1301 年）	八月，江都①、兴化、高邮、常州蝗。
49.	大德六年（1302 年）	五月，扬州路蝗；七月，丹徒蝗。
50.	大德九年（1305 年）	六月，通、泰等处蝗，上海旱蝗。
51.	至大元年（1308 年）	八月，扬州蝗。
52.	至大二年（1309 年）	六月，江宁、上元②、句容、溧水、高邮、高淳蝗。
53.	至治元年（1321 年）	五月，泰兴蝗；七月，江都、泰兴蝗。
54.	泰定三年（1326 年）	七月，淮安、高邮蝗。
55.	天历二年（1329 年）	七月，淮安属县蝗。
56.	至顺元年（1330 年）	七月，扬州路蝗。
57.	明洪武五年（1372 年）	七月，徐州蝗。
58.	建文三年（1401 年）	常州蝗。
59.	建文四年（1402 年）	京师飞蝗蔽天，旬日不息，常州蝗。
60.	宣德三年（1428 年）	如皋蝗，有鹜食之。
61.	宣德十年（1435 年）	四月，南京蝗蝻伤稼。
62.	正统五年（1440 年）	夏，淮安蝗。
63.	正统六年（1441 年）	夏，淮安蝗。
64.	正统十二年（1447 年）	夏，江浦大蝗，淮安蝗，饥。
65.	景泰六年（1455 年）	江阴、武进旱蝗。
66.	景泰七年（1456 年）	六月，淮安、扬州大蝗，仪征、通州、如皋、泰兴旱蝗；九月，应天③蝗。
67.	成化四年（1468 年）	秋，淮安旱蝗，愈捕愈甚，大雨，蝗尽死。
68.	成化七年（1471 年）	盐城旱，蝗食稼。
69.	成化十五年（1479 年）	盐城旱蝗。

① 江都：旧县名，治所在今江苏扬州。
② 上元：旧县名，治所在今江苏南京。
③ 应天：旧府名，治所在今江苏南京。

70.	成化十六年（1480 年）	东台旱，蝗自东北来，蔽空翳日。
71.	弘治四年（1491 年）	夏，淮安、扬州蝗。
72.	弘治十八年（1505 年）	高邮、通州旱蝗，饥。
73.	正德三年（1508 年）	东台大旱蝗。
74.	正德八年（1513 年）	淮安旱蝗。
75.	嘉靖三年（1524 年）	六月，徐州蝗，安东①旱蝗。
76.	嘉靖七年（1528 年）	夏，东台旱蝗。七月，盐城蝗，民饥；常州旱蝗。
77.	嘉靖八年（1529 年）	六月，昆山、嘉定、江阴、仪征、常州蝗，食草木、竹、芦荻殆尽。七月，高邮旱蝗；东台、如皋、泰兴、松江蝗飞蔽天，蝻满民庐。八月，扬州蝗飞蔽天。
78.	嘉靖九年（1530 年）	秋，东台、如皋、泰兴、仪征蝗。
79.	嘉靖十年（1531 年）	夏，萧县蝗，东台、如皋蝗蝻生。
80.	嘉靖十一年（1532 年）	五月，仪征、丰县、常州蝗，食禾苗、草木殆尽；秋，溧水蝗。
81.	嘉靖十二年（1533 年）	东台、砀山蝗。
82.	嘉靖十四年（1535 年）	通州、如皋、泰兴、江浦大旱蝗。
83.	嘉靖十五年（1536 年）	六月，高邮旱蝗，不为灾；仪征蝗蝻生。
84.	嘉靖十八年（1539 年）	七月，高淳蝗，大雾三日，蝗尽死；青浦旱，蝗食禾几尽。
85.	嘉靖十九年（1540 年）	七月，高邮、东台、通州、如皋、泰兴旱蝗。
86.	嘉靖二十年（1541 年）	夏，通州、如皋、泰兴旱蝗。
87.	嘉靖二十三年（1544 年）	睢宁蝗不入境。
88.	嘉靖二十四年（1545 年）	常州大旱蝗。
89.	嘉靖三十四年（1555 年）	秋，泰州、东台蝗食草无遗；江浦蝗，不为灾。
90.	嘉靖三十八年（1559 年）	秋，东台蝗。
91.	嘉靖三十九年（1560 年）	秋，丰县蝗。

---

① 安东：旧县名，治所在今江苏涟水。

92.	万历十年（1582 年）	沭阳大旱蝗；铜山蝗，不为灾。
93.	万历十一年（1583 年）	夏，扬州大旱蝗，有鹜及海鸽食之；淮安、睢宁蝗。
94.	万历十五年（1587 年）	夏，淮安大旱蝗，草木皆空。
95.	万历十七年（1589 年）	秋，萧县、扬州、东台旱蝗。
96.	万历十八年（1590 年）	扬州、仪征、东台旱蝗。
97.	万历二十六年（1598 年）	溧水旱蝗。
98.	万历三十四年（1606 年）	海州、赣榆、沭阳蝗。
99.	万历三十七年（1609 年）	九月，徐州蝗。
100.	万历三十八年（1610 年）	五月，淮安蝗飞蔽天，海州、赣榆、沭阳旱蝗。
101.	万历四十一年（1613 年）	夏，泰兴大蝗，无禾；通州飞蝗害稼。
102.	万历四十四年（1616 年）	五月，淮安飞蝗蔽天。秋，通州、如皋蝗；江宁蝗蝻大起，禾黍、竹树皆尽；江浦蝗，不为灾。
103.	万历四十五年（1617 年）	四月，宜兴、江阴蝗；高淳、泰州旱蝗；江浦、常州蝗，不为灾；东台蝗食禾尽。夏，如皋蝗，高邮大旱蝗。
104.	万历四十六年（1618 年）	夏，东台旱，蝗生。
105.	万历四十七年（1619 年）	高淳蝗。
106.	万历四十八年（1620 年）	高淳蝗，不害稼。
107.	天启四年（1624 年）	赣榆蝗。
108.	天启五年（1625 年）	高邮、盐城旱蝗。
109.	天启六年（1626 年）	夏，江北旱蝗，淮安、泰州旱蝗，海州蝗。
110.	天启七年（1627 年）	秋，丰县蝗。
111.	崇祯元年（1628 年）	夏，蝗伤麦。
112.	崇祯五年（1632 年）	萧县、砀山蝗。
113.	崇祯七年（1634 年）	萧县、丰县亦蝗，飞蝗食禾木，啮人衣。
114.	崇祯九年（1636 年）	五月，徐州、高淳、沭阳蝗，赣榆蝗，有鹜食之。
115.	崇祯十年（1637 年）	徐州蝗，饥。
116.	崇祯十一年（1638 年）	夏，徐州、丰县蝗食禾苗尽；砀山蝗，饥；

南京、溧水、嘉定旱蝗。八月，常州、仪征蝗，宜兴、泰州旱蝗；江阴、东台蝗飞蔽天，草木无遗。

117. 崇祯十二年（1639 年）　四月，高淳蝗；五月，江阴、常州旱蝗；夏，砀山蝗，通州、泰兴、如皋、泰州、东台旱蝗。

118. 崇祯十三年（1640 年）　五月，南京蝗。

119. 崇祯十四年（1641 年）　六月，南京、苏州、溧水旱蝗；夏，松江、常州、盐城、赣榆、沭阳、高邮、徐州旱蝗，嘉定蝗飞蔽天；八月，高淳大旱蝗；秋，昆山蝗。

120. 崇祯十五年（1642 年）　四月，松江、赣榆蝗蝻生，食禾尽。

121. 清顺治七年（1650 年）　泰州旱蝗。

122. 顺治十二年（1655 年）　六月，宜兴旱蝗。

123. 顺治十四年（1657 年）　如皋旱蝗。

124. 顺治十八年（1661 年）　铜山、萧县、砀山蝗蝻生；江阴蝗，不为灾。

125. 康熙五年（1666 年）　赣榆、桃源①蝗，江浦大旱蝗。

126. 康熙六年（1667 年）　夏，清河蝗食草尽；东台蝗飞蔽天；高淳蝗，不为灾。八月，仪征蝗。

127. 康熙七年（1668 年）　八月，铜山蝗蝻为灾。

128. 康熙十年（1671 年）　溧水、赣榆旱蝗。

129. 康熙十一年（1672 年）　夏，常州蝗；六月，东台、江阴蝗飞蔽天；七月，苏州、松江蝗自北来，半月悉去。

130. 康熙十三年（1674 年）　盐城旱蝗。

131. 康熙十八年（1679 年）　苏州蝗飞蔽天；八月，上海蝗，未伤禾。

132. 康熙二十五年（1686 年）　安东蝗蝻生。

133. 康熙三十年（1691 年）　夏，常州蝗不入境。

134. 康熙三十八年（1699 年）　夏，通州、泰兴、如皋大旱蝗；秋，江阴

①　桃源：旧县名，治所在今江苏泗阳。

蝗，不为灾。

135.	康熙五十年（1711 年）	安东旱蝗。
136.	康熙五十二年（1713 年）	盐城蝗。
137.	康熙五十五年（1716 年）	秋，蝗发邳州，徐州邻县蝗，抱草死。
138.	康熙五十七年（1718 年）	秋，江浦蝗，不为灾。
139.	康熙六十一年（1722 年）	秋，溧水蝗自东来，害禾苗。
140.	雍正元年（1723 年）	夏，高淳蝗伤稼；秋，江浦蝗，江阴飞蝗四塞。
141.	雍正二年（1724 年）	五月，苏州、昆山、金山、青浦、通州、如皋、嘉定蝗；高淳蝗蝻生，不为灾。
142.	雍正三年（1725 年）	泰兴蝗。
143.	雍正七年（1729 年）	夏，泰州、东台、通州、如皋旱蝗；江都蝗自投江，未伤禾。
144.	雍正九年（1731 年）	七月，青浦蝵生，金山蝗蝵食禾。
145.	雍正十三年（1735 年）	六月，山阳旱蝗；砀山蝗，不为灾。
146.	乾隆元年（1736 年）	溧水蝗。
147.	乾隆三年（1738 年）	夏，清河、山阳、盐城旱蝗；七月，溧水、高淳、宜兴蝗蝻生。
148.	乾隆四年（1739 年）	溧水蝗，不为灾。
149.	乾隆九年（1744 年）	五月，淮安蝗，不为灾；秋，如皋、铜山蝗，东台旱蝗。
150.	乾隆二十四年（1759 年）	如皋旱蝗。
151.	乾隆三十三年（1768 年）	东台旱蝗。
152.	乾隆三十九年（1774 年）	秋，江阴蝗。
153.	乾隆四十年（1775 年）	泰州、宜兴、江阴、荆溪①蝗。
154.	嘉庆十九年（1814 年）	夏，高邮旱蝗。
155.	嘉庆二十年（1815 年）	五月，武进、阳湖②蝗，不为灾。
156.	道光十五年（1835 年）	六月，溧水、高淳旱蝗。
157.	道光十六年（1836 年）	秋，通州、句容、江阴、高邮、仪征皆蝗，

---

① 荆溪：旧县名，治所在今江苏宜兴。
② 阳湖：旧县名，治所在今江苏常州市武进区。

不为灾。

158.	道光十七年（1837 年）	夏，江阴蝗；如皋蝻生，不为灾。
159.	道光二十九年（1849 年）	睢宁蝗，不为灾。
160.	咸丰六年（1856 年）	七月，娄县、上海、南汇、奉贤、青浦蝗；秋，武进、阳湖、句容、溧水蝗，苏州、嘉定蝗食稼，通州、泰兴、睢宁、萧县、高邮旱蝗成灾。
161.	咸丰七年（1857 年）	春，上海、句容、溧水蝗，高淳、江阴、奉贤、南汇蝗蝻生；七月，苏州、萧县蝗飞蔽天。
162.	咸丰八年（1858 年）	上海蝗，嘉定蝗蝻生，雨，俱死；秋，睢宁蝗伤稼。
163.	同治元年（1862 年）	春，高邮旱蝗；七月，苏州飞蝗声如雷。
164.	光绪元年（1875 年）	句容、溧水蝗，不为灾。
165.	光绪二年（1876 年）	春，泰兴旱蝗；高邮蝗灾；清河蝗蝻生，食禾几尽。秋，睢宁蝗。
166.	光绪三年（1877 年）	五月，武进、阳湖、高淳飞蝗遍野；六月，娄县蝗；秋，高邮蝗灾，安亭、黄渡蝗，睢宁蝗。
167.	光绪四年（1878 年）	句容、溧水蝗，不害稼。
168.	光绪十年（1884 年）	春，泰兴蝗蝻生，有蛤蟆食之尽。
169.	光绪十八年（1892 年）	句容旱蝗。
170.	光绪二十六年（1900 年）	夏，句容蝗，不为灾。
171.	宣统元年（1909 年）	六月，淮安、扬州属县蝗。

原载民国《江苏省通志稿》11《灾异志》，江苏古籍出版社 2000 年版

乾隆《江南通志》

1. 唐光启二年（886 年）		淮南蝗自西来，行而不飞，浮水缘城入扬州，府署竹树、幢节一夕如剪，捕不能止，旬日自相食尽。
2. 宋天禧元年（1017 年）		江淮大风吹蝗入江海或抱草木僵死，和州

蝗生卵。

3. 明崇祯十四年（1641年）　　　　苏州大旱蝗，疫。

4. 清康熙六年（1667年）　　　　临淮、怀远、泗州①、颍州、霍邱蝗蝻
　　　　　　　　　　　　　　　　为灾。

5. 康熙十一年（1672年）　　　　临淮县蝗，不为灾。

6. 康熙二十五年（1686年）　　　　安东蝗蝻生，泗州旱蝗。

7. 康熙二十七年（1688年）　　　　安东县蝗蝻。

8. 康熙二十九年（1690年）　　　　宝应县旱蝗，不为灾；秋，宿州蝗，大饥。

9. 康熙三十年（1691年）　　　　是岁，武进飞蝗蔽江而来，旋绕江岸不入
　　　　　　　　　　　　　　　　境，大雨毙蝗若丘积。

10. 康熙五十年（1711年）　　　　安东县旱蝗。

11. 康熙五十五年（1716年）　　　　徐州邻县蝗入境，皆抱草自死。

12. 康熙五十七年（1718年）　　　　江浦县蝗，不为灾。

13. 雍正七年（1729年）　　　　江都县忽集蝗蝻无数，旋皆自投于江。

原载乾隆《江南通志》卷一百九十七《杂类志·祺祥》，乾隆二年刻本

《江苏省志·农业志》

1. 民国十七年（1928年）　　　　夏，南京、镇江等地发生飞蝗，沪宁铁路
　　　　　　　　　　　　　　　　沿线下蜀地方蝗虫群集路轨，火车不能
　　　　　　　　　　　　　　　　通行，镇上商店不敢开门营业。

2. 民国二十一年（1932年）　　　　夏，丰县、沛县、铜山、泗阳、阜宁、赣
　　　　　　　　　　　　　　　　榆、宝应、海门、涟水、淮安、如皋、
　　　　　　　　　　　　　　　　泰兴等县发生蝗灾。

3. 民国二十二年（1933年）　　　　六月，溧水、江浦、高邮、宝应、盐城、
　　　　　　　　　　　　　　　　东台、阜宁、灌云、东海、六合等县
　　　　　　　　　　　　　　　　蝗蝻；七月，镇江飞蝗成灾，稻苗
　　　　　　　　　　　　　　　　殆尽。

4. 民国二十六年（1937年）　　　　六月，苏北蝗虫猖獗，蔓延东海等10余

---

① 泗州：旧州名，原治所在今江苏盱眙西北，清康熙十九年（1680年）陷入洪泽湖而寄治盱眙县，乾
隆四十二年（1777年）移治虹县，治所在今安徽泗县。

个县，受灾 3 000 余顷。

5. 民国三十一年（1942 年）　　　盐城蝗灾，蝗蝻之多，百年所仅见。

6. 民国三十四年（1945 年）　　　阜宁蝗，民众灭蝻11.4 万担①。

7. 民国三十六年（1947 年）　　　七月，苏北淮安、邳县、睢宁、灌云发生
　　　　　　　　　　　　　　　　蝗灾。

原载《江苏省志·农业志》大事年表，江苏古籍出版社 1997 年版

二、南京市

万历《应天府志》

1. 东晋太元十六年（391 年）　　　五月，飞蝗从南来，集堂邑②县害苗稼。

2. 唐咸通九年（868 年）　　　　　江淮旱蝗。

3. 宋皇祐五年（1053 年）　　　　江宁府蝗。

4. 　熙宁六年（1073 年）　　　　江宁府飞蝗自江北来。

5. 　淳熙九年（1182 年）　　　　七月，六合蝗。

6. 　嘉定二年（1209 年）　　　　建康蝗旱，大饥。

7. 　淳祐六年（1246 年）　　　　六月，江淮飞蝗蔽空，集食禾豆。

8. 元元贞二年（1296 年）　　　　六月，建康蝗，发粟赈之。

9. 　至大二年（1309 年）　　　　六月，江宁、上元、溧水、句容蝗。

10. 明洪武四年（1371 年）　　　　溧阳蝗虫遍野，免税粮。

11. 　正统十二年（1447 年）　　　五月，六合蝗。

12. 　嘉靖八年（1529 年）　　　　六合飞蝗蔽天。

13. 　嘉靖十一年（1532 年）　　　夏秋，六合、溧水蝗。

14. 　嘉靖十四年（1535 年）　　　溧阳、江浦、六合蝗旱，赈之。

15. 　嘉靖十五年（1536 年）　　　句容蝗蝻生。

16. 　嘉靖二十九年（1550 年）　　　七月，六合蝗。

原载万历《应天府志》卷一至三《郡纪》，万历五年刻本

---

① 担为非法定计量单位，1 担＝50 千克。下同。——编者注

② 堂邑：旧县名，治所在今江苏六合北。

光绪《续纂江宁府志》

1. 清同治二年（1863 年）　　　　溧水蝗。
2. 　光绪三年（1877 年）　　　　上元邑绅倡捐积谷、捕蝗蝻。
3. 　光绪四年（1878 年）　　　　上元掘除蝗子。

原载光绪《续纂江宁府志》卷十《大事表》，光绪六年刻本

康熙《江宁县志》

1. 南朝梁大同三年（537 年）①　　　大蝗，松柏叶皆食。
2. 元大德二年（1298 年）　　　　江宁等邑大蝗。

原载康熙《江宁县志》卷十二《灾祥志》，康熙二十二年刻本

同治《上江两县志》

1. 东晋大兴二年（319 年）　　　　夏五月，扬州蝗。
2. 唐咸通九年（868 年）　　　　江淮旱蝗。
3. 杨吴大和四年（932 年）　　　　钟山之阳积蝗尺许。
4. 宋嘉定二年（1209 年）　　　　夏，建康大旱蝗。
5. 　嘉定三年（1210 年）　　　　建康旱蝗，赈之。
6. 　嘉定八年（1215 年）　　　　夏，江东旱蝗，赈之。
7. 元元贞二年（1296 年）　　　　六月，建康蝗，赈之。
8. 　至正三年（1343 年）　　　　八月，蝗。
9. 明建文四年（1402 年）　　　　京师飞蝗蔽天。
10. 　宣德九年（1434 年）　　　　遣官捕蝗，敕南京各官行视灾伤。
11. 　宣德十年（1435 年）　　　　四月，南京蝗蝻伤稼。
12. 　正统五年（1440 年）　　　　夏，应天旱蝗。
13. 　正统八年（1443 年）　　　　夏，南畿蝗。
14. 　景泰七年（1456 年）　　　　九月，应天旱蝗。

---

① 原作"梁大同初"。这次蝗灾记载，与《隋书·五行志》的蝗灾记载一致。据《梁书·武帝纪》考证，大同年间只有大同三年（537 年）记有"九月，南兖州大饥"和"是岁，饥"等语，其他各史大同年间均无蝗灾为害记载，故应为梁大同三年。

15.　　弘治七年（1494 年）　　　　　　南畿蝗。

16.　　崇祯十一年（1638 年）　　　　　六月，南京旱蝗。

17.　　崇祯十三年（1640 年）　　　　　五月，南京旱蝗，大饥。

18.　　崇祯十四年（1641 年）　　　　　六月，南畿大旱蝗，民饥。

原载同治《上江两县志》卷二《大事记》，同治十三年刻本

康熙《上元县志》

1. 东晋太元十六年（391 年）　　　　五月，飞蝗从南来，集堂邑县界。

2. 宋皇祐五年（1053 年）　　　　　　江宁府蝗。

3.　熙宁六年（1073 年）　　　　　　　江宁府飞蝗自江北来。

4.　嘉定二年（1209 年）　　　　　　　建康蝗旱，大饥，诏收养弃道小儿。

5. 元至大二年（1309 年）　　　　　　六月，上元蝗。

6. 明崇祯十三年（1640 年）　　　　　旱蝗，大饥，斗米千钱。

7. 清康熙二十六年（1687 年）　　　　八月，蝗。

原载康熙《上元县志》卷十三《五行志》，康熙六十年刻本

乾隆《上元县志》

1. 唐咸通九年（868 年）　　　　　　　江淮旱蝗。

2. 宋天禧元年（1017 年）　　　　　　　江、淮南蝗。

3.　乾道三年（1167 年）　　　　　　　江东蝗。

4.　淳祐六年（1246 年）　　　　　　　六月，江淮飞蝗蔽天，集食禾豆。

5. 元元贞二年（1296 年）　　　　　　六月，建康蝗。

原载乾隆《上元县志》卷一《天官·庶征》，乾隆十六年刻本

《栖霞区志》

民国三十四年（1945 年）　　　　　　境内太平、仙鹤、尧化、龙潭等地蝗蝻成
　　　　　　　　　　　　　　　　　　灾，乡设灭蝗队，乡长任队长，保长任
　　　　　　　　　　　　　　　　　　分队长，甲长任小队长，限期消灭。

原载《栖霞区志》自然灾害，方志出版社 2002 年版

《江浦县志》

1. 明嘉靖十四年（1535 年）　　　　旱，蝗灾。
2. 清道光十五年（1835 年）　　　　旱，蝗灾。
3. 　咸丰六年（1856 年）　　　　秋，大旱，飞蝗遍野，饿死者无数。
4. 　光绪十七年（1891 年）　　　　夏旱，蝗灾。

　　　　　　　原载《江浦县志》自然灾害，河海大学出版社 1995 年版

《浦口区志》

1. 东晋太元十六年（391 年）　　　　飞蝗从南来，集堂邑县界，害苗稼。
2. 清咸丰六年（1856 年）　　　　秋，浦口大旱，飞蝗遍野，饥死者无数。

　　　　　　　原载《浦口区志》自然灾害，方志出版社 2005 年版

光绪《六合县志》

1. 东晋太元十六年（391 年）　　　　飞蝗集县界，害苗稼。
2. 明正统十二年（1447 年）　　　　夏，大蝗。
3. 　嘉靖三年（1524 年）　　　　旱蝗。
4. 　嘉靖十一年（1532 年）　　　　夏，蝗，知县令民捕蝗，照斗给谷。
5. 　万历四十四年（1616 年）　　　　七月，蝗从山东来，飞蔽天，声如雷，布
　　　　　　　　　　　　　　　　　境遍野，伤稼过半，濒江芦苇如刈。
6. 　崇祯十一年（1638 年）　　　　夏，蝻从天长北来，大如蜂蝇无数，团结
　　　　　　　　　　　　　　　　　渡城河，循女墙入城，人民相视震恐，
　　　　　　　　　　　　　　　　　入县堂内衙庖湢盈尺许，倏忽而去。
7. 清咸丰六年（1856 年）　　　　大旱，飞蝗蔽天。

　　　　　　　原载光绪《六合县志》附录·杂事，光绪十年刻本

民国《六合县续志稿》

1. 清光绪三年（1877 年）　　　　夏，蝗飞蔽天，县令民捕蝗，每石给钱数百。
　　　　　　　　　　　　　　　　　驻浦吴统领派兵分布六合捕蝗，蝗始绝。

2. 民国三年（1914 年）　　　　　　秋，旱蝗，岁饥。

　　　　原载民国《六合县续志稿》卷十八《祥异》，民国九年石印本

《六合县志》

1. 东晋大兴三年（320 年）　　　　五月，徐州及扬州、江西诸郡蝗。

2. 唐咸通九年（868 年）　　　　　江淮旱，蝗灾。

3. 宋熙宁六年（1073 年）　　　　　江宁府飞蝗自江北来。

4. 　淳熙九年（1182 年）　　　　　七月，六合蝗。

5. 　嘉定元年（1208 年）　　　　　五月，江浙大蝗。

6. 　嘉熙四年（1240 年）　　　　　蝗。

7. 　淳祐六年（1246 年）　　　　　六月，江淮飞蝗蔽空，集食禾豆。

8. 明嘉靖八年（1529 年）　　　　　秋，大蝗，群飞蔽天。

9. 　嘉靖十四年（1535 年）　　　　旱，蝗灾。

10. 　嘉靖二十九年（1550 年）　　　七月，六合蝗。

11. 　万历四十五年（1617 年）　　　旱蝗。

12. 　天启三年（1623 年）　　　　　蝗蝻丛生，麦禾俱伤。

13. 清雍正元年（1723 年）　　　　　旱蝗为灾。

14. 民国十八年（1929 年）　　　　　盱眙蝗蝻遍野，波及六合。

　　　　　　　原载《六合县志》自然灾害，中华书局 1991 年版

15. 民国三十四年（1945 年）　　　　七月，大批飞蝗由东而西入六合境，群众
　　　　　　　　　　　　　　　　　　大力捕灭之。

　　　　　　　原载《六合县志》大事记，中华书局 1991 年版

道光 《竹镇纪略》①

1. 明崇祯七年（1634 年）　　　　　旱，飞蝗相并。

2. 　崇祯十一年（1638 年）　　　　五月，大蝗，蝗集处有异鸟如鹳大，啄食
　　　　　　　　　　　　　　　　　　之；秋七月，又大蝗。

　　　　　　　原载道光《竹镇纪略》卷上《祥异第二》，道光十一年刻本

————————————

① 竹镇：乡镇名，在今江苏六合西北。

《溧水县志》

1. 南唐保大十一年（953 年）　　　　旱蝗。
2. 元至大二年（1309 年）　　　　六月，蝗。
3. 明嘉靖十一年（1532 年）　　　　夏秋，蝗。
4. 万历二十六年（1598 年）　　　　旱蝗。
5. 崇祯十三年（1640 年）　　　　五月，旱蝗，大饥。
6. 崇祯十四年（1641 年）　　　　六月，飞蝗遍野，饥。
7. 清康熙十年（1671 年）　　　　旱蝗。
8. 康熙六十一年（1722 年）　　　　秋旱，飞蝗自东来，害禾苗。
9. 乾隆元年（1736 年）　　　　境西北有蝗。
10. 乾隆四年（1739 年）　　　　白鹿乡蝗。
11. 道光十五年（1835 年）　　　　旱蝗。
12. 咸丰六年（1856 年）　　　　旱蝗。
13. 咸丰七年（1857 年）　　　　四月，蝗蝻如蚁。
14. 同治二年（1863 年）　　　　蝗。
15. 光绪元年（1875 年）　　　　蝗。
16. 光绪四年（1878 年）　　　　蝗。
17. 光绪十八年（1892 年）　　　　秋，蝗。
18. 民国十七年（1928 年）　　　　七月，蝗由句容入境。
19. 民国十八年（1929 年）　　　　四月，白鹿、上原、仙坛、山阳、思鹤、赞贤、仪凤等乡蝗害，县成立捕蝗会。
20. 民国二十二年（1933 年）　　　　蝗蝻生。

原载《溧水县志》自然灾异录，江苏人民出版社 1990 年版

21. 民国二十四年（1935 年）　　　　蝗虫遍野。

原载《溧水县志》大事记，江苏人民出版社 1990 年版

光绪《溧水县志》

明崇祯十一年（1638 年）　　　　夏六月，旱蝗。

原载光绪《溧水县志》卷一《天文志·庶征》，光绪十五年据光绪九年刻版重印本

民国《高淳县志》

1. 元至大二年（1309 年）　　　　　蝗。
2. 明万历四十四年（1616 年）　　　七月，蝗飞蔽天。
3. 　万历四十五年（1617 年）　　　大旱蝗。
4. 　万历四十七年（1619 年）　　　蝗食苗，官扑之。
5. 　万历四十八年（1620 年）　　　蝗，多不害稼。
6. 　崇祯九年（1636 年）　　　　　蝗。
7. 　崇祯十五年（1642 年）　　　　蝗。
8. 清康熙六年（1667 年）　　　　　八月，蝗。
9. 　咸丰六年（1856 年）　　　　　秋七月，飞蝗蔽日。
10. 咸丰七年（1857 年）　　　　　蝻生，县令民扑捕，设局收买。
11. 同治四年（1865 年）　　　　　十月，农工将毕，飞蝗东来坠落，来春蝻生遍野。
12. 光绪四年（1878 年）　　　　　春，蝻生，不为灾。

原载民国《高淳县志》卷十二《祥异》，民国七年刻本

《高淳县志》

1. 明嘉靖十八年（1539 年）　　　七月，飞蝗蔽天，大雾三日，死蝗浮湖数十里。
2. 　崇祯十二年（1639 年）　　　四月，蝗食秧苗。
3. 　崇祯十四年（1641 年）　　　大旱，有蝗。
4. 清雍正元年（1723 年）　　　　旱，飞蝗蔽日，伤稼。
5. 　道光十五年（1835 年）　　　旱蝗，县令扑捕，给价收买。
6. 　光绪三年（1877 年）　　　　五月，飞蝗遍境，树枝压折。

原载《高淳县志》大事记，江苏古籍出版社 1988 年版

《玄武区志》

经查，2005 年方志出版社出版的区志中无蝗灾记载。

三、镇江市

乾隆《镇江府志》

1. 宋淳熙九年（1182 年） 　　七月，淮甸大蝗，真、扬诸郡日捕蝗数十车，群飞绝江，坠镇江府害稼。

2. 嘉泰二年（1202 年） 　　镇江蝗，自丹阳入武进，群飞蔽天。

3. 元大德六年（1302 年） 　　九月，镇江丹徒蝗。

4. 明景泰六年（1455 年） 　　三县大旱蝗，丹阳尤甚。

5. 嘉靖五年（1526 年） 　　六月，蝗，芦荻一空，未食苗稼。

6. 崇祯十一年（1638 年） 　　蝗，大饥。

7. 崇祯十二年（1639 年） 　　四月，蝗。

8. 崇祯十三年（1640 年） 　　旱蝗。

9. 崇祯十四年（1641 年） 　　五月，蝗飞蔽天，饥殍载道。

10. 崇祯十五年（1642 年） 　　蝗。

11. 清康熙十一年（1672 年） 　　蝗飞蔽天。

溧阳县

1. 明建文三年（1401 年） 　　溧阳飞蝗遍野。

2. 嘉靖十四年（1535 年） 　　溧阳旱，飞蝗蔽野。

3. 崇祯十一年（1638 年） 　　溧阳飞蝗蔽野。

4. 崇祯十二年（1639 年） 　　溧阳飞蝗蔽野。

5. 崇祯十三年（1640 年） 　　溧阳飞蝗蔽野。

6. 崇祯十四年（1641 年） 　　溧阳飞蝗蔽野。

7. 清康熙六十一年（1722 年） 　　秋旱，溧阳蝗蝻遍野，田禾被灾。

8. 雍正元年（1723 年） 　　秋，溧阳旱蝗，灾伤特甚。

9. 乾隆四年（1739 年） 　　夏，溧阳蝗，扑捕之，不为灾。

原载乾隆《镇江府志》卷四十三《祥异》，乾隆十五年刻本

光绪《丹徒县志》

1. 东晋大兴三年（320 年） 　　徐州蝗。

2. 宋淳熙九年（1182 年）　　　　七月，蝗飞绝江，坠镇江府害稼。

3.　嘉泰二年（1202 年）　　　　　大旱，蝗飞蔽天数十里。

4. 元元贞元年（1295 年）　　　　五月，镇江、丹徒县蝗。

5.　元贞二年（1296 年）　　　　　六月，镇江蝗。

6.　大德元年（1297 年）　　　　　九月，飞蝗蔽空。

7.　明景泰六年（1455 年）　　　　大旱蝗。

8.　嘉靖五年（1526 年）　　　　　旱蝗，芦、荻、筱荡一空，未食禾稼。

9.　嘉靖六年（1527 年）　　　　　旱蝗，芦、荻、筱荡一空，未食禾稼。

10.　天启六年（1626 年）　　　　　六月，蝗渡江。

11.　崇祯十二年（1639 年）　　　　四月，蝗。

12.　崇祯十三年（1640 年）　　　　是年，旱蝗。

13.　崇祯十四年（1641 年）　　　　五月，蝗飞蔽天，饿殍载道。

14.　崇祯十五年（1642 年）　　　　蝗。

15. 清康熙十一年（1672 年）　　　蝗蔽天。

16.　道光十六年（1836 年）　　　　九月，蝗。

17.　咸丰六年（1856 年）　　　　　秋，蝗。

18.　咸丰七年（1857 年）　　　　　夏，蝗。

19.　同治元年（1862 年）　　　　　六月，见蝗。

20.　光绪二年（1876 年）　　　　　秋，蝗，不害稼。

原载光绪《丹徒县志》卷五十八《杂缀二·祥异》，光绪五年刻本

《丹徒县志》

1. 清光绪十八年（1892 年）　　　蝗害。

2. 民国十七年（1928 年）　　　　旱，蝗虫为灾，受灾 61.9 万亩。

3. 民国二十三年（1934 年）　　　夏，镇江旱，蝗虫蔓延，受灾 46 万亩。

原载《丹徒县志》自然灾害录，江苏科学技术出版社 1993 年版

4. 民国十八年（1929 年）　　　　六月，江北都天庙、八蒙、嘉兴桥蝗虫飞渡江南，境内焦东、谏壁、丹徒蝗虫遍地都是，高资至龙潭铁轨布满蝗虫，火车被迫滞行。

原载《丹徒县志》大事记，江苏科学技术出版社 1993 年版

光绪《丹阳县志》

1. 宋嘉泰二年（1202 年）　　　　　旱，又蝗，自丹阳入武进，群飞蔽天数十里。
2. 明嘉靖五年（1526 年）　　　　　六月，旱蝗，芦、荻、筱荡一空，未伤苗稼。
3. 清康熙十一年（1672 年）　　　　蝗蔽天，不为灾。
4. 　雍正二年（1724 年）　　　　　旱蝗。
5. 　光绪二年（1876 年）　　　　　江北蝗至遍野，不伤稼。

原载光绪《丹阳县志》卷三十《祥异》，光绪十一年刻本

《丹阳县志》

1. 明景泰六年（1455 年）　　　　　蝗虫为灾。
2. 　嘉靖二年（1523 年）　　　　　六月，蝗灾，芦荡一空。
3. 　天启六年（1626 年）　　　　　六月，蝗灾。
4. 　崇祯七年（1634 年）　　　　　七月，蝗虫成灾。
5. 　崇祯十一年（1638 年）　　　　蝗灾，大饥。
6. 　崇祯十二年（1639 年）　　　　蝗灾，大饥。
7. 　崇祯十三年（1640 年）　　　　蝗灾。
8. 　崇祯十四年（1641 年）　　　　蝗飞蔽天，禾稼被食，饿殍载道。
9. 　崇祯十五年（1642 年）　　　　蝗灾，人相食。
10. 清康熙六十年（1721 年）　　　　旱蝗交加。
11. 　雍正元年（1723 年）　　　　　旱蝗交加。
12. 　道光元年（1821 年）　　　　　蝗灾。
13. 　咸丰六年（1856 年）　　　　　秋，飞蝗蔽天，庄稼受灾。
14. 　光绪十七年（1891 年）　　　　蝗灾。
15. 　光绪十八年（1892 年）　　　　秋，蝗飞蔽天，歉收。
16. 民国十八年（1929 年）　　　　　飞蝗成灾，水稻减产三成。
17. 民国二十三年（1934 年）　　　　夏，蝗虫蔓延，受灾 104.5 万亩。

原载《丹阳县志》自然灾害录，江苏人民出版社 1992 年版

乾隆《句容县志》

1. 元至大二年（1309 年）　　　　　蝗。

2. 清雍正四年（1726 年）　　　　　　蝗。

原载乾隆《句容县志》卷末《杂志·祥异》，光绪二十六年刻本

光绪《续纂句容县志》

1. 清道光十六年（1836 年）　　　　蝗过境，不为灾。
2. 　道光十七年（1837 年）　　　　东北二乡捕蝗蝻。
3. 　咸丰七年（1857 年）　　　　　四月，蠓生如蚁，得雨而绝。
4. 　同治二年（1863 年）　　　　　蝗。
5. 　光绪元年（1875 年）　　　　　蝗，不为灾。
6. 　光绪三年（1877 年）　　　　　旱，捕蝗。
7. 　光绪四年（1878 年）　　　　　蝗，不害稼，掘蝗子。
8. 　光绪十八年（1892 年）　　　　旱，捕蝗。
9. 　光绪二十六年（1900 年）　　　夏，蝗，不为灾。

原载光绪《续纂句容县志》卷十九《祥异》，光绪三十年刻本

《句容县志》

1. 东晋大兴三年（320 年）　　　　六月，水蝗。
2. 杨吴大和二年（930 年）　　　　蝗灾，积蝗尺许。
3. 南唐保大十一年（953 年）　　　旱蝗。
4. 宋淳熙九年（1182 年）　　　　　蝗害稼。
5. 　嘉定二年（1209 年）　　　　　秋，蝗虫为灾。
6. 　嘉定三年（1210 年）　　　　　旱蝗。
7. 明建文四年（1402 年）　　　　　四月，蝗飞蔽天。
8. 　宣德十年（1435 年）　　　　　四月，蝗蝻害稼。
9. 　正统五年（1440 年）　　　　　夏，蝗。
10. 　正统八年（1443 年）　　　　　夏，蝗。
11. 　嘉靖十五年（1536 年）　　　　四月，蝗生。
12. 　万历四十四年（1616 年）　　　九月，蝗大起，禾麦、竹树皆尽。
13. 　万历四十七年（1619 年）　　　蝗，平地尺许。
14. 　崇祯十二年（1639 年）　　　　四月，蝗，民饥。

15. 崇祯十三年（1640 年）　　　　五月，旱蝗，大饥，斗米千钱。

16. 崇祯十四年（1641 年）　　　　六月，大旱，蝗蝻遍野，民饥。

17. 清咸丰六年（1856 年）　　　　七月，飞蝗蔽天。

18. 同治元年（1862 年）　　　　　六月，旱蝗，大饥，人相食。

19. 民国二十一年（1932 年）　　　夏秋，蝗，受灾面积大、范围广。

　　　　　　　原载《句容县志》自然灾异录，江苏人民出版社 1994 年版

20. 明弘治七年（1494 年）　　　　三月，蝗灾。

21. 民国八年（1919 年）　　　　　东昌乡蝗灾，民奋力捕打。

　　　　　　　　原载《句容县志》大事记，江苏人民出版社 1994 年版

《京口区志》

经查，1992 年上海社会科学院出版社出版的区志中无蝗灾记载。

《扬中县志》

经查，1991 年文物出版社出版的县志中无蝗灾记载。

四、常州市

康熙《常州府志》

1. 宋嘉泰二年（1202 年）　　　　大蝗。

2. 嘉定七年（1214 年）　　　　　大蝗。

3. 元至大元年（1308 年）　　　　旱蝗。

4. 明建文三年（1401 年）　　　　飞蝗蔽空。

5. 建文四年（1402 年）　　　　　蝗。

6. 成化十五年（1479 年）　　　　旱蝗。

7. 嘉靖七年（1528 年）　　　　　旱蝗，蠲免。

8. 嘉靖十一年（1532 年）　　　　武进蝗食稻叶、芦苇俱尽。

9. 嘉靖二十四年（1545 年）　　　大旱蝗。

10. 万历四十五年（1617 年）　　　蝗生，知府设法捕捉坑杀殆尽；五月，他
　　　　　　　　　　　　　　　　境蝗虫飞集府县，分遣各官督民捕捉，

来献者计户给钱，武进坑杀蝗虫 25.5
万石，不为灾；靖江蝗虫从西北飞来，
集地厚尺许。

11. 崇祯十三年（1640 年）　　　秋，蝗，大饥。

12. 清康熙三十年（1691 年）　　夏，蝗，自京口①蔽天飞来，至奔牛郡忽向
江岸旋绕飞去，未入境。

原载康熙《常州府志》卷三《星野附祥异》，康熙三十四年刻本

《常州市志》

1. 清咸丰六年（1856 年）　　　秋，蝗灾。

2. 光绪三年（1877 年）　　　五月，蝗食禾。

3. 光绪十七年（1891 年）　　蝗灾。

4. 光绪十八年（1892 年）　　蝗灾。

5. 民国四年（1915 年）　　　八月，栖鸾、奔牛等地蝗群集聚芦苇丛，
设局收买，每斤铜元四枚。

6. 民国九年（1920 年）　　　六月，蝗灾。

7. 民国十六年（1927 年）　　夏，大批蝗虫在境内产卵。

8. 民国十七年（1928 年）　　七月，蝗飞蔽天，遍地皆是。

9. 民国十八年（1929 年）　　蝗蝻生，捕获 400 余石。

10. 民国二十二年（1933 年）　七月，飞蝗自宜兴入境，东安等 14 乡受灾。

11. 民国二十三年（1934 年）　东安乡蝗灾。

12. 民国二十四年（1935 年）　五月，灵台、寨桥、大成等乡蝗。

13. 民国三十四年（1945 年）　七月，丰南、丰北蝗飞蔽日，散落田间，
农作受灾。

原载《常州市志》自然灾害，中国社会科学出版社 1995 年版

光绪《武进阳湖县志》

1. 宋嘉泰二年（1202 年）　　　常州旱，大蝗，自丹阳入武进，若烟雾蔽

---

① 京口：今江苏镇江的旧称。

天，其坠亘十余里，常之三县捕蝗八千
余石。

2.　嘉定七年（1214 年）　　　　大蝗。

3. 元元贞二年（1296 年）　　　　六月，常州蝗。

4.　大德五年（1301 年）　　　　常州蝗。

5.　至大元年（1308 年）　　　　旱蝗，民食草根、树叶尽。

6.　明建文三年（1401 年）　　　蝗。

7.　建文四年（1402 年）　　　　蝗。

8.　景泰六年（1455 年）　　　　旱蝗。

9.　成化十七年（1481 年）　　　八月，蝗自北来，食草木几尽。

10.　嘉靖七年（1528 年）　　　　旱蝗。

11.　嘉靖八年（1529 年）　　　　六月，蝗。

12.　嘉靖十一年（1532 年）　　　蝗食禾苗、草木叶殆尽。

13.　嘉靖二十四年（1545 年）　　大旱蝗。

14.　万历四十四年（1616 年）　　七月，蝗。

15.　万历四十五年（1617 年）　　蝗，不为灾。

16.　崇祯十一年（1638 年）　　　八月，蝗。

17.　崇祯十二年（1639 年）　　　五月，旱蝗。

18.　崇祯十三年（1640 年）　　　秋，蝗。

19.　崇祯十四年（1641 年）　　　旱蝗。

20. 清康熙十一年（1672 年）　　　夏，蝗。

21.　康熙三十年（1691 年）　　　夏，飞蝗蔽天，旋绕江岸不入境，大雨
蝗死。

22.　嘉庆二十年（1815 年）　　　五月，飞蝗蔽天而过，不为灾。

23.　咸丰六年（1856 年）　　　　秋，蝗。

24.　光绪三年（1877 年）　　　　五月，蝗，不为灾。

　　　　　原载光绪《武进阳湖县志》卷二十九《杂事·祥异》，光绪五年刻本

25.　道光十七年（1837 年）　　　蝗，不为灾。

　　　　　原载光绪《武进阳湖县志》卷四《禋祀·庙祀》，光绪五年刻本

《武进县志》

1. 清光绪四年（1878 年）　　　　五月，武进、阳湖飞蝗遍境，食禾尽。

原载《武进县志》大事记，上海人民出版社 1988 年版

2.	光绪十七年（1891 年）	秋，大旱蝗。
3.	光绪十八年（1892 年）	秋，蝗飞蔽天，饥。
4. 民国九年（1920 年）		六月，尚宜、栖鸾乡蝗虫无数。
5. 民国十七年（1928 年）		七月，大批飞蝗由北向南，天日为蔽，次日又从东南折回，遍地皆蝗，稻、豆尽食。
6. 民国十八年（1929 年）		惠化发生蝗蝻，数千亩麦田受灾。
7. 民国二十二年（1933 年）		八月，飞蝗由丹阳来，尚宜、栖鸾等乡受灾。
8. 民国二十四年（1935 年）		五月，灵台乡沿湖蝗蝻生，寨桥、大成、坊前等乡芦苇叶吃尽。
9. 民国三十四年（1945 年）		七月，丰南、丰北蝗自西北来，遮天蔽日，散落田间，田禾遭灾。

原载《武进县志》自然灾害，上海人民出版社 1988 年版

民国《金坛县志》

1. 元天历元年（1328 年）	蝗。
2. 明景泰六年（1455 年）	蝗。
3. 崇祯十一年（1638 年）	夏，蝗。
4. 崇祯十四年（1641 年）	夏五月，飞蝗蔽天。
5. 清康熙六十一年（1722 年）	蝗。
6. 雍正元年（1723 年）	蝗。
7. 咸丰七年（1857 年）	蝗，不为灾。
8. 光绪三年（1877 年）	夏五月，飞蝗渡江入境，食竹木、芦叶尽，禾不害。
9. 光绪十七年（1891 年）	蝗，不为灾。
10. 光绪二十年（1894 年）	秋七月，蝗食竹叶、芦苇殆尽。
11. 光绪二十一年（1895 年）	蝗蝻生，岁歉。

原载民国《金坛县志》卷十二《杂记志下·祥异》，民国十五年铅印本

《金坛县志》

1.　明嘉靖五年（1526 年）　　　　飞蝗蔽天，庄稼、芦荻食之一空，自此连
　　　　　　　　　　　　　　　　　续七年蝗灾。

2.　　嘉靖六年（1527 年）　　　　蝗灾。

3.　　嘉靖七年（1528 年）　　　　蝗灾。

4.　　嘉靖八年（1529 年）　　　　蝗灾。

5.　　嘉靖九年（1530 年）　　　　蝗灾。

6.　　嘉靖十年（1531 年）　　　　蝗灾。

7.　　嘉靖十一年（1532 年）　　　蝗灾。

8.　　天启六年（1626 年）　　　　六月，飞蝗南飞，蔽天不绝者八日。

9.　　崇祯十三年（1640 年）　　　秋旱，蝗食禾尽。

10.　崇祯十五年（1642 年）　　　六月，蝗蝻生，积地寸余。

11. 清咸丰六年（1856 年）　　　　八月，蝗飞蔽天，食禾菽过半，民饥。

12.　光绪十八年（1892 年）　　　旱，蝗飞蔽天，食禾草殆尽，赈济。

13. 民国十六年（1927 年）　　　　七月，飞蝗蔽天，禾苗尽伤，收成甚差。

原载《金坛县志》大事记，江苏人民出版社 1993 年版

嘉庆《溧阳县志》

1. 明建文四年（1402 年）　　　　飞蝗遍野。

2.　　嘉靖十四年（1535 年）　　　旱，蝗蔽野。

3.　　崇祯十一年（1638 年）　　　大旱，湖见底，飞蝗遍野。

4.　　崇祯十二年（1639 年）　　　大旱，湖见底，飞蝗遍野。

5.　　崇祯十三年（1640 年）　　　大旱，湖见底，飞蝗遍野。

6.　　崇祯十四年（1641 年）　　　大旱，湖见底，飞蝗遍野。

7. 清康熙六十一年（1722 年）　　秋，大旱，蝗蝻遍野。

8.　　雍正元年（1723 年）　　　　秋，大旱蝗。

9.　　乾隆四年（1739 年）　　　　夏，有蝗，扑灭不为灾。

10.　乾隆五十年（1785 年）　　　有蝗，走而不飞。

原载嘉庆《溧阳县志》卷十六《杂类志·瑞异》，光绪二十二年活字本

光绪《溧阳县续志》

1. 清嘉庆二十年（1815 年）　　　　夏五月，飞蝗蔽天而过，不为灾。
2. 咸丰六年（1856 年）　　　　秋，蝗。
3. 咸丰七年（1857 年）　　　　春，蝝生；五月，霖雨，蝗尽死。
4. 光绪三年（1877 年）　　　　夏五月，蝗。
5. 光绪十八年（1892 年）　　　　夏秋旱，有蝗。

原载光绪《溧阳县续志》卷十六《杂类志·瑞异》，光绪二十三年活字本

《溧阳县志》

明建文三年（1401 年）　　　　飞蝗遍野。

原载《溧阳县志》大事记，江苏人民出版社 1992 年版

五、无锡市

《无锡市志》

1. 宋嘉泰二年（1202 年）　　　　蝗自丹阳、武进入境，若烟雾蔽天。
2. 嘉定七年（1214 年）　　　　蝗遍于野。
3. 明建文三年（1401 年）　　　　飞蝗蔽空。
4. 景泰七年（1456 年）　　　　秋，蝗。
5. 嘉靖四年（1525 年）　　　　蝗。
6. 嘉靖二十四年（1545 年）　　　　蝗。
7. 崇祯十年（1637 年）　　　　秋，旱蝗。
8. 崇祯十一年（1638 年）　　　　蝗大至。
9. 崇祯十二年（1639 年）　　　　七月，飞蝗蔽天，大饥。
10. 崇祯十三年（1640 年）　　　　秋，旱蝗。
11. 清康熙十一年（1672 年）　　　　夏，有蝗，不为灾。
12. 咸丰六年（1856 年）　　　　七月旱，飞蝗遍野。
13. 光绪三年（1877 年）　　　　五月，飞蝗入境，不为灾。

原载《无锡市志》自然灾害，江苏人民出版社 1995 年版

14. 明崇祯十四年（1641 年）　　　　又蝗，人相食，饥死者众。

原载《无锡市志》大事记，江苏人民出版社 1995 年版

光绪《江阴县志》

1. 宋天禧二年（1018 年）　　　　蝻虫生。

2. 开禧三年（1207 年）　　　　夏秋，飞蝗蔽天。

3. 明景泰六年（1455 年）　　　　夏，旱蝗，免租。

4. 嘉靖八年（1529 年）　　　　六月，飞蝗蔽天，食竹草叶尽。

5. 万历四十四年（1616 年）　　　　秋，旱蝗。

6. 万历四十五年（1617 年）　　　　飞蝗集亘数十里。

7. 万历四十七年（1619 年）　　　　蝗。

8. 天启六年（1626 年）　　　　六月，大旱蝗。

9. 崇祯十一年（1638 年）　　　　八月，飞蝗蔽天，食禾豆、草木叶殆尽，
　　　　　　　　　　　　　　　　　捕不能绝。

10. 崇祯十二年（1639 年）　　　　五月，旱蝗。

11. 清顺治十八年（1661 年）　　　　七月，蝗，不为灾。

12. 康熙十一年（1672 年）　　　　六月，蝗飞蔽天。

13. 康熙三十八年（1699 年）　　　　秋，蝗，不为灾。

14. 雍正元年（1723 年）　　　　八月，飞蝗四塞成灾。

15. 乾隆三年（1738 年）　　　　七月，东乡蝗生芦苇中。

16. 乾隆四十年（1775 年）　　　　夏，蝗。

17. 道光十六年（1836 年）　　　　秋，飞蝗自北而南，多集于江涯啮食草根。

18. 道光十七年（1837 年）　　　　夏，蝗复生，不为灾。

19. 咸丰七年（1857 年）　　　　三月，蝗蝻生，忽大雷雨卷入江中。

20. 光绪三年（1877 年）　　　　蝗，未成灾。

原载光绪《江阴县志》卷八《祥异》，光绪四年刻本

嘉庆《宜兴县志》

清乾隆四十年（1775 年）　　　　大旱蝗。

原载嘉庆《宜兴县志》卷四《杂志·祥异》，嘉庆二年刻本

六、苏州市

同治《苏州府志》

1. 清康熙十一年（1672 年）	七月，蝗飞蔽天，不伤稼。
2. 雍正二年（1724 年）	五月，蝗。
3. 乾隆二十年（1755 年）	六月雨，蝗蝻生，伤稼。
4. 乾隆五十年（1785 年）	旱，蝗蝻生，岁大饥。
5. 咸丰六年（1856 年）	七月，蝗从西北来，如云蔽空，伤禾。
6. 咸丰七年（1857 年）	七月，飞蝗大至。
7. 同治元年（1862 年）	七月，飞蝗自北来，向南飞去。

原载同治《苏州府志》卷一百四十三《祥异》，光绪九年刻本

《苏州市志》

1. 民国十四年（1925 年）	吴县蝗。
2. 民国十五年（1926 年）	吴县蝗。
3. 民国十七年（1928 年）	七月，大批飞蝗从无锡飞入苏州境内，市郊及东桥等地受灾。
4. 民国十八年（1929 年）	蝗，全县有 17 个区受灾。
5. 民国二十三年（1934 年）	蝗蝻生。
6. 民国二十四年（1935 年）	六月，蝗由吴江飞入境内，大批飞蝗致使农田受害。

原载《苏州市志》自然灾害，江苏人民出版社 1995 年版

民国《吴县志》

1. 元大德十年（1306 年）	八月，高乡蝗灾。
2. 明嘉靖八年（1529 年）	六月，飞蝗入境，伤稼。
3. 崇祯十四年（1641 年）	六月，旱蝗；秋，蝗复生蝻，禾稼食尽。
4. 清康熙十一年（1672 年）	七月，飞蝗蔽天，未伤稼。
5. 康熙十八年（1679 年）	八月，飞蝗伤稼。

6.	雍正二年（1724 年）	五月，蝗。
7.	乾隆二十年（1755 年）	六月，蝗蝻生，伤稼。
8.	咸丰六年（1856 年）	七月，蝗从西北来，如云蔽空，伤禾。
9.	咸丰七年（1857 年）	七月，飞蝗大至。
10.	同治元年（1862 年）	七月，飞蝗自北至。

原载民国《吴县志》卷五十五《祥异考》，民国二十二年铅印本

《吴县志》

| 1. 宋嘉定二年（1209 年） | 秋，飞蝗入境，大灾。 |
| 2. 民国十七年（1928 年） | 七月，大批飞蝗飞临县境，自西而东，数日不断。 |

原载《吴县志》大事记，上海古籍出版社 1994 年版

《吴郡甫里志》①

1.	明天顺二年（1458 年）	旱蝗。
2.	嘉靖七年（1528 年）	旱蝗。
3.	嘉靖十五年（1536 年）	旱蝗。
4.	嘉靖十八年（1539 年）	旱蝗。
5.	嘉靖十九年（1540 年）	旱蝗。
6.	嘉靖二十三年（1544 年）	旱蝗。
7.	嘉靖二十四年（1545 年）	旱蝗。
8.	嘉靖二十五年（1546 年）	连被旱蝗，野多饿殍。
9.	崇祯十四年（1641 年）	大旱，蝗飞蔽天，谷贵民饥，死者众。
10.	清康熙十八年（1679 年）	秋，旱蝗，米贵。

原载《吴郡甫里志》卷三《祥异》，清抄本

---

① 吴郡：即吴县，治所在今江苏苏州；甫里：乡镇名，今江苏苏州甪直镇。按，清修《甫里志》有三个版本，即彭方周《吴郡甫里志》（二十四卷）、陈惟中《吴郡甫里志》（十二卷）、佚名撰《甫里志稿》（不分卷），此处所引为陈惟中《吴郡甫里志》。

《吴江县志》

1. 南朝梁大宝元年（550 年）　　　　蝗。

2. 宋熙宁七年（1074 年）　　　　蝗蝻生。

3. 淳熙九年（1182 年）　　　　秋，蝗食稻，大饥。

4. 淳熙十四年（1187 年）　　　　七月，蝗，岁饥。

5. 开禧三年（1207 年）　　　　蝗飞蔽天，豆粟皆既于蝗。

6. 嘉定七年（1214 年）　　　　秋，大旱蝗，官令饥民捕，计斗易粟。

7. 明崇祯十四年（1641 年）　　　　至八月不雨，蝗飞蔽天。

8. 清乾隆五十年（1785 年）　　　　蝗蝻生。

9. 民国十八年（1929 年）　　　　旱，蝗虫为害。

10. 民国二十三年（1934 年）　　　　蝗，扑灭之。

　　　　原载《吴江县志》自然灾害，江苏科学技术出版社 1994 年版

11. 明崇祯十三年（1640 年）　　　　大旱，蝗灾。

　　　　原载《吴江县志》大事记，江苏科学技术出版社 1994 年版

光绪《震泽县志》①

1. 宋熙宁七年（1074 年）　　　　太湖水涸，蝗蝻生。

2. 淳熙九年（1182 年）　　　　秋，蝗食稻，大饥。

3. 开禧二年（1206 年）　　　　夏秋久旱，蝗飞蔽天，豆粟皆既于蝗。

4. 嘉定七年（1214 年）　　　　秋，大旱蝗，官令饥民收捕，计斗易粟。

5. 明永乐元年（1403 年）　　　　大旱蝗。

6. 正统十二年（1447 年）　　　　大旱蝗，饥。

7. 嘉靖三年（1524 年）　　　　先旱后蝗。

8. 嘉靖十九年（1540 年）　　　　大旱蝗，饥。

9. 崇祯十一年（1638 年）　　　　六月，大旱，有蝗自西北来，损禾稼。

10. 崇祯十三年（1640 年）　　　　大旱蝗，大饥。

11. 崇祯十四年（1641 年）　　　　四至八月不雨，飞蝗蔽天。

12. 清康熙十一年（1672 年）　　　　八月，飞蝗北来，遍野，数日而灭。

---

① 震泽：旧县名，治所在今江苏吴江。

13.　乾隆三年（1738 年）　　　　　六月，旱蝗，特蠲中小户地丁漕项。

原载光绪《震泽县志》卷二十七《灾祥·灾变》，光绪十九年刻本

乾隆《昆山新阳合志》

1. 宋熙宁五年（1072 年）[①]　　　昆山旱蝗，檄平江军节度推官边珣督捕滨
　　　　　　　　　　　　　　　　　海，萑苇互盘，蝗集其下，莫知所以去
　　　　　　　　　　　　　　　　　之之法，珣命连挺碎根植于上而毙之，
　　　　　　　　　　　　　　　　　诸郡皆以为法。

2. 明嘉靖八年（1529 年）　　　　　夏六月，飞蝗蔽天。

3.　崇祯十三年（1640 年）　　　　　六月，飞蝗蔽天。

4.　崇祯十四年（1641 年）　　　　　秋，蝗，民削榆皮为食。

5. 清康熙十一年（1672 年）　　　　七月，飞蝗过境，不伤稼。

原载乾隆《昆山新阳合志》卷三十七《祥异》，乾隆十六年刻本

《昆山县志》

1. 宋熙宁五年（1072 年）　　　　　蝗虫在滩荡芦丛集结，官府命割芦苇灭蝗。

2. 明崇祯十四年（1641 年）　　　　秋，蝗。

3. 清咸丰六年（1856 年）　　　　　八月，飞蝗蔽天，集田伤禾稼。

4. 民国十七年（1928 年）　　　　　七月，飞蝗灾，农田颗粒无收。

原载《昆山县志》大事记，上海人民出版社 1990 年版

民国《太仓州志》

1. 明成化十七年（1481 年）　　　　夏，大旱，蝗食禾。

2.　嘉靖八年（1529 年）　　　　　秋，大旱蝗。

3.　崇祯十一年（1638 年）　　　　　八月，飞蝗蔽天，伤禾。

4.　崇祯十四年（1641 年）　　　　　大旱蝗。

5. 清康熙十一年（1672 年）　　　　夏，蝗自西北来，既而入海，灾亦不甚。

---

① 原文作"宋熙宁中"，今据《昆山县志》（上海人民出版社 1990 年版）改。

6.	雍正二年（1724 年）	夏，有蝗自西北向东南去，伤禾数十顷。
7.	咸丰六年（1856 年）	秋，蝗伤禾，城中设厂收捕蝗子。
8.	同治元年（1862 年）	七月，蝗。
9.	光绪三年（1877 年）	六月，蝗自西来。

原载民国《太仓州志》卷二十六《祥异》，民国八年刻本

《太仓县志》

民国四年（1915 年）	七月，飞蝗成灾，县令捕捉。

原载《太仓县志》大事记，江苏人民出版社 1991 年版

七、常熟市

《常熟市志》

1.	明成化十七年（1481 年）	夏，大旱，蝗虫为灾。
2.	嘉靖八年（1529 年）	蝗虫为灾。

原载《常熟市志》大事记，上海人民出版社 1990 年版

康熙《常熟县志》

1.	明成化十七年（1481 年）	夏，大旱，蝗食稼。
2.	嘉靖八年（1529 年）	蝗。
3.	嘉靖十五年（1536 年）	蝗。
4.	崇祯十四年（1641 年）	夏，旱蝗，米粟涌贵。
5.	崇祯十五年（1642 年）	蝗蝻生。
6.	清康熙十八年（1679 年）	旱，飞蝗蔽天，赤地无苗。

原载康熙《常熟县志》卷一《祥异》，康熙二十六年刻本

《沙洲县志》

民国十七年（1928 年）	七月，鹿苑、福山等地蝗从西北飞来，遮

天蔽日，所到之处禾苗尽食，常熟县府
令民合力扑打。

原载《沙洲县志》大事记，江苏人民出版社 1992 年版

八、南通市

《南通市志》

1. 宋淳熙八年（1181 年）　　　　通州、如皋旱蝗害稼。

2. 明景泰七年（1456 年）　　　　旱蝗。

3. 　弘治十八年（1505 年）　　　　大旱蝗，饥。

4. 　嘉靖十四年（1535 年）　　　　大旱蝗。

5. 　嘉靖十九年（1540 年）　　　　旱蝗。

6. 　嘉靖二十年（1541 年）　　　　夏，旱蝗。

7. 　崇祯十二年（1639 年）　　　　旱，蝗飞蔽天，民大饥。

8. 　崇祯十三年（1640 年）　　　　旱，蝗食草木叶皆尽，民饥。

9. 　清康熙十八年（1679 年）　　　大旱，飞蝗蔽天。

10. 　康熙三十八年（1699 年）　　　大旱蝗。

11. 　雍正六年（1728 年）　　　　夏，旱蝗。

12. 　雍正七年（1729 年）　　　　夏，旱蝗。

13. 　乾隆二十四年（1759 年）　　　夏，旱蝗。

原载《南通市志》自然灾异，上海社会科学院出版社 2000 年版

14. 宋绍兴二十六年（1156 年）　　　秋，蝗灾。

原载《南通市志》大事记，上海社会科学院出版社 2000 年版

万历《通州志》

元大德九年（1305 年）　　　　六月，通州、泰州、静海①蝗。

原载万历《通州志》卷二《疆域志·禨祥》，万历六年刻本

---

　①　静海：旧县名，治所在今江苏南通。

光绪《通州直隶州志》

1.	宋绍兴二十六年（1156 年）	秋，如皋蝗，有鹜食之尽，诏禁捕鹜。
2.	淳熙三年（1176 年）	七月，如皋大蝗，日捕数十车，群飞绝江。
3.	淳熙九年（1182 年）	泰兴蝗。
4.	淳熙十年（1183 年）	如皋旱蝗害稼。
5.	淳祐六年（1246 年）	泰兴、如皋飞蝗蔽天。
6.	元至治元年（1321 年）	泰兴蝗。
7.	明景泰七年（1456 年）	旱蝗。
8.	弘治十八年（1505 年）	大旱蝗，饥。
9.	嘉靖八年（1529 年）	七月，如皋蝗。
10.	嘉靖十四年（1535 年）	大旱蝗。
11.	嘉靖十九年（1540 年）	旱蝗。
12.	嘉靖二十年（1541 年）	夏，旱蝗。
13.	万历四十一年（1613 年）	飞蝗害稼。
14.	万历四十四年（1616 年）	九月，蝗。
15.	崇祯十二年（1639 年）	大旱，飞蝗蔽天，民大饥。
16.	崇祯十三年（1640 年）	大旱，蝗食草木叶皆尽。
17.	崇祯十四年（1641 年）	大旱河涸，蝗蝻复生。
18.	清康熙十一年（1672 年）	蝗。
19.	康熙十八年（1679 年）	大旱，飞蝗蔽天。
20.	康熙三十八年（1699 年）	大旱蝗。
21.	雍正二年（1724 年）	夏，蝗。
22.	雍正七年（1729 年）	夏，旱蝗。
23.	乾隆九年（1744 年）	秋，蝗。
24.	乾隆二十四年（1759 年）	夏，旱蝗。
25.	道光十六年（1836 年）	秋，蝗，不为灾。
26.	咸丰六年（1856 年）	夏秋旱，飞蝗蔽天，岁饥。

原载光绪《通州直隶州志》卷末《杂纪·祥异》，光绪元年刻本

《海门县志》

1.	清光绪三年（1877 年）	五月，蝗灾。

2. 光绪二十六年（1900 年）　　　　　蝗灾。

原载《海门县志》大事记，江苏科学技术出版社 1996 年版

《启东县志》

1. 民国十八年（1929 年）　　　　　七月，蝗虫大发。
2. 民国十九年（1930 年）　　　　　六月，蝗虫大发。
3. 民国二十三年（1934 年）　　　　九月，蝗灾严重。

原载《启东县志》大事记，中华书局 1993 年版

《如皋县志》

1. 宋大中祥符九年（1016 年）　　　秋，蝗灾。
2. 天禧元年（1017 年）　　　　　六月，蝗灾，大风吹蝗入海或抱草木僵死。
3. 绍兴二十六年（1156 年）　　　秋，蝗灾，为鹜食之尽，诏禁捕鹜。
4. 绍兴三十二年（1162 年）　　　蝗灾。
5. 淳熙三年（1176 年）　　　　　七月，蝗灾，每日捕蝗数十车。
6. 淳熙九年（1182 年）　　　　　秋，大蝗灾。
7. 淳熙十年（1183 年）　　　　　蝗虫害稼。
8. 绍熙二年（1191 年）　　　　　蝗灾。
9. 嘉定八年（1215 年）　　　　　夏，蝗灾。
10. 淳祐六年（1246 年）　　　　六月，飞蝗蔽日。
11. 元大德九年（1305 年）　　　蝗灾。
12. 明宣德三年（1428 年）　　　蝗灾。
13. 景泰七年（1456 年）　　　　蝗灾。
14. 弘治十八年（1505 年）　　　蝗灾。
15. 嘉靖七年（1528 年）　　　　夏，蝗灾。
16. 嘉靖八年（1529 年）　　　　七月，飞蝗蔽天，落地厚数寸。
17. 嘉靖九年（1530 年）　　　　秋，蝗灾。
18. 嘉靖十年（1531 年）　　　　夏，蝗蝻大发生。
19. 嘉靖十四年（1535 年）　　　蝗灾。
20. 嘉靖十九年（1540 年）　　　蝗灾。

21.	嘉靖二十年（1541 年）	蝗灾。
22.	万历四十四年（1616 年）	九月，蝗灾。
23.	万历四十五年（1617 年）	夏，蝗灾。
24.	崇祯十二年（1639 年）	飞蝗蔽天。
25.	清顺治十四年（1657 年）	蝗灾。
26.	康熙十一年（1672 年）	蝗灾。
27.	康熙十八年（1679 年）	飞蝗蔽天。
28.	康熙三十八年（1699 年）	飞蝗蔽天。
29.	雍正二年（1724 年）	夏，蝗灾。
30.	雍正七年（1729 年）	夏，蝗灾。
31.	乾隆五年（1740 年）	秋，蝗灾。
32.	乾隆九年（1744 年）	秋，蝗灾。
33.	乾隆二十四年（1759 年）	夏，蝗灾。
34.	咸丰六年（1856 年）	夏，蝗灾。
35.	咸丰七年（1857 年）	七月，蝗灾。
36.	光绪二年（1876 年）	蝗灾。
37.	光绪三年（1877 年）	五月，飞蝗蔽日。
38.	光绪十八年（1892 年）	蝗灾。
39.	民国三年（1914 年）	东北乡飞蝗遍野。
40.	民国十六年（1927 年）	夏，西南乡蝗自东北飞来，遮天蔽日。

原载《如皋县志》自然灾害，香港新亚洲出版社 1995 年版

同治《如皋县续志》

清同治元年（1862 年）	夏六月，蝗。

原载同治《如皋县续志》卷十五《祥祲》，同治十二年刻本

《海安县志》

1.	宋淳熙三年（1176 年）	七月，蝗虫大发，日捕蝗数十车。
2.	明弘治十八年（1505 年）	旱，蝗飞蔽天，食禾苗殆尽，岁大饥。
3.	万历四十五年（1617 年）	旱，蝗飞蔽天，野草不留，蝗飞入民居，

爬满床帐，平地积半尺；秋，蝗复至，庄稼全被吃尽。

4. 崇祯十一年（1638 年） 九月，飞蝗蔽天，禾草无遗。

5. 崇祯十三年（1640 年） 蝗大发，食尽草木，大饥，人相食。

6. 清咸丰六年（1856 年） 八月旱，蝗飞蔽天，岁大饥。

7. 民国十七年（1928 年） 夏，大旱，蝗灾，庄稼无收。

原载《海安县志》自然灾异，上海社会科学院出版社 1997 年版

《如东县志》

经查，1985 年江苏古籍出版社出版的县志中无蝗灾记载。

九、扬州市

嘉庆《重修扬州府志》

1. 唐开成五年（840 年） 夏，螟蝗害稼。

2. 光启元年（885 年） 是年，淮南蝗自西来，行而不飞，浮水缘城入扬州，府署竹树、幢节一夕如剪，捕不能止，旬日自相食尽。

3. 宋宝元二年（1039 年） 六月，旱蝗。

4. 熙宁八年（1075 年）① 淮西连岁蝗旱，居民艰食。

5. 元符元年（1098 年） 八月，高邮军蝗，抱草死。

6. 崇宁元年（1102 年） 淮南蝗。

7. 建炎二年（1128 年） 大蝗。

8. 绍兴三十二年（1162 年） 六月，蝗。

9. 淳熙九年（1182 年） 七月，淮甸大蝗，真、扬、泰州窖捕蝗五千斛。

10. 绍熙二年（1191 年） 七月，高邮县蝗，至于泰州。

11. 庆元元年（1195 年） 七月，高邮旱，飞蝗自凌塘至城皆抱草死，

---

① 原文作"熙宁中"，今据《宋史·五行志》"熙宁八年（1075 年）八月，淮西蝗"改。

其脑各有一蛆食之。

12.	嘉定八年（1215 年）	蝗食禾苗、山林、草木皆尽。
13.	淳祐二年（1242 年）	五月，两淮蝗。
14.	元大德二年（1298 年）	是年，扬州路旱蝗。
15.	大德三年（1299 年）	扬州属县蝗，在地者为鹜啄食，飞者以翅击死，诏勿捕鹜。
16.	大德四年（1300 年）	五月，扬州旱蝗。
17.	大德五年（1301 年）	八月，江都、兴化等县蝗，高邮、扬州蝗。
18.	大德六年（1302 年）	五月，扬州路蝗。
19.	大德九年（1305 年）	六月，通州、泰州蝗。
20.	至大元年（1308 年）	八月，扬州蝗。
21.	至大二年（1309 年）	扬州、高邮蝗。
22.	至治元年（1321 年）	七月，江都县蝗。
23.	泰定三年（1326 年）	七月，高邮蝗。
24.	至顺元年（1330 年）	七月，扬州路蝗。
25.	明景泰七年（1456 年）	六月，扬州大旱蝗。
26.	弘治四年（1491 年）	夏，扬州蝗。
27.	嘉靖八年（1529 年）	六月，飞蝗积厚数寸，长十余里，食草木殆尽，数日渡江食芦荻尽；八月，蝗复自北来，群飞蔽天，绵亘百里，厚尺许，山行者衣履皆黄，禾稼不登。
28.	万历十一年（1583 年）	夏旱，大蝗，有秃鹜、海鸽飞而食之。
29.	万历十七年（1589 年）	旱蝗。
30.	万历十八年（1590 年）	旱蝗相仍。
31.	万历四十四年（1616 年）	七月，扬州蝗。
32.	万历四十五年（1617 年）	旱，飞蝗蔽天，入民室床帐皆满。
33.	万历四十六年（1618 年）	夏，旱蝗。
34.	崇祯十二年（1639 年）	泰州旱蝗。
35.	崇祯十三年（1640 年）	旱，飞蝗食草木、竹叶皆尽。
36.	清康熙六年（1667 年）	八月，仪征蝗入境，不伤稼。

37.	雍正七年（1729 年）	七月，江都瓜洲①忽集蝗蝻无数，知县往捕。
38.	乾隆二十四年（1759 年）	夏旱，高邮蝗。
39.	乾隆三十三年（1768 年）	大旱，东台蝗。

原载嘉庆《重修扬州府志》卷七十《事略志六》，嘉庆十五年刻本

同治《续纂扬州府志》

清道光二十三年（1843 年）　　　　五至七月，兴化大蝗。

原载同治《续纂扬州府志》卷二十四《事略志·祥异》，同治十三年刻本

《扬州市志》

1.	清顺治七年（1650 年）	泰州旱蝗。
2.	康熙六年（1667 年）	仪征蝗。
3.	康熙三十八年（1699 年）	泰兴大旱蝗。
4.	雍正七年（1729 年）	夏，泰州旱蝗。
5.	乾隆九年（1744 年）	秋，泰州旱蝗。
6.	乾隆四十年（1775 年）	泰州蝗。
7.	乾隆五十年（1785 年）	泰州蝗。
8.	嘉庆十九年（1814 年）	夏，高邮旱蝗。
9.	道光十六年（1836 年）	高邮、仪征蝗。
10.	同治元年（1862 年）	夏，高邮旱蝗。
11.	光绪二年（1876 年）	泰兴旱蝗。
12.	光绪三年（1877 年）	高邮蝗。
13.	光绪四年（1878 年）	夏，高邮蝗。
14.	宣统元年（1909 年）	六月，淮安、扬州旱蝗。
15.	民国三年（1914 年）	泰县蝗灾 100 万亩，损失 440 万元。
16.	民国十七年（1928 年）	泰兴蝗灾，高邮旱蝗成灾。
17.	民国十八年（1929 年）	兴化蝗灾；泰兴蝗灾，损失 1 万元；江都、新城、永兴、瓜洲、济善、大桥、邵伯

---

① 瓜洲：乡镇名，在今江苏邗江区东南瓜洲镇。

湖及渌洋湖皆蝗。

18. 民国二十二年（1933 年）   高邮蝗灾。

19. 民国二十三年（1934 年）   蝗灾。

20. 民国三十二年（1943 年）   兴化蝗灾，动员 5 万民众扑灭蝗害。

21. 民国三十四年（1945 年）   泰兴蝗灾。

22. 民国三十六年（1947 年）   高邮蝗灾。

    原载《扬州市志》自然灾异，中国大百科全书出版社 1997 年版

23. 元大德元年（1297 年）   扬州旱蝗，赈之。

24. 清咸丰六年（1856 年）   高邮旱，蝗虫成灾。

    原载《扬州市志》大事记，中国大百科全书出版社 1997 年版

《扬州市郊区志》

1. 唐元和三年（808 年）   淮南有蝗。

2. 宋淳祐六年（1246 年）   江淮飞蝗蔽空，食田间禾豆尽。

3. 元大德元年（1297 年）   扬州蝗，赈济。

4. 明弘治十八年（1505 年）   扬州大旱，飞蝗蔽天，食禾苗尽。

    原载《扬州市郊区志》大事记，方志出版社 1996 年版

《广陵区志》

1. 宋大中祥符九年（1016 年）   蝗灾。

2. 天禧元年（1017 年）   连年蝗灾。

3. 崇宁元年（1102 年）   夏，蝗灾。

4. 淳祐六年（1246 年）   飞蝗蔽天。

5. 元大德二年（1298 年）   旱，蝗虫成灾。

6. 大德三年（1299 年）   旱，蝗虫成灾。

7. 至治元年（1321 年）   旱蝗，饥。

8. 至治二年（1322 年）   旱蝗，饥。

9. 至治三年（1323 年）   旱蝗，饥。

10. 明弘治十八年（1505 年）   蝗飞蔽天，食田禾尽。

11. 崇祯十三年（1640 年）   飞蝗食草木、竹叶尽。

12. 清咸丰六年（1856 年）　　　　　　蝗灾。

原载《广陵区志》大事记，中华书局 1993 年版

乾隆《江都县志》

1. 唐开成九年（844 年）　　　　　　蝗，民饥。
2. 　光启元年（885 年）　　　　　　淮南蝗自西来，行而不飞，浮水缘城入扬
　　　　　　　　　　　　　　　　　州，府署竹树、幢节一夕如剪，幡帜、
　　　　　　　　　　　　　　　　　画像皆啮去其首，扑不能止，旬日自相
　　　　　　　　　　　　　　　　　食尽。
3. 　光启二年（886 年）　　　　　　是年，蝗。
4. 宋大中祥符九年（1016 年）　　　　七月，蝗。
5. 　天禧元年（1017 年）　　　　　　六月，蝗，大风吹蝗入江或抱草木僵死。
6. 　庆历元年（1041 年）　　　　　　春，旱蝗。
7. 　崇宁元年（1102 年）　　　　　　夏，蝗。
8. 　淳熙十年（1183 年）　　　　　　夏旱，遗蝗害稼，在地蝗为秃鹙所食，飞
　　　　　　　　　　　　　　　　　者以翼击死，诏禁捕鹙。
9. 　明嘉靖七年（1528 年）　　　　　夏，旱蝗，蝻生。
10. 　嘉靖十九年（1540 年）　　　　　夏，扬州旱蝗，自北来伤田禾。
11. 清雍正七年（1729 年）　　　　　七月，江都、瓜洲忽集蝗蝻无数，知县捕
　　　　　　　　　　　　　　　　　蝗投于江。

原载乾隆《江都县志》卷二《星野附祥异》，乾隆八年刻本

《江都县志》

1. 唐宝历元年（825 年）　　　　　　夏，蝗。
2. 　开成三年（838 年）　　　　　　螟蝗害稼。
3. 　开成五年（840 年）　　　　　　螟蝗害稼。
4. 　咸通九年（868 年）　　　　　　江淮旱，蝗食稼。
5. 宋淳熙三年（1176 年）　　　　　蝗灾，扬、真、泰三州捕蝗五千斛。
6. 　嘉泰二年（1202 年）　　　　　江北旱，蝗虫害稼。
7. 　淳祐六年（1246 年）　　　　　六月，江淮飞蝗蔽空，食禾豆。

8. 元大德二年（1298 年）　　　　四月，蝗虫甚多。

9.　明成化十六年（1480 年）　　　扬州旱，蝗自东北飞来，遮天蔽日。

10.　弘治十八年（1505 年）　　　大旱，蝗飞蔽天，食尽田稼。

11.　崇祯十三年（1640 年）　　　飞蝗蔽天，草木、竹叶食尽。

12. 民国十七年（1928 年）　　　九月，忽有大批飞蝗漫天蔽日而来，飞时声浪如狂风暴雨，遍地皆是，渐向西南散去。

13. 民国十八年（1929 年）　　　夏，邵伯湖东蝗蝻遍野。

14. 民国三十四年（1945 年）　　县境蝗蝻灾害。

原载《江都县志》自然灾害，江苏人民出版社 1996 年版

《邗江县志》

1. 宋淳熙九年（1182 年）　　　　七月，蝗群害稼。

2. 元大德三年（1299 年）　　　　蝗灾。

3.　大德四年（1300 年）　　　　蝗灾。

4.　大德五年（1301 年）　　　　八月，蝗灾。

5.　至顺元年（1330 年）　　　　七月，蝗灾。

6. 明弘治四年（1491 年）　　　　夏，蝗灾。

7.　嘉靖四十四年（1565 年）　　七月，蝗灾。

原载《邗江县志》大事记，江苏人民出版社 1995 年版

道光《仪征县志》

1. 东晋大兴二年（319 年）　　　　夏五月，蝗食麦禾。

2. 唐宝历元年（825 年）　　　　　夏，蝗。

3.　开成三年（838 年）　　　　　螟蝗害稼。

4.　开成五年（840 年）　　　　　夏，螟蝗害稼。

5.　开成九年（844 年）　　　　　蝗，民饥。

6.　咸通三年（862 年）　　　　　夏，蝗。

7.　咸通九年（868 年）　　　　　旱蝗。

8.　光启二年（886 年）　　　　　蝗。

9.	宋大中祥符九年（1016 年）	七月，蝗。
10.	天禧元年（1017 年）	六月，蝗，大风吹蝗入江或抱草木僵死。
11.	庆历元年（1041 年）	春，旱蝗。
12.	崇宁元年（1102 年）	夏，蝗。
13.	建炎二年（1128 年）	夏，蝗。
14.	淳熙九年（1182 年）	淮南大蝗，真、扬、泰州瘗捕蝗五千斛，所在捕除。
15.	淳熙十年（1183 年）	旧蝗遗育害稼，是时，蝗在地为秃鹜所食，飞者以翼击死，诏禁捕鹜。
16.	嘉定八年（1215 年）	四月，蝗食禾苗、草木叶皆尽，饥。
17.	元大德二年（1298 年）	夏，蝗。
18.	大德六年（1302 年）	秋，蝗。
19.	至大元年（1308 年）	秋，旱蝗，大饥。
20.	明景泰七年（1456 年）	大旱蝗，免田租。
21.	嘉靖八年（1529 年）	夏六月，蝗积厚尺余，长数十里，食草木殆尽，数日飞渡江，食芦荻亦尽；八月，蝗复自北来，群飞蔽天。
22.	嘉靖九年（1530 年）	秋，蝗。
23.	嘉靖十年（1531 年）	七月，蝗。
24.	嘉靖十一年（1532 年）	五月，蝗。
25.	嘉靖十四年（1535 年）	秋，旱蝗。
26.	嘉靖十五年（1536 年）	夏四月，蝗蝻生，县令民掘取其子，每升赏以斗米，成蝻者谷半之，积数百斗，蝗尽灭。
27.	万历十八年（1590 年）	旱蝗。
28.	崇祯十一年（1638 年）	秋，蝗。
29.	清康熙六年（1667 年）	秋八月，蝗入境，不为灾。
30.	康熙十年（1671 年）	旱蝗，大饥。
31.	康熙十七年（1678 年）	旱蝗，大饥。
32.	康熙二十六年（1687 年）	秋，大旱蝗。
33.	康熙三十年（1691 年）	六月，蝗入境，不伤稼。
34.	康熙三十一年（1692 年）	夏，蝗蝻食草，不伤稼，群鸟争食之。

35. 雍正元年（1723 年）　　　　　五月，飞蝗过境，落新洲食芦苇，官令民
　　　　　　　　　　　　　　　　　捕之。

36. 乾隆三十九年（1774 年）　　　八月，飞蝗入境，伤禾稼，饥。

37. 乾隆四十年（1775 年）　　　　夏，旱蝗。

38. 道光十六年（1836 年）　　　　秋，蝗，不伤稼。

原载道光《仪征县志》卷四十六《杂类志·祥异》，光绪十六年刻本

《宝应县志》

1. 明弘治十八年（1505 年）　　旱蝗。

2. 正德三年（1508 年）　　　　大旱蝗。

3. 正德九年（1514 年）　　　　大旱蝗。

4. 嘉靖七年（1528 年）　　　　大旱蝗。

5. 嘉靖八年（1529 年）　　　　夏，蝗甚。

6. 嘉靖二十三年（1544 年）　　大旱蝗。

7. 嘉靖二十四年（1545 年）　　大旱蝗。

8. 万历十六年（1588 年）　　　旱蝗。

9. 万历四十五年（1617 年）　　大旱蝗。

10. 天启六年（1626 年）　　　　旱蝗。

11. 崇祯十二年（1639 年）　　　飞蝗自北来，天日为昏，禾苗尽食。

12. 崇祯十三年（1640 年）　　　八月旱，飞蝗蔽野，禾苗如扫。

13. 清顺治十年（1653 年）　　　大旱蝗。

14. 康熙十八年（1679 年）　　　旱蝗遍野，田无遗穗。

15. 康熙二十九年（1690 年）　　八月，旱蝗。

16. 乾隆四十七年（1782 年）　　旱蝗。

17. 乾隆五十年（1785 年）　　　蝗。

18. 嘉庆十九年（1814 年）　　　夏，旱蝗。

19. 道光十五年（1835 年）　　　秋，蝗。

20. 咸丰四年（1854 年）　　　　河西旱蝗。

21. 咸丰六年（1856 年）　　　　飞蝗蔽野。

22. 同治十二年（1873 年）　　　旱蝗。

23. 同治十三年（1874 年）　　　旱蝗。

24. 光绪元年（1875 年）　　　　　　旱蝗。

25. 光绪二年（1876 年）　　　　　　旱蝗。

26. 光绪十七年（1891 年）　　　　　旱蝗。

27. 民国六年（1917 年）　　　　　　里下河旱蝗。

28. 民国十二年（1923 年）　　　　　淮安、高邮、宝应三县蝗灾，民不堪苦。

原载《宝应县志》自然灾害，江苏人民出版社 1994 年版

民国《宝应县志》

清康熙十年（1671 年）　　　　　　旱蝗，诏赈济。

原载民国《宝应县志》卷五《食货志·蠲恤》，民国二十一年铅印本

乾隆《高邮州志》

1. 宋元符元年（1098 年）　　　　　八月，飞蝗抱草死。

2. 淳熙九年（1182 年）　　　　　　秋，淮南大蝗，害稼，日捕数十车。

3. 淳熙十年（1183 年）　　　　　　夏旱，旧蝗遗种害稼。

4. 绍熙二年（1191 年）　　　　　　秋七月，旱蝗。

5. 庆元二年（1196 年）①　　　　　秋七月，飞蝗戴蛆死。（是夏旱，飞蝗起，
　　　　　　　　　　　　　　　　　　　自凌塘俄遍四野，继皆抱草死，每一蝗
　　　　　　　　　　　　　　　　　　　有一蛆食其脑。陈造《呈郡守陈伯固
　　　　　　　　　　　　　　　　　　　诗》云：使君手有垂云帚，虐魃妖螟扫
　　　　　　　　　　　　　　　　　　　不余。千顷飞蝗戴蛆死，已濡银笔为
　　　　　　　　　　　　　　　　　　　君书。）

6. 嘉定八年（1215 年）　　　　　　飞蝗食禾苗、草木叶皆尽。

7. 元大德三年（1299 年）　　　　　扬州等处蝗食苗稼，成宗祭祀之，忽有鹜
　　　　　　　　　　　　　　　　　　　鸟群至，在地者啄之，飞者以翼格杀
　　　　　　　　　　　　　　　　　　　之，蝗尽灭。

8. 泰定三年（1326 年）　　　　　　蝗。

9. 明弘治十八年（1505 年）　　　　大旱，飞蝗食禾尽，民饥。

---

①　此次蝗灾在民国《江苏省通志稿》、嘉庆《扬州府志》中记为庆元元年（1195 年）。

10.	嘉靖八年（1529 年）	秋七月，飞蝗蔽天，积地厚数寸，禾稼不登。
11.	嘉靖十四年（1535 年）	夏旱，飞蝗蔽天。
12.	嘉靖十五年（1536 年）	旱蝗，不为灾。
13.	嘉靖十九年（1540 年）	旱蝗。
14.	万历四十五年（1617 年）	大旱，飞蝗蔽天。
15.	天启五年（1625 年）	旱蝗。
16.	天启六年（1626 年）	旱，蝗飞蔽天，邑人孙兆祥作《禾已黄歌》。
17.	崇祯十四年（1641 年）	大旱蝗，谷贵民饥。
18.	清康熙十八年（1679 年）	旱，飞蝗食禾殆尽。
19.	乾隆二十四年（1759 年）	五月旱，南乡蝗积数寸，一夕大雨，蝗尽灭。

原载乾隆《高邮州志》卷十二《杂类志·灾祥》，乾隆四十八年刻本

道光《续增高邮州志》

1.	唐光启元年（885 年）	淮南蝗。
2.	宋崇宁元年（1102 年）	淮南蝗。
3.	元大德二年（1298 年）	扬州路旱蝗。
4.	大德五年（1301 年）	高邮旱蝗。
5.	大德六年（1302 年）	扬州路蝗。
6.	至大二年（1309 年）	高邮蝗。
7.	清嘉庆十九年（1814 年）	夏，旱蝗。
8.	道光十六年（1836 年）	蝗食竹叶、园蔬，不伤禾稼。

原载道光《续增高邮州志》卷六《灾祥志》，道光二十三年刻本

光绪《再续高邮州志》

1.	清咸丰六年（1856 年）	旱蝗成灾。
2.	光绪二年（1876 年）	蝗灾时有。
3.	光绪三年（1877 年）	秋，有蝗为灾。
4.	光绪四年（1878 年）	夏，蝗有遗孽。

原载光绪《再续高邮州志》卷七《灾祥》，光绪九年刻本

民国《三续高邮州志》

1. 清光绪十七年（1891年）　　　　夏五月，旱蝗。

2. 　光绪十八年（1892年）　　　　夏，旱蝗。

3. 　光绪二十七年（1901年）　　　夏，蝗。

4. 　光绪二十八年（1902年）　　　秋旱，蛹生。

原载民国《三续高邮州志》卷七《杂类志·灾祥》，民国十一年刻本

十、泰州市

道光《泰州志》

1. 宋熙宁八年（1075年）　　　　　淮西连岁旱蝗，居民艰食。

2. 　淳熙九年（1182年）　　　　　七月，淮甸大蝗，真、扬、泰州窖捕蝗虫
　　　　　　　　　　　　　　　　　五千斛。

3. 　绍熙二年（1191年）　　　　　七月，高邮县蝗，至于泰州。

4. 元大德九年（1305年）　　　　　六月，通、泰蝗。

5. 　明嘉靖十四年（1535年）　　　六月，蝗。

6. 　万历十一年（1583年）　　　　夏旱，多蝗，鹙、鸽食之。

7. 　万历十七年（1589年）　　　　旱蝗。

8. 　万历十八年（1590年）　　　　旱蝗相仍，田尽成赤地。

9. 　万历四十五年（1617年）　　　旱蝗。

10. 　天启六年（1626年）　　　　　秋，蝗旱。

11. 　崇祯八年（1635年）　　　　　七月，蝗。

12. 　崇祯十一年（1638年）　　　　旱蝗，无禾。

13. 　崇祯十二年（1639年）　　　　旱蝗。

14. 　崇祯十四年（1641年）　　　　七月，蝗，疫。

15. 清康熙十八年（1679年）　　　　蝗旱。

16. 　雍正七年（1729年）　　　　　夏，旱蝗。

17. 　乾隆九年（1744年）　　　　　秋，旱蝗。

18. 　乾隆四十年（1775年）　　　　秋，旱蝗。

19. 　乾隆五十年（1785年）　　　　大旱蝗，无麦无禾。

20.　　乾隆五十四年（1789 年）　　　　　蝗，寻灭。

原载道光《泰州志》卷一《建置沿革附祥异》，道光七年刻本

民国《续纂泰州志》

1. 清道光十六年（1836 年）　　　　蝗，不为灾。

2.　道光十七年（1837 年）　　　　二月，设局收买蝻子；六月，蝗大作。

3.　咸丰六年（1856 年）　　　　　八月，运河水涸，赤地千里，飞蝗蔽天。

4.　光绪二年（1876 年）　　　　　夏，旱蝗。

5.　光绪四年（1878 年）　　　　　夏，蝗，不为灾。

原载民国《续纂泰州志》卷一《建置沿革附祥异》，民国十三年抄本

《泰州志》

1. 民国四年（1915 年）　　　　　蝗。

2. 民国七年（1918 年）　　　　　蝗。

3. 民国十七年（1928 年）　　　　七月，蝗蝻生；九月，飞蝗过境，为害。

4. 民国十八年（1929 年）　　　　夏，蝗蝻为灾。

原载《泰州志》自然灾害要录，江苏古籍出版社 1998 年版

《泰县志》①

1. 宋熙宁八年（1075 年）　　　　连岁旱蝗，民艰食。

2.　淳熙八年（1181 年）　　　　　旱蝗，民艰食。

3.　淳熙九年（1182 年）　　　　　蝗旱，真、扬、泰州窖捕蝗虫五千斛。

4.　绍熙二年（1191 年）　　　　　七月，高邮蝗，至于泰州。

5. 元大德九年（1305 年）　　　　六月，通、泰蝗旱。

6.　明正德十四年（1519 年）　　　六月，蝗。

7.　　嘉靖十四年（1535 年）　　　六月，蝗灾。

8.　　万历十七年（1589 年）　　　夏，旱蝗。

---

① 泰县：旧县名，治所在今江苏泰州。

9.	万历十八年（1590 年）	夏，旱蝗相仍。
10.	万历四十五年（1617 年）	旱蝗。
11.	天启六年（1626 年）	秋，旱蝗。
12.	崇祯八年（1635 年）	七月，蝗灾。
13.	崇祯十一年（1638 年）	旱蝗，无禾。
14.	崇祯十二年（1639 年）	旱蝗。
15.	崇祯十四年（1641 年）	蝗，疫。
16.	清康熙十八年（1679 年）	蝗旱。
17.	雍正七年（1729 年）	夏，旱蝗。
18.	乾隆九年（1744 年）	秋，旱蝗。
19.	乾隆四十年（1775 年）	秋，旱蝗。
20.	乾隆五十年（1785 年）	大旱蝗，无麦无禾，民大饥。
21.	乾隆五十四年（1789 年）	蝗，寻灭。
22.	道光十七年（1837 年）	二月，设局收买蝗子；六月，蝗大作。
23.	咸丰六年（1856 年）	飞蝗蔽天。
24.	光绪二年（1876 年）	夏，旱蝗。

原载《泰县志》自然灾害，江苏古籍出版社 1993 年版

《兴化市志》

1.	元大德元年（1297 年）	八月，大蝗。
2.	明嘉靖八年（1529 年）	七月，飞蝗蔽空，至十七年每年皆蝗。
3.	嘉靖三十四年（1555 年）	春，蝗；秋，又蝗，食屋草殆尽。
4.	嘉靖三十八年（1559 年）	秋，蝗。
5.	崇祯十三年（1640 年）	旱，飞蝗蔽天，食草木皆尽，道殣相望。
6.	清康熙十八年（1679 年）	大旱，飞蝗蔽天。
7.	道光二十三年（1843 年）	七月，大蝗。
8.	咸丰六年（1856 年）	八月，飞蝗为灾。
9.	光绪三年（1877 年）	飞蝗为灾。
10.	光绪四年（1878 年）	夏，蝗。
11.	光绪十七年（1891 年）	五月，旱蝗。
12.	光绪十八年（1892 年）	夏，蝗。

13. 光绪二十八年（1902 年）　　　　秋，蝗蝻生。

　　　　原载《兴化市志》自然灾害录，上海社会科学院出版社 1995 年版

14. 明嘉靖三十三年（1554 年）　　　　春，蝻灾；秋，蝗虫又至，田无谷物，屋草尽。

　　　　原载《兴化市志》大事记，上海社会科学院出版社 1995 年版

咸丰《兴化县志》

1. 明景泰七年（1456 年）　　　　蝗。
2. 清雍正七年（1729 年）　　　　旱蝗。
3. 乾隆九年（1744 年）　　　　旱蝗。
4. 嘉庆十二年（1807 年）　　　　兴化旱蝗。
5. 嘉庆十四年（1809 年）　　　　兴化旱蝗。
6. 道光十五年（1835 年）　　　　夏，蝗过，未损禾。

　　　　原载咸丰《兴化县志》卷一《舆地志·祥异》，咸丰二年刻本

民国《续修兴化县志》

1. 清光绪二年（1876 年）　　　　夏，蝗，不为灾。
2. 民国元年（1912 年）　　　　飞蝗。
3. 民国八年（1919 年）　　　　秋，飞蝗。
4. 民国九年（1920 年）　　　　秋，飞蝗。

　　　　原载民国《续修兴化县志》卷一《舆地志·祥异》，民国三十二年铅印本

《泰兴县志》

1. 宋天禧元年（1017 年）　　　　夏，旱蝗。
2. 宝元三年（1040 年）　　　　旱蝗。
3. 绍熙二年（1191 年）　　　　大旱蝗。
4. 明景泰七年（1456 年）　　　　旱蝗。
5. 嘉靖十四年（1535 年）　　　　大旱蝗。
6. 嘉靖二十年（1541 年）　　　　夏，旱蝗。

7.　崇祯十四年（1641 年）　　　旱，蝗蝻复生，民大饥。

8.　清康熙三十八年（1699 年）　　大旱蝗。

9.　咸丰六年（1856 年）　　　　夏秋，飞蝗蔽天，歉收。

10.　光绪二年（1876 年）　　　　夏，旱蝗。

原载《泰兴县志》自然灾害录，江苏人民出版社 1993 年版

11. 民国七年（1918 年）　　　　是年，飞蝗蔽天，蝗蝻成灾。

原载《泰兴县志》大事记，江苏人民出版社 1993 年版

光绪《泰兴县志》

1.　宋庆历元年（1041 年）　　　旱蝗。

2.　崇宁元年（1102 年）　　　　夏，蝗。

3.　建炎二年（1128 年）　　　　夏六月，蝗。

4.　绍兴三十二年（1162 年）　　夏，蝗。

5.　淳熙三年（1176 年）　　　　秋七月，大蝗，日捕数十车，群飞绝江。

6.　淳祐六年（1246 年）　　　　大蝗。

7.　咸淳元年（1265 年）　　　　大蝗。

8.　元大德九年（1305 年）　　　夏，蝗。

9.　至治元年（1321 年）　　　　蝗。

10. 明嘉靖八年（1529 年）　　　秋七月，飞蝗蔽天。

11.　万历四十一年（1613 年）　　夏，大蝗，秋无禾。

12.　崇祯十二年（1639 年）　　　蝗飞蔽天。

13.　崇祯十三年（1640 年）　　　蝗食草木叶皆尽。

14. 清康熙十一年（1672 年）　　蝗。

15.　雍正三年（1725 年）　　　　蝗。

16.　乾隆九年（1744 年）　　　　蝗。

原载光绪《泰兴县志》卷末《志余·述异》，光绪十二年刻本

光绪《靖江县志》

1.　明景泰六年（1455 年）　　　夏，旱蝗。

2.　嘉靖七年（1528 年）　　　　夏，蝗。

3.　　嘉靖八年（1529 年）　　　　　六月，蝗自西北来蔽天，禾稼俱尽。

4.　　嘉靖九年（1530 年）　　　　　三月，蝗，捕蝗遗种甚多。

5.　　嘉靖十年（1531 年）　　　　　蝗。

6.　　嘉靖十一年（1532 年）　　　　蝗自西北来蔽天，所集禾苗立尽。

7.　　嘉靖十二年（1533 年）　　　　夏，蝗。

8.　　嘉靖十九年（1540 年）　　　　蝗至，三日蝗尽去。

9.　　嘉靖二十一年（1542 年）　　　夏，旱蝗。

10.　万历四十五年（1617 年）　　　五月，飞蝗自西北来蔽天，集地厚尺许。

11.　崇祯十二年（1639 年）　　　　三月，蝻生。

12. 清康熙六年（1667 年）　　　　七月，飞蝗过境，至西乡永兴团食芦叶。

13.　乾隆八年（1743 年）　　　　　夏，飞蝗过境，集竹林食叶殆尽。

14.　乾隆十年（1745 年）　　　　　八月，飞蝗过境，食草不食禾。

15.　乾隆三十一年（1766 年）　　　八月，飞蝗过境，骤如风雨。

16.　乾隆三十九年（1774 年）　　　飞蝗过境，自西北来，白昼蔽天。

17.　乾隆四十年（1775 年）　　　　飞蝗过境，自西北来，不为害。

18.　嘉庆八年（1803 年）　　　　　夏，飞蝗过境，自西北来，不伤禾稼。

19.　道光十六年（1836 年）　　　　秋，飞蝗入境，不伤禾稼。

20.　咸丰七年（1857 年）　　　　　八月，蝗复生。

21.　光绪二年（1876 年）　　　　　秋，飞蝗过境，不伤稼。

22.　光绪三年（1877 年）　　　　　五月，飞蝗过境；秋，蝻生。

23.　光绪四年（1878 年）　　　　　夏，飞蝗过境；秋七月，螣生。

原载光绪《靖江县志》卷八《祲祥》，光绪五年刻本

《靖江县志》

1. 明万历四十四年（1616 年）　　　蝗自西北来，田禾立尽。

2.　　崇祯十一年（1638 年）　　　　八月，飞蝗入境，声如烈风，漫天遍野，
　　　　　　　　　　　　　　　　　　　食禾苗俱尽，县出资购蝗四百余石，
　　　　　　　　　　　　　　　　　　　每石三百文。

3.　　崇祯十三年（1640 年）　　　　八月，蝗生蔽野，路难行。

4. 清咸丰六年（1856 年）　　　　　八月，飞蝗自西北来，岁大荒。

5. 民国三年（1914 年）　　　　　　夏，蝗灾。

原载《靖江县志》主要自然灾害录，江苏人民出版社 1992 年版

6. 明万历四十五年（1617 年）　　　蝗生，掘挖蝗卵九十余石。

原载《靖江县志》大事记，江苏人民出版社 1992 年版

十一、盐城市

《盐城市志》

1. 宋淳熙三年（1176 年）　　　　　蝗灾。

2. 元至元十五年（1278 年）　　　　旱，蝗灾。

3. 　至元十九年（1282 年）　　　　飞蝗蔽日，所过处禾稼俱尽。

4. 　大德六年（1302 年）　　　　　蝗虫遍野，食禾尽。

5. 明成化十五年（1479 年）　　　　旱，蝗食禾尽。

6. 　成化十六年（1480 年）　　　　又旱，蝗虫为害。

7. 　弘治十八年（1505 年）　　　　蝗飞蔽日，食稼尽。

8. 　正德八年（1513 年）　　　　　旱，又有蝗虫，禾稼无收。

9. 　嘉靖六年（1527 年）　　　　　夏，有蝗虫。

10. 　嘉靖十四年（1535 年）　　　　江淮大旱，赤地千里，飞蝗蔽日，禾草无存。

11. 　嘉靖十九年（1540 年）　　　　夏，飞蝗伤禾苗。

12. 　万历四十四年（1616 年）　　　飞蝗蔽日，声如雷，食稼尽。

13. 　万历四十五年（1617 年）　　　旱，蝗灾，野草无遗。

14. 　崇祯十一年（1638 年）　　　　秋，蝗灾，食尽草木。

15. 　崇祯十四年（1641 年）　　　　有蝗虫。

16. 　清康熙十一年（1672 年）　　　五月，蝗虫起。

17. 　康熙十八年（1679 年）　　　　蝗伤禾。

18. 　康熙四十二年（1703 年）　　　飞蝗蔽日，食禾尽。

19. 　乾隆四年（1739 年）　　　　　四月，蝗灾。

20. 　道光十五年（1835 年）　　　　蝗灾。

21. 　咸丰八年（1858 年）　　　　　旱，蝗虫遍野，食禾尽。

22. 民国二十一年（1932 年）　　　　秋，蝗虫遍野。

原载《盐城市志》自然灾害，江苏科学技术出版社 1998 年版

《盐城县志》

1. 元至元十五年（1278 年）　　　　　旱，蝗灾。

2. 明成化七年（1471 年）　　　　　旱，蝗灾。

3. 成化十五年（1479 年）　　　　　旱，蝗食禾尽。

4. 弘治十五年（1502 年）　　　　　大旱，蝗灾。

5. 正德八年（1513 年）　　　　　旱，蝗灾，禾稼无收。

6. 嘉靖七年（1528 年）　　　　　七月，蝗大起，食禾苗。

7. 天启四年（1624 年）　　　　　大旱，蝗灾。

8. 天启五年（1625 年）　　　　　夏旱，蝗灾。

9. 崇祯十三年（1640 年）　　　　　七月，蝗飞蔽天。

10. 崇祯十四年（1641 年）　　　　　蝗虫为害。

11. 清康熙十三年（1674 年）　　　　　县北蝗灾。

12. 康熙十八年（1679 年）　　　　　蝗虫为害。

13. 康熙四十一年（1702 年）　　　　　蝗灾。

14. 康熙四十二年（1703 年）　　　　　飞蝗蔽日，食禾苗尽。

15. 康熙五十二年（1713 年）　　　　　蝗灾。

16. 雍正二年（1724 年）　　　　　蝗灾。

17. 乾隆四年（1739 年）　　　　　四月，蝗大起。

18. 咸丰六年（1856 年）　　　　　旱，蝗灾。

19. 光绪二年（1876 年）　　　　　夏旱，蝗虫。

20. 光绪十七年（1891 年）　　　　　旱，蝗灾。

21. 民国三年（1914 年）　　　　　旱，蝗起。

22. 民国二十九年（1940 年）　　　　　秋，飞蝗过境，歉收。

23. 民国三十四年（1945 年）　　　　　飞蝗为害。

原载《盐城县志》自然灾害录，江苏人民出版社 1993 年版

光绪《盐城县志》

清光绪十九年（1893 年）　　　　　四乡多蟓，知县率民捕之，不为灾。

原载光绪《盐城县志》卷十七《杂类志·祥异》，光绪二十一年刻本

《建湖县志》

1. 元至元十五年（1278 年）　　　旱，蝗虫为灾。

2. 　至元十七年（1280 年）　　　蝗害。

3. 　至元十九年（1282 年）　　　飞蝗蔽日，所过处禾稼俱尽。

4. 明嘉靖七年（1528 年）　　　　七月，蝗大起，食禾苗及衣书，民饥。

5. 　万历四十二年（1614 年）　　飞蝗蔽日，声如雷，食稼尽。

6. 　万历四十三年（1615 年）　　飞蝗蔽日，声如雷，食稼尽。

7. 　崇祯十三年（1640 年）　　　蝗虫飞蔽天日。

8. 清康熙十一年（1672 年）　　　五月，蝗虫起。

9. 　雍正二年（1724 年）　　　　夏，蝗食禾。

10. 　乾隆四年（1739 年）　　　　蝗灾。

11. 　道光十五年（1835 年）　　　蝗灾。

12. 　咸丰六年（1856 年）　　　　蝗虫遍野。

　　　　　　　　原载《建湖县志》大事记，江苏人民出版社 1994 年版

13. 明弘治十五年（1502 年）　　　蝗食苗尽，野有饿殍。

14. 　万历四十四年（1616 年）　　飞蝗蔽天，饥民外逃。

15. 清康熙十八年（1679 年）　　　蝗虫食苗，五谷歉收。

16. 　光绪十七年（1891 年）　　　蝗虫成灾。

17. 　光绪十八年（1892 年）　　　蝗虫成灾。

18. 民国十八年（1929 年）　　　　蝗灾。

19. 民国三十四年（1945 年）　　　秋，蝗灾。

　　　　　　　　原载《建湖县志》自然灾害，江苏人民出版社 1994 年版

光绪《阜宁县志》

1. 清雍正十三年（1735 年）　　　六月，大旱蝗。

2. 　乾隆四十七年（1782 年）　　六月不雨，蝗。

3. 　道光十五年（1835 年）　　　大旱蝗。

4. 　道光十六年（1836 年）　　　旱蝗。

5. 　咸丰六年（1856 年）　　　　八月，蝗。

6. 　咸丰七年（1857 年）　　　　蝗，不为灾。

7.　咸丰八年（1858 年）　　　　　　旱蝗。

8.　光绪三年（1877 年）　　　　　　旱蝗，蝗抱草毙。

原载光绪《阜宁县志》卷二十一《祥祲》，光绪十二年刻本

民国《阜宁县新志》

1. 清光绪二十六年（1900 年）　　　旱蝗。

2. 民国十七年（1928 年）　　　　　夏，旱蝗。

3. 民国二十一年（1932 年）　　　　秋，蝗。

原载民国《阜宁县新志》卷首《大事记》，民国二十三年铅印本

《阜宁县志》

1. 民国十八年（1929 年）　　　　　蝗灾，限期扑灭之。

原载《阜宁县志》大事记，江苏科学技术出版社 1992 年版

2. 民国三十五年（1946 年）　　　　五月，蝗虫遍野，损害禾苗。

原载《阜宁县志》自然灾害，江苏科学技术出版社 1992 年版

《射阳县志》

1. 明弘治十五年（1502 年）　　　　蝗食禾苗尽。

原载《射阳县志》自然灾害，江苏科学技术出版社 1997 年版

2. 清乾隆四十七年（1782 年）　　　蝗飞蔽天。

3.　咸丰六年（1856 年）　　　　　　飞蝗四起，岁大饥。

原载《射阳县志》大事记，江苏科学技术出版社 1997 年版

《滨海县志》

1. 清雍正十三年（1735 年）　　　　旱，遍地蝗虫。

2.　乾隆四十七年（1782 年）　　　　蝗虫大发生。

3.　道光十五年（1835 年）　　　　　蝗虫大发生。

4.　道光十六年（1836 年）　　　　　旱，蝗蝻遍地，草木食尽。

5.	咸丰六年（1856 年）	大旱，蝗虫大发生。
6.	光绪三年（1877 年）	旱，蝗飞蔽日，饥民塞路，五月大风，蝗被刮起摔死。
7.	光绪二十六年（1900 年）	大旱，阜宁蝗虫遍野。
8.	民国六年（1917 年）	旱，蝗虫四起，草木尽食。
9.	民国八年（1919 年）	蝗虫大面积发生。
10.	民国十七年（1928 年）	春旱，蝗蝻大发生。
11.	民国十八年（1929 年）	夏，蝗蝻大发生，限期扑灭之。
12.	民国二十二年（1933 年）	秋，蝗虫大发生，群集如蚁，起飞蔽日。
13.	民国二十六年（1937 年）	夏，蝗虫大发生。
14.	民国三十五年（1946 年）	夏，蝗虫大发生，庄稼歉收。
15.	民国三十八年（1949 年）	夏，蝗灾严重，三千亩玉米被吃光。

原载《滨海县志》自然灾害，方志出版社 1998 年版

《响水县志》

1.	清乾隆四十七年（1782 年）	七月，飞蝗蔽天，大荒。
2.	咸丰六年（1856 年）	蝗虫四起，禾苗吃光，人以草根为粮。
3.	民国十八年（1929 年）	蝗蝻遍野。
4.	民国三十四年（1945 年）	六月，六套、七套、老舍等地草滩发生蝗蝻 30 千米^2，来势凶猛，庄稼吃光；王集、陈家港发生蝗蝻 10 千米^2，经扑打，消灭蝗虫 3 000 担以上。

原载《响水县志》自然灾害，江苏古籍出版社 1996 年版

《大丰县志》

1.	明成化十六年（1480 年）	旱，有蝗。
2.	弘治十八年（1505 年）	大旱，蝗飞蔽天，食禾尽。
3.	正德三年（1508 年）	大旱，飞蝗蔽天，食禾尽。
4.	正德八年（1513 年）	蝗灾，歉收。
5.	嘉靖六年（1527 年）	夏旱，蝗虫。

6.	嘉靖七年（1528 年）	夏旱，蝗虫。
7.	嘉靖十四年（1535 年）	六月，飞蝗蔽天，禾草无存。
8.	嘉靖十九年（1540 年）	夏，飞蝗伤禾苗。
9.	万历四十五年（1617 年）	旱，蝗飞蔽天，食禾苗尽，草无遗。
10.	崇祯十四年（1641 年）	旱，蝗虫。
11.	民国三十二年（1943 年）	七月，疆北、南团、沈灶、九灶、王港、竹港、祥丰、新东、鼎新、楚围、韦团、南灶等地蝗虫。

原载《大丰县志》自然灾害，江苏人民出版社 1989 年版

嘉庆《东台县志》

1.	宋天禧元年（1017 年）	六月，蝗，大风吹蝗入江海或抱草木死。
2.	淳熙三年（1176 年）	七月，蝗。
3.	绍熙二年（1191 年）	七月，蝗。
4.	元大德九年（1305 年）	蝗。
5.	明景泰七年（1456 年）	旱蝗，有赈。
6.	成化十六年（1480 年）	旱，蝗从东北来，蔽空翳日。
7.	弘治十八年（1505 年）	大旱，飞蝗蔽空，食田禾殆尽。
8.	正德三年（1508 年）	大旱，飞蝗蔽天，食禾苗尽。
9.	嘉靖六年（1527 年）	夏旱，蝗生，积地厚数寸。
10.	嘉靖七年（1528 年）	夏旱，蝗生，积地厚数寸。
11.	嘉靖八年（1529 年）	秋七月，飞蝗蔽空。
12.	嘉靖九年（1530 年）	秋七月，蝗。
13.	嘉靖十年（1531 年）	夏，蝗蝻生。
14.	嘉靖十二年（1533 年）	四月，蝗蝻遍田野。
15.	嘉靖十四年（1535 年）	六月，飞蝗蔽天；八月，蝝生，积地厚尺许。
16.	嘉靖十九年（1540 年）	夏，飞蝗自北来，伤田禾。
17.	嘉靖三十四年（1555 年）	秋，蝗，至食屋草无遗。
18.	嘉靖三十八年（1559 年）	秋，复蝗。
19.	万历十七年（1589 年）	旱蝗。
20.	万历十八年（1590 年）	旱蝗。

21.	万历四十五年（1617 年）	四月，蝗飞蔽天，食禾苗尽，草无遗，入民居室，床帐皆满，积厚五寸；秋，购捕蝗，每蝗石给谷五斗，共得蝗七十五石。
22.	万历四十六年（1618 年）	夏，蝗起，食荡草殆尽。
23.	天启六年（1626 年）	蝗旱。
24.	崇祯八年（1635 年）	七月，蝗。
25.	崇祯十一年（1638 年）	七至九月，飞蝗蔽天，方千里禾苗、草木无遗。
26.	崇祯十二年（1639 年）	旱蝗。
27.	崇祯十三年（1640 年）	七月，蝗复至飞，盈衢市，屋草无遗。
28.	崇祯十四年（1641 年）	旱蝗。
29.	清康熙六年（1667 年）	四月，飞蝗蔽天，官购捕蝗，蝗石给粟斗，民争趋之，数日后，蝗尽抱草死。
30.	康熙十一年（1672 年）	六月，飞蝗蔽空。
31.	康熙十八年（1679 年）	蝗旱。
32.	雍正七年（1729 年）	夏，旱蝗。
33.	乾隆九年（1744 年）	秋，旱蝗。
34.	乾隆三十三年（1768 年）	夏秋，大旱蝗。

原载嘉庆《东台县志》卷七《星野·祥异》，嘉庆二十二年刻本

《东台市志》

1.	清乾隆四十年（1775 年）	飞蝗成灾。
2.	乾隆五十年（1785 年）	夏秋，蝗生，无收。
3.	乾隆五十四年（1789 年）	秋，有蝗。
4.	道光十五年（1835 年）	旱，蝗灾。
5.	道光十六年（1836 年）	旱，蝗灾。
6.	咸丰八年（1858 年）	旱，蝗虫遍野，食禾苗尽。
7.	光绪十七年（1891 年）	旱，蝗灾。
8.	光绪二十六年（1900 年）	旱，蝗灾。

原载《东台市志》自然灾害录，江苏科学技术出版社 1994 年版

9. 民国十八年（1929 年）　　　　　　六月旱，蝗灾，损失 500 万元。

原载《东台市志》大事记，江苏科学技术出版社 1994 年版

十二、淮安市

光绪《淮安府志》

1. 唐兴元元年（784 年）　　　　　　冬闰十月，诏宋亳、淄青、泽潞、河东、
　　　　　　　　　　　　　　　　　恒冀、幽、易定、魏博等八节度螟蝗
　　　　　　　　　　　　　　　　　为害，蒸民饥馑，每节度赐米五万石，
　　　　　　　　　　　　　　　　　河阳、东畿各赐三万石。淮安府蝗。

2. 宋淳熙三年（1176 年）　　　　　　楚州界飞蝗蔽天，声如雷，逾时大雨，蝗
　　　　　　　　　　　　　　　　　皆死，禾稼不害。

3.　绍熙五年（1194 年）　　　　　　八月，楚州、和州蝗。

4.　嘉定十年（1217 年）　　　　　　四月，楚州蝗。

原载光绪《淮安府志》卷三十九《杂记》，光绪十年刻本

5.　元至元十九年（1282 年）　　　　清河县蝗飞蔽天，自西北来，凡经七日，禾
　　　　　　　　　　　　　　　　　稼俱尽。

6.　大德六年（1302 年）　　　　　　淮安蝗。

7.　至大元年（1308 年）　　　　　　淮安蝗。

8.　泰定三年（1326 年）　　　　　　淮安蝗。

9.　天历二年（1329 年）　　　　　　淮安属县蝗蝻。

10.　至顺元年（1330 年）　　　　　　淮安路蝗。

11. 明宣德十年（1435 年）　　　　　淮安蝗。

12.　正统七年（1442 年）　　　　　　命大臣分巡天下有蝗处，通政司王锡命往
　　　　　　　　　　　　　　　　　淮安。

13.　正德八年（1513 年）　　　　　　旱蝗。

14.　万历十一年（1583 年）　　　　　夏，蝗。

15.　万历十五年（1587 年）　　　　　夏，大旱蝗，草木皆空。

16.　万历三十八年（1610 年）　　　　五月，飞蝗蔽天。

17.　万历四十四年（1616 年）　　　　是岁，飞蝗蔽天。

18.　天启六年（1626 年）　　　　　　旱蝗害稼。

19. 清雍正十三年（1735 年）　　　六月，旱蝗。

20. 　光绪二年（1876 年）　　　　夏，大旱蝗。

原载光绪《淮安府志》卷四十《杂记》，光绪十年刻本

《淮安市志》

民国十八年（1929 年）　　　　淮安旱，蝗虫成灾。

原载《淮安市志》大事记，江苏人民出版社 1998 年版

同治《重修山阳县志》①

1. 宋淳熙三年（1176 年）　　　楚州界飞蝗蔽天，声如雷，逾时大雨，蝗
　　　　　　　　　　　　　　　皆死，禾稼不害。

2. 　绍熙五年（1194 年）　　　八月，楚州、和州蝗。

3. 　嘉定十年（1217 年）　　　四月，楚州蝗。

原载同治《重修山阳县志》卷二十《杂记一》，同治十二年刻本

4. 　元大德六年（1302 年）　　　淮安蝗。

5. 　至大元年（1308 年）　　　淮安蝗。

6. 　泰定三年（1326 年）　　　淮安蝗。

7. 　天历二年（1329 年）　　　淮安属县蝗蝻。

8. 　至顺元年（1330 年）　　　淮安路蝗。

9. 明宣德十年（1435 年）　　　淮安蝗。

10. 　正统七年（1442 年）　　　命大臣分巡天下有蝗处。

11. 　成化四年（1468 年）　　　秋，旱蝗，有司捕之，翌日大雨，蝗尽死。

12. 　正德八年（1513 年）　　　旱蝗。

13. 　万历十一年（1583 年）　　　夏，蝗。

14. 　万历十五年（1587 年）　　　夏，大旱蝗，草木皆空。

15. 　万历三十八年（1610 年）　　五月，飞蝗蔽天。

16. 　万历四十四年（1616 年）　　飞蝗蔽天。

17. 　天启六年（1626 年）　　　旱蝗害稼。

---

① 山阳：旧县名，治所在今江苏淮安市淮安区。

18. 清雍正十三年（1735 年）　　　　　六月，旱蝗。

原载同治《重修山阳县志》卷二十一《杂记二》，同治十二年刻本

宣统《续纂山阳县志》

1. 元大德三年（1299 年）　　　　　淮安管内蝗虫为害，有鹜数千啄食之，禁捕秃鹜。

2. 清光绪十八年（1892 年）　　　　夏，旱蝗。

原载宣统《续纂山阳县志》卷十五《杂记·祥祲》，民国十年刻本

《淮阴市志》

1.　清康熙元年（1662 年）　　　　　安东蝗灾。

2.　康熙六年（1667 年）　　　　　夏，盱眙蝗灾。

3.　康熙七年（1668 年）　　　　　秋，盱眙蝗灾。

4.　康熙十年（1671 年）　　　　　盱眙旱，蝗灾严重。

5.　康熙十一年（1672 年）　　　　五月，淮安大旱，蝗灾严重。

6.　康熙十七年（1678 年）　　　　清河、桃源、盱眙蝗灾。

7.　康熙十八年（1679 年）　　　　骆马湖蝗灾。

8.　康熙二十五年（1686 年）　　　夏，盱眙蝗灾。

9.　康熙二十六年（1687 年）　　　秋，盱眙旱蝗。

10.　康熙二十七年（1688 年）　　　安东蝗。

11.　康熙二十九年（1690 年）　　　盱眙蝗生遍野，食麦一空。

12.　咸丰六年（1856 年）　　　　　夏，宿迁、安东、桃源、盱眙、山阳旱，蝗飞蔽天，食尽禾苗。

13. 民国二十一年（1932 年）　　　　洪泽湖、老子山蝗飞蔽日。

14. 民国二十五年（1936 年）　　　　泗阳蝗飞蔽日，禾苗尽食。

原载《淮阴市志》自然灾害，上海社会科学院出版社 1995 年版

《淮阴县志》

1. 明嘉靖七年（1528 年）　　　　　七月，蝗大起，食禾苗衣物，民饥。

2.　万历四十四年（1616 年）　　　飞蝗蔽日，声如雷，食禾尽。

3.　崇祯十三年（1640 年）　　　　蝗蝻遍野，民饥。

4. 民国十七年（1928 年）　　　　全省 58 县蝗，捕蝻 111.7 万石。

原载《淮阴县志》自然灾害录，上海社会科学院出版社 1996 年版

5. 清咸丰七年（1857 年）　　　　六月，蝗灾严重。

6.　光绪六年（1880 年）　　　　　夏，蝗灾。

原载《淮阴县志》大事记，上海社会科学院出版社 1996 年版

光绪《清河县志》

1. 元至元十九年（1282 年）　　　七月，淮安清河县飞蝗蔽天，自西北来，
　　　　　　　　　　　　　　　　　　　凡经七日，禾稼俱尽。

2. 清康熙六年（1667 年）　　　　夏，蝗食草根略尽，赤地百里。

3.　康熙十八年（1679 年）　　　　旱蝗。

4.　康熙十九年（1680 年）　　　　蝗。

5.　乾隆三年（1738 年）　　　　　夏，大旱蝗。

6.　光绪二年（1876 年）　　　　　夏旱，蝗飞蔽天，螇生，食禾苗几尽。

原载光绪《清河县志》卷二十六《杂记·祥祲》，光绪五年刻本

乾隆《安东县志》

1. 宋天禧元年（1017 年）　　　　六月，江淮蝗，大风吹蝗入江海或抱草木
　　　　　　　　　　　　　　　　　　　而死。

2.　淳熙三年（1176 年）　　　　　楚州界飞蝗如云阵风雷者，逾时遇大雨皆
　　　　　　　　　　　　　　　　　　　死，禾稼不害。

3. 明成化四年（1468 年）　　　　蝗，捕之。

4.　万历四十三年（1615 年）　　　蝗生。

5.　崇祯八年（1635 年）　　　　　六月，蝗蝻蠕跳，草木尽食。

6. 清乾隆十八年（1753 年）　　　五月，遍地蝗生。

原载乾隆《安东县志》卷十五《祥异》，乾隆年间刻本

光绪《安东县志》

1. 元至元十七年（1280 年） 涟、海诸州蝗。
2. 明嘉靖二年（1523 年） 蝗，饥，人相食。
3. 嘉靖三年（1524 年） 旱蝗，令纳蝗子五斗，准三等吏缺。
4. 万历十六年（1588 年） 蝗，大饥。
5. 万历十八年（1590 年） 旱蝗。
6. 万历三十八年（1610 年） 飞蝗蔽天，食禾苗且尽。
7. 万历四十年（1612 年） 六月，旱蝗。
8. 万历四十四年（1616 年） 夏，飞蝗遍野，城市盈尺，草木俱尽。
9. 万历四十五年（1617 年） 蝗。
10. 万历四十七年（1619 年） 旱蝗。
11. 天启六年（1626 年） 夏，蝗生盈尺，禾苗、草木俱尽。
12. 崇祯十二年（1639 年） 夏旱，蝗食禾麦且尽。
13. 崇祯十三年（1640 年） 夏，大旱蝗。
14. 崇祯十四年（1641 年） 三月，蝗蝻生。
15. 清康熙元年（1662 年） 秋，蝗。
16. 康熙十七年（1678 年） 蝗。
17. 康熙二十五年（1686 年） 蝗。
18. 康熙二十七年（1688 年） 蝗。
19. 康熙五十年（1711 年） 旱蝗。
20. 乾隆二十二年（1757 年） 蝗。
21. 道光三年（1823 年） 蝗。
22. 道光十六年（1836 年） 蝗。
23. 道光十七年（1837 年） 蝗。
24. 道光二十七年（1847 年） 夏秋，大旱蝗。
25. 咸丰六年（1856 年） 飞蝗蔽天，食禾苗、草木俱尽。
26. 咸丰七年（1857 年） 夏，蝗。

原载光绪《安东县志》卷五《民赋下附灾异蠲赈》，光绪元年刻本

《涟水县志》

1. 明嘉靖二年（1523 年） 涟水旱蝗。

2.	嘉靖三年（1524 年）	涟水旱蝗。
3.	嘉靖十年（1531 年）	淮安府属县旱蝗。
4.	万历十八年（1590 年）	五月，安东蝗灾。
5.	万历三十八年（1610 年）	五月，安东飞蝗蔽天，食禾苗尽。
6.	万历四十年（1612 年）	六月，旱蝗。
7.	万历四十四年（1616 年）	夏，安东飞蝗遍野盈尺，草木俱尽。
8.	万历四十七年（1619 年）	安东旱，蝗灾。
9.	天启六年（1626 年）	夏，安东蝗生盈尺，禾苗、草木俱尽。
10.	崇祯十二年（1639 年）	夏，蝗食麦禾。
11.	清康熙五十年（1711 年）	安东旱蝗。
12.	康熙五十七年（1718 年）	夏，安东蝗。
13.	乾隆二十二年（1757 年）	蝗灾。
14.	道光三年（1823 年）	安东蝗灾。
15.	道光十六年（1836 年）	安东蝗灾。
16.	道光二十七年（1847 年）	夏秋间，大旱蝗。
17.	民国十七年（1928 年）	全省 56 个县蝗灾。
18.	民国十八年（1929 年）	蝗食禾。

原载《涟水县志》自然灾害综录，江苏古籍出版社 1997 年版

19.	唐贞元元年（785 年）	夏，飞蝗蔽日，所到处草木、畜毛尽。
20.	元至元十七年（1280 年）	涟、海等州蝗灾。
21.	明崇祯八年（1635 年）	蝗虫遍地，食尽草木。
22.	清咸丰六年（1856 年）	飞蝗蔽天，禾苗、草木尽食。

原载《涟水县志》大事记，江苏古籍出版社 1997 年版

《洪泽县志》

1.	明宣德九年（1434 年）	蝗蝻覆地尺许，伤禾稼。
2.	正统四年（1439 年）	五月，蝗。
3.	正统五年（1440 年）	夏，蝗。
4.	正统十二年（1447 年）	蝗。
5.	景泰七年（1456 年）	蝗。
6.	成化四年（1468 年）	秋，旱蝗。

7.　嘉靖十年（1531 年）　　　　　蝗。

8.　万历三十八年（1610 年）　　　蝗灾。

9.　天启六年（1626 年）　　　　　夏，蝗灾，禾苗俱尽。

10. 清康熙十二年（1673 年）　　　五月，蝗灾。

11.　康熙十八年（1679 年）　　　蝗灾。

12.　康熙十九年（1680 年）　　　蝗灾严重，野无遗禾。

13.　康熙三十三年（1694 年）　　蝗灾。

14.　咸丰元年（1851 年）　　　　八月，飞蝗遍野。

15.　同治十二年（1873 年）　　　旱，蝗灾。

16.　同治十三年（1874 年）　　　旱，蝗灾。

17.　光绪元年（1875 年）　　　　旱，蝗灾。

18.　光绪二年（1876 年）　　　　旱，蝗灾。

19.　光绪十七年（1891 年）　　　蝗灾。

20. 民国二十年（1931 年）　　　　蝗灾，黄集最重，90% 庄稼吃光。

21. 民国二十一年（1932 年）　　　八月，老子山蝗由北向南飞蔽日，食稼尽。

22. 民国二十八年（1939 年）　　　蝗虫飞越洪泽湖至湖东，遮天蔽日，农作
　　　　　　　　　　　　　　　　　受灾严重。

原载《洪泽县志》自然灾害，中国大百科全书出版社 1999 年版

23. 南朝齐建元四年（482 年）　　秋，境内蝗灾。

24. 明崇祯十三年（1640 年）　　　旱，蝗虫遍野，民饥。

25. 清康熙十年（1671 年）　　　　大旱，蝗虫食田禾尽。

26. 民国十六年（1927 年）　　　　夏，湖区飞蝗遍野，大部庄稼吃光。

原载《洪泽县志》大事记，中国大百科全书出版社 1999 年版

《金湖县志》

1.　明天顺八年（1464 年）　　　　旱蝗。

2.　弘治十八年（1505 年）　　　　大旱，飞蝗食禾尽，民饥。

3.　正德九年（1514 年）　　　　　大旱蝗。

4.　嘉靖七年（1528 年）　　　　　大旱蝗。

5.　嘉靖八年（1529 年）　　　　　七月，飞蝗蔽天，积地厚数寸，庄稼不登。

6.　嘉靖十四年（1535 年）　　　　夏旱，飞蝗蔽天。

7.　　嘉靖二十三年（1544 年）　　　　大旱蝗。

8.　　嘉靖二十四年（1545 年）　　　　大旱蝗。

9.　　万历四十五年（1617 年）　　　　大旱蝗。

10.　天启六年（1626 年）　　　　旱蝗。

11.　崇祯十二年（1639 年）　　　　八月旱，飞蝗北来，天日为暗，禾苗尽食。

12.　崇祯十三年（1640 年）　　　　八月，旱蝗，禾苗一扫馨空，草木无遗。

13. 清顺治十年（1653 年）　　　　大旱蝗。

14.　康熙十八年（1679 年）　　　　旱蝗，野无遗禾。

15.　乾隆四十七年（1782 年）　　　　旱蝗。

16.　乾隆五十年（1785 年）　　　　大旱蝗。

17.　嘉庆十九年（1814 年）　　　　夏，旱蝗。

18.　道光十五年（1835 年）　　　　秋，旱蝗。

19.　咸丰六年（1856 年）　　　　八月旱，飞蝗遍野。

20.　同治十二年（1873 年）　　　　秋，旱蝗。

21.　同治十三年（1874 年）　　　　旱蝗。

22.　光绪元年（1875 年）　　　　旱蝗。

23.　光绪二年（1876 年）　　　　旱蝗。

24.　光绪十七年（1891 年）　　　　五月，旱蝗。

25.　光绪十八年（1892 年）　　　　夏，旱蝗。

26. 民国十二年（1923 年）　　　　旱蝗成灾。

　　　　　　　　原载《金湖县志》自然灾害录，江苏人民出版社 1994 年版

27. 清康熙十年（1671 年）　　　　旱，蝗虫发生，食禾稼殆尽。

　　　　　　　　原载《金湖县志》大事记，江苏人民出版社 1994 年版

光绪《盱眙县志稿》

1. 东晋大兴元年（318 年）　　　　七月，东海、彭城、下邳、临淮四郡蝗虫害禾豆。

2.　　大兴二年（319 年）　　　　五月，淮陵、临淮、淮南、安丰、庐江诸郡蝗食秋麦。

3. 唐元和五年（810 年）　　　　夏，淮南等州螟蝗害稼。

4.　　咸通三年（862 年）　　　　六月，淮南蝗。

5.	咸通九年（868 年）	江淮旱蝗。
6.	宋大中祥符九年（1016 年）	七月，蝗飞翳空，延至江、淮，及霜寒始毙。
7.	天禧元年（1017 年）	江淮大风，吹蝗入江海或抱草木僵死。
8.	景祐四年（1037 年）	淮南旱蝗。
9.	庆历元年（1041 年）	淮南旱蝗。
10.	崇宁元年（1102 年）	淮南路蝗。
11.	崇宁三年（1104 年）	大旱，飞蝗蔽天。
12.	崇宁四年（1105 年）	旱蝗。
13.	建炎二年（1128 年）	淮甸旱蝗。
14.	绍兴二十九年（1159 年）	七月，盱眙军楚州金界三十里蝗，为风所坠，风止，复飞还淮北。
15.	绍兴三十二年（1162 年）	六月，江东、淮南北郡县蝗飞入湖州境，声如风雨，至七月，遍于畿县。
16.	淳熙三年（1176 年）	淮北飞蝗入楚州盱眙军界，如风雷者，逾时遇大雨皆死，稼不为害。
17.	淳熙四年（1177 年）	五月，淮北多蝗。
18.	淳熙八年（1181 年）	淮南北自七月不雨，至十一月，蝗食禾苗、草木皆尽。
19.	淳熙九年（1182 年）	七月，淮甸大蝗。
20.	淳熙十年（1183 年）	六月，蝗遗种于淮、浙，害稼。
21.	嘉定八年（1215 年）	四月，飞蝗越淮而南，江淮蝗食禾苗、草木皆尽。
22.	淳祐二年（1242 年）	五月，两淮螟蝗。
23.	元大德二年（1298 年）	四月，山东、两淮、江浙蝗。
24.	大德三年（1299 年）	八月，淮南蝗。
25.	大德九年（1305 年）	八月，泗州蝗。
26.	至治元年（1321 年）	七月，临淮、盱眙等县蝗。
27.	泰定三年（1326 年）	七月，睢、泗等州蝗。
28.	明正统五年（1440 年）	夏，凤阳、淮安等府蝗。
29.	正统六年（1441 年）	夏，凤阳、淮安蝗。
30.	景泰七年（1456 年）	五月，淮安、凤阳大旱蝗。

31.	正德四年（1509 年）	夏旱，蝗飞蔽日。
32.	嘉靖七年（1528 年）	蝗。
33.	嘉靖十四年（1535 年）	旱蝗。
34.	嘉靖二十四年（1545 年）	河由野鸡冈决，南至泗州合淮入海，夏，大蝗。
35.	嘉靖二十五年（1546 年）	蝗。
36.	万历三十九年（1611 年）	蝗蝻遍野，禾苗食尽。
37.	天启六年（1626 年）	七月，淮、扬、庐、凤各府属春夏旱，蝗为灾。
38.	崇祯十三年（1640 年）	大旱，蝗蝻遍野，民饥。
39.	清康熙六年（1667 年）	夏，蝗。
40.	康熙七年（1668 年）	秋，蝗。
41.	康熙十年（1671 年）	八月，蝗食禾稼殆尽，民剥树皮、掘石粉而食之。
42.	康熙十一年（1672 年）	五月，蝗蝻遍地，不食禾稼而蝗尽飞去。
43.	康熙十七年（1678 年）	旱蝗。
44.	康熙十八年（1679 年）	大旱，飞蝗渡淮，散满民居，食壁纸殆尽。
45.	康熙二十五年（1686 年）	夏，旱蝗。
46.	康熙二十六年（1687 年）	秋，大旱蝗，饥。
47.	康熙三十年（1691 年）	五月，蝗生遍野，食麦一空。
48.	康熙三十二年（1693 年）	夏旱，蝗食苗。
49.	康熙五十年（1711 年）	夏，飞蝗过境，不食稼。
50.	雍正三年（1725 年）	秋，大旱蝗，饥。
51.	雍正四年（1726 年）	秋，飞蝗过境，不伤禾稼。
52.	乾隆四年（1739 年）	蝗。
53.	乾隆九年（1744 年）	蝗，扑灭，禾稼无伤。夏六月，有蝗自昭阳湖经山阳而来，遮蔽天日，适讷公同督湖二宪入境目击，谕以扑捕为急，余躬率隶氓遍历四乡，五鼓乘露翅未起扑捉，计升给钱，匝月而蝗报净，未几蝻子旋生，复周流无闲，扑灭如法。来安令妄报蝗生盱野，羽檄频下，幸士民同

心协扑，并未伤禾。

54.　嘉庆十九年（1814 年）　　　泗、盱旱蝗。

55.　道光十五年（1835 年）　　　秋，旱蝗。

56.　咸丰四年（1854 年）　　　　旱蝗。

　　　　　　原载光绪《盱眙县志稿》卷十四《祥祲》，光绪十七年刻本

57. 宋景祐元年（1034 年）　　　春正月，诏：去岁飞蝗所至遗种，恐春夏
　　　　　　　　　　　　　　　　滋长，其令民掘蝗子，每一升给菽五
　　　　　　　　　　　　　　　　斗。既而诸州言得蝗种万余石。

58.　庆历四年（1044 年）　　　　五月，诏：淮南比年谷不登，今春又旱
　　　　　　　　　　　　　　　　蝗，其募民纳粟与官，以备赈贷。

59.　熙宁八年（1075 年）　　　　秋七月，诏：今岁旱蝗，禾稼无望，民必
　　　　　　　　　　　　　　　　艰食，乞豫为备也。

　　　　　　原载光绪《盱眙县志稿》卷十五《蠲赈》，光绪十七年刻本

《盱眙县志》

1. 清光绪三十年（1904 年）　　　春，蝗虫。

2. 民国十六年（1927 年）　　　　四月，蝗落县城，盖地五六寸，商店无法
　　　　　　　　　　　　　　　　开门，蝗所过处，禾草无存。

　　　　　　原载《盱眙县志》大事记，江苏科学技术出版社 1993 年版

3. 清康熙二十年（1681 年）　　　蝗虫遍地，庄稼吃光。

4. 民国二十一年（1932 年）　　　飞蝗过境，田禾、屋草一扫而光。

　　　　　　原载《盱眙县志》自然灾害，江苏科学技术出版社 1993 年版

乾隆《泗州志》

1. 宋乾兴元年（1022 年）　　　　江淮大风，吹蝗入水。

2.　建炎二年（1128 年）　　　　　蝗。

3. 明正德四年（1509 年）　　　　夏，旱蝗。

4.　嘉靖十四年（1535 年）　　　　旱蝗。

5.　万历十三年（1585 年）　　　　夏旱，蝗盖地。

6.　万历四十四年（1616 年）　　　蝗。

7. 天启元年（1621 年）　　　　　　虹邑蝗。

8. 清康熙十七年（1678 年）　　　　　泗州旱蝗。

9. 康熙十八年（1679 年）　　　　　　泗州蝗食禾尽及草根。

10. 康熙二十五年（1686 年）　　　　　夏，旱蝗。

11. 康熙二十六年（1687 年）　　　　　大旱，蝗食苗尽，蠲灾三分。

12. 乾隆十八年（1753 年）　　　　　　夏，蝗。

　　　　　原载乾隆《泗州志》卷四《轸恤志·祥异》，乾隆五十三年刻本

13. 顺治十八年（1661 年）　　　　　　蝗食禾尽，蠲灾三分。

14. 康熙六年（1667 年）　　　　　　　夏，旱蝗，蠲灾三分。

15. 康熙十年（1671 年）　　　　　　　秋，蝗，民食树皮，停征本年丁粮之半。

　　　　　原载乾隆《泗州志》卷四《轸恤志·蠲赈》，乾隆五十三年刻本

十三、宿迁市

《宿迁市志》

1. 明万历二十五年（1597 年）　　　　蝗灾。

2. 清宣统元年（1909 年）　　　　　　夏，蝗灾。

　　　　　原载《宿迁市志》大事记，江苏人民出版社 1996 年版

同治《宿迁县志》

1. 北魏太和六年（482 年）　　　　　　八月，魏东徐州蝗害稼。

2. 蒙古至元二年（1265 年）　　　　　是年，徐、邳等州蝗。

3. 明万历二十四年（1596 年）　　　　春夏，多蝗。

4. 万历三十四年（1606 年）　　　　　夏，有蝗。

5. 天启六年（1626 年）　　　　　　　夏，蝗。

6. 清康熙二十六年（1687 年）　　　　宿迁蝗蝝遍野，蛤蟆食之，不为灾。

7. 康熙二十九年（1690 年）　　　　　旱，有蝝为灾。

8. 康熙四十五年（1706 年）　　　　　是年，有蝝。

9. 康熙五十五年（1716 年）　　　　　是年，宿迁有蝗。

10. 乾隆三十四年（1769 年）　　　　　蝗，秋禾无遗。

11.	乾隆四十九年（1784 年）	四月，宿迁蝗食麦。
12.	乾隆五十二年（1787 年）	有蝗伤麦。
13.	道光十五年（1835 年）	是年，蝗。
14.	咸丰六年（1856 年）	夏，旱蝗。
15.	咸丰十年（1860 年）	是年，有蝗，飞鸟食之，不为灾。
16.	同治元年（1862 年）	是年，有蝗，饥。

原载同治《宿迁县志》卷三《纪事沿革表》，同治十三年刻本

民国《宿迁县志》

1. 东汉永初四年（110 年）	徐、青、冀等六州蝗。
2. 东晋大兴元年（318 年）	八月，冀、青、徐三州蝗食生草尽，至于二年。
3. 大兴二年（319 年）	五月，淮陵、临淮、淮南、安丰、庐江等五郡蝗虫食秋麦。
4. 大兴三年（320 年）	五月，徐州及扬州、江西诸郡蝗。
5. 元至元十七年（1280 年）	五月，涟、海、邳、宿蝗。
6. 大德元年（1297 年）	六月，徐、邳州蝗。
7. 清光绪二年（1876 年）	夏，旱蝗。
8. 光绪十八年（1892 年）	夏，旱蝗，不为灾。
9. 光绪二十年（1894 年）	是年，蝗害稼。

原载民国《宿迁县志》卷七《民赋志下·水旱蠲振》，民国二十四年铅印本

民国《沭阳县志》

1. 明嘉靖二十四年（1545 年）	蝗。
2. 万历十年（1582 年）	大旱蝗。
3. 万历三十八年（1610 年）	旱蝗。
4. 万历四十三年（1615 年）	夏，蝗。
5. 天启元年（1621 年）	蝗。
6. 天启六年（1626 年）	蝗。
7. 崇祯九年（1636 年）	蝗害稼。

8.　崇祯十四年（1641 年）　　　　　旱蝗。

9.　清康熙六年（1667 年）　　　　　大旱蝗。

10.　乾隆三十五年（1770 年）　　　　蝗。

11.　乾隆四十六年（1781 年）　　　　蝗。

12.　乾隆四十七年（1782 年）　　　　旱蝗害稼。

13.　乾隆四十九年（1784 年）　　　　旱蝗。

14.　乾隆五十年（1785 年）　　　　　旱蝗。

15.　乾隆五十一年（1786 年）　　　　秋，旱蝗。

16.　乾隆五十二年（1787 年）　　　　蝗。

17.　嘉庆元年（1796 年）　　　　　　秋，蝗食麦苗。

18.　嘉庆六年（1801 年）　　　　　　蝗。

19.　嘉庆七年（1802 年）　　　　　　旱蝗。

20.　道光十二年（1832 年）　　　　　旱蝗。

21.　咸丰六年（1856 年）　　　　　　夏，旱蝗。

22.　同治元年（1862 年）　　　　　　蝗，岁饥。

23.　光绪二十年（1894 年）　　　　　仔蝗食麦叶殆尽。

原载民国《沭阳县志》卷十三《杂类志·祥异》，民国年间抄本

《沭阳县志》

1. 明万历十年（1582 年）　　　　　沭阳旱，蝗灾严重。

2.　万历三十八年（1610 年）　　　　大旱，蝗灾。

3.　天启元年（1621 年）　　　　　　夏，飞蝗过境遮天蔽日，庄稼、树叶吃尽。

4. 清康熙六年（1667 年）　　　　　夏，大旱，蝗害。

5.　乾隆八年（1743 年）　　　　　　蝗害横行，禾无收。

原载《沭阳县志》大事记，江苏科学技术出版社 1997 年版

民国《泗阳县志》

1. 北魏太和六年（482 年）　　　　　八月，魏东徐州蝗害稼。

2. 宋天禧元年（1017 年）　　　　　　蝗，不为灾，江淮大风吹蝗入海或抱草木僵死。

3. 咸淳五年（1269 年）　　　　　　徐州、邳州蝗。

4. 明万历三十八年（1610 年）　　　五月，蝗飞蔽天。

5. 清雍正十年（1732 年）　　　　　夏，西乡柴林湖、毛家集等处数十里蝗蝻遍野，厚数寸，官民惶恐，知县祷于三官庙，蝗旋抱草木僵死。

原载民国《泗阳县志》卷三《大事附灾祥》，民国十五年铅印本

《泗阳县志》

1. 北魏太和六年（482 年）　　　　　八月，蝗灾。

原载《泗阳县志》大事记，江苏人民出版社 1995 年版

2. 明嘉靖十年（1531 年）　　　　　淮安府属县旱蝗。

3. 嘉靖十四年（1535 年）　　　　　六月，江淮旱，飞蝗蔽天。

4. 万历三十八年（1610 年）　　　　五月，飞蝗蔽天，禾苗尽食。

5. 清光绪三年（1877 年）　　　　　蝗灾。

6. 民国十七年（1928 年）　　　　　全省 58 个县蝗，泗阳受灾。

7. 民国二十五年（1936 年）　　　　夏，飞蝗蔽日，禾稼无存。

原载《泗阳县志》自然灾害，江苏人民出版社 1995 年版

乾隆《重修桃源县志》

1. 宋天禧元年（1017 年）　　　　　蝗，江淮大风吹蝗入江海或抱草木僵死。

2. 明万历三十八年（1610 年）　　　五月，飞蝗蔽天。

3. 清康熙十七年（1678 年）　　　　旱，蝝生，食菽几尽。

4. 康熙十八年（1679 年）　　　　　旱，蝝生，食菽几尽。

原载乾隆《重修桃源县志》卷一《舆地志·祥异》，乾隆三年刻本

《泗洪县志》

1. 明正德四年（1509 年）　　　　　夏旱，飞蝗蔽天。

2. 嘉靖七年（1528 年）　　　　　　蝗。

3. 嘉靖十年（1531 年）　　　　　　六月，大旱蝗。

4.　嘉靖十四年（1535 年）　　　　　大旱蝗。

5.　嘉靖二十三年（1544 年）　　　　秋，泗州旱蝗，民饥。

6.　嘉靖二十四年（1545 年）　　　　夏，河由野鸡冈决，大蝗。

7.　嘉靖二十五年（1546 年）　　　　蝗。

8.　嘉靖三十九年（1560 年）　　　　泗州大水蝗。

9.　万历十二年（1584 年）　　　　　夏，旱蝗。

10.　万历十三年（1585 年）　　　　　夏旱，蝗蝻生，盖地数寸。

11.　万历三十九年（1611 年）　　　　蝗蝻遍野，食禾苗尽。

12.　万历四十二年（1614 年）　　　　旱，飞蝗蔽天。

13.　万历四十四年（1616 年）　　　　蝗食田禾，赤地如焚。

14.　天启元年（1621 年）　　　　　　灵璧、双沟蝗灾。

15.　天启五年（1625 年）　　　　　　飞蝗遍野。

16.　天启六年（1626 年）　　　　　　春夏旱，蝗为灾。

17.　崇祯十三年（1640 年）　　　　　旱，飞蝗遍野，民饥。

18.　崇祯十四年（1641 年）　　　　　蝗生，大饥。

19.　清顺治十八年（1661 年）　　　　蝗食禾尽。

20.　康熙六年（1667 年）　　　　　　夏，蝗。

21.　康熙七年（1668 年）　　　　　　秋，蝗。

22.　康熙十年（1671 年）　　　　　　旱，飞蝗蔽天，麦禾尽，饥。

23.　康熙十七年（1678 年）　　　　　旱蝗。

24.　康熙十八年（1679 年）　　　　　夏旱，蝗食禾尽。

25.　康熙二十五年（1686 年）　　　　旱蝗。

26.　康熙二十六年（1687 年）　　　　夏秋旱，蝗食禾苗几尽。

27.　康熙三十年（1691 年）　　　　　五月，蝗生遍野，食禾一空。

28.　康熙三十二年（1693 年）　　　　春夏旱，蝗食苗。

29.　康熙五十年（1711 年）　　　　　飞蝗过境。

30.　道光十五年（1835 年）　　　　　秋，旱蝗。

31.　咸丰六年（1856 年）　　　　　　蝗。

32.　咸丰八年（1858 年）　　　　　　秋旱，蝗食稼几尽。

33.　光绪三年（1877 年）　　　　　　秋，蝗。

34.　光绪十一年（1885 年）　　　　　夏，蝗。

35.　光绪二十六年（1900 年）　　　　夏，蝗虫为害庄稼，损失严重。

36. 民国二年（1913年）　　　　夏，沿湖及双沟、鲍集蝗灾严重。

37. 民国六年（1917年）　　　　夏，蝗食禾稼。

38. 民国十一年（1922年）　　　春，蝗虫发生。

39. 民国十四年（1925年）　　　五月，沿湖蝗灾，庄稼损失严重。

40. 民国十五年（1926年）　　　春，蝗虫为害。

41. 民国十六年（1927年）　　　四月，蝗虫起飞铺天盖地，所到之处庄稼、草木荡然无存，屋上茅草亦被啃光。

42. 民国十七年（1928年）　　　麦收时，大蝗，庄稼损失严重。

43. 民国十八年（1929年）　　　夏，蝗虫成灾。

44. 民国二十一年（1932年）　　五月，飞蝗为害，遮天蔽日，所到处禾苗、花草、树叶一扫而尽。

45. 民国二十二年（1933年）　　蝗灾，江苏43县、安徽21县蝗，面积686万亩。

46. 民国二十三年（1934年）　　蝗灾。

47. 民国二十八年（1939年）　　春，蝗灾。

48. 民国二十九年（1940年）　　苏北蝗灾。

49. 民国三十二年（1943年）　　四月，大批飞蝗入田野，庄稼遭灾。

50. 民国三十三年（1944年）　　六月，由成子湖飞来大批蝗虫，泗南、泗阳、洪泽三县组织扑灭蝗虫1万担。

　　　　　　　　原载《泗洪县志》自然灾害综录，江苏人民出版社1994年版

51. 宋乾兴元年（1022年）　　　江淮大风，吹蝗入水。

52. 清乾隆十八年（1753年）　　夏，蝗。

53. 　宣统元年（1909年）　　　夏秋，旱、涝、蝗灾并发。

54. 民国八年（1919年）　　　　是岁，沿湖旱，蝗灾严重，无收。

　　　　　　　　原载《泗洪县志》大事记，江苏人民出版社1994年版

十四、徐州市

同治《徐州府志》

1. 东汉永初四年（110年）　　　徐、青等六州蝗。

2. 东晋大兴元年（318年）　　　六月，兰陵、合乡蝗害禾稼；七月，彭城、

		下邳蝗虫害禾豆；八月，徐州蝗食生草尽，至二年。
3.	大兴二年（319 年）	五月，徐州蝗。
4.	大兴三年（320 年）	五月，徐州蝗。
5.	北魏太和六年（482 年）	八月，魏徐、东徐蝗害稼。
6.	唐贞观三年（629 年）	五月，徐州蝗。
7.	后晋天福七年（942 年）	八月，徐州蝗。
8.	宋淳化三年（992 年）	七月，彭城、淮阳军蝗，蛾抱草自死。
9.	蒙古至元二年（1265 年）	徐、邳等州蝗。
10.	元至元十七年（1280 年）	邳州等州旱蝗。
11.	大德元年（1297 年）	六月，徐、邳蝗。
12.	大德四年（1300 年）	济宁、徐州旱蝗。
13.	至元二年（1336 年）	徐、邳等州蝗。
14.	至正十七年（1357 年）	六月，邳州蝗。
15.	明洪武五年（1372 年）	秋七月，徐州蝗。
16.	宣德七年（1432 年）	沛大蝗。
17.	嘉靖三年（1524 年）	六月，徐州蝗。
18.	嘉靖十一年（1532 年）	丰县蝗。
19.	嘉靖二十三年（1544 年）	是年，蝗，未入睢宁境。
20.	嘉靖三十七年（1558 年）	九月，徐州蝗。
21.	万历十年（1582 年）	秋，蝗，不为灾。
22.	万历三十四年（1606 年）	宿迁飞蝗食禾。
23.	万历三十七年（1609 年）	徐州蝗。
24.	天启七年（1627 年）	丰县蝗。
25.	崇祯元年（1628 年）	夏，徐、萧、丰县蝗伤麦。
26.	崇祯五年（1632 年）	秋，蝗。
27.	崇祯七年（1634 年）	徐属蝗飞蔽天，越城渡河，禾稼、木叶皆尽，或入人屋室啮毁衣物。
28.	崇祯八年（1635 年）	七月，徐州有蝗，萧县蝗甚。
29.	崇祯九年（1636 年）	五月，有蝗。
30.	崇祯十年（1637 年）	徐属蝗，饥。
31.	崇祯十一年（1638 年）	夏，徐、沛、丰县蝗飞蔽天，食禾苗尽。

32. 崇祯十三年（1640 年）	夏秋，蝗蝻遍野，积道旁成丘，臭秽闻数十里，民大饥，斗米千钱，徐、邳人相食，流亡载道。
33. 崇祯十四年（1641 年）	又大旱蝗，人相食。
34. 清顺治十八年（1661 年）	秋，蝗。
35. 康熙七年（1668 年）	徐州蝗。
36. 康熙十八年（1679 年）	旱蝗。
37. 康熙二十六年（1687 年）	宿迁蝗，蛤蟆食之，不为灾。
38. 康熙二十九年（1690 年）	宿迁旱蝗。
39. 康熙五十五年（1716 年）	秋，邳、宿有蝗，入徐境，皆抱草死。
40. 乾隆九年（1744 年）	秋，蝗。
41. 乾隆三十四年（1769 年）	秋，宿迁蝗，大伤禾稼。
42. 乾隆四十九年（1784 年）	四月，宿迁蝗食麦。
43. 乾隆五十二年（1787 年）	宿迁有蝝伤麦。
44. 道光十五年（1835 年）	宿迁蝗。
45. 咸丰六年（1856 年）	夏，旱蝗。
46. 同治元年（1862 年）	宿迁有蝗。

原载同治《徐州府志》卷五《纪事表·祥异》，同治十三年刻本

《铜山县志》

1. 东晋大兴元年（318 年）	七月，彭城蝗食禾豆；八月，蝗食生草尽。
2. 北魏太和六年（482 年）	八月，徐州蝗害稼。
3. 唐贞观三年（629 年）	五月，徐州蝗。
4. 永贞元年（805 年）	徐州、丰县飞蝗蔽天而下，旬日不息，食木叶、畜毛皆尽，民以蝗为食。
5. 蒙古至元二年（1265 年）	是岁，徐州蝗旱。
6. 元大德四年（1300 年）	五月，徐州旱蝗。
7. 明洪武五年（1372 年）	秋七月，徐州蝗，免田租。
8. 万历三十七年（1609 年）	九月，徐州蝗，禾稼失收，民众乞食。
9. 崇祯元年（1628 年）	夏，徐州蝗伤麦。

10.	崇祯五年（1632 年）	秋，飞蝗越城渡河，禾稼、草木尽，入室啮毁衣物。
11.	崇祯十一年（1638 年）	夏，飞蝗蔽天，食禾苗至尽。
12.	崇祯十四年（1641 年）	又大旱，蝗灾，饥，人相食。
13.	清光绪二十一年（1895 年）	县内飞蝗遮天盖地，所到之处禾稼无余。
14.	民国十七年（1928 年）	秋，蝗大作，每平方米密度千头以上，起飞时遮天蔽日，降落时铺盖大地，秋作被吃光，受灾面积 8 万亩，粮食减产70%以上。
15.	民国二十一年（1932 年）	九月，铜山北柳泉、利国沿湖一带严重蝗灾，蝗蝻遍野，秋禾、树苗均食尽，津浦路列车竟因蝗蝻飞满所阻，灾民外逃。
16.	民国三十年（1941 年）	秋，蝗虫成灾，每平方米密度千头以上，受灾范围南达三堡乡，东至吴桥乡，庄稼、杂草、树叶均吃光。

原载《铜山县志》大事记，中国社会科学出版社 1993 年版

17.	明万历三十九年（1611 年）	六月，飞蝗蔽天，所过赤地千里如扫。
18.	清咸丰六年（1856 年）	夏，旱蝗，民饥。
19.	民国二十九年（1940 年）	蝗灾，每平方米密度达 2 000 头，麦叶被吃光。

原载《铜山县志》自然灾害，中国社会科学出版社 1993 年版

民国《铜山县志》

1.	东汉永初四年（110 年）	徐、青等六州蝗。
2.	东晋大兴三年（320 年）	五月，徐州蝗。
3.	后晋天福七年（942 年）	八月，徐州蝗。
4.	宋淳化三年（992 年）	七月，彭城军蝗，蛾抱草自死。
5.	咸淳元年（1265 年）	是岁，徐州旱蝗。
6.	元大德元年（1297 年）	六月，徐州蝗。
7.	明嘉靖三年（1524 年）	六月，徐州蝗。

8.	崇祯八年（1635 年）	七月，徐州大雨，有蝗。
9.	崇祯九年（1636 年）	五月，蝗。
10.	崇祯十年（1637 年）	蝗，饥。
11.	崇祯十三年（1640 年）	夏秋，蝗蝻遍野，人相食，流亡载道，或以妇子易钱百文、米数升，即去不顾。
12.	清顺治十八年（1661 年）	秋，蝗蝻为灾。
13.	康熙七年（1668 年）	是年，蝗。
14.	康熙十八年（1679 年）	旱蝗。
15.	乾隆九年（1744 年）	秋，蝗。
16.	咸丰六年（1856 年）	夏，旱蝗。

原载民国《铜山县志》卷四《纪事表》，民国十五年刻本

光绪 《睢宁县志稿》

1.	南唐升元六年（942 年）	六月，有蝗自淮北蔽空飞至，州郡十八奏旱蝗。
2.	明成化六年（1470 年）	夏，旱蝗，俄顷大雨降，蝗死。
3.	嘉靖二十三年（1544 年）	蝗不入境。
4.	万历十一年（1583 年）	夏，蝗。
5.	清康熙五十五年（1716 年）	秋，有蝗，不入睢宁境。
6.	乾隆五十二年（1787 年）	蝗伤麦。
7.	道光二十九年（1849 年）	六月，蝗，不为灾。
8.	咸丰五年（1855 年）	夏旱，蝗蝻作。
9.	咸丰六年（1856 年）	夏旱，蝗又作。
10.	咸丰八年（1858 年）	秋，飞蝗蔽日，禾稼尽伤。
11.	光绪二年（1876 年）	秋，蝗。
12.	光绪三年（1877 年）	秋，蝗。

原载光绪《睢宁县志稿》卷十五《祥异志》，光绪十二年刻本

13.	乾隆五十七年（1792 年）	五月，知县陈朝汲偕幕中诸友闲坐，忽见飞蝗接翅，势极骇人，子即时出署，传跟役四五从骑，二巡查村庄，亲睹农佃预开深沟以备扑蝗。幸是年不为灾，粮

菽无一损者，皆神赐也，秋后各社保甲
以修神庙请。

原载光绪《睢宁县志稿》卷六《建置志·坛庙》，光绪十二年刻本

《睢宁县志》

1. 民国五年（1916 年）	七月，县东南飞蝗遍野，田禾受灾。
2. 民国八年（1919 年）	夏，高作、沙集飞蝗成灾。
3. 民国十六年（1927 年）	夏，县东南蝗虫成灾。
4. 民国二十一年（1932 年）	夏，朱楼蝗虫成灾。

原载《睢宁县志》大事记，中国社会科学出版社 1993 年版

5. 清咸丰三年（1853 年）	八月，飞蝗蔽日，禾苗尽伤。
6. 民国十五年（1926 年）	夏，蝗虫成灾。

原载《睢宁县志》自然灾害，中国社会科学出版社 1993 年版

咸丰《邳州志》

1. 东晋大兴元年（318 年）	七月，东海、彭城、下邳等郡蝗虫害禾豆。
2. 宋淳化三年（992 年）	七月，淮阳军蝗，蛾抱草自死。
3. 蒙古至元二年（1265 年）	徐、邳等州旱蝗。
4. 元至元十七年（1280 年）	五月，涟、海、邳等州蝗。
5. 大德元年（1297 年）	六月，徐、邳州蝗。
6. 明崇祯十三年（1640 年）	蝗生遍野，人相食。
7. 清康熙六年（1667 年）	蝗，有蛙食之，不为害。
8. 康熙五十五年（1716 年）	蝗。

原载咸丰《邳州志》卷六《民赋下·水旱蠲赈捐输》，咸丰元年刻本

《邳县志》

民国三十五年（1946 年）	秋，蝗蔽空而来，声如风雨，庄稼、树叶吃光。

原载《邳县志》自然灾害，中华书局 1995 年版

乾隆《沛县志》

1. 东汉中元元年（56年）　　　　　蝗。
2. 　永初四年（110年）　　　　　　蝗。
3. 蒙古至元二年（1265年）　　　　徐、邳州蝗旱。
4. 明嘉靖四年（1525年）　　　　　蝗，无禾。
5. 　万历二十四年（1596年）　　　秋，蝗。
6. 　天启六年（1626年）　　　　　夏，沛县蝗起遍野，损田禾十之七八。
7. 　清顺治七年（1650年）　　　　夏，蝗。
8. 　康熙二十四年（1685年）　　　秋，蝗。
9. 　康熙二十九年（1690年）　　　秋，蝗。
10. 康熙五十三年（1714年）　　　秋，大蝗。

原载乾隆《沛县志》卷一《舆地志·邑纪》，乾隆五年刻本

民国《沛县志》

1. 东汉永兴二年（154年）　　　　六月，彭城、泗水水增长逆流，诏曰：皇灾为害，水变乃至，其令所伤郡国种芜菁，以助人食。[①]
2. 东晋大兴元年（318年）　　　　八月，徐州蝗食生草尽，至二年。
3. 　大兴二年（319年）　　　　　五月，徐州蝗。
4. 唐贞观三年（629年）　　　　　五月，徐州蝗。
5. 后晋天福七年（942年）　　　　八月，徐州蝗。
6. 元延祐六年（1319年）　　　　六月，济宁路大螟害稼。
7. 明宣德七年（1432年）　　　　沛县大蝗，奏蠲沛租。
8. 　崇祯十一年（1638年）　　　夏，蝗食尽田禾。
9. 　崇祯十二年（1639年）　　　夏，蝗食尽田禾。
10. 　崇祯十三年（1640年）　　　夏，大蝗，饥，人相食，斗米千钱，或以子妇易饭。
11. 　崇祯十四年（1641年）　　　是年，蝗，大饥。

---

① 泗水：旧郡名，治所在今江苏沛县。原文记为"桓帝永兴六年"，误，今据《后汉书·桓帝纪》改。

12. 清乾隆三十年（1765年）	秋，蝗不入境。
13. 道光七年（1827年）	春旱，螽蝗遍野，麦菽皆尽，大饥，蝗灾数年乃灭。
14. 道光八年（1828年）	蝗灾。
15. 咸丰六年（1856年）	夏，旱蝗，民饥。
16. 同治元年（1862年）	五月，蝗伤禾。

原载民国《沛县志》卷二《沿革纪事表》，民国九年铅印本

《沛县志》

1. 民国十年（1921年）	六月，蝗虫起飞铺天盖地，庄稼吃光。
2. 民国三十四年（1945年）	沿湖蝗灾暴发，害禾苗。
3. 民国三十五年（1946年）	沿湖蝗灾暴发，害禾苗。
4. 民国三十六年（1947年）	沿湖蝗灾暴发，害禾苗。

原载《沛县志》自然灾害，中华书局1995年版

《丰县志》

1. 东晋大兴元年（318年）	九月，县内蝗灾，局部地区禾苗、树叶被吃光。
2. 唐永贞元年（805年）	六月，蝗灾，蚂蚱从天而下，遮天盖地，10余天不息，庄稼苗、树叶吃光，百姓蒸、炒蚂蚱吃。
3. 元至元二年（1336年）	蝗灾，庄稼被吃。
4. 明嘉靖十年（1531年）	蝗灾，蚂蚱遮天盖地，庄稼苗被吃。
5. 嘉靖三十九年（1560年）	秋，有蝗蝻发生。
6. 嘉靖四十四年（1565年）	秋，发生蝗灾。
7. 天启七年（1627年）	县有蝗灾。
8. 崇祯元年（1628年）	县有蝗灾。
9. 崇祯七年（1634年）	县有蝗灾。
10. 崇祯十一年（1638年）	蝗灾，蚂蚱遮天盖地，庄稼叶被吃光。
11. 崇祯十三年（1640年）	秋初，蝗蝻遍生田间，百姓捕打，打死蚂

蚱堆积路边像丘陵，其臭味传播数
十里。

12.	崇祯十四年（1641 年）	蝗灾，颗粒不收，大饥，人相食。
13.	清乾隆二十三年（1758 年）	飞蝗过县境。
14.	光绪二十一年（1895 年）	蝗灾，蝗虫盖天遮日，庄稼叶被吃光。
15.	光绪三十四年（1908 年）	县屡闹蝗灾，蝗虫盖天遮日，换个姓张的县官专来打蚂蚱，人称"张蚂蚱"。
16.	民国三年（1914 年）	蝗灾。
17.	民国二十三年（1934 年）	蝗灾，被吃的庄稼有高粱、谷子、豆子等。

原载《丰县志》自然灾害·蝗灾，中国社会科学出版社 1994 年版

光绪《丰县志》

1.	明嘉靖十一年（1532 年）	蝗。
2.	天启五年（1625 年）	蝗。

原载光绪《丰县志》卷十六《纪事类·灾祥》，光绪二十年刻本

《新沂县志》

经查，1995 年江苏科学技术出版社出版的县志中无蝗灾记载。

十五、连云港市

《连云港市志》

1.	唐开成二年（837 年）	六月，海州、兖州、河南蝗灾。
2.	开成五年（840 年）	夏，海州、兖州、青州蝗害稼。
3.	元至元十七年（1280 年）	海州、邳州、宿迁蝗害。
4.	明万历二十四年（1596 年）	海州蝗灾。
5.	万历三十八年（1610 年）	海州、赣榆、沭阳旱蝗。
6.	天启六年（1626 年）	海州蝗。
7.	崇祯十四年（1641 年）	赣榆、沭阳蝗。

8. 清康熙十一年（1672 年）　　　　　五月，赣榆蝗害。

9.　咸丰六年（1856 年）　　　　　　　淮北蝗飞蔽天，遍地如焚。

　　　　　　　　　　　　原载《连云港市志》自然灾害，方志出版社 2000 年版

10. 明嘉靖二十四年（1545 年）　　　　八月，海州蝗灾，禾稼受害，民苦。

11.　万历三十四年（1606 年）　　　　　海州、沭阳蝗食稼。

12.　万历三十六年（1608 年）　　　　　海州蝗蝻肆虐，赤地千里，饥民流徙。

13.　崇祯九年（1636 年）　　　　　　　四月，蝗蝻大作，有鹜千群食之尽，赣榆、
　　　　　　　　　　　　　　　　　　　沭阳蝗害。

　　　　　　　　　　　原载《连云港市志》大事记，方志出版社 2000 年版

《海州区志》

1. 东晋大兴元年（318 年）　　　　　　东海郡蝗虫肆虐。

2. 唐开成五年（840 年）　　　　　　　夏，淄、青、兖、海等州蟓蝗害稼。

3. 明万历三十八年（1610 年）　　　　蝗蝻肆虐，赤地千里，饥民流徙，赈济。

4. 清嘉庆八年（1803 年）　　　　　　蝗蝻繁生，捕一斤蝻讨银三钱，民踊跃，
　　　　　　　　　　　　　　　　　　　蝗蝻遂灭。

5. 民国二十五年（1936 年）　　　　　五月，蝗灾。

　　　　　　　　　　　原载《海州区志》大事记，方志出版社 1999 年版

嘉庆《海州直隶州志》

1. 唐开成二年（837 年）　　　　　　　六月，兖、海河南蝗。

2. 元至元十七年（1280 年）　　　　　五月，涟、海、邳、宿等州蝗。

3.　明万历十年（1582 年）　　　　　　是岁，沭阳大旱蝗。

4.　万历二十四年（1596 年）　　　　　蝗。

5.　万历三十八年（1610 年）　　　　　夏，海州赣榆、沭阳皆旱蝗。

6.　万历四十年（1612 年）　　　　　　赣榆蝗。

7.　天启元年（1621 年）　　　　　　　沭阳蝗。

8.　天启六年（1626 年）　　　　　　　蝗。

9.　崇祯九年（1636 年）　　　　　　　沭阳、赣榆蝗，赣榆忽来鹜千群食蝗尽。
　　　　　　　　　　　　　　　　　　　董杏作《灵鹜赋》纪异。

10.　　崇祯十四年（1641 年）　　　　赣榆、沭阳旱蝗。

11. 清康熙六年（1667 年）　　　　　春，沭阳大旱蝗。

12.　　康熙十年（1671 年）　　　　　秋，赣榆大旱，有蝗。

　　　　原载嘉庆《海州直隶州志》卷三十一《拾遗录·祥异》，嘉庆十六年刻本

13. 明天启二年（1622 年）　　　　　蝗蝻为灾。

　　　　原载嘉庆《海州直隶州志》卷十九《祀典考·坛庙》，嘉庆十六年刻本

《新浦区志》

1. 民国二十一年（1932 年）　　　　蝗虫成灾。

2. 民国二十三年（1934 年）　　　　夏，大批蝗虫飞进新浦，庄稼严重受害。

3. 民国三十二年（1943 年）　　　　飞蝗突至，遮天蔽日，遍地皆是，蝗灾
　　　　　　　　　　　　　　　　　　严重。

4. 民国三十六年（1947 年）　　　　夏秋，蝗灾。

　　　　　　　　原载《新浦区志》自然灾害，方志出版社 2000 年版

《赣榆县志》

1. 唐开成二年（837 年）　　　　　六月，淄青、兖海等州蝗害稼。

2.　　开成五年（840 年）　　　　　夏，淄青、兖海等州蝗害稼。

3. 明嘉靖二十四年（1545 年）　　　八月，赣榆大蝗，落地厚三寸。

4.　　万历二十四年（1596 年）　　　是年，蝗。

5.　　万历三十八年（1610 年）　　　夏，旱蝗。

6.　　崇祯九年（1636 年）　　　　　四月，蝗大作。

7.　　清康熙四年（1665 年）　　　　四月，旱蝗。

8.　　康熙五年（1666 年）　　　　　五月，大旱蝗，免蝗灾额赋。

9.　　康熙六年（1667 年）　　　　　春，安东卫①蝗复起，捕灭之，禾无害。

10.　　康熙十一年（1672 年）　　　　五月，蝗大作，千里云集，日照、赣榆半
　　　　　　　　　　　　　　　　　　罹其灾。

---

① 安东卫：乡镇名，治所在今山东日照西南。

11.	光绪三年（1877 年）	旱蝗。
12.	光绪十年（1884 年）	县北蝝生，数千蛤蟆食之尽。

原载《赣榆县志》大事记，中华书局 1997 年版

嘉庆《增修赣榆县志》

1.	明万历四十三年（1615 年）	大旱蝗，七月不雨，人相食，山东捎贩子女日数百车，攘夺相杀，道殣如山。
2.	崇祯十四年（1641 年）	夏五月，蝗食禾稼尽空。

原载嘉庆《增修赣榆县志》卷三《灾异》，嘉庆元年刻本

光绪《赣榆县志》

1.	明万历四十年（1612 年）	蝗。
2.	天启四年（1624 年）	蝗。
3.	崇祯九年（1636 年）	蝗，有鹜千群食之尽。董杏作《灵鹜赋》纪异。
4.	崇祯十五年（1642 年）	四月，黑蜂与蝝并出，食蝝尽，乡民取蝝放入釜中，次日启视，俱化蜂飞去。
5.	清康熙十年（1671 年）	秋，大旱蝗。

原载光绪《赣榆县志》卷十七《杂纪·祥异》，光绪十四年刻本

《东海县志》

1.	清嘉庆十八年（1813 年）	蝗灾。
2.	光绪二年（1876 年）	春，遭蝗袭击；秋禾遭飞蝗啃食，未食芝麻、荞麦、绿豆。

原载《东海县志》大事记，中华书局 1994 年版

3.	民国二十二年（1933 年）	蝗灾。
4.	民国二十六年（1937 年）	蝗灾。
5.	民国三十二年（1943 年）	境东部蝗虫为灾，颗粒无收。
6.	民国三十五年（1946 年）	境东蝗虫遍野，每平方米 300 头以上，田

作严重受灾。

原载《东海县志》自然灾害录，中华书局 1994 年版

《灌云县志》

1. 民国三十三年（1944 年）　　六月，县东草滩飞蝗蝻生，成虫后大批蝗虫从云台山飞往伊山、南岗、王集、李集等区，解放区组织民众扑灭之。
2. 民国三十四年（1945 年）　　七月，县东北大批蝗虫飞落，晚苗多被吃光，县委组织民众灭蝗。

原载《灌云县志》大事记，方志出版社 1999 年版

《灌南县志》

1. 明万历三十八年（1610 年）　　飞蝗遮天蔽日，蝗蝻结伴迁徙，遇河结球而过，所到处禾草、树木吃光。
2. 民国二十三年（1934 年）　　秋，飞蝗铺天盖地而至，天昏地暗，遍地蝗虫，农民鸣锣驱赶，农作被吃光，民四出逃荒要饭。

原载《灌南县志》自然灾害，江苏古籍出版社 1995 年版

3. 清咸丰六年（1856 年）　　旱，飞蝗蔽天，禾苗吃光。

原载《灌南县志》大事记，江苏古籍出版社 1995 年版

第五章

安徽省地方志中的蝗灾记载

一、安徽综合志

光绪《重修安徽通志》

1. 宋天禧元年（1017 年） 　江淮大风多吹蝗入江海或抱草僵死，和州蝗生卵。

2. 清康熙六年（1667 年） 　临淮、怀远、泗州、颍州、霍邱蝗蝻灾。[①]

3. 康熙十一年（1672 年） 　临淮蝗，不为灾。

4. 康熙二十五年（1686 年） 　泗州旱蝗。

5. 康熙二十九年（1690 年） 　秋，宿州蝗，大饥。

6. 康熙三十一年（1692 年） 　宿州蝗。

7. 康熙五十年（1711 年） 　六安州旱，蝗飞蔽天。

8. 雍正元年（1723 年） 　八月，舒城飞蝗蔽天，落地厚尺许。

9. 雍正二年（1724 年） 　舒城蝗蝻遍野，沟堑皆平，压树坠如球。

10. 乾隆二十四年（1759 年） 　八月，怀宁蝗。

11. 乾隆三十三年（1768 年） 　秋，霍邱大旱蝗。

12. 乾隆三十五年（1770 年） 　宿州蝗。

13. 嘉庆三年（1798 年） 　五月，怀宁大蝗，至冬不绝。

14. 道光四年（1824 年） 　夏，凤郡蝗。

15. 道光十四年（1834 年） 　巢县[②]、阜阳旱蝗。

---

① 临淮：旧县名，治所在今安徽凤阳东北临淮镇；颍州：旧州、府名，治所在今安徽阜阳。

② 巢县：旧县名，治所在今安徽巢湖。

16. 咸丰元年（1851 年）　　　　含山虹乡蝗。

17. 咸丰二年（1852 年）　　　　宁国①蝗。

18. 咸丰六年（1856 年）　　　　庐州②、凤阳、颖州、六安四属蝗甚。

19. 咸丰七年（1857 年）　　　　八月，六安蝗。

20. 同治八年（1869 年）　　　　六安蝗。

21. 同治九年（1870 年）　　　　六安蝗。

原载光绪《重修安徽通志》卷三百四十七《杂类志·祥异》，光绪七年刻本

22. 康熙十七年（1678 年）　　　滁州、全椒等处旱蝗，免正赋十分之三。

原载光绪《重修安徽通志》卷八十一《食货志·蠲赈》，光绪七年刻本

《安徽省志·大事记》

1. 清康熙六年（1667 年）　　　夏，凤阳、临淮、怀远、泗州、颖州、合肥、六安、霍邱等地蝗虫成灾。

2. 康熙十年（1671 年）　　　　夏，泗县、五河、怀远、蒙城、滁县、凤阳、全椒、天长、来安、合肥、舒城、六安、和县、含山、无为、庐江、巢县、宿松、望江、桐城、潜山、太湖、怀宁、贵池、东流、建德（东至）、石埭③、当涂、芜湖、繁昌、南陵、泾县、宣城、宁国等地旱，蝗飞蔽天，民大饥。

3. 康熙十七年（1678 年）　　　来安旱蝗。

4. 康熙十八年（1679 年）　　　秋，砀山、来安、六安、五河、和县、含山旱，蝗飞蔽天，野无遗草。

5. 康熙三十一年（1692 年）　　秋，安徽西北部旱，遭蝗灾。

6. 康熙五十年（1711 年）　　　夏，合肥、庐江、无为旱蝗，六安蝗飞蔽天。

7. 康熙五十一年（1712 年）　　春，安徽北部旱，蝗虫成灾，合肥以南亦蝗灾。

---

① 宁国：旧府名，治所在今安徽宣城。

② 庐州：旧州、路、府名，治所在今安徽合肥。

③ 石埭：旧县名，治所在今安徽石台。

8.	乾隆二十五年（1760 年）	和县蝗灾。
9.	乾隆四十年（1775 年）	来安、合肥、六安、寿县、霍山、桐城、贵池、东至、芜湖、宣城、广德大旱，且有蝗灾。
10.	道光十四年（1834 年）	安徽沿江旱蝗。
11.	咸丰五年（1855 年）	宁国、寿州大旱，蝗飞蔽天，颗粒无收。
12.	咸丰六年（1856 年）	庐州、凤阳、颍州等府属蝗害甚重，民大饥。
13.	咸丰七年（1857 年）	八月，六安蝗。
14.	同治元年（1862 年）	萧县、宿州、定远、庐州、霍邱、和县、贵池旱蝗。
15.	民国三年（1914 年）	夏秋间，宿县蝗灾。
16.	民国四年（1915 年）	四月，合肥、庐江、无为、全椒、桐城、怀宁、滁州、来安、定远、盱眙等县均遭蝗灾。
17.	民国七年（1918 年）	夏，泗县捕灭蝗蝻；六月，灵璧大批飞蝗过境。
18.	民国十八年（1929 年）	秋，合肥蝗灾，庄稼殆尽。
19.	民国二十一年（1932 年）	秋，安徽东北部旱，蝗灾，尤以亳县、太和、涡阳、宿县、泗县、五河、嘉山[①]、定远、舒城、桐城、合肥、和县、泾县、广德为甚。
20.	民国三十一年（1942 年）	夏，皖西、皖北蝗灾。
21.	民国三十三年（1944 年）	秋，皖中以巢县、无为中心区蝗灾严重，中共皖中区委、行署发动并组织军民灭蝗救灾；是年，皖西蝗灾。
22.	民国三十五年（1946 年）	定远、合肥、滁县、嘉山、怀远、凤台、凤阳、蒙城、全椒、盱眙、寿县等地发生蝗害。

原载《安徽省志·大事记》，方志出版社 1998 年版

---

①　嘉山：旧县名，1994 年改设今安徽明光市。

《安徽省志·农业志》

1. 东汉建安二年（197 年） 霍邱蝗虫食麦。

2. 东晋大兴二年（319 年） 淮南、庐江①诸郡蝗食秋麦。

3. 唐开成五年（840 年） 淮南蝗疫。

4. 明嘉靖十年（1531 年） 宿州旱蝗，民多逃离。

5. 万历四十四年（1616 年） 八月，飞蝗自北来，合肥、庐江、无为、巢县食稻过半。

6. 崇祯十二年（1639 年） 舒城、巢县旱蝗，无为遍地皆蝻，人不得行。

7. 清康熙十年（1671 年） 夏，凤阳大旱蝗，禾麦皆无，人食树皮。

8. 雍正二年（1724 年） 舒城蝗蝻遍野，沟堑皆平，压树坠如球。

9. 咸丰六年（1856 年） 庐郡旱蝗，米价腾贵，野有饿殍。

10. 光绪三年（1877 年） 秋旱，五河蝗飞蔽天。

11. 民国十七年（1928 年） 太和、五河、定远、蒙城、霍邱、涡阳、全椒、来安、滁县、东流、青阳等 11 县蝗灾，受灾面积 34.93 万亩。

12. 民国十八年（1929 年） 怀宁、全椒、当涂、宣城、和县、繁昌、天长、含山、庐江、凤台、铜陵、灵璧、桐城、来安、无为、宿县等 16 县蝗，受灾面积 325.54 万亩。

13. 民国二十二年（1933 年） 凤台、合肥、来安、嘉山、和县、天长、灵璧、定远、亳县、无为等 10 县蝗灾，受灾面积 57.52 万亩。

14. 民国二十三年（1934 年） 繁昌、青阳、来安、滁县、桐城、铜陵、无为、芜湖、泗县、盱眙、嘉山、和县、泾县、怀宁、宿县等 15 县蝗灾。

15. 民国二十四年（1935 年） 怀宁、舒城、繁昌、泾县、铜陵、无为、桐城、宿松、望江、青阳、滁县、盱眙、来安、嘉山等 14 县蝗灾。

---

① 淮南：旧郡名，治所在今安徽寿县；庐江：旧郡名，治所在今安徽舒城。

16. 民国三十三年（1944 年）　　　立煌[①]、霍邱等 14 县蝗，受灾面积 230 万亩。

17. 民国三十四年（1945 年）　　　立煌、阜阳、庐江、含山、寿县、太和、颍上、凤台等 8 县蝗灾，受灾面积 24.98 万亩。

18. 民国三十五年（1946 年）　　　嘉山、滁县、凤阳、泗县、灵璧、怀远、宿县、蒙城、涡阳、蚌埠、亳县、全椒、阜阳、临泉、太和、颍上、霍邱、寿县、凤台等 19 县蝗灾，受灾面积 324.67 万亩。

原载《安徽省志·农业志》植物保护，方志出版社 1998 年版

二、合肥市

光绪《续修庐州府志》

1. 东晋大兴二年（319 年）　　　五月，淮南、庐江诸郡蝗食秋麦。

2. 元元贞二年（1296 年）　　　庐州蝗。

3. 至大元年（1308 年）　　　蝗，民大饥，无为尤甚。

4. 至大二年（1309 年）　　　舒城、合肥蝗。

5. 至大三年（1310 年）　　　五月，合肥、舒城蝗。

6. 泰定三年（1326 年）　　　九月，庐州路蝗。

7. 泰定四年（1327 年）　　　五月，庐州路属县旱蝗。

8. 天历二年（1329 年）　　　四月，庐州、无为州蝗；七月，庐州郡蝗。

9. 明天顺六年（1462 年）　　　合肥、舒城蝗。

10. 嘉靖七年（1528 年）　　　秋，合肥、舒城蝗。

11. 嘉靖九年（1530 年）　　　合肥蝗。

12. 嘉靖十三年（1534 年）　　　庐江蝗。

13. 嘉靖十四年（1535 年）　　　庐江、无为蝗。

14. 嘉靖十六年（1537 年）　　　五月，舒城蝗。

15. 嘉靖十九年（1540 年）　　　夏，舒城、巢县蝗。

16. 嘉靖四十五年（1566 年）　　　舒城蝗，禾稼尽枯。

---

① 立煌：旧县名，1947 年改名今安徽金寨县。

17. 万历四十四年（1616 年）　　　八月，飞蝗自北来，合肥、庐江、无为、
　　　　　　　　　　　　　　　　　　　巢县蝗食稻过半。

18. 万历四十五年（1617 年）　　　合肥、无为、庐江、舒城蝗。

19. 天启二年（1622 年）　　　　　八月，无为蝗。

20. 崇祯十二年（1639 年）　　　　舒城、巢县旱蝗；无为遍地皆蝻，人不得行。

21. 崇祯十三年（1640 年）　　　　舒城、合肥旱蝗。

22. 崇祯十四年（1641 年）　　　　郡属旱蝗。

23. 清康熙六年（1667 年）　　　　合肥、巢县、无为蝗。

24. 康熙十年（1671 年）　　　　　巢县蝗。

25. 康熙十一年（1672 年）　　　　合肥有蝗食麦；巢县蝝生，食麦及秋苗。

26. 康熙五十年（1711 年）　　　　庐州郡属旱蝗。

27. 康熙五十三年（1714 年）　　　合肥、庐江、舒城旱蝗。

28. 雍正元年（1723 年）　　　　　无为、巢县大旱蝗。

29. 雍正二年（1724 年）　　　　　三月，舒城蝗蝻遍野，沟堑皆平，十数日
　　　　　　　　　　　　　　　　　　　尽去。

30. 乾隆五年（1740 年）　　　　　无为蝗。

31. 道光十四年（1834 年）　　　　巢县旱蝗。

32. 道光十五年（1835 年）　　　　巢县蝗。

33. 道光二十五年（1845 年）　　　合肥旱蝗。

34. 咸丰六年（1856 年）　　　　　庐郡旱蝗，米价腾贵，野有饿殍。

35. 咸丰七年（1857 年）　　　　　秋，无为蝗，稻禾有伤；巢县蝗。

36. 咸丰八年（1858 年）　　　　　合肥、巢县旱蝗。

37. 同治元年（1862 年）　　　　　合肥旱蝗。

38. 光绪二年（1876 年）　　　　　四月，无为蝗，不为灾。

原载光绪《续修庐州府志》卷九十三《祥异志》，光绪十一年刻本

嘉庆《合肥县志》

1. 东晋大兴二年（319 年）　　　　五月，淮陵、临淮、淮南、安丰①、庐江
　　　　　　　　　　　　　　　　　　　等五郡蝗食秋麦。

---

① 安丰：旧郡名，治所在今安徽霍邱西南。

2. 唐开成五年（840 年）　　　　　　　夏，淮南等州蟓蝗害稼。

3. 元至大二年（1309 年）　　　　　　　六月，合肥县蝗。

4.　泰定四年（1327 年）　　　　　　　庐州等路蝗。

5.　天历二年（1329 年）　　　　　　　四月，庐州、无为州蝗；七月，庐州属县蝗。

6. 清康熙六年（1667 年）　　　　　　　六月，合肥县蝗，禾麦尽空。

7.　康熙十年（1671 年）　　　　　　　夏，蝗。

8.　康熙五十年（1711 年）　　　　　　蝗旱。

9.　康熙五十一年（1712 年）　　　　　春，蝗。

10.　康熙五十三年（1714 年）　　　　　蝗旱。

原载嘉庆《合肥县志》卷十三《祥异志》，民国九年据嘉庆八至十二年刻本影印本

《肥西县志》

1. 元元贞二年（1296 年）　　　　　　　庐州蝗。

2.　至大三年（1310 年）　　　　　　　五月，合肥、舒城蝗。

3.　泰定三年（1326 年）　　　　　　　九月，庐州路蝗。

4.　泰定四年（1327 年）　　　　　　　五月，庐州路属县蝗。

5.　天历二年（1329 年）　　　　　　　七月，庐州蝗。

6. 明天顺六年（1462 年）　　　　　　　合肥、舒城蝗。

7.　嘉靖九年（1530 年）　　　　　　　合肥旱蝗。

8.　万历四十四年（1616 年）　　　　　八月，飞蝗自北来，合肥食稻过半。

9.　万历四十五年（1617 年）　　　　　合肥蝗。

10.　崇祯十三年（1640 年）　　　　　　合肥旱蝗。

11.　崇祯十四年（1641 年）　　　　　　合肥旱蝗。

12. 清康熙六年（1667 年）　　　　　　　合肥蝗，禾麦皆空。

13.　康熙十年（1671 年）　　　　　　　夏，蝗。

14.　康熙十一年（1672 年）　　　　　　合肥蝗。

15.　康熙五十年（1711 年）　　　　　　旱蝗。

16.　康熙五十一年（1712 年）　　　　　春，蝗。

17.　康熙五十三年（1714 年）　　　　　合肥旱蝗。

18.　道光二十五年（1845 年）　　　　　合肥旱蝗。

19.　咸丰六年（1856 年）　　　　庐郡旱蝗，米价腾贵，野有饿殍。

20.　咸丰八年（1858 年）　　　　合肥旱蝗。

21.　同治元年（1862 年）　　　　合肥旱蝗。

原载《肥西县志》自然灾害，黄山书社 1994 年版

22. 民国三年（1914 年）　　　　六月，严重蝗灾。

原载《肥西县志》大事记，黄山书社 1994 年版

《肥东县志》

经查，1990 年安徽人民出版社出版的县志中无蝗灾记载。

《长丰县志》

经查，1991 年中国文史出版社出版的县志中无蝗灾记载。

三、六安市

同治《六安州志》

1. 明嘉靖七年（1528 年）　　　　八月，蝗自西北来，落地尺许，食谷无遗。

2.　嘉靖十一年（1532 年）　　　　英山向无蝗，忽自北蔽空而来，食禾且尽。

3.　嘉靖十九年（1540 年）　　　　秋，六安、霍山俱蝗，落地二尺，树枝压损。

4.　万历四十三年（1615 年）　　　旱蝗，谷价腾贵。

5.　万历四十四年（1616 年）　　　蝗亦如之。

6.　天启元年（1621 年）　　　　四月，蝗。

7.　天启二年（1622 年）　　　　七月，蝗。

8.　崇祯十三年（1640 年）　　　夏，六安、霍山旱，飞蝗蔽天，人相食。

9.　崇祯十四年（1641 年）　　　夏，蝗蝻所至草无遗根，民间衣被皆穿、羹釜俱秽。

10. 清康熙六年（1667 年）　　　六月，六安蝗起。

11.　康熙十年（1671 年）　　　大旱蝗。

12.　康熙十一年（1672 年）　　　春，蝗蝻遍生，蔓延数百里。

13.　康熙十八年（1679 年）　　　秋，飞蝗蔽天，野无遗草。

14.	康熙十九年（1680 年）	春三月，蝗蝻生，至夏大盛，忽降霖雨，蝗皆抱枝死。
15.	康熙五十年（1711 年）	夏秋，大旱，蝗飞蔽天，督民扑灭之。
16.	康熙五十三年（1714 年）	旱蝗，报灾请赈。
17.	道光十五年（1835 年）	秋，蝗飞蔽空，六安未灾，霍山蝗伤稼十之三。
18.	道光十九年（1839 年）	蝗自西南来，飞蔽天日。
19.	道光二十一年（1841 年）	七月，蝗，不为灾。
20.	道光二十三年（1843 年）	蝗蝻遍野，知州以米易蝗子数百石。
21.	咸丰六年（1856 年）	秋，蝗。
22.	咸丰七年（1857 年）	八月，蝗飞蔽天。
23.	咸丰八年（1858 年）	夏秋，蝗蝻复作。
24.	咸丰十年（1860 年）	秋，蝗自北蔽天而来，飞四五日，遗子入地。

原载同治《六安州志》卷五十五《杂类志·祥异》，同治十一年刻本

光绪《寿州志》

1.	东晋大兴二年（319 年）	五月，淮南、安丰蝗虫食秋麦。
2.	唐开成五年（840 年）	夏，淮南螟蝗害稼。
3.	咸通三年（862 年）	淮南蝗。
4.	咸通九年（868 年）	江淮旱蝗。
5.	光启元年（885 年）	淮南蝗。
6.	宋大中祥符九年（1016 年）	六月，京畿东西等路蝗蝻生；七月，蝗群飞蔽空，延至江、淮。
7.	天禧元年（1017 年）	六月，江淮大风，多吹蝗入江海或抱草木僵死。
8.	庆历元年（1041 年）	淮南旱蝗。
9.	熙宁八年（1075 年）	八月，淮西①蝗。
10.	崇宁元年（1102 年）	淮南蝗。
11.	建炎二年（1128 年）	六月，淮甸大蝗。

---

① 淮西：宋淮南西路名，治所在今安徽凤台。

12.	绍兴三十二年（1162 年）	六月，淮南北郡县蝗，飞入湖州境，声如风雨。
13.	乾道元年（1165 年）	六月，淮西蝗。
14.	淳熙九年（1182 年）	七月，淮甸大蝗。
15.	淳熙十年（1183 年）	六月，江淮旧蝗遗育害稼。
16.	嘉定八年（1215 年）	四月，飞蝗越淮而南，淮郡蝗食禾苗、山林、草木皆尽。
17.	淳祐二年（1242 年）	五月，两淮蝗。
18.	元大德六年（1302 年）	安丰、濠州①蝗。
19.	天历二年（1329 年）	安丰路属县蝻。
20.	明正统五年（1440 年）	夏，凤阳蝗。
21.	正统六年（1441 年）	夏，凤阳蝗。
22.	正统七年（1442 年）	凤阳蝗。
23.	正统八年（1443 年）	秋，两畿蝗。
24.	正统十二年（1447 年）	夏，凤阳蝗。
25.	景泰七年（1456 年）	六月，凤阳大旱蝗。
26.	正德四年（1509 年）	夏，蝗飞蔽日，大饥，人相食。
27.	嘉靖元年（1522 年）	夏，蝗。
28.	清咸丰五年（1855 年）	夏，大旱，蝗飞蔽天，禾稼俱伤。
29.	咸丰八年（1858 年）	秋，蝗蝻遍地，禾稼尽伤。
30.	咸丰九年（1859 年）	蝗蝻生，扑灭之，禾稼未伤。
31.	咸丰十年（1860 年）	蝗蝻生，扑灭之，禾稼未伤。

原载光绪《寿州志》卷三十五《杂类志上·祥异》，光绪十六年活字本

《霍邱县志》

1.	东汉永初六年（112 年）	旱蝗，民大饥。
2.	永初七年（113 年）	连续旱蝗，民大饥。
3.	宋大中祥符九年（1016 年）	蝗灾，食民田禾稼，入公私庐舍。
4.	天禧元年（1017 年）	连续蝗灾，食民田禾稼，入公私庐舍。

---

① 濠州：旧州名，治所在今安徽凤阳东北。

5.　嘉定元年（1208 年）　　　　　　　旱蝗，民大饥。

6. 明弘治八年（1495 年）　　　　　　飞蝗蔽天。

7.　正德三年（1508 年）　　　　　　　大旱，蝗灾，民大饥。

8.　嘉靖八年（1529 年）　　　　　　　大旱，蝗飞蔽天。

9.　崇祯十三年（1640 年）　　　　　　旱蝗，民大饥，斗米千钱，人相食。

10. 清康熙六年（1667 年）　　　　　　五月旱，蝗虫成灾。

11.　咸丰四年（1854 年）　　　　　　秋，旱蝗，民大饥。

原载《霍邱县志》大事记，中国广播电视出版社 1992 年版

12. 明嘉靖元年（1522 年）　　　　　　夏，蝗。

13.　嘉靖十九年（1540 年）　　　　　旱蝗。

14. 清乾隆三十三年（1768 年）　　　　秋，蝗。

15.　乾隆五十一年（1786 年）　　　　秋，蝗。

16.　咸丰六年（1856 年）　　　　　　旱蝗。

17.　咸丰七年（1857 年）　　　　　　秋，旱蝗。

18.　同治元年（1862 年）　　　　　　蝗灾。

19. 民国二年（1913 年）　　　　　　　蝗灾。

20. 民国十七年（1928 年）　　　　　　飞蝗遍地。

21. 民国二十三年（1934 年）　　　　　蝗灾。

22. 民国三十二年（1943 年）　　　　　蝗灾。

原载《霍邱县志》自然灾害，中国广播电视出版社 1992 年版

同治 《霍邱县志》

1. 唐咸通九年（868 年）　　　　　　　淮南蝗旱。

2. 宋淳祐六年（1246 年）　　　　　　　蝗。

3. 明嘉靖二十三年（1544 年）　　　　　旱蝗。

4. 清乾隆九年（1744 年）　　　　　　　旱蝗。

5.　咸丰九年（1859 年）　　　　　　　蝗，不为灾，有雀自西北来食之。

6.　咸丰十年（1860 年）　　　　　　　蝗，不为灾。

原载同治《霍邱县志》卷十六《杂志·灾异》，同治九年活字本

《金寨县志》

1.	明嘉靖十九年（1540 年）	夏秋，蝗灾，树枝压弯，地面积地厚 60 厘米。
2.	崇祯十三年（1640 年）	旱蝗交集，民饥。

原载《金寨县志》大事记，上海人民出版社 1992 年版

3.	清道光十九年（1839 年）	蝗自西南来，飞蔽天。
4.	民国三十三年（1944 年）	县境蝗灾。

原载《金寨县志》自然灾害，上海人民出版社 1992 年版

光绪 《霍山县志》

1.	明嘉靖十九年（1540 年）	秋，飞蝗落地二尺，树枝压损。
2.	万历四十三年（1615 年）	旱蝗，谷价腾贵。
3.	万历四十四年（1616 年）	蝗复如之。
4.	崇祯十三年（1640 年）	大旱，蝗盈尺，飞扑人面，堆衢塞路，践之有声，至秋田禾尽蚀。
5.	崇祯十四年（1641 年）	旱，蝗虫更甚，野无青草，人相食。
6.	清康熙五十三年（1714 年）	旱蝗。
7.	乾隆二十年（1755 年）	秋七月，有蝗自州入县东北境，止集林木，不伤禾稼，未及城而灭。
8.	乾隆五十一年（1786 年）	春，蝗蝻大作，缀树塞途，愈扑愈多，忽天飞黑鹊，地出青蛙，啮之殆尽。
9.	道光十五年（1835 年）	西山蝗，伤苗十之三。
10.	道光十九年（1839 年）	春，有蝗自西来，飞蔽天。
11.	道光二十一年（1841 年）	七月，蝗，不为灾。
12.	咸丰七年（1857 年）	六月，蝗入境，不为灾。
13.	咸丰八年（1858 年）	夏，蝗蝻复作。
14.	光绪十七年（1891 年）	蝗，知县率民捕之。
15.	光绪十八年（1892 年）	收买蝗子，遗蝻遂尽。

原载光绪《霍山县志》卷十五《杂志·祥异》，光绪三十一年活字本

《舒城县志》

1. 元至大三年（1310 年）　　　　　六月，舒城蝗。

2. 明天顺六年（1462 年）　　　　　舒城蝗灾。

3. 正德三年（1508 年）　　　　　　蝗灾，民饥。

4. 正德四年（1509 年）　　　　　　大旱蝗。

5. 嘉靖七年（1528 年）　　　　　　八月，飞蝗落地厚尺许，落处谷尽食。

6. 嘉靖十六年（1537 年）　　　　　五月，大旱，飞蝗蔽天，沟堑尽平。

7. 嘉靖十九年（1540 年）　　　　　八月，飞蝗落地二尺许，树枝压折。

8. 万历四十五年（1617 年）　　　　夏，旱蝗，禾稼尽枯。

9. 天启六年（1626 年）　　　　　　蝗成灾。

10. 崇祯十二年（1639 年）　　　　　舒城蝗灾。

11. 崇祯十三年（1640 年）　　　　　秋旱，飞蝗塞路，禾尽食，民多饿死。

12. 崇祯十四年（1641 年）　　　　　夏，旱蝗，野无青草，大饥，人相食。

13. 清顺治十年（1653 年）　　　　　蝗灾严重，禾尽枯。

14. 康熙十八年（1679 年）　　　　　旱蝗，野无青草；秋，蝗蔽日，大饥，人
　　　　　　　　　　　　　　　　　相食。

15. 康熙十九年（1680 年）　　　　　春，旱蝗，饥。

16. 雍正元年（1723 年）　　　　　　八月，飞蝗蔽日，落地厚尺许。

17. 雍正二年（1724 年）　　　　　　三月，蝗蝻遍野，平沟堑，数日飞去。

18. 乾隆四年（1739 年）　　　　　　六月旱，蝗灾，秋半收。

19. 咸丰六年（1856 年）　　　　　　蝗。

20. 咸丰八年（1858 年）　　　　　　秋，旱蝗。

21. 咸丰九年（1859 年）　　　　　　蝗蝻生。

22. 光绪十五年（1889 年）　　　　　八月，螽。

23. 民国二十一年（1932 年）　　　　秋，飞蝗为害。

24. 民国二十五年（1936 年）　　　　秋，飞蝗严重为害。

25. 民国三十一年（1942 年）　　　　蝗害。

原载《舒城县志》自然灾害，黄山书社 1995 年版

光绪《续修舒城县志》

1. 清乾隆二十四年（1759 年）　　　　螽。

2. 光绪十七年（1891年）　　　　旱螽。

原载光绪《续修舒城县志》卷五十《志余·祥异表》，光绪三十三年活字本

四、阜阳市

《阜阳市志》

1. 明嘉靖十三年（1534年）　　　蝗害，田无遗穗。

2. 嘉靖十四年（1535年）　　　　蝗害，田无遗穗。

3. 万历三十七年（1609年）　　　蝗灾。

4. 万历四十六年（1618年）　　　蝗灾。

5. 万历四十七年（1619年）　　　蝗灾。

6. 崇祯十三年（1640年）　　　　大旱，蝗虫。

7. 清康熙元年（1662年）　　　　八月，蝗虫。

8. 康熙五年（1666年）　　　　　蝗。

9. 康熙六年（1667年）　　　　　蝗。

10. 乾隆九年（1744年）　　　　　旱，蝗虫。

11. 道光十四年（1834年）　　　　旱，蝗虫。

原载《阜阳市志》自然灾害，黄山书社1993年版

道光《阜阳县志》

1. 元致和元年（1328年）　　　　五月，颍州蝗。

2. 明嘉靖十三年（1534年）　　　蝗，田无遗穗。

3. 嘉靖十四年（1535年）　　　　蝗，田无遗穗。

4. 万历三十七年（1609年）　　　蝗。

5. 万历四十六年（1618年）　　　蝗。

6. 万历四十七年（1619年）　　　蝗。

7. 崇祯十三年（1640年）　　　　大旱蝗。

8. 清康熙元年（1662年）　　　　八月，蝗。

9. 康熙五年（1666年）　　　　　蝗。

10. 康熙六年（1667年）　　　　　蝗。

11. 乾隆九年（1744 年） 　　　　　　旱蝗。

原载道光《阜阳县志》卷二十三《杂志上·禨祥》，民国七年据道光九年刻版补刻本

《阜阳县志》

1. 西汉元始二年（公元 2 年） 　　　　秋，蝗虫为害，颗粒无收。

2. 新莽地皇三年（22 年） 　　　　　　蝗虫为害。

3. 后梁开平元年（907 年） 　　　　　蝗虫为害。

4. 清嘉庆十九年（1814 年） 　　　　　夏，蝗虫为害。

5. 光绪二十七年（1901 年） 　　　　　蝗虫为害。

6. 光绪二十八年（1902 年） 　　　　　蝗虫为害。

7. 民国三十三年（1944 年） 　　　　　秋，蝗虫为害。

原载《阜阳县志》主要自然灾害，黄山书社 1994 年版

乾隆《颍州府志》

1. 东晋大兴二年（319 年） 　　　　　三月，山桑①县蝗。

2. 唐咸通九年（868 年） 　　　　　　江淮旱蝗。

3. 宋开宝七年（974 年） 　　　　　　亳州蝗。

4. 天禧元年（1017 年） 　　　　　　　霍邱蝗自死。

5. 淳祐六年（1246 年） 　　　　　　　霍邱蝗。

6. 咸淳四年（1268 年） 　　　　　　　七月，亳州蝗。

7. 元致和元年（1328 年） 　　　　　五月，颍州蝗。

8. 至正十九年（1359 年） 　　　　　蒙城县蝗。

9. 明正德三年（1508 年） 　　　　　霍邱、蒙城县蝗，大饥。

10. 嘉靖元年（1522 年） 　　　　　　夏，霍邱、蒙城县蝗。

11. 嘉靖八年（1529 年） 　　　　　　霍邱县蝗。

12. 嘉靖十二年（1533 年） 　　　　　颍州、亳州蝗。

13. 嘉靖十三年（1534 年） 　　　　　颍州、太和县并蝗。

14. 嘉靖十四年（1535 年） 　　　　　颍州蝗，田无遗穗。

---

① 山桑：旧县名，属谯郡，治所在今安徽亳州。

15.　嘉靖十九年（1540 年）　　　　　太和、霍邱县蝗。

16.　嘉靖二十三年（1544 年）　　　　霍邱县旱蝗。

17.　嘉靖三十九年（1560 年）　　　　亳州蝗。

18.　万历三十八年（1610 年）　　　　太和、蒙城县俱蝗。

19.　万历四十二年（1614 年）　　　　颖上县蝗。

20.　万历四十五年（1617 年）　　　　蒙城县蝗。

21.　万历四十六年（1618 年）　　　　颖州、亳州蝗。

22.　万历四十七年（1619 年）　　　　颖州、亳州蝗。

23.　万历四十八年（1620 年）　　　　太和县蝗。

24.　天启四年（1624 年）　　　　　　颖上县大旱蝗。

25.　天启六年（1626 年）　　　　　　蒙城县旱蝗。

26.　崇祯七年（1634 年）　　　　　　蒙城县大蝗。

27.　崇祯十三年（1640 年）　　　　　颖州，颖上、霍邱、蒙城县大旱蝗。

28.　清康熙元年（1662 年）　　　　　八月，颖州蝗。

29.　康熙五年（1666 年）　　　　　　颖州蝗。

30.　康熙六年（1667 年）　　　　　　颖州、霍邱县旱蝗。

31.　康熙十年（1671 年）　　　　　　蒙城县旱蝗。

32.　康熙十二年（1673 年）　　　　　蒙城县蝗蝻生。

33.　康熙二十三年（1684 年）　　　　太和县蝗。

34.　康熙三十年（1691 年）　　　　　太和县蝗。

35.　康熙三十一年（1692 年）　　　　太和县蝗。

36.　雍正九年（1731 年）　　　　　　阜阳、霍邱县旱蝗。

原载乾隆《颍州府志》卷十《杂志·祥异》，乾隆十七年刻本

《太和县志》

1. 明嘉靖十二年（1533 年）　　　　颖、亳皆蝗，独不入太和境。

2.　嘉靖十三年（1534 年）　　　　　旱，大蝗，跳蝻塞路，食禾殆尽。

3.　嘉靖十九年（1540 年）　　　　　大蝗。

4.　万历三十七年（1609 年）　　　　大旱蝗。

5.　万历三十八年（1610 年）　　　　大旱蝗。

6.　万历四十七年（1619 年）　　　　秋，蝗。

7.	泰昌元年（1620 年）	蝗灾。
8.	崇祯七年（1634 年）	五月，大蝗；秋，飞蝗至。
9.	崇祯八年（1635 年）	五月，大蝗。
10.	清康熙二十三年（1684 年）	蝗灾。
11.	康熙三十年（1691 年）	蝗蝻为灾。
12.	康熙三十一年（1692 年）	复蝗灾。
13.	雍正元年（1723 年）	六月，蝗；七月，蝻生。
14.	咸丰六年（1856 年）	飞蝗至，食禾几尽。
15.	光绪二年（1876 年）	蝗害。
16.	光绪十七年（1891 年）	县西北蝗灾。
17.	光绪二十五年（1899 年）	县西北蝗灾。
18.	民国三十三年（1944 年）	八月，蝗蝻遍野，聚结大如瓜斗，禾苗无存，芦苇、竹蒲尽光，村庄积蝗尺许，居民三天捕蝗 2 000 千克。

原载《太和县志》自然灾害，黄山书社 1993 年版

乾隆《太和县志》

清乾隆九年（1744 年）	飞蝗大至，知县率吏民扑灭之。

原载乾隆《太和县志》卷一《舆地志·灾祥》，乾隆十六年刻本

《界首县志》

1. 元致和元年（1328 年）	五月，蝗灾。
2. 明嘉靖十三年（1534 年）	大蝗，田无遗穗。
3. 嘉靖十九年（1540 年）	大蝗。
4. 万历三十八年（1610 年）	大蝗。
5. 万历四十年（1612 年）	大蝗。
6. 崇祯七年（1634 年）	大蝗。
7. 崇祯八年（1635 年）	飞蝗复至。
8. 清康熙二十三年（1684 年）	夏，飞蝗大至。
9. 康熙三十年（1691 年）	六月，蝗蝻生。

10.	康熙三十一年（1692 年）	大蝗。
11.	雍正元年（1723 年）	六月，飞蝗大至；七月，蝗蝻生。
12.	咸丰六年（1856 年）	飞蝗大至，食禾几尽。
13.	咸丰七年（1857 年）	蝗复至。
14.	光绪二年（1876 年）	蝗。
15.	光绪十七年（1891 年）	飞蝗入境。
16.	光绪二十五年（1899 年）	飞蝗至，生子。
17.	民国三十一年（1942 年）	大蝗。
18.	民国三十二年（1943 年）	夏，飞蝗自西北飞向东南，连续三日，禾稼尽。

原载《界首县志》自然灾害，黄山书社 1995 年版

《临泉县志》

1.	明正德三年（1508 年）	秋，蝗虫为害。
2.	嘉靖十三年（1534 年）	飞蝗蔽日，田无遗穗。
3.	嘉靖十四年（1535 年）	飞蝗蔽日，田无遗穗。
4.	万历三十七年（1609 年）	蝗灾。
5.	万历四十六年（1618 年）	蝗灾。
6.	万历四十七年（1619 年）	蝗灾。
7.	天启元年（1621 年）	夏，蝗灾。
8.	天启二年（1622 年）	蝗灾。
9.	崇祯十三年（1640 年）	旱，蝗灾。
10.	清康熙元年（1662 年）	八月，蝗灾。
11.	康熙五年（1666 年）	蝗。
12.	康熙六年（1667 年）	蝗。
13.	乾隆九年（1744 年）	蝗灾。
14.	道光十五年（1835 年）	蝗虫。
15.	光绪三十一年（1905 年）	秋，蝗虫飞过。
16.	民国六年（1917 年）	蝗虫成灾。
17.	民国九年（1920 年）	蝗虫成灾。
18.	民国三十一年（1942 年）	秋，蝗害。

19. 民国三十二年（1943 年）　　　　　过飞蝗，遮天蔽日，后起跳蝻，覆盖地皮，从西北向东南，不分河流、院墙皆不能当，高粱、谷子、甘蔗叶穗皆被吃光。

　　　　　　　　　　原载《临泉县志》自然灾害，黄山书社 1994 年版

《阜南县志》

民国十一年（1922 年）　　　　　　　六月，蝗灾。

　　　　　　　　　　原载《阜南县志》大事记，黄山书社 1997 年版

同治《颍上县志》

1. 明万历三十八年（1610 年）　　　　夏，蝗，不为灾。

2. 　万历四十二年（1614 年）　　　　蝗，禾麦、树叶皆空。

3. 　天启四年（1624 年）　　　　　　五月，大旱蝗。

4. 　崇祯十三年（1640 年）　　　　　大旱蝗。

5. 　清康熙五十七年（1718 年）　　　蝗不入境。

6. 　乾隆九年（1744 年）　　　　　　七月，蝗，不为灾。

7. 　嘉庆四年（1799 年）　　　　　　蝗。

8. 　咸丰六年（1856 年）　　　　　　秋，大旱蝗。

9. 　咸丰七年（1857 年）　　　　　　四月，蝗蝻入城。

10. 　咸丰八年（1858 年）　　　　　飞蝗蔽天。

11. 　咸丰九年（1859 年）　　　　　蝗。

12. 　咸丰十年（1860 年）　　　　　蝗。

13. 　咸丰十一年（1861 年）　　　　蝗。

　　　　　　　原载同治《颍上县志》卷十二《杂志·祥异》，同治九年刻本

《颍上县志》

1. 唐咸通九年（868 年）　　　　　　江淮蝗。

2. 清康熙六年（1667 年）　　　　　　旱蝗。

3. 民国三十二年（1943 年）　　　　夏，蝗，谷子、高粱、玉米被吃光；秋，起跳蝻，盖地皆是。

原载《颍上县志》自然灾害，黄山书社 1995 年版

五、亳州市

《亳州市志》

1. 民国二十年（1931 年）　　　　蝗灾。
2. 民国三十年（1941 年）　　　　夏，蝗遍野，秋稼受灾严重。
3. 民国三十三年（1944 年）　　　夏秋之交，蝗灾。

原载《亳州市志》自然灾害，黄山书社 1996 年版

光绪《亳州志》

1. 宋开宝七年（974 年）　　　　二月，蝗。
2. 　至道二年（996 年）　　　　十月，蝗生，食苗。
3. 金贞祐四年（1216 年）　　　蝗。
4. 蒙古至元五年（1268 年）　　七月，蝗。
5. 元至正四年（1344 年）　　　蝗。
6. 明嘉靖十二年（1533 年）　　蝗。
7. 　嘉靖三十九年（1560 年）　大蝗。
8. 　万历三十七年（1609 年）　蝗。
9. 　万历四十六年（1618 年）　蝗。
10. 　万历四十七年（1619 年）　蝗。
11. 清乾隆九年（1744 年）　　　飞蝗过境。
12. 　乾隆三十五年（1770 年）　飞蝗过境。
13. 　嘉庆四年（1799 年）　　　蝗。
14. 　道光十六年（1836 年）　　夏，蝗。
15. 　咸丰六年（1856 年）　　　蝗。
16. 　咸丰七年（1857 年）　　　夏，蝗，填塞市廛。
17. 　同治二年（1863 年）　　　夏，蝗。

18.　光绪二年（1876 年）　　　　　　　旱蝗。

19.　光绪十七年（1891 年）　　　　　　秋，蝗。

20.　光绪十八年（1892 年）　　　　　　蝗蝻食粟叶殆尽。

　　　　　原载光绪《亳州志》卷十九《杂类志上·祥异》，光绪二十一年活字本

《蒙城县志》

1. 东晋大兴二年（319 年）　　　　　　蝗灾。

2.　　大兴三年（320 年）　　　　　　蝗灾。

3. 明嘉靖元年（1522 年）　　　　　　蝗灾，饥荒。

4.　万历四十五年（1617 年）　　　　　大蝗灾。

5.　天启六年（1626 年）　　　　　　蝗灾。

6.　崇祯七年（1634 年）　　　　　　大蝗灾。

7. 清康熙十年（1671 年）　　　　　　蝗灾。

8.　康熙十一年（1672 年）　　　　　四月，蝗蝻遍地，成灾。

9.　光绪二年（1876 年）　　　　　　蝗灾。

10. 民国二年（1913 年）　　　　　　蝗灾。

11. 民国三年（1914 年）　　　　　　秋，蝗灾。

12. 民国五年（1916 年）　　　　　　飞蝗遍野，食尽禾谷，捕杀 5 万千克。

13. 民国二十三年（1934 年）　　　　　秋，蝗灾。

　　　　　原载《蒙城县志》自然灾害，黄山书社 1994 年版

14. 元至正十九年（1359 年）　　　　　蝗灾。

　　　　　原载《蒙城县志》大事记，黄山书社 1994 年版

民国《重修蒙城县志书》

明万历三十八年（1610 年）　　　　　　蝗。

　　　　　原载民国《重修蒙城县志书》卷十二《杂类志·祥异》，民国四年铅印本

《涡阳县志》

1. 清咸丰六年（1856 年）　　　　　　春，蝗虫食麦。

2. 同治二年（1863 年）　　　　　　　夏，蝗虫遍地。

原载《涡阳县志》自然灾害，黄山书社 1987 年版

《利辛县志》

经查，1995 年黄山书社出版的县志中无蝗灾记载。

六、淮南市

《凤台县志》

1. 清光绪二十八年（1902 年）　　　　夏，焦岗湖一带发生蝗虫，虫口密度每平方米
　　　　　　　　　　　　　　　　　　5～6 只，受灾面积 10 万亩，减产 60%以上。

原载《凤台县志》自然灾害录，黄山书社 1998 年版

2. 宣统元年（1909 年）　　　　　　　六月，境内大力捕捉蝗蝻。

原载《凤台县志》大事记，黄山书社 1998 年版

《淮南市志》

经查，1998 年黄山书社出版的市志中无蝗灾记载。

七、淮北市

《濉溪县志》

1. 明正德四年（1509 年）　　　　　　夏，旱蝗，遮天蔽日，大饥，人相食。

2. 嘉靖十三年（1534 年）　　　　　　蝗从北方入境，延蔓至秋，禾稼无收。

3. 清道光四年（1824 年）　　　　　　夏，蝗虫成灾。

4. 光绪二十八年（1902 年）　　　　　蝗旱为灾，赤地千里。

5. 民国十二年（1923 年）　　　　　　夏，飞蝗自西向东飞过，遮天蔽日，持续
　　　　　　　　　　　　　　　　　　二日，庄稼被吃光。

原载《濉溪县志》大事记，上海社会科学院出版社 1989 年版

6. 清咸丰十一年（1861 年）　　　　蝗虫遍野。

7.　同治十二年（1873 年）　　　　蝗虫遮天蔽日，庄稼吃光，民多乞食他乡。

8. 民国三年（1914 年）　　　　　　蝗。

9. 民国二十三年（1934 年）　　　　蝗。

10. 民国三十五年（1946 年）　　　蝗虫为害高粱，减产七成。

　　　　　　原载《濉溪县志》自然灾害，上海社会科学院出版社 1989 年版

《淮北市志》

经查，1999 年方志出版社出版的市志中无蝗灾记载。

八、宿州市

嘉靖《宿州志》

1. 东晋大兴元年（318 年）　　　　东海、彭城、下邳、临淮四郡蝗。

2.　大兴二年（319 年）　　　　　　徐、扬及江西诸郡蝗。

3. 蒙古至元元年（1264 年）　　　　徐、宿、邳、华州郡蝗。

4.　至元二年（1265 年）　　　　　徐、宿、邳州蝗旱。

5. 元大德元年（1297 年）　　　　　六月，归德、徐、邳等州蝗。

6.　大德三年（1299 年）　　　　　归德、济宁、徐、濠旱蝗。

7.　元统元年（1333 年）　　　　　六月，蝗生于野。

8.　明正德四年（1509 年）　　　　夏，大旱，蝗飞蔽日，大饥，人相食。

9.　嘉靖六年（1527 年）　　　　　夏，大旱，蝗飞蔽天，来自徐、邳，生小
　　　　　　　　　　　　　　　　　蝻遍野，厚数寸。

10.　嘉靖八年（1529 年）　　　　连岁蝗旱，民多流亡。

11.　嘉靖九年（1530 年）　　　　连岁蝗旱，民多流亡。

12.　嘉靖十年（1531 年）　　　　连岁蝗旱，民多流亡。

13.　嘉靖十一年（1532 年）　　　连岁蝗旱，民多流亡。

14.　嘉靖十二年（1533 年）　　　连岁蝗旱，民多流亡。

15.　嘉靖十三年（1534 年）　　　六月，飞蝗从东北来，延蔓不绝，至七月
　　　　　　　　　　　　　　　　始去，秋稼无收。

16.　嘉靖十四年（1535 年）　　　　　连岁飞蝗遍野。

17.　嘉靖十五年（1536 年）　　　　　连岁飞蝗遍野。

按：蝗之为灾，甚于水旱，凡所过处，草枯地赤，六畜无以为饲，不惟伤禾稼而已。江北连岁多蝗，其滋蔓遍野者，岂扑之复生，捕之不绝，而势无如之何，抑亦可以计扑力捕而人莫之为也。惟我祖宗朝捕蝗有旨著为令，每年都察院准吏部咨为民瘼事备，行各省及南北两直隶遵奉施行，使各该有司能奉行不违，则蝗之种类可灭也。恐宿之史胥鄙视勘合为故事，故谨录于此，俾吏兹土者咸知。

永乐元年（1403 年）九月初八日，吏部奉太宗皇帝旨："各处有司，多不得人所，以前日敕恁吏部教内外文职官员荐举贤才，且如今年山东等处蝗蝻生时，有司官合当随即打捕，却乃坐视不理。虽有几处打捕，亦不用心，致朝廷得知，差人打捕，方才尽绝。这便见得那有司官不得人处，若是得人处肯用心，见蝗初生便设法打捕，如何得这滋蔓。恁吏部便行文书与各处有司知道，明年春初惊蛰之时，所在官司差人巡视境内，遇有蝗蝻初生时，随即设法扑捕，务要尽绝。如是仍前坐视，致使滋蔓，伤损禾稼，为民患害，拿来罪他。若布政司、按察司官不行严督所属巡视打捕，拿来也问他罪。行文书去，到十一月间再行去，恐有怠慢的，到明年正月又行一遍也。着户部知道，军卫家着兵部行文书去一般打捕。钦此。"

永乐十五年（1417 年）五月二十八日吏部又奉太宗皇帝旨："今山东、河南来奏，蝗蝻生发，已令户部差人去督察打捕。恐所在军卫、有司不行用心打捕尽绝，以致滋蔓伤害禾稼，恁户部再差人铺马裹将文书去说与各处军卫、有司知道，但有蝗蝻生发，不即设法打捕尽绝，致有飞跳延蔓者，当该官吏与蝗蝻一般罪。钦此。"

宣德五年（1430 年）四月二十九日户部奉宣宗皇帝旨："恁户部便行文书各处军卫、有司知道，但有蝗蝻生发，着他遵依原奉太宗皇帝圣旨，务要打捕尽绝，敢有怠慢的，拿来不饶。钦此。"

原载嘉靖《宿州志》卷八《杂志·灾祥·虫灾》，嘉靖十六年刻本

光绪《宿州志》

1.金贞祐四年（1216 年）　　　　宿州蝗。

2.明嘉靖五年（1526 年）　　　　夏，旱蝗；秋，遗蝗复生。

3.　万历三十八年（1610 年）　　　旱蝗。

4.　万历三十九年（1611 年）　　　旱蝗。

5.　万历四十年（1612 年）　　　　比岁旱蝗，麦禾如烧，奉文令民捕蝗，上　　　　　　　　　　　　　　　　　仓蝗一石准粮一石。

6.	万历四十六年（1618 年）	秋，旱蝗。
7.	清康熙十一年（1672 年）	秋，蝗扑地弥天，下令焚捕，皆抱薨死，民获有秋。
8.	康熙十九年（1680 年）	秋，有蝗蔽天。
9.	康熙二十九年（1690 年）	秋，蝗。
10.	康熙三十一年（1692 年）	宿、萧之间飞蝗蔽天。
11.	康熙三十八年（1699 年）	夏，蝗。
12.	康熙五十六年（1717 年）	夏，蝗，官民协捕，有秋。
13.	雍正元年（1723 年）	五月，蝗。
14.	乾隆三年（1738 年）	秋，蝗，不为灾。
15.	乾隆五年（1740 年）	秋，蝗。
16.	乾隆九年（1744 年）	蝗。
17.	乾隆三十五年（1770 年）	夏，蝗，遍野蔽天。
18.	乾隆五十年（1785 年）	春，大旱蝗。
19.	道光四年（1824 年）	六月，旱蝗，官民协捕，且焚且瘗，有群鸦及蛤蟆争食殆尽，禾苗获全。
20.	咸丰六年（1856 年）	夏，大旱，飞蝗蔽野。
21.	同治元年（1862 年）	旱蝗。
22.	光绪二年（1876 年）	多蝗，官民协捕。
23.	光绪三年（1877 年）	捕蝗。
24.	光绪四年（1878 年）	捕蝗。
25.	光绪五年（1879 年）	旱蝗，麦如烧，奉文令民捕蝗，蝗一石粮一石；秋，蝗虫食禾豆。
26.	光绪十二年（1886 年）	六月，飞蝗入境，遍地遗子，挖掘两月，又西乡会永城县协捕，蝗不为灾。

原载光绪《宿州志》卷三十六《杂类志·祥异》，光绪十五年刻本

《宿县地区志》

1. 清宣统二年（1910 年）		夏，蝗灾，蝗群起，蔽日如夜，田禾尽食。
2. 民国四年（1915 年）		六月，旱蝗。
3. 民国十八年（1929 年）		秋，砀山、萧县、宿县、灵璧、泗县蝗灾

严重。

原载《宿县地区志》大事记，中国人民大学出版社 1995 年版

《宿县县志》

1. 元大德八年（1304 年）	夏，蝗虫遍野，庄稼、草木殆尽。	
2. 元统二年（1334 年）	夏，蝗虫遍野。	
3. 明正德四年（1509 年）	夏旱，飞蝗自北来，遮天蔽日，所过五谷殆尽，草木皆空。	
4. 嘉靖十三年（1534 年）	夏，飞蝗入境，至秋不绝，秋禾无存。	
5. 崇祯十三年（1640 年）	秋，蝗虫遍野，田无遗穗，大饥。	
6. 清康熙九年（1670 年）	夏，蝗。	
7. 道光四年（1824 年）	六月旱，蝗生，群鸦及蛤蟆食之。	
8. 咸丰六年（1856 年）	夏，大旱，飞蝗遍野。	
9. 光绪元年（1875 年）	蝗灾。	
10. 光绪二年（1876 年）	蝗灾。	
11. 光绪三年（1877 年）	蝗灾。	
12. 光绪二十二年（1896 年）	夏旱，飞蝗入境，遮天蔽日，飞声呜呜，民望之心惊胆战，所过草木皆空。	
13. 光绪二十三年（1897 年）	蝗蝻遍地，挖沟驱埋、火烧两月方尽，伤禾。	

原载《宿县县志》自然灾害，黄山书社 1988 年版

14. 后汉乾祐二年（949 年）	六月，宿地蝗灾严重，至秋蝗抱草死。	
15. 明嘉靖五年（1526 年）	夏旱，蝗灾；秋，复蝗灾。	
16. 万历三十八年（1610 年）	蝗灾，禾枯死，令民捕蝗一石给粮一石。	
17. 万历四十六年（1618 年）	秋旱，蝗食禾殆尽，大饥。	
18. 清光绪十二年（1886 年）	六月，飞蝗入境，遗子遍地，挖捕两月。	
19. 民国三年（1914 年）	五月，飞蝗入境，伤害秋禾。	

原载《宿县县志》大事记，黄山书社 1988 年版

乾隆《灵璧志略》

1. 明永乐元年（1403 年）	蝗。	

2.　永乐十五年（1417 年）　　　　　蝗。

3.　宣德五年（1430 年）　　　　　　蝗。

4.　正德四年（1509 年）　　　　　　夏旱，蝗飞蔽天，大饥，人相食。

5.　嘉靖六年（1527 年）　　　　　　夏，旱蝗。

6.　嘉靖八年（1529 年）　　　　　　旱蝗，多流亡。

7.　嘉靖九年（1530 年）　　　　　　旱蝗，多流亡。

8.　嘉靖十年（1531 年）　　　　　　旱蝗，多流亡。

9.　嘉靖十一年（1532 年）　　　　　旱蝗，多流亡。

10.　嘉靖十二年（1533 年）　　　　　旱蝗，多流亡。

11.　万历四十八年（1620 年）　　　　夏，旱蝗。

12.　清康熙十三年（1674 年）　　　　夏，旱蝗。

13.　康熙三十九年（1700 年）　　　　五月，蝗伤麦。

14.　乾隆十七年（1752 年）　　　　　秋，蝗。

15.　乾隆十八年（1753 年）　　　　　夏，蝗。

原载乾隆《灵璧志略》卷四《杂志·灾异》，民国三十三年刻本

乾隆《泗州志》①

1.　明万历四十四年（1616 年）　　　蝗，虹邑赤地如焚。

2.　清顺治十八年（1661 年）　　　　蝗食禾尽，蠲灾三分。

3.　康熙六年（1667 年）　　　　　　夏，旱蝗，蠲灾三分。

3.　康熙十年（1671 年）　　　　　　秋，蝗，民食树皮，奉旨停征。

4.　乾隆五十二年（1787 年）　　　　春，泗州严饬挖捕蝗子；夏，捕蝗蝻，收
　　　　　　　　　　　　　　　　　　买易换。

原载乾隆《泗州志》卷四《轸恤志》，乾隆五十三年刻本

---

　　① 又据《泗州志》卷四载：乾隆五十二年（1787 年）九月，署知州叶兰附记曰："按，蝗性飞落成群，喙不停啮，其为害较烈于水旱。泗境湖薮数十，水至为湖，水退成滩，每岁春夏之交，湿热蒸郁，飞蝗落子，循环相生，故前志于蝗之害稼三致意焉。自我世宗宪皇帝于捕蝗不力之地方官重治其罪，我皇上于捕蝗一切费用准其动公，义尽仁至，数十年来蝗亦少减矣。兰署篆兹土，昨冬今春，叠奉督抚两大宪严饬挖捕蝻子，入夏以来，藩宪思患预防，增定安省《挖捕蝗蝻规条》，分为两册，发各州县，时兰督查蝻孽已三阅月，兹复巡行阡陌，于乡之父老子弟讲求蝻所以生、蝗所以灭，而窃叹章程所载真明于物而熟于计者矣，然非收买易换，则小民无由生其感愧奋励，而乡保农长亦不能督率以有功。"

《泗县志》

1. 明嘉靖十四年（1535 年）　　　　蝗虫孳生。
2. 清康熙十年（1671 年）　　　　　秋，蝗灾，民食树皮。
3. 　乾隆十八年（1753 年）　　　　夏旱，蝗灾。
4. 　咸丰八年（1858 年）　　　　　秋，蝗食禾殆尽。

原载《泗县志》灾异，浙江人民出版社 1990 年版

光绪《泗虹合志》①

1. 宋乾兴元年（1022 年）　　　　　江淮大风，吹蝗入水。
2. 　建炎二年（1128 年）　　　　　大蝗。
3. 明正德四年（1509 年）　　　　　夏，大旱，蝗飞蔽日。
4. 　嘉靖十四年（1535 年）　　　　五月不雨，蝗生不绝，遍入房室吃衣服。
5. 　万历十三年（1585 年）　　　　夏旱，蝗蝻盖地数寸。
6. 　万历四十四年（1616 年）　　　蝗食田禾，赤地如焚。
7. 　天启元年（1621 年）　　　　　蝗灾。
8. 　清顺治六年（1649 年）　　　　泗大水蝗。
9. 　康熙六年（1667 年）　　　　　夏，蝗。
10. 　康熙七年（1668 年）　　　　　蝗。
11. 　康熙十七年（1678 年）　　　　旱蝗。
12. 　康熙十八年（1679 年）　　　　大旱蝗，食禾稼、草根尽。
13. 　康熙二十五年（1686 年）　　　夏，蝗。
14. 　康熙二十六年（1687 年）　　　大旱，蝗食禾尽。
15. 　乾隆十八年（1753 年）　　　　夏，旱蝗。
16. 　咸丰元年（1851 年）　　　　　蝗。
17. 　咸丰八年（1858 年）　　　　　秋旱，蝗食禾稼几尽。
18. 　光绪三年（1877 年）　　　　　秋，蝗。
19. 　光绪十一年（1885 年）　　　　蝗。

原载光绪《泗虹合志》卷十九《杂类志·祥异》，光绪十四年刻本

---

① 泗虹：即泗县、虹县合称，旧称虹县，1912 年改称今安徽泗县。

嘉庆《萧县志》

1. 东汉中元元年（56 年）　　　　山阳、楚、沛多蝗。
2. 东晋大兴二年（319 年）　　　　五月，徐州及诸郡蝗。
3. 蒙古至元二年（1265 年）　　　徐、宿、邳蝗旱。
4. 元大德元年（1297 年）　　　　六月，归德、徐、邳州蝗。
5. 明嘉靖十年（1531 年）　　　　萧县蝗。
6. 嘉靖四十四年（1565 年）　　　萧县旱蝗。
7. 万历十七年（1589 年）　　　　萧县旱蝗。
8. 崇祯元年（1628 年）　　　　　夏，蝗截麦穗满地。
9. 崇祯五年（1632 年）　　　　　秋，有蝗。
10. 崇祯七年（1634 年）　　　　　七月大雨，飞蝗蔽天，食禾稼、树叶皆尽，入屋室吃毁衣物。
11. 崇祯八年（1635 年）　　　　　七月大雨，萧县蝗甚。
12. 崇祯十年（1637 年）　　　　　旱蝗。
13. 崇祯十三年（1640 年）　　　　秋，蝗蔽野，田无遗穗，大饥，人相食，以妇子易米三升，无有受者，人争食干蝗，树根、灰苋、牛皮皆尽。
14. 清顺治十八年（1661 年）　　　秋，蝗蝝灾。
15. 嘉庆十九年（1814 年）　　　　三月，出蝗蝻如蝇者无数，忽有乌鸦自西飞来食尽而去。

原载嘉庆《萧县志》卷十八《祥异》，嘉庆二十年刻本

同治《续萧县志》

1. 清咸丰五年（1855 年）　　　　六月旱，蝻子生。
2. 咸丰六年（1856 年）　　　　　旱蝗。
3. 咸丰七年（1857 年）　　　　　六月，飞蝗蔽天，各村庄相率扑打，城内设局收买蝻子数百石。
4. 同治七年（1868 年）　　　　　五月，里智四乡蝻子生，扑之经旬，而蝗飞遍野，忽一夜尽悬抱芦苇、禾稼上，以死累累如自缢然者，纵横二三十里，

或拔取传观经行百余里，死蝗一不坠落，见者以为奇。

原载同治《续萧县志》卷十八《杂录·祥异》，光绪元年刻本

《萧县志》

1. 清康熙五年（1666 年）　　　　旱蝗。
2. 　康熙六年（1667 年）　　　　夏，蝗。
3. 民国十七年（1928 年）　　　　六月，蝗。

原载《萧县志》水旱灾害，中国人民大学出版社 1989 年版

4. 民国十八年（1929 年）　　　　秋，蝗灾。

原载《萧县志》大事记，中国人民大学出版社 1989 年版

同治《徐州府志》

1. 宋淳化元年（990 年）　　　　七月，单州砀山县蝗。
2. 明嘉靖十年（1531 年）　　　　萧县蝗。
3. 　嘉靖十二年（1533 年）　　　砀山蝗。
4. 　嘉靖四十四年（1565 年）　　萧县旱蝗。
5. 　万历十七年（1589 年）　　　夏，萧县蝗。
6. 　崇祯元年（1628 年）　　　　夏，萧县蝗伤麦。
7. 　崇祯八年（1635 年）　　　　七月，萧县蝗甚。
8. 清咸丰十一年（1861 年）　　　秋，萧县蝗。

原载同治《徐州府志》卷五《纪事表·祥异》，同治十三年刻本

乾隆《砀山县志》

1. 宋淳熙元年（1174 年）　　　　秋七月，蝗。
2. 明嘉靖十二年（1533 年）　　　蝗。
3. 　崇祯五年（1632 年）　　　　有蝗，人饥。
4. 　崇祯八年（1635 年）　　　　七月，有蝗。
5. 　崇祯十一年（1638 年）　　　蝗，饥。

6.　　崇祯十二年（1639 年）　　　　　　夏秋，蝗。

7.　清顺治十八年（1661 年）　　　　　　蝗灾。

8.　　康熙十八年（1679 年）　　　　　　旱蝗，蠲赈。

9.　　雍正十三年（1735 年）　　　　　　蝗，不为灾。

原载乾隆《砀山县志》卷一《舆地志·附祥异》，乾隆三十二年刻本

《砀山县志》

1. 民国十五年（1926 年）　　　　　　　夏，蝗灾。

2. 民国十七年（1928 年）　　　　　　　蝗灾。

3. 民国二十一年（1932 年）　　　　　　蝗灾。

4. 民国三十四年（1945 年）　　　　　　蝗虫过境，酿成灾害。

原载《砀山县志》自然灾害，方志出版社 1996 年版

九、蚌埠市

《蚌埠市志》

民国二十一年（1932 年）　　　　　　八月，漫天蝗虫飞蔽蚌埠上空，傍晚方止。

原载《蚌埠市志》自然灾害，方志出版社 1995 年版

嘉庆《怀远县志》

1. 宋淳熙九年（1182 年）　　　　　　　七月，淮甸大蝗。

2.　　淳祐二年（1242 年）　　　　　　　两淮蝗。

3. 明正德六年（1511 年）　　　　　　　蝗飞蔽日，岁大饥，人相食。

4.　　嘉靖元年（1522 年）　　　　　　　蝗，大饥。

5.　　万历十一年（1583 年）　　　　　　沱河南北蝗起，有野鹳及群鸦万余食之殆尽。

6.　　万历十五年（1587 年）　　　　　　夏，连月不雨，禾损于蝗。

7.　　万历三十七年（1609 年）　　　　　蝗。

8.　　万历四十六年（1618 年）　　　　　蝗。

9.　　万历四十七年（1619 年）　　　　　蝗。

10. 清顺治十年（1653 年）　　　　　旱蝗。

11.　康熙六年（1667 年）　　　　　旱蝻。

12.　康熙十年（1671 年）　　　　　旱蝗。

13.　康熙十一年（1672 年）　　　　夏，蝗起蔽天，不为灾。

14.　乾隆三十三年（1768 年）　　　飞蝗蔽野，集于房屋皆满，知县捕蝗
　　　　　　　　　　　　　　　　　　有功。

15.　嘉庆七年（1802 年）　　　　　蝗。

原载嘉庆《怀远县志》卷九《五行志》，嘉庆二十四年木活字本

《怀远县志》

1. 民国十八年（1929 年）　　　　　夏，蝗灾，歉收。

2. 民国二十一年（1932 年）　　　　蝗灾，受灾 703 千米²，5 万人无食。

3. 民国三十五年（1946 年）　　　　蝗灾，受灾 19.4 万亩，损失 20.7 万担。

4. 民国三十八年（1949 年）　　　　蝗灾，受灾 50 万亩。

原载《怀远县志》自然灾害，上海社会科学院出版社 1990 年版

《固镇县志》

1. 明正德四年（1509 年）　　　　　夏，旱蝗，庄稼无收，人相食。

2.　嘉靖六年（1527 年）　　　　　夏，旱蝗，麦无收。

3.　嘉靖八年（1529 年）　　　　　旱蝗。

4.　万历三十八年（1610 年）　　　旱蝗，庄稼枯死。

5.　万历四十六年（1618 年）　　　秋，蝗起，庄稼无收，饥。

6.　万历四十八年（1620 年）　　　夏，旱蝗。

7.　清乾隆十八年（1753 年）　　　四月，蝗灾。

8.　乾隆五十年（1785 年）　　　　春旱，蝗灾。

9.　道光四年（1824 年）　　　　　夏旱，蝗灾。

10.　咸丰六年（1856 年）　　　　　夏，蝗灾。

11.　同治元年（1862 年）　　　　　蝗灾。

12.　光绪二十一年（1895 年）　　　蝗灾。

原载《固镇县志》历代自然灾害实录，中国城市出版社 1992 年版

光绪《五河县志》

1. 宋建炎二年（1128 年）　　　　　蝗。
2. 元大德元年（1297 年）　　　　　六月，蝗生遍野。
3. 明正统六年（1441 年）　　　　　旱蝗。
4. 正德四年（1509 年）　　　　　　夏，大旱，蝗飞蔽日。
5. 嘉靖元年（1522 年）　　　　　　夏，蝗。
6. 嘉靖十三年（1534 年）　　　　　旱蝗，禾稼不登。
7. 嘉靖十四年（1535 年）　　　　　旱蝗，禾稼不登。
8. 嘉靖十五年（1536 年）　　　　　连岁旱蝗，禾稼不登。
9. 万历十三年（1585 年）　　　　　飞蝗蔽天。
10. 万历四十二年（1614 年）　　　　大旱，飞蝗伤稼。
11. 天启五年（1625 年）　　　　　　飞蝗蔽天。
12. 崇祯十四年（1641 年）　　　　　蝗生，大饥。
13. 清康熙十八年（1679 年）　　　　秋，蝗旱，淮南皆大饥。
14. 乾隆三十三年（1768 年）　　　　旱蝗。
15. 乾隆三十九年（1774 年）　　　　旱蝗。
16. 嘉庆二十三年（1818 年）　　　　旱蝗成灾。
17. 道光二年（1822 年）　　　　　　蝗生遍野，民大饥。
18. 道光十五年（1835 年）　　　　　蝗生遍野。
19. 光绪二年（1876 年）　　　　　　秋七月，蝗生遍野。
20. 光绪三年（1877 年）　　　　　　秋旱，蝗飞蔽天。
21. 光绪十一年（1885 年）　　　　　夏，蝗。
22. 光绪十七年（1891 年）　　　　　秋，蝗，不为灾。
23. 光绪十八年（1892 年）　　　　　秋，蝗，不为灾。

原载光绪《五河县志》卷十九《杂志·祥异》，光绪二十年刻本

《五河县志》

1. 明万历四十七年（1619 年）　　　九月，旱蝗，禾苗皆枯。
2. 崇祯十三年（1640 年）　　　　　秋，旱蝗，饥，人相食。
3. 崇祯十四年（1641 年）　　　　　复旱蝗，大饥，野无青草，死者众。

4. 清顺治十八年（1661 年）　　　　　　秋，蝗灾。

5.　咸丰六年（1856 年）　　　　　　　蝗虫食禾几尽。

6.　咸丰八年（1858 年）　　　　　　　秋，蝗虫食禾稼几尽。

7.　同治元年（1862 年）　　　　　　　旱，蝗虫为害。

　　　　　　　　原载《五河县志》自然灾害，浙江人民出版社 1992 年版

十、滁州市

光绪《滁州志》

1. 明嘉靖八年（1529 年）　　　　　　蝗自西北来蔽天，所至禾黍辄尽。

2.　万历四十五年（1617 年）　　　　　蝗旱交作，流殍载道。

3. 清康熙十年（1671 年）　　　　　　夏，旱蝗。

4.　康熙十一年（1672 年）　　　　　　夏，蝗蝻生，郡守令民捕之，纳蝗一石给
　　　　　　　　　　　　　　　　　　米三升，蝗势顿杀。

5.　咸丰六年（1856 年）　　　　　　　大旱蝗。

　　　　　　原载光绪《滁州志》卷一《舆地志·祥异》，宣统元年刻本

《滁县地区志》

1. 东晋大兴元年（318 年）　　　　　　七月，淮南郡阴陵西曲阳蝗，禾苗受损。

　　　　　　　　原载《滁县地区志》大事记，方志出版社 1998 年版

2. 明万历四十四年（1616 年）　　　　　夏，蝗灾。

3. 清康熙五十三年（1714 年）　　　　　秋，蝗灾。

4.　光绪十九年（1893 年）　　　　　　蝗灾。

5. 民国三十五年（1946 年）　　　　　蝗灾。

　　　　　　　　原载《滁县地区志》自然灾害，方志出版社 1998 年版

光绪《凤阳府志》

1. 东晋太兴二年（319 年）　　　　　　五月，淮南、安丰诸郡蝗虫食秋麦。

2. 唐开成五年（840 年）　　　　　　　夏六月，淮南蝗，疫。

3.	咸通三年（862 年）	夏，淮南蝗旱，民饥。
4.	后汉乾祐二年（949 年）	夏六月，魏、博、宿三州蝗，抱草而死；滑、濮、澶、曹、兖、淄青、齐、宿、怀、相、卫、陈等州奏蝗，分命中使致祭于所在川泽山林之神。
5.	宋至道二年（996 年）	六月，宿州蝗生，食苗；七月，宿州蝗，抱草死。
6.	天禧元年（1017 年）	六月，江、淮南蝗，自死。
7.	崇宁元年（1102 年）	夏，淮南蝗。
8.	绍兴三十二年（1162 年）	六月，淮南北郡县蝗。
9.	淳熙九年（1182 年）	七月，淮甸大蝗。
10.	淳祐二年（1242 年）	两淮蝗。
11.	元大德四年（1300 年）	五月，徐、濠、芍陂旱蝗。
12.	大德六年（1302 年）	秋七月，安丰、濠州蝗。
13.	至治二年（1322 年）	四月，洪泽、芍陂屯田去年旱蝗，并免其租。
14.	天历二年（1329 年）	安丰路蝻。
15.	明正统五年（1440 年）	夏，凤阳蝗。
16.	正统六年（1441 年）	夏，凤阳蝗。
17.	正统七年（1442 年）	五月，凤阳蝗。
18.	正统十二年（1447 年）	秋，凤阳蝗。
19.	景泰七年（1456 年）	六月，凤阳大旱蝗。
20.	正德四年（1509 年）	夏，大旱，蝗飞蔽日，岁大饥，人相食。
21.	嘉靖元年（1522 年）	夏，蝗。
22.	清顺治八年（1651 年）	临淮有鸟高二尺许，状如秃鹜，飞食蝗虫。
23.	康熙六年（1667 年）	凤阳、临淮、怀远蝗蝻为灾。
24.	康熙十年（1671 年）	夏，大旱蝗，禾麦皆无，人食树皮。
25.	康熙十一年（1672 年）	凤阳旱蝗。
26.	康熙十三年（1674 年）	夏，灵璧旱蝗。
27.	康熙二十九年（1690 年）	秋，宿州蝗。
28.	康熙三十一年（1692 年）	宿州飞蝗蔽天。
29.	康熙三十八年（1699 年）	夏，宿州蝗。
30.	乾隆十七年（1752 年）	凤阳旱蝗。

31.　乾隆三十三年（1768 年）　　　凤阳旱蝗成灾。

32.　乾隆三十五年（1770 年）　　　夏，宿州蝗。

33.　乾隆三十九年（1774 年）　　　凤阳旱蝗。

34.　道光四年（1824 年）　　　　　夏六月，宿州旱蝗，有群鸦及蛤蟆争食殆尽，禾苗获全。

35.　咸丰五年（1855 年）　　　　　夏，大旱，蝗飞蔽天，禾稼俱伤。

36.　咸丰六年（1856 年）　　　　　夏四月，凤台、灵璧旱蝗。

37.　咸丰八年（1858 年）　　　　　秋，寿州蝗。

38.　光绪五年（1879 年）　　　　　灵璧蝗伤稼。

原载光绪《凤阳府志》卷四《纪事表·祥异》，光绪三十四年木活字本

乾隆《凤阳县志》

1.　元大德六年（1302 年）　　　　七月，钟离①蝗。

2.　至正四年（1344 年）　　　　　旱蝗，大饥。

3.　明正统五年（1440 年）　　　　夏，凤阳蝗。

4.　正统六年（1441 年）　　　　　夏，凤阳蝗。

5.　正统七年（1442 年）　　　　　五月，凤阳蝗。

6.　正统十二年（1447 年）　　　　夏，凤阳蝗。

7.　清顺治八年（1651 年）　　　　临淮有鸟，高二尺许，状如秃鹙，飞食蝗，不为灾。

8.　乾隆十七年（1752 年）　　　　旱蝗，成灾五分。

9.　乾隆三十三年（1768 年）　　　旱蝗，成灾五、七、九分。

10.　乾隆三十九年（1774 年）　　　旱蝗，成灾五、七、八分。

原载乾隆《凤阳县志》卷十五《杂志上·纪事》，光绪二年刻本

天启《凤阳新书》

1.　明永乐元年（1403 年）　　　　蝗。

2.　永乐十五年（1417 年）　　　　蝗。

---

①　钟离：旧县名，治所在今安徽凤阳东北临淮镇。

3. 宣德五年（1430 年）　　　　　蝗。

4. 正德二年（1507 年）　　　　　大水蝗。

5. 正德四年（1509 年）　　　　　夏，大旱，蝗飞蔽日，大饥，人相食。

6. 嘉靖元年（1522 年）　　　　　夏，蝗。

7. 嘉靖八年（1529 年）　　　　　蝗飞蔽天。

8. 嘉靖二十三年（1544 年）　　　旱蝗，民流亡。

原载天启《凤阳新书》卷四《星土篇》，天启元年刻本

康熙《临淮县志》

1. 明正德三年（1508 年）　　　　蝗，大饥疫。

2. 嘉靖元年（1522 年）　　　　　蝗。

3. 天启六年（1626 年）　　　　　旱兼蝗。

4. 崇祯元年（1627 年）　　　　　水蝗。

5. 清康熙六年（1667 年）　　　　蝗。

6. 康熙十年（1671 年）　　　　　大旱蝗，禾麦皆无，人食树皮。

7. 康熙十一年（1672 年）　　　　麦穗两歧，蝗不为灾。

原载康熙《临淮县志》卷一《祥异志》，康熙十二年刻本

《嘉山县志》

1. 明嘉靖元年（1522 年）　　　　夏，蝗。

2. 万历十五年（1587 年）　　　　夏秋，大旱蝗。

3. 崇祯十三年（1640 年）　　　　夏秋，大旱蝗，饥疫，人相食，草木、树皮食尽，飞蝗塞路，秋禾尽蚀。

4. 崇祯十四年（1641 年）　　　　八月，蝗飞蔽天。

5. 清顺治十八年（1661 年）　　　秋，蝗灾。

6. 康熙十年（1671 年）　　　　　七月，蝗飞蔽天，禾麦皆无，人相食。

7. 康熙十八年（1679 年）　　　　秋，蝗飞蔽天，大饥，人相食。

8. 乾隆三十二年（1767 年）　　　秋，大旱蝗。

9. 乾隆五十年（1785 年）　　　　蝗所过处草木尽食，人死十之四。

10. 咸丰六年（1856 年）　　　　　秋，蝗，赤地千里，人相食。

11.　　光绪二年（1876 年）　　　　　七月，蝗灾，蝻生遍野。

12. 民国三年（1914 年）　　　　　　夏，蝗蝻为灾。

13. 民国八年（1919 年）　　　　　　蝗蝻为灾。

14. 民国九年（1920 年）　　　　　　旱，蝗蝻为灾。

15. 民国十七年（1928 年）　　　　　旱蝗。

16. 民国十八年（1929 年）　　　　　旱蝗。

17. 民国二十一年（1932 年）　　　　蝗灾。

原载《嘉山县志》自然灾害，黄山书社 1993 年版

道光《定远县志》

1. 明正统五年（1440 年）　　　　　夏，蝗。

2.　　正统六年（1441 年）　　　　旱蝗。

3.　　正统七年（1442 年）　　　　旱蝗。

4.　　正统十三年（1448 年）　　　秋，蝗。

5.　　景泰五年（1454 年）　　　　六月，大旱蝗。

6. 清乾隆三十五年（1770 年）　　　蝗。

原载道光《定远县志》卷二《舆地志·祥异》，道光六年刻本

《定远县志》

1. 东晋大兴元年（318 年）　　　　　七月，淮南郡蝗灾，伤禾豆。

2.　　大兴二年（319 年）　　　　　五月，蝗害，禾苗受损。

3. 清道光十三年（1833 年）　　　　大旱，蝗灾。

4.　　同治元年（1862 年）　　　　蝗灾。

5. 民国五年（1916 年）　　　　　　蝗灾。

原载《定远县志》大事记，黄山书社 1995 年版

民国《全椒县志》

1. 宋熙宁七年（1074 年）　　　　　淮南诸路旱，民捕蝗为食。

2.　　熙宁八年（1075 年）　　　　淮南诸路旱，民捕蝗为食。

3.　　淳熙九年（1182 年）　　　　　　　秋，蝗害稼，令所在捕除。

4.　　景定五年（1264 年）　　　　　　　六月，飞蝗集食禾豆。

5. 元大德二年（1298 年）　　　　　　　蝗。

6. 明嘉靖八年（1529 年）　　　　　　　蝗，禾稼、草木食尽。

7.　　崇祯十三年（1640 年）　　　　　　旱，蝗飞蔽天，大饥。

8.　　清康熙六年（1667 年）　　　　　　蝗。

9.　　康熙十年（1671 年）　　　　　　　七月，蝗飞蔽天，禾苗殆尽，民大饥。

10.　　康熙十一年（1672 年）　　　　　夏，蝗蝻生。

11.　　光绪十七年（1891 年）　　　　　大蝗。

12. 民国三年（1914 年）　　　　　　　秋，大旱蝗。

13. 民国四年（1915 年）　　　　　　　夏，蝗食麦。

原载民国《全椒县志》卷十六《杂志·祥异》，民国九年木活字本

泰昌《全椒县志》

明万历四十五年（1617 年）　　　　　蝗飞蔽天，县令郊外躬亲祈祷，捐俸金
　　　　　　　　　　　　　　　　　　60 两、籴谷 300 石，谕民捕蝗，每百
　　　　　　　　　　　　　　　　　　斤给谷一石，蝗绝。

原载泰昌《全椒县志》卷二《事类志·灾祥》，泰昌元年刻本

《全椒县志》

宋熙宁六年（1073 年）　　　　　　　旱，百姓捕食蝗虫。

原载《全椒县志》大事记，黄山书社 1988 年版

道光《来安县志》

1.　　明嘉靖六年（1527 年）　　　　　旱蝗，人多饥死。

2.　　嘉靖七年（1528 年）　　　　　　旱蝗，人多饥死。

3.　　嘉靖八年（1529 年）　　　　　　旱蝗，人多饥死。

4.　　嘉靖九年（1530 年）　　　　　　旱蝗，人多饥死。

5.　　嘉靖十年（1531 年）　　　　　　旱蝗，人多饥死。

6.　　嘉靖十一年（1532 年）　　　　　旱蝗，人多饥死。

7.　　嘉靖十二年（1533 年）　　　　　旱蝗，人多饥死。

8.　　嘉靖三十四年（1555 年）　　　　夏，蝗；秋，蝗害稼。

9.　　万历十一年（1583 年）　　　　　旱蝗。

10.　　万历三十八年（1610 年）　　　　旱蝗。

11.　　万历四十四年（1616 年）　　　　夏旱，飞蝗蔽天。

12.　　万历四十六年（1618 年）　　　　螽，忽自灭，有年。

13.　清康熙十年（1671 年）　　　　　　九月，螽蝝并作。

14.　　康熙十三年（1674 年）　　　　　旱蝗。

15.　　康熙十七年（1678 年）　　　　　旱蝗。

16.　　康熙十八年（1679 年）　　　　　旱蝗。

17.　　康熙四十九年（1710 年）　　　　七月，飞蝗至。

18.　　康熙五十三年（1714 年）　　　　秋旱，多蝗蝻。

19.　　乾隆三十五年（1770 年）　　　　蝗。

　　　　　　原载道光《来安县志》卷五《食货志下·祥异》，道光十年刻本

20.　　康熙十一年（1672 年）　　　　　旱蝗，停征九年分摊米。

　　　　　　原载道光《来安县志》卷五《食货志下·蠲赈》，道光十年刻本

《来安县志》

清光绪十九年（1893 年）　　　　　　蝗虫吃光庄稼，民不聊生。

　　　　　　原载《来安县志》自然灾害，中国城市经济出版社 1990 年版

嘉庆《备修天长县志稿》

1. 明万历四十四年（1616 年）　　　　四至八月不雨，蝗生，民流亡。

2.　　万历四十五年（1617 年）　　　　至八月不雨，蝗复生。

3.　　天启四年（1624 年）　　　　　　大旱，蝗蔽天。

4.　　天启五年（1625 年）　　　　　　又旱，蝗生更甚，草不生。

5.　　清康熙十年（1671 年）　　　　　大旱不雨至九月，飞蝗蔽天，人民相食，
　　　　　　　　　　　　　　　　　　　　鬻子女，奉旨发帑恤蠲。

6.　　康熙十一年（1672 年）　　　　　飞蝗入境，不为灾。

7.	雍正元年（1723 年）	秋，大旱，飞蝗蔽天。
8.	雍正二年（1724 年）	三月，蝗蝻食禾秧，大雨杀蝻，苗盛倍于初。
9.	乾隆三十三年（1768 年）	夏，旱蝗。
10.	乾隆四十八年（1783 年）	大蝗。
11.	嘉庆十四年（1809 年）	夏，蝗，有翅不飞，多抱食芦草而死。

原载嘉庆《备修天长县志稿》卷九《灾异》，民国二十三年据嘉庆二十四年刻本补辑铅印本

《天长县志》

1.	明天顺元年（1457 年）	六月，旱蝗伤稼。
2.	清乾隆三十五年（1770 年）	蝗。
3.	咸丰六年（1856 年）	旱，飞蝗蔽天，大饥。

原载《天长县志》自然灾害，社会科学文献出版社 1992 年版

十一、巢湖市

《巢湖市志》

1.	清道光十四年（1834 年）	旱蝗。
2.	咸丰六年（1856 年）	庐郡蝗旱，米价腾贵。
3.	民国十五年（1926 年）	旱蝗。
4.	民国二十一年（1932 年）	蝗灾。

原载《巢湖市志》自然灾害，黄山书社 1992 年版

道光《巢县志》

1.	明嘉靖十九年（1540 年）	夏，巢县蝗。
2.	万历四十四年（1616 年）	飞蝗自北来巢县，食稻过半。
3.	崇祯十二年（1639 年）	巢县旱蝗。
4.	清康熙六年（1667 年）	巢县蝗。
5.	康熙十年（1671 年）	巢县蝗。

6.　康熙十一年（1672 年）　　　　　巢县蝝生，食麦及秧苗。

7.　雍正元年（1723 年）　　　　　　巢县大旱蝗。

8.　道光六年（1826 年）　　　　　　巢县西乡湖滩生蝗，蔓延十余里，督捕殆尽。

原载道光《巢县志》卷十七《杂志一·祥异》，道光八年刻本

康熙《含山县志》

1. 宋天禧元年（1017 年）　　　　　　蝗生卵，如稻粒而细。

2. 明嘉靖七年（1528 年）　　　　　　蝗。

3.　嘉靖十四年（1535 年）　　　　　蝗。

4.　嘉靖十九年（1540 年）　　　　　蝗。

5.　崇祯十四年（1641 年）　　　　　蝗飞蔽天，饥民枕藉。

6. 清康熙三年（1664 年）　　　　　　秋，蝗入境，不为灾。

7.　康熙十年（1671 年）　　　　　　秋，蝗食禾，蝗生卵。

8.　康熙十一年（1672 年）　　　　　春，蝝生。

9.　康熙十八年（1679 年）　　　　　旱蝗。

原载康熙《含山县志》卷三《星野附祥异》，康熙二十三年刻本

《含山县志》

1. 宋绍兴五年（1135 年）　　　　　　八月，蝗。

2.　绍熙五年（1194 年）　　　　　　八月，蝗灾。

3. 元大德五年（1301 年）　　　　　　八月，蝗。

4. 清康熙二十九年（1690 年）　　　　蝗。

5.　乾隆二十五年（1760 年）　　　　飞蝗蔽日。

6.　乾隆五十年（1785 年）　　　　　蝗灾，所过处野草无遗，民死十之四。

7.　光绪二年（1876 年）　　　　　　九月，飞蝗蔽日。

8.　光绪十六年（1890 年）　　　　　蝗。

原载《含山县志》自然灾害纪实，黄山书社 1995 年版

光绪《直隶和州志》

1. 宋天禧元年（1017 年）　　　　　　蝗生卵，如稻粒而细。

2. 绍兴五年（1135年）　　　　　　八月，蝗。

3. 淳熙九年（1182年）　　　　　　六月，乌江①县蝗。

4. 绍熙五年（1194年）　　　　　　八月，蝗灾，大饥，人食草木。

5. 元大德五年（1301年）　　　　　八月，蝗。

6. 至大二年（1309年）　　　　　　蝗。

7. 至大三年（1310年）　　　　　　五月，蝗。

8. 明嘉靖七年（1528年）　　　　　蝗。

9. 嘉靖十四年（1535年）　　　　　蝗。

10. 嘉靖十九年（1540年）　　　　　蝗。

11. 嘉靖三十四年（1555年）　　　　蝗。

12. 万历四十四年（1616年）　　　　七月，旱蝗。

13. 崇祯十四年（1641年）　　　　　飞蝗蔽天。

14. 清康熙十年（1671年）　　　　　旱，蝗生卵。

15. 康熙十一年（1672年）　　　　　四月，蝗，不伤苗。

16. 康熙十八年（1679年）　　　　　旱蝗。

17. 乾隆九年（1744年）　　　　　　蝗。

18. 乾隆二十四年（1759年）　　　　蝗入境，不伤禾。

19. 乾隆二十五年（1760年）　　　　飞蝗蔽日。

20. 道光十六年（1836年）　　　　　蝗，不为灾。

21. 同治元年（1862年）　　　　　　蝗，不伤苗。

22. 光绪二年（1876年）　　　　　　九月，飞蝗蔽日。

23. 光绪十六年（1890年）　　　　　蝗。

24. 光绪十七年（1891年）　　　　　大旱蝗。

25. 光绪十八年（1892年）　　　　　旱蝗，不为灾。

原载光绪《直隶和州志》卷三十七《杂类志一·祥异》，光绪二十七年木活字本

《和县志》

1. 民国三十七年（1948年）　　　　西埠②镇蝗灾。

---

① 乌江：旧县名，治所在今安徽和县乌江镇。
② 西埠：乡镇名，在今安徽和县西北。

2. 民国三十八年（1949 年）　　　　　西埠蝗灾。

原载《和县志》自然灾害，黄山书社 1995 年版

《无为县志》

1. 元至大元年（1308 年）　　　　　蝗，民大饥。
2. 　天历二年（1329 年）　　　　　四月，蝗。
3. 明嘉靖十四年（1535 年）　　　　蝗。
4. 　万历四十四年（1616 年）　　　八月，飞蝗食稻过半。
5. 　万历四十五年（1617 年）　　　蝗。
6. 　天启二年（1622 年）　　　　　蝗。
7. 　崇祯十二年（1639 年）　　　　蝗蝻遍地，人不能行。
8. 　崇祯十四年（1641 年）　　　　蝗，树皮、草根皆枯。
9. 　清康熙五十年（1711 年）　　　旱蝗。
10. 　咸丰七年（1857 年）　　　　　秋，蝗。
11. 　光绪二年（1876 年）　　　　　蝗，不为灾。
12. 民国十五年（1926 年）　　　　　蝗害。
13. 民国十六年（1927 年）　　　　　蝗害。
14. 民国三十三年（1944 年）　　　　蝗灾严重。

原载《无为县志》自然灾害，社会科学文献出版社 1993 年版

嘉庆《无为州志》

1. 东晋大兴二年（319 年）　　　　　五月，蝗食秋麦。
2. 清乾隆五年（1740 年）　　　　　秋，蝗，不为灾。
3. 　乾隆十年（1745 年）　　　　　秋，蝗，不为灾。
4. 　乾隆三十五年（1770 年）　　　秋九月，蝗，不为灾。

原载嘉庆《无为州志》卷三十四《集览志·禨祥》，嘉庆八年刻本

光绪《庐江县志》

1. 东晋大兴二年（319 年）　　　　　庐江郡蝗。

2. 唐开成五年（840年）　　　　　　　　庐州螟蝗。

3. 元至大元年（1308年）　　　　　　　　庐州蝗，大饥。

4. 泰定三年（1326年）　　　　　　　　　九月，庐州路蝗。

5. 天历二年（1329年）　　　　　　　　　七月，庐州路蝗。

6. 明天启六年（1626年）　　　　　　　　大旱蝗。

7. 崇祯十四年（1641年）　　　　　　　　庐州旱蝗。

8. 清康熙十年（1671年）　　　　　　　　夏，旱蝗。

9. 康熙五十年（1711年）　　　　　　　　旱蝗。

10. 光绪三年（1877年）　　　　　　　　　夏，飞蝗过境。

原载光绪《庐江县志》卷十六《杂类·祥异》，光绪十一年木活字本

《庐江县志》

1. 明嘉靖十三年（1534年）　　　　　　　蝗自北来，聚集成片，农田毁于一旦。

原载《庐江县志》大事记，社会科学文献出版社1993年版

2. 明嘉靖十四年（1535年）　　　　　　　蝗灾。

3. 万历四十四年（1616年）　　　　　　　蝗灾。

4. 万历四十五年（1617年）　　　　　　　蝗灾。

5. 清道光十五年（1835年）　　　　　　　旱蝗。

6. 道光十六年（1836年）　　　　　　　　旱蝗。

7. 咸丰六年（1856年）　　　　　　　　　旱蝗。

8. 咸丰七年（1857年）　　　　　　　　　旱蝗。

原载《庐江县志》自然灾害，社会科学文献出版社1993年版

十二、马鞍山市

《马鞍山市志》

1. 宋大中祥符三年（1010年）　　　　　　七月，蝗虫为灾。

2. 明万历四十五年（1617年）　　　　　　夏，蝗灾，县令民捕之，患始息。

3. 清光绪十八年（1892年）　　　　　　　四月，蝗灾，厚积二三寸，山冈、原野一望弥漫。

4.　光绪十九年（1893 年）　　　　五月，蝗灾，大批民夫以竹帚扑蝗，浇以火油将蝗虫烧死。

原载《马鞍山市志》大事记，黄山书社 1992 年版

5. 民国五年（1916 年）　　　　　蝗灾。
6. 民国六年（1917 年）　　　　　蝗灾。
7. 民国十七年（1928 年）　　　　蝗灾。
8. 民国十八年（1929 年）　　　　蝗灾。
9. 民国三十一年（1942 年）　　　蝗灾。
10. 民国三十二年（1943 年）　　　蝗灾。
11. 民国三十四年（1945 年）　　　蝗灾。
12. 民国三十五年（1946 年）　　　蝗灾。

原载《马鞍山市志》自然灾害，黄山书社 1992 年版

乾隆《当涂县志》

1. 宋端平元年（1234 年）　　　　五月，蝗。
2.　嘉熙四年（1240 年）　　　　六月，大旱蝗。
3. 元元贞二年（1296 年）　　　　六月，大蝗，民饥，赈之。
4.　大德二年（1298 年）　　　　夏四月，大蝗。
5. 明嘉靖十四年（1535 年）　　　飞蝗蔽天。
6.　万历四十四年（1616 年）　　夏，大蝗。
7.　万历四十五年（1617 年）　　蝗，县令捕之，里纳数石如数受赏，患乃息。
8.　崇祯十一年（1638 年）　　　旱蝗。
9.　崇祯十三年（1640 年）　　　大水蝗。
10. 清乾隆十年（1745 年）　　　五月，南乡有蝗，县督民夫捕灭。

原载乾隆《当涂县志》卷三《星野附祥异》，乾隆十五年刻本

《当涂县志》

1. 宋嘉定二年（1209 年）　　　　旱，蝗灾，大饥，人食草木。
2. 民国三十一年（1942 年）　　　蝗虫遮天蔽日，玉米叶全被吃光。

原载《当涂县志》大事记，中华书局 1996 年版

十三、芜湖市

《芜湖市志》

1. 元元贞二年（1296 年）　　　　　　芜湖大蝗，民饥。
2. 明崇祯十四年（1641 年）　　　　　芜湖旱蝗，大饥，死者枕藉。
3. 清光绪三年（1877 年）　　　　　　蝗飞蔽天，灾重。

　　　　　　原载《芜湖市志》大事记，社会科学文献出版社 1993 年版

《芜湖县志》

1. 元元贞元年（1295 年）　　　　　　蝗灾。
2. 　元贞二年（1296 年）　　　　　　蝗灾。
3. 清光绪三年（1877 年）　　　　　　蝗飞蔽天。

　　　　　　原载《芜湖县志》自然灾害，社会科学文献出版社 1993 年版
4. 明崇祯十一年（1638 年）　　　　　蝗飞蔽天，庄稼食尽。

　　　　　　原载《芜湖县志》大事记，社会科学文献出版社 1993 年版

民国《南陵县志》

1. 明嘉靖十年（1531 年）　　　　　　飞蝗食稼。
2. 　崇祯十三年（1640 年）　　　　　蝗虫起，大疫。
3. 清康熙三十三年（1694 年）　　　　八月，飞蝗蔽天，声如雷震者六七昼夜。
4. 　乾隆四十三年（1778 年）　　　　有蝗。
5. 　乾隆五十年（1785 年）　　　　　大旱蝗。
6. 　咸丰六年（1856 年）　　　　　　八月，蝗大起。
7. 　咸丰十年（1860 年）　　　　　　蝗大起。

　　　原载民国《南陵县志》卷四十八《杂志·祥异》，民国十三年铅印本

《繁昌县志》

1. 清光绪三年（1877 年）　　　　　　九月，飞蝗入境，所到寸草无遗。

2. 民国十八年（1929 年）　　　　　　以县东北蝗灾为重。

原载《繁昌县志》自然灾害，南京大学出版社 1993 年版

十四、宣城市

《宣城地区志》

1. 宋隆兴元年（1163 年）　　　　　　八月，飞蝗过郡蔽天，徽[①]、宣、湖三州害稼。

2. 明景泰五年（1454 年）　　　　　　六月，宁国府蝗。

3. 嘉靖元年（1522 年）　　　　　　宁国旱蝗。

4. 嘉靖四年（1525 年）　　　　　　八月，广德、建平[②]蝗害。

5. 嘉靖八年（1529 年）　　　　　　六月，建平蝗飞蔽天。

6. 嘉靖十年（1531 年）　　　　　　宣城飞蝗蔽天，食稼。

7. 嘉靖十四年（1535 年）　　　　　　九月，飞蝗大作。

8. 万历四十四年（1616 年）　　　　　九月，广德蝗大起，禾黍、竹木俱尽。

9. 万历四十五年（1617 年）　　　　　建平旱，蝗飞蔽天。

10. 崇祯十一年（1638 年）　　　　　广德大旱蝗。

11. 崇祯十三年（1640 年）　　　　　夏旱，蝗起。

12. 崇祯十四年（1641 年）　　　　　大旱蝗。

13. 清康熙七年（1668 年）　　　　　四月，宣城蝗大发。

14. 康熙十八年（1679 年）　　　　　宣城、建平旱蝗。

15. 乾隆二十年（1755 年）　　　　　宣城、建平蝗害稼。

16. 乾隆五十年（1785 年）　　　　　建平蝗灾，所过寸草不留。

17. 咸丰二年（1852 年）　　　　　宁国飞蝗蔽天，禾稼立尽。

18. 咸丰四年（1854 年）　　　　　宁国蝗飞蔽天，禾稼立尽。

19. 咸丰五年（1855 年）　　　　　宁国连年飞蝗蔽天，禾稼立尽。

20. 咸丰六年（1856 年）　　　　　夏，大旱蝗，人相食。

21. 咸丰七年（1857 年）　　　　　广德旱蝗。

---

① 徽：徽州，旧州、路、府名，治所在今安徽歙县。
② 建平：旧县名，治所在今安徽朗溪。

| 22. | 咸丰八年（1858 年） | 宣城蝗害。 |
| 23. | 光绪三年（1877 年） | 建平旱蝗。 |

原载《宣城地区志》自然灾害，方志出版社 1998 年版

《宣城县志》

1.	宋乾道二年（1166 年）	八月，飞蝗过境蔽天，害稼。
2.	明嘉靖十年（1531 年）	飞蝗食禾稼。
3.	崇祯十三年（1640 年）	蝗大起。
4.	清康熙十八年（1679 年）	旱，有蝗。
5.	雍正元年（1723 年）	北乡云山飞蝗入境。
6.	乾隆二年（1737 年）	北乡蝗害稼。
7.	乾隆二十年（1755 年）	蝗害稼。
8.	嘉庆九年（1804 年）	九月，飞蝗过境，未害田稼。
9.	咸丰七年（1857 年）	蝗发。
10.	咸丰八年（1858 年）	蝗大发，伤稼。

原载《宣城县志》自然灾害纪略，方志出版社 1996 年版

| 11. | 康熙七年（1668 年） | 四月，遍发蝗蝻，知县募民以蝗易米，禾免害。 |

原载《宣城县志》大事记，方志出版社 1996 年版

光绪《宣城县志》

1.	宋隆兴元年（1163 年）	七月，宁国蝗蔽天日。
2.	清咸丰六年（1856 年）	大旱蝗，不为灾。
3.	光绪三年（1877 年）	蝻未发，管督民搜挖，以斤给钱。

原载光绪《宣城县志》卷三十六《祥异》，光绪十四年木活字本

《宁国县志》

| 1. | 宋隆兴元年（1163 年） | 七月，飞蝗蔽天，害稼。 |
| 2. | 明景泰五年（1454 年） | 六月，蝗灾。 |

3. 　嘉靖元年（1522 年）　　　　　　　旱蝗。

4. 　崇祯十四年（1641 年）　　　　　　蝗虫来宁，弥天遍野，秋稼少收，饥民成群。

5. 清咸丰五年（1855 年）　　　　　　飞蝗蔽天，所集之地苗稼立尽。

　　　　原载《宁国县志》自然灾害实录，生活·读书·新知三联书店 1997 年版

嘉庆《宁国府志》

清乾隆二年（1737 年）　　　　　　　五月，宣城西莲湖及高淳、当涂界有蝻，

　　　　　　　　　　　　　　　　　三县令能捕者按数给钱，遂扑灭。

　　　　原载嘉庆《宁国府志》卷一《沿革表附祥异》，民国八年据嘉庆二十年
刻本影印本

《郎溪县志》

1. 明嘉靖四年（1525 年）　　　　　　八月，蝗虫害稼。

2. 　嘉靖八年（1529 年）　　　　　　六月，蝗飞蔽天。

3. 　嘉靖十五年（1536 年）　　　　　三月，蝗虫食麦。

4. 　万历四十四年（1616 年）　　　　九月，蝗虫大起，竹树、禾叶俱尽。

5. 　万历四十五年（1617 年）　　　　大旱，飞蝗蔽天。

6. 　崇祯十一年（1638 年）　　　　　旱，蝗灾，广德州亦然。

7. 　崇祯十二年（1639 年）　　　　　旱，蝗虫为害。

8. 　崇祯十四年（1641 年）　　　　　大旱，蝗害，斗米千钱。

9. 　清雍正元年（1723 年）　　　　　飞蝗蔽天自北至西，禾稼无损。

10. 　乾隆二十年（1755 年）　　　　　秋，蝗害稼。

11. 　乾隆五十年（1785 年）　　　　　建平蝗灾，所过寸草不留。

12. 　咸丰七年（1857 年）　　　　　　夏旱，蝗灾。

13. 　光绪三年（1877 年）　　　　　　夏旱，飞蝗入境。

　　　　原载《郎溪县志》自然灾害，方志出版社 1998 年版

《广德县志》

1. 明嘉靖四年（1525 年）　　　　　　八月，蝗虫害稼。

2. 嘉靖十四年（1535 年） 九月，蝗虫大作，成灾。

3. 万历四十四年（1616 年） 九月，蝗大起，竹木、禾黍俱尽。

4. 崇祯十四年（1641 年） 蝗灾。

5. 清咸丰六年（1856 年） 九月，蝗灾。

6. 咸丰七年（1857 年） 夏，蝗灾。

7. 民国三十七年（1948 年） 蝗灾，收成减少。

原载《广德县志》自然灾害，方志出版社 1996 年版

光绪《广德州志》

1. 明嘉靖八年（1529 年） 六月，飞蝗蔽日，不害稼。

2. 嘉靖十五年（1536 年） 春三月，蝗虫食麦，州示民捕蝗一石给谷二石。

3. 万历四十五年（1617 年） 建平大旱，飞蝗蔽天。

4. 崇祯十一年（1638 年） 建平大旱蝗。

5. 崇祯十二年（1639 年） 旱蝗，不为灾。

6. 清雍正元年（1723 年） 建平飞蝗蔽天。

7. 乾隆二十年（1755 年） 秋，蟓害稼。

8. 乾隆五十年（1785 年） 建平蝗，所过寸草无遗。

9. 光绪三年（1877 年） 夏，飞蝗入境。

原载光绪《广德州志》卷五十八《杂志上·祥异》，光绪七年刻本

《绩溪县志》

1. 宋隆兴元年（1163 年） 飞蝗蔽天，徽、宣、湖三州蝗害稼。

2. 元大德十一年（1307 年） 蝗自西北至蔽天，风雨交加，蝗尽灭。

3. 明嘉靖十年（1531 年） 五月，飞蝗至，禾稼遭害。

4. 崇祯十四年（1641 年） 秋，蝗自宁国入境，蔽天，至雄路、临溪止，一路害稼。

5. 民国三十五年（1946 年） 岭北蝗害田禾，秋稼仅收四五成。

原载《绩溪县志》灾害实录，黄山书社 1998 年版

嘉庆《泾县志》

1. 宋隆兴元年（1163 年）　　　　　　七月，飞蝗蔽天，徽、宣、湖三州
　　　　　　　　　　　　　　　　　　　害稼。
2. 明崇祯十六年（1643 年）　　　　　春，飞蝗遍野，雨霖百日，蝗乃绝。
　　　　　　原载嘉庆《泾县志》卷二十七《杂识·灾祥》，嘉庆十一年刻本

《泾县志》

明嘉靖十年（1531 年）　　　　　　　飞蝗食禾稼。
　　　　　　　原载《泾县志》自然灾害，方志出版社 1996 年版

《旌德县志》

1. 清康熙十八年（1679 年）　　　　　旱蝗，大饥。
2. 　乾隆五十年（1785 年）　　　　　旱蝗，所过野草无遗。
3. 　咸丰六年（1856 年）　　　　　　大旱，有蝗。
　　　　　　原载《旌德县志》自然灾害，黄山书社 1992 年版

十五、黄山市

道光《徽州府志》

1. 宋隆兴元年（1163 年）　　　　　七月，大蝗；八月，飞蝗过都蔽天日，徽、
　　　　　　　　　　　　　　　　　宣、湖三州及浙东郡县害稼。
2. 元至大二年（1309 年）　　　　　祁门蝗。
3. 　至顺元年（1330 年）　　　　　夏，祁门旱蝗；秋，复蝗，民饥。
4. 明嘉靖十一年（1532 年）　　　　五月，绩溪蝗。
5. 　崇祯十四年（1641 年）　　　　绩溪亦蝗。
6. 清嘉庆五年（1800 年）　　　　　九月，祁门蝗。
　　　　　　原载道光《徽州府志》卷十六《杂记·祥异》，道光七年刻本

嘉庆《太平县志》[①]

明嘉靖十年（1531 年）　　　　　飞蝗食禾稼。

原载嘉庆《太平县志》卷八《祥异》，嘉庆十四年刻本

《屯溪市志》

明崇祯十二年（1639 年）　　　　　蝗虫盛行，饥。

原载《屯溪市志》大事记，安徽教育出版社 1990 年版

《歙县志》

1. 宋隆兴元年（1163 年）　　　　　七月，蝗害稼。
2. 　嘉定元年（1208 年）　　　　　蝗灾。
3. 明成化十年（1474 年）　　　　　旱蝗。
4. 　嘉靖十一年（1532 年）　　　　　蝗灾。
5. 清咸丰七年（1857 年）　　　　　蝗灾。

原载《歙县志》自然灾害，中华书局 1995 年版

同治《祁门县志》

1. 元至大二年（1309 年）　　　　　蝗。
2. 　至顺二年（1331 年）　　　　　秋，蝗，大饥。
3. 清嘉庆五年（1800 年）　　　　　九月，蝗至邑西，蝗被鸟啄食。
4. 　道光十五年（1835 年）　　　　　至秋不雨，蝗，岁饥。

原载同治《祁门县志》卷三十六《杂志·祥异》，同治十二年刻本

《黄山市志》

经查，1992 年黄山书社出版的市志中无蝗灾记载。

---

① 太平：旧县名，治所在今黄山市黄山区。

《黟县志》

经查，民国十二年和 1988 年光明日报出版社出版的县志中均无蝗灾记载。

《休宁县志》

经查，道光三年和 1990 年安徽教育出版社出版的县志中均无蝗灾记载。

十六、池州市

乾隆《池州府志》①

1. 宋嘉定七年（1214 年）	池州旱蝗。
2. 明永乐元年（1403 年）	飞蝗入池州境。
3. 天顺六年（1462 年）	铜陵旱蝗。
4. 嘉靖十二年（1533 年）	夏六月，蝗飞入贵池、铜陵、石埭境。
5. 崇祯十三年（1640 年）	秋，蝗，民大饥。
6. 清乾隆四十年（1775 年）	秋旱，飞蝗入境，旋飞去投江。

原载乾隆《池州府志》卷二十《祥异志》，乾隆四十四年刻本

光绪《贵池县志》

1. 宋嘉定七年（1214 年）	旱蝗。
2. 明永乐元年（1403 年）	飞蝗入池境。
3. 嘉靖十二年（1533 年）	夏六月，蝗飞入境。
4. 崇祯十三年（1640 年）	秋，蝗，民大饥。
5. 清乾隆四十年（1775 年）	秋旱，飞蝗入境，旋飞去投于江。
6. 同治元年（1862 年）	飞蝗蔽天，食苗殆尽。

原载光绪《贵池县志》卷四十二《杂类志一·灾异》，光绪九年活字本

---

① 池州：旧州、路、府名，治所在今安徽贵池。

光绪《青阳县志》

明崇祯十四年（1641 年）　　　　　　　蝗入境，县行扑之法。

原载光绪《青阳县志》卷二《风土志·祥异》，光绪十七年木活字本

《青阳县志》

1. 明永乐元年（1403 年）　　　　　　　秋，发生严重蝗灾。
2. 民国十八年（1929 年）　　　　　　　夏，章埠、五溪发生飞蝗，督民捕杀，未蔓延。

原载《青阳县志》大事记，黄山书社 1992 年版

3. 民国十七年（1928 年）　　　　　　　蝗虫入境，毁稻。

原载《青阳县志》自然灾害，黄山书社 1992 年版

《石台县志》

1. 明嘉靖十一年（1532 年）　　　　　　夏，飞蝗入境，遮天蔽日，庄稼被毁。
2. 　崇祯十五年（1642 年）　　　　　　夏，蝗虫为灾。
3. 清咸丰五年（1855 年）　　　　　　　蝗灾。

原载《石台县志》自然灾害，黄山书社 1991 年版

康熙《石埭县志》

1. 明嘉靖十一年（1532 年）　　　　　　夏，飞蝗入境，遮天蔽日，伤禾稼。
2. 　崇祯十五年（1642 年）　　　　　　夏，蝗。

原载康熙《石埭县志》卷二《风土志·祥异》，民国二十四年铅印本

《东至县志》

1. 清顺治八年（1651 年）　　　　　　　蝗虫食禾苗，歉收。
2. 　乾隆四十年（1775 年）　　　　　　秋，飞蝗入境。

原载《东至县志》自然灾害，安徽人民出版社 1991 年版

十七、铜陵市

《铜陵市志》

1. 明崇祯十二年（1639 年）　　　　蝗灾。
2. 　崇祯十三年（1640 年）　　　　蝗灾。
3. 　崇祯十四年（1641 年）　　　　连续蝗灾。

原载《铜陵市志》大事记，黄山书社 1994 年版

乾隆《铜陵县志》

1. 明永乐元年（1403 年）　　　　飞蝗入境。
2. 　天顺六年（1462 年）　　　　蝗。
3. 　万历四十五年（1617 年）　　　夏，旱蝗，不损稼。
4. 　崇祯十三年（1640 年）　　　　秋，蝗，饥殍遍野。
5. 　崇祯十四年（1641 年）　　　　旱蝗尤甚。
6. 　崇祯十五年（1642 年）　　　　秋，旱蝗，米价腾贵，饥疾殍路者无算。
7. 清雍正元年（1723 年）　　　　九月，飞蝗入境。
8. 　雍正二年（1724 年）　　　　五月，洋湖蝗蝻生，扑灭之。
9. 　乾隆四年（1739 年）　　　　六月，螟螣害稼。
10. 　乾隆十年（1745 年）　　　青将军滩蝗生，不入境。

原载乾隆《铜陵县志》卷十三《祥异》，乾隆二十二年刻本

十八、安庆市

《安庆地区志》

1. 明嘉靖十一年（1532 年）　　　　蝗虫为害。
2. 清乾隆五十年（1785 年）　　　安庆大旱，蝗虫成灾，民饥死十之四。

原载《安庆地区志》大事记，黄山书社 1995 年版

康熙 《安庆府志》

1. 东晋大兴二年（319 年） 四月，庐江郡旱蝗。
2. 唐咸通九年（868 年） 舒州①旱蝗。
3. 宋熙宁六年（1073 年） 大蝗。
4. 元至大元年（1308 年） 八月，诸路旱蝗，饥。
5. 泰定四年（1327 年） 四月，旱蝗，大饥。
6. 元统元年（1333 年） 六月，旱蝗。
7. 至元元年（1335 年） 怀宁县蝗。
8. 至元二年（1336 年） 旱蝗。
9. 明天顺六年（1462 年） 蝗。
10. 嘉靖十一年（1532 年） 螽害稼。
11. 万历二十年（1592 年） 螽。
12. 崇祯十四年（1641 年） 大旱螽。

原载康熙《安庆府志》卷六《民事志下·祥异》，康熙六十年刻本

康熙 《潜山县志》

1. 东晋大兴二年（319 年） 四月，庐江郡旱蝗。
2. 唐咸通九年（868 年） 舒州旱蝗，江淮皆旱蝗。
3. 宋熙宁六年（1073 年） 大蝗。
4. 元至大元年（1308 年） 八月，诸路旱蝗，饥。
5. 泰定四年（1327 年） 四月，旱蝗，大饥。
6. 元统元年（1333 年） 六月，旱蝗。
7. 至元二年（1336 年） 旱蝗。
8. 明天顺六年（1462 年） 秋，螽。
9. 嘉靖十一年（1532 年） 大旱螽。
10. 万历二十年（1592 年） 秋，旱螽。
11. 崇祯十四年（1641 年） 旱螽。

原载康熙《潜山县志》卷一《星野·祥异》，康熙十四年刻本

---

① 舒州：旧州名，治所在今安徽潜山。

《潜山县志》

明万历四十五年（1617年）　　　　　蝗灾严重，减赋一年。

原载《潜山县志》大事记，社会科学文献出版社1993年版

道光《桐城续修县志》

1. 唐咸通九年（868年）　　　　　舒州旱蝗，江淮皆然。
2. 明嘉靖十一年（1532年）　　　　大旱，蝝害稼。
3. 　万历二十年（1592年）　　　　秋，旱蝝。
4. 　万历四十四年（1616年）　　　蝗害稼。
5. 　万历四十六年（1618年）　　　蝗害稼。
6. 　崇祯十四年（1641年）　　　　大旱蝝。
7. 清康熙六年（1667年）　　　　　夏四月，有蝗自舒来，不为灾。

原载道光《桐城续修县志》卷二十三《杂记志·祥异》，民国二十九年铅印本

《桐城县志》

1. 明天顺六年（1462年）　　　　　秋，蝝，其飞蔽天，坠满地，为害禾苗。
2. 清康熙七年（1668年）　　　　　秋，遍地蝗蝻，群鸦啄食立尽。
3. 　康熙五十四年（1715年）　　　滨江之地遍生蝗蝻，聚集盈尺，捕除尽。
4. 　咸丰六年（1856年）　　　　　夏秋，飞蝗蔽日，米价腾贵。

原载《桐城县志》大事记，黄山书社1995年版

民国《怀宁县志》

1. 东晋大兴二年（319年）　　　　　五月，庐江等郡蝗虫食秋麦。
2. 元至元元年（1335年）　　　　　怀宁县蝗。
3. 明景泰五年（1454年）　　　　　六月，安庆蝗。
4. 　天顺六年（1462年）　　　　　蝗。
5. 　嘉靖十一年（1532年）　　　　大旱，蝝害。
6. 　万历二十年（1592年）　　　　秋不雨，蝝。

7. 崇祯十四年（1641 年）　　　　　大旱螽。

8. 清乾隆二十四年（1759 年）　　　秋八月，蝗。

9. 嘉庆三年（1798 年）　　　　　　五月，蝗，至冬不绝。

10. 嘉庆四年（1799 年）　　　　　　蝗。

11. 民国四年（1915 年）　　　　　　七月，渌水乡蝗蛹生，蔓延三四里，县事
　　　　　　　　　　　　　　　　　督捕。

原载民国《怀宁县志》卷三十三《祥异》，民国七年铅印本

民国《太湖县志》

1. 东晋大兴二年（319 年）　　　　夏五月，庐江与安丰蝗食秋稼。

2. 元至元二年（1336 年）　　　　　旱蝗，大饥。

3. 明天顺六年（1462 年）　　　　　蝗。

4. 嘉靖十一年（1532 年）　　　　　夏六月，蝗害稼。

5. 万历四十四年（1616 年）　　　　蝗害稼。

6. 崇祯十四年（1641 年）　　　　　八月，飞蝗蔽天，民大饥。

7. 清咸丰八年（1858 年）　　　　　飞蝗蔽天三昼夜，稼无害。

原载民国《太湖县志》卷四十《杂类志·祥异》，民国十一年活字本

《太湖县志》

1. 民国十八年（1929 年）　　　　　蝗灾。

2. 民国十九年（1930 年）　　　　　蝗灾。

原载《太湖县志》自然灾害，黄山书社 1995 年版

乾隆《望江县志》

1. 元至大元年（1308 年）　　　　　九月，诸路旱蝗，饥疫。

2. 明天顺六年（1462 年）　　　　　蝗。

3. 嘉靖十一年（1532 年）　　　　　四月不雨，有螽。

4. 崇祯十四年（1641 年）　　　　　大旱螽，疫。

原载乾隆《望江县志》卷三《民事·灾异》，乾隆三十三年刻本

民国《宿松县志》

1. 东晋大兴二年（319年）　　　　扬州诸郡蝗。

2. 唐咸通九年（868年）　　　　　江淮旱蝗。

3. 宋熙宁六年（1073年）　　　　　大蝗害稼。

4. 元至大元年（1308年）　　　　　八月，诸路水、旱、蝗，江淮民采草根、树皮为食。

5. 　泰定四年（1327年）　　　　　夏四月，旱蝗，大饥。

6. 　至元二年（1336年）　　　　　至八月不雨，旱蝗，大饥。

7. 明天顺六年（1462年）　　　　　秋，螽害稼。

8. 　嘉靖十一年（1532年）　　　　大旱，蝗害稼。

9. 　万历二十年（1592年）　　　　秋不雨，螽。

10. 　崇祯十四年（1641年）　　　　大旱螽。

11. 清乾隆四十年（1775年）　　　　旱蝗。

12. 　嘉庆三年（1798年）　　　　　夏六月，洲地蝗。

13. 　道光七年（1827年）　　　　　夏五月，洲地蝗蝻延蔓，会大雨，飘荡入江。

14. 　道光十六年（1836年）　　　　大旱，蝗害稼。

原载民国《宿松县志》卷五十三《杂志一·祥异》，民国十年活字本

《岳西县志》

经查，1996年黄山书社出版的县志中无蝗灾记载。

《枞阳县志》

经查，1998年黄山书社出版的县志中无蝗灾记载。

第六章

陕西省地方志中的蝗灾记载

一、陕西综合志

雍正《陕西通志》

1. 西汉太初元年（前104年）　　　　秋，蝗从东方飞至敦煌。

2. 新莽地皇三年（22年）　　　　夏，蝗从东方来，飞蔽天，至长安，入未
　　　　　　　　　　　　　　　　　　央宫，缘殿阁。

3. 西晋永嘉四年（310年）　　　　秦、雍①大蝗，草木及牛马毛皆尽。

4. 　　建兴四年（316年）　　　　六月，大蝗。

5. 东晋永和十一年（355年）　　　　蝗虫大起，自华泽至陇山②，食百草无遗，
　　　　　　　　　　　　　　　　　　牛马相啖毛。

6. 北魏太和八年（484年）　　　　四月，雍州雨蝗。

7. 　　正始元年（504年）　　　　六月，夏州③蝗害稼。

8. 北周建德二年（573年）　　　　关中④大蝗。

9. 　唐贞观二年（628年）　　　　京畿旱蝗，太宗在苑中掇蝗祝之曰："人
　　　　　　　　　　　　　　　　　　以谷为命，百姓有过，在予一人，但当
　　　　　　　　　　　　　　　　　　蚀我，勿害百姓。"将吞之，侍臣惧帝
　　　　　　　　　　　　　　　　　　致疾，遽以为谏。帝曰："所冀移灾朕
　　　　　　　　　　　　　　　　　　躬，何疾之避?"遂吞之。是岁，蝗不

---

①　雍：雍州，旧州名，治所在今陕西西安西北。

②　华泽：湿地大洼名，在今陕西华阴西；陇山：山名，在今陕西陇县西北。

③　夏州：旧州名，治所在今陕西靖边县北红墩界。

④　关中：古地区名，泛指今陕西关中盆地，亦称关内。

为灾。

| 10. | 永徽元年（650年） | 京畿、雍、同①等州旱蝗。 |

11. 永淳元年（682年）　　三月，京畿蝗；六月，雍、岐、陇②等州蝗。

12. 广德二年（764年）　　秋，蝗，关辅③尤甚。

13. 贞元元年（785年）　　夏，蝗，西尽河、陇，群飞蔽天。

14. 会昌元年（841年）　　七月，山南④等州蝗。

15. 咸通六年（865年）　　八月，同、华蝗。

16. 咸通七年（866年）　　夏，同、华及京畿蝗。

17. 咸通九年（868年）　　六月，关内蝗。

原载雍正《陕西通志》卷四十六《祥异一》，雍正十三年刻本

18. 后晋天福七年（942年）　　四月，关西诸郡皆蝗，人死者十有七八。

19. 宋乾德二年（964年）　　陕西诸州有蝗。

20. 大中祥符九年（1016年）　　八月，华州蝗，不为灾。

21. 天禧元年（1017年）　　陕西旱，蝗蝻复生，多去岁蛰者，六月，蝗自死。

22. 明道二年（1033年）　　陕西蝗。

23. 熙宁九年（1076年）　　夏，陕西蝗。

24. 金大定十六年（1176年）　　五月，陕西旱蝗。

25. 贞祐四年（1216年）　　五月，陕西大蝗。

26. 元大德三年（1299年）　　十月，陇、陕蝗。

27. 至大二年（1309年）　　七月，耀、同、华等州蝗。

28. 致和元年（1328年）　　四月，凤翔、岐山蝗，无麦苗；六月，武功蝗。

29. 至顺元年（1330年）　　七月，华州蝗。

30. 至顺二年（1331年）　　七月，奉元⑤蒲城、白水等县蝗。

31. 至正十九年（1359年）　　奉元蝗食禾稼、草木俱尽，所到蔽日，碍人马不能行，填坑堑皆盈，饥民捕蝗以

---

① 同：同州，旧州名，治所在今陕西大荔。

② 岐：岐州，旧州名，治所在今陕西凤翔；陇：陇州，旧州名，治所在今陕西陇县。

③ 关辅：古地区名，泛指今陕西中、东部地区。

④ 山南：唐山南西道名，治所在今陕西汉中。

⑤ 奉元：元路名，治所在今陕西西安。

		食，或曝干积之，又尽，则人相食。
32.	明嘉靖六年（1527 年）	是年，蝗飞蔽天。
33.	嘉靖八年（1529 年）	七月，潼关蝗食晚禾无遗，流民载道，偶见居民刈获，喜而问之，答曰："蓬也，有绵刺，种子可以为面，饥民仰此而活者已五年矣。"见有面食者，取而啖之，螫口涩腹，呕逆移日。民困苦可胜道哉。
34.	万历四十四年（1616 年）	六月，蓝田蝗飞蔽天。
35.	崇祯七年（1634 年）	秋，全省蝗，大饥。
36.	崇祯十年（1637 年）	八月，凤翔蝗飞蔽天。
37.	崇祯十一年（1638 年）	春，凤翔蝗蝻食麦；六月，凤翔蝗食禾，大饥。
38.	清顺治三年（1646 年）	延安蝗。

原载雍正《陕西通志》卷四十七《祥异二》，雍正十三年刻本

民国《续修陕西通志稿》

1.	清道光十六年（1836 年）	夏四月，商州①蝗，募民捕之。
2.	咸丰六年（1856 年）	七月，有蝗自东方来，飞蔽日。
3.	咸丰八年（1858 年）	夏，蝗蝻遍野，饧州县督民捕蝗，昼夜不息。
4.	同治二年（1863 年）	五月，蝗。
5.	光绪十八年（1892 年）	夏，旱蝗。

原载民国《续修陕西通志稿》卷一百九十九《祥异》，民国二十三年铅印本

《陕西省志·大事记》

1.	西汉太初元年（前 104 年）	八月，关东蝗大起，飞经关中，西至敦煌。
2.	新莽地皇三年（22 年）	四月，蝗从东方来，飞蔽天，关东民相食，流民入关者数十万人，饥死者十之七八。

---

① 商州：旧州名，治所在今陕西商洛。

3. 西晋永嘉四年（310 年）　　四月，秦、雍、幽、并、司、冀六州大蝗，食草木、牛马毛皆尽。

4. 唐贞观二年（628 年）　　六月，畿内蝗灾。

5. 　永淳元年（682 年）　　六月，京兆①、岐、陇州蝗灾。

6. 　广德二年（764 年）　　九月，关中蝗灾。

7. 　贞元元年（785 年）　　四月旱，蝗灾，关东饥民煮蝗而食之。

8. 　乾符二年（875 年）　　七月，蝗灾，蝗自东而西遮天蔽日，所过一片赤荒。

9. 宋天禧元年（1017 年）　　陕西 130 州县蝗灾。

10. 　天圣五年（1027 年）　　是年，京兆等州蝗。

11. 　嘉定九年（1216 年）　　四月，京兆、同、华等州蝗灾。

12. 元大德三年（1299 年）　　十月，陕西蝗灾。

13. 　至正十九年（1359 年）　　五月，关中蝗飞蔽天，人马不能行，沟堑尽平，民大饥。

14. 明永乐三年（1405 年）　　延安蝗灾。

15. 　成化十年（1474 年）　　秋，白水蝗食禾稼、草木俱尽。

16. 　正德十五年（1520 年）　　夏，米脂蝗飞蔽天。

17. 　嘉靖五年（1526 年）　　延长蝗飞蔽天。

18. 　嘉靖八年（1529 年）　　秋，关中东部蝗灾。

19. 　万历四十四年（1616 年）　　蓝田蝗飞蔽天。

20. 　崇祯二年（1629 年）　　铜川飞蝗从东南来，天日为之暗，触人面目挥之不去，禾苗立尽，岁大饥。

21. 　崇祯九年（1636 年）　　商县蝗，大饥。

22. 　崇祯十年（1637 年）　　关中蝗灾，民大饥，洛南蝗蝻浃岁，食禾苗及穗，啮田间人衣。

23. 清顺治三年（1646 年）　　陕北绥德、榆林、延安府属州县蝗灾。

24. 　顺治四年（1647 年）　　七月，榆林、延安府属及宝鸡、周至、北山、潼关、商洛诸县蝗飞蔽天，毁秋。

25. 　顺治五年（1648 年）　　铜川蝗灾。

26. 　康熙十年（1671 年）　　府谷蝗灾。

---

① 京兆：旧府名，治所在今陕西西安。

27. 康熙三十年（1691 年）　　　　　六月，延安、凤翔府属及耀州、同州、乾州飞蝗蔽天，民饥。

28. 康熙四十七年（1708 年）　　　　绥德、米脂、清涧旱蝗成灾。

29. 道光十六年（1836 年）　　　　　秋，葭州、同州、汉中、兴安①、商州蝗大起，损禾十之八九。

30. 咸丰六年（1856 年）　　　　　　七月，蝗从东方入陕西境内，飞行蔽日。

31. 咸丰七年（1857 年）　　　　　　秋，关中、陕南地区蝗飞蔽天，食禾及树叶殆尽。

32. 咸丰八年（1858 年）　　　　　　夏，关中、陕南蝗蝻遍野，贻害不浅。

33. 光绪七年（1881 年）　　　　　　夏，三原、临潼、蒲城、泾阳、富平、耀州、高陵土蚂蚱滋生，啮伤禾苗。

34. 民国十九年（1930 年）　　　　　七月，飞蝗蔓延，所过蔽日遮空，秋禾多被啮食。

35. 民国三十三年（1944 年）　　　　商南、富平、平民、朝邑②蝗灾，乡民扑杀飞蝗。

原载《陕西省志·大事记》，三秦出版社 1996 年版

二、西安市

《西安市志》

1. 新莽始建国三年（11 年）　　　　夏，蝗飞蔽日，自东方来，至长安，草木尽食。

2. 西晋咸宁三年（277 年）　　　　陕西及并、司、秦、雍诸州大蝗，食草木、牛马毛皆尽。

3. 前秦寿光元年（355 年）　　　　关中蝗大起，自华泽至陇山，食草无遗。

4. 唐永淳元年（682 年）　　　　　关中旱，蝗虫成灾。

5. 后晋天福七年（942 年）　　　　四月，关中诸州皆蝗，人死十有七八。

6. 元至正十九年（1359 年）　　　　蝗食禾稼、草木俱尽，所至蔽日，碍人马

---

① 葭州：旧州名，1964 年改名今陕西佳县；兴安：旧府名，治所在今陕西安康。
② 朝邑：旧县名，1958 年并入今陕西大荔。

不能行，填坑堑皆盈。

| 7. 明嘉靖八年（1529 年） | 蝗飞蔽天，自河南来，食禾无遗。 |

8.　　嘉靖十年（1531 年）　　　　西安等六府蝗食苗尽。

9.　　崇祯十二年（1639 年）　　　蝗虫自东而西，将禾苗食尽。

10.　崇祯十三年（1640 年）　　　蝗蝻增生，食禾尽，饥死者十之六七。

11. 清咸丰六年（1856 年）　　　蝗自东方来，飞蔽日。

12.　　咸丰八年（1858 年）　　　飞蝗过境，所到食禾几尽。

13.　　同治二年（1863 年）　　　飞蝗蔽日，食禾立尽。

14. 民国十九年（1930 年）　　　秋，蝗飞蔽日，落地遍陌盈阡，道路布满，
　　　　　　　　　　　　　　　　　行人无隙地。

原载《西安市志》生物灾害，西安出版社 1996 年版

15. 秦王政四年（前 243 年）　　蝗灾，饥。

16. 西汉太初元年（前 104 年）　八月，关东蝗群飞经关中，西飞至敦煌。

17. 新莽地皇三年（22 年）　　　秋，关东蝗群飞到西安，爬满未央宫诸
　　　　　　　　　　　　　　　　　殿阁。

18. 唐宝应元年（762 年）　　　关中旱，蝗灾。

19.　　兴元元年（784 年）　　　八月，关中蝗灾，草木无遗。

20.　　贞元元年（785 年）　　　四月，西安旱，蝗灾，饥民蒸蝗而食；五
　　　　　　　　　　　　　　　　　月，蝗飞蔽天，草木、畜毛无遗。

21. 清咸丰七年（1857 年）　　　秋，关中飞蝗蔽天，食禾稼、林叶殆尽。

原载《西安市志》大事记，西安出版社 1996 年版

乾隆《西安府志》

1. 新莽地皇三年（22 年）　　　夏，蝗从东方来，飞蔽天，至长安，入未
　　　　　　　　　　　　　　　　　央宫，缘殿阁。

原载乾隆《西安府志》卷四十七《大事志》，乾隆四十四年刻本

2. 唐贞观二年（628 年）　　　京畿旱蝗，太宗在苑中掇蝗祝曰："人以
　　　　　　　　　　　　　　　　　谷为命，百姓有过，在予一人，但当蚀
　　　　　　　　　　　　　　　　　我，勿害百姓。"遂吞之。是岁，蝗不
　　　　　　　　　　　　　　　　　为灾。

原载乾隆《西安府志》卷五十一《大事志》，乾隆四十四年刻本

3. 明万历四十四年（1616 年）　　　　六月，蓝田飞蝗蔽天。

原载乾隆《西安府志》卷五十三《大事志》，乾隆四十四年刻本

《未央区志》

1. 秦王政四年（前 243 年）　　　　七月，蝗灾，大饥荒。

2. 西汉元始二年（公元 2 年）　　　　秋，蝗遍天下。

3. 新莽始建国三年（11 年）　　　　夏，蝗飞蔽日，自东方来，至长安，草木食尽。

4. 　　地皇三年（22 年）　　　　秋，关东蝗虫飞至长安，入未央宫，爬满殿阁。

5. 西晋咸宁三年（277 年）　　　　大蝗，草木、牛马毛皆食尽。

6. 　　永嘉四年（310 年）　　　　五月，大蝗，草木、牛马毛皆尽。

7. 　　建兴四年（316 年）　　　　大蝗。

8. 前秦寿光元年（355 年）　　　　大蝗灾，百草无遗。

9. 北魏太和八年（484 年）　　　　四月，蝗。

10. 北周建德二年（573 年）　　　　八月，关内大蝗。

11. 唐贞观二年（628 年）　　　　六月，京畿蝗灾。

12. 　　永徽元年（650 年）　　　　京畿旱蝗。

13. 　　永淳元年（682 年）　　　　蝗虫成灾，三月，京畿蝗，无麦苗。

14. 　　广德二年（764 年）　　　　秋七月，蝗，斗米千钱。

15. 　　兴元元年（784 年）　　　　秋，大蝗灾，毁秧田殆尽，饥民捕蝗为食。

16. 　　贞元元年（785 年）　　　　七月旱，蝗灾，旬日不息，饥馑枕道。

17. 　　开成二年（837 年）　　　　蝗害稼，京师尤甚。

18. 　　开成四年（839 年）　　　　蝗。

19. 　　咸通九年（868 年）　　　　秋，蝗，关内饥。

20. 后晋天福七年（942 年）　　　　四月，蝗，人死者十有七八。

21. 宋天圣五年（1027 年）　　　　旱蝗。

22. 元至顺元年（1330 年）　　　　七月，蝗。

23. 　　至正十九年（1359 年）　　　　蝗，禾稼、草木俱被食尽，所至蔽日，碍人马不能行，填坑堑皆盈。

24. 明洪武七年（1374 年）　　　　三月，蝗。

25.	正统二年（1437 年）	六月，久不雨，蝗螟伤稼。
26.	正统十年（1445 年）	五月旱，蝗灾伤稼。
27.	嘉靖十年（1531 年）	旱，蝗食苗尽。
28.	崇祯七年（1634 年）	秋，蝗，大饥。
29.	民国三十三年（1944 年）	五月，蝗螟甚多，所过之处禾苗悉被损伤。

原载《未央区志》自然灾害，陕西人民出版社 2004 年版

| 30. | 民国二十一年（1932 年） | 蝗虫成灾，大部秧苗吃光。 |

原载《未央区志》大事记，陕西人民出版社 2004 年版

《长安县志》

1.	西汉后元六年（前 158 年）	旱，蝗虫为灾。
2.	新莽地皇三年（22 年）	夏，飞蝗蔽天。
3.	唐广德元年（763 年）	夏，飞蝗蔽天。
4.	明崇祯七年（1634 年）	秋，飞蝗成灾，大饥。
5.	崇祯十一年（1638 年）	蝗螟生，草木尽食。
6.	崇祯十五年（1642 年）	秋，飞蝗蔽天，食禾尽。
7.	清咸丰六年（1856 年）	七月，蝗自东来，飞蔽日。
8.	咸丰八年（1858 年）	夏秋，蝗螟遍野。
9.	同治元年（1862 年）	蝗虫成灾。
10.	民国十九年（1930 年）	七月，蝗虫铺天盖地，减产三分之二。
11.	民国二十年（1931 年）	秋，蝗虫遮天蔽日，食禾几尽。
12.	民国二十一年（1932 年）	蝗灾，农业歉收。

原载《长安县志》自然灾异，陕西人民教育出版社 1999 年版

| 13. | 唐兴元元年（784 年） | 秋，蝗灾，秋田殆尽，饥民捕蝗为食。 |

原载《长安县志》大事记，陕西人民教育出版社 1999 年版

《临潼县志》

1.	西汉太初元年（前 104 年）	秋，关东蝗起，飞至敦煌。
2.	新莽始建国三年（11 年）	夏，飞蝗蔽天，自东方来，至长安，草木尽。
3.	西晋咸宁三年（277 年）	并、司、秦、雍等州大蝗，食草木、牛马

毛皆尽。

4.	永和十一年（355 年）	关中蝗大起，自华泽至陇山，食草无遗。
5.	唐永淳元年（682 年）	三月，京畿蝗食麦苗；六月，雍、岐、陇等州蝗。
6.	广德元年（763 年）	秋，蝗害稼，关中尤甚。
7.	广德二年（764 年）	七月，关中蝗。
8.	兴元元年（784 年）	秋，三辅大蝗，田稼尽食，百姓捕蝗、蒸曝而食之。
9.	贞元元年（785 年）	夏，蝗，东自海，西至河、陇，群飞蔽天，旬日不息，所至草木叶皆尽。
10.	开成四年（839 年）	蝗。
11.	会昌六年（846 年）	八月，同、华等州蝗。
12.	咸通六年（865 年）	八月，同、华蝗。
13.	咸通七年（866 年）	夏，临潼蝗。
14.	咸通九年（868 年）	秋，关内蝗，民饥。
15.	后晋天福七年（942 年）	四月，关西诸州皆蝗，人死十之七八。
16.	宋天圣五年（1027 年）	京兆府蝗。
17.	元至正十九年（1359 年）	奉元蝗食禾稼、草木俱尽，所至蔽日，碍人马不能行，填坑堑皆盈，饥民捕蝗以为食，或曝干积之。
18.	明洪武六年（1373 年）	八月，临潼蝗。
19.	正统二年（1437 年）	六月，西安府蝗蝻伤禾稼。
20.	正统十年（1445 年）	五月，西安府属蝗虫成灾。
21.	嘉靖八年（1529 年）	七月，蝗飞蔽天，自河南来，食禾稼无遗。
22.	嘉靖十年（1531 年）	西安等六府蝗食苗尽。
23.	崇祯七年（1634 年）	秋，陕西蝗，大饥。
24.	清道光十六年（1836 年）	西安、同州、汉中、兴安、商州蝗，由河南、湖北飞入。
25.	民国十九年（1930 年）	秋，临潼蝗飞蔽日，遍陌盈阡，道路受阻，行人无隙地，秋禾尽食。
26.	民国二十年（1931 年）	临潼蝗。
27.	民国三十三年（1944 年）	临潼蝗。

28. 民国三十四年（1945 年）　　　　临潼蝗。

原载《临潼县志》自然灾害，上海人民出版社 1991 年版

乾隆《临潼县志》

1. 新莽地皇三年（22 年）　　　　夏，飞蝗蔽天，自东方来，至长安，食草木尽。
2. 宋乾德二年（964 年）　　　　蝗。
3. 　明道二年（1033 年）　　　　蝗。

原载乾隆《临潼县志》卷九《志余·祥异》，民国十一年铅印本

《蓝田县志》

1. 唐永淳元年（682 年）　　　　五月，关中旱，蝗虫成灾。
2. 宋建隆三年（962 年）　　　　陕西旱蝗，飞入蓝田。
3. 明万历四十四年（1616 年）　　六月，蝗飞蔽天，食田禾，遇雨蝗尽死。
4. 清顺治十四年（1657 年）　　　八月，飞蝗食禾。
5. 　道光十六年（1836 年）　　　夏，蝗蝻为灾，县率民捕杀之。
6. 　咸丰八年（1858 年）　　　　飞蝗由县东过境，飞蔽日，所过食禾几尽。
7. 　光绪二十三年（1897 年）　　七月，飞蝗自东来，秋苗被食大半。
8. 民国十九年（1930 年）　　　　夏，蝗虫成灾，田禾殆尽。
9. 民国二十年（1931 年）　　　　春，蝗卵孵化，遍地皆蝗，成翅后成群向西飞去，不为灾。

原载《蓝田县志》自然灾害，陕西人民出版社 1994 年版

嘉庆《蓝田县志》

1. 唐贞元元年（785 年）　　　　夏，蝗，西尽河、陇，群飞蔽天。
2. 后晋天福七年（942 年）　　　蝗。

原载嘉庆《蓝田县志》卷十三《纪事·祥异》，嘉庆元年刻本

《高陵县志》

1. 西汉建元五年（前 136 年）　　　　五月，大蝗。

2. 　　太初元年（前 104 年）　　　　蝗从东方飞至。

3. 新莽地皇三年（22 年）　　　　　　蝗自东方来，草木尽食。

4. 三国魏太和元年（227 年）　　　　　夏，蝗，自关东来。

5. 西晋咸宁三年（277 年）　　　　　　大蝗，食草木、牛马毛皆尽。

6. 　　建兴四年（316 年）　　　　　　大蝗。

7. 　　建兴五年（317 年）　　　　　　七月，大蝗。

8. 前秦寿光元年（355 年）　　　　　　蝗大起，食百草无遗。

9. 北魏太和八年（484 年）　　　　　　四月，雨蝗。

10. 北周建德二年（573 年）　　　　　八月，大蝗。

11. 唐永徽元年（650 年）　　　　　　旱蝗。

12. 　　永淳元年（682 年）　　　　　旱蝗。

13. 　　开成二年（837 年）　　　　　蝗害稼。

14. 　　开成四年（839 年）　　　　　全国蝗。

15. 后晋天福七年（942 年）　　　　　关中诸县皆蝗，人死十之七八。

16. 宋天圣五年（1027 年）　　　　　旱蝗。

17. 元至正十九年（1359 年）　　　　蝗食禾稼、草木俱尽，所至蔽日，碍人马
　　　　　　　　　　　　　　　　　　不能行，饥民捕蝗为食。

18. 明正统二年（1437 年）　　　　　蝗蝻伤害庄稼。

19. 　　正统十年（1445 年）　　　　旱蝗伤稼。

20. 　　嘉靖七年（1528 年）　　　　蝗，大饥。

21. 　　嘉靖八年（1529 年）　　　　蝗飞蔽天，自河南来。

22. 　　嘉靖十年（1531 年）　　　　旱，蝗食苗尽。

23. 　　崇祯七年（1634 年）　　　　秋，全省蝗，大饥。

24. 　　崇祯十一年（1638 年）　　　六月，蝗从东来，伤稼，野无青草。

25. 　　崇祯十二年（1639 年）　　　五月，复蝗，糜谷三种三食。

26. 清咸丰七年（1857 年）　　　　　秋，蝗飞蔽日。

27. 民国十九年（1930 年）　　　　　秋，飞蝗蔽天，食苗殆尽。

28. 民国二十年（1931 年）　　　　　秋，蝗虫食苗。

29. 民国三十三年（1944 年）　　　　夏，蝗灾；秋，蝗蝻生。

原载《高陵县志》生物灾害，西安出版社 2000 年版

30. 唐宝应元年（762 年）　　　　　　旱蝗。

31. 　兴元元年（784 年）　　　　　　四月，蝗灾，饥民蒸蝗而食。

32. 　兴元二年（785 年）　　　　　　五月，蝗灾更重，群飞蔽日。

原载《高陵县志》大事记，西安出版社 2000 年版

33. 东汉建武五年（29 年）　　　　　　四月，旱蝗。

34. 　熹平四年（175 年）　　　　　　六月，三辅旱蝗。

原载《高陵县志》旱灾，西安出版社 2000 年版

《户县志》

1. 唐永淳元年（682 年）　　　　　　五月，旱蝗，饥。

2. 　广德二年（764 年）　　　　　　蝗。

3. 宋天圣五年（1027 年）　　　　　　蝗。

4. 　熙宁九年（1076 年）　　　　　　夏，蝗灾。

5. 明洪武七年（1374 年）　　　　　　蝗。

6. 　万历四十四年（1616 年）　　　　蝗，大饥。

7. 　崇祯十二年（1639 年）　　　　　蝗，大饥。

8. 　崇祯十三年（1640 年）　　　　　蝗食禾殆尽，大饥，人相食。

9. 清顺治十四年（1657 年）　　　　　旱蝗。

10. 　咸丰六年（1856 年）　　　　　蝗自东方来，飞蔽天。

11. 　咸丰八年（1858 年）　　　　　蝗蝻遍野。

12. 　同治二年（1863 年）　　　　　飞蝗蔽日，食田禾立尽。

13. 民国十九年（1930 年）　　　　　秋，蝗从东方入户县，蚕食有声，玉米谷叶全被吃光。

原载《户县志》自然灾异，西安地图出版社 1987 年版

《周至县志》

1. 东晋永和十一年（355 年）　　　　蝗遍地，禾草尽食。

2. 唐广德二年（764 年）　　　　　　秋，蝗灾。

3. 　元和七年（812 年）　　　　　　夏，蝗灾。

4.　大和七年（833 年）　　　　　　夏，蝗灾。

5. 后晋天福七年（942 年）　　　　蝗灾。

6. 宋天圣五年（1027 年）　　　　蝗灾。

7.　明道二年（1033 年）　　　　蝗灾。

8. 金贞祐四年（1216 年）　　　　五月，大蝗灾。

9. 元至正十九年（1359 年）　　　蝗虫吃尽庄稼，飞蔽日，路难行，百姓捕
　　　　　　　　　　　　　　　　　蝗为食。

10. 明万历四十四年（1616 年）　　飞蝗遍地，大饥。

11.　崇祯十二年（1639 年）　　　蝗自东而西，食禾苗尽。

12.　崇祯十三年（1640 年）　　　蝗蝻增生，庄稼尽伤。

13. 清咸丰六年（1856 年）　　　七月，蝗生，百姓捕捉驱逐。

14.　光绪五年（1879 年）　　　蝗灾。

原载《周至县志》自然灾害志，三秦出版社 1993 年版

民国《盩厔县志》

1. 唐贞观二年（628 年）　　　　六月，畿县旱蝗。帝在苑中掇蝗祝之曰：
　　　　　　　　　　　　　　　　"人以谷为命，百姓有过，在予一人，
　　　　　　　　　　　　　　　　但当蚀我，勿害百姓。"遂吞之。是
　　　　　　　　　　　　　　　　岁，蝗不为灾。

2.　永淳元年（682 年）　　　　蝗。

3.　贞元元年（785 年）　　　　夏，蝗。

4. 宋熙宁九年（1076 年）　　　旱蝗。

5. 清顺治十四年（1657 年）　　六月，飞蝗从南山下，蔽天而过，不为灾。

6.　同治元年（1862 年）　　　六月，飞蝗自西向东去。

原载民国《盩厔县志》卷八《杂记·祥异》，民国十四年铅印本

《莲湖区志》

经查，2001 年三秦出版社出版的区志中无蝗灾记载。

三、渭南市

《渭南地区志》

1. 唐宝应元年（762 年）　　　　　　关中旱，蝗灾。
2. 　贞元元年（785 年）　　　　　　夏，蝗灾，所至草木叶及畜毛食尽。
3. 元至正十九年（1359 年）　　　　关中蝗灾，饥民食蝗，人相食。

原载《渭南地区志》大事年表，三秦出版社 1996 年版

《渭南县志》

1. 明嘉靖八年（1529 年）　　　　　蝗飞蔽天，大饥。
2. 　崇祯十三年（1640 年）　　　　旱蝗，人相食。
3. 清康熙三十年（1691 年）　　　　七月，飞蝗蔽天，岁歉。
4. 　道光十六年（1836 年）　　　　飞蝗蠃入。
5. 　咸丰六年（1856 年）　　　　　七月，蝗虫东来，飞行蔽日。
6. 　咸丰七年（1857 年）　　　　　秋，飞蝗蔽天。
7. 　咸丰八年（1858 年）　　　　　夏秋，飞蝗遍野，令乡民昼夜捕蝗。
8. 　同治元年（1862 年）　　　　　七月，飞蝗蔽日，所过禾苗一光。
9. 　同治二年（1863 年）　　　　　五月，蝗灾。
10. 民国十九年（1930 年）　　　　秋，飞蝗蔽日，落地遍陌盈阡，行人无隙
　　　　　　　　　　　　　　　　　足地，作物殆尽。
11. 民国二十三年（1934 年）　　　蝗灾。

原载《渭南县志》自然灾害，三秦出版社 1987 年版

咸丰《同州府志》

1. 唐贞元元年（785 年）　　　　　朝邑连年旱蝗。
2. 　咸通六年（865 年）　　　　　同、华等州蝗。
3. 　咸通七年（866 年）　　　　　同、华及京畿蝗。
4. 金贞祐四年（1216 年）　　　　五月，同、华等州蝗。
5. 元至大二年（1309 年）　　　　七月，同、华等州蝗。

6.　　至顺元年（1330 年）　　　　七月，华州蝗。

7.　　至顺二年（1331 年）　　　　蒲城、白水等县蝗。

8.　　至正十九年（1359 年）　　　关中飞蝗蔽天，人马不能行，所落沟堑尽平，民大饥。

9.　明嘉靖八年（1529 年）　　　　是年，飞蝗蔽天。

10.　　崇祯八年（1635 年）　　　　蝗。

11.　　崇祯十三年（1640 年）　　　夏旱，潼关蝗蝻生，食苗。

原载咸丰《同州府志》卷六《纪事沿革表下》，咸丰二年刻本

《大荔县志》

1. 秦王政四年（前 243 年）　　　蝗从东方来，蔽天遍野。

2. 东汉熹平四年（175 年）　　　　秋，蝗发，食禾稼、草木尽。

3. 前秦寿光元年（355 年）　　　　秋，蝗虫大发，禾稼、百草尽食。

4. 明嘉靖八年（1529 年）　　　　蝗飞蔽天，大饥。

5. 清道光十六年（1836 年）　　　蝗大起，群飞蔽天，田禾顷刻食尽。

6. 民国十八年（1929 年）　　　　蝗大发，飞则蔽天，落则满地，所过之处禾稼一空。

7. 民国十九年（1930 年）　　　　蝗大发，飞则蔽天，落则满地，所过之处禾稼一空。

原载《大荔县志》自然灾害，陕西人民出版社 1994 年版

乾隆《大荔县志》

1. 西晋永嘉四年（310 年）　　　　夏，大蝗，食草木、牛马毛皆尽，饥馑。

2. 北周建德二年（573 年）　　　　八月，大蝗。

3. 唐永徽元年（650 年）　　　　　同州蝗。

4.　永淳元年（682 年）　　　　　旱蝗。

5.　咸通六年（865 年）　　　　　八月，同、华蝗。

6.　咸通七年（866 年）　　　　　夏，同、华及京畿蝗。

7. 宋乾德二年（964 年）　　　　　同州蝗。

8. 金大定十六年（1176 年）　　　蝗旱。

9.　贞祐四年（1216 年）　　　　　　　蝗旱。

10. 元至大二年（1309 年）　　　　　　七月，同、华等州蝗。

11. 明万历四十四年（1616 年）　　　　秋，大蝗。

原载乾隆《大荔县志》卷二十六《杂记下·祥祲》，乾隆五十一年刻本

《华县志》

1. 唐会昌六年（846 年）　　　　　　八月，蝗灾。

2.　咸通六年（865 年）　　　　　　　八月，蝗灾。

3.　咸通七年（866 年）　　　　　　　夏，蝗灾。

4. 元至大二年（1309 年）　　　　　　七月，蝗灾。

5.　至顺元年（1330 年）　　　　　　　七月，蝗灾。

6.　至正十九年（1359 年）　　　　　　蝗虫遮天蔽日，庄稼、草木吃光，饥民捕
　　　　　　　　　　　　　　　　　　　蝗而食。

7. 明洪武六年（1373 年）　　　　　　八月，蝗灾。

8.　正统二年（1437 年）　　　　　　　六月，蝗蝻滋生，庄稼受害。

9.　正统十年（1445 年）　　　　　　　夏秋旱，蝗虫成灾。

10.　嘉靖八年（1529 年）　　　　　　蝗飞蔽天，自河南来。

11.　崇祯八年（1635 年）　　　　　　蝗灾。

12.　崇祯十三年（1640 年）　　　　　七月，蝗从东来，食尽田苗，大饥。

13.　崇祯十四年（1641 年）　　　　　蝗虫生子，为害禾稼。

14. 清咸丰七年（1857 年）　　　　　　秋，飞蝗蔽天，田禾尽食。

15.　同治元年（1862 年）　　　　　　秋，蝗虫为灾。

16. 民国五年（1916 年）　　　　　　　八月，飞蝗蔽天，北乡尤甚，损秋苗。

17. 民国六年（1917 年）　　　　　　　七月，飞蝗自华阴来，伤禾苗。

18. 民国十八年（1929 年）　　　　　　七月，蝗灾。

19. 民国三十三年（1944 年）　　　　　七月，蝗食禾。

20. 民国三十四年（1945 年）　　　　　蝗自东来，捕杀以石计。

原载《华县志》自然灾害，陕西人民出版社 1992 年版

《华阴县志》

1. 东汉建武五年（29 年）　　　　　　四月，旱蝗。

2. 西晋建兴五年（317年）　　　　七月，同州大蝗。

3. 东晋永和十一年（355年）　　　蝗虫大起，自华阴至陇山，食百草无遗。

4. 北周建德二年（573年）　　　　八月，关内大蝗。

5. 唐贞观二年（628年）　　　　　六月，关内旱蝗。

6. 　永淳元年（682年）　　　　　三月，关中大蝗，京畿无麦苗。

7. 　广德二年（764年）　　　　　七月，关中蝗。

8. 　兴元元年（784年）　　　　　秋，关辅大蝗，田禾尽，百姓捕蝗为食。

9. 　会昌六年（846年）　　　　　八月，同、华等州蝗灾。

10. 　咸通六年（865年）　　　　　八月，同、华等州蝗灾。

11. 　咸通七年（866年）　　　　　夏，华阴蝗。

12. 　咸通九年（868年）　　　　　关内蝗，大饥。

13. 元至大二年（1309年）　　　　七月，同、华、耀等州蝗灾。

14. 　至顺元年（1330年）　　　　七月，华州蝗灾。

15. 　至正十九年（1359年）　　　奉元大蝗，所至蔽日，草木俱尽，饥民捕蝗为食。

16. 明洪武七年（1374年）　　　　咸宁、华阴蝗灾。

17. 　正统十年（1445年）　　　　五月，西安府属蝗灾。

18. 　嘉靖六年（1527年）　　　　四月，华阴飞蝗蔽天。

19. 　崇祯八年（1635年）　　　　华阴蝗蝻生，延及十年。

20. 　崇祯十三年（1640年）　　　七月，蝗，饥，人相食。

21. 清康熙三十年（1691年）　　　七月，飞蝗蔽天，歉收。

22. 　道光十六年（1836年）　　　同州府属蝗，自河南侵入。

23. 　咸丰七年（1857年）　　　　秋，关中飞蝗蔽天。

24. 　咸丰八年（1858年）　　　　夏秋，陕西蝗蝻遍野。

25. 　同治元年（1862年）　　　　秋，华州蝗。

26. 　光绪三年（1877年）　　　　华阴、潼关蝗害。

27. 　光绪十年（1884年）　　　　华阴蝗虫遍野。

28. 　光绪二十八年（1902年）　　五月，华阴、潼关飞蝗自山西渡河入境。

29. 民国五年（1916年）　　　　　八月，华阴飞蝗蔽天，北乡尤甚。

30. 民国六年（1917年）　　　　　七月，蝗自华阴向西至赤水，大伤禾苗。

31. 民国十八年（1929年）　　　　六月，华阴、华县蝗。

32. 民国三十三年（1944年）　　　华阴、潼关蝗蝻成灾。

33. 民国三十四年（1945 年）　　　　　夏秋，华阴飞蝗为灾。

原载《华阴县志》自然灾害篇，作家出版社 1995 年版

《潼关县志》

1. 唐贞观二年（628 年）　　　　　蝗灾。

2. 乾符三年（876 年）　　　　　蝗灾。

3. 明嘉靖八年（1529 年）　　　　　蝗灾。

4. 嘉靖九年（1530 年）　　　　　蝗蝻生，食苗。

5. 嘉靖三十年（1551 年）　　　　　夏，蝗遮天障日；秋，蝻生，禾被害。

6. 万历四十四年（1616 年）　　　　　六月，飞蝗自东南来，食禾苗，蝻成灾。

7. 崇祯八年（1635 年）　　　　　蝗发，食禾苗。

8. 崇祯九年（1636 年）　　　　　蝗发，食禾苗。

9. 崇祯十年（1637 年）　　　　　蝗发，食禾苗。

10. 崇祯十一年（1638 年）　　　　　蝗发，食禾苗。

11. 崇祯十二年（1639 年）　　　　　夏，蝻食禾苗。

12. 崇祯十三年（1640 年）　　　　　夏，蝻食禾苗，饥，人相食。

13. 清顺治四年（1647 年）　　　　　六月，蝗虫成灾，食禾。

14. 光绪三年（1877 年）　　　　　蝗虫食苗殆尽。

15. 光绪二十八年（1902 年）　　　　　五月，飞蝗自北入境。

16. 民国十九年（1930 年）　　　　　秋，蝗虫食棉苗。

17. 民国二十一年（1932 年）　　　　　秋，蝗食禾。

18. 民国三十三年（1944 年）　　　　　秋，蝗自阌底镇飞入，食禾。

19. 民国三十四年（1945 年）　　　　　七月，蝗食秋田及棉苗。

原载《潼关县志》自然灾害，陕西人民出版社 1992 年版

《富平县志》

1. 西晋永嘉四年（310 年）　　　　　秦、雍大蝗。

2. 前秦寿光元年（355 年）　　　　　蝗虫为害，百草无遗。

3. 北魏太和八年（484 年）　　　　　四月，蝗。

4. 北周建德二年（573 年）　　　　　关中蝗。

5. 唐贞观二年（628 年） 京畿旱蝗。

6. 永淳元年（682 年） 京畿蝗。

7. 广德二年（764 年） 秋，蝗。

8. 宋天禧元年（1017 年） 陕西旱，蝗蝻复生，六月，蝗自死。

9. 明道二年（1033 年） 陕西蝗。

10. 熙宁九年（1076 年） 夏，陕西蝗。

11. 金大定十六年（1176 年） 五月，陕西旱蝗。

12. 贞祐四年（1216 年） 陕西大蝗。

13. 明嘉靖六年（1527 年） 飞蝗蔽天，自河南来。

14. 万历四十四年（1616 年） 七月，大蝗，害稼。

15. 民国十九年（1930 年） 蝗虫为灾，庄稼几尽。

原载《富平县志》自然灾害，三秦出版社 1994 年版

乾隆《富平县志》

1. 明崇祯七年（1634 年） 陕西蝗，大饥。

2. 清顺治二年（1645 年） 蝗，不为灾。

原载乾隆《富平县志》卷一《地理志·祥异》，乾隆四十三年刻本

《蒲城县志》

1. 元至顺二年（1331 年） 七月，蒲城、白水蝗灾。

2. 明万历四十四年（1616 年） 七月，蝗飞蔽天，自东南来，秋禾大损。

3. 民国十九年（1930 年） 秋，飞蝗蔽天，所过田禾皆尽。

4. 民国三十四年（1945 年） 贾曲、内府地区蝗蝻成灾。

原载《蒲城县志》自然灾异，中国人事出版社 1993 年版

《白水县志》

1. 西汉后元六年（前 158 年）[①] 蝗虫食禾。

---

① 原文作"汉文帝六年（前 174 年）"，今据《汉书·文帝纪》"后元六年（前 158 年），夏四月，大旱蝗"改。

2. 唐永淳元年（682 年）　　　　　夏五月，蝗虫遍地。

3. 元天历二年（1329 年）　　　　　秋七月，蝗食秋禾，大饥，人相食。

4. 　至顺二年（1331 年）　　　　　秋七月，蝗食禾。

5. 　明成化十一年（1475 年）　　　蝗食禾、草木尽，所到处遮天蔽日，人马
　　　　　　　　　　　　　　　　　　不能行，饥民捕蝗以食。

6. 　嘉靖八年（1529 年）　　　　　蝗食禾，民饥。

7. 　嘉靖十二年（1533 年）　　　　六月，蝗食禾苗。

8. 　万历四十四年（1616 年）　　　秋八月，有蝗。

9. 　崇祯十二年（1639 年）　　　　七月，有蝗，草木皆空。

10. 　崇祯十四年（1641 年）　　　　夏六月，有蝗。

11. 清顺治四年（1647 年）　　　　　蝗食禾，民饥。

12. 　康熙二十九年（1690 年）　　　八月，蝗遍地。

13. 　康熙三十年（1691 年）　　　　蝗食禾，民饥。

14. 民国二十九年（1940 年）　　　　蝗虫遍地，秋禾被食。

　　　　　　原载《白水县志》自然灾害志，西安地图出版社 1989 年版

乾隆《白水县志》

明成化十年（1474 年）　　　　　秋，蝗食禾及草木俱尽。

　　　　　　原载乾隆《白水县志》卷一《地理志·祥异》，乾隆十九年刻本

《澄城县志》

1. 唐大和元年（827 年）　　　　　蝗虫害稼。

2. 　会昌六年（846 年）　　　　　八月，蝗灾。

3. 　咸通六年（865 年）　　　　　八月，蝗灾。

4. 　咸通七年（866 年）　　　　　夏，蝗。

5. 后梁开平元年（907 年）　　　　八月，蝗灾。

6. 宋大中祥符六年（1013 年）　　　九月，蝗食苗。

7. 　天圣五年（1027 年）　　　　　旱蝗。

8. 　天圣六年（1028 年）　　　　　蝗食苗。

9. 　元至大二年（1309 年）　　　　七月，蝗灾。

10.　　至正十年（1350 年）　　　　　七月，蝗食稼。

11.　　至正十九年（1359 年）　　　　夏，蝗入境，遍野。

12. 明嘉靖八年（1529 年）　　　　　夏，大蝗，飞蔽日，食稼。

13.　　万历四十四年（1616 年）　　　蝗害稼。

14.　　崇祯七年（1634 年）　　　　　蝗。

15.　　崇祯八年（1635 年）　　　　　蝗。

16.　　崇祯十一年（1638 年）　　　　蝗。

17.　　崇祯十二年（1639 年）　　　　蝗。

18.　　崇祯十三年（1640 年）　　　　蝗。

19. 清顺治四年（1647 年）　　　　　秋，蝗灾。

20. 民国十九年（1930 年）　　　　　八月，蝗虫成灾。

21. 民国三十三年（1944 年）　　　　蝗灾。

原载《澄城县志》自然灾害，陕西人民出版社 1991 年版

《合阳县志》

1. 唐会昌六年（846 年）　　　　　八月，蝗害。

2.　　咸通六年（865 年）　　　　　八月，蝗害。

3.　　咸通七年（866 年）　　　　　夏，蝗害。

4. 元至大二年（1309 年）　　　　　七月，蝗害。

5. 明崇祯十三年（1640 年）　　　　蝗蝻生，食苗。

6. 清康熙三十年（1691 年）　　　　七月，蝗害。

7.　　光绪二十八年（1902 年）　　　五月，蝗自晋渡河入境。

8. 民国十九年（1930 年）　　　　　九月，突发蝗群，遮天蔽日，禾苗一空。

9. 民国二十年（1931 年）　　　　　蝗蝻生。

10. 民国三十二年（1943 年）　　　　九月，蝗虫由晋渡河入境，秋禾被食。

原载《合阳县志》自然灾害，陕西人民出版社 1996 年版

《韩城市志》

1. 唐宝应元年（762 年）　　　　　旱蝗。

2.　　会昌六年（846 年）　　　　　八月，同、华等州及韩城蝗。

3.　　咸通六年（865 年）　　　　韩城蝗。

4.　　咸通七年（866 年）　　　　韩城、合阳蝗。

5. 宋乾德二年（964 年）　　　　秋，同州蝗。

6. 元至大二年（1309 年）　　　　七月，耀、同、华、韩城蝗。

7. 明崇祯八年（1635 年）　　　　韩城蝗。

8.　　崇祯十三年（1640 年）　　　韩城蝗蝻生。

9.　　清咸丰七年（1857 年）　　　关中飞蝗蔽天。

10.　　光绪十八年（1892 年）　　夏，蝗虫为灾。

11.　　光绪二十三年（1897 年）　　蝗灾。

12.　　光绪二十六年（1900 年）　　蝗灾，西原村村民程任子因蝗灾而病死，有顺口溜曰："立立之眉，瞪瞪之眼，只吃叶儿不吃秆，蝗虫越吃越凶啦，把任子哥吃得送命啦。"

13.　　光绪二十七年（1901 年）　　龙亭蝗灾，秋田歉收。

14.　　光绪二十八年（1902 年）　　五月，飞蝗自山西渡河入韩城、合阳境。

15. 民国十九年（1930 年）　　　　夏，蝗灾，秋粮歉收。

16. 民国二十二年（1933 年）　　　蝗灾，弥漫天际，所过高粱殆尽。

17. 民国二十七年（1938 年）　　　八月，蝗蝻自黄河滩蜂拥而来，散布原野，全县遭灾减产三分之一。

18. 民国三十二年（1943 年）　　　八月，飞蝗由豫经晋渡河飞陕西，集韩城、朝邑、大荔、合阳等县。

19. 民国三十三年（1944 年）　　　夏，蝗虫由黄河滩起飞，自咎村北而南遍及全境，飞时几乎遮住太阳；八月，蝗虫塞满田间，行人受阻，蝗蝻成群结队纵横南北，农田渐赤。

20. 民国三十四年（1945 年）　　　八月，咎村蝗虫向南蔓延至芝川、堡安原、龙亭。

21. 民国三十五年（1946 年）　　　七月，飞蝗自东向西群起迁飞，所过禾草一空。

22. 民国三十六年（1947 年）　　　七月，龙亭蝗虫为害玉米、糜谷。

原载《韩城市志》自然灾害志，三秦出版社 1991 年版

四、咸阳市

《咸阳市志》

1. 秦王政四年（前 243 年）　　　　十月，蝗虫蔽天。

2. 唐永淳元年（682 年）　　　　关中蝗虫毁苗。

3. 后晋天福八年（943 年）　　　　四月，关西、山东、河南诸郡蝗虫遍地，

　　　　　　　　　　　　　　　　　　雍州节度使命百姓捕蝗一斗赏粟一斗。

4. 清康熙二十九年（1690 年）　　　关中蝗灾。

5. 　康熙三十年（1691 年）　　　咸阳、乾州飞蝗蔽天，树叶、杂草几尽。

原载《咸阳市志》大事记，陕西人民出版社 1996 年版

6. 明嘉靖八年（1529 年）　　　　蝗飞蔽天。

7. 　崇祯七年（1634 年）　　　秋，咸阳蝗蝻为灾，大饥。

8. 　崇祯十二年（1639 年）　　　蝗蝻食禾。

9. 民国十九年（1930 年）　　　　七月，咸阳、礼泉飞蝗蔽日，食苗殆尽。

原载《咸阳市志》自然灾害，陕西人民出版社 1996 年版

民国《重修咸阳县志》

清顺治二年（1645 年）　　　　秋，蝗，不为灾。

原载民国《重修咸阳县志》卷八《杂记类·祥异》，民国二十一年铅印本

《兴平县志》

1. 西汉元光五年（前 130 年）　　　关中蝗虫。

2. 　元封六年（前 105 年）　　　关中蝗虫。

3. 　建武五年（29 年）　　　关中蝗虫。

4. 北魏太和八年（484 年）　　　四月，雍州雨蝗。

5. 唐贞观二年（628 年）　　　春，关中旱蝗，饥。

6. 　永徽元年（650 年）　　　七月，雍、同等九州旱蝗。

7. 　宝应元年（762 年）　　　关中蝗虫。

8. 　广德二年（764 年）　　　关中蝗食田禾。

9.　咸通九年（868 年）　　　　　关内蝗。

10. 后晋天福八年（943 年）　　　陕西旱蝗。

11. 元至正十九年（1359 年）　　　关中蝗飞蔽天，人马不能行，民大饥。

12. 明正统十年（1445 年）　　　　五月，关中蝗灾。

13. 清顺治四年（1647 年）　　　　六月，兴平蝗从秦岭下，蔽天而行，食稼。

14.　康熙二十九年（1690 年）　　兴平蝗。

15.　咸丰六年（1856 年）　　　　七月，兴平蝗自东来，飞行蔽日。

16.　咸丰七年（1857 年）　　　　秋，兴平蝗飞蔽天。

17.　咸丰八年（1858 年）　　　　夏秋，兴平蝗蝻遍野。

18.　同治元年（1862 年）　　　　六月，兴平蝗自西向东飞去。

19.　同治二年（1863 年）　　　　五月，兴平蝗灾。

20.　光绪五年（1879 年）　　　　五月，兴平蝗蝻食苗。

21.　光绪十八年（1892 年）　　　夏，兴平蝗灾。

22. 民国十九年（1930 年）　　　七月，兴平蝗飞蔽日，落则遍陌盈阡，道路塞满，行人不能隙足，食苗殆尽。

23. 民国二十年（1931 年）　　　兴平蝗起，田禾无收。

24. 民国二十三年（1934 年）　　　兴平蝗灾。

25. 民国三十三年（1944 年）　　　兴平蝗灾，秋，蝗蝻生。

原载《兴平县志》自然灾害志，陕西人民出版社 1994 年版

《武功县志》

1. 后晋天福八年（943 年）　　　旱蝗相继，饿殍盈路。

原载《武功县志》自然灾害·旱灾，陕西人民出版社 2001 年版

2. 元致和元年（1328 年）　　　蝗食禾稼、草木皆尽，所至蔽日，荒。

3. 明崇祯十一年（1638 年）　　　六月，蝗自东来，群飞蔽天，禾苗、草木尽食，岁大饥。

4. 清咸丰十一年（1861 年）　　　秋，武功、扶风飞蝗过境，遮天蔽日，落地禾苗、树叶食尽，此次蝗虫由山东而来，西飞至陇东，皆死。

5. 民国十九年（1930 年）　　　秋，蝗虫吃苗。

6. 民国二十年（1931 年）　　　秋，蝗虫吃苗。

7. 民国三十三年（1944 年）　　　　七月，武功、扶风、岐山蝗食禾谷。

　　　　　原载《武功县志》自然灾害·虫灾，陕西人民出版社 2001 年版

8. 明崇祯十三年（1640 年）　　　　陕西连年旱蝗。

9. 民国三十四年（1945 年）　　　　四月，全县蝗蝻生；秋，蝗大起。

　　　　　原载《武功县志》大事记，陕西人民出版社 2001 年版

《乾县志》

1. 秦王政四年（前 243 年）　　　　关中地区蝗虫蔽天。

2. 西晋永嘉四年（310 年）　　　　秦、雍大蝗，草木、牛马毛皆尽，饥馑。

3. 北周建德二年（573 年）　　　　关中大蝗。

4. 唐开成四年（839 年）　　　　全国蝗。

5. 乾符二年（875 年）　　　　关中蝗虫遮天蔽日，所过之处，一片赤土。

6. 后晋天福七年（942 年）　　　　四月，关西诸郡皆蝗，民死者十有八九。

7. 元至正十九年（1359 年）　　　　蝗食禾苗、草木俱尽，所至蔽日，碍人马不能行，填坑堑皆满，饥民捕蝗以为食。

8. 明正统十年（1445 年）　　　　五月，陕西所属州县旱蝗伤禾。

9. 嘉靖八年（1529 年）　　　　关中蝗飞蔽天。

10. 崇祯七年（1634 年）　　　　秋，全省蝗，大饥。

11. 清康熙三十年（1691 年）　　　　大旱，乾州飞蝗蔽天，民饥，死者大半。

12. 同治元年（1862 年）　　　　六月，飞蝗蔽天，食苗罄尽。

13. 民国十九年（1930 年）　　　　蝗虫为虐，南北纵贯五六十里，落地啄食田禾嚓嚓作响，飞行遮天蔽日呼呼有声，老幼追捕于田间或放炮扬鞭，无济于事。

14. 民国三十三年（1944 年）　　　　城镇、杨庄、注泔、杨子、薛王、新阳、临平遭受蝗灾，庄稼秆叶啮食殆尽。

　　　　　原载《乾县志》自然灾害·虫灾，陕西人民出版社 2003 年版

15. 明崇祯十二年（1639 年）　　　　旱蝗相织，草木俱尽，饥民相食。

16. 崇祯十三年（1640 年）　　　　旱蝗相织，草木俱尽，饥民相食。

17. 崇祯十四年（1641 年）　　　　旱蝗相织，草木俱尽，饥民相食。

18.　崇祯十五年（1642 年）　　　旱蝗相织，草木俱尽，饥民相食。

19. 清康熙三十一年（1692 年）　　旱、蝗、疫相加，饿殍载道。

原载《乾县志》大事记，陕西人民出版社 2003 年版

20.　康熙二十九年（1690 年）　　关中旱，蝗害，泾阳、三原、乾县、礼泉、

兴平、武功一带最为严重。

原载《乾县志》自然灾害·旱灾，陕西人民出版社 2003 年版

《礼泉县志》

1. 秦王政四年（前 243 年）　　　七月，蝗飞蔽天，食糜谷苗，歉收。

2. 西晋永嘉四年（310 年）　　　大蝗，民食草木。

3. 东晋建武二年（318 年）　　　大旱，蝗灾，民食野草、树皮。

4. 唐永淳元年（682 年）　　　　旱蝗。

5.　宝应元年（762 年）　　　　　秋，蝗灾。

6.　贞元元年（785 年）　　　　　六月，飞蝗遮天蔽日。

7.　乾符二年（875 年）　　　　　蝗虫遮天蔽日，所过一片赤荒。

8. 元至正十九年（1359 年）　　　蝗食禾稼、草木殆尽，飞蔽日，人难行，

饥民捕蝗而食之。

9. 民国十九年（1930 年）　　　　夏，蝗虫由东向西飞来，遮天蔽日，禾苗

尽食。

原载《礼泉县志》大事记，三秦出版社 1999 年版

民国《续修醴泉县志稿》

1. 明万历四十五年（1617 年）　　蝗从东南来，禾尽伤，蝻生。

2. 清康熙三十年（1691 年）　　　大旱，飞蝗蔽天。

3.　同治元年（1862 年）　　　　六月，飞蝗蔽天。

原载民国《续修醴泉县志稿》卷十四《杂记类·祥异》，民国二十四年铅印本

《泾阳县志》

1. 东汉建武二年（26 年）　　　　大旱，蝗虫成灾，人相食。

2. 元至正十九年（1359 年）   蝗食禾稼、草木俱尽，饥民捕蝗为食。

3. 清康熙二十九年（1690 年）   关中蝗害，泾阳饿殍遍野。

4. 民国十九年（1930 年）   大旱，蝗虫成灾。

原载《泾阳县志》大事记，陕西人民出版社 2001 年版

宣统《泾阳县志》

明崇祯十年（1637 年）   秋，蝗食禾殆尽。

原载宣统《泾阳县志》卷二《地理志下·祥异》，宣统三年铅印本

乾隆《三原县志》

1. 西晋永嘉四年（310 年）   雍州大蝗，食草木、牛马毛皆尽。

2.   建兴四年（316 年）   六月，大蝗。

3. 北魏太和八年（484 年）   四月，雍州蝗。

4. 北周建德二年（573 年）   关中大蝗。

5.   唐贞观二年（628 年）   京畿旱蝗，太宗在苑中掇蝗祝之曰："人以谷为命，百姓有过，在予一人，但当蚀我，勿害百姓。"遂吞之。是岁，蝗不为灾。

6.   永徽元年（650 年）   京畿、雍州旱蝗。

7.   永淳元年（682 年）   六月，关中蝗。

8.   广德二年（764 年）   秋，蝗。

9.   咸通七年（866 年）   京畿蝗。

10.   咸通九年（868 年）   关内蝗。

11. 后晋天福七年（942 年）   关内诸郡皆蝗，人死者十有七八。

12. 宋乾德二年（964 年）   关西诸郡有蝗。

13.   天禧元年（1017 年）   陕西蝗蝻复生，多去蛰者；六月，陕西蝗。

14.   天圣五年（1027 年）   陕西旱蝗，减其租。

15.   明道二年（1033 年）   陕西蝗，遣使安抚，除其租。

16. 金大定十六年（1176 年）   五月，陕西旱蝗，诏免租赋。

17.   贞祐四年（1216 年）   五月，陕西大蝗。

18. 元至顺二年（1331 年）　　　　七月，奉元属县蝗，免今年田租。

19.　至正十九年（1359 年）　　　　夏，奉元蝗食禾稼、草木俱尽。

20. 明嘉靖二年（1523 年）　　　　出太仓银二十万赴陕西蝗旱地方给赈。

21.　崇祯七年（1634 年）　　　　秋，全省蝗。

22.　崇祯十三年（1640 年）　　　　陕西旱蝗，人相食。

原载乾隆《三原县志》卷九《祥异》，光绪三年抄本

《三原县志》

1. 唐宝应元年（762 年）　　　　旱蝗。

2. 后晋天福八年（943 年）　　　　旱蝗相继。

原载《三原县志》自然灾害，陕西人民出版社 2000 年版

3. 民国二十年（1931 年）　　　　六月，蝗生，所过处叶茎全无。

4. 民国三十三年（1944 年）　　　　六月，蝗害，除治后灭迹。

原载《三原县志》大事记，陕西人民出版社 2000 年版

《永寿县志》

1. 宋乾德二年（964 年）　　　　蝗虫伤禾，秋无收。

2. 明嘉靖八年（1529 年）　　　　飞蝗蔽天。

3.　嘉靖十年（1531 年）　　　　蝗灾。

4.　万历四十四年（1616 年）　　　秋，蝗虫伤禾。

5.　崇祯七年（1634 年）　　　　蝗虫伤禾，大饥。

6. 清康熙三十年（1691 年）　　　大旱，飞蝗蔽天，民饥。

7.　乾隆二十六年（1761 年）　　　春，蝗虫伤麦，无收。

8.　同治元年（1862 年）　　　　六月，飞蝗蔽天，由东而西，食禾殆尽。

9.　光绪二年（1876 年）　　　　飞蝗伤禾。

10.　光绪六年（1880 年）　　　　六月，蝗虫伤禾。

11. 民国十九年（1930 年）　　　　七月，蝗虫成灾，秋禾尽食。

原载《永寿县志》自然灾害，三秦出版社 1991 年版

12. 宋乾德三年（965 年）　　　　蝗虫伤禾。

原载《永寿县志》大事记，三秦出版社 1991 年版

康熙《永寿县志》

1. 明崇祯十年（1637年）　　　　　　飞蝗入境，大伤禾稼。
2. 　崇祯十一年（1638年）　　　　　飞蝗入境，大伤禾稼。
3. 　崇祯十二年（1639年）　　　　　飞蝗入境，大伤禾稼。

原载康熙《永寿县志》卷六《灾祥》，康熙七年刻本

《淳化县志》

1. 唐永淳元年（682年）　　　　　　关中旱蝗继发。
2. 清康熙二十九年（1690年）　　　　关中旱蝗极甚。
3. 　康熙三十年（1691年）　　　　　夏秋，关中旱，蝗飞蔽天，树叶、杂草
　　　　　　　　　　　　　　　　　　几尽。
4. 民国十八年（1929年）　　　　　　蝗灾。

原载《淳化县志》自然灾害志，三秦出版社2000年版

《旬邑县志》

1. 明崇祯十二年（1639年）　　　　　旱，旬邑蝗虫灾害。
2. 　崇祯十三年（1640年）　　　　　旱，旬邑蝗虫灾害。
3. 民国二十一年（1932年）　　　　　旬邑遭蝗灾，减产二三成。

原载《旬邑县志》大事记，三秦出版社2000年版

《彬县志》

后晋天福八年（943年）　　　　　　陕西蝗灾。

原载《彬县志》自然灾害，陕西人民出版社2000年版

《长武县志》

1. 西汉建始四年（前29年）　　　　　蝗虫害稼。
2. 东汉熹平四年（175年）　　　　　七月，关中蝗，延及秦、陇。

3. 唐宝应元年（762 年）	关中旱蝗，田禾无收。
4. 贞元元年（785 年）	夏，陕西蝗虫东自海，西尽河、陇，群飞蔽天，旬日不息，所到草木、树叶及畜毛无存，百姓捕蝗为食。
5. 后晋天福七年（942 年）	四月，关西诸郡蝗害禾。
6. 宋乾德二年（964 年）	蝗伤禾，秋无收。
7. 元至正十九年（1359 年）	五月，关中飞蝗蔽天，人马不能行，民饥，人相食。
8. 明正统十年（1445 年）	蝗害稼，民缺食。
9. 清道光十年（1830 年）	三月，飞蝗如黑云，食麦苗。

原载《长武县志》自然灾害，陕西人民出版社 2000 年版

五、宝鸡市

《宝鸡市志》

1. 秦王政四年（前 243 年）	蝗虫从东方来蔽天。
2. 东汉建武五年（29 年）	夏四月，关中蝗灾。
3. 熹平四年（175 年）	七月，关中蝗虫。
4. 西晋咸宁三年（277 年）	雍州大蝗，食草木、牛马毛尽。
5. 永嘉四年（310 年）	六月，雍州大蝗。
6. 东晋建武元年（317 年）	七月，雍州大蝗。
7. 大兴元年（318 年）	九月，雍州大蝗。
8. 永和十一年（355 年）	雍州蝗虫大起，食草木无遗。
9. 北魏太和八年（484 年）	五月，雍州蝗。
10. 北周建德二年（573 年）	九月，关内大蝗。
11. 唐贞观二年（628 年）	六月，关中旱蝗。
12. 永淳元年（682 年）	六月，岐、陇等州蝗食苗尽。
13. 宝应元年（762 年）	关中旱蝗。
14. 广德二年（764 年）	七月，关中旱蝗。
15. 兴元元年（784 年）	秋，关中大蝗，田稼食尽，饥民捕蝗为食。
16. 贞元元年（785 年）	夏，蝗群飞蔽天，旬日不息，所至草木叶

及畜毛靡有孑遗。

17.	开成四年（839 年）	蝗虫为害。
18.	咸通九年（868 年）	六月，关中蝗灾，人饥。
19.	后晋天福七年（942 年）	四月，蝗害。
20.	天福八年（943 年）	旱蝗相继，人流徙。
21.	金贞祐四年（1216 年）	五月，凤翔、岐山、扶风蝗灾。
22.	元致和元年（1328 年）	四月，岐山、凤翔蝗灾，无麦苗。
23.	至正十九年（1359 年）	五月，关中与中原蝗虫蔽天，人马不能行，沟堑尽平，民大饥，捕蝗以为食，又尽，人相食。
24.	至正二十年（1360 年）	凤翔、岐山蝗灾。
25.	至正二十五年（1365 年）	九月，岐山蝗虫为灾。
26.	明洪武七年（1374 年）	六月，凤翔蝗虫害稼。
27.	正统十年（1445 年）	六月，关中旱蝗。
28.	嘉靖八年（1529 年）	凤翔、千阳蝗灾，群飞蔽天。
29.	崇祯八年（1635 年）	飞蝗自眉县来，遍满天地，秋谷尽食。
30.	崇祯十年（1637 年）	凤翔飞蝗蔽天。
31.	崇祯十一年（1638 年）	凤翔、麟游蝗蝻食麦。
32.	崇祯十二年（1639 年）	扶风蝻生遍地，麟游蝗蝻食麦，岐山蝗食秋禾。
33.	崇祯十三年（1640 年）	凤翔蝗虫成灾，民大饥。
34.	清顺治五年（1648 年）	七月，凤翔蝗灾。
35.	顺治六年（1649 年）	七月，凤翔大蝗灾。
36.	康熙二十九年（1690 年）	秋，扶风蝗自东南来蔽天，遗蝻。
37.	康熙三十年（1691 年）	宝鸡蝗自东南来蔽天，集树枝折，眉县蝗飞蔽天，食禾。
38.	咸丰七年（1857 年）	六月，宝鸡飞蝗蔽天，食禾稼，民争捕之。
39.	咸丰九年（1859 年）	千阳飞蝗蔽日，官府奖励捕蝗。
40.	咸丰十一年（1861 年）	六月，岐山飞蝗蔽天，高粱、糜谷吃光；眉县蝗虫成灾。
41.	同治元年（1862 年）	六月，岐山飞蝗入境。
42.	民国十九年（1930 年）	岐山蝗大起，伤禾。

43. 民国二十年（1931 年）　　　　　宝鸡蝗生。

44. 民国二十四年（1935 年）　　　　岐山蝗大起，遍地皆是，秋禾殆尽。

原载《宝鸡市志》自然灾害，三秦出版社 1998 年版

民国《宝鸡县志》

1. 宋乾德二年（964 年）　　　　　　陕西诸州蝗。

2. 清顺治四年（1647 年）　　　　　　夏六月，蝗，大饥。

原载民国《宝鸡县志》卷十六《祥异》，民国十一年铅印本

乾隆《凤翔府志》

1. 东晋永和十一年（355 年）　　　　蝗虫大起，自华泽至陇山，食百草无遗。

2. 唐永淳元年（682 年）　　　　　　六月，雍、岐、陇等州蝗。

3. 　兴元十五年（798 年）　　　　　七月，凤翔等州蝗。

4. 元大德三年（1299 年）　　　　　　十月，陇、陕蝗。

5. 　致和元年（1328 年）　　　　　　四月，凤翔岐山蝗，无麦苗。

6. 　至正二十年（1360 年）　　　　　七月，凤翔岐山蝗。

7. 　至正二十五年（1365 年）　　　　九月，凤翔岐山县蝗。

8. 明嘉靖八年（1529 年）　　　　　　蝗自东来，群飞蔽天。

9. 　崇祯十年（1637 年）　　　　　　凤翔飞蝗蔽天。

10. 　崇祯十一年（1638 年）　　　　春，凤翔蝻生食麦；六月，蝗食禾，饥。

11. 　崇祯十二年（1639 年）　　　　遗蝻遍野。

12. 　崇祯十三年（1640 年）　　　　大旱蝗，岁饥，人相食。

13. 清顺治六年（1649 年）　　　　　　秋七月，凤翔县蝗。

14. 　康熙三十年（1691 年）　　　　宝鸡蝗自东来蔽天，集树枝折。

原载乾隆《凤翔府志》卷十二《祥异》，乾隆三十一年刻本

《凤翔县志》

1. 东晋永和十一年（355 年）　　　　蝗虫大起，食草木无遗。

2. 北魏太和八年（484 年）　　　　　蝗灾。

3. 北周建德二年（573 年）　　　　　大蝗。

4. 唐广德二年（764 年）　　　　　　蝗灾。

5. 　兴元元年（784 年）　　　　　　蝗虫遍地，草木无遗，饥民捕蝗、蒸曝
　　　　　　　　　　　　　　　　　　而食。

6. 　贞元元年（785 年）　　　　　　夏，蝗飞蔽天，旬日不息，草木叶食尽，
　　　　　　　　　　　　　　　　　　饥民食蝗。

7. 　开成四年（839 年）　　　　　　蝗灾。

8. 后晋天福七年（942 年）　　　　　蝗灾，人死十有七八。

9. 金贞祐四年（1216 年）　　　　　五月，蝗灾。

10. 元致和元年（1328 年）　　　　　四月，蝗灾，无麦苗。

11. 　至正十九年（1359 年）　　　　五月，蝗飞蔽天，落地成堆，人马不能行，
　　　　　　　　　　　　　　　　　　民大饥，人相食。

12. 明洪武七年（1374 年）　　　　　六月，蝗害稼。

13. 　正统十年（1445 年）　　　　　六月，旱蝗。

14. 　嘉靖八年（1529 年）　　　　　蝗自东来，群飞蔽天。

15. 　崇祯十年（1637 年）　　　　　蝗飞蔽天。

16. 　崇祯十一年（1638 年）　　　　蝗。

17. 　崇祯十三年（1640 年）　　　　大蝗，民大饥。

18. 清顺治六年（1649 年）　　　　　七月，大蝗。

原载《凤翔县志》自然灾害，陕西人民出版社 1991 年版

顺治《扶风县志》

1. 秦王政五年（前 242 年）　　　　大蝗，疫。

2. 西汉太初元年（前 104 年）　　　夏，关东蝗飞至。

3. 新莽地皇三年（22 年）　　　　　夏，蝗飞蔽天。

4. 东晋永和十一年（355 年）　　　秦大蝗，自华阴至陇山，食百草无遗。

5. 后晋天福七年（942 年）　　　　四月，关西诸郡蝗起。

6. 明崇祯十一年（1638 年）　　　六月，蝗飞蔽天，草木俱尽。

7. 　崇祯十二年（1639 年）　　　蝗蝻遍野。

8. 　崇祯十三年（1640 年）　　　大旱蝗，岁饥。

原载顺治《扶风县志》卷一《赋役志·灾祥》，顺治十八年刻本

《扶风县志》

1. 唐贞元元年（785 年）　　　　　　　夏，蝗虫从东来，群飞蔽天，旬日不息，
　　　　　　　　　　　　　　　　　　禾稼、杂草、树皮皆尽。

2. 清咸丰十一年（1861 年）　　　　　　秋，飞蝗过境，禾稼尽食，飞至陇县关山
　　　　　　　　　　　　　　　　　　皆死，死蝗积数寸。

3. 民国三十三年（1944 年）　　　　　　八月，武功、扶风等 28 县蝗。

原载《扶风县志》自然灾害，陕西人民出版社 1993 年版

《岐山县志》

1. 秦王政五年（前 242 年）　　　　　　大蝗，疫。

2. 金贞祐四年（1216 年）　　　　　　　蝗灾。

3. 元致和元年（1328 年）　　　　　　　四月，凤翔岐山蝗，无麦苗。

4. 　至正二十年（1360 年）　　　　　　七月，岐山蝗。

5. 　至正二十五年（1365 年）　　　　　九月，岐山蝗。

6. 明崇祯十二年（1639 年）　　　　　　秋，蝗伤禾。

7. 清咸丰十一年（1861 年）　　　　　　七月，飞蝗蔽天，食糜谷。

8. 　同治元年（1862 年）　　　　　　　飞蝗入境。

9. 民国十九年（1930 年）　　　　　　　蝗大起，伤禾。

10. 民国二十四年（1935 年）　　　　　蝗大起，遍地皆是，高粱殆尽。

原载《岐山县志》自然灾害，陕西人民出版社 1992 年版

《眉县志》

1. 秦王政四年（前 243 年）　　　　　　七月，秦国大蝗，饥。

2. 秦王政五年（前 242 年）　　　　　　眉县蝗灾。

3. 东汉建武五年（29 年）　　　　　　　四月，蝗灾。

4. 西晋咸宁三年（277 年）　　　　　　　大蝗，食草木、牛马毛皆尽。

5. 　永嘉四年（310 年）　　　　　　　　六月，大蝗，草木、牛马毛皆尽。

6. 　建兴五年（317 年）　　　　　　　　大蝗。

7. 前秦寿光元年（355 年）　　　　　　　眉县蝗灾，百草无遗。

8. 北魏太和八年（484 年）　　　　　蝗。

9. 北周建德二年（573 年）　　　　　七月，大蝗。

10. 唐贞观二年（628 年）　　　　　六月，旱蝗。

11. 永淳元年（682 年）　　　　　蟓蝗食禾苗并尽。

12. 宝应元年（762 年）　　　　　旱蝗。

13. 广德元年（763 年）　　　　　蝗。

14. 广德二年（764 年）　　　　　七月，蝗食田。

15. 兴元元年（784 年）　　　　　秋，大蝗，田稼食尽，百姓捕蝗为食。

16. 贞元元年（785 年）　　　　　夏，蝗自东来，群飞蔽天，旬日不息，草木俱尽，民蒸蝗而食。

17. 开成四年（839 年）　　　　　蝗害。

18. 咸通九年（868 年）　　　　　六月，蝗灾，人饥。

19. 后晋天福八年（943 年）　　　　　旱蝗相继，民流徙，饿殍遍野。

20. 元致和元年（1328 年）　　　　　四月，眉县蝗食麦苗。

21. 至正十九年（1359 年）　　　　　五月，关西蝗飞蔽天，人马不能行，民大饥，捕蝗为食。

22. 明洪武七年（1374 年）　　　　　蝗害稼。

23. 正统十年（1445 年）　　　　　五月旱，蝗伤禾。

24. 嘉靖八年（1529 年）　　　　　蝗自东来，群飞蔽天。

25. 万历四十五年（1617 年）　　　　　六月，蝗飞蔽天，旋向西飞去。

26. 崇祯八年（1635 年）　　　　　蝗自东来，遍满田地，食尽秋谷，三年不绝。

27. 崇祯十一年（1638 年）　　　　　六月，蝗食禾苗，大饥。

28. 崇祯十三年（1640 年）　　　　　蝗灾，饥，人相食。

29. 清顺治六年（1649 年）　　　　　七月，蝗灾。

30. 康熙三十年（1691 年）　　　　　蝗自东来，群飞蔽天，眉县大饥。

31. 咸丰十一年（1861 年）　　　　　八月，眉县蝗为灾，禾稼尽食。

32. 民国十九年（1930 年）　　　　　八月，蝗害，伤玉米、荞麦和谷。

33. 民国三十三年（1944 年）　　　　　八月，蝗灾。

原载《眉县志》自然灾害纪实，陕西人民出版社 2000 年版

《千阳县志》

1. 唐永徽元年（650 年）　　　　　夏，旱蝗。

2. 后晋天福八年（943 年）　　　　　　　旱蝗相继。

3. 明洪熙元年（1425 年）　　　　　　　　夏，蝗害稼，民艰食。

4. 　正统十年（1445 年）　　　　　　　　旱蝗。

原载《千阳县志》自然灾害，陕西人民教育出版社 1991 年版

道光《汧阳县志》

1. 东晋永和十一年（355 年）　　　　　　蝗虫大起，自华泽至陇山，食百草无遗。

2. 元大德三年（1299 年）　　　　　　　　十月，陇、陕蝗。

3. 　致和元年（1328 年）　　　　　　　　四月，凤翔岐山县蝗，无麦苗。

4. 　至正二十年（1360 年）　　　　　　　七月，凤翔岐山蝗。

5. 　至正二十五年（1365 年）　　　　　　凤翔岐山蝗。

6. 明嘉靖八年（1529 年）　　　　　　　　蝗自东来，群飞蔽天。

7. 　崇祯十年（1637 年）　　　　　　　　凤翔蝗飞蔽天。

8. 　崇祯十一年（1638 年）　　　　　　　凤翔蝻生，食麦；六月，蝗食禾，大饥。

9. 　崇祯十二年（1639 年）　　　　　　　蝻生遍野。

10. 　崇祯十三年（1640 年）　　　　　　　大旱蝗，岁饥，人相食。

11. 清康熙三十年（1691 年）　　　　　　　蝗自东来，蔽天，集树枝折。

原载道光《汧阳县志》卷十二《祥异志》，道光二十一年刻本

《陇县志》

1. 东汉建武五年（29 年）　　　　　　　　四月旱，蝗灾。

2. 西晋咸宁三年（277 年）　　　　　　　　大蝗，百草殆尽。

3. 　永嘉四年（310 年）　　　　　　　　　六月，大蝗，百草无遗。

4. 　建兴四年（316 年）　　　　　　　　　大蝗。

5. 　建兴五年（317 年）　　　　　　　　　七月，大蝗。

6. 东晋大兴二年（319 年）　　　　　　　　九月，大蝗。

7. 　永和十一年（355 年）　　　　　　　　蝗大起，食百草无遗。

8. 北周建德二年（573 年）　　　　　　　　九月，大蝗。

9. 唐永淳元年（682 年）　　　　　　　　　六月，蝗食禾苗殆尽。

10. 　贞元元年（785 年）　　　　　　　　　蝗群飞蔽天，旬日不息，所至草木叶皆尽，

民蒸蝗，曝，扬去足翅而食之。

11.	咸通九年（868 年）	六月，蝗。
12.	后晋天福七年（942 年）	四月，蝗。
13.	天福八年（943 年）	旱蝗相继，民流徙，饥死者十之八九。
14.	元大德三年（1299 年）	蝗。
15.	明嘉靖八年（1529 年）	蝗飞蔽天。
16.	清咸丰八年（1858 年）	五月，飞蝗入境，扑灭之。
17.	同治二年（1863 年）	五月，蝗。
18.	光绪十八年（1892 年）	夏，蝗。
19.	民国十八年（1929 年）	旱，蝗蝻为灾。
20.	民国十九年（1930 年）	初秋，蝗遮天蔽日，道路布满蝗虫，行人无隙足地，秋苗啮食殆尽。
21.	民国二十年（1931 年）	六月，蝗复大起，飞蔽日，蔓延更甚，禾苗多被啮食。
22.	民国二十三年（1934 年）	蝗。
23.	民国三十三年（1944 年）	豫省蝗大起，波及本县。

原载《陇县志》自然灾害，陕西人民出版社 1993 年版

《麟游县志》

1.	东晋永和十年（354 年）	关中蝗大起，自华阴至陇山，食百草无遗。
2.	明万历四十四年（1616 年）	飞蝗蔽天。
3.	崇祯十一年（1638 年）	蝗食禾苗、草木尽。
4.	崇祯十二年（1639 年）	蝗蝻食麦。
5.	崇祯十三年（1640 年）	旱蝗为灾，人相食。
6.	清同治元年（1862 年）	六月，蝗食禾尽。
7.	光绪十八年（1892 年）	蝗灾。

原载《麟游县志》大事记，陕西人民出版社 1993 年版

《凤县志》

经查，光绪十八年和 1994 年陕西人民出版社出版的县志中均无蝗灾记载。

《太白县志》

经查，1995 年三秦出版社出版的县志中无蝗灾记载。

六、汉中市

民国《重刻汉中府志》

1.	明崇祯七年（1634 年）	秋，蝗，大饥。
2.	崇祯九年（1636 年）	旱蝗。
3.	崇祯十一年（1638 年）	夏，蝗飞蔽天，禾苗、木叶尽伤，大饥。
4.	崇祯十二年（1639 年）	秋，蝗，禾草俱尽，大饥。

原载民国《重刻汉中府志》卷二十三《祥异》，民国十三年刻本

《汉中市志》

1.	西晋永宁元年（301 年）	七月，梁州①蝗。
2.	唐开耀二年（682 年）	三月，蝗。
3.	会昌元年（841 年）	七月，山南等州蝗。
4.	宋乾德二年（964 年）	蝗。
5.	天禧元年（1017 年）	蝗蝻复生，多去岁；六月，蝗。
6.	金贞祐四年（1216 年）	五月，大蝗。
7.	明嘉靖五年（1526 年）	蝗虫食禾。
8.	嘉靖九年（1530 年）	夏，汉中蝗食禾。
9.	崇祯七年（1634 年）	秋，陕西全省蝗，大饥。
10.	崇祯九年（1636 年）	汉中蝗。
11.	崇祯十二年（1639 年）	秋，汉中蝗，禾草俱尽，大饥。
12.	清康熙三十一年（1692 年）	蝗虫遍野，禾苗尽食，驱之不尽。

原载《汉中市志》自然灾害志，中共中央党校出版社 1994 年版

---

① 梁州：旧州名，治所在今陕西汉中东。

《南郑县志》

1. 唐永淳元年（682年）　　　　　　四月，陕南蝗，无麦。
2. 　会昌元年（841年）　　　　　　七月，山南、陕南等州蝗。
3. 明崇祯七年（1634年）　　　　　　秋，蝗。
4. 　崇祯九年（1636年）　　　　　　蝗。
5. 　崇祯十一年（1638年）　　　　　夏，飞蝗蔽天，禾苗尽伤。
6. 　崇祯十二年（1639年）　　　　　夏秋，蝗。
7. 清道光十六年（1836年）　　　　　湖北飞蝗入汉中。
8. 民国十八年（1929年）　　　　　　蝗虫食禾。

原载《南郑县志》自然灾害志，中国人民公安大学出版社1990年版

《洋县志》

1. 明崇祯八年（1635年）　　　　　　蝗害稼，无收。
2. 　崇祯十三年（1640年）　　　　　秋，蝗飞蔽日，食禾苗尽。
3. 清道光十四年（1834年）　　　　　蝗伤禾苗。

原载《洋县志》自然灾害，三秦出版社1996年版

《西乡县志》

1. 唐永淳元年（682年）　　　　　　三月，蝗。
2. 　会昌元年（841年）　　　　　　七月，山南等州蝗。
3. 民国十八年（1929年）　　　　　　旱蝗。
4. 民国十九年（1930年）　　　　　　蝗害。

原载《西乡县志》自然灾害志，陕西人民出版社1991年版

康熙《西乡县志》

明崇祯十一年（1638年）　　　　　夏，飞蝗蔽天，食田苗及叶俱尽。

原载康熙《西乡县志》卷五《灾异》，康熙二十二年刻本

《佛坪县志》

民国三十五年（1946 年）　　　　　　秋，蒲河流域蝗虫严重。

　　　　　　　　原载《佛坪县志》自然灾害，三秦出版社 1993 年版

光绪《定远厅志》①

1. 明崇祯十一年（1638 年）　　　　　夏，蝗食苗。
2. 清道光十年（1830 年）　　　　　　飞蝗入境。
3. 道光十六年（1836 年）　　　　　　蝗生，县令督捕，幸不成灾。
4. 道光二十一年（1841 年）　　　　　秋，蝗伤稼。
5. 道光二十三年（1843 年）　　　　　蝗复生。

　　　　　　　原载光绪《定远厅志》卷二十四《五行志》，光绪五年刻本

《勉县志》

1. 西晋永宁元年（301 年）　　　　　七月，梁州蝗。
2. 唐永淳元年（682 年）　　　　　　三月，蝗。
3. 会昌元年（841 年）　　　　　　　七月，山南等州蝗。
4. 明崇祯七年（1634 年）　　　　　　秋，陕西蝗，大饥。
5. 崇祯九年（1636 年）　　　　　　　汉中蝗。
6. 崇祯十二年（1639 年）　　　　　　秋，汉中蝗，禾草俱尽，大饥。
7. 清咸丰七年（1857 年）　　　　　　蝗。
8. 民国十九年（1930 年）　　　　　　褒城②蝗。

　　　　　　　　原载《勉县志》自然灾害志，地震出版社 1989 年版

《略阳县志》

1. 西晋建兴四年（316 年）　　　　　六月，大蝗。

---

① 定远：旧厅名，治所在今陕西镇巴。
② 褒城：旧县名，治所在今陕西勉县东褒城镇。

2. 唐会昌元年（841 年）　　　　　　　七月，山南等州蝗。

3. 明崇祯七年（1634 年）　　　　　　　秋，蝗，大饥。

4.　崇祯九年（1636 年）　　　　　　　旱蝗。

5.　崇祯十一年（1638 年）　　　　　　夏，飞蝗蔽天，禾苗、木叶尽伤，大饥。

6.　崇祯十二年（1639 年）　　　　　　秋，蝗，禾草皆尽，大饥。

原载《略阳县志》自然灾害志，陕西人民出版社 1992 年版

《留坝县志》

1. 西晋永宁元年（301 年）　　　　　　七月，梁州蝗灾。

2. 唐永淳元年（682 年）　　　　　　　三月，蝗灾。

3.　会昌元年（841 年）　　　　　　　七月，蝗灾，禾草俱尽。

原载《留坝县志》自然灾害，陕西人民出版社 2002 年版

4. 明崇祯十二年（1639 年）　　　　　　秋，蝗。

原载《留坝县志》大事记，陕西人民出版社 2002 年版

康熙《城固县志》

1. 明崇祯七年（1634 年）　　　　　　　秋，蝗，大饥。

2.　崇祯十一年（1638 年）　　　　　　夏，飞蝗蔽天，禾苗、木叶俱尽，大饥。

3.　崇祯十二年（1639 年）　　　　　　秋，蝗食禾草俱尽，大饥。

4. 清康熙三十一年（1692 年）　　　　　蝗遍野，食禾，令驱之不止。

原载康熙《城固县志》卷二《建置·灾异》，光绪四年刻本

《宁强县志》

经查，1995 年陕西师范大学出版社出版的县志中无蝗灾记载。

七、安康市

乾隆《兴安府志》

1. 唐永淳元年（682 年）　　　　　　　三月，京畿蝗。

2. 明嘉靖六年（1527 年）　　　　　旬阳蝗。

3.　嘉靖四十一年（1562 年）　　　　蝗。

4.　隆庆五年（1571 年）　　　　　　兴安、紫阳蝗。

5.　万历元年（1573 年）　　　　　　旱蝗，食稻。

6.　万历五年（1577 年）　　　　　　夏，复生蝗。

原载乾隆《兴安府志》卷二十四《史事志下·祥异》，乾隆五十三年刻本

《安康县志》

1. 唐开成四年（839 年）　　　　　　全国蝗。

2.　会昌元年（841 年）　　　　　　　七月，山南等州蝗。

3. 宋乾德二年（964 年）　　　　　　五月，陕西有蝗。

4. 明正统十年（1445 年）　　　　　　旱蝗，灾伤。

5.　嘉靖四十一年（1562 年）　　　　蝗。

6.　隆庆五年（1571 年）　　　　　　蝗。

7.　万历元年（1573 年）　　　　　　蝗食稻。

8.　崇祯七年（1634 年）　　　　　　秋，陕西蝗，饥。

9.　清道光十六年（1836 年）　　　　飞蝗自河南、湖北入。

10.　同治七年（1868 年）　　　　　　六月，蝗害稼。

11. 民国三十三年（1944 年）　　　　七月，境内蝗灾蔓延，稻叶、苞谷受害。

原载《安康县志》自然灾害，陕西人民教育出版社 1989 年版

《紫阳县志》

1. 明嘉靖四十四年（1565 年）　　　蝗灾。

2.　隆庆五年（1571 年）　　　　　　蝗灾。

3. 清道光十六年（1836 年）　　　　五月，飞蝗入境，大雨蝗殒。

4.　同治七年（1868 年）　　　　　　蝗害稼，饥。

5. 民国三十三年（1944 年）　　　　蝗灾。

原载《紫阳县志》自然灾异志，三秦出版社 1989 年版

《岚皋县志》

1. 清咸丰六年（1856 年）　　　　　　七月，飞蝗蔽天。

2. 　咸丰八年（1858 年）　　　　　　夏秋，蝗蝻遍野。

3. 　同治二年（1863 年）　　　　　　五月，蝗虫为灾。

4. 　同治七年（1868 年）　　　　　　六月，蝗虫为灾。

5. 　光绪十八年（1892 年）　　　　　夏，蝗虫为灾。

6. 民国二十三年（1934 年）　　　　　蝗虫为灾。

原载《岚皋县志》自然灾害志，陕西人民出版社 1993 年版

《旬阳县志》

1. 唐永淳元年（682 年）　　　　　　六月，山南等二十六州蝗，饥。

2. 　会昌元年（841 年）　　　　　　七月，山南等州蝗。

3. 　明正统七年（1442 年）　　　　　四月，陕西蝗。

4. 　嘉靖六年（1527 年）　　　　　　蝗蝻生，五谷不登。

5. 　嘉靖八年（1529 年）　　　　　　陕西蝗飞蔽天，自河南来。

6. 　嘉靖四十一年（1562 年）　　　　蝗。

7. 　隆庆五年（1571 年）　　　　　　旬阳、白河飞蝗害稼。

8. 　万历元年（1573 年）　　　　　　蝗食稻，叶尽穗落。

9. 　万历五年（1577 年）　　　　　　夏，蝗复生。

10. 　崇祯七年（1634 年）　　　　　秋，全省蝗，大饥。

11. 　崇祯十三年（1640 年）　　　　陕西旱蝗，人相食。

12. 清道光十六年（1836 年）　　　　陕南有飞蝗自河南、湖北入。

13. 　咸丰六年（1856 年）　　　　　七月，蝗自东方来，飞蔽日；秋，蝗伤稼。

14. 　咸丰八年（1858 年）　　　　　夏秋之际，陕西蝗蝻遍野。

15. 　同治二年（1863 年）　　　　　五月，陕西蝗。

16. 　光绪十八年（1892 年）　　　　夏，陕西蝗。

17. 民国十九年（1930 年）　　　　　秋，陕西蝗。

18. 民国二十三年（1934 年）　　　　陕西蝗。

19. 民国三十三年（1944 年）　　　　六月，蝗灾；八月，蝻生，庄稼几乎吃光。

原载《旬阳县志》自然灾害类抄，中国和平出版社 1996 年版

《白河县志》

1. 唐永淳元年（682 年）		蝗灾，民饥。
2. 明嘉靖五年（1526 年）		蝗食禾稼，五谷不登。
3. 嘉靖六年（1527 年）		蝗食禾稼，五谷不登。
4. 隆庆五年（1571 年）		蝗虫伤害庄稼。
5. 万历元年（1573 年）		蝗食稻叶尽。
6. 万历二年（1574 年）		蝗发。
7. 清道光六年（1826 年）		蝗发。
8. 民国二十四年（1935 年）		蝗发，集道，难以下足。
9. 民国三十三年（1944 年）		蝗虫猖獗。
10. 民国三十四年（1945 年）		五月，蝗虫成灾，玉米、稻叶吃光。

原载《白河县志》自然灾害，陕西人民出版社 1996 年版

11. 清道光十七年（1837 年）		夏，飞蝗遍野，结队渡河。
12. 咸丰七年（1857 年）		八月，飞蝗蔽天，所到处赤地。
13. 民国十七年（1928 年）		蝗。

原载《白河县志》大事记，陕西人民出版社 1996 年版

光绪《白河县志》

明万历五年（1577 年）　　　　　　蝗复生。

原载光绪《白河县志》卷十三《杂记·灾祥》，光绪十九年刻本

《汉阴县志》

1. 明崇祯七年（1634 年）		秋，陕西全省蝗，大饥。
2. 崇祯八年（1635 年）		夏秋，蝗飞蔽日，遍落城郊，害稼。
3. 清道光十六年（1836 年）		五月，蝗自东北入境。
4. 咸丰七年（1857 年）		飞蝗入境，群飞蔽天。
5. 民国四年（1915 年）		蝗起。
6. 民国九年（1920 年）		夏，飞蝗入境，伤禾苗。
7. 民国十二年（1923 年）		秋，蝗。

8. 民国三十八年（1949 年）　　　　　　秋，蝗。

原载《汉阴县志》自然灾害录，陕西人民出版社 1991 年版

民国《石泉县志》

清道光十六年（1836 年）　　　　　　五月，飞蝗入境。

原载民国《石泉县志》卷十《纪事志·祥异》，民国二十一年石印本

道光《宁陕厅志》

1. 后晋天福七年（942 年）　　　　　　蝗。
2. 明崇祯七年（1634 年）　　　　　　秋，蝗，大饥。
3. 清顺治四年（1647 年）　　　　　　六月，南山飞蝗蔽天而过，不为灾。

原载道光《宁陕厅志》卷一《舆地志·灾祥》，道光九年刻本

《宁陕县志》

民国二十三年（1934 年）　　　　　　秋，蝗，大饥。

原载《宁陕县志》灾害志，陕西人民出版社 1992 年版

《平利县志》

经查，光绪二十二年及 1995 年三秦出版社出版的县志中均无蝗灾记载。

《镇坪县志》

经查，民国六年及 2004 年陕西人民出版社出版的县志中均无蝗灾记载。

八、商洛市

乾隆《直隶商州志》

1. 明嘉靖七年（1528 年）　　　　　　蝗飞蔽天。

2. 万历四十五年（1617 年）　　　　蝗。

3. 天启三年（1623 年）　　　　　　蝗。

4. 崇祯九年（1636 年）　　　　　　蝗，大饥，饿殍载道。

5. 崇祯十年（1637 年）　　　　　　洛南蝗蝻食禾苗，并啮人衣。

6. 崇祯十一年（1638 年）　　　　　洛南蝗蝻食禾苗，并啮人衣。

7. 崇祯十二年（1639 年）　　　　　秋，洛南蝗。

8. 清顺治四年（1647 年）　　　　　山阳蝗飞蔽天。

原载乾隆《直隶商州志》卷十四《杂录·灾祥》，乾隆九年刻本

《洛南县志》

1. 明崇祯十年（1637 年）　　　　　飞蝗食尽禾苗。

2. 崇祯十一年（1638 年）　　　　　飞蝗食尽禾苗。

原载《洛南县志》大事记，作家出版社 1999 年版

乾隆《雒南县志》

1. 明嘉靖七年（1528 年）　　　　　蝗飞蔽天。

2. 万历三十三年（1605 年）　　　　蝗飞蔽天。

3. 天启二年（1622 年）　　　　　　蝗。

4. 天启三年（1623 年）　　　　　　又蝗。

5. 清顺治四年（1647 年）　　　　　蝗飞蔽天。

原载乾隆《雒南县志》卷十《事类志·灾祥》，同治七年刻本

《丹凤县志》

1. 唐元和十三年（818 年）　　　　　夏，蝗灾。

2. 明嘉靖七年（1528 年）　　　　　夏，飞蝗蔽天。

3. 万历三十四年（1606 年）　　　　夏，蝗灾。

4. 万历四十五年（1617 年）　　　　夏，蝗灾。

5. 崇祯九年（1636 年）　　　　　　夏，蝗，大饥。

6. 清道光十六年（1836 年）　　　　四月，蝗灾。

7.　　咸丰四年（1854 年）　　　　夏，飞蝗蔽日，禾稼尽伤。

8.　　咸丰七年（1857 年）　　　　夏，蝗灾。

9.　　咸丰八年（1858 年）　　　　夏，蝗灾。

10.　咸丰九年（1859 年）　　　　夏，蝗灾。

11.　同治四年（1865 年）　　　　夏，蝗灾，飞蔽日，落盖地。

12. 民国三十三年（1944 年）　　六月，飞蝗蔽天，自豫西而来，铺天盖地，

　　　　　　　　　　　　　　　　道路塞满，积蝗盈野，田禾殆尽。

　　　　　　　　　原载《丹凤县志》自然灾害志，陕西人民出版社 1994 年版

《商南县志》

1. 明嘉靖七年（1528 年）　　　蝗飞蔽天，庄稼被食。

2. 　万历三十三年（1605 年）　飞蝗入境，粮无收。

3. 　崇祯九年（1636 年）　　　飞蝗入境，遮天蔽日。

4. 清道光二十八年（1848 年）　春，蝗虫成灾。

5. 民国四年（1915 年）　　　　旱蝗。

6. 民国十九年（1930 年）　　　旱蝗。

7. 民国二十三年（1934 年）　　五月，飞蝗入境，庄稼受损。

8. 民国三十三年（1944 年）　　飞蝗入境，富水、清油、青山等地蝗灾严

　　　　　　　　　　　　　　　　重，县政府成立治蝗总队，通知各乡镇

　　　　　　　　　　　　　　　　保甲防治蝗灾。

　　　　　　　　　原载《商南县志》大事记，作家出版社 1993 年版

9. 清康熙四年（1665 年）　　　夏，旱蝗。

　　　　　　　　　原载《商南县志》自然灾害，作家出版社 1993 年版

民国《商南县志》

1. 清道光二十七年（1847 年）　七月，蝗。

2. 　咸丰七年（1857 年）　　　七月，蝗，民饥。

　　　　　　　原载民国《商南县志》卷十一《丛纪志·灾祥》，民国十二年铅印本

《山阳县志》

1. 明万历三十三年（1605 年）　　　　蝗灾。

2. 　崇祯九年（1636 年）　　　　　　蝗，民饥。

3. 清顺治六年（1649 年）　　　　　　蝗飞蔽天。

4. 　道光十五年（1835 年）　　　　　蝗虫成灾。

5. 　咸丰八年（1858 年）　　　　　　蝗飞蔽日，民大饥。

6. 　同治五年（1866 年）　　　　　　蝗自东来，田禾尽食，饥。

7. 民国十九年（1930 年）　　　　　　蝗生，由东而西遮天蔽日。

8. 民国三十三年（1944 年）　　　　　六月，太安等六乡镇蝗生，禾苗殆尽。

原载《山阳县志》自然灾害，陕西人民出版社1991 年版

嘉庆《山阳县志》

清顺治四年（1647 年）　　　　　　　六月，蝗飞蔽天。

原载嘉庆《山阳县志》卷十一《事类志·祥异》，嘉庆元年刻本

《镇安县志》

1. 宋天圣五年（1027 年）　　　　　　蝗灾。

2. 清顺治九年（1652 年）　　　　　　蝗灾。

3. 　康熙三十三年（1694 年）　　　　蝗灾。

4. 　咸丰元年（1851 年）　　　　　　七月，蝗灾。

5. 　咸丰七年（1857 年）　　　　　　蝗灾。

6. 　同治四年（1865 年）　　　　　　夏，蝗灾。

7. 　同治七年（1868 年）　　　　　　蝗灾。

8. 民国三十三年（1944 年）　　　　　六月，蝗害。

9. 民国三十四年（1945 年）　　　　　六月，山阳蝗虫群飞至镇安灵龙等地，百余里庄稼受害。

原载《镇安县志》自然灾害，陕西人民教育出版社1995 年版

《柞水县志》

1. 东晋永和十一年（355 年）	蝗从东而西，田禾一空。
2. 明崇祯七年（1634 年）	秋，蝗食禾尽，民饥。
3. 清咸丰七年（1857 年）	七月，蝗虫成灾，被食者三分之二。
4. 　同治三年（1864 年）	六月，蝗自东而西蔽日，尽食田禾。
5. 民国三十二年（1943 年）	四月，蝗虫为害，田禾被食半数。

原载《柞水县志》自然灾害，陕西人民出版社 1998 年版

光绪《孝义厅志》[①]

1. 清咸丰七年（1857 年）	飞蝗为灾。
2. 　同治七年（1868 年）	七月，飞蝗蔽天。

原载光绪《孝义厅志》卷十二《纪事志·灾异》，光绪九年刻本

《商州市志》

经查，1998 年中华书局出版的市志中无蝗灾记载。

九、铜川市

《铜川市志》

1. 前秦寿光元年（355 年）	北地郡县蝗害，百草皆光。
2. 元至大二年（1309 年）	七月，同官[②]蝗灾。
3. 　明嘉靖十六年（1537 年）	八月，有蝗自洛河来宜君，其势蔽天，其声如雷，大食田禾，平川尤甚。
4. 　万历十四年（1586 年）	六月，同官蝗飞蔽天，向西飞去不为灾。
5. 　万历十五年（1587 年）	春，蝗蝻食禾。

---

① 孝义：旧厅名，治所在今陕西柞水。

② 同官：旧县名，治所在今陕西铜川西北城关乡。

6. 万历四十四年（1616年）　　　六月，蝗从关东来耀县，声如风雨，害秋稼。

7. 崇祯二年（1629年）　　　飞蝗自东南同官来，天日为暗，触人面目挥之不去，禾苗立尽。

8. 崇祯四年（1631年）　　　同官旱蝗。

9. 崇祯七年（1634年）　　　秋，同官飞蝗成灾，大饥。

10. 崇祯十一年（1638年）　　　六月，飞蝗从东南来耀县，草木皆光。

11. 清顺治五年（1648年）　　　同官蝗飞蔽天。

12. 康熙三十年（1691年）　　　夏，同官蝗飞蔽天，饥。

13. 道光二十三年（1843年）　　　同官旱蝗。

14. 光绪七年（1881年）　　　耀县土蝗害禾稼。

15. 民国三年（1914年）　　　同官蝗食麦。

16. 民国六年（1917年）　　　同官旱蝗。

17. 民国十五年（1926年）　　　同官蝗食麦苗，无收。

18. 民国二十年（1931年）　　　同官县东北蝗灾。

原载《铜川市志》生物灾害，陕西师范大学出版社1997年版

《宜君县志》

1. 明崇祯十一年（1638年）　　　蝗自东南来，遮天蔽日，禾苗尽食。

2. 崇祯十二年（1639年）　　　蝗灾。

3. 崇祯十四年（1641年）　　　又蝗灾。

原载《宜君县志》自然灾害录，三秦出版社1992年版

《耀县志》

1. 宋乾德二年（964年）　　　五月，耀州有蝗。

2. 元至大二年（1309年）　　　七月，耀州蝗虫为灾。

3. 明万历四十四年（1616年）　　　六月，蝗自关东入耀州，声如风雨，大毁秋禾。

4. 崇祯十一年（1638年）　　　六月，蝗自关东入耀州，草木叶皆光。

5. 清光绪七年（1881年）　　　耀州土蚂蚱伤秋禾。

6. 民国十九年（1930 年）　　　　　　　秋，耀县飞蝗蔽日，食禾稼殆尽。

原载《耀县志》自然灾害，中国社会出版社 1997 年版

十、延安市

嘉庆《延安府志》

1. 明嘉靖五年（1526 年）　　　　　　延长蝗蔽天。

2. 　嘉靖八年（1529 年）　　　　　　蝗飞蔽日，大饥，人相食。

3. 　嘉靖十一年（1532 年）　　　　　四月，蝗飞蔽天，人取食之。

原载嘉庆《延安府志》卷五《大事表》，光绪十年据嘉庆七年刻版重修本

4. 　万历十年（1582 年）　　　　　　安塞境内飞蝗遍野，民大饥。

5. 　万历三十九年（1611 年）　　　　蝗。

6. 　万历四十四年（1616 年）　　　　旱蝗。

7. 　崇祯六年（1633 年）　　　　　　安塞境内有蝗。

8. 　崇祯十二年（1639 年）　　　　　蝗。

9. 　清顺治三年（1646 年）　　　　　蝗。

10. 　顺治四年（1647 年）　　　　　　蝗。

11. 　康熙三十年（1691 年）　　　　　宜川旱，飞蝗蔽天，禾苗食尽，岁饥。

原载嘉庆《延安府志》卷六《大事表》，光绪十年据嘉庆七年刻版重修本

《延安地区志》

1. 西晋咸宁三年（277 年）　　　　　大蝗。

2. 　永嘉四年（310 年）　　　　　　六月，大蝗。

3. 东晋建武元年（317 年）　　　　　七月，大蝗。

4. 北魏正始元年（504 年）　　　　　安塞蝗灾。

5. 唐广德元年（763 年）　　　　　　洛川蝗害。

6. 　广德二年（764 年）　　　　　　洛川蝗害。

7. 　贞元元年（785 年）　　　　　　秋，洛川蝗害。

8. 　开成四年（839 年）　　　　　　延安蝗虫成灾。

9. 　乾符二年（875 年）　　　　　　八月，安塞蝗虫铺天盖地，作物吃光。

10. 宋乾德二年（964 年）　　　　　　六月，延安蝗害稼。

11. 　天禧元年（1017 年）　　　　　　洛川蝗灾。

12. 　明道二年（1033 年）　　　　　　洛川蝗灾。

13. 　熙宁九年（1076 年）　　　　　　洛川蝗虫成灾。

14. 金大定十六年（1176 年）　　　　七月，洛川、黄陵蝗虫成灾。

15. 元至元六年（1340 年）　　　　　洛川蝗灾。

16. 明洪武六年（1373 年）　　　　　七月，延安蝗灾。

17. 　弘治十年（1497 年）　　　　　　七月，蝗灾。

18. 　嘉靖八年（1529 年）　　　　　　六月，延安蝗灾。

19. 　嘉靖四十年（1561 年）　　　　　五月，蝗灾。

20. 　万历三十九年（1611 年）　　　　蝗。

21. 　崇祯七年（1634 年）　　　　　　蝗。

22. 　崇祯十二年（1639 年）　　　　　蝗灾。

23. 清顺治三年（1646 年）　　　　　八月，子长、延安、洛川蝗伤禾稼。

24. 　顺治四年（1647 年）　　　　　　安塞、志丹、子长、延安、延川、延长蝗灾。

25. 　康熙三十年（1691 年）　　　　　延川、宜川飞蝗遮天盖地，食苗尽；黄陵
　　　　　　　　　　　　　　　　　　飞蝗成灾，民不聊生。

26. 　道光十七年（1837 年）　　　　　志丹、子长蝗灾。

27. 　咸丰八年（1858 年）　　　　　　夏秋，安塞飞蝗成灾。

28. 民国十九年（1930 年）　　　　　志丹蝗灾。

29. 民国三十三年（1944 年）　　　　延安飞蝗成灾。

原载《延安地区志》自然灾害，西安出版社 2000 年版

《延长县志》

1. 明嘉靖五年（1526 年）　　　　　蝗飞蔽天。

2. 　嘉靖八年（1529 年）　　　　　　飞蝗蔽天。

3. 　嘉靖十一年（1532 年）　　　　　蝗飞蔽天。

4. 　崇祯十二年（1639 年）　　　　　蝗。

5. 清顺治四年（1647 年）　　　　　蝗。

6. 民国三十三年（1944 年）　　　　夏秋，蝗灾，庄稼无收。

原载《延长县志》自然灾害志，陕西人民出版社 1991 年版

《延川县志》

1. 明永乐二年（1404 年）　　　　五月，蝗灾。

2. 　崇祯六年（1633 年）　　　　蝗灾，大饥。

3. 清康熙三十年（1691 年）　　　飞蝗入境，食稼。

4. 民国三十三年（1944 年）　　　东阳、清延区发生蝗虫。

5. 民国三十四年（1945 年）　　　清延区蝗虫成灾。

原载《延川县志》自然灾害，陕西人民出版社 1999 年版

《子长县志》

1. 西晋建兴五年（317 年）　　　　七月，大蝗。

2. 明嘉靖八年（1529 年）　　　　六月，蝗，饥。

3. 　万历三十九年（1611 年）　　　蝗灾。

4. 　万历四十七年（1619 年）　　　蝗食禾，灾害。

5. 　崇祯十二年（1639 年）　　　　蝗。

6. 清顺治三年（1646 年）　　　　蝗灾。

7. 　顺治四年（1647 年）　　　　　蝗。

8. 　道光十七年（1837 年）　　　　蝗灾。

9. 民国三十三年（1944 年）　　　夏秋，蝗灾。

10. 民国三十四年（1945 年）　　　蝗，有 63 垧农田遭蝗灾。

原载《子长县志》自然灾害，陕西人民出版社 1993 年版

11. 明洪武六年（1373 年）　　　　八月，延安诸府州县蝗灾严重，蠲免
　　　　　　　　　　　　　　　　田租。

12. 　嘉靖十一年（1532 年）　　　四月，蝗飞蔽天。

原载《子长县志》大事记，陕西人民出版社 1993 年版

《安塞县志》

1. 西晋咸宁三年（277 年）　　　　大蝗，饥民食草木、牛马毛。

2. 　建兴五年（317 年）　　　　　七月，大蝗。

3. 北魏正始元年（504 年）　　　　六月，蝗害稼。

4. 唐乾符二年（875 年）　　　　　　七月，蝗虫自东而西蔽天，所过赤地。

5. 明洪武六年（1373 年）　　　　　　七月，蝗灾。

6.　万历十年（1582 年）　　　　　　蝗虫遍野，民大饥。

7.　万历三十九年（1611 年）　　　　蝗灾。

8.　崇祯六年（1633 年）　　　　　　有蝗。

9. 清顺治三年（1646 年）　　　　　　蝗灾。

10.　顺治四年（1647 年）　　　　　　蝗灾。

11.　咸丰八年（1858 年）　　　　　　夏秋，飞蝗遍野。

原载《安塞县志》灾害纪实，陕西人民出版社 1993 年版

《志丹县志》

1. 明崇祯七年（1634 年）　　　　　　蝗飞蔽天。

2. 民国十九年（1930 年）　　　　　　蝗灾，收成无几。

原载《志丹县志》大事记，陕西人民出版社 1996 年版

《甘泉县志》

1. 明永乐三年（1405 年）　　　　　　五月，蝗。

2.　嘉靖十一年（1532 年）　　　　　陕北蝗飞蔽天，人取食之。

3.　嘉靖十六年（1537 年）　　　　　八月，飞蝗入洛河川，食田穗。

4.　万历三十九年（1611 年）　　　　陕北蝗。

5.　崇祯十二年（1639 年）　　　　　陕北蝗。

6. 清顺治四年（1647 年）　　　　　　甘泉蝗。

7. 民国三十三年（1944 年）　　　　　夏秋，甘泉蝗虫。

原载《甘泉县志》自然灾害志，陕西人民出版社 1993 年版

《富县志》

1. 唐咸通九年（868 年）　　　　　　飞蝗食禾。

2. 元至正十九年（1359 年）　　　　　夏，蝗群飞蔽天，食禾苗尽。

原载《富县志》自然灾害，陕西人民出版社 1994 年版

康熙 《鄜州志》①

1. 明嘉靖十六年（1537 年）		秋八月，有蝗自洛河川来，其势遮天，其声如雷，大食田穗，平川尤甚，插尾地中生子。
2. 嘉靖十七年（1538 年）		春，遍地生子，食豆苗，有司捕治不能止，忽大雨，蝗子尽光。
3. 万历四十六年（1618 年）		飞蝗蔽天，经过不为灾。

原载康熙《鄜州志》卷七《记异志·灾祥》，康熙五年刻本

嘉庆 《洛川县志》

1. 唐广德二年（764 年）　　　　秋，蝗，饥。

2. 贞元元年（785 年）　　　　夏，蝗。

3. 咸通九年（868 年）　　　　蝗，饥。

4. 宋乾德二年（964 年）　　　　有蝗。

5. 天禧元年（1017 年）　　　　旱，蝗蝻。

6. 明道二年（1033 年）　　　　蝗。

7. 熙宁九年（1076 年）　　　　夏，蝗。

8. 金大定十六年（1176 年）　　　　旱蝗。

9. 贞祐四年（1216 年）　　　　大蝗。

10. 明嘉靖十年（1531 年）　　　　七月，大蝗。

11. 崇祯七年（1634 年）　　　　秋，蝗，大饥。

原载嘉庆《洛川县志》卷一《星野·祥异》，嘉庆十一年刻本

《洛川县志》

元至元六年（1340 年）　　　　旱，蝗虫为灾。

原载《洛川县志》自然灾害，陕西人民出版社 1994 年版

---

① 鄜州：旧州名，治所在今陕西富县。

《黄陵县志》

1. 宋淳熙三年（1176 年）　　　　　　六月，蝗虫成灾。

2. 明成化三年（1467 年）　　　　　　大蝗灾。

3. 　嘉靖八年（1529 年）　　　　　　蝗灾。

4. 　万历四十四年（1616 年）　　　　蝗灾。

5. 　崇祯七年（1634 年）　　　　　　蝗灾，民大饥。

6. 　崇祯十年（1637 年）　　　　　　秋，蝗飞蔽天，食禾无遗。

7. 　崇祯十一年（1638 年）　　　　　蝝生，民大饥。

8. 清康熙三十年（1691 年）　　　　　七月，蝗蝝生，民大饥。

　　　　　　原载《黄陵县志》灾害志，西安地图出版社 1995 年版

《宜川县志》

清康熙三十年（1691 年）　　　　　宜川飞蝗蔽天，禾苗尽食。

　　　　　　原载《宜川县志》自然灾害志，陕西人民出版社 2000 年版

《吴旗县志》

经查，1991 年三秦出版社出版的县志中无蝗灾记载。

《黄龙县志》

经查，1995 年陕西人民出版社出版的县志中无蝗灾记载。

十一、榆林市

道光《榆林府志》

1. 北魏正始元年（504 年）　　　　　六月，夏州蝗害稼。

2. 明嘉靖十一年（1532 年）　　　　　四月，蝗飞蔽天，人取食之。

3. 　嘉靖十六年（1537 年）　　　　　府谷蝗飞蔽天，民饥，饿殍塞路。

4. 　万历三十九年（1611 年）　　　　蝗。

5.　万历四十四年（1616 年）　　　　旱蝗。

6.　崇祯十二年（1639 年）　　　　　蝗。

7.　清顺治三年（1646 年）　　　　　蝗。

8.　顺治四年（1647 年）　　　　　　蝗。

9.　顺治十年（1653 年）　　　　　府谷飞蝗自西南来，伤禾稼殆尽。

10.　康熙十五年（1676 年）　　　　府谷蝗。

原载道光《榆林府志》卷十《祥异志》，道光二十一年刻本

《榆林地区志》

1. 北魏正始元年（504 年）　　　　六月，夏州蝗害稼。

2. 明嘉靖十一年（1532 年）　　　　四月，蝗飞蔽天。

3.　嘉靖十六年（1537 年）　　　　府谷蝗飞蔽天，民饥。

4.　崇祯十二年（1639 年）　　　　蝗。

5. 清顺治三年（1646 年）　　　　　蝗。

6.　顺治四年（1647 年）　　　　　　蝗。

7.　顺治十年（1653 年）　　　　　府谷飞蝗自西南来，伤禾殆尽。

8.　康熙十五年（1676 年）　　　　八月，府谷蝗。

原载《榆林地区志》自然灾害，西北大学出版社 1994 年版

9. 明万历三十四年（1606 年）　　　蝗害。

原载《榆林地区志》大事记，西北大学出版社 1994 年版

《横山县志》

1. 北魏正始元年（504 年）　　　　七月，夏州蝗。

2. 唐武德六年（623 年）　　　　　夏州蝗。

3.　元和元年（806 年）　　　　　　夏州蝗害稼。

4. 明洪武六年（1373 年）　　　　　七月，陕北诸州县蝗。

5.　万历三十九年（1611 年）　　　陕北蝗。

6.　崇祯十二年（1639 年）　　　　陕北蝗。

7. 清顺治四年（1647 年）　　　　　飞蝗突至，天日不见，禾苗立尽。

原载《横山县志》自然灾害，陕西人民出版社 1993 年版

《靖边县志》

1. 北魏正始元年（504 年）　　　　　　夏州蝗虫成灾。

2. 清顺治三年（1646 年）　　　　　　　蝗虫，轻灾。

3. 　顺治四年（1647 年）　　　　　　　蝗虫，轻灾。

4. 民国二十四年（1935 年）　　　　　龙州、青阳、镇罗蝗虫害禾稼。

　　　　　　　　　原载《靖边县志》自然灾害，陕西人民出版社 1993 年版

《定边县志》

1. 西晋咸宁三年（277 年）　　　　　　蝗虫成灾，草茎、树叶、牛马毛皆被食尽。

2. 　　永嘉四年（310 年）　　　　　　整个黄河流域遭受大蝗灾，草茎、树叶、
　　　　　　　　　　　　　　　　　　　牛马毛被食殆尽，造成流尸满河、白
　　　　　　　　　　　　　　　　　　　骨蔽野。

3. 东晋建武元年（317 年）　　　　　　蝗虫大起，食百草无遗，牛马相啖毛。

4. 北魏正始元年（504 年）　　　　　　六月，县东部蝗虫为害，损坏庄稼。

5. 唐武德六年（623 年）　　　　　　　夏州蝗虫成灾。

6. 　贞元元年（785 年）　　　　　　　夏州蝗虫群飞蔽天，旬日不息。

7. 　开成四年（839 年）　　　　　　　全国蝗虫成灾。

8. 后晋天福七年（942 年）　　　　　　四月，皆蝗，人死者十有七八。

9. 明崇祯七年（1634 年）　　　　　　秋，全省蝗，大饥。

10. 　崇祯十二年（1639 年）　　　　　蝗虫成灾。

11. 　崇祯十三年（1640 年）　　　　　旱蝗，人相食。

12. 清顺治三年（1646 年）　　　　　　蝗虫为灾。

13. 　顺治四年（1647 年）　　　　　　蝗。

14. 　咸丰六年（1856 年）　　　　　　七月，蝗飞蔽日。

15. 　咸丰八年（1858 年）　　　　　　夏秋之际，蝗虫遍野。

16. 　同治二年（1863 年）　　　　　　五月，蝗。

17. 　光绪十八年（1892 年）　　　　　夏，蝗。

　　　　　　　　　原载《定边县志》自然灾害，方志出版社 2003 年版

《佳县志》

1.	清顺治三年 (1646 年)	蝗灾。
2.	顺治四年 (1647 年)	蝗灾。
3.	道光十六年 (1836 年)	飞蝗蔽天。
4.	咸丰六年 (1856 年)	七月，飞蝗蔽日。
5.	咸丰八年 (1858 年)	夏秋，飞蝗遍野。
6.	同治元年 (1862 年)	蝗虫遍野。
7.	同治二年 (1863 年)	五月，蝗虫泛滥。
8.	光绪十八年 (1892 年)	夏，蝗虫成灾。
9.	民国十九年 (1930 年)	秋，蝗飞蔽日，落则遍陌盈阡，行人无落足地，作物尽食。
10.	民国三十三年 (1944 年)	夏秋，蝗灾。

原载《佳县志》自然灾害志，佳县县志编纂委员会 1994 年版

《米脂县志》

1.	明洪武六年 (1373 年)	七月，陕北蝗害。
2.	正德十五年 (1520 年)	蝗飞蔽日。
3.	嘉靖十一年 (1532 年)	四月，陕北蝗。
4.	嘉靖十五年 (1536 年)	蝗灾。
5.	万历三十九年 (1611 年)	陕北蝗灾。
6.	崇祯十二年 (1639 年)	陕北蝗灾。
7.	清顺治三年 (1646 年)	蝗灾。
8.	同治二年 (1863 年)	五月，蝗。
9.	民国二十三年 (1934 年)	陕西蝗。
10.	民国三十三年 (1944 年)	夏秋，蝗灾。

原载《米脂县志》自然灾害，陕西人民出版社 1993 年版

《子洲县志》

1.	明洪武六年 (1373 年)	七月，陕北延安诸府州县蝗。

2.　嘉靖十五年（1536 年）　　　　　米脂蝗飞蔽日，绥德蝗。

3.　万历三十九年（1611 年）　　　　陕北蝗。

4.　崇祯十二年（1639 年）　　　　　陕西蝗。

5. 清顺治三年（1646 年）　　　　　米脂蝗，绥德蝗飞蔽天。

6.　顺治四年（1647 年）　　　　　　横山、清涧等县飞蝗突至，天日为暗，禾苗立尽。

原载《子洲县志》自然灾害，陕西人民教育出版社 1993 年版

《吴堡县志》

明崇祯十七年（1644 年）　　　　　蝗虫吃田稼。

原载《吴堡县志》自然灾害志，陕西人民出版社 1995 年版

《绥德县志》

1. 明嘉靖十五年（1536 年）　　　　蝗虫成灾。

2.　万历三十九年（1611 年）　　　　蝗灾。

3.　崇祯十二年（1639 年）　　　　　蝗虫灾害。

4. 清顺治三年（1646 年）　　　　　七月，飞蝗蔽天。

原载《绥德县志》大事记，三秦出版社 2003 年版

《清涧县志》

1. 东晋建武元年（317 年）　　　　　七月，司、并、雍三州大蝗。

2. 后晋天福七年（942 年）　　　　　四月，关西诸郡皆蝗，人死十之七八。

3.　天福八年（943 年）　　　　　　　陕西旱蝗相继。

4. 明洪武六年（1373 年）　　　　　延安诸府州县蝗。

5.　嘉靖十四年（1535 年）　　　　　蝗飞蔽天。

6.　万历三十九年（1611 年）　　　　蝗。

7.　万历四十四年（1616 年）　　　　旱蝗。

8.　崇祯七年（1634 年）　　　　　　秋，全省蝗，大饥。

9.　崇祯十二年（1639 年）　　　　　陕北蝗。

10. 清顺治四年（1647 年）　　　　　六月，飞蝗突至，天日不见，禾苗立尽。

原载《清涧县志》自然灾害，陕西人民出版社 2001 年版

《神木县志》

1. 唐贞元元年（785 年）　　　　　夏，陕西蝗，东自海，西尽河、陇，群飞蔽天，旬日不息，所至草木叶及畜毛皆食，民蒸蝗，曝扬而食之。

2. 宋乾德二年（964 年）　　　　　五月，陕西有蝗。

3. 明洪武六年（1373 年）　　　　七月，陕北蝗。

4.　万历三十九年（1611 年）　　陕北蝗。

5.　崇祯七年（1634 年）　　　　秋，陕西蝗，大饥。

6.　崇祯十二年（1639 年）　　　陕北蝗。

7.　崇祯十三年（1640 年）　　　陕西蝗，人相食。

8.　清顺治三年（1646 年）　　　陕北蝗。

9.　顺治四年（1647 年）　　　　陕北蝗。

10.　道光十六年（1836 年）　　　蝗灾。

11. 民国三十三年（1944 年）　　夏秋，陕北蝗灾。

原载《神木县志》自然灾害志，经济日报出版社 1990 年版

《府谷县志》

1. 唐开成四年（839 年）　　　　　全国蝗。

2. 宋乾德二年（964 年）　　　　　五月，蝗。

3. 明嘉靖十六年（1537 年）　　　飞蝗蔽天，饥民塞路。

4. 清顺治十年（1653 年）　　　　飞蝗自西南来，伤禾殆尽。

5.　康熙十五年（1676 年）　　　八月，蝗灾。

原载《府谷县志》自然灾害志，陕西人民出版社 1994 年版

第七章

山西省地方志中的蝗灾记载

一、山西综合志

雍正《山西通志》

1. 西汉元光六年（前 129 年）　　　夏，大旱蝗。

2. 西晋永嘉四年（310 年）　　　五月，并州、司州①大蝗，食草木、牛马毛皆尽。

3. 　　永嘉五年（311 年）　　　司州蝝。

4. 　　建兴三年（315 年）　　　河东大蝗，唯不食黍豆，靳准率部人收而埋之，后乃钻土飞出，复食黍豆，平阳②饥甚。

5. 东晋建武元年（317 年）　　　五月，聪所居螽斯则百堂灾；河朔大蝗，初穿地而生，二旬则化状若蚕，七八日而卧，四日蜕而飞，弥亘百草，唯不食三豆及麻，并、冀尤甚；七月，司州蝝蝗，聪境内大蝗，平阳尤甚。

6. 北魏太和二年（478 年）　　　夏四月，代京③蝗。

7. 　　太和八年（484 年）　　　四月，肆州④蝗。

---

①　并州：旧州名，治所在今山西太原西南晋源区；司州：旧州名，治所在今河南洛阳东北，时辖今山西西南部大部分地区。

②　河东：旧郡、县名，治所安邑，在今山西夏县西北，东晋末移治今山西永济蒲州镇；平阳：旧郡、县、府名，治所在今山西临汾。

③　代京：北魏旧称代国，建都平城，今山西大同。

④　肆州：旧州名，治所在今山西忻州。

8. 隋开皇十四年（594年）　　　　　　并州大蝗。

9. 　开皇十六年（596年）　　　　　　并州蝗。

10. 唐贞观四年（630年）　　　　　　秋，辽州①蝗。

11. 　永徽元年（650年）　　　　　　绛州②旱蝗。

12. 　兴元元年（784年）　　　　　　泽潞③、河东等节度螟蝗为害，蒸民饥馑。

13. 　开成元年（836年）　　　　　　河中④蝗害稼。

14. 　开成二年（837年）　　　　　　昭义⑤蝗。

15. 宋建隆四年（963年）　　　　　　六月，绛州有蝗。

16. 　淳化三年（992年）　　　　　　七月，平定军蝗，蛾抱草自死。

17. 　大中祥符九年（1016年）　　　　六月，蝗螟趣河东，及霜寒始毙。

18. 　天禧元年（1017年）　　　　　　二月，河北、河东蝗螟复生，多去岁。

19. 　天圣六年（1028年）　　　　　　五月，河北蝗。

20. 　明道二年（1033年）　　　　　　河东蝗。

21. 　元丰四年（1081年）　　　　　　六月，河北蝗。

22. 　宣和三年（1121年）　　　　　　诸路蝗。

23. 金正隆二年（1157年）　　　　　　秋，河东蝗。

24. 　大定十六年（1176年）　　　　　河东旱蝗。

25. 蒙古至元二年（1265年）　　　　　西京⑥蝗。

26. 元至元八年（1271年）　　　　　　六月，平阳蝗。

27. 　至元十七年（1280年）　　　　　五月，忻州蝗。

28. 　至元十九年（1282年）　　　　　八月，大同路蝗。

29. 　至元二十七年（1290年）　　　　泽州⑦蝗。

30. 　元贞二年（1296年）　　　　　　七月，平阳蝗，太原雹蝗。

31. 　至大元年（1308年）　　　　　　五月，晋宁⑧等处蝗。

32. 　至大二年（1309年）　　　　　　七月，河中解⑨、绛等州蝗。

---

① 辽州：旧州名，治所在今山西左权。
② 绛州：旧州名，治所在今山西新绛。
③ 泽潞：唐方镇名，治所在今山西长治。
④ 河中：旧府、方镇名，治所在今山西永济西南蒲州镇。
⑤ 昭义：唐方镇名，治所在今山西长治。
⑥ 西京：旧道、路名，治所在今山西大同。
⑦ 泽州：旧州名，治所在今山西晋城。
⑧ 晋宁：元路名，治所在今山西临汾。
⑨ 解：解州，旧州名，治所在今山西运城西南解州镇。

33.	泰定三年（1326 年）	秋，荣河①蝗。
34.	至顺元年（1330 年）	七月，晋宁旱蝗，解州蝗。
35.	至顺二年（1331 年）	四月，河中府蝗；六月，晋宁路属县蝗。
36.	至正十八年（1358 年）	五月，辽州蝗。
37.	至正十九年（1359 年）	五月，河东等处蝗飞蔽天，人马不能行，所落沟堑尽平，民大饥；秋七月，介休、灵石蝗；八月，大同路蝗，襄垣县螟蝝。

原载雍正《山西通志》卷一百六十二《祥异一》，雍正十二年刻本

38.	明成化二十一年（1485 年）	太平②、垣曲蝗。
39.	弘治八年（1495 年）	高平蝗。
40.	正德元年（1506 年）	六月，河曲蝗。
41.	正德八年（1513 年）	六月，泽州阳城、荣河蝗。
42.	正德十二年（1517 年）	平定蝗。
43.	嘉靖七年（1528 年）	七月，泽州阳城、稷山蝗。
44.	嘉靖八年（1529 年）	六月，太原、榆次、寿阳、祁县、汾阳、长治、黎城、潞城、屯留、洪洞、临汾、曲沃、河津、垣曲、荣河螟蝗食稼。
45.	嘉靖十年（1531 年）	秋七月，长子蝗。
46.	嘉靖十四年（1535 年）	寿阳大蝗。
47.	嘉靖十五年（1536 年）	七月，大同、阳高、灵丘、广灵蝗飞蔽天，伤稼；文水蝗，不为灾。
48.	嘉靖十六年（1537 年）	太谷、岢岚、保德、临汾、泽州蝗。
49.	嘉靖十九年（1540 年）	灵石蝗。
50.	嘉靖三十九年（1560 年）	八月，定襄飞蝗害稼。
51.	嘉靖四十五年（1566 年）	祁县蝗。
52.	隆庆二年（1568 年）	六月，翼城蝗。
53.	万历十一年（1583 年）	八月，霍州蝗。
54.	万历十三年（1585 年）	秋，榆次蝗食禾。
55.	万历十五年（1587 年）	临晋、猗氏③蝗。

---

① 荣河：旧县名，治所在今山西万荣西南宝井村。
② 太平：旧县名，治所在今山西襄汾西南汾城镇。
③ 临晋、猗氏：均为旧县名，1954 年二县合并为今山西临猗县。

56.	万历十六年（1588 年）	秋七月，绛县蝗。
57.	万历十七年（1589 年）	安邑①蝗。
58.	万历十八年（1590 年）	解州安邑蝗。
59.	万历四十三年（1615 年）	翼城、武乡、沁州蝗。
60.	万历四十四年（1616 年）	夏四月，文水、长治、潞城、临汾、安邑、闻喜、稷山、临晋、猗氏、万泉、芮城、垣曲、蒲②、解、绛诸州县飞蝗蔽天，食禾立尽。
61.	万历四十五年（1617 年）	夏五月，蒲、解、绛、隰、沁州，岳阳、万泉③、稷山、闻喜、安邑、阳城、长子复飞蝗，头翅尽赤，翳日蔽天；沁源蝗，不为灾。
62.	万历四十六年（1618 年）	夏四月，平陆、蒲州、曲沃蝗。
63.	万历四十八年（1620 年）	夏五月，夏县蝗，饥。
64.	崇祯四年（1631 年）	六月，榆社大蝗。
65.	崇祯八年（1635 年）	秋旱，稷山、垣曲蝗。
66.	崇祯九年（1636 年）	荣河、交城、长治、潞城、襄垣、长子蝗蝻伤稼，稷山蝻害甚于蝗。
67.	崇祯十年（1637 年）	荣河蝗。
68.	崇祯十一年（1638 年）	六月，襄陵④、太平、临晋、蒲、解、绛州、安邑、沁水蝗。
69.	崇祯十二年（1639 年）	秋，孝义、介休、清源⑤、太平、闻喜、安邑、垣曲、翼城、绛、霍、蒲蝗食禾如扫。
70.	崇祯十三年（1640 年）	秋七月，太谷蝗。
71.	崇祯十五年（1642 年）	万泉蝗。
72.	清顺治三年（1646 年）	宁乡⑥、洪洞、长治、襄垣、文水、祁县蝗。

---

① 安邑：旧县名，治所在今山西运城东北。

② 蒲：蒲州，旧州、府名，隋为河东县，清改永济县，治所在今山西永济蒲州镇。

③ 岳阳：旧县名，治所在今山西古县；万泉：旧县名，治所在今山西万荣西南万泉村。

④ 襄陵：旧县名，1954 年与汾城县合并为今山西襄汾县。

⑤ 清源：旧县名，1952 年与徐沟合并为今山西清徐县。

⑥ 宁乡：旧县名，治所在今山西中阳。

73.	顺治四年（1647 年）	静乐、岢岚、河曲、潞安①、介休、临县、陵川、太平、临汾、灵石、汾西、临晋、猗氏、大同、武乡、太谷、定襄、祁县、五台、辽、朔、蒲、吉、隰州蝗，赈济；交城、徐沟、长治、潞城蝗，不食稼。
74.	顺治五年（1648 年）	盂县、永和、蒲县、大同、朔州蝗。
75.	顺治六年（1649 年）	夏四月，阳曲、灵石蝗。
76.	顺治七年（1650 年）	岢岚、永宁②、太谷、介休、宁乡蝗。
77.	顺治十二年（1655 年）	夏四月，曲沃蝗。
78.	顺治十三年（1656 年）	徐沟、盂县蝗，不为害。
79.	康熙十一年（1672 年）	秋七月，长治蝗不入境，平顺蝗多不食稼。
80.	康熙三十年（1691 年）	平阳府属及泽州沁水、介休俱旱蝗，民饥；长子蝗飞十日，禾不为害。
81.	康熙三十一年（1692 年）	平阳又旱蝗，民饥。

原载雍正《山西通志》卷一百六十三《祥异二》，雍正十二年刻本

光绪《山西通志》

1.	西晋建兴三年（315 年）	河东大蝗，惟不食黍豆，靳准率部人收而埋之，后乃钻土飞出，复食黍豆。
2.	建兴四年（316 年）	平阳、河东大蝗，民流殍者十五六。
3.	建兴五年（317 年）	平阳大旱蝗。
4.	元大德十一年（1307 年）	七月，晋宁蝗。
5.	明洪武七年（1374 年）	平阳、太原、汾州③旱蝗，免租；六月，山西蝗。
6.	宣德九年（1434 年）	七月，遣官督捕蝗。
7.	成化二十二年（1486 年）	三月，平阳蝗。

原载光绪《山西通志》卷八十三《大事记》，光绪十八年刻本

---

① 潞安：旧府名，治所在今山西长治。
② 永宁：旧州、县名，治所在今山西离石。
③ 汾州：旧府名，治所在今山西汾阳。

8. 清康熙三十三年（1694年）　　　　上谕户部：山西平阳府、泽州、沁州所属
　　　　　　　　　　　　　　　　　前因旱蝗灾伤，民生困苦，蠲免额赋并
　　　　　　　　　　　　　　　　　赈济。

9.　光绪五年（1879年）　　　　　　北路有飞蝗入境，严饬各属实力搜捕。

原载光绪《山西通志》卷八十二《荒政记》，光绪十八年刻本

《山西通志·大事记》

1. 清咸丰七年（1857年）　　　　　本年，虞乡、榆社、静乐、平定、长治、潞
　　　　　　　　　　　　　　　　　城、黎城、壶关、永济、临晋、荣河、辽
　　　　　　　　　　　　　　　　　州、和顺、平遥、垣曲、太原、文水、凤
　　　　　　　　　　　　　　　　　台①遭受蝗灾。

2.　光绪十八年（1892年）　　　　　闰六月，山西蝗灾，蝗虫遍飞，匝野蔽天，
　　　　　　　　　　　　　　　　　不可胜数。

3. 民国三十二年（1943年）　　　　太行区、太岳区遭受特大旱灾、蝗灾。

4. 民国三十三年（1944年）　　　　五月，太行区发生数十年来未见的特大蝗
　　　　　　　　　　　　　　　　　灾。上年夏，从河南敌占区飞来大批蝗
　　　　　　　　　　　　　　　　　虫，在太行区繁殖，本年春，边区政府
　　　　　　　　　　　　　　　　　组织群众挖卵，共灭蝗蛹910万斤；
　　　　　　　　　　　　　　　　　五月，河南蝗虫再次向太行区东部20
　　　　　　　　　　　　　　　　　余县900多个村庄袭来，蝗群遮天蔽
　　　　　　　　　　　　　　　　　日，有地头婴儿被蝗咬死，据不完全
　　　　　　　　　　　　　　　　　统计，蝗虫吃光禾苗27万亩，部分禾
　　　　　　　　　　　　　　　　　苗吃光29万亩，太行区党委、政府从
　　　　　　　　　　　　　　　　　上到下建立剿蝗指挥部，拨出公粮15
　　　　　　　　　　　　　　　　　万斤奖励灭蝗人员，外村打蝗时，踏
　　　　　　　　　　　　　　　　　坏庄稼给予赔偿，至七月底，全区战
　　　　　　　　　　　　　　　　　胜蝗灾，延安《解放日报》刊有太行
　　　　　　　　　　　　　　　　　剿蝗经验专文，同时，太岳区晋城等
　　　　　　　　　　　　　　　　　县也开展剿蝗运动；八月，中共太行

---

① 虞乡：旧县名，1961年划归今山西永济市；凤台：旧县名，治所在今山西晋城。

区委召开地委联席会议，区党委副书记赖若愚在会议上作了《生产运动的初步总结》，总结了太行区的生产情况及灭蝗运动。

5. 民国三十四年（1945 年）　　五月，太行山区 15 县蝗蝻出土，从陵川、高平到赞皇蔓延达 250 公里，其中以平顺为重，至六月逐渐肃清。

6. 民国三十六年（1947 年）　　是年，遭受严重蝗灾，平定、昔阳、寿阳、榆次、太谷等地严重。

原载《山西通志·大事记》，中华书局 1999 年版

《山西通志·农业志》

1. 清光绪二年（1876 年）　　蝗。

2. 　光绪十八年（1892 年）　　七月，山西蝗飞蔽天，灾。

3. 民国三十三年（1944 年）　　七月，太行区蝗灾严重。

原载《山西通志·农业志》，中华书局 1994 年版

二、太原市

乾隆《太原府志》

1. 西晋永嘉四年（310 年）　　五月，并州大蝗，食草木叶皆尽。

2. 隋开皇十四年（594 年）　　并州大蝗。

3. 　开皇十六年（596 年）　　并州蝗。

4. 元元贞二年（1296 年）　　七月，太原雨、雹、蝗。

5. 　明嘉靖八年（1529 年）　　六月，太原、榆次、祁县蝗食稼。

6. 　嘉靖十五年（1536 年）　　七月，文水蝗，不为灾。

7. 　嘉靖十六年（1537 年）　　太谷、岢岚蝗。

8. 　嘉靖四十五年（1566 年）　　祁县蝗。

9. 　万历十三年（1585 年）　　秋七月，榆次蝗。

10. 　万历四十四年（1616 年）　　夏四月，文水飞蝗蔽天，食禾立尽。

11. 崇祯九年（1636年）　　　　　　　交城蝗。

12. 崇祯十三年（1640年）　　　　　　秋七月，太谷蝗。

13. 崇祯十四年（1641年）　　　　　　六月，榆次蝗。

14. 清顺治三年（1646年）　　　　　　文水、祁县蝗。

15. 顺治四年（1647年）　　　　　　　太谷、祁县、岢岚蝗，赈恤有差。

16. 顺治六年（1649年）　　　　　　　三月，阳曲蝗。

17. 顺治七年（1650年）　　　　　　　太谷、岢岚蝗。

18. 顺治十三年（1656年）　　　　　　徐沟蝗，不为灾。

原载乾隆《太原府志》卷四十九《祥异》，乾隆四十八年刻本

《太原市志》

1. 清顺治四年（1647年）　　　　　　秋，蝗灾，徐沟蝗食禾。

2. 道光五年（1825年）　　　　　　　七月，阳曲杨兴、贾庄等28村飞蝗伤稼。

3. 道光六年（1826年）　　　　　　　四月，阳曲贾庄等6村飞蝗复生。

4. 光绪十八年（1892年）　　　　　　阳曲飞蝗蔽天，作物歉收。

原载《太原市志》自然灾害，山西古籍出版社2002年版

道光《太原县志》

1. 西晋永嘉四年（310年）　　　　　　六月，大蝗，食草木、牛马毛皆尽。

2. 隋开皇十四年（594年）　　　　　　蝗。

3. 明嘉靖八年（1529年）　　　　　　七月，飞蝗蔽日。

原载道光《太原县志》卷十五《祥异》，道光六年刻本

《太原市南郊区志》

1. 西晋永嘉四年（310年）　　　　　　六月，大蝗，草木叶皆尽。

2. 隋开皇十六年（596年）　　　　　　蝗虫泛滥。

3. 明嘉靖八年（1529年）　　　　　　七月，飞蝗蔽日。

原载《太原市南郊区志》自然灾害，生活·读书·新知三联书店1994年版

道光《阳曲县志》

1. 清顺治六年（1649 年） 　　　　　蝗飞蔽日。

2. 　道光五年（1825 年） 　　　　　七月，杨兴、贾庄等二十余村飞蝗入境，损
　　　　　　　　　　　　　　　　　　　伤禾稼，知县收捕。

3. 　道光六年（1826 年） 　　　　　四月，贾庄等六村飞蝗复生，知县雇民夫
　　　　　　　　　　　　　　　　　　　扑灭。

原载道光《阳曲县志》卷十六《志余·祥异》，民国二十一年铅印本

《阳曲县志》

1. 元至正十九年（1359 年） 　　　　蝗灾，致禾稼尽，民捕蝗虫以食之。

2. 明崇祯十三年（1640 年） 　　　　旱，蝗灾严重，遣官赈济。

3. 　崇祯十四年（1641 年） 　　　　旱，蝗灾严重，遣官赈济。

4. 　崇祯十五年（1642 年） 　　　　旱，蝗灾严重，遣官赈济。

原载《阳曲县志》大事记，山西古籍出版社 1999 年版

《清徐县志》

1. 元至正十九年（1359 年） 　　　　五月，冀宁①路徐沟等县蝗灾甚重，遮天
　　　　　　　　　　　　　　　　　　　蔽日，人马不能行，所过沟堑皆平，
　　　　　　　　　　　　　　　　　　　禾稼俱尽，居民捕蝗为食，蝗尽，人
　　　　　　　　　　　　　　　　　　　相食。

原载《清徐县志》大事记，山西古籍出版社 1999 年版

2. 明崇祯十二年（1639 年） 　　　　蝗灾。

3. 清顺治四年（1647 年） 　　　　　七月，蝗由寿阳过徐沟，向西南飞去，遮
　　　　　　　　　　　　　　　　　　　天蔽日，集义、楚王等村遭蝗，伤损
　　　　　　　　　　　　　　　　　　　禾苗。

4. 　顺治十三年（1656 年） 　　　　六月，飞蝗食苗。

原载《清徐县志》自然灾害，山西古籍出版社 1999 年版

---

① 冀宁：元路名，治所在今山西太原。

顺治 《清源县志》

1. 明嘉靖十四年（1535 年）　　　　秋，飞蝗蔽日，为民患。
2. 崇祯十二年（1639 年）　　　　蝗食禾如扫。

原载顺治《清源县志》卷上《灾异》，顺治十八年刻本

《娄烦县志》

清顺治四年（1647 年）　　　　飞蝗食禾殆尽，岁大饥。

原载《娄烦县志》自然灾害，中华书局 1999 年版

三、晋中市

《晋中地区志》

民国三十三年（1944 年）　　　　八月，左权、和顺两县组织 1 万余人开展
　　　　　　　　　　　　　　　　剿灭蝗虫运动。

原载《晋中地区志》大事记，山西人民出版社 1993 年版

《榆次市志》

1. 西晋永嘉四年（310 年）　　　　五月，大蝗，食草木及牛马毛皆尽。
2. 元至正十九年（1359 年）　　　　蝗食禾稼、草木俱尽，所至蔽日，饥民捕
　　　　　　　　　　　　　　　　蝗为食，或曝干而积之。
3. 明嘉靖八年（1529 年）　　　　六月，螟蝗食稼。
4. 万历十二年（1584 年）　　　　蝗。
5. 万历十三年（1585 年）　　　　蝗食禾有声。
6. 崇祯十四年（1641 年）　　　　六月，飞蝗蔽日，食禾至尽，民大饥。
7. 民国八年（1919 年）　　　　七月，蝗突起，由东北向西南飞去，弥天
　　　　　　　　　　　　　　　　蔽日，农田受害。

原载《榆次市志》自然灾异，中华书局 1996 年版

同治 《榆次县志》

1. 明嘉靖八年（1529 年）　　　　　六月，蝗食稼。
2. 　万历十三年（1585 年）　　　　　多蝗。
3. 　崇祯十四年（1641 年）　　　　　六月，飞蝗蔽日，食禾立尽，民大饥。
4. 清乾隆三十年（1765 年）　　　　　秋，县东南等村有蝗。
5. 　咸丰七年（1857 年）　　　　　　七月，有蝗，不为灾。

原载同治《榆次县志》卷十六《祥异》，同治二年刻本

民国 《榆次县志》

民国八年（1919 年）　　　　　　七月，蝗灾突起，由县东北飞向西南，弥
　　　　　　　　　　　　　　　　天蔽日，北田、东阳等村农田受其害，
　　　　　　　　　　　　　　　　土人以为鱼子化生。

原载民国《榆次县志》卷十四《旧闻志·祥异》，民国三十一年铅印本

民国 《太谷县志》

1. 明嘉靖十六年（1537 年）　　　　蝗飞蔽天。
2. 　崇祯十三年（1640 年）　　　　蝗群飞蔽空，食禾几尽。
3. 清顺治四年（1647 年）　　　　　蝗。
4. 　顺治七年（1650 年）　　　　　蝗。
5. 民国十二年（1923 年）　　　　　秋，蝗，歉收。

原载民国《太谷县志》卷一《年纪》，民国二十年铅印本

光绪 《榆社县志》

明崇祯四年（1631 年）　　　　　　六月，大蝗。

原载光绪《榆社县志》卷十《拾遗志·灾祥》，光绪七年刻本

《榆社县志》

民国三十三年（1944 年）　　　　　五月，县成立灭蝗委员会，开展全民灭蝗

运动。

原载《榆社县志》大事记，山西古籍出版社 1999 年版

《左权县志》

1. 清顺治四年（1647 年）　　　飞蝗蔽日，食禾几尽。

2. 　咸丰七年（1857 年）　　　七月，蝗虫从东南来，两日后不知去向，十五日复返，食禾甚惨。

3. 民国三十三年（1944 年）　　白露节，蝗虫从邢台浆水、路罗蜂拥而至，先后落于东山、上庄、关滩、土棚、下庄、漳漕、四里庄、禅房、高家井、水陂、新店、水泉、后庄、磨沟、小羊角一带，所至遮天蔽日，农作物及干鲜果树损失惨重。

原载《左权县志》自然灾害，高等教育出版社 1999 年版

4. 民国三十三年（1944 年）　　八月，大批蝗虫自河北邢台地区拥入，先后落于下庄、漳漕一带，时谣言四起，人心惶恐，县委县政府成立剿蝗指挥部，组织 2 000 余人的剿蝗大队，苦战十昼夜，灭蝗 168 万千克，彻底扑灭了蝗灾，受到边区政府通令嘉奖。

原载《左权县志》大事记，高等教育出版社 1999 年版

雍正《辽州志》

1. 明崇祯八年（1635 年）　　　七月，蝗。
2. 清顺治四年（1647 年）　　　飞蝗蔽日，食禾殆尽。

原载雍正《辽州志》卷五《祥异》，雍正十一年刻本

民国《和顺县志》

1. 清顺治七年（1650 年）　　　蝗。

2. 康熙四十二年（1703 年）　　　　　　蝗食苗。

3. 乾隆二十四年（1759 年）　　　　　　秋淫雨，蝗蝻生。

4. 咸丰七年（1857 年）　　　　　　　　八月，飞蝗入境。

原载民国《和顺县志》卷九《风俗志·祥异》，民国三年石印本

《和顺县志》

民国三十三年（1944 年）　　　　　　八月，松烟、马连曲一带飞蝗遍野，为害
秋稼，中共和东县委县政府组织军民
灭蝗。

原载《和顺县志》大事记，海潮出版社 1993 年版

民国《昔阳县志》

1. 唐贞观四年（630 年）　　　　　　　秋，蝗。

2. 宋淳化三年（992 年）　　　　　　　七月，蝗，蛾抱草自死。

3. 明洪武七年（1374 年）　　　　　　六月，蝗，诏蠲其租。

4. 嘉靖三十九年（1560 年）　　　　　七月，大旱蝗。

5. 崇祯十二年（1639 年）　　　　　　六月，旱蝗。

6. 清康熙四十年（1701 年）　　　　　大旱，蝗飞至松子岭，抱草木死。

7. 乾隆二十四年（1759 年）　　　　　六月，侯家坻、黄得寨等村有蝗，知县督
兵役民夫扑灭之。

8. 乾隆三十八年（1773 年）　　　　　春三月，县南忽生虫蝻，知县督率民夫
扑灭。

9. 道光五年（1825 年）　　　　　　　秋，飞蝗蔽日。

10. 咸丰七年（1857 年）　　　　　　　秋，蝗，米价腾贵。

11. 咸丰九年（1859 年）　　　　　　　蝗食禾几尽。

原载民国《昔阳县志》卷二《舆地志·祥异》，民国四年石印本

《昔阳县志》

民国五年（1916 年）　　　　　　　　七月，蝗虫由河北省遮天蔽日飞入本县，

因庄稼渐熟，未成大灾。

原载《昔阳县志》农业·病虫害，中华书局 1999 年版

光绪《寿阳县志》

1. 元至正十九年（1359 年）		夏四月，蝗食禾稼、草木俱尽，所至蔽日，碍人马不能行，填坑堑皆盈，饥民捕蝗以食，干而积之，又尽，则人相食。
2. 明嘉靖八年（1529 年）		夏六月，蝗螟，岁饥。
3. 　嘉靖十四年（1535 年）		大蝗，禾稼殆尽。
4. 　嘉靖三十九年（1560 年）		大旱蝗。
5. 清乾隆二十四年（1759 年）		大蝗，未害秋稼。

原载光绪《寿阳县志》卷十三《杂志·异祥》，光绪十六年刻本

《祁县志》

1. 明嘉靖八年（1529 年）		六月，螟蝗食稼。
2. 　嘉靖十五年（1536 年）		夏，蝗。
3. 　嘉靖四十五年（1566 年）		夏，蝗。
4. 清顺治三年（1646 年）		蝗灾。
5. 　顺治四年（1647 年）		六月，连日蝗飞蔽天，长亘六十里，阔四十里，集树枝干委垂、枝折，大饥，赈之。

原载《祁县志》自然灾害，中华书局 1999 年版

《平遥县志》

1. 元至正十九年（1359 年）		蝗虫食禾，草禾全尽，蝗飞蔽日，碍人马不能行，填坑堑皆盈，饥民捕蝗为食。
2. 清光绪二十三年（1897 年）		蝗灾。

原载《平遥县志》自然灾害，中华书局 1999 年版

光绪《平遥县志》

清康熙三十年（1691 年）　　　　　　　是年，蝗虫为灾，大荒，平阳、安邑、夏县更甚。

原载光绪《平遥县志》卷十二《杂录志·灾祥》，光绪八年刻本

民国《介休县志》

1. 元至正十九年（1359 年）　　　　　　秋七月，蝗。
2. 明崇祯十二年（1639 年）　　　　　　秋八月，蝗食禾如扫。
3. 　崇祯十七年（1644 年）　　　　　　六月雨雹，蝗食稼。
4. 清顺治四年（1647 年）　　　　　　　夏六月，飞蝗蔽天，食禾稼皆尽。
5. 　顺治七年（1650 年）　　　　　　　夏五月，有蝗，四境击金驱逐如御贼。
6. 民国四年（1915 年）　　　　　　　　八月，西乡一带发生蝗蝻。

原载民国《介休县志》卷三《大事谱》，民国十九年铅印本

《灵石县志》

1. 后唐天成二年（927 年）　　　　　　《重修公主圣母庙碑记》载：七月初，灵石雨露调匀，稼穑滋茂，当于尖阳山上石洞崖中起黑雾蒙蒙，蝗虫队队，家家忧惧，户户生愁，恐见荒年，怕逢饥馑。

2. 金泰和八年（1208 年）　　　　　　《重修公主圣母庙碑记》载：泰和戊辰夏，风雨不愆，黍禾方茂，岂意飞蝗腾至东海，遽至邻邦，冠盖相望，文檄沓来，人民怵栗可胜言耶。县僚率父老奉牲宰诣神祠而祷焉。无几，村人赴县庭曰："蝗至县东境，三日，蝗遂北飞。"

3. 明嘉靖十九年（1540 年）　　　　　　六月，蝗虫遮天，残食禾稼殆尽。

4. 民国三十四年（1945 年）　　　　　　七月，飞蝗自北而南飞来，遮天盖地，所

过之地庄稼吃光，群众扑打、烟熏、坑
埋几昼夜，始被扑灭，秋田减产五成，
玉米、谷子尤甚。

原载《灵石县志》自然灾害，中国社会出版社1992年版

四、长治市

《长治市志》

1. 明嘉靖八年（1529年）　　　　　　夏，飞蝗自河南入境。

2.　万历四十四年（1616年）　　　　蝗。

3. 清顺治三年（1646年）　　　　　　七月，蝗飞蔽天。

4.　康熙三十年（1691年）　　　　　六月，旱蝗。

5.　咸丰六年（1856年）　　　　　　九月，飞蝗入境。

6.　同治元年（1862年）　　　　　　六月，飞蝗入境。

原载《长治市志》自然灾害，海潮出版社1995年版

7.　咸丰七年（1857年）　　　　　　长治、潞城、黎城、壶关蝗灾。

原载《长治市志》大事记，海潮出版社1995年版

《长治县志》

1. 明洪武六年（1373年）　　　　　　七月，蝗灾。

2.　洪武七年（1374年）　　　　　　六月，蝗灾，伤禾。

3.　永乐元年（1403年）　　　　　　夏，蝗灾。

4.　宣德九年（1434年）　　　　　　七月，蝗灾，伤禾。

5.　嘉靖八年（1529年）　　　　　　夏，飞蝗灾，饥荒。

6.　万历四十四年（1616年）　　　　蝗灾。

7.　崇祯九年（1636年）　　　　　　七月，蝗食禾。

8.　清顺治三年（1646年）　　　　　七月，蝗飞蔽天。

9.　康熙三十年（1691年）　　　　　六月，蝗灾。

10.　咸丰六年（1856年）　　　　　　九月，蝗灾。

11.　同治元年（1862年）　　　　　　六月，蝗灾。

12. 民国三年（1914 年）　　　　　　　　四月，蝗灾，33 个村严重，受害 1.78 万亩。

原载《长治县志》自然灾害，中华书局 2003 年版

乾隆《潞安府志》

1. 元至元十年（1273 年）　　　　　　　襄垣县蝗。

2. 明嘉靖八年（1529 年）　　　　　　　夏，蝗自河南来，食稼。

3. 万历四十四年（1616 年）　　　　　　蝗。

4. 崇祯九年（1636 年）　　　　　　　　七月，蝗食禾，生蝻。

5. 清顺治三年（1646 年）　　　　　　　七月，蝗飞蔽天，向西南飞去。

6. 顺治四年（1647 年）　　　　　　　　七月，飞蝗入境，集树枝折，未伤禾。

7. 康熙十一年（1672 年）　　　　　　　长治蝗不入境。

原载乾隆《潞安府志》卷十一《纪事》，乾隆三十五年刻本

光绪《长子县志》

1. 元至正六年（1346 年）　　　　　　　蝗伤稼。

2. 明嘉靖十年（1531 年）　　　　　　　七月，蝗。

3. 万历四十五年（1617 年）　　　　　　七月，蝗食西乡谷田。

4. 清顺治四年（1647 年）　　　　　　　蝗飞蔽日，集树枝折。

5. 康熙三十年（1691 年）　　　　　　　秋，蝗飞十日，禾不为灾。

6. 咸丰七年（1857 年）　　　　　　　　八月，蝗，不为灾。

原载光绪《长子县志》卷十二《大事记》，光绪八年刻本

《长子县志》

1. 南朝梁绍泰二年（556 年）　　　　　　发生蝗虫。

2. 唐兴元元年（784 年）　　　　　　　　蝗虫为害，饥荒。

3. 元至元二十七年（1290 年）　　　　　蝗虫。

4. 明万历四十五年（1617 年）　　　　　旱，蝗灾，飞蔽日，势不可挡。

5. 崇祯四年（1631 年）　　　　　　　　蝗虫，飞蔽日，集树枝折。

6. 崇祯九年（1636 年）　　　　　　　　秋，蝗食禾，岁饥。

7. 清康熙三十年（1691 年）　　　　　　秋，蝗飞蔽天，蔽日 10 天，所到处禾苗
　　　　　　　　　　　　　　　　　　　　叶尽，民多流亡。

　　　　　　　　　　原载《长子县志》自然灾害，海潮出版社 1998 年版

《壶关县志》

1. 元至正十九年（1359 年）　　　　　　蝗灾，禾稼、草木俱尽，民饥，人相食。
2. 清咸丰七年（1857 年）　　　　　　　七月，飞蝗从陵川入境，伤禾。
3. 　咸丰八年（1858 年）　　　　　　　蝻生，有乌鸦无数飞集啄食及半。
4. 　同治元年（1862 年）　　　　　　　七月，蝗自河南林县入境，伤禾。

　　　　　　　　　　原载《壶关县志》自然灾害，海潮出版社 1999 年版

5. 民国三十四年（1945 年）　　　　　　五月，发生严重蝗灾，县成立灭蝗指挥部，
　　　　　　　　　　　　　　　　　　　　组织扑灭 3 万亩，秋田免遭蝗害。

　　　　　　　　　　原载《壶关县志》大事记，海潮出版社 1999 年版

《潞城市志》

1. 元至元十九年（1282 年）　　　　　　潞城、壶关、襄垣蝗虫伤稼、草木尽，饥
　　　　　　　　　　　　　　　　　　　　民捕蝗为食，或曝干备荒，人相食。
2. 　至正十九年（1359 年）　　　　　　蝗虫入境。
3. 明嘉靖八年（1529 年）　　　　　　　六月，飞蝗入境；七月，蝗蝻生，食禾几尽。
4. 　万历四十四年（1616 年）　　　　　蝗虫入境，为害严重。
5. 　崇祯九年（1636 年）　　　　　　　蝗虫入境，生蝻，食禾尽。
6. 清顺治四年（1647 年）　　　　　　　秋，飞蝗入境，庄稼、野草吃光。
7. 　康熙十一年（1672 年）　　　　　　秋七月，飞蝗入境，蔽天遮日，蝻生，伤麦苗。
8. 民国三十五年（1946 年）　　　　　　五月，飞蝗入境，生蝻，食麦苗。

　　　　　　　　　　原载《潞城市志》自然灾害·灾异，中华书局 1999 年版

9. 清咸丰七年（1857 年）　　　　　　　蝗灾。
10. 民国三十三年（1944 年）　　　　　夏四月，飞蝗入境，抗日民主政府组织人
　　　　　　　　　　　　　　　　　　　　民灭蝗；五月，调民兵 300 人赴平顺支
　　　　　　　　　　　　　　　　　　　　援灭蝗。

　　　　　　　　　　原载《潞城市志》大事记，中华书局 1999 年版

光绪 《潞城县志》

1. 元至元十九年（1282 年）　　　　蝗伤稼，草木俱尽，大饥，人相食。
2. 　至正十九年（1359 年）　　　　夏，旱蝗。
3. 明嘉靖八年（1529 年）　　　　　六月，飞蝗入境；七月，蝻大生，岁饥。
4. 　万历四十四年（1616 年）　　　　蝗。
5. 　崇祯九年（1636 年）　　　　　蝗食禾，生蝻。
6. 清康熙十一年（1672 年）　　　　七月，飞蝗入境，逾月蝻生，伤麦苗尽。
7. 　咸丰七年（1857 年）　　　　　七月，飞蝗入境。
8. 　同治元年（1862 年）　　　　　七月，有蝗，不为灾。

原载光绪《潞城县志》卷三《大事记》，光绪十年刻本

《黎城县志》

1. 明嘉靖八年（1529 年）　　　　　螟蝗食稼。
2. 清康熙十一年（1672 年）　　　　飞蝗自东而来，遮天蔽日，庄稼被毁。
3. 　嘉庆八年（1803 年）　　　　　秋，飞蝗蔽日，大饥。
4. 　咸丰七年（1857 年）　　　　　七月，蝗自东来，食秋禾、麦苗，庄稼颗
　　　　　　　　　　　　　　　　　　粒无收。
5. 民国三十年（1941 年）　　　　　蝗灾。
6. 民国三十一年（1942 年）　　　　连续二年蝗灾。
7. 民国三十四年（1945 年）　　　　五月，蝗虫。

原载《黎城县志》自然灾害，中华书局 1994 年版

光绪 《黎城县续志》

清咸丰八年（1858 年）　　　　　　春，蝻生，收买蝻子，蝗灭。

原载光绪《黎城县续志》卷一《政事志·纪事》，光绪九年刻本

《平顺县志》

1. 清顺治四年（1647 年）　　　　　秋，飞蝗蔽空，入田食禾罄尽。

2. 民国三十四年（1945 年）　　　　　二月，全县动员 3 000 余人刨蝗卵，中共
平顺县委县政府派 10 余名干部到灾区
组织群众打蝗虫，县成立打蝗指挥部，
在 110 天的灭蝗战斗中蝗虫被扑灭，据
统计，在石城、豆口等村 5 757 亩地里
挖出蝗卵 12 614 千克，灭幼蝗 3 881 千
克，抓飞蝗 7 150 万个，蝗灾扑灭。

原载《平顺县志》大事记，海潮出版社 1997 年版

3. 清咸丰七年（1857 年）　　　　　七月，飞蝗入境。

原载《平顺县志》生物灾害，海潮出版社 1997 年版

《屯留县志》

1. 明弘治八年（1495 年）　　　　　八月，虫蝗。
2. 　嘉靖八年（1529 年）　　　　　五月，螟蝗食稼。
3. 　崇祯九年（1636 年）　　　　　蝗食禾，大饥。
4. 清康熙十一年（1672 年）　　　　飞蝗入境。
5. 　康熙十二年（1673 年）　　　　四月，蝗蝻食禾。

原载《屯留县志》自然灾害，陕西人民出版社 1995 年版

《襄垣县志》

1. 元至元十年（1273 年）　　　　　蝗食禾稼，民饥。
2. 　至元十九年（1282 年）　　　　蝗食禾稼、草木叶俱尽，饥民相食。
3. 　至正十一年（1351 年）　　　　遭蝗灾。
4. 　至正十九年（1359 年）　　　　蝗食禾稼俱尽，蔽日盈坑，饥民相食。
5. 明嘉靖八年（1529 年）　　　　　六月，蝗从河南飞来，遮天蔽日，庄稼
吃尽。
6. 　崇祯九年（1636 年）　　　　　七月，蝗食禾稼。
7. 清顺治三年（1646 年）　　　　　七月，蝗飞蔽天。
8. 　顺治七年（1650 年）　　　　　蝗食禾稼，民大饥。
9. 　咸丰七年（1857 年）　　　　　七月，蝗虫入襄境，数村秋禾被食。

10. 民国三十二年（1943 年）　　　　　　蝗灾。

11. 民国三十四年（1945 年）　　　　　　蝗虫为害。

原载《襄垣县志》自然灾害，海潮出版社 1998 年版

乾隆《沁州志》

1. 元至正十九年（1359 年）　　　　武乡大蝗，民饥，蝗食禾稼、草禾尽，所至蔽日，碍人马不能行，填坑堑皆盈，饥民捕蝗以为食。

2. 明万历四十三年（1615 年）　　　　四月，武乡蝗从东南来，飞蔽天，禾稼大损。

3. 　万历四十五年（1617 年）　　　　七月，沁源蝗飞蔽天，从东南来，头翅尽赤，蔽天翳日，知县祷于八蜡庙，有群鸦食蝗殆尽，禾无大损。

4. 清顺治四年（1647 年）　　　　七月，武乡蝗飞蔽天，禾稼尽食，民死者无数。

5. 　顺治七年（1650 年）　　　　武乡雨、雹、蝗，蝗食禾稼大损。

6. 　康熙三十年（1691 年）　　　　六月，沁州蝗从东南来，飞蔽天，禾稼大损；八月，蝻生，禾稼啮食几尽，民饥。

原载乾隆《沁州志》卷九《灾异》，乾隆三十六年刻本

《沁县志》

1. 明万历四十五年（1617 年）　　　　旱，蝗起成灾。

2. 清康熙三十三年（1694 年）　　　　旱蝗，灾伤。

原载《沁县志》灾异·旱灾，中华书局 1999 年版

《武乡县志》

1. 元至正十九年（1359 年）　　　　蝗虫所到之处吃尽草木、庄稼，蝗遮天盖地，碍人马不能行，人捕蝗虫当饭吃。

2. 明万历四十三年（1615 年）　　　　四月，蝗虫为害，从东南来，飞蔽天日，庄稼被吃光，人民饿死过半。

3. 清顺治四年（1647 年）　　　　　　　七月，蝗灾，庄稼吃完，人吃草根、树皮。

原载《武乡县志》自然灾害，山西人民出版社 1986 年版

乾隆《武乡县志》

1. 清顺治四年（1647 年）　　　　　　　七月，蝗飞蔽天，禾稼尽食，民饥。

2.　顺治七年（1650 年）　　　　　　　六月，雨、雹、蝗。

3.　顺治八年（1651 年）　　　　　　　五月，蝗。

原载乾隆《武乡县志》卷二《灾祥》，乾隆五十五年刻本

民国《沁源县志》

1. 明万历四十五年（1617 年）　　　　　七月，飞蝗自东南来飞蔽天，有群鸦食之，禾稼不致大损。

2. 清康熙三十年（1691 年）　　　　　　蝗入境，随即远去。

原载民国《沁源县志》卷六《大事考》，民国二十二年铅印本

五、晋城市

《晋城市志》

1. 西晋建兴四年（316 年）　　　　　　大蝗灾，百姓逃亡，饿死者过半。

2. 唐兴元元年（784 年）　　　　　　　螟蝗成灾，大饥。

3. 明嘉靖七年（1528 年）　　　　　　七月，泽州阳城旱蝗，饥荒。

4.　万历四十五年（1617 年）　　　　　夏，阳城蝗灾，头翅尽赤，遮天盖地。

5.　崇祯十二年（1639 年）　　　　　　沁水蝗虫成灾，累累蔓延，附地如鳞。

6. 清顺治四年（1647 年）　　　　　　陵川蝗飞蔽天，庄稼几殁，民流亡，诏赈济。

7.　同治元年（1862 年）　　　　　　　六月，飞蝗遍野，遮天盖地，所到之处庄稼几净，知县组织捕捉，按斤奖赏，陵川设局收买。

8. 民国三十一年（1942 年）　　　　　晋城、高平、沁水蝗灾。

9. 民国三十二年（1943 年）　　　　　沁水蝗灾严重，捕捉蝗虫 11.29 万千克，

晋城、高平亦蝗灾。

原载《晋城市志》自然灾害，中华书局 1999 年版

10. 元至元二十七年（1290 年）　　　泽州蝗灾。

11. 清康熙三十年（1691 年）　　　　蝗虫食禾，蝝生遍地，饿死流亡大半，诏
免赋、赈济。

原载《晋城市志》大事记，中华书局 1999 年版

雍正《泽州府志》

1. 西晋建兴四年（316 年）　　　　　大蝗，民流殍过半。

2. 北齐天保八年（557 年）　　　　　蝗。

3. 唐兴元元年（784 年）　　　　　　泽潞、河东节度螟蝗为害，民饥，赐米五
万石。

4. 元至元二十七年（1290 年）　　　泽州蝗。

5. 明弘治八年（1495 年）　　　　　高平蝗。

6.　嘉靖七年（1528 年）　　　　　　泽州阳城旱蝗，饥。

7.　嘉靖十六年（1537 年）　　　　　泽州蝗。

8.　万历四十五年（1617 年）　　　　夏，阳城旱蝗，飞蔽天。

9.　崇祯十二年（1639 年）　　　　　夏，沁水旱蝗，蝝生累累，蔓延伏地如鳞。

10. 清顺治四年（1647 年）　　　　　陵川蝗飞蔽天，食苗几尽，民流亡。

11.　顺治五年（1648 年）　　　　　春，阳城蝝生，不害稼。

12.　康熙三十年（1691 年）　　　　六月，蝗食苗稼；七月，蝝入人家舍与民
争食，民死徙殆半，诏免租、赈济。

原载雍正《泽州府志》卷五十《艺文志·祥异》，雍正十三年刻本

乾隆《凤台县志》

1. 西晋建兴四年（316 年）　　　　　大蝗，民多流殍。

2. 北齐天保八年（557 年）　　　　　蝗。

3. 元至元二十七年（1290 年）　　　蝗。

4. 明正德八年（1513 年）　　　　　夏六月，蝗。

5.　嘉靖七年（1528 年）　　　　　　泽州旱蝗，饥。

6.　嘉靖十六年（1537 年）　　　　　蝗。

7. 清康熙三十年（1691 年）　　　　六月，蝗食苗；七月，蝝生，岁大饥，民

流亡，发粟赈济、免田租。

原载乾隆《凤台县志》卷十二《纪事》，乾隆四十九年刻本

光绪《凤台县续志》

清同治二年（1863 年）　　　　　　春三月雪，蝗蝻冻死。

原载光绪《凤台县续志》卷四《纪事》，光绪八年刻本

同治《阳城县志》

1. 明正德八年（1513 年）　　　　　六月，蝗。

2.　嘉靖七年（1528 年）　　　　　七月，旱蝗，饥。

3.　万历四十五年（1617 年）　　　夏旱，飞蝗蔽天。

4. 清顺治五年（1648 年）　　　　　春，蝝生，未害稼。

5.　道光十七年（1837 年）　　　　旱蝗。

6.　咸丰六年（1856 年）　　　　　秋，蝗害稼。

7.　同治元年（1862 年）　　　　　飞蝗蔽天，县督民捕之，计斤给赏。

原载同治《阳城县志》卷十八《灾祥》，同治十三年刻本

《阳城县志》

1. 民国三十年（1941 年）　　　　　夏秋，部分地区蝗虫成灾，大部庄稼被吃掉。

2. 民国三十二年（1943 年）　　　　部分地区发生蝗害。

3. 民国三十四年（1945 年）　　　　春，固隆、孤山等地蝗害。

原载《阳城县志》生物灾害，海潮出版社 1994 年版

光绪《沁水县志》

1. 明崇祯十一年（1638 年）　　　　蝗。

2.　崇祯十二年（1639 年）　　　　夏，旱蝗，蝝生累累，蔓延伏地如鳞。

3. 清康熙三十年（1691 年）　　　　　五月，蝗食苗，人民死徙殆半。

4.　咸丰六年（1856 年）　　　　　　　秋，多蝗。

5.　同治元年（1862 年）　　　　　　　飞蝗遍野。

原载光绪《沁水县志》卷十《祥异》，光绪七年刻本

《沁水县志》

1. 清康熙二十九年（1690 年）　　　　蝗虫成灾，禾苗多被吃光。

2.　咸丰元年（1851 年）　　　　　　　秋，多蝗。

原载《沁水县志》大事记，山西人民出版社 1987 年版

《高平县志》

1. 明弘治八年（1495 年）　　　　　　蝗灾。

2.　崇祯十三年（1640 年）　　　　　　旱蝗，大饥，人相食。

3. 清康熙三十年（1691 年）　　　　　夏六月，飞蝗蔽日，自南而北，落地积五寸，田禾一空，东南刘庄、双井、李门至西北高良、柳林、通义等 35 村被灾独甚。

4.　同治元年（1862 年）　　　　　　　六月，蝗自南来，遮天盖地，所到之处田禾尽净；七月中，蝗蝻如蚁，遍地皆是。

5. 民国三十一年（1942 年）　　　　　秋，飞蝗入境，伤麦毁秋，歉收。

6. 民国三十二年（1943 年）　　　　　春夏无雨，蝗蝻盖地，田禾一空。

原载《高平县志》自然灾害，中国地图出版社 1992 年版

《陵川县志》

1. 清顺治四年（1647 年）　　　　　　蝗飞蔽天，食苗几尽，民流亡。

2.　咸丰七年（1857 年）　　　　　　　秋，飞蝗成灾。

3.　同治元年（1862 年）　　　　　　　大旱，飞蝗伤禾，邑令设局收买蝗虫。

4. 民国三十二年（1943 年）　　　　　太行山地发生大面积蝗灾，境内夺火、横水一带更为严重，几十里内遮天蔽日，

庄稼顷刻吃光。

原载《陵川县志》自然灾异，人民日报出版社 1999 年版

六、运城市

《运城地区志》

1. 唐永徽元年（650 年）	六月，绛州旱蝗；秋，河东旱蝗。
2. 宋明道二年（1033 年）	七月，河东蝗，河津、稷山、芮城蝗。
3. 元至大二年（1309 年）	七月，河中解、绛等州蝗，稷山、河津蝗。
4. 　至正十九年（1359 年）	五月，河东等处蝗飞蔽天，人马不能行，所落沟堑尽平，饥民捕蝗为食，积之，又尽，人相食。
5. 明嘉靖八年（1529 年）	河津、垣曲、荣河蝗害稼。
6. 　万历四十五年（1617 年）	蒲、解、绛诸州旱蝗，翳飞蔽天，头翅尽赤。
7. 　崇祯八年（1635 年）	稷山、垣曲飞蝗遍野。
8. 　崇祯十四年（1641 年）	解州、芮城旱蝗，无禾，父子相食。
9. 清康熙十年（1671 年）	七月，芮城蝗。
10. 　乾隆五十一年（1786 年）	七月，垣曲飞蝗蔽天，食禾几尽，仅余豆苗。
11. 　道光十六年（1836 年）	垣曲飞蝗蔽天，食禾。
12. 　咸丰六年（1856 年）	秋，荣河蝗蝻遍野，食麦苗。
13. 　同治元年（1862 年）	六月，猗氏蝗食禾尽，虞乡、垣曲、夏县蝗；七月，安邑、稷山飞蝗害稼，食禾尽。
14. 民国五年（1916 年）	沿河一带蝗飞蔽天。
15. 民国三十一年（1942 年）	夏，绛州蝗灾，飞则蔽天，落则盖地，食禾尽。

原载《运城地区志》自然灾害，海潮出版社 1999 年版

《运城市志》

1. 东汉元初元年（114 年）	夏，蝗害。

2. 明万历四十三年（1615 年）　　　解县蝗，大灾。

3.　　万历四十四年（1616 年）　　　春旱，飞蝗蔽天，庄稼一空，至秋蝻生遍野，寸草不留，人不能扑，多于垄首掘坑驱之。

4.　　万历四十七年（1619 年）　　　蒲、解、绛等 15 州县飞蝗蔽天。

5.　　万历四十八年（1620 年）　　　复蝗。

6.　　崇祯十一年（1638 年）　　　七月，飞蝗蔽天，伤禾立尽，解县、安邑大灾。

7.　　崇祯十二年（1639 年）　　　六月，蝗蝻大伤禾稼，扑杀不绝，安、解大灾。

8.　　崇祯十三年（1640 年）　　　五月，山西大旱，安邑、解县蝗飞蔽日，伤禾。

9. 清康熙三十年（1691 年）　　　秋，飞蝗蔽天，禾立尽，安、解大灾。

10.　　咸丰七年（1857 年）　　　蝗飞蔽日，为害庄稼。

11.　　咸丰十一年（1861 年）　　　六月，蝗飞蔽日，食秋禾立尽，解县特灾。

12.　　同治元年（1862 年）　　　六月，飞蝗害稼，张良、裴郭、苦池等村有飞蝗自东南来，安、解大灾。

13.　　光绪二十七年（1901 年）　　　多蝗无麦。

14. 民国三十三年（1944 年）　　　夏，蝗虫为灾，由中条山一带蔓延至安邑、临晋、虞乡之间，所过田亩一扫而光。

原载《运城市志》自然灾害，生活·读书·新知三联书店 1994 年版

乾隆《安邑县志》

1. 宋大中祥符九年（1016 年）　　　七月，蝗。

2.　　天禧元年（1017 年）　　　蝗蝻复生。

3. 明万历四十四年（1616 年）　　　飞蝗蔽天，复生蝝，禾稼立尽。

4.　　万历四十五年（1617 年）　　　蝗蝝为害。

5.　　崇祯十一年（1638 年）　　　七月，飞蝗蔽天，伤禾。

6.　　崇祯十二年（1639 年）　　　六月，蝗蝻大伤禾稼。

7. 清顺治四年（1647 年）　　　四月大雨，多蛤蟆，蝗，不为灾。

8.　康熙三十年（1691 年）　　　　秋，飞蝗蔽天，禾立尽。

原载乾隆《安邑县志》卷十一《祥异》，乾隆二十九年刻本

光绪《解州志》

1. 宋大中祥符九年（1016 年）　　　蝗飞翳空，及霜寒始毙。

2. 元至正十九年（1359 年）　　　　五月，蝗群飞蔽天，人马不能行，蝗落处
　　　　　　　　　　　　　　　　　　沟堑为平。

3. 明万历四十四年（1616 年）　　　飞蝗蔽天，食禾立尽；七月，蝻生，寸草
　　　　　　　　　　　　　　　　　　不遗。

4.　万历四十五年（1617 年）　　　　五月，复旱蝗。

5.　崇祯十一年（1638 年）　　　　　七月，飞蝗蔽天，伤禾立尽。

6.　崇祯十二年（1639 年）　　　　　蝗蝻大伤禾。

7. 清顺治四年（1647 年）　　　　　蝗，不为灾。

8.　康熙十一年（1672 年）　　　　　秋七月，蝗。

9.　康熙三十年（1691 年）　　　　　秋，飞蝗伤禾。

10.　乾隆十一年（1746 年）　　　　七月，蝗。

11.　咸丰十一年（1861 年）　　　　六月，飞蝗蔽天，食秋禾立尽。

原载光绪《解州志》卷十一《祥异》，光绪七年刻本

乾隆《蒲州府志》

1. 西晋末（316—318 年）　　　　　河东大蝗，惟不食黍豆，其将靳准率部众
　　　　　　　　　　　　　　　　　　捕蝗而埋之，一夕蝗浴土飞出，遂并食
　　　　　　　　　　　　　　　　　　黍豆。

2. 唐永徽元年（650 年）　　　　　　秋，河东旱蝗。

3.　兴元元年（784 年）　　　　　　　河东蝗，民饥，诏赐粟以赈。

4.　开成元年（836 年）　　　　　　　河中蝗害稼。

5. 金大定三年（1163 年）　　　　　荣河蝗旱。

6.　大定四年（1164 年）　　　　　　荣河相继蝗旱。

7. 元泰定三年（1326 年）　　　　　荣河蝗旱。

8.　泰定四年（1327 年）　　　　　　荣河蝗旱相继。

9.　　至正十九年（1359 年）　　　　五月，河东蝗，群飞蔽天，人马不能行，
　　　　　　　　　　　　　　　　　　　　　所落沟堑为之平。

10.　明正德八年（1513 年）　　　　　荣河蝗。

11.　　万历十五年（1587 年）　　　　猗氏、临晋皆蝗。

12.　　万历四十三年（1615 年）　　　四月，蒲州诸县大旱蝗。

13.　　万历四十六年（1618 年）　　　蝗。

14.　　崇祯九年（1636 年）　　　　　荣河蝗。

15.　　崇祯十年（1637 年）　　　　　荣河复蝗，临晋如之。

16.　清顺治四年（1647 年）　　　　　有蝗。

　　　　原载乾隆《蒲州府志》卷二十三《事纪·五行祥沴》，乾隆十九年刻本

康熙 《猗氏县志》

1. 明万历十五年（1587 年）　　　　　猗氏蝗，大饥。

2.　　万历四十四年（1616 年）　　　六月，猗氏蝗自东而来，飞蔽天，食禾殆尽。

3.　　崇祯十一年（1638 年）　　　　夏六月，猗氏蝗。

4. 清顺治四年（1647 年）　　　　　六月，猗氏蝗。

5.　　康熙三十年（1691 年）　　　　猗氏蝗蝻损禾。

　　　　原载康熙《猗氏县志》卷六《祥异》，康熙五十六年刻本

同治 《续猗氏县志》

清同治元年（1862 年）　　　　　　　六月，猗氏飞蝗蔽日，食禾殆尽。

　　　　原载同治《续猗氏县志》卷四《祥异》，同治六年刻本

《临猗县志》

1. 元至顺二年（1331 年）　　　　　　六月，临晋、猗氏蝗。

2.　　至正十九年（1359 年）　　　　五月，临晋、猗氏蝗飞蔽天，人马不能行，
　　　　　　　　　　　　　　　　　　　　所落沟堑尽平。

3.　明嘉靖七年（1528 年）　　　　　临晋蝗灾。

4.　　万历十五年（1587 年）　　　　临晋、猗氏蝗灾。

5.　　万历四十一年（1613 年）　　　临晋蝗灾。

6.　　万历四十二年（1614 年）　　　临晋蝗灾。

7.　　万历四十三年（1615 年）　　　临晋蝗灾。

8.　　万历四十四年（1616 年）　　　临晋、猗氏蝗飞蔽天，复生蝻，禾稼立尽。

9.　　万历四十六年（1618 年）　　　猗氏飞蝗蔽天。

10.　崇祯四年（1631 年）　　　　　临晋、猗氏蝗灾。

11.　崇祯十一年（1638 年）　　　　六月，临晋、猗氏蝗灾。

12. 清顺治四年（1647 年）　　　　临晋、猗氏蝗灾。

13.　康熙三十年（1691 年）　　　　猗氏蝗蝻损禾。

14.　同治元年（1862 年）　　　　　六月，猗氏蝗食禾尽。

15.　光绪十八年（1892 年）　　　　临晋多蝗。

16. 民国五年（1916 年）　　　　　临晋滨河一带蝗飞蔽天，知县派巡警率民
　　　　　　　　　　　　　　　　　捕打，数日净尽。

17. 民国三十一年（1942 年）　　　秋，猗氏蝗飞蔽日。

原载《临猗县志》自然灾害，海潮出版社 1993 年版

光绪《永济县志》

1. 西晋末（316—318 年）　　　　河东大蝗，惟不食黍豆，靳准率部众捕蝗
　　　　　　　　　　　　　　　　埋之，一夕蝗浴土飞出，遂并食黍豆。

2. 唐永徽元年（650 年）　　　　秋，河东旱蝗。

3.　兴元元年（784 年）　　　　　河东蝗，民饥，诏赐粟以赈。

4.　开成元年（836 年）　　　　　夏，河中蝗害稼。

5. 宋大中祥符九年（1016 年）　　七月，蝗群飞翳天，趣河东，及霜寒始毙。

6.　天禧元年（1017 年）　　　　二月，河东蝗蝻生。

7.　明道二年（1033 年）　　　　七月，河东蝗。

8. 金正隆二年（1157 年）　　　　河东蝗。

9.　大定十六年（1176 年）　　　河东旱蝗。

10. 元至元十九年（1282 年）　　五月，河东蝗飞蔽天，人马不能行，所落
　　　　　　　　　　　　　　　　沟堑尽平，民大饥。

11.　至正十九年（1359 年）　　五月，河东蝗飞蔽天，人马不能行，所落
　　　　　　　　　　　　　　　　沟堑尽平，民大饥。

12. 明万历四十四年（1616年）　　　春夏大旱，飞蝗蔽日，禾稼一空，官以斗
　　　　　　　　　　　　　　　　　粟易斗蝗，犹不能尽，至秋复生蝻蝼遍
　　　　　　　　　　　　　　　　　野，人不能捕，多于垄首掘坑驱瘗之。

13. 　万历四十六年（1618年）　　　六月，蝗。

14. 　崇祯十一年（1638年）　　　蝗。

15. 　崇祯十二年（1639年）　　　蝗。

16. 清顺治四年（1647年）　　　六月，蝗。

17. 　道光十七年（1837年）　　　秋，蝗虫害稼。

18. 　咸丰七年（1857年）　　　蝗飞蔽日，害稼。

原载光绪《永济县志》卷二十三《事纪·祥沴》，光绪十二年刻本

《永济县志》

1. 明万历十五年（1587年）　　　蝗灾，民大饥，有弃婴于野，赈之。

2. 清咸丰十一年（1861年）　　　六月，蝗飞蔽日，秋禾立尽。

3. 　光绪二十七年（1901年）　　　旱，多蝗，麦无收。

4. 民国二年（1913年）　　　蝗虫密集，食稼。

5. 民国十年（1921年）　　　黄河滩蝗虫密集，食禾稼，虞、临、解帮
　　　　　　　　　　　　　　　　　助扑灭。

6. 民国十六年（1927年）　　　夏秋，蝗虫严重。

7. 民国三十二年（1943年）　　　秋，蝗灾，飞蔽日，禾苗啃食大半，民饥。

8. 民国三十三年（1944年）　　　蝗灾，秋禾无收。

9. 民国三十八年（1949年）　　　蝗虫伤害庄稼。

原载《永济县志》自然灾害，山西人民出版社1991年版

光绪《虞乡县志》

1. 唐开成元年（836年）　　　蝗害稼。

2. 宋大中祥符九年（1016年）　　　蝗飞蔽空，及霜寒始毙。

3. 清乾隆十一年（1746年）　　　七月，蝗。

4. 　道光十六年（1836年）　　　七月，蝗害稼。

5. 　同治元年（1862年）　　　六月，飞蝗害稼。

6.　光绪五年（1879 年）　　　　　八月，蝗，捕瘗乃退。

原载光绪《虞乡县志》卷一《地舆志·祥异》，光绪十二年刻本

乾隆《解州芮城县志》

清康熙十一年（1672 年）　　　　春旱自二月至五月，秋七月，蝗自灵宝
　　　　　　　　　　　　　　　　来，旋飞而南，不为灾。

乾隆《解州芮城县志》卷十一《祥异》，光绪七年据乾隆二十九年刻版重印本

《芮城县志》

1. 西晋建兴四年（316 年）　　　　大蝗，民流殍者殆半。

2. 唐永徽元年（650 年）　　　　　秋，旱蝗。

3. 　开成元年（836 年）　　　　　夏，蝗灾。

4. 宋天禧元年（1017 年）　　　　　蝗灾。

5. 　天圣六年（1028 年）　　　　　五月，蝗灾。

6. 　明道二年（1033 年）　　　　　七月，蝗灾。

7. 　元丰四年（1081 年）　　　　　蝗灾。

8. 金大定三年（1163 年）　　　　　蝗灾。

9. 元至顺二年（1331 年）　　　　　六月，蝗灾。

10. 　至正十九年（1359 年）　　　　五月，蝗飞蔽天，大饥。

11. 明万历四十四年（1616 年）　　　夏旱，飞蝗蔽日，禾稼一空，至秋复生蝗
　　　　　　　　　　　　　　　　蝻遍野，食禾立尽，人不能捕，多于垄
　　　　　　　　　　　　　　　　首掘坑驱埋，为害不已。

12. 　崇祯十四年（1641 年）　　　　连年旱蝗，无禾。

13. 清顺治四年（1647 年）　　　　　六月，蝗灾。

14. 　康熙十年（1671 年）　　　　　七月，蝗灾。

15. 　康熙十一年（1672 年）　　　　八月，蝗灾。

16. 　康熙三十年（1691 年）　　　　旱蝗，大饥。

17. 　道光十七年（1837 年）　　　　秋，蝗害稼。

18. 　咸丰七年（1857 年）　　　　　秋，蝗飞蔽日，为害禾苗。

19. 　咸丰十一年（1861 年）　　　　蝗灾。

20. 民国三十二年（1943 年）　　　　秋，黄河滩蝗虫吃光豆谷叶。

21. 民国三十三年（1944 年）　　　　五至七月，蝗灾，麦苗被吃。

　　　　　　原载《芮城县志》自然灾害，三秦出版社 1994 年版

乾隆《平陆县志》

1. 清康熙十二年（1673 年）　　　　秋八月，飞蝗入境，食禾尽。

2. 　康熙二十九年（1690 年）　　　六月，蝗蝻食禾尽。

　　　　　原载乾隆《平陆县志》卷十一《祥异》，乾隆二十九年刻本

《平陆县志》

1. 明万历四十五年（1617 年）　　　六月，飞蝗蔽天。

2. 清康熙十三年（1674 年）　　　　八月，飞蝗入境，食禾尽。

3. 　康熙二十九年（1690 年）　　　六月，蝗蝻食禾尽。

4. 　道光十七年（1837 年）　　　　七月，飞蝗入境，食田禾，秋无粟。

5. 　咸丰七年（1857 年）　　　　　飞蝗蔽日，大伤禾苗。

6. 　同治元年（1862 年）　　　　　六月，飞蝗食禾殆尽。

7. 　同治三年（1864 年）　　　　　六月，飞蝗蔽日。

8. 　光绪五年（1879 年）　　　　　五月，遍地生蝗蝻。

9. 民国三十一年（1942 年）　　　　蝗虫食禾。

10. 民国三十二年（1943 年）　　　复发生蝗灾。

　　　　　原载《平陆县志》自然灾害，中国地图出版社 1992 年版

11. 清同治二年（1863 年）　　　　六月，飞蝗蔽日，秋稼无收。

12. 民国三十四年（1945 年）　　　夏旱，蝗为灾，大伤禾苗。

　　　　　原载《平陆县志》大事记，中国地图出版社 1992 年版

《夏县志》

1. 明万历四十八年（1620 年）　　　蝗蝻大作，岁荒。

2. 　崇祯十三年（1640 年）　　　　大旱，蝗蝻食苗，岁大饥。

3. 清康熙三十年（1691 年）　　　　秋，蝗蝻为灾，大伤民禾，遗蝻繁生，尽

食禾苗，人民卖妻溺子，道馑相望。

4. 雍正十年（1732 年） 蝗生，降雨，随皆消灭。

5. 同治元年（1862 年） 蝗虫大作。

6. 民国三十二年（1943 年） 七月，蝗蝻大作，中条山一带秋禾几乎食尽。

原载《夏县志》大事记，人民出版社 1998 年版

7. 民国三十三年（1944 年） 前山沿一带蝗蝻大作，蝗虫起飞如浮云遮
日，落地禾苗叶全被吃光。

原载《夏县志》自然灾害，人民出版社 1998 年版

《万荣县志》

1. 唐永徽元年（650 年） 蝗灾。

2. 兴元元年（784 年） 蝗灾。

3. 宋大中祥符五年（1012 年） 飞蝗蔽天，及霜寒始毙。

4. 大中祥符九年（1016 年） 七月，蝗群飞蔽天，及霜寒始尽。

5. 天禧元年（1017 年） 二月，蝗蝻复生。

6. 天圣二年（1024 年） 七月，蝗生。

7. 明道二年（1033 年） 河东蝗。

8. 金正隆二年（1157 年） 河东蝗。

9. 大定三年（1163 年） 秋，蝗。

10. 大定十六年（1176 年） 旱蝗。

11. 元泰定三年（1326 年） 旱蝗。

12. 泰定四年（1327 年） 相继旱蝗。

13. 至顺元年（1330 年） 七月，蝗。

14. 至正十九年（1359 年） 五月，蝗飞蔽天，人马不能行，所落沟堑
尽平。

15. 明洪武六年（1373 年） 七月，蝗。

16. 洪武七年（1374 年） 蝗。

17. 永乐元年（1403 年） 夏，蝗。

18. 宣德九年（1434 年） 七月，蝗。

19. 正德二年（1507 年） 蝗。

20. 万历四十三年（1615 年） 四月，大旱蝗。

21.	万历四十四年（1616 年）	春旱，蝗飞蔽日，庄稼一空，至秋螕生遍野，寸草无遗，人不能捕，多于垄首掘坑驱之，秋无禾。
22.	万历四十七年（1619 年）	蝗飞蔽天。
23.	崇祯八年（1635 年）	蝗螕食禾尤甚。
24.	崇祯九年（1636 年）	蝗螕食禾尤甚。
25.	清咸丰六年（1856 年）	秋，蝗螕遍野，食麦苗。
26.	咸丰七年（1857 年）	飞蝗蔽日，为害庄稼。
27.	同治元年（1862 年）	秋，蝗虫食禾，歉收。
28.	同治十一年（1872 年）	秋，蝗。
29.	光绪二十七年（1901 年）	多蝗螕，麦无收。
30.	民国三十二年（1943 年）	蝗虫成灾，禾稼几尽。
31.	民国三十四年（1945 年）	宝井大蝗，由河西飞来，路难行。

原载《万荣县志》自然灾害，海潮出版社 1995 年版

32.	清康熙三十年（1691 年）	六月，万泉飞蝗蔽天，食尽禾苗，民有饿死者。

原载《万荣县志》大事记，海潮出版社 1995 年版

民国《荣河县志》

1.	金大定三年（1163 年）	秋，蝗。
2.	元泰定三年（1326 年）	旱蝗。
3.	泰定四年（1327 年）	相继旱蝗。
4.	明正德二年（1507 年）	蝗。
5.	万历四十三年（1615 年）	大旱蝗。
6.	万历四十六年（1618 年）	蝗。
7.	崇祯八年（1635 年）	蝗螕食禾尤甚。
8.	崇祯九年（1636 年）	蝗螕食禾尤甚。
9.	清道光二十三年（1843 年）	飞蝗入境，不为灾。
10.	咸丰四年（1854 年）	飞蝗入境，不为灾。
11.	咸丰六年（1856 年）	秋，蝗螕遍野，食麦苗，有种二三次者。
12.	同治十一年（1872 年）	秋，蝗。

13.　　光绪二十七年（1901 年）　　　　旱，多蝗蝻。

　　　　　　　原载民国《荣河县志》卷十四《祥异》，民国二十五年铅印本

民国《万泉县志》

1. 明万历四十三年（1615 年）　　　四月，大旱蝗。

2.　　万历四十四年（1616 年）　　　蝗蝻为灾，秋无禾。

3.　　万历四十五年（1617 年）　　　蝗蝻为灾，秋无禾。

4.　　崇祯十五年（1642 年）　　　　蝗。

5. 清顺治四年（1647 年）　　　　　有蝗。

6.　　康熙三十年（1691 年）　　　　六月，飞蝗蔽天，禾立尽；七月，蝝生，人
　　　　　　　　　　　　　　　　　　民流殍。

　　　　　　原载民国《万泉县志》卷末《杂记·祥异》，民国七年石印本

民国《闻喜县志》

1. 明万历四十四年（1616 年）　　　六月，蝗飞蔽天，东来，数日不绝，食禾
　　　　　　　　　　　　　　　　　　立尽。

2.　　万历四十五年（1617 年）　　　六月，飞蝗蔽天，食苗立尽。

3.　　崇祯十二年（1639 年）　　　　七月，蝗。

4. 清康熙三十年（1691 年）　　　　六月，蝗；七月，蝻，大饥，赈济。

　　　　　　原载民国《闻喜县志》卷二十四《旧闻》，民国八年石印本

《闻喜县志》

1. 明崇祯八年（1635 年）　　　　　蝗虫为害，食禾殆尽。

2.　　崇祯九年（1636 年）　　　　　蝗灾。

3.　　崇祯十二年（1639 年）　　　　蝗灾。

4.　　崇祯十三年（1640 年）　　　　连续蝗灾。

　　　　　　原载《闻喜县志》大事记，中国地图出版社 1993 年版

5. 民国三十一年（1942 年）　　　　蝗灾，飞蝗自河南济源来，飞蔽天，落盖
　　　　　　　　　　　　　　　　　　地，积地寸余厚，芦苇被压断，稼禾食

为光秆。

原载《闻喜县志》自然灾害，中国地图出版社 1993 年版

光绪《垣曲县志》

1. 明成化二十一年（1485 年）	大旱蝗，人相食，赈之。
2. 嘉靖八年（1529 年）	秋，螟蝗食稼尽，蝗自相食，发粟赈之。
3. 万历四十四年（1616 年）	飞蝗蔽日，食苗立尽，邑令谕民捕之易粟。
4. 万历四十五年（1617 年）	春，蝻生，食麦苗。
5. 崇祯八年（1635 年）	五月，蝗食禾尽，继生蝻，野无青草。
6. 崇祯十一年（1638 年）	六月，蝗。
7. 崇祯十二年（1639 年）	六月，蝗蝻生，食禾如扫。
8. 清康熙六年（1667 年）	六月，飞蝗东来，不为害。
9. 康熙三十年（1691 年）	蝗蝻食禾尽。
10. 乾隆二十三年（1758 年）	秋，螣食禾。
11. 乾隆五十一年（1786 年）	七月，飞蝗蔽天，食禾十之九，仅存豆苗。
12. 嘉庆十六年（1811 年）	飞蝗入境，蠲免钱粮。
13. 道光十六年（1836 年）	蝗飞蔽天，食禾立尽，邑令分厂收买蝗虫一万五千余斤。
14. 道光十七年（1837 年）	春，蝗蝻生，食麦苗如扫，邑令分厂收买蝗蝻二万斤。
15. 咸丰元年（1851 年）	六月，旱蝗，邑令率民扑灭，不为灾。
16. 咸丰七年（1857 年）	飞蝗蔽天，邑令率兵民扑灭。
17. 咸丰九年（1859 年）	七月，蝗食禾。
18. 同治元年（1862 年）	六月，蝗食田稚。

原载光绪《垣曲县志》卷十四《杂志》，光绪六年刻本

《垣曲县志》

民国三十二年（1943 年）　　　飞蝗蔽日，落则无立足之地，食禾尽，饥民大量外逃，饿死者甚众。

原载《垣曲县志》自然灾害，山西人民出版社 1993 年版

光绪 《直隶绛州志》

1. 唐永徽元年（650 年）　　　　　四月，旱蝗。
2. 宋建隆四年（963 年）　　　　　六月，蝗。
3. 元至大二年（1309 年）　　　　　七月，蝗。
4. 明万历四十四年（1616 年）　　　蝗。
5. 　崇祯十一年（1638 年）　　　　蝗。
6. 　崇祯十二年（1639 年）　　　　蝗。
7. 清康熙三十年（1691 年）　　　　七月，蝗。
8. 　道光十七年（1837 年）　　　　六月，飞蝗入境，不为灾。

原载光绪《直隶绛州志》卷二十《杂志·灾祥》，光绪五年刻本

民国 《新绛县志》

1. 唐永徽元年（650 年）　　　　　四月，旱蝗。
2. 宋建隆四年（963 年）　　　　　六月，蝗。
3. 元至大二年（1309 年）　　　　　七月，蝗。
4. 明万历四十四年（1616 年）　　　蝗。
5. 　万历四十五年（1617 年）　　　蝗。
6. 　崇祯十一年（1638 年）　　　　蝗。
7. 　崇祯十二年（1639 年）　　　　蝗。
8. 　清康熙三十年（1691 年）　　　秋七月，蝗。
9. 　道光十七年（1837 年）　　　　六月，飞蝗入境，不为灾。
10. 　光绪二十五年（1899 年）　　　五月，蝗。
11. 　光绪二十七年（1901 年）　　　秋旱，蝗为灾。

原载民国《新绛县志》卷十《旧闻考·灾祥》，民国十八年铅印本

《新绛县志》

1. 北齐天保八年（557 年）　　　　蝗。
2. 　乾明元年（560 年）　　　　　　蝗。
3. 明嘉靖七年（1528 年）　　　　　蝗，饥。

4.　万历十六年（1588 年）　　　　　七月，大蝗，飞蔽天，食稼殆尽。

5. 清道光十五年（1835 年）　　　　旱，有蝗虫。

6. 民国三十一年（1942 年）　　　　夏，蝗灾，飞则蔽天，落则盖地，食
　　　　　　　　　　　　　　　　　　禾尽。

原载《新绛县志》农业灾害，陕西人民出版社 1997 年版

光绪 《绛县志》

1. 唐永徽元年（650 年）　　　　　　绛州旱蝗。

2.　兴元元年（784 年）　　　　　　蝝蝗为害，蒸民饥馑。

3. 宋建隆四年（963 年）　　　　　　六月，绛县有蝗。

4.　大中祥符九年（1016 年）　　　　六月，蝗蝻趣河东，及霜寒始毙。

5.　明道二年（1033 年）　　　　　　河东蝗。

6. 金正隆二年（1157 年）　　　　　秋，河东蝗。

7.　明万历十六年（1588 年）　　　　秋七月，绛县蝗。

8.　万历四十四年（1616 年）　　　　四月，飞蝗蔽天，食禾立尽。

9.　崇祯十年（1637 年）　　　　　　秋，螣。

10.　崇祯十二年（1639 年）　　　　蝗食禾如扫。

11. 清道光十五年（1835 年）　　　　夏，有蝗。

12.　同治元年（1862 年）　　　　　六月，飞蝗入境。

13.　光绪五年（1879 年）　　　　　秋，螣生。

原载光绪《绛县志》卷十二《祥异》，光绪六年刻本

光绪 《绛县志》

1. 西晋建兴三年（315 年）　　　　　河东大蝗。

2. 宋天禧二年（1018 年）　　　　　河东蝗蝻复生，多去岁蛰者。

3. 金大定十六年（1176 年）　　　　河东路旱蝗。

4. 元至正十九年（1359 年）　　　　河东等处蝗飞蔽天，人马不能行，所落沟
　　　　　　　　　　　　　　　　　堑尽平，民大饥。

5. 明万历四十五年（1617 年）　　　旱蝗。

原载光绪《绛县志》卷六《大事表》，光绪二十五年刻本

《绛县志》

1. 明崇祯十年（1637 年）　　　　　秋，蝗，禾叶尽食，茎折穗干。
2. 民国三十一年（1942 年）　　　　夏，蝗飞蔽天，落则盖地，由冷口峪沿河漕向三、四区蔓延，食禾立尽，损失极大。

原载《绛县志》自然灾害，陕西人民出版社 1997 年版

同治《稷山县志》

1. 西晋建兴五年（317 年）　　　　大蝗。
2. 唐永徽元年（650 年）　　　　　旱蝗。
3. 　兴元元年（784 年）　　　　　蝗，民饥，诏赈之。
4. 宋大中祥符九年（1016 年）　　六月，蝗蝻生，至霜寒始毙。
5. 　天禧元年（1017 年）　　　　蝗蝻复生，多去岁蛰者。
6. 　明道二年（1033 年）　　　　蝗。
7. 　金正隆二年（1157 年）　　　秋，蝗。
8. 　元至大二年（1309 年）　　　蝗。
9. 　至顺元年（1330 年）　　　　七月，蝗。
10. 　至顺二年（1331 年）　　　　六月，蝗。
11. 　至正十九年（1359 年）　　　五月，蝗。
12. 明嘉靖七年（1528 年）　　　　飞蝗蔽天，食禾稼为赤地。
13. 　万历七年（1579 年）　　　　蝗。
14. 　万历四十四年（1616 年）　　飞蝗蔽天，食禾立尽。
15. 　万历四十五年（1617 年）　　飞蝗自东南来，十二日不断，虫蝻满地，害苗更虐。
16. 　崇祯八年（1635 年）　　　　飞蝗弥漫四野，秋禾一过如扫。
17. 　崇祯九年（1636 年）　　　　蝻害更甚于蝗。
18. 清康熙三十年（1691 年）　　　蝗。
19. 康熙三十一年（1692 年）　　　旱蝗，民饥，蠲免田租。
20. 　同治元年（1862 年）　　　　秋，旱蝗，腾空飞集于北山下，食禾殆尽。

原载同治《稷山县志》卷七《祥异志》，同治四年刻本

《稷山县志》

1. 西晋咸宁五年（279 年）　　　　　　　大蝗。
2. 唐长庆四年（824 年）　　　　　　　　蝗蝻害稼。
3. 蒙古至元四年（1267 年）　　　　　　蝗灾。
4. 清光绪四年（1878 年）　　　　　　　秋，蝗蝻害稼。
5. 　光绪二十二年（1896 年）　　　　　蝗害，蝗虫铺天盖地，所过之处绿色绝无。
6. 民国三十二年（1943 年）　　　　　　八月，蝗害，两周时间，汾北庄稼尽成光
　　　　　　　　　　　　　　　　　　　秆，第三周，小蝗遍地皆是，爬满农家
　　　　　　　　　　　　　　　　　　　锅灶，民以火烧、拍打均无济于事。
7. 民国三十三年（1944 年）　　　　　　秋，蝗虫蔽天遮日呼啸而来，所到处食尽
　　　　　　　　　　　　　　　　　　　庄稼，秋无收成。

原载《稷山县志》自然灾害，新华出版社 1994 年版

光绪《河津县志》

1. 东晋建武元年（317 年）　　　　　　　大蝗。
2. 唐兴元元年（784 年）　　　　　　　　蝗，民饥。
3. 宋天禧元年（1017 年）　　　　　　　蝗蝻生。
4. 　明道二年（1033 年）　　　　　　　蝗。
5. 金正隆二年（1157 年）　　　　　　　秋，蝗。
6. 元至大二年（1309 年）　　　　　　　蝗旱。
7. 　至顺二年（1331 年）　　　　　　　六月，蝗。
8. 　至正十九年（1359 年）　　　　　　五月，蝗。
9. 　明嘉靖八年（1529 年）　　　　　　六月，螟蝗食稼，大饥。
10. 　万历四十四年（1616 年）　　　　　蝗。
11. 清康熙三十年（1691 年）　　　　　　蝗。
12. 　康熙三十一年（1692 年）　　　　　旱蝗，民饥，免田租。

原载光绪《河津县志》卷十《祥异》，光绪六年刻本

《河津县志》

1. 西晋元康四年（294 年）　　　　　　　大蝗。

2.　　　永安元年（304 年）　　　　大蝗。

3. 清光绪二十八年（1902 年）　　　秋，蝗灾。

4. 民国三十三年（1944 年）　　　　夏，蝗虫由北而南遮天蔽日，秋禾被害。

原载《河津县志》自然灾害，山西人民出版社 1989 年版

七、临汾市

雍正《平阳府志》

1. 西晋永嘉四年（310 年）　　　　五月，翔山①大蝗。

2. 东晋建武元年（317 年）　　　　五月，聪所居蠡斯则百堂灾；河朔大蝗，初穿地而生，二旬化状若蚕，七八日而卧，四日蜕而飞，弥亘百草，惟不食三豆及麻，并、冀尤甚；刘聪境内大蝗，平阳、冀、雍尤甚。

3. 宋宣和三年（1121 年）　　　　　诸路蝗。

4. 元至元八年（1271 年）　　　　　平阳蝗。

5.　　　元贞元年（1295 年）　　　　七月，平阳蝗。

6.　　　至大元年（1308 年）　　　　晋宁等处蝗。

7.　　　至顺元年（1330 年）　　　　七月，晋宁蝗。

8.　　　至顺二年（1331 年）　　　　六月，晋宁路属县蝗。

9.　　　至正十九年（1359 年）　　　秋七月，灵石蝗，《五行志》云："冀宁文水、榆次、寿阳、徐沟四县及汾州孝义、平遥、介休三县，晋宁潞州及壶关、潞城、襄垣三县，霍州、赵城、灵石三州县，隰之永和、沁之武乡、辽之榆社皆蝗，食禾稼、草木俱尽，所至蔽日，碍人马不能行，填坑堑皆盈，饥民捕蝗以为食，或曝干而积之，又尽，则人相食。"

---

①　翔山：山名，海拔 1 290 米，位于今山西翼城二曲乡东北。

10. 明成化二十一年（1485 年）　　　　太平蝗，赈之。

11.　　嘉靖八年（1529 年）　　　　　　六月，洪洞、临汾、曲沃螟蝗食稼。

12.　　嘉靖十六年（1537 年）　　　　　夏五月，临汾蝗。

13.　　嘉靖十九年（1540 年）　　　　　灵石蝗。

14.　　隆庆二年（1568 年）　　　　　　六月，翼城蝗。

15.　　万历十一年（1583 年）　　　　　霍州蝗。

16.　　万历四十三年（1615 年）　　　　春，翼城蝗。

17.　　万历四十四年（1616 年）　　　　四月，临汾飞蝗蔽天，食禾立尽。

18.　　万历四十五年（1617 年）　　　　夏五月，岳阳飞蝗头翅尽赤，翳空蔽天。

19.　　万历四十六年（1618 年）　　　　夏四月，曲沃蝗。

20.　　崇祯十二年（1639 年）　　　　　太平、翼城、霍州蝗食禾如扫。

21. 清顺治二年（1645 年）　　　　　　岳阳蝗。

22.　　顺治三年（1646 年）　　　　　　洪洞蝗。

23.　　顺治四年（1647 年）　　　　　　太平、临汾、灵石、汾西蝗，赈济。

24.　　顺治六年（1649 年）　　　　　　灵石蝗。

25.　　顺治十二年（1655 年）　　　　　夏，曲沃蝗。

26.　　康熙十一年（1672 年）　　　　　秋七月，太平蝗，多不食禾。

27.　　康熙三十年（1691 年）　　　　　平阳府属旱蝗，民饥，赈济。

28.　　康熙三十一年（1692 年）　　　　平阳府又蝗，民饥，蠲赈。

原载雍正《平阳府志》卷三十四《祥异》，乾隆元年刻本

·

《临汾市志》

1. 西晋建兴三年（315 年）　　　　　　河东大蝗，民流殍者十五六。

2. 东晋建武元年（317 年）　　　　　　七月，大旱蝗。

3. 后晋天福八年（943 年）　　　　　　晋州①大蝗。

4. 元至元八年（1271 年）　　　　　　蝗灾。

5.　　元贞二年（1296 年）　　　　　　七月，蝗灾。

6.　　至顺元年（1330 年）　　　　　　晋宁蝗灾。

7.　　至顺二年（1331 年）　　　　　　六月，晋宁路属县蝗灾。

①　晋州：旧州名，治所在今山西临汾，北宋升为平阳府。

8.　　至正十九年（1359 年）　　　五月，蝗，大饥。

9.　明洪武七年（1374 年）　　　旱，蝗灾，并免租赋。

10.　　嘉靖七年（1528 年）　　　秋，大旱，蝗灾。

11.　　嘉靖八年（1529 年）　　　蝗螟食稼，蔽天匝地，田禾将尽，民大饥。

12.　　嘉靖十五年（1536 年）　　六月，蝗灾。

13.　　嘉靖十六年（1537 年）　　蝗灾。

14.　　万历四十四年（1616 年）　六月，飞蝗蔽天，食禾稼几尽。

15.　　崇祯四年（1631 年）　　　蝗，赈济。

16.　清顺治四年（1647 年）　　　六月，蝗灾。

17.　　康熙三十年（1691 年）　　夏旱，蝗灾。

18.　　康熙三十一年（1692 年）　旱蝗，大饥。

19.　　康熙三十三年（1694 年）　旱，蝗灾。

20.　　同治二年（1863 年）　　　蝗灾。

21.民国三十三年（1944 年）　　　蝗灾，减产五成。

原载《临汾市志》自然灾异·虫灾，海潮出版社 2002 年版

民国《临汾县志》

1.西晋建兴四年（316 年）　　　七月，大蝗，流殍者十五六。

2.　　建兴五年（317 年）　　　秋七月，大蝗，惟不食黍豆，靳准率部人
　　　　　　　　　　　　　　　　　收而埋之，哭声闻十余里，后乃钻土飞
　　　　　　　　　　　　　　　　　出食黍豆。

3.元至正十九年（1359 年）　　　五月，蝗，大饥。

4.明嘉靖七年（1528 年）　　　秋，大旱蝗。

5.　嘉靖八年（1529 年）　　　六月，蝗飞蔽天匝地，食禾殆尽，民大饥。

6.　嘉靖十六年（1537 年）　　蝗。

7.　万历四十四年（1616 年）　夏六月，飞蝗蔽天，食禾稼立尽。

8.　清顺治四年（1647 年）　　夏六月，蝗。

9.　康熙三十年（1691 年）　　六月，蝗，赈济。

10.　康熙三十一年（1692 年）　旱蝗，大饥。

11.　同治二年（1863 年）　　　七月，大蝗。

原载民国《临汾县志》卷六《杂记类·祥异》，民国二十二年铅印本

民国《浮山县志》

1. 后晋天福八年（943 年）　　　　四月，天下诸道飞蝗害稼，食草木叶皆尽。
2. 宋明道二年（1033 年）　　　　　河东蝗。
3. 　宣和三年（1121 年）　　　　　诸路蝗。
4. 元元贞元年（1295 年）　　　　　七月，旱蝗。
5. 　至大元年（1308 年）　　　　　五月，晋宁等处蝗。
6. 　至顺元年（1330 年）　　　　　七月，蝗。
7. 　至顺二年（1331 年）　　　　　六月，蝗。
8. 　明隆庆二年（1568 年）　　　　旱蝗。
9. 　万历四十三年（1615 年）　　　蝗螆害稼。
10. 　崇祯十二年（1639 年）　　　　蝗螆食禾。
11. 清康熙三十年（1691 年）　　　　六月，大旱蝗，赈之，蠲免田租。
12. 　康熙三十一年（1692 年）　　　蝗螆为灾，无禾，民饥。

原载民国《浮山县志》卷三十七《灾祥》，民国二十四年铅印本

《浮山县志》

1. 北齐河清二年（563 年）　　　　四月，蝗虫害稼。
2. 民国三十年（1941 年）　　　　　观音庙以北、西坪以南蝗灾严重。
3. 民国三十三年（1944 年）　　　　夏，蝗灾，庄稼无收。
4. 民国三十四年（1945 年）　　　　三月，蝗灾严重。

原载《浮山县志》自然灾异，中华书局 2002 年版

《翼城县志》

1. 西晋永嘉四年（310 年）　　　　翔山一带发生严重蝗灾。
2. 后晋天福八年（943 年）　　　　蝗虫食草害稼十分严重。
3. 元至正十九年（1359 年）　　　　飞蝗蔽天，人马皆不能行，沟堑被蝗虫填
　　　　　　　　　　　　　　　　　平，庄稼吃光。
4. 明隆庆二年（1568 年）　　　　　蝗灾。
5. 清康熙三十年（1691 年）　　　　秋旱，蝗灾严重，饥。

6. 民国三十二年（1943 年）　　秋，遭大蝗，严重地区秋禾被吃光，蝗虫遮天蔽日，落地几寸厚，行人断路。

原载《翼城县志》自然灾害，海潮出版社 1997 年版

光绪《翼城县志》

1. 明嘉靖七年（1528 年）　　秋，大旱蝗。
2. 　万历四十三年（1615 年）　蝗蝻害稼。
3. 　崇祯十二年（1639 年）　　蝗蝻食禾。
4. 清同治元年（1862 年）　　　秋，蝗蝻害稼。

原载光绪《翼城县志》卷二十六《祥异》，光绪七年刻本

《襄汾县志》

1. 明成化二十一年（1485 年）　蝗群飞蔽天，禾穗、树叶食之殆尽，民不聊生。
2. 　嘉靖七年（1528 年）　　　蝗灾。
3. 　崇祯十一年（1638 年）　　飞蝗蔽日，食禾殆尽。
4. 　崇祯十二年（1639 年）　　蝗灾。
5. 　清顺治四年（1647 年）　　蝗灾。
6. 　康熙三十年（1691 年）　　六月，蝗灾。
7. 　康熙三十一年（1692 年）　蝗害。
8. 　康熙三十四年（1695 年）　夏，蝗害。
9. 　康熙六十一年（1722 年）　秋，蝗害。
10. 　同治元年（1862 年）　　　八月，蝗生。
11. 民国三十三年（1944 年）　　七月，蝗虫遮天蔽日，田间道路不见地皮，继而越城入户、遍及民宅，所经处高粱、谷子、玉米叶均被吃光，群众捕打、赶埋无济于事，是秋，颗粒无收。

原载《襄汾县志》自然灾害，天津古籍出版社 1991 年版

光绪《太平县志》

1. 宋建隆四年（963 年）		夏六月，蝗。
2. 明成化二十一年（1485 年）		蝗群飞蔽天，禾穗、树叶食之殆尽。
3. 崇祯十一年（1638 年）		蝗。
4. 崇祯十二年（1639 年）		旱蝗。
5. 清顺治四年（1647 年）		蝗。
6. 康熙十一年（1672 年）		蝗过，不为灾。
7. 康熙三十八年（1699 年）		夏，螽。
8. 同治元年（1862 年）		秋八月，蝗生。

原载光绪《太平县志》卷十四《杂记志·祥异》，光绪八年刻本

光绪《襄陵县志》

1. 明嘉靖七年（1528 年）		大旱蝗，二麦无收，开仓赈济。
2. 崇祯十一年（1638 年）		飞蝗蔽日，食禾殆尽。
3. 清康熙三十年（1691 年）		六月，蝗发，赈济。
4. 康熙三十一年（1692 年）		旱蝗，大饥，蠲免田粮。

原载光绪《襄陵县志》卷二十二《祥异》，光绪七年刻本

民国《新修曲沃县志》

1. 西晋建兴四年（316 年）		大蝗。
2. 唐永徽元年（650 年）		旱蝗。
3. 贞元元年（785 年）		夏，蝗。
4. 宋大中祥符九年（1016 年）		秋七月，蝗。
5. 天禧元年（1017 年）		蝗蝻复生。
6. 明道二年（1033 年）		蝗。
7. 金正隆二年（1157 年）		秋，蝗。
8. 元至元八年（1271 年）		蝗。
9. 元贞二年（1296 年）		八月，蝗。
10. 至大元年（1308 年）		夏五月，蝗。

11.　　至正十九年（1359 年）　　　　夏五月，飞蝗蔽天，碍人马不能行，所落
　　　　　　　　　　　　　　　　　　　　　沟堑尽平，大饥，人相食。

12. 明洪武七年（1374 年）　　　　　　蝗。

13.　　嘉靖八年（1529 年）　　　　　　夏六月，蝗，大饥。

14.　　万历四十六年（1618 年）　　　　夏六月，飞蝗蔽天。

15. 清顺治十二年（1655 年）　　　　　蝗。

16.　　康熙三十年（1691 年）　　　　　秋七月，蝗。

17.　　道光十七年（1837 年）　　　　　夏六月，飞蝗蔽天。

18.　　道光二十七年（1847 年）　　　　秋，蝗，不为灾。

19.　　同治元年（1862 年）　　　　　　蝗飞蔽天。

原载民国《新修曲沃县志》卷三十《丛志·灾祥》，民国十七年铅印本

《曲沃县志》

民国三十三年（1944 年）　　　　　　九月，蝗虫成灾，蝗群沿县东南飞向西北，
　　　　　　　　　　　　　　　　　　　　遮天蔽日，所落之地禾苗被吃一空，蝗
　　　　　　　　　　　　　　　　　　　　虫过后蝗卵孵化为蝻，结队爬行，玉米、
　　　　　　　　　　　　　　　　　　　　谷子受灾。

原载《曲沃县志》自然灾异，海潮出版社 1991 年版

《侯马市志》

1. 西晋建兴四年（316 年）　　　　　　大蝗。

2. 唐永徽元年（650 年）　　　　　　　蝗。

3.　　贞元元年（785 年）　　　　　　　夏，蝗。

4. 宋天禧元年（1017 年）　　　　　　　蝗蝻交生。

5.　　明道二年（1033 年）　　　　　　　蝗灾。

6. 金正隆二年（1157 年）　　　　　　　秋，蝗。

7. 元元贞二年（1296 年）　　　　　　　秋八月，蝗。

8.　　至大元年（1308 年）　　　　　　　夏五月，蝗。

9.　　至正十九年（1359 年）　　　　　　夏五月，飞蝗蔽天，所落沟堑尽平，大饥，
　　　　　　　　　　　　　　　　　　　　人相食。

10. 明洪武七年（1374 年）　　　　　春旱，蝗灾，免租税。

11. 　嘉靖八年（1529 年）　　　　　夏六月，大蝗。

12. 　万历四十六年（1618 年）　　　六月，飞蝗蔽天，食禾几尽。

13. 清顺治十二年（1655 年）　　　　蝗。

14. 　道光十七年（1837 年）　　　　六月，飞蝗蔽天。

15. 　同治元年（1862 年）　　　　　七月，蝗飞蔽天。

16. 民国三十三年（1944 年）　　　　境内蝗灾，秋粮绝收，村民纷纷挖卵、埋蝻灭蝗。

原载《侯马市志》灾异·虫灾，长城出版社 2005 年版

《乡宁县志》

1. 元至正十九年（1359 年）　　　　蝗灾。

2. 明万历四十四年（1616 年）　　　蝗灾。

3. 　万历四十五年（1617 年）　　　仍有蝗虫。

4. 清康熙三十年（1691 年）　　　　蝗灾。

5. 　康熙六十一年（1722 年）　　　蝗灾。

原载《乡宁县志》自然灾害，新华出版社 1992 年版

康熙《吉州志》

清顺治四年（1647 年）　　　　　六月，飞蝗骤至，食苗几尽。

原载康熙《吉州志》卷下《纪年》，康熙十二年刻本

光绪《吉县志》

1. 唐兴元元年（784 年）　　　　　河东等节度螟蝗为害。

2. 宋大中祥符九年（1016 年）　　　六月，蝗蝻趣河东，及霜寒始毙。

3. 　天禧元年（1017 年）　　　　　河东蝗蝻复生，多去岁蛰者。

4. 金正隆二年（1157 年）　　　　　秋，河东蝗。

5. 　大定十六年（1176 年）　　　　河东旱蝗。

6. 清顺治四年（1647 年）　　　　　六月，蝗，赈济有差。

7.　康熙三十年（1691 年）　　　　　　旱蝗，赈济。

8.　康熙三十一年（1692 年）　　　　　旱蝗，大饥，免钱粮。

原载光绪《吉县志》卷七《祥异》，光绪五年铅印本

《吉县志》

明万历十一年（1583 年）　　　　　　旱，蝗灾。

原载《吉县志》自然灾异·旱灾，中国科学技术出版社 1992 年版

《蒲县志》

1. 宋天禧元年（1017 年）　　　　　　二月，部分地区蝗虫成灾，遮天蔽日，草
　　　　　　　　　　　　　　　　　　　木尽食。

2. 明崇祯六年（1633 年）　　　　　　蝗灾，禾苗、树叶尽伤。

3.　崇祯十二年（1639 年）　　　　　　六月，蒲县蝗虫为灾，庄稼、草木被食
　　　　　　　　　　　　　　　　　　　一净。

原载《蒲县志》大事记，中国科学技术出版社 1992 年版

乾隆《蒲县志》

1. 明万历四十一年（1613 年）　　　　夏六月旱，蝗食苗尽。

2. 清顺治五年（1648 年）　　　　　　秋，蝗，大饥。

3.　康熙二十九年（1690 年）　　　　　蝗飞蔽日，自东而西，食禾苗过半。

4.　康熙三十年（1691 年）　　　　　　蝗旱，赈济。

原载乾隆《蒲县志》卷九《祥异志》，乾隆十八年刻本

《大宁县志》

1. 明万历四十一年（1613 年）　　　　秋，蝗虫食禾至尽。

2.　崇祯十二年（1639 年）　　　　　　蝗灾，流民死者甚重。

3. 清顺治五年（1648 年）　　　　　　秋，蝗飞蔽日，所过谷黍食尽。

原载《大宁县志》大事记，海潮出版社 1990 年版

民国《永和县志》

1.	清顺治五年（1648 年）	秋，蝗飞蔽日，所过谷黍无存。
2.	咸丰七年（1857 年）	飞蝗害稼。
3.	光绪十八年（1892 年）	夏旱，飞蝗蔽日，食苗殆尽。

原载民国《永和县志》卷十四《祥异考》，民国二十年铅印本

康熙《隰州志》

明万历四十五年（1617 年）	秋，大蝗。

原载康熙《隰州志》卷二十一《祥异》，康熙四十九年刻本

《隰县志》

1.	元至正十九年（1359 年）	隰县蝗灾，蝗食禾稼、草木俱尽，所至蔽日，碍人马不能行，饥民捕蝗为食，又尽，人相食。
2.	明万历四十年（1612 年）	秋，大蝗，飞蝗头翅尽赤，翳日蔽天。
3.	崇祯十三年（1640 年）	蝗灾，大饥，人相食。
4.	清顺治五年（1648 年）	秋，飞蝗蔽日，谷黍尽食。
5.	康熙三十年（1691 年）	蝗灾，民饥。

原载《隰县志》自然灾害，方志出版社 2007 年版

《汾西县志》

1.	明崇祯四年（1631 年）	蝗灾。
2.	崇祯十一年（1638 年）	蝗灾。
3.	清顺治四年（1647 年）	蝗食苗。

原载《汾西县志》自然灾异，方志出版社 1997 年版

道光《霍州直隶州志》

1.	明万历十一年（1583 年）	霍州蝗食禾如扫。

2.　崇祯十二年（1639 年）　　　　霍州蝗。

3.　崇祯十三年（1640 年）　　　　霍州螭。

4. 清顺治四年（1647 年）　　　　灵石蝗。

5.　康熙三十年（1691 年）　　　　平阳府属俱旱蝗，民饥，蠲免田租。

　　　　　　　原载道光《霍州直隶州志》卷十六《机祥》，道光六年刻本

民国《洪洞县志》

1. 西晋建兴五年（317 年）　　　　七月，河东大蝗，靳准率部人收而埋之，
　　　　　　　　　　　　　　　　　　　　后钻土复出，复食黍豆。

2. 后晋天福八年（943 年）　　　　四月，天下诸道飞蝗害稼，食草木叶
　　　　　　　　　　　　　　　　　　　　皆尽。

3. 宋明道二年（1033 年）　　　　七月，河东蝗。

4. 元至正十九年（1359 年）　　　　五月，河东蝗飞蔽天，人马不能行，所落
　　　　　　　　　　　　　　　　　　　　沟堑尽平，民大饥。

5. 明嘉靖八年（1529 年）　　　　秋，飞蝗蔽日，祭蜡乃息。

6. 清顺治三年（1646 年）　　　　秋，飞蝗蔽日，绵亘三十里，所过穗叶
　　　　　　　　　　　　　　　　　　　　立尽。

　　　　　　原载民国《洪洞县志》卷十八《杂记志·祥异》，民国六年铅印本

《洪洞县志》

1. 西晋建兴四年（316 年）　　　　七月，河东、平阳蝗灾严重，百姓饿死十
　　　　　　　　　　　　　　　　　　　　之五六。

2. 金正隆二年（1157 年）　　　　八月，河东等地蝗灾。

3.　大定十六年（1176 年）　　　　河东路蝗灾。

4. 元至元八年（1271 年）　　　　六月，平阳蝗灾。

5.　大德十一年（1307 年）　　　　六月，晋宁路蝗灾。

6.　至大元年（1308 年）　　　　五月，晋宁路蝗灾。

7.　至顺二年（1331 年）　　　　六月，晋宁路蝗灾。

8. 明洪武七年（1374 年）　　　　平阳等地遭旱蝗灾害。

9.　成化二十二年（1486 年）　　　三月，平阳蝗灾。

10. 清光绪十八年（1892 年）　　　　　七月，蝗虫遍飞，匝野蔽天，不可胜数。

11.　 光绪二十六年（1900 年）　　　　 山西遭受蝗灾。

原载《洪洞县志》大事记，山西春秋电子音像出版社 2005 年版

道光《赵城县志》①

元至正十九年（1359 年）　　　　　　霍州灵石、赵城皆蝗。

原载道光《赵城县志》卷三十六《杂记上》，道光七年刻本

《古县志》

1. 明万历四十五年（1617 年）　　　　蝗虫食谷，岁大饥。

2. 清顺治二年（1645 年）　　　　　　飞蝗食禾，岁大饥。

3.　 康熙三十年（1691 年）　　　　　飞蝗入境，蟥子弥山，苗吃一空。

4.　 道光六年（1826 年）　　　　　　蝗灾。

5. 民国三十一年（1942 年）　　　　　旱，飞蝗蔽日，蟥子成群，政府发动群众
　　　　　　　　　　　　　　　　　　　　捕打一月，蝗蟥始尽。

6. 民国三十二年（1943 年）　　　　　旱，蝗食禾苗，歉收。

原载《古县志》自然灾害，陕西人民出版社 2001 年版

《安泽县志》

1. 明万历四十五年（1617 年）　　　　飞蝗食禾，成灾。

2. 清顺治二年（1645 年）　　　　　　飞蝗食禾，成灾。

3.　 康熙三十年（1691 年）　　　　　七月，飞蝗伤禾，继蟥生遍野，禾苗
　　　　　　　　　　　　　　　　　　　　一空。

4.　 道光十六年（1836 年）　　　　　蝗虫伤禾，成灾。

5. 民国三十三年（1944 年）　　　　　秋，冀氏②县飞蝗伤禾，抗日政府扑灭之。

原载《安泽县志》自然灾害，山西人民出版社 1997 年版

---

① 赵城：旧县名，治所在今山西洪洞北赵城镇。

② 冀氏：旧县名，治所在今山西安泽县东南冀氏镇。

八、吕梁市

《离石县志》

清顺治七年（1650年）　　　　　　　　七月，蝗灾，大饥。

原载《离石县志》大事记，山西人民出版社1996年版

光绪《永宁州志》

清顺治七年（1650年）　　　　　　　　秋七月，蝗为灾，大饥。

原载光绪《永宁州志》卷三十一《灾祥》，光绪七年刻本

《中阳县志》

1. 清顺治三年（1646年）　　　　　　　蝗。
2. 　顺治七年（1650年）　　　　　　　七月，蝗。

原载《中阳县志》自然灾害，山西人民出版社1996年版

康熙《宁乡县志》

1. 清顺治三年（1646年）　　　　　　　蝗。
2. 　顺治七年（1650年）　　　　　　　七月，蝗，大饥。

原载康熙《宁乡县志》卷一《天文志·灾异》，康熙四十一年刻本

《孝义县志》

1. 元至正十九年（1359年）　　　　　　八月，蝗食禾稼、草木俱尽，蝗飞蔽日，碍
　　　　　　　　　　　　　　　　　　　人马不能行，死蝗填坑堑皆盈，饥民捕蝗
　　　　　　　　　　　　　　　　　　　为食。

原载《孝义县志》卷三十六《大事记》，海潮出版社1992年版

2. 民国三十年（1941年）　　　　　　　麦收前，蝗虫为害，田中蝗虫过苗儿光。

原载《孝义县志》卷六《农业·植保》，海潮出版社1992年版

乾隆《孝义县志》

明崇祯十二年（1639年）   蝗。

                原载乾隆《孝义县志》第六册《祥异》，乾隆三十五年刻本

乾隆《汾州府志》

1. 元至正十九年（1359年）   秋七月，介休蝗；八月，汾州孝义、平遥、
   介休三县蝗，食禾稼、草木俱尽，所至
   蔽日，碍人马不能行，饥民捕蝗为食。

2. 明嘉靖八年（1529年）   六月，汾州螟蝗食稼。

3.   崇祯十二年（1639年）   秋，孝义、介休蝗食禾如扫。

4. 清顺治三年（1646年）   宁乡蝗。

5.   顺治四年（1647年）   介休、临县蝗，赈恤有差。

6.   顺治七年（1650年）   介休、宁乡蝗。

7.   康熙三十年（1691年）   介休旱蝗，民饥，诏发谷赈恤，蠲免税粮。

          原载乾隆《汾州府志》卷二十五《事考》，乾隆三十六年刻本

《汾阳县志》

1. 元至元十九年（1282年）   蝗虫成灾，收成减少，民大饥。

2. 明嘉靖八年（1529年）   六月，螟蝗泛滥，秋稼遭灾。

3. 清道光十六年（1836年）   蝗灾。

4. 民国二年（1913年）   蝗虫成灾，农民掘坑灭蝗。

5. 民国七年（1918年）   秋，蝗蝻泛滥成灾，谷穗无收。

          原载《汾阳县志》大事记，海潮出版社1998年版

6. 民国三十二年（1943年）   七月，遭蝗虫灾害，大面积农田受损。

          原载《汾阳县志》虫害，海潮出版社1998年版

光绪《文水县志》

1. 明嘉靖十五年（1536年）   夏，蝗，不为灾。

2. 万历四十四年（1616 年）   蝗虫遍野，伤禾。

3. 清顺治三年（1646 年）   飞蝗蔽日，禾稼多伤。

4. 顺治四年（1647 年）   四月，蝗蝻复生，民掘坎捕之立尽。

5. 道光十六年（1836 年）   蝗，不为灾。

原载光绪《文水县志》卷一《天文志·祥异》，光绪九年刻本

《文水县志》

1. 清光绪四年（1878 年）   七月大雨，有禾之处被蝗食尽，诏免税粮。

原载《文水县志》大事记，山西人民出版社 1994 年版

2. 民国三十四年（1945 年）   八月，蝗虫为灾，由汾阳罗城村一带进入本县，马西、孝义二乡镇 20 余村遭灾最重。

原载《文水县志》灾异，山西人民出版社 1994 年版

《交城县志》

1. 西晋永嘉四年（310 年）   大蝗，草木、牛马毛皆尽。

2. 明崇祯九年（1636 年）   秋，飞蝗食禾，岁饥。

3. 清顺治四年（1647 年）   蝗从西南来，蔽日遮天，有如风声，伤禾稼。

4. 咸丰七年（1857 年）   夏，城南飞蝗遍野，伤禾。

5. 民国三十一年（1942 年）   秋，蝗虫遍野，伤禾稼。

原载《交城县志》卷二《灾异》，山西古籍出版社 1994 年版

《兴县志》

明宣德三年（1428 年）   旱蝗，饥民流徙。

原载《兴县志》自然灾害，中国大百科全书出版社 1993 年版

民国《临县志》

1. 元至顺元年（1330 年）   是年，又蝗。

2. 清顺治四年（1647 年）　　　　　　　　秋，蝗。

原载民国《临县志》卷三《大事谱》，民国六年铅印本

《吕梁地区志》

经查，1989 年山西人民出版社出版的地区志中无蝗灾记载。

《岚县志》

经查，1991 年中国科学技术出版社出版的县志中无蝗灾记载。

《方山县志》

经查，1993 年山西人民出版社出版的县志中无蝗灾记载。

《石楼县志》

经查，1994 年山西人民出版社出版的县志中无蝗灾记载。

《柳林县志》

经查，1995 年海潮出版社出版的县志中无蝗灾记载。

《交口县志》

经查，2002 年中华书局出版的县志中无蝗灾记载。

九、忻州市

光绪《忻州直隶州志》

1. 北魏太和八年（484 年）　　　　　　　　四月，肆州蝗。
2. 元至元十七年（1280 年）　　　　　　　　五月，忻州蝗。

原载光绪《忻州直隶州志》卷三十九《灾祥》，光绪六年刻本

乾隆 《崞县志》[①]

1. 前秦寿光二年（356年）	大蝗，食百草无遗。
2. 元至正十九年（1359年）	夏，蝗飞蔽天，人马不能行，沟堑 尽平。
3. 明嘉靖四十三年（1564年）	蝗，不为灾。

原载乾隆《崞县志》卷五《祥异》，乾隆二十二年刻本

《原平县志》

元至正十九年（1359年）　　　　　　夏，蝗飞蔽天，人马不能行，沟堑
尽平。

原载《原平县志》自然灾害，中国科学技术出版社1991年版

《定襄县志》

1. 明嘉靖三十九年（1560年）	八月，飞蝗自东来，庄稼遭食殆尽。
2. 清顺治四年（1647年）	七月，飞蝗从东南窑头口来，遮天蔽日， 坠地寸许，所落处苗稼皆尽。
3. 顺治五年（1648年）	五月，蝗蝻复生，无翅，麦颇伤。

原载《定襄县志》自然灾害，中国青年出版社1993年版

光绪 《代州志》

清道光十二年（1832年）　　　　　　七月，旱蝗，州人捐钱粟赈饥。

原载光绪《代州志》卷十二《大事记》，光绪八年刻本

《代县志》

1. 北魏太和八年（484年）　　　　　　四月，肆州蝗灾。

---

① 崞县：旧县名，治所在今山西原平北崞阳镇。

2. 明崇祯十一年（1638 年）　　　　　　山西旱蝗。

3. 清道光十二年（1832 年）　　　　　　七月，蝗起，州人捐钱赈灾。

　　　　　　　　　　原载《代县志》自然灾害，书目文献出版社 1988 年版

《繁峙县志》

清乾隆五年（1740 年）　　　　　　东乡诸村飞蝗食禾，知县率众捕捉，未成
　　　　　　　　　　　　　　　　　大害。

　　　　　　　　　　原载《繁峙县志》大事记，今日中国出版社 1995 年版

《静乐县志》

清顺治四年（1647 年）　　　　　　飞蝗食禾殆尽，岁大饥。

　　　　　　　　　　原载《静乐县志》自然灾害，红旗出版社 2000 年版

光绪《神池县志》

清道光十二年（1832 年）　　　　　　是年，飞蝗蔽日，大饥。

　　　　　　　　　　原载光绪《神池县志》卷九《事考》，光绪六年刻本

光绪《岢岚州志》

1. 明嘉靖十六年（1537 年）　　　　　　蝗。

2. 清顺治四年（1647 年）　　　　　　蝗飞蔽天，伤禾稼，凡三载。

3.　顺治五年（1648 年）　　　　　　蝗。

4.　顺治六年（1649 年）　　　　　　蝗。

　　　　　　　　　　原载光绪《岢岚州志》卷十《风土志·祥异》，光绪十年刻本

康熙《保德州志》

1. 明嘉靖十六年（1537 年）　　　　　　飞蝗蔽天，伤禾，民饥。

2. 清顺治四年（1647 年）　　　　　　飞蝗，禾稼甚伤。

3.　顺治五年（1648年）　　　　飞蝗，禾稼甚伤。

原载康熙《保德州志》卷三《风土·祥异》，民国二十一年铅印本

《河曲县志》

1. 明正德元年（1506年）　　　　蝗灾。
2. 清顺治四年（1647年）　　　　四月，蝗蝻从西北入境，食禾殆尽。
3.　顺治五年（1648年）　　　　蝗灾稍减。
4.　顺治六年（1649年）　　　　蝗灾稍减。
5.　顺治七年（1650年）　　　　蝗灾稍减。
6.　道光十六年（1836年）　　　　蝗蝻自西入境。
7.　道光十七年（1837年）　　　　旱，蝗灾。

原载《河曲县志》灾害史料，山西人民出版社1989年版

《忻州地区志》

经查，1999年山西古籍出版社出版的地区志中无蝗灾记载。

《五台县志》

经查，1988年山西人民出版社出版的县志中无蝗灾记载。

《五寨县志》

经查，1992年人民日报出版社出版的县志中无蝗灾记载。

《偏关县志》

经查，1994年山西经济出版社出版的县志中无蝗灾记载。

《宁武县志》

经查，2001年红旗出版社出版的县志中无蝗灾记载。

乾隆《宁武府志》

经查，乾隆十六年版府志中无蝗灾记载。

十、朔州市

《朔县志》

1. 清顺治四年（1647 年）   飞蝗入境，秋禾食尽，民大饥。

2.   顺治五年（1648 年）   蝗蝻为灾，禾苗尽食。

3.   道光十二年（1832 年）   旱，蝗虫为灾。

             原载《朔县志》自然灾害，山西古籍出版社 1999 年版

4.   道光十七年（1837 年）   五月，朔州 16 个村蝗蝻出土，知府亲到田里察看，出告示收买蝻子，指示捕蝗之法，勒令 10 日内扑捕净尽，后大雨三天，蝗蝻净尽。

             原载《朔县志》大事记，山西古籍出版社 1999 年版

民国《马邑县志》①

清道光十二年（1832 年）   旱蝗。

         原载民国《马邑县志》卷一《舆图志·灾异》，民国七年铅印本

雍正《朔平府志》②

1. 元至正十九年（1359 年）   八月，蝗。

2. 明嘉靖十五年（1536 年）   秋七月，大同蝗，群飞蔽天，食稼殆尽。边境从无蝗，见者大骇。

3. 清顺治四年（1647 年）   蝗，大饥。

4.   顺治五年（1648 年）   又蝗。

5.   顺治六年（1649 年）   又蝗。

        原载雍正《朔平府志》卷十一《外志·祥异》，雍正十一年刻本

---

① 马邑：旧县名，治所在今山西朔州东北马邑村。
② 朔平：旧府名，治所在今山西右玉。

《右玉县志》

1. 元至正十九年（1359 年）　　　　　蝗虫危及大同路各地，庄稼无收。
2. 清顺治四年（1647 年）　　　　　　秋，蝗虫伤禾，收成大减。
3. 　顺治五年（1648 年）　　　　　　又有蝗灾。
4. 　顺治六年（1649 年）　　　　　　又有蝗灾。

原载《右玉县志》大事记，中华书局 1999 年版

《平鲁县志》

1. 元至正十九年（1359 年）　　　　　八月，蝗虫遍境，灾。
2. 清道光十六年（1836 年）　　　　　全境蝗灾。

原载《平鲁县志》灾害异象，山西人民出版社 1992 年版

《应县志》

1. 清顺治二年（1645 年）　　　　　　六月，蝗从西南来，禾食尽。
2. 　顺治三年（1646 年）　　　　　　蝗出，复食禾。

原载《应县志》灾异·灾害，山西人民出版社 1992 年版

3. 　光绪四年（1878 年）　　　　　　蝗灾。

原载《应县志》大事记，山西人民出版社 1992 年版

光绪 《怀仁县新志》

1. 清顺治四年（1647 年）　　　　　　蝗，奉旨赈饥。
2. 　道光十六年（1836 年）　　　　　飞蝗入境，秋禾尽食，鬻子女，流亡过半。

原载光绪《怀仁县新志》卷一《分野·祥异》，光绪三十一年据光绪九年刻版增刻本

《山阴县志》

经查，1999 年中国华侨出版社出版的县志中无蝗灾记载。

十一、阳泉市

《阳泉市志》

1. 宋淳化三年（992 年）	七月，蝗，蛾抱草自死。
2. 元至正十九年（1359 年）	四月，平定蝗虫为患，草木俱尽，饥民捕蝗为食，人相食。
3. 明正德八年（1513 年）	七月，盂县飞蝗翳日。
4. 清顺治五年（1648 年）	秋，盂县蝗灾。
5.　道光四年（1824 年）	七月，蝗，禾稼尽伤。
6.　道光五年（1825 年）	盂县蝗食禾，饥。
7. 民国四年（1915 年）	大股蝗虫自平山边界铺天盖地而来，青苗踏食一空。
8. 民国三十八年（1949 年）	蝗虫自元氏县来，新城等村谷苗被害。

原载《阳泉市志》自然灾害，当代中国出版社 1998 年版

《盂县志》

明正德八年（1513 年）	七月，飞蝗翳日。

原载《盂县志》自然灾异，方志出版社 1995 年版

光绪《盂县志》

1. 明嘉靖八年（1529 年）	七月，飞蝗蔽日。
2. 清顺治五年（1648 年）	秋，蝗。
3.　顺治十三年（1656 年）	蝗，不为灾。
4.　道光五年（1825 年）	蝗食禾，饥。

原载光绪《盂县志》卷五《天文考·灾异》，光绪七年刻本

乾隆《平定州志》

1. 明嘉靖八年（1529 年）	夏六月，寿阳螟蝗，饥；盂县飞蝗蔽天。

2.　　嘉靖十四年（1535 年）　　　　寿阳大蝗，禾稼殆尽。

3. 清顺治五年（1648 年）　　　　　秋，盂县蝗。

4.　　顺治十三年（1656 年）　　　　盂县蝗，不为灾。

5.　　康熙四十年（1701 年）　　　　乐平①飞蝗至松子岭，俱抱树死。

　　　　　原载乾隆《平定州志》卷五《食货志·禨祥》，乾隆五十五年刻本

光绪《平定州志》

1. 唐贞观四年（630 年）　　　　　秋，乐平蝗。

2. 宋淳化三年（992 年）　　　　　秋七月，平定蝗，蛾抱草自死。

3. 元至正十九年（1359 年）　　　夏四月，平定蝗食禾稼、草木俱尽，所至
　　　　　　　　　　　　　　　　蔽日，碍人马不能行，填坑堑皆盈，饥
　　　　　　　　　　　　　　　　民捕蝗以为食，干而积之，又尽，则人
　　　　　　　　　　　　　　　　相食。

4. 明洪武七年（1374 年）　　　　六月，乐平蝗。

5.　　正德十二年（1517 年）　　　　蝗。

6.　　嘉靖三十九年（1560 年）　　　平定大旱蝗。

7.　　崇祯十二年（1639 年）　　　　六月，乐平旱蝗。

8.　　崇祯十三年（1640 年）　　　　平定旱蝗。

9. 清康熙二十五年（1686 年）　　四月，平定蝗不入境。

10.　　道光四年（1824 年）　　　　秋七月，平定蝗，禾稼尽伤。

11.　　道光五年（1825 年）　　　　秋，乐平飞蝗蔽日。

12.　　咸丰七年（1857 年）　　　　秋，乐平旱蝗，米价腾贵；平定旱蝗，测
　　　　　　　　　　　　　　　　鱼屯等灾，开仓放谷。

　　　　　原载光绪《平定州志》卷五《食货志·祥异》，光绪八年刻本

《平定县志》

1. 民国四年（1915 年）　　　　　岔口一带有大股蝗虫自平山边界铺天盖地
　　　　　　　　　　　　　　　　涌来，青苗踏食一空。

---

　① 　乐平：旧县名，治所在今山西昔阳。

2. 民国三十八年（1949 年）　　　县东南蚂蚱由河北元氏县南佐镇涌来，雁
　　　　　　　　　　　　　　　　　过口、改道庙遭害，新城等 9 村咬坏谷
　　　　　　　　　　　　　　　　　苗 500 亩。

　　　　　　原载《平定县志》自然灾害，社会科学文献出版社 1992 年版

十二、大同市

乾隆《大同府志》

1. 西晋永嘉四年（310 年）　　　　五月，幽并大蝗，食草木、牛马毛
　　　　　　　　　　　　　　　　　皆尽。

2. 北魏太和二年（478 年）　　　　夏四月，代京蝗旱。

3. 蒙古至元二年（1265 年）　　　西京蝗。

4. 元至元十九年（1282 年）　　　秋八月，大同路蝗伤禾稼。

5. 　至正十九年（1359 年）　　　八月，大同路蝗。

6. 明洪武五年（1372 年）　　　　七月，大同蝗。

7. 　嘉靖十五年（1536 年）　　　七月，大同、阳和①、灵丘、广灵蝗飞蔽空，
　　　　　　　　　　　　　　　　　伤稼。

8. 清顺治四年（1647 年）　　　　大同蝗，奉旨赈济。

　　　　　原载乾隆《大同府志》卷二十五《祥异》，乾隆四十七年刻本

《大同市志》

1. 蒙古至元七年（1270 年）　　　旱，遭蝗灾。

2. 元至元八年（1271 年）　　　　又遭蝗灾。

3. 　至元十九年（1282 年）　　　西京遭蝗灾，飞蔽天，人马不能行，沟堑
　　　　　　　　　　　　　　　　　被蝗虫填满，民大饥，捕蝗为食，并曝
　　　　　　　　　　　　　　　　　干、储存食之。

4. 明嘉靖十五年（1536 年）　　　七月，大同府发生罕见蝗灾。

　　　　　　原载《大同市志》大事记，中华书局 2000 年版

---

① 阳和：旧卫名，治所在今山西阳高。

5. 清顺治六年（1649 年）　　　　　　大同发生特大蝗灾，饥荒，人死大半。

　　　　　　原载《大同市志》自然灾害，中华书局 2000 年版

道光《大同县志》

1. 蒙古至元二年（1265 年）　　　　　蝗。

2. 元至元十九年（1282 年）　　　　　秋八月，蝗。

3. 　至正十九年（1359 年）　　　　　八月，蝗。

4. 明洪武五年（1372 年）　　　　　　七月，蝗。

5. 　嘉靖十五年（1536 年）　　　　　七月，蝗飞蔽天，伤稼。

6. 清顺治四年（1647 年）　　　　　　蝗，奉旨赈济。

　　　　　　原载道光《大同县志》卷二《星野·岁时》，道光十年刻本

《大同市南郊区志》

1. 元至元十九年（1282 年）　　　　　秋八月，蝗灾，稼伤八九。

2. 明嘉靖十五年（1536 年）　　　　　七月，大同蝗灾，蝗飞蔽空，蝗虫过处禾稼秃。

3. 清光绪十八年（1892 年）　　　　　城乡出现蝗害，蝗虫遍野蔽天，不可胜数。

　　　　　　原载《大同市南郊区志》大事记，中华书局 2001 年版

《天镇县志》

1. 西晋永嘉四年（310 年）　　　　　　五月，幽州、司州蝗，食草木、牛马毛皆尽。

2. 北魏太和二年（478 年）　　　　　　四月，代郡蝗旱。

3. 明洪武五年（1372 年）　　　　　　七月，山西蝗，大同蝗。

4. 　嘉靖十五年（1536 年）　　　　　七月，蝗飞蔽天，食稼殆尽，免大同等府税粮。

5. 清顺治五年（1648 年）　　　　　　蝗灾。

6. 　康熙五十七年（1718 年）　　　　北川蝗灾。

7. 　乾隆十八年（1753 年）　　　　　边墙蝗灾。

8. 　道光十六年（1836 年）　　　　　飞蝗入境。

9.　光绪十八年（1892 年）　　　　山西蝗虫成灾，匝野蔽天，不可胜数，边
外七厅及大同府受灾尤重。

原载《天镇县志》自然灾异，山西教育出版社 1997 年版

《左云县志》

1. 金天辅七年（1123 年）　　　　蝗。
2. 元至元十九年（1282 年）　　　八月，大同路蝗。
3.　至正十九年（1359 年）　　　　八月，大同路蝗。
4. 清顺治四年（1647 年）　　　　七月，飞蝗蔽日，食秋禾尽。
5.　道光十六年（1836 年）　　　　旱，飞蝗成灾。

原载《左云县志》自然灾害，中华书局 1999 年版

《阳高县志》

1. 明嘉靖十五年（1536 年）　　　七月，蝗自境外至，群飞蔽天，伤稼殆尽。
边土旧无蝗，见者大骇，免税粮。
2.　崇祯四年（1631 年）　　　　　蝗灾。
3.　崇祯五年（1632 年）　　　　　仍蝗灾。
4. 清顺治四年（1647 年）　　　　蝗虫灾害。
5.　顺治五年（1648 年）　　　　　蝗虫灾害。
6.　顺治六年（1649 年）　　　　　蝗虫灾害。
7.　顺治七年（1650 年）　　　　　连年蝗虫灾害，群飞蔽天，食禾殆尽。

原载《阳高县志》灾异·虫灾，中国工人出版社 1993 年版

《浑源县志》

1. 明永乐二十二年（1424 年）　　蝗虫滋生蔓延。
2. 清顺治三年（1646 年）　　　　州境发生蝗虫，庄稼被伤严重。
3.　道光十六年（1836 年）　　　　夏，蝗入境，伤禾稼，大饥。

原载《浑源县志》大事记，方志出版社 1999 年版

《广灵县志》

1. 明嘉靖十五年（1536 年）　　　　七月，蝗飞蔽天，食稼殆尽。
2. 清顺治四年（1647 年）　　　　　七月，飞蝗入境。
3. 　顺治五年（1648 年）　　　　　蝻子炽盛，损田严重。

原载《广灵县志》大事记，人民出版社 1993 年版

4. 明崇祯四年（1631 年）　　　　　七月，蝗。
5. 　崇祯五年（1632 年）　　　　　又蝗。
6. 清康熙四十四年（1705 年）　　　飞蝗。
7. 　乾隆十八年（1753 年）　　　　杜鹃来，蚂蚱多。
8. 　道光十六年（1836 年）　　　　飞蝗。

原载《广灵县志》自然灾害，人民出版社 1993 年版

康熙《灵邱县志》

1. 宋咸淳元年（1265 年）　　　　　蝗。
2. 明嘉靖十五年（1536 年）　　　　七月，飞蝗蔽天，伤稼殆尽。
3. 清顺治六年（1649 年）　　　　　蝗。

原载康熙《灵邱县志》卷二《武备志·灾祥》，康熙二十三年刻本

光绪《灵邱县补志》

清咸丰七年（1857 年）　　　　　蝗。

原载光绪《灵邱县补志》卷六《武备志·灾祥》，光绪八年刻本

第八章

浙江省地方志中的蝗灾记载

一、浙江综合志

雍正《浙江通志》

1. 唐武周长寿二年（693 年）   台州①蝗。

2. 宋天禧元年（1017 年）   两浙②蝗蝻。

3.   绍兴三十年（1160 年）   十月，浙郡国螟蝝。

4.   绍兴三十二年（1162 年）   六月，淮蝗飞入湖州，声如风雨，余杭、钱塘、仁和③皆蝗。

5.   隆兴二年（1164 年）   夏，余杭蝗。

6.   淳熙九年（1182 年）   六月，飞蝗坠仁和县界。

7.   嘉定元年（1208 年）   五月，浙江大蝗。

8.   嘉定七年（1214 年）   六月，浙郡蝗。

9.   嘉定九年（1216 年）   浙东④蝗。

10.   嘉定十四年（1221 年）   明、台、温、婺⑤、衢蝱螣为灾。

11. 元大德九年（1305 年）   八月，海盐县蝗。

原载雍正《浙江通志》卷一百八《祥异上》，光绪二十五年刻本

12. 明建文四年（1402 年）   兰溪县飞蝗食禾穗、竹叶皆尽。

---

①   台州：旧州名，治所在今浙江临海。

②   两浙：宋路名，治所在今浙江杭州。

③   钱塘、仁和：均为旧县名，1912 年二县合并为杭县，今浙江杭州。

④   浙东：宋两浙东路名，治所在今浙江绍兴。

⑤   明：明州，旧州、府名，治所在今浙江宁波；婺：婺州，旧州、路名，治所在今浙江金华。

13. 嘉靖十八年（1539 年）　　　六月，嘉兴府旱蝗，大饥。

14. 嘉靖十九年（1540 年）　　　六月，嘉兴飞蝗蔽天，食芦苇、竹叶无遗。

15. 万历九年（1581 年）　　　　台州旱蝗。

16. 崇祯十二年（1639 年）　　　五月，杭州蝗从东南来，几蔽天；八月，
蝗大积，积二三寸。

17. 崇祯十四年（1641 年）　　　六月，嘉兴、杭州蝗飞蔽天，食禾、草根
殆尽。

18. 崇祯十五年（1642 年）　　　杭州复旱蝗。

19. 清康熙六年（1667 年）　　　夏，杭州蝗，不为灾。

20. 康熙十年（1671 年）　　　　丽水县旱蝗。

原载雍正《浙江通志》卷一百九《祥异下》，光绪二十五年刻本

《浙江省农业志》

1. 西晋大兴二年（319 年）　　五月，扬州蝗，吴兴①无麦禾，大饥。

2. 后唐天成三年（928 年）　　六月，大旱，有蝗蔽天而飞，昼为之黑，
庭户衣帐悉充塞之。

3. 宋崇宁三年（1104 年）　　秋，杭州、富阳飞蝗蔽野，田禾俱尽；湖
州、长兴连岁大蝗。

4. 绍兴二十九年（1159 年）　　秋，浙郡国旱，大螟蝝。

5. 绍兴三十二年（1162 年）　　六月，淮南北蝗飞入浙西②湖州等境，声
如风雨，害稼，民饥；余杭、仁和、
钱塘等县皆蝗，蝗入杭州城。

6. 隆兴元年（1163 年）　　七月，富阳旱蝗；八月，蝗飞过杭州城，
蔽天遮日，害稼；婺州飞蝗害稼。

7. 嘉泰二年（1202 年）　　秀州③蝗；湖州大蝗，若烟雾蔽天；余
姚蝗。

8. 开禧二年（1206 年）　　六月，飞蝗入临安；夏秋亢旱，大蝗群飞
蔽天，浙西豆粟皆食于蝗。

---

① 吴兴：旧郡、县名，治所在今浙江湖州。
② 浙西：宋两浙西路名，治所在今浙江杭州。
③ 秀州：旧州名，治所在今浙江嘉兴。

9.　开禧三年（1207年）　　夏秋大旱，湖州、长兴大蝗飞天蔽日，豆粟食尽；慈溪飞蝗蔽天日，集地厚五寸，禾稼一空。

10.　嘉定三年（1210年）　　八月，临安府蝗。

11.　景定三年（1262年）　　八月，湖州蝗。

12.明建文四年（1402年）　　六月，台州蝗；黄岩有飞蝗自北来，禾稼、竹木皆尽；仙居大蝗，禾稼、竹木俱尽；兰溪县飞蝗食禾穗、竹木叶皆尽。

13.　嘉靖四年（1525年）　　秋，嘉兴蝗虫如蚁。

14.　嘉靖八年（1529年）　　六月，桐乡大蝗；海盐蝗来，田中水，蝗不集。七月，海宁蝗。秋，嘉兴蝗，不害稼；立秋日，蝗飞入萧山境；诸暨、新昌蝗。

15.　嘉靖十九年（1540年）　　六月，嘉兴、嘉善飞蝗蔽天，食芦苇、竹叶无遗；平湖飞蝗蔽日，食稼，岁大饥；湖州、桐乡飞蝗蔽天，伤稼大半。夏，余姚、新昌蝗蔽日，处州①、丽水、缙云蝗，江山蝗。八月，衢州蝗。

16.　崇祯十二年（1639年）　　蝗飞蔽天，食禾殆尽。

17.　崇祯十四年（1641年）　　蝗飞蔽天，食禾殆尽。

18.清顺治十三年（1656年）　　六月，海宁蝗。

19.　顺治十七年（1660年）　　六月，寿昌②蝗害稼。

20.　康熙五年（1666年）　　秋，仙居旱蝗。

21.　康熙十年（1671年）　　五月，平阳有蝗食沿江田禾。七月，海盐蝗从西来，飞过城上，至澉浦外长山三日，不伤禾；湖州大旱蝗；淳安蝗，伤禾，民掘草根；丽水旱蝗；江山大旱蝗，禾苗尽槁，蝗食殆尽，民死者甚众；常山大旱蝗。秋，仙居蝗食苗、根

---

① 处州：旧府名，治所在今浙江丽水。
② 寿昌：旧县名，治所在今浙江建德西南寿昌镇。

节俱尽。

22.	康熙十八年（1679 年）	秋，处州、缙云蝗。
23.	雍正十年（1732 年）	夏秋间，景宁蝗伤稼。
24.	咸丰六年（1856 年）	七月，慈溪蝗；湖州大旱蝗，饥。八月，嵊县有蝗自北来，顷刻蔽天；定海、余姚蝗灾。
25.	光绪元年（1875 年）	杭州府属县飞蝗蔽天，仁和、钱塘、海宁灾害尤重。
26.	光绪二年（1876 年）	庆元①飞蝗遍野。
27.	民国三十六年（1947 年）	杭县螟蝗，损失稻谷 6 900 担。

原载《浙江省农业志》第四章《植物保护》，中华书局 2004 年版

二、杭州市

光绪《杭州府志》

1.	后唐天成三年（928 年）	六月，蝗蔽日而飞，昼为之黑，庭户衣帐悉充塞。
2.	宋天禧元年（1017 年）	两浙蝗蝻。
3.	熙宁三年（1070 年）	两浙旱蝗。
4.	绍兴二十九年（1159 年）	秋，浙郡国旱，大螟蝝。
5.	绍兴三十年（1160 年）	十月，浙郡国螟蝝。
6.	绍兴三十二年（1162 年）	六月，蝗飞入湖州境，声如风雨；七月，遍于畿县，余杭、仁和、钱塘皆蝗，蝗入京城。
7.	隆兴元年（1163 年）	六月，余杭县大蝗；八月，飞蝗过郡蔽天，害稼。
8.	隆兴二年（1164 年）	五月，杭州府蝗，余杭县蝗。
9.	淳熙九年（1182 年）	六月，飞蝗过都，遇雨坠仁和界；八月，浙西又蝗。

---

① 庆元：元路名，治所在今浙江宁波。

10.	淳熙十年（1183 年）	六月，蝗遗种于浙，害稼。
11.	嘉泰元年（1201 年）	浙江大蝗。
12.	开禧二年（1206 年）	六月，飞蝗入临安。
13.	开禧三年（1207 年）	夏秋旱，大蝗，群飞蔽天，浙西豆粟皆既于蝗。
14.	嘉定元年（1208 年）	五月，浙江大蝗。
15.	嘉定二年（1209 年）	浙西诸县大蝗；六月，飞蝗入畿县。
16.	嘉定三年（1210 年）	八月，临安府蝗。
17.	嘉熙四年（1240 年）	六月，杭州府大旱蝗。
18.	元大德二年（1298 年）	四月，浙江蝗。
19.	大德九年（1305 年）	八月，盐官①州蝗。
20.	明景泰五年（1454 年）	秋七月，杭州蝗害稼。
21.	天顺元年（1457 年）	七月，杭州蝗。
22.	天顺六年（1462 年）	新城②螟蝗。
23.	嘉靖八年（1529 年）	七月，杭州府蝗。
24.	嘉靖九年（1530 年）	蝗入昌化③县境，不害稼。
25.	万历四十一年（1613 年）	夏，余杭蝗，人共捕之，以千斛计。
26.	崇祯十二年（1639 年）	五月，蝗从东南飞过蔽天，形类蚱蜢，俱落旷野；八月，蝗大至北关外，积二三寸，驱之不去。
27.	崇祯十四年（1641 年）	六月，杭州旱，飞蝗蔽天，食草根几尽。
28.	崇祯十五年（1642 年）	杭州旱，飞蝗集地数寸。
29.	清康熙六年（1667 年）	夏，杭州蝗，不为灾。
30.	康熙十一年（1672 年）	秋七月，杭州蝗，不为灾。
31.	康熙四十八年（1709 年）	秋，钱塘飞蝗遍野。
32.	乾隆四十一年（1776 年）	七月，仁和、钱塘沿江蝗蝻生，扑灭之，不害稼。
33.	咸丰七年（1857 年）	秋，富阳蝗。

原载光绪《杭州府志》卷八十二至八十五《祥异》，民国十一年据光绪二十四年稿本增修铅印本

---

① 盐官：旧州、县名，治所在今浙江海宁西南盐官镇。

② 新城：旧县名，治所在今浙江富阳西南新登镇。

③ 昌化：旧县名，治所在今浙江临安西昌化镇。

康熙《钱塘县志》

1. 宋绍兴十八年（1148年）　　　夏，大蝗。
2. 绍兴二十九年（1159年）　　　大螟蝝。
3. 绍兴三十二年（1162年）　　　夏六月，大蝗，蝗飞入浙西，声如风雨；
　　　　　　　　　　　　　　　七月，飞遍畿县，钱塘、仁和、余杭
　　　　　　　　　　　　　　　皆大蝗，蝗入京城。
4. 隆兴二年（1164年）　　　　　七月，大蝗。
5. 淳熙九年（1182年）　　　　　六月，蝗，诏守臣捕蝗焚而瘗之；八月，
　　　　　　　　　　　　　　　又蝗，定诸州官捕蝗之罚。
6. 淳熙十四年（1187年）　　　　秋七月，蝗。
7. 嘉泰二年（1202年）　　　　　大蝗。
8. 开禧元年（1205年）　　　　　秋，大蝗，群飞蔽天。
9. 嘉定元年（1208年）　　　　　五月，大蝗。
10. 嘉定二年（1209年）　　　　夏四月，蝗。
11. 嘉定三年（1210年）　　　　秋七月，蝗。
12. 嘉定七年（1214年）　　　　夏四月，大蝗，自夏至秋，蝗患不息，诸
　　　　　　　　　　　　　　　道捕蝗者以千万石计，饥民竞捕，官以
　　　　　　　　　　　　　　　粟易之。
13. 明天顺元年（1457年）　　　秋七月，蝗害稼。
14. 嘉靖二十五年（1546年）　　夏六月，大蝗，飞蔽天，所过田禾、草木
　　　　　　　　　　　　　　　俱尽。
15. 崇祯十四年（1641年）　　　蝗飞蔽天。
16. 崇祯十五年（1642年）　　　旱，飞蝗集地数寸，草木皆尽。

原载康熙《钱塘县志》卷十二《灾祥》，康熙五十七年刻本

《临安县志》

1. 后唐天成三年（928年）　　　六月，有蝗蔽日而飞，昼为之黑。
2. 宋熙宁四年（1071年）　　　　旱蝗。
3. 熙宁七年（1074年）　　　　　又蝗。
4. 嘉定二年（1209年）　　　　　六月，临安蝗。

5. 明嘉靖九年（1530年）　　　　　　蝗入昌化境。

6.　崇祯十五年（1642年）　　　　　　旱，於潜①飞蝗集地数寸。

　　　原载《临安县志》历代灾异简录，汉语大词典出版社1992年版

嘉庆《余杭县志》

1. 宋绍兴三十二年（1162年）　　　　夏六月，淮蝗飞入浙西，声如风雨；七月，
　　　　　　　　　　　　　　　　　　飞遍畿县，余杭、仁和、钱塘皆
　　　　　　　　　　　　　　　　　　大蝗。

2.　隆兴二年（1164年）　　　　　　　夏六月，大蝗。

3.　嘉定二年（1209年）　　　　　　　飞蝗入畿县。

4.　嘉定八年（1215年）　　　　　　　飞蝗入畿县。

5. 明嘉靖二十五年（1546年）　　　　夏六月，大蝗，所过田禾、草木俱尽。

6.　万历四十一年（1613年）　　　　　夏，大蝗，人共捕之，集以千斛，投于通
　　　　　　　　　　　　　　　　　　济桥下。

　　　原载嘉庆《余杭县志》卷三十七《祥异》，民国八年铅印本

《余杭县志》

1. 宋熙宁三年（1070年）　　　　　　两浙旱蝗。

　　　　原载《余杭县志》水旱灾害，浙江人民出版社1990年版

2.　绍兴十八年（1148年）　　　　　　余杭、钱塘、仁和蝗灾。

　　　　原载《余杭县志》大事记，浙江人民出版社1990年版

3.　淳熙九年（1182年）　　　　　　　蝗灾。

4.　开禧二年（1206年）　　　　　　　蝗灾。

5.　嘉定八年（1215年）　　　　　　　蝗灾。

6. 明天顺元年（1457年）　　　　　　蝗灾。

7.　嘉靖四年（1525年）　　　　　　　蝗灾。

8.　崇祯十四年（1641年）　　　　　　蝗灾。

9. 清康熙十一年（1672年）　　　　　蝗灾。

---

①　於潜：旧县名，治所在今浙江临安西於潜镇。

10. 民国二十五年（1936 年）　　　　蝗灾。

原载《余杭县志》病虫防治，浙江人民出版社 1990 年版

《萧山县志》

1. 明嘉靖三年（1524 年）　　　　秋，飞蝗入境，歉收。
2. 　嘉靖八年（1529 年）　　　　秋，飞蝗入境。
3. 　崇祯十一年（1638 年）　　　六月，飞蝗入境，田禾无收。
4. 　崇祯十二年（1639 年）　　　皆有蝗。
5. 清康熙六年（1667 年）　　　　蝗。
6. 　光绪三年（1877 年）　　　　六月，蝗，不害稼。
7. 民国十八年（1929 年）　　　　八月，西乡蝗。
8. 民国二十二年（1933 年）　　　秋，蝗。
9. 民国二十三年（1934 年）　　　夏，蝗；秋，又蝗。

原载《萧山县志》自然灾害，浙江人民出版社 1987 年版

光绪 《严州府志》[①]

1. 明建文四年（1402 年）　　　　六月，桐庐县蝗自北来，禾穗及竹木叶食尽。
2. 　嘉靖二十年（1541 年）　　　建德等六县大旱蝗，食禾不可胜计。
3. 清顺治十七年（1660 年）　　　六月，寿昌县蝗害稼。
4. 　雍正二年（1724 年）　　　　分水[②]县旱蝗，无收。

原载光绪《严州府志》卷二十二《佚事·祥异》，光绪九年刻本

《建德县志》

明嘉靖二十年（1541 年）　　　　大旱，蝗食禾不可胜计。

原载《建德县志》自然灾害，浙江人民出版社 1986 年版

---

①　严州：旧府名，治所在今浙江建德。
②　分水：旧县名，治所在今浙江桐庐西北分水镇。

民国《寿昌县志》

清顺治十七年（1660 年）　　　　　　　寿昌蝗害稼。

　　　　原载民国《寿昌县志》卷一《天文志·祥异》，民国十九年铅印本

《富阳县志》

1. 宋崇宁三年（1104 年）	秋，飞蝗蔽野，田禾俱尽。
2. 绍兴三十二年（1162 年）	六月，大蝗。
3. 隆兴元年（1163 年）	七月，富阳旱蝗。
4. 淳熙十四年（1187 年）	蝗。
5. 嘉定二年（1209 年）	六月，蝗。
6. 嘉定八年（1215 年）	四月，新城飞蝗入境，被灾。
7. 明建文四年（1402 年）	六月，蝗发，禾竹木叶尽食。
8. 天顺六年（1462 年）	蝗。
9. 崇祯十五年（1642 年）	入秋而蝗，草不留。
10. 清咸丰六年（1856 年）	飞蝗成灾。
11. 民国十七年（1928 年）	飞蝗为害尤甚。
12. 民国二十二年（1933 年）	飞蝗为害尤甚。
13. 民国二十三年（1934 年）	蝗患又发。

　　　　　　　　原载《富阳县志》自然灾害，浙江人民出版社 1993 年版

康熙《新城县志》

明天顺六年（1462 年）　　　　　　　蟓蝗。

　　　　原载康熙《新城县志》卷一《舆地志·灾祥》，康熙十二年刻本

民国《昌化县志》

明嘉靖九年（1530 年）　　　　　　　蝗入境，不害稼。

　　　　原载民国《昌化县志》卷十五《事类志·灾祥》，民国十三年铅印本

《淳安县志》

1. 明嘉靖二十年（1541 年）　　　　淳安蝗食禾不可胜计。
2. 清康熙十年（1671 年）　　　　　淳安、遂安①两县蝗食禾。
3.　康熙三十年（1691 年）　　　　县东南大蝗。
4. 民国十八年（1929 年）　　　　　蝗灾。

原载《淳安县志》历代自然灾害，汉语大词典出版社 1990 年版

《桐庐县志》

明洪武二十五年（1392 年）　　　　桐庐蝗害，禾穗、竹叶几被吃光。

原载《桐庐县志》大事记，浙江人民出版社 1991 年版

民国《桐庐县志》

1. 明建文四年（1402 年）　　　　　六月，蝗自北来，禾穗及竹木叶食尽。
2.　嘉靖十九年（1540 年）　　　　蝗，不为害。
3.　嘉靖四十一年（1562 年）　　　蝗虫害稼。

原载民国《桐庐县志》卷十四《杂志·灾异》，民国十五年油印本

三、嘉兴市

光绪《嘉兴府志》

1. 宋天禧元年（1017 年）　　　　　两浙蝗蝻。
2.　熙宁元年（1068 年）　　　　　秀州蝗。
3.　绍兴三十年（1160 年）　　　　十月，浙郡国螟蝝。
4.　嘉定元年（1208 年）　　　　　夏五月旱，大蝗。
5. 元大德九年（1305 年）　　　　　八月，东安②、海盐等州蝗。

---

①　遂安：旧县名，1958 年并入淳安县。
②　东安：旧镇名，在今富阳西南新登镇东。

6.　明天顺元年（1457 年）　　　　　　七月，杭州、嘉兴蝗。

7.　　正德元年（1506 年）　　　　　　蝗飞蔽天，稻如剪。

8.　　正德九年（1514 年）　　　　　　七月，崇德①县蝗，不害稼。

9.　　嘉靖十八年（1539 年）　　　　　夏，嘉兴府飞蝗蔽日。

10.　嘉靖十九年（1540 年）　　　　　六月，蝗飞蔽天，所集处芦苇、竹叶
　　　　　　　　　　　　　　　　　　无遗。

11.　嘉靖二十年（1541 年）　　　　　五月大雨连日，蝗赴水死。

12.　崇祯十二年（1639 年）　　　　　夏六月，秀水②蝗飞蔽天。

13.　崇祯十三年（1640 年）　　　　　七月，旱蝗。

14.　崇祯十四年（1641 年）　　　　　六月，飞蝗满天，食禾殆尽。

15.清康熙十年（1671 年）　　　　　　八月，蝼食稻。

16.　康熙十一年（1672 年）　　　　　七月，飞蝗自西北来，食草根、木叶殆尽，
　　　　　　　　　　　　　　　　　　不食稻。

17.　光绪三年（1877 年）　　　　　　秋，有蝗入境。

　　　　　　　　原载光绪《嘉兴府志》卷三十五《祥异》，光绪五年刻本

《嘉兴市志》

1.宋嘉定元年（1208 年）　　　　　　夏，江、浙、淮大蝗。

2.　嘉定八年（1215 年）　　　　　　夏秋，百泉皆竭，杭、嘉、苏，江、浙、
　　　　　　　　　　　　　　　　　　淮、闽蝗。

3.　嘉熙四年（1240 年）　　　　　　夏，杭、嘉，江、浙、闽湖竭，蝗。

4.明崇祯十四年（1641 年）　　　　　六月，大旱，飞蝗蔽天，不断者五日，食
　　　　　　　　　　　　　　　　　　禾草殆尽；杭、嘉、湖、苏、松、常、
　　　　　　　　　　　　　　　　　　镇 20 余县，江、淮塘涸，蝗。

5.　崇祯十五年（1642 年）　　　　　夏秋，大旱蝗，杭、嘉、湖、苏、松、常、
　　　　　　　　　　　　　　　　　　镇 20 余县塘涸，蝗。

6.清康熙五十年（1711 年）　　　　　夏秋，杭、嘉、湖、苏、松、常、镇 20 余
　　　　　　　　　　　　　　　　　　县长江下游及太湖涸，蝗。

----

① 崇德：旧县名，清改石门县，1914 年复改崇德县，1958 年并入今浙江桐乡。
② 秀水：旧县名，治所在今浙江嘉兴。

7. 咸丰六年（1856 年）　　　　夏秋，杭、嘉、湖、苏、松、常、镇 36
县河涸，大蝗。

原载《嘉兴市志》自然灾害·旱灾，中国古籍出版社 1997 年版

光绪《嘉兴县志》

1. 明崇祯十四年（1641 年）　　六月，蝗食禾殆尽，民饥死，至窃人肉
以市。

2. 清康熙十一年（1672 年）　　七月，飞蝗西北来，食草根、木叶殆尽，
独不食稻。

原载光绪《嘉兴县志》卷十六《祥异》，光绪三十四年刻本

3. 光绪三年（1877 年）　　　　蝗，不为灾。

原载光绪《嘉兴县志》卷六《坛庙》，光绪三十四年刻本

康熙《秀水县志》

1. 宋熙宁元年（1068 年）　　　蝗。

2. 嘉泰二年（1202 年）　　　　蝗。

3. 嘉定元年（1208 年）　　　　夏五月，大蝗。

4. 元大德九年（1305 年）　　　蝗。

5. 明嘉靖八年（1529 年）　　　秋，蝗，不伤禾。

6. 嘉靖十八年（1539 年）　　　夏，飞蝗蔽天，害稼，大饥。

7. 嘉靖十九年（1540 年）　　　六月，蝗飞蔽天，所集芦苇、竹叶无遗。

8. 嘉靖二十年（1541 年）　　　五月，遗蝗赴水死。

9. 崇祯十二年（1639 年）　　　六月，蝗飞蔽天。

10. 崇祯十三年（1640 年）　　　七月，旱蝗。

11. 崇祯十四年（1641 年）　　　夏六月，飞蝗蔽天，所过食禾稻无存。

12. 清康熙十一年（1672 年）　　八月，蝝食稻，民饥。

原载康熙《秀水县志》卷七《祥异》，康熙二十四年刻本

光绪《嘉善县志》

1. 明嘉靖八年（1529 年）　　　秋，蝗，不伤禾。

2. 嘉靖十九年（1540 年）　　　　　　六月，蝗飞蔽天，芦苇、竹叶无遗。

3. 嘉靖二十年（1541 年）　　　　　　五月，遗蝗赴水死。

4. 崇祯十二年（1639 年）　　　　　　六月，蝗飞蔽天。

5. 崇祯十三年（1640 年）　　　　　　七月，旱蝗。

6. 崇祯十四年（1641 年）　　　　　　六月，蝗食禾殆尽；秋，蝗入水为鱼。

7. 清光绪十八年（1892 年）　　　　　六月，飞蝗过境，不害稼。

原载光绪《嘉善县志》卷三十四《杂志上·祥眚》，光绪二十年刻本

《嘉善县志》

1. 清康熙十一年（1672 年）　　　　　夏，蝗飞蔽天，食芦叶殆尽；秋，西塘多
　　　　　　　　　　　　　　　　　　蝗，自西北来，昼夜不绝，蝻虫伤稼，
　　　　　　　　　　　　　　　　　　民饥。

2. 康熙四十四年（1705 年）　　　　　秋，蝗蝻食禾。

3. 咸丰六年（1856 年）　　　　　　　秋，蝗灾，米腾贵。

4. 光绪三年（1877 年）　　　　　　　七月，蝗飞蔽天，害稼。

5. 民国十八年（1929 年）　　　　　　六月，蝗虫为患，省昆虫局派员灭蝗。

6. 民国二十三年（1934 年）　　　　　八月，蝗灾。

原载《嘉善县志》自然灾害，上海三联书店 1995 年版

《海宁市志》

1. 宋开禧三年（1207 年）　　　　　　夏秋旱，蝗飞蔽天，浙西豆粟皆毁
　　　　　　　　　　　　　　　　　　于蝗。

2. 明嘉靖八年（1529 年）　　　　　　七月，蝗。

3. 崇祯十四年（1641 年）　　　　　　六月，大旱蝗，民饥。

4. 崇祯十五年（1642 年）　　　　　　旱蝗。

5. 清康熙八年（1669 年）　　　　　　八月，海宁飞蝗蔽天而至，食稼殆尽。

6. 康熙十一年（1672 年）　　　　　　七月，蝗。

7. 民国十八年（1929 年）　　　　　　蝗虫。

原载《海宁市志》自然灾害，汉语大词典出版社 1995 年版

光绪《海盐县志》

1. 明嘉靖八年（1529 年）　　　　　　六月，蝗来时田中有水，蝗不集。

2. 　嘉靖十一年（1532 年）　　　　　六月，蝗来，忽大风，蝗尽入海死。

3. 　崇祯九年（1636 年）　　　　　　秋，蝗至，不伤禾。

4. 清康熙十年（1671 年）　　　　　　七月，蝗从西北来，飞过城上至长山，不
　　　　　　　　　　　　　　　　　　伤稼。

5. 　康熙十一年（1672 年）　　　　　七月，蝗及境，知县祷于山川诸神，蝗不
　　　　　　　　　　　　　　　　　　入境。

　　　　　　　　原载光绪《海盐县志》卷十三《祥异考》，光绪二年刻本

《海盐县志》

1. 宋嘉定元年（1208 年）　　　　　　五月旱，大蝗。

2. 元大德九年（1305 年）　　　　　　八月，蝗，民饥，人相食。

3. 明正德元年（1506 年）　　　　　　蝗飞蔽天，稻如剪。

4. 　嘉靖十九年（1540 年）　　　　　蝗飞蔽天，稻如剪。

5. 　崇祯十四年（1641 年）　　　　　七月，蝗食苗尽，民大饥。

6. 清康熙十一年（1672 年）　　　　　飞蝗过境。

7. 　咸丰七年（1857 年）　　　　　　夏，南乡飞蝗蔽天，居民捕逐。

　　　　　　　　　原载《海盐县志》自然灾害，浙江人民出版社 1992 年版

8. 民国十七年（1928 年）　　　　　　蝗灾。

　　　　　　　　　原载《海盐县志》大事记，浙江人民出版社 1992 年版

《平湖县志》

1. 明嘉靖十九年（1540 年）　　　　　大旱，蝗飞蔽日，食稼，饥。

2. 　崇祯十四年（1641 年）　　　　　五月，飞蝗蔽天，道殣相望。

3. 清咸丰六年（1856 年）　　　　　　秋，蝗。

4. 　光绪三年（1877 年）　　　　　　七月，蝗。

5. 民国十八年（1929 年）　　　　　　六月，蝗灾，减产 2 000 万石。

　　　　　　　　原载《平湖县志》灾害性天气，上海人民出版社 1993 年版

光绪《桐乡县志》

1. 明正德九年（1514 年）　　　　桐乡蝗，不害稼。
2. 　嘉靖十九年（1540 年）　　　　夏，桐乡飞蝗蔽天，所集处芦苇、竹叶
　　　　　　　　　　　　　　　　　　俱尽。

原载光绪《桐乡县志》卷二十《杂类志·祥异》，光绪十三年刻本

《桐乡县志》

1. 宋天禧元年（1017 年）　　　　两浙蝗蝻复生，多去岁蛰者。
2. 　熙宁元年（1068 年）　　　　秀州蝗。
3. 　绍兴三十二年（1162 年）　　蝗害稼，民饥。
4. 　庆元三年（1197 年）　　　　秋，嘉兴府皆蝗。
5. 　开禧三年（1207 年）　　　　浙西旱蝗，群飞蔽天，豆粟皆既于蝗。
6. 元致和元年（1328 年）　　　　七月，嘉兴蝗。
7. 　明正德元年（1506 年）　　　嘉兴府蝗飞蔽天，稻如剪。
8. 　嘉靖四年（1525 年）　　　　秋，嘉兴蝝生，如蚁。
9. 　嘉靖八年（1529 年）　　　　六月，桐乡大蝗，遮天蔽日。
10. 　嘉靖十八年（1539 年）　　　夏，嘉兴府飞蝗蔽日。
11. 　嘉靖二十四年（1545 年）　　石门①县蝗，民大饥。
12. 　崇祯十一年（1638 年）　　　夏，旱蝗。
13. 　崇祯十二年（1639 年）　　　六月，蝗飞蔽天。
14. 　崇祯十四年（1641 年）　　　六月，石门飞蝗自西北来，障天蔽日，食
　　　　　　　　　　　　　　　　　　禾几尽。

15. 清康熙九年（1670 年）　　　　七月，桐乡大旱蝗。
16. 　康熙十年（1671 年）　　　　七月，桐乡旱蝗。
17. 　康熙十一年（1672 年）　　　飞蝗自西北而来，食草根、树叶殆尽。
18. 　乾隆五十年（1785 年）　　　蝗蝻生，大饥。
19. 　咸丰六年（1856 年）　　　　蝗飞蔽天，大饥。
20. 　咸丰七年（1857 年）　　　　夏，蝗复生，入水自毙。

---

① 石门：旧县名，治所在今浙江桐乡西南崇福镇。

21. 光绪二年（1876 年） 夏，蝗。

22. 光绪三年（1877 年） 七月，桐乡蝗入境。

23. 民国十二年（1923 年） 嘉、湖两属蝗患。

24. 民国十七年（1928 年） 桐乡捕蝗。

原载《桐乡县志》自然灾害，上海书店 1996 年版

嘉庆《石门县志》

1. 明正德九年（1514 年） 七月，蝗，不为灾。

2. 嘉靖八年（1529 年） 六月，大蝗。

3. 嘉靖二十四年（1545 年） 蝗，民大饥。

4. 崇祯十四年（1641 年） 六月，旱蝗，遮天蔽日，食禾几尽。

5. 清康熙十一年（1672 年） 七月，蝗不入境。

原载嘉庆《石门县志》卷二十三《祥异》，道光元年刻本

四、湖州市

《湖州市志》

1. 西晋大兴二年（319 年） 五月，蝗灾。

2. 南朝梁大宝元年（550 年） 江南连年旱蝗，百姓流亡，死者蔽野，千里绝烟，人迹罕见，白骨如丘垄。

3. 唐开成四年（839 年） 六月旱，蝗虫食苗。

4. 宋天禧元年（1017 年） 蝗灾，民饥。

5. 熙宁三年（1070 年） 两浙旱蝗。

6. 崇宁二年（1103 年） 乌程、归安①蝗灾。

7. 崇宁三年（1104 年） 乌程、归安、长兴蝗灾，其飞蔽日。

8. 崇宁四年（1105 年） 乌程、归安、长兴连岁蝗灾，其飞蔽日。

9. 宣和三年（1121 年） 乌程、归安蝗灾。

10. 绍兴三十年（1160 年） 十月，江浙螟蝗。

---

① 乌程、归安：均为旧县名，治所在今浙江湖州。

11.　　绍兴三十二年（1162 年）　　　淮南北蝗飞入湖州境，声如风雨，害稼，民饥。

12.　　隆兴元年（1163 年）　　　　　八月，飞蝗蔽日，害稼，湖州为甚。

13.　　淳熙九年（1182 年）　　　　　浙西蝗灾。

14.　　淳熙十年（1183 年）　　　　　蝗遗种害稼。

15.　　嘉泰元年（1201 年）　　　　　浙江大蝗。

16.　　开禧三年（1207 年）　　　　　夏秋，飞蝗蔽天，浙西豆粟皆被食尽，长兴捕蝗三千余石。

17.　　嘉定元年（1208 年）　　　　　五月，江浙大蝗。

18.　　嘉定二年（1209 年）　　　　　大蝗，长兴捕蝗数百石。

19.　　嘉定七年（1214 年）　　　　　六月，浙西郡县蝗。

20.　　嘉定八年（1215 年）　　　　　八月，乌程、归安飞蝗蔽天，饥。

21.　　嘉熙四年（1240 年）　　　　　六月，乌程、归安大旱蝗，人相食。

22.　　景定三年（1262 年）　　　　　八月，蝗。

23. 元大德二年（1298 年）　　　　　四月，江浙属县蝗。

24. 明正统十二年（1447 年）　　　　乌程、归安、长兴大旱蝗，饥。

25.　　嘉靖八年（1529 年）　　　　　夏，蝗。

26.　　嘉靖十八年（1539 年）　　　　德清有蝗。

27.　　嘉靖十九年（1540 年）　　　　蝗灾，蝗飞蔽天，伤稼大半。

28.　　万历十六年（1588 年）　　　　五月，蝗灾，饥殍载道。

29.　　天启六年（1626 年）　　　　　蝗灾，飞集蔽野。

30.　　崇祯十一年（1638 年）　　　　秋旱，蝗灾。

31.　　崇祯十三年（1640 年）　　　　秋，蝗灾，害稼。

32.　　崇祯十四年（1641 年）　　　　大旱蝗。

33.　　崇祯十五年（1642 年）　　　　旱蝗，蔽天而下，所集处禾立尽。

34. 清康熙十年（1671 年）　　　　　七月，大旱蝗。

35.　　康熙十一年（1672 年）　　　　秋，蝗集于太湖滨芦苇上。

36.　　康熙十六年（1677 年）　　　　飞蝗蔽天，过而不下。

37.　　雍正二年（1724 年）　　　　　七月，太湖中蝗飞蔽天，食芦叶殆尽。

38.　　乾隆二十年（1755 年）　　　　蝗蝻生。

39.　　乾隆五十年（1785 年）　　　　乌程、归安、长兴、德清大旱蝗。

40.　　乾隆五十一年（1786 年）　　　蝗食禾殆尽。

41.　咸丰六年（1856 年）　　　　　六月，长兴旱，蝗灾。

42.　咸丰七年（1857 年）　　　　　夏，乌程蝗复生；秋，德清飞蝗蔽天，伤
　　　　　　　　　　　　　　　　　　禾稼；九月，孝丰①蝗灾。

43.　咸丰八年（1858 年）　　　　　孝丰蝗。

44.　咸丰九年（1859 年）　　　　　归安蝗。

45.　光绪二年（1876 年）　　　　　夏，蝗。

46.　光绪三年（1877 年）　　　　　夏，乌程蝗灾，归安蝗，不为灾；五月，孝
　　　　　　　　　　　　　　　　　　丰蝗。

47. 民国十七年（1928 年）　　　　各县蝗蝻生，禾稼多损。

原载《湖州市志》自然灾害录，昆仑出版社 1999 年版

光绪《乌程县志》

1. 西晋大兴二年（319 年）　　　　二月，蝗，无麦禾，大饥。

2. 唐开成四年（839 年）　　　　　旱，蝗食田。

3.　宋天禧元年（1017 年）　　　　蝗，民饥。

4.　崇宁二年（1103 年）　　　　　乌程蝗灾。

5.　崇宁三年（1104 年）　　　　　乌程连岁大蝗，其飞蔽日。

6.　崇宁四年（1105 年）　　　　　乌程连岁大蝗，其飞蔽日。

7.　宣和三年（1121 年）　　　　　乌程蝗。

8.　绍兴三十年（1160 年）　　　　十月，乌程蟓蟓。

9.　隆兴元年（1163 年）　　　　　八月，飞蝗蔽日，害稼。

10.　淳熙九年（1182 年）　　　　　八月，蝗。

11.　淳熙十年（1183 年）　　　　　蝗遗种害稼。

12.　嘉泰二年（1202 年）　　　　　乌程大蝗，若烟雾蔽天，其坠亘十
　　　　　　　　　　　　　　　　　　余里。

13.　开禧二年（1206 年）　　　　　秋，大蝗，群飞蔽天，豆粟皆既于蝗。

14.　嘉定元年（1208 年）　　　　　大蝗。

15.　嘉定二年（1209 年）　　　　　大蝗。

---

　　① 孝丰：旧县名，治所在今浙江安吉西南孝丰镇。

16.	嘉定七年（1214 年）	六月，蝗。
17.	嘉定八年（1215 年）	八月，乌程飞蝗蔽天，饥。
18.	嘉熙四年（1240 年）	大旱蝗，人相食。
19.	景定三年（1262 年）	八月，蝗。
20.	元大德二年（1298 年）	四月，蝗。
21.	明永乐元年（1403 年）	大旱蝗。
22.	正统十二年（1447 年）	乌程大旱蝗，饥。
23.	正德九年（1514 年）	乌程蝗，不害稼。
24.	嘉靖八年（1529 年）	夏，蝗。
25.	嘉靖十九年（1540 年）	蝗飞蔽天，伤稼大半。
26.	万历十六年（1588 年）	五月，蝗，饥殍载道。
27.	万历四十四年（1616 年）	高阜山乡有蝱。
28.	天启六年（1626 年）	蝗灾。
29.	崇祯十一年（1638 年）	秋，旱蝗。
30.	崇祯十三年（1640 年）	五月，蝗害稼，饥。
31.	崇祯十四年（1641 年）	六月，大旱蝗。
32.	崇祯十五年（1642 年）	旱，蝗蔽天而下，所集处禾立尽，人相食。
33.	清康熙十年（1671 年）	七月，大旱蝗。
34.	康熙十一年（1672 年）	秋，有蝱不入境，集于湖滨芦苇上。
35.	雍正二年（1724 年）	太湖中蝗飞蔽天，食芦苇叶殆尽。
36.	乾隆三年（1738 年）	旱蝗。
37.	乾隆二十年（1755 年）	蝗蝻生。
38.	乾隆五十年（1785 年）	大旱蝗。
39.	咸丰六年（1856 年）	大旱蝱。
40.	咸丰七年（1857 年）	夏，乌程蝱复生。
41.	光绪三年（1877 年）	夏，乌程蝗。

原载光绪《乌程县志》卷二十七《祥异》，光绪七年刻本

光绪《归安县志》

| 1. | 宋崇宁二年（1103 年） | 蝗灾。 |
| 2. | 崇宁三年（1104 年） | 连岁大蝗，其飞蔽日。 |

3.	崇宁四年（1105 年）	连岁大蝗，其飞蔽日。
4.	宣和三年（1121 年）	蝗。
5.	绍兴三十二年（1162 年）	淮南北蝗飞入境，声如风雨。
6.	隆兴元年（1163 年）	八月，飞蝗蔽日，害稼。
7.	淳熙九年（1182 年）	八月，蝗。
8.	开禧三年（1207 年）	夏秋，大蝗，群飞蔽天，豆粟既于蝗。
9.	嘉定元年（1208 年）	五月，大蝗。
10.	嘉定二年（1209 年）	大蝗。
11.	嘉定七年（1214 年）	六月，蝗。
12.	嘉定八年（1215 年）	八月，飞蝗蔽天，饥。
13.	嘉熙四年（1240 年）	六月，大旱蝗。
14.	景定三年（1262 年）	八月，蝗。
15.	明永乐元年（1403 年）	大旱蝗。
16.	正统十二年（1447 年）	大旱蝗，饥。
17.	嘉靖八年（1529 年）	夏，蝗。
18.	嘉靖十九年（1540 年）	蝗飞蔽天，伤稼大半。
19.	万历十六年（1588 年）	蝗。
20.	万历四十四年（1616 年）	高阜山乡有蝱。
21.	天启六年（1626 年）	八月，蝗灾，蝗飞集遍野，至西才止，次日复然，田禾、地菜食尽，县为文檄令捕之。
22.	崇祯十一年（1638 年）	秋，旱蝗。
23.	崇祯十四年（1641 年）	六月，飞蝗害稼，民大饥。
24.	崇祯十五年（1642 年）	旱蝗，蔽天而下，所集处禾立尽，人相食。
25.	清康熙十一年（1672 年）	秋，有蝱不入境，集于湖滨芦苇上。
26.	康熙十六年（1677 年）	八月，飞蝗蔽天，过而不下。
27.	康熙二十六年（1687 年）	秋，蝗食禾。
28.	咸丰九年（1859 年）	蝗。
29.	光绪三年（1877 年）	夏，蝗，不为灾。

原载光绪《归安县志》卷二十七《前事略·祥异》，光绪八年刻本

同治《长兴县志》

1. 宋隆兴元年（1163年）　　　　　八月，飞蝗蔽日，害稼。

2. 明正统十二年（1447年）　　　　大旱蝗，饥。

3. 万历十六年（1588年）　　　　五月，旱蝗，饥殍载道。

4. 万历四十四年（1616年）　　　高阜山乡有螽。

5. 崇祯十四年（1641年）　　　旱蝗，知县出钱募民捕而瘗之。

6. 清康熙十一年（1672年）　　秋，有螽不入境，集于湖滨芦苇上。

7. 咸丰七年（1857年）　　　　夏，蝻复滋生，檄县捕蝗。

原载同治《长兴县志》卷九《灾祥》，光绪十八年据光绪元年刻版增刻本

《长兴县志》

1. 唐开成四年（839年）　　　　旱，蝗食苗。

2. 宋崇宁三年（1104年）　　　大蝗，其飞蔽日。

3. 崇宁四年（1105年）　　　长兴连岁蝗灾，其飞蔽日。

4. 绍兴三十二年（1162年）　　蝗飞入湖州境，声如风雨。

5. 开禧三年（1207年）　　　大蝗，群飞蔽天，浙西豆粟既于蝗，长兴捕蝗三千石。

6. 嘉定二年（1209年）　　　大蝗，长兴捕蝗数百石。

7. 嘉熙四年（1240年）　　　六月，江浙大旱蝗，人相食。

8. 明永乐元年（1403年）　　大旱蝗。

9. 嘉靖十九年（1540年）　　蝗飞蔽天，伤稼大半。

10. 崇祯十三年（1640年）　　五月，蝗害稼，草根、树皮俱尽，人相食。

11. 崇祯十五年（1642年）　　六月，蝗飞蔽天，禾立尽。

12. 清康熙十年（1671年）　　蝗。

13. 雍正二年（1724年）　　　湖州蝗飞蔽天，食芦苇殆尽。

14. 乾隆二十年（1755年）　　蝗蝻生。

15. 乾隆五十年（1785年）　　湖州大旱蝗。

16. 乾隆五十一年（1786年）　　夏秋，蝗食禾殆尽。

17. 咸丰六年（1856年）　　　蝗蝻迅起蔽野，自北而南迁移。

原载《长兴县志》自然灾害录，上海人民出版社1992年版

《德清县志》

1. 宋绍兴二十八年（1158 年）　　　　武康①蝗飞蔽天。

2. 　绍兴三十二年（1162 年）　　　　武康蝗飞遍境。

3. 　隆兴元年（1163 年）　　　　　　八月，德清、武康飞蝗蔽日。

4. 明嘉靖八年（1529 年）　　　　　　夏，武康蝗，德清新市蝗。

5. 　嘉靖九年（1530 年）　　　　　　武康又有飞蝗入境。

6. 　嘉靖十四年（1535 年）　　　　　德清新市蝗飞蔽日，昼忽暗。

7. 　嘉靖十八年（1539 年）　　　　　德清蝗灾。

8. 　嘉靖十九年（1540 年）　　　　　武康新市蝗灾，苇、竹俱尽。

9. 　嘉靖二十年（1541 年）　　　　　武康又蝗灾。

10. 　崇祯十三年（1640 年）　　　　　八月，武康蝗害稼。

11. 　崇祯十五年（1642 年）　　　　　德清新市蝗灾。

12. 清乾隆五十年（1785 年）　　　　　七月，德清蝗灾。

13. 　咸丰七年（1857 年）　　　　　　秋，德清飞蝗蔽天，伤禾。

　　　　　　原载《德清县志》历代主要自然灾害，浙江人民出版社 1992 年版

民国《德清县新志》

清咸丰六年（1856 年）　　　　　　六月，大旱螽，无秋。

　　　　原载民国《德清县新志》卷十三《杂志》，民国二十一年铅印本

同治《安吉县志》

宋绍兴三十二年（1162 年）　　　　安吉蝗。

　　　　原载同治《安吉县志》卷十八《杂记》，同治十三年刻本

道光《武康县志》

明嘉靖十九年（1540 年）　　　　　蝗飞蔽天，知县祷于城隍社稷庙，不

---

① 武康：旧县名，治所在今浙江德清。

为灾。

原载道光《武康县志》卷一《地域志一·邑纪》，道光九年刻本

同治 《孝丰县志》

1. 明万历十六年（1588 年）　　　　　旱蝗。

2. 清咸丰七年（1857 年）　　　　　九月，蝗。

3. 　咸丰八年（1858 年）　　　　　蝗。

4. 光绪三年（1877 年）　　　　　五月，蝗。

原载同治《孝丰县志》卷八《灾祥志·灾歉》，光绪五年刻本

五、绍兴市

乾隆 《绍兴府志》

1. 宋建炎三年（1129 年）　　　　　余姚蝗暴至。

2. 　绍兴二十九年（1159 年）　　　　旱蝗。

3. 　嘉定九年（1216 年）　　　　　浙东蝗。

4. 元至大元年（1308 年）　　　　　诸暨蝗及境，皆抱竹死。

5. 明正统十二年（1447 年）　　　　余姚蝗。

6. 　弘治十四年（1501 年）　　　　余姚蝗。

7. 　嘉靖三年（1524 年）　　　　　余姚蝗。

8. 　嘉靖六年（1527 年）　　　　　诸暨飞蝗蔽天。

9. 　嘉靖八年（1529 年）　　　　　余姚、萧山蝗。

10. 　嘉靖十九年（1540 年）　　　　会稽①、诸暨、余姚、新昌蝗。

11. 　嘉靖二十年（1541 年）　　　　诸暨蝗。

12. 　崇祯十一年（1638 年）　　　　萧山蝗。

13. 　崇祯十二年（1639 年）　　　　诸暨蝗。

14. 　崇祯十三年（1640 年）　　　　四月，山阴、会稽蝗。

15. 　崇祯十五年（1642 年）　　　　诸暨蝗遍野，斗米千钱，邑人以火照水，

---

① 会稽：旧县名，1912 年与山阴县合并为今浙江绍兴市。

蝗赴水死者十之三，余姚、上虞皆蝗。

16. 清康熙六年（1667年）　　　　萧山蝗。

　　　　原载乾隆《绍兴府志》卷八十《祥异》，乾隆五十七年刻本

《绍兴市志》

1. 后唐天成三年（928年）　　　　六月，吴越旱，蝗虫蔽天而来，白昼变为黑，衣帐悉充塞。

2. 元元贞二年（1296年）　　　　六月，绍兴蝗灾，赈之。

　　　　原载《绍兴市志》大事记，浙江人民出版社1996年版

《绍兴县志》

1. 宋绍兴二十九年（1159年）　　　会稽旱蝗。

2. 　隆兴元年（1163年）　　　　会稽蝗，民大饥。

3. 　嘉泰二年（1202年）　　　　会稽蝗。

4. 明嘉靖十九年（1540年）　　　夏，会稽蝗。

5. 　崇祯十三年（1640年）　　　山阴、会稽蝗。

　　　　原载《绍兴县志》灾异纪略，中华书局1999年版

道光《会稽县志稿》

1. 宋绍兴二十九年（1159年）　　　旱蝗，饥。

2. 　隆兴元年（1163年）　　　　旱蝗，民大饥。

3. 　嘉泰二年（1202年）　　　　蝗。

4. 明成化十三年（1477年）　　　秋七月，螣生。

5. 　嘉靖十九年（1540年）　　　夏，蝗。

6. 　崇祯十三年（1640年）　　　有蝗自西北来。

　　　　原载道光《会稽县志稿》卷九《灾异志》，民国二十五年铅印本

嘉庆《山阴县志》

明崇祯十三年（1640 年）　　　　　有蝗自西北来。

　原载嘉庆《山阴县志》卷二十五《政事志七·祺祥》，民国二十五年铅印本

《诸暨县志》

1. 元大德十一年（1307 年）　　　　飞蝗害稼。

2. 明嘉靖六年（1527 年）　　　　　飞蝗蔽天，成灾。

3. 　嘉靖十九年（1540 年）　　　　夏，蝗灾。

4. 　嘉靖二十年（1541 年）　　　　夏，蝗灾。

5. 　崇祯十二年（1639 年）　　　　秋，飞蝗蔽天，害稼。

6. 　崇祯十四年（1641 年）　　　　飞蝗蔽野，斗米千钱。

7. 清道光八年（1828 年）　　　　　秋，飞蝗成灾。

　　　　　　　原载《诸暨县志》自然灾害，浙江人民出版社 1993 年版

《上虞县志》

1. 宋绍兴二十九年（1159 年）　　　绍兴旱蝗。

2. 　嘉泰二年（1202 年）　　　　　会稽蝗害。

3. 明崇祯十四年（1641 年）　　　　六月，飞蝗蔽天，害稼。

4. 　崇祯十五年（1642 年）　　　　旱蝗。

5. 清咸丰六年（1856 年）　　　　　八月，蝗灾，蔽天遮日，晚禾无收。

6. 民国二十二年（1933 年）　　　　八月，西华、章家、南江、后村及沥海镇、
　　　　　　　　　　　　　　　　　　谢家塘蝗蝻生，所到玉米、杂草几无存。

7. 民国二十四年（1935 年）　　　　蝗。

　　　　　　　原载《上虞县志》自然灾情，浙江人民出版社 1990 年版

光绪《上虞县志》

清光绪三年（1877 年）　　　　　　六月，蝗食竹叶、芦草殆尽。

　　　原载光绪《上虞县志》卷三十八《杂志一·祥异》，光绪十七年刻本

民国《嵊县志》

1.	明正统六年（1441 年）	旱蝗。
2.	清咸丰六年（1856 年）	八月，嵊县有蝗自北来蔽天。
3.	咸丰七年（1857 年）	春，邑令捐资捕蝗；五月大雨，蝗蝻顿尽。

原载民国《嵊县志》卷三十一《杂志·祥异》，民国二十四年铅印本

《新昌县志》

1.	唐开成四年（839 年）	蝗食苗。
2.	开成五年（840 年）	浙东蝗。
3.	后唐天成三年（928 年）	六月，蝗蔽天而飞，昼为之黑。
4.	宋天禧元年（1017 年）	两浙蝗，民饥。
5.	熙宁三年（1070 年）	两浙蝗，民饥。
6.	嘉定元年（1208 年）	江浙大蝗。
7.	嘉定七年（1214 年）	六月，浙郡蝗。
8.	嘉定八年（1215 年）	两浙蝗。
9.	嘉定九年（1216 年）	浙江蝗。
10.	嘉熙四年（1240 年）	六月，江浙旱蝗。
11.	淳祐元年（1241 年）	两浙旱蝗。
12.	景定三年（1262 年）	两浙蝗，嵊邑蝗。
13.	咸淳三年（1267 年）	两浙蝗。
14.	元大德二年（1298 年）	浙江、两淮蝗。
15.	明正统六年（1441 年）	嵊县蝗灾。
16.	嘉靖十九年（1540 年）	夏，蝗飞蔽日。
17.	清咸丰六年（1856 年）	八月，嵊县蝗北来蔽天。

原载《新昌县志》自然灾害，上海书店 1994 年版

六、台州市

《台州地区志》

1.	唐武周长寿二年（693 年）	蝗害。

2.　　长庆二年（822 年）　　　　　　　临海蝗害。

3. 宋嘉定十四年（1221 年）　　　　　蝨螣成灾。

4. 明洪武二十五年（1392 年）　　　　飞蝗北来，禾稼、竹木俱毁。

5.　　建文四年（1402 年）　　　　　　六月，蝗害，禾稼、竹木尽毁。

6.　　正统十一年（1446 年）　　　　　蝗害。

7.　　成化十一年（1475 年）　　　　　蝗食苗。

8.　　万历九年（1581 年）　　　　　　蝗食苗、根节俱尽。

9.　　万历四十二年（1614 年）　　　　太平①县蝗灾，伤庄稼。

10. 清顺治六年（1649 年）　　　　　　天台蝗灾，庄稼殆尽。

11.　顺治十七年（1660 年）　　　　　天台蝗灾。

12.　康熙五年（1666 年）　　　　　　秋，仙居蝗灾。

13.　康熙十年（1671 年）　　　　　　秋，仙居蝗食苗、根节俱尽。

14.　嘉庆七年（1802 年）　　　　　　秋，宁海蝗灾。

15.　道光二十四年（1844 年）　　　　仙居蝗灾。

16.　咸丰八年（1858 年）　　　　　　黄岩蝗灾。

17. 民国十八年（1929 年）　　　　　夏秋，蝗虫成灾。

原载《台州地区志》自然灾害，浙江人民出版社 1995 年版

光绪《黄岩县志》

1. 明建文四年（1402 年）　　　　　　六月，飞蝗自北来，禾稼、竹木皆尽。

2.　　成化十一年（1475 年）　　　　　蝗。

原载光绪《黄岩县志》卷三十八《杂志二·变异》，光绪三年刻本

《临海县志》

1. 唐武周长寿二年（693 年）　　　　蝗。

2.　　长庆二年（822 年）　　　　　　蝗。

3. 宋嘉定十四年（1221 年）　　　　大旱蝗。

4. 明洪武二十五年（1392 年）　　　有蝗自北来，禾稼、竹木皆尽。

---

① 太平：旧县名，1915 年改名为今浙江温岭。

5.　建文四年（1402年）　　　六月，大蝗，饥。

6.　成化十一年（1475年）　　蝗。

7.　正德三年（1508年）　　　夏，蝗，大饥，民殍。

8.　万历九年（1581年）　　　旱，蝗虫食苗。

9.　万历三十三年（1605年）　旱，蝗虫食豆。

10.民国十八年（1929年）　　八月，蝗虫害稼。

原载《临海县志》自然灾害，浙江人民出版社1989年版

《三门县志》

1.唐武周长寿二年（693年）　　台州蝗虫为害。

2.　长庆二年（822年）　　　　临海蝗虫为害。

3.宋嘉定十四年（1221年）　　台州大旱，蝗虫为害。

4.明洪武二十五年（1392年）　临海蝗自北飞来，庄稼、竹叶食尽。

5.　建文四年（1402年）　　　六月，台州蝗虫自北向各县飞来，禾穗、竹叶食尽。

6.　成化十一年（1475年）　　四月，台州蝗虫为害。

7.　正德三年（1508年）　　　夏，蝗虫为害，民大饥。

8.　万历九年（1581年）　　　临海旱，蝗食苗、根节皆尽。

9.　万历三十三年（1605年）　临海蝗食豆菽。

10.清康熙五年（1666年）　　　六月，宁海蝗灾。

11.　康熙九年（1670年）　　　六月，台州蝗虫为灾。

12.　嘉庆七年（1802年）　　　秋，宁海蝗灾。

13.民国十八年（1929年）　　六月，宁海蝗大发，捕之不尽；七月，临海蝗虫为灾。

原载《三门县志》历代自然灾害年表，浙江人民出版社1992年版

《天台县志》

1.明洪武二十三年（1390年）　夏秋，旱蝗。

2.　建文四年（1402年）　　　六月，蝗灾。

原载《天台县志》自然灾害，汉语大词典出版社1995年版

康熙《太平县志》

1. 明洪武二十五年（1392 年）　　　　六月，有飞蝗自北来，禾穗、竹木叶皆尽。
2.　成化十一年（1475 年）　　　　　四月，蝗。
3.　万历四十二年（1614 年）　　　　蝗虫伤稼。

原载康熙《太平县志》卷八《杂志·祥异》，康熙二十二年刻本

《温岭县志》

1. 明洪武十五年（1382 年）　　　　　有蝗自北来，禾穗、竹木叶皆尽。

原载《温岭县志》自然灾害，浙江人民出版社 1992 年版

2.　成化十一年（1475 年）　　　　　蝗灾，民掘草根为食。

原载《温岭县志》大事记，浙江人民出版社 1992 年版

光绪《仙居县志》

1. 明建文四年（1402 年）　　　　　六月，大蝗，禾稼、竹叶俱尽。
2.　成化十一年（1475 年）　　　　蝗食苗。
3.　正德三年（1508 年）　　　　　夏，旱蝗，饥。
4.　万历九年（1581 年）　　　　　旱，蝗食苗、根节俱尽。
5.　万历三十三年（1605 年）　　　旱蝗，豆粟亦尽。
6. 清康熙五年（1666 年）　　　　　秋，旱蝗。
7.　康熙十年（1671 年）　　　　　秋，蝗食苗、根节俱尽。
8.　康熙十八年（1679 年）　　　　旱蝗。
9.　道光二十四年（1844 年）　　　蝗。

原载光绪《仙居县志》卷二十四《杂志下·灾变》，光绪二十年活字本

《玉环县志》

民国十八年（1929 年）　　　　　　以飞蝗为甚，蔽天盖日，农作物减产七成，
　　　　　　　　　　　　　　　　　民饥。

原载《玉环县志》灾异，汉语大词典出版社 1994 年版

七、宁波市

《宁波市志》

1. 宋建炎三年（1129 年）	五月，余姚蝗暴至，害稼。	
2. 嘉泰二年（1202 年）	余姚蝗。	
3. 开禧三年（1207 年）	夏，慈溪大蝗，群飞蔽天，集地厚四五寸， 禾稼、草木一空。	
4. 嘉定九年（1216 年）	四月，浙东蝗。	
5. 嘉熙四年（1240 年）	浙东大旱蝗。	
6. 淳祐三年（1243 年）	八月，余姚蝗。	
7. 元至治二年（1322 年）	庆元蝗为灾。	
8. 明建文四年（1402 年）	宁海蝗大害，减税粮一半。	
9. 天顺五年（1461 年）	夏，余姚旱，蝗害。	
10. 嘉靖五年（1526 年）	夏，奉化大旱，蝗起，禾稼无收。	
11. 嘉靖八年（1529 年）	余姚蝗害稼。	
12. 嘉靖十九年（1540 年）	夏，余姚蝗灾。	
13. 崇祯十四年（1641 年）	六月，余姚蝗灾，大饥。	
14. 清康熙五年（1666 年）	六月，宁海旱，蝗灾。	
15. 康熙九年（1670 年）	宁海大旱，蝗虫为灾。	
16. 嘉庆七年（1802 年）	秋，宁海蝗为灾。	
17. 咸丰六年（1856 年）	夏秋间，鄞县飞蝗蔽野，灾，慈溪、余姚 亦然。	
18. 民国十八年（1929 年）	六月，宁海蝗害。	
19. 民国三十六年（1947 年）	八月，鄞县蝗害 4 万亩，大批蝗虫飞扰城 区，民捕蝗 4 588 斤。	

原载《宁波市志》自然灾害，中华书局 1995 年版

同治《鄞县志》

1. 宋嘉定八年（1215 年）	鄞县林村飞蝗蔽野，民艰食。	
2. 嘉定十四年（1221 年）	明州螟螣为害。	

3. 元至治二年（1322 年）　　　　　庆元蝗为灾。

4. 清咸丰六年（1856 年）　　　　　夏秋间，东南乡飞蝗蔽野，村民捕煮之，
　　　　　　　　　　　　　　　　　日获十石。

原载同治《鄞县志》卷六十九《祥异》，光绪三年刻本

《奉化市志》

1. 宋嘉定八年（1215 年）　　　　　飞蝗蔽天。

2. 清康熙二十年（1681 年）　　　　蝗食禾稼。

3. 　咸丰六年（1856 年）　　　　　七月，蝗虫为灾，延及鄞县。

原载《奉化市志》自然灾害，中华书局 1994 年版

光绪 《奉化县志》

1. 明嘉靖五年（1526 年）　　　　　夏，奉化大旱，蝗起，禾稼无收。

2. 清康熙二十年（1681 年）　　　　蝗食禾稼。

原载光绪《奉化县志》卷三十九《祥异》，光绪三十四年刻本

《慈溪县志》

1. 宋建炎三年（1129 年）　　　　　蝗虫害稼。

2. 　嘉泰二年（1202 年）　　　　　蝗。

3. 　开禧三年（1207 年）　　　　　大蝗，飞则蔽天日，集地厚四五寸，禾
　　　　　　　　　　　　　　　　　稼一空，继食草木，遣人捕之，且焚
　　　　　　　　　　　　　　　　　且瘗。

4. 　嘉定十四年（1221 年）　　　　夏旱，螽螣为灾。

5. 　淳祐三年（1243 年）　　　　　八月，蝗。

6. 明天顺五年（1461 年）　　　　　夏，旱蝗。

7. 　弘治十四年（1501 年）　　　　秋，旱蝗，大饥。

8. 　嘉靖八年（1529 年）　　　　　蝗害稼。

9. 　嘉靖十九年（1540 年）　　　　夏，蝗。

10. 清咸丰十年（1860 年）　　　　　七月，北乡蝗。

11.　　光绪元年（1875 年）　　　　　　北乡蝗为灾。

12.　　光绪三年（1877 年）　　　　　　四境多蝗，食草木、禾稼。

13. 民国十七年（1928 年）　　　　　　七月，旱蝗，中稻无收。

原载《慈溪县志》自然灾害，浙江人民出版社 1992 年版

光绪《慈溪县志》

1. 元至治二年（1322 年）　　　　　　蝗。

2. 清咸丰六年（1856 年）　　　　　　七月，蝗。

原载光绪《慈溪县志》卷五十五《前事·祥异》，光绪二十五年刻本

《宁海县志》

1. 唐长庆二年（822 年）　　　　　　蝗。

2. 明建文四年（1402 年）　　　　　　蝗虫为害。

3. 清康熙五年（1666 年）　　　　　　六月旱，蝗虫成灾。

4.　　康熙九年（1670 年）　　　　　　六月旱，蝗虫成灾。

5.　　嘉庆七年（1802 年）　　　　　　秋，蝗虫为灾。

6. 民国十八年（1929 年）　　　　　　六月，蝗虫大发。

原载《宁海县志》历代自然灾害，浙江人民出版社 1993 年版

民国《镇海县志》

清光绪三年（1877 年）　　　　　　六月，四境多蝗，食草木，稼无害。

原载民国《镇海县志》卷四十三《祥异》，民国二十年铅印本

光绪《余姚县志》

1. 宋天禧元年（1017 年）　　　　　　蝗。

2.　　建炎三年（1129 年）　　　　　　五月，蝗暴至，害稼。

3.　　嘉泰二年（1202 年）　　　　　　蝗。

4.　　淳祐三年（1243 年）　　　　　　八月，蝗。

5.　明正统十二年（1447 年）　　　　　蝗。

6.　天顺五年（1461 年）　　　　　　　夏，旱蝗。

7.　弘治十四年（1501 年）　　　　　　秋，旱蝗，大饥。

8.　嘉靖八年（1529 年）　　　　　　　蝗害稼。

9.　嘉靖十九年（1540 年）　　　　　　夏，蝗。

10.　崇祯十四年（1641 年）　　　　　　六月，蝗，大饥。

11.清咸丰六年（1856 年）　　　　　　　八月，蝗。

原载光绪《余姚县志》卷七《祥异》，光绪二十五年刻本

民国《象山县志》

经查，民国十五年版县志中无蝗灾记载。

民国《南田县志》[①]

经查，民国十九年版县志中无蝗灾记载。

八、温州市

《瑞安市志》

1.宋嘉定十四年（1221 年）　　　　　　旱，蝻螣成灾。

2.　咸淳元年（1265 年）　　　　　　　蝗为害。

3.元至元二年（1336 年）　　　　　　　至秋不雨，蝗灾。

原载《瑞安市志》历代自然灾害，中华书局 2003 年版

《平阳县志》

1.后唐天成三年（928 年）　　　　　　六月旱，有蝗蔽天。

2.宋嘉熙四年（1240 年）　　　　　　　旱蝗。

原载《平阳县志》自然灾害，汉语大词典出版社 1993 年版

---

① 南田：旧县名，治所在今浙江象山南田岛。

民国《平阳县志》

清康熙十年（1671 年）　　　　　　　五月，有蝗食沿江田稼；八月，螣生遍野，

大风三日，尽灭。

　　　原载民国《平阳县志》卷五十八《杂事志一·祥异》，民国十五年刻本

乾隆《永嘉县志》

1. 宋嘉定十四年（1221 年）　　　　　蝱螣为灾。

2. 元至元二年（1336 年）　　　　　　蝗。

　　　　原载乾隆《永嘉县志》卷二十五《祥异》，乾隆三十年刻本

《永嘉县志》

1. 宋嘉定十四年（1221 年）　　　　　旱，蝱螣为灾。

2. 清嘉庆十六年（1811 年）　　　　　七月旱，晚禾有螽。

　　　　　原载《永嘉县志》自然灾害，方志出版社 2003 年版

光绪《乐清县志》

1. 清康熙十年（1671 年）　　　　　　夏六月，螽。

2. 　乾隆十五年（1750 年）　　　　　螽。

3. 　嘉庆十六年（1811 年）　　　　　秋，螽，沿海田禾无收。

　　　　原载光绪《乐清县志》卷十三《灾祥志》，民国二十年刻本

同治《温州府志》

经查，同治五年版府志中无蝗灾记载。

《文成县志》

经查，1996 年中华书局出版的县志中无蝗灾记载。

《苍南县志》

经查，1997 年浙江人民出版社出版的县志中无蝗灾记载。

《泰顺县志》

经查，雍正七年和 1998 年浙江人民出版社出版的县志中均无蝗灾记载。

《洞头县志》

经查，1993 年浙江人民出版社出版的县志中无蝗灾记载。

九、金华市

光绪《金华县志》

1. 南朝陈永定二年（558 年）　　　　旱蝗。
2. 宋绍兴五年（1135 年）　　　　八月，旱蝗。
3. 　隆兴元年（1163 年）　　　　八月，飞蝗害稼。
4. 　嘉定元年（1208 年）　　　　九月，蝗。
5. 　嘉定十四年（1221 年）　　　　螽螣为灾。
6. 清康熙二十五年（1686 年）　　　　夏六月，螟螣生。

原载光绪《金华县志》卷十六《五行》，民国四年铅印本

《浦江县志》

1. 唐开成五年（840 年）　　　　蝗，疫。
2. 宋天禧元年（1017 年）　　　　六月，蝗虫往来五日。

原载《浦江县志》自然灾害，浙江人民出版社 1990 年版

《义乌县志》

1. 后唐天成三年（928 年）　　　　六月旱，有蝗群飞蔽天而行，昼为之黑，庭户衣帐悉充塞。

2. 宋嘉熙四年（1240 年）　　　　　六月，浙江大旱蝗。

3. 明嘉靖五年（1526 年）　　　　　旱，蝗飞蔽天。

4.　嘉靖二十二年（1543 年）　　　蝗虫为灾。

　　　　　　　　原载《义乌县志》自然灾害年表，浙江人民出版社 1987 年版

《磐安县志》

1. 唐开成五年（840 年）　　　　　六月，蝗灾。

2. 宋绍兴五年（1135 年）　　　　　八月，蝗灾。

3.　庆元二年（1196 年）　　　　　蝗为害。

4. 清咸丰三年（1853 年）　　　　　七月，蝗灾。

5.　光绪五年（1879 年）　　　　　飞蝗入境，阵飞如黑云蔽日。

　　　　　　　　原载《磐安县志》自然灾害，浙江人民出版社 1993 年版

《永康县志》

1. 宋嘉定十四年（1221 年）　　　　螽螣为灾。

2. 清咸丰三年（1853 年）　　　　　七月，螟蝗为灾。

　　　　　　　　原载《永康县志》自然灾情录，浙江人民出版社 1991 年版

《兰溪市志》

1. 宋隆兴元年（1163 年）　　　　　八月，飞蝗害禾稼。

2.　嘉定元年（1208 年）　　　　　九月，蝗灾。

3.　嘉定十四年（1221 年）　　　　螽螣为灾。

4. 明洪武十七年（1384 年）　　　　河东蝗灾。

5.　建文四年（1402 年）　　　　　六月，飞蝗自北来，禾穗、竹叶食尽。

6.　嘉靖三十一年（1552 年）　　　七月，飞蝗为灾，禾穗尽落。

7.　万历七年（1579 年）　　　　　蝗虫害稼。

　　　　　　　　原载《兰溪市志》自然灾害，浙江人民出版社 1988 年版

《东阳市志》

1. 南朝陈永定二年（558 年）　　　　　旱蝗。
2. 唐开成四年（839 年）　　　　　　　六月，蝗灾。
3. 宋天禧元年（1017 年）　　　　　　　蝗灾。
4. 　熙宁三年（1070 年）　　　　　　　蝗灾。
5. 　绍兴五年（1135 年）　　　　　　　八月，蝗灾。
6. 　隆兴元年（1163 年）　　　　　　　八月，蝗灾。
7. 　淳熙十年（1183 年）　　　　　　　蝗灾。
8. 　嘉泰元年（1201 年）　　　　　　　蝗灾。
9. 　嘉定元年（1208 年）　　　　　　　九月，蝗灾。
10. 　嘉定九年（1216 年）　　　　　　　蝗灾。
11. 　嘉定十四年（1221 年）　　　　　　夏，蝱螣为灾。
12. 　嘉熙四年（1240 年）　　　　　　　六月，蝗灾。
13. 元大德二年（1298 年）　　　　　　　四月，蝗灾。
14. 明万历十六年（1588 年）　　　　　　蝗灾，民饥。
15. 　崇祯十三年（1640 年）　　　　　　五月，蝗灾，民饥。
16. 清咸丰三年（1853 年）　　　　　　　七月，蝗灾。
17. 　光绪五年（1879 年）　　　　　　　罗山飞蝗入境，形如蚱蜢，阵飞蔽日，稻田
　　　　　　　　　　　　　　　　　　　受害。
18. 民国三十年（1941 年）　　　　　　　蝗灾，损失严重。

原载《东阳市志》病虫灾害，汉语大词典出版社 1993 年版

《武义县志》

经查，嘉庆九年和 1990 年浙江人民出版社出版的县志中均无蝗灾记载。

光绪《宣平县志》

经查，光绪四年版县志中无蝗灾记载。

十、丽水市

《丽水市志》

1. 宋绍兴十九年（1149 年）　　　　　夏，蝗。
2. 元至大二年（1309 年）　　　　　　蝗。
3. 明嘉靖十九年（1540 年）　　　　　蝗。
4. 清康熙十年（1671 年）　　　　　　旱蝗。

原载《丽水市志》自然灾害，浙江人民出版社 1994 年版

光绪《处州府志》

1. 宋绍兴十九年（1149 年）　　　　　夏，丽水蝗。
2. 　嘉定九年（1216 年）　　　　　　浙东蝗。
3. 元至大二年（1309 年）　　　　　　丽水蝗。
4. 明嘉靖十九年（1540 年）　　　　　丽水、缙云蝗。
5. 清康熙十年（1671 年）　　　　　　丽水县旱蝗。
6. 　康熙十八年（1679 年）　　　　　蝗。
7. 　雍正七年（1729 年）　　　　　　夏秋间，景宁蝗伤稼。
8. 　乾隆四十八年（1783 年）　　　　景宁蝗入境。

原载光绪《处州府志》卷二十五《祥异志》，光绪三年刻本

康熙《缙云县志》

清康熙十年（1671 年）　　　　　　九月不雨，蝗虫食稻几尽，蠲免。

原载康熙《缙云县志》卷九《祥异》，康熙十年刻本

光绪《缙云县志》

1. 明嘉靖十九年（1540 年）　　　　　蝗。
2. 清康熙十八年（1679 年）　　　　　蝗。

原载光绪《缙云县志》卷十五《灾祥》，光绪七年刻本

《青田县志》

1. 清康熙五年（1666 年）　　　　　蝗虫食稻。
2. 　康熙十年（1671 年）　　　　　五月，蝗虫食稻，田无收。

　　　　　　　　原载《青田县志》历代水旱灾害，浙江人民出版社 1990 年版

《龙泉县志》

民国十六年（1927 年）　　　　　　六月，蝗虫为害严重。

　　　　　　　　原载《龙泉县志》大事记，汉语大词典出版社 1994 年版

同治《景宁县志》

1. 清雍正十年（1732 年）　　　　　夏秋间，蝗虫伤稼。
2. 　乾隆四十八年（1783 年）　　　蝗入境。

　　　　　　原载同治《景宁县志》卷十二《风土志·祥祲》，同治十二年刻本

《遂昌县志》

经查，光绪二十二年和 1996 年浙江人民出版社出版的县志中均无蝗灾记载。

《云和县志》

经查，1996 年浙江人民出版社出版的县志中无蝗灾记载。

《松阳县志》

经查，民国十四年和 1996 年浙江人民出版社出版的县志中均无蝗灾记载。

光绪《庆元县志》

经查，光绪三年版县志中无蝗灾记载。

十一、衢州市

《衢州市志》

1. 明洪武三十年（1397 年）　　　　　龙游蝗。
2. 　建文三年（1401 年）　　　　　　六月，有蝗自北来，食禾穗。
3. 　嘉靖五年（1526 年）　　　　　　西安[①]、龙游、江山、常山旱，飞蝗蔽天。
4. 　嘉靖十九年（1540 年）　　　　　西安、龙游、江山蝗。
5. 　嘉靖二十一年（1542 年）　　　　西安、龙游、江山蝗。
6. 　万历十五年（1587 年）　　　　　秋，蝗食晚禾几尽。
7. 清康熙十年（1671 年）　　　　　　江山、常山、开化蝗。
8. 　道光十三年（1833 年）　　　　　龙游蝗。
9. 　道光十四年（1834 年）　　　　　龙游又蝗。

原载《衢州市志》自然灾害年表，浙江人民出版社 1994 年版

民国《衢县志》

1. 明建文三年（1401 年）　　　　　　六月，有飞蝗自北来，食禾穗、竹叶
　　　　　　　　　　　　　　　　　　皆尽。
2. 　嘉靖五年（1526 年）　　　　　　大旱，飞蝗蔽天。
3. 　嘉靖十九年（1540 年）　　　　　多蝗。
4. 　嘉靖二十一年（1542 年）　　　　夏六月，多蝗。
5. 清康熙三十三年（1694 年）　　　　秋，螟螣为灾。

原载民国《衢县志》卷一《象纬志·五行》，民国二十六年铅印本

嘉庆《西安县志》

1. 宋嘉定十四年（1221 年）　　　　　衢州螽螣为灾。
2. 明洪武三十年（1397 年）　　　　　飞蝗自北来，食禾穗、竹叶皆尽。
3. 　嘉靖五年（1526 年）　　　　　　大旱，飞蝗蔽天。

---

①　西安：旧县名，治所在今浙江衢州。

4.　嘉靖十九年（1540 年）　　　　　八月，蝗。

　　　　　原载嘉庆《西安县志》卷二十二《祥异》，民国六年刻本

《常山县志》

1. 明建文三年（1401 年）　　　　　六月，飞蝗食禾穗、竹叶皆尽。

　　　　　原载《常山县志》大事记，浙江人民出版社 1990 年版

2. 清康熙十年（1671 年）　　　　　蝗灾。

　　　　　原载《常山县志》自然灾害，浙江人民出版社 1990 年版

《江山市志》

1. 明建文三年（1401 年）　　　　　七月，飞蝗食禾穗、竹木叶。
2.　嘉靖五年（1526 年）　　　　　飞蝗蔽天，禾稻受害。
3.　嘉靖十九年（1540 年）　　　　蝗灾。
4.　嘉靖二十一年（1542 年）　　　六月，飞蝗自北来，遮天蔽日，禾粟吃光。
5. 清康熙九年（1670 年）　　　　　蝗虫成灾。
6.　同治十年（1871 年）　　　　　四月，蝗虫为灾。
7. 民国二十一年（1932 年）　　　　六月，蝗虫为灾。

　　　　　原载《江山市志》自然灾害，浙江人民出版社 1990 年版

同治《江山县志》

清康熙十年（1671 年）　　　　　大旱，蝗食禾苗殆尽。

　　　　　原载同治《江山县志》卷十二《拾遗志·祥异》，同治十二年刻本

《龙游县志》

1. 明洪武三十年（1397 年）　　　　蝗自北来。
2.　嘉靖五年（1526 年）　　　　　飞蝗蔽天，所到处禾苗尽食。
3.　嘉靖十九年（1540 年）　　　　蝗灾。
4.　嘉靖二十一年（1542 年）　　　六月，蝗灾。

5. 清道光十三年（1833 年）　　　　　夏，蝗灾。

6.　道光十四年（1834 年）　　　　　蝗灾。

原载《龙游县志》自然灾害，中华书局 1991 年版

《开化县志》

明万历十五年（1587 年）　　　　　秋，飞蝗蔽野，晚禾残食殆尽。

原载《开化县志》自然灾害年表，浙江人民出版社 1988 年版

十二、舟山市

《岱山县志》

宋嘉定十四年（1221 年）　　　　　蟊螣害稼。

原载《岱山县志》自然灾害节录，浙江人民出版社 1994 年版

《嵊泗县志》

经查，1989 年浙江人民出版社出版的县志中无蝗灾记载。

《定海县志》

经查，1994 年浙江人民出版社出版的县志中无蝗灾记载。

第九章

北京市地方志中的蝗灾记载

一、北京综合志

光绪《畿辅通志》

1. 东汉永兴元年（153 年）　　秋七月，郡国三十二蝗，冀州尤甚，诏在所赈给乏绝，安慰居业。

2. 三国魏黄初二年（221 年）　　冀州大蝗，民饥，遣使开仓廪以赈之。

3. 　　黄初三年（222 年）　　秋七月，冀州大蝗，民饥，使尚书杜畿持节开仓廪以赈之。

4. 北齐天保八年（557 年）　　自夏至九月，河北六州大蝗，诏：今年遭蝗之处免租。

5. 　　天保九年（558 年）　　秋七月，诏：赵、燕①等州去年蟊涝损田，免今年租赋。

6. 明万历十九年（1591 年）　　畿内蝗，蠲赈有差。

　　　原载光绪《畿辅通志》卷一百八《经政十五·恤政一》，光绪十年刻本

7. 清乾隆五十七年（1792 年）　　八月，谕内阁：前因顺天各属间有飞蝗蚕蚀禾稼之处，节经降旨严饬梁肯堂、蒋赐棨等督率所属实心扑捕，并特派大臣分路查勘。

8. 　　嘉庆九年（1804 年）　　六月，朕于本日清晨在宫内披览奏章，适一飞蝗落于案上，当令捕捉，续经太监

---

① 燕：燕州，旧州名，又称北燕州，治所在今北京西南，后为北京的别称。

捕获十数个，通州等处间有飞蝗，近畿一带既有飞蝗，则直隶各州县自难保其必无，现已派卿员分赴各路督捕。本日御制《见蝗叹》一首并宫内捕获之蝗虫一并发往。

原载光绪《畿辅通志》卷四《帝制纪·诏谕四》，光绪十年刻本

9. 道光元年（1821 年）

六月，王引之奏请颁发《康济录·捕蝗十宜》交地方官仿照施行。顺天府等地方间有蝻孽萌生，现已饬令赶紧扑捕惟是，捕蝗一事，先应禁止扰累，若地方官按亩派夫，胥吏复借端索费、践踏禾苗，则蝗孽未除而小民已先受其害。《康济录》内所载捕蝗十宜设厂收买、以钱米易蝗立法最为简易，著将《康济录》发去一部，交该府尹饬所属迅速筹办，务使闾阎不扰，将蝗蝻搜除净尽，以保田禾而康田功。

原载光绪《畿辅通志》卷五《帝制纪·诏谕五》，光绪十年刻本

10. 咸丰八年（1858 年）

七月，谕：朕闻近京各州县地方均有蝗蝻蠕动，若不亟筹扑捕，必致为害农田。著顺天府府尹饬所属查有蝗蝻滋长之处，即行设法扑捕，勿令长翅飞腾，致伤禾稼，倘该地方官不能认真办理或任意玩视，即著从严参办。

原载光绪《畿辅通志》卷六《帝制纪·诏谕六》，光绪十年刻本

11. 光绪二年（1876 年）

五月，顺天府等本年天气过旱，尤恐蝻孽萌生，贻害农田，损伤秋稼，于民生大有关系，著该府尹严饬各属先期查勘，认真刨挖搜捕，务须一律净尽，勿留余孽。

原载光绪《畿辅通志》卷七《帝制纪·诏谕七》，光绪十年刻本

光绪《顺天府志》

1. 西晋永嘉四年（310 年）　　　　　　夏五月，幽[①]、并、司、冀、秦、雍六州大蝗，食草木、牛马毛皆尽。

2. 前秦建元十八年（382 年）　　　　　幽州蝗，广袤千里。

3. 北魏太和五年（481 年）　　　　　　幽州蝗。

4. 北齐天保十年（559 年）　　　　　　幽州大蝗。

5. 唐开成五年（840 年）　　　　　　　夏，幽州螟蝗害稼。

6.　辽开泰六年（1017 年）　　　　　　六月，南京[②]诸县蝗。

7.　　咸雍三年（1067 年）　　　　　　南京旱蝗。

8.　　太康二年（1076 年）　　　　　　九月，南京蝗。

9.　　大安四年（1088 年）　　　　　　八月，宛平[③]蝗，为飞鸟所食。

10.　乾统三年（1103 年）　　　　　　　七月，南京蝗。

11. 金正隆二年（1157 年）　　　　　　六月，飞蝗入京师；秋，中都蝗。[④]

12.　　大定三年（1163 年）　　　　　　五月，中都蝗。

13.　　大定十六年（1176 年）　　　　　中都旱蝗。

14.　　泰和八年（1208 年）　　　　　　六月，飞蝗入京畿。

15. 蒙古中统四年（1263 年）　　　　　六月，燕京[⑤]诸路蝗。

16. 元至元八年（1271 年）　　　　　　六月，中都等县蝗。

17.　　至元二十三年（1286 年）　　　漷州[⑥]蝗。

18.　　至元三十年（1293 年）　　　　　六月，大兴县蝗。

19.　　元贞二年（1296 年）　　　　　　六月，大都[⑦]路蝗。

20.　　大德元年（1297 年）　　　　　　七月，大都顺义蝗。

21.　　大德六年（1302 年）　　　　　　七月，大都诸县蝗。

22.　　大德九年（1305 年）　　　　　　八月，良乡[⑧]等县蝗。

23.　　大德十年（1306 年）　　　　　　四月，大都等郡蝗；五月，大都复旱蝗。

---

① 幽：幽州，旧州名，治所在今河北涿州，北魏后移治今北京西南隅。

② 南京：辽道名，治所在今北京西南隅。

③ 宛平：旧县名，治所在今北京西南隅。

④ 京师：指首都，金京师在今北京西南隅；中都：金路名，治所在今北京西南隅。

⑤ 燕京：元路名，治所在今北京西南隅。

⑥ 漷州：旧州名，治所在今北京通州漷县镇，又称通漷。

⑦ 大都：元路名，治所在今北京西南隅。

⑧ 良乡：旧县名，治所在今北京房山良乡镇。

24.	至大二年（1309 年）	六月，檀州①、良乡等处蝗，怀柔蝗。
25.	至大三年（1310 年）	五月，密云蝗，怀柔蝻。
26.	皇庆二年（1313 年）	五月，檀州蝗。
27.	泰定元年（1324 年）	七月，大都蝗。
28.	泰定四年（1327 年）	六月，大都蝗。
29.	至顺元年（1330 年）	六月，潞州蝗。
30.	至元三年（1337 年）	是年，中都蝗。
31.	至正十八年（1358 年）	七月，京师水蝗，民大饥。
32.	至正十九年（1359 年）	大都、通州蝗食禾稼、草木俱尽，所至蔽日，碍人马不能行，填坑堑皆盈，饥民捕蝗为食，或曝干积之，又尽，则人相食。
33.	明洪武六年（1373 年）	七月，北平②蝗。
34.	洪武八年（1375 年）	夏，北平蝗。
35.	永乐十四年（1416 年）	七月，遣使捕北京等州蝗。
36.	宣德四年（1429 年）	六月，顺天州县蝗。
37.	宣德五年（1430 年）	六月，近畿蝗。
38.	正统五年（1440 年）	夏，顺天蝗。
39.	正统六年（1441 年）	夏，顺天蝗。
40.	正统七年（1442 年）	五月，顺天蝗。
41.	正统十三年（1448 年）	秋七月，京师飞蝗蔽天。
42.	正统十四年（1449 年）	夏，顺天蝗。
43.	成化二十二年（1486 年）	七月，顺天蝗。
44.	弘治四年（1491 年）	五月，密云蝗。
45.	嘉靖三年（1524 年）	六月，顺天蝗。
46.	嘉靖二十年（1541 年）	密云蝗；怀柔飞蝗蔽天，食禾几尽。
47.	嘉靖三十六年（1557 年）	通州、潞州蝗蝻食苗几尽。
48.	嘉靖三十九年（1560 年）	顺天蝗，大饥。
49.	嘉靖四十年（1561 年）	密云、怀柔大旱蝗。

---

①　檀州：旧州名，治所在今北京密云。
②　北平：旧府名，治所在今北京市，明永乐元年（1403 年）改名顺天府。

50.	万历十九年 （1591 年）	闰三月，畿内蝗。
51.	万历四十五年 （1617 年）	昌平旱蝗。
52.	天启元年 （1621 年）	七月，顺天蝗。
53.	崇祯十二年 （1639 年）	六月，密云蝗蝻食禾几尽。
54.	崇祯十三年 （1640 年）	五月，昌平蝗；六月，蝻生。
55.	清顺治十三年 （1656 年）	七月，昌平、密云蝗；八月，密云蝗蝻生。
56.	康熙四十四年 （1705 年）	四月，密云蝻，至九月不绝。
57.	康熙四十八年 （1709 年）	秋，昌平蝗蝻为灾。
58.	雍正元年 （1723 年）	七月，密云蝻生，逾夕抱黍自死。
59.	嘉庆七年 （1802 年）	七月，平谷蝗。
60.	道光五年 （1825 年）	六月，昌平蝗。
61.	咸丰六年 （1856 年）	八月，平谷飞蝗自南大至，蔽天，晚田损，闻江南、河南、山东、直隶、关东皆然，后即田中生子，田地小孔如筛；昌平蝗。
62.	咸丰七年 （1857 年）	春，昌平旱蝗，平谷蝻生，无麦。
63.	咸丰八年 （1858 年）	六月，平谷蝻自三河至，秋禾半伤。
64.	光绪三年 （1877 年）	夏，昌平旱蝗。
65.	光绪四年 （1878 年）	昌平螣。

原载光绪《顺天府志》卷六十九《故事志五·祥异》，光绪十年刻本

二、西城区 （宣武区）

《北京市宣武区志》

1. 新莽天凤四年 （17 年）	蝗旱，饥荒遍野。
2. 明正统十三年 （1448 年）	七月，顺天府属州县蝗灾。
3. 弘治六年 （1493 年）	六月，京畿旱，飞蝗过北京，蔽日达三天。
4. 弘治七年 （1494 年）	三月，京畿捕蝗，捕蝗一斗给米二斗。

原载《北京市宣武区志》大事记，北京出版社 2004 年版

三、东城区（崇文区）

《北京市崇文区志》

明弘治六年（1493 年）　　　　　　六月，京畿大旱，蝗虫自东南飞往西北，
　　　　　　　　　　　　　　　　　掠过京城连续 3 日。

原载《北京市崇文区志》大事记，北京出版社 2004 年版

《北京市东城区志》

经查，2005 年北京出版社出版的区志中无蝗灾记载。

四、丰台区

《北京市丰台区志》

1. 西晋永嘉四年（310 年）　　　　幽州蝗灾，草木食尽。

2. 前秦建元十八年（382 年）　　　幽州蝗灾千里，经扑打至秋不减。

3. 辽开泰六年（1017 年）　　　　　六月，南京诸县蝗。

4.　咸雍三年（1067 年）　　　　　南京旱蝗。

5.　太康二年（1076 年）　　　　　九月，南京蝗。

6.　大安四年（1088 年）　　　　　宛平、永清蝗，为飞鸟所食。

7.　乾统四年（1104 年）　　　　　七月，南京蝗。

8.　金皇统元年（1141 年）　　　　秋，蝗。

9.　　正隆二年（1157 年）　　　　六月，飞蝗入京师。

10.　大定四年（1164 年）　　　　八月，中都南八路蝗，飞入京师。

11.　大定十六年（1176 年）　　　六月，中都、河北等十路旱蝗。

12.　泰和八年（1208 年）　　　　六月，飞蝗入京畿。

13. 蒙古中统三年（1262 年）　　　五月，顺天[①]蝗。

---

① 顺天：元路名，治所在今河北保定。

14.　　　中统四年（1263 年）　　　　六月，燕京蝗。

15. 元至元八年（1271 年）　　　　　六月，顺天蝗。

16.　　至元十六年（1279 年）　　　　四月，大都等十六路蝗。

17.　　大德六年（1302 年）　　　　　七月，大都、涿蝗。

18.　　大德十年（1306 年）　　　　　四月，大都蝗。

19.　　泰定元年（1324 年）　　　　　六月，大都等郡蝗。

20.　　元统三年（1335 年）　　　　　五月，顺天蝗。

21. 明洪武八年（1375 年）　　　　　夏，北平蝗。

22.　　永乐十四年（1416 年）　　　　七月，畿内蝗。

23.　　宣德四年（1429 年）　　　　　顺天府州县蝗。

24.　　宣德九年（1434 年）　　　　　京畿、山西、山东、河南蝗。

25.　　宣德十年（1435 年）　　　　　两京蝗蝻伤稼。

26.　　正统二年（1437 年）　　　　　四月，北畿、河南、山东蝗。

27.　　正统五年（1440 年）　　　　　夏，顺天、河间、真定蝗。

28.　　正统六年（1441 年）　　　　　夏，顺天、保定蝗。

29.　　正统七年（1442 年）　　　　　五月，顺天、广平、大名、河间蝗。

30.　　正统八年（1443 年）　　　　　夏，京畿蝗。

31.　　正统十三年（1448 年）　　　　七月，飞蝗蔽天。

32.　　正统十四年（1449 年）　　　　夏，顺天、永平蝗。

33.　　景泰七年（1456 年）　　　　　五月，畿内蝗蝻延蔓。

34.　　成化二十二年（1486 年）　　　七月，顺天蝗。

35.　　弘治三年（1490 年）　　　　　京畿蝗。

36.　　弘治六年（1493 年）　　　　　六月，飞蝗自东南向西北，日为掩者三日。

37.　　弘治七年（1494 年）　　　　　三月，京畿蝗。

38.　　嘉靖三年（1524 年）　　　　　六月，顺天蝗。

39.　　嘉靖三十七年（1558 年）　　　九月，北畿蝗。

40.　　嘉靖四十五年（1566 年）　　　北畿旱蝗。

41.　　万历三十四年（1606 年）　　　六月，畿内大蝗。

42.　　万历三十七年（1609 年）　　　九月，畿内蝗。

43.　　天启元年（1621 年）　　　　　七月，顺天蝗。

44.　　崇祯十一年（1638 年）　　　　六月，两京、山东、河南大旱蝗。

45.　　崇祯十二年（1639 年）　　　　六月，畿内旱蝗；七月，捕蝗。

46. 崇祯十三年（1640 年）　　　　　　两京旱蝗。

47. 崇祯十四年（1641 年）　　　　　　六月，两京、山东、河南、浙江大旱蝗。

48. 清乾隆十八年（1753 年）　　　　　七月，顺天宛平 32 州县卫蝗。

49. 乾隆三十九年（1774 年）　　　　　四月，顺天大兴等州县蝗。

50. 乾隆五十七年（1792 年）　　　　　七月，顺直宛平、玉田等州县蝗。

51. 光绪十七年（1891 年）　　　　　　五月，京畿蝗。

52. 光绪十八年（1892 年）　　　　　　六月，京畿蝗。

53. 光绪二十六年（1900 年）　　　　　飞蝗自西北来，京畿万亩受灾。

54. 民国十八年（1929 年）　　　　　　六月，宛平蝗灾。

原载《北京市丰台区志》自然灾害，北京出版社 2001 年版

五、海淀区

《北京市海淀区志》

1. 辽开泰六年（1017 年）　　　　　　六月，南京诸县蝗。

2. 咸雍三年（1067 年）　　　　　　　南京旱蝗。

3. 太康二年（1076 年）　　　　　　　九月，南京蝗。

4. 大安四年（1088 年）　　　　　　　宛平蝗，为飞鸟所食。

5. 乾统四年（1104 年）　　　　　　　七月，南京蝗。

6. 金正隆二年（1157 年）　　　　　　九月，中都蝗。

7. 大定四年（1164 年）　　　　　　　八月，中都以南八路蝗，飞入京畿。

8. 大定十六年（1176 年）　　　　　　六月，中都、河北等十路旱蝗。

9. 泰和八年（1208 年）　　　　　　　六月，飞蝗入京畿。

10. 蒙古中统三年（1262 年）　　　　　五月，顺天蝗。

11. 中统四年（1263 年）　　　　　　　六月，燕京蝗。

12. 元至元八年（1271 年）　　　　　　六月，顺天蝗。

13. 大德六年（1302 年）　　　　　　　七月，大都蝗。

14. 大德十年（1306 年）　　　　　　　四月，大都蝗。

15. 泰定元年（1324 年）　　　　　　　六月，大都等郡蝗。

16. 元统三年（1335 年）　　　　　　　五月，顺天蝗。

17. 明洪武八年（1375 年）　　　　　　夏，北平蝗。

18.	永乐十四年（1416 年）	七月，畿内蝗。
19.	宣德四年（1429 年）	六月，顺天州县蝗。
20.	宣德九年（1434 年）	七月，京畿蝗。
21.	宣德十年（1435 年）	四月，两京蝗蝻伤稼。
22.	正统五年（1440 年）	夏，顺天蝗。
23.	正统六年（1441 年）	夏，顺天蝗。
24.	正统七年（1442 年）	五月，顺天蝗。
25.	正统八年（1443 年）	夏，京畿蝗。
26.	正统十四年（1449 年）	夏，顺天蝗。
27.	景泰七年（1456 年）	五月，畿内蝗蝻延蔓。
28.	成化二十二年（1486 年）	七月，顺天蝗。
29.	弘治三年（1490 年）	京畿蝗。
30.	弘治七年（1494 年）	三月，京畿蝗。
31.	嘉靖三年（1524 年）	六月，顺天蝗。
32.	嘉靖四十五年（1566 年）	北畿旱蝗。
33.	万历三十四年（1606 年）	六月，畿内大蝗。
34.	万历三十七年（1609 年）	九月，畿内蝗。
35.	万历四十五年（1617 年）	三月，昌平旱蝗。
36.	天启元年（1621 年）	七月，顺天蝗。
37.	崇祯十二年（1639 年）	六月，畿内旱蝗；七月，畿内捕蝗。
38.	崇祯十三年（1640 年）	五月，两京旱蝗，昌平蝗；六月，昌平蝻。
39.	崇祯十四年（1641 年）	六月，两京大旱蝗。
40.	清顺治十三年（1656 年）	八月，畿辅近地自夏至秋飞蝗。
41.	康熙四十八年（1709 年）	秋，蝗蝻为灾。
42.	乾隆十八年（1753 年）	七月，顺天宛平 32 州县卫蝗。
43.	乾隆三十九年（1774 年）	四月，顺天蝗。
44.	乾隆五十七年（1792 年）	七月，顺直宛平等县蝗。
45.	咸丰七年（1857 年）	春，昌平旱蝗。
46.	光绪三年（1877 年）	夏，昌平旱蝗。
47.	光绪十七年（1891 年）	五月，京畿蝗。
48.	光绪十八年（1892 年）	六月，京畿蝗。
49.	光绪二十六年（1900 年）	旱，飞蝗自西北来，京畿万亩受灾。

50. 民国十八年（1929 年）　　　　　　六月，宛平蝗灾。

原载《北京市海淀区志》自然灾害·虫害，北京出版社 2004 年版

六、怀柔区

康熙《怀柔县新志》

1. 元至大二年（1309 年）　　　　　　六月，蝗。

2. 　至大三年（1310 年）　　　　　　五月，蝻。

3. 明嘉靖二十年（1541 年）　　　　　飞蝗蔽天，食禾几尽。

4. 　嘉靖三十九年（1560 年）　　　　飞蝗蔽天，日为之不明，禾稼殆尽，县南
　　　　　　　　　　　　　　　　　　郑家庄、高家庄居民鸣锣、焚火、掘地
　　　　　　　　　　　　　　　　　　挡之，须臾蝗积如山，不分男女尽出焚
　　　　　　　　　　　　　　　　　　埋，二庄独不受害。

5. 　嘉靖四十年（1561 年）　　　　　有蝗蝻。

原载康熙《怀柔县新志》卷二《灾祥》，民国二十四年铅印本

《怀柔县志》

1. 明洪武十五年（1382 年）　　　　　四月，蝻祸。

2. 清同治元年（1862 年）　　　　　　七月，蝗灾。

原载《怀柔县志》自然灾害，北京出版社 2000 年版

七、密云区

《密云县志》

1. 元至大三年（1310 年）　　　　　　五月，蝗。

2. 明洪武十五年（1382 年）　　　　　三月，蝻祸。

3. 　嘉靖二十年（1541 年）　　　　　蝗食禾。

4. 　嘉靖三十九年（1560 年）　　　　七月，蝗食禾几尽。

5. 　崇祯十二年（1639 年）　　　　　六月，蝗蝻食禾几尽。

6. 清顺治十三年（1656 年）　　　　　　　七月，蝗；八月，蝻。

7.　咸丰五年（1855 年）　　　　　　　　　九月，蝗飞蔽天。

8. 民国十七年（1928 年）　　　　　　　　秋，蝗蝻食谷。

原载《密云县志》自然灾害，北京出版社 1998 年版

民国《密云县志》

清雍正元年（1723 年）　　　　　　　　　　夏秋间，怀柔、密云两邑蝗蝻抱禾尽死。

原载民国《密云县志》卷六《政略》，民国三年铅印本

八、昌平区

光绪《昌平州志》

1. 元至正十九年（1359 年）　　　　　　　蝗。

2. 明万历四十五年（1617 年）　　　　　　春三月，蝗旱。

3.　崇祯十三年（1640 年）　　　　　　　　五月，蝗；六月，蝻生。

4. 清顺治十三年（1656 年）　　　　　　　蝻入城。

5.　康熙四十八年（1709 年）　　　　　　　秋，蝗蝻为灾，调怀来知县带丁夫六百名赴桥子村一带捕蝗。

6.　道光五年（1825 年）　　　　　　　　　六月，蝗。

7.　咸丰六年（1856 年）　　　　　　　　　八月，蝗。

8.　咸丰七年（1857 年）　　　　　　　　　春，旱蝗。

9.　光绪三年（1877 年）　　　　　　　　　夏，旱蝗。

10.　光绪四年（1878 年）　　　　　　　　縢。

原载光绪《昌平州志》卷六《大事表·灾祥》，光绪十二年刻本

九、顺义区

民国《顺义县志》

1. 辽开泰六年（1017 年）　　　　　　　　南京诸县蝗。

2.　　咸雍三年（1067 年）　　　　　旱蝗。

3.　　大康二年（1076 年）　　　　　蝗。

4.　　乾统三年（1103 年）　　　　　蝗。

5. 蒙古中统四年（1263 年）　　　　蝗。

6. 元至元八年（1271 年）　　　　　蝗害稼。

7.　　元贞二年（1296 年）　　　　　蝗。

8.　　大德元年（1297 年）　　　　　七月，大都涿、顺①、固安三州蝗。

9.　　大德六年（1302 年）　　　　　蝗。

10. 明洪武六年（1373 年）　　　　　蝗，免田租。

11.　　永乐十四年（1416 年）　　　　遣使捕蝗。

12.　　宣德四年（1429 年）　　　　　蝗。

13.　　宣德五年（1430 年）　　　　　蝗。

14.　　正统五年（1440 年）　　　　　蝗。

15.　　正统六年（1441 年）　　　　　蝗。

16.　　正统七年（1442 年）　　　　　蝗。

17.　　正统十四年（1449 年）　　　　蝗。

18.　　成化二十二年（1486 年）　　　蝗。

19.　　嘉靖三年（1524 年）　　　　　蝗。

20.　　嘉靖三十九年（1560 年）　　　蝗，大饥，赈济民灾。

21.　　万历十九年（1591 年）　　　　蝗。

22.　　天启元年（1621 年）　　　　　蝗。

23. 清乾隆三十五年（1770 年）　　　六月，谕：前据窦光鼐奏，民人佃种旗地之户请一体拨夫捕蝗虫一折，因其所奏近理，即批交部照请行，并谕地方偶遇捕蝗，不独旗佃与民田通力合作，即大粮庄头亦应一体派拨，询之三河、顺义两县及东路同知，皆云旗庄并不出夫，三河、顺义二县即系府尹所辖，如有司阳奉阴违，自当随时参劾。

---

① 顺：顺州，旧州名，明初改为顺义县，今北京市顺义区。

24.　　道光元年（1821 年）　　　　六月，顺天府属设厂收买蝻蝗，以钱米
　　　　　　　　　　　　　　　　　　　易蝗。

25.　　道光五年（1825 年）　　　　蝗。

26.　　咸丰七年（1857 年）　　　　旱蝗。

27.　　光绪二年（1876 年）　　　　旱蝗。

28. 民国九年（1920 年）　　　　　　旱蝗，马各庄等村受害为大。

　　　　　原载民国《顺义县志》卷十六《杂事记》，民国二十二年铅印本

十、平谷区

《平谷县志》

1. 清嘉庆七年（1802 年）　　　　　七月，蝗飞蔽天，秋禾歉收。

2.　　咸丰六年（1856 年）　　　　　八月，飞蝗蔽天自南而至，晚禾损伤。

3.　　咸丰七年（1857 年）　　　　　春，蝗蝻生，无麦收。

4.　　咸丰八年（1858 年）　　　　　六月，蝗自西南三河县至，秋禾伤损。

　　　　　　原载《平谷县志》自然灾害，北京出版社 2001 年版

十一、房山区

《北京市房山区志》

1. 新莽天凤四年（17 年）　　　　　蝗旱，饥馑遍野。

2. 西晋太康六年（285 年）　　　　良乡飞蝗过境。

3. 东晋太元七年（382 年）　　　　五月，幽州蝗祸，受灾千里。

4. 北齐天保十年（559 年）　　　　幽州大蝗。

5. 唐开成五年（840 年）　　　　　夏，幽州螟蝗害稼。

6. 辽开泰六年（1017 年）　　　　　六月，南京诸县蝗害。

7.　　清宁二年（1056 年）　　　　　六月，南京地区螟蝗害稼。

8.　　元至元十六年（1279 年）　　　四月，大都路蝗祸。

9.　　大德九年（1305 年）　　　　　八月，涿州、良乡等县蝗。

10.　　至大二年（1309 年）　　　　　六月，良乡蝗。

11. 明宣德三年（1428 年）　　　　　六月，良乡蝗蝻。

12.　正统六年（1441 年）　　　　　　顺天府属州县蝗灾，房山尤甚。

13.　正统十四年（1449 年）　　　　　五月，顺天府属州县蝗灾。

14.　弘治六年（1493 年）　　　　　　七月，京师飞蝗蔽日。

15.　弘治七年（1494 年）　　　　　　三月，京师捕蝗，一斗给米二斗。

16.　嘉靖六年（1527 年）　　　　　　良乡蝗。

17.　天启五年（1625 年）　　　　　　良乡蝗。

18. 清顺治五年（1648 年）　　　　　　良乡蝗。

19.　康熙三十年（1691 年）　　　　　良乡蝗。

20.　乾隆三十九年（1774 年）　　　　四月，顺天府属州县蝗灾，饥民迁徙
　　　　　　　　　　　　　　　　　　逃亡。

21.　咸丰七年（1857 年）　　　　　　房山蝗祸，县召民捕蝗，得虫 20 余石。

22.　同治元年（1862 年）　　　　　　八月，良乡蝗蝻成灾。

23. 民国九年（1920 年）　　　　　　　飞蝗过境。

原载《北京市房山区志》自然灾害，北京出版社 1999 年版

民国《良乡县志》

经查，民国十三年版县志中无蝗灾记载。

十二、大兴区

《大兴县志》

1. 西晋永嘉四年（310 年）　　　　　幽州大蝗，草木吃尽。

2. 东晋太元七年（382 年）　　　　　五月，大蝗灾，史载：幽州蝗灾千里，虽
　　　　　　　　　　　　　　　　　　经扑打经秋不减。

3. 元至元三十年（1293 年）　　　　　六月，大兴蝗灾。

4.　至正十八年（1358 年）　　　　　七月，水，蝗灾，百姓大饥。

5. 民国十二年（1923 年）　　　　　　八月，大兴部分地区水灾后又遭蝗灾。

原载《大兴县志》大事记，北京出版社 2002 年版

6.　辽开泰六年（1017 年）　　　　　　南京蝗。

7.　　清宁二年（1056 年）　　南京蝗。

8.　　咸雍三年（1067 年）　　南京蝗。

9.　　大康二年（1076 年）　　南京蝗，免明年租。

10.　乾统四年（1104 年）　　南京蝗。

11. 金正隆二年（1157 年）　　蝗。

12.　　正隆三年（1158 年）　　蝗。

13.　　大定三年（1163 年）　　蝗。

14.　　大定十六年（1176 年）　　中都等十路旱蝗。

15.　　承安五年（1200 年）　　蝗。

16.　　泰和七年（1207 年）　　蝗。

17.　　至宁元年（1213 年）　　蝗。

18. 蒙古至元三年（1266 年）　　蝗。

19. 元至元八年（1271 年）　　蝗。

20.　　至元十年（1273 年）　　蝗。

21.　　至元二十二年（1285 年）　　蝗。

22.　　大德六年（1302 年）　　蝗。

23.　　泰定四年（1327 年）　　蝗。

24.　　至元六年（1340 年）　　蝗。

25.　　至正十九年（1359 年）　　大蝗灾，蝗食禾稼、草木俱尽，所至蔽日，碍人马不能行，填坑堑皆盈，饥民捕蝗以为食，或曝干积之，又尽，人相食。

26. 明宣德九年（1434 年）　　京畿蝗蝻覆地尺许。

27.　　正统十三年（1448 年）　　七月，京师飞蝗蔽天。

28.　　弘治七年（1494 年）　　三月，京畿蝗，命捕蝗一斗给米倍之。

29.　　崇祯十三年（1640 年）　　五月，京师蝗；七月，顺天府发钞 60 锭收蝗。

30. 清乾隆五十七年（1792 年）　　七月，北京四周各州县蝗虫肆虐。

31. 民国九年（1920 年）　　蝗灾严重。

32. 民国十八年（1929 年）　　蝗灾严重。

原载《大兴县志》自然灾害·蝗灾，北京出版社 2002 年版

十三、通州区

光绪《通州志》

1.	元至元二十三年（1286 年）	五月，潦蝻。
2.	至元三十年（1293 年）	通潦蝗食禾稼、草木几尽。
3.	至顺元年（1330 年）	六月，潦州蝗。
4.	至正十九年（1359 年）	通潦飞蝗蔽天，坑堑填塞皆满，人马不能行，蝗食禾稼、草木俱尽，民大饥，捕蝗为食，尽，人相食。
5.	明正统八年（1443 年）	五月，旱蝗。
6.	景泰二年（1451 年）	通州蝗。
7.	弘治四年（1491 年）	五月，蝗。
8.	正德十二年（1517 年）	四月，蝗。
9.	嘉靖三十六年（1557 年）	潦州蝗蝻食苗几尽。
10.	万历三十七年（1609 年）	秋，蝗。
11.	万历三十九年（1611 年）	四月，蝗食麦苗。

原载光绪《通州志》卷末《杂识》，光绪五年刻本

《通县志》

1.	元至元十六年（1279 年）	是年，京畿蝗灾，民大饥。
2.	明宣德九年（1434 年）	七月，蝗虫覆地伤稼，州府督捕。
3.	清康熙三年（1664 年）	潦地蝗灾。
4.	乾隆二十五年（1760 年）	五月，顺天府尹至通州督捕蝗虫。
5.	同治元年（1862 年）	蝗灾。
6.	民国九年（1920 年）	是年，旱、蝗、水灾奇重。

原载《通县志》大事记，北京出版社 2003 年版

7.	明弘治六年（1493 年）	六月，京畿旱，飞蝗过北京，蔽日达三日。
8.	弘治七年（1494 年）	三月，京畿捕蝗，一斗给米二斗。

原载《通县志》自然灾害·虫灾，北京出版社 2003 年版

十四、延庆区

光绪《延庆州志》

经查，光绪六年版州志中无蝗灾记载。

民国《延庆县志》

经查，民国二十七年版县志中无蝗灾记载。

第十章

天津市地方志中的蝗灾记载

一、天津综合志

《天津通志·大事记》

1. 明万历十九年（1591 年）　　夏，天津大蝗，群飞蔽天，声若雷雨，禾稼被食几尽。

2. 　万历三十四年（1606 年）　　北方屡有蝗灾，当时天津人遇有蝗蝻就行捕食，或相互赠送，也有做熟制干出卖者，是为天津人吃"炸蚂蚱"风俗之最早记载。

3. 　崇祯十二年（1639 年）　　秋，天津蝗虫蔽天，食禾殆尽。

4. 清康熙三十七年（1698 年）　　秋，蝗灾，城南捕蝗人声闻数里。

5. 　康熙四十四年（1705 年）　　闰四月，天津蝗食麦俱尽。

6. 　乾隆十七年（1752 年）　　五月，武清、宝坻、静海、盐山、庆云、沧州等县蝗蝻萌生，二十一日，乾隆帝令侍郎胡宝前往天津、河间督率扑除。六月，天津县西南募民捕蝗，一斗给钱百文，一日扑灭；静海、青县、沧州等处募民捕蝗，收效颇高。

7. 　乾隆十八年（1753 年）　　四月，天津、沧州等处蝗孽复萌，直隶总督奏报，已与长芦盐政分头查办；五月，天津、沧州、静海等处蝗，用以米易蝗办法分路设立厂局，凡捕蝗子一斗给米五升，村民踊跃搜捕。

8.	乾隆五十六年（1791年）	天津旱，有蝗。
9.	道光元年（1821年）	五月，沧州、天津、静海、宁河、宝坻、武清等县蝗蝻相继萌生，道光颁发《康济录·捕蝗十宜》交顺天、天津等府指导治蝗；七月，天津等28州县蝗蝻均已扑除净尽，令收买遗子，务绝根株，并饬各州县核办田禾有无损伤。
10.	光绪三年（1877年）	六月，华北特大旱、蝗灾并发，各地灾民涌入天津数万人。

原载《天津通志·大事记》生物灾害，天津社会科学院出版社1994年版

光绪《顺天府志》

1. 辽开泰六年（1017年）	六月，南京诸县蝗。
2. 太康七年（1081年）	五月，永清、武清等县蝗。
3. 元大德九年（1305年）	六月，武清蝗。
4. 致和元年（1328年）	四月，大都蓟州蝗。
5. 至顺元年（1330年）	六月，漷、蓟等州蝗。
6. 至正十八年（1358年）	春，蓟州旱蝗。
7. 明弘治八年（1495年）	宝砥蝗。
8. 万历三十四年（1606年）	至夏不雨，宝坻大蝗。
9. 崇祯十一年（1638年）	七月，武清蝗飞蔽天，食禾殆尽。
10. 崇祯十四年（1641年）	宝坻旱蝗，飞蔽空，邑令捕蝗三十石，民之饥者食之，蓟州旱蝗。
11. 清康熙五年（1666年）	宝坻蝗自东来蔽日，伤禾。
12. 康熙二十九年（1690年）	武清旱蝗。
13. 康熙三十四年（1695年）	蝗起武清、宝坻界。
14. 乾隆三十三年（1768年）	闰五月，武清蝗。
15. 咸丰四年（1854年）	武清蝗。
16. 光绪三年（1877年）	武清蝗。

17.　　光绪七年（1881年）　　　　六月，武清蝗，以米易蝗二千四百石，乃不为灾。

原载光绪《顺天府志》卷六十九《故事志五·祥异》，光绪十年刻本

光绪 《畿辅通志》

1. 东汉永兴元年（153年）　　　秋七月，郡国三十二蝗，冀州尤甚。

2. 三国魏黄初二年（221年）　　冀州大蝗，民饥，遣使开仓廪以赈之。

3.　　黄初三年（222年）　　　　秋七月，冀州大蝗，民饥，使尚书杜畿持节开仓廪以赈之。

4. 金大定四年（1164年）　　　　九月，蓟州近复蝗旱。

原载光绪《畿辅通志》卷一百八《经政十五·恤政一》，光绪十年刻本

5. 清乾隆三十五年（1770年）　　闰五月，谕：裘曰修等奏，在永定河武清、东安连界扑捕蝻孽，忽见飞蝗南来渐往西北，周元理即带领员役追视其所落之处扑打，自应如此办理。

闰五月，谕军机大臣等：据杨廷璋奏称，接藩司周元理禀报，武清、东安连界地方见有飞蝗自南而往西北，现在选委干练人员分投确查飞蝗来历，协同扑打，并于十五日轻骑亲往严查督捕一折，此事前据裘曰修等奏至，既派侍卫巴达色等带同三营将备迎往扑捕，饬令裘曰修亲往迤南一带查明蝗起处所，将贻误之地方官据实参奏，并传谕该督即行亲往查办。但蝗虫致于鼓翅飞扬，实由该地方官因循玩误所致，其罪难于轻诿，自应查明蝗起处所，该州县严参重治，以示惩儆。

闰五月，谕：据杨廷璋查究，飞蝗起处即系武清、东安二县地面，果不出朕所料，折内请将玩视民瘼之知县甄克允、

郭麟绂革职拿问，该县等于蝻孽初萌之时并不搜寻刨捕，以致蔓延飞散，贻害田禾，罪无可逭，该管上司自有应得处分。

6. 乾隆五十七年（1792 年） 八月，核对所奏情形，蝗蝻所起之处当在蓟州、三河一带，复经降旨令梁肯堂、蒋赐棨等确查实在起蝗处所，将该州县据实严参。

原载光绪《畿辅通志》卷三《帝制纪·诏谕三》，光绪十年刻本

7. 嘉庆六年（1801 年） 是年，蓟州被蝗，各村庄蠲免次年应征钱粮十分之三。

原载光绪《畿辅通志》卷一百八《经政十五·恤政一》，光绪十年刻本

8. 道光元年（1821 年） 五月，谕内阁：前据方受畴奏，天津、静海、沧州各属村庄俱有蝻孽萌生，当即降旨令该督严饬该地方官赶紧扑捕。本日复据鲁垂绅奏称，界连天津之宁河、宝坻等县及山东近海近河所属，亦因风日高燥，蝻种渐孳，不可不及早扑治，著直隶总督、顺天府尹、山东巡抚各饬所属亲行查勘，赶紧搜除，其接壤之区务协力扑捕，不得互相观望、稽延时日，致令贻害田禾。

六月，谕：王引之奏请颁发《康济录·捕蝗十宜》交地方官仿照施行。本年顺天府及直隶天津、山东近河近海地方间有蝻孽萌生，现已饬令赶紧扑捕惟是，捕蝗一事，先应禁止扰累，若地方官按亩派夫，胥吏复借端索费、践踏禾苗，则蝗孽未除而小民已先受其害。《康济录》内所载捕蝗十宜设厂收买、以钱米易蝗立法最为简易，著将《康济录》各发去一部，

交该府尹及该督抚各饬所属迅速筹
办，务使闾阎不扰，将蝗蝻搜除净
尽，以保田禾而康田功。

原载光绪《畿辅通志》卷五《帝制纪·诏谕五》，光绪十年刻本

乾隆《天津府志》

天津县

1. 明万历十九年（1591年）　　　　夏，蝗飞蔽天，声如雷雨，食苗殆尽。
2. 　崇祯十二年（1639年）　　　　秋，蝗飞蔽天，食禾殆尽。

静海县

1. 明天启五年（1625年）　　　　　蝗飞蔽天，蝻积地盈尺。
2. 　崇祯十三年（1640年）　　　　夏秋，飞蝗蔽天，禾苗枯槁，民饥死十之
　　　　　　　　　　　　　　　　　　八九。

原载乾隆《天津府志》卷十八《祥异》，乾隆四年刻本

光绪《重修天津府志》

1. 东汉永兴元年（153年）　　　　秋七月，郡国三十二蝗，诏所在赈给之。
2. 三国魏黄初二年（221年）　　　冀州大蝗，民饥，遣使开仓赈之。
3. 　黄初三年（222年）　　　　　秋七月，冀州大蝗，民饥，持节开仓赈之。
4. 北齐天保八年（557年）　　　　夏至九月，河北六州大蝗，诏今年遭蝗处
　　　　　　　　　　　　　　　　　免租。
5. 唐开元五年（717年）　　　　　免河北蝗水州今岁租。
6. 　开成五年（840年）　　　　　六月，河北等处蝗疫，除其徭。
7. 明洪武七年（1374年）　　　　　六月，北平等省蝗，蠲田租。
8. 清康熙十一年（1672年）　　　　天津蝗，诏减征。
9. 康熙十五年（1676年）　　　　　天津旱蝗，蠲免钱粮十之三。
10. 康熙十六年（1677年）　　　　天津旱蝗，蠲免钱粮十之三。
11. 康熙十七年（1678年）　　　　天津旱蝗，蠲免钱粮十之三。

12. 康熙十八年（1679 年）　　天津蝗伤稼，蠲沧属钱粮十之三。

　　　　　原载光绪《重修天津府志》卷七《历朝恤政》，光绪二十五年刻本

13. 道光元年（1821 年）　　五月，天津、静海、沧州各属村庄俱有蝻
孽萌生，界连天津之宁河、宝坻等县及
山东近海近河所属，亦因风日高燥，蝻
种渐孽，著直隶总督、顺天府尹、山东
巡抚各饬所属亲行查勘，赶紧搜除，其
接壤之区务协力扑捕，不得互相观望、
稽延时日，致令贻害田禾。六月，颁发
《康济录·捕蝗十宜》交地方官仿照施
行。《康济录》所载设厂收买、以钱米
易蝗立法最为简易，饬所属迅速筹办，
将蝗蝻搜除净尽，以保田禾。

　　　　　原载光绪《重修天津府志》卷一《诏谕》，光绪二十五年刻本

康熙《新校天津卫志》

1. 明万历十九年（1591 年）　　夏，大蝗，群飞蔽天，声若雷雨，流粪遍
地，落民田食禾稼殆尽。

2. 崇祯十二年（1639 年）　　秋，飞蝗蔽天，食禾殆尽。

　　　　　原载康熙《新校天津卫志》卷三《灾变》，民国二十三年铅印本

乾隆《天津县志》

1. 明万历十九年（1591 年）　　夏，飞蝗蔽天，声如雷雨，食苗几尽。

2. 崇祯十二年（1639 年）　　秋，蝗虫蔽天，食禾殆尽。

　　　　　原载乾隆《天津县志》卷二《星土志附祥异》，乾隆四年刻本

同治《续天津县志》

1. 清康熙三十七年（1698 年）　　秋，蝗，城南捕蝗人声闻数里。

2. 康熙四十四年（1705 年）　　闰四月，蝗食麦俱尽。

3.	雍正十三年（1735 年）	夏，蝗食麦俱尽。
4.	乾隆五十六年（1791 年）	旱蝗。
5.	乾隆五十八年（1793 年）	夏，有蝗。
6.	乾隆五十九年（1794 年）	夏，有蝗。
7.	乾隆六十年（1795 年）	旱，有蝗。
8.	嘉庆元年（1796 年）	蝗，不食稼。
9.	嘉庆六年（1801 年）	五月，蝗。
10.	嘉庆八年（1803 年）	夏，旱蝗。
11.	嘉庆十七年（1812 年）	秋，蝗，不食稼。
12.	道光五年（1825 年）	夏，蝗。
13.	咸丰五年（1855 年）	夏，蝗。
14.	咸丰六年（1856 年）	蝗。

原载同治《续天津县志》卷一《星土·祥异》，同治九年刻本

二、河西区

《河西区志》

1.	明嘉靖三十九年（1560 年）	蝗灾，禾苗几乎全被啃食。
2.	崇祯十三年（1640 年）	夏旱，飞蝗遍野，百姓剥草根、树皮为食。
3.	清康熙三十七年（1698 年）	秋，蝗灾，区境及城南捕蝗人声闻数里。
4.	雍正十三年（1735 年）	夏，蝗灾，禾苗大部被食。
5.	嘉庆六年（1801 年）	五月，飞蝗遍野。
6.	光绪三年（1877 年）	静海等地发生罕见蝗害，饥民涌入天津县城。

原载《河西区志》大事记，天津社会科学院出版社 1998 年版

三、河东区

《河东区志》

1.	明万历十九年（1591 年）	天津发生严重蝗灾，飞蝗蔽天蔽日，声如

雷雨，流粪遍地，稻谷几乎吃尽。

2. 崇祯十二年（1639年）　　　　　　秋，天津闹蝗虫，蝗虫遮天蔽日，食禾殆尽。

原载《河东区志》大事记，天津社会科学院出版社2001年版

四、北辰区

《北辰区志》

明万历十八年（1590年）　　　　　　夏，境内飞蝗蔽天，禾稼被食殆尽。

原载《北辰区志》大事记，天津古籍出版社2000年版

五、东丽区

《东丽区志》

1. 明万历十八年（1590年）　　　　　夏，天津大蝗，群飞蔽天，声若风雨，流粪遍地，禾稼被食几尽。

2. 崇祯十二年（1639年）　　　　　　秋，天津蝗虫蔽天，食禾殆尽。

3. 清咸丰十一年（1861年）　　　　　六月，天津蝗灾盛行，26个村庄受损。

4. 光绪二年（1876年）　　　　　　　军粮城①一带出现蝗灾。

5. 光绪二十二年（1896年）　　　　　五月，军粮城一带出现蝗灾。

6. 民国三十五年（1946年）　　　　　是年，军粮城发生蝗蝻灾，受灾面积2 000亩，县政府发动农民消灭蝗蝻2 500千克，并以2 500千克面粉奖给农民。

7. 民国三十八年（1949年）　　　　　六月，军粮城北方圆20公里发现二、三龄蝗蝻。

原载《东丽区志》大事记，天津社会科学院出版社1996年版

---

① 军粮城：乡镇名，今天津市东丽区军粮城镇。

六、津南区

《津南区志》

1. 明万历十九年（1591 年）	夏，蝗灾，庄稼几尽。
2. 清康熙四十四年（1705 年）	闰四月，蝗灾，食麦俱尽。
3. 乾隆十七年（1752 年）	蝗灾。
4. 乾隆十八年（1753 年）	蝗灾。
5. 道光六年（1826 年）	蝗灾。
6. 光绪三年（1877 年）	六月，发生特大蝗灾。
7. 民国十八年（1929 年）	五、六月，蝗虫为害惨重，作物损失 70%～77%。
8. 民国二十五年（1936 年）	六月，发生蝗灾。

原载《津南区志》自然灾害，天津社会科学院出版社 1999 年版

七、西青区

《西青区志》

1. 北齐天保八年（557 年）	境内皆蝗灾。
2. 元至顺元年（1330 年）	夏旱，蝗灾。
3. 明弘治七年（1494 年）	蝗灾，民捕蝗给米，蝗蝻一斗给米二斗。
4. 嘉靖六年（1527 年）	旱，蝗飞成灾。
5. 万历十九年（1591 年）	夏，大蝗，群飞蔽天，声若风雨，流粪遍地，禾稼被食几尽。
6. 万历四十五年（1617 年）	春旱，大蝗。
7. 崇祯十一年（1638 年）	飞蝗蔽天，大饥，人捕蝗以为食。
8. 清康熙二十八年（1689 年）	春旱，蝗灾。
9. 乾隆十七年（1752 年）	天津总兵吉庆至境内募民捕蝗，一斗给钱 100 文，一日捕灭。
10. 乾隆十八年（1753 年）	春，天津李七庄等处蝗灾严重。
11. 道光元年（1821 年）	五月，天津、静海、武清各县蝗孽相继萌

生，道光帝颁发《康济录·捕蝗十宜》
交天津府指导捕蝗。

12.	咸丰六年（1856年）	蝗灾。
13.	民国二年（1913年）	春，旱；夏，蝗。
14.	民国十七年（1928年）	是年，飞蝗成灾，庄稼多被毁食。
15.	民国二十年（1931年）	是年，境内东部村庄发生蝗灾，致使灾民四出。
16.	民国二十九年（1940年）	是年，张家窝、高村、老君堂等村庄蝗灾甚重，农作物皆被毁食。

原载《西青区志》大事记，天津社会科学院出版社2003年版

八、滨海新区（塘沽区、汉沽区、大港区）

《塘沽区志》

明崇祯十四年（1641年）　　　旱，飞蝗蔽空。

原载《塘沽区志》大事记，天津社会科学院出版社1996年版

《汉沽区志》

1. 清宣统三年（1911年）　　　秋，汉沽蝗灾。
2. 民国三十六年（1947年）　　是年，茶淀一带蝗灾，万亩农田受害。

原载《汉沽区志》大事记，天津社会科学院出版社1995年版

《大港区志》

1. 唐开元二年（714年）　　　七月，蝗虫成灾。
2. 开成元年（836年）　　　蝗灾，草木叶俱食尽。
3. 开成五年（840年）　　　夏，螟蝗成灾。
4. 宋淳化元年（990年）　　七月旱，蝗蝻成灾，草木叶尽食。
5. 淳化三年（992年）　　　七月，蝗虫成灾，蔽空遮日。
6. 景定四年（1263年）　　六月，蝗灾。

7. 元至大二年（1309 年）　　　　四月，蝗灾。

8. 明嘉靖三十五年（1556 年）　　蝗灾。

9. 　隆庆三年（1569 年）　　　　六月，蝗灾。

10. 　万历十三年（1585 年）　　　大旱，蝗飞蔽空。

11. 　崇祯十一年（1638 年）　　　旱，蝗虫成灾，饥民捕蝗为食。

12. 　崇祯十三年（1640 年）　　　旱，飞蝗遍野，饥民食树皮、草根，人相食。

13. 清康熙十七年（1678 年）　　　秋，蝗灾。

14. 　康熙十八年（1679 年）　　　旱，蝗起，蝗蝻遍野，人多流亡。

15. 民国三十二年（1943 年）　　　蝗灾，芦苇、庄稼叶俱被吃光，蝗蝻进村
　　　　　　　　　　　　　　　　吃糊窗纸，咬掉婴儿耳朵。

原载《大港区志》自然灾害，天津社会科学院出版社 1994 年版

九、蓟州区

民国《蓟县志》

1. 东晋咸康三年（337 年）　　　五月，大蝗。

2. 唐贞观二年（628 年）　　　　蝗。

3. 明崇祯十四年（1641 年）　　　旱蝗。

4. 清康熙三十八年（1699 年）　　七月，飞蝗遍野，奉旨捕捉，阖郡官民无
　　　　　　　　　　　　　　　　分昼夜捕灭罄尽，禾稼不伤。

5. 　乾隆二十四年（1759 年）　　春旱，有螣伤禾。

6. 　乾隆二十八年（1763 年）　　夏，蝻生，七月始尽。

7. 　嘉庆七年（1802 年）　　　　大蝗。

8. 　嘉庆八年（1803 年）　　　　春，蝻；夏，蝗，复生蝻，至秋未绝。

9. 　道光五年（1825 年）　　　　有蝗。

10. 民国十八年（1929 年）　　　蝗虫成灾。

原载民国《蓟县志》卷八《故事·灾祥》，民国三十三年铅印本

《蓟县志》

1. 元致和元年（1328 年）　　　四月，蝗灾。

2. 至顺元年（1330 年）　　　　　　六月，蝗灾。

3. 至正十八年（1358 年）　　　　　六月，蝗灾。

4. 清光绪十八年（1892 年）　　　　蝗灾。

5. 民国九年（1920 年）　　　　　　蝗灾。

原载《蓟县志》生物灾害，天津社会科学院出版社、南开大学出版社 1991 年版

十、宝坻区

《宝坻县志》

1. 元至元十九年（1282 年）　　　　蝗食禾稼，所至蔽日，人不能行，入人屋室，乃大饥。

2. 明嘉靖三十九年（1560 年）　　　蝗食麦禾殆尽。

3. 万历十四年（1586 年）　　　　　飞蝗蔽空，邑令捕蝗三十石，大饥，民相食。

4. 清康熙三十四年（1695 年）　　　蝗起武宝界，遣官协捕。

5. 乾隆十七年（1752 年）　　　　　五月，县内蝗灾。

6. 道光元年（1821 年）　　　　　　五月，宝坻等县相继萌生蝗蝻，各处扑打，以防孳生。

7. 光绪三年（1877 年）　　　　　　六月，华北地区旱、蝗灾并发。

8. 民国十八年（1929 年）　　　　　六月，三、四、五六区蝗虫为灾。

9. 民国十九年（1930 年）　　　　　五月，王各庄等地发生蝗虫。

原载《宝坻县志》自然灾害，天津社会科学院出版社 1995 年版

十一、宁河区

乾隆《宁河县志》

1. 元至正十九年（1359 年）　　　　蝗食禾稼，所至蔽道，人不能行，入人屋室，大饥。

2. 明崇祯十四年（1641 年）　　　　旱，飞蝗蔽空，邑令捕蝗。

原载乾隆《宁河县志》卷十六《禨祥》，乾隆四十四年刻本

《宁河县志》

1. 东晋太元七年（382 年）　　　　蝗祸，广袤千里，至秋蝗害如故。

2. 唐开成元年（836 年）　　　　蝗旱，草叶皆尽。

3. 宋景定四年（1263 年）　　　　六月，蝗。

4. 元至元十九年（1282 年）　　　　蝗食禾稼，所至蔽日，人马不能行，入人屋室，乃大饥。

5. 大德七年（1303 年）　　　　七月，蝗。

6. 致和元年（1328 年）　　　　蝗。

7. 至顺元年（1330 年）　　　　夏，蝗。

8. 至正十八年（1358 年）　　　　春，蝗。

9. 明宣德五年（1430 年）　　　　蝗。

10. 正统五年（1440 年）　　　　夏，蝗。

11. 正统六年（1441 年）　　　　夏，蝗。

12. 正统七年（1442 年）　　　　五月，蝗。

13. 正统十四年（1449 年）　　　　夏，蝗。

14. 成化二十一年（1485 年）　　　　七月，蝗。

15. 嘉靖十一年（1532 年）　　　　蝗螎生。

16. 嘉靖三十九年（1560 年）　　　　蝗食麦禾殆尽。

17. 万历十九年（1591 年）　　　　夏，大蝗，群飞蔽天，声如雷雨，食禾几尽。

18. 万历二十四年（1596 年）　　　　大蝗。

19. 崇祯十二年（1639 年）　　　　秋，蝗。

20. 崇祯十四年（1641 年）　　　　飞蝗蔽空，捕蝗三十石，民之饥者食之。

21. 清康熙二十八年（1689 年）　　　　夏，蝗蔽天，岁大饥。

22. 康熙三十四年（1695 年）　　　　蝗起。

23. 道光五年（1825 年）　　　　蝗飞蔽日，所过禾稼一空。

24. 咸丰六年（1856 年）　　　　被蝗。

25. 光绪二年（1876 年）　　　　夏，螎孽萌动。

26. 光绪七年（1881 年）　　　　秋，禾将熟，飞蝗大至。

27. 民国十三年（1924 年）　　　　蝗螎为灾。

28. 民国十七年（1928 年）　　　　春，蝗螎遍地，秋禾尽损。

29. 民国十八年（1929 年）　　　　春，蝗螎为灾，禾稼被食尽绝。

30. 民国二十八年（1939 年）　　　　蝗蝻。

31. 民国二十九年（1940 年）　　　　八月，蝗蝻为害。

32. 民国三十二年（1943 年）　　　　蝗灾。

33. 民国三十八年（1949 年）　　　　六月，七里海①南一带方圆三十余公里发
　　　　　　　　　　　　　　　　　　　生蝗虫，捕蝗三万余千克。

原载《宁河县志》自然灾害·虫灾年表，天津社会科学院出版社 1991 年版

十二、武清区

乾隆《武清县志》

1. 明万历十五年（1587 年）　　　　四月，先旱后蝗，民惊恐，知县令乘其初
　　　　　　　　　　　　　　　　　　　产未翅，出示军民，有能捕获者以粟抵
　　　　　　　　　　　　　　　　　　　易，男妇争先掘坑捕取二百余石，蝗不
　　　　　　　　　　　　　　　　　　　为灾。

2. 　崇祯十一年（1638 年）　　　　　七月，蝗飞蔽天，食禾殆尽，饥民捕食之。

3. 清康熙二十三年（1684 年）　　　蝗蝻为灾，田禾无获，免田租十分之二三。

4. 　康熙二十九年（1690 年）　　　旱蝗成灾，奉旨免征。

5. 　乾隆五年（1740 年）　　　　　蝗，不为灾。

原载乾隆《武清县志》卷四《禨祥》，乾隆七年刻本

《武清县志》

1. 唐开成五年（840 年）　　　　　螟蝗害稼。

2. 元至顺元年（1330 年）　　　　六月，蝗灾。

3. 明嘉靖六年（1527 年）　　　　大旱，蝗飞蔽天。

4. 　嘉靖十一年（1532 年）　　　九月，旱、蝗、水涝。

5. 　万历十五年（1587 年）　　　四月，先旱后蝗，乡民惊恐，知县乘蝗初
　　　　　　　　　　　　　　　　　　产未翅，出示军民捕获，以粟抵易，男
　　　　　　　　　　　　　　　　　　女争先掘坑捕取二百余石，蝗不为灾。

---

① 七里海：洼地名，分布在今天津市海河西岸、宁河区西南。

6.　万历四十五年（1617 年）　　　　大旱，蝗飞蔽天。

7.　崇祯十一年（1638 年）　　　　七月，蝗虫蔽天，食禾殆尽，民以蝗为食。

8.　清康熙二十三年（1684 年）　　蝗蝻为灾，田禾无获。

9.　康熙二十八年（1689 年）　　　夏旱，蝗灾。

10.　道光元年（1821 年）　　　　五月，蝗蝻萌生，白日捕打，夜用火烧，
　　　　　　　　　　　　　　　　　　扑蝗尽净。

11.　咸丰六年（1856 年）　　　　　旱、蝗、雹、水灾。

12.　光绪七年（1881 年）　　　　　六月，蝗，以米三千四百石换蝗蝻，坑埋
　　　　　　　　　　　　　　　　　　三十余万斤。

13. 民国三年（1914 年）　　　　　是年，蝗患、河泛相继为灾。

14. 民国四年（1915 年）　　　　　九月，蝗群绵飞，乡民惊异。

15. 民国十六年（1927 年）　　　　是年，蝗灾。

16. 民国十八年（1929 年）　　　　五月，蝗蝻为害。

17. 民国二十年（1931 年）　　　　夏，蝗，经捕打未成灾。

18. 民国二十三年（1934 年）　　　蝗灾。

原载《武清县志》大事记，天津社会科学院出版社 1991 年版

十三、静海区

光绪 《广平府志》

清康熙五十八年（1719 年）　　　　沧州、静海、青县等处飞蝗蔽天。

原载光绪《广平府志》卷二十四《祀典》，光绪二十年刻本

同治 《静海县志》

清嘉庆九年（1804 年）　　　　双窑洼蝻孽蠕动，蔓延数十里，扑捕甚难，
　　　　　　　　　　　　　　　　一夜烈风忽作，吹蝻无踪。

原载同治《静海县志》卷三《灾祥志》，同治十二年刻本

《静海县志》

1. 北齐天保八年（557 年）　　　　蝗虫成灾。

2. 唐开元二年（714 年）　　　　　七月，蝗灾。

3. 　开成二年（837 年）　　　　　六月，蝗灾。

4. 　开成三年（838 年）　　　　　蝗灾，草木皆尽。

5. 　开成五年（840 年）　　　　　夏，螟蝗害稼。

6. 宋淳化元年（990 年）　　　　　七月，蝗灾。

7. 　元至元八年（1271 年）　　　　蝗灾。

8. 　至元十九年（1282 年）　　　　蝗食苗稼、草木皆尽，蝗群起飞遮天蔽日，
　　　　　　　　　　　　　　　　　　碍人马不能行，是年，人相食。

9. 　大德六年（1302 年）　　　　　四月，蝗灾。

10. 　大德八年（1304 年）　　　　　四月，蝗灾。

11. 　大德九年（1305 年）　　　　　四月，蝗灾。

12. 　大德十年（1306 年）　　　　　四月，蝗灾。

13. 　至大元年（1308 年）　　　　　八月，蝗灾。

14. 　至大二年（1309 年）　　　　　又蝗灾。

15. 　泰定四年（1327 年）　　　　　蝗灾。

16. 　至顺元年（1330 年）　　　　　蝗灾。

17. 　至顺二年（1331 年）　　　　　蝗灾。

18. 　至顺三年（1332 年）　　　　　蝗灾。

19. 明永乐十四年（1416 年）　　　　蝗灾。

20. 　成化八年（1472 年）　　　　　六月，蝗灾。

21. 　嘉靖三年（1524 年）　　　　　夏，蝗灾。

22. 　万历十九年（1591 年）　　　　夏，蝗飞蔽天，声如雷雨，食禾苗几尽。

23. 　天启五年（1625 年）　　　　　飞蝗蔽天，蝗蝻积地盈尺。

24. 　天启六年（1626 年）　　　　　蝗灾。

25. 　崇祯十二年（1639 年）　　　　秋，飞蝗蔽天，食禾殆尽。

26. 　崇祯十三年（1640 年）　　　　夏，飞蝗蔽天，禾苗枯槁，民饥死大半。

27. 清乾隆二十八年（1763 年）　　　庄稼将熟，飞蝗来自东北，一朝食尽。

28. 　乾隆四十八年（1783 年）　　　六月，飞蝗至，庄稼食尽。

29. 　乾隆六十年（1795 年）　　　　秋，蝗蝻成灾。

30. 　嘉庆十一年（1806 年）　　　　秋，蝗虫害庄稼。

31. 　咸丰五年（1855 年）　　　　　蝗虫为灾。

32. 　咸丰六年（1856 年）　　　　　蝗虫为灾。

33.	咸丰七年（1857 年）	蝗虫为灾。
34.	咸丰八年（1858 年）	蝗虫为灾。
35.	民国十七年（1928 年）	蝗灾。
36.	民国十八年（1929 年）	蝗灾。
37.	民国十九年（1930 年）	蝗灾。
38.	民国二十年（1931 年）	蝗灾。
39.	民国二十一年（1932 年）	蝗灾。
40.	民国二十二年（1933 年）	蝗灾。
41.	民国三十七年（1948 年）	蝗灾，庄稼吃尽。

原载《静海县志》自然灾害，天津社会科学院出版社 1995 年版

第十一章

湖北省地方志中的蝗灾记载

一、湖北综合志

民国《湖北通志》

1. 唐会昌元年（841 年）		七月，山南[①]等州蝗。
2. 光启二年（886 年）		荆、襄[②]蝗，大饥，斗米三千钱，人相食。
3. 宋太平兴国七年（982 年）		五月，峡州[③]蝗。
4. 天禧元年（1017 年）		荆湖[④]蝗螟复生，多去岁蛰者。
5. 隆兴元年（1163 年）		八月，大蝗，襄、随尤甚，民为乏食。
6. 乾道三年（1167 年）		湖南、湖北路蝗。
7. 庆元四年（1198 年）		随州旱蝗。
8. 元元贞二年（1296 年）		六月，汉阳蝗。
9. 皇庆二年（1313 年）		秋七月，兴国[⑤]属蝗。
10. 至元二年（1336 年）		七月，黄州蝗。
11. 明正德五年（1510 年）		蒲圻[⑥]、崇阳蝗。
12. 正德七年（1512 年）		六月，均州[⑦]蝗。
13. 正德九年（1514 年）		秋，枣阳蝗，大饥。

①　山南：唐方镇名，治所在今湖北襄阳市襄州区。
②　荆：荆州，旧州名，今湖北荆州市荆州区；襄：襄州，旧州名，治所在今湖北襄阳市襄州区。
③　峡州：旧州名，治所在今湖北宜昌。
④　荆湖：宋荆湖北路名，治所在今湖北荆州市荆州区。
⑤　兴国：旧州名，治所在今湖北阳新。
⑥　蒲圻：旧县名，1998 年改名赤壁市。
⑦　均州：旧州名，治所在今湖北丹江口市均县镇。

14. 正德十一年（1516年）　　均州蝗。

15. 嘉靖七年（1528年）　　　均州蝗。

16. 嘉靖八年（1529年）　　　德安①、咸宁蝗大起。

17. 嘉靖十一年（1532年）　　襄阳、光化②、均州蝗；九月，汉川蝗蔽天。

18. 嘉靖十三年（1534年）　　枣阳蝗。

19. 嘉靖十八年（1539年）　　安陆蝗。

20. 嘉靖十九年（1540年）　　七月，襄阳蝗。

21. 嘉靖二十年（1541年）　　汉川、沔阳、麻城、钟祥、松滋、荆门、广
　　　　　　　　　　　　　　济③蝗。

22. 嘉靖三十九年（1560年）　松滋大蝗。

23. 隆庆四年（1570年）　　　螟螣害稼。

24. 隆庆六年（1572年）　　　夏，江夏④、江陵、枝江、松滋蝗。

25. 万历元年（1573年）　　　松滋、枝江、长阳、宜都蝗。

26. 万历二年（1574年）　　　夏，江陵蝗。

27. 万历八年（1580年）　　　夏，兴国蝗。

28. 万历四十二年（1614年）　德安、咸宁、罗田蝗。

29. 万历四十三年（1615年）　襄阳、黄安⑤、罗田蝗。

30. 万历四十四年（1616年）　襄阳、光化、随州蝗。

31. 万历四十五年（1617年）　汉阳、罗田、黄安、襄阳、谷城、当阳蝗
　　　　　　　　　　　　　　害稼。

32. 万历四十六年（1618年）　黄州、汉阳蝗。

33. 崇祯七年（1634年）　　　通城蝗。

34. 崇祯八年（1635年）　　　春，通城蝗。

35. 崇祯九年（1636年）　　　八月，通城、钟祥蝗，野草俱尽。

36. 崇祯十年（1637年）　　　五月，钟祥蝝生遍野，害稼。

37. 崇祯十一年（1638年）　　六月，罗田蝗。

38. 崇祯十二年（1639年）　　夏，江陵、钟祥旱蝗。

---

① 德安：旧府名，治所在今湖北安陆。
② 光化：旧县名，治所在今湖北老河口市西北。
③ 沔阳：旧县名，治所在今湖北仙桃市西南沔城镇；广济：旧县名，治所在今湖北武穴市梅川镇。
④ 江夏：旧县名，治所在今湖北武昌。
⑤ 黄安：旧县名，1952年改名今湖北红安县。

39.	崇祯十三年（1640 年）	七月，武昌蝗自北而南，食八乡田禾俱尽，蒲圻、枣阳远近亦蝗。
40.	崇祯十四年（1641 年）	秋，襄阳、荆门蝗，蕲春、黄安等处蝗飞蔽天。
41.	崇祯十五年（1642 年）	黄州郡县蝗。
42.	崇祯十六年（1643 年）	夏，通城、公安旱蝗。
43.	清顺治三年（1646 年）	宜城蝻生，飞蝗害稼，岁大无。
44.	顺治四年（1647 年）	春，宜城蝗蝻又作，饥殍横野。
45.	康熙十六年（1677 年）	三月，宜城飞蝗蔽日。
46.	康熙三十五年（1696 年）	郧西有螽。
47.	康熙四十三年（1704 年）	五月，江夏旱螽。
48.	康熙五十八年（1719 年）	南漳蝗。
49.	乾隆二年（1737 年）	武昌蝗。
50.	乾隆四十三年（1778 年）	六月，江夏、汉川、潜江蝗。
51.	乾隆五十一年（1786 年）	罗田蝗。
52.	乾隆五十二年（1787 年）	房县蝗蝻大起，食麦苗几尽，严捕之；五月，蝗飞蔽空，罗田、荆州皆蝗，不为灾。
53.	道光十二年（1832 年）	八月，宜昌、长阳蝗食禾稼殆尽。
54.	道光十三年（1833 年）	秋，施恩、黄冈、郧县螟蝗害稼。
55.	道光十四年（1834 年）	夏，随州蝗。
56.	道光十五年（1835 年）	谷城蝗飞蔽天；七月，沔阳蝗。
57.	道光十六年（1836 年）	春，宜都、谷城、郧县、郧西蝗。
58.	道光十七年（1837 年）	郧县旱蝗。
59.	道光十八年（1838 年）	夏，潜江蝗入郧县境。
60.	道光二十三年（1843 年）	七月，郧县、房县、郧西旱，蝗食稼。
61.	道光二十五年（1845 年）	七月，光化飞蝗蔽天。
62.	咸丰六年（1856 年）	九月，光化旱蝗。
63.	咸丰七年（1857 年）	江陵、枝江、松滋、宜都、黄冈、麻城、蕲水[①]、郧西、房县、枣阳旱蝗。

---

① 蕲水：旧县名，治所在今湖北浠水。

64.	咸丰八年（1858 年）	三月，黄梅蝗；夏，宜城、松滋、保康蝗害稼。
65.	同治二年（1863 年）	襄阳蝗。
66.	光绪三年（1877 年）	沔阳蝗。
67.	光绪四年（1878 年）	秋，郧县飞蝗蔽天，为群鸟食尽。
68.	宣统三年（1911 年）	黄州旱蝗。

原载民国《湖北通志》卷七十五至七十六《祥异志》，民国十年刻本

69.	道光十年（1830 年）	江陵蝗。
70.	道光十一年（1831 年）	江陵复蝗。

原载民国《湖北通志》卷三十一《建置志七·坛庙五》，民国十年刻本

康熙《湖广通志》

1.	唐光启二年（886 年）	荆、襄蝗，斗米钱三千，人相食。
2.	宋天禧元年（1017 年）	荆州蝗蝻生。
3.	隆兴元年（1163 年）	随州蝗，大饥，蕲春螟蝗杀稼。
4.	明正德九年（1514 年）	秋，枣阳旱蝗害稼。
5.	嘉靖十年（1531 年）	麻城蝗杀稼；秋，谷城蝗蝻并生。
6.	嘉靖十一年（1532 年）	崇阳、襄郡县蝗。
7.	嘉靖十三年（1534 年）	夏，谷城蝗蝻生，害稼。
8.	嘉靖十九年（1540 年）	黄陂大水蝗，襄阳蝗。
9.	嘉靖二十年（1541 年）	沔阳、松滋大蝗。
10.	嘉靖四十五年（1566 年）	远安雨蝗杀稼。
11.	隆庆六年（1572 年）	江陵、松滋大水蝗。
12.	万历元年（1573 年）	松滋、宜都蝗。
13.	万历二年（1574 年）	江陵大水蝗。
14.	万历四十二年（1614 年）	罗田蝗食苗，德安蝗入城，岁大祲。
15.	万历四十三年（1615 年）	黄安蝗。
16.	万历四十四年（1616 年）	襄阳飞蝗食稼。
17.	万历四十五年（1617 年）	黄安飞蝗蔽天，襄阳、谷城飞蝗害稼，汉阳蝗。
18.	万历四十六年（1618 年）	黄安蝗复为灾，汉阳蝗。

19. 崇祯九年（1636 年）　　　　八月，钟祥蝗。

20. 崇祯十四年（1641 年）　　　四月，湖北飞蝗入境，飞蔽天；八月，沔
阳、钟祥、京山大蝗。

21. 崇祯十五年（1642 年）　　　黄州郡县蝗，大饥。

原载康熙《湖广通志》卷三《星野附祥异》，康熙二十三年刻本

二、武汉市

康熙《武昌府志》

1. 东汉永元四年（92 年）　　　旱蝗。

2. 明正德五年（1510 年）　　　蒲圻蝗食松尽死。

3. 嘉靖五年（1526 年）　　　　兴国蝗。

4. 嘉靖十一年（1532 年）　　　崇阳飞蝗蔽天。

5. 万历八年（1580 年）　　　　蝗。

6. 崇祯十一年（1638 年）　　　七月，有蝗，大冶禾棉俱尽。

7. 崇祯十三年（1640 年）　　　四月，蝗飞蔽天。

原载康熙《武昌府志》卷三《灾异志》，康熙二十六年刻本

光绪《武昌县志》

1. 明崇祯十三年（1640 年）　　七月，蝗食禾及竹木叶尽。

2. 崇祯十五年（1642 年）　　　虫螽生。

3. 清乾隆二年（1737 年）　　　武昌蝗，有司捕之尽。

4. 道光十五年（1835 年）　　　大旱蝗。

5. 道光十六年（1836 年）　　　蝗，不为灾。

6. 咸丰六年（1856 年）　　　　大旱蝗。

7. 咸丰七年（1857 年）　　　　五月，飞蝗蔽天。

8. 同治元年（1862 年）　　　　六月，蝗，不为灾。

原载光绪《武昌县志》卷十《祥异》，光绪十一年刻本

《武昌县志》

民国四年 (1915 年) 　　　　　　　　九月，蝗灾。

原载《武昌县志》大事记，武汉大学出版社 1989 年版

乾隆 《汉阳府志》

1. 明嘉靖九年 (1530 年) 　　　　　　黄陂大蝗。
2. 　嘉靖十一年 (1532 年) 　　　　　西北蝗来蔽天。
3. 　万历四十五年 (1617 年) 　　　　汉阳飞蝗害稼。
4. 　万历四十六年 (1618 年) 　　　　汉阳蝗。
5. 崇祯九年 (1636 年) 　　　　　　　孝感螟螣俱盛。
6. 崇祯十年 (1637 年) 　　　　　　　孝感螟螣俱盛。
7. 崇祯十四年 (1641 年) 　　　　　　汉阳蝗飞蔽天，大饥；孝感蝗遍入宅及
　　　　　　　　　　　　　　　　　　釜灶。
8. 清乾隆二年 (1737 年) 　　　　　　秋，汉阳蝗，不为灾。

原载乾隆《汉阳府志》卷三《天官·五行志》，乾隆十二年刻本

同治 《续辑汉阳县志》

1. 元元贞二年 (1296 年) 　　　　　　夏六月，汉阳蝗。
2. 明万历四十五年 (1617 年) 　　　　汉阳飞蝗害稼。
3. 　万历四十六年 (1618 年) 　　　　黄州汉阳蝗复为害。
4. 　崇祯十四年 (1641 年) 　　　　　蝗飞蔽天，民大饥。
5. 清道光十五年 (1835 年) 　　　　　汉阳蝗。
6. 　咸丰七年 (1857 年) 　　　　　　汉阳飞蝗蔽日。
7. 　咸丰八年 (1858 年) 　　　　　　汉阳蝗。

原载同治《续辑汉阳县志》卷四《天文志附祥异》，同治七年刻本

《汉阳县志》

1. 民国四年 (1915 年) 　　　　　　　蝗灾。

2. 民国五年（1916 年）　　　　　　　　蝗灾严重，其势蔽日。

原载《汉阳县志》自然灾害，武汉出版社 1989 年版

同治《江夏县志》

1. 明隆庆六年（1572 年）　　　　　　　江夏蝗。
2. 　崇祯十三年（1640 年）　　　　　　四月，蝗飞蔽天。
3. 清康熙四十三年（1704 年）　　　　　夏五月，旱蝎。
4. 　乾隆四十三年（1778 年）　　　　　大旱蝗。

原载同治《江夏县志》卷八《杂志·祥异》，同治八年刻本

民国《夏口县志》①

1. 元元贞二年（1296 年）　　　　　　　夏，蝗。
2. 明万历四十五年（1617 年）　　　　　飞蝗害稼。
3. 　万历四十六年（1618 年）　　　　　蝗复为害。
4. 　崇祯十四年（1641 年）　　　　　　飞蝗蔽天，民大饥。
5. 清道光十五年（1835 年）　　　　　　蝗。
6. 　咸丰七年（1857 年）　　　　　　　飞蝗蔽日。
7. 　咸丰八年（1858 年）　　　　　　　蝗。
8. 民国四年（1915 年）　　　　　　　　旱蝗，四乡设捕蝗局，价购斤值二十文。
9. 民国五年（1916 年）　　　　　　　　飞蝗蔽日。

原载民国《夏口县志》卷二十《祥异志》，民国九年刻本

同治《黄陂县志》

1. 明嘉靖十九年（1540 年）　　　　　　大水蝗。
2. 　万历九年（1581 年）　　　　　　　大水蝗，大饥。
3. 　崇祯十五年（1642 年）　　　　　　黄州郡县蝗，大饥。
4. 清道光十五年（1835 年）　　　　　　大旱，蝗蔽日。

---

① 夏口：旧县名，1926 年改为汉口市。

5.　咸丰八年（1858 年）　　　　　　　蝗，不为灾。

　　　　　　原载同治《黄陂县志》卷一《天文志·祥异》，同治十一年刻本

《新洲县志》

明崇祯十四年（1641 年）　　　　　　六月，飞蝗食苗，阴影蔽天。

　　　　　　原载《新洲县志》自然灾害，武汉出版社 1992 年版

三、黄冈市

乾隆《黄州府志》

1. 明嘉靖四十四年（1565 年）　　　麻城飞蝗蔽日。

2. 万历四十二年（1614 年）　　　　罗田蝗食苗。

3. 万历四十三年（1615 年）　　　　黄安蝗。

4. 万历四十五年（1617 年）　　　　黄安飞蝗害稼。

5. 万历四十六年（1618 年）　　　　黄安蝗复为灾。

6. 崇祯十四年（1641 年）　　　　　黄州郡县蝗，大饥，人相食。

　　　　　　原载乾隆《黄州府志》卷二十《杂志·祥异》，乾隆十四年刻本

光绪《黄州府志》

1. 清乾隆五十二年（1787 年）　　　黄冈、罗田、麻城蝗，不为灾。

2. 道光十五年（1835 年）　　　　　大旱蝗，岁大饥。

3. 道光二十五年（1845 年）　　　　麻城蝗。

4. 咸丰七年（1857 年）　　　　　　秋，黄冈、麻城、蕲水蝗。

　　　　　　原载光绪《黄州府志》卷四十《杂志·祥异》，光绪十年刻本

光绪《黄冈县志》

1. 元至元二年（1336 年）　　　　　秋七月，蝗。

2. 明崇祯十四年（1641 年）　　　　夏六月，飞蝗食苗尽。

3. 清乾隆五十二年（1787 年）　　　春，东乡蝗，有雀千万食之。

4. 　道光十五年（1835 年）　　　　旱蝗。

5. 　道光十六年（1836 年）　　　　蝗。

6. 　咸丰七年（1857 年）　　　　　秋，蝗入境。

7. 　同治元年（1862 年）　　　　　夏六月，蝗，不为灾。

8. 　光绪四年（1878 年）　　　　　蝗，不为灾。

　　　　　　原载光绪《黄冈县志》卷二十四《杂志·祥异》，光绪八年刻本

9. 　雍正八年（1730 年）　　　　　黄冈有蝗，官扑灭之。

　　　　　　原载光绪《黄冈县志》卷三《建置志·祠祀》，光绪八年刻本

《黄冈县志》

1. 清宣统三年（1911 年）　　　　春，蝗食椿树叶光。

2. 民国七年（1918 年）　　　　　秋，蝗虫咬谷穗。

3. 民国二十三年（1934 年）　　　秋，蝗虫肆虐于回龙山，所到庄稼被毁。

　　　　　　原载《黄冈县志》自然灾害，武汉大学出版社 1990 年版

同治《黄安县志》

1. 明万历四十五年（1617 年）　　大旱，蝗飞蔽天。

2. 　万历四十六年（1618 年）　　蝗复为灾。

3. 　崇祯十三年（1640 年）　　　蝗，大饥。

4. 　崇祯十四年（1641 年）　　　蝗。民谣云："草无实，树无皮，宰却耕
　　　　　　　　　　　　　　　　牛罢却犁，辜负蝗虫来盛意，可怜枵腹
　　　　　　　　　　　　　　　　过黄陂。"

5. 　崇祯十五年（1642 年）　　　黄州郡县蝗，大饥。

6. 清乾隆三十年（1765 年）　　　夏，飞蝗屡入境，扑灭之。

7. 　乾隆四十三年（1778 年）　　飞蝗入境。

8. 　道光十五年（1835 年）　　　六月，飞蝗蔽野，食禾，募民捕之。

9. 　咸丰七年（1857 年）　　　　八月，飞蝗入境，蔽日无光，未伤禾。

10. 　咸丰八年（1858 年）　　　　秋，屡见飞蝗。

　　　　　　原载同治《黄安县志》卷十《杂志·祥异》，同治八年刻本

民国《麻城县志前编》

1. 元至元二年（1336 年）　　　七月，黄州蝗。
2. 明嘉靖十年（1531 年）　　　蝗自商城来，其飞蔽日，食稻粟立尽。
3. 嘉靖二十年（1541 年）　　　八月，蝗自光山来，飞声如雷，所过田禾
　　　　　　　　　　　　　　　　无遗。
4. 嘉靖三十三年（1554 年）　　九月，蝗自东山入，无食，自去。
5. 万历四十四年（1616 年）　　八月，蝗飞蔽日。
6. 崇祯九年（1636 年）　　　　蝗飞蔽日，林薮遍集。
7. 崇祯十三年（1640 年）　　　是年，大旱蝗。
8. 崇祯十四年（1641 年）　　　大旱蝗。
9. 清康熙六年（1667 年）　　　蠡害稼。
10. 乾隆三十五年（1770 年）　　七月，县东北飞蝗入境，官民力捕，患
　　　　　　　　　　　　　　　　遂息。
11. 乾隆五十一年（1786 年）　　八月，飞蝗弥空，半月乃止。
12. 乾隆五十二年（1787 年）　　四月，飞蝗蔽野，集地厚寸许，旋毙。
13. 道光十五年（1835 年）　　　旱蝗。
14. 道光二十五年（1845 年）　　蝗。
15. 道光二十六年（1846 年）　　春，收挖蝗子；秋，蝗仍炽，率众捕之。
16. 咸丰七年（1857 年）　　　　秋，有蝗自北来，禾尽伤。
17. 咸丰九年（1859 年）　　　　春，有蝗，逮之。

原载民国《麻城县志前编》卷十五《杂志·灾异》，民国二十四年铅印本

光绪《罗田县志》

1. 明万历四十二年（1614 年）　　旱，蝗食苗。
2. 万历四十三年（1615 年）　　　蝗。
3. 万历四十五年（1617 年）　　　大旱，蝗飞蔽天。
4. 万历四十六年（1618 年）　　　蝗复为灾。
5. 崇祯十一年（1638 年）　　　　六月，蝗，野无青草。
6. 崇祯十四年（1641 年）　　　　蝗自北来蔽天，人相食。
7. 清康熙十一年（1672 年）　　　旱，蝗蝻遍生。

8.	乾隆三十五年（1770 年）	秋，蝗，不为灾。
9.	乾隆五十一年（1786 年）	蝗。
10.	乾隆五十二年（1787 年）	春，蝗蝻生；秋，蝗，不为灾。
11.	道光十五年（1835 年）	秋，蝗蔽空，邑令率居民扑灭。
12.	咸丰七年（1857 年）	秋，有蝗，不为灾。
13.	咸丰八年（1858 年）	春，遍地生蝗，邑令扑灭之。
14.	咸丰十年（1860 年）	秋，有蝗，不为灾。
15.	咸丰十一年（1861 年）	蝻子遍地，扑灭之。

原载光绪《罗田县志》卷八《杂志·祥异》，光绪二年刻本

《英山县志》

1.	元至大元年（1308 年）	八月，旱蝗，饥。
2.	明崇祯十三年（1640 年）	夏旱，蝗飞蔽天，草根、树皮俱尽。
3.	崇祯十四年（1641 年）	夏旱，蝗害，饥。
4.	清道光十五年（1835 年）	飞蝗蔽空而来，遗子入地。
5.	道光十六年（1836 年）	春，蝗蝻遍生，捕之。

原载《英山县志》大事记，中华书局 1998 年版

同治《六安州志》

1.	明嘉靖十一年（1532 年）	英山向无蝗，忽自北蔽空而来，食禾且尽。
2.	嘉靖十九年（1540 年）	夏，英山蝗。
3.	清康熙六年（1667 年）	六月，英山蝗起。

原载同治《六安州志》卷五十五《杂类志·祥异》，同治十一年刻本

《黄梅县志》

1.	宋隆兴元年（1163 年）	秋，螟蝗蔽野，吃尽庄稼。
2.	清嘉庆二年（1797 年）	七月，蝗灾。
3.	道光元年（1821 年）	夏，蝗虫繁殖。

4.　道光十五年（1835 年）　　　　　　旱，飞蝗蔽天，所到植物叶吃光。

5.　咸丰八年（1858 年）　　　　　　　春，蝗虫害稼。

6. 民国二十三年（1934 年）　　　　　旱，孔垅地区蝗灾，减产八成。

原载《黄梅县志》地理志·灾害，湖北人民出版社 1985 年版

《广济县志》

1. 明嘉靖二十年（1541 年）　　　　　飞蝗蔽日。

2. 清道光十五年（1835 年）　　　　　旱，飞蝗蔽日，竹叶被吃光。

原载《广济县志》自然灾害实录，汉语大词典出版社 1994 年版

光绪《蕲州志》

1. 明崇祯十四年（1641 年）　　　　　蕲、黄等处飞蝗蔽天。

2. 清道光十五年（1835 年）　　　　　大旱蝗。

3.　咸丰七年（1857 年）　　　　　　夏，蝗。

4.　咸丰八年（1858 年）　　　　　　夏，蝗。

5.　同治二年（1863 年）　　　　　　夏，有蝗自宿松、太湖至，不伤稼。

6.　同治三年（1864 年）　　　　　　夏，旱蝗，不为灾。

原载光绪《蕲州志》卷三十《杂志·祥异》，光绪十年刻本

光绪《蕲水县志》

1. 明崇祯十三年（1640 年）　　　　　蝗。

2. 清咸丰七年（1857 年）　　　　　　夏秋，旱蝗。

原载光绪《蕲水县志》卷末《杂志·祥异》，光绪六年刻本

四、鄂州市

《鄂州市志》

1. 清咸丰六年（1856 年）　　　　　　旱，飞蝗过境。

2. 咸丰七年（1857 年）　　　　　　　五月，飞蝗蔽天。

原载《鄂州市志》自然灾害，中华书局 2000 年版

五、黄石市

《黄石市志》

1. 明嘉靖十八年（1539 年）　　　　　蝗。
2. 崇祯十一年（1638 年）　　　　　　蝗飞蔽天自西南来，凡七日，向东去。
3. 崇祯十五年（1642 年）　　　　　　蝗，疫。
4. 清道光十三年（1833 年）　　　　　蝗。
5. 道光十五年（1835 年）　　　　　　蝗虫。
6. 咸丰七年（1857 年）　　　　　　　夏，蝗飞蔽天。
7. 民国二十三年（1934 年）　　　　　蝗灾。

原载《黄石市志》自然灾害，中华书局 2001 年版

《大冶县志》

1. 明嘉靖十八年（1539 年）　　　　　旱蝗。
2. 崇祯十一年（1638 年）　　　　　　蝗飞蔽天自西南来，稻、棉叶俱尽。
3. 崇祯十五年（1642 年）　　　　　　旱蝗。
4. 清乾隆二年（1737 年）　　　　　　蝗。
5. 道光十三年（1833 年）　　　　　　蝗。
6. 道光十五年（1835 年）　　　　　　蝗虫。
7. 咸丰七年（1857 年）　　　　　　　蝗飞蔽天。

原载《大冶县志》自然灾害，湖北科学技术出版社 1990 年版

8. 民国二十三年（1934 年）　　　　　夏旱，蝗虫成灾，大饥。

原载《大冶县志》大事记，湖北科学技术出版社 1990 年版

光绪《兴国州志》

1. 宋淳熙十四年（1187 年）　　　　　七月，旱蝗。

2. 明嘉靖五年（1526 年）　　　　　蝗食禾几尽。

3. 　万历八年（1580 年）　　　　　　蝗遍野。

4. 　崇祯十五年（1642 年）　　　　　飞蝗蔽天。

　　　　　　原载光绪《兴国州志》卷三十一《时事志·祥异》，光绪十五年刻本

《阳新县志》

1. 宋淳熙十四年（1187 年）　　　　秋，蝗。

2. 元皇庆二年（1313 年）　　　　　七月，蝗。

3. 　泰定三年（1326 年）　　　　　　七月，蝗。

4. 明嘉靖五年（1526 年）　　　　　蝗食禾几尽。

5. 　万历八年（1580 年）　　　　　　夏，蝗虫遍野。

6. 　崇祯十五年（1642 年）　　　　　飞蝗蔽天。

　　　　　　原载《阳新县志》自然灾害，新华出版社 1993 年版

六、咸宁市

同治《咸宁县志》

1. 东汉永元四年（92 年）　　　　　旱蝗。

2. 明嘉靖八年（1529 年）　　　　　飞蝗蔽天。

3. 　嘉靖十八年（1539 年）　　　　　六月，蝗飞弥彰天日。

4. 　万历四十二年（1614 年）　　　　蝗入城，岁大祲。

5. 　崇祯十四年（1641 年）　　　　　蝗入城，岁大祲。

6. 清道光十五年（1835 年）　　　　夏，旱蝗，大饥。

7. 　咸丰七年（1857 年）　　　　　　蝗自东北飞来，蔽日遮天。

　　　　　　原载同治《咸宁县志》卷十五《杂志·灾祥》，同治五年刻本

《嘉鱼县志》

1. 明嘉靖十八年（1539 年）　　　　蝗虫为害。

2. 民国十八年（1929 年）　　　　　蝗虫为害。

3. 民国二十三年（1934 年）　　　　　　蝗虫为害。

4. 民国二十四年（1935 年）　　　　　　蝗虫为害。

原载《嘉鱼县志》自然灾害，湖北科学技术出版社 1993 年版

同治 《崇阳县志》

1. 明嘉靖十一年（1532 年）　　　　　蝗飞蔽天，逾月乃止。

2. 清道光十五年（1835 年）　　　　　旱，飞蝗入境，知县率众捕之。

原载同治《崇阳县志》卷十二《杂纪·灾祥》，同治五年刻本

同治 《通城县志》

1. 明崇祯七年（1634 年）　　　　　　蝗。

2. 　崇祯八年（1635 年）　　　　　　蝗。

3. 　崇祯九年（1636 年）　　　　　　蝗。

4. 清咸丰七年（1857 年）　　　　　　八月，飞蝗过境蔽日，不为灾。

原载同治《通城县志》卷二十二《祥异》，同治六年活字本

《通城县志》

1. 明嘉靖十八年（1539 年）　　　　　蝗灾。

2. 　崇祯十六年（1643 年）　　　　　蝗灾。

原载《通城县志》灾害性天气，通城县志编纂委员会 1985 年版

同治 《通山县志》

1. 清咸丰六年（1856 年）　　　　　　秋，蝗。

2. 　咸丰七年（1857 年）　　　　　　秋七月，蝗自崇阳大至，谷未收者
　　　　　　　　　　　　　　　　　　尽食。

原载同治《通山县志》卷二《风土志·祥异》，同治七年刻本

同治《蒲圻县志》

1. 明正德五年（1510 年）　　　　　　　蝗食松尽死。
2. 　崇祯十四年（1641 年）　　　　　　秋，蝗飞蔽天，所过禾粟一空。

原载同治《蒲圻县志》卷三《祥异》，同治五年刻本

七、随州市

《随州志》

1. 宋天禧元年（1017 年）　　　　　　　随县蝗蝻为害。
2. 　隆兴元年（1163 年）　　　　　　　七月，蝗。
3. 　庆元四年（1198 年）　　　　　　　随州旱蝗。
4. 　明正德九年（1514 年）　　　　　　秋，蝗。
5. 　嘉靖七年（1528 年）　　　　　　　秋，蝗。
6. 　嘉靖十年（1531 年）　　　　　　　秋，蝗。
7. 　嘉靖十三年（1534 年）　　　　　　夏，蝗。
8. 　万历四十四年（1616 年）　　　　　八月，蝗。
9. 　崇祯七年（1634 年）　　　　　　　随州蝗。
10. 　崇祯十三年（1640 年）　　　　　　秋，蝗。
11. 清乾隆五十一年（1786 年）　　　　　七月，蝗飞蔽日。
12. 　道光八年（1828 年）　　　　　　　七月，蝗。
13. 　道光十四年（1834 年）　　　　　　旱蝗。
14. 　道光十五年（1835 年）　　　　　　大旱蝗。
15. 　道光十六年（1836 年）　　　　　　旱蝗。
16. 　咸丰五年（1855 年）　　　　　　　八月旱，飞蝗蔽日。
17. 　咸丰七年（1857 年）　　　　　　　八月，飞蝗蔽日。
18. 　同治元年（1862 年）　　　　　　　七月，蝗。
19. 　宣统元年（1909 年）　　　　　　　蝗。
20. 民国四年（1915 年）　　　　　　　　旱，飞蝗蔽日。

原载《随州志》自然灾害，中国城市经济社会出版社 1988 年版

《应山县志》①

1. 唐兴元元年（784年）	飞蝗遍地，吃尽草木，大饥。	
2. 明嘉靖八年（1529年）	秋，飞蝗蔽天，落地堵塞小河沟。	
3. 嘉靖十二年（1533年）	三月，蝗生；六月，飞蝗入境。	
4. 清道光七年（1827年）	秋，蝗。	
5. 道光十八年（1838年）	秋，飞蝗蔽日，扑灭之。	
6. 道光十九年（1839年）	县令民挖掘蝗卵，设局定价收买。	
7. 咸丰七年（1857年）	蝗虫从北来，落地厚尺余，未伤稼。	
8. 咸丰八年（1858年）	七月，飞蝗蔽天，过几昼夜。	
9. 民国三年（1914年）	蝗虫为害。	
10. 民国十八年（1929年）	七月，县西北乡发生蝗灾。	
11. 民国二十三年（1934年）	夏，蝗虫为害。	
12. 民国三十二年（1943年）	秋，蝗虫为害。	
13. 民国三十三年（1944年）	夏，蝗虫为害。	

原载《应山县志》自然灾害，湖北科学技术出版社1990年版

八、孝感市

光绪《德安府志》

1. 东汉永元四年（92年）	旱蝗。	
2. 明嘉靖八年（1529年）	飞蝗蔽天，德安蝗大起。	
3. 嘉靖十八年（1539年）	六月，飞蝗弥彰天日。	
4. 万历四十二年（1614年）	德安蝗入城，岁大饥。	
5. 崇祯十四年（1641年）	蝗入城，女墙为满，岁大祲。	
6. 清道光十五年（1835年）	夏，蝗，不为灾；秋，蝗。	
7. 道光十八年（1838年）	秋，蝗蔽日，赴乡督捕。	
8. 道光二十七年（1847年）	春，应城蝗蝻生，知县祷于刘猛将军祠。	

---

① 应山：旧县名，1988年改名今湖北广水市。

9. 咸丰六年（1856 年）　　　　　　　夏秋间，蝗飞障日。

10. 咸丰七年（1857 年）　　　　　　　闰五月，德安蝗，不为灾。

11. 光绪二年（1876 年）　　　　　　　蝗屡见，不为灾。

12. 光绪三年（1877 年）　　　　　　　蝗屡见，不为灾。

原载光绪《德安府志》卷二十《杂志·祥异》，光绪十五年刻本

光绪《孝感县志》

1. 明崇祯九年（1636 年）　　　　　　螟螣皆备。

2. 崇祯十年（1637 年）　　　　　　　螟螣皆备。

3. 崇祯十四年（1641 年）　　　　　　蝗，遍入民宅及釜灶。

4. 清康熙三十年（1691 年）　　　　　白、郭二乡多蝗。

原载光绪《孝感县志》卷七《灾祥志》，光绪八年刻本

《大悟县志》

民国三十三年（1944 年）　　　　　　六月，宣化、惠明、丰乐、吕黄蝗灾。

原载《大悟县志》自然灾害，湖北科学技术出版社 1996 年版

道光《安陆县志》

1. 东汉永元四年（92 年）　　　　　　旱蝗。

2. 明嘉靖八年（1529 年）　　　　　　飞蝗蔽天，德安蝗大起。

3. 嘉靖十八年（1539 年）　　　　　　六月，飞蝗弥彰天日。

4. 万历四十二年（1614 年）　　　　　德安蝗入城，岁大饥。

5. 崇祯十四年（1641 年）　　　　　　蝗入城，女墙为满，岁大祲。

6. 清道光十五年（1835 年）　　　　　夏，蝗，不为灾。

原载道光《安陆县志》卷十四《祥异》，道光二十三年刻本

《应城县志》

1. 明嘉靖十四年（1535 年）　　　　　七月，蝗伤禾稼，岁饥。

2.　万历十四年（1586 年）　　　　　　蝗入境。

3.　万历四十二年（1614 年）　　　　　蝗入境。

4.　崇祯十四年（1641 年）　　　　　　夏，飞蝗入境。

5.　清道光十五年（1835 年）　　　　　秋，蝗。

6.　道光二十七年（1847 年）　　　　　四月，湖泽生蝗蝻，未几大雨，蝗尽死。

7.　咸丰六年（1856 年）　　　　　　　夏，大旱蝗。

8.　咸丰七年（1857 年）　　　　　　　五月，飞蝗自东而西。

9.　民国十四年（1925 年）　　　　　　大旱，蝗虫为害。

10.民国十七年（1928 年）　　　　　　县北蝗灾。

11.民国三十年（1941 年）　　　　　　县东南发生蝗灾。

原载《应城县志》自然灾害，中国城市出版社 1992 年版

道光《云梦县志》

清道光十五年（1835 年）　　　　　　是年，水、旱、蝗兼有。

原载道光《云梦县志》卷末《杂识》，道光二十年刻本

同治《汉川县志》

1.元元贞二年（1296 年）　　　　　　蝗。

2.　大德二年（1298 年）　　　　　　夏，蝗。

3.明嘉靖十一年（1532 年）　　　　　九月，蝗自西北来，蔽天。

4.　嘉靖二十年（1541 年）　　　　　飞蝗蔽野。

5.　崇祯十四年（1641 年）　　　　　夏，旱蝗。

6.清乾隆四十三年（1778 年）　　　　秋，大旱，飞蝗蔽野。

7.　道光十五年（1835 年）　　　　　夏，汉川旱蝗。

8.　咸丰九年（1859 年）　　　　　　夏，旱蝗。

原载同治《汉川县志》卷十四《祥祲志》，同治十二年刻本

《汉川县简志》

1.清光绪三年（1877 年）　　　　　　秋，蝗。

2. 民国四年（1915 年）　　　　　　　　蝗由西北生，飞腾数日。

3. 民国五年（1916 年）　　　　　　　　蝗。

原载《汉川县简志》自然灾害，湖北人民出版社 1959 年版

九、襄阳市

《襄樊市志》

1. 民国四年（1915 年）　　　　　　　　随县飞蝗蔽日，伤禾。

2. 民国三十三年（1944 年）　　　　　　八月，飞蝗由豫南侵入襄阳县境，飞蔽日，苗全尽，岁大饥。

原载《襄樊市志》自然灾害，中国城市出版社 1994 年版

同治《襄阳县志》

1. 唐光启二年（886 年）　　　　　　　蝗，斗米三千，人相食。

2. 宋隆兴元年（1163 年）　　　　　　　九月，蝗甚。

3. 元大德五年（1301 年）　　　　　　　蝗。

4. 明嘉靖十一年（1532 年）　　　　　　蝗。

5. 嘉靖十九年（1540 年）　　　　　　　七月，蝗。

6. 万历四十三年（1615 年）　　　　　　蝗害。

7. 万历四十四年（1616 年）　　　　　　蝗害。

8. 万历四十五年（1617 年）　　　　　　蝗害。

9. 崇祯十四年（1641 年）　　　　　　　秋，蝗飞蔽日。

10. 清道光十六年（1836 年）　　　　　　夏旱，蝗害稼。

11. 同治二年（1863 年）　　　　　　　　蝗，不为灾。

原载同治《襄阳县志》卷七《杂类志·祥异》，同治十三年刻本

《襄阳县志》

1. 民国三十三年（1944 年）　　　　　　八月，飞蝗几次由豫南侵入本县，所过处庄稼悉毁，有 35 个乡遭蝗灾，减产

186 余万石。

原载《襄阳县志》自然灾害，湖北人民出版社 1989 年版

2. 民国四年（1915 年）　　　　　　　　八月，飞蝗遮天蔽日，农作物损失严重。

原载《襄阳县志》大事记，湖北人民出版社 1989 年版

同治 《宜城县志》

1. 元大德五年（1301 年）　　　　　　襄阳蝗。

2. 明嘉靖十九年（1540 年）　　　　　七月，襄阳蝗。

3. 清顺治三年（1646 年）　　　　　　四月，蝻起，飞蝗害稼。

4. 顺治四年（1647 年）　　　　　　　蝗蝻又作，殍横于野。

5. 康熙十六年（1677 年）　　　　　　三月，黄宪塚、高观铺蝻生数十亩；四月，
　　　　　　　　　　　　　　　　　　　蝗飞蔽日，不为灾。

6. 乾隆五十一年（1786 年）　　　　　秋，飞蝗蔽天，禾苗全尽。

7. 咸丰八年（1858 年）　　　　　　　蝗害稼。

8. 咸丰九年（1859 年）　　　　　　　遗蝻复生。

原载同治《宜城县志》卷十《杂类志·祥异》，同治五年刻本

同治 《保康县志》

1. 清咸丰八年（1858 年）　　　　　　飞蝗食禾。

2. 同治元年（1862 年）　　　　　　　蝗虫过境，不为灾。

原载同治《保康县志》卷七《官师志附祥异》，同治十年据同治五年刻
版增刻本

民国 《枣阳县志》

1. 明正德九年（1514 年）　　　　　　秋，蝗，大饥。

2. 嘉靖七年（1528 年）　　　　　　　秋，蝗，大饥，人相食。

3. 嘉靖十年（1531 年）　　　　　　　秋，蝗。

4. 嘉靖十三年（1534 年）　　　　　　夏，蝗。

5. 崇祯十三年（1640 年）　　　　　　旱，蝗蝝并作，食苗殆尽。

6. 清乾隆五十一年（1786 年）　　　　　秋七月，飞蝗蔽日。

7. 道光八年（1828 年）　　　　　　　　秋七月，螟螣害稼。

8. 道光十四年（1834 年）　　　　　　　旱蝗。

9. 咸丰七年（1857 年）　　　　　　　　夏，飞蝗蔽天。

10. 同治元年（1862 年）　　　　　　　　秋七月，有蝗。

11. 光绪十四年（1888 年）　　　　　　　秋九月，蝝食麦苗几尽。

原载民国《枣阳县志》卷三十三《祥异志·灾异》，民国十二年铅印本

《枣阳县志》

1. 民国四年（1915 年）　　　　　　　　飞蝗蔽日，庄稼吃尽。

2. 民国十二年（1923 年）　　　　　　　刘寨蝗灾。

3. 民国二十三年（1934 年）　　　　　　蝗虫成灾。

4. 民国三十二年（1943 年）　　　　　　旱，蝗虫成灾。

5. 民国三十四年（1945 年）　　　　　　蝗灾。

原载《枣阳县志》自然灾害，中国城市经济社会出版社 1990 年版

民国《南漳县志》

清康熙五十八年（1719 年）　　　　　　南漳螽。

原载民国《南漳县志》卷末《杂识附祥异》，民国十一年石印本

《南漳县志》

民国五年（1916 年）　　　　　　　　八月，蛮河两岸飞蝗遮天盖地，所过庄稼
　　　　　　　　　　　　　　　　　　损失惨重。

原载《南漳县志》大事记，中国城市经济社会出版社 1990 年版

《谷城县志》

1. 明嘉靖十年（1531 年）　　　　　　　秋，谷城飞蝗蔽天，食稼殆尽。

2. 嘉靖十一年（1532 年）　　　　　　　秋，襄阳蝗。

3.　万历四十五年（1617 年）　　　　襄阳、谷城、光化飞蝗害稼。

4.　崇祯十四年（1641 年）　　　　秋，襄阳蝗飞蔽日。

5. 清乾隆五十一年（1786 年）　　　七月，蝗，大饥。

6.　道光十五年（1835 年）　　　　七月，蝗飞蔽天，禾苗一过乌有。

7.　道光十六年（1836 年）　　　　春，谷城、郧县飞蝗食麦，县令捐俸捕蝗，
　　　　　　　　　　　　　　　　　　购蝗四千五百担，灭之。

8.　咸丰八年（1858 年）　　　　　七月，飞蝗过境。

9. 民国四年（1915 年）　　　　　蝗灾，居民提前十天抢收庄稼以避。

10. 民国十年（1921 年）　　　　　谷城飞蝗蔽天，苞叶、稻叶吃光，饥。

11. 民国三十三年（1944 年）　　　四月，蝗，蔓延十九乡。

　　　　　　　　　原载《谷城县志》自然灾害纪略，新华出版社 1991 年版

光绪《光化县志》

清咸丰六年（1856 年）　　　　　　蝗。

　　　　原载光绪《光化县志》卷八《祥异》，光绪十三年据光绪十年刻版增刻本

《老河口市志》

1. 明嘉靖十一年（1532 年）　　　　蝗。

2.　万历四十四年（1616 年）　　　飞蝗蔽野，捕之。

3.　万历四十五年（1617 年）　　　飞蝗害稼。

4. 清道光十五年（1835 年）　　　四月，蝗；七月，又蝗，西乡更甚。

5.　道光二十五年（1845 年）　　　七月，飞蝗蔽天。

6.　同治三年（1864 年）　　　　　蝗，县令出示捕灭，无恙。

　　　　　　　　　原载《老河口市志》自然灾害记实，新华出版社 1992 年版

十、十堰市

《十堰市志》

民国三十三年（1944 年）　　　　　白浪、茅箭、花果、黄龙发生蝗灾，由河

南经均县蔓延至十堰，蝗势如海潮蜂拥而入，蝗自东而西遮天蔽日，所到之处禾苗被噬，田地多颗粒无收，民痛遭饥荒。

原载《十堰市志》自然灾害，中华书局 1999 年版

光绪《均州志》

1. 明正德七年（1512 年）　　六月，蝗。

2.　正德十一年（1516 年）　　蝗。

3.　嘉靖十一年（1532 年）　　蝗。

4. 清道光十五年（1835 年）　　秋，蝗入境，无禾。

5.　道光十六年（1836 年）　　春，蝗复为灾，食麦苗殆尽，督民捕而蒸之。

6.　咸丰八年（1858 年）　　秋八月，蝗害稼。

7.　同治元年（1862 年）　　蝗入境，伤禾。

原载光绪《均州志》卷十三《祥异志》，光绪十年刻本

《丹江口市志》

1. 民国三十二年（1943 年）　　九月，从河南飞入大批飞蝗，石鼓、麻界、金葫等乡捕杀之，但已产卵遍地。

2. 民国三十三年（1944 年）　　六月，蝗虫蔓延及五灵、老马、仁和、土山、金石、紫远、大柏、茯苓、丁道、浪河、城关、草店、白浪等地，结队起飞，遮天蔽日，所到之处禾苗顿被食罄，全县民众不分昼夜奋力围扑，3 个月共杀死蝗蝻 20 余万斤。

原载《丹江口市志》灾害史料，新华出版社 1993 年版

同治《房县志》

1. 清乾隆五十一年（1786 年）　　闰七月，蝗自谷城来，遮天蔽野，所过成

空，大雨，蝗皆附草木死。房自古无
蝗，自是始见。

2. 乾隆五十二年（1787 年）　　　　春，遗蝻大起，数倍于前，食麦苗几尽，
知县募民严捕之；五月，蝗蔽空向东
飞去。

3. 道光二十三年（1843 年）　　　　七月，螣生，食禾稻叶几尽。

4. 咸丰七年（1857 年）　　　　　　五月，蝗害稼。

5. 咸丰八年（1858 年）　　　　　　春，蝗生，不数日而尽。

6. 咸丰十年（1860 年）　　　　　　春，蝗生，月余忽有山麻雀无数啄之，蝗
乃尽。

7. 同治元年（1862 年）　　　　　　秋，城南境蝗生。

原载同治《房县志》卷六《事纪》，同治五年刻本

《房县志》

1. 清光绪十九年（1893 年）　　　　蝗飞蔽日，禾尽食。

2. 民国十四年（1925 年）　　　　　上龛蝗灾，禾叶几尽。

原载《房县志》自然灾害，中国文史出版社 1991 年版

同治《郧县志》

1. 清道光十六年（1836 年）　　　　夏六月，蝗飞蔽日，知县率民捕之。

2. 道光十七年（1837 年）　　　　　秋，旱蝗。

3. 道光十八年（1838 年）　　　　　夏，蝗蝻入境。

4. 同治元年（1862 年）　　　　　　秋七月，蝗自西北来，飞鸟驱食之，旋灭。

原载同治《郧县志》卷一《天文志·祥异》，同治五年刻本

民国《郧西县志》

1. 清康熙二十二年（1683 年）　　　有螣。

2. 康熙三十五年（1696 年）　　　　有螽。

3. 道光十六年（1836 年）　　　　　旱蝗，大饥。

4.　咸丰三年（1853 年）　　　　　　八月，旱蝗。

5.　同治元年（1862 年）　　　　　　七月，飞蝗入境。

原载民国《郧西县志》卷十四《杂志·祥异》，民国二十五年石印本

《郧西县志》

1. 清道光十三年（1833 年）　　　　秋，蝗为害。

2. 民国三十三年（1944 年）　　　　夏，特大蝗灾，飞蝗日夜啮食禾苗，沙沙作声，县川、土秀、津祥、安道、观闫、夹黄尤甚。

原载《郧西县志》大事记，武汉测绘科技大学出版社 1995 年版

3. 清道光二十三年（1843 年）　　　八月，蝗虫。

4.　咸丰七年（1857 年）　　　　　　夏，蝗为害；秋，蝗虫啃光禾苗。

5. 民国三十一年（1942 年）　　　　七月，飞蝗从河南省飞入县内，稻苗、包谷苗多被啃光。

原载《郧西县志》自然灾害，武汉测绘科技大学出版社 1995 年版

《竹溪县志》

1. 清咸丰八年（1858 年）　　　　　秋，飞蝗蔽日。

2. 民国三十三年（1944 年）　　　　秋，蝗为害甚烈，蝗虫由陕西至竹溪，将大同乡稻穗食尽。

原载《竹溪县志》灾异·虫灾，竹溪县志编纂委员会 1992 年版

同治《竹山县志》

经查，同治六年县志中无蝗灾记载。

十一、宜昌市

同治《宜昌府志》

1. 宋太平兴国七年（982 年）　　　　五月，峡州蝗。

2. 清道光十二年 （1832 年） 　　　八月，蝗飞过西坝，食禾稼殆尽。

3. 　咸丰五年 （1855 年） 　　　旱蝗。

4. 　咸丰六年 （1856 年） 　　　秋，飞蝗蔽日。

5. 　咸丰七年 （1857 年） 　　　七月，飞蝗蔽日，颇伤禾稼。

原载同治《宜昌府志》卷一《天文志·祥异》，同治四年刻本

《宜昌县志》

民国三十四年 （1945 年） 　　　黄陵、庙乡等地蝗虫为灾，稻谷歉收。

原载《宜昌县志》自然灾害，冶金工业出版社 1993 年版

《当阳县志》

1. 明万历十五年 （1587 年） 　　　蝗虫为害，民不聊生，人食草木。

2. 　万历四十五年 （1617 年） 　　　旱，蝗虫食尽禾苗，民大饥。

3. 　崇祯十三年 （1640 年） 　　　旱，蝗飞蔽天，民大饥。

4. 清康熙二十四年 （1685 年） 　　　蝗虫为害。

5. 　乾隆五十一年 （1786 年） 　　　秋，蝗食禾苗殆尽。

6. 　道光十五年 （1835 年） 　　　蝗虫为害。

7. 　咸丰七年 （1857 年） 　　　蝗虫为害，无收。

8. 民国二十三年 （1934 年） 　　　飞蝗成灾，谷穗被食殆尽。

9. 民国二十四年 （1935 年） 　　　七月，蝗虫为灾。

原载《当阳县志》自然灾害，中国城市出版社 1992 年版

同治 《东湖县志》①

1. 宋太平兴国七年 （982 年） 　　　五月，峡州蝗。

2. 清道光十二年 （1832 年） 　　　八月，蝗飞过西坝，食禾稼殆尽。

3. 　咸丰五年 （1855 年） 　　　旱蝗。

4. 　咸丰六年 （1856 年） 　　　秋，飞蝗蔽日。

---

① 东湖：旧县名，1912 年改名宜昌县，今湖北宜昌市。

5. 咸丰七年（1857 年）　　　　　　　七月，飞蝗蔽日，颇伤禾稼。

　　　　　　原载同治《东湖县志》卷二《天文志附禨祥》，同治三年刻本

同治《长阳县志》

1. 宋太平兴国七年（982 年）　　　　五月，峡州蝗。
2. 　天禧元年（1017 年）　　　　　荆湖蝗螟复生。
3. 明万历元年（1573 年）　　　　　蝗。
4. 　崇祯十四年（1641 年）　　　　秋，蝗飞蔽日，经旬不停，小蝗复起，食
　　　　　　　　　　　　　　　　　　禾苗尽，民多殍死。
5. 清道光十二年（1832 年）　　　　蝗。
6. 　咸丰五年（1855 年）　　　　　大旱蝗。
7. 　咸丰八年（1858 年）　　　　　大旱蝗。

　　　　　　原载同治《长阳县志》卷七《杂纪志·灾祥》，同治五年刻本

《长阳县志》

民国十三年（1924 年）　　　　　　螟蝗成灾。

　　　　　　原载《长阳县志》自然灾害，中国城市出版社 1992 年版

《宜都县志》

1. 明万历元年（1573 年）　　　　　蝗虫成灾。
2. 　崇祯十四年（1641 年）　　　　秋，蝗飞蔽日，经旬不停，后小蝗复起，
　　　　　　　　　　　　　　　　　　禾苗食尽。
3. 清乾隆五十二年（1787 年）　　　七月，蝗。
4. 　道光十六年（1836 年）　　　　夏，蝗食苗尽。
5. 　咸丰七年（1857 年）　　　　　夏，有蝗；秋，复蝗。
6. 　咸丰八年（1858 年）　　　　　八月，有蝗，晚稻受灾。
7. 民国三十四年（1945 年）　　　　蝗虫成灾。

　　　　　　原载《宜都县志》自然灾害，湖北人民出版社 1990 年版

《枝江县志》

1. 明隆庆六年（1572 年）　　　　　蝗虫成灾。
2. 万历元年（1573 年）　　　　　蝗虫成灾。
3. 崇祯十四年（1641 年）　　　　六至九月，蝗虫成灾，禾苗食尽。
4. 清咸丰七年（1857 年）　　　　蝗，督捕之，禾未被害。

　　　原载《枝江县志》自然灾害，中国城市经济社会出版社 1990 年版

《秭归县志》

1. 明嘉靖三十八年（1559 年）　　　大蝗，伤禾稼，饥。
2. 万历四十五年（1617 年）　　　旱，蝗食禾稼尽。
3. 万历四十七年（1619 年）　　　蝗飞蔽天。
4. 崇祯十三年（1640 年）　　　八月，蝗飞蔽日。
5. 崇祯十四年（1641 年）　　　秋，蝗飞蔽日，经旬不停，小蝗复起，食禾殆尽，民殍死。
6. 清道光十二年（1832 年）　　　蝗为灾。
7. 咸丰七年（1857 年）　　　秋，飞蝗至。

　　　原载《秭归县志》自然灾害，中国大百科全书出版社 1991 年版

8. 明万历八年（1580 年）　　　六月，飞蝗食禾。

　　　原载《秭归县志》大事记，中国大百科全书出版社 1991 年版

光绪《归州志》[①]

1. 清咸丰七年（1857 年）　　　秋，飞蝗至。
2. 咸丰八年（1858 年）　　　春，遗蝗生，捕之，不为害。

　　　原载光绪《归州志》卷十《祠祭志》，光绪二十七年刻本

《远安县志》

1. 明嘉靖七年（1528 年）　　　蝗飞蔽日。

---

① 归州：旧州名，1912 年改名秭归县。

2. 万历四十七年（1619 年）　　　　　蝗飞蔽天。

3. 崇祯十二年（1639 年）　　　　　　蝗虫。

4. 崇祯十三年（1640 年）　　　　　　八月，蝗虫。

5. 清道光十五年（1835 年）　　　　　飞蝗蔽日。

6. 咸丰十年（1860 年）　　　　　　　夏秋，飞蝗蔽日。

　　　　　　原载《远安县志》自然灾害，中国城市经济社会出版社 1990 年版

《兴山县志》

1. 清咸丰八年（1858 年）　　　　　　秋，蝗。

2. 民国三十三年（1944 年）　　　　　四月，飞蝗为害，屈洞、古夫、妃台、仙
　　　　　　　　　　　　　　　　　　侣、三溪、三阳、南阳、平水、湘坪九
　　　　　　　　　　　　　　　　　　乡受灾严重。

3. 民国三十五年（1946 年）　　　　　蝗虫为灾，豆麦无收。

　　　　　　　原载《兴山县志》自然灾害，中国三峡出版社 1997 年版

《五峰县志》

民国三十三年（1944 年）　　　　　　忠孝、信义、民族三乡蝗害。

　　　　　　　原载《五峰县志》自然灾害，中国城市出版社 1994 年版

十二、荆州市

《荆州地区志》

民国十八年（1929 年）　　　　　　　是年，天门蝗虫成灾，200 人饿死。

　　　　　　　原载《荆州地区志》大事记，红旗出版社 1996 年版

同治《松滋县志》

1. 明嘉靖二十年（1541 年）　　　　　松滋大蝗。

2. 隆庆六年（1572 年）　　　　　　　松滋、江陵大水蝗。

3.　　万历元年（1573 年）　　　　　　　　松滋、宜都蝗。

4. 清道光十五年（1835 年）　　　　　　　夏，大旱蝗。

5.　　咸丰五年（1855 年）　　　　　　　　旱蝗。

6.　　咸丰六年（1856 年）　　　　　　　　旱蝗。

7.　　咸丰七年（1857 年）　　　　　　　　旱蝗，入乡民田食禾至尽。

8.　　咸丰八年（1858 年）　　　　　　　　旱蝗。

9.　　咸丰九年（1859 年）　　　　　　　　邻县俱蝗，有飞入境者自毙。

原载同治《松滋县志》卷十二《杂志·灾祥》，同治八年刻本

同治 《公安县志》

1. 明崇祯十六年（1643 年）　　　　　　　旱蝗，蔽日无光。

2. 清道光十五年（1835 年）　　　　　　　大旱，飞蝗蔽天，害稼殆尽。

原载同治《公安县志》卷三《民政志下·祥异》，同治十三年刻本

《石首县志》

1. 清道光十五年（1835 年）　　　　　　　大旱，蝗灾。

2.　　咸丰七年（1857 年）　　　　　　　　夏旱，飞蝗蔽天。

原载《石首县志》自然灾害，红旗出版社 1990 年版

同治 《监利县志》

1. 清道光十五年（1835 年）　　　　　　　大旱，飞蝗蔽天。

2.　　咸丰六年（1856 年）　　　　　　　　旱蝗。

原载同治《监利县志》卷十二《杂识志·丰歉》，同治十一年刻本

《监利县志》

民国四年（1915 年）　　　　　　　　　　夏旱，遭蝗虫之害，颗粒无收。

原载《监利县志》大事记，湖北人民出版社 1994 年版

道光 《天门县志》

1. 明嘉靖二十年（1541 年）　　　　　飞蝗蔽天。

2. 万历四十五年（1617 年）　　　　　大旱，蝗虫蔽野。

3. 崇祯十四年（1641 年）　　　　　　夏，旱蝗。

原载道光《天门县志》卷十五《祥异志》，道光元年刻本

《天门县志》

1. 清道光十五年（1835 年）　　　　　五月，蝗蝻成灾；七月，飞蝗遍野。

2. 民国三年（1914 年）　　　　　　　夏旱，蝗害。

3. 民国五年（1916 年）　　　　　　　夏，蝗灾，庄稼无收。

4. 民国十七年（1928 年）　　　　　　七月，飞蝗蔽日，稻粟受灾。

5. 民国十八年（1929 年）　　　　　　蝗虫为害成灾。

原载《天门县志》大事记，湖北人民出版社 1989 年版

6. 清咸丰六年（1856 年）　　　　　　稻蝗为害。

7. 咸丰七年（1857 年）　　　　　　　稻蝗为害。

8. 咸丰八年（1858 年）　　　　　　　稻蝗为害。

9. 光绪三年（1877 年）　　　　　　　稻蝗为害。

10. 民国二十年（1931 年）　　　　　　稻蝗为害，庄稼被食。

原载《天门县志》自然灾害，湖北人民出版社 1989 年版

光绪 《江陵县志》

1. 唐光启二年（886 年）　　　　　　荆、襄蝗，斗米钱三千，人相食。

2. 宋嘉定八年（1215 年）　　　　　　四月，南郡蝗食禾苗、山林、草木皆尽。

3. 元大德三年（1299 年）　　　　　　五月，江陵路旱蝗。

4. 明隆庆六年（1572 年）　　　　　　江陵蝗。

5. 万历二年（1574 年）　　　　　　　江陵蝗。

6. 崇祯十二年（1639 年）　　　　　　江南北飞蝗蔽日。

7. 清道光十五年（1835 年）　　　　　秋七月，蝗。

8. 咸丰六年（1856 年）　　　　　　　七月，蝗。

9. 咸丰七年（1857 年）　　　　　　　蝗。

原载光绪《江陵县志》卷六十一《外志一·祥异》，光绪三年刻本

光绪 《沔阳州志》

1. 明嘉靖二十年（1541 年）　　　　　大蝗。
2. 崇祯十四年（1641 年）　　　　　　夏五月，旱蝗。
3. 清道光十五年（1835 年）　　　　　秋七月，蝗飞蔽天，有啮小儿死者。
4. 咸丰六年（1856 年）　　　　　　　秋九月，蝗。
5. 咸丰七年（1857 年）　　　　　　　夏，旱蝗。

原载光绪《沔阳州志》卷一《天文志·祥异》，光绪二十年刻本

《潜江县志》

经查，光绪六年及 1990 年中国文史出版社出版的县志中均无蝗灾记载。

《沙市市志》

经查，1992 年中国经济出版社出版的市志中无蝗灾记载。

《洪湖县志》

经查，1992 年武汉大学出版社出版的县志中无蝗灾记载。

十三、荆门市

民国 《钟祥县志》

1. 明万历四十四年（1616 年）　　　　八月，蝗飞蔽天，禾稼尽损。
2. 崇祯九年（1636 年）　　　　　　　秋八月，蝗虫遍野，野草俱尽。
3. 崇祯十年（1637 年）　　　　　　　夏五月，蝝渡河，入民居，遍野害稼。
4. 清道光十五年（1835 年）　　　　　是年，大旱，蝗飞蔽天。
5. 道光十六年（1836 年）　　　　　　秋七月，蝗飞蔽日，野草俱尽。
6. 咸丰六年（1856 年）　　　　　　　大旱，飞蝗蔽天。

7.　咸丰七年（1857 年）　　　　　秋七月，飞蝗蔽天。

8.　咸丰八年（1858 年）　　　　　六月旱，蝗飞蔽日。

原载民国《钟祥县志》卷一《大事记》，民国二十六年铅印本

乾隆《荆门州志》

1. 明嘉靖二十年（1541 年）　　　　八月，荆门飞蝗蔽日。

2.　崇祯十四年（1641 年）　　　　夏秋间，蝗蝻食禾，蔽空而南，大饥。

原载乾隆《荆门州志》卷三十四《祥异》，乾隆十九年刻本

光绪《京山县志》

1. 明崇祯十四年（1641 年）　　　　秋，蝗蝻为灾，民食树皮、草根。

2. 清道光十四年（1834 年）　　　　蝗。

3.　咸丰六年（1856 年）　　　　　大旱蝗。

原载光绪《京山县志》卷一《舆地·祥异》，光绪八年刻本

十四、恩施土家族苗族自治州

《建始县志》

民国三十一年（1942 年）　　　　夏，蝗灾，饥荒。

原载《建始县志》大事记，湖北辞书出版社 1994 年版

《恩施州志》

经查，1998 年湖北人民出版社出版的州志中无蝗灾记载。

《来凤县志》

经查，同治五年及 1990 年湖北人民出版社出版的县志中均无蝗灾记载。

《鹤峰县志》

经查，1990 年湖北人民出版社出版的县志中无蝗灾记载。

《宣恩县志》

经查，同治二年及 1995 年武汉工业大学出版社出版的县志中均无蝗灾记载。

《利川县志》

经查，光绪二十年及 1993 年湖北科学技术出版社出版的县志中均无蝗灾记载。

《咸丰县志》

经查，同治四年及 1990 年武汉大学出版社出版的县志中均无蝗灾记载。

《巴东县志》

经查，光绪六年及 1993 年湖北科学技术出版社出版的县志中均无蝗灾记载。

第十二章

广东省地方志中的蝗灾记载

一、广东综合志

道光《广东通志》

1. 明正德六年（1511 年）　　　　　　春，新会、增城蝗。
2. 正德七年（1512 年）　　　　　　惠州飞蝗蔽天。
3. 正德八年（1513 年）　　　　　　三月，增城蝗害稼。
4. 正德九年（1514 年）　　　　　　东莞蝗害稼。

原载道光《广东通志》卷一百八十七《前事略七》，同治三年刻本

二、广州市

光绪《广州府志》

1. 明正统六年（1441 年）　　　　　　二月，广东蝗。
2. 天顺六年（1462 年）　　　　　　新会蝗。
3. 弘治元年（1488 年）　　　　　　正月，广州有蝗。
4. 正德三年（1508 年）　　　　　　新宁①蝗。
5. 正德六年（1511 年）　　　　　　新会、增城蝗。
6. 正德八年（1513 年）　　　　　　增城蝗害稼。
7. 正德九年（1514 年）　　　　　　东莞蝗害稼。

---

① 新宁：旧县名，治所在今广东台山。

8.　嘉靖五年（1526 年）　　　　　　秋，顺德蝗虫伤稼。

9.　嘉靖九年（1530 年）　　　　　　三月，顺德旱，蝗虫伤稼，岁大饥。

10.　嘉靖三十七年（1558 年）　　　　春三月，顺德旱蝗伤稼。

原载光绪《广州府志》卷七十八《前事略四》，光绪五年刻本

11.　万历五年（1577 年）　　　　　　秋七月，顺德飞蝗食苗尽。

12.　崇祯五年（1632 年）　　　　　　龙门螽伤稼。

13.　崇祯十年（1637 年）　　　　　　龙门蝗，谷贵。

原载光绪《广州府志》卷七十九《前事略五》，光绪五年刻本

14.　清顺治九年（1652 年）　　　　　秋，龙门有蝗。

15.　康熙十八年（1679 年）　　　　　九月，南海蝗。

原载光绪《广州府志》卷八十《前事略六》，光绪五年刻本

16.　嘉庆六年（1801 年）　　　　　　五月，龙门大水蝗。

17.　嘉庆十七年（1812 年）　　　　　新安东路蝗食稻。

18.　道光十四年（1834 年）　　　　　三水有蝗。

19.　道光十五年（1835 年）　　　　　夏，番禺蝗。

20.　道光十七年（1837 年）　　　　　三水有蝗。

原载光绪《广州府志》卷八十一《前事略七》，光绪五年刻本

21.　同治六年（1867 年）　　　　　　秋，三水有蝗。

原载光绪《广州府志》卷八十二《前事略八》，光绪五年刻本

《增城县志》

1. 明正德六年（1511 年）　　　　　　春，蝗虫祸害庄稼。

2.　正德八年（1513 年）　　　　　　　秋，又遭蝗害。

3. 清顺治九年（1652 年）　　　　　　八月，蝗害庄稼。

原载《增城县志》大事记，广东人民出版社 1995 年版

《番禺县志》

明正统六年（1441 年）　　　　　　　广州有蝗。

原载《番禺县志》大事记，广东人民出版社 1995 年版

《从化县志》

经查，1994 年广东人民出版社出版的县志中无蝗灾记载。

《花县志》

经查，光绪十六年及 1995 年广东人民出版社出版的县志中均无蝗灾记载。

《广州市志》

经查，1996 年广州出版社出版的市志中无蝗灾记载。

三、佛山市

嘉庆《三水县志》

清嘉庆二十二年（1817 年）　　　　　　夏六月，早造蝗灾。

原载嘉庆《三水县志》卷十三《编年附灾祥》，嘉庆二十四年刻本

《高明县志》

清道光十五年（1835 年）　　　　　　闰六月二日，大群蝗虫从广西方面飞入县境，遮天蔽日，八日，蝗虫又到，比上次多一倍，乡民用锣鼓声驱赶，庄稼没受害。

原载《高明县志》大事记，广东人民出版社 1995 年版

《顺德县志》

1. 明嘉靖五年（1526 年）　　　　　蝗虫为害，作物受损。
2. 嘉靖七年（1528 年）　　　　　夏，蝗虫严重为害稻田。
3. 嘉靖九年（1530 年）　　　　　春，蝗灾，作物严重受损。
4. 嘉靖三十二年（1553 年）　　　　蝗虫为害早稻。
5. 嘉靖三十七年（1558 年）　　　　三月旱，蝗虫为害作物。

6. 万历五年（1577 年）　　　　　　七月，蝗灾，禾苗被食尽。
7. 清道光十五年（1835 年）　　　　　夏，蝗灾。

原载《顺德县志》大事记，中华书局 1996 年版

《南海县志》

明弘治元年（1488 年）　　　　　　五月，蝗虫为害。

原载《南海县志》大事记，中华书局 2000 年版

《佛山市志》

经查，1994 年广东人民出版社出版的市志中无蝗灾记载。

四、江门市

《鹤山县志》

1. 清道光十五年（1835 年）　　　　闰六月，蝗虫骤至，古劳镇蔽日无光。
2. 民国二十一年（1932 年）　　　　九月，蝗虫为害禾苗，宅梧镇一带尤为
　　　　　　　　　　　　　　　　　　严重。

原载《鹤山县志》大事记，广东人民出版社 2001 年版

《开平县志》

1. 清顺治九年（1652 年）　　　　　八月，蝗虫食禾苗。
2.　康熙四年（1665 年）　　　　　　九月旱，蝗灾。
3.　康熙四十二年（1703 年）　　　　夏六月，蝗害稼。
4.　道光十五年（1835 年）　　　　　七月，长沙有蝗，从东方飞来，蔽日无光，
　　　　　　　　　　　　　　　　　　践踏田禾，狂风大雨，蝗虫溺水而死，
　　　　　　　　　　　　　　　　　　堆积如山。

原载《开平县志》自然灾害，中华书局 2002 年版

道光《新会县志》

1. 明天顺六年（1462 年）　　　　　蝗。
2. 　正德六年（1511 年）　　　　　春，有蝗。
3. 清道光十五年（1835 年）　　　　闰六月，蝗，署县捕之，设局收买，蝗不
　　　　　　　　　　　　　　　　　　为灾。

原载道光《新会县志》卷十四《事略下·祥异》，道光二十一年刻本

道光《新宁县志》

1. 明正德三年（1508 年）　　　　　九月，新宁蝗。
2. 清道光十五年（1835 年）　　　　秋，新宁有蝗。

原载道光《新宁县志》卷七《事纪略》，道光十九年刻本

民国《恩平县志》

1. 清同治六年（1867 年）　　　　　晚造蝗灾。
2. 　光绪十七年（1891 年）　　　　蝗伤早造，无收。

原载民国《恩平县志》卷十四《纪事二》，民国二十三年铅印本

《恩平县志》

民国二十一年（1932 年）　　　　　圣堂垌晚造蝗虫为害。

原载《恩平县志》自然灾害，方志出版社 2004 年版

民国《赤溪县志》[①]

清光绪三年（1877 年）　　　　　　八月，蝗虫为灾。

原载民国《赤溪县志》卷七《纪述志·灾祥》，民国十五年刻本

---

① 　赤溪：旧县名，治所在今广东台山市东南赤溪镇。

《江门市志》

经查，1998 年广东人民出版社出版的市志中无蝗灾记载。

《台山县志》

经查，1998 年广东人民出版社出版的县志中无蝗灾记载。

五、惠州市

光绪《惠州府志》

1. 明正德七年（1512 年）　　　　　　惠州蝗飞蔽天；秋七月，归善①蝗，其多
　　　　　　　　　　　　　　　　　　蔽野，食田禾殆尽。
2. 　正德八年（1513 年）　　　　　　河源蝗。
3. 　正德九年（1514 年）　　　　　　夏六月，河源蝗而不害。
4. 　嘉靖十七年（1538 年）　　　　　蝗，不伤稼。
5. 清康熙十六年（1677 年）　　　　　是年，连平多蝗。

原载光绪《惠州府志》卷十七《郡事上》，光绪七年刻本

6. 　康熙四十二年（1703 年）　　　　五月，蚱蜢害禾。
7. 　同治九年（1870 年）　　　　　　冬，蝗，数日而没。

原载光绪《惠州府志》卷十八《郡事下》，光绪七年刻本

乾隆《归善县志》

1. 明正德七年（1512 年）　　　　　　秋七月，蝗，其多蔽野，所至食田禾殆尽。
2. 　正德八年（1513 年）　　　　　　蝗复起。

原载乾隆《归善县志》卷十八《杂记》，乾隆四十八年刻本

《龙门县志》

1. 明崇祯十年（1637 年）　　　　　　蝗灾。

---

① 归善：旧县名，治所在今广东惠阳。

2. 清顺治九年（1652 年）　　　　　　　秋，蝗灾，一日夜食禾苗数顷。

3.　嘉庆六年（1801 年）　　　　　　　五月，蝗灾。

　　　　　　　　　　原载《龙门县志》大事记，新华出版社 1995 年版

民国《龙门县志》

明崇祯五年（1632 年）　　　　　　　蚕害稼。

　　　　　　　　原载民国《龙门县志》卷十七《县事志》，民国二十五年铅印本

《惠阳县志》

1. 明正德七年（1512 年）　　　　　　蝗虫蔽天，食禾殆尽。

2. 清康熙四十二年（1703 年）　　　　五月，蚱蜢害禾。

3.　同治九年（1870 年）　　　　　　冬，蝗，数日而没。

4. 民国二十二年（1933 年）　　　　　早造蝗虫千百成群。

　　　　　　　　原载《惠阳县志》自然灾害·虫害，广东人民出版社 2003 年版

《惠东县志》

清同治九年（1870 年）　　　　　　　归善县境蝗虫成灾，稻禾遭损。

　　　　　　　　　原载《惠东县志》自然灾害，中华书局 2003 年版

乾隆《博罗县志》

明嘉靖十年（1531 年）　　　　　　　秋八月，蝗。

　　　　　　　　原载乾隆《博罗县志》卷二《编年志》，乾隆二十八年刻本

六、河源市

《河源县志》

1. 明正德八年（1513 年）　　　　　　冬，蝗灾。

2. 民国二十三年（1934 年）　　　　　　　六月，蝗虫为害，稻禾损失很大。

　　　　　　　　原载《河源县志》自然灾害，广东人民出版社 2000 年版

《连平县志》

民国十六年（1927 年）　　　　　　　冬，县内蝗虫为害，农作严重歉收。

　　　　　　　　原载《连平县志》大事记，中华书局 2001 年版

道光《永安县志》[①]

经查，道光十四年版县志中无蝗灾记载。

《紫金县志》

经查，1994 年广东人民出版社出版的县志中无蝗灾记载。

《龙川县志》

经查，1994 年广东人民出版社出版的县志中无蝗灾记载。

《和平县志》

经查，1999 年广东人民出版社出版的县志中无蝗灾记载。

七、梅州市

《梅州市志》

1. 明嘉靖十九年（1540 年）　　　　　　五月，大埔蝗灾，早稻绝收。
2. 　万历十九年（1591 年）　　　　　　五月，大埔蝗害，禾苗被食殆尽。
3. 清乾隆五十九年（1794 年）　　　　　秋，兴宁蝗灾，水稻歉收。

　　　　　　　　原载《梅州市志》大事记，广东人民出版社 1999 年版

---

① 　永安：旧县名，1914 年改名紫金县。

4.	明嘉靖十七年（1538 年）	兴宁蝗虫成灾。
5.	清乾隆十六年（1751 年）	丰顺县晚稻被蝗虫为害。
6.	乾隆三十三年（1768 年）	大埔晚稻几乎被蝗虫吃光。
7.	道光五年（1825 年）	秋，兴宁晚稻蝗虫为害。
8.	道光六年（1826 年）	秋，蝗虫两次为害兴宁晚稻。
9.	光绪十五年（1889 年）	梅县蝗虫成灾，田禾只有少数生存。

原载《梅州市志》自然灾害，广东人民出版社 1999 年版

《大埔县志》

1.	明嘉靖十九年（1540 年）	五月，蝗食禾尽。
2.	万历十九年（1591 年）	五月，蝗食禾殆尽。
3.	清乾隆三十三年（1768 年）	秋，蝗食禾殆尽。

原载《大埔县志》大事记，广东人民出版社 1992 年版

《丰顺县志》

清乾隆十六年（1751 年）　　　　溜隍、葛布晚禾发生蝗灾。

原载《丰顺县志》大事记，广东人民出版社 1995 年版

咸丰《兴宁县志》

明嘉靖十七年（1538 年）　　　　蝗，不伤稼。

原载咸丰《兴宁县志》卷十二《外志·灾祥》，咸丰六年据嘉庆十六年刻版增刻本

《兴宁县志》

1.	清乾隆三十三年（1768 年）	秋，蝗害甚烈。
2.	乾隆五十九年（1794 年）	秋，蝗灾，歉收。

原载《兴宁县志》大事记，广东人民出版社 1992 年版

光绪《嘉应州志》[①]

经查，光绪二十四版州志中无蝗灾记载。

民国《长乐县志》[②]

经查，民国六年版县志中无蝗灾记载。

《五华县志》

经查，1991 年广东人民出版社出版的县志中无蝗灾记载。

《蕉岭县志》

经查，1992 年广东人民出版社出版的县志中无蝗灾记载。

《平远县志》

经查，1993 年广东人民出版社出版的县志中无蝗灾记载。

《梅县志》

经查，1994 年广东人民出版社出版的县志中无蝗灾记载。

八、韶关市

《韶关市志》

1. 明嘉靖九年（1530 年）　　　　英德、乐昌、翁源、乳源蝗害，民采竹笋充饥。
2. 万历十三年（1585 年）　　　　英德县蝗虫食禾，大饥。

原载《韶关市志》大事记，中华书局 2001 年版

3. 清同治九年（1870 年）　　　　八月，仁化蝗虫遍野，忽有乌鸦数百飞集食之，数日俱灭。

---

① 嘉应：旧州名，治所在今广东梅州。
② 长乐：旧县名，治所在今广东五华县西北华城镇。

4.　光绪十一年（1885 年）　　　　　　仁化蝗虫成灾，早稻失收。

5.　光绪二十五年（1899 年）　　　　　秋，蝗为灾，荒歉。

6.　光绪二十八年（1902 年）　　　　　仁化蝗虫成灾，早稻收不及半。

7.　光绪二十九年（1903 年）　　　　　五月，清远忽生蝗虫，赤头、青身、两角，
　　　　　　　　　　　　　　　　　　专吃稻秧。

8.　民国五年（1916 年）　　　　　　　乐昌蝗虫害稼，驱之遁水，旋即复集，歉收。

9.　民国七年（1918 年）　　　　　　　秋，连县蝗虫成灾，晚稻失收。

10.　民国十五年（1926 年）　　　　　　仁化蝗虫成灾，早稻收不及半。

11.　民国十六年（1927 年）　　　　　　乐昌蝗虫害稼，早稻失收。

12.　民国二十一年（1932 年）　　　　　九月，清远早稻忽生蝗虫，歉收，农民甚苦。

13.　民国二十四年（1935 年）　　　　　九月，清远蝗虫害稼，损失五成。

14.　民国二十九年（1940 年）　　　　　五月，连县禾遭蝗灾 6 000 亩，损失稻谷
　　　　　　　　　　　　　　　　　　10 万担。

原载《韶关市志》自然灾害，中华书局 2001 年版

同治《韶州府志》[①]

1.　明嘉靖九年（1530 年）　　　　　　英德、乐昌、翁源、乳源蝗，饥。

2.　　嘉靖二十一年（1542 年）　　　　秋，翁源蝗。

3.　　万历十三年（1585 年）　　　　　英德蝗害稼，大饥。

4.　清康熙三十五年（1696 年）　　　　翁源上乡多蝗。

5.　　同治九年（1870 年）　　　　　　八月，仁化湖坑蝗虫遍野，忽有乌鸦数百
　　　　　　　　　　　　　　　　　　飞集食之，数日俱尽。

原载同治《韶州府志》卷十一《舆地略·祥异》，光绪二年刻本

民国《乐昌县志》

1.　清光绪二十五年（1899 年）　　　　秋，蝗为灾，粮食歉收。

2.　民国五年（1916 年）　　　　　　　是年，坪石区蝗虫害稼，驱之，旋复集，
　　　　　　　　　　　　　　　　　　岁歉收。

---

①　韶州：旧府名，治所在今广东韶关。

3. 民国十六年（1927 年） 蝗虫害稼，早稻失收。

原载民国《乐昌县志》卷十九《大事记》，民国二十年铅印本

《仁化县志》

1. 清同治九年（1870 年） 八月，胡坑蝗虫遍野，忽有乌鸦数百飞来集食，数日蝗灭。

2. 光绪十一年（1885 年） 蝗害，早稻失收。

3. 光绪二十六年（1900 年） 蝗害，早稻歉收。

4. 光绪二十八年（1902 年） 蝗害，早稻收成不及十之四。

原载《仁化县志》第六章《灾害》，仁化县志编纂委员会 1992 年版

《翁源县志》

1. 明嘉靖九年（1530 年） 蝗灾。

2. 嘉靖二十一年（1542 年） 秋，蝗灾。

3. 清康熙三十五年（1696 年） 上乡多蝗。

原载《翁源县志》大事记，广东人民出版社 1997 年版

《乳源瑶族自治县志》

1. 明嘉靖九年（1530 年） 蝗虫为灾，饥荒。

2. 民国二十二年（1933 年） 是年，蝗虫严重。

原载《乳源瑶族自治县志》大事记，广东人民出版社 1997 年版

乾隆《南雄府志》

经查，乾隆十八年版府志中无蝗灾记载。

《南雄县志》

经查，道光四年及 1991 年广东人民出版社出版的县志中均无蝗灾记载。

《始兴县志》

经查，民国十五年及 1997 年广东人民出版社出版的县志中均无蝗灾记载。

《新丰县志》

经查，1998 年广东人民出版社出版的县志中无蝗灾记载。

《曲江县志》

经查，1999 年中华书局出版的县志中无蝗灾记载。

光绪 《长宁县志》①

经查，光绪三十三年版县志中无蝗灾记载。

九、清远市

光绪 《清远县志》

1. 明正统六年（1441 年）　　　　二月，广东蝗。
2. 清道光十五年（1835 年）　　　　有蝗，清远知县以驱蝗法示民，蝗不为害。

原载光绪 《清远县志》卷十二 《前事》，光绪六年刻本

道光 《英德县志》

明万历十三年（1585 年）　　　　蝗虫食禾，大饥。

原载道光 《英德县志》卷十五 《前事略·灾异》，道光二十三年刻本

民国 《英德县续志》

清光绪十七年（1891 年）　　　　秋，蝗。

原载民国 《英德县续志》卷十五 《前事略·灾异》，民国二十年铅印本

---

① 长宁：旧县名，治所在今广东新丰。

同治《连州志》

1. 清康熙十八年（1679 年）　　　　　蝗害稼。
2. 康熙十九年（1680 年）　　　　　　夏五月，蝗灾。
3. 乾隆二年（1737 年）　　　　　　　秋七月，蝗害稼。

原载同治《连州志》卷八《祥异志》，同治十年刻本

《连南瑶族自治县志》

1. 清乾隆二年（1737 年）　　　　　　七月，蝗灾，庄稼失收。
2. 道光十五年（1835 年）　　　　　　六月，蝗灾，庄稼失收。

原载《连南瑶族自治县志》灾异·虫灾，广东人民出版社 1996 年版

《连山壮族瑶族自治县志》

1. 清乾隆二年（1737 年）　　　　　　七月，蝗灾。
2. 道光十五年（1835 年）　　　　　　闰六月，蝗虫残害庄稼，厅同知亲临山峒
　　　　　　　　　　　　　　　　　　捕蝗，不幸中瘴身亡。

原载《连山壮族瑶族自治县志》大事记，生活·读书·新知三联书店 1997 年版

《佛冈县志》

1. 明嘉靖九年（1530 年）　　　　　　英德等县蝗虫为害，岁大饥。
2. 万历十三年（1585 年）　　　　　　英德蝗虫食禾，大饥。
3. 万历十五年（1587 年）　　　　　　蝗虫食禾，大饥。
4. 清康熙五十二年（1713 年）　　　　夏四月，蝗灾，饥。

原载《佛冈县志》大事记，中华书局 2003 年版

《阳山县志》

经查，2003 年中华书局出版的县志中无蝗灾记载。

十、肇庆市

宣统《高要县志》

1. 清道光十五年（1835 年）　　　　夏秋，蝗。
2. 　同治九年（1870 年）　　　　　秋，螣害稼。

原载宣统《高要县志》卷二十五《旧闻篇一·纪事》，民国二十七年铅印本

《高要县志》

民国三十一年（1942 年）　　　　秋旱，蝗虫害禾。

原载《高要县志》自然灾害，广东人民出版社 1996 年版

道光《开建县志》①

1. 清康熙四十二年（1703 年）　　　蝗食早禾。
2. 　康熙六十年（1721 年）　　　　蝗食早禾。

原载道光《开建县志》卷十一《事纪志·祥异》，道光三年刻本

《封开县志》

1. 清道光十四年（1834 年）　　　　八至九月，封川②蝗食禾。
2. 　道光十九年（1839 年）　　　　九月，封川蝗飞蔽天，幸不伤禾，然遗蝻
　　　　　　　　　　　　　　　　　遍野，至冬乃绝。

原载《封开县志》大事记，广东人民出版社 1998 年版

《广宁县志》

1. 清嘉庆十三年（1808 年）　　　　六月，蝗害。

---

　① 开建：旧县名，治所在今广东封开东北南丰镇。
　② 封川：旧县名，治所在今广东封开东南封川镇。

2. 道光十四年（1834 年）　　　　　五月，蝗虫为害。

原载《广宁县志》大事记，广东人民出版社 1994 年版

光绪《德庆州志》

清康熙五十六年（1717 年）　　　　冬十月，螣。

原载光绪《德庆州志》卷十五《旧闻志·纪事》，光绪二十五年刻本

《德庆县志》

1. 清乾隆六年（1741 年）　　　　　秋七月，蝗。
2. 道光十五年（1835 年）　　　　　夏六月，蝗。
3. 道光二十四年（1844 年）　　　　萎垌蝗。
4. 道光二十九年（1849 年）　　　　秋七月，蝗。
5. 同治六年（1867 年）　　　　　　秋，螣。
6. 民国三十二年（1943 年）　　　　秋，蝗。

原载《德庆县志》自然灾害·虫灾，广东人民出版社 1996 年版

乾隆《梧州府志》

清乾隆十三年（1748 年）　　　　　秋，怀集有蝗，不为灾。

原载乾隆《梧州府志》卷二十四《纪事志·禨祥》，乾隆三十五年刻本

光绪《肇庆府志》

经查，光绪二年版府志中无蝗灾记载。

《肇庆市志》

经查，1996 年广东人民出版社出版的市志中无蝗灾记载。

《怀集县志》

经查，1993 年广东人民出版社出版的县志中无蝗灾记载。

《四会县志》

经查，1996 年广东人民出版社出版的县志中无蝗灾记载。

十一、阳江市

《阳江县志》

清咸丰六年（1856 年）　　　　　八月，阳江飞蝗蔽天，大伤禾稼。

原载《阳江县志》大事记，广东人民出版社 2000 年版

《阳春县志》

1. 明弘治元年（1488 年）　　　　有蝗。
2. 清道光十五年（1835 年）　　　蝗害。
3. 　咸丰三年（1853 年）　　　　八月，蝗。
4. 　咸丰四年（1854 年）　　　　五月，蝗。
5. 　咸丰九年（1859 年）　　　　八月，蝗。

原载《阳春县志》自然灾害，广东人民出版社 1996 年版

十二、茂名市

《茂名市志》

1. 清顺治八年（1651 年）　　　　冬，信宜蝗虫为害。
2. 　康熙三十六年（1697 年）　　秋，信宜蝗虫为害。
3. 　乾隆四十二年（1777 年）　　秋，信宜蝗虫为害。
4. 　乾隆四十三年（1778 年）　　电白蝗虫为害，农作物失收，饥荒。
5. 　道光十年（1830 年）　　　　电白旱，蝗虫灾害，饥荒。
6. 　道光十一年（1831 年）　　　电白发生蝗害，农作物失收。
7. 　咸丰二年（1852 年）　　　　电白蝗害严重，农作受损。
8. 　咸丰三年（1853 年）　　　　秋，信宜蝗虫为害。

9. 咸丰四年（1854 年）　　　　　　夏秋间，茂名、信宜蝗灾，飞蔽天。

原载《茂名市志》自然灾害，生活·读书·新知三联书店 1997 年版

光绪《茂名县志》

1. 明崇祯十七年（1644 年）　　　　　蝗，饥。
2. 清顺治八年（1651 年）　　　　　　冬，大蝗。
3. 乾隆二十九年（1764 年）　　　　　蝗伤稼。
4. 乾隆四十二年（1777 年）　　　　　大旱蝗。
5. 咸丰四年（1854 年）　　　　　　　四月，飞蝗蔽天，损禾稼。

原载光绪《茂名县志》卷八《纪述志·灾祥》，光绪十四年刻本

光绪《高州府志》

1. 明万历三十九年（1611 年）　　　　秋，石城①蝗伤稼。

原载光绪《高州府志》卷四十八《纪述一·事纪一》，光绪十六年刻本

2. 清雍正元年（1723 年）　　　　　　吴川、石城蝗，饥。
3. 乾隆九年（1744 年）　　　　　　　秋八月，化州、吴川大水蝗。
4. 乾隆二十九年（1764 年）　　　　　茂名、吴川蝗。
5. 乾隆四十二年（1777 年）　　　　　秋，大旱蝗。

原载光绪《高州府志》卷四十九《纪述二·事纪二》，光绪十六年刻本

6. 道光十一年（1831 年）　　　　　　电白旱，有蝗。
7. 道光十七年（1837 年）　　　　　　秋，螣。
8. 咸丰元年（1851 年）　　　　　　　吴川旱蝗。
9. 咸丰二年（1852 年）　　　　　　　电白蝗。
10. 咸丰三年（1853 年）　　　　　　 五月，石城蝗；八月，吴川蝗。
11. 咸丰四年（1854 年）　　　　　　 夏四月，茂名飞蝗蔽天，损禾稼，诸邑
　　　　　　　　　　　　　　　　　　均有蝗，知县悬赏捕之，惟吴川蝗不
　　　　　　　　　　　　　　　　　　入境。

---

① 石城：旧县名，治所在今广东廉江。

12. 咸丰十年（1860 年）　　　　　　秋，石城飞蝗蔽日，食禾稼。

　　　　　　　原载光绪《高州府志》卷五十《纪述三·事纪三》，光绪十六年刻本

《信宜县志》

1. 清顺治八年（1651 年）　　　　　冬，蝗。
2. 乾隆四十二年（1777 年）　　　　秋，旱蝗，饥。
3. 道光二十九年（1849 年）　　　　蝗。
4. 咸丰三年（1853 年）　　　　　　秋，蝗。
5. 咸丰四年（1854 年）　　　　　　秋，蝗。

　　　　　　　原载《信宜县志》自然灾害，广东人民出版社 1993 年版

光绪《化州志》

1. 清乾隆九年（1744 年）　　　　　八月，蝗虫食田禾几尽。
2. 道光十七年（1837 年）　　　　　秋，螣。
3. 咸丰元年（1851 年）　　　　　　秋八月，旱蝗。
4. 咸丰三年（1853 年）　　　　　　夏五月，蝗；八月，蝗。

　　　　　　　原载光绪《化州志》卷十二《杂志·前事略》，光绪十六年刻本

《电白县志》

1. 清乾隆四十三年（1778 年）　　　是年，蝗虫为害，农作物失收，大饥。
2. 道光十年（1830 年）　　　　　　蝗虫为害，农业失收。
3. 道光十一年（1831 年）　　　　　旱蝗为害更甚。
4. 咸丰二年（1852 年）　　　　　　蝗虫严重，农作物受损。

　　　　　　　原载《电白县志》大事记，中华书局 2000 年版

十三、云浮市

《罗定县志》

清咸丰三年（1853 年）　　　　　　八月，蝗灾，飞蝗遮天蔽日，食尽禾苗，

农民鸣锣驱逐。

原载《罗定县志》大事记，广东人民出版社 1994 年版

民国《西宁县志》^①

清咸丰七年（1857 年）　　　　　春，飞蝗遍野，大饥。

原载民国《西宁县志》卷三十一《前闻志·纪事上》，民国二十六年铅印本

《郁南县志》

清咸丰七年（1857 年）　　　　　春，飞蝗遍野，大饥。

原载《郁南县志》大事记，广东人民出版社 1995 年版

《新兴县志》

清光绪三十四年（1908 年）　　　　　秋，虫蝗为害，晚稻不登。

原载《新兴县志》大事记，广东人民出版社 1993 年版

道光《东安县志》^②

经查，道光四年版县志中无蝗灾记载。

十四、湛江市

《遂溪县志》

明万历十五年（1587 年）　　　　　蝗杀稼。

原载《遂溪县志》自然灾害，中华书局 2003 年版

---

① 西宁：旧县名，治所在今广东郁南县南建城镇。

② 东安：旧县名，治所在今广东云浮。

《海康县志》

1. 元大德八年（1304 年）　　　　　　蝗害稼。
2. 明万历十五年（1587 年）　　　　　蝗杀稼。
3. 　万历十六年（1588 年）　　　　　县境飞蝗杀稼。

原载《海康县志》自然灾害，中华书局 2005 年版

《徐闻县志》

明万历十五年（1587 年）　　　　　　　发生蝗灾，庄稼受损。

原载《徐闻县志》自然灾害，广东人民出版社 2000 年版

光绪 《吴川县志》

1. 清雍正元年（1723 年）　　　　　　蝗。
2. 　乾隆九年（1744 年）　　　　　　蝗，大伤禾稼。
3. 　乾隆二十九年（1764 年）　　　　九月，蝗虫损禾。
4. 　乾隆四十二年（1777 年）　　　　秋，大旱蝗。
5. 　道光十四年（1834 年）　　　　　秋，飞蝗至，知县率兵捕之。
6. 　咸丰四年（1854 年）　　　　　　夏，飞蝗不入境。

原载光绪《吴川县志》卷十《纪述下·事略》，光绪十八年刻本

民国 《石城县志》

1. 明万历三十九年（1611 年）　　　　秋，蝗伤禾稼。
2. 清雍正元年（1723 年）　　　　　　秋，蝗，大荒。
3. 　乾隆四十二年（1777 年）　　　　秋，大旱蝗。
4. 　咸丰三年（1853 年）　　　　　　秋，蝗飞蔽日，伤禾稼，县悬赏捕之，乡
　　　　　　　　　　　　　　　　　　民鸣锣击鼓驱逐，数日蝗飞别境。
5. 　咸丰十年（1860 年）　　　　　　秋，飞蝗蔽日，食禾稼。

原载民国《石城县志》卷十《纪述志下·事略》，民国二十年铅印本

十五、潮州市

《潮州市志》

1. 明正德十二年（1517 年）　　　　秋，蝗，稻禾无存。
2. 清康熙四十三年（1704 年）　　　四月，蝗食禾茎。
3. 康熙五十六年（1717 年）　　　　九月，蝗。
4. 雍正三年（1725 年）　　　　　　冬，蝗，蔬菜果木皆伤，是年，大饥。
5. 乾隆四十二年（1777 年）　　　　夏，蝗。
6. 乾隆五十年（1785 年）　　　　　春，蝗。
7. 乾隆五十三年（1788 年）　　　　秋，蝗。
8. 嘉庆十二年（1807 年）　　　　　冬，蝗。
9. 嘉庆十六年（1811 年）　　　　　春，蝗。
10. 咸丰八年（1858 年）　　　　　　五月，蝗害稼。

原载《潮州市志》灾害与异象，广东人民出版社 1995 年版

11. 明正德六年（1511 年）　　　　　秋，蝗虫成群，吃庄稼，歉收，饥荒。

原载《潮州市志》大事记，广东人民出版社 1995 年版

乾隆《潮州府志》

海阳县①

1. 明正德十二年（1517 年）　　　　秋，蝗，无禾，民大饥。
2. 清康熙四十三年（1704 年）　　　夏四月，蝗食禾茎。

潮阳县

1. 清康熙四十二年（1703 年）　　　夏六月，蝗灾，食及松叶。
2. 康熙五十六年（1717 年）　　　　秋九月，蝗虫四野，害禾稼。

揭阳县

1. 明嘉靖十九年（1540 年）　　　　夏，蝗害稼。

---

① 海阳：旧县名，治所在今广东潮州。

2. 清康熙五十六年（1717 年）　　　　　九月，蝗。

惠来县

明万历元年（1573 年）　　　　　夏，蝗害稼。

澄海县

清康熙五十六年（1717 年）　　　　　九月，蝗虫。

大埔县

明嘉靖十九年（1540 年）　　　　　夏四月，蝗食苗殆尽。

普宁县

清康熙五十六年（1717 年）　　　　　九月，蝗。

丰顺县

清乾隆十六年（1751 年）　　　　　县属大小溜隍、葛布、小产、产溪晚禾被蝗。

原载乾隆《潮州府志》卷十一《灾祥》，乾隆二十七年刻本

光绪《海阳县志》

1. 明正德十二年（1517 年）　　　　　秋，蝗，民大饥。
2. 清雍正三年（1725 年）　　　　　冬，蝗，蔬果皆伤。

原载光绪《海阳县志》卷二十四《前事略一》，光绪二十六年刻本

3. 康熙四十三年（1704 年）　　　　　夏四月，蝗食禾茎。
4. 康熙五十六年（1717 年）　　　　　冬，蝗。
5. 乾隆四十二年（1777 年）　　　　　夏，蝗。
6. 乾隆五十年（1785 年）　　　　　春，旱蝗。
7. 乾隆五十三年（1788 年）　　　　　秋，蝗。
8. 嘉庆十二年（1807 年）　　　　　冬，蝗。
9. 嘉庆十六年（1811 年）　　　　　春，旱蝗。
10. 咸丰八年（1858 年）　　　　　五月，蝗害稼。

原载光绪《海阳县志》卷二十五《前事略二》，光绪二十六年刻本

《饶平县志》

清同治九年 (1870 年)　　　　　　　　冬十月，蝗咬禾穗，满地皆是。

原载《饶平县志》大事记，广东人民出版社 1994 年版

十六、揭阳市

乾隆《揭阳县志》

1. 明嘉靖十九年 (1540 年)　　　　　　夏，蝗害稼。
2. 清康熙五十六年 (1717 年)　　　　　九月，蝗。
3. 雍正三年 (1725 年)　　　　　　　　冬，蝗，蔬果、木叶皆贼。

原载乾隆《揭阳县志》卷七《风俗志·事纪》，乾隆四十四年刻本

《揭阳县志》

明万历十九年 (1591 年)　　　　　　　五月，蝗虫食苗殆尽。

原载《揭阳县志》大事记，广东人民出版社 1993 年版

《揭西县志》

明万历十九年 (1591 年)　　　　　　　五月，蝗虫食苗殆尽。

原载《揭西县志》自然灾害，广东人民出版社 1994 年版

雍正《惠来县志》

明万历元年 (1573 年)　　　　　　　　夏，蝗虫害稼。

原载雍正《惠来县志》卷十二《灾祥》，雍正十年刻本

乾隆《普宁县志》

1. 清康熙五十六年 (1717 年)　　　　　九月，有蝗。

2. 雍正三年（1725 年）　　　　　　　冬，有蝗，菜蔬、木叶皆贼。

　　　　　　　　原载乾隆《普宁县志》卷九《事物志·灾祥》，乾隆十年刻本

十七、汕头市

《澄海县志》

1. 明正德十二年（1517 年）　　　　　秋，蝗虫为害，大饥荒。

　　　　　　　　原载《澄海县志》大事记，广东人民出版社 1992 年版

2. 清康熙五十六年（1717 年）　　　　九月，蝗虫。

　　　　　　　　原载《澄海县志》自然灾害，广东人民出版社 1992 年版

《潮阳县志》

1. 明万历九年（1581 年）　　　　　　蝗。

2. 清康熙四十二年（1703 年）　　　　蝗灾，谷大贵。

3. 康熙五十六年（1717 年）　　　　　秋九月，蝗，四野害禾稼。

4. 乾隆四十二年（1777 年）　　　　　夏，蝗。

5. 乾隆五十年（1785 年）　　　　　　春，蝗。

6. 乾隆五十三年（1788 年）　　　　　秋，蝗，谷大贵。

7. 嘉庆十一年（1806 年）　　　　　　冬，蝗。

8. 嘉庆十六年（1811 年）　　　　　　春，蝗。

9. 民国二十二年（1933 年）　　　　　秋，发蝗虫，晚稻失收。

10. 民国二十五年（1936 年）　　　　　十月，飞蝗骤降，稻叶缺穗断，落埂遍地，损失三成。

11. 民国三十七年（1948 年）　　　　　成田乡飞蝗成灾，为害稻田 3 000 亩，杂粮 850 亩，稻谷损失 600 吨，杂粮损失八成。

　　　　　　　　原载《潮阳县志》自然灾害，广东人民出版社 1997 年版

《南澳县志》

经查，2000 年中华书局出版的县志中无蝗灾记载。

《汕头市志》

经查，1999 年新华出版社出版的市志中无蝗灾记载。

十八、汕尾市

乾隆《海丰县志》

清康熙六年（1667 年）　　　　　　　秋七、八两月，复有蝗虫，多损田禾。

原载乾隆《海丰县志》卷十《邑事》，同治十二年据乾隆十五年刻版重修本

《陆丰县志》

经查，乾隆十年版及民国二十年版县志中均无蝗灾记载。

十九、东莞市

《东莞市志》

1. 明正统六年（1441 年）　　　　　　　二月，广州蝗。

2.　弘治元年（1488 年）　　　　　　　正月，广州有蝗。

3.　正德九年（1514 年）　　　　　　　东莞蝗害稼。

原载《东莞市志》自然灾害，广东人民出版社 1995 年版

二十、深圳市

《宝安县志》

清乾隆五十一年（1786 年）　　　　　　蝗虫食稻，歉收。

原载《宝安县志》大事记，广东人民出版社 1997 年版

二十一、珠海市

《珠海市志》

经查，2001 年珠海出版社出版的市志中无蝗灾记载。

《斗门县志》

经查，2001 年中华书局出版的县志中无蝗灾记载。

二十二、中山市

《中山市志》

经查，1997 年广东人民出版社出版的市志中无蝗灾记载。

光绪《香山县志》

清道光十五年（1835 年）　　　　　　六月，飞蝗遍境，随风去，溺于海。

原载光绪《香山县志》卷二十二《纪事·祥异》，光绪五年刻本

第十三章

江西省地方志中的蝗灾记载

一、江西综合志

光绪《江西通志》

1.	东汉建武二十四年（48 年）	九江大蝗。
2.	永平十八年（75 年）	豫章蝗，谷不收，民饥死县数千百人。①
3.	永兴二年（154 年）	蝗，大饥。
4.	东晋大兴二年（319 年）	夏五月，蝗。
5.	唐长庆三年（823 年）	秋，洪州②旱，螟蝗害稼八万顷。
6.	宋淳熙七年（1180 年）	大旱蝗，民饥。
7.	嘉熙四年（1240 年）	夏六月，江西大旱蝗。
8.	元元贞二年（1296 年）	夏六月，泰和州蝗。
9.	大德十年（1306 年）	夏六月，龙兴、南康③蝗。
10.	明嘉靖十一年（1532 年）	夏，建昌④蝗。
11.	清道光十五年（1835 年）	大旱蝗，饥。
12.	咸丰七年（1857 年）	南昌、南康、九江、袁州⑤蝗。

---

① 原文作"永平末年"，今据《南昌市志》（方志出版社 1997 年版）改。豫章：旧郡名，治所在今江西南昌。

② 洪州：旧州名，治所在今江西南昌。

③ 龙兴：元路名，治所在今江西南昌；南康：旧府名，治所在今江西星子。

④ 建昌：旧府名，治所在今江西南城。

⑤ 袁州：旧府名，治所在今江西宜春。

13.　　同治七年（1868 年）　　　　　袁州蝗。

原载光绪《江西通志》卷九十八《前事略·祥异》，光绪七年刻本

二、南昌市

《南昌市志》

1. 东汉永平十八年（75 年）　　　　豫章遭蝗，谷不收，民饥死县数千百人。

2. 西晋永兴二年（305 年）　　　　　豫章蝗，大饥。

3. 东晋大兴二年（319 年）　　　　　夏五月，豫章蝗。

4. 唐长庆三年（823 年）　　　　　　秋，洪州蝗害稼八万顷。

5. 元大德七年（1303 年）　　　　　　龙兴路蝗，饥。

6.　　大德九年（1305 年）　　　　　六月，龙兴路蝗灾。

7.　　大德十年（1306 年）　　　　　六月，龙兴路蝗灾。

8.　　明嘉靖五年（1526 年）　　　　七月，进贤蝗灾。

9.　　嘉靖十一年（1532 年）　　　　七月，南昌府蝗。

10.　　嘉靖十二年（1533 年）　　　　安义蝗虫为害，满空皆是。

11. 清乾隆十三年（1748 年）　　　　南昌蝗灾。

12.　　乾隆十五年（1750 年）　　　　南昌蝗害稼。

13.　　道光十五年（1835 年）　　　　安义飞蝗蔽天，伤稼；南昌蝗，民饥。

14.　　咸丰六年（1856 年）　　　　　秋，南昌府蝗，飞集田间如雨，饥民多取
　　　　　　　　　　　　　　　　　　　　而食，蝻子遗地下，团如粟，民于冬月
　　　　　　　　　　　　　　　　　　　　掘之，多者数十斛。

原载《南昌市志》自然灾害，方志出版社 1997 年版

15. 民国十八年（1929 年）　　　　　市郊区蝗灾，早晚稻受害。

原载《南昌市志》大事记，方志出版社 1997 年版

同治《南昌府志》

1. 东汉永平十八年（75 年）[①]　　　豫章遭蝗，谷不收，民饥死县数千百人。

---

① 原文作"永平末年"，今据《南昌市志》（方志出版社 1997 年版）和《南昌县志》（南海出版公司 1990 年版）改。

2. 西晋永兴二年（305 年）　　　　蝗，大饥。

3. 东晋大兴二年（319 年）　　　　夏五月，蝗。

4. 唐长庆三年（823 年）　　　　　秋，洪州螟蝗害稼八万顷。

5. 元大德七年（1303 年）　　　　　蝗，饥。

6. 　大德十年（1306 年）　　　　　龙兴路蝗。

7. 　明嘉靖五年（1526 年）　　　　七月，蝗。

8. 　嘉靖十一年（1532 年）　　　　秋七月，蝗。

9. 　嘉靖十二年（1533 年）　　　　奉新蝗大至，遮蔽天日，落田食谷辄尽，道院临县设法捕之，民卖炒死蝗一石给米一石。

10. 　万历三十八年（1610 年）　　　武宁大水蝗。

11. 清乾隆四十年（1775 年）　　　　八月，奉新蠡伤稼。

12. 　道光十五年（1835 年）　　　　秋七月，南昌府属县旱蝗，民饥，豁免钱粮。

13. 　咸丰六年（1856 年）　　　　　秋，大旱，蝗飞集田间如雨，民多取食之。

14. 　咸丰七年（1857 年）　　　　　奉新县蝗，知县率同官往捕。

15. 　咸丰八年（1858 年）　　　　　秋八月，蝗。

　　　原载同治《南昌府志》卷六十五《杂类志·祥异》，同治十二年刻本

《南昌县志》

1. 东汉永平十八年（75 年）　　　　豫章发生蝗灾，稻谷没有收成，人民饿死每县达数千人。

2. 西晋永兴二年（305 年）　　　　蝗灾，饥荒严重。

3. 东晋大兴二年（319 年）　　　　五月，蝗灾。

4. 唐长庆三年（823 年）　　　　　秋，洪州螟虫、蝗虫损害庄稼八万顷。

5. 元大德七年（1303 年）　　　　　五月，蝗灾，发生饥荒。

6. 　大德九年（1305 年）　　　　　六月，龙兴路蝗灾。

7. 　大德十年（1306 年）　　　　　六月，龙兴路蝗灾。

8. 明嘉靖十一年（1532 年）　　　　七月，蝗灾。

9. 清道光十五年（1835 年）　　　　六月，蝗蝻；八月中秋夜晚，蝗群聚飞集天空，被遮住月亮；该年大旱，人民饿死很多。

10.　道光十六年（1836 年）　　　南昌府旱，蝗灾。

11.　咸丰六年（1856 年）　　　蝗蝻像下雨一般飞集田间，很多饥民都将
　　　　　　　　　　　　　　　　它捉来吃，或用来饲养鸡、猪。

原载《南昌县志》自然灾害，南海出版公司 1990 年版

《南昌市郊区志》

1. 东汉永平十八年（75 年）　　　豫章大蝗灾，谷不收，民饥死数千百十人。

2. 清乾隆十六年（1751 年）　　　南昌市近郊蝗灾，禾尽死。

3.　咸丰六年（1856 年）　　　秋，近郊与南昌、新建两县大旱，蝗灾，
　　　　　　　　　　　　　　　　蝗飞集田间如雨，饥民多取而食，或饲
　　　　　　　　　　　　　　　　猪、鸡，蝻子遗地下，团如粟，民于冬
　　　　　　　　　　　　　　　　月掘之，多者数十斛。

原载《南昌市郊区志》大事记，方志出版社 2002 年版

《新建县志》

1. 东汉永平十八年（75 年）　　　豫章蝗，谷不收，民饥死每县几数千百人。

2. 西晋永兴二年（305 年）　　　蝗，大饥。

3. 东晋大兴二年（319 年）　　　夏五月，蝗。

4. 唐长庆三年（823 年）　　　秋，洪州螟蝗害稼八万顷。

5. 元大德七年（1303 年）　　　夏五月，龙兴路蝗，饥。

6.　大德十年（1306 年）　　　夏六月，龙兴蝗。

7. 明嘉靖十一年（1532 年）　　　秋七月，蝗灾。

8. 清道光十五年（1835 年）　　　夏六月，蝗蝻生；八月中秋，群飞蔽天，
　　　　　　　　　　　　　　　　掩月光芒，久之值大雨始死。

9.　咸丰六年（1856 年）　　　秋，大旱，蝗飞集田间如雨，居民多取食
　　　　　　　　　　　　　　　　之，或饲猪、鸡。

原载《新建县志》历年灾害史·虫灾，江西人民出版社 1991 年版

同治《新建县志》

清咸丰七年（1857 年）　　　春，令民间掘蝻子送官给赏，其出力督捕

及收买之多者，赏六品功牌。

原载同治《新建县志》卷二《天文志·襀祥》，同治十年刻本

同治《进贤县志》

1. 明嘉靖五年（1526 年）　　　　　　七月，蝗。
2. 清道光十五年（1835 年）　　　　　八月，蝗虫遍野，飞蔽天日。

原载同治《进贤县志》卷二十二《杂识·襀祥》，同治十年刻本

同治《安义县志》

1. 明嘉靖十一年（1532 年）　　　　　四月，大蝗。
2. 清道光十五年（1835 年）　　　　　飞蝗蔽天，伤稼。
3. 　咸丰七年（1857 年）　　　　　　飞蝗蔽天，食稼。
4. 　咸丰八年（1858 年）　　　　　　蝗蝻生，知县率民捕之，害始戢。

原载同治《安义县志》卷十六《杂类志·祥异》，同治十年活字本

《湾里区志》

经查，2001 年方志出版社出版的区志中无蝗灾记载。

《东湖区志》

经查，2004 年方志出版社出版的区志中无蝗灾记载。

三、九江市

《九江市志》

清道光十六年（1836 年）　　　　　瑞昌飞蝗蔽日。

原载《九江市志》大事记，凤凰出版社 2004 年版

同治 《九江府志》

1.	东汉建武二十四年（48 年）	九江飞蝗遍野，宋均为守，蝗悉出境。
2.	东晋太元六年（381 年）	飞蝗从南来，集江州①界，害苗稼。
3.	清嘉庆四年（1799 年）	七月，蝗虫入境，湖口、彭泽禾稼多伤。
4.	道光十五年（1835 年）	大旱蝗。
5.	道光十六年（1836 年）	秋，瑞昌飞蝗蔽日。

原载同治《九江府志》卷五十三《杂类志·祥异》，同治十三年刻本

同治 《德化县志》②

1.	东汉建武二十四年（48 年）	九江飞蝗遍野，宋均为守，蝗出境。
2.	东晋太元六年（381 年）	五月，飞蝗从南来，集堂邑县界，害苗稼。
3.	清嘉庆四年（1799 年）	七月，蝗虫入境。
4.	道光十五年（1835 年）	大旱蝗。
5.	道光十六年（1836 年）	旱蝗。
6.	咸丰八年（1858 年）	七月，大蝗。

原载同治《德化县志》卷五十三《杂类志·祥异》，同治十一年刻本

同治 《南康府志》

1.	元大德十年（1306 年）	夏六月，蝗。
2.	明嘉靖十一年（1532 年）	建昌③县大蝗，蔽日。
3.	清道光十五年（1835 年）	夏，建昌、安义旱蝗。
4.	道光十六年（1836 年）	建昌蝗更甚，邑令率民捕治，六月，有黑翼白腹之鸟翔集成群，啄而食之，蝗渐消灭。
5.	咸丰七年（1857 年）	九月，飞蝗食稼。

---

① 江州：旧州名，治所在今江西九江。
② 德化：旧县名，治所在今江西九江市柴桑区。
③ 建昌：旧县名，治所在今江西永修西北艾城镇。

6.　咸丰八年（1858 年）　　　　　　　蝗蝻生。

　　　　原载同治《南康府志》卷二十三《杂类一·祥异》，同治十一年刻本

同治《德安县志》

清咸丰七年（1857 年）　　　　　　　七月，飞蝗自德化入境。

　　　　原载同治《德安县志》卷十五《杂类志·祥异》，同治十年刻本

《永修县志》

1. 明嘉靖十一年（1532 年）　　　　　四月，大蝗蔽日。
2. 清道光十五年（1835 年）　　　　　蝗灾。
3.　道光十六年（1836 年）　　　　　蝗灾更甚，邑侯谕民扑治，六月，有黑翼
　　　　　　　　　　　　　　　　　白腹之鸟成群啄食之，蝗虫渐灭。
4.　咸丰七年（1857 年）　　　　　　飞蝗蔽日，集处吃稻苗、树叶殆尽，邑侯
　　　　　　　　　　　　　　　　　谕民扑治，又谕民掘土取蝗子，数月
　　　　　　　　　　　　　　　　　尽灭。

　　　　原载《永修县志》自然灾害，江西人民出版社 1987 年版

同治《建昌县志》

1. 明嘉靖十一年（1532 年）　　　　　四月，大蝗蔽日。
2. 清道光十五年（1835 年）　　　　　夏，旱蝗。
3.　道光十六年（1836 年）　　　　　蝗更甚，邑侯谕民捕治，六月，有黑翼白腹
　　　　　　　　　　　　　　　　　之鸟翔集成群，啄而食之，蝗渐消灭。
4.　咸丰七年（1857 年）　　　　　　飞蝗蔽日，集处吃禾苗、树叶殆尽，邑侯
　　　　　　　　　　　　　　　　　谕民捕治，又谕民掘土取蝗子，数月
　　　　　　　　　　　　　　　　　尽灭。

　　　　原载同治《建昌县志》卷十二《杂类志·祥异》，同治十年刻本

《星子县志》

1. 元大德七年（1303 年）　　　　　　六月，蝗害。

2. 大德十年（1306 年）　　　　　　蝗虫害稼。

3. 清咸丰七年（1857 年）　　　　　　九月，飞蝗蔽天。

　　　　　　原载《星子县志》自然灾害，江西人民出版社 1990 年版

同治《都昌县志》

清乾隆二十年（1755 年）　　　　　　秋七月，都昌螽害稼。

　　　　　　原载同治《都昌县志》卷十六《杂记·祥异》，同治十一年刻本

《彭泽县志》

1. 民国二十三年（1934 年）　　　　　一区马湖、辰字号、洪字号，二区江北，
　　　　　　　　　　　　　　　　　　三区黄字号、八号圩等飞蝗蔽天，稻
　　　　　　　　　　　　　　　　　　秆剪食一空，农民用煤油喷杀，掘沟
　　　　　　　　　　　　　　　　　　杀蝗蝻数百担乃止。

　　　　　　原载《彭泽县志》自然灾害，新华出版社 1992 年版

2. 民国二十四年（1935 年）　　　　　五月，蝗灾，县成立治蝗委员会，组织农
　　　　　　　　　　　　　　　　　　民采取挖沟和喷洒煤油等措施灭蝗数
　　　　　　　　　　　　　　　　　　百担。

　　　　　　原载《彭泽县志》大事记，新华出版社 1992 年版

同治《湖口县志》

1. 东汉建武二十四年（48 年）　　　　大蝗，时宋均为九江守，蝗至九江者辄飞去。

2. 清嘉庆四年（1799 年）　　　　　　七月，蝗虫入境，中、下二乡禾稼多伤。

3. 道光十五年（1835 年）　　　　　　秋，蝗为灾，民多流亡。

4. 咸丰七年（1857 年）　　　　　　　秋，蝗。

5. 咸丰八年（1858 年）　　　　　　　春，蝗，不为灾。

　　　　　　原载同治《湖口县志》卷十《杂汇志·祥异》，同治十三年刻本

《湖口县志》

1. 民国二十四年（1935 年）　　　　　六月，湖口、彭泽两县蝗蝻成灾，势猛，

经半月而歼灭。

2. 民国三十五年（1946 年）　　　　　六月，蝗虫为害。

原载《湖口县志》大事记附灾异记，江西人民出版社 1992 年版

同治《瑞昌县志》

明嘉靖十八年（1539 年）　　　　　大水，飞蝗蔽日。

原载同治《瑞昌县志》卷十《杂类志·祥异》，同治十年刻本

《瑞昌县志》

1. 清康熙三十八年（1699 年）　　　蝗灾。
2.　道光十五年（1835 年）　　　　秋，蝗为灾。
3.　道光十六年（1836 年）　　　　秋，蝗蔽日，禾尽食。
4.　咸丰五年（1855 年）　　　　　旱，蝗灾。
5.　咸丰七年（1857 年）　　　　　秋，蝗蔽日，止处谷粟、草叶食尽。

原载《瑞昌县志》宋至清末灾害史料，新华出版社 1990 年版

《武宁县志》

1. 东晋大兴二年（319 年）　　　　夏五月，蝗。
2. 唐长庆三年（823 年）　　　　　螟蝗害稼。
3. 明万历三十八年（1610 年）　　　大水蝗。
4. 清顺治十年（1653 年）　　　　　七月，中晚稻蝗。
5.　道光十五年（1835 年）　　　　八月，蝗自建昌入境，蔓延遍野，知县率兵役出捕，复捐俸募民穴地火攻，弥旬不灭。
6.　咸丰七年（1857 年）　　　　　飞蝗蔽天，乡人鸣金驱逐，县令毙以火器，设局悬赏，有捕者过秤给值；冬，示民掘卵。

原载《武宁县志》自然灾害，江西人民出版社 1990 年版

同治 《义宁州志》①

1. 东晋大兴二年（319 年）　　　　夏五月，蝗。
2. 清咸丰七年（1857 年）　　　　秋九月，蝗由西南来，所至遮天蔽日，州
　　　　　　　　　　　　　　　　　　牧督民捕扑。

原载同治《义宁州志》卷三十九《杂类志·祥异》，同治十二年刻本

四、景德镇市

《景德镇市志》

清道光十五年（1835 年）　　　　至七月不雨，蝗虫食禾。

原载《景德镇市志》自然灾异，中国文史出版社 1991 年版

道光 《浮梁县志》

宋淳祐五年（1245 年）　　　　蝗食禾及松竹叶。

原载道光《浮梁县志》卷十八《祥异》，道光十二年刻本

《浮梁县志》

清道光十五年（1835 年）　　　　至七月未下雨，蝗虫食禾。

原载《浮梁县志》自然灾害，方志出版社 1999 年版

同治 《乐平县志》

1. 宋淳祐五年（1245 年）　　　　蝗，禾穗及松竹叶皆食尽。
2. 清道光十五年（1835 年）　　　旱蝗，岁饥。
3. 　道光十六年（1836 年）　　　春，有蝻孽生。

原载同治《乐平县志》卷十《杂类志·祥异》，同治九年刻本

---

① 义宁：旧州名，1912 年改为义宁县，1914 年改名修水县。

《乐平县志》

民国十一年（1922 年）　　　　　　　　蝗灾，农作物几被吃光。

原载《乐平县志》自然灾害，上海古籍出版社 1987 年版

五、鹰潭市

《鹰潭市志》

1. 明宣德九年（1434 年）　　　　　　　旱蝗。
2. 清道光十五年（1835 年）　　　　　　九月，安仁①蝗患，群飞蔽天，不见天日，
　　　　　　　　　　　　　　　　　　　　作物尽食。
3. 民国三十一年（1942 年）　　　　　　贵溪蝗虫遍地，晚稻受害。

原载《鹰潭市志》自然灾害，方志出版社 2003 年版

《贵溪县志》

1. 明永乐九年（1411 年）　　　　　　　螟蝗害稼。
2. 　宣德九年（1434 年）　　　　　　　旱蝗。
3. 清道光十五年（1835 年）　　　　　　秋，螟蝗害稼。
4. 民国三十一年（1942 年）　　　　　　九月，普安乡境内蝗虫遍地，晚稻受害。

原载《贵溪县志》自然灾害，中国科学技术出版社 1996 年版

《余江县志》

1. 清乾隆十四年（1749 年）　　　　　　蝗灾。
2. 　乾隆十五年（1750 年）　　　　　　蝗灾。
3. 　乾隆十六年（1751 年）　　　　　　连遭蝗灾。

原载《余江县志》大事记，江西人民出版社 1993 年版

4. 　道光十五年（1835 年）　　　　　　九月，蝗虫为患，成群蔽天，农作物全被

---

① 安仁：旧县名，治所在今江西余江东北锦江镇。

食尽。

原载《余江县志》自然灾害，江西人民出版社 1993 年版

同治《安仁县志》

清道光十五年（1835 年）　　　　　　至九月，大旱，蝗虫起飞蔽天日，食禾粟殆尽，民间张灯以禳之。

原载同治《安仁县志》卷三十四《杂类志·祥异》，同治十一年刻本

六、上饶市

《上饶地区志》

1. 元大德十年（1306 年）　　　　　婺源蝗灾。
2. 　大德十一年（1307 年）　　　　婺源蝗灾。
3. 明永乐元年（1403 年）　　　　　饶州①蝗灾，民大饥。
4. 　嘉靖十一年（1532 年）　　　　五月，婺源蝗灾，蝗飞蔽天。
5. 　清康熙十九年（1680 年）　　　夏旱，蝗虫成灾。
6. 　雍正元年（1723 年）　　　　　永丰②县蝗虫伤稼。
7. 　道光十五年（1835 年）　　　　秋，广信③府蝗虫害稼；七月，楚北蝗虫渡江来饶州府，声如潮涌，食禾苗、蔬菜、竹木叶俱尽，岁大饥。
8. 　道光十六年（1836 年）　　　　春，饶州府多蝗，四月雨，蝗始止，死蝗遍地。

原载《上饶地区志》自然灾害，方志出版社 1997 年版

9. 　道光二十六年（1846 年）　　　三月，弋阳蝗虫猖獗，人心波动，按察使令知县募民捕蝗，按量计价，蝗灭平息。
10. 　道光十五年（1835 年）　　　　六月，有蝗虫自楚北渡江至鄱阳，声如潮

---

① 饶州：旧府名，治所在今江西鄱阳。
② 永丰：旧县名，治所在今江西广丰。
③ 广信：旧府名，治所在今江西上饶。

涌，蝗虫再由鄱阳、万年蔓延至余干，
庄稼、蔬菜、松竹叶被蝗虫食尽，晚稻
和秋作绝收，成为特大蝗虫灾害。

原载《上饶地区志》大事记，方志出版社 1997 年版

同治《广信府志》

1. 明永乐九年（1411 年）　　　　贵溪螟蝗害稼，知县祷于鸣山，蝗灭。
2. 清康熙十九年（1680 年）　　　夏，弋阳旱，蝗生。
3.　雍正元年（1723 年）　　　　永丰蝗虫害稼。
4.　道光十五年（1835 年）　　　秋，蝗害稼。

原载同治《广信府志》卷一《星野附祥异》，同治十二年刻本

《弋阳县志》

1. 西晋永兴二年（305 年）　　　　蝗灾。
2. 宋嘉熙四年（1240 年）　　　　蝗灾。
3. 清康熙十年（1671 年）　　　　夏，蝗灾。
4.　康熙十九年（1680 年）　　　夏，蝗灾。
5.　道光十五年（1835 年）　　　七月，城郊、湖山、湾里蝗虫遍野。
6.　道光十六年（1836 年）　　　蝗虫猖獗，按察使募人捕捉，蝗灾始灭。

原载《弋阳县志》自然灾害，南海出版公司 1991 年版

《德兴县志》

清道光十五年（1835 年）　　　　夏旱，并发蝗蛹，收成大减。

原载《德兴县志》自然灾害录，光明日报出版社 1993 年版

《婺源县志》

1. 元大德十年（1306 年）　　　　蝗灾，饥荒。
2.　大德十一年（1307 年）　　　蝗灾，饥荒。

3. 明嘉靖十一年（1532 年）　　　　　　五月，蝗虫飞蔽天。

　　　　　　　　　　原载《婺源县志》自然灾害，档案出版社 1993 年版

同治 《广丰县志》

清康熙十年（1671 年）　　　　　　蝗旱交祲。

　　　　　　　　　　原载同治《广丰县志》卷十《祥异》，光绪元年刻本

《万年县志》

清道光十五年（1835 年）　　　　　　秋旱，飞蝗遍野，受灾。

　　　　　　　　　　原载《万年县志》大事记，方志出版社 2000 年版

《余干县志》

清道光十五年（1835 年）　　　　　　闰六月，蝗蝻由鄱阳、万年蔓延入境，庄
　　　　　　　　　　　　　　　　　　稼、蔬菜、松竹叶食尽，晚稻及秋作
　　　　　　　　　　　　　　　　　　无收。

　　　　　　　　　　原载《余干县志》大事记，新华出版社 1991 年版

同治 《余干县志》

清道光十六年（1836 年）　　　　　　春，令收蝗蝻遗种，邑绅捐资收买，不为灾。

　　　　　　　　原载同治《余干县志》卷二十《杂记志·祥异》，同治十一年刻本

《波阳县志》

1. 西晋永兴二年（305 年）　　　　　　蝗，饥。
2. 南朝宋元嘉八年（431 年）　　　　　五月，蝗。
3. 南朝陈永定三年（559 年）　　　　　四月，旱蝗，饥。
4. 宋嘉熙四年（1240 年）　　　　　　旱，蝗虫为害。
5. 　淳祐五年（1245 年）　　　　　　蝗食禾穗及松竹叶。

6. 明永乐元年（1403 年） 　　　　　秋，旱蝗。

7. 清道光十六年（1836 年） 　　　　夏四月，多蝗，大雨，蝗乃死。

原载《波阳县志》历代自然灾害，江西人民出版社 1989 年版

同治《饶州府志》

1. 宋淳祐五年（1245 年） 　　　　　蝗食禾穗及松竹叶。

2. 明永乐元年（1403 年） 　　　　　秋，旱蝗，民大饥。

3. 清道光十五年（1835 年） 　　　　七月，有蝗自楚北渡江来，声如浪涌，所
至禾苗、菜蔬、松竹叶皆尽，大饥。

4. 　道光十六年（1836 年） 　　　　春，多蝗，知府出钱募民捕蝗，复迎刘猛
将军神祷焉，四月雨，蝗乃死。

原载同治《饶州府志》卷三十一《杂类志一·祥异》，同治十一年刻本

《上饶县志》

经查，同治十二年及 1993 年中共中央党校出版社出版的县志中均无蝗灾记载。

《横峰县志》

经查，1992 年浙江人民出版社出版的县志中无蝗灾记载。

同治《兴安县志》①

经查，同治十年版县志中无蝗灾记载。

《铅山县志》

经查，同治十二年及 1990 年南海出版公司出版的县志中均无蝗灾记载。

《玉山县志》

经查，同治十二年及 1985 年江西人民出版社出版的县志中均无蝗灾记载。

---

① 兴安：旧县名，治所在今江西横峰。

七、抚州市

《抚州市志》

1. 西晋大兴三年（320 年）　　　　　郡蝗灾。
2. 宋嘉定元年（1208 年）　　　　　蝗灾。
3. 清咸丰八年（1858 年）　　　　　四月，蝗满境。

原载《抚州市志》自然灾害·虫灾，中共中央党校出版社 1993 年版

光绪 《抚州府志》

1. 西晋大兴二年（319 年）　　　　　临川郡蝗。
2. 宋嘉定元年（1208 年）　　　　　大蝗。
3. 清道光十五年（1835 年）　　　　郡境蝻生满山谷，至次年三月尽死。
4. 　咸丰八年（1858 年）　　　　　蝗复四起，旋遇雨死。

原载光绪《抚州府志》卷八十四《杂类志·祥异》，光绪二年刻本

嘉靖 《抚州府志》

明嘉靖二十四年（1545 年）　　　　宜黄蝗食禾稼。

原载嘉靖《抚州府志》卷一《天文志·灾祥考》，嘉靖三十三年刻本

《临川县志》

1. 西汉永光二年（前 42 年）　　　　临川蝗虫为患。
2. 宋嘉定元年（1208 年）　　　　　大面积蝗虫为害。

原载《临川县志》自然灾害·虫灾，新华出版社 1993 年版

《崇仁县志》

1. 清道光十四年（1834 年）　　　　旱，飞蝗遍野，各富户捐款设局收买蝗虫，
　　　　　　　　　　　　　　　　　投沸水煮死，蝗渐少。

2.　　道光十五年（1835 年）　　　　旱，飞蝗遍野，各富户捐款设局收买蝗虫，
　　　　　　　　　　　　　　　　　　投沸水煮死，蝗渐少。

原载《崇仁县志》大事记，江西人民出版社 1990 年版

《乐安县志》

民国三十年（1941 年）　　　　　　石陂一带蝗虫伤禾，歉收。

原载《乐安县志》自然灾害，江西人民出版社 1989 年版

同治《宜黄县志》

1. 清道光十五年（1835 年）　　　　八月，蝗虫蔽日漫天，咬食田禾，邑侯亲
　　　　　　　　　　　　　　　　　往各乡督用旗锣鼓炮惊驱捕蝗法，蝗
　　　　　　　　　　　　　　　　　乃息。

2.　　道光十六年（1836 年）　　　　春，蝗复如是。

原载同治《宜黄县志》卷四十九《杂类志·祥异》，同治十年刻本

同治《建昌府志》

1. 明嘉靖十一年（1532 年）　　　　夏，建昌蝗。
2. 清康熙十一年（1672 年）　　　　泸溪①旱蝗。
3.　　康熙十八年（1679 年）　　　　泸溪有蝗。
4.　　道光元年（1821 年）　　　　　新城②蝗，大饥。
5.　　道光十四年（1834 年）　　　　新城蝗。
6.　　道光十五年（1835 年）　　　　南城蝗。

原载同治《建昌府志》卷十《杂类志·祥异》，同治十一年刻本

《南城县志》

1. 明嘉靖十一年（1532 年）　　　　蝗灾。

---

① 泸溪：旧县名，治所在今江西资溪。
② 新城：旧县名，1914 年改名黎川县。

2. 清道光十五年（1835 年）　　　　　七月，蝗灾。

原载《南城县志》自然灾害，新华出版社 1991 年版

《南丰县志》

明嘉靖十一年（1532 年）　　　　　蝗虫集田间如雨，庄稼受灾。

原载《南丰县志》自然灾害，中共中央党校出版社 1994 年版

《黎川县志》

1. 清道光元年（1821 年）　　　　　秋，蝗虫损害庄稼，大饥。
2. 　道光六年（1826 年）　　　　　七月，蝗虫损害庄稼。
3. 　道光十四年（1834 年）　　　　　秋，蝗虫损害庄稼，大饥。

原载《黎川县志》自然灾害，黄山书社 1993 年版

《资溪县志》

1. 清康熙十一年（1672 年）　　　　　蝗虫入境，禾稼无收，民饥疫。
2. 　康熙十七年（1678 年）　　　　　七月，蝗虫入境，禾稼遭灾。

原载《资溪县志》大事记，方志出版社 1997 年版

《金溪县志》

1. 宋嘉定元年（1208 年）　　　　　大蝗。
2. 清道光十五年（1835 年）　　　　　飞蝗食禾。

原载《金溪县志》自然灾害，新华出版社 1992 年版

《东乡县志》

1. 清道光十五年（1835 年）　　　　　五月旱，初生蝗虫漫山遍谷，次年三月死尽。
2. 　咸丰八年（1858 年）　　　　　三月，蝗虫又起，后遇雨皆死。

原载《东乡县志》重大自然灾害，江西人民出版社 1989 年版

《广昌县志》

经查，1994 年上海社会科学院出版社出版的县志中无蝗灾记载。

八、宜春市

《宜春市志》

1. 清咸丰七年（1857 年）　　　　　八月，蝗虫从西北来，遮天蔽日，落地厚
　　　　　　　　　　　　　　　　　数寸，抢食晚稻、杂植、棕竹等，顷刻
　　　　　　　　　　　　　　　　　而尽，西北各乡为害更甚。

2. 咸丰八年（1858 年）　　　　　　三月，蝗蝻孳生，邑令设局收买不下数百
　　　　　　　　　　　　　　　　　石，势不能尽。

原载《宜春市志》自然灾害，南海出版公司 1990 年版

同治《宜春县志》

1. 清咸丰七年（1857 年）　　　　　秋八月，蝗自西北来遮天蔽日，落地厚数
　　　　　　　　　　　　　　　　　寸，食晚稻、杂植、棕竹等，顷刻而
　　　　　　　　　　　　　　　　　尽，西北尤甚。

2. 咸丰八年（1858 年）　　　　　　三月，蝗蝻孳生，邑令四路设局收买不下
　　　　　　　　　　　　　　　　　数百石，势不能尽，乃为文祷于刘猛将
　　　　　　　　　　　　　　　　　军祠，忽天雨数日，蝗尽漂流，遗孽
　　　　　　　　　　　　　　　　　悉净。

原载同治《宜春县志》卷十《杂类志·祥异》，同治十年刻本

同治《袁州府志》

1. 清康熙八年（1669 年）　　　　　秋，万载蝗。

2. 咸丰七年（1857 年）　　　　　　秋七月，飞蝗蔽日，所落之处食稻禾、竹木。

3. 咸丰八年（1858 年）　　　　　　春，搜挖蝻子，各处收买无数。

原载同治《袁州府志》卷一《星野附祥异》，同治十三年刻本

同治《临江府志》[①]

1.	清道光十五年（1835 年）	蝗，饥。
2.	咸丰八年（1858 年）	八月，蝗害稼。

原载同治《临江府志》卷十五《杂类志·祥异》，同治十年刻本

民国《万载县志》

1.	清康熙八年（1669 年）	秋，蝗集民居，醮禳之。
2.	咸丰七年（1857 年）	秋七月，飞蝗入境，扑捕之。
3.	咸丰八年（1858 年）	春，搜挖蝗子，各处收买无数，遗孽乃尽。

原载民国《万载县志》卷一《方舆·祥异》，民国二十九年木活字本

《宜丰县志》

1.	清乾隆三十八年（1773 年）	有蝗虫飞集各山，驱之不散，食竹叶殆尽。
2.	咸丰十年（1860 年）	飞蝗蔽天，西乡尤甚，草根、竹叶几尽。
3.	光绪八年（1882 年）	五月，黄茅岭一带蝗虫蔽天，田禾尽为所食。

原载《宜丰县志》自然灾害，中国大百科全书出版社上海分社 1989 年版

《上高县志》

1.	宋嘉熙四年（1240 年）	蝗灾甚烈。
2.	明嘉靖十七年（1538 年）	飞蝗蔽天，树叶被吃光。
3.	清道光十五年（1835 年）	夏旱，蝗灾，庄稼无收。
4.	咸丰八年（1858 年）	春三月，蝗虫。

原载《上高县志》大事记，南海出版公司 1990 年版

---

① 临江：旧府名，治所在今江西樟树市西南临江镇。

《高安县志》

1. 元大德七年（1303 年）　　　　　蝗虫成灾，百姓大饥。
2. 清咸丰七年（1857 年）　　　　　飞蝗蔽日，伤晚稻，邻境皆然，至冬月
　　　　　　　　　　　　　　　　　捕尽。
3. 　咸丰八年（1858 年）　　　　　春，各乡掘蝻子多至千余石，蝗害
　　　　　　　　　　　　　　　　　始平。
4. 民国十八年（1929 年）　　　　　蝗灾，早稻受损二成，晚稻受损三成。

原载《高安县志》大事记，江西人民出版社 1988 年版

5. 宋淳熙七年（1180 年）　　　　　蝗灾。
6. 　嘉熙四年（1240 年）　　　　　蝗灾。
7. 民国二十九年（1940 年）　　　　蝗灾。

原载《高安县志》自然灾害，江西人民出版社 1988 年版

同治《清江县志》

1. 清道光十五年（1835 年）　　　　八月，蝗，饥。
2. 　咸丰八年（1858 年）　　　　　八月，蝗害稼。

原载同治《清江县志》卷十《祥异》，同治九年刻本

同治《丰城县志》

1. 唐长庆三年（823 年）　　　　　秋，洪州螟蝗害稼八百顷。
2. 元大德十年（1306 年）　　　　　夏六月，龙兴路蝗。
3. 明嘉靖十二年（1533 年）　　　　秋七月，蝗。
4. 清道光十五年（1835 年）　　　　六月，蝗，大饥，饿殍载道。
5. 　咸丰八年（1858 年）　　　　　八月，蝗。

原载同治《丰城县志》卷二十八《杂类志·祥异》，同治十二年刻本

《奉新县志》

1. 东汉永平十八年（75 年）　　　　蝗灾严重，谷物多无收成，饿死数千人。

2. 明嘉靖十二年（1533 年）　　　　蝗虫成灾，捕捉一担蝗虫奖给一担大米。

　　　　　　　　　　　原载《奉新县志》大事记，南海出版公司 1991 年版

同治 《奉新县志》

1. 东汉永平十八年（75 年）　　　　豫章蝗，谷不收，民饥死县数千百人。
2. 唐长庆三年（823 年）　　　　　秋，洪州螟蝗害稼八万顷。
3. 宋淳熙七年（1180 年）　　　　大旱蝗，民饥。
4. 元大德九年（1305 年）　　　　夏六月，龙兴蝗。
5. 明嘉靖十二年（1533 年）　　　　夏四月，十三府大水，蝗大至，遮蔽天日，落田食谷辄尽数十亩，院道临县设法捕之，贫民捕卖炒死蝗一石给米一石。
6. 清乾隆四十年（1775 年）　　　　蝱伤稼。
7. 　道光十五年（1835 年）　　　　秋，蝱。
8. 　咸丰七年（1857 年）　　　　春，蝗，县令率同城官督乡团捕之，设局收买，五月大水，蝗尽漂没。

　　　　　原载同治《奉新县志》卷十六《杂志·祥异》，同治十一年刻本

《靖安县志》

清咸丰七年（1857 年）　　　　八月，飞蝗过境，伤害禾稼。

　　　　　　　原载《靖安县志》大事记，江西人民出版社 1989 年版

《铜鼓县志》

经查，1989 年南海出版公司出版的县志中无蝗灾记载。

九、新余市

《新余市志》

经查，1993 年汉语大词典出版社出版的市志中无蝗灾记载。

《分宜县志》

经查，1993 年档案出版社出版的县志中无蝗灾记载。

十、萍乡市

同治《萍乡县志》

1.	清康熙十年（1671 年）	秋，旱蝗。
2.	咸丰七年（1857 年）	秋，飞蝗蔽日，捕逐后蛹子蠕动，县收买乃尽，禾稼受害。
3.	咸丰八年（1858 年）	夏，蝗，不为灾。

原载同治《萍乡县志》卷一《地理志附祥异》，同治十一年刻本

《莲花县志》

1.	清康熙四十二年（1703 年）	蝗虫为害。
2.	咸丰三年（1853 年）	七月，蝗虫伤害庄稼。
3.	咸丰八年（1858 年）	二月，蝗虫盛起；三四月间，蝗食幼禾，民间昼扑夜焚，蝗虫逐渐平息。
4.	同治四年（1865 年）	五月，飞蝗数千过境。
5.	光绪元年（1875 年）	四月，蝗虫数万自东北飞往西南。

原载《莲花县志》自然灾害，江西人民出版社 1989 年版

《上栗县志》

经查，2005 年方志出版社出版的县志中无蝗灾记载。

十一、吉安市

《吉安市志》

1.	宋嘉熙四年（1240 年）	夏六月旱，蝗灾。

2. 元元贞二年（1296 年）　　　　　　蝗害。

原载《吉安市志》大事记，珠海出版社 1997 年版

光绪《吉安府志》

1. 宋嘉熙四年（1240 年）　　　　　　夏六月，大旱蝗。
2. 元元贞二年（1296 年）　　　　　　蝗。
3. 明嘉靖十二年（1533 年）　　　　　秋七月，吉安蝗虫满野。
4. 清咸丰七年（1857 年）　　　　　　秋七月，安福飞蝗入境。

原载光绪《吉安府志》卷五十三《杂记·祥异》，光绪二年刻本

《吉安县志》

1. 宋嘉定十四年（1221 年）　　　　　蝗灾。
2. 　嘉熙四年（1240 年）　　　　　　六月旱，蝗灾。
3. 元元贞二年（1296 年）　　　　　　蝗害。

原载《吉安县志》自然灾害，新华出版社 1994 年版

《遂川县志》

1. 宋嘉定十四年（1221 年）　　　　　旱蝗。
2. 　嘉熙四年（1240 年）　　　　　　六月，大旱蝗。
3. 清咸丰七年（1857 年）　　　　　　七月，飞蝗入境。
4. 民国三十五年（1946 年）　　　　　中晚稻发生蝗害。

原载《遂川县志》自然灾害，江西人民出版社 1996 年版

同治《安福县志》

1. 宋嘉熙四年（1240 年）　　　　　　六月，旱蝗。
2. 清咸丰七年（1857 年）　　　　　　秋，飞蝗由西北入境，群飞如云，时晚稻
　　　　　　　　　　　　　　　　　　已熟，不为灾。
3. 　咸丰八年（1858 年）　　　　　　正月，捕蝗，初乡民不知捕蝗法，有陕西

人张委员者，教民掘地数寸，有白子成
串如粟米大即蝗蝻也，人掘一升予钱百
文，成虫跳跃者给钱五十，掘益多，钱
递减，悉坑焚之。

原载同治《安福县志》卷一《天文志·灾异》，同治十一年刻本

《安福县志》

东晋大兴二年（319年）　　　　　　五月，蝗虫成灾。

原载《安福县志》自然灾害，中共中央党校出版社1995年版

《永新县志》

清光绪十八年（1892年）　　　　　蝗虫为害，稻薯歉收，民以野菜、树皮
充饥。

原载《永新县志》卷三十二《灾异》，新华出版社1992年版

《万安县志》

1. 明嘉靖十二年（1533年）　　　　蝗灾，禾苗尽。
2. 清咸丰三年（1853年）　　　　　春，有绿虫如蝗者遍野，伤禾。

原载《万安县志》自然灾害·虫灾，黄山书社1996年版

《泰和县志》

1. 元元贞二年（1296年）　　　　　蝗灾。
2. 民国十六年（1927年）　　　　　碧溪、桥头、禾市竹蝗蔓延。
3. 民国二十六年（1937年）　　　　碧溪、桥头、禾市竹蝗蔓延。
4. 民国二十七年（1938年）　　　　碧溪、桥头、禾市竹蝗蔓延。
5. 民国三十二年（1943年）　　　　桥头、碧溪一带4万亩竹林被竹蝗为
害40%。

原载《泰和县志》自然灾害，中共中央党校出版社1993年版

《吉水县志》

清康熙十年（1671 年）　　　　　　　　　蝗灾。

原载《吉水县志》自然灾害，新华出版社 1989 年版

《峡江县志》

明嘉靖十一年（1532 年）　　　　　　　　六月，蝗虫为灾。

原载《峡江县志》大事记，中共中央党校出版社 1995 年版

《新干县志》

经查，同治十二年及 1990 年中国世界语出版社出版的县志中均无蝗灾记载。

《永丰县志》

经查，同治十三年及 1993 年新华出版社出版的县志中均无蝗灾记载。

《宁冈县志》

经查，民国二十六年及 1995 年中共中央党校出版社出版的县志中均无蝗灾记载。

《井冈山志》

经查，1997 年新华出版社出版的井冈山志中无蝗灾记载。

十二、赣州市

乾隆《赣州府志》

1. 宋嘉定十年（1217 年）　　　　　　　九月，宁都蝗。

2. 元至元十七年（1280 年）　　　　　　赣州蝗。

3. 　至治元年（1321 年）　　　　　　赣州临江霖雨、潦蝗相继。

原载乾隆《赣州府志》卷一《天文志·禨祥》，乾隆四十七年刻本

《崇义县志》

民国九年（1920年）　　　　　　　　拔萃乡竹蝗为害，500亩竹山毁于一旦。

　　　　　　　　原载《崇义县志》自然灾害，海南人民出版社1989年版

《兴国县志》

1. 元至治元年（1321年）　　　　　　水灾、蝗灾相继发生，百姓大饥。
2. 清光绪二十五年（1899年）　　　　蝗灾，上社严重。

　　　　　　　　原载《兴国县志》大事记，兴国县志编纂委员会1988年版

3. 民国五年（1916年）　　　　　　　蝗虫成灾。
4. 民国六年（1917年）　　　　　　　蝗虫成灾。
5. 民国七年（1918年）　　　　　　　蝗虫成灾。
6. 民国八年（1919年）　　　　　　　蝗虫成灾。
7. 民国九年（1920年）　　　　　　　蝗虫成灾。
8. 民国十年（1921年）　　　　　　　蝗虫成灾。
9. 民国十一年（1922年）　　　　　　蝗虫成灾，歉收。

　　　　　　原载《兴国县志》自然地理·灾害，兴国县志编纂委员会1988年版

《宁都县志》

1. 宋嘉定十年（1217年）　　　　　　九月，蝗虫害稼。
2. 明万历二十年（1592年）　　　　　蝗蝻遍野，饥民流离。
3. 清康熙二十二年（1683年）　　　　十月，蝗蝻伤稼。

　　　　　　　　原载《宁都县志》自然灾害，宁都县志编纂委员会1986年版

同治《定南厅志》

元至元十七年（1280年）　　　　　　赣州蝗。

　　　　　　　　原载同治《定南厅志》卷六《祥异》，同治十一年刻本

《石城县志》

1. 民国十九年（1930 年）　　　　　　　洋地、上洞等地发生竹蝗，受害竹木 6 万
　　　　　　　　　　　　　　　　　　　余亩。

　　　　　　　原载《石城县志》大事记，书目文献出版社 1989 年版

2. 民国二十九年（1940 年）　　　　　　洋地河脚下、社公湾、禾仓下发生竹蝗，
　　　　　　　　　　　　　　　　　　　受害面积万亩。

　　　　　　　原载《石城县志》自然灾害，书目文献出版社 1989 年版

《赣州地区志》

经查，1994 年新华出版社出版的地区志中无蝗灾记载。

《赣县志》

经查，1991 年新华出版社出版的县志中无蝗灾记载。

《大余县志》

经查，民国十二年及 1990 年三环出版社出版的县志中均无蝗灾记载。

《信丰县志》

经查，乾隆十六年及 1990 年江西人民出版社出版的县志中均无蝗灾记载。

光绪《上犹县志》

经查，光绪十九年版县志中无蝗灾记载。

《南康县志》

经查，同治十一年及 1993 年新华出版社出版的县志中均无蝗灾记载。

《会昌县志》

经查，1993 年新华出版社出版的县志中无蝗灾记载。

《瑞金县志》

经查，光绪元年及 1993 年中央文献出版社出版的县志中均无蝗灾记载。

《安远县志》

经查，同治十一年及 1993 年新华出版社出版的县志中均无蝗灾记载。

《龙南县志》

经查，民国二十五年及 1994 年中共中央党校出版社出版的县志中均无蝗灾记载。

《全南县志》

经查，1995 年江西人民出版社出版的县志中无蝗灾记载。

《寻乌县志》

经查，光绪七年及 1996 年新华出版社出版的县志中均无蝗灾记载。

光绪 《长宁县志》[1]

经查，光绪七年版县志中无蝗灾记载。

同治 《南安府志》[2]

经查，同治七年版府志中无蝗灾记载。

光绪 《南安府志补正》

经查，光绪元年版府志中无蝗灾记载。

同治 《雩都县志》[3]

经查，同治十三年版县志中无蝗灾记载。

---

[1] 长宁：旧县名，治所在今江西寻乌。
[2] 南安：旧府名，治所在今江西大余。
[3] 雩都：旧县名，1957 年改名今江西于都。

第十四章

湖南省地方志中的蝗灾记载

一、湖南综合志

光绪《湖南通志》

1.	宋天禧元年（1017 年）	湘潭蝗。
2.	元大德九年（1305 年）	六月，桂阳路蝝。
3.	泰定元年（1324 年）	六月，永兴蝗。
4.	至顺二年（1331 年）	衡州①路属县比岁旱蝗。
5.	明永乐十二年（1414 年）	安化蝗。
6.	正德十一年（1516 年）	辰州②蝗。
7.	嘉靖八年（1529 年）	郴州螣食禾。
8.	嘉靖十一年（1532 年）	六月，龙阳③蝗，有鸲鹆食之。
9.	嘉靖二十三年（1544 年）	郴州蝗。
10.	隆庆三年（1569 年）	石门、慈利旱蝗。
11.	隆庆五年（1571 年）	桂阳蝗，大饥。
12.	隆庆六年（1572 年）	五月，桂阳、绥宁蝗。
13.	万历元年（1573 年）	八月，靖州蝗，大饥。
14.	万历十六年（1588 年）	宜章旱蝗。
15.	万历二十一年（1593 年）	城步螟蝗害稼。

---

① 衡州：旧府名，治所在今湖南衡阳。
② 辰州：旧州、府名，治所在今湖南沅陵。
③ 龙阳：旧州、县名，治所在今湖南汉寿。

16. 万历三十八年（1610 年）　　　　秋，新化雨蝗伤稻。

17. 万历四十四年（1616 年）　　　　夏，永州蝗，复大水。

18. 万历四十五年（1617 年）　　　　永州蝗。

19. 万历四十七年（1619 年）　　　　永州蝗。

20. 崇祯十二年（1639 年）　　　　　澧州安福①蝗。

21. 崇祯十四年（1641 年）　　　　　岳州②蝗，飞蝗蔽天，食草木叶俱尽。

原载光绪《湖南通志》卷二百四十三《祥异志一》，光绪十一年刻本

22. 清顺治十六年（1659 年）　　　　邵阳、新化稼生螣。

23. 顺治十七年（1660 年）　　　　　春三月，飞蝗蔽天。

24. 康熙三年（1664 年）　　　　　　秋，永明③蝗。

25. 康熙四年（1665 年）　　　　　　醴陵蝗。

26. 康熙十五年（1676 年）　　　　　永州蝗食稼殆尽。

27. 乾隆十一年（1746 年）　　　　　安化蝗。

28. 道光十二年（1832 年）　　　　　四月，新宁蝗。

29. 道光十五年（1835 年）　　　　　长沙飞蝗蔽天，晚稻无获。

30. 道光十六年（1836 年）　　　　　六月，浏阳蝗。

31. 道光二十六年（1846 年）　　　　秋，浏阳螟螣生。

32. 咸丰七年（1857 年）　　　　　　长沙、醴陵、湘潭、湘乡、攸县、安化、龙阳、武陵④、平江、安福飞蝗蔽天；八月，新化、清泉⑤、衡阳、常宁蝗入境。

33. 咸丰八年（1858 年）　　　　　　华容、桂东、石门、武冈蝗害稼；临湘旱，飞蝗蔽天。

原载光绪《湖南通志》卷二百四十四《祥异志二》，光绪十一年刻本

《湖南省志·农林水利志》

1. 清道光二十二年（1842 年）　　　湘乡螟螣害稼。

---

① 安福：旧县名，1914 年改名今湖南临澧。
② 岳州：旧州、路、府名，治所在今湖南岳阳。
③ 永明：旧县名，1956 年改名今湖南江永。
④ 武陵：旧县名，1913 年改名今湖南常德。
⑤ 清泉：旧县名，治所在今湖南衡阳。

2. 道光二十七年（1847 年）　　　　浏阳、湘乡螟螣害稼。

3. 光绪十四年（1888 年）　　　　湘潭蝗。

4. 民国八年（1919 年）　　　　夏间，汝城蝗虫遍野，禾稻、松叶概被食尽。

5. 民国十二年（1923 年）　　　　永顺蝻生。

6. 民国十八年（1929 年）　　　　宁乡螟蝗遍地。

7. 民国二十五年（1936 年）　　　　益阳第五区竹山发现二龄蝗虫，漫山遍野，千百成群，损失庄稼百余万元。

　　　　原载《湖南省志》第八卷《农林水利志》，湖南出版社 1992 年版

《湖南省志·湖南近百年大事纪述》

1. 清咸丰七年（1857 年）　　　　秋，长沙、醴陵、湘潭、湘乡、攸县、安化、酃县①、祁阳、零陵、清泉、常宁、衡阳、新化、武陵、安福、龙阳、平江等十七州县飞蝗蔽天，竹木叶伤害殆尽，各府县下令捕蝗，设局收买蝗卵蛹子，人民大力烧捕飞蝗，挖掘卵块，每州县挖掘卵块百数十万不等。

2. 咸丰八年（1858 年）　　　　蛹子复出现，经大力捕杀渐至消灭，不为灾。

　　　　原载《湖南省志》第一卷《湖南近百年大事纪述》，湖南人民出版社 1959 年版

康熙《湖广通志》

1. 宋庆元三年（1197 年）　　　　永兴蝗。

2. 元泰定元年（1324 年）　　　　永兴蝗。

3. 明成化五年（1469 年）　　　　石门大旱蝗，饥。

4. 正德十一年（1516 年）　　　　辰州蝗。

5. 嘉靖二十三年（1544 年）　　　　夏，郴州蝗。

---

① 酃县：旧县名，治所在今湖南炎陵。

6.　隆庆四年（1570 年）　　　　　石门、慈利旱蝗。

7.　隆庆六年（1572 年）　　　　　桂阳县蝗，岁饥；是年，绥宁蝗。

8.　万历元年（1573 年）　　　　　八月，靖州蝗杀稼，大饥。

9.　崇祯十四年（1641 年）　　　　岳州蝗飞蔽天，禾苗、草木叶皆尽。

原载康熙《湖广通志》卷三《星野附祥异》，康熙二十三年刻本

二、长沙市

《长沙市志·大事记》

1.　清道光十五年（1835 年）　　　长沙、善化①两县发生严重蝗灾。

2.　咸丰七年（1857 年）　　　　　八月，浏阳蝗虫为灾；九月，长沙飞蝗蔽天，
　　　　　　　　　　　　　　　　　宁乡飞蝗所过声如风雨，竹叶、草根立尽。

3.　同治三年（1864 年）　　　　　秋，长沙、善化旱，飞蝗食竹。

原载《长沙市志·大事记》，湖南出版社 1995 年版

乾隆《长沙府志》

1.　明正德二年（1507 年）　　　　多蝗。

2.　清顺治十八年（1661 年）　　　浏邑飞蝗蔽野。

原载乾隆《长沙府志》卷三十七《灾祥志》，乾隆十二年刻本

《长沙县志》

1.　明正德二年（1507 年）　　　　长沙飞蝗蔽天。

2.　清道光十五年（1835 年）　　　长沙、善化飞蝗蔽天，稻无收。

3.　咸丰七年（1857 年）　　　　　九月，长沙飞蝗蔽天。

4.　咸丰八年（1858 年）　　　　　春，长沙螟害。

5.　同治三年（1864 年）　　　　　长沙蝗食竹。

原载《长沙县志》自然灾害，生活·读书·新知三联书店 1995 年版

---

①　善化：旧县名，1912 年并入今湖南长沙。

《望城县志》

1. 清道光十五年（1835 年）　　　　大旱，境内禾稻被蝗虫啮尽，颗粒无收，大饥。

2. 　咸丰七年（1857 年）　　　　秋，境内飞蝗蔽天，竹木叶被啮食殆尽，群众烧捕飞蝗，挖掘卵块，予以扑灭。

　　　　原载《望城县志》大事记，生活·读书·新知三联书店 1995 年版

3. 　咸丰八年（1858 年）　　　　秋，善化旱，飞蝗食竹。

4. 　同治三年（1864 年）　　　　春，蝻子遍生，官绅设局收捕；五月大雨，蝻种无遗。

　　　　原载《望城县志》自然灾害，生活·读书·新知三联书店 1995 年版

光绪《善化县志》

1. 清道光十五年（1835 年）　　　　大旱，飞蝗蔽天。

2. 　咸丰七年（1857 年）　　　　秋冬旱，飞蝗蔽天，行捕蝗诸法。

3. 　咸丰八年（1858 年）　　　　春，蝻子遍生，官绅设局收捕；五月大雨，蝻种无遗。

4. 　同治三年（1864 年）　　　　秋旱，飞蝗食竹。

　　　　原载光绪《善化县志》卷三十三《祥异》，光绪三年刻本

5. 　咸丰七年（1857 年）　　　　九月，飞蝗蔽天，时禾稻登场，幸不为害。蝗食尖叶，不食圆叶，棕竹过处几尽，用爆竹、金锣加以长竿系红布捕喊，使不落地，亦可稍使远飏，夜间则于屯聚之处堆烧柴草，蝗扑火焚翅则坠，唯群聚处必有遗种，邑令李逢春奉抚宪骆严饬督捕，并设局倡捐收买蝻子，遗种处必有小孔，依孔掘取遗卵长寸余，计岁终收取不下千余石。

6. 　咸丰八年（1858 年）　　　　春，蝻孽复生，出土一二日蠕动如蚁，六七日即能跳跃，邑令李奉饬两次往乡督

同绅耆趁其初出设法赶扑，法以竹枝去叶成帚或以篾片扎皮掌，多人排立前扑，蝗喜向南走，辰末巳初，多用鱼罾、布障围住，各持稻草围烧，总须因地制宜，相势捕取。是年，各都收买之蝻亦不下千余石。古法以辰时则露翅飞迟，午刻则相交伏地，夜深则燃薪使扑，此外，虔祷于刘猛将军庙以禳之，亦田祖有神之祝也，虫生时祷于神，后用白布裁小旗尺许插田中，虫即灭。

原载光绪《善化县志》卷三十四《丛谈》，光绪三年刻本

同治 《宁乡县志》

1. 明正德三年（1508 年） 蝗伤稼。
2. 清道光十五年（1835 年） 夏旱，蝗过界。
3. 咸丰七年（1857 年） 秋，飞蝗蔽天，声如风雨，所过竹叶、草根立尽；冬，设收蝗局，令民至县输送蝻子，一斗给谷一斗，收蝻子数百石。
4. 咸丰八年（1858 年） 春，文武官暨局绅下乡率民捕小蝗成堆不能尽。

原载同治《宁乡县志》卷二《天文二·祥异》，同治六年刻本

同治 《浏阳县志》

1. 明成化七年（1471 年） 蝗。
2. 崇祯十年（1637 年） 螟螣蟊贼皆备。
3. 崇祯十一年（1638 年） 螟螣蟊贼皆备。
4. 崇祯十四年（1641 年） 蝗遍野。
5. 清顺治十八年（1661 年） 飞蝗蔽野，伤稼，民有因害自缢者。
6. 道光十五年（1835 年） 七月，蝗。

7.	道光十六年（1836 年）	六月，蝗，官渡诸村陨蝗如雨，隔溪不辨人。
8.	道光二十六年（1846 年）	旱，螟螣生。
9.	咸丰七年（1857 年）	八月，蝗食竹叶尽，遗子甚多。
10.	咸丰八年（1858 年）	蝗，知县袁青绥督捕蝗虫。

原载同治《浏阳县志》卷十四《祥异·物异》，同治十二年刻本

三、湘潭市

光绪《湘潭县志》

1.	宋天禧元年（1017 年）	蝗。
2.	清顺治十七年（1660 年）	三月，蝗。
3.	道光十五年（1835 年）	秋，蝗。
4.	咸丰七年（1857 年）	七月，飞蝗过境，惟食竹菜，督州县扑捕，以谷易蝗，并收蝗子。

原载光绪《湘潭县志》卷九《五行·蝗》，光绪十五年刻本

《湘潭县志》

1.	民国三十四年（1945 年）	蝗虫为害，霞城乡蝗虫蔽日五里，禾苗、竹叶咬尽。
2.	民国三十六年（1947 年）	秋，飞蝗蔽天，竹叶多遭啮食。
3.	民国三十七年（1948 年）	七月，姜畲乡、仙女乡遭蝗虫为害。

原载《湘潭县志》自然灾害，湖南出版社 1995 年版

同治《湘乡县志》

1.	清康熙十八年（1679 年）	蝗。
2.	道光十九年（1839 年）	秋旱，螟螣害稼。
3.	道光二十二年（1842 年）	秋旱，螟螣害稼。
4.	道光二十七年（1847 年）	秋旱，螟螣害稼。

5. 咸丰七年（1857 年）　　　　　　秋八月，飞蝗入境，食竹木叶殆尽。

6. 咸丰八年（1858 年）　　　　　　是岁，蝻子遍生，知县赖史直设局收买，
并令各都坊分段掘捕，凡五月乃净。
按，县册计掘获蝻子 2 120 余石，捕蝗
虫十万一千余斤。

原载同治《湘乡县志》卷五《兵防志·祥异》，同治十三年刻本

《湘乡县志》

民国十八年（1929 年）　　　　　　蝗特重。

原载《湘乡县志》重大自然灾害历史年表，湖南出版社 1993 年版

《韶山志》

民国三十七年（1948 年）　　　　　夏，蝗虫成灾。

原载《韶山志》大事记，中国大百科全书出版社 1993 年版

四、衡阳市

《衡阳市志》

1. 元至顺二年（1331 年）　　　　　四月，衡州蝗灾，民食草木殆尽。

2. 清咸丰七年（1857 年）　　　　　秋，境内大蝗，蝗虫遮天盖日，田禾被食
净尽。

原载《衡阳市志》大事记，湖南人民出版社 1998 年版

同治《衡阳县志》

1. 元至顺二年（1331 年）　　　　　夏四月，衡州路比岁旱蝗。

2. 清咸丰七年（1857 年）　　　　　秋，飞蝗入县境，募民出谷易蝗蝻。

原载同治《衡阳县志》卷二《事纪》，同治十三年刻本

乾隆《衡州府志》

1. 元大德九年（1305年）　　　　　　桂阳蝝。
2. 明嘉靖二十三年（1544年）　　　　秋，蝗作，民大饥。
3. 　万历十四年（1586年）　　　　　桂阳蝗害稼，忽风雷大作，蝗灭。

　　原载乾隆《衡州府志》卷二十九《祥异·水旱》，光绪元年据乾隆二十八年刻版增刻本

同治《清泉县志》

清咸丰七年（1857年）　　　　　　　七月，蝗食稼。

　　　　　　原载同治《清泉县志》卷末《事纪·祥异》，同治八年刻本

《江东区志》

元至顺二年（1331年）　　　　　　　夏四月，衡州遭水、旱、蝗灾，民食草木殆尽。

　　　　　　原载《江东区志》大事记，黄山书社1999年版

《衡南县志》

1. 明嘉靖二十三年（1544年）　　　　夏，蝗虫大发，禾稼毁伤严重。
2. 清咸丰七年（1857年）　　　　　　秋，飞蝗入境，多如云团，蔽日遮天。
3. 　宣统三年（1911年）　　　　　　蝗入侵。
4. 民国十八年（1929年）　　　　　　六月，蝗虫大发，遍及乡里，为害严重。

　　　　　　原载《衡南县志》自然灾害，中国社会出版社1992年版

《衡东县志》

清咸丰七年（1857年）　　　　　　　八月，飞蝗过境。

　　　　　　原载《衡东县志》自然灾害·虫灾，中国社会出版社1992年版

《祁东县志》

清咸丰七年（1857 年）　　　　　　秋，祁阳飞蝗蔽天，竹叶啮食殆尽，县大
　　　　　　　　　　　　　　　　力烧捕飞蝗，挖掘卵块，虫得以控制。

原载《祁东县志》大事记，中国文史出版社 1992 年版

《常宁县志》

1. 元至顺二年（1331 年）　　　　　水、旱、蝗虫为害严重，民众食草殆尽。
2. 明正德二年（1507 年）　　　　　旱蝗灾害严重。
3. 清顺治十七年（1660 年）　　　　三月，飞蝗蔽天。
4. 　康熙六年（1667 年）　　　　　旱，蝗虫为灾，民无半收。
5. 　康熙十年（1671 年）　　　　　秋，蝗成灾。
6. 　咸丰七年（1857 年）　　　　　八月，飞蝗入境，竹木叶啮食殆尽，群众
　　　　　　　　　　　　　　　　烧捕飞蝗，挖掘卵块，少则百石，多则
　　　　　　　　　　　　　　　　千石不等。
7. 　咸丰八年（1858 年）　　　　　夏，蝗灾，害稼。
8. 民国十七年（1928 年）　　　　　夏，雨成灾，蝗虫继起。

原载《常宁县志》自然灾害年表，社会科学文献出版社 1993 年版

《耒阳市志》

1. 明嘉靖二十三年（1544 年）　　　夏，蝗灾，民饥馑。
2. 清咸丰七年（1857 年）　　　　　八月，蝗灾严重，知县设局收买蝻子，论
　　　　　　　　　　　　　　　　功奖励。

原载《耒阳市志》大事记，中国社会出版社 1993 年版

3. 元至顺二年（1331 年）　　　　　耒阳发生蝗灾。
4. 清道光十五年（1835 年）　　　　七月，飞蝗蔽天，稻无收。
5. 民国二十年（1931 年）　　　　　发生蝗灾，为害甚烈。
6. 民国二十一年（1932 年）　　　　发生蝗灾，为害甚烈。
7. 民国二十二年（1933 年）　　　　发生蝗灾，为害甚烈。
8. 民国二十三年（1934 年）　　　　发生蝗灾，为害甚烈。

9. 民国二十四年（1935 年）　　　　各地连续发生蝗灾，为害甚烈。

原载《耒阳市志》自然灾害，中国社会出版社 1993 年版

光绪《耒阳县志》

清咸丰七年（1857 年）　　　　八月，飞蝗害境，知县谕民扑灭，并设局收买蝻子，论功奖励，以绝根株。

原载光绪《耒阳县志》卷一《祥异》，光绪十二年刻本

光绪《衡山县志》

清咸丰七年（1857 年）　　　　秋八月，飞蝗过境，无灾。

原载光绪《衡山县志》卷四十四《祥异》，光绪元年刻本

《南岳区志》

经查，2000 年岳麓书社出版的区志中无蝗灾记载。

五、株洲市

《醴陵市志》

1. 清咸丰七年（1857 年）　　　　秋，蝗入境，禾苗、竹叶被啮尽，遗种遍野，各府县命农民挖取蝻子送县，每升给钱百文。

2.　　咸丰八年（1858 年）　　　　余蝻孳生，再督民搜捕灭绝。

原载《醴陵市志》大事记，湖南出版社 1995 年版

民国《醴陵县志》

1. 清顺治十七年（1660 年）　　　　春三月，飞蝗蔽天。

2.　　康熙四年（1665 年）　　　　秋，蝗。

3. 咸丰七年（1857 年） 八月，蝗忽大至，天为之蔽，遗种满山谷。

4. 咸丰八年（1858 年） 春，蝻生，大府檄属搜捕，患乃绝。

原载民国《醴陵县志》卷一《大事纪》，民国三十七年铅印本

同治《攸县志》

清咸丰七年（1857 年） 七月，忽有食禾蚱蜢入境数无万，晚谷俱损。

原载同治《攸县志》卷五十三《祥异》，同治十年刻本

《茶陵县志》

1. 清顺治十七年（1660 年） 三月，飞蝗蔽天。

2. 咸丰七年（1857 年） 秋后，飞蝗漫天，竹树叶多啮光。

3. 民国二十七年（1938 年） 夏秋旱，蝗灾。

原载《茶陵县志》主要自然灾害年表，中国文史出版社 1993 年版

《鄱县志》

1. 清道光十五年（1835 年） 五月，飞蝗蔽天，禾稻尽为啮食。

2. 咸丰七年（1857 年） 秋，飞蝗入，蔽天，禾稻、竹木叶尽为啮食，各处大力烧捕，掘卵上百担，患终解。

原载《鄱县志》自然灾害年表，中国社会出版社 1994 年版

六、郴州市

《郴州地区志》

清咸丰八年（1858 年） 桂东、安仁等县蝗虫蔽天，害稼。

原载《郴州地区志》大事记，中国社会出版社 1996 年版

万历 《郴州志》

1. 明正德二年（1507 年）　　　　　　秋，大蝗。
2. 　嘉靖八年（1529 年）　　　　　　八月，螣虫食禾殆尽，遂飞山泽，大饥。
3. 　嘉靖二十三年（1544 年）　　　　夏，州有蝗；宜章县旱蝗，大饥。

原载万历《郴州志》卷二十《祥异纪》，万历四年刻本

《郴县志》

1. 明嘉靖二十三年（1544 年）　　　　夏，蝗害。
2. 清道光十五年（1835 年）　　　　飞蝗蔽天，早、中、晚稻俱啮食无数。

原载《郴县志》自然灾害年表，中国社会出版社 1995 年版

同治 《桂阳县志》

1. 明隆庆五年（1571 年）　　　　　桂阳蝗，大饥。
2. 清康熙十年（1671 年）　　　　　夏旱，螟螣为灾。

原载同治《桂阳县志》卷二十二《祥异志》，同治六年刻本

《桂阳县志》

清咸丰四年（1854 年）　　　　　夏，州北蝗旱、瘟疫成灾。

原载《桂阳县志》大事记，中国文史出版社 1993 年版

嘉庆 《临武县志》

1. 元大德九年（1305 年）　　　　　秋七月，蟓。
2. 清乾隆五十四年（1789 年）　　　秋，螽。

原载嘉庆《临武县志》卷四十五《祥异志》，同治六年据嘉庆二十二年

刻版增刻本

《临武县志》

清康熙十八年 (1679 年)　　　　　　　旱，蝗虫大面积为害庄稼。

原载《临武县志》水旱灾害资料辑表，中南工业大学出版社 1989 年版

《永兴县志》

元泰定元年 (1324 年)　　　　　　　　旱，蝗灾，收成大减。

原载《永兴县志》大事记，中国城市出版社 1994 年版

民国 《宜章县志》

1. 明嘉靖二十三年 (1544 年)　　　　　旱蝗，大饥。
2. 　万历十六年 (1588 年)　　　　　　旱蝗。
3. 民国十六年 (1927 年)　　　　　　　五月，有蝗为灾。

原载民国《宜章县志》卷七《事纪》，民国三十年活字本

同治 《安仁县志》

1. 明嘉靖二十三年 (1544 年)　　　　　春夏大旱，蝗作，民大饥。
2. 清咸丰八年 (1858 年)　　　　　　　八月，蝗飞蔽天；冬，县令督掘蝗子数
　　　　　　　　　　　　　　　　　　　百石。
3. 　咸丰九年 (1859 年)　　　　　　　春，蝗蝻复生，县率两学、城守、典史及
　　　　　　　　　　　　　　　　　　　绅民、村会等白昼扫扑，夜则纵火，蝗
　　　　　　　　　　　　　　　　　　　始息。

原载同治《安仁县志》卷十六《事纪志·灾异》，同治八年刻本

《安仁县志》

清道光十五年 (1835 年)　　　　　　　至七月无雨，飞蝗蔽天，民饥死者无数。

原载《安仁县志》大事记，中国社会出版社 1996 年版

《桂东县志》

清咸丰八年（1858 年）　　　　　　　　八月，县内蝗虫蔽天，庄稼损毁严重。

原载《桂东县志》大事记，湖南人民出版社 1998 年版

民国《汝城县志》

1. 清康熙十年（1671 年）　　　　　　夏旱，螟螣为灾。
2. 民国八年（1919 年）　　　　　　夏，蝗虫遍起，稻禾为灾，松叶亦食尽。

原载民国《汝城县志》卷三十三《杂志·祥异》，民国二十二年刻本

《郴州市志》

经查，1994 年黄山书社出版的市志中无蝗灾记载。

《嘉禾县志》

经查，1994 年黄山书社出版的县志中无蝗灾记载。

《资兴市志》

经查，1999 年湖南人民出版社出版的市志中无蝗灾记载。

道光《兴宁县志》[①]

经查，道光元年版县志中无蝗灾记载。

七、永州市

道光《永州府志》

1. 宋乾道三年（1167 年）　　　　　湖南蝗，赈之。
2. 明隆庆六年（1572 年）　　　　　永明蝗。

---

① 兴宁：旧县名，治所在今湖南资兴市东兴宁镇。

3. 万历四十四年（1616 年）　　　　　夏，永明蝗。

4. 万历四十五年（1617 年）　　　　　永明蝗。

5. 清康熙十六年（1677 年）　　　　　夏，永明蝗食稼殆尽。

6. 雍正八年（1730 年）　　　　　　　敕有司翦除蝗蝻。

原载道光《永州府志》卷十七《事纪略》，同治六年据道光八年刻本重校本

《零陵地区志》

清咸丰七年（1857 年）　　　　　　秋，零陵县飞蝗蔽天，竹木叶被伤害殆尽。

原载《零陵地区志》自然灾害，湖南人民出版社 2001 年版

光绪《零陵县志》

1. 明万历四十四年（1616 年）　　　　夏，蝗。

2. 万历四十七年（1619 年）　　　　　蝗。

3. 清康熙十六年（1677 年）　　　　　夏，蝗食稼殆尽。

4. 道光十五年（1835 年）　　　　　　夏不雨，蝗飞蔽天，岁大饥。

5. 咸丰七年（1857 年）　　　　　　　秋，蝗自北至，遗卵入地。

6. 咸丰八年（1858 年）　　　　　　　三月，蝗出食秧苗，官绅捕焚，蝗尽灭。

原载光绪《零陵县志》卷十二《事纪·祥异》，光绪二年刻本

民国《祁阳县志》

1. 明万历四十四年（1616 年）　　　　夏，蝗。

2. 清咸丰八年（1858 年）　　　　　　春，蝗蝻生，雨降蝗尽死。

原载民国《祁阳县志》卷二《事略志》，民国二十年刻本

《祁阳县志》

1. 清咸丰六年（1856 年）　　　　　　九月，蝗虫为灾。

2. 咸丰七年（1857 年）　　　　　　　秋，飞蝗蔽天，竹木叶被食殆尽。

原载《祁阳县志》自然灾害，社会科学文献出版社 1993 年版

3. 咸丰七年（1857 年）　　　　　　秋，飞蝗蔽天，竹叶被食殆尽，经捕打挖
　　　　　　　　　　　　　　　　　　卵，虫灾得以控制。

原载《祁阳县志》大事记，社会科学文献出版社 1993 年版

《宁远县志》

清道光十五年（1835 年）　　　　　　夏旱，飞蝗蔽天，大饥。

原载《宁远县志》灾异·旱灾，社会科学文献出版社 1993 年版

《道县志》

清同治三年（1864 年）　　　　　　　六月，蝗虫为患，白地头、车头、大洞、
　　　　　　　　　　　　　　　　　　清塘等地颗粒无收。

原载《道县志》大事记，中国社会出版社 1994 年版

《江永县志》

1. 明隆庆六年（1572 年）　　　　　　蝗害。
2. 清康熙三年（1664 年）　　　　　　蝗害。
3. 　道光十五年（1835 年）　　　　　夏，蝗虫食稼。
4. 民国十八年（1929 年）　　　　　　蝗虫为害。

原载《江永县志》自然灾害，方志出版社 1995 年版

同治《江华县志》

清道光十五年（1835 年）　　　　　　五月，飞蝗由粤西入境，伤稼甚多，邑令
　　　　　　　　　　　　　　　　　　收捕。

原载同治《江华县志》卷十二《杂记·灾异》，同治九年刻本

《东安县志》

经查，光绪二年及 1995 年湖南出版社出版的县志中均无蝗灾记载。

《新田县志》

经查，1995 年新华出版社出版的县志中无蝗灾记载。

《蓝山县志》

经查，民国二十二年及 1995 年中国社会出版社出版的县志中均无蝗灾记载。

八、岳阳市

隆庆《岳州府志》

1. 明成化五年（1469 年）   石门县大旱蝗，饥。
2.   嘉靖十一年（1532 年）   蝗入石门县境。
3.   隆庆四年（1570 年）   石门、慈利旱蝗。

原载隆庆《岳州府志》卷八《司天考·水旱虫鱼之变》，隆庆年间刻本

民国《岳阳县志》

1. 明万历四十五年（1617 年）   蝗虫食谷，岁饥。
2. 清顺治二年（1645 年）   三月，飞蝗食禾。
3.   康熙三十年（1691 年）   六月，飞蝗入境继遭蝻，遍山遍野，绿苗一空。
4.   道光十六年（1836 年）   蝗。

原载民国《岳阳县志》卷十四《祥异志·灾祥》，民国四年石印本

《岳阳县志》

1. 宋乾道三年（1167 年）   蝗灾。
2. 明崇祯十四年（1641 年）   八月，飞蝗成群，所过之处草木叶啃食净光。

原载《岳阳县志》大事记，湖南人民出版社 1997 年版

光绪 《华容县志》

1. 明崇祯十二年（1639 年）　　　　秋，华容蝗，群飞蔽日，聚响如雷，所过
　　　　　　　　　　　　　　　　　秧苗及草木一空，衣服亦尽食。
2. 清道光十五年（1835 年）　　　　大旱蝗。
3. 　咸丰八年（1858 年）　　　　　夏，蝗，群飞蔽天。

　　　　　　原载光绪《华容县志》卷十三《五行志·祥异》，光绪八年刻本

同治 《临湘县志》

1. 明崇祯十四年（1641 年）　　　　飞蝗蔽天。
2. 清道光十五年（1835 年）　　　　大旱，飞蝗蔽天。
3. 　咸丰八年（1858 年）　　　　　旱，飞蝗蔽天。

　　　　　　原载同治《临湘县志》卷二《方舆志·祥异》，同治十一年刻本

《汨罗市志》

1. 宋天禧元年（1017 年）　　　　　蝗螟吃尽稻秆苗。
2. 清顺治十七年（1660 年）　　　　飞蝗遍野。

　　　　　　　　原载《汨罗市志》自然灾害，方志出版社 1995 年版

《平江县志》

1. 清咸丰七年（1857 年）　　　　　蝗虫为害。
2. 　咸丰八年（1858 年）　　　　　蝗虫为害。
3. 　同治十三年（1874 年）　　　　蝗虫为害。
4. 　宣统二年（1910 年）　　　　　蝗虫为害。
5. 民国十三年（1924 年）　　　　　六月，蝗虫大面积为害，大部分早稻
　　　　　　　　　　　　　　　　　无收。
6. 民国二十二年（1933 年）　　　　蝗虫为害东南各乡，中迟稻损失严重。

　　　　　　原载《平江县志》自然灾害，国防大学出版社 1994 年版

《湘阴县志》

1. 宋天禧元年（1017 年）	二月，蝗蝻复生，多去岁蛰者。
2. 乾道三年（1167 年）	蝗灾。
3. 明正德二年（1507 年）	蝗灾。
4. 崇祯十四年（1641 年）	八月，飞蝗蔽天，食草木殆尽。
5. 清顺治十七年（1660 年）	三月，蝗飞蔽天。
6. 乾隆四十三年（1778 年）	蝗蝻为灾，民艰于食，饥荒尤甚。
7. 乾隆五十一年（1786 年）	八月，蝗自湖西来，遍满城乡。
8. 道光十五年（1835 年）	飞蝗蔽天，早、中、晚稻俱枯槁，民大饥。
9. 咸丰七年（1857 年）	秋，飞蝗蔽天自北而南，食草叶尽，民烧捕飞蝗，挖掘卵块，少则百石，多则数千石。
10. 民国二十二年（1933 年）	蝗虫遍野，草木皆尽，收成大减。
11. 民国二十三年（1934 年）	蝗虫为害，20 万亩受灾。

原载《湘阴县志》自然灾害年表，生活·读书·新知三联书店 1995 年版

九、益阳市

《益阳地区志》

1. 民国八年（1919 年）	益阳县多处蝗灾。
2. 民国十八年（1929 年）	秋，益阳县螟蝗成灾。
3. 民国十九年（1930 年）	秋，益阳县蝗虫害竹。
4. 民国二十三年（1934 年）	安化县蝗虫为害，损毁林木及农作物 1.5 万亩。
5. 民国二十五年（1936 年）	益阳县复有蝗虫害竹。
6. 民国三十六年（1947 年）	山区各县竹蝗成灾。

原载《益阳地区志》益阳地区自然灾害年表，新华出版社 1997 年版

同治《益阳县志》

1. 明崇祯十二年（1639 年）	六月，蝗。

2. 清乾隆十一年（1746 年）　　　　　七月，蝗。

3. 　嘉庆二十二年（1817 年）　　　　蝗虫食竹殆尽。

4. 　嘉庆二十三年（1818 年）　　　　蝗虫食竹殆尽。

5. 　嘉庆二十四年（1819 年）　　　　蝗虫食竹殆尽。

6. 　咸丰八年（1858 年）　　　　　　春，蝗起，捕之寻灭。

原载同治《益阳县志》卷二十五《尚徵志下·祥异》，同治十三年刻本

《益阳市志》

清嘉庆二十三年（1818 年）　　　　　蝗灾。

原载《益阳市志》自然灾害，中国文史出版社 1990 年版

《益阳县志》

1. 清道光十五年（1835 年）　　　　　飞蝗为害，禾稻无收。

2. 　咸丰七年（1857 年）　　　　　　秋，飞蝗蔽天食竹叶几尽。

3. 　同治七年（1868 年）　　　　　　蝗虫为害，蝗食竹殆尽。

4. 　光绪元年（1875 年）　　　　　　蝗灾。

5. 　光绪四年（1878 年）　　　　　　蝗灾。

6. 　光绪五年（1879 年）　　　　　　蝗灾。

7. 　光绪二十四年（1898 年）　　　　蝗食竹。

8. 民国八年（1919 年）　　　　　　　蝗虫食竹。

9. 民国十八年（1929 年）　　　　　　蝗食竹严重。

10. 民国十九年（1930 年）　　　　　蝗食竹严重。

11. 民国二十五年（1936 年）　　　　蝗虫为害。

12. 民国三十六年（1947 年）　　　　竹蝗猖獗。

原载《益阳县志》近百年虫灾年表，湖南人民出版社 1999 年版

同治《安化县志》

1. 明永乐十二年（1414 年）　　　　　蝗，姜子万作《咒蝗文》以咒之。

2. 清咸丰七年（1857 年）　　　　　　秋七月，飞蝗蔽天从东南来，所过草木叶

尽，遗卵入地寸许，巡抚颁《除蝗备
考》一书，知县督民如法捕之，并掘取
其卵。

原载同治《安化县志》卷三十四《事略·五行略》，同治十年刻本

《安化县志》

1. 明崇祯九年（1636 年）　　　　旱，继而蝗灾。
2. 清顺治十七年（1660 年）　　　三月，飞蝗蔽天。
3. 　乾隆十一年（1746 年）　　　秋，蝗虫为害。
4. 民国十七年（1928 年）　　　　旱，蝗灾严重，仅收三成。
5. 民国二十三年（1934 年）　　　蝗虫成灾。
6. 民国三十六年（1947 年）　　　竹蝗猖獗，稻田失收。

原载《安化县志》自然灾害年表，社会科学文献出版社 1993 年版

7. 民国三十五年（1946 年）　　　六月水，蝗灾。

原载《安化县志》大事记，社会科学文献出版社 1993 年版

《桃江县志》

1. 清顺治十七年（1660 年）　　　三月，飞蝗蔽天。
2. 　康熙六年（1667 年）　　　　五月，蝗食禾。
3. 　嘉庆二十二年（1817 年）　　蝗食竹。
4. 　咸丰七年（1857 年）　　　　秋，蝗食竹殆尽，民火蝗，有挖卵块百余担者。
5. 　光绪四年（1878 年）　　　　连续三年蝗灾。
6. 民国十八年（1929 年）　　　　秋，蝗食竹。

原载《桃江县志》自然灾害，中国社会出版社 1993 年版

嘉庆《沅江县志》

明嘉靖十年（1531 年）　　　　　六月，蝗，适有鸲鹆食之飞去。

原载嘉庆《沅江县志》卷二十二《祥异志》，嘉庆十五年刻本

《南县志》

经查，1988 年湖南人民出版社出版的县志中无蝗灾记载。

十、常德市

《常德地区志》

清咸丰七年（1857 年）　　　　　安福县发生蝗灾，竹与稻叶均被食殆尽，农民大力烧捕飞蝗，挖掘卵块 100 担之多。

原载《常德地区志》大事记，中国科学技术出版社 1993 年版

嘉庆《常德府志》

明嘉靖十年（1531 年）　　　　　夏六月，蝗，有鸲鹆食之。

原载嘉庆《常德府志》卷十七《武备考二附·灾祥》，嘉庆十八年刻本

光绪《桃源县志》

1. 清咸丰七年（1857 年）　　　　秋九月，飞蝗蔽日。
2. 咸丰八年（1858 年）　　　　　三月，蝗虫盛，县令亲往四乡选派乡耆，督夫掘坑捕烧二十余日，蝗绝。
3. 同治七年（1868 年）　　　　　九月，飞蝗至。

原载光绪《桃源县志》卷十二《尚征志·灾祥》，光绪十八年刻本

同治《安福县志》

1. 元元贞二年（1296 年）　　　　六月，澧州路蝗。
2. 明崇祯十二年（1639 年）　　　秋，蝗。
3. 清咸丰七年（1857 年）　　　　九月，飞蝗蔽天。
4. 咸丰八年（1858 年）　　　　　安福大捕蝗，初乡民不知捕蝗法，有张委

员者陕西人，教民掘地数寸有白子成串
如粟米大即蝗也，人掘一升予钱百，成
虫跳跃者给半，掘益多钱递减，悉坑
焚之。

原载同治《安福县志》卷二十九《祥异》，同治八年刻本

《临澧县志》

清咸丰七年（1857 年）　　　　　　　九月，飞蝗蔽天，竹木叶食尽。

原载《临澧县志》大事记，中国社会出版社 1992 年版

道光《直隶澧州志》

1. 元元贞二年（1296 年）　　　　　六月，澧州路蝗。

2. 明成化五年（1469 年）　　　　　石门大旱蝗，饥。

3. 　嘉靖十一年（1532 年）　　　　蝗入石门县境。

4. 　崇祯十二年（1639 年）　　　　秋，蝗虫自石首过青苔渡来安乡，如云蔽
日，聚响成雷，所过稻谷、草木、衣服
无存，自明公寺下县凡四，遍集市居，
琴堂尤厚尺许。谣曰："蝗虫蝗虫，流
贼先锋。"

5. 　崇祯十四年（1641 年）　　　　澧州石门飞蝗蔽天，食禾苗尽。

原载道光《直隶澧州志》卷十九《祥异志·荒歉》，道光元年刻本

《澧县志》

1. 明崇祯十二年（1639 年）　　　　秋，蝗飞蔽日，集响如雷，所过草木、谷
豆、衣服无有存者。

2. 　崇祯十四年（1641 年）　　　　蝗灾，民饥。

3. 清道光十六年（1836 年）　　　　三四月间，蝻蝑遍野。

4. 咸丰八年（1858 年）　　　　　　西北乡蝗灾。

原载《澧县志》第九章《灾异》，社会科学文献出版社 1993 年版

光绪《龙阳县志》

1. 明嘉靖十一年（1532 年）　　　　夏六月，蝗，有鸲鹆食之去。
2. 清咸丰七年（1857 年）　　　　　七月，蝗飞蔽天。
3. 　咸丰八年（1858 年）　　　　　蝗，知县躬履四乡督民扑捕、坑之，日购
　　　　　　　　　　　　　　　　　蝗蝻数十百斛，不为灾。

原载光绪《龙阳县志》卷十一《食货三·灾祥》，光绪元年刻本

乾隆《安乡县志》

明崇祯十二年（1639 年）　　　　　秋，蝗虫自石首过青苔渡来，蔽日若云，
　　　　　　　　　　　　　　　　　聚响成雷，所过草木、禾稻无有存者，
　　　　　　　　　　　　　　　　　经明公寺下县凡四，歇集琴堂尤厚
　　　　　　　　　　　　　　　　　尺许。

原载乾隆《安乡县志》卷八《通考志·禨祥》，乾隆十三年刻本

同治《石门县志》

1. 元元贞二年（1296 年）　　　　　六月，澧州路蝗。
2. 明成化五年（1469 年）　　　　　石门县旱蝗，饥。
3. 　嘉靖十一年（1532 年）　　　　蝗入石门县境。
4. 　崇祯十四年（1641 年）　　　　澧州石门飞蝗蔽天，食禾苗尽。

原载同治《石门县志》卷十二《祥异志·荒歉》，同治十三年刻本

5. 清咸丰八年（1858 年）　　　　　飞蝗蔽空，县令有捕蝗事宜八条。

原载同治《石门县志》卷十二《祥异志·灾祥》，同治十三年刻本

《常德县志》

经查，1992 年中国文史出版社出版的县志中无蝗灾记载。

《津市志》

经查，1993 年教育科学出版社出版的市志中无蝗灾记载。

十一、娄底市

《娄底地区志》

1. 清咸丰七年（1857 年）　　　　七月，新化螣；八月，蝗虫蔽天自东南飞来，所过之处禾苗及竹叶被食尽；是年，挖蝗蛹七百余担。

2. 咸丰八年（1858 年）　　　　湘乡县蝗灾严重，当局设局收买，交虫一斤奖米一斤，收蝗 10.1 万斤，挖蛹 2 100余担。

3. 民国八年（1919 年）　　　　新化雨水失调，顿起蝗虫，禾苗被食。

原载《娄底地区志》自然灾害，湖南人民出版社 1997 年版

4. 清咸丰七年（1857 年）　　　　蝗虫肆虐新化、蓝田等地，农作物及竹叶皆被食尽，各地大力烧捕飞蝗，新化县设收蝗局，收蝗七百多担，杂石灰埋之。

原载《娄底地区志》大事记，湖南人民出版社 1997 年版

同治《新化县志》

1. 清咸丰七年（1857 年）　　　　七月，螣伤稼；八月，有蝗自东南飞来，蔽天，食竹叶殆尽，落地生子，知府橄县设收蛹局，派专人分途督挖蛹子，三乡亦设分局，共收蝗七百余担，掺石灰埋城西。

2. 咸丰八年（1858 年）　　　　二至五月，三乡设局分捕蛹子，未出土者掘之，一升易钱五十至八十文不等，初出土者编竹枝扑之，用火焚之；五月大雨，蝗遂没，不为灾。

原载同治《新化县志》卷十二《政典志二》，同治十一年刻本

《新化县志》

1. 民国八年（1919 年）　　　　　　　　八月，蝗灾严重，稻谷收成不足四成。

原载《新化县志》大事记，湖南出版社 1996 年版

2. 民国三十八年（1949 年）　　　　　　蝗虫为害严重。

原载《新化县志》自然灾害，湖南出版社 1996 年版

《涟源市志》

1. 明永乐十二年（1414 年）　　　　　　安化蝗灾。
2. 清乾隆十一年（1746 年）　　　　　　秋，安化蝗灾。
3. 　咸丰七年（1857 年）　　　　　　　七月，安化蝗灾严重。
4. 民国二十四年（1935 年）　　　　　　是年，马头山、青烟一带竹蝗成灾。

原载《涟源市志》大事记，湖南人民出版社 1998 年版

《双峰县志》

清咸丰八年（1858 年）　　　　　　　　蝗虫遍起，伤禾，知县令分段掘捕，在各
　　　　　　　　　　　　　　　　　　　乡设局收购，收虫蛹 3 000 余担。

原载《双峰县志》大事记，中国文史出版社 1993 年版

《冷水江市志》

经查，1994 年中国城市出版社出版的市志中无蝗灾记载。

十二、邵阳市

道光《宝庆府志》[①]

1. 明万历二十一年（1593 年）　　　　　城步螟蝗害稼。

---

① 宝庆：旧府名，治所在今湖南邵阳。

2.　　万历三十八年（1610 年）　　　　秋，新化雨蝗伤稻。

3. 清道光十二年（1832 年）　　　　　秋，新宁蝗伤稼，捕之不止。

　　　　　原载道光《宝庆府志》卷九十九《五行略》，民国二十三年铅印本

光绪《邵阳县志》

清咸丰七年（1857 年）　　　　　　八月，蝗入县境，食棕竹叶，掘蝻子三千
　　　　　　　　　　　　　　　　　　余石。

　　　　　　　　原载光绪《邵阳县志》卷十《杂志·祥异》，光绪三年刻本

同治《武冈州志》

1. 清康熙四十五年（1706 年）　　　　虫蠽食稼。

2.　　咸丰八年（1858 年）　　　　　　九月，飞蝗蔽天，竹木、蔬叶殆尽。

3.　　咸丰九年（1859 年）　　　　　　春，蝻子满野，知州谕令乡民设局搜挖，颁
　　　　　　　　　　　　　　　　　　布墙围捕法，收买二百余石，焚溺之。

　　　　　　　原载同治《武冈州志》卷三十二《五行志》，光绪元年刻本

《武冈县志》

清康熙四十六年（1707 年）　　　　蝗灾，大饥。

　　　　　　　　　原载《武冈县志》大事记，中华书局 1997 年版

《城步县志》

明万历二十一年（1593 年）　　　　七月，螟蝗成灾。

　　　　　　　　原载《城步县志》大事记，湖南出版社 1996 年版

《新宁县志》

1. 清道光十七年（1837 年）　　　　境内蝗虫肆虐，所过树叶皆焦，饥民挖食
　　　　　　　　　　　　　　　　　　观音土，多腹胀而死。

2. 民国二十年（1931年）　　　　　　夏，温塘、安山、油头、檀山等村遭蝗灾。

原载《新宁县志》大事记，湖南出版社1995年版

《邵阳市志》

经查，1997年湖南人民出版社出版的市志中无蝗灾记载。

《洞口县志》

经查，1992年中国文史出版社出版的县志中无蝗灾记载。

《邵东县志》

经查，1993年中国城市出版社出版的县志中无蝗灾记载。

《新邵县志》

经查，1994年人民出版社出版的县志中无蝗灾记载。

《隆回县志》

经查，1994年中国城市出版社出版的县志中无蝗灾记载。

《绥宁县志》

经查，同治六年及1997年方志出版社出版的县志中均无蝗灾记载。

十三、怀化市

《怀化市志》

明正德十一年（1516年）　　　　　　蝗虫满地。

原载《怀化市志》自然灾害，生活·读书·新知三联书店1994年版

乾隆《辰州府志》

1. 明正德十一年（1516年）　　　　蝗。
2. 　正德十四年（1519年）　　　　溆浦县蝗。

原载乾隆《辰州府志》卷六《星野考·禨祥》，乾隆三十年刻本

同治《沅陵县志》

1. 明正德十一年（1516 年）　　　　　　蝗。
2. 清咸丰八年（1858 年）　　　　　　邑东乡麻汭洑蝗。

原载同治《沅陵县志》卷三十九《祥异》，光绪二十八年据同治十二年刻本补版重印本

道光《辰溪县志》

明正德十一年（1516 年）　　　　　　蝗。

原载道光《辰溪县志》卷三十八《祥异志》，道光元年刻本

《芷江县志》

清顺治十七年（1660 年）　　　　　　蝗灾。

原载《芷江县志》自然灾害年表，生活·读书·新知三联书店 1993 年版

《会同县志》

1. 宋乾道三年（1167 年）　　　　　　蝗虫成灾。
2. 明万历元年（1573 年）　　　　　　蝗虫成灾，饥荒。

原载《会同县志》自然灾害年表，生活·读书·新知三联书店 1994 年版

同治《溆浦县志》

明正德十四年（1519 年）　　　　　　蝗。

原载同治《溆浦县志》卷二十一《祥异》，同治十二年刻本

《靖州县志》

民国十年（1921 年）　　　　　　蝗虫为害百多日，减产七成。

原载《靖州县志》大事记，生活·读书·新知三联书店 1994 年版

《怀化地区志》

经查，1999 年生活·读书·新知三联书店出版的地区志中无蝗灾记载。

《洪江市志》

经查，1994 年生活·读书·新知三联书店出版的市志中无蝗灾记载。

《黔阳县志》

经查，同治十三年及 1991 年中国文史出版社出版的县志中均无蝗灾记载。

《新晃县志》

经查，1993 年生活·读书·新知三联书店出版的县志中无蝗灾记载。

《麻阳县志》

经查，同治十三年及 1994 年生活·读书·新知三联书店出版的县志中均无蝗灾记载。

《通道县志》

经查，1999 年民族出版社出版的县志中无蝗灾记载。

同治 《沅州府志》

经查，同治十二年版府志中无蝗灾记载。

十四、湘西土家族苗族自治州

《花垣县志》

清同治八年（1869 年）　　　　　　　蝗虫食稼，半收。

原载《花垣县志》自然灾害，生活·读书·新知三联书店 1993 年版

《湘西州志》

经查，1999 年湖南人民出版社出版的州志中无蝗灾记载。

《龙山县志》

经查，光绪四年及 1985 年龙山县修志办公室编印的县志中均无蝗灾记载。

《凤凰县志》

经查，1988 年湖南人民出版社出版的县志中无蝗灾记载。

《古丈县志》

经查，1989 年巴蜀书社出版的县志中无蝗灾记载。

《泸溪县志》

经查，同治九年及 1993 年社会科学文献出版社出版的县志中均无蝗灾记载。

《永顺县志》

经查，同治十三年及 1995 年湖南出版社出版的县志中均无蝗灾记载。

同治《永顺府志》

经查，同治十二年版府志中无蝗灾记载。

同治《保靖县志》

经查，同治十一年版县志中无蝗灾记载。

十五、张家界市

《大庸县志》①

民国十三年（1924 年）　　　　　　　四月，虫蝗，稻麦失收。

原载《大庸县志》大事记，生活·读书·新知三联书店 1995 年版

---

① 大庸：旧县名，1994 年改名今湖南张家界市。

民国《慈利县志》

清咸丰六年（1856 年）　　　　　　是年，蝗出慈利，不为灾。

原载民国《慈利县志》卷十八《事纪》，民国十二年铅印本

《桑植县志》

经查，光绪十九年及 2000 年海天出版社出版的县志中均无蝗灾记载。

第十五章

甘肃省地方志中的蝗灾记载

一、甘肃综合志

乾隆《甘肃通志》

1. 西汉太初元年（前 104 年）　　　　夏，关东蝗飞至敦煌。

2. 东汉建武二十九年（53 年）　　　　四月，武威、酒泉蝗。

3. 　　永平四年（61 年）　　　　　　酒泉大蝗，从塞外入。

4. 西晋永嘉四年（310 年）　　　　　夏，蝗食草木、牛马毛皆尽。

5. 唐武德六年（623 年）　　　　　　秋，夏州蝗。

6. 　　贞元元年（785 年）　　　　　夏，蝗，西尽河、陇，群飞蔽天，旬日不
　　　　　　　　　　　　　　　　　　息，草木叶及畜毛皆尽。

7. 后晋天福七年（942 年）　　　　　四月，关西诸郡皆蝗，大饥。

8. 明嘉靖八年（1529 年）　　　　　飞蝗蔽天，临洮、庄浪、固原、秦州①、清
　　　　　　　　　　　　　　　　　　水、秦安、礼县俱大饥。

9. 　　嘉靖十一年（1532 年）　　　　夏，庆阳大旱，蝗飞蔽天。

10. 　　崇祯十年（1637 年）　　　　　七月，宁夏、平凉飞蝗蔽天，禾谷立尽。

11. 　　崇祯十一年（1638 年）　　　　灵台、庄浪、环县等处蝗蝻食禾。

12. 　　崇祯十三年（1640 年）　　　　庆阳飞蝗蔽天。

原载乾隆《甘肃通志》卷二十四《祥异》，乾隆元年刻本

---

① 庄浪：旧卫名，治所在今甘肃永登；秦州：旧州、卫名，治所在今甘肃天水。

光绪《甘肃新通志》

1. 西汉太初元年（前 104 年） 夏，关东蝗飞至敦煌。

2. 东汉建武二十九年（53 年） 夏四月，武威、酒泉蝗。

3. 　　　永平四年（61 年） 酒泉大蝗，从塞外入。

4. 西晋永宁元年（301 年） 秋七月，显美①县蝗。

5. 　　　永嘉四年（310 年） 秦州大蝗，草木、牛马毛鬣皆尽。

6. 北魏正始四年（507 年） 秋八月，凉州②蝗。

7. 唐武德六年（623 年） 秋，夏州蝗。

8. 　　贞元元年（785 年） 夏，蝗，西尽河、陇，群飞蔽天，旬日不息，草木叶及畜毛皆尽，饿殍枕道，民蒸蝗，去翅而食之。

9. 后晋天福七年（942 年） 夏四月，关西诸郡皆蝗，大饥，死者十有七八。

10. 宋建隆四年（963 年） 夏六月，广武③县蝗。

11. 　　乾德二年（964 年） 夏六月，秦州蝗。

12. 金皇统元年（1141 年） 秋，熙州④蝗。

13. 元至元八年（1271 年） 夏六月，河州⑤蝗。

14. 明弘治二年（1489 年） 是年，肃州⑥大蝗。

15. 　　嘉靖八年（1529 年） 是年，飞蝗蔽天。

16. 　　嘉靖十一年（1532 年） 夏，庆阳大旱，蝗飞蔽天。

17. 　　嘉靖十三年（1534 年） 是年，蝗从嘉峪关西来，至肃州蔽天。

18. 　　嘉靖三十二年（1553 年） 是年，肃州大蝗起，兵备副使祷于南坛，蝗飞去关西，未伤稼。

19. 　　嘉靖三十八年（1559 年） 庄浪县螟螣食稼几尽。

20. 　　崇祯三年（1630 年） 是年，隆德县不雨，蝗飞蔽天，父子相食。

21. 　　崇祯七年（1634 年） 秋，陕西全省蝗。

---

① 显美：旧县名，治所在今甘肃永昌东南。
② 凉州：旧州名，治所在今甘肃武威。
③ 广武：旧县名，治所在今甘肃永登。
④ 熙州：旧州名，治所狄道，在今甘肃临洮。
⑤ 河州：旧州名，治所在今甘肃临夏。
⑥ 肃州：旧州名，治所在今甘肃酒泉。

22.	崇祯十年（1637 年）	是年，宁夏、平凉等处大旱，飞蝗蔽天，禾谷立尽。
23.	崇祯十一年（1638 年）	是年，灵台、庄浪、环县、河西蝗蝻食禾。
24.	崇祯十二年（1639 年）	是年，秦州属县蝗，官民捕之，禾苗得以无害。
25.	崇祯十三年（1640 年）	是年，平、庆等处蝗飞蔽天，落地如冈阜。
26.	崇祯十四年（1641 年）	伏羌①县飞蝗蔽天。
27.	清顺治三年（1646 年）	夏，蝗自中卫东来，飞蔽天日，不落田间，有飞过边墙者，边外数十里沙草尽，而中卫田禾不伤。
28.	顺治四年（1647 年）	泾州②及庄浪卫等处飞蝗食苗稼。
29.	同治元年（1862 年）	秋七月，狄道大旱蝗，巩、秦属亦蝗。
30.	同治二年（1863 年）	秋，皋兰县南山及灵台、阶州③等处多蝗。
31.	同治四年（1865 年）	三月，宁远④、清水蝗。
32.	同治五年（1866 年）	夏，静宁南乡一带蝗害稼。
33.	光绪三年（1877 年）	是年，安化⑤蝗飞蔽天。
34.	光绪七年（1881 年）	夏，飞蝗自中卫东来，几蔽天日，落沙边湖中水草之上，未伤禾稼。
35.	光绪八年（1882 年）	是年，古浪蝗害稼。
36.	光绪三十三年（1907 年）	五月，山丹县东南硖口老军寨诸处蝗食禾殆尽，其蝻暮地寸许。

原载光绪《甘肃新通志》卷二《天文志附祥异》，宣统元年刻本

二、兰州市

道光《兰州府志》

| 1. 元至元八年（1271 年） | 夏六月，河州蝗。 |

---

① 伏羌：旧县名，治所在今甘肃甘谷。
② 泾州：旧州名，治所在今甘肃泾川。
③ 阶州：旧州名，治所在今甘肃陇南武都区。
④ 宁远：旧县名，治所在今甘肃武山。
⑤ 安化：旧县名，治所在今甘肃庆阳。

2. 明嘉靖八年（1529 年）　　　　　　飞蝗蔽天。

　　　　　　原载道光《兰州府志》卷十二《杂纪·祥异》，道光十三年刻本

光绪《重修皋兰县志》

清同治二年（1863 年）　　　　　　七月，南山多蝗。

　　　　　　原载光绪《重修皋兰县志》卷十四《灾异志》，光绪十八年刻本

《永登县志》

1. 宋建隆四年（963 年）　　　　　　六月，广武县蝗灾。

2. 清顺治四年（1647 年）　　　　　　庄浪卫飞蝗遍野，食苗稼几尽。

3. 　乾隆三年（1738 年）　　　　　　平番县蝗灾，民饥。

　　　　　　原载《永登县志》大事记，甘肃民族出版社 1997 年版

《榆中县志》

1. 西汉元始二年（公元 2 年）　　　夏，全省蝗，食禾稼，麦歉收。

2. 唐永徽元年（650 年）　　　　　　六月，蝗灾。

3. 　永淳元年（682 年）　　　　　　六月，蝗灾。

4. 　贞元元年（785 年）　　　　　　夏，蝗，西尽河、陇，群飞蔽天，旬日不
　　　　　　　　　　　　　　　　　息，所至草木叶及畜毛皆尽，靡有孑遗，
　　　　　　　　　　　　　　　　　饥馑载道，民蒸蝗，去翅而食之。

5. 宋乾德三年（965 年）　　　　　　七月，蝗食禾苗。

6. 明崇祯七年（1634 年）　　　　　　秋，全省飞蝗遍野，大饥。

7. 　崇祯十四年（1641 年）　　　　　全省蝗虫成灾。

　　　　　　原载《榆中县志》自然灾害，甘肃人民出版社 2001 年版

《兰州市城关区志》

经查，2000 年甘肃人民出版社出版的区志中无蝗灾记载。

《兰州市西固区志》

经查，2000 年甘肃人民出版社出版的区志中无蝗灾记载。

《兰州市红古区志》

经查，2001 年兰州大学出版社出版的区志中无蝗灾记载。

三、天水市

光绪《重纂秦州直隶州新志》

1. 西晋永嘉四年（310 年）	五月，秦州大蝗，草木、牛马毛皆尽。
2. 唐贞元元年（785 年）	夏，蝗飞蔽天，旬日不息，所至草木叶、畜毛皆尽，饿馑枕道，民蒸蝗，去翅足而食之。
3. 后晋天福七年（942 年）	关西诸郡皆蝗，大饥，死者十七八。
4. 宋乾德二年（964 年）	六月，秦州蝗。
5. 明嘉靖八年（1529 年）	蝗飞蔽天。
6. 崇祯七年（1634 年）	秋，陕西各州县蝗，大饥。
7. 崇祯十三年（1640 年）	秦州属县旱蝗，巡道率民捕之，禾苗无害。
8. 清同治元年（1862 年）	七月，秦州蝗。
9. 同治四年（1865 年）	三月，清水蝗。
10. 光绪十四年（1888 年）	有螽食禾及蔬。

原载光绪《重纂秦州直隶州新志》卷二十四《附考·禨祥》，光绪十五年刻本

《甘谷县志》

1. 西晋永安元年（304 年）	五月，秦、雍大蝗，草木、牛马毛皆食尽。
2. 明崇祯十四年（1641 年）	飞蝗蔽日。
3. 清同治元年（1862 年）	秋七月，飞蝗蔽天，大伤禾稼。

原载《甘谷县志》自然灾害，中国社会出版社 1999 年版

乾隆《伏羌县志》

明崇祯十四年（1641年）　　　　　飞蝗蔽日。

原载乾隆《伏羌县志》卷十四《祥异志》，乾隆三十五年刻本

同治《续伏羌县志》

清同治元年（1862年）　　　　　七月，飞蝗蔽天，伤禾稼。

原载同治《续伏羌县志》卷二《地理志·祥异》，同治十一年刻本

《秦安县志》

1. 西晋永兴元年（304年）　　　　五月，秦、雍大蝗灾，草木、牛马毛鬣毁
　　　　　　　　　　　　　　　　　尽，民众荒饥。
2. 明嘉靖八年（1529年）　　　　　七月，秦安县飞蝗蔽天，大伤禾苗，无收，
　　　　　　　　　　　　　　　　　民饥。

原载《秦安县志》大事记，甘肃人民出版社2001年版

《武山县志》

1. 西汉元始二年（公元2年）　　　秋，蝗害，食禾稼，麦歉收。
2. 西晋永兴元年（304年）　　　　五月，新兴①县遍地蝗虫，禾草食尽，民
　　　　　　　　　　　　　　　　　大饥。
3. 唐永淳元年（682年）　　　　　全县螟蝗遍野，民大饥。
4. 清咸丰七年（1857年）　　　　　秦州、巩昌②府属大旱蝗。
5. 　同治元年（1862年）　　　　　七八月，飞蝗蔽天，秋禾食尽。
6. 　同治四年（1865年）　　　　　三月，宁远蝗灾，伤禾严重。

原载《武山县志》自然灾害，陕西人民出版社2002年版

---

① 新兴：旧县名，治所在今甘肃武山西北鸳鸯镇。
② 巩昌：旧府名，治所在今甘肃陇西。

《清水县志》

1. 唐贞元元年（785 年）　　　　　　夏，秦州（含清水）蝗虫蔽日，10 日内不
　　　　　　　　　　　　　　　　　息，所至草木枝叶及畜毛皆尽，饿殍枕
　　　　　　　　　　　　　　　　　道，人食蝗虫。

2. 明嘉靖八年（1529 年）　　　　　　七月，清水飞蝗蔽天，禾苗无存，民饥。

　　　　　　　原载《清水县志》大事记，陕西人民出版社 2001 年版

3. 后晋天福七年（942 年）　　　　　天下大旱，继又蝗灾，人民流徙。

4. 明崇祯十三年（1640 年）　　　　　旱蝗为灾。

5. 清咸丰七年（1857 年）　　　　　　大旱，蝗成灾，民饥。

　　　　　原载《清水县志》历代自然灾害简述，陕西人民出版社 2001 年版

乾隆《清水县志》

明崇祯十年（1637 年）　　　　　　　旱蝗。

　　　　　　原载乾隆《清水县志》卷十一《灾祥》，乾隆六十年刻本

《张家川回族自治县志》

1. 西晋永安元年（304 年）　　　　　夏五月，大蝗，草木皆尽，民饥疫。

2. 东晋永和十一年（355 年）　　　　蝗大起，自华泽至陇山，食百草无遗。

3. 唐开成二年（837 年）　　　　　　大旱，蝗食田。

4. 后晋天福四年（939 年）　　　　　七月，蝗害稼。

5. 　　天福七年（942 年）　　　　　飞蝗害田，食草木皆尽，时蝗旱相继，人
　　　　　　　　　　　　　　　　　民流徙，饥者盈路。

6. 宋天禧元年（1017 年）　　　　　　是岁，蝗害。

7. 　　崇宁二年（1103 年）　　　　　蝗害。

8. 明嘉靖八年（1529 年）　　　　　　秋七月，飞蝗蔽天，大伤禾苗，无收，民饥。

9. 　　崇祯十二年（1639 年）　　　　蝗灾。

10. 　崇祯十四年（1641 年）　　　　全省大旱，蝗虫灾重，秦、陇州县大饥，
　　　　　　　　　　　　　　　　　人相食。

11. 清咸丰七年（1857 年）　　　　　　大旱，蝗成灾。

12.	同治元年（1862 年）	秋七月，大旱，蝗成灾。
13.	同治四年（1865 年）	三月，蝗灾，伤禾重。
14.	民国二十七年（1938 年）	八月，龙山镇蝗，数日密集满野，田苗遭食。

原载《张家川回族自治县志》自然灾害，甘肃人民出版社 1999 年版

四、定西市

《定西县志》

1. 清光绪四年（1878 年）　　　　　安定①蝗蝻萌生。

原载《定西县志》大事记，甘肃人民出版社 1990 年版

2. 光绪五年（1879 年）　　　　　蝗蝻萌生。

原载《定西县志》自然灾害，甘肃人民出版社 1990 年版

《临洮县志》

1. 金皇统元年（1141 年）　　　　秋，熙河（洮河流域）蝗，岁馑。
2. 清咸丰七年（1857 年）　　　　狄道沙泥州判均蝗，伤害禾稼。
3. 同治元年（1862 年）　　　　秋，狄道蝗，大伤田禾。

原载《临洮县志》自然灾害，甘肃人民出版社 2001 年版

乾隆《狄道州志》

金皇统元年（1141 年）　　　　　秋，蝗。

原载乾隆《狄道州志》卷十一《祥异》，乾隆二十八年刻本

《陇西县志》

1. 东汉永初五年（111 年）　　　　陇西、安定②蝗为害，民饥。

---

① 安定：旧县名，治所在今甘肃定西。
② 陇西：旧郡名，治所在今甘肃临洮南；安定：旧郡名，辖今甘肃镇原等地。

2. 西晋永嘉四年（310 年）　　　五月，秦、雍二州大蝗害禾，草木皆尽。

3. 唐贞元元年（785 年）　　　　夏，河、陇间白昼蝗飞蔽天，旬日不息，
　　　　　　　　　　　　　　　　树木叶及畜毛皆尽。

4. 明嘉靖八年（1529 年）　　　飞蝗蔽天。

5. 清咸丰七年（1857 年）　　　秦州、巩昌属县蝗灾。

6.　同治元年（1862 年）　　　三月，飞蝗自东往西漫天蔽野而来，捕治
　　　　　　　　　　　　　　　　愈多，飞落田间，禾苗皆尽；秋七月，
　　　　　　　　　　　　　　　　巩昌、秦州蝗。

原载《陇西县志》自然灾害，甘肃人民出版社 1990 年版

《通渭县志》

1. 唐永淳元年（682 年）　　　六月，陇右螟蝗食禾苗。

2.　贞元二年（786 年）　　　夏，飞蝗蔽日，成灾。

3. 后晋天福七年（942 年）　　　蝗虫成灾，民大饥。

4. 宋乾德三年（965 年）　　　七月，陇西诸路有蝗食禾苗。

原载《通渭县志》自然灾害，兰州大学出版社 1990 年版

《岷县志》

经查，1995 年甘肃人民出版社出版的县志中无蝗灾记载。

《渭源县志》

经查，民国十五年及 1998 年兰州大学出版社出版的县志中均无蝗灾记载。

万历《临洮府志》

经查，万历三十三年版府志中无蝗灾记载。

康熙《安定县志》

经查，康熙十九年版县志中无蝗灾记载。

康熙《巩昌府志》

经查，康熙二十六年版府志中无蝗灾记载。

民国《漳县志》

经查，民国十七年版县志中无蝗灾记载。

五、临夏回族自治州

《临夏回族自治州志》

后晋天福八年（943年）　　　　　　　夏四月旱，天下诸州飞蝗害田，草木皆尽。

原载《临夏回族自治州志》自然灾害，甘肃人民出版社1993年版

《临夏县志》

1. 东汉永初五年（111年）　　　　　　陇西、安定连遭旱蝗为害，民饥。
2. 元至元八年（1271年）　　　　　　六月，河州蝗。

原载《临夏县志》自然灾害，兰州大学出版社1995年版

3. 西晋永嘉四年（310年）　　　　　　五月，秦州大蝗，草木、牛马毛皆尽。
4. 北魏太和十六年（492年）　　　　　十月，枹罕①镇蝗害。
5. 　　景明四年（503年）　　　　　　六月，河州大蝗。

原载《临夏县志》大事记，兰州大学出版社1995年版

《和政县志》

1. 西晋永嘉四年（310年）　　　　　　五月，秦、雍二州蝗虫成灾，草木叶被吃光。
2. 唐永淳元年（682年）　　　　　　六月，河、陇螟蝗灾，禾苗被食殆尽。
3. 　　贞元元年（785年）　　　　　　夏，河、陇蝗，群飞蔽天，旬日不息，所至树木叶及畜毛皆尽，饥馑枕道，民蒸蝗，去足而食之。
4. 宋乾德三年（965年）　　　　　　七月，陇右诸路有蝗，禾苗被食。
5. 　　天禧元年（1017年）　　　　　陇上诸州路蝗害，民饥馑，发廪赈之，蠲

---

① 枹罕：旧郡、镇名，治所在今甘肃临夏。

租赋，贷其种粮。

6. 咸淳七年（1271年）　　　　夏六月，河州蝗灾。

　　　　原载《和政县志》自然灾害，兰州大学出版社1993年版

《康乐县志》

1. 明嘉靖八年（1529年）　　　临洮府旱，飞蝗蔽天，伤禾苗，民大饥。
2. 崇祯十四年（1641年）　　　全省大旱，复又蝗害。
3. 清同治元年（1862年）　　　七月，狄道大旱，复遭蝗灾。

　　　　原载《康乐县志》自然灾害，生活·读书·新知三联书店1995年版

《广河县志》

1. 西汉元始二年（公元2年）　　甘肃全省蝗食禾稼，麦歉收。
2. 西晋永嘉四年（310年）　　　五月，枹罕蝗灾，稼禾、牛马毛被食尽，民饥。
3. 北魏太平真君十一年（450年）　六月，枹罕蝗虫为害，伤禾稼。
4. 景明四年（503年）　　　　　六月，河州大蝗。
5. 宋咸淳七年（1271年）　　　夏六月，河州蝗。

　　　　原载《广河县志》自然灾害，兰州大学出版社1995年版

《积石山保安族东乡族撒拉族自治县志》

1. 北魏太安四年（458年）　　　六月，河州等地蝗虫为害，伤害禾稼。
2. 太和十六年（492年）　　　　是年，蝗害伤稼。
3. 元至元八年（1271年）　　　六月，蝗虫伤禾稼。

　　　　原载《积石山保安族东乡族撒拉族自治县志》大事记，甘肃文化出版社1998年版

《永靖县志》

经查，1995年兰州大学出版社出版的县志中无蝗灾记载。

康熙《河州志》

经查，康熙四十六年版州志中无蝗灾记载。

六、甘南藏族自治州

《甘南州志》

1. 东汉永初五年（111 年）　　　　　陇西临洮等地旱，蝗灾，百姓饥荒。
2. 民国三十六年（1947 年）　　　　　甘肃旱、雹、水、蝗成灾。

原载《甘南州志》自然灾害，民族出版社 1999 年版

《临潭县志》

1. 东汉永初五年（111 年）　　　　　陇西、安定连遭旱蝗为害。
2. 宋乾德三年（965 年）　　　　　　秋七月，陇右诸路有蝗食禾苗。
3. 　绍兴十一年（1141 年）　　　　　洮河流域蝗。
4. 明崇祯十四年（1641 年）　　　　　全省大旱，蝗虫成灾，秦、陇州县大饥，
　　　　　　　　　　　　　　　　　　人相食。
5. 清咸丰七年（1857 年）　　　　　　秦州及巩昌府属县大旱蝗。
6. 　同治元年（1862 年）　　　　　　巩昌府所属县蝗。

原载《临潭县志》自然灾害，甘肃民族出版社 1997 年版

《卓尼县志》

经查，1994 年甘肃民族出版社出版的县志中无蝗灾记载。

《舟曲县志》

经查，1996 年生活·读书·新知三联书店出版的县志中无蝗灾记载。

《迭部县志》

经查，1998 年兰州大学出版社出版的县志中无蝗灾记载。

《夏河县志》

经查，1999 年甘肃文化出版社出版的县志中无蝗灾记载。

《玛曲县志》

经查，2001 年甘肃人民出版社出版的县志中无蝗灾记载。

七、陇南市

《武都县志》

1. 西汉元始二年（公元 2 年）	秋，全境蝗害，食禾稼，麦歉收。
2. 明崇祯七年（1634 年）	秋，阶州及文县蝗灾，大饥。

原载《武都县志》大事记，生活·读书·新知三联书店 1998 年版

3. 西晋永兴元年（304 年）	夏五月，秦、雍大蝗，草木、牛马毛鬣皆尽，民饥。
4.　建兴四年（316 年）	七月，雍州螽蝗食禾。
5. 南朝宋升明二年（478 年）	四月，雍州蝗食稼。
6. 唐永淳元年（682 年）	六月，陇右蟓蝗食苗并尽；是年，雍州蝗。
7. 明崇祯十四年（1641 年）	全省旱，蝗成灾重。
8. 清同治二年（1863 年）	秋七月，阶州属县蝗害，伤禾甚重。

原载《武都县志》自然灾害，生活·读书·新知三联书店 1998 年版

《康县志》

1. 明嘉靖七年（1528 年）	秋，蝗损害庄稼。
2.　崇祯元年（1628 年）	秋，蝗。
3.　崇祯七年（1634 年）	秋，蝗，大饥。
4. 清同治二年（1863 年）	秋，蝗蔽天，落地食草木叶皆尽。

原载《康县志》灾害·虫灾，甘肃人民出版社 1989 年版

《成县志》

1. 西晋永嘉四年（310 年）　　　　五月，大蝗，自幽、并、司、冀至于秦、雍，草木、牛马毛鬣皆尽。

2. 唐贞元元年（785 年）　　　　夏，蝗，东自海，西尽河、陇，群飞蔽天，旬日不息，所至草木叶及畜毛靡有孑遗，饥馑枕道，民蒸蝗，曝，扬去翅足而食之。

3. 　元和八年（813 年）　　　　成州蝗，饥。

原载《成县志》卷五《自然灾害》，西北大学出版社 1994 年版

《礼县志》

明嘉靖八年（1529 年）　　　　蝗虫蔽天，大饥。

原载《礼县志》自然灾害·气象灾害，陕西人民出版社 1999 年版

《宕昌县志》

经查，1995 年甘肃文化出版社出版的县志中无蝗灾记载。

《文县志》

经查，1997 年甘肃人民出版社出版的县志中无蝗灾记载。

《西和县志》

经查，乾隆三十九年及 1997 年陕西人民出版社出版的县志中均无蝗灾记载。

嘉庆《徽县志》

经查，嘉庆十四年版县志中无蝗灾记载。

道光《两当县志》

经查，道光二十六年版县志中无蝗灾记载。

八、平凉市

《平凉市志》

1. 西汉元始元年（公元 1 年）	连年旱蝗。
2. 西晋永兴元年（304 年）	夏五月，大蝗，草木叶、牛马毛鬣皆尽，民饥。
3. 　　永嘉四年（310 年）	夏，大蝗，草木叶、牛马毛鬣被食殆尽。
4. 　　建兴四年（316 年）	七月，螽蝗食禾。
5. 东晋建武元年（317 年）	秋七月，螽蝗。
6. 北魏太和元年（477 年）	夏四月，蝗。
7. 　　太和二年（478 年）	四月，蝗食稼。
8. 　　正始元年（504 年）	秋八月，蝗虫为害。
9. 唐永徽元年（650 年）	水旱蝗灾。
10. 　永淳元年（682 年）	六月，螟蝗食苗殆尽。
11. 　开成二年（837 年）	旱，蝗食田。
12. 　咸通九年（868 年）	蝗害，民饥。
13. 后晋天福七年（942 年）	飞蝗害田，食草木皆尽。
14. 　　天福八年（943 年）	秋，蝗虫大起，原野、山谷、城郭、庐舍皆满，竹木叶被食殆尽，人流亡不可胜数，雍州节度使命百姓捕蝗一斗赏粟一斗。
15. 宋雍熙二年（985 年）	秋八月，蝗虫灾。
16. 　崇宁二年（1103 年）	蝗虫灾。
17. 元大德三年（1299 年）	蝗虫灾。
18. 明嘉靖八年（1529 年）	是年，飞蝗蔽天，岁大饥，民食草木。
19. 　崇祯十年（1637 年）	飞蝗蔽天，禾谷立尽。
20. 　崇祯十四年（1641 年）	旱蝗，成重灾。
21. 清顺治四年（1647 年）	飞蝗食稼。

原载《平凉市志》自然灾害，中华书局 1996 年版

民国《重修灵台县志》

1. 明崇祯十年（1637 年）　　　　　秋七月，蝗自东南来，其飞蔽天，遗尿如雨，所到处谷禾立尽。

2. 崇祯十一年（1638 年）　　　　　春二月，蝗，有子名曰蝻，势如流水，食麦，民饥；是年秋，蝻成蝗，食谷禾。

3. 清道光十年（1830 年）　　　　　三月，南风微起，有飞蝗随风黑如云，落地密似雨，次日遗子而去；是年，蝗食麦苗，仅收种籽。

4. 同治二年（1863 年）　　　　　　蝗。

5. 同治九年（1870 年）　　　　　　忽有蝇蟆蔽日而过，遗子化为绿蝗，集啮麦苗，麦歉收。

原载民国《重修灵台县志》卷三《风土志·恤政附灾异》，民国二十四年铅印本

《泾川县志》

1. 西汉元始二年（公元 2 年）　　　蝗虫为害，麦歉收。

2. 东汉永初五年（111 年）　　　　　蝗虫为害，发生饥荒。

3. 北魏正始元年（504 年）　　　　　蝗虫为害。

4. 唐贞元元年（785 年）　　　　　　春旱，河、陇发生蝗虫，群飞蔽天，草木叶及畜毛均被吃光，饥荒。

5. 后晋天福七年（942 年）　　　　　四月，关西各郡普遍发生蝗虫，饥荒严重。

6. 明崇祯九年（1636 年）　　　　　几月旱，蝗虫为害。

7. 清顺治四年（1647 年）　　　　　飞蝗遍野，庄稼全被吃光。

原载《泾川县志》自然灾害，甘肃人民出版社 1996 年版

8. 西晋永嘉四年（310 年）　　　　　五月，幽、并、司、冀、秦、雍六州蝗灾，草木、牛马毛均被食尽。

9. 明崇祯十三年（1640 年）　　　　五月，陕西大旱，蝗灾，庄稼无收，人相食。

原载《泾川县志》大事记，甘肃人民出版社 1996 年版

《静宁县志》

1. 西汉元始二年（公元 2 年）		秋，蝗为害。
2. 西晋永兴元年（304 年）		蝗虫为害，草木、牛马毛皆食尽，民饥。
3. 唐永淳元年（682 年）		六月，螟蝗为害，食苗并尽。
4. 贞元元年（785 年）		夏，飞蝗蔽天。
5. 宋乾德三年（965 年）		蝗食禾苗。
6. 天禧元年（1017 年）		蝗雹为害，民饥。
7. 崇宁二年（1103 年）		蝗害。
8. 元大德三年（1299 年）		蝗灾。
9. 明崇祯十年（1637 年）		旱，飞蝗蔽天，所至秋禾立尽。
10. 崇祯十二年（1639 年）		旱蝗成灾，民饥。
11. 崇祯十三年（1640 年）		旱蝗成灾，大饥。
12. 崇祯十四年（1641 年）		旱蝗成灾，民大饥，人相食，甚至有父子、夫妇相食者，十室九空，城外积尸如山。
13. 清同治五年（1866 年）		夏，蝗虫成灾，南乡尤甚，禾歉收。

原载《静宁县志》自然灾害，甘肃人民出版社 1993 年版

《华亭县志》

经查，民国二十二年及 1996 年甘肃人民出版社出版的县志中均无蝗灾记载。

《庄浪县志》

经查，1998 年中华书局出版的县志中无蝗灾记载。

民国《崇信县志》

经查，民国十七年版县志中无蝗灾记载。

九、庆阳市

乾隆《庆阳府志》

1. 明嘉靖十一年（1532 年）		蝗。

2.　崇祯十一年（1638 年）　　　　　　环县飞蝗蔽天，饲食田苗几尽。

3.　崇祯十二年（1639 年）　　　　　　飞蝗蔽天，落地如冈阜。

4.　崇祯十三年（1640 年）　　　　　　飞蝗蔽天，落地如冈阜。

5.　崇祯十四年（1641 年）　　　　　　飞蝗蔽天，落地如冈阜。

6. 清顺治三年（1646 年）　　　　　　蝗。

原载乾隆《庆阳府志》卷三十七《祥眚》，乾隆二十六年刻本

民国《庆阳县志》

1. 秦王政四年（前 243 年）　　　　　秋，蝗，疫。

2. 东晋升平七年（363 年）　　　　　　夏五月，蝗。

3. 明嘉靖十一年（1532 年）　　　　　夏，大旱，蝗飞蔽天。

4.　崇祯十三年（1640 年）　　　　　　蝗飞蔽天，落地如冈阜，岁大饥，人民十
　　　　　　　　　　　　　　　　　　　死八九，有易子而食者。

5. 清顺治三年（1646 年）　　　　　　蝗。

6.　光绪三年（1877 年）　　　　　　　蝗飞蔽天。

原载民国《庆阳县志》卷十四《祥异志》，甘肃文化出版社 2004 年版

《宁县志》

1. 唐贞元元年（785 年）　　　　　　　夏，宁州等地蝗群蔽天，旬日不息，所至
　　　　　　　　　　　　　　　　　　　草木叶苗及畜毛皆尽，靡有孑遗。

2. 明嘉靖十一年（1532 年）　　　　　大旱，飞蝗盈野，害稼成灾，民饥。

3.　崇祯十三年（1640 年）　　　　　　宁州大旱，飞蝗蔽野，落地如冈阜。

原载《宁县志》灾害，甘肃人民出版社 1988 年版

《正宁县志》

1. 明嘉靖十一年（1532 年）　　　　　真宁[①]蝗灾。

2.　崇祯十二年（1639 年）　　　　　　飞蝗蔽天，落地如冈阜。

---

① 　真宁：旧县名，清初改正宁，今甘肃正宁。

3.　崇祯十三年（1640 年）　　　　飞蝗蔽天，落地如冈阜。

4.　崇祯十四年（1641 年）　　　　飞蝗蔽天，落地如冈阜。

5. 清顺治三年（1646 年）　　　　真宁蝗灾。

原载《正宁县志》自然灾害，正宁县志编纂委员会 1986 年版

《华池县志》

1. 明嘉靖十一年（1532 年）　　　　夏，大旱，蝗虫群飞遮天蔽日。

2.　崇祯七年（1634 年）　　　　　秋，陕西全省蝗灾。

3.　崇祯十三年（1640 年）　　　　平凉、庆阳等处蝗飞蔽天，落地如冈阜，
　　　　　　　　　　　　　　　　　全陕大饥，人民十死八九，有易子而
　　　　　　　　　　　　　　　　　食者。

4. 清顺治三年（1646 年）　　　　蝗灾。

5.　光绪三年（1877 年）　　　　　蝗飞蔽天。

原载《华池县志》第一编第四章《灾异》，甘肃人民出版社 1984 年版

乾隆《合水县志》

1. 明崇祯十三年（1640 年）　　　　大旱，蝗飞蔽天，落地如冈阜，有易子而
　　　　　　　　　　　　　　　　　食者。

2. 清顺治三年（1646 年）　　　　飞蝗如前，不大为害。

3.　乾隆二十三年（1758 年）　　　秋，螽。

原载乾隆《合水县志》卷下《祥异》，乾隆二十六年抄本

《环县志》

1. 明嘉靖十一年（1532 年）　　　　蝗灾。

2.　崇祯十一年（1638 年）　　　　蝗灾，田禾被食一空。

3.　崇祯十二年（1639 年）　　　　蝗灾，田禾被食一空。

4.　崇祯十四年（1641 年）　　　　蝗灾。

5. 清顺治三年（1646 年）　　　　蝗灾。

原载《环县志》大事记，甘肃人民出版社 1993 年版

民国 《重修镇原县志》

东汉永初五年（111 年） 安定诸郡内徙，时连年旱蝗，饥荒，百姓流离。

原载民国《重修镇原县志》卷十六《大事纪上》，民国二十四年铅印本

道光 《镇原县志》

清顺治四年（1647 年） 飞蝗遍野，食禾殆尽。

原载道光《镇原县志》卷七《五行志》，道光二十七年刻本

十、白银市

道光 《会宁县志》

明崇祯八年（1635 年） 飞蝗遍野。

原载道光《会宁县志》卷十二《杂纪志·祥异》，道光十一年刻本

《会宁县志》

1. 明崇祯十四年（1641 年） 蝗旱，大饥。
2. 清咸丰七年（1857 年） 旱、雹、蝗成灾，岁大饥。

原载《会宁县志》自然灾害，甘肃人民出版社 1994 年版

《靖远县志》

经查，道光十三年及 1995 年甘肃文化出版社出版的县志中均无蝗灾记载。

《景泰县志》

经查，1996 年兰州大学出版社出版的县志中无蝗灾记载。

《白银市平川区志》

经查，2000 年中华书局出版的区志中无蝗灾记载。

《白银区志》

经查，2002 年中华书局出版的区志中无蝗灾记载。

十一、武威市

《武威市志》

1. 东汉建武二十九年（53 年）　　　　四月，武威蝗。

2. 西晋永宁元年（301 年）　　　　　　显美蝗。

3. 北魏正始元年（504 年）　　　　　　凉州蝗虫为害。

4.　　正始三年（506 年）　　　　　　秋八月，凉州蝗。

5.　　正始四年（507 年）　　　　　　秋八月，凉州蝗。

6.　　永平元年（508 年）　　　　　　六月，凉州蝗害稼。

7.　　永平三年（510 年）　　　　　　夏，凉州蝗害稼。

8. 后晋天福七年（942 年）　　　　　　四月，武威诸郡皆蝗，民饥。

9. 宋淳熙四年（1177 年）　　　　　　武威蝗。

10. 明崇祯十一年（1638 年）　　　　　河西诸郡蝗虫食禾，势如流水，灾甚。

原载《武威市志》自然灾害，兰州大学出版社 1998 年版

乾隆《武威县志》

北魏正始四年（507 年）　　　　　　　八月，蝗。

原载乾隆《武威县志》卷一《地理志·祥异》，乾隆十四年刻本

《民勤县志》

1. 明崇祯十一年（1638 年）　　　　　蝗灾。

2. 清光绪三年（1877 年）　　　　　　六月，飞蝗蔽天，飞入柳村湖大东岔，时
　　　　　　　　　　　　　　　　　　夏麦甫熟，秋禾尚未结实，人皆惶恐，
　　　　　　　　　　　　　　　　　　无所为计，典吏带领各渠坝乡民一体捕
　　　　　　　　　　　　　　　　　　捉，有乌鸦万千结阵群飞空中，长数

里，迎蝗排出，翅挞喙啄，纷纷坠地。

3. 光绪八年（1882年）　蝗虫为害，有白鸦驱之。

原载《民勤县志》自然灾害，兰州大学出版社 1994 年版

《古浪县志》

1. 东汉建武二十九年（53年）　夏四月，蝗虫为害禾稼。
2. 北魏正始元年（504年）　八月，蝗虫成灾。
3. 　　正始四年（507年）　八月，蝗虫成灾。
4. 　　永平三年（510年）　夏，蝗虫为害。
5. 清光绪八年（1882年）　秋，蝗虫害稼。
6. 民国三十四年（1945年）　古浪王府沟一带发生蝗虫灾害，遍山遍地是蝗虫，走路无放足地，1 000 亩地被吃光；是年，裴家营的中川和新堡的崖头一带亦发生蝗灾，几天之内把庄稼吃光。

原载《古浪县志》自然灾害，甘肃文化出版社 1996 年版

7. 宋淳熙三年（1176年）　河西诸郡旱，蝗虫大起，庄稼被吃光。

原载《古浪县志》大事记，甘肃文化出版社 1996 年版

《天祝县志》

经查，1994 年甘肃民族出版社出版的县志中无蝗灾记载。

十二、金昌市

《永昌县志》

1. 西汉元始二年（公元2年）　秋，蝗害，歉收。
2. 东汉建武二十九年（53年）　四月，蝗害。
3. 　　永初二年（108年）　关东蝗大起，途经河西今永昌县，西飞至敦煌。

4. 西晋永宁元年（301 年）　　　　七月，蝗害。

5. 后晋天福七年（942 年）　　　　四月，今永昌县地蝗虫为害。

6. 明崇祯十一年（1638 年）　　　　蝗食禾殆尽。

　　　　　　　　原载《永昌县志》大事记，甘肃人民出版社 1993 年版

《金昌市志》

经查，1995 年中国城市出版社出版的市志中无蝗灾记载。

十三、张掖市

《山丹县志》

1. 西汉太初元年（前 104 年）　　　夏，蝗虫从关东飞到山丹等地。

2. 　　　元始二年（公元 2 年）　　　秋，山丹蝗害，食禾稼，歉收。

3. 西晋永兴元年（304 年）　　　　夏五月，大蝗，草木叶、马毛皆尽，民饥。

4. 　　　建兴四年（316 年）　　　　七月，螽蝗食禾。

5. 宋升明二年（478 年）　　　　　蝗食稼。

6. 唐永徽元年（650 年）　　　　　蝗害。

7. 　　　永淳元年（682 年）　　　　闰七月，蝗害。

8. 后晋天福四年（939 年）　　　　七月，蝗害稼。

9. 　　　天福七年（942 年）　　　　飞蝗害田，食草木皆尽，时蝗旱相继，人
　　　　　　　　　　　　　　　　　　民流徙，饥者盈路。

10. 宋淳熙三年（1176 年）　　　　蝗大起，食稼殆尽。

11. 明崇祯十四年（1641 年）　　　蝗虫成灾，重。

12. 清光绪三十三年（1907 年）　　五月，蝗虫食禾稼殆尽，蝻积地厚尺许。

　　　　　　　　原载《山丹县志》自然灾害，甘肃人民出版社 1993 年版

民国《临泽县志》

清光绪三年（1877 年）　　　　　四月，大旱，蝗虫遍野，伤稼。

　　　　原载民国《临泽县志》卷十四《纪事志·变异》，民国三十二年铅印本

《张掖市志》

经查，1995 年甘肃人民出版社出版的市志中无蝗灾记载。

《张掖县志》

经查，民国版县志中无蝗灾记载。

《高台县志》

经查，民国十四年及 1993 年兰州大学出版社出版的县志中均无蝗灾记载。

《肃南裕固族自治县志》

经查，1994 年甘肃民族出版社出版的县志中无蝗灾记载。

《民乐县志》

经查，1996 年甘肃人民出版社出版的县志中无蝗灾记载。

十四、酒泉市

《酒泉市志》

1. 西汉太初元年（前 104 年）	夏，蝗伤禾。
2. 东汉建武二十九年（53 年）	四月，蝗伤禾。
3.　永平四年（61 年）	大蝗，伤禾甚。
4. 唐永徽元年（650 年）	河西①蝗成灾。
5.　仪凤元年（676 年）	河西蝗伤禾。
6.　贞元元年（785 年）	蝗伤禾。
7. 后晋天福七年（942 年）	蝗伤禾。
8. 宋淳熙三年（1176 年）	大蝗起，禾稼殆尽。
9.　明弘治三年（1490 年）	大蝗，为害甚重，减免租赋。
10.　嘉靖十三年（1534 年）	蝗大起，伤禾甚。

---

① 河西：唐方镇名，治所在今甘肃武威。

11.　嘉靖三十二年（1553 年）　　　　大蝗起，禾苗殆尽。

原载《酒泉市志》自然灾害，兰州大学出版社 1998 年版

乾隆《重修肃州新志》

1. 西汉太初元年（前 104 年）　　　　夏，蝗从东方飞至敦煌。

2. 东汉建武二十九年（53 年）　　　　四月，武威、酒泉蝗。

3.　　永平四年（61 年）　　　　　　酒泉大蝗，从塞外入。

4. 明弘治三年（1490 年）　　　　　大蝗，免税。

5.　嘉靖十三年（1534 年）　　　　蝗从嘉峪关西来，至肃州蔽日，免田粮四分。

6.　嘉靖三十二年（1553 年）　　　蝗大起，飞去关西，未伤禾稼。

原载乾隆《重修肃州新志》第七册《祥异》，乾隆二十七年据乾隆二年刻版增刻本

《玉门市志》

1. 唐永徽元年（650 年）　　　　　河西蝗成灾。

2.　贞元二年（786 年）　　　　　蝗伤禾。

3.　开成二年（837 年）　　　　　蝗伤禾。

4. 后晋天福六年（941 年）　　　　七月，关西诸郡蝗伤禾。

5. 宋熙宁九年（1076 年）　　　　七月，蝗螟成灾。

6.　淳熙三年（1176 年）　　　　　七月，蝗大起，河西禾稼殆尽。

7. 明弘治二年（1489 年）　　　　蝗大起。

8.　嘉靖十三年（1534 年）　　　蝗，蔽日而过。

9.　崇祯十一年（1638 年）　　　河西诸郡蝗螟食禾，势如流水，禾苗殆尽。

原载《玉门市志》自然灾害，新华出版社 1991 年版

10. 后晋天福七年（942 年）　　　　四月，嘉峪关外各地飞蝗成灾，田禾、草木皆尽，饥民流徙，死者十之七八。

原载《玉门市志》大事记，新华出版社 1991 年版

《嘉峪关市志》

经查，1990 年甘肃人民出版社出版的市志中无蝗灾记载。

《敦煌市志》

经查，1994 年新华出版社出版的市志中无蝗灾记载。

道光《敦煌县志》

经查，道光十一年版县志中无蝗灾记载。

《肃北蒙古族自治县志》

经查，1989 年肃北蒙古族自治县人民政府编印的县志中无蝗灾记载。

《金塔县志》

经查，1992 年甘肃人民出版社出版的县志中无蝗灾记载。

《安西县志》

经查，1992 年知识出版社出版的县志中无蝗灾记载。

《阿克塞哈萨克族自治县志》

经查，2004 年敦煌文艺出版社出版的县志中无蝗灾记载。

第十六章

广西壮族自治区地方志中的蝗灾记载

一、广西综合志

《广西通志·大事记》

1. 宋绍熙二年（1191 年）		横州①旱，蝗灾。
2. 明弘治元年（1488 年）		是年，蝗灾。
3. 清乾隆四十二年（1777 年）		部分州县蝗灾，歉收。
4. 道光十一年（1831 年）		南宁府蝗灾。
5. 道光十四年（1834 年）		浔州、梧州、柳州、庆远②蝗灾，捕之。
6. 道光十五年（1835 年）		广西蝗灾蔓延。
7. 道光二十八年（1848 年）		宾州、贵县、荔浦、修仁③蝗灾。
8. 咸丰四年（1854 年）		义宁、武缘、融县④、北流、博白蝗灾，督捕之，蠲赋。

原载《广西通志·大事记》，广西人民出版社 1998 年版

---

① 横州：旧州名，治所在今广西横县。
② 浔州：旧府名，治所在今广西桂平；庆远：旧府名，治所在今广西宜州。
③ 宾州：旧州名，治所在今广西宾阳；修仁：旧县名，治所在今广西荔浦西南修仁镇。
④ 义宁：旧县名，治所在今广西桂林市临桂区；武缘：旧县名，治所在今广西武鸣；融县：旧县名，治所在今广西融水苗族自治县。

969

二、南宁市

道光《南宁府志》

1. 宋绍熙二年（1191年）　　　　　横州旱蝗。

2. 明正德十二年（1517年）　　　　秋，宣化[①]蝗。

3. 清嘉庆十二年（1807年）　　　　秋，蝗，民饥。

4. 道光十一年（1831年）　　　　　飞蝗入境，州县俱捕蝗。

　　　　　　原载道光《南宁府志》卷三十九《杂类志·禨祥》，宣统元年石印本

嘉靖《南宁府志》

明弘治元年（1488年）　　　　　　春，南宁府旱蝗。

　　　　　　原载嘉靖《南宁府志》卷一《祥异》，嘉靖四十三年刻本

《马山县志》

1. 清道光十四年（1834年）　　　　有蝗，群飞蔽日，集木枝为之折。

2. 道光二十九年（1849年）　　　　六月，有蝗，伤禾稼。

　　　　　　原载《马山县志》农业志·病虫防治，民族出版社1997年版

民国《隆山县志》[②]

1. 清康熙二十二年（1683年）　　　田州[③]蝗。

2. 道光十三年（1833年）　　　　　飞蝗蔽天。

3. 咸丰三年（1853年）　　　　　　夏，蝗。

　　　　　　原载民国《隆山县志》第八编《灾异》，民国三十七年油印本

---

① 宣化：旧县名，治所在今广西南宁。
② 隆山：旧县名，1951年与那马县合并为今广西马山县。
③ 田州：旧州名，治所在今广西田阳。

《上林县志》

1. 清道光十三年（1833 年）　　　　　五月，上林蝗飞蔽天，食禾。

2. 　道光十四年（1834 年）　　　　　蝗虫为害。

3. 　道光二十八年（1848 年）　　　　上林飞蝗入境，为害早禾，未几大风，蝗
　　　　　　　　　　　　　　　　　　抱草木尽死。

4. 　咸丰三年（1853 年）　　　　　　上林蝗害。

5. 民国二十一年（1932 年）　　　　　上林蝗害。

　　　　　　　　　　原载《上林县志》自然灾害，广西人民出版社 1989 年版

《武鸣县志》

1. 清道光十三年（1833 年）　　　　　有蝗，群飞蔽日，多方捕除，不甚为害。

2. 　道光十四年（1834 年）　　　　　有蝗。

3. 　道光十五年（1835 年）　　　　　夏，余蝗未尽灭。

4. 　道光十九年（1839 年）　　　　　六月，蝗伤禾稼。

5. 　咸丰三年（1853 年）　　　　　　四月，有蝗。

6. 　咸丰四年（1854 年）　　　　　　七月，有蝗。

　　　　　　　　　　原载《武鸣县志》自然灾害，广西人民出版社 1998 年版

民国《武鸣县志》

清道光二十九年（1849 年）　　　　　六月，有蝗，伤禾稼。

　　　　　　原载民国《武鸣县志》卷十《前事考附灾异》，民国四年铅印本

《宾阳县志》

1. 清道光十三年（1833 年）　　　　　飞蝗入境。

2. 　道光十四年（1834 年）　　　　　蝗虫飞蔽天日，禾麦大损。

3. 　道光十五年（1835 年）　　　　　连年蝗虫飞蔽天日，禾麦大损，米价
　　　　　　　　　　　　　　　　　　腾贵。

4. 　道光二十八年（1848 年）　　　　蝗虫成灾，为害禾苗。

5. 咸丰三年（1853年）　　　　　五月，飞蝗入境，为害作物。

原载《宾阳县志》自然灾害，广西人民出版社1987年版

《邕宁县志》

1. 明弘治元年（1488年）　　　　春正月，广西蝗。
2. 正德十二年（1517年）　　　　秋，宣化蝗。
3. 清道光十一年（1831年）　　　飞蝗入境。
4. 道光十三年（1833年）　　　　五月，三宁方（今百济、那楼、新江镇）蝗。
5. 道光十五年（1835年）　　　　入夏，蝗蝻萌动，广西各地蝗灾甚烈。
6. 咸丰三年（1853年）　　　　　秋七月，有五色蝗害稼，并及草木。

原载《邕宁县志》自然灾害，中国城市出版社1995年版

7. 嘉庆十二年（1807年）　　　　秋，蝗成灾。

原载《邕宁县志》大事记，中国城市出版社1995年版

《横县县志》

1. 宋绍熙二年（1191年）　　　　旱，蝗灾。
2. 清道光十一年（1831年）　　　飞蝗入境，州县带头捕蝗。
3. 道光二十九年（1849年）　　　五月，飞蝗蔽日，下食禾稼，失收。
4. 咸丰七年（1857年）　　　　　蝗灾，歉收。

原载《横县县志》大事记，广西人民出版社1989年版

民国《隆安县志》

清咸丰三年（1853年）　　　　　七月，蝗。

原载民国《隆安县志》卷一《世纪》，民国二十三年铅印本

光绪《宾州志》

1. 清道光十三年（1833年）　　　飞蝗入境，小麦大歉。

2. 道光十四年（1834 年）　　　　　连年蝗虫飞蔽天日，禾麦大损。

3. 道光二十八年（1848 年）　　　　飞蝗蝻为灾，大损禾稼。

4. 咸丰三年（1853 年）　　　　　　五月，飞蝗入境。

原载光绪《宾州志》卷二十三《祥异》，光绪十二年刻本

三、河池市

《宜州市志》

1. 清道光十三年（1833 年）　　　　蝗飞满天，遮天蔽日。

2. 道光十四年（1834 年）　　　　　蝗飞满天，遮天蔽日。

3. 道光十五年（1835 年）　　　　　蝗飞满天，遮天蔽日。

原载《宜州市志》自然灾害，广西人民出版社 1998 年版

民国《宜北县志》[①]

1. 清光绪二十五年（1899 年）　　　蝗虫四起，食尽禾心，啧啧有声，歉收。

2. 民国二十一年（1932 年）　　　　蝗虫满田，禾苗受损，是年半收。

原载民国《宜北县志》第八编《杂记·灾患》，民国二十六年铅印本

《环江毛南族自治县志》

1. 清咸丰四年（1854 年）　　　　　七月，蝗虫飞集思恩全县境内，蝗灾严重，
　　　　　　　　　　　　　　　　　有一小孩被蝗虫咬死。

2. 光绪二十五年（1899 年）　　　　思恩北部蝗虫四起，食尽禾心，庄稼歉收。

原载《环江毛南族自治县志》大事记，广西人民出版社 2002 年版

《罗城仫佬族自治县志》

1. 清乾隆四十二年（1777 年）　　　罗城发生蝗灾，加之旱，颗粒无收。

---

① 宜北：旧县名，1951 年与思恩县合并为今广西环江县。

2.　　道光十三年（1833 年）　　　　　罗城蝗虫伤禾，损失严重。

3.　　道光十四年（1834 年）　　　　　罗城蝗虫伤禾，损失严重。

4.　　道光十五年（1835 年）　　　　　罗城蝗虫伤禾，损失严重。

5.　　咸丰六年（1856 年）　　　　　　罗城飞蝗蔽天，食尽五谷之苗，歉收。

6. 民国十七年（1928 年）　　　　　　罗城蝗虫伤禾稼，歉收。

原载《罗城仫佬族自治县志》自然灾害，广西人民出版社 1993 年版

《天峨县志》

民国十四年（1925 年）　　　　　　　县境发生蝗灾，粮食无收。

原载《天峨县志》自然灾害，广西人民出版社 1994 年版

《都安瑶族自治县志》

经查，1993 年广西人民出版社出版的县志中无蝗灾记载。

《东兰县志》

经查，1994 年广西人民出版社出版的县志中无蝗灾记载。

《南丹县志》

经查，1994 年广西人民出版社出版的县志中无蝗灾记载。

《河池县志》

经查，2000 年河池市地方志编辑部编辑的县志中无蝗灾记载。

《巴马瑶族自治县志》

经查，2003 年广西人民出版社出版的县志中无蝗灾记载。

民国《凤山县志》

经查，民国三十五年版县志中无蝗灾记载。

道光《庆远府志》

经查，道光九年版府志中无蝗灾记载。

四、柳州市

《柳州市志》

1. 清道光十四年（1834年）　　　　蝗灾。
2. 咸丰二年（1852年）　　　　蝗灾。
3. 咸丰三年（1853年）　　　　蝗灾。
4. 咸丰七年（1857年）　　　　蝗灾。

原载《柳州市志》自然灾害，广西人民出版社1998年版

《柳江县志》

1. 清道光十四年（1834年）　　　　柳州蝗灾。
2. 道光十五年（1835年）　　　　柳州入夏以来，蝗蝻萌动。
3. 咸丰二年（1852年）　　　　马平①蝗灾。
4. 咸丰三年（1853年）　　　　柳州蝗灾。
5. 咸丰七年（1857年）　　　　柳州蝗灾。

原载《柳江县志》自然灾害，广西人民出版社1991年版

《柳城县志》

1. 清道光二十五年（1845年）　　　　蝗虫为灾，飞满天空，大饥。
2. 道光二十六年（1846年）　　　　蝗虫为灾。
3. 道光二十七年（1847年）　　　　蝗虫为灾。
4. 同治三年（1864年）　　　　蝗虫为灾。

原载《柳城县志》大事记，广州出版社1992年版

《融水苗族自治县志》

1. 清康熙二十一年（1682年）　　　　秋，蝗害成灾。

---

① 马平：旧县名，治所在今广西柳州。

2. 道光十三年（1833年）　　　　四月，飞蝗蔽天；六月，遗卵复发，数日成虫，食禾更烈，歉收。

3. 咸丰三年（1853年）　　　　七月，蝗虫为害。

原载《融水苗族自治县志》大事记，生活·读书·新知三联书店1998年版

《融安县志》

1. 清道光十三年（1833年）　　　　四月，飞蝗蔽天；六月，遗卵复发，飞蝗成灾，歉收。

2. 咸丰二年（1852年）　　　　七月，蝗虫为害农作物，损失严重。

原载《融安县志》大事记，广西人民出版社1996年版

《鹿寨县志》

清乾隆四十二年（1777年）　　　　榴江①县遭蝗虫为害，农作物失收。

原载《鹿寨县志》自然灾害，广西人民出版社1996年版

《三江侗族自治县志》

清同治五年（1866年）　　　　五月，蝗虫由南而北，漫山遍野，飞腾蔽天，响声震地，所到之处禾苗、五谷霎时啮尽。

原载《三江侗族自治县志》自然灾害，中央民族学院出版社1992年版

乾隆《柳州府志》

经查，乾隆二十九年版府志中无蝗灾记载。

《柳州地区志》

经查，2000年广西人民出版社出版的地区志中无蝗灾记载。

---

① 榴江：旧县名，治所在今广西鹿寨东寨沙镇。

五、桂林市

《桂林市志》

1. 明弘治元年（1488 年）　　　　蝗灾。
2. 清道光十五年（1835 年）　　　蝗灾甚烈。
3. 　道光十六年（1836 年）　　　蝗灾仍烈。
4. 　咸丰元年（1851 年）　　　　蝗灾严重。
5. 　咸丰三年（1853 年）　　　　五月，蝗灾。
6. 　咸丰四年（1854 年）　　　　七月，蝗灾。

原载《桂林市志》自然灾异，中华书局 1997 年版

《永福县志》

1. 清道光十五年（1835 年）　　　五月，永宁①州飞蝗入境，飞蔽天，飞落田间，顷刻把禾苗食尽。
2. 　咸丰四年（1854 年）　　　　永宁州严重蝗灾。
3. 民国三十五年（1946 年）　　　八月，永福、百寿发生蝗灾，损失严重。

原载《永福县志》自然灾害，新华出版社 1996 年版

光绪《永宁州志》

1. 清道光十五年（1835 年）　　　五月，飞蝗入境，飞空蔽日，飞落田间，顷刻禾苗食尽，在草坪亦然，鸣锣警之，亦可逐去。
2. 　咸丰四年（1854 年）　　　　十月，蝗虫堆积路侧，各户出外避贼，蝗随入屋；十二月，蝗自飞入芭芒中尽死。

原载光绪《永宁州志》卷三《舆地志·灾异》，光绪二十二年据光绪十一年刻版重印本

---

① 永宁：旧州名，治所在今广西永福西北百寿镇。

《临桂县志》

1. 明崇祯十六年（1643 年）　　　　　三月，境内飞蝗蔽天，野无青草，米贵。

2. 清道光十五年（1835 年）　　　　　蝗成灾。

3. 　道光十六年（1836 年）　　　　　蝗成灾。

4. 　咸丰元年（1851 年）　　　　　　蝗成灾。

5. 　咸丰三年（1853 年）　　　　　　蝗成灾。

6. 　咸丰四年（1854 年）　　　　　　七月，义宁蝗灾。

原载《临桂县志》自然灾害，方志出版社 1996 年版

民国 《荔浦县志》

1. 清道光十二年（1832 年）　　　　　蝗。

2. 　道光二十七年（1847 年）　　　　蝗，不害稼。

3. 　道光二十八年（1848 年）　　　　蝗盛，飞蔽日，集害稼。

4. 　咸丰四年（1854 年）　　　　　　秋，蝗，不害稼。

原载民国《荔浦县志》卷三《祥异》，民国三年铅印本

《阳朔县志》

清道光十三年（1833 年）　　　　　　蝗虫大作，为害甚烈。

原载《阳朔县志》大事记，广西人民出版社 1988 年版

光绪 《平乐县志》

1. 宋淳熙五年（1178 年）　　　　　　荐有螟螣。

2. 明弘治元年（1488 年）　　　　　　春正月，蝗。

3. 清道光三年（1823 年）　　　　　　蝗虫起。

4. 　咸丰四年（1854 年）　　　　　　蝗入境。

原载光绪《平乐县志》卷九《祥异志》，光绪十年刻本

《恭城县志》

1. 清道光十四年（1834 年）　　　　　蝗虫大发，农作物受损六成。
2. 　道光十五年（1835 年）　　　　　蝗虫大发，农作物受损六成。
3. 　道光十六年（1836 年）　　　　　蝗虫大发，农作物受损六成。

原载《恭城县志》大事记，广西人民出版社 1992 年版

《灌阳县志》

1. 明弘治元年（1488 年）　　　　　全县发生蝗灾。
2. 清道光十五年（1835 年）　　　　　夏，全县蝗虫成灾。
3. 民国三十年（1941 年）　　　　　全县蝗虫成灾。

原载《灌阳县志》自然灾异，新华出版社 1995 年版

《兴安县志》

1. 清康熙五十九年（1720 年）　　　　兴安蝗虫为害。
2. 　道光十四年（1834 年）　　　　　七月，兴安蝗虫食禾稼。

原载《兴安县志》自然灾害，广西人民出版社 2002 年版

民国《全县县志》

1. 清道光十四年（1834 年）　　　　　秋七月，长万、升平区有蝗食禾稼。
2. 　道光十五年（1835 年）　　　　　六月，万全乡蝗食青苗，来时蔽天。
3. 　道光三十年（1850 年）　　　　　四维乡、金山乡蝗害稼，饥馑。
4. 　光绪元年（1875 年）　　　　　升平区蝗食苗，乡人鸣锣驱之，稍减。

原载民国《全县县志》第九编《纪事附灾异》，民国二十四年铅印本

《资源县志》

清道光九年（1829 年）　　　　　立秋后，蝗虫为害遍及禾稼，风不能扫，

雨不能淹，农民无计，扎草龙、燃灯

烛、敲锣打鼓通宵达旦。

原载《资源县志》自然灾害，广西人民出版社 1998 年版

《龙胜县志》

经查，1992 年汉语大词典出版社出版的县志中无蝗灾记载。

民国《灵川县志》

经查，民国十八年版县志中无蝗灾记载。

六、来宾市

《来宾县志》

1. 明弘治元年（1488 年）	正月，蝗。	
2. 清道光十二年（1832 年）	迁江①蝗害禾。	
3. 道光十四年（1834 年）	浔、梧、柳、庆属水灾兼蝗灾，迁江蝗虫害稼。	
4. 道光十五年（1835 年）	象州、来宾、武宣等州蝗蝻；闰六月，迁江飞蝗蔽天。	
5. 咸丰二年（1852 年）	来宾早稻遭蝗灾，飞蝗蔽天，所至田禾俱尽；四月，迁江蝗。	
6. 咸丰三年（1853 年）	早晚稻均有蝗，分途捕捉。	
7. 咸丰四年（1854 年）	迁江蝗。	
8. 民国三十二年（1943 年）	来宾蝗虫为害颇烈。	

原载《来宾县志》自然灾异，知识出版社 1994 年版

民国《迁江县志》

1. 清道光十二年（1832 年）　　　　　　蝗害禾。

---

① 迁江：旧县名，治所在今广西来宾西南迁江镇。

2.　道光十四年（1834 年）　　　　　　　蝗虫害稼。

3.　道光十五年（1835 年）　　　　　　　大饥，飞蝗蔽天。

4.　咸丰二年（1852 年）　　　　　　　　夏四月，旱蝗。

5.　咸丰四年（1854 年）　　　　　　　　春，旱蝗。

原载民国《迁江县志》第五编《纪事附灾异》，民国二十四年铅印本

民国《武宣县志》

1. 清咸丰二年（1852 年）　　　　　　　蝗虫食禾，颗粒无收。

2.　咸丰三年（1853 年）　　　　　　　　再蝗，无收。

3.　同治十三年（1874 年）　　　　　　　八月，东乡蝗。

4.　光绪二十一年（1895 年）　　　　　　八月，东乡蝗，大失收成。

原载民国《武宣县志》卷二《纪天·禨祥》，民国三年铅印本

《象州县志》

1. 清道光十五年（1835 年）　　　　　　闰六月，州内有蝗蝻。

2.　咸丰元年（1851 年）　　　　　　　　蝗虫满野。

原载《象州县志》重大灾害纪实，知识出版社 1994 年版

《金秀瑶族自治县志》

经查，1992 年中央民族学院出版社出版的县志中无蝗灾记载。

《忻城县志》

经查，1997 年广西人民出版社出版的县志中无蝗灾记载。

七、贺州市

《昭平县志》

1. 清咸丰四年（1854 年）　　　　　　　秋旱，飞蝗扑野，大饥。

2. 咸丰十年（1860 年）　　　　　　蝗虫为害竹林。

3. 光绪十二年（1886 年）　　　　　蝗虫为害，岁大饥。

4. 民国十年（1921 年）　　　　　　大旱，飞蝗成灾。

　　　　　　原载《昭平县志》历代灾情实录，广西人民出版社 1992 年版

5. 清咸丰十一年（1861 年）　　　　大旱，飞蝗为害竹林。

　　　　　　原载《昭平县志》大事记，广西人民出版社 1992 年版

《钟山县志》

1. 清乾隆二年（1737 年）　　　　　八月，蝗虫成群为害农作物。

2. 道光十五年（1835 年）　　　　　六月旱，蝗虫为害庄稼。

　　　　　　原载《钟山县志》大事记，广西人民出版社 1995 年版

《富川瑶族自治县志》

1. 清乾隆二年（1737 年）　　　　　蝗虫成灾。

　　　　　　原载《富川瑶族自治县志》大事记，广西人民出版社 1993 年版

2. 道光十五年（1835 年）　　　　　蝗虫大作。

　　　　　　原载《富川瑶族自治县志》自然灾异，广西人民出版社 1993 年版

《贺州市志》

经查，2001 年广西人民出版社出版的市志中无蝗灾记载。

民国《贺县志》

经查，民国二十三年版县志中无蝗灾记载。

八、梧州市

《苍梧县志》

1. 明弘治元年（1488 年）　　　　　蝗灾。

2. 清道光十四年（1834 年）　　　　　蝗蝻残害庄稼。

3.　道光十五年（1835 年）　　　　　飞蝗蔽天，禾稻啮食一空。

　　　　　　原载《苍梧县志》自然灾异，广西人民出版社 1997 年版

同治《藤县志》

1. 清道光十四年（1834 年）　　　　　秋八月，蝗虫陡起，所到之处，飞则遮天
　　　　　　　　　　　　　　　　　　蔽日，止则遍野满山，所到之境禾稼、
　　　　　　　　　　　　　　　　　　青草、树叶耗食殆尽。

2.　道光十五年（1835 年）　　　　　夏六月，蝗虫又起，害稼，署县捐俸设局
　　　　　　　　　　　　　　　　　　收之；冬十二月，大雨雪平地尺许，蝗
　　　　　　　　　　　　　　　　　　一夕死尽。

　　　原载同治《藤县志》卷二十一《记事志·灾异》，光绪三十四年铅印本

《藤县志》

清道光十三年（1833 年）　　　　　秋，蝗虫入境，所到之处，庄稼、青草、
　　　　　　　　　　　　　　　　　树叶耗食殆尽。

　　　　　　原载《藤县志》大事记，广西人民出版社 1996 年版

《岑溪市志》

清咸丰十年（1860 年）　　　　　蝗灾。

　　　　　　原载《岑溪市志》自然灾害，广西人民出版社 1996 年版

《蒙山县志》

1. 宋淳熙五年（1178 年）　　　　　螟、蝗虫灾害。

2. 明弘治元年（1488 年）　　　　　正月，水稻遭蝗虫灾害。

3. 清道光十六年（1836 年）　　　　永安①受蝗虫灾害。

---

①　永安：旧州、县名，治所在今广西蒙山。

4.　咸丰四年（1854 年）　　　　　　　七月，飞蝗遍野，五谷不登。

原载《蒙山县志》大事记，广西人民出版社 1993 年版

九、贵港市

《贵港市志》

1. 清道光十三年（1833 年）　　　　　飞蝗遍野，损害禾稼。
2.　道光二十八年（1848 年）　　　　　飞蝗蔽日，禾苗被食一空。
3.　咸丰二年（1852 年）　　　　　　　蝗灾。
4.　咸丰三年（1853 年）　　　　　　　蝗群飞蔽日。

原载《贵港市志》自然灾异，广西人民出版社 1993 年版

同治《浔州府志》

1. 清道光十三年（1833 年）　　　　　五月，桂平蝗灾。
2.　道光十四年（1834 年）　　　　　　夏，浔属蝗灾。
3.　咸丰二年（1852 年）　　　　　　　是年，蝗灾。
4.　咸丰三年（1853 年）　　　　　　　浔州蝗。

原载同治《浔州府志》卷二《天文志·祲祥》，同治十三年刻本

光绪《贵县志》

1. 清道光十三年（1833 年）　　　　　飞蝗遍野，各乡处处鸣锣驱逐，或扎衫裤、桌围于竹竿，执而挥之。

2.　道光二十八年（1848 年）　　　　　飞蝗蔽日，飘风骤雨而至，飒飒有声，所下之处禾苗、菽麦嚼食一空。

3.　咸丰二年（1852 年）　　　　　　　蝗灾。
4.　咸丰三年（1853 年）　　　　　　　蝗群飞过天如云蔽日。

原载光绪《贵县志》卷六《祲祥》，光绪十九年刻本

《桂平县志》

1. 明弘治元年（1488 年）   正月，蝗灾。
2. 清乾隆四十二年（1777 年）   蝗灾。
3. 道光十三年（1833 年）   六月，蝗灾。
4. 道光十四年（1834 年）   蝗灾，早禾被害几尽，蝗漫空如烟雾。
5. 道光十五年（1835 年）   蝗灾。
6. 咸丰三年（1853 年）   蝗灾。

原载《桂平县志》自然灾害，广西人民出版社 1991 年版

民国《桂平县志》

清道光十七年（1837 年）   冬雪，蝗尽死。

原载民国《桂平县志》卷三十三《纪事下》，民国九年铅印本

道光《平南县志》

1. 清乾隆四十二年（1777 年）   蝗。
2. 道光十三年（1833 年）   蝗入境，不为灾。

原载道光《平南县志》卷二《天文志·禨祥》，道光十五年刻本

《平南县志》

1. 清道光九年（1829 年）   飞蝗入境，成灾。
2. 道光十四年（1834 年）   夏，浔州蝗灾。
3. 道光十五年（1835 年）   平南蝗食草木、百谷殆尽。
4. 咸丰二年（1852 年）   是年，蝗灾。
5. 咸丰三年（1853 年）   六月，蝗灾。

原载《平南县志》大事记，广西人民出版社 1993 年版

6. 道光十六年（1836 年）   蝗灾，草木、百谷被食净光。
7. 咸丰五年（1855 年）   蝗灾。

原载《平南县志》自然灾异，广西人民出版社 1993 年版

十、玉林市

《玉林市志》

1. 明永乐二年（1404 年）　　　　　　　兴业[①]县蝗害稼。

2. 　正德八年（1513 年）　　　　　　　郁林[②]州蝗灾，庄稼吃光。

3. 　清乾隆四十二年（1777 年）　　　　兴业蝗灾，大饥。

4. 　嘉庆十三年（1808 年）　　　　　　兴业蝗害稼，民饥。

5. 　嘉庆二十二年（1817 年）　　　　　郁林州蝗灾，损禾稼。

6. 　道光十三年（1833 年）　　　　　　郁林州蝗发。

7. 　道光十四年（1834 年）　　　　　　郁林蝗飞蔽天，害稼，大饥。

8. 　道光二十三年（1843 年）　　　　　夏，郁林州蝗发，大饥。

9. 　道光三十年（1850 年）　　　　　　郁林州蝗害稼。

10. 　咸丰元年（1851 年）　　　　　　　郁林州蝗灾，伤禾稼。

11. 　咸丰三年（1853 年）　　　　　　　五月，郁林蝗飞蔽天；秋，蝗伤禾苗。

12. 　咸丰五年（1855 年）　　　　　　　郁林蝗大发，伤稼过半。

原载《玉林市志》自然灾害，广西人民出版社 1993 年版

光绪 《玉林州志》

1. 明正德八年（1513 年）　　　　　　　蝗，大饥。

2. 清嘉庆二十二年（1817 年）　　　　　旱蝗。

3. 　道光十三年（1833 年）　　　　　　旱蝗。

4. 　道光十四年（1834 年）　　　　　　飞蝗蔽天，害稼，食草木叶俱尽。

5. 　道光十五年（1835 年）　　　　　　春，大旱，飞蝗害稼。

6. 　道光二十三年（1843 年）　　　　　夏，蝗。

7. 　咸丰元年（1851 年）　　　　　　　蝗害稼。

8. 　咸丰三年（1853 年）　　　　　　　五月，飞蝗蔽天；秋，蝗伤禾苗。

---

① 兴业：旧县名，治所在今广西玉林西北石南镇。
② 郁林：旧州名，治所在今广西玉林市。

9.　咸丰五年（1855 年）　　　　　蝗食苗过半。

　　　　　　原载光绪《玉林州志》卷四《舆地志·禨祥》，光绪二十年刻本

《博白县志》

1. 清顺治八年（1651 年）　　　　春夏间，蝗食田禾殆尽。
2.　咸丰十一年（1861 年）　　　　蝗虫成群结队飞来，每次入境蝗虫覆盖面
　　　　　　　　　　　　　　　　　　大至 10 多千米²，小至 2～3 千米²，所
　　　　　　　　　　　　　　　　　　至之处植物被吃光，县北受灾尤重。

　　　　　　原载《博白县志》自然灾害，广西人民出版社 1994 年版

《陆川县志》

1. 清道光十四年（1834 年）　　　蝗害稼。
2.　咸丰元年（1851 年）　　　　　蝗害稼。
3.　咸丰三年（1853 年）　　　　　五月，飞蝗蔽天。
4.　咸丰五年（1855 年）　　　　　夏，蝗飞蔽天，所过食禾过半，农民击铜
　　　　　　　　　　　　　　　　　　器逐之。

　　　　　　原载《陆川县志》自然灾害，广西人民出版社 1993 年版

《北流县志》

1. 明正德八年（1513 年）　　　　蝗，大饥。
2.　清道光十三年（1833 年）　　　蝗害。
3.　　道光十四年（1834 年）　　　蝗害稼。
4.　　道光十五年（1835 年）　　　十一月大雪，蝗毙竹树间成球。
5.　　道光二十三年（1843 年）　　夏，蝗。
6.　　道光二十八年（1848 年）　　蝗害稼。
7.　　道光三十年（1850 年）　　　蝗害稼。
8.　　咸丰元年（1851 年）　　　　蝗害稼。
9.　　咸丰三年（1853 年）　　　　蝗飞蔽天；秋，蝗伤苗。
10.　　咸丰四年（1854 年）　　　　闰七月，蝗。

11.	咸丰五年（1855 年）	夏，蝗飞蔽天；秋，蝗食禾苗过半。
12.	光绪八年（1882 年）	蝗害稼，飞蔽天日，竹木叶群集而食，瞬息叶尽。

原载《北流县志》自然灾害，广西人民出版社 1993 年版

光绪 《北流县志》

清道光十七年（1837 年） 　　蝗遗子遍地，土人掘坑驱入埋之。

原载光绪《北流县志》卷一《星野·禨祥》，光绪六年刻本

嘉庆 《兴业县志》

1. 明永乐二年（1404 年） 　　蝗害稼，岁大饥。
2. 清乾隆四十二年（1777 年） 　　蝗旱，岁大饥。
3. 嘉庆十三年（1808 年） 　　蝗旱，岁大饥。

原载嘉庆《兴业县志》卷十《纪事》，嘉庆十六年刻本

光绪 《容县志》

1. 清康熙四十四年（1705 年） 　　九月，蝗害稼，过处一空。
2. 道光十三年（1833 年） 　　蝗。
3. 道光十五年（1835 年） 　　蝗灾，所落处寸草为空，皆生蛹子。
4. 咸丰三年（1853 年） 　　五月，飞蝗遍野。

原载光绪《容县志》卷二《舆地志二·禨祥》，光绪二十三年刻本

十一、钦州市

道光 《钦州志》

清乾隆四十三年（1778 年） 　　是年旱，大蝗，复大饥。

原载道光《钦州志》卷十《纪事志》，道光十四年刻本

民国《灵山县志》

1. 清嘉庆十三年（1808 年）　　　　　　旱蝗。
2. 道光十三年（1833 年）　　　　　　　五月，三宁及武利方蝗。
3. 道光十四年（1834 年）　　　　　　　八月，飞蝗蔽天，食田禾几尽。
4. 道光十五年（1835 年）　　　　　　　夏秋间，蝗。
5. 道光十六年（1836 年）　　　　　　　檀圩方蝗。
6. 道光二十二年（1842 年）　　　　　　八月，蝗。
7. 道光二十八年（1848 年）　　　　　　秋旱，旧州及武利方蝗。
8. 道光二十九年（1849 年）　　　　　　夏，蝗。
9. 道光三十年（1850 年）　　　　　　　秋旱，檀圩方蝗。
10. 咸丰三年（1853 年）　　　　　　　　蝗飞蔽天，田禾俱尽。
11. 咸丰四年（1854 年）　　　　　　　　五月，蝗。
12. 咸丰五年（1855 年）　　　　　　　　蝗。
13. 咸丰九年（1859 年）　　　　　　　　檀圩方蝗。
14. 同治二年（1863 年）　　　　　　　　蝗，饥。

原载民国《灵山县志》卷五《舆地志·灾祥》，民国三年铅印本

《浦北县志》

清道光二十年（1840 年）　　　　　　八月，平睦蝗灾。

原载《浦北县志》大事记，广西人民出版社 1994 年版

十二、北海市

康熙《廉州府志》①

明万历三十八年（1610 年）　　　　　秋九月，廉州境内蝗伤稼。

原载康熙《廉州府志》卷一《历年纪》，康熙六十一年刻本

---

① 廉州：旧府名，治所在今广西合浦。

《合浦县志》

1. 清康熙二十五年（1686 年）	九月，蝗害。
2. 乾隆四十三年（1778 年）	秋，合浦大受蝗害。
3. 光绪十九年（1893 年）	四月，蝗害。
4. 光绪二十年（1894 年）	九月，蝗害。
5. 光绪二十三年（1897 年）	蝗害。
6. 宣统二年（1910 年）	夏，蝗害。

原载《合浦县志》自然灾害，广西人民出版社 1994 年版

《北海市志》

经查，2002 年广西人民出版社出版的市志中无蝗灾记载。

《海城区志》

经查，2004 年广西人民出版社出版的区志中无蝗灾记载。

十三、防城港市

《防城县志》

清咸丰六年（1856 年）　　　　夏，蝗虫为害，饥荒。

原载《防城县志》大事记，广西民族出版社 1993 年版

民国《上思县志》

1. 清咸丰五年（1855 年）　　八月，蝗虫至，田禾被食，飞遮半，天日为之暗，后遗卵土中，又生蝗崽，其名曰蝻，仅能跳跃不可翼飞，日久为害田禾，于是研究捕治之法，乃于田间多挖土灶，架以大锅，煮水至沸，两面用席遮围，驱而逐之，使蝗尽跳入锅水而

死，锅满即予捞出，卒至堆积如山，蝗
乃绝。

2.　光绪三十二年（1906 年）　　　　九月，蝗虫又来，晚造无收。

3. 民国三年（1914 年）　　　　　　四五月，蝗蝻复生。

　　　　　　　原载民国《上思县志》卷五《纪事志·禨祥》，民国四年铅印本

十四、崇左市

《崇左县志》

1. 清咸丰三年（1853 年）　　　　　旱，蝗灾，民饥死过半。

2.　咸丰四年（1854 年）　　　　　太平①旱，蝗灾。

3.　光绪二十三年（1897 年）　　　秋，崇善②蝗虫害禾，损失严重。

　　　　　　　原载《崇左县志》自然灾害，广西人民出版社 1994 年版

《宁明县志》

清咸丰二年（1852 年）　　　　　七月，土思州飞蝗成群，遮天蔽日，所过
　　　　　　　　　　　　　　　　之处田禾均被啮食，为百年所未见。

　　　　　　　原载《宁明县志》历代虫害简况，中央民族学院出版社 1988 年版

民国《龙州县志》

清咸丰三年（1853 年）　　　　　八月，大蝗，所过之处禾稻为空。

　　　　　　　原载民国《龙州县志》卷十五《纪事略》，民国二十五年铅印本

《天等县志》

1. 清道光二十九年（1849 年）　　向武③土州蝗虫为害，吃禾殆尽。

---

① 　太平：旧府、路名，治所在今广西崇左。
② 　崇善：旧县名，治所在今广西崇左西北新和镇。
③ 　向武：旧州名，治所在今广西天等西北向都镇。

2.　咸丰三年（1853 年）　　　　　　　蝗食禾殆尽，民多饿死。

原载《天等县志》自然灾害，广西人民出版社 1991 年版

《大新县志》

清咸丰七年（1857 年）　　　　　　　养利①州发生蝗灾。

原载《大新县志》大事记，上海古籍出版社 1989 年版

《扶绥县志》

1.　清咸丰四年（1854 年）　　　　　　秋，新宁州、永康州②蝗。

原载《扶绥县志》大事记，广西人民出版社 1989 年版

2.　咸丰四年（1854 年）　　　　　　　秋，蝗灾，蝗群腾飞如密云，集田咬食庄
　　　　　　　　　　　　　　　　　　　稼，民以鸣锣或用竹竿驱赶。

原载《扶绥县志》自然灾害，广西人民出版社 1989 年版

《凭祥市志》

经查，1993 年中山大学出版社出版的市志中无蝗灾记载。

雍正《太平府志》

经查，雍正四年版府志中无蝗灾记载。

康熙《养利州志》

经查，康熙三十三年版州志中无蝗灾记载。

民国《雷平县志》③

经查，民国三十五年版县志中无蝗灾记载。

---

① 养利：旧州名，治所在今广西大新。
② 新宁：旧州名，治所在今广西扶绥；永康：旧州名，治所在今广西扶绥西北。
③ 雷平：旧县名，治所在今广西大新县西南雷平镇。

十五、百色市

《田阳县志》

1. 清乾隆四十二年（1777 年）	田州蝗灾，大饥。	
2. 民国二十四年（1935 年）	七、八月，禾苗普遍受蝗虫为害，损失严重。	

原载《田阳县志》大事记，广西人民出版社 1999 年版

《田林县志》

民国十三年（1924 年） 六至八月，蝗虫为害，无收。

原载《田林县志》自然灾害，广西人民出版社 1996 年版

民国《乐业县志》

清光绪十三年（1887 年） 蝗患。

原载民国《乐业县志》第五编《前事·灾异》，民国二十五年抄本

《德保县志》

1. 民国二十七年（1938 年）	蝗虫。	
2. 民国三十一年（1942 年）	蝗虫。	

原载《德保县志》自然灾害，广西人民出版社 1998 年版

《靖西县志》

1. 清咸丰四年（1854 年）　　　　六月，蝗虫食新圩一带田禾，蔓延一州，歉收。

2. 　咸丰五年（1855 年）　　　　二月，蝗虫复生，三月大雨，蝗尽死。

3. 　光绪二十五年（1899 年）　　七月，新圩有蝗虫，大雨，蝗尽死。

原载《靖西县志》大事记，广西人民出版社 2000 年版

光绪 《镇安府志》①

清咸丰三年（1853 年）　　　　　　　　　是年，向武蝗为灾，食禾殆尽。

　　　　　　原载光绪《镇安府志》卷二十《纪事志三》，光绪十八年刻本

《百色市志》

经查，1993 年广西人民出版社出版的市志中无蝗灾记载。

《平果县志》

经查，1996 年广西人民出版社出版的县志中无蝗灾记载。

《田东县志》

经查，1998 年广西人民出版社出版的县志中无蝗灾记载。

《隆林各族自治县志》

经查，2002 年广西人民出版社出版的县志中无蝗灾记载。

《那坡县志》

经查，2002 年广西人民出版社出版的县志中无蝗灾记载。

康熙 《西林县志》

经查，康熙五十七年版县志中无蝗灾记载。

---

① 镇安：旧府名，治所在今广西德保。

第十七章

辽宁省地方志中的蝗灾记载

一、辽宁综合志

民国《奉天通志》①

1. 金皇统二年（1142 年）　　　　　　秋八月，广宁②府蝗。

2.　大定十六年（1176 年）　　　　　　辽东东京路③旱蝗，诏免租税。

　　　　原载民国《奉天通志》卷七《大事七·金上》，民国二十三年铅印本

3. 元大德二年（1298 年）　　　　　　六月，山北辽东道大宁路金源④县蝗。

　　　　原载民国《奉天通志》卷九《大事九·元上》，民国二十三年铅印本

4.　天历二年（1329 年）　　　　　　七月，辽阳属县蝗，盖州蝗。

5.　元统二年（1334 年）　　　　　　六月，大宁、广宁、辽阳、开元、沈阳、
　　　　　　　　　　　　　　　　　　懿州⑤水旱蝗，大饥，诏以钞二万锭遣
　　　　　　　　　　　　　　　　　　官赈之。

　　　　原载民国《奉天通志》卷十《大事十·元下》，民国二十三年铅印本

6. 明正统六年（1441 年）　　　　　　今岁旱蝗，无收。

　　　　原载民国《奉天通志》卷十三《大事十三·明三》，民国二十三年铅印本

7. 清乾隆三十八年（1773 年）　　　　辽中蝗虫猝起，侵害田苗，建庙祀之。

　　原载民国《奉天通志》卷九十二《建置志六·祠庙一》，民国二十三年铅印本

---

① 奉天：旧省、府、县名，治所在今辽宁沈阳。
② 广宁：旧府名，治所在今辽宁北宁。
③ 辽东：金置辽东路转运司名，治所咸平府，在今辽宁开原东北；东京路：金路名，治所在今辽宁辽阳老城。
④ 金源：旧县名，治所在今辽宁建平东北喀喇沁镇。
⑤ 懿州：旧州名，治所在今辽宁阜新东北。

8.　乾隆三十九年（1774 年）　　五月，广宁城属坡台子、大黑山等处所有蝗俱由口外飞入，恐口外尚有蝻孽，谕直隶总督及喀喇沁贝子一体搜捕。

原载民国《奉天通志》卷三十四《大事三十四·清八》，民国二十三年铅印本

9.　嘉庆八年（1803 年）　　五月，盛京地方间有蝻子发生，派德文、成林赴锦州一带捕蝗，据奏已将蝗蝻扑灭净尽；复闻锦州至山海关一带沿途皆有飞蝗，副都统已带同知分投扑捕，地方各员赶紧查办。

原载民国《奉天通志》卷三十六《大事三十六·清十》，民国二十三年铅印本

嘉靖《全辽志》

1. 明嘉靖八年（1529 年）　　六月，河西飞蝗蔽天，害禾稼；七月，蝻生。

2.　嘉靖十二年（1533 年）　　河西大旱，蝗飞蔽天。

3.　嘉靖四十年（1561 年）　　蝗飞蔽天，禾有伤。

原载嘉靖《全辽志》卷四《祥异志》，嘉靖四十四年刻本

嘉靖《辽东志》

1. 明嘉靖八年（1529 年）　　六月，河西蝗飞蔽天，害禾稼；七月，蝻生。

2.　嘉靖十二年（1533 年）　　河西大旱，蝗飞蔽天。

原载嘉靖《辽东志》卷八《杂志·祥异》，民国二十三年铅印本

二、葫芦岛市

《绥中县志》

1. 明嘉靖三十七年（1558 年）　　秋七月，生蝗虫，庄稼歉收，贫困百姓剥树皮、吃糠菜度荒。

2.　崇祯十三年（1640 年）　　　　　蝗虫为害。

3. 清顺治十三年（1656 年）　　　　蝗虫为害。

4.　嘉庆七年（1802 年）　　　　　秋，生蝗虫。

5.　道光五年（1825 年）　　　　　六月，蝗虫随海潮至，飞蔽天日，不久，
　　　　　　　　　　　　　　　　　蝻生遍野，吃光田苗，大饥。

6.　咸丰八年（1858 年）　　　　　蝗虫成灾。

7. 民国八年（1919 年）　　　　　秋，蝗虫成灾，庄稼穗叶吃光。

8. 民国十七年（1928 年）　　　　秋，第四、五、六区蝗虫成灾，庄稼受害。

9. 民国十八年（1929 年）　　　　夏，蝗虫成灾，10 天时间捕杀蝗虫 3.9
　　　　　　　　　　　　　　　　万千克。

原载《绥中县志》自然灾害，辽宁人民出版社 1988 年版

《兴城县志》

1. 明嘉靖三十一年（1552 年）　　七月，蝗虫成灾，宁远①卫歉收。

2.　嘉靖三十七年（1558 年）　　七月，蝗虫成灾，宁远卫歉收。

3. 清顺治十三年（1656 年）　　　宁远州蝗灾。

4.　嘉庆七年（1802 年）　　　　秋，宁远州蝗随潮至，飞蔽天日，数日生
　　　　　　　　　　　　　　　　蝻，禾苗食尽。

5.　咸丰八年（1858 年）　　　　宁远蝗灾。

6. 民国八年（1919 年）　　　　秋，蝗虫成灾，禾苗被吃光。

7. 民国十八年（1929 年）　　　春旱，蝗虫遍野。

原载《兴城县志》自然灾害，辽宁大学出版社 1990 年版

《建昌县志》②

民国十九年（1930 年）　　　　　三、四、五、六区发生蝗蝻。

原载《建昌县志》自然灾害，辽宁大学出版社 1992 年版

---

①　宁远：旧卫名，治所在今辽宁兴城。
②　建昌：旧县名，治所在今辽宁凌源。

《锦西市志》

经查，1988 年锦西市地方志编纂委员会编印的市志中无蝗灾记载。

民国《锦西县志》

经查，民国十八年版县志中无蝗灾记载。

三、朝阳市

《朝阳市志》

1. 前燕元玺元年（352 年）	五月，龙城[①]旱，遭蝗灾。
2. 北魏兴安元年（452 年）	营州[②]蝗灾，诏开仓赈恤。
3. 北齐天保八年（557 年）	营州螽斯虫害。
4. 元大德二年（1298 年）	六月，大宁路金源县蝗虫成灾。
5. 　大德六年（1302 年）	大宁路蝗。
6. 　大德七年（1303 年）	六月，大宁路蝗。
7. 　泰定二年（1325 年）	六月，柳城[③]蝗。
8. 　天历二年（1329 年）	四月，大宁路兴中[④]州蝗；七月，大宁诸属县蝗。
9. 　元统二年（1334 年）	六月，大宁路蝗。

原载《朝阳市志》自然灾害《虫灾年表》，辽宁大学出版社 1996 年版

《凌源县志》

1. 清道光十五年（1835 年）	夏，蝗。
2. 民国九年（1920 年）	蝗，无秋。
3. 民国十八年（1929 年）	九月，一区八间房、修杖子、康杖子、热

---

① 龙城：旧县名，治所在今辽宁朝阳。
② 营州：旧州名，治所在今辽宁朝阳。
③ 柳城：旧县名，治所在今辽宁朝阳。
④ 兴中：旧州名，治所在今辽宁朝阳。

水汤等牌飞蝗群至，禾稼蚕食无余。

4. 民国十九年（1930 年）　　　　　　　蝗。

5. 民国二十年（1931 年）　　　　　　　蝗。

原载《凌源县志》自然灾害，辽宁古籍出版社 1995 年版

《建平县志》

1. 清道光十五年（1835 年）　　　　　　夏，建昌旱蝗。

2. 民国十八年（1929 年）　　　　　　　夏，沙海、上下店、三家、王子坟、马架子等 10 余村田苗被蝗虫吃尽。

原载《建平县志》自然灾害，辽海出版社 1999 年版

《喀喇沁左翼蒙古族自治县志》

经查，1998 年辽宁人民出版社出版的县志中无蝗灾记载。

《北票市志》

经查，2003 年国际商务出版社出版的市志中无蝗灾记载。

四、锦州市

《锦州市志》

1. 清嘉庆八年（1803 年）　　　　　　　六月，蝗虫成灾，清廷派员协同锦州副都统到山海关一带扑除飞蝗。

原载《锦州市志》大事记，中国统计出版社 1994 年版

2. 明嘉靖八年（1529 年）　　　　　　　六月，北镇①河西蝗飞蔽天，害禾稼。

3. 民国十八年（1929 年）　　　　　　　六月，北镇一带飞蝗成灾，为害严重。

原载《锦州市志》自然灾害，中国统计出版社 1994 年版

---

① 北镇：旧县名，1995 年改设辽宁北宁市，今辽宁北镇市。

《锦县志》

1. 明正统六年（1441 年）	旱蝗，无收。
2. 崇祯十三年（1640 年）	久旱不雨，飞蝗成灾。
3. 清顺治十三年（1656 年）	久旱不雨，飞蝗成灾。
4. 乾隆二十九年（1764 年）	六月，蝗灾。

原载《锦县志》自然灾害，沈阳出版社 1990 年版

5. 嘉庆八年（1803 年）　　　　　　五月，锦县发生严重蝗灾，清政府派官员赴锦州督办捕蝗一事。

原载《锦县志》大事记，沈阳出版社 1990 年版

《北镇县志》

1. 金皇统二年（1142 年）	八月，广宁府蝗灾。
2. 元元统二年（1334 年）	广宁水旱蝗灾，百姓饥馑。
3. 清乾隆三十九年（1774 年）	广宁蝗蝻成灾，诏谕周围地区一体收捕。

原载《北镇县志》大事记，辽宁人民出版社 1990 年版

4. 明嘉靖八年（1529 年）	六月，河西飞蝗蔽天。
5. 嘉靖十二年（1533 年）	蝗灾。
6. 嘉靖四十年（1561 年）	蝗虫发生。
7. 民国十八年（1929 年）	六月，北镇飞蝗成灾，为害甚重。

原载《北镇县志》自然灾害，辽宁人民出版社 1990 年版

康熙《锦州府志》

经查，康熙二十一年版府志中无蝗灾记载。

《义县志》

经查，民国二十年及 1991 年沈阳出版社出版的县志中均无蝗灾记载。

民国《黑山县志》

经查，民国三十年版县志中无蝗灾记载。

五、阜新市

《阜新市志·第一卷》

民国三十八年（1949年）　　　　七月，阜新11个村发生土蝗虫，谷子被食25垧，豆子受灾20余垧。

原载《阜新市志·第一卷》自然灾害，中国统计出版社1993年版

《阜新蒙古族自治县志》

1. 明正统六年（1441年）　　　　旱，蝗灾。
2. 　弘治五年（1492年）　　　　旱，又发生严重蝗灾。
3. 民国三十八年（1949年）　　　13区丹桂营子等11村发生蝗虫灾害，受灾作物有谷子、豆子，吃光谷子25垧、豆子20垧。

原载《阜新蒙古族自治县志》自然灾害，辽宁民族出版社1998年版

《彰武县志》

经查，民国二十二年及1988年彰武县志编纂委员会编印的县志中均无蝗灾记载。

《阜新市志·农业志》

经查，1998年东方出版社出版的农业志中无蝗灾记载。

六、大连市

《新金县志》

明永乐元年（1403年）　　　　七月，金州旱蝗。

原载《新金县志》建置前灾情纪略，大连出版社1993年版

《庄河县志》

1. 民国十二年（1923 年）　　　　　　夏，蝗灾。
2. 民国二十一年（1932 年）　　　　　六月，县境蝗虫成灾。

原载《庄河县志》大事记，新华出版社 1996 年版

《金县志》

1. 金大定十六年（1176 年）　　　　　旱，蝗灾重发生。

原载《金县志》大事记，大连出版社 1989 年版

2. 元大德五年（1301 年）　　　　　　八月，蝗灾。
3. 明永乐元年（1403 年）　　　　　　金州卫蝗。
4. 　嘉靖六年（1527 年）　　　　　　六月，河西飞蝗蔽天；七月，蝻生，平地深数尺。
5. 　嘉靖十二年（1533 年）　　　　　飞蝗蔽天。
6. 清咸丰八年（1858 年）　　　　　　宁海①旱蝗。

原载《金县志》自然灾害，大连出版社 1989 年版

《瓦房店市志》

经查，1994 年大连出版社出版的市志中无蝗灾记载。

《甘井子区志》

经查，1995 年方志出版社出版的区志中无蝗灾记载。

民国《复县志略》

经查，民国九年版县志中无蝗灾记载。

《长海县志》

经查，1984 年长海县志编纂委员会编印的县志中无蝗灾记载。

---

① 宁海：旧县名，治所在今辽宁大连市金州区。

七、丹东市

《丹东市志》

金大定十六年（1176 年）　　　　　　婆速①路大旱，遭蝗灾。

原载《丹东市志》大事记，辽宁科学技术出版社 1993 年版

《宽甸县志》

金大定十六年（1176 年）　　　　　　婆速路总管府旱，并遭蝗虫灾害。

原载《宽甸县志》大事记，辽宁科学技术出版社 1993 年版

《东沟县志》

经查，1996 年辽宁人民出版社出版的县志中无蝗灾记载。

《凤城市志》

经查，1997 年方志出版社出版的市志中无蝗灾记载。

八、本溪市

《本溪市志》

民国二十四年（1935 年）　　　　　　夏，蝗，灾情空前。

原载《本溪市志》大事记，新华出版社 1991 年版

《桓仁县志》

经查，民国十九年及 1996 年方志出版社出版的县志中均无蝗灾记载。

---

① 婆速：金置路名，治所在今辽宁丹东市九连城镇，或说在宽甸满族自治县南浦石河口。

宣统《怀仁县志》^①

经查，宣统二年版县志中无蝗灾记载。

九、辽阳市

《辽阳市志》

1. 金大定十六年（1176 年）　　　　东京路蝗灾。
2. 元元统二年（1334 年）　　　　六月，辽阳、沈州、懿州等处遭水、旱、
　　　　　　　　　　　　　　　　　蝗灾，饥，发银钞 2 万锭赈济。
3. 民国二年（1913 年）　　　　辽阳旱，蝗灾，蝗虫遮天盖地，咬食庄
　　　　　　　　　　　　　　　　稼，蝗虫过处作物绝收。

原载《辽阳市志》大事记，辽宁人民出版社 1993 年版

康熙《辽阳州志》

元天历二年（1329 年）　　　　　七月，蝗。

原载康熙《辽阳州志》卷五《星野附祥异》，康熙二十年刻本

民国《辽阳县志》

元天历二年（1329 年）　　　　　四月，辽阳等郡属县蝗。

原载民国《辽阳县志》卷首《过去事实一览表》，民国十七年铅印本

《灯塔县志》

民国二年（1913 年）　　　　　　旱，蝗虫遮天盖地，咬食庄稼，过处作物
　　　　　　　　　　　　　　　　绝收。

原载《灯塔县志》大事记，辽宁人民出版社 1990 年版

---

① 怀仁：旧县名，1914 年改名恒仁县。

十、铁岭市

宣统《昌图府志》[①]

清光绪八年（1882 年）　　　　　　　五月，螽。

原载宣统《昌图府志》第一章《疆土志·气候附灾祥》，宣统二年铅印本

咸丰《开原县志》

清乾隆十年（1745 年）　　　　　　　蝗，不为灾。

原载咸丰《开原县志》卷一《天文·祥异》，咸丰七年刻本

《铁岭市志·综合卷》

经查，1997 年新华出版社出版的市志中无蝗灾记载。

《铁岭县志》

经查，康熙十六年及 1997 年新华出版社出版的市志中均无蝗灾记载。

《昌图县志》

经查，1988 年昌图县地方志编纂委员会编印的县志中无蝗灾记载。

《西丰县志》

经查，民国二十七年及 1995 年沈阳出版社出版的县志中均无蝗灾记载。

《铁法市志》

经查，1992 年中国书籍出版社出版的市志中无蝗灾记载。

---

① 昌图：旧府名，治所在今辽宁昌图县西老城镇。

十一、沈阳市

光绪《奉天县志》

元天历二年（1329年）　　　　　　　　七月，献蝗。

原载光绪《奉天县志》卷上《星野志附祥异》，光绪十一年刻本

民国《沈阳县志》

经查，民国六年版县志中无蝗灾记载。

《新民县志》

经查，民国十五年及1992年沈阳出版社出版的县志中均无蝗灾记载。

《辽中县志》

经查，民国十九年及1993年辽宁人民出版社出版的县志中均无蝗灾记载。

《法库县志》

经查，1990年沈阳出版社出版的县志中无蝗灾记载。

《康平县志》

经查，1995年东北大学出版社出版的县志中无蝗灾记载。

十二、营口市

民国《盖平县志》[①]

清咸丰八年（1858年）　　　　　　　　旱蝗，柳树屯等村三十余里受灾。

原载民国《盖平县志》卷一《舆地·祥异》，民国十九年铅印本

---

① 盖平：旧县名，1965年改名盖县，今辽宁盖州市。

《营口市志·大事记》

经查，2004 年中国社会科学出版社出版的市志中无蝗灾记载。

民国《营口县志》

经查，民国二十二年版县志中无蝗灾记载。

十三、其他

盘锦市

《盘锦市志·农业卷》

经查，1998 年方志出版社出版的市志中无蝗灾记载。

《盘锦市志·综合卷》

经查，1998 年方志出版社出版的市志中无蝗灾记载。

《盘山县志》

经查，民国四年及 1996 年沈阳出版社出版的县志中均无蝗灾记载。

《大洼县志》

经查，1998 年沈阳出版社出版的县志中无蝗灾记载。

鞍山市

《鞍山市志·大事记》

经查，1989 年沈阳出版社出版的市志中无蝗灾记载。

民国《海城县志》

经查，民国十三年版县志中无蝗灾记载。

《台安县志》

经查，民国十九年及 1990 年沈阳出版社出版的县志中均无蝗灾记载。

民国《岫岩县志》

经查，民国十七年版县志中无蝗灾记载。

抚顺市

《抚顺市志·第一卷》

经查，1993 年辽宁人民出版社出版的市志中无蝗灾记载。

《抚顺市志·农业卷》

经查，1996 年辽宁人民出版社出版的市志中无蝗灾记载。

宣统《抚顺县志略》

经查，宣统三年版县志略中无蝗灾记载。

《新宾满族自治县志》

经查，1993 年辽沈书店出版的县志中无蝗灾记载。

《清原县志》

经查，1991 年辽宁人民出版社出版的县志中无蝗灾记载。

第十八章

新疆维吾尔自治区地方志中的蝗灾记载

一、新疆综合志

《新疆通志》

1. 清乾隆三十年（1765 年） 四月，哈密蝗从西北飞来。

2. 乾隆三十一年（1766 年） 锡伯索伦等十佐领兵丁耕种地亩被蝗。

3. 同治十三年（1874 年） 塔城蝗旱为灾，收成歉薄。

4. 光绪九年（1883 年） 巴里坤县牧民要求官府灭蝗。

5. 光绪三十三年（1907 年） 玛纳斯河流域飞蝗大发生，成群结队，遍地皆是，曾出动上千群众扑打。

6. 民国七年（1918 年） 沙湾县小拐、福海县乌伦古湖等地发生飞蝗，面积达百万亩，虫口密度每平方米300～400 头。

7. 民国二十六年（1937 年） 蝗灾。

8. 民国三十年（1941 年） 蝗灾，东起哈密、巴里坤、木垒河，西至伊犁、博乐、温泉、霍尔果斯，发生的农田和牧场面积达 70 余万公顷，蝗虫如雨，使北疆整个农业处于蝗虫恐怖局面，当时动员民众、士兵、学生 5.5 万

余人，从哈密到迪化[①]、伊犁展开了捕
蝗战斗。

9. 民国三十二年（1943 年）　　　蝗灾。

10. 民国三十八年（1949 年）　　　迪化、哈密发生蝗虫，损失禾苗 6 000 余
亩，减产粮食 2 500 万大石，为害牧草
6 000 余公顷，防治耗人工 10 万个以
上；伊犁、塔城、阿山三区动员 1 万人
捕蝗，耗省币 350 余万元，当时防治药
品缺乏，多以人力驱赶、捕打或举火
焚烧。

原载《新疆通志》第三十卷《农业志》，新疆人民出版社 1994 年版

二、乌鲁木齐市

《乌鲁木齐市志》

1. 清光绪二十四年（1898 年）　　　十一月，朝廷谕令迪化地方官员复勘水蝗
灾情，妥筹赈抚。

2. 民国二十六年（1937 年）　　　六月，迪化南山发生蝗灾。

原载《乌鲁木齐市志》大事记，新疆人民出版社 1994 年版

3. 民国三十五年（1946 年）　　　六月，迪化市发现蝗虫。

原载《乌鲁木齐市志》自然灾害，新疆人民出版社 1994 年版

三、昌吉回族自治州

《昌吉市志》

1. 清光绪三年（1877 年）　　　乌鲁木齐、昌吉、绥来[②]蝗飞蔽天，幸只啮
草、不伤禾稼，亦缘黍地草多于禾耳。

---

① 迪化：旧市名，1953 年改名今新疆乌鲁木齐市。

② 绥来：旧县名，治所在今新疆玛纳斯。

2. 民国三十七年（1948 年）　　　　六月，土墩子、新坝湾等地 1 200 亩农田
　　　　　　　　　　　　　　　　　发生蝗灾，当地民众与军队用土法灭
　　　　　　　　　　　　　　　　　蝗，省政府拨省币 32 640 万元作为治蝗
　　　　　　　　　　　　　　　　　补助。

3. 民国三十八年（1949 年）　　　　六月，第三乡发生蝗灾，经昌吉县民众与
　　　　　　　　　　　　　　　　　省扑蝗队扑灭。

原载《昌吉市志》自然灾害·蝗灾，新疆人民出版社 2003 年版

《玛纳斯县志》

1. 民国三十二年（1943 年）　　　　蝗虫为害草原。

2. 民国三十七年（1948 年）　　　　北五岔一带蝗虫灾情严重。

3. 民国三十八年（1949 年）　　　　呼图壁发生蝗灾，东西北大小海子等地
　　　　　　　　　　　　　　　　　700 公顷农作物受害。北五岔一带发
　　　　　　　　　　　　　　　　　生蝗虫。

原载《玛纳斯县志》自然灾害，新疆人民出版社 1997 年版

《呼图壁县志》

1. 清光绪三年（1877 年）　　　　　蝗虫成灾。

2. 　光绪二十三年（1897 年）　　　呼图壁再次发生蝗灾。

3. 　光绪三十三年（1907 年）　　　九月，呼图壁遭蝗灾，赈济。

原载《呼图壁县志》大事记，新疆人民出版社 1992 年版

4. 民国十四年（1925 年）　　　　　西乡五洼庄农田蝗灾，田禾几乎被蝗吃
　　　　　　　　　　　　　　　　　光，东乡各地亦相继发生蝗灾。

5. 民国三十年（1941 年）　　　　　六月，县境发现蝗虫，有 863 亩小麦被蝗
　　　　　　　　　　　　　　　　　虫吃光。

6. 民国三十七年（1948 年）　　　　六月，东、西、北三乡发生蝗灾，北乡将
　　　　　　　　　　　　　　　　　蝗虫赶到下湖的 7 500 亩麦田里点火焚
　　　　　　　　　　　　　　　　　烧，全县参加灭蝗 4 523 人。

7. 民国三十八年（1949 年）　　　　五月，东西北乡发生蝗灾 1 000 亩，秋粮
　　　　　　　　　　　　　　　　　受害；七月，北乡东河坝千亩秋禾被蝗

虫吃光。

原载《呼图壁县志》自然灾害，新疆人民出版社 1992 年版

《农六师垦区·五家渠市志》

1. 清光绪二十三年（1897 年）	呼图壁地区蝗虫为患。
2. 　光绪二十六年（1900 年）	奇台地区蝗灾，农作物颗粒无收。
3. 民国十四年（1925 年）	六月，呼图壁地区蝗灾，有的禾苗全被吃光，农民翻地重种。
4. 民国三十年（1941 年）	六月，呼图壁地区发生蝗灾 200 公顷，有 60 公顷小麦被蝗虫吃光。
5. 民国三十二年（1943 年）	玛纳斯地区蝗灾严重。
6. 民国三十六年（1947 年）	五月，米泉北部发生蝗灾，蝗虫自西北入境，沿梧桐窝子、蒋家湾一带飞往三道坝，沿途千米范围内树叶、芦苇吃光，麦田受害严重。
7. 民国三十七年（1948 年）	六月，玛纳斯、呼图壁发生蝗灾，玛纳斯县政府组织居民捕蝗，政府每人发给 5 石小麦的报酬；呼图壁北乡将大批蝗虫赶到下湖的 170 公顷麦地里点火焚烧。
8. 民国三十八年（1949 年）	呼图壁发生蝗灾，东、西、北大小海子等地 700 公顷农作物受害；七月，北乡东河坝 600 公顷秋作吃光。

原载《农六师垦区·五家渠市志》自然灾害，新疆人民出版社 2001 年版

《吉木萨尔县志》

清宣统元年（1909 年）　　　　　　五月，孚远①县蝗灾，减免部分粮草。

原载《吉木萨尔县志》大事记，新疆人民出版社 2002 年版

---

① 孚远：旧县名，治所在今新疆吉木萨尔。

《奇台县志》

1. 元至元十九年（1282 年）   五月，别失八里城东 300 余里蝗虫成灾，
                                     奇台等地农作物受损。

     原载《奇台县志》大事记，新疆大学出版社 1994 年版

2. 清光绪二十六年（1900 年）   全县发生蝗灾，庄稼颗粒无收，知县奏请
                                     朝廷开仓救济灾民。

     原载《奇台县志》自然灾害，新疆大学出版社 1994 年版

《米泉县志》

1. 民国三十六年（1947 年）   五月，县境北部发生蝗灾，蝗虫自西北方
                                     向入境，后沿梧桐窝子、蒋家湾一带飞
                                     往三道坝，在宽约 1 公里的飞经途中，
                                     树叶、芦苇被吃光，麦田受灾甚重。

     原载《米泉县志》自然灾害，新疆人民出版社 1998 年版

2. 民国三十六年（1947 年）   五月，县境北部蝗虫成灾，县政府动员
                                     3 000 余人扑打半月。

     原载《米泉县志》大事记，新疆人民出版社 1998 年版

《阜康县志》

经查，2001 年新疆人民出版社出版的县志中无蝗灾记载。

四、吐鲁番市

《吐鲁番地区志》

1. 清光绪十八年（1892 年）   胜金东发生蝗灾。

2.   光绪二十四年（1898 年）   十一月，吐鲁番厅水、蝗灾严重，政府筹
                                     款抚恤赈济。

3. 民国三十七年（1948 年）   鄯善县城东柳树泉地方发生蝗灾，受灾面

积 1 000 余亩。

原载《吐鲁番地区志》大事记，新疆人民出版社 2004 年版

《吐鲁番市志》

1. 清光绪十八年（1892 年）　　　　　　六月，胜金东突起蝗蝻，当地政府觅雇民
　　　　　　　　　　　　　　　　　　　　夫扑采，每蝗蝻一斤发工银一钱，连日
　　　　　　　　　　　　　　　　　　　　扑灭。
2. 　光绪二十四年（1898 年）　　　　　十一月，吐鲁番、迪化等厅县水蝗灾害甚
　　　　　　　　　　　　　　　　　　　　重，政府筹款抚恤赈济。

原载《吐鲁番市志》大事记，新疆人民出版社 2002 年版

《托克逊县志》

清光绪二年（1876 年）　　　　　　　　托克逊蝗为灾，收成歉薄。

原载《托克逊县志》自然灾害，新疆人民出版社 2005 年版

《鄯善县志》

民国三十七年（1948 年）　　　　　　　县东 20 里柳树泉发生密集蝗虫，被侵耕
　　　　　　　　　　　　　　　　　　　　地 1 000 亩，驻军、民众和省捕蝗队经
　　　　　　　　　　　　　　　　　　　　过 6 天捕杀，蝗被灭净。

原载《鄯善县志》大事记，新疆人民出版社 2001 年版

五、巴音郭楞蒙古自治州

《焉耆回族自治县志》

清光绪二十四年（1898 年）　　　　　　喀喇沙尔发生蝗害。

原载《焉耆回族自治县志》大事记，新疆人民出版社 1998 年版

《博湖县志》

清光绪二年（1876 年）　　　　　　　旱，蝗虫为灾，农作物歉收。

原载《博湖县志》自然灾害，新疆人民出版社 1993 年版

《轮台县志》

经查，1991 年新华出版社出版的县志中无蝗灾记载。

《若羌县志》

经查，1992 年新疆大学出版社出版的县志中无蝗灾记载。

《尉犁县志》

经查，1993 年新疆大学出版社出版的县志中无蝗灾记载。

《和静县志》

经查，1995 年新疆人民出版社出版的县志中无蝗灾记载。

《且末县志》

经查，1996 年新疆人民出版社出版的县志中无蝗灾记载。

《和硕县志》

经查，1999 年新疆人民出版社出版的县志中无蝗灾记载。

六、哈密市

《巴里坤哈萨克自治县志》

1. 清光绪五年（1879 年）　　　　　蝗虫为害严重，豁免田赋。
2. 　光绪八年（1882 年）　　　　　蝗虫为害惨重，祈祷神灵保佑。
3. 　宣统元年（1909 年）　　　　　蝗虫蔓延成灾。
4. 民国二十八年（1939 年）　　　　七月，蝗虫蔓延县东 70 里、城西 180 里。

5. 民国三十年（1941 年）　　　　　　七月，蝗灾严重。

　　　　　原载《巴里坤哈萨克自治县志》自然灾害，新疆大学出版社 1993 年版

《伊吾县志》

1. 民国二十九年（1940 年）　　　　六月，前山地区发生蝗灾，设治局，组织人力用药水拌马粪灭蝗。

2. 民国三十年（1941 年）　　　　　六月，除下马崖外，各地均发生蝗灾，尤以吐葫芦、前山两地严重，设治局，组织 120 人捕打。

　　　　　　　原载《伊吾县志》大事记，新疆大学出版社 1994 年版

《哈密地区志》

经查，1997 年新疆大学出版社出版的区志中无蝗灾记载。

《哈密县志》

经查，1989 年新疆人民出版社出版的县志中无蝗灾记载。

七、阿勒泰地区

《布尔津县志》

1. 民国八年（1919 年）　　　　　蝗灾。
2. 民国九年（1920 年）　　　　　蝗灾。
3. 民国十年（1921 年）　　　　　蝗灾。
4. 民国十一年（1922 年）　　　　蝗灾。
5. 民国十二年（1923 年）　　　　蝗灾。

　　　　　　　原载《布尔津县志》自然灾害，新疆人民出版社 2002 年版

《阿勒泰市志》

经查，2001 年新疆人民出版社出版的市志中无蝗灾记载。

《富蕴县志》

经查，2003 年新疆人民出版社出版的县志中无蝗灾记载。

《青河县志》

经查，2003 年新疆人民出版社出版的县志中无蝗灾记载。

《福海县志》

经查，2003 年新疆人民出版社出版的县志中无蝗灾记载。

《哈巴河县志》

经查，2004 年新疆人民出版社出版的县志中无蝗灾记载。

《吉木乃县志》

经查，2005 年新疆人民出版社出版的县志中无蝗灾记载。

八、塔城地区

《塔城地区志》

1. 清光绪十九年（1893 年）	乌苏蝗虫为灾，驻军派兵勇下乡捕捉。	
2. 光绪二十年（1894 年）	乌苏甘河子、车排子等地连年蝗虫成灾，有鸟形如鸼鸪，首尾皆黑，数千成群，在农田中飞，啄食之立尽。	
3. 光绪二十二年（1896 年）	发生蝗灾，区域大、面积广。	
4. 民国二十四年（1935 年）	六月，沙湾县部分地区蝗灾。	
5. 民国三十年（1941 年）	境内部分地区发生蝗灾。	
6. 民国三十一年（1942 年）	境内部分地区发生蝗灾。	
7. 民国三十六年（1947 年）	大面积蝗灾发生。	
8. 民国三十七年（1948 年）	大面积蝗灾发生。	
9. 民国三十八年（1949 年）	大面积蝗灾发生。	

原载《塔城地区志》自然灾害，新疆人民出版社 1997 年版

《塔城市志》

1. 清同治十三年（1874年）　　　蝗旱为灾，收成歉薄。
2. 民国三十六年（1947年）　　　五月，塔城发生严重蝗灾，歉收。

　　　　　　　　原载《塔城市志》大事记，新疆人民出版社1995年版

3. 民国三十八年（1949年）　　　六月，喀木斯特等地发生蝗虫为害，塔城专员公署专员、副专员率千人大军分9个大队45个小队扑蝗，将蝗虫全部扑灭。

　　　　　　原载《塔城市志》自然灾害，新疆人民出版社1995年版

《裕民县志》

民国三十六年（1947年）　　　县内发生蝗灾，塔城专署拨专款5万元治蝗。

　　　　　　原载《裕民县志》自然灾害，新疆人民出版社2003年版

《乌苏县志》

1. 清光绪元年（1875年）　　　　蝗虫吃光车排子等处庄稼。

　　　　　　　原载《乌苏县志》大事记，新疆人民出版社1999年版

2. 　光绪三年（1877年）　　　　车排子等地禾苗被蝗虫吃光。
3. 　光绪十八年（1892年）　　　乌苏蝗虫成灾，厅署令兵勇下乡捕灭。
4. 　光绪十九年（1893年）　　　车排子等地蝗虫肆虐，被一种形如鸲鹆的鸟啄食殆尽。
5. 　光绪二十年（1894年）　　　甘河子、车排子等地蝗灾。
6. 　光绪二十九年（1903年）　　境内飞蝗如云，庄稼被食一空。
7. 民国二十八年（1939年）　　　七月，三苏木、三里图蝗虫食尽田苗。
8. 民国二十九年（1940年）　　　七月，赛里克提、谢家地方圆340千米^{2}发生蝗灾。
9. 民国三十二年（1943年）　　　飞蝗为害牧草、庄稼。
10. 民国三十三年（1944年）　　　飞蝗为害牧草、庄稼。

11. 民国三十四年（1945 年）　　　　　　飞蝗为害牧草、庄稼。

原载《乌苏县志》自然灾害·蝗灾，新疆人民出版社 1999 年版

《农八师垦区　石河子市志》

经查，1994 年新疆人民出版社出版的市志中无蝗灾记载。

《克拉玛依市志》

经查，1998 年新疆人民出版社出版的市志中无蝗灾记载。

《奎屯市志》

经查，1999 年中华书局出版的市志中无蝗灾记载。

《额敏县志》

经查，2000 年新疆人民出版社出版的县志中无蝗灾记载。

《托里县志》

经查，2002 年新疆人民出版社出版的县志中无蝗灾记载。

九、博尔塔拉蒙古自治州

《温泉县志》

民国三十年（1941 年）　　　　　　五月，发现蝗虫流动区 9 处，发动民众 3 000 余人，采取挖沟、捕打、火烧等办法灭蝗，并电请派飞机一架喷洒灭蝗药物，至六月二十七日灭蝗工作结束，受灾农田 1 868 亩，免征受灾 89 户农民当年田赋。

原载《温泉县志》大事记，新疆人民出版社 2003 年版

《博乐市志》

1. 民国三十年（1941 年）　　　　博温地区蝗虫灾害极烈，面积 15 万～17
　　　　　　　　　　　　　　　　万公顷，组织五千人挖沟、扑打、火
　　　　　　　　　　　　　　　　烧，均未奏效，后请苏联派飞机喷药，
　　　　　　　　　　　　　　　　于六月全部控制。

2. 民国三十八年（1949 年）　　　五月，查干苏木、夏日布呼发生蝗灾，受
　　　　　　　　　　　　　　　　灾 1 504 公顷，参加灭蝗 3.32 万人次，
　　　　　　　　　　　　　　　　全部控制。

原载《博乐市志》自然灾害，新疆人民出版社 1992 年版

《精河县志》

1. 清光绪四年（1878 年）　　　　精河发生严重蝗灾，尤以贝勒散吉赟辖区
　　　　　　　　　　　　　　　　受灾严重。

2. 民国五年（1916 年）　　　　　六月，沙山子一带包括路北苇湖地带，
　　　　　　　　　　　　　　　　宽 10 余里，发生蝗虫，异常稠密，
　　　　　　　　　　　　　　　　县政府派蒙古兵 34 人、民众 138 人，
　　　　　　　　　　　　　　　　以 7 天时间用芦苇、柴草、火药焚烧
　　　　　　　　　　　　　　　　扑灭。

3. 民国三十年（1941 年）　　　　七月，三台、四台地区发生蝗虫，精河
　　　　　　　　　　　　　　　　县政府奉伊犁区行政长指令，协同伊
　　　　　　　　　　　　　　　　犁派来的农牧指导员前往大河沿子，
　　　　　　　　　　　　　　　　发动群众 80 人，调拨马车 12 辆，以
　　　　　　　　　　　　　　　　麦麸 9 石拌入毒蝗药物在蝗区洒药灭
　　　　　　　　　　　　　　　　蝗 3 天。

4. 民国三十六年（1947 年）　　　六月，精河县城周围，大河沿子、白庙乡
　　　　　　　　　　　　　　　　等地发生不同程度蝗虫为害，县政府组
　　　　　　　　　　　　　　　　织群众和机关人员扑灭。

5. 民国三十七年（1948 年）　　　五月，大河沿子地区发生蝗害，县政府组
　　　　　　　　　　　　　　　　织群众扑灭。

6. 民国三十八年（1949 年）　　　六月，大河沿子发生蝗害，县政府组织灭

蝗委员会发动群众灭蝗。

原载《精河县志》自然灾害，新疆人民出版社 1998 年版

十、伊犁哈萨克自治州

《伊宁县志》

1. 清乾隆三十一年（1766 年）　　　伊犁发生蝗灾，回屯田禾受损。

原载《伊宁县志》大事记，新疆人民出版社 2003 年版

2. 宣统元年（1909 年）　　　　　县境发生蝗灾。

原载《伊宁县志》自然灾害，新疆人民出版社 2003 年版

《霍城县志》

1. 民国三十年（1941 年）　　　　霍尔果斯发生蝗虫灾害。

2. 民国三十一年（1942 年）　　　六月，绥定①、霍尔果斯两县发生蝗虫
　　　　　　　　　　　　　　　　灾害。

原载《霍城县志》大事记，新疆人民出版社 1998 年版

《尼勒克县志》

清乾隆三十一年（1766 年）　　　　喀什河两岸发生大面积蝗灾，田禾
　　　　　　　　　　　　　　　　受损。

原载《尼勒克县志》大事记，新疆人民出版社 2000 年版

《昭苏县志》

经查，2004 年新疆人民出版社出版的县志中无蝗灾记载。

《特克斯县志》

经查，2004 年新疆人民出版社出版的县志中无蝗灾记载。

---

① 绥定：旧县名，治所在今新疆霍城。

《巩留县志》

经查，2005 年新疆人民出版社出版的县志中无蝗灾记载。

十一、喀什地区

《疏勒县志》

清光绪二年（1876 年）　　　　　　　九月，境内旱蝗为灾，歉收。

原载《疏勒县志》自然灾害，新疆人民出版社 2001 年版

《巴楚县志》

清光绪二年（1876 年）　　　　　　　是年，蝗灾，收成歉薄。

原载《巴楚县志》大事记，新疆大学出版社 1998 年版

《喀什市志》

经查，2002 年新疆人民出版社出版的市志中无蝗灾记载。

《泽普县志》

经查，1992 年新疆大学出版社出版的县志中无蝗灾记载。

《麦盖提县志》

经查，1994 年新疆大学出版社出版的县志中无蝗灾记载。

《阿克陶县志》

经查，1996 年新疆人民出版社出版的县志中无蝗灾记载。

《岳普湖县志》

经查，1996 年新疆人民出版社出版的县志中无蝗灾记载。

<h3 align="center">《莎车县志》</h3>

经查，1996 年新疆人民出版社出版的县志中无蝗灾记载。

<h3 align="center">《叶城县志》</h3>

经查，1999 年新疆人民出版社出版的县志中无蝗灾记载。

<h3 align="center">《疏附县志》</h3>

经查，1999 年新疆人民出版社出版的县志中无蝗灾记载。

<h3 align="center">《英吉沙县志》</h3>

经查，2003 年新疆人民出版社出版的县志中无蝗灾记载。

<h3 align="center">《伽师县志》</h3>

经查，2006 年新疆人民出版社出版的县志中无蝗灾记载。

十二、其他

阿克苏地区

<h3 align="center">《阿克苏市志》</h3>

经查，1991 年新华出版社出版的市志中无蝗灾记载。

<h3 align="center">《柯坪县志》</h3>

经查，1992 年新疆大学出版社出版的县志中无蝗灾记载。

<h3 align="center">《库车县志》</h3>

经查，1993 年新疆大学出版社出版的县志中无蝗灾记载。

<h3 align="center">《温宿县志》</h3>

经查，1993 年新疆大学出版社出版的县志中无蝗灾记载。

《沙雅县志》

经查，1995 年新疆人民出版社出版的县志中无蝗灾记载。

《新和县志》

经查，1997 年新疆人民出版社出版的县志中无蝗灾记载。

《阿瓦提县志》

经查，1999 年新疆人民出版社出版的县志中无蝗灾记载。

《乌什县志》

经查，2003 年新疆人民出版社出版的县志中无蝗灾记载。

《拜城县志》

经查，2004 年新疆人民出版社出版的县志中无蝗灾记载。

克孜勒苏柯尔克孜自治州

《阿图什市志》

经查，1996 年新疆大学出版社出版的市志中无蝗灾记载。

《阿合奇县志》

经查，1993 年新疆大学出版社出版的县志中无蝗灾记载。

《乌恰县志》

经查，1995 年新疆人民出版社出版的县志中无蝗灾记载。

和田地区

《和田市志》

经查，2006 年新疆人民出版社出版的市志中无蝗灾记载。

《和田县志》

经查，2006 年新疆人民出版社出版的县志中无蝗灾记载。

《策勒县志》

经查，2005 年新疆人民出版社出版的县志中无蝗灾记载。

《于田县志》

经查，2006 年新疆人民出版社出版的县志中无蝗灾记载。

第十九章

上海市地方志中的蝗灾记载

一、上海综合志

民国《江苏省通志稿》

1. 宋嘉熙四年（1240 年）　　　八月，嘉定旱，蝗食秋稻、木叶、屋茅。

2. 元大德九年（1305 年）　　　六月，上海①旱蝗。

3. 明嘉靖八年（1529 年）　　　六月，嘉定蝗食草木、竹、芦、荻殆尽；七
　　　　　　　　　　　　　　月，松江蝗飞蔽天，蝻满民庐。

4. 　嘉靖十八年（1539 年）　　七月，青浦旱，蝗食禾几尽。

5. 　崇祯十一年（1638 年）　　夏，嘉定旱蝗。

6. 　崇祯十四年（1641 年）　　夏，松江旱蝗，嘉定蝗飞蔽天。

7. 　崇祯十五年（1642 年）　　四月，松江蝗蝻生，食禾尽。

8. 清康熙十一年（1672 年）　　七月，松江蝗自北来，半月悉去。

9. 　雍正二年（1724 年）　　　五月，金山、青浦、嘉定蝗。

10. 　雍正九年（1731 年）　　　七月，青浦蝝生，金山蝗蝝食禾。

11. 　咸丰六年（1856 年）　　　七月，娄县、上海、南汇②、奉贤、青浦
　　　　　　　　　　　　　　蝗；秋，嘉定蝗食稼。

12. 　咸丰七年（1857 年）　　　春，上海蝗，奉贤、南汇蝗蝻生。

13. 　咸丰八年（1858 年）　　　上海蝗，嘉定蝗蝻生，雨，俱死。

---

　　① 上海：元至元二十八年（1291 年）置县，1930 年改称上海市。

　　② 娄县：旧县名，1912 年并入华亭，1914 年改名松江，今上海松江区；南汇：旧县名，2009 年并入今上海
浦东新区。

14.　　光绪三年（1877 年）　　　　　　六月，娄县蝗；秋，安亭、黄渡蝗。

　　　　　原载民国《江苏省通志稿》11《灾异志》，江苏古籍出版社 2000 年版

乾隆《江南通志》

清康熙三十七年（1698 年）　　　　　崇明县蝗。

　　　　　原载乾隆《江南通志》卷一百九十七《杂类志·禨祥》，乾隆二年刻本

《上海县志》

1. 明嘉靖八年（1529 年）　　　　　　七月，飞蝗蔽天，食稻。
2. 　崇祯十四年（1641 年）　　　　　四至八月无雨，庄稼被蝗虫食尽，饿殍载
　　　　　　　　　　　　　　　　　　道，婴儿多被人食。
3. 清咸丰六年（1856 年）　　　　　　夏旱，有蝗自北来，捕杀至数百斛。
4. 　光绪三年（1877 年）　　　　　　秋，蝗灾，农作物歉收。

　　　　　　　　　　原载《上海县志》大事记，上海人民出版社 1993 年版

同治《上海县志》

1. 元大德九年（1305 年）　　　　　　旱蝗。
2. 明嘉靖八年（1529 年）　　　　　　秋七月，飞蝗蔽天，大风驱蝗入海。
3. 　崇祯十四年（1641 年）　　　　　夏，大旱蝗，饿殍载道。
4. 　崇祯十五年（1642 年）　　　　　春，蝗蝻生，遇雨化为鳅蟹。
5. 清康熙十一年（1672 年）　　　　　七月，飞蝗从西北蔽天而来，草根、木叶
　　　　　　　　　　　　　　　　　　立尽，不食稻，半月悉向南去。
6. 　康熙十八年（1679 年）　　　　　八月，螟蝗食芦势如火燃，二日而去，禾
　　　　　　　　　　　　　　　　　　稻无恙，二麦、蚕豆无收。
7. 　雍正二年（1724 年）　　　　　　六月，飞蝗随风而南；七月，禾槁多被
　　　　　　　　　　　　　　　　　　虫啮。
8. 　咸丰六年（1856 年）　　　　　　六月，东乡有蝗自北来，草根、芦叶俱尽，
　　　　　　　　　　　　　　　　　　县令收捕至数百斛；八月，飞蝗复来。
9. 　咸丰七年（1857 年）　　　　　　春，有蝗；四月，浦滨蝘生如蚁，得雨而

绝；八月，飞蝗集西南乡伤晚禾。

10. 咸丰八年（1858 年）　　　春，有蝗。

原载同治《上海县志》卷三十《杂记一·祥异》，同治十年刻本

民国《上海县志》

清光绪三年（1877 年）　　　秋，有蝗，岁祲。

原载民国《上海县志》卷一《纪年》，民国二十五年铅印本

二、浦东新区

光绪《川沙厅志》①

1. 元大德九年（1305 年）　　　旱蝗。

2. 明嘉靖八年（1529 年）　　　秋七月，飞蝗蔽天，风大作，驱蝗入海。

3. 崇祯十四年（1641 年）　　　夏，大旱蝗，饿殍载道。

4. 崇祯十五年（1642 年）　　　春，蝗螨生，遇雨化为鳅蟹。

5. 清康熙十一年（1672 年）　　　秋七月，飞蝗从西北蔽天而来，草根、木叶立尽，不食稻，半月后悉向南去。

6. 康熙十八年（1679 年）　　　八月，螟蝗食芦势如火燃，禾稻无恙，二日而去，二麦、蚕豆无收。

7. 雍正二年（1724 年）　　　六月，飞蝗随风而南；秋七月，禾槁多被啮。

8. 咸丰六年（1856 年）　　　六月，飞蝗自北来，食草根、芦叶俱尽。

9. 咸丰七年（1857 年）　　　春，有蝗；夏四月，蝝生如蚁，得雨而绝。

10. 咸丰八年（1858 年）　　　春，有蝗。

11. 光绪三年（1877 年）　　　秋七月，七、八团有蝗，不害稼。

原载光绪《川沙厅志》卷十四《杂记志·祥异》，光绪五年刻本

民国《川沙县志》

1. 清光绪二十八年（1902 年）　　　飞蝗啮芦，声如蚕食，不害禾棉。

---

① 川沙：旧厅、县名，治所在今上海浦东新区川沙新镇。

2.　光绪二十九年（1903 年）　　　　飞蝗啮芦，声如蚕食，不害禾棉。

　　原载民国《川沙县志》卷二十三《故实志·灾变》，民国二十五年铅印本

光绪《南汇县志》

1. 明崇祯十四年（1641 年）　　　　夏，大旱蝗，米粟涌贵，道殣相望。
2. 清咸丰六年（1856 年）　　　　　八月，飞蝗蔽天，仅食芦叶，未成灾（邑
　　　　　　　　　　　　　　　　　令祷于刘猛将军庙，蝗即飞集庙树听约
　　　　　　　　　　　　　　　　　束，人异之）。
3.　咸丰七年（1857 年）　　　　　　夏，大雨，蝗群赴海滩死。

　　　　原载光绪《南汇县志》卷二十二《杂志·祥异》，光绪五年刻本

《南汇县续志》

1. 元大德九年（1305 年）　　　　　旱蝗。
2. 明嘉靖八年（1529 年）　　　　　秋七月，飞蝗蔽天，适飓风作，驱蝗入海，
　　　　　　　　　　　　　　　　　遗种化蟹，食稻。
3. 清康熙十一年（1672 年）　　　　秋七月，飞蝗自西北蔽天而来，草根、木
　　　　　　　　　　　　　　　　　叶立尽，独不食稻，半月悉向南去，农
　　　　　　　　　　　　　　　　　人欢呼罗拜。
4.　康熙十八年（1679 年）　　　　　八月，螟蝗食芦，势如火燃，禾稻无恙，
　　　　　　　　　　　　　　　　　二日而去，二麦、蚕豆无收。
5.　乾隆四十一年（1776 年）　　　塘外芦地生蝻，不数日皆抱草死。
6.　咸丰八年（1858 年）　　　　　春，有蝗。

　　　　原载民国《南汇县续志》卷二十二《杂志·祥异》，民国十八年刻本

三、嘉定区

光绪《嘉定县志》

1. 宋嘉熙四年（1240 年）　　　　　八月，蝗食秋稻、木叶、屋茅。
2. 明嘉靖八年（1529 年）　　　　　六月，蝗。

3.　崇祯十一年（1638年）	夏，旱蝗。
4.　崇祯十四年（1641年）	七月，飞蝗蔽天，蝗积数寸。
5. 清康熙十八年（1679年）	八月，蝗，蠲缓钱粮。
6.　咸丰六年（1856年）	秋，蝗食稼，竹叶被啮。

原载光绪《嘉定县志》卷五《赋役志下·禨祥》，光绪七年刻本

《嘉定县志》

1. 民国十七年（1928年）	七月，玉米、黄豆遭飞蝗为害，初每日捕杀蝗虫10余担，至月底，每日捕蝗百担以上。

原载《嘉定县志》大事记，上海人民出版社1992年版

2. 民国十五年（1926年）	八月，南翔飞蝗过境，稻田受损；十月，钱门乡蝗害成灾。
3. 民国十七年（1928年）	七月，娄塘发现飞蝗，未几延及各乡，田间玉米、黄豆被蝗啮食殆尽。
4. 民国十八年（1929年）	三月，北乡北垂蝗蝻；五月，蔓延至各乡。
5. 民国二十二年（1933年）	七月，东北各乡发生蝗蝻为害。

原载《嘉定县志》自然灾害，上海人民出版社1992年版

四、宝山区

光绪《宝山县志》

1. 明崇祯十一年（1638年）	旱蝗。
2.　崇祯十四年（1641年）	夏至秋旱，飞蝗蔽天，积数寸厚。
3. 清康熙十八年（1679年）	八月，蝗，大祲。吴屯侯作《愁蝗篇》。
4.　雍正二年（1724年）	七月，螟螣。
5.　乾隆十八年（1753年）	秋，螟螣。
6.　咸丰六年（1856年）	秋，大旱蝗。

原载光绪《宝山县志》卷十四《志余·祥异》，光绪八年刻本

《宝山县志》

民国十七年（1928 年）　　　　　　七月，飞蝗蔽天自西北来，集结于城厢、
　　　　　　　　　　　　　　　　　月浦、盛桥、罗店、杨行五市乡，盘
　　　　　　　　　　　　　　　　　旋空际，遮云蔽日，全县组织捕蝗，
　　　　　　　　　　　　　　　　　共收买蝗蛹 2.63 万斤，结价 2 360 元。

原载《宝山县志》自然灾害，上海人民出版社 1992 年版

五、崇明区

光绪《崇明县志》

1. 明崇祯十二年（1639 年）　　　　八月，有蝗自江北来，食禾如刈。
2. 清康熙十一年（1672 年）　　　　秋，有蝗投海死，不为灾。
3. 　康熙三十七年（1698 年）　　　有蝗，岁饥。
4. 　雍正二年（1724 年）　　　　　六月，蝗蛹自西北来。
5. 　咸丰六年（1856 年）　　　　　秋，蝗，岁不登。

原载光绪《崇明县志》卷五《禳祥志》，光绪七年刻本

民国《崇明县志》

清康熙五年（1666 年）　　　　　　十一月，蝗，不为灾。

原载民国《崇明县志》卷十七《杂事志·灾异》，民国十九年刻本

《崇明县志》

1. 民国十六年（1927 年）　　　　　西沙蝗虫群聚田野，吃尽禾苗。
2. 民国十七年（1928 年）　　　　　庙镇、均安、新河、东庶、堡市蝗虫为害
　　　　　　　　　　　　　　　　　禾苗。
3. 民国十八年（1929 年）　　　　　八月，飞蝗自东北来飞满天空，降落田间
　　　　　　　　　　　　　　　　　绵延十余里，农作物受灾。

原载《崇明县志》自然灾害，上海人民出版社 1989 年版

六、青浦区

光绪《青浦县志》

1. 明嘉靖八年（1529 年）　　　　秋七月，飞蝗蔽天，飓风作，蝗入于海，其遗种化为蟹，伤稻。

2.　嘉靖十八年（1539 年）　　　　旱，蝗食禾几尽。

3.　崇祯十三年（1640 年）　　　　飞蝗蔽天。

4.　崇祯十五年（1642 年）　　　　春，蝗蝻生，遇雨化为鳅蟹。

5. 清康熙十一年（1672 年）　　　　秋七月，飞蝗过境，不为灾。

6.　康熙十八年（1679 年）　　　　秋八月，大旱，蝗生，岁祲。

7.　雍正二年（1724 年）　　　　　夏五月，蝗。

8.　雍正九年（1731 年）　　　　　秋七月，蟓生。

9.　咸丰六年（1856 年）　　　　　秋七月，飞蝗入境，岸草、竹叶几尽，不甚伤稻。

原载光绪《青浦县志》卷二十九《杂记上·祥异》，光绪五年刻本

民国《青浦县续志》

清光绪二十三年（1897 年）　　　　秋，蝗蝻伤稼。

原载民国《青浦县续志》卷二十三《杂记上·祥异》，民国二十三年刻本

七、松江区

嘉庆《松江府志》①

1. 明嘉靖八年（1529 年）　　　　秋七月，飞蝗蔽天，飓风大作，驱蝗入海，遗种化为蟹，食稻。

2.　嘉靖十八年（1539 年）　　　　青浦旱，蝗食禾几尽。

3.　崇祯十三年（1640 年）　　　　青浦飞蝗蔽天。

---

①　松江：元置府名，治所华亭，1914 年改称松江县，今上海松江区。

4.　崇祯十五年（1642 年）　　　　春，蝗蝻生，遇雨化为鳅蟹。

5. 清康熙十一年（1672 年）　　　　飞蝗蔽天自北来，食竹叶、芦穗，蝗皆抱穗死。

6.　康熙十八年（1679 年）　　　　八月，飞蝗蔽天自江北来，集于芦苇，不食禾稼。

　　　　　　原载嘉庆《松江府志》卷八十《祥异志》，嘉庆二十四年刻本

《松江县志》

1. 明宣德九年（1434 年）　　　　蝗灾。

2.　嘉靖八年（1529 年）　　　　飞蝗蔽天，飓风大作，驱蝗入海。

3. 清咸丰六年（1856 年）　　　　八月，飞蝗蔽天。

4.　咸丰七年（1857 年）　　　　春，蝗蝻萌生，浦南尤甚。

5.　光绪三年（1877 年）　　　　七月，蝗食禾，灾。

6. 民国八年（1919 年）　　　　五库乡蝗蝻生。

7. 民国十七年（1928 年）　　　　六月，飞蝗过境，县城上空似蔽约一刻钟之久；八月，新桥蝗。

　　　　　　原载《松江县志》自然灾异，上海人民出版社 1991 年版

光绪《重修华亭县志》①

1. 元大德九年（1305 年）　　　　旱蝗。

2. 明嘉靖八年（1529 年）　　　　秋七月，飞蝗蔽天，飓风大作，驱蝗入海，遗种化为蟹，食稻。

3.　崇祯十四年（1641 年）　　　　夏，大旱蝗。

4.　崇祯十五年（1642 年）　　　　春，蝗蝻生，遇雨化为鳅蟹。

5. 清康熙十一年（1672 年）　　　　秋七月，蝗，不为灾。

6.　康熙十八年（1679 年）　　　　是年，蝗，不为灾。

7.　雍正十年（1732 年）　　　　蝝食禾，岁大饥。

8.　乾隆二十年（1755 年）　　　　秋，蝝生，五谷、木棉皆不实。

---

① 华亭：松江区的旧称，今松江区是古华亭的一部分。

9. 咸丰六年（1856 年）　　　　秋八月，飞蝗蔽天，城乡俱有。

10. 咸丰七年（1857 年）　　　　春，蝗孽萌生，浦南尤甚，五月风雷，遗蝗皆尽。

11. 光绪三年（1877 年）　　　　秋七月，蝗，不为灾。

原载光绪《重修华亭县志》卷二十三《杂志上·祥异》，光绪五年刻本

乾隆《娄县志》

1. 元大德九年（1305 年）　　　旱蝗。

2. 明嘉靖八年（1529 年）　　　秋七月，飞蝗蔽天，飓风大作，驱蝗入海，遗种化为蟹，食稻。

3. 崇祯十四年（1641 年）　　　夏，大旱蝗，饿殍载道。

4. 崇祯十五年（1642 年）　　　春，蝗蝻生，遇雨化为鳅蟹。

5. 清康熙十八年（1679 年）　　秋八月，蝗，不为灾；是年，蝗飞蔽天，自北而南，所过或食竹叶或食芦，无食禾者，知府鲁超自苏州归来，见蝗皆抱穗而死。

6. 雍正九年（1731 年）　　　　秋七月，蝝生，饥。

7. 雍正十年（1732 年）　　　　秋七月，蝝生食禾，岁大饥。

8. 乾隆二十年（1755 年）　　　秋，蝝生，五谷、木棉皆不实，官煮粥赈饥。

原载乾隆《娄县志》卷十五《祥异志》，乾隆五十三年刻本

光绪《娄县续志》

1. 清咸丰六年（1856 年）　　　有蝗自北来，田禾被食，中秋后热如夏，蝗复来。

2. 光绪三年（1877 年）　　　　六月，飞蝗自西北来，集泗泾一带，越二宿而去；七月，蝻复萌，路为之蔽，田禾间有损伤。

原载光绪《娄县续志》卷十二《祥异志》，光绪五年刻本

八、奉贤区

光绪《奉贤县志》

1. 明嘉靖八年（1529 年）		秋七月，飞蝗蔽天，适飓风作，驱蝗入海。
2. 崇祯十四年（1641 年）		夏，大旱，飞蝗食稼。
3. 清乾隆二十年（1755 年）		秋，蝝生，五谷、木棉皆不实。
4. 咸丰六年（1856 年）		秋七月，有蝗自海滨来蔽野。
5. 咸丰七年（1857 年）		四月，有蝗遍地。

原载光绪《奉贤县志》卷二十《杂志·灾祥》，光绪四年刻本

《奉贤县志》

1. 民国二十一年（1932 年）		蝗虫泛滥。
2. 民国二十四年（1935 年）		蝗虫泛滥。

原载《奉贤县志》自然灾害，上海人民出版社 1987 年版

九、金山区

光绪《金山县志》

1. 清雍正九年（1731 年）		秋七月，蝝生，岁饥。
2. 雍正十年（1732 年）		秋七月，蝝生食禾，岁大饥。
3. 咸丰六年（1856 年）		秋七八月，大旱蝗，大饥。

原载光绪《金山县志》卷十七《志余·祥异》，光绪四年刻本

《金山县志》

1. 明嘉靖八年（1529 年）		七月，飞蝗蔽天。
2. 崇祯十四年（1641 年）		蝗，饿殍载道。
3. 清康熙十一年（1672 年）		七月，飞蝗蔽天自北而南。
4. 雍正九年（1731 年）		七月，蝻生，岁饥。

5.　　咸丰六年（1856 年）　　　　八月，飞蝗蔽天。

6.　　咸丰七年（1857 年）　　　　春，蝗蝻萌生，浦南尤甚。

7.　　光绪三年（1877 年）　　　　七月，蝗，禾不实。

8. 民国二十四年（1935 年）　　　蝗。

9. 民国二十六年（1937 年）　　　蝗。

原载《金山县志》自然灾害，上海人民出版社 1990 年版

十、其他

《普陀区志》

经查，1994 年上海社会科学院出版社出版的区志中无蝗灾记载。

《杨浦区志》

经查，1995 年上海社会科学院出版社出版的区志中无蝗灾记载。

《静安区志》

经查，1996 年上海社会科学院出版社出版的区志中无蝗灾记载。

《黄浦区志》

经查，1996 年上海社会科学院出版社出版的区志中无蝗灾记载。

《徐汇区志》

经查，1997 年上海社会科学院出版社出版的区志中无蝗灾记载。

《卢湾区志》

经查，1998 年上海社会科学院出版社出版的区志中无蝗灾记载。

《长宁区志》

经查，1999 年上海社会科学院出版社出版的区志中无蝗灾记载。

第二十章

福建省地方志中的蝗灾记载

一、福建综合志

乾隆《福建通志》

福州府

1. 唐开成五年（840 年）　　　　　　夏，蝗，疫。
2. 宋绍定三年（1230 年）　　　　　　蝗。
3. 清康熙三十年（1691 年）　　　　　秋，蝗为灾。

泉州府

1. 唐贞观二十年（646 年）　　　　　　蝗。
2. 明万历七年（1579 年）　　　　　　大旱蝗，民饥馑。

延平府[①]

唐开成五年（840 年）　　　　　　　　沙县蝗，疫。

漳州府

1. 明正德四年（1509 年）　　　　　　漳浦蝗入境，食禾稼。
2. 清康熙十六年（1677 年）　　　　　秋，蝗，晚禾无收。

---

① 延平：旧府名，治所在今福建南平。

3. 康熙二十八年（1689 年）　　　五月，海滨蝗，渐入内地，至近郊而止。

建宁府①

1. 唐武周如意元年（692 年）②　　　建州蝗。
2. 明万历十六年（1588 年）　　　六月，建阳蝗。

　　　　　　原载乾隆《福建通志》卷六十五《杂纪一·祥异》，乾隆二年刻本

同治《福建通志》

宋嘉熙四年（1240 年）　　　　　　六月，福建大旱蝗。

　　　　原载同治《福建通志》卷二百七十一《杂录·祥异》，同治十年刻本

《福建省志·农业志》

经查，1999 年中国社会科学出版社出版的农业志中无蝗灾记载。

《福建省志·大事记》

经查，2000 年方志出版社出版的大事记中无蝗灾记载。

二、福州市

乾隆《福州府志》

1. 唐开成五年（840 年）　　　　　夏，蝗，疫。
2. 宋绍定三年（1230 年）　　　　　蝗。

　　　　　　原载乾隆《福州府志》卷七十四《祥异》，乾隆十九年刻本

民国《连江县志》

1. 唐开成三年（838 年）　　　　　夏，蝗，疫。

---

① 建宁：旧府名，治所在今福建建瓯。
② 原文作"嗣圣九年"。按，时武则天已改国号并改元，应为如意元年，今改。

2. 清康熙二十四年（1685 年）　　　　夏，有蝗。

> 原载民国《连江县志》卷三《大事记》，民国十六年铅印本

乾隆《长乐县志》

1. 唐开成五年（840 年）　　　　　蝗，疫。
2. 宋绍定三年（1230 年）　　　　　蝗。

> 原载乾隆《长乐县志》卷十《杂志·祥异》，乾隆二十八年刻本

《福州市志》

经查，1998 年方志出版社出版的市志中无蝗灾记载。

《福清市志》

经查，1994 年厦门大学出版社出版的市志中无蝗灾记载。

《永泰县志》

经查，1992 年新华出版社出版的县志中无蝗灾记载。

乾隆《永福县志》①

经查，乾隆十四年版县志中无蝗灾记载。

《闽清县志》

经查，民国十年及 1993 年群众出版社出版的县志中均无蝗灾记载。

《罗源县志》

经查，1998 年方志出版社出版的县志中无蝗灾记载。

《平潭县志》

经查，民国十二年及 2000 年方志出版社出版的县志中均无蝗灾记载。

---

① 永福：旧县名，1914 年改名永泰县。

《闽侯县志》

经查，民国二十二年及 2001 年方志出版社出版的县志中均无蝗灾记载。

三、泉州市

《泉州市志》

1. 唐贞观二年（628 年）　　　　　　晋江、南安蝗害。
2. 明永乐二十二年（1424 年）　　　　五月，惠安有蝗蟓伤稼。
3. 民国元年（1912 年）　　　　　　　德化蝗虫成灾，减产。
4. 民国二十四年（1935 年）　　　　　九月，德化稻被蝗害。

　　　　　　　原载《泉州市志》自然灾害，中国社会科学出版社 2000 年版

乾隆《泉州府志》

1. 唐贞观二年（628 年）　　　　　　泉州蝗。
2. 明万历七年（1579 年）　　　　　　大旱蝗，民饥馑。

　　　原载乾隆《泉州府志》卷七十三《祥异》，同治九年据乾隆二十八年刻版重修本

《南安县志》

明万历七年（1579 年）　　　　　　旱，蝗灾，民饥馑。

　　　　　　　原载《南安县志》自然灾异，江西人民出版社 1993 年版

《惠安县志》

明永乐七年（1409 年）　　　　　　全县遭蝗虫灾害，知县组织百姓扑
　　　　　　　　　　　　　　　　　灭之。

　　　　　　　原载《惠安县志》大事记，方志出版社 1998 年版

《晋江市志》

经查，1994 年上海三联书店出版的市志中无蝗灾记载。

《石狮市志》

经查，1998 年方志出版社出版的市志中无蝗灾记载。

《永春县志》

经查，民国十九年及 1990 年语文出版社出版的县志中均无蝗灾记载。

《德化县志》

经查，民国二十九年及 1992 年新华出版社出版的县志中均无蝗灾记载。

《安溪县志》

经查，乾隆二十二年及 1994 年新华出版社出版的县志中均无蝗灾记载。

民国《金门县志》

经查，民国十年版县志中无蝗灾记载。

四、漳州市

《漳州市志》

明嘉靖十五年（1536 年）　　　　　南靖旱，并发蝗灾。

原载《漳州市志》大事记，中国社会科学出版社 1999 年版

光绪《漳州府志》

1. 明正德四年（1509 年）　　　　漳浦蝗入境，食禾稼，知县为文以祭，害旋息。

2. 　嘉靖十五年（1536 年）　　　　南靖大旱，蝗起。

原载光绪《漳州府志》卷四十七《灾祥》，光绪三年刻本

光绪 《漳浦县志》

明正德四年（1509 年）　　　　　　蝗入境，知县为文祭之。

原载光绪《漳浦县志》卷四《风土志下·灾祥》，民国二十五年铅印本

乾隆 《长泰县志》

清康熙四十一年（1702 年）　　　　蝗，早禾失收。

原载乾隆《长泰县志》卷十二《杂志·灾祥》，民国二十一年铅印本

康熙 《诏安县志》

明正德四年（1509 年）　　　　　　蝗入境，食禾稼。

原载康熙《诏安县志》卷二《天文志·灾异》，康熙三十年刻本

乾隆 《南靖县志》

明嘉靖十五年（1536 年）　　　　　大旱，蝗起。

原载乾隆《南靖县志》卷八《祥异》，乾隆九年刻本

《平和县志》

民国十年（1921 年）　　　　　　六月旱，蝗虫遍野。

原载《平和县志》大事记，群众出版社 1994 年版

《龙海县志》

经查，1993 年东方出版社出版的县志中无蝗灾记载。

《东山县志》

经查，1994 年中华书局出版的县志中无蝗灾记载。

《华安县志》

经查，1996 年厦门大学出版社出版的县志中无蝗灾记载。

《云霄县志》

经查，民国二十四年及 1999 年方志出版社出版的县志中均无蝗灾记载。

乾隆 《龙溪县志》①

经查，乾隆二十七年版县志中无蝗灾记载。

乾隆 《海澄县志》②

经查，乾隆二十七年版县志中无蝗灾记载。

五、三明市

道光 《沙县志》

1. 唐开成五年（840 年） 　　　　夏，蝗，疫。
2. 宋绍定三年（1230 年） 　　　　蝗。
3. 明嘉靖二十四年（1545 年） 　　旱蝗。
4. 清道光五年（1825 年） 　　　　七月，蝗。

原载道光《沙县志》卷十五《灾祥》，同治十年据道光十四年刻版重修本

《将乐县志》

1. 明万历四年（1576 年） 　　　　蝗虫食禾。
2. 民国三十七年（1948 年） 　　　五月，蝗灾，受灾面积 10.7 万亩。

原载《将乐县志》大事记，方志出版社 1998 年版

---

① 龙溪：旧县名，治所在今福建漳州。
② 海澄：旧县名，治所在今福建龙海市东南海澄镇。

《泰宁县志》

清道光十三年（1833 年）　　　　　　六月，螟蝗害稼，禾苗不登。

原载《泰宁县志》明朝以来自然灾害实录，群众出版社 1993 年版

《明溪县志》

宋嘉定二年（1209 年）　　　　　　是年旱，蝗虫为害。

原载《明溪县志》大事记，方志出版社 1997 年版

《宁化县志》

清光绪二十五年（1899 年）　　　　　　五月旱，蝗虫为灾。

原载《宁化县志》大事记，福建人民出版社 1992 年版

《三明市志》

经查，2002 年方志出版社出版的市志中无蝗灾记载。

《永安市志》

经查，1994 年中华书局出版的市志中无蝗灾记载。

《清流县志》

经查，道光九年及 1989 年福建地图出版社出版的县志中均无蝗灾记载。

《建宁县志》

经查，民国八年及 1995 年新华出版社出版的县志中均无蝗灾记载。

《大田县志》

经查，民国十七年及 1996 年中华书局出版的县志中均无蝗灾记载。

民国《尤溪县志》

经查，民国十六年版县志中无蝗灾记载。

六、南平市

乾隆《延平府志》

1. 唐开成五年（840 年）　　　　　　　夏，沙县蝗，疫。
2. 宋绍定三年（1230 年）　　　　　　　沙县蝗。
3. 明嘉靖二十四年（1545 年）　　　　　沙县旱蝗。
4. 　万历四年（1576 年）　　　　　　　是年，将乐蝗。

　　　　原载乾隆《延平府志》卷四十四《灾祥》，同治十二年据乾隆三十年刻版增修本

康熙《建宁府志》

1. 唐武周如意元年（692 年）[①]　　　　蝗。
2. 明万历十六年（1588 年）　　　　　　六月，建阳蝗。

　　　　原载康熙《建宁府志》卷四十六《杂志一·灾祥》，康熙三十二年刻本

民国《建瓯县志》

唐武周如意元年（692 年）[②]　　　　　蝗。

　　　　原载民国《建瓯县志》卷三《大事志附灾祥》，民国十八年铅印本

《建瓯县志》

宋嘉熙四年（1240 年）　　　　　　　　六月旱，蝗虫毁稼。

　　　　原载《建瓯县志》自然灾害，中华书局 1994 年版

《建阳县志》

1. 明万历十六年（1588 年）　　　　　　六月，蝗灾。

---

① 原文作"嗣圣九年"。按，时武则天已改国号并改元，应为如意元年，今改。
② 原文作"嗣圣九年"。按，时武则天已改国号并改元，应为如意元年，今改。

2. 清道光十四年（1834 年）　　　　　秋八月，蝗，早稻歉收。

　　　　　　　　　　　　原载《建阳县志》自然灾异，群众出版社 1994 年版

光绪《重纂邵武府志》

邵武县

清光绪三年（1877 年）　　　　　　滕虫食禾叶。

光泽县

1. 清道光五年（1825 年）　　　　　螽伤稼十之四。
2. 　光绪二年（1876 年）　　　　　螽伤稼十之五，大饥。

　　　　　原载光绪《重纂邵武府志》卷三十《杂记·祥异》，光绪二十四年刻本

《松溪县志》

1. 唐武周如意元年（692 年）[①]　　　秋，蝗伤稼。
2. 宋嘉熙四年（1240 年）　　　　　　蝗害。
3. 清光绪十四年（1888 年）　　　　　飞蝗遍野。

　　　　　　　　　　原载《松溪县志》自然灾异，中国统计出版社 1994 年版

《南平市志》

经查，1994 年中华书局出版的市志中无蝗灾记载。

同治《南平县志》

经查，同治十一年版县志中无蝗灾记载。

《邵武市志》

经查，1993 年群众出版社出版的市志中无蝗灾记载。

---

① 原文作"嗣圣九年"。按，时武则天已改国号并改元，应为如意元年，今改。

《顺昌县志》

经查，光绪九年及 1994 年中国统计出版社出版的县志中均无蝗灾记载。

《光泽县志》

经查，康熙三十三年及 1994 年群众出版社出版的县志中均无蝗灾记载。

《浦城县志》

经查，光绪二十六年及 1994 年中华书局出版的县志中均无蝗灾记载。

《政和县志》

经查，民国八年及 1994 年中华书局出版的县志中均无蝗灾记载。

七、厦门市

《同安县志》

明万历七年（1579 年）　　　　　　　大旱蝗，饥。

　　　　　　　　原载《同安县志》自然灾害，中华书局 2000 年版

八、宁德市

《寿宁县志》

民国三年（1914 年）　　　　　　　五月，蝗虫成灾，稻谷被毁严重。

　　　　　　　　原载《寿宁县志》自然灾害，鹭江出版社 1992 年版

《宁德市志》

经查，1995 年中华书局出版的市志中无蝗灾记载。

《宁德地区志》

经查，1998 年方志出版社出版的地区志中无蝗灾记载。

《福安市志》

经查，1999年方志出版社出版的市志中无蝗灾记载。

《周宁县志》

经查，1993年中国科学技术出版社出版的县志中无蝗灾记载。

《福鼎县志》

经查，1995年中国统计出版社出版的县志中无蝗灾记载。

《柘荣县志》

经查，1995年中华书局出版的县志中无蝗灾记载。

《古田县志》

经查，民国二十九年及1997年中华书局出版的县志中均无蝗灾记载。

《霞浦县志》

经查，民国十八年和1999年方志出版社出版的县志中均无蝗灾记载。

光绪《福宁府志》[①]

经查，光绪六年版府志中无蝗灾记载。

《屏南县志》

经查，1999年方志出版社出版的县志中无蝗灾记载。

九、其他

莆田市

同治《兴化府志》

经查，同治十一年版府志中无蝗灾记载。

---

① 福宁：旧府名，治所在今福建霞浦。

《莆田县志》

经查，1994 年中华书局出版的县志中无蝗灾记载。

《仙游县志》

经查，同治十二年及 1995 年方志出版社出版的县志中均无蝗灾记载。

龙岩市

《龙岩市志》

经查，1993 年中国科学技术出版社出版的市志中无蝗灾记载。

《龙岩地区志》

经查，1992 年上海人民出版社出版的地区志中无蝗灾记载。

光绪《龙岩州志》

经查，光绪十六年的州志中无蝗灾记载。

《连城县志》

经查，民国二十八年及 1993 年群众出版社出版的县志中均无蝗灾记载。

《武平县志》

经查，民国十九年及 1993 年中国大百科全书出版社出版的县志中均无蝗灾记载。

《上杭县志》

经查，民国二十七年及 1993 年福建人民出版社出版的县志中均无蝗灾记载。

《长汀县志》

经查，光绪五年及 1993 年生活·读书·新知三联书店出版的县志中均无蝗灾记载。

《永定县志》

经查，康熙三十六年及 1994 年中国科学技术出版社出版的县志中均无蝗灾记载。

《漳平县志》

经查，民国二十四年及 1995 年生活·读书·新知三联书店出版的县志中均无蝗灾记载。

光绪 《宁洋县志》①

经查，光绪元年版县志中无蝗灾记载。

同治 《汀州府志》

经查，同治六年版府志中无蝗灾记载。

---

① 宁洋：旧县名，治所在今福建漳平市西北双洋镇。

第二十一章

贵州省地方志中的蝗灾记载

一、贵州综合志

乾隆《贵州通志》

1. 明洪武十一年（1378 年）　　　　　播州①蝗。

2.　　正德九年（1514 年）　　　　　　都匀蝗。

3.　　嘉靖二十八年（1549 年）　　　　秋，旱蝗，诏免秋粮。

原载乾隆《贵州通志》卷一《天文志·祥异》，乾隆六年刻本

《贵州省志·大事记》

民国十年（1921 年）　　　　　　　全省上半年遭遇蝗、旱灾害。

原载《贵州省志·大事记》，贵州人民出版社 2007 年版

《贵州省志·农业志》

经查，2001 年贵州人民出版社出版的农业志中无蝗灾记载。

---

①　播州：旧州名，治所在今贵州遵义。

二、贵阳市

道光《贵阳府志》

明嘉靖二十八年（1549 年）　　　　　　　秋，旱蝗，诏免秋粮。

原载道光《贵阳府志》卷四十《五行略》，咸丰二年刻本

《贵阳市志》

经查，2000 年贵州人民出版社出版的市志中无蝗灾记载。

《清镇县志》

经查，1991 年贵州人民出版社出版的县志中无蝗灾记载。

《息烽县志》

经查，1993 年贵州人民出版社出版的县志中无蝗灾记载。

《开阳县志》

经查，1993 年贵州人民出版社出版的县志中无蝗灾记载。

《修文县志》

经查，1998 年方志出版社出版的县志中无蝗灾记载。

三、遵义市

道光《遵义府志》

1. 明洪武十一年（1378 年）　　　　　　八月，播州蝗大行。
2. 　成化十八年（1482 年）　　　　　绥阳蝗食粟。

原载道光《遵义府志》卷二十一《祥异》，道光二十一年刻本

《绥阳县志》

1. 明洪武十一年（1378 年）　　　　　八月，蝗灾流行。

　　　　　　原载《绥阳县志》大事记，贵州人民出版社 1993 年版

2. 　成化十八年（1482 年）　　　　　六月，蝗食稻禾。

　　　　　　原载《绥阳县志》自然灾害，贵州人民出版社 1993 年版

《仁怀县志》

1. 民国十三年（1924 年）　　　　　秋，蝗虫为害，粮食收成欠佳。
2. 民国二十三年（1934 年）　　　　　蝗虫为灾，严重为害作物，建设厅发出驱蝗暂行办法。

　　　　　　原载《仁怀县志》大事记，贵州人民出版社 1991 年版

《遵义市志》

经查，1998 年中华书局出版的市志中无蝗灾记载。

《遵义地区志》

经查，1994 年贵州人民出版社出版的地区志中无蝗灾记载。

《赤水县志》

经查，1990 年贵州人民出版社出版的县志中无蝗灾记载。

《余庆县志》

经查，民国二十五年及 1992 年贵州人民出版社出版的县志中均无蝗灾记载。

《湄潭县志》

经查，光绪二十五年及 1993 年贵州人民出版社出版的县志中均无蝗灾记载。

《凤冈县志》

经查，1994 年贵州人民出版社出版的县志中无蝗灾记载。

《习水县志》

经查，1995 年贵州人民出版社出版的县志中无蝗灾记载。

《桐梓县志》

经查，民国十八年及 1997 年方志出版社出版的县志中均无蝗灾记载。

《正安县志》

经查，1999 年贵州人民出版社出版的县志中无蝗灾记载。

《正安州志》

经查，嘉庆二十三年及光绪三年版的州志中均无蝗灾记载。

《务川仡佬族苗族自治县志》

经查，2001 年贵州人民出版社出版的县志中无蝗灾记载。

四、铜仁市

《铜仁市志》

民国三十四年（1945 年）　　　　　　秋，阴雨连绵，且为蝗虫所害，收成歉薄。

原载《铜仁市志》自然灾害·旱灾，贵州人民出版社 2003 年版

《江口县志》

民国二十四年（1935 年）　　　　　　八月，蝗涝交灾，2 500 亩农田无收。

原载《江口县志》大事记，贵州人民出版社 1994 年版

《印江土家族苗族自治县县志》

1. 宋建隆三年（962 年）　　　　　　思邛①地闹蝗灾，遍地飞蝗，粮食减产六成。

----

① 思邛：旧县名，治所在今贵州印江。

2.　　天禧元年（1017 年）　　　　　　思邛地蝗灾甚重，饥荒。

3. 民国八年（1919 年）　　　　　　　蝗灾。

原载《印江土家族苗族自治县县志》大事记，贵州人民出版社 1992 年版

《玉屏侗族自治县志》

清康熙二十六年（1687 年）　　　　　遭蝗灾。

原载《玉屏侗族自治县志》大事记，贵州人民出版社 1993 年版

《沿河土家族自治县志》

清乾隆五年（1740 年）　　　　　　夏，蝗虫灾重，秋粮歉收。

原载《沿河土家族自治县志》大事记，贵州人民出版社 1993 年版

《松桃苗族自治县志》

民国二十八年（1939 年）　　　　　　全县蝗灾，大饥。

原载《松桃苗族自治县志》自然灾害，贵州人民出版社 1996 年版

《铜仁府志》

经查，1992 年贵州民族出版社出版的府志中无蝗灾记载。

《思南县志》

经查，1992 年贵州人民出版社出版的县志中无蝗灾记载。

《石阡县志》

经查，1992 年贵州人民出版社出版的县志中无蝗灾记载。

《德江县志》

经查，民国三十一年及 1994 年贵州人民出版社出版的县志中均无蝗灾记载。

五、毕节市

《毕节地区志·大事记》

清光绪二十六年（1900 年）　　　　　　秋，平远①蝗虫为害。

原载《毕节地区志·大事记》，贵州人民出版社 2004 年版

《黔西县志》

1. 民国三十一年（1942 年）　　　　　　夏旱，蝗虫为害。
2. 民国三十二年（1943 年）　　　　　　秋，蝗虫四起。
3. 民国三十四年（1945 年）　　　　　　秋，蝗虫又起，全县受灾面积 3 945 亩，城
　　　　　　　　　　　　　　　　　　　关、礼贤、通衢、太来、定新、钟山、金
　　　　　　　　　　　　　　　　　　　波等地特别严重。
4. 民国三十七年（1948 年）　　　　　　秋，蝗虫为害，损失严重。

原载《黔西县志》历年自然灾害纪略，贵州人民出版社 1990 年版

《织金县志》

清光绪二十六年（1900 年）　　　　　　秋，蝗虫为害。

原载《织金县志》大事记，方志出版社 1997 年版

光绪《毕节县志》

经查，光绪五年版县志中无蝗灾记载。

《大方县志》

经查，1996 年方志出版社出版的县志中无蝗灾记载。

《金沙县志》

经查，1997 年方志出版社出版的县志中无蝗灾记载。

---

① 平远：旧州、府名，治所在今贵州织金。

《纳雍县志》

经查，1999 年贵州人民出版社出版的县志中无蝗灾记载。

《赫章县志》

经查，2001 年贵州人民出版社出版的县志中无蝗灾记载。

道光《大定府志》①

经查，道光二十九年版府志中无蝗灾记载。

民国《大定县志》

经查，民国十五年版县志中无蝗灾记载。

六、六盘水市

《六盘水市志·大事记》

民国三十四年（1945 年）　　　　　　水城蝗虫为害，农作减产二成。

原载《六盘水市志·大事记》，贵州人民出版社 1992 年版

《盘县特区志》

经查，1998 年方志出版社出版的特区志中无蝗灾记载。

七、安顺市

《安顺市志》

经查，1995 年贵州人民出版社出版的市志中无蝗灾记载。

---

① 大定：旧府、县名，1913 年改大定府置县，治所在今贵州大方。

<h2 style="text-align:center">咸丰《安顺府志》</h2>

经查，咸丰元年版府志中无蝗灾记载。

<h2 style="text-align:center">《镇宁新志》</h2>

经查，民国三十六年及 1960 年贵州人民出版社出版的县志中均无蝗灾记载。

<h2 style="text-align:center">《紫云苗族布依族自治县志》</h2>

经查，1991 年贵州人民出版社出版的县志中无蝗灾记载。

<h2 style="text-align:center">《普定县志》</h2>

经查，1999 年贵州人民出版社出版的县志中无蝗灾记载。

<h2 style="text-align:center">《关岭布依族苗族自治县志》</h2>

经查，2002 年贵州人民出版社出版的县志中无蝗灾记载。

<h2 style="text-align:center">《平坝县志》</h2>

经查，2004 年贵州人民出版社出版的县志中无蝗灾记载。

<h2 style="text-align:center">道光《安平县志》[①]</h2>

经查，道光五年版县志中无蝗灾记载。

八、黔西南布依族苗族自治州

<h2 style="text-align:center">《兴义县志》</h2>

民国十三年（1924 年）　　　　　　　　秋，蝗虫成灾。

原载《兴义县志》大事记，贵州人民出版社 1988 年版

---

① 安平：旧县名，1914 年改名平坝县，今贵州安顺市平坝区。

《望谟县志》

民国十三年（1924 年）　　　　　　　久旱不雨，入秋淫雨，蝗虫遍及罗炎、王
　　　　　　　　　　　　　　　　　　母、桑郎、乐旺等地，粮收成不及五成。

　　　　　　　原载《望谟县志》大事记，贵州人民出版社 2001 年版

《册亨县志》

民国十三年（1924 年）　　　　　　　四月，蝗灾四起，收成不到四分。

　　　　　　　原载《册亨县志》历年自然灾害，贵州人民出版社 2002 年版

《贞丰县志》

民国二十一年（1932 年）　　　　　　发生蝗害。

　　　　　　　原载《贞丰县志》大事记，贵州人民出版社 1994 年版

《兴仁县志》

经查，民国二十三年及 1991 年贵州人民出版社出版的县志中均无蝗灾记载。

《安龙县志》

经查，1992 年贵州人民出版社出版的县志中无蝗灾记载。

《晴隆县志》

经查，1993 年贵州人民出版社出版的县志中无蝗灾记载。

九、黔南布依族苗族自治州

《都匀市志》

明正德九年（1514 年）　　　　　　　蝗灾，禾苗受害。

　　　　　　　原载《都匀市志》历代自然灾害，贵州人民出版社 1999 年版

《独山县志》

明万历四十七年（1619 年）　　　　　　飞蝗食禾穗、竹叶皆尽。

原载《独山县志》大事记，贵州人民出版社 1996 年版

《龙里县志》

1. 明洪武十一年（1378 年）　　　　　　蝗灾。
2. 清康熙二十一年（1682 年）　　　　　蝗灾。

原载《龙里县志》自然灾害，贵州人民出版社 1995 年版

《福泉县志》

民国二十四年（1935 年）　　　　　　　遭受蝗灾。

原载《福泉县志》历代自然灾害，贵州人民出版社 1992 年版

《惠水县志》

经查，1988 年贵州人民出版社出版的县志中无蝗灾记载。

《三都水族自治县志》

经查，1992 年贵州人民出版社出版的县志中无蝗灾记载。

《平塘县志》

经查，1992 年贵州人民出版社出版的县志中无蝗灾记载。

《罗甸县志》

经查，1994 年贵州人民出版社出版的县志中无蝗灾记载。

《贵定县志》

经查，1964 年贵州省图书馆编印及 1995 年贵州人民出版社出版的县志中均无蝗灾记载。

《瓮安县志》

经查，民国四年及 1995 年贵州人民出版社出版的县志中均无蝗灾记载。

《荔波县志》

经查，1997 年方志出版社出版的县志中无蝗灾记载。

《长顺县志》

经查，1998 年贵州人民出版社出版的县志中无蝗灾记载。

十、黔东南苗族侗族自治州

《施秉县志》

1. 民国十七年（1928 年）　　　　　　境内蝗灾，收成大减，百姓饥馑。
2. 民国十八年（1929 年）　　　　　　境内蝗灾，收成大减，百姓饥馑。
3. 民国十九年（1930 年）　　　　　　境内蝗灾，收成大减，百姓饥馑。
4. 民国三十二年（1943 年）　　　　　又遭蝗灾，农作物歉收。
5. 民国三十三年（1944 年）　　　　　又遭蝗灾，农作物歉收。

原载《施秉县志》第十章《常见病虫害》，方志出版社 1997 年版

《岑巩县志》

1. 民国六年（1917 年）　　　　　　思旸、羊桥、马鞍山蝗灾。
2. 民国三十四年（1945 年）　　　　县境蝗灾惨重。

原载《岑巩县志》自然灾害，贵州人民出版社 1993 年版

道光《黄平州志》

1. 明天启七年（1627 年）　　　　　黄平兴隆①蝗。

---

① 兴隆：旧卫名，治所在今贵州黄平。

2. 崇祯四年（1631 年）　　　　　　　黄平兴隆蝗。

原载道光《黄平州志》卷十二《祥异》，贵州省图书馆 1965 年油印本

光绪 《黎平府志》

1. 清道光十五年（1835 年）　　　　六、七月，蝗虫伤稼；蝗初生曰蝻，长翅
　　　　　　　　　　　　　　　　　曰蝗，黎邑向无此种，适因广西滋生，
　　　　　　　　　　　　　　　　　飞入境内致伤禾稼，武官遣兵持铳捕灭。

2. 咸丰五年（1855 年）　　　　　　岩洞等处蝗虫。

原载光绪《黎平府志》卷一《天文志·祥异》，光绪十八年刻本

《黎平县志》

清咸丰五年（1855 年）　　　　　　岩洞等处蝗灾。

原载《黎平县志》大事记，巴蜀书社 1989 年版

《天柱县志》

民国三十四年（1945 年）　　　　　秋，蝗虫盛行，粮食歉收。

原载《天柱县志》大事记，贵州人民出版社 1993 年版

《镇远县志》

民国二十三年（1934 年）　　　　　下半年，蕉溪、江古、包家寨、寿斗等乡
　　　　　　　　　　　　　　　　　旱，螟蝗复至，人无食，牛无草。

原载《镇远县志》大事记，贵州人民出版社 1992 年版

《麻江县志》

经查，民国二十七年及 1992 年贵州人民出版社出版的县志中均无蝗灾记载。

《雷山县志》

经查，1992 年贵州人民出版社出版的县志中无蝗灾记载。

《台江县志》

经查，1994 年贵州人民出版社出版的县志中无蝗灾记载。

《剑河县志》

经查，1994 年贵州人民出版社出版的县志中无蝗灾记载。

《三穗县志》

经查，1994 年民族出版社出版的县志中无蝗灾记载。

《榕江县志》

经查，1999 年贵州人民出版社出版的县志中无蝗灾记载。

《从江县志》

经查，1999 年贵州人民出版社出版的县志中无蝗灾记载。

《丹寨县志》

经查，1999 年方志出版社出版的县志中无蝗灾记载。

第二十二章

重庆市地方志中的蝗灾记载

一、重庆综合志

雍正《四川通志》

1. 明正德十二年（1517 年）　　　　永川、荣昌界蝗。
2. 万历二年（1574 年）　　　　武隆、丰都螟虫生，禾根如刈。

原载雍正《四川通志》卷三十八《祥异》，乾隆元年刻本

道光《重庆府志》

1. 明正德五年（1510 年）　　　　永川、荣昌两县蝗。
2. 清道光七年（1827 年）　　　　秋，綦江蝝生，害稼。
3. 道光二十一年（1841 年）　　　夏秋间，府属蝝生，害稼。

原载道光《重庆府志》卷九《艺文志附祥异》，道光二十三年刻本

二、重庆区县志

《重庆市江北区志》

1. 清道光十九年（1839 年）　　　　夏，蝗灾，高田尤甚。
2. 民国三十六年（1947 年）　　　　蝗虫为害，损失颇大。

原载《重庆市江北区志》自然灾害，巴蜀书社 1993 年版

《巴县志》

清道光十九年（1839 年）　　　　　　　夏，蝗灾，高田尤烈。

原载《巴县志》大事记，重庆出版社 1994 年版

《璧山县志》

民国三十五年（1946 年）　　　　　　　梓潼、福禄、大路、河边、定林等乡发生
　　　　　　　　　　　　　　　　　　　蝗灾。

原载《璧山县志》大事记，四川人民出版社 1996 年版

《永川县志》

1. 明正德五年（1510 年）　　　　　　　永川、荣昌交界处永荣乡一带蝗虫为害。
2. 清宣统二年（1910 年）　　　　　　　蝗虫为害，竹子受害甚巨。
3. 民国三十四年（1945 年）　　　　　　九龙、普莲、石庙等乡发现竹蝗。
4. 民国三十六年（1947 年）　　　　　　竹蝗蔓延到复兴、金鼎、荣店、东南、万
　　　　　　　　　　　　　　　　　　　寿、罗汉、新店等乡，专员公署在璧山
　　　　　　　　　　　　　　　　　　　召开永川、大足、铜梁、璧山联防治虫
　　　　　　　　　　　　　　　　　　　会议，制定防治实施办法，控制了灾害。

原载《永川县志》大事记，四川人民出版社 1997 年版

《荣昌县志》

明正德五年（1510 年）　　　　　　　　发生蝗灾。

原载《荣昌县志》自然灾害，四川人民出版社 2000 年版

《大足县志》

1. 清道光三十年（1850 年）　　　　　　发生严重竹蝗灾害。
2. 民国三十八年（1949 年）　　　　　　水稻蝗虫为害。

原载《大足县志》自然灾害，方志出版社 1996 年版

《潼南县志》

明嘉靖二十年（1541年）　　　　　　夏，蝗灾。

原载《潼南县志》自然灾害，四川人民出版社1993年版

《江津县志》

清同治十年（1871年）　　　　　　江津等18县旱蝗并作，饥，道馑相望。

原载《江津县志》自然灾害，四川科学技术出版社1995年版

民国《江津县志》

清光绪十二年（1886年）　　　　　嘉升乡蚱蜢为害，田禾被食殆尽。

原载民国《江津县志》卷十五《杂志·祥异》，民国十三年刻本

道光《綦江县志》

清道光二十一年（1841年）　　　　五月，田间生害稼虫，谓之螽，翅足短，青黄、苍赤色不一，能飞能走，如箕如席，满田都是，遂延及各村。

原载道光《綦江县志》卷十《祥异》，同治二年刻本

民国《涪陵县续修涪州志》

明万历五年（1577年）　　　　　武隆蝗虫，禾根如刈。

原载民国《涪陵县续修涪州志》卷二十四《杂编一·祥异》，民国十七年铅印本

《南川县志》

民国三十七年（1948年）　　　　秋，兴隆场一带虫螆（蝻）数日，谷穗多成粃壳。

原载《南川县志》自然灾害，四川人民出版社1991年版

光绪《丰都县志》

明万历二年（1574年）　　　　　　螟虫生，禾根如刈。

　　　　　　原载光绪《丰都县志》卷四《志余·祥异》，光绪二十年刻本

光绪《彭水县志》

清康熙四十五年（1706年）　　　　秋，禾生蝝。

　　　　　　原载光绪《彭水县志》卷四《杂事志·祥异》，光绪元年刻本

光绪《黔江县志》

清同治三年（1864年）　　　　　　讹传有神虫降，其形如蝗。

　　　　　　原载光绪《黔江县志》卷五《祥异志》，光绪二十年刻本

《秀山县志》

清同治八年（1869年）　　　　　　夏旱，蝗虫为害，粮食歉收，大饥。

　　　　　　原载《秀山县志》大事记，中华书局2001年版

《开县志》

民国二十五年（1936年）　　　　　五月，蝗灾。

　　　　　　原载《开县志》自然灾害，四川大学出版社1990年版

《巫山县志》

1. 清同治十二年（1873年）　　　　蝗虫为灾，岁歉无收。
2. 民国三十三年（1944年）　　　　九月，福田乡蝗患，多方捕杀无效，收不
　　　　　　　　　　　　　　　　　及四成。

　　　　　　原载《巫山县志》灾异，四川人民出版社1991年版

《巫溪县志》

民国二十三年（1934 年）　　　　　　　蝗虫为害，减产 2 万担。

原载《巫溪县志》自然灾害，四川辞书出版社 1993 年版

三、其他

《重庆市志》《重庆市北碚区志》《重庆市沙坪坝区志》《重庆市九龙坡区志》《铜梁县志》《江北县志》《江北厅志》《合川县志》《长寿县志》《涪陵市志》《垫江县志》《武隆县志》《石柱厅新志》《万县地区农业志》《忠州志》《忠县志》《万县志》《梁平县志》《梁山县志》①、《夔州府志》②、《奉节县志》《城口厅志》《城口县志》《云阳县志》均无蝗灾记载。

---

① 梁山：旧县名，1952 年改名梁平县，今重庆梁平区。
② 夔州：旧府名，治所在今重庆奉节。

第二十三章

海南省地方志中的蝗灾记载

一、海南综合志

《海南省志·农业志》

民国三十五年（1946 年） 六月，文昌、定安蝗虫盛发成灾。

原载《海南省志·农业志》大事记，南海出版公司 1997 年版

二、海口市

《海口市志》

清道光四年（1824 年） 九月至次年八月，大旱，蝗虫漫天遍野，
饿殍载道。

原载《海口市志》大事记，方志出版社 2004 年版

道光《琼州府志》①

1. 明永乐七年（1409 年） 八月，旱蝗，令民捕之。
2. 清乾隆元年（1736 年） 崖州②蝗。
3. 道光四年（1824 年） 旱，蝗虫漫天遍野，所过禾麦一空，饿殍

---

① 琼州：旧府名，治所在今海南海口市琼山区。
② 崖州：旧州名，治所在今海南三亚市西北崖城镇。

载道。

原载道光《琼州府志》卷四十二《杂志·事纪》，道光二十一年刻本

《琼山县志》

1. 明永乐二年（1404年）　　　　　六月，蝗虫成灾。
2. 　永乐七年（1409年）　　　　　八月，蝗虫成灾，官府令民捕捉。
3. 清道光四年（1824年）　　　　　四月，久旱，蝗虫漫天遍野，所过稻禾一
　　　　　　　　　　　　　　　　　空，饥民满路。
4. 　宣统三年（1911年）　　　　　四月，蝗虫食禾，成灾。

原载《琼山县志》大事记，中华书局1999年版

5. 　道光三年（1823年）　　　　　九月，大旱，蝗虫漫天遍野，饿殍载道。

原载《琼山县志》自然灾害·旱灾，中华书局1999年版

三、三亚市

《三亚市志》

1. 清顺治四年（1647年）　　　　　七月，蝗灾，禾苗被蝗虫吃光。
2. 　乾隆元年（1736年）　　　　　大蝗灾。
3. 　乾隆七年（1742年）　　　　　大旱，蝗灾。
4. 　同治三年（1864年）　　　　　八月，蝗灾。
5. 　光绪四年（1878年）　　　　　州东部蝗灾，禾苗被吃光。

原载《三亚市志》大事记，中华书局2001年版

民国《崖州志》

1. 清顺治四年（1647年）　　　　　秋七月，蝗食禾苗几尽。
2. 　乾隆元年（1736年）　　　　　蝗虫食苗。
3. 　乾隆七年（1742年）　　　　　旱蝗，米价愈贵。
4. 　同治三年（1864年）　　　　　八月，蝗虫食苗。
5. 　光绪四年（1878年）　　　　　蝗食谷殆尽。

6.　光绪三十四年（1908 年）　　　　十月，蝗虫食禾。

原载民国《崖州志》卷二十二《杂志一·灾异》，民国三年铅印本

四、儋州市

康熙《续修儋州志》

1. 明永乐二年（1404 年）　　　　六月雨，蝗发，禾不收，民饥。
2.　永乐七年（1409 年）　　　　八月，蝗发，遣官沿田捕之。
3.　天启元年（1621 年）　　　　夏旱秋涝，禾尽，蝗。

原载康熙《续修儋州志》卷二《祥异志》，康熙四十三年刻本

五、屯昌县

《屯昌县志》

1. 清道光四年（1824 年）　　　　秋，屯昌新兴、大同乡发生蝗灾，蝗群蔽日，所到之处田稻一空。

2. 民国三十四年（1945 年）　　　　夏，南吕、乌坡、枫木、屯昌、坡心一带连年受旱、蝗灾为害，粮食失收。

原载《屯昌县志》大事记，方志出版社 2007 年版

3. 民国三十五年（1946 年）　　　　东鲁乡蝗虫为害，103 公顷水稻被蝗虫吃光。

原载《屯昌县志》自然灾害，方志出版社 2007 年版

六、临高县

光绪《临高县志》

1. 明永乐元年（1403 年）　　　　六月，蝗；八月，又蝗，诏遣沿田畴捕之。
2.　嘉靖二十二年（1543 年）　　　　大旱蝗，伤稼，民饥。

原载光绪《临高县志》卷三《舆地类·灾祥》，光绪十八年刻本

七、万宁市

《万宁县志》

明嘉靖八年（1529 年）　　　　　　　　秋雨，蝗虫。

原载《万宁县志》自然灾害，南海出版公司 1994 年版

道光《万州志》①

明嘉靖八年（1529 年）　　　　　　　　秋淫雨，有蝗。

原载道光《万州志》卷七《前事略》，道光八年刻本

八、琼海市

《琼海县志》

清康熙五十三年（1714 年）　　　　　　五月亢旱，蝗虫食秧。

原载《琼海县志》自然灾害，广东科技出版社 1995 年版

嘉庆《会同县志》②

清乾隆五十三年（1788 年）　　　　　　五月亢旱，蝗虫食秧。

原载嘉庆《会同县志》卷十《杂志·纪灾》，民国十四年铅印本

九、文昌市

《文昌县志》

1. 明万历十五年（1587 年）　　　　　　蝗虫食稻殆尽。

---

① 万州：旧州名，治所在今海南万宁。
② 会同：旧县名，治所在今海南琼海北。

2. 清道光四年（1824 年）　　　　　　蝗灾。

原载《文昌县志》大事记，方志出版社 2000 年版

十、定安县

光绪《定安县志》

1. 明万历四十八年（1620 年）　　　秋，大水，飞蝗满地，禾稼一空，陌上草根均被食尽。

2. 清道光四年（1824 年）　　　　　秋，蝗，群飞蔽天，落地盈寸，所至之野禾稼一空。

原载光绪《定安县志》卷十《杂志二·灾祥》，光绪四年刻本

十一、其他

《白沙县志》

经查，1992 年南海出版公司出版的县志中无蝗灾记载。

《琼中县志》

经查，1995 年海南摄影美术出版社出版的县志中无蝗灾记载。

《保亭县志》

经查，1997 年南海出版公司出版的县志中无蝗灾记载。

《昌江县志》

经查，1998 年新华出版社出版的县志中无蝗灾记载。

光绪《昌化县志》[①]

经查，光绪二十三年版县志中无蝗灾记载。

---

① 昌化：旧县名，治所在今海南昌江黎族自治县西昌城镇。

《乐东县志》

经查，2002年新华出版社出版的县志中无蝗灾记载。

乾隆《陵水县志》

经查，乾隆五十八年版县志中无蝗灾记载。

光绪《澄迈县志》

经查，光绪三十四年版县志中无蝗灾记载。

民国《感恩县志》[①]

经查，民国十八年版县志中无蝗灾记载。

---

① 感恩：旧县名，治所在今海南东方市。

第二十四章

宁夏回族自治区地方志中的蝗灾记载

一、固原地区

《固原地区志》

1. 东晋永和十一年（355 年）　　　　　蝗虫大起，自华泽至陇山，食百草无遗，牛马相啖毛。

原载《固原地区志》自然灾害，宁夏人民出版社 1994 年版

2. 东汉永初五年（111 年）　　　　　安定①连遭蝗害，民众饥荒。

3. 明嘉靖八年（1529 年）　　　　　隆德、固原等县大旱，飞蝗蔽天，饥荒。

4.　崇祯三年（1630 年）　　　　　隆德飞蝗蔽天，大饥。

5.　崇祯十年（1637 年）　　　　　隆德等处大旱，飞蝗蔽天，禾苗立尽。

6.　崇祯十三年（1640 年）　　　　　隆德飞蝗蔽天。

7. 清顺治四年（1647 年）　　　　　海原蝗虫为害，蝗虫从关桥西南飞来，到双河等地，布罩百余里，夏秋作物一空。

原载《固原地区志》农业生产篇·病虫害防治，宁夏人民出版社 1994 年版

---

① 安定：旧郡名，治所在今宁夏固原。

《隆德县志》

1. 明崇祯三年（1630 年）　　　　　大旱，飞蝗成灾。
2. 崇祯十年（1637 年）　　　　　　大旱，蝗灾。
3. 崇祯十三年（1640 年）　　　　　旱，蝗害。

　　　　原载《隆德县志》自然灾害纪略，宁夏人民出版社 1998 年版

《西吉县志》

明崇祯十三年（1640 年）　　　　　秋八月，大旱，飞蝗蔽日，伤禾，民大饥，父子相食。

　　　　原载《西吉县志》自然灾害，宁夏人民出版社 1995 年版

《海原县志》

明嘉靖八年（1529 年）　　　　　大旱，飞蝗蔽天，民不聊生。

　　　　原载《海原县志》大事记，宁夏人民出版社 1999 年版

《固原县志》

经查，1993 年宁夏人民出版社出版的县志中无蝗灾记载。

《泾源县志》

经查，1995 年宁夏人民出版社出版的县志中无蝗灾记载。

《彭阳县志》

经查，1996 年宁夏人民出版社出版的县志中无蝗灾记载。

二、银川市

《银川市志》

1. 明成化二十年（1484 年）　　　　六月，银川地区蝗虫大作，禾稼殆尽，大饥。

2. 清光绪六年（1880 年）　　　　　　　五月，宁夏①飞蝗蔽天，禾稼大损。

原载《银川市志》大事记，宁夏人民出版社 1998 年版

乾隆《宁夏府志》

唐武德六年（623 年）　　　　　　　秋，夏州②蝗。

原载乾隆《宁夏府志》卷二十二《杂记·祥异》，乾隆四十五年刻本

《永宁县志》

清光绪六年（1880 年）　　　　　　　六月，飞蝗蔽天，禾稼大损。

原载《永宁县志》大事记，宁夏人民出版社 1995 年版

《贺兰县志》

经查，1994 年宁夏人民出版社出版的县志中无蝗灾记载。

三、中卫市

道光《中卫县志》

清顺治三年（1646 年）　　　　　　　夏，蝗自东来飞蔽天日，不落田间，有飞
过河南者，有飞过边墙者，边外数十里
沙草尽吃，而中卫田苗不伤，异事也。

原载道光《中卫县志》卷八《杂记·祥异》，道光二十一年刻本

《中宁县志》

1. 宋建隆元年（960 年）　　　　　　　六月，广武乡③蝗虫为害。

---

① 宁夏：旧府名，治所在今宁夏银川。
② 夏州：旧州名，治所在今陕西靖边北红墩界。
③ 广武乡：即广武营，在今宁夏青铜峡西南。

2. 明崇祯十年（1637 年）　　　　宁夏、平凉等处大旱，飞蝗蔽天，禾谷立尽。

3. 清顺治三年（1646 年）　　　　夏，蝗自东来飞蔽天日，不落田间，有飞
　　　　　　　　　　　　　　　　过黄河者，有飞过边墙者，边外数十里
　　　　　　　　　　　　　　　　沙草尽吃。

4. 　光绪六年（1880 年）　　　　五月，大批飞蝗起自陇南飞往兰州；六
　　　　　　　　　　　　　　　　月，又由兰州进入宁夏，使宁各县飞
　　　　　　　　　　　　　　　　蝗蔽天，受害严重。

原载《中宁县志》自然灾害，宁夏人民出版社 1994 年版

《同心县志》

清光绪初　　　　　　　　　　　平远①县境飞蝗为灾，邑绅雇人扑捕，邑
　　　　　　　　　　　　　　　　免于患。

原载《同心县志》大事记，宁夏人民出版社 1995 年版

四、吴忠市

《吴忠市志》

清光绪四年（1878 年）　　　　　是年，灵州②飞蝗成灾。

原载《吴忠市志》大事记，中华书局 2000 年版

《灵武市志》

经查，1999 年宁夏人民出版社出版的市志中无蝗灾记载。

《青铜峡市志》

经查，2004 年方志出版社出版的市志中无蝗灾记载。

---

① 平远：旧县名，治所在今宁夏同心东北下马关镇。
② 灵州：旧州名，1913 年改名今宁夏灵武县。

《盐池县志》

经查，1986 年宁夏人民出版社出版的县志中无蝗灾记载。

五、石嘴山市

《平罗县志》

1. 明嘉靖八年（1529 年）　　　　六月，宁夏飞蝗遍野，残害禾稼，民众大饥。
2. 清光绪六年（1880 年）　　　　五月，宁夏飞蝗遮天蔽日。

原载《平罗县志》自然灾害，宁夏人民出版社 1996 年版

《石嘴山市志》

经查，2001 年宁夏人民出版社出版的市志中无蝗灾记载。

《惠农县志》

经查，1999 年宁夏人民出版社出版的县志中无蝗灾记载。

第二十五章

其他省（区）地方志中的蝗灾记载

一、四川省

嘉庆《四川通志》

1. 唐贞观二十一年（647 年）　　　　　　渠州①蝗。
2. 　永徽元年（650 年）　　　　　　　　夔州②蝗。
3. 　大中八年（854 年）　　　　　　七月，剑南东川③蝗。

　　　　原载嘉庆《四川通志》卷二百三《杂类志七·祥异》，嘉庆二十一年刻本

民国《乐山县志》

清同治十三年（1874 年）　　　　　　　夏旱，有蝗为灾。

　　　　　　原载民国《乐山县志》卷十二《物异》，民国二十三年铅印本

民国《中江县志》

1. 民国九年（1920 年）　　　　　　邑大蝗，西北被灾尤甚。

---

① 渠州：旧州名，治所在今四川渠县。
② 夔州：旧州、路、府名，治所在今重庆奉节。
③ 剑南东川：唐方镇名，治所在今四川三台。

2. 民国十年（1921 年）　　　　　　　邑大蝗，西北被灾尤甚。

　　　　　　原载民国《中江县志》卷十五《丛残一·祥异》，民国十九年铅印本

《沙湾区志》

清同治十三年（1874 年）　　　　　　夏旱，蝗虫为灾。

　　　　　　原载《沙湾区志》大事记，四川人民出版社 2001 年版

民国《三台县志》

民国十年（1921 年）　　　　　　　　飞蝗损苗。

　　　　　　原载民国《三台县志》卷二十六《祥异》，民国二十年铅印本

光绪《太平县志》①

清咸丰七年（1857 年）　　　　　　　秋，飞蝗入境。

　　　　　　原载光绪《太平县志》卷十《杂类志·祥异》，光绪十九年刻本

民国《渠县志》

清康熙二十五年（1686 年）　　　　　六月，治内出虫似蝗，黑色、头锐、有翼。

　　　　　　原载民国《渠县志》卷十一《别录·祥异》，民国二十一年铅印本

《遂宁县志》

明嘉靖二十年（1541 年）　　　　　　夏，蝗害。

　　　　　　原载《遂宁县志》大事记，巴蜀书社 1992 年版

《芦山县志》

1. 民国七年（1918 年）　　　　　　　旱、洪、蝗灾相续，庄稼歉收。

---

① 太平：旧县名，1914 年改名万源县，今四川万源市。

2. 民国十年（1921 年）　　　　　　　至秋，旱洪、蝗涝灾害不断，粮食多无
收成。

原载《芦山县志》大事记，方志出版社 2000 年版

《简阳县志》

民国二十四年（1935 年）　　　　　　五月，蝗虫食谷，田禾收成减半。

原载《简阳县志》自然灾害，巴蜀书社 1995 年版

道光《安岳县志》

唐大中八年（854 年）　　　　　　　七月，东川蝗。

原载道光《安岳县志》卷十五《祥异志》，道光十六年刻本

康熙《顺庆府志》①

清康熙二十三年（1684 年）　　　　　六月，渠县有虫似蝗黑色、头锐、有翅足
飞集，大眚。

原载康熙《顺庆府志》卷六《祥异》，嘉庆十二年据康熙二十五年刻版增刻本

二、云南省

光绪《续云南通志稿》

1. 元至元三年（1337 年）　　　　禄丰蝗。

2. 明成化元年（1465 年）　　　　禄丰蝗，无秋。

3. 　嘉靖三十二年（1553 年）　　富民蝗飞蔽天。

4. 　万历二十六年（1598 年）　　夏，鹤庆旱蝗。

5. 清顺治十六年（1659 年）　　　定远②蝗食苗。

---

① 顺庆：旧府名，治所在今四川南充。
② 定远：旧县名，治所在今云南牟定。

6. 乾隆三十五年（1770 年）　　　　楚雄螽，饥。

原载光绪《续云南通志稿》卷二《天文志·祥异》，光绪二十七年刻本

《富民县志》

明嘉靖三十二年（1553 年）　　　　蝗飞蔽天，成灾严重。

原载《富民县志》大事记，云南人民出版社 1999 年版

《大理市志》

民国三十五年（1946 年）　　　　凤仪①县受蝗灾，收成仅七成。

原载《大理市志》大事记，中华书局 1998 年版

《鹤庆县志》

明万历二十六年（1598 年）　　　　夏，旱蝗。

原载《鹤庆县志》灾异，大理白族自治州图书馆 1983 年版

《洱源县志》

清同治五年（1866 年）　　　　七月，蝗虫成灾。

原载《洱源县志》大事记，云南人民出版社 1996 年版

《思茅地区志（上）》

1. 清光绪十七年（1891 年）　　　　景东蝗灾，粮食无收。
2. 民国十六年（1927 年）　　　　澜沧蝗虫伤禾严重。
3. 民国二十年（1931 年）　　　　镇沅蝗虫成灾，水稻多无收。

原载《思茅地区志（上）》自然灾害，云南民族出版社 1996 年版

① 凤仪：旧县名，治所在今云南大理东凤仪镇。

《景东彝族自治县志》

1. 清光绪十七年（1891 年）　　　　蝗如蚁，稼禾多被其食。

　　　　　　　　原载《景东彝族自治县志》大事记，四川辞书出版社 1994 年版

2. 　光绪十七年（1891 年）　　　　县境始见蝗虫。

3. 民国七年（1918 年）　　　　蝗虫为害乡里。

　　　　　　　　原载《景东彝族自治县志》自然灾害，四川辞书出版社 1994 年版

《澜沧拉祜族自治县志》

民国十六年（1927 年）　　　　全县发生蝗虫灾害，禾苗受害严重。

　　　　　　　　原载《澜沧拉祜族自治县志》大事记，云南人民出版社 1996 年版

《镇沅彝族哈尼族拉祜族自治县志》

民国二十年（1931 年）　　　　境内智、信、恩乐发生蝗害，稻谷大多
　　　　　　　　　　　　　　　　无收。

　原载《镇沅彝族哈尼族拉祜族自治县志》生物灾害，云南人民出版社 1995 年版

《禄丰县志》

1. 元至正二年（1342 年）　　　　禄丰蝗灾，粮食无收。

2. 明成化六年（1470 年）　　　　禄丰地区蝗灾，粮食歉收。

3. 　嘉靖三年（1524 年）　　　　禄丰中村发生蝗灾，村人建蝗虫塔禳之。

　　　　　　　　原载《禄丰县志》大事记，云南人民出版社 1997 年版

《牟定县志》

清顺治十七年（1660 年）　　　　蝻虫食苗。

　　　　　　　　原载《牟定县志》自然灾害，云南人民出版社 1993 年版

宣统《楚雄县志》

清乾隆三十五年（1770 年）　　　　蝨。

原载宣统《楚雄县志》卷一《天文述辑·祥异》，宣统二年抄本

《富源县志》

明嘉靖二十六年（1547 年）　　　　六月，旱、蝗、雹灾甚重，禾苗毁损严重。

原载《富源县志》大事记，上海古籍出版社 1993 年版

《罗平县志》

清康熙五十三年（1714 年）　　　　蝗虫成灾，千百累累结成绳状，大饥。

原载《罗平县志》大事记，云南人民出版社 1995 年版

《广南县志》

民国三十二年（1943 年）　　　　秋，县境普遍发生蝗虫灾害，稻叶被虫吃光。

原载《广南县志》自然灾害，中华书局 2001 年版

《石屏县志》

明嘉靖二十六年（1547 年）　　　　坝区旱，蝗虫成灾。

原载《石屏县志》大事记，云南人民出版社 1990 年版

三、青海省

《西宁市志·大事记》

民国十九年（1930 年）　　　　西宁蝗灾。

原载《西宁市志·大事记》，陕西人民出版社 1998 年版

《平安县志》

1. 唐贞元元年（785 年）　　　　　　　　夏，河湟地区飞蝗蔽天，旬日不息，草木
　　　　　　　　　　　　　　　　　　　　茎叶及畜毛皆尽，饥民蒸蝗虫为食。
　　　　　　　　　原载《平安县志》大事记，陕西人民出版社 1996 年版
2. 民国三十二年（1943 年）　　　　　　　秋，蝗灾。
　　　　　　　　　原载《平安县志》灾情纪实，陕西人民出版社 1996 年版

《湟中县志》

民国三十七年（1948 年）　　　　　　　秋，蝗虫为害。
　　　　　　　　　原载《湟中县志》灾情记实，青海人民出版社 1990 年版

《海南州志》

唐贞观三年（629 年）　　　　　　　　　秋，廓州蝗灾。
　　　　　　　　　原载《海南州志》灾害史料，民族出版社 1997 年版

《贵德县志》

民国六年（1917 年）　　　　　　　　　五月，蝗虫遍地，农作物茎叶大部吃光。
　　　　　　　　　原载《贵德县志》灾情记实，陕西人民出版社 1995 年版

《海西蒙古族藏族自治州志·卷一》

民国十九年（1930 年）　　　　　　　　都兰县蝗灾。
　　　　原载《海西蒙古族藏族自治州志·卷一》自然灾害，陕西人民出版社
1995 年版

《青海省志·农业志》

经查，1993 年青海人民出版社出版的农业志中无蝗灾记载。

《青海省志·大事记》

经查 2001 年青海人民出版社出版的省志大事记中无蝗灾记载。

四、内蒙古自治区

《内蒙古自治区志·大事记》

1.	清道光二十六年（1846 年）	秋，归化一带蝗灾，饥。
2.	光绪五年（1879 年）	四月，乌拉特三旗、阿拉善旗遭受蝗灾。
3.	光绪二十一年（1895 年）	夏，萨拉齐厅西境后套飞蝗蔽日，食禾成灾。
4.	光绪三十二年（1906 年）	五月，后套地区遭受蝗灾，始起洋堂庙圪堵、鱼洼圪堵、乌梁素，东入鄂尔多斯左翼后旗（达拉特旗），蝗虫多者厚七八寸，长宽数里至 20 里，弥望天际，人难插足。

原载《内蒙古自治区志》大事记，内蒙古人民出版社 1997 年版

《呼和浩特市志》

1.	金大定十七年（1177 年）	诏免两京①去年被蝗、旱租赋。
2.	蒙古至元二年（1265 年）	两京路蝗。
3.	元至元九年（1272 年）	以去岁两京等处旱、蝗、水灾，免其税。
4.	至正十九年（1359 年）	大同路蝗食禾稼、草木俱尽，所至蔽日，碍人马不能行，填坑堑皆盈，饥民捕蝗为食。
5.	清道光二十六年（1846 年）	秋，归化城②厅蝗灾。

原载《呼和浩特市志》自然灾害·虫灾，内蒙古人民出版社 1999 年版

---

① 两京：指金时北京（今北京市西南隅）和金时北京路（今内蒙古宁城西大明镇）。
② 归化城：旧厅名，治所在今内蒙古呼和浩特西南隅。

《固阳县志》

1. 清光绪三十二年（1906年）　　　蝗自西北入境，食禾殆尽。
2. 　光绪三十三年（1907年）　　　蝗犹遗孽。

原载《固阳县志》大事记，内蒙古人民出版社1999年版

《宁城县志》

1. 辽清宁二年（1056年）　　　　六月，中京①蝗螟为灾。
2. 蒙古至元二年（1265年）　　　北京②旱蝗。
3. 　　至元三年（1266年）　　　北京蝗。
4. 元大德七年（1303年）　　　　六月，大宁③路蝗。
5. 　天历二年（1329年）　　　　四月，大宁兴中州蝗；七月，大宁属县蝗。
6. 　元统二年（1334年）　　　　六月，大宁等地水、旱、蝗灾，大饥。

原载《宁城县志》自然灾害·虫灾，内蒙古人民出版社1992年版

《凉城县志》

1. 北魏太和二年（478年）　　　　遭蝗灾、旱灾。
2. 金大定十六年（1176年）　　　遭蝗灾，免除租税。
3. 蒙古至元二年（1265年）　　　蝗灾。
4. 元至元八年（1271年）　　　　蝗灾。
5. 　至元十九年（1282年）　　　蝗灾。
6. 　至正十九年（1359年）　　　遭蝗虫灾害，禾稼、草木吃尽，蝗虫遮天蔽日，碍人马不能行，饥民以蝗虫为食。
7. 明永乐元年（1403年）　　　　夏，蝗灾。
8. 　宣德九年（1434年）　　　　七月，蝗虫覆地尺许，庄稼尽伤。
9. 　崇祯十三年（1640年）　　　四月，大蝗灾。

---

① 中京：辽五京道之一，故址在今内蒙古宁城西大明镇。
② 北京：金路名，治所在今内蒙古宁城西大明镇。
③ 大宁：元路名，治所在今内蒙古宁城西大明镇，明改大宁府。

10. 清乾隆二十五年（1760 年）　　　　六月，蝗灾。

11. 民国二十七年（1938 年）　　　　　蝗灾。

　　　　　原载《凉城县志》自然灾害，内蒙古人民出版社 1993 年版

《丰镇市志》

1. 清顺治四年（1647 年）　　　　　　七月，蝗灾。

2. 顺治五年（1648 年）　　　　　　　蝗灾严重。

3. 顺治六年（1649 年）　　　　　　　蝗灾严重。

4. 道光十六年（1836 年）　　　　　　秋，蝗虫伤害庄稼严重。

　　　　　原载《丰镇市志》自然灾害，内蒙古人民出版社 2005 年版

《敖汉旗志》

民国十八年（1929 年）　　　　　　　夏，上店、下店、王子坟、马架子等 10 余村忽起飞蝗，田苗大部吃尽。

　　　　　原载《敖汉旗志》自然灾害，内蒙古人民出版社 1991 年版

《清水河县志》

1. 元至正十九年（1359 年）　　　　　大同路蝗食禾稼、草木俱尽，所至蔽日，碍人马不能行，填坑堑皆盈，饥民捕蝗为食，或曝干积之，又尽，人相食。

2. 清乾隆十八年（1753 年）　　　　　蝗虫作祟，食禾田不留叶穗。

3. 民国二十一年（1932 年）　　　　　县境蝗灾，蝗虫从和林格尔三支树起，经刘四窑至四王墓，农作物成灾面积 4 266 公顷，莜麦、高粱、谷子等田禾大幅度减产。

　　　　　原载《清水河县志》自然灾害，内蒙古人民出版社 2001 年版

《临河市志》

清光绪二十二年（1896 年）　　　　　夏，萨拉齐厅西境之后套飞蝗蔽日，田

野密集如沙，禾苗仅余十之一二，
告饥。

原载《临河市志》自然灾害，内蒙古人民出版社 1997 年版

《五原县志》

1. 清光绪五年（1879 年）　　　　东起乌拉特，西至阿拉善，蝗灾。

2. 光绪二十一年（1895 年）　　　夏，后套飞蝗蔽日。

原载《五原县志》大事记，内蒙古人民出版社 1996 年版

3. 光绪二十六年（1900 年）　　　夏，萨拉齐厅西境之后套飞蝗蔽日，田野
密集如沙，禾苗仅余十之一二，告饥。

4. 光绪三十二年（1906 年）　　　五月，蝗蝻成灾，始自洋堂庙圪堵、鱼洼
圪堵、乌梁素三处，东入达拉特地，聚
集之多，厚至三四寸至七八寸，长宽数
里至 20 余里，弥望天际，人难插足，
所至惟罂粟、麻豆不食，其余田禾茎叶
无遗，经垦局督驻套军兵扑捕，而势盛
不能灭，达旗东段受灾最重，继延至中
段及杭锦之布袋口、皂火河各处，官购
荞麦籽种贷民并免田租。

5. 光绪三十三年（1907 年）　　　春，后套各地上年遗子解冻后蠕动，挖虫
蝗卵如小桶，每桶 99 子，厚积数寸，
未几出土生翅，群飞为害，遍布垦界数
百里，一望皆黑，刨坑埋之，引火焚
之，扑灭迅速，为害尚轻。

原载《五原县志》自然灾害，内蒙古人民出版社 1996 年版

《内蒙古自治区志·农业志》

经查，2000 年内蒙古人民出版社出版的农业志中无蝗灾记载。

五、西藏自治区

西藏地方历史档案丛书《灾异志——雹霜虫灾篇》

1. 清道光八年　土鼠年（1828 年）　《噶厦①就补具蝗灾减免证明事给杰地与古朗地区之批示》：据呈：古朗地区准达根布属下之庄稼，于土鼠年遭受严重蝗灾，因而减免收入之三分之一。

2. 清道光九年　土牛年（1829 年）　《噶厦就补具蝗灾减免证明事给杰地与古朗地区之批示》：杰地、古朗②政府差民之庄稼受严重蝗灾，减免收成杰地之马饲料粮以及古朗青稞及草料。

原载西藏地方历史档案丛书《灾异志——雹霜虫灾篇》虫灾第 81 页，中国藏学出版社 1990 年版

3. 清道光十七年　火羊年(1847 年)　《隆子宗宗堆及百姓为遭受蝗灾请求批准治虫喇嘛前来治虫事呈诸噶伦③之禀帖》：卑等辖区自火羊年以来，连遭旱灾、蝗灾，几年颗粒无收。特别是今年，上、中、下大部分地区青稞、麦子荡然无存，豌豆亦有被虫吃之危险。对此，上官大人大发慈悲，派一治虫喇嘛前来此地，卑等自费新建佛塔一座，以求治虫禳解④，但效果不佳。卑等近闻有一治虫喇嘛赴蔡公塘治虫甚有效验。为使卑地治虫有效，祈请恩准，令该治虫喇嘛于本月十五

---

① 噶厦：藏语音译，意为发布命令的机关，指原旧西藏地方政府，1959 年被解散。
② 杰地：今西藏山南市朗县；古朗：今西藏朗县古如朗杰区。
③ 噶伦：藏语音译，意指原西藏地方政府主要官员，清时为三品官，权势甚重。
④ 禳解：祈神驱魔解厄之意。

日前来卑地隆宗治虫。

卑等澎达地区多年遭受虫灾，特别是地域辽阔，虫巢荒地面积较大，蝗虫特多，不堪忍受。祈请从速降赐圆满佳音。

原载西藏地方历史档案丛书《灾异志——雹霜虫灾篇》虫灾第 82 页，中国藏学出版社 1990 年版

4. 清道光二十八年　土猴年(1848 年)　《卡孜噶豁顿差民为遭受蝗灾请求减免差赋事呈诸噶伦之禀帖》：卡孜地区"庄稼又遭霜、雹、蝗灾，秋收愈差"。

原载西藏地方历史档案丛书《灾异志——雹霜虫灾篇》虫灾第 86 页，中国藏学出版社 1990 年版

5. 清道二十九年　土鸡年（1849 年）　《纽豁堆孜仲释迦金巴就遭受严重蝗灾请求蠲免差赋事呈摄政暨诸噶伦之禀帖》："敬禀者：今年纽豁整个地区遭受严重蝗灾。按惯例，从秋收中向杂涅列空缴纳之豌豆、草料、饲料代金银、粮食等，今因秋收无望，难以支应，故祈请最好蠲免上述差赋。"

原载西藏地方历史档案丛书《灾异志——雹霜虫灾篇》虫灾第 83 - 84 页，中国藏学出版社 1990 年版

《萨当地区政府差民为连年遭蝗灾请求减免差赋事呈摄政暨诸噶伦之禀帖》：萨当地区"土鸡年以来所有庄稼被蝗虫啃吃一空。今年更不同于他地，小麦、青稞和豌豆均被啃吃殆尽"。

原载西藏地方历史档案丛书《灾异志——雹霜虫灾篇》虫灾第 84 页，中国藏学出版社 1990 年版

《萨拉地区僧俗为庄稼遭受严重虫灾请求减轻差税事呈摄政暨诸噶伦文》："敬禀者：卑等缴纳力役差与财物税所依靠之庄稼，虽遭蝗灾已逾五年，但仍

千方百计设法支应，未给上官带来麻烦。对各项差税从不拖延，积极支应。今年收割、打场如遭雹灾一样，份地所种麦子、青稞都遭严重虫害。祈请在蝗虫、豆虫灾害未消除之前，甲、兴、俄等所有差税准予减免。"

原载西藏地方历史档案丛书《灾异志——雹霜虫灾篇》虫灾第 85 页，中国藏学出版社 1990 年版

《卡孜噶谿顿差民为遭受蝗灾请求减免差赋事呈诸噶伦之禀帖》："土鸡年卑等地区复遭受严重蝗灾。正值对消除蝗灾抱极大希望之时，去年庄稼又遭霜、雹、蝗灾，秋收愈差。然今年四月份，蝗虫遍及整个地区，其危害重于往昔，秋收毫无指望。从天降落之鬼怪蝗虫，啃吃庄稼，使卑等一群乞丐，难以支应收入簿内明载噶谿承担之汉饷、柴费、传召糌粑等差税。祈请准予蠲免汉饷、柴费及传召糌粑等差税。"

原载西藏地方历史档案丛书《灾异志——雹霜虫灾篇》虫灾第 86 页，中国藏学出版社 1990 年版

《噶厦就澎达地区遭受严重蝗虫灾害请求赏赐佛事报酬粮事给澎达宗之批示稿》："据呈，该区（澎达）遭受严重蝗虫灾害。"

原载西藏地方历史档案丛书《灾异志——雹霜虫灾篇》虫灾第 87－88 页，中国藏学出版社 1990 年版

6. 清道光三十年　铁狗年（1850 年）《噶厦就澎达地区遭受严重蝗虫灾害请求赏赐佛事报酬粮事给澎达宗之批示稿》："据呈，该区（澎达）去年遭受严重蝗虫灾害，今年因虫卵繁殖，可能又将受灾。为眷念百姓之安乐，

政府将从速特派卡儿多活佛到各地举办禳解佛事。据查，昔时林宗①辖区百姓呈来共禀内称：去年遭受严重蝗灾，拟请达龙活佛吉仓到地方做禳解法事。"

原载西藏地方历史档案丛书《灾异志——雹霜虫灾篇》虫灾第 87－88 页，中国藏学出版社 1990 年版

《澎波朗塘谿堆为该地遭受蝗灾请求眷顾事呈诸噶伦文》："今年四月底又出现蝗灾。受灾者主要有政府自营地什一税上等农田约一百朵尔②；青饲草基地之雄扎亚草场、杰玛卡草场，寸草未收。原抱希望于洼地所种少量豌豆，亦为蝗虫吃光，连种子、草秆都已无望。"

原载西藏地方历史档案丛书《灾异志——雹霜虫灾篇》虫灾第 88 页，中国藏学出版社 1990 年版

《林周宗孜准格且为庄稼遭受蝗灾事呈摄政暨诸噶伦文》："卑职为林宗带来不济时运，自始至终为蝗虫灾害困扰，自铁狗年起，蒙赐予救济补贴，此乃上师大人之莫大恩典。但此地时运乖蹇，连年遭受蝗灾。"

原载西藏地方历史档案丛书《灾异志——雹霜虫灾篇》虫灾第 90 页，中国藏学出版社 1990 年版

7. 清咸丰元年　铁猪年（1851 年）

《噶厦就澎波达孜墨竹工卡等地遭受蝗灾寻访治虫喇嘛事给聂拉木关卡官员等之指令稿》："事由：澎波、达孜、墨竹工卡及德庆等地区庄稼，连遭严重

---

① 林宗：林周宗的简称，今西藏拉萨林周县。

② 朵尔：藏语音译，一对耕牛之意，一朵尔指一对耕牛一天所耕土地的面积。

蝗虫灾害。"

原载西藏地方历史档案丛书《灾异志——雹霜虫灾篇》虫灾第 89 页，中国藏学出版社 1990 年版

《墨工谿堆暨所辖僧俗百姓为遭受蝗灾请求减免差税并予赏赐事呈诸噶伦文》："铁猪、水鼠两年蝗灾严重，收成不佳，百姓生活困难，无力抗御虫灾。"

原载西藏地方历史档案丛书《灾异志——雹霜虫灾篇》虫灾第 91 页，中国藏学出版社 1990 年版

8. 清咸丰二年　水鼠年（1852 年）

《噶厦就澎波达孜墨竹工卡等地遭受蝗灾寻访治虫喇嘛事给聂拉木关卡官员等之指令稿》："事由：去年澎波、达孜及墨竹工卡等地之庄稼，连续遭受严重蝗灾，幸福之命脉受到严重危害。对此，正采取有效防范措施。此外，据说樟木贡萨寺有一领诵师，咒法灵验。对彻底禳解虫害是否灵验可靠，需找他本人认真了解，迅报真情。若漫不经心，搁置不理，造成延误，决不允许。切记。

事由：去年澎波、达孜、墨竹工卡及德庆等地区庄稼，连遭严重蝗虫灾害，幸福之命脉被毁。对此，前几年已连续进行防治。此外，听说尔地塔拉岗布有根治蝗虫之喇嘛。是否属实，由尔彻底查询。如果属实，从速如实呈报。若漫不经心，随意搁置不理，则决不允许。切记。"

原载西藏地方历史档案丛书《灾异志——雹霜虫灾篇》虫灾第 89 页，中国藏学出版社 1990 年版

《墨工谿堆暨所辖僧俗百姓为遭受蝗灾请求减免差税并予赏赐事呈诸噶伦文》：

"铁猪、水鼠两年蝗灾严重，收成不佳，百姓生活困难，无力抗御虫灾"。

原载西藏地方历史档案丛书《灾异志——雹霜虫灾篇》虫灾第91页，中国藏学出版社1990年版

9. 清咸丰三年　水牛年（1853年）

《林周宗孜准格旦为庄稼遭受蝗灾事呈摄政暨诸噶伦文》："卑职为林宗带来不济时运，自始至终为蝗虫灾害困扰，自铁狗年起，蒙赐予救济补贴，此乃上师大人之莫大恩典。但此地时运乖蹇，连年遭受蝗灾。迄今为止，卑职福浅，经营收入日劣，已历经四年。今年蝗灾，小麦、青稞无收。"

原载西藏地方历史档案丛书《灾异志——雹霜虫灾篇》虫灾第90页，中国藏学出版社1990年版

《墨工谿堆暨所辖僧俗百姓为遭受蝗灾请求减免差税并予赏赐事呈诸噶伦文》："敬禀者：去年十二月盖有内府①印记令示：为防范蝗虫灾害，各地需做祈福禳灾法事。按照饬示：所做各项法事，由本区大小寺庙及山间各村落平均承担费用。近来时运不济，今年又不同于往年，上下各地蝗害蔓延，其量惊人。现除个别地块外，其余各地正采取防护措施，举行禳灾法事。惟因铁猪、水鼠两年蝗灾严重，收成不佳，百姓生活困难，无力抗御虫灾。若此番蝗虫危害庄稼，不用说粮食，就是草也难收。故祈求政府怜悯卑等黎民疾苦，为禳灾保收，予以赏赐。治虫人员需否派往各地，亦请上师大

---

① 内府：指达赖喇嘛处。

人定断。过去两年，各地均受程度不等之虫害，有些地方只能收草。然今年各村又出现大量蝗虫，将使驿站百姓寸草不收，人畜难以忍受，汉藏驿站往来受到威胁，故不得不上书呈告。此类蝗虫一入农田，大小农户便有沦为乞丐之厄运，到时既无苦乐选择之余地，又无呈禀之必要。现今各村对无蝗虫之农田进行灌水防虫，希望能有少量收获。"

原载西藏地方历史档案丛书《灾异志——雹霜虫灾篇》虫灾第 91-92 页，中国藏学出版社 1990 年版

《噶厦就江豁宗宗堆根布等因庄稼遭受虫灾请求借贷事之盖印批复稿》（附原呈）："（江豁①与雪属②）所种庄稼遭受蝗灾，全无收成。全部农田，今年只好废置。"

原载西藏地方历史档案丛书《灾异志——雹霜虫灾篇》虫灾第 93 页，中国藏学出版社 1990 年版

10. 清咸丰四年　木虎年（1854 年）　《噶厦就江豁宗宗堆根布等因庄稼遭受虫灾请求借贷事之盖印批复稿》（附原呈）："呈文尽悉，雪属下同其他各地一样，庄稼遭严重蝗灾。附原呈：敬禀者：卑地（江豁）与雪属去年所种庄稼遭受蝗灾，全无收成。全部农田，今年只好废置。因此，老人、儿童难以生存，能走者即将逃往他地。"

原载西藏地方历史档案丛书《灾异志——雹霜虫灾篇》虫灾第 93 页，中国藏学出版社 1990 年版

---

① 江豁：今西藏拉萨市曲水县。
② 雪属：指雪列空所属十八宗豁。

《尼木地区多滚巴与玛朗巴为蝗灾请求赏赐粮食事呈噶伦文》：“尼木地区自木虎年起出现蝗虫。”

原载西藏地方历史档案丛书《灾异志——雹霜虫灾篇》虫灾第 94 页，中国藏学出版社 1990 年版

11. 清咸丰五年　木兔年（1855 年）　《噶厦就防止虫灾蔓延事给曲水宗宗堆之批复稿》：“呈文尽悉：诅咒人畜共同安乐果实之魑魅蝗虫，今年在该区（曲水宗）内大量出现。此前早有阻止其蔓延孳生之法，可继续抓紧使用。如头人及百姓再次认真负责，则无不可防范之理。当今不仅要确保上述区内之庄稼及草场不受灾害，还要防止飞虫蔓延到其他地方。不论控制还是根治，均应念及自己和他人之安乐果实，坚持关心到底。切切。”

原载西藏地方历史档案丛书《灾异志——雹霜虫灾篇》虫灾第 93 - 94 页，中国藏学出版社 1990 年版

《尼木地区多滚巴与玛朗巴为蝗灾请求赏赐粮食事呈噶伦文》：“尼木地区自木虎年起出现蝗虫。卑等二人福薄命浅，在住地后边之广阔山上，漫山遍野长有茅草、酸草等，成为蝗虫集中栖息之所，遍地皆有无数虫卵，尼木不同于其他地方，所种之庄稼遭受虫灾严重，青稞、小麦只能收回种子。直至今年（木兔年），先后不断出现蝗虫，多如水波。”

原载西藏地方历史档案丛书《灾异志——雹霜虫灾篇》虫灾第 94 页，中国藏学出版社 1990 年版

12. 清咸丰六年　火龙年（1856 年）　《噶厦对卫藏各宗谿下达驱赶蝗虫彻底铲

除虫卵事之指令稿》："事由：据称该区个别地方涌来劫夺幸福命脉之蝗虫，危害庄稼等情。若发慈悲心，让其滞留，势必导致蔓延，逐渐危及各地，故需驱赶，并在秋末铲除虫卵。去年即对江孜、白朗、日喀则等地下过指令，不知是宗堆未曾传达命令，抑或属下各地撒手不管，反正今年又发现蝗虫。现尔宗谿头目以及属下根布头人等，负责在各地彻底驱赶蝗虫，务必尽心尽职，想尽一切办法，不使一只蝗虫孳生。不论何地，若出现蝗虫，则定将宗堆、根布及各头人严惩不贷。切切。

事由：据占卜预示，对危害幸福之蝗虫，如不采取禳解治理，任其蔓延发展，人主百姓即将全部毁灭，需作驱赶措施等情。现今蝗虫正在尔地区左右，如乌云飞腾，故着令尔等头目及属下根布头人等，如俗话所说，一根灯芯燃到底，要主动承办，及早驱赶；并着令各宗谿、各根布属下及各村镇，负责铲除去年所孵之虫卵，不使一只留存。另外，不许各辖区之个别坏人耍赖、撒手不管、不遵指令、疏忽大意等情况发生。此事要公布于众，全体动员，同心协力，全面展开。明年不论宗谿、根布属下，如有蝗虫出现，则对尔等宗堆、谿堆及根布等，必将严惩不贷。切记。"

原载西藏地方历史档案丛书《灾异志——雹霜虫灾篇》虫灾第 96 页，中国藏学出版社 1990 年版

《噶厦就乃东地区遭受虫灾等事给乃东宗
宗堆及颇章辖区政府差民之批复稿》：
乃东"又连遭蝗灾，颗粒无收"。

《噶厦就消灭蝗虫事复尼木门卡尔谿指令
稿》：尼木门卡尔"连遭蝗虫危害，收
成无望"。

原载西藏地方历史档案丛书《灾异志——雹霜虫灾篇》虫灾第 97 页，
中国藏学出版社 1990 年版

13. 清咸丰七年　火蛇年（1857 年）
《噶厦就乃东地区遭受虫灾等事给乃东宗
宗堆及颇章辖区政府差民之批复稿》：
乃东"去年又连遭蝗灾，颗粒无收"，
"但平摊之禳解佛事之费用，应尽力
支应"。

原载西藏地方历史档案丛书《灾异志——雹霜虫灾篇》虫灾第 97 页，
中国藏学出版社 1990 年版

《噶厦就消灭蝗虫事复尼木门卡尔谿指令
稿》："尼木门卡尔谿堆及所属政府、
贵族、寺庙三方之根布、头人与百姓：
事由：在大噶丹颇章政府属民之地区
内，为佛教安乐、众生存在所依托之
庄稼，于去年连遭蝗虫危害，收成无
望。前世因缘之黑品，即佛教敌对者
及鬼神，心怀毁灭邪念，以叛逆之愤
恨，变成有翅会飞之蝗虫，对善品、
民众生幸福之财富，肆行暴虐。地方
政府为抑制虫害，使其自行消解，曾
大做佛事，并下令各地亦做佛事，但
仍未制服此类邪恶势力。因此，只能
采用彻底根治之法。按照去年噶厦政
府之指示，此类蝗虫劫掠幸福根之邪
心业已得逞，即使放在善果取舍之要
旨上，亦属严重违反之列。近来，以

普地为主之达赖喇嘛口粮产地，由于去年蝗虫孳生，繁殖迅速，以致今年灾害严重。为此，着该地宗谿头人与政府、贵族、寺庙三方之谿堆、根布、头人等，不必理会豪门权贵者之铁券文书，应集中尼木全境差民，立即全体动手，彻底消灭蝗虫，连名也不让其留下。"

原载西藏地方历史档案丛书《灾异志——雹霜虫灾篇》虫灾第 97－98 页，中国藏学出版社 1990 年版

14. 19 世纪 50 年代

《蔡谿堆诺杰囊巴为庄稼连续两年遭受虫灾支付项目无法完成请求减免事呈摄政暨诸噶伦文》："去年六月，蔡地出现蝗虫，秋季庄稼损失严重，但不敢向上师大人呈报疾苦，总想自己设法解决。惟今年收成，豌豆连二百克亦难保证，其他作物连根带枝全被啃吃精光。"

原载西藏地方历史档案丛书《灾异志——雹霜虫灾篇》虫灾第 98 页，中国藏学出版社 1990 年版

《江孜宗宗堆就消灭蝗虫事呈噶厦文》："近来六月二十六日下达令饬内开：该区个别村落据称出现吃庄稼之蝗虫。对此，自利自爱，恐皆有灭虫之愿，而尔二宗堆身为主管差税、司法之官员，应即对该区各地凡有蝗虫之处，予以根除，在秋季来临时，坚决设法不让一只虫卵残留于地下。奉此，即令所有大小各户，就地灭除蝗虫，不使向各区蔓延。估计目下（蝗虫）虽不会有严重发展，但仍遵从上师大人之饬令，动员所有贵贱人等，

自利自爱，继续扑灭。"

　　　　原载西藏地方历史档案丛书《灾异志——雹霜虫灾篇》虫灾第 99 页，
中国藏学出版社 1990 年版

　　　　　　　　　　　　《朗杰岗谿百姓为庄稼遭受虫灾事呈摄政
　　　　　　　　　　　　暨诸噶伦文》："敬禀者：由于政府关
　　　　　　　　　　　　顾，危害庄稼之蝗虫，仅在今年□月
　　　　　　　　　　　　十日左右，在本区出现过。但现今不
　　　　　　　　　　　　断增多，麦子、青稞穗秆被折成两段。
　　　　　　　　　　　　为该地安乐，针对蝗虫进行孽债食子、
　　　　　　　　　　　　息灭护摩、常规、增额之甘珠尔、般
　　　　　　　　　　　　若十万颂等佛事，谿卡百姓均按天神
　　　　　　　　　　　　喇嘛授记，奉行无悔。"

　　　　原载西藏地方历史档案丛书《灾异志——雹霜虫灾篇》虫灾第 100 页，
中国藏学出版社 1990 年版

　　15. 清光绪十七年　铁兔年（1891 年）《诸噶伦为宗嘎出现蝗虫事请求乃穷大法
　　　　　　　　　　　　　王问卜文》："最近三月十日宗嘎二宗
　　　　　　　　　　　　　堆来禀称：铁兔年出现蝗虫。"

　　　　原载西藏地方历史档案丛书《灾异志——雹霜虫灾篇》虫灾第 105 页，
中国藏学出版社 1990 年版

　　16. 清光绪十八年　水龙年（1892 年）《噶厦就防治蝗虫事给达孜宗堆之批复》：
　　　　　　　　　　　　　"呈文知悉。据称，尔地玉昂维地界
　　　　　　　　　　　　　江孜牙玛地边发现蝗虫幼蝻，立即予
　　　　　　　　　　　　　以彻底扑灭，甚好。还应对尔地政
　　　　　　　　　　　　　府、贵族及寺庙各自所辖山川、树林
　　　　　　　　　　　　　等偏僻地带，进行巡查。若有发现，
　　　　　　　　　　　　　为不使其孳生蔓延，需坚持指挥，予
　　　　　　　　　　　　　以彻底扑灭。若对西藏之康乐基业，
　　　　　　　　　　　　　掉以轻心、麻痹大意，以致出现蝗虫，
　　　　　　　　　　　　　即将对尔谿堆及该区佐扎、根布[①]等

　　　————————————

　　　① 佐扎：藏语音译，西藏宗政府职官名，负责差役的摊派与检查，处理案件，出席宗政府会议等；根布：藏语音译，意为长者。

人，当众惩治，决不宽贷。"

原载西藏地方历史档案丛书《灾异志——雹霜虫灾篇》虫灾第 102 页，
中国藏学出版社 1990 年版

《噶厦就防治蝗虫事给朗塘谿堆之批复》：
"呈文知悉。据称，遵照内府指令精
神，正在作经忏佛事，并对发现之少
量蝗虫设法驱除，甚好。还应对尔地
政府、贵族、寺庙三方各自之山川、
农田间有无蝗虫出现，进行巡查。若
有发现，为不使其孳生蔓延，需坚持
指挥，予以彻底扑灭。对西藏康乐之
基业，倘若掉以轻心、麻痹大意，以
致出现蝗虫，即将对尔谿堆及佐扎、
根布等人，当众惩治。"

《噶厦就防治蝗虫事给墨竹工卡谿堆之批
复》："呈文尽悉。据称，遵照内府指
令精神，正在作经忏佛事，并对发现
之少量蝗虫，正设法驱除中等情，甚
好。还应对尔地政府、贵族、寺庙各
自之山川、农田间，有无蝗虫出现，
进行巡查。若有发现，为不使其孳生
蔓延，需坚持指挥，予以彻底扑灭。
切记。"

原载西藏地方历史档案丛书《灾异志——雹霜虫灾篇》虫灾第 103 页，
中国藏学出版社 1990 年版

《噶厦就防治蝗虫事给色谿堆之批复》：
"呈文尽悉。据称，尔等地区发现之
蝗虫，已设法予以彻底消灭等情，
甚好。还应对尔地政府、贵族及寺
庙各自所辖山川、农田间，有无蝗
虫，进行巡查。若有发现，为不使
其孳生蔓延，需坚持指挥，予以彻

底扑灭。如对西藏康乐基业掉以轻
心、麻痹大意，以致出现蝗虫，即
将对尔豁堆及该区佐扎、根布等人，
当众惩治。"

原载西藏地方历史档案丛书《灾异志——雹霜虫灾篇》虫灾第 103 -
104 页，中国藏学出版社 1990 年版

《噶厦就防治蝗虫事给林周宗之批复》：
"呈文知悉。据称，遵照内府指令精
神，切实做经忏佛事，并近日在斋地
之擦巴塘等地出现蝗虫，正在竭力扑
灭中等情，甚好。还应以西藏民生康
乐为重，设法不使蝗虫孳生繁殖，予
以彻底扑灭。若蝗虫蔓延，危及本区
庄稼，或在其他地方有所发展，则对
尔等一地之主十分不利，即对该地为
首之佐扎、根布等人，亦将当众
惩治。"

《噶厦就虫灾应自行消灭事给柳吾豁堆之
批复》："呈文知悉，批复如下：往年
出现蝗灾时，确无从尔处派人去玛林
灭虫之惯例。虫害到处无异，不应让
别人承担，或依靠别人。任意强迫，
更为不妥。既然以往出现虫害时，未
曾派过灭虫人员，现尔等就得各守各
地，就地灭虫，不得互派灭虫人员。
此事应如此议决，切记。"

原载西藏地方历史档案丛书《灾异志——雹霜虫灾篇》虫灾第 104 页，
中国藏学出版社 1990 年版

《噶厦就消灭蝗虫事给拉布豁堆之批复》：
"呈文知悉。据称，尔等采取土埋治蝗
之办法，及遵照命令作经忏佛事，甚
好。还应对尔地政府、贵族、寺庙各

自所辖山川、树林等偏僻地带，有无蝗虫，进行巡查。若有发现，为不使其孳生蔓延，需坚持指挥，予以彻底扑灭。对西藏康乐之基业，若掉以轻心、麻痹大意，以致出现蝗虫，即对尔谿堆及该区佐扎、根布等当众惩治。"

原载西藏地方历史档案丛书《灾异志——雹霜虫灾篇》虫灾第 104 - 105 页，中国藏学出版社 1990 年版

17. 清光绪十九年　水蛇年（1893 年）《诸噶伦为宗嘎出现蝗虫事请求乃穷大法王问卜文》："宗嘎二宗堆来禀称：天暖时（蝗虫）出现于地面，冬天产卵于地下。对此等不祥妖魔，不惜财务，曾做隆重法事。"

原载西藏地方历史档案丛书《灾异志——雹霜虫灾篇》虫灾第 105 页，中国藏学出版社 1990 年版

18. 清光绪二十年　木马年（1894 年）《诸噶伦为宗嘎出现蝗虫事请求乃穷大法王问卜文》："最近三月十日宗嘎二宗堆来禀称：铁兔年出现蝗虫，去年天暖时出现于地面，冬天产卵于地下。对此等不祥妖魔，不惜财务，曾做隆重法事。今年天气开始转暖，经调查，发现无论山地、平原皆有虫卵。若不根除此类蝗虫，边鄙贫困子民将无以为生。如此繁衍蔓延，对庄稼之危害则不堪设想。对此类害虫不得不采取根治办法：（1）为及时消解此等蝗虫，应做何种法事为佳?（2）根治由宗嘎本地努力完成好，抑或由本政府进行为妥?"

原载西藏地方历史档案丛书《灾异志——雹霜虫灾篇》虫灾第 105 页，中国藏学出版社 1990 年版

19. 清光绪二十七年 铁牛年（1901 年）《噶伦及基恰堪布为日喀则宗所属森孜地区蝗灾事呈达赖喇嘛请愿书》（附批复）："近接日喀则二宗本来呈：该宗属下森孜地区于四月间突然出现大量蝗虫，迄今已使三十朵尔耕地面积之庄稼颗粒无收。

附批复：经向三宝大海虔诚问卜，卜示：切实完成除邪佛事，诵大云经全文，奉献十万孽债食子供，诵读万遍灭惠经，敬神香，诵读百遍莲花生遗教。"

原载西藏地方历史档案丛书《灾异志——雹霜虫灾篇》虫灾第 106 页，中国藏学出版社 1990 年版

《噶伦及基恰堪布为日喀则宗所属森孜地区蝗灾事请求普觉强巴等护法问卜文》："日喀则宗所属森孜地区，四月间以来，突然出现大量蝗虫，约有三十朵尔面积之庄稼，今已全部被毁，灾情尚在蔓延。"

原载西藏地方历史档案丛书《灾异志——雹霜虫灾篇》虫灾第 107 页，中国藏学出版社 1990 年版

20. 清宣统三年 铁猪年（1911 年） 《卡孜噶顿差民为遭受蝗灾请求借粮事呈诸噶伦文》：卡孜"庄稼遭受严重蝗灾，别说收成，连饲草、麦秆也难以收到"。

原载西藏地方历史档案丛书《灾异志——雹霜虫灾篇》虫灾第 108 页，中国藏学出版社 1990 年版

21. 民国元年 水鼠年（1912 年） 《卡孜噶顿差民为遭受蝗灾请求借粮事呈诸噶伦文》："呈禀要义如下：卑等福命薄浅，水鼠年遭受蝗虫灾害，不得不割青苗，只收少许劣质青稞与饲草。加之去年庄稼遭受严重蝗灾，别说收成，连饲草、

麦秆也难以收到，而且亦无处可借贷。"

原载西藏地方历史档案丛书《灾异志——雹霜虫灾篇》虫灾第 107 - 108 页，中国藏学出版社 1990 年版

22. 民国四年（1915 年）　　　　　七月，西藏春碑谷①螨蝗成群，日日自空中飞过，如是者约有两星期之久。

原载柏尔《西藏志》，商务印书馆 1936 年版

23. 民国十七年　土龙年（1928 年）　《噶厦就灭蝗事给撒拉谿堆之批复》："呈禀知悉。据呈：撒拉地区求瓦附近之后山上发现蝗虫。为使明年不再出现，应取何种文武措置为宜等语。此类蝗虫，若有卵存留，则定然孳生繁衍，严重危害禾稼。今应趁其尚未孳生之前，以有效方法根除。至于用何法为宜，可由尔宗本、百姓议定。"

原载西藏地方历史档案丛书《灾异志——雹霜虫灾篇》虫灾第 108 页，中国藏学出版社 1990 年版

24. 20 世纪 30 年代　　　　　　《扎希谿堆代理等为遭受虫灾秋收无望事呈噶厦文》：扎希"现在庄稼还未成熟，却遭受蝗虫灾害，不仅麦秆全被咬断，而且叶子亦被吃光，残留之麦秆也被吃得一天比一天短，难望收到粮食、饲草"。

原载西藏地方历史档案丛书《灾异志——雹霜虫灾篇》虫灾第 108 - 109 页，中国藏学出版社 1990 年版

25. 20 世纪 40 年代　　　　　　《温谿堆为温达地区遭受蝗灾请求减免事呈诸噶伦文》："敬禀要义如下：如前所禀，今年六月间，温达地区沿藏布江一带上下村庄，出现较多蝗虫，且

---

① 春碑谷：藏语音译，即春丕谷，在今西藏亚东县。

不断增加。上部村庄虽从蝗虫嘴中收回部分庄稼，然巴根珠萨辖地门达地区宗府经营之多热谿、德新二地所种，以及政府差民桑岗根布属下、德新根布属下、扎雪根布属下等贫困百姓，负担租税甚重，现有与抛荒田亩出入很大之支应差务约十四岗差民农田，被蝗虫啃吃严重。当时无法可想，只好提前收割。未熟作物产量，只能收回种子。"

西藏地方历史档案丛书《灾异志——雹霜虫灾篇》虫灾第109页，中国藏学出版社1990年版

《噶厦为下亚东阿桑一带遭受虫灾做何经忏佛事呈摄政达札问卜文》（附复示）："七月二日，帕里宗二宗堆来呈称：近期下亚东阿桑一带突然出现大量蝗虫，铺天盖地而降，亚东地区庄稼损失较大。蝗虫沿河道已蔓延至帕里，且正沿路朝卫藏方向推移，等语。此事暂且不论是否由外人施法术，但若翻越山岭，飞抵拉萨，则庄稼定受严重灾害。不使此类蝗虫扩散，就地驱回消灭，应用何法、做何经忏佛事为佳？佛事应在帕里地区尽力完成，或由政府完成，祈请占卜智定，速即明示所现无遮法相，明白无隐。同时，恳请大怙主保佑，勿从金刚护轮弃置为祷。

附复示：经向三宝祈祷，卜示：有关下亚东阿桑一带出现蝗虫事，为不使蔓延至其他大部地区，可做以下经忏佛事：在后山之各要地尽量多诵药

师佛经及其仪轨，诵一亿次皈依经和玛尼经，孽债食子十万，顺遂息护摩、五部传记，齐诵甘珠尔经，顺遂禅心，广挂经幡，一再燔香，洗礼三宝与地方。若各地皆能完成，则不会出现大灾害。"

原载西藏地方历史档案丛书《灾异志——雹霜虫灾篇》虫灾第 110 - 111 页，中国藏学出版社 1990 年版

26. 水龙年（1952 年）

《雪卡谿堆为耐仲政府差民之庄稼遭受虫灾请求复查事呈噶厦文》："卑职雪卡谿堆顶礼呈禀要义：政府十月六日下达之命令，已于十一月十三日奉悉。内开，据呈：巧宗所属耐仲政府差民所种庄稼今年遭受严重蝗灾，有何请求，尔等亲赴灾地巡视调查等语。卑职奉命前往耐仲，呈禀内称：虫灾似并不严重，所以未再巡视。此后在七八月间，遭受严重蝗灾。秋收时节，别说粮食，连麦秆亦无收。情况属实。"

原载西藏地方历史档案丛书《灾异志——雹霜虫灾篇》虫灾第 112 - 113 页，中国藏学出版社 1990 年版

六、黑龙江省

《齐齐哈尔市志·综合卷》

清乾隆三十八年（1773 年）

七月初九，齐齐哈尔城南发现蝗虫幼虫，官员率领兵丁捕灭。

原载《齐齐哈尔市志·综合卷》大事记，黄山书社 1998 年版

七、台湾省

康熙《台湾府志》

经查,康熙三十四年版府志中无蝗灾记载。

乾隆《重修台湾府志》

经查,乾隆十二年版府志中无蝗灾记载。

《台湾府志三种》

经查,1985 年中华书局出版的府志中无蝗灾记载。

参考文献

一、书目类

（一）正史类参考书目

《史记》　　（汉）司马迁撰

《汉书》　　（东汉）班固撰　　（唐）颜师古注

《后汉书》　　（宋）范晔撰　　（梁）刘昭补志　　　（唐）李贤注

《三国志》　　（晋）陈寿撰　　（宋）裴松之注

《晋书》　　（唐）房玄龄等撰　　李淳风等考证

《宋书》　　（梁）沈约撰

《陈书》　　（唐）姚思廉撰

《魏书》　　（齐）魏收撰

《北齐书》　　（唐）李百药撰

《周书》　　（唐）令狐德棻等撰

《隋书》　　（唐）魏征等撰

《南史》　　（唐）李延寿撰

《北史》　　（唐）李延寿撰

《旧唐书》　　（后晋）刘昫等撰

《新唐书》　　（宋）宋祁、欧阳修撰

《旧五代史》　　（宋）薛居正等撰　　（清）邵晋涵等考证

《新五代史》　　（宋）欧阳修撰　　（宋）徐无党注

《宋史》 （元）脱脱等撰

《辽史》 （元）脱脱等撰

《金史》 （元）脱脱等撰

《元史》 （明）宋濂等撰

《明史》 （清）张廷玉等修

《清史稿》 （民国）赵尔巽等撰

（二）其他综合类历史书目

（南宋）朱熹，1936.《诗经集传》摘录［M］.上海：世界书局.

（鲁）左丘明，（齐）公羊高，（鲁）穀梁赤，1936.春秋三传［M］.上海：世界书局.

（秦）吕不韦撰，陈奇猷校释，1984.《吕氏春秋校释》摘录［M］.上海：学林出版社.

（宋）徐天麟，1977.西汉会要［M］.上海：上海人民出版社.

（东汉）王充，1974.《论衡》摘录［M］.上海：上海人民出版社.

（唐）欧阳询，1985.《艺文类聚》摘录［M］.上海：上海古籍出版社.

（宋）王溥，1955.唐会要［M］.北京：中华书局.

（宋）王溥，1978.五代会要［M］.上海：上海古籍出版社.

（元）马端临，1936.文献通考［M］.上海：商务印书馆.

（明）王圻，2002.续文献通考［M］.上海：上海古籍出版社.

（宋）司马光，（元）胡三省音注，1956.资治通鉴［M］.北京：中华书局.

（清）毕沅，1957.续资治通鉴［M］.北京：中华书局.

（清）吴任臣，1983.十国春秋［M］.北京：中华书局.

李国祥，杨昶，1993.明实录类纂·自然灾异卷［M］.武汉：武汉出版社.

（明）何乔远，2002.名山藏［M］.上海：上海古籍出版社.

（明）徐光启，1956.《农政全书》摘录［M］.北京：中华书局.

（清）龙文彬，1956.明会要［M］.北京：中华书局.

（清）蒋廷锡，1934.古今图书集成·庶征典·蝗灾部［M］.上海：中华书局.

（三）治蝗书目

《救荒活民书（附拾遗）》 （宋）董煟

《农政全书·除蝗疏》 （明）徐光启

《捕蝗考》 （清）陈芳生

《捕蝗集要》 （清）俞森

《扑蝻历效（扑蝻凡例）》 （清）王勋

《捕蝗必览》 （清）陆曾禹

《除螟檄》 （清）陈文恭

《赈略·蝗蝻说》 （清）吴元炜

《治蝗传习录》 （清）陈世元

《捕蝗法》 （清）李钟份

《除蝗记》 （清）陆柎亭

《捕蝗事宜》 （清）朱为弼

《留云阁捕蝗记》 （清）彭寿山

《捕蝗汇编》 （清）陈僅

《捕蝗记》 （清）马源

《布墙捕蝻法》 （清）任宏业

《捕蝗成法》 （清）万保

《河南永城县捕蝗事宜》 （清）王凤生

《遇蝗便览》 （清）胡芳秋

《捕蝗图说一卷 要说一卷》 （清）钱炘和

《捕蝗除种告谕》 （清）张煦

《捕蝗要诀 除蝻八要》 （清）司徒照

《治蝗全法》 （清）顾彦

《除蝗备考》 （清）袁青绶

《捕蝗说》 （清）沈受宏

《治飞蝗捷法》 （清）李炜

《捕除蝗蝻要法三种》 （清）李炜

《现行捕除蝗蝻要法》 （清）李炜

《治蝗书》 （清）陈崇砥

《简明捕蝗法》 （清）顾彦

《捕蝗扑蝻掘子章程》 （清）杨子通

《赵县捕蝗办法》 （清）于振宗

《捕蝗备要》 （清）沈兆瀛

《捕蝗箕篴法》 （清）佚名

王仁术，1914. 捕蝗意见书［M］. 开封道.

王亿年，1915. 捕蝗纪略［M］. 直隶任县官廨.

章祖钝，等，1921. 蝗蝻防治法［M］. 中央农事试验场.

江苏省昆虫局，1928. 蝗虫之一般驱除方法［M］. 通俗浅说第 2 号.

江苏省昆虫局，1928. 捕蝗浅说［M］. 通俗浅说第 4 号.

江苏省昆虫局，1928. 田间最适用之捕蝗法［M］. 通俗浅说第 5 号.

江苏省昆虫局，1929. 秋蝗防治法［M］. 通俗浅说第 7 号.

中国华洋义赈救灾总会，1930. 灭蝗手册［M］. 中国华洋义赈救灾总会.

冯翔凤，1930. 治蝗要诀［M］. 郑州：河南大学.

陈家祥，1930. 中国蝗虫初步调查报告［R］. 江苏省昆虫局专门报告第 8 号.

陈高佣，1939. 中国历代天灾人祸表［M］. 上海：上海书店.

关鹏万，柳原政之，1941. 飞蝗概说［M］. 保定：伪河北省公署建设厅.

道家信道，1943. 华北的飞蝗［M］. 华北农事试验场.

袁毓明，1945. 太行人民打蝗记［M］. 北京：新华书店.

佚名，1947. 打蝗斗争［M］. 沈阳：东北书店.

农林部农业推广委员会，1947. 农林部三十六年度治蝗报告［R］. 农林部农业推广委员会印.

步毓森，1949. 蝗虫研究［M］. 北京. 中华书局.

野风，1949. 打蝗记［M］. 上海：上海教育出版社.

钟启谦，魏鸿钧，1950. 飞蝗及其防治［M］. 北京：华北农业科学研究所.

何兆熊，1951. 飞蝗防治法［M］. 上海：华东人民出版社.

吴福桢，1951. 中国的飞蝗［M］. 上海：上海永祥印书馆.

黄逸之，1951. 蝗虫［M］. 上海：商务印书馆.

农业部植保司，1953. 蝗虫防治法［M］. 上海：中华书局.

陈永林，尤其儆，朱进勉，1953. 侦查蝗情办法［M］. 宿县：宿县专区泗洪蝗虫防治站.

赵建铭，虞佩玉，尤其儆，1954. 微山湖和洪泽湖区常见的蝗虫［M］. 北京：财政经济出版社.

农业部植保处，1954. 中国农业主要病虫害及其防治 第一集 蝗虫及其防治［M］. 北京：农业部植保处.

江苏省农业厅，1955. 飞蝗防治法［M］. 南京：江苏人民出版社.

朱先立，1956. 飞蝗的故事［M］. 北京：通俗读物出版社.

农业部植保局，全国科技普及协会，1956. 消灭飞蝗为害［M］. 北京：农业出版社.

邱式邦，李光博，1957. 飞蝗及其预测预报［M］. 北京：财政经济出版社.

夏凯龄，1958. 中国蝗科分类概要［M］. 北京：科学出版社.

农业部植保局，1959. 农作物病虫发生规律及其预测预报 1956 年飞蝗预测预报总结

［M］.北京：农业出版社.

农业部植保局，1960. 坚决打好灭蝗战役，为根治蝗害而奋斗［M］.北京：农业出版社.

江西科技普及协会，1962. 消灭蝗虫的好办法［M］.南昌：江西人民出版社.

中国植物保护学会，1963. 蝗虫挂图［M］.北京：科学普及出版社.

农业部植保局，1965. 杂粮病虫害预测预报资料表册　蝗虫资料表册：1951—1963 年
　　［M］.北京：农业出版社.

马世骏，等，1965. 中国东亚飞蝗蝗区的研究［M］.北京：科学出版社.

陈永林，1979. 中国主要害虫综合防治　改治结合根除东亚飞蝗蝗害［M］.北京：科学
　　出版社.

陈永林，刘举鹏，黄春梅，1980. 新疆的蝗虫及其防治［M］.乌鲁木齐：新疆人民出版社.

周尧，1980. 中国昆虫学史［M］.西安：天则出版社.

魏信，1981. 姚崇治蝗［M］.北京：中国少年儿童出版社.

邹树文，1981. 中国昆虫学史［M］.北京：科学出版社.

沧州地区防蝗站，1982. 东亚飞蝗研究论文汇编［C］.沧州：沧州地区防蝗站.

农牧渔业部农作物病虫测报站，1983. 农作物病虫预测预报资料表册　东亚飞蝗资料表
　　册：1964－1979 年［M］.北京：农业出版社.

印象初，1984. 青藏高原的蝗虫［M］.北京：科学出版社.

郑哲民，1985. 云贵川陕宁地区的蝗虫［M］.北京：科学出版社.

甘肃省蝗虫调查协作组，1985. 甘肃蝗虫图志［M］.兰州：甘肃人民出版社.

施光前，1985. 江苏省治蝗工作成就［M］.江苏省治蝗工作成就编委会，江苏省植物保
　　护站.

刘金良，1986. 东亚飞蝗研究文献汇编［C］.沧州地区防蝗站，河北省农作物病虫综合
　　防治站.

周尧，1988. 中国昆虫学史［M］.杨陵：天则出版社.

河北省农业厅农业志编辑办公室，1989—1991. 志源 第 1 卷［C］.石家庄：河北省农业
　　厅农业志编辑办公室.

郑哲民，许文贤，1990. 陕西蝗虫［M］.西安：陕西师范大学出版社.

张长荣，1991. 河北的蝗虫［M］.石家庄：河北科学技术出版社.

郭郛，陈永林，卢宝廉，1991. 中国飞蝗生物学［M］.济南：山东科学技术出版社.

河北省农业厅农业志编辑办公室，1992. 志源 第 2 卷［C］.石家庄：河北省农业厅农业
　　志编辑办公室.

河北省农业厅农业志编辑办公室，1992. 志源 第 3 卷［C］.石家庄：河北省农业厅农业
　　志编辑办公室.

陕西省植物保护总站，1992. 陕西蝗区勘察与治理 ［M］. 西安：西安地图出版社.

河北省农业厅农业志编辑办公室，1992—1993. 志源 第 4 卷 ［C］. 石家庄：河北省农业
　厅农业志编辑办公室.

河南省植保植检站，1993. 河南东亚飞蝗及其综合治理 ［M］. 郑州：河南科学技术出版社.

刘举鹏，等，1995. 海南岛的蝗虫研究 ［M］. 杨陵：天则出版社.

张经元，1995. 山西蝗虫 ［M］. 太原：山西科学技术出版社.

孙源正，原永兰，1999. 山东蝗虫 ［M］. 北京：中国农业科技出版社.

蒋国芳，郑哲民，1998. 广西蝗虫 ［M］. 南宁：广西师范大学出版社.

朱恩林，1999. 中国东亚飞蝗发生与治理 ［M］. 北京：中国农业出版社.

莫言，2004. 红蝗 ［M］. 北京：民族出版社.

张书敏，2006. 河北省东亚飞蝗的发生与治理 ［M］. 北京：中国农业出版社.

王振国，2010. 水旱蝗汤悲歌 ［M］. 北京：人民出版社.

吕国强，2014. 河南蝗虫灾害史 ［M］. 郑州：河南科学技术出版社.

二、文献类

约翰·惠廷，1916. 耶路撒冷蝗祸记 ［J］. 钱治澜，译. 科学，2（7）：782-790.

戴芳澜，1916. 说蝗 ［J］. 科学，2（9）：1030-1042.

农商部，1920. 蝗蝻预防及驱除法浅说 ［J］. 商务公报，7（75）：21-23.

章祖纯，1921. 蝗蝻防除法 ［J］. 劝农浅说（54）.

张景欧，1923. 蝗患 ［J］. 科学，8（8）：861-887.

张景欧，1923. 蝗患（续）［J］. 科学，8（9）：935-956.

付焕光，1923. 治蝗 ［J］. 农学杂志，1（1）：7-14.

尤其伟，1923. 南京治蝗之经过 ［J］. 中国虫害报告，1（10）：178-200.

张景欧，等，1925. 飞蝗之研究 ［J］. 农学杂志，2（6）：1-72.

尤其伟，1926. 飞蝗 ［J］. 农学杂志（4）：73-98.

杨惟义，1928. 江苏昆虫局海州第三捕蝗分所治蝗报告 ［J］. 科学，13（3）：420-444.

胡觉根，1928. 治蝗管见 ［J］. 农学杂志（1）.

吴宏吉，1928. 飞蝗迁移之新学说 ［J］. 农学杂志（4）.

费谷祥，1928. 螟蝗问题 ［J］. 中华农学会报（60）.

吴福桢，1928. 蝗虫问题 ［J］. 农林新报（142-143）.

季正，1929. 蝗虫浅说 ［J］. 农民（9）.

尤其伟，1929. 捕蝗袋与捕蝗辘 ［J］. 自然界，4（9）：853-858.

忻介六，1929. 飞蝗的解剖 ［J］. 自然界，4（10）：959-974.

赵才标，1929. 浙江最近之蝗患 ［J］. 建设月刊（3）.

江苏省昆虫局，1930. 江苏省昆虫局十七、十八年年刊 ［J］. 江苏省昆虫局.

陈家祥，1930. 蝗虫预防及驱除法 ［J］. 农林新报（201）.

姚澄，1930. 实际治蝗简法 ［J］. 农业周报（42）.

邹源琳，1930. 大气内温度变迁对于飞蝗的成熟和健康的关系 ［J］. 自然界，5（7）：
　621 - 631.

克士，1931. 蝗虫习性的观察 ［J］. 自然界，6（5）：357 - 360.

陈方洁，1933. 蝗虫问题的新局面 ［J］. 昆虫与植病，1（4）：93 - 96.

张若芷，1933. 蝗虫之食量及蝗群密度之估计 ［J］. 昆虫与植病，1（18）：405 - 406.

张巨伯，徐国栋，1933. 民国二十二年我国之蝗患 ［J］. 昆虫与植病，1（30 - 35）：
　642 - 668.

陈家祥，1933. 飞蝗生活史及防治法 ［J］. 昆虫与植病，1（30 - 35）：668 - 674.

马骏超，1933. 世界飞蝗之分布及其防治法 ［J］. 昆虫与植病，1（30 - 35）：674 - 724.

徐国栋，1933. 从县志得到浙省飞蝗之概念 ［J］. 昆虫与植病，1（30 - 35）：724 - 726.

李贯三，1933. 民国二十年河北省之蝗患 ［J］. 昆虫与植病，1（30 - 35）：726 - 733.

李凤荪，1933. 捕蝗古法 ［J］. 昆虫与植病，1（30 - 35）：734 - 742.

吴宏吉，1933. 迷信蝗虫之破除 ［J］. 昆虫与植病，1（30 - 35）：742 - 744.

徐国栋，1933. 治蝗名言录 ［J］. 昆虫与植病，1（30 - 35）：744 - 748.

杨鉴清等，1933. 我国飞蝗参考文献之一斑 ［J］. 昆虫与植病，1（30 - 35）：748 - 755.

马俊超，1934. 蝗虫的天文预兆 ［J］. 昆虫与植病，2（5）：93 - 94.

徐国栋，1934. 要积极消灭本省今年蝗患 ［J］. 昆虫与植病，2（11）：198 - 200.

蔡邦华，1934. 中国蝗患之预测 ［J］. 昆虫与植病，2（23）：456 - 460.

尤其伟，1934. 飞蝗之生物学的观察 ［J］. 国际贸易导报，6（3）：25 - 75.

任明道，1934. 旱与蝗 ［J］. 农报，1（14）：335 - 336

中央农业实验所病虫害系，1934. 治蝗浅说 ［J］. 农报，1（16）：393 - 395.

本刊社论，1934. 七省治蝗会议 ［J］. 农业周报，3（23）：479 - 480.

中央农业实验所，1934. 蝗虫防治方法 ［J］. 农业周报，3（30）：643 - 645.

吴福桢，等，1934. 民国二十二年全国蝗患调查报告 ［J］. 实业部中央农业实验所特刊
　（5）：1 - 41.

王启虞，等，1935. 民国二十三年浙江省飞蝗调查概况 ［J］. 昆虫与植病，3（6）：
　107 - 110.

本刊消息，1935. 蒋委员长电令治蝗 ［J］. 昆虫与植病，3（18）：370.

杨惟义，1935. 世界蝗患近况及对于我国治蝗之管见 ［J］. 昆虫与植病，3（21）：414 - 418.

王启虞，1935. 寄生于吾国飞蝗卵一种黑卵蜂之初发现 ［J］. 昆虫与植病，3 (21)：418 - 421.

金孟肖，1935. 蝗虫之调查 ［J］. 昆虫与植病，3 (28)：561 - 568.

吴福桢，1935. 中国蝗虫问题 ［J］. 农报，2 (13)：429 - 431.

邹钟琳，1935. 中国飞蝗分布地之环境及生活状况 ［J］. 农报，2 (16)：548.

郑同善，1935. 民国二十三年全国蝗患调查之结果 ［J］. 农报，2 (17)：598 - 599.

郑同善，1935. 第三次国际蝗虫会议议决案之一斑 ［J］. 农报，2 (22)：765 - 772.

邹钟琳，1935. 中国飞蝗之分布与气候地理之关系及其发生地之环境 ［J］. 实业部中央
　　农业部实验所研究报告，1 (8)：239 - 268.

吴福桢，等，1935. 民国二十三年全国蝗患调查报告 ［J］. 实业部中央农业实验所特刊
　　(10)：1 - 31.

陈家祥，1935. 中国历代蝗患之记载（英文）［J］. 浙江省昆虫局年刊 (5)：188 - 241.

陈小泉，1936. 河北省蝗虫调查及其防治法 ［J］. 昆虫问题 (7)：6 - 9.

本刊编辑部，1936. 捕蝗 ［J］. 农业周报，5 (2)：49 - 50.

任明道，1936. 毒饵治蝗初步试验 ［J］. 农报，3 (6)：364 - 368.

吴达璋，译，1936. 油制毒饵对于治蝗之效用初步报告 ［J］. 农报，3 (6)：369 - 372.

马骏超，1936. 亚东飞蝗之新称 ［J］. 昆虫与植病，4 (13)：275.

马骏超，1936. 江苏省清代旱蝗关系之推论 ［J］. 昆虫与植病，4 (18)：362 - 373.

丁菊生，等，1947. 氟矽酸钠防治飞蝗田间试验 ［J］. 农报，12 (2)：35 - 39.

邱式邦，等，1948. 三种新兴药剂粉用治蝗之研究 ［J］. 中华农学会报 (187)：29 - 35.

邱式邦，1949. 药剂治蝗试验 ［R］. 实业部中央农业实验所报告.

华北农科所药剂研究室，1949. γ-六氯苯研究工作近况 ［J］. 农业科学通讯 (4)：11 - 12.

钟启谦，1950. 几种杀虫剂对东亚飞蝗的胃毒及触杀研究 ［J］. 中国农业研究，1 (1)：
　　13 - 19.

曹骥，1950. 历代有关蝗灾记载之分析 ［J］. 中国农业研究，1 (1)：57 - 65.

曹骥，等. 六六六对于飞蝗蛹期的熏蒸作用 ［J］. 中国昆虫学报，1 (2)：128 - 135.

曹骥，1950. 有关治蝗的几个技术问题 ［J］. 农业科学通讯 (3)：15.

曹骥，等，1950. 津海运河卫河三区蝗虫发生地调查概况 ［J］. 农业科学通讯 (7)：13 - 15.

中央农业部病虫害防治司，1950. 1950 年的病虫害防治工作 ［J］. 中国农报，2 (4)：7 - 10.

本刊编辑部，1951. 治蝗工作获得巨大成绩 ［J］. 中国农报，3 (2)：33.

人民日报社论，1951. 消灭虫害，争取丰收 ［J］. 中国农报，3 (4)：3 - 4.

杨显东，1951. 新中国开始用飞机来消灭蝗虫 ［J］. 中国农报，3 (4)：4 - 5.

中共沧县地委，1951. 河北黄骅治蝗工作总结 ［J］. 中国农报，3 (4)：6 - 8.

刘崇乐，1951. 新中国的创举——飞机灭蝗 ［J］. 科学通报，2 (8)：826 - 831.

李占英，1951. 滦南丰南沿海地带捕蝗法 [J]. 农业科学通讯 (5)：29.

曹雨晴，1951. 怎样测算蝗蝻发生面积及发生密度 [J]. 农业科学通讯 (6)：31.

曹骥，1951. 参加飞机治蝗的体验 [J]. 农业科学通讯 (7)：13 - 14.

李光博，等，1951. 静海县蝗虫发生调查及毒饵防治示范报告 [J]. 农业科学通讯 (7)：14 - 15.

夏云峰，1951. 怎样铲除蝗虫 [J]. 农业科学通讯 (7)：16.

尹善，等，1951. 黄骅县扑灭蝗虫工作情况介绍 [J]. 农业科学通讯 (8)：23 - 24.

张香蓉，1951. 如何才能正确侦察蝗情 [J]. 农业科学通讯 (8)：25.

曹骥，1951. 从今年飞蝗发生情形讨论今后应采取的防治途径 [J]. 农业科学通讯 (9)：7 - 9.

刘芹轩，等，1951. 用六六六治蝗的经验 [J]. 农业科学通讯 (10)：45 - 46.

李光博，1951. 毒饵治蝗的研讨 [J]. 农业科学通讯 (11)：18.

张学祖，1951. 参加皖北飞机治蝗工作的体验 [J]. 华东农林，3 (2)：35 - 36.

林英，1952. 黄骅县消灭夏蝗的经验 [J]. 中国农报 (16)：15.

邱式邦，等，1952. 安次县毒饵治蝗的经验介绍 [J]. 中国农报 (16)：17 - 18.

萧宾诺夫斯基，1952. 苏联灭蝗经验 [J]. 中国农报 (16)：32 - 33.

李菁，1952. 一九五二年华北区的农业工作 [J]. 中国农报 (21)：11 - 13.

邱式邦，等，1952. 为什么提倡毒饵治蝗 [J]. 农业科学通讯 (8)：18 - 19.

王德浩，1952. 六六六撒粉与用毒饵杀蝗效力的比较 [J]. 农业科学通讯 (8)：19.

邱式邦，等，1952. 毒饵治蝗的方法 [J]. 农业科学通讯 (8)：20 - 21.

曹骥，1952. 参加沛县毒饵治蝗简记 [J]. 农业科学通讯 (8)：22 - 23.

邱式邦，等，1952. 对于侦查蝗虫方法的建议 [J]. 农业科学通讯 (9)：29 - 31.

本刊编辑部，1953. 中央农业部召开全国治蝗座谈会 [J]. 科学通报 (3)：107 - 108.

陈家祥，1953. 为什么必须停止单纯耕卵挖卵和挖封锁沟的治蝗老办法 [J]. 中国农报 (4)：15 - 16.

刘维德，1953. 飞蝗腹听器的形态及其发生 [J]. 昆虫学报，2 (3)：155 - 165.

岳宗，1953. 一九五一年飞机治蝗的成绩与经验 [J]. 昆虫学报，3 (1)：77 - 88.

虞佩玉，等，1953. 飞蝗蝻期各龄外部形态上的区别 [J]. 昆虫学报，3 (3)：319 - 329.

郭郛，1953. 从蝗虫的变型说到灭蝗 [J]. 生物学通报 (7)：111 - 115.

邱式邦，1953. 蝗虫的侦查问题 [J]. 农业科学通讯 (2)：53 - 54.

邱式邦，等，1953. 一九五二年推广毒饵治蝗的结果 [J]. 农业科学通讯 (2)：54 - 55.

李光博，等，1953. 有关毒饵施用技术上的两个问题 [J]. 农业科学通讯 (2)：57 - 58.

李光博，1953. 怎样认识飞蝗和它的龄期 [J]. 农业科学通讯 (2)：70 - 71.

邱式邦，1953. 侦查蝗虫工作中存在的问题和改进意见 [J]. 农业科学通讯（10）：421 - 423.

邱式邦，等，1953. 几种主要蝗卵的识别 [J]. 农业科学通讯（10）：423 - 425.

杨寿椿，1953. 安徽省六安专区发生第三代蝗蝻 [J]. 农业科学通讯（12）：528.

尤其儆，等，1954. 散栖型东亚飞蝗（一）：迁移习性初步观察 [J]. 昆虫学报，4（1）：1 - 10.

郭郛，1954. 寄生蝗虫的拟麻蝇 [J]. 昆虫学报，4（3）：277 - 286.

贝·比恩科，等，1954. 蝗虫生态学 [J]. 昆虫学报，4（3）：315 - 332.

钦俊德，等，1954. 蝗卵的研究 I. 东亚飞蝗（二）：蝗卵孵育期中胚胎形态变化的观察及野外蝗卵胚胎发育期的调查 [J]. 昆虫学报，4（4）：383 - 398.

马世骏，1954. 洪泽湖及微山湖地区蝗虫研究工作概况介绍 [J]. 科学通报（3）：22 - 28.

郭尔溥，1954. 飞机治蝗效力显著提高 [J]. 中国农报（14）：30.

邱式邦，等，1954. 1953 年毒饵治蝗情况 [J]. 农业科学通讯（2）：87 - 89.

于紫电，1954. 治蝗的两个窍门 [J]. 农业科学通讯（4）：200.

邱式邦，等，1954. 几种主要蝗虫的识别 [J]. 农业科学通讯（4）：204 - 210.

郭郛，1955. 中国古代的蝗虫研究的成就 [J]. 昆虫学报，5（2）：211 - 220.

刘玉素，等，1955. 东亚飞蝗（三）：消化系统的解剖和组织构造 [J]. 昆虫学报，5（3）：245 - 260.

张学祖，1955. 新疆蝗虫初步观察 [J]. 昆虫学报，5（4）：463 - 472.

郑作新，等，1955. 微山湖及其附近地区食蝗鸟类的初步调查 [J]. 农业学报，6（2）：145 - 155.

邱式邦，等，1955. 几种饵料对蝗虫嗜食性的比较 [J]. 昆虫知识（创刊号）：20 - 23.

郭尔溥，1955. 介绍苏联的侦查残蝗和蝗卵的办法与工作中的几点经验 [J]. 昆虫知识，1（3）：112 - 124.

马世骏，1955. 我国的大害虫——飞蝗 [J]. 昆虫知识，1（3）：133 - 139.

张学祖，1955. 怎样布置飞机治蝗的信号 [J]. 昆虫知识，1（4）：154 - 156.

张福海，1955. 草饵防治飞蝗 [J]. 农业科学通讯（5）：281 - 282.

陈绍武，等，1955. 微山湖鸭群治蝗的几点体会 [J]. 农业科学通讯（5）：286 - 287.

沈崇本，1955. 跟水位，查蝗情 [J]. 农业科学通讯（11）：659 - 660.

马世骏，1956. 根除飞蝗灾害 [J]. 科学通报（2）：52 - 56.

钦俊德，等，1956. 蝗卵的研究 II. 蝗卵在孵育时的变化及其意义 [J]. 昆虫学报，6（1）：37 - 60.

郭郛，1956. 东亚飞蝗的生殖 [J]. 昆虫学报，6（2）：145 - 168.

邱式邦，1956. 飞蝗 [J]. 农业科学通讯（3）：143 - 150.

郭郛，1956. 有关东亚飞蝗生殖的几个问题［J］. 昆虫知识，2（2）：68－71.

陆近仁，等，1957. 东亚飞蝗的骨骼肌肉系统Ⅰ头部［J］. 昆虫学报，7（1）：1－19.

钦俊德，等，1957. 东亚飞蝗的食性和食物利用以及不同食料植物对其生长和生殖的影响［J］. 昆虫学报，7（2）：143－166.

郭郛，1957. 咽侧体对东亚飞蝗生殖的作用［J］. 科学通报（1）：18.

马世骏，1957. 东亚飞蝗猖獗周期特性的研究［J］. 科学通报（8）：241－242.

刘富春，1957. 防治飞蝗成虫的经验介绍［J］. 昆虫知识，3（2）：66－70.

农业部，1957. 1957 年冀、鲁、豫、苏、皖五省及天津市治蝗座谈会初步总结［J］. 农业科学通讯（8）：438－439.

陈祖瑜，1957. 我对稻改地区防治散居型飞蝗的看法［J］. 农业科学通讯（8）：465－466.

李光博，1957. 我对飞蝗防治工作的几点意见［J］. 农业科学通讯（9）：509－510.

沈崇本，等，1957. 新海连市"旱改水"根治蝗害调查［J］. 农业科学通讯（10）：562－563.

项维，1958. 飞蝗杂种的细胞学的研究［J］. 动物学报，10（1）：53－59.

马世骏，1958. 东亚飞蝗在中国的发生动态［J］. 昆虫学报，8（1）：1－40.

尤其儆，等，1958. 东亚飞蝗的生活习性［J］. 昆虫学报，8（2）：119－135.

钦俊德，等，1958. 蝗卵的研究Ⅲ. 东亚飞蝗卵的失水和耐干能力［J］. 昆虫学报，8（3）：207－225.

郑若玄，1958. 东亚飞蝗腹听器在胚胎期内的发生［J］. 昆虫学报，8（3）：226－234.

郭郛，1958. 东亚飞蝗生殖期及去势情况下咽侧体的比较观察［J］. 昆虫学报，8（4）：355－360.

林开江，1958. 东亚飞蝗的脱皮与腹长的关系［J］. 昆虫学报，4（2）：79.

尤端淑，等，1958. 野外东亚飞蝗的饲养、观察和调查方法［J］. 昆虫知识，4（3）：144－148.

全国农业展览会，1958. 战胜了蝗灾［M］//1957 年全国农业展览会资料汇编：下册. 农业出版社：182－184.

郭尔溥，1958. 提高警惕加强内涝蝗区的治蝗工作［J］. 农业科学通讯（4）：219－220.

尤其杰，1958. 飞蝗的物候预测初步观察［J］. 农业科学通讯（5）：258－259.

沈崇本，1958. 对 1958 年淮河流域夏蝗发生的估计［J］. 农业科学通讯（6）：333.

马世骏，等，1959. 蝗虫研究与防治［M］//昆虫学集刊. 北京：科学出版社：18－37.

刘玉素，等，1959. 东亚飞蝗生殖系统的解剖和组织构造［J］. 昆虫学报，9（1）：1－20.

楼亦槐，1959. 沿淮蝗区水涝与飞蝗发生关系的初步调查及其在防治措施上的探讨［J］. 昆虫学报，9（2）：101－115.

钦俊德，等，1959. 蝗卵的研究Ⅳ. 浸水对于蝗卵胚胎发育和死亡的影响［J］. 昆虫学报，9（4）：287-305.

郭郛，1959. 东亚飞蝗生殖的研究：去势和交尾在生理上的效应 [J]. 昆虫学报，9（5）：464-476.

佚名，1959. 为根除蝗害而战 [N]. 人民日报，05-06（6）.

佚名，1959. 全民动手　根绝蝗害 [N]. 人民日报，05-06（6）.

姜韦才，1959. 昔日蝗虫窝　今日丰产区 [N]. 人民日报，08-16（5）.

昆虫知识编辑室，1959. 根除蝗害规划 [J]. 昆虫知识，5（4）.

钦俊德，1959. 根治蝗害 [J]. 中国科学通讯（8）：275-276.

郭郛，1959. 东亚飞蝗成虫生殖腺的相互移植 [J]. 科学记录，3（11）：567-572.

聂秀生，等，1959. 山东省聊城专区1957年东亚飞蝗发生期物候观测 [J]. 昆虫知识，5（3）：97-99.

尤其儆，1959. 拟麻蝇对蝗虫寄生的初步观察 [J]. 昆虫知识，5（4）：130.

章士美，1959. 江西东亚飞蝗分布概况及其不成灾原因的分析 [J]. 昆虫知识，5（9）：304-305.

章士美，1959. 庐山牯岭采到东亚飞蝗 [J]. 昆虫知识，5（10）：320.

马世骏，1960. 东亚飞蝗发生地的形成与改造 [J]. 中国农业科学（4）：18-22.

马世骏，1960. 中国东亚飞蝗生态学的研究 [R]. 北京：中国科学院动物研究所.

刘玉素，等，1960. 东亚飞蝗循环系统和排泄器官的解剖和组织构造 [J]. 昆虫学报，10（2）：129-135.

刘玉素，等，1960. 东亚飞蝗的感觉器官和附肢的组织构造 [J]. 昆虫学报，10（3）：243-260.

陈元光，等，1961. 东亚飞蝗翅振频率的初步研究 [J]. 昆虫学报，10（4-6）：436-438.

马世骏，1961. 改造东亚飞蝗发生地 [M] //中国植物保护科学. 北京：科学出版社：424-436.

马世骏，1962. 东亚飞蝗蝗区的结构与转化 [J]. 昆虫学报，11（1）：17-30.

罗祖玉，等，1962. 东亚飞蝗生殖的研究：抱持动作在生理上的效应 [J]. 昆虫学报，11（3）：217-222.

黄冠辉，等，1962. 东亚飞蝗飞翔时的体温变化 [J]. 昆虫学报，11（4）：419-421.

陈永林，1963. 飞蝗的一个新亚种——西藏飞蝗 [J]. 昆虫学报，12（4）：463-475.

马世骏，1963. 飞蝗的侦查与计算方法 [J]. 植物保护，1（2）：58-60.

王炳章，1963. 防治飞蝗　改治并举 [J]. 植物保护，1（2）：61-62.

郭尔溥，1963. 飞机喷粉防治东亚飞蝗的用药量问题 [J]. 昆虫知识，7（2）：72-73.

黄亮文，等，1964. 东亚飞蝗二型生物学特性的初步研究 [J]. 昆虫学报，13（3）：

329－338.

郭郛，等，1964. 雄蝗分泌出促进雌蝗卵巢成熟的物质［J］. 科学通报（1）：66－68.

虞佩玉，等，1964. 东亚飞蝗的骨骼肌肉系统Ⅱ胸部［J］. 昆虫学报，13（4）：510－535.

虞佩玉，等，1964. 东亚飞蝗的骨骼肌肉系统Ⅱ胸部（续）［J］. 昆虫学报，13（5）：715－736.

徐凤早，等，1964. 电离辐射对东亚飞蝗雄性生殖细胞成熟分裂及精子分化的扰乱作用［J］. 昆虫学报，13（5）：637－645.

黄冠辉，1964. 飞翔对东亚飞蝗性成熟和生殖的影响［J］. 昆虫学报，13（5）：765－767.

黄冠辉，等，1964. 东亚飞蝗飞翔过程中脂肪和水分的消耗及温湿度的起的影响［J］. 动物学报，16（3）：372－379.

陈宁生，1964. 东亚飞蝗的嗅觉反应和触角机能［J］. 实验生物学报，9（1）：27－36.

尤端淑，等，1964. 东亚飞蝗产卵及蝗卵孵化与土壤含盐量的关系［J］. 植物保护学报，3（4）：333－344.

吴亚，1964. 高温低湿对东亚飞蝗一龄蝻生长的影响及其实验方法［J］. 昆虫知识，8（1）：30－32.

胡少波，等，1964. 广西柳州地区东亚飞蝗大发生原因及其防治意见［J］. 昆虫知识，8（5）：193－196.

金思明，1965. 从阜阳蝗区近年来飞蝗发生的特点讨论今后防治策略［J］. 中国农业科学（8）：30－33.

郭郛，1965. 东亚飞蝗生殖的研究：咽侧体的作用［J］. 昆虫学报，14（3）：211－224.

马世骏，等，1965. 东亚飞蝗中长期数量预测的研究［J］. 昆虫学报，14（4）：319－338.

夏邦颖，等，1965. 东亚飞蝗生殖的研究：成虫生殖腺发育过程中几种主要成分的变化［J］. 昆虫学报，14（4）：395－403.

王敏慧，等，1965. 东亚飞蝗两型马氏管萤光物质纸层析比较研究［J］. 昆虫学报，14（5）：500－505.

高慰曾，1965. 东亚飞蝗两型形态比较初步研究［J］. 昆虫学报，14（6）：603.

郭尔溥，1965. 蝗情变化以后的防治措施［J］. 植物保护，3（3）：99.

尤其杰，1965. 野外检查飞蝗产卵量的一种方法［J］. 植物保护，3（4）：152.

马世骏，等，1965. 东亚飞蝗种群数量中的调节机制［J］. 动物学报，17（3）：261－275.

马世骏，1965. 根除蝗害的阶段性［J］. 科学通报（12）：1072－1077.

黄心华，等，1965. 高温低湿土壤对东亚飞蝗卵孵化的影响［J］. 植物保护学报，4（2）：119.

马东骧等，1965. 南阳湖农场根除蝗害的初步成就［J］. 昆虫知识，9（1）：13－14.

李泗奎，等，1965. 青蛙捕蝗实验 ［J］. 昆虫知识，9（3）：156-157.

黄亮文，1965. 东亚飞蝗二型的形态测量比较 ［J］. 昆虫知识，9（4）：230-234.

何于田，1965. 天津地区洼淀蝗区的飞蝗发生特点 ［J］. 昆虫知识，9（5）：274-276.

郭郛，等，1966. 雄蝗促性腺因子的作用及其来源 ［J］. 科学通报，17（5）：223-226.

夏邦颖，等，1966. 东亚飞蝗卵巢中核酸和蛋白质的合成与激素调节 ［J］. 科学通报
（7）：316-319.

陈元光，等，1966. 东亚飞蝗鼓膜器对于不同方向声刺激的反应 ［J］. 昆虫学报，15
（3）：242-244.

河北省农业厅植保处，1966. 河北省糠麸毒饵治蝗的经验 ［J］. 植物保护，4（3）：
104-105.

杜成远，1966. 对内涝蝗区侦查方法的意见 ［J］. 植物保护，4（3）：120.

郭尔溥，等，1966. 关于抽条普查、等距取样查蝻方法的试验 ［J］. 昆虫知识，10（4）：
229-232.

山东省鱼台县科技办公室，等，1973. 鱼台县东亚飞蝗蝗区改治经验 ［J］. 动物利用与防治
（5）：1-3.

夏邦颖，等，1974. 东亚飞蝗生殖的研究：雌蝗成虫卵巢发育过程中核酸和蛋白质的代
谢与激素调节 ［J］. 昆虫学报，17（2）：148-160.

河北省丰南县农林局，1974. 采取综合措施改变蝗区面貌 ［J］. 昆虫学报，17（3）：
241-246.

山东省济宁地区农业局，等，1974. 改治结合根除微山湖蝗害 ［J］. 昆虫学报，17（3）：
247-257.

骥春，1974. 我国古代劳动人民在治蝗问题上与"天命论"的斗争 ［J］. 科学通报
（10）：437-440.

山东生产建设兵团十一团，1974. 改治并举根除蝗害——改治滨湖蝗区的几点做法 ［J］.
昆虫知识，11（2）：6-10.

李世纯，等，1975. 粉红椋鸟的食性及其对蝗虫种群密度的影响 ［J］. 动物学报，21
（1）：71-77.

湖南省零陵县第一中学理论学习小组，1976. 唐代在治蝗问题上的一场儒法斗争 ［J］.
中国农业科学（3）：82-83.

新疆维吾尔自治区治蝗灭鼠指挥部，等，1976. 地面超低容量制剂的治蝗试验 ［J］. 昆
虫知识，13（5）：159.

佚名，1977. "飞蝗蔽日"的时代一去不返 ［N］. 人民日报，10-24（3）.

丁岩钦，等，1978. 东亚飞蝗分布型的研究及其应用 ［J］. 昆虫学报，21（3）：243-259.

陈家祥，1979. 论挖掘蝗卵和耕翻蝗卵 ［J］. 昆虫知识，16（1）：42 - 44.

丁岩钦，等，1980. 飞蝗蝗蝻抽样的研究 ［J］. 植物保护学报，7（2）：101 - 112.

兰仲雄，等，1981. 改治结合根除蝗害的系统生态学基础 ［J］. 生态学报，1（1）：30 - 36.

陈永林，等，1981. 洪泽湖蝗区东亚飞蝗发生动态的研究 ［J］. 生态学报，1（1）：37 - 48.

黄复生，等，1981. 西藏蝗虫区系及其演替的研究 ［J］. 昆虫分类学报，3（3）：157 - 170.

郭永文，1981. 灭蝗老将的战斗历程 ［N］. 人民日报，05 - 06（2）.

陈永林，1982. 我国是怎样控制蝗害的 ［J］. 中国科技史料（2）：15 - 22.

李允东，等，1982. 用飞机喷洒有机磷超低容量制剂防治蝗虫 ［J］. 昆虫学报，25（3）：
　　275 - 283.

钟香臣，1982. 昆虫精子发生的电镜观察Ⅰ蝗虫精细胞核的演变 ［J］. 昆虫学集刊（2）：
　　157 - 161.

王炳章，等，1982. 新疆的亚洲飞蝗 ［J］. 病虫测报（3）：36 - 38.

吴新民，等，1982. "东亚飞蝗"的泯灭——马世骏教授谈我国的飞蝗治理成就 ［N］.
　　工人日报，10 - 10（4）.

范毓周，1983. 殷代的蝗灾 ［J］. 农业考古（2）.

彭邦炯，1983. 商人卜螽说——兼说甲骨文的秋字 ［J］. 农业考古（2）.

彭世奖，1983. 中国历史上的治蝗斗争 ［M］//农史研究：第三辑. 北京：农业出版社：
　　122 - 130.

刘松林，1984. 今年蝗情预测 ［J］. 农业科技通讯（5）：38.

姬庆文，1985. 飞蝗黑卵蜂的生物学特性和利用 ［J］. 昆虫学报，28（2）：153 - 159.

潘承湘，1985. 我国东亚飞蝗的研究与防治简史 ［J］. 自然科学史研究，4（1）：80 - 89.

王鼎武，等，1985. 铜山县滨湖蝗区的演变与分析 ［J］. 昆虫知识，22（1）：14 - 16.

刘金良，1985. 东亚飞蝗名称的由来及演变过程 ［J］. 昆虫知识，22（5）：228 - 229.

刘举鹏，等，1986. 中国蝗卵的研究：十二种有危害性蝗虫卵形态记述 ［J］. 昆虫学报，29
　　（4）：409 - 415.

李敬，1986. 岳城水库脱水地形成和蝗虫发生特点的初步分析 ［J］. 植物保护，12（2）：
　　2 - 4.

毕木天，1986. 蝗虫生活习性及人工养蝗生态工程的经济效益和环境效益 ［J］. 生态学
　　杂志，5（6）：38 - 40.

魏凯，等，1986. 湖南省蝗虫的初步调查 ［J］. 昆虫学报，29（3）：295 - 301.

吴卫国，等，1987. 蝗虫复眼小网膜细胞角敏感度的变化规律 ［J］. 生物物理学报，3
　　（2）：178 - 183.

王丽英，等，1987. 从我国内蒙古发现的蝗虫微孢子虫 ［J］. 植物保护，13（3）：39.

林凤鸣，1987. 蝗虫双翅振动发音方式与作用的初步观察 ［J］. 昆虫知识，24（2）：81.

董振远，等，1987. 唐山地区的蝗虫种类及其分布 ［J］. 昆虫知识，24（5）：266-268.

莫言，1987. 红蝗 ［J］. 收获（3）.

徐连城，等，1988. 蝗虫精母细胞染色体制片法 ［J］. 遗传，10（2）：8.

袁书钦，1988. 大面积人工治蝗快速施药方法——跑车治蝗 ［J］. 植物保护，14（6）：32.

王润黎，1988. 海南岛发生群居型东亚飞蝗 ［J］. 植保参考（1）：5-6.

王润黎，1988. 我国飞蝗发生动态及防治策略 ［R］. 全国植保总站农虫发生为害动态及防治对策学术会议资料：1-24.

康乐，等，1989. 中国散居型飞蝗地理种群数量性状变异的分析 ［J］. 昆虫学报，32（4）：418-427.

游余三，等，1989. 阿克苏地区生物治蝗推广试验报告 ［J］. 草地与饲料，4（1）：22-25.

王丽英，等，1990. 蝗虫微孢子虫对东亚飞蝗的实验感染 ［J］. 昆虫学报，33（1）：121-123.

任春光，等，1990. 河北省蝗虫分布状况 ［J］. 生态学报，10（3）：277-281.

李鸿昌，等，1990. 内蒙古蝗总科区系组成及其区域分布的研究 ［J］. 昆虫分类学报，12（3）：171-190.

王建军，等，1990. 蝗虫：一种待开发的蛋白饲料资源 ［J］. 饲料研究（8）：16.

齐贵林，等，1990. 水库滩蝗区东亚飞蝗发生情况及防治策略 ［J］. 植物保护，16（3）：42-43.

李范，等，1990. 20％林丹悬浮剂飞机治蝗 ［J］. 植物保护，16（5）：48.

任春光，等，1990. 河北蝗虫的垂直分布 ［J］. 昆虫知识，27（2）：85-87.

王元信，1990. 亚洲飞蝗发育起点温度和有效积温测定及在测报中的应用 ［J］. 病虫测报（2）：9-14.

何潭，1990. 西藏蝗虫的发生与防治 ［J］. 西南农业学报，3（3）：72-80.

尤其微，等，1991. 广西东亚飞蝗蝗区研究 ［J］. 森林与人类（5）：33-35.

陈永林，1991. 蝗虫和蝗灾 ［J］. 生物学通报（11）：9-12.

黄光斗，等，1991. 海南岛西南部东亚飞蝗的形态及生物学特性 ［J］. 热带作物学报，12（2）：93-98.

康乐，等，1991. 散居型飞蝗地理种群相互关系的数量分析 ［J］. 动物学集刊（8）：71-82.

席瑞华，等，1991. 蝗虫产卵与气候因子关系的研究 ［J］. 昆虫知识，28（2）：76-78.

顾以俊，等，1991. 金山县北部地区蝗虫"死灰复燃"情况调查 ［J］. 昆虫知识，28（2）：79.

马耀，等，1991. 蝗虫微孢子虫防治草原蝗虫的研究 ［J］. 中国草地（1）：64-67.

王志勇，等，1991. 柑桔园东亚飞蝗的发生规律与防治 [J]. 中国柑桔 (2)：28.

席瑞华，等，1992. 蝗虫鸣声结构的研究 [J]. 动物学集刊 (9).

问锦曾，等，1992. 几种蝗蝻对麦麸接受性的比较 [J]. 植物保护，18 (5)：23.

李宝兴，1992. 蝗虫发生概况及防治 [J]. 现代农业 (7)：19.

刘金良，等，1992. 东亚飞蝗蝗蝻种群密度与型变的关系 [J]. 华北农学报，7 (4)：
142 - 143.

李原，等，1992. 人蝗大战 [J]. 环境 (7)：9 - 10.

杜树国，等，1993. 东亚飞蝗天敌——中国雏蜂虻的研究 [J]. 昆虫学报，36 (4)：
444 - 451.

陆庆光，1993. 四种不同绿僵菌菌株对东亚飞蝗毒力的初步观察 [J]. 生物防治通报，9
(4)：187 - 190.

葛绍荣，等，1993. 一株蝗虫致病菌的分离及回复试验 [J]. 生物学杂志 (6)：20 -
21，13.

苏建鹤，1993. 蝗虫复眼的形态结构和成像原理实验 [J]. 生物学教学 (6)：32.

廉振民，1993. 加强蝗情测报 重视防蝗工作 [J]. 农业科技要闻 (9)：1 - 3.

吕国强，等，1993. 河南省黄河流域历史上蝗灾发生与旱涝关系的初步分析 [J]. 植保
技术与推广，13 (4)：45 - 40.

吕国强，等，1993. 河南省河泛蝗区的形成与演变初探 [J]. 植物保护，19 (1)：29 - 30.

孟庆臣，等，1994. 坝上草原牧鸡灭蝗的技术要点 [J]. 动物分类学报，19 (1)：203.

葛绍荣，等，1994. P_{mr-1} 蝗虫病原菌的鉴定 [J]. 生物学杂志 (4)：21 - 23.

严毓骅，等，1994. 我国蝗虫微孢子虫治蝗的进展 [J]. 植保技术与推广，14 (1)：43.

丁岩钦，1995. 中国东亚飞蝗新类型蝗区——海南热带稀树草原蝗区的生态地理特征及
其与大沙河蝗区比较 [J]. 昆虫学报，38 (2)：153 - 160.

刘举鹏，1995. 新疆蝗总科区系研究 [J]. 昆虫分类学报，17 (增刊)：116 - 127.

范福来，等，1995. 亚洲飞蝗在中国新疆维吾尔自治区的发生与防治 [J]. 生态学
报，15 (2)：134 - 141.

张龙，等，1995. 蝗虫微孢子虫对雌性东亚飞蝗生殖器官侵染的初步观察 [J]. 中国生
物防治，11 (2)：93 - 94.

蒋国芳，1995. 广西蝗虫研究Ⅰ蝗虫的区系组成 [J]. 动物学研究，16 (3)：223 - 231.

熊志焱，等，1995. 人工招引粉红椋鸟控制蝗害生物系统工程研究 [J]. 草业科学，12
(5)：21 - 23.

吕国强，等，1995. 河南省蝗虫种类及区系分布的研究 [M] // 中国科学技术协会第二届
青年学术年会卫星会议　第二届全国青年植物保护科技工作者学术讨论会论文集. 北

京：中国科学技术出版社：128-130.

黄文忠，等，1996.海南南湾自然保护区蝗虫生物多样性的研究［J］.昆虫天敌，18
　　（3）：131-138.

陆庆光，1996.应用绿僵菌防治东亚飞蝗田间试验［J］.昆虫天敌，18（4）：147-150.

刘举鹏，1996.浅谈我国一些重要代表性蝗虫［J］.生物学通报，31（10）：8-10.

张卓然，等，1996.用蝗虫微孢子虫饵剂控制内蒙古草地蝗害的试验［J］.草地学报，4
　　（1）：81-83.

杨志荣，等，1996.合细菌灭蝗剂对脊椎动物的致病性研究［J］.中国生物防治，12
　　（3）：114-116.

王贵强，等，1996.昆虫生长调节剂对飞蝗体重及表皮的影响［J］.现代化农业（8）：
　　5-7.

朱文，等，1996.苏芸金杆菌对草地蝗虫的致病机理［J］.西南农业学报，9（2）：67-71.

张洪亮，等，1996.鲁西南蝗虫种类初步调查［J］.华东昆虫学报，5（2）：101-103.

刘世贵，等，1996.蝗虫生物防治剂的研制与应用［M］//中国有害生物综合治理论文
　　集.北京：中国农业科技出版社：917-918.

朱恩林，1996.21世纪中国东亚飞蝗治理展望［M］//中国有害生物综合治理论文集.北
　　京：中国农业科技出版社：973-978.

刘金良，等，1996.蜘蛛类天敌对东亚飞蝗蝗蝻的控制作用初步研究［M］//中国有害生
　　物综合治理论文集.北京：中国农业科技出版社：980-983.

贺达汉，等，1997.草原蝗虫密度的抽样技术研究［J］.草业学报，6（3）：15-22.

刘志斌，等，1997.东亚飞蝗与亚洲飞蝗的主成分及判别式分析［J］.生物多样性，5
　　（1）：67-71.

郭亚平，等，1997.蝗虫染色体C带带型示意图的计算机绘制［J］.遗传，19（6）：30-33.

侯丰，1997.牧鸡防治草地蝗虫技术与效果研究［J］.中国草地（4）：40-42.

张开朗，等，1997.吡虫啉、三唑磷和丙硫磷防治东亚飞蝗试验［J］.植保技术与推广，
　　17（2）：25.

贺达汉，等，1998.蝗虫种群密度对牧草生长与损失量的影响［J］.植物保护学报，25
　　（2）：145-150.

本刊编辑部，1998.蝗害缘何又重来［J］.农药，37（7）：42-44.

许升全，等，1998.蝗虫感受器研究进展及展望［J］.昆虫知识，35（2）：111-114.

蒋国芳，1999.广西蝗虫研究Ⅱ蝗虫的地理区划［J］.昆虫学报，42（2）：382.

侯书杰，等，1999.驻马店内涝蝗区飞蝗发生原因及防治意见［J］.植物保护，25
　　（4）：59.

赵宗林，等，1999.1998 年东亚飞蝗在偃师、伊川县严重发生［J］. 植保技术与推广，19（2）：42.

鲁克亮，刘琼芳，2006. 广西的蝗神庙与蝗灾［J］. 贵州民族研究（3）.

马川，康乐，2013. 飞蝗的种群遗传学与亚种地位［J］. 应用昆虫学报（1）：1-8.

刘继刚，2017. 甲骨文所见殷商时期的蝗灾及防治方法［J］. 中国农史（4）.

后 记

　　从古至今，蝗虫作为大害虫，在人们心中留下深深烙印。1985年天津东亚飞蝗迁飞到河北，再次引起国内外关注和各级领导重视。记得1986年8月中旬，我到全国植物保护总站病虫防治处工作的第一天，处长李玉川同志就告诉我：处里负责蝗虫防治工作的王炳章同志病退了，接替老王工作的另一位年轻同志也去广西蹲点锻炼，考虑到蝗虫发生较重，要求我尽快熟悉工作，把治蝗工作抓起来。从那天起，我便与蝗虫结下了不解之缘，一干就是三十多年。

　　关于蝗虫，此前我仅在大学实验室里见过标本，绘过形态特征图，对其知之甚少。对单位领导分配给我的工作，心里没底，压力很大。于是，我闷头看了两个多月的资料，将处里存放多年的蝗虫资料看了个遍，总算对新中国成立以来的蝗虫发生防治情况有了初步的了解和认识。特别是拜读马世骏先生《中国东亚飞蝗蝗区的研究》和潘承湘先生《我国东亚飞蝗的研究与防治简史》等文献后，进一步探寻中国蝗灾发生防治史的兴趣和热情更为强烈了。1987年，我在领导的支持下，牵头成立了全国蝗区勘察与防治研究协作组，对历史蝗灾的调查考证是协作组的主要工作内容之一。经过十多年的努力，初步查明我国历史蝗灾记载940年，加上持续治理技术的研究，形成的成果在1999年获得国家科学技术进步二等奖。尽管如此，我总觉得意犹未尽，希望将我国的历史蝗灾情况搞得更清楚一些，并由此萌生编撰《中国蝗灾发生防治史》的想法。

　　刘金良同志对本书编撰做出了重大贡献。老刘同志从1965年开始就一直在河北沧州市植物保护站从事治蝗工作，几十年如一日，工作兢兢业业，是实践经验十分丰富的一线治蝗专家。他不仅对河北当地的蝗虫发生防治深有研究，而且早就有研究蝗虫灾害史的想法。2001年，我约请老刘同志来到北京，对继续研究、梳理历史蝗灾进行了交流讨论，并就编撰出版本书的计划达成共识。此后，老刘同志花了大量时间到北京等地图书馆查阅史书史料，全面收集整理历史蝗灾发生防治、蝗虫文化等有关资料。这项工作自启动后就没停下来，2004 年老刘同志退休后依然坚持进行这项工作；每年我们都要交流几次，每次有新的发现，老刘同志都非常兴奋。我非常敬佩老刘同志认真、严谨的治学精神，如果没有他持之以恒的投入与付出，就不会有汇集如此丰富的蝗灾史料。在我心里，他是当之无愧的蝗灾史学家。

我有几次印象特别深刻的治蝗经历。第一次是 1989 年夏天目睹山东微山湖蝗虫暴发。在山东省植物保护站同志陪同下，我和病虫测报处王润黎同志一起来到微山湖蝗区。那是一片脱水干涸几十万亩的芦苇荡，小汽车已无法进入，在拖拉机开道后，我们徒步进入湖区，看到数万亩"蝗虫世界"：在地面，赤头黑翅蝗蝻（俗称"关公脸""黑马褂"）聚集成群，湖边种植的几十亩玉米被吃成光秆，蝗虫如流水向同一方向移动、唰唰有声，玉米棒子基本被啃食半截；芦苇也被吃成光秆，大大小小的蝗虫爬满成串，近 2 米高的芦苇亦被压弯压倒。在空中，较早羽化的蝗虫成群盘旋飞翔。蝗虫形成地空立体分布，每平方米至少有上万头。身临其境，十分焦急。第二次是1998 年夏天赴山东无棣县督导治蝗。看到一望无际的沿海滩涂芦苇草丛，高密度蝗群成片成堆，每平方米近万头。荒芜人烟，交通不便，心里非常着急。第三次是1999 年带队到西藏指导治蝗。从拉萨下飞机后就直奔日喀则市，随行同事陈志群中途刚吃完饭就休克了，使劲掐人中才醒过来。我也有高原反应，走路像踩棉花，头重脚轻，看到海拔 3 500 多米高原上的飞蝗活蹦乱跳，每平方米约有几十头，心里激动又难受。第四次是 2004 年 7 月带队到新疆中哈边境督导治蝗。我与自治区植物保护站同志在吉木乃县驻扎半个多月，看到地面防治过的死蝗虫厚厚一层，空中不时还有飞蝗从哈萨克斯坦迁入。一个 3 万人的小县，县委书记亲自组织各部门应对蝗虫，我们督导组每天工作十几个小时，早出晚归，经常十一二点才吃晚饭，小城治蝗故事难以忘怀。第五次是 2008 年夏季天津北大港库区蝗虫暴发，我带领陈志群、赵中华驻点调查。早上三四点起床，开车赶在日出前到达库区，远看是一片赤黑色，近看蝗虫成片成堆压倒芦苇；太阳出来就活跃迁移。我走进蝗虫窝，身上和车轮上都爬满蝗虫，其密度之高、面积之大超过以往所见。此外，还见证了 1995 年河北黄骅、2001年河北安新白洋淀等地飞蝗大发生及防治行动。

2019 年非洲沙漠蝗灾大暴发，波及东非和西亚多个国家和地区，对全球粮食安全构成威胁，不仅受到国内外舆论关注，还引起我国中央领导的重视。2020 年 2—3月，习近平总书记、李克强总理先后作出重要指示，要求农业农村部做好防范应对措施。胡春华副总理也多次批示，并于 3 月 16 日在国务院主持召开专题会议，听取张桃林副部长关于病虫害防治工作汇报，要求严防沙漠蝗迁入西藏。我和潘文博司长列席了本次会议。7 月上旬接到西藏农业农村厅关于沙漠蝗入侵报告后，我带领工作组赴西藏聂拉木、吉隆等县督导治蝗，同行还有王建强、朱景全等同志。我们乘车翻越海拔 5 600 多米的山口，再下到 2 000 米左右的中尼边境，发现沙漠蝗正沿峡谷自尼泊尔迁入我国境内，波及海拔 3 500 米草地，见虫面积近 2.7 万亩，其中聂拉木县樟木镇发生沙漠蝗约 500 亩，密度在每平方米 100～1 000 头，这是首次发现境外沙漠蝗迁入我国（据当地藏族老人回忆，1962 年也见到蝗虫从尼方迁入）。

《中国蝗灾发生防治史》的编撰持续了太长时间，其实早在 2008 年就基本成稿，由于追求完美，加之工作繁忙，出版一事一拖再拖。2015 年我到中国热带农业科学院工作后才有更多自主时间推进出版计划。2019 年申请到国家出版基金项目资助后，更是责无旁贷落实出版要求，不断修改完善，在大家协同努力下，终将本书出版付梓。

回首往事记忆犹新，一线治蝗非常艰苦。如今，我国蝗灾已可防可控，昔日"飞蝗蔽日，禾草皆光"的惨景一去不复返。尽管成绩斐然，但还是心存担忧，蝗虫依然在局部地区时有发生，加之境外蝗虫迁入威胁，蝗灾隐患并未彻底消除。进入 21 世纪后，"蝗灾"一词，对青年一代来说，是陌生和漠然的。治蝗减灾，保粮安邦。作为一名老治蝗工作者，传承和发展我国治蝗文化，是始终秉持的情怀和应有的担当，希望更多人能借助本书了解历史、认知蝗灾。

朱恩林

2021 年 9 月

图书在版编目（CIP）数据

中国蝗灾发生防治史．第四卷，地方志蝗灾集成 /
朱恩林主编 . —北京：中国农业出版社，2021.10
国家出版基金项目
ISBN 978-7-109-28324-4

Ⅰ．①中… Ⅱ．①朱… Ⅲ．①飞蝗－植物虫害－防治－
历史－中国 Ⅳ．①S433.2

中国版本图书馆 CIP 数据核字（2021）第 108545 号

审图号：GS（2020）3705 号

中国蝗灾发生防治史 第四卷 地方志蝗灾集成

ZHONGGUO HUANGZAI FASHENG FANGZHI SHI DI-SI JUAN
DIFANGZHI HUANGZAI JICHENG

中国农业出版社出版
地址：北京市朝阳区麦子店街 18 号楼
邮编：100125
责任编辑：孙鸣凤 姚 红 赵 刚 张 丽 邓琳琳 杨 春
文字编辑：王玉水 宫晓晨 李大旗 丁晓六 齐向丽 张 毓
版式设计：王 晨 责任校对：沙凯霖 责任印制：王 宏
印刷：北京通州皇家印刷厂
版次：2021 年 10 月第 1 版
印次：2021 年 10 月北京第 1 次印刷
发行：新华书店北京发行所
开本：787mm×1092mm 1/16
印张：72
字数：1390 千字
定价：680.00 元（全四卷）